# 元素符號與原子量的列表*

| Element | Symbol | Atomic Number | Atomic Mass† | Element | Symbol | Atomic Number | Atomic Mass† |
|---|---|---|---|---|---|---|---|
| Actinium | Ac | 89 | (227) | Mendelevium | Md | 101 | (258) |
| Aluminum | Al | 13 | 26.98 | Mercury | Hg | 80 | 200.6 |
| Americium | Am | 95 | (243) | Molybdenum | Mo | 42 | 95.94 |
| Antimony | Sb | 51 | 121.8 | Neodymium | Nd | 60 | 144.2 |
| Argon | Ar | 18 | 39.95 | Neon | Ne | 10 | 20.18 |
| Arsenic | As | 33 | 74.92 | Neptunium | Np | 93 | (237) |
| Astatine | At | 85 | (210) | Nickel | Ni | 28 | 58.69 |
| Barium | Ba | 56 | 137.3 | Niobium | Nb | 41 | 92.91 |
| Berkelium | Bk | 97 | (247) | Nitrogen | N | 7 | 14.01 |
| Beryllium | Be | 4 | 9.012 | Nobelium | No | 102 | (259) |
| Bismuth | Bi | 83 | 209.0 | Osmium | Os | 76 | 190.2 |
| Bohrium | Bh | 107 | (262) | Oxygen | O | 8 | 16.00 |
| Boron | B | 5 | 10.81 | Palladium | Pd | 46 | 106.4 |
| Bromine | Br | 35 | 79.90 | Phosphorus | P | 15 | 30.97 |
| Cadmium | Cd | 48 | 112.4 | Platinum | Pt | 78 | 195.1 |
| Calcium | Ca | 20 | 40.08 | Plutonium | Pu | 94 | (244) |
| Californium | Cf | 98 | (251) | Polonium | Po | 84 | (209) |
| Carbon | C | 6 | 12.01 | Potassium | K | 19 | 39.10 |
| Cerium | Ce | 58 | 140.1 | Praseodymium | Pr | 59 | 140.9 |
| Cesium | Cs | 55 | 132.9 | Promethium | Pm | 61 | (145) |
| Chlorine | Cl | 17 | 35.45 | Protactinium | Pa | 91 | (231) |
| Chromium | Cr | 24 | 52.00 | Radium | Ra | 88 | (226) |
| Cobalt | Co | 27 | 58.93 | Radon | Rn | 86 | (222) |
| Copper | Cu | 29 | 63.55 | Rhenium | Re | 75 | 186.2 |
| Curium | Cm | 96 | (247) | Rhodium | Rh | 45 | 102.9 |
| Dubnium | Db | 105 | (262) | Rubidium | Rb | 37 | 85.47 |
| Dysprosium | Dy | 66 | 162.5 | Ruthenium | Ru | 44 | 101.1 |
| Einsteinium | Es | 99 | (252) | Rutherfordium | Rf | 104 | (261) |
| Erbium | Er | 68 | 167.3 | Samarium | Sm | 62 | 150.4 |
| Europium | Eu | 63 | 152.0 | Scandium | Sc | 21 | 44.96 |
| Fermium | Fm | 100 | (257) | Seaborgium | Sg | 106 | (266) |
| Fluorine | F | 9 | 19.00 | Selenium | Se | 34 | 78.96 |
| Francium | Fr | 87 | (223) | Silicon | Si | 14 | 28.09 |
| Gadolinium | Gd | 64 | 157.3 | Silver | Ag | 47 | 107.9 |
| Gallium | Ga | 31 | 69.72 | Sodium | Na | 11 | 22.99 |
| Germanium | Ge | 32 | 72.64 | Strontium | Sr | 38 | 87.62 |
| Gold | Au | 79 | 197.0 | Sulfur | S | 16 | 32.07 |
| Hafnium | Hf | 72 | 178.5 | Tantalum | Ta | 73 | 180.9 |
| Hassium | Hs | 108 | (277) | Technetium | Tc | 43 | (98) |
| Helium | He | 2 | 4.003 | Tellurium | Te | 52 | 127.6 |
| Holmium | Ho | 67 | 164.9 | Terbium | Tb | 65 | 158.9 |
| Hydrogen | H | 1 | 1.008 | Thallium | Tl | 81 | 204.4 |
| Indium | In | 49 | 114.8 | Thorium | Th | 90 | 232.0 |
| Iodine | I | 53 | 126.9 | Thulium | Tm | 69 | 168.9 |
| Iridium | Ir | 77 | 192.2 | Tin | Sn | 50 | 118.7 |
| Iron | Fe | 26 | 55.85 | Titanium | Ti | 22 | 47.88 |
| Krypton | Kr | 36 | 83.80 | Tungsten | W | 74 | 183.9 |
| Lanthanum | La | 57 | 138.9 | Uranium | U | 92 | 238.0 |
| Lawrencium | Lr | 103 | (262) | Vanadium | V | 23 | 50.94 |
| Lead | Pb | 82 | 207.2 | Xenon | Xe | 54 | 131.3 |
| Lithium | Li | 3 | 6.941 | Ytterbium | Yb | 70 | 173.0 |
| Lutetium | Lu | 71 | 175.0 | Yttrium | Y | 39 | 88.91 |
| Magnesium | Mg | 12 | 24.31 | Zinc | Zn | 30 | 65.41 |
| Manganese | Mn | 25 | 54.94 | Zirconium | Zr | 40 | 91.22 |
| Meitnerium | Mt | 109 | (268) | | | | |

* 所有原子量都有四位有效數字。這些數值是由國際純粹暨應用化學聯合會 (International Union of Pure and Applied Chemistry) 的化學教學委員會 (the Committee on Teaching of Chemistry) 所建議。

†括弧內的數字爲放射性元素的原子量近似值。

# 元素週期表

24 Cr 52.00 —— 原子序（24）；原子量（52.00）

| 1<br>1A | 2<br>2A | 3<br>3B | 4<br>4B | 5<br>5B | 6<br>6B | 7<br>7B | 8<br>8B | 9<br>8B | 10<br>8B | 11<br>1B | 12<br>2B | 13<br>3A | 14<br>4A | 15<br>5A | 16<br>6A | 17<br>7A | 18<br>8A |
|---|---|---|---|---|---|---|---|---|---|---|---|---|---|---|---|---|---|
| 1<br>**H**<br>1.008 | | | | | | | | | | | | | | | | | 2<br>**He**<br>4.003 |
| 3<br>**Li**<br>6.941 | 4<br>**Be**<br>9.012 | | | | | | | | | | | 5<br>**B**<br>10.81 | 6<br>**C**<br>12.01 | 7<br>**N**<br>14.01 | 8<br>**O**<br>16.00 | 9<br>**F**<br>19.00 | 10<br>**Ne**<br>20.18 |
| 11<br>**Na**<br>22.99 | 12<br>**Mg**<br>24.31 | | | | | | | | | | | 13<br>**Al**<br>26.98 | 14<br>**Si**<br>28.09 | 15<br>**P**<br>30.97 | 16<br>**S**<br>32.07 | 17<br>**Cl**<br>35.45 | 18<br>**Ar**<br>39.95 |
| 19<br>**K**<br>39.10 | 20<br>**Ca**<br>40.08 | 21<br>**Sc**<br>44.96 | 22<br>**Ti**<br>47.88 | 23<br>**V**<br>50.94 | 24<br>**Cr**<br>52.00 | 25<br>**Mn**<br>54.94 | 26<br>**Fe**<br>55.85 | 27<br>**Co**<br>58.93 | 28<br>**Ni**<br>58.69 | 29<br>**Cu**<br>63.55 | 30<br>**Zn**<br>65.41 | 31<br>**Ga**<br>69.72 | 32<br>**Ge**<br>72.64 | 33<br>**As**<br>74.92 | 34<br>**Se**<br>78.96 | 35<br>**Br**<br>79.90 | 36<br>**Kr**<br>83.80 |
| 37<br>**Rb**<br>85.47 | 38<br>**Sr**<br>87.62 | 39<br>**Y**<br>88.91 | 40<br>**Zr**<br>91.22 | 41<br>**Nb**<br>92.91 | 42<br>**Mo**<br>95.94 | 43<br>**Tc**<br>(98) | 44<br>**Ru**<br>101.1 | 45<br>**Rh**<br>102.9 | 46<br>**Pd**<br>106.4 | 47<br>**Ag**<br>107.9 | 48<br>**Cd**<br>112.4 | 49<br>**In**<br>114.8 | 50<br>**Sn**<br>118.7 | 51<br>**Sb**<br>121.8 | 52<br>**Te**<br>127.6 | 53<br>**I**<br>126.9 | 54<br>**Xe**<br>131.3 |
| 55<br>**Cs**<br>132.9 | 56<br>**Ba**<br>137.3 | 57<br>**La**<br>138.9 | 72<br>**Hf**<br>178.5 | 73<br>**Ta**<br>180.9 | 74<br>**W**<br>183.9 | 75<br>**Re**<br>186.2 | 76<br>**Os**<br>190.2 | 77<br>**Ir**<br>192.2 | 78<br>**Pt**<br>195.1 | 79<br>**Au**<br>197.0 | 80<br>**Hg**<br>200.6 | 81<br>**Tl**<br>204.4 | 82<br>**Pb**<br>207.2 | 83<br>**Bi**<br>209.0 | 84<br>**Po**<br>(209) | 85<br>**At**<br>(210) | 86<br>**Rn**<br>(222) |
| 87<br>**Fr**<br>(223) | 88<br>**Ra**<br>(226) | 89<br>**Ac**<br>(227) | 104<br>**Rf**<br>(261) | 105<br>**Db**<br>(262) | 106<br>**Sg**<br>(266) | 107<br>**Bh**<br>(262) | 108<br>**Hs**<br>(277) | 109<br>**Mt**<br>(268) | 110 | 111 | 112 | (113) | 114 | (115) | 116 | (117) | 118 |

| | | | | | | | | | | | | | |
|---|---|---|---|---|---|---|---|---|---|---|---|---|---|
| 58<br>**Ce**<br>140.1 | 59<br>**Pr**<br>140.9 | 60<br>**Nd**<br>144.2 | 61<br>**Pm**<br>(145) | 62<br>**Sm**<br>150.4 | 63<br>**Eu**<br>152.0 | 64<br>**Gd**<br>157.3 | 65<br>**Tb**<br>158.9 | 66<br>**Dy**<br>162.5 | 67<br>**Ho**<br>164.9 | 68<br>**Er**<br>167.3 | 69<br>**Tm**<br>168.9 | 70<br>**Yb**<br>173.0 | 71<br>**Lu**<br>175.0 |
| 90<br>**Th**<br>232.0 | 91<br>**Pa**<br>(231) | 92<br>**U**<br>238.0 | 93<br>**Np**<br>(237) | 94<br>**Pu**<br>(242) | 95<br>**Am**<br>(243) | 96<br>**Cm**<br>(247) | 97<br>**Bk**<br>(247) | 98<br>**Cf**<br>(251) | 99<br>**Es**<br>(252) | 100<br>**Fm**<br>(257) | 101<br>**Md**<br>(258) | 102<br>**No**<br>(259) | 103<br>**Lr**<br>(262) |

第 1 至第 18 族的編號，是由國際純粹暨應用化學聯合會 (International Union of Pure and Applied Chemistry, IUPAC) 所建議，但尚未被廣泛使用。原子序爲 110－112、114、116 和 118的元素，尚未命名。原子序爲 113、115 和 117 的元素，尚未被合成。

資料來源：Chang, R. Chemistry，第七版，2002年 McGraw-Hill 公司版權所有，紐約，允許重製。

# 常用的單位轉換因子

| 待轉換單位 | 乘以 | 轉換後單位 |
|---|---|---|
| atmosphere (atm) | 101.325 | kilopascal (kPa) |
| Calorie (international) | 4.1868 | Joules (J) |
| centipoise | $10^{-3}$ | Pa · s |
| centistoke | $10^{-6}$ | $m^2/s$ |
| cubic meter ($m^3$) | 35.31 | cubic feet ($ft^3$) |
| cubic meter | 1.308 | cubic yard ($yd^3$) |
| cubic meter | 1,000.00 | liter (L) |
| cubic meter/s | 15,850.0 | gallons/min (gpm) |
| cubic meter/s | 22.8245 | million gal/d (MGD) |
| cubic meter/$m^2$ | 24.545 | gallons/sq ft (gal/$ft^2$) |
| cubic meter/d · m | 80.52 | gal/d · ft (gpd/ft) |
| cubic meter/d · $m^2$ | 24.545 | gal/d · $ft^2$ (gpd/$ft^2$) |
| cubic meter/d · $m^2$ | 1.0 | meters/d (m/d) |
| days (d) | 24.00 | hours (h) |
| days (d) | 1,440.00 | minutes (min) |
| days (d) | 86,400.00 | seconds (s) |
| dyne | $10^{-5}$ | Newtons (N) |
| erg | $10^{-7}$ | Joules (J) |
| grains (gr) | $6.480 \times 10^{-2}$ | grams (g) |
| grains/U.S. gallon | 17.118 | mg/L |
| grams (g) | $2.205 \times 10^{-3}$ | pounds mass ($lb_m$) |
| hectare (ha) | $10^4$ | $m^2$ |
| Hertz (Hz) | 1 | cycle/s |
| Joule (J) | 1 | N · m |
| J/$m^3$ | $2.684 \times 10^{-5}$ | Btu/$ft^3$ |
| kilogram/$m^3$ (kg/$m^3$) | $8.346 \times 10^{-3}$ | $lb_m$/gal |
| kilogram/$m^3$ | 1.6855 | $lb_m/yd^3$ |
| kilogram/ha (kg/ha) | $8.922 \times 10^{-1}$ | $lb_m$/acre |
| kilogram/$m^2$ (kg/$m^2$) | $2.0482 \times 10^{-1}$ | $lb_m/ft^2$ |
| kilometers (km) | $6.2150 \times 10^{-1}$ | miles (mi) |
| kilowatt (kW) | 1.3410 | horsepower (hp) |
| kilowatt-hour | 3.600 | megajoules (MJ) |
| liters (L) | $10^{-3}$ | cubic meters ($m^3$) |
| liters | 1,000.00 | milliliters (mL) |
| liters | $2.642 \times 10^{-1}$ | U.S. gallons |
| megagrams (Mg) | 1.1023 | U.S. short tons |
| meters (m) | 3.281 | feet (ft) |
| meters/d (m/d) | $2.2785 \times 10^{-3}$ | ft/min |
| meters/d | $3.7975 \times 10^{-5}$ | meters/s (m/s) |
| meters/s (m/s) | 196.85 | ft/min |
| meters/s | 3.600 | km/h |
| meters/s | 2.237 | miles/h (mph) |
| micron ($\mu$) | $10^{-6}$ | meters |
| milligrams (mg) | $10^{-3}$ | grams (g) |
| milligrams/L | 1 | g/$m^3$ |
| milligrams/L | $10^{-3}$ | kg/$m^3$ |
| Newton (N) | 1 | kg · m/$s^2$ |
| Pascal (Pa) | 1 | N/$m^2$ |
| Poise (P) | $10^{-1}$ | Pa · s |
| square meter ($m^2$) | $2.471 \times 10^{-4}$ | acres |
| square meter ($m^2$) | 10.7639 | sq ft ($ft^2$) |
| square meter/s | $6.9589 \times 10^6$ | gpd/ft |
| Stoke (St) | $10^{-4}$ | $m^2/s$ |
| Watt (W) | 1 | J/s |
| Watt/cu meter (W/$m^3$) | $3.7978 \times 10^{-2}$ | hp/1,000 $ft^3$ |
| Watt/sq meter · °C (W/$m^2$ · °C) | $1.761 \times 10^{-1}$ | Btu/h · $ft^2$ · °F |

第四版

# 環境工程概論

*Introduction to Environmental Engineering, 4e*

*Mackenzie L. Davis and David A. Cornwell* 著

顧洋 曾迪華 譯

Mc Graw Hill Education

國家圖書館出版品預行編目資料

環境工程概論／ Mackenzie L. Davis, David A. Cornwell 著;顧洋,
曾迪華譯. – 二版. -- 臺北市：麥格羅希爾, 臺灣東華, 2008.01
面； 公分
含參考書目
譯自：Introduction to environmental Engineering, 4th ed.
ISBN 978-986-157-512-4

1. 環境工程

445.9 96024545

# 環境工程概論 第四版



作　者 Mackenzie L. Davis, David A. Cornwell

譯　者 曾迪華 顧洋

合作出版暨發行所 美商麥格羅希爾國際股份有限公司台灣分公司
台北市 10044 中正區博愛路 53 號 7 樓
TEL: (02) 2383-6000 FAX: (02) 2388-8822

臺灣東華書局股份有限公司
10045 台北市重慶南路一段 147 號 3 樓
TEL : (02) 2311-4027 FAX: (02) 2311-6615
郵撥帳號：00064813
門市
10045 台北市重慶南路一段 147 號 1 樓 TEL: (02) 2382-1762

總經銷 台灣東華書局股份有限公司

出版日期 2016 年 1 月 二版二刷

印　刷 盈昌印刷有限公司

ISBN：978-986-157-512-4

# 第四版序

遵循前一版本，環境工程概論第四版是設計給大學二年級程度的工程課程使用，其提供足夠的深度，可在更多進階課程中使用。本書涵蓋基本的傳統主題內容，構成進階課程的基礎。因此，本書提供了基礎的科學與工程原理，進階課程的授課教師可能會認爲這些是高程度大學生的共通知識。在環境工程課程超過 60 種的科目中，我們發現相關領域的學院學生 (如生物學、化學、資源發展、漁業與野生動物、微生物學，及土壤科學等)，對這些內容題材都不會感到困難。

我們假定使用本書的學生，已學過化學、物理學和生物學，同時也學過數學，足以理解微積分的觀念。基本化學及環境化學的觀念，在相關章節的開頭即進行介紹。這樣的編排方式，是將化學基礎原理及其應用，整合至章節的主題中，除可提供學生工具，用於分析和理解該章所述的環境工程議題外，也對相關基本化學提供立即的回饋。在全書中，擁有超過 100 個與化學有關的章末習題。微生物學的基礎觀念，同樣以類似的編排方式，被引入作爲廢水生物處理的簡介。在數學式的呈現方面，我們僅提供少數的微分方程式。在我們的經驗中，較嚴密的數學推導方法，對初學工程學的學生而言，可能不夠明確，甚至會造成困擾。

本書通篇傳達兩項主題。第一項是引入物質與能量平衡的觀念，作爲理解環境程序及解決環境工程問題的工具。這個觀念在新的獨立章節中做介紹，而後應用於水文學的守衡系統中 (水文循環、合理化公式的推導，及水庫設計)。這項主題擴大包含第 4 章的污泥質量平衡，與第 5 章的氧垂曲線。完全混合活性污泥系統的設計方程式，及更複雜的污泥質量平衡式，建立於第 6 章中。在第 7 章中，質量平衡被用於計算燃煤所產生的二氧化硫產量，和吸附劑的設計方程式。在第 10 章，質量平衡的方法被用於廢棄物的稽核。在全書中，擁有超過 100 個物質與能量平衡的章末習題。

本書第二項的主題是永續性的概念。減廢的方法在第 1 章首先介紹，其後在每一個後續章節裡，分別於水體保護、淨水處理之污泥減量化、廢水土壤處理、臭氧層保護、全球溫暖化、固體廢棄物之資源保護與回收、有害廢棄物管理，及放射性廢棄物體積減量化的主題之下，進行討論。

每章的內容，以列出重點複習項目、傳統章末習題，及非傳統性的問題討論，作爲總結。重點複習項目，是依照美國工程及科技教育認證委員會 (Accreditation Board for Engineering and Technology, ABET) 的“目標 (objective)”格式寫成。授課教師將會發現，此特別有助於指導學生考前複習、爲了 ABET 以評量是否達到持續的教學品質改善，和爲了 ABET 課程評鑑之文件資料準備。我們發現問題討論是非常有用，可作爲課堂上之“一分鐘檢測 (minute check)”或重點小考的考題，其可看出學生是否理解觀念和數字計算。

第四版已經被完全修改和更新。一共增加了 222 個新的章末習題，現在總共有 650 個習題，其中 66 個習題被設定成要以電腦試算表程式解題。以下段落總結第四版主要改變的地方：

- 第一章中增加永續發展的討論，及法律規範發展過程的討論，也一併擴充倫理方面的討論。
- 增加一新的、獨立的章節來探討質能平衡。
- 重新編改及精簡水文學的章節。
- 水處理的章節加以重新修訂，包括了使用亨利定律的新處理方法、水媒病與砷的新內容、更新的水質標準、新的設計混合系統技術、新的薄膜處理科技、及修訂與擴充過的紫外光消毒技術，也於此章節中增加了兩個新的例題。
- 水質管理章節擴增包含環境荷爾蒙 (EDCs)、每日最大總負荷量 (TMDL)、河口水質管理與地下水質的探討，地下水方面包括了污染物的非控制釋放及鹽水滲入含水層的討論。
- 廢水處理章節增加新的篇幅來介紹處理標準及薄膜處理。除此之外，章節內容也重新編排微生物的簡介以應用於活性污泥法。
- 在空氣污染章節中，更新了空氣污染標準與汞、鉛及 $PM_{2.5}$ 的介紹，另外，也更新污染來源及宿命、室內空氣、酸雨、臭氧層消耗、全球暖化與機動車排放氣體控制，並增列催化燃燒、袋式集塵器與水銀控制的討論。在此章節中增加了兩個催化燃燒與袋式集塵器設計的例題討論。
- 噪音污染章節裡，修訂聽力損失的衝擊，及建設工程與商業計畫導致的噪音污染所受到的經濟衝擊效應，並增添日夜音量 ($L_{dn}$) 觀念與計算空氣傳播的方法，用來表現 ISO 計算的過程的探討。
- 固體廢棄物章節內，更新了收集方法的介紹與討論，並以新的篇幅介紹生物反應器掩埋場，同時更新了所有的成本資料。
- 在有害廢棄物章節裡，更新了風險評估的資料，增減並更新了廢棄物產生者的需求規定、清除廠商的規定與地下水儲存槽的內容。針對地下水中延遲非控制釋放及抽取處理部份，增加了兩個新的小節與例題探討。
- 游離輻射的章節內，重新修訂使符合 SI 單位標準，並增加了三個新的例題討論及更新輻射廢棄物的管理方式。

作爲密西根州立大學的課程 (MSU)，以此書的標題爲課程名稱，提供四種連續性的高階環境工程課程。所選的最初的章節 (水文學、質能平衡、水處理、水質、廢水處理、空氣污染、噪音污染與固體廢棄物) 爲介紹性的課程；進階的介紹，包含許多設計觀念，則涵蓋於較高階的課程 (水文學、水與廢水處理廠的設計、固體與有害廢棄物的管理)；對於欲追求更深入研究的學生，可研修的課程材料則可以自己選取 (環境法規、游離輻射)。

授課講師的教學手冊與上課使用的投影片可從線上獲得，請取得你登入 McGraw-Hill 的帳號密碼，教學手冊包括了課程提要、例題解答與每章最後討論問題的詳解。另外，還有一些教學上的建議。

許多 MSU 的校友指出，此書對於準備專業工程師的考試的人來說，是一本很優秀的參考書，不僅可以給自修者使用，也提供了充足的例題練習與應用。許多已通過考試的人把此書當作他們的參考資源之一，並充分詳讀此書。

總結來說，我們感激任何對於此書的批評、建議、指正，及往後修訂本的稿件。

*Mackenzie L. Davis*
*David A. Cornwell*

## 誌 謝

與其他參考書一樣，因爲有許多人的參與，才能完成此書。爲了不遺漏任何一人，我們明確地列出所有對此書有貢獻的人。

多年來此書歷經了四種修訂版，下列所列出的學生幫忙解決了問題、校對內容、準備圖解、提出難解的問題與確定其他的學生能了解準備的材料：Shelley Agarwal, Stephanie Albert, Deb Allen, Mark Bishop, Aimee Bolen, Kristen Brandt, Jeff Brown, Amber Buhl, Nicole Chernoby, Rebecca Cline, Linda Clowater, Shauna Cohen, John Cooley, Ted Coyer, Marcia Curran, Talia Dodak, Kimberly Doherty, Bobbie Dougherty, Lisa Egleston, Karen Ellis, Craig Fricke, Elizabeth Fry, Beverly Hinds, Edith Hooten, Brad Hoos, Kathy Hulley, Geneva Hulslander, Lisa Huntington, Angela Ilieff, Alison Leach, Gary Lefko, Lynelle Marolf, Lisa McClanahan, Tim McNamara, Becky

Mursch, Cheryl Oliver, Kyle Paulson, Marisa Patterson, Lynnette Payne, Jim Peters, Kristie Piner, Christine Pomeroy, Susan Quiring, Erica Rayner, Bob Reynolds, Laurene Rhyne, Sandra Risley, Carlos Sanlley, Lee Sawatzki, Stephanie Smith, Mary Stewart, Rick Wirsing, and Ya-yun Wu.由衷地感激你們。

我們也非常感謝下列的審稿人，針對此書的前三版本，給予我們許多指導與意見：Wayne Chudyk, Tufts University；John Cleasby, Iowa State University；Michael J. Humenick, University of Wyoming；Tim C. Keener, University of Cincinnati； Paul King, Northeastern University； Susan Masten, Michigan State University； R. J. Murphy, University of South Florida；Thomas G. Sanders, Colorado State Unversity；and Ron Wukasch, Purdue University. 下列審稿人針對第四版的內容，提供了許多有用的建議：Myron Erickson, P. E., Clean Water Plant, City of Wyoming, MI； Thomas Overcamp, Clemson University； James E. Alleman, Iowa State University； Janet Baldwin, Roger Williams University； Ernest R. Blatchley, III, Purdue University；Amy B. Chan Hilton, Florida A&M University-Florida State University； Tim Ellis, Iowa State University； Selma E. Guigard, University of Alberta； Nancy J. Hayden, University of Vermont； Jin Li, University of Wisconsin-Milwaukee； Ming-ming Lu, University of Cincinnati； Taha F. Marhaba, New Jersey Institute of Technology； Alexander P. Mathews, Kansas State University； William F. McTernan, Oklahoma State University；Eberhard Morgenroth, University of Illinois at Urbana-Champaign； Richard J. Schuhmann, The Pennsylvania State University； Michael S. Switzenbaum, Marquette University； Derek G. Williamson, University of Alabama.

誠心感謝我們所尊敬的同事 John Eastman，在第一版第 5 章的初期工作與建設性的評論，及對這些內容所作的獨立性的測試，給予我們很大的幫助。Kristin Erickson爲密西根州立大學生化安全中心、輻射中心的輻射安全人員，編寫第三版第 11 章節，我們非常由衷地感謝她。

最後也是最重要的，我們感謝我們的家人，給予我們寫作本書的支持。

# 譯者序

二十世紀是人類歷史上物質文明、工商活動、及科技發展最為活躍的一個世紀，但無可避免的，人類同時也對賴以生存的環境和資源，產生過度的開發和破壞，並導致嚴重的環境污染問題。因此，在本世紀接近尾聲之前，人類已警覺到生存環境品質的惡化，而提出了「我們只有一個地球」的口號，並建立了許多環境污染預防與控制的新觀念和措施。更具體而言，在一九七〇年以後，「環境工程」已成為一門新興的工程學門，其藉各種工程技術，解決和控制環境污染所造成的種種問題。而國內自一九八〇年以後，環境工程教育亦逐漸受到重視，「環境工程概論」現已被列為大專院校相關科系必修的課程。

事實上，坊間已有許多「環境工程概論」相關的中英文教科書或中文譯本，且涵蓋的範圍亦大同小異。但由 McGraw-Hill 書局於 1998 年出版，並由 Mackenzie L. Davis 和David A. Cornwell兩人合著的 Introduction to Environmental Engineering 第三版，其內容著重於觀念、定義、敘述、和舉例說明，此外，每章之後並附有複習重點、習題、和問題研討，對學習者而言，可增進其學習效果和解題能力，是一本相當理想的教材，值得參考採用。但為了幫助國內大專學生和相關專業從業人員易於閱讀本書，有必要將其翻譯成中譯本，藉以增進初學者之學習與了解。而其第四版於 2007 年發行，其中又增列了有關於質能平衡、永續發展、地下水處理、溫室效應、廢棄物處理及回收等部份之章節，使本書的內容更趨完整且符合環境工程領域的發展趨勢。

本書的翻譯工作，由編譯者召集具有環境工程背景之學者組成翻譯小組，並依專長分工，分別負責各章之初譯，然後再由編譯者進行初校和二校之潤飾。茲將參與第三版及第四版編譯人員之姓名、服務單位和職稱分列如下：

**第三版**

林果慶　加拿大 Keystone 環境工程公司工程師
吳瑞賢　國立中央大學土木工程系教授
郭家倫　行政院原子能委員會核能研究所副工程師
潘時正　中興工程顧問股份有限公司計畫主任
張維欽　國立雲林科技大學環境與安全衛生工程系副教授
莊連春　私立萬能科技大學環境工程系副教授
賴啓中　私立黎明技術學院化學工程與材料工程系副教授
張　重　聯華氣體工業股份有限公司經理
何淑珠　私立北台灣科學技術學院化工與材料工程系講師
申永順　私立大葉大學環境工程系副教授
李啓煌　國立台灣科技大學化學工程研究所博士
王　文　國立台灣科技大學化學工程研究所博士

**第四版**

范姜仁茂　國立中央大學環境工程研究所博士班研究生
黃欣栩　國立中央大學環境工程研究所博士班研究生
王文裕　私立朝陽科技大學環境工程與管理系助理教授
謝瑋師　國立台灣科技大學化學工程研究所研究助理
邱炳嶔　國立台灣科技大學化學工程研究所碩士班研究生

翻譯本是一項相當艱辛的工作，由於語言的表達方式和辭彙的選用，都受限於文化、習慣和背景的不同，使得譯文不容易完全傳達原文的涵意，且技術性的專業書籍，其翻譯又受限於專業術語的不統一，而各有見仁見智的譯法。本譯本的目標爲儘量忠於原著的風貌，故難免有詞不達意的現象發生，因此建議讀者或教師必要時須參閱原著，以爲輔助。另外，本譯本的翻譯時間相當短促，疏漏難免，尚祈各界不吝指正。

曾迪華　於國立中央大學環境工程研究所
顧　洋　於國立台灣科技大學化學工程系

民國九十六年六月

# 目　次

CHAPTER

# 1

# 導　　言

**1-1　什麼是環境工程？**

専業的、學術性的及其他的

什麼是工程？

有關環境工程

**1-2　環境工程介紹**

從哪開始介紹？

本書內容綱要

**1-3　環境系統概觀**

所謂的系統

水資源管理系統

空氣資源管理系統

固體廢棄物管理

多媒介系統

永續性

**1-4　環境法令與立法**

法案、法律與法規

水質管理

空氣品質管理

噪音污染控制

固體廢棄物

有害廢棄物

原子能與放射線

**1-5　環境倫理**

案例 1：加或不加

案例 2：爲了舒適而太靠近

**1-6　本章重點**

**1-7　習　題**

**1-8　問題研討**

**1-9　參考文獻**

## ▲ 1-1 什麼是環境工程？

### 專業的、學術性的及其他的

韋氏 (Webster's) 大字典定義學術性的事業爲法律、醫學及神學，而並未包括工程，因爲前三者在大學裡的修習年限超過四年。事實上，在數百年前，工程科系比這些學術性的專業多二年的學習課程！不管怎樣，韋氏大字典將工程與教書、寫作並列爲專業的，雖然不是“學術性的”。至少一個專業是一種需要在人文藝術、科學及心靈上有更高訓練的職業而非僅是人力的工作。

成爲一個專業人士不僅是身處或擁有專業地位。眞正的專業者要能以服務公眾的精神來追求他們的理想 (ASCE, 1973)。眞正的專業具有下列七種特質：

1. 專業性決策是以一般原則、原理、定理而非特殊案例來決定。
2. 專業性決策是在該特定領域的專業人士所做的決定。專業人士並不是全部都懂，而是只懂其專業範圍的東西。
3. 專業人士與其客戶的關係是客觀、超然於私人情感因素。
4. 專業人士因其工作成果而非其出身、血統、宗教、性別年齡或會員身分來獲致社會地位及經濟上的報酬。
5. 專業人士站在客戶立場而非個人立場來做決策。
6. 專業人士屬於他 (她) 所從事的那一個專業的同業公會，且只受這些協會的規範約束。
7. 一個專業人士比他 (她) 的客戶懂得多，也因此容易使客戶處於不利的地位。所以有必要制定職業規範及倫理來保護客戶。而這些規範便藉由職業同業公會來執行 (Schein, 1968)。

屬於工程的一支且是環境工程源頭的土木工程，便已建立一套具有以上七種特質的倫理規章，總結示於圖 1-1。

**美國土木工程師學會倫理規章**

**基本原則**

工程師為支持及促進工程專業的正直、誠實及尊嚴，應該：

1. 使用他們的知識及技術來增進人類福祉和改善環境。
2. 真實、無私並以忠誠服務公眾、雇主和客戶。
3. 努力去提升工程專業的能力與聲望。
4. 支持所屬的專業及技術學會。

**基本規範**

1. 工程師在執行其專業職責時，應優先考慮公眾的安全、健康及福祉，並且應致力遵守永續發展的原則。
2. 工程師應只在其能力範圍內執行服務。
3. 工程師應以客觀信實的態度發表公開文件。
4. 工程師應以專業的態度，對每一位雇主或客戶，扮演忠誠的代辦人或信託者角色，並避免利益的衝突。
5. 工程師應基於其服務品質來建立專業名聲而非彼此惡性競爭。
6. 工程師應積極支持及促進工程專業的誠實、正直與尊嚴。
7. 工程師應在其職業生涯中不斷地自我追求進步，並且協助提供發展的機會給其下屬的工程師。

**圖 1-1**　美國土木工程學會倫理規章 (ASCE, 2005)

## 什麼是工程？

工程是一項專業技能，其將數學和科學應用至物質性質與能源的使用上，而創造出有用的構造物、機械、產品、系統和程序。

這句話顯示工程師與科學家的基本差別，重點不在於上述定義中如此多方面的應用，而在於各方面的整合。因此，工程師於其職業發展中，必須在資深工程師的指導下，以獲得實務經驗與判斷能力。工程與學習專業一樣，至少有許多的共同點！

工程師常被迫去解釋其與科學家為何有所區別。考量下面的不同處：“科學家發現事物，工程師使其可用” (Mac Vicar, 1983)。

## 有關環境工程

美國土木工程學會 (American Society of Civil Engineering, ASCE) 環境工程分會曾發表以下的聲明：

環境工程是以健全的工程理論與實務來解決環境衛生問題，主要的有公共給水之安全、衛生與充足；廢水及廢棄物之適當處置與回收。都市及郊區之衛生排水；水、土壤、空氣污染之控制等，以及解決這些問題之方法對社會及環境所造成的衝擊。進而言之，它是考慮公共衛生領域裡的工程問題，例如以昆蟲爲媒介之疾病的控制，工業有害物之減除，都市、郊區、休閒場所之衛生維護及科技發展對環境之影響等。

由此，我們可知冷熱空調 (heating, ventilating or air conditioning, HVAC) 不算是環境工程，景觀建築及建築環境 (built environment) 中之建築結構部份，如家屋、辦公室及其他工作場所等皆不屬於環境工程的範圍。

## ▲ 1-2 環境工程介紹

### 從哪開始介紹？

我們以 ASCE 對環境工程的定義作爲本書的基礎。由於時間與篇幅限制，我們集中在定義中提及之主題：

**1.** 安全、可口、充足的自來水供應
**2.** 污水及固體廢棄物的循環與處置
**3.** 水、土壤及大氣污染 (包括噪音) 的控制

### 本書內容綱要

此內容綱要提供本書的概觀，其自 ASCE 的環境工程定義衍生而來。

第 2 章 (物質與能量平衡) 介紹環境工程領域使用的工具。全書中會應用這些工具，使讀者能對本書內容有基礎性的理解，或是做爲建立分析和描述環境程序行爲的方程式之用。

水文學是第 3 章的主題，在該章中，我們討論水文循環和水文分析，確保無論是地表水或地下水，都能充沛供應用水。由於水文學關聯到洪水與乾旱，也因此牽涉 ASCE 的環境工程定義中所提“適當排水”部份。而對於地下水移動之物理探討將有助於對地下水污染問題的了解。

在第 4 章，我們從水量轉到水質。首先，我們溫習一下基本化學觀念及計算；然後我們檢驗一些水質特性。最後，我們說明如何處理水質使之適於飲用。

第 5 章裡，我們考慮各種物質對水質之影響。尤其是有很大篇幅討論有機污染物對水中溶氧之衝擊。溶氧是水中生物如魚類等生存的必備物質。

廢水處理是第 6 章的主題。在這裡，我們檢視如何去除那些會降低湖泊或河川品質的污染物質。我們的重點放在家庭污水的處理。

在第 7、第 8 章，我們轉到大氣污染及噪音的控制。經過簡要的介紹有關空氣污染及噪音對健康的危害與環境的衝擊後，我們看看它們從污染源到人體之間的傳輸過程及控制方法。

第 9 章談到的是固體廢棄物。垃圾的收集、處理及再生是現代複雜社區的基本需求。本章將介紹一些工具藉以了解及解決固體廢棄物的管理問題。

有害廢棄物是第 10 章的主題，討論如何處理受有害廢棄物污染的場址及如何管制我們不斷產生的有害廢棄物。我們研究前幾章提及的一些技術，如何應用來處理這些廢棄物。

最後一章是關於游離輻射，首先介紹輻射對健康的影響，接著討論處理放射性廢料及 X 光的技術。

本書附錄提供有關空氣、水和部份化合物的特性一覽表。

本書封面前置內頁和背面內頁的表格，提供原子量、元素週期表、轉換因子，以及國際度量衡單位系統 (the International System of Units, SI) 所慣例使用的 10 進位單位系統。

## ▲ 1-3 環境系統概觀

### 所謂的系統

在正文開始前，我們認為值得用較大的角度來看本書所探討的問題。工程師喜歡將之稱為“系統逼進”，也就是觀察所有互相關聯的部份及其互相的影響。在環境系統中，我們很難眞正識別所有關聯的部份，更遑論了解它們之間的作用。因此，我們最先做的是將系統簡化成吾人可及的規模，且內容型態與眞實系統相似。此種簡化當然無法代替眞實的系統，但大致上已足夠描繪出系統的活動。

依照上述的簡化原則，我們將介紹三種環境系統：水資源管理系統、大氣資源管理系統及固體廢棄物管理系統。牽涉以上三個系統之一的污染問題稱為單一媒體問題。許多環境問題常常同時牽涉到空氣、水及土壤等各種媒體，故這些問題稱爲**多媒介** (multimedia) 污染問題。

## 水資源管理系統

**水供應子系統**。水源的性質決定了集水、淨水、導水及配水工程的規劃、設計與操作。**地表水** (surface water) 及**地下水** (ground water) 爲兩種供應家庭及工業用水的主要水源。河川、湖泊、水庫屬於地表水源。從水井抽出者爲地下水源。

圖 1-2 描示用於小社區的水資源系統。不同的水源使用不同的收集與處理工程*。都市中的管網稱爲配水系統。管路 (通常稱爲幹線) 壓力一般保持在 200 至 860 kPa。在**低需求期**† (通常在夜間)，淨水廠的多餘自來水便貯放在蓄水塔內。當高需求期時再將這些貯留水放出使用。蓄水設施可調節自來水的供應，以滿足一天內變化的用水量，減少淨水廠的負荷，及提供火災時的瞬間大量需求。

人口及用水型式是決定需水量的主要因子，也因此影響整個水資源系統的組成。選擇供水來源的最初步驟就是決定需水量。需水量的基本設計參數是平均日用水量及尖峰需求流量。平均日用水量的估計是爲了：(1) 知道地表水或地下水在枯水季低水位時，是否仍能不間斷地供應足夠水量；(2) 決定平時需貯存多少水量以供枯水季時使用。尖峰需求流量是用來決定水管管線尺寸、壓力損失及在尖峰用水所需之足夠蓄水量。

許多因素影響一個系統的水使用。例如自來水的方便常導致人們過度的使用於澆花、洗車、空調及各種家庭、工業活動。影響人們用水的主要因素包括：

**1.** 氣候
**2.** 工業活動
**3.** 水表
**4.** 系統管理

---

* **工程** (works) 是名詞，用於代表“工程結構物”(engineering structures)，也同樣代表一種**藝術工作** (art works)。

† **需求** (Demand) 是指用水。此字源自於經濟學，代表 “對某一物品之渴求”，用水者打開水龍頭或按下馬桶 (water closet, W.C.) 沖水時，顯示了他們對自來水之渴求。

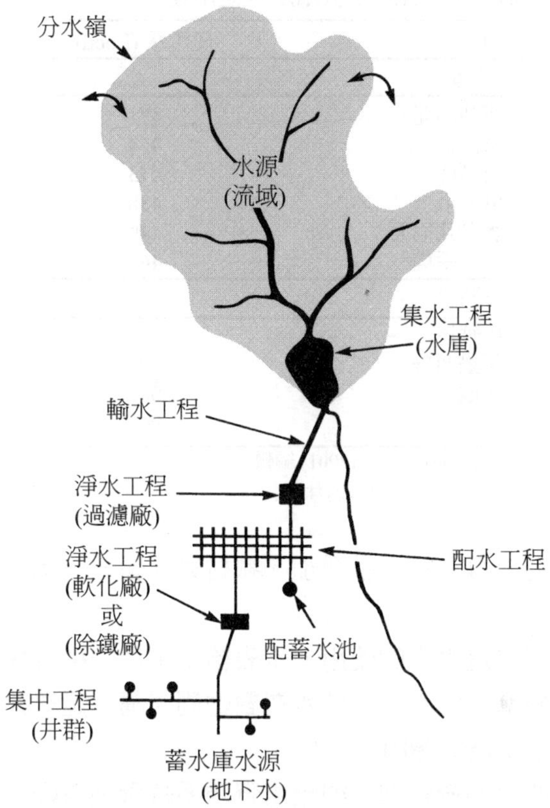


**圖 1-2** 供水資源系統概圖。

**5.** 生活水準

下列幾種因子亦會降低自來水的消耗量：下水道興建程度、系統水壓、水價及私人水井的使用。

如果以每人 (per capita)* 爲基礎，氣候爲影響用水量最重要的因子，表 1-1 列出顯著差異。在“潮濕”的州，平均年降雨量爲 100 cm，而“乾燥”的州，平均年降雨量僅有 25 cm，當然“乾燥”的州通常較“潮濕”的州溫暖。

* per capita 是拉丁名詞，意爲“以人頭計”，這裡是指 “每人”，此假設每個人平均有一個頭。

**表 1-1 公共給水總淡水使用量[a]**

| 州 | 使用量 (Lpcd)[b] |
|---|---|
| "潮濕" | |
| 康乃迪克 | 471 |
| 密西根 | 434 |
| 紐澤西 | 473 |
| 俄亥俄 | 488 |
| 賓夕凡尼亞 | 449 |
| 平均 | 463 |
| "乾燥" | |
| 內華達 | 1,190 |
| 新墨西哥 | 797 |
| 猶他 | 1,083 |
| 平均 | 963 |

[a] 由 Hutson et al. (2001) 編輯
[b] Lpcd＝每人每天公升數

工業的活動造成每人需水量增加。鄉村與郊區一般都比工業化都市的每人用水量少。

第三個重要因素是水表的使用。水表給予用戶一種責任感，這種責任感促使消費者想去修漏、省水，雖然水費對他們來講不是很大的負擔。由於水價不高，水價通常不爲影響因子。

與水表相近的是系統管理。如果水資源系統管理得好，每人用水量就會降低，好的系統管理就是管理者知道何時何處自來水幹管有漏水，並且能很快地修復它。

與氣候、工業活動、水表及系統管理比較，生活水準就比較不那麼重要。明白地說，生活水準愈高，個人用水量自然愈多。高度開發國家用水量比低度開發國家高。同樣地，高社經地位代表更多的用水量。

在美國，2000 年各項用途的總用水量 (使用於農業、商業、家庭、冶礦及發電上)，包括淡水及海水，爲每人每天 5,400 公升 (Lpcd)(Hutson et al., 2001)。2000 年的公共給水用水量 (家庭、商業及工業)，每人每天約 580 Lpcd (Hutson et al., 2001)。美國水工協會 (American Water Works Association, AWWA) 估計，1999 年單一家庭住戶，平均每天用水量爲 1,320 公升 (AWWA, 1999)，以成員三人計，約爲 440 Lcpd。用水量的變化通常以平均日爲準：最大日用水量＝2.2×平均日用水量；尖峰小時用水量＝5.3×平均

**表 1-2 每人用水量變化例**

| 地點 | Lpcd | 每人消耗百分比 | | |
|---|---|---|---|---|
| | | 工業區 | 商業區 | 住宅區 |
| Lansing, MI | 512 | 14 | 32 | 54 |
| East Lansing, MI | 310 | 0 | 10 | 90 |
| Michigan State University | 271 | 0 | 1 | 99 |

Data from local treatment plants, 2004.

日用水量 (Linaweaver et al., 1967)。密西根中部某些地區每日平均的用水量數據，及其各業所占比例示於表 1-2。

太平洋開發環境安全研究學院 (Pacific Institute for Studies in Development, Environment. and Security)，調查國際性的每人家庭用水量，報告如下 (以 Lpcd 爲單位)：澳洲，1,400；加拿大，430；中國，60；厄瓜多爾，85；埃及，130；德國，270；印度，30；墨西哥，130；奈及利亞，25。

**廢水處置子系統**。爲保護個人、家庭及社區的健康，防止公害的產生，所有人類產生的廢污必須妥善處置。爲達成這個目的，廢污的處置必須做到：

1. 不可污染任何飲用水源。
2. 不可讓可能接觸到食物或飲水的**病媒** (昆蟲、老鼠或其他帶原者) 孳生，而引致公眾健康危害。
3. 不可讓兒童接近而造成公眾健康危害。
4. 不可違反相關水污染或污水處理的法律或規定。
5. 不可污染任何海灘、漁場或河流等供公共/家庭用水或休閒目的的水體。
6. 不可產生惡臭或髒亂。

要符合以上六個原則，最好的方法是將家庭污水納入公共或社區污水系統 (U.S. PHS, 1970)。在沒有社區下水道系統存在的地區，認可的現地處置方法有時是被要求的。

最簡化的廢水管理子系統包含六個部份 (圖 1-3)。廢水來源可以是工業廢水或家庭污水或兩者皆有*。工業廢水可能會影響都市污水處理廠 (WWTP) 功能者，應該先預做處理。聯邦法令稱都市污水處理廠爲公營處理

*家庭污水有時稱做衛生污水，雖然它一點也不衛生！

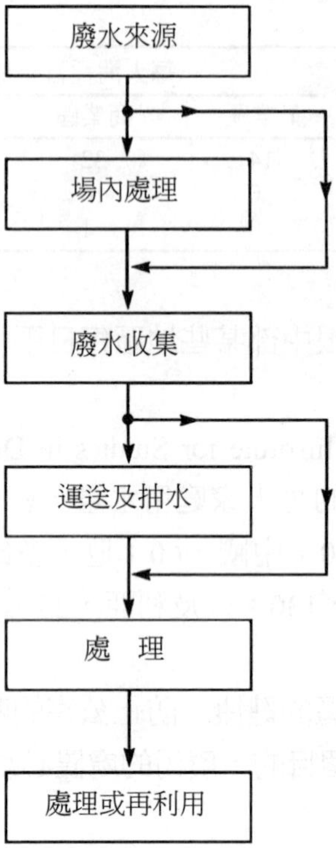


**圖 1-3** 廢水管理子系統 (Linsley and Fanzini,1979)。

機構 (POTW)。

流入 WWTP 的廢水量隨著一天的用水情形而有很大的變化。典型的日變化量示如圖 1-4，大部份社區用水最終都會流入污水下水道。約有 5% 到 15% 的水用於澆草、洗車及其他消耗。消耗水量可視爲流入配水系統的平均水量與流入 WWTP 的平均水量之差值 (除了管線洩漏外)。

廢水量與用水量有相同的決定因子，唯一的例外是地下水，它會藉滲漏進入系統中，自來水系統因有壓力的關係，地下水不容易進入。而污水系統是重力式的開放管線。地下水容易**入滲** (infiltrate) 或漏入系統中。當下水道系統人孔位置很低時，就會有雨水**入流** (inflow) 進入孔蓋。其他可能進流包括屋頂側溝和下流管以及沉水抽水機從地下基礎處排出的水。**入滲與入流** (I & I) 在暴雨時便顯得很重要。從 I & I 額外產生的水量，可能會造成下水道的水力超負荷，而倒流入房子裡，並且會減低 WWTP 的效率。新近的施工技術與材料，已使 I & I 減少到最低的程度。

下水道可分爲三類：污水、雨水及合流下水道。**污水下水道** (sanitary

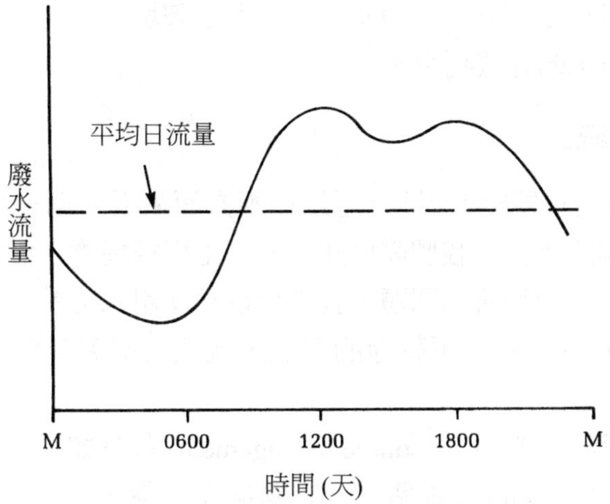


**圖 1-4** 典型的日廢水量變化。

sewers) 主要輸送住宅及商業區污水。工業廢水經預先處理後，也可排入污水下水道。**雨水下水道** (storm sewers) 主要是處理暴雨逕流量，以防止低窪地區淹水。污水下水道最終排入污水處理廠，而雨水下水道最終排入河流、海洋等。**合流下水道** (combined sewers) 同時排除污水和雨水。在旱季時，只有污水流入處理廠；雨季時，多餘的雨水則直接排入水體中，不幸的是這些雨水混合著未經處理的污水。美國環保署估計，每年約發生 40,000 次溢流。現代化的設計已不鼓勵採用合流式下水道，許多社區已逐步將下水道系統改換爲分流式下水道系統。

當無法使用重力流方式，或下水道管埋設太深時，便需考慮使用抽水機。若廢水被抽水機垂直抽送到較高處的重力下水道裡，該抽水機的位置稱作**揚水站** (lift station)。

廢水被抽送到 WWTP 處理以去除水中污染物，使其不致**腐臭** (putrescible)。WWTP 處理後之**放流水** (effluent) 可以排放至海洋、湖泊或河川 (稱爲承受水體)。此外，亦可排至 (或排入) 土壤，或再回收利用。從 WWTP 產生的污泥副產物，也需要加以處理到無害於環境的程度。

討論廢水之排放至土壤或承受水體，需注意不可超過土壤或水體的涵容能力，即使排放廢水比河水乾淨，亦不允許其排放至河川中，因有一句名諺指出 “稻草亦可壓斷駱駝的背”。

總之水資源管理是控制水質與水量，使在不破壞水的可利用性及純度情況下，提供人們對水的有效利用。

## 空氣資源管理系統

空氣資源與水資源不同的地方可以從兩方面來看。第一是有關量的方面。爲了提供足夠的水量，我們需要建造各種工程結構物，而空氣則隨時隨處皆可獲得。第二方面是質的問題，我們可以在使用水之前先處理它，卻不會天天戴著防毒面具以處理不乾淨的空氣，或天天戴著耳塞以防止噪音干擾。

所謂的**空氣資源管理** (air resource management) 就是如何在成本和利潤保持平衡下，以獲得期望的空氣品質。有兩個原因使得成本-效益分析有困難，第一是有關空氣品質，固然我們的目標是保護人體的健康與福祉。但到底我們能忍受空氣污染到什麼程度？我們都知道可容忍的限値一般都是大於零，但可容忍的程度卻是因人而異。第二是有關成本對應於效益的問題，我們都知道，我們是不會花費整個國家生產毛額的經費，來確保沒有任何一個個人的健康(或財產)受到傷害，但我們也知道不能都不花錢在空氣污染防治上，雖然控制成本可以標準的工程和經濟方法，合理的加以決定，但污染成本尚未有辦法能定量評估。

空氣資源管理計畫的建立最主要是基於下列理由：(1) 空氣品質已經惡化且有必要予以改善。(2) 若不處理的話將來有可能出現更大的問題。

爲了使空氣資源管理計畫有效地被執行，圖 1-5 的所有單元必須都運用到。(如果將圖中的**空氣**兩個字改成**水**的話，則該流程圖也可應用到水資源管理方面)。

## 固體廢棄物管理

在過去，固體廢棄物被當做是一種資源。現在我們將檢查它成爲資源的潛力。一般來說，垃圾總是被人當成污染物，以便宜的方式處理而非當作資源般回收。簡單的固體廢棄物管理系統示於圖 1-6。

當十九世紀中葉，霍亂及傷寒流行病促成水資源管理的努力，以及空氣污染事件加速較佳的空氣資源管理的同時，我們也逐漸感覺到物質及能源的嚴重缺乏，而必須運用現代化的固體廢棄物管理。1980 年代的掩埋“危

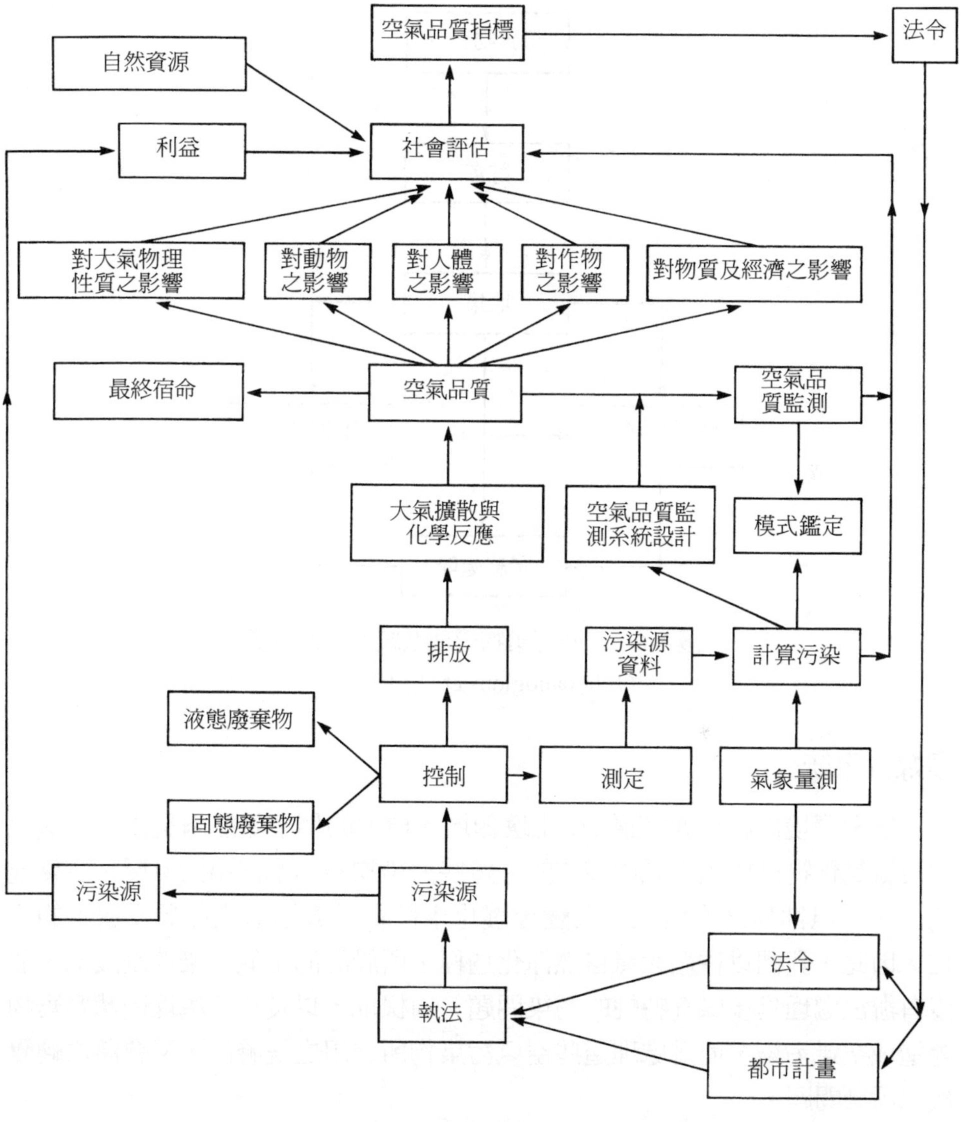


**圖 1-5** 空氣資源管理系統簡化流程圖。

機"，促使 1990 年代初期新舊掩埋場的興建與擴充，以及許多減少固體廢棄物新技術的產生。1999 年，超過 9,000 的人行道資源回收計畫，服務約一半的美國人口 (U.S. EPA, 2005a)

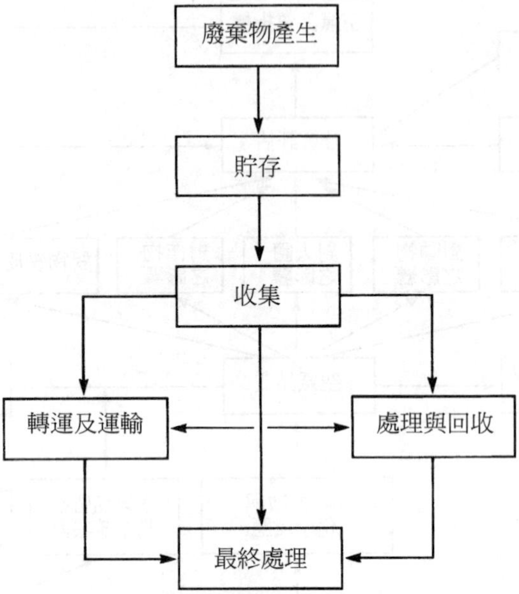


**圖 1-6** 固體廢棄物管理系統簡單流程圖
(Tchobanoglous et al., 1977)。

## 多媒介系統

很多環境問題橫跨空氣-水-土壤領域。典型的例子如酸雨是由於硫氧化物及氮氧化物排放入空氣中造成的。這些污染物被雨水洗出大氣層，空氣變乾淨了，但卻轉爲水污染及改變土壤化學性質，最終造成魚類及樹木的死亡。因此，我們以往循大氣自然淨化過程，所設計的空氣污染控制設備，並沒有辦法處理具多媒介特性的污染問題。同樣地，以焚化法處理固體廢棄物會造成空氣污染，而爲處理這些空氣污染物所運用之洗滌法，又會將之轉變成水污染問題。

從處理多媒介問題的經驗，我們學到三個教訓。第一，所發展的模式太簡單的話是很危險的。第二，環境工程師必須與其他學門的專家合作才能解決環境問題。第三，解決環境污染最佳的方式是減少廢污的產生——如果污染沒有產生，自然沒有處理或處置的需要。

### 永續性

永續性的問題爲，在可預見的未來，污染問題將會持續存在，並阻礙延續現有的生活水準，以及開發中國家達到相同標準。因此，從消耗自然資源的觀點，如何維持生態系統。就我們的系統而言，如果從控制污染的簡單觀念，朝向永續環境的概念，則對於污染問題可獲得更好的解決辦法，例如：

- 減廢以避免污染
- 以生命週期分析生產技術，包括使用可更換或再利用的材料
- 選擇壽命長的材料及方法
- 選擇省能及省水的製造技術及設備

## ▲ 1-4 環境法令與立法

### 法案、法律與法規

下段簡敘立法的程序與確立有關草案、法律和法規項目的位階資訊。本節的討論限於聯邦的立法程序和命名 (nomenclature)。

新的法律提案，稱爲**草案** (bill)，是由參議院 (Senate) 或眾議院 (House of Representatives) 所提出。草案會被賦予編號 (dsignation)，例如參議院的可能是如 S. 2649 之類號碼，而眾議院的可能是如 H.R. 5959 之類號碼。參眾兩院可能同時會提出議題類似的草案，故一項草案常會伴隨出現“同性質的版本” (companions)。草案具有標題，例如“安全飲用水法” (Safe Drinking Water Act)，其中 Act 隱含其爲由國會所立法的“法案” (Act) 之意。法案可能僅列一“篇” (Title)，或是分成幾篇。法案中“篇”的查詢，採羅馬數字。例如，清淨空氣法案修正案第三篇 (Title III of the Clean Air Act Amendments) 列出有害的空氣污染物。通常一項草案會指定由某個政府行政部門執行，例如由 USEPA 建立污染物濃度限值，這類的草案偶爾會包含特定的污染物限值數字在內。如果草案成功地從提案的委員會通過，則會“提交報告” (report out) 至參議院全院 (如參議院報告 99-56 號)，或至眾議院全院 (如眾議院報告 99-168 號)。報告的編號中，破折號前的第一項數字代表草案提交報告時的國會會期，在本例中，99 代表第 99 屆國會。如果草案於參議院/眾議院全院通過，會由參議員和國會代表所組成的聯合委員會 (協商委員會，conference committee) 審議，提出單一版本的草案，並交由參眾兩院表決。若該草案被參眾兩院通過，則交由總統決定予以批准或否決。當總統簽署草案後，草案即成爲**法律** (law) 或**法令** (statute)，然後賦予編號，如公法 (Public Law) 99-339 號或 PL 99-339，其表示是由第 99 屆國會所通過的第 339 號法律。總統簽署批准後的法律或法令，另稱爲法案，其標題參照國會所提出草案的標題。

聯邦公報局 (The Office of the Federal Register) 每年會編輯**美國聯邦法律大全** (United States Statutes at Large)，這是將每個國會會期期間所發佈的法律、參眾兩院共同決議案 (concurrent resolution)、重組方案 (reorganization plan)，及公告，加以編輯出版。法令按照時間順序予以編號，而非以主題排序，例如可速記成編號 104 Stat. 3000。

**美國聯邦法典** (United States Code) 在當期國會會期開議之前，彙編具有強制效力的法律 (U.S. Code, 2005)。美國聯邦法典是依照 "篇" 和 "節" (Section) 的號碼來查詢 (例如，42 USC 6901 或 42 U.S.C. §6901)。表 1-3 提供一個實例，顯示與環境議題有關之篇號與節號。注意，美國聯邦法典的 "篇名"，與國會法案的 "篇名" 並不一致。

USEPA 或其他政府行政部門，遵循稱爲**規則制定程序** (rule making) 的特定規範過程，以完成國會下達建立**法規** (regulation) 或**規則** (rule) 的指令。政府機關 (EPA、能源部、聯邦航空局等) 首先會在**聯邦政府公報** (Federal Register) 刊登**規則草案** (proposed rule)，聯邦政府公報本質上是政府的報社，聯邦政府每天會營運出版。政府機關提供規則制定程序的法理 (logic) [稱爲**法律序言** (preamble)] 及草案，並且徵求意見。一項規則的法律序言可能長達幾百頁，然而規則的長度可能僅有幾行文字，或是僅含一頁的污染物允許濃度表格而已。在最終版本的規則發佈之前，政府機關允許公眾評論並考量相關意見。公眾評論所需的時間長短不一，對不複雜且無爭議的規則而言，可能只要幾週時間；但較複雜的規則可能要延長一年之久。**聯邦政府公報**出版物的查詢序號，是以下列的形式表示：59 FR 11863。最前面的數字是卷號 (volume number)，依照年份編號；最後面的數字爲頁碼 (page number)，以每年一月的第一個營運日開始，從第 1 頁依序編號。例子中的數字顯示，規則制定程序在第 11,863 頁開始刊載！雖然有人可能認爲，該規則制定程序發生在該年年末，但如果有大量的規則已經公佈時，就可能不是如此。由於這種

**表 1-3 美國聯邦法典中與環境相關的篇號和節號**

| 篇 | 節 | 法令 |
|---|---|---|
| 7 | 136 至 136y | 聯邦殺蟲劑、殺菌劑及滅鼠劑法 |
| 16 | 1531 至 1544 | 瀕臨絕種生物法 |
| 33 | 1251 至 1387 | 清淨水法 |
| 33 | 2701 至 2761 | 油污染法 |
| 42 | 300f 至 300j-26 | 安全飲用水法 |
| 42 | 4321 至 4347 | 國家環境政策法 |
| 42 | 4901 至 4918 | 噪音控制法 |
| 42 | 6901 至 6922k | 固體廢棄物處置法 |
| 42 | 7401 至 7671q | 清淨空氣法 (在 §7641 節內含噪音) |
| 42 | 9601 至 9675 | 全面性環境應變、補償及責任法 |
| 42 | 11001 至 11050 | 緊急規劃及社區知權法 |
| 42 | 13101 至 13109 | 污染預防法 |
| 46 | 3703 [a] | 油污染法 |
| 49 | 2101 | 航空安全與噪音消減法 [a] |
| 49 | 2202 | 機場與航道改善法 [a] |
| 49 | 47501 至 47510 | 機場噪音消減法 |

[a] 列在美國聯邦法典詮註 (U.S. Code Annotated, U.S.C.S.A)

情形，使得在搜尋規則時，規則的公佈日期變得非常有用。

過去一年立法完成的規則，會每年一次於 7 月 1 日被編纂成**法典** (codified)，亦即彙整及出版在**聯邦法規法典** (Code of Federal Regulations) 中 (CFR, 2005)。與**聯邦政府公報**不同，**聯邦法規法典**是將各政府機關所發佈的規則/法規加以彙編，而並未說明政府的立法決策過程。規則的立法過程說明，僅能見於**聯邦政府公報**中。**聯邦法規法典**所使用的記號如下：40 CFR 280，最前面的數字是“篇號”，第二類的數字爲“部號” (part number)。不幸的是，這個篇號無論是與法案的篇號，或是美國聯邦法典的篇號，都互不相關。CFR 的篇號及與環境相關的主題，示於表 1-4 中。

## 水質管理

**飲用水** 在 1893 年的州際檢疫法 (Interstate Quarantine Act) 之下，美國公共衛生服務部 (U.S. Public Health Service, PHS) 被授權立法和執法，防止傳染病的擴散。州際法規於 1894 年首先公佈，與水相關的法規 (在州際病媒上，禁止使用“公用杯子”) 則在 1912 年通過。第一項聯邦的飲用水法規在 1914 年

**表 1-4 聯邦法規法典中與環境相關的篇號**

| 篇號 | 主題 |
|---|---|
| 7 | 農業 (土壤保育) |
| 10 | 能源 (核子管制委員會) |
| 14 | 航空與太空 (噪音) |
| 16 | 保育 |
| 23 | 高速公路 (噪音) |
| 24 | 住宅與都市發展 (噪音) |
| 29 | 勞工 (噪音) |
| 30 | 礦產資源 (地表採礦回收再利用) |
| 33 | 航海與航行水體 (溼地與挖泥) |
| 40 | 環境保護 (環境保護署) |
| 42 | 公共衛生與社會救濟 |
| 43 | 公有地：內陸 |
| 49 | 運輸 (運輸有害廢棄物) |
| 50 | 野生動物及漁業 |

通過，訂定了細菌污染的限值。在 1925 年，1893 年的州際檢疫法仍然有效，PHS 從嚴訂定細菌的標準，並且增訂物理性與化學性的標準，一直到 1940 年代，這些標準都有重新檢討與定期更新。在 1962 年，這些標準完成全面性的更新，並被各州所接受，但僅約束到大約 2% 公眾，其被供應州際病媒。

1974年的安全飲用水法 (SDWA)，亦爲美國公共衛生服務法第十四篇 (Title XIV of the U.S. Public Health Service Act)，是第一項以飲用水爲重點的國會法案，其指示新成立的環保署，要修訂飲用水法規，以保護公眾健康。對此，國會指定兩個步驟的程序。首先，根據美國國家科學院 (National Academy of Science) 的研究結果，對於確認會對健康有不利影響的污染物，要公告建議的最大容許污染濃度 (recommended maximum contaminant levels, RMCLs)。RMCLs 要在有足夠的安全餘裕下，設定成已知或預期會發生健康效應的濃度值。國會指明這些建議的容許濃度，其目標是爲達到健康，對聯邦並無強制力。其次，USEPA 要訂定與 RMCLs 接近，又具有可行性的**最大容許污染濃度** (maximum contaminant levels, MCLs)，形成國家主要飲用水標準 (National Primary Drinking Water Regulations)。這些標準適用於常年供應 25 人以上，或是有 15 個供水點以上的公共供水系統。

其後 SDWA 在 1977、1979 及 1980 年，分別經過修正和/或再批准。SDWA 在 1986 年修訂，產生重大變化。國會將重點放在加強法案制定程序，其被雷根政府顯著地延誤。1986 年的法案要求：

**1.** 1989 年 6 月以前，要建立 83 項污染物的強制性標準。
**2.** 每隔 3 年訂定 25 項污染物的強制性法規。
**3.** 對每項法定污染物，指定最佳可利用技術 (best available technology, BAT)。
**4.** 制定細部準則，以決定地表水需要過濾供水的時機。
**5.** 全部的公共給水系統需要消毒。
**6.** 監測非法定的污染物。
**7.** 公共給水系統禁止使用含鉛的焊料、助熔劑及管線。
**8.** 提出新的井頭保護計畫，並保護作爲唯一水源的含水層 (Pontius, 2003)。

每 3 年強制規範 25 項污染物是無法達到，在 1992 年之後，法規停止發佈。1986 年的 SDWA 修正案，國會批准了執行至 1991 年會計年度，但之後直到 1996 年都沒有再次批准。

1996 年的 SDWA 修正案由柯林頓總統簽署成法律，成爲公法 PL 104-182 號。這項修正案對法案進行大量的修訂，增加了新的十一節，加強及擴充飲用水的保護。其中包括提供補助金予執法單位、水系統容量升級、操作訓練及點污染源問題處理技術等方面。此外，它還要求自來水水質發生問題時，24 小時內通知用水戶 (舊法是 2 個星期)，及出版自來水水質年報，告知用戶管制污染物的水質程度。從水質分析中，若知道那些污染物是不會存在或發生在自來水中，則可免除其分析的必要，以節省分析費用。USEPA 並提供研究經費，委託研究砷、鐳、隱孢子蟲 (Crytosporidium) 對人體健康的影響及其處理方法。此外，USEPA 被要求發展一套篩選方法，以鑑定物質所構成的風險，是否會與自然發生的雌激素產生相同的影響，並篩選會造成雌激素影響的殺蟲劑及其他化學物質。不同於過去所有的環境法規制定程序，主要的轉變在於法案的第 1412(b)(6) 節，要求環境法規的制定要包含成本與效益的評估。再者，法案允許環保署長 “公佈最大污染物濃度，此污染物在合理的成本效益下，可達到污染物最大健康風險削減的效益”。在這項法律立法之前，成本從來就不是保護人體健康和環境的考量項目。

**表 1-5 聯邦有關水污染防治的法令**

| 年 | 名稱 | 立法中主要內容[a] |
|---|---|---|
| 1948 | 水污染防治法 | 提供基金給州政府水污染防治機構。對州的技術支援。對付污染者的法律行動的相關條文 |
| 1956 | 聯邦水污染防治法 (FWPCA) | 水污染研究及訓練基金。市區興建補助。三階段執法程序。 |
| 1965 | 水質法 | 州訂立水質標準。州準備執行計畫 |
| 1972 | FWPCA 修正案 | 污染零排放目標 BPT 及 BAT 放流限值。NPDES 許可制。違反許可的執法 |
| 1977 | 清淨水法 | 有毒物質的 BAT 要求標準，傳統物質的 BCT 要求標準 |
| 1981 | 垃圾處理工程補助法 | 減輕聯邦對於工程補助的負擔 |

[a] 本表內容僅列出各法律新的政策及計畫，這些條文常被以後的法律修改引用。

名詞：
BPT ＝最佳實際處理技術
BAT ＝最佳可使用處理技術
NPDES ＝國家污染排放消除系統
BCT ＝最佳傳統處理技術

**水污染防治** 聯邦扮演水污染防治的角色始於 1912 年的公共衛生服務法。此法在辛辛那堤建立了河川調查站以執行水污染研究。1924 年通過了油污染法 (Oil Pollution Act) 以防止油污排入海岸水體。在 1930 年代到 1940 年代間，對於聯邦政府是否在水污染防治工作上，應承擔較重要的角色，一直有許多的爭論。此一爭論導致 1948 年的水污染防治法，對於聯邦權力擴張有了限制 (表 1-5)。但 1956 年，聯邦水污染防治法 (Federal Water Pollution Control Act, FWPCA) 受國會推翻艾森豪總統的否決權而通過 (Percival, 2003)，是早期聯邦著力於水污染問題的基石。此法的關鍵要素包括興建污水處理廠的補助計畫及擴張聯邦對付污染者的執法根據。此法也提供更多的補助金，供各州政府推動水污染防治工作，並提供經費支援研究及教育、訓練計畫。而這些計畫，在 1960 年代至 1970 年代間許多聯邦水污染防治法的修正案中仍被要求持續進行。

1965 年的水質法 (Water Quality Act) 延伸很多早期的聯邦立法條款，主要是增加基金的補助額度。另外，此法也要求各州建立環境水質標準，並訂定計畫以達到這些水質標準。該法也將管理聯邦水質計畫的責任，從美國公共衛生服務部，移到另一個獨立的機構-聯邦水污染管制局 (The Federal Water

Pollution Control Administration)，並隸屬於衛生教育福利部 (Department of Health, Education, and Welfare, HEW)。但這還不是一個永久性的改變，在 1970 年，美國總統下令將水污染防治工作及其他的聯邦環境計畫加以整合，新成立環境保護署 (Environmental Protection Agency, EPA)。

公法 92-500 號中 (1972 年的聯邦水污染防治法修正案)*，國會提出 (1) 國家水質目標，(2) 技術爲本位的放流水限值，(3) 國家排放許可制度，(4) 違反許可規定之污染源的聯邦法庭行動。

1972 年的修正案旨在重建及維護 "國家水資源在化學、物理及生物上的完整性"。修正案指出，國家的目標是 "在 1985 年時，消除污染物排入可航行的水體中"，其中還包括一個暫時性目標：

> 無論任何可達到的地方，在 1983 年 7 月 1 日以前，應達到一個暫時性水質目標，使能提供魚、貝類及野生動物的保護與繁殖，並提供水面和水中的休閒功能。

USEPA 官員被要求依照 1972 年修正案設定放流水限制：在 1977 年以前，所有排放者必須達成 "**當時可使用的最佳實用控制技術**" (best practicable control technology currently available, BPT)；而在 1983 年以前，所有排放者必須具有 "**經濟上可行的最佳可利用技術**" (best available technology economically achievable, BAT)。由於許多人對於 USEPA 放流水限制準則產生質疑，而延遲限值的執行，但 BPT 仍被推動，至於 BAT，則在 1977 年的清淨水法 (Clean Water Act) 中，被國會重新修正。

原來的 BAT 排放限制，主要被批評的論點是削減高百分比率污染物的成本，比所能獲得的利益高很多。在 BAT 的定義中，成本的考慮是在工業界所能負擔的範圍內來加以考量；嚴格的放流水管制，所帶來的社會福利，並不是主要的考慮因素。國會所設定的消除水污染物的崇高利益才是重點，而國會堅持很嚴格的排放限制，可說是爲確保美國人民擁有高品質用水的權力在努力。

在 1977 年，國會只在毒性物質上回應對 BAT 的批評。對於 "傳統性的污染物"，如生化需氧量及懸浮固體等，則引進不同的要求，其排放限值準則是基於 "**最佳傳統污染物控制技術**" (best conventional pollutant control tech-

* 推翻尼克森總統的否決權而通過 (Percival, 2003)

nology, BCT)。

1977 年清淨水法，強烈的引入水媒有毒物質必須被控制的觀點。該法明列 65 種物質作爲界定有毒物質的基礎。這份名單源於 1976 年環保團體控訴 USEPA 未能規範出有毒污染物標準的協議而來。該名單後來又被 USEPA 擴充爲 127 種 “優先污染物質” (priority pollutants)，如表 1-6 所示。

1972 年的 FWPCA 修正案 (及以後 1977 年的清淨水法) 定的排放限值，促使 “國家污染物排放削減系統” (National Pollutant Discharge Elimination System, NPDES) 許可制的形成。此許可制度源於 1960 年代後期司法部 (Department of Justice) 所採取的行動。由於最高法院有利的法令解釋，美國律師可以根據 1899 年的河港法 (River and Harbor Act)，起訴製造水污染的工廠。河港法原爲禁止垃圾拋棄入航行水域，以免影響船隻行駛。後來在 1960 年代，亦被擴大解釋適用於液狀廢污的管制。在 1970 年 12 月，USEPA 署長簽署一項行政命令，根據 1899 年的河港法，於其水質管理計畫採取使用許可制及罰責。雖然該計畫在 1971 年受到法院的挑戰而延誤，但國會仍使它成爲 1972 年 FWPCA 修正案中聯邦策略的核心部份。

## 空氣品質管理

促使立法進行空氣污染防治的因素有兩項。第一項因素，是由於賓夕法尼亞州的唐諾拉鎮 (Donora) 發生空氣污染事件，使 20 人死亡、好幾千人染病。第二項因素，是汽車廢氣與光煙霧之間關聯性的認知，逐漸被人了解。有關空氣污染防治法立法的歷史演進，示於表 1-7。

第一項聯邦法案是 1955 年的空氣污染防治法 (Air Pollution Control Act, PL 84-159)。依此法，成立一個由美國公共衛生服務部所主導的聯邦基金研究補助計畫。聯邦政府在空氣污染防治的擴展上是有限的，由法令立法的歷史演進顯示，不同於尊重各州、郡、市對空氣污染管制的權力與責任，國會企圖限制聯邦政府涉入的事項。

聯邦的角色在 1963 年的清淨空氣法中才得以眞正擴大。該法容許聯邦直接插手跨州性的污染管制。聯邦參與的方式依循 1956 年聯邦水污染管制法 (Federal Water Pollution Control Act) 的實施過程。

聯邦第一個對汽車排放的管制，始於 1965 年的機動車輛空氣污染管制法 (Motor Vehicle Air Pollution Control Act)。根據早期在加州對汽車排放管制

## 表 1-6 USEPA 優先考慮污染物質清單

| | | |
|---|---|---|
| **1.** Antimony | **43.** Trichloroethylene | **86.** Fluoranthene |
| **2.** Arsenic | **44.** Vinyl chloride | **87.** Fluorene |
| **3.** Beryllium | **45.** 2-Chlorophenol | **88.** Hexachlorobenzene |
| **4.** Cadmium | **46.** 2,4-Dichlorophenol | **89.** Hexachlorobutadiene |
| **5a.** Chromium (III) | **47.** 2,4-Dimethylphenol | **90.** Hexachlorocyclopentadiene |
| **5b.** Chromium (VI) | **48.** 2-Methyl-4-chlorophenol | **91.** Hexachloroethane |
| **6.** Copper | **49.** 2,4-Dinitrophenol | **92.** Indeno(1,2,3-cd)pyrene |
| **7.** Lead | **50.** 2-Nitrophenol | **93.** Isophorone |
| **8.** Mercury | **51.** 4-Nitrophenol | **94.** Naphthalene |
| **9.** Nickel | **52.** 3-Methyl-4-chlorophenol | **95.** Nitrobenzene |
| **10.** Selenium | **53.** Pentachlorophenol | **96.** N-Nitrosodimethylamine |
| **11.** Silver | **54.** Phenol | **97.** N-Nitrosodi-n-propylamine |
| **12.** Thallium | **55.** 2,4,6-Trichlorophenol | **98.** N-Nitrosodiphenylamine |
| **13.** Zinc | **56.** Acenaphthene | **99.** Phenanthrene |
| **14.** Cyanide | **57.** Acenaphthylene | **100.** Pyrene |
| **15.** Asbestos | **58.** Anthracene | **101.** 1,2,4-Trichlorobenzene |
| **16.** 2,3,7,8-TCDD (Dioxin) | **59.** Benzidine | **102.** Aldrin |
| **17.** Acrolein | **60.** Benzo(a)anthracene | **103.** alpha-BHC |
| **18.** Acrylonitrile | **61.** Benzo(a)pyrene | **104.** beta-BHC |
| **19.** Benzene | **62.** Benzo(a)fluoranthene | **105.** gamma-BHC |
| **20.** Bromoform | **63.** Benzo(ghi)perylene | **106.** delta-BHC |
| **21.** Carbon tetrachloride | **64.** Benzo(k)fluoranthene | **107.** Chlordane |
| **22.** Chlorobenzene | **65.** bis(2-Chloroethoxy)methane | **108.** 4,4′-DDT |
| **23.** Chlorodibromomethane | **66.** bis(2-Chloroethyl)ether | **109.** 4,4′-DDE |
| **24.** Chloroethane | **67.** bis(2-Chloroisopropyl)ether | **110.** 4,4′-DDD |
| **25.** 2-Chloroethylvinyl ether | **68.** bis(2-Ethylhexyl)phthalate | **111.** Dieldrin |
| **26.** Chloroform | **69.** 4-Bromophenyl phenyl ether | **112.** alpha-Endosulfan |
| **27.** Dichlorobromomethane | **70.** Butylbenzyl phthalate | **113.** beta-Endosulfan |
| **28.** 1,1-Dichloroethane | **71.** 2-Chloronaphthalene | **114.** Endosulfan sulfate |
| **29.** 1,2-Dichloroethane | **72.** 4-Chlorophenyl phenyl ether | **115.** Endrin |
| **30.** 1,1-Dichloroethylene | **73.** Chrysene | **116.** Endrin aldehyde |
| **31.** 1,2-Dichloropropane | **74.** Dibenzo(a,h)anthracene | **117.** Heptachlor |
| **32.** 1,3-Dichloropropylene | **75.** 1,2-Dichlorobenzene | **118.** Heptachlor epoxide |
| **33.** Ethylbenzene | **76.** 1,3-Dichlorobenzene | **119.** PCB-1242 |
| **34.** Methyl bromide | **77.** 1,4-Dichlorobenzene | **120.** PCB-1254 |
| **35.** Methyl chloride | **78.** 3,3-Dichlorobenzidine | **121.** PCB-1221 |
| **36.** Methylene chloride | **79.** Diethyl phthalate | **122.** PCB-1232 |
| **37.** 1,2,2,2-Tetrachloroethane | **80.** Dimethyl phthalate | **123.** PCB-1248 |
| **38.** Tetrachloroethylene | **81.** Di-n-butyl phthalate | **124.** PCB-1260 |
| **39.** Toluene | **82.** 2,4-Dinitrotoluene | **125.** PCB-1016 |
| **40.** 1,2-trans-dichloroethylene | **83.** 2,6-Dinitrotoluene | **126.** Toxaphene |
| **41.** 1,1,1-Trichloroethane | **84.** Di-n-octyl phthalate | |
| **42.** 2,4 Dichlorophenol | **85.** 1,2-Diphenylhydrazine | |

資料來源：40 CFR 131.36, July 1, 1993.

**表 1-7　聯邦空氣污染防治法令**

| 年 | 名 稱 | 內 容[a] |
|---|---|---|
| 1955 | 空氣污染防治法 | 空氣污染研究基金 |
| 1960 | 機動車輛排氣法 | 研究汽車排放的基金 |
| 1963 | 清淨空氣法 | 三階段執法程序 |
| 1965 | 機動車輛空氣防治法 | 1968 年以後生產的汽車，污染防治法，排放標準 |
| 1967 | 空氣品質法 | 聯邦簽署品質文件。聯邦簽署控制技術文件。界定空氣品質及控制區域。要求州設定環境品質標準。要求州訂執行計畫 |
| 1970 | 清淨空氣法修正案 | 國家環境空氣品質標準。新污染源表現標準。技術導向汽車排放標準。交通控制計畫 |
| 1977 | 清淨空氣法修正案 | 汽車排放標準的修改放寬。汽車檢查及維護計畫。顯著惡化地區的預防。未合 NAAQS 地區的排放彌補制度。研究臭氧層破裂問題。國家有害空氣污染物排放標準。 |
| 1980 | 酸雨法 | 發展長程的研究計畫 |
| 1986 | 氡氣及室內空氣品質研究法 | 搜集資料及建議、評估聯邦行動的研究計畫 |
| 1990 | 清淨空氣法修正案 | 設立達到空氣污染限值的期限制。訂汽車排放新標準及清潔燃料計畫。鑑別 189 項有害空氣污染物。爲控制酸雨所訂立的 $SO_2$ 允許值。建立國家許可制度。訂立消除使用破壞臭氧物質的時程表。 |

[a] 本表內容已列個別法律的政策及計畫。通常這些條文常被以後的立法修改引用於新法中。

的努力經驗，1965 年的法案授予衛生教育福利部長權力，建立 1968 年以後出廠新車的排放標準。而舊型車的排放控制則仍交由各州來決定。

1967 年的空氣品質法 (Air Quality Act) 借用 1965 年的水質控制法的概念，要求各州訂定環境空氣品質標準及州執行計畫 (state implementation plans, SIPs) 以達成該標準。執行計畫包含對控制空氣污染的排放要求及達到該要求的時間表，並在期限內必須完成區域性的環境標準。

雖然 1970 年的清淨空氣法修正案，延續了很多由早期立法所制定的研究及州補助計畫，但在許多方面也做了策略性的修改。這些包括：(1) 要求 USEPA 制立國家環境空氣品質標準 (national ambient air quality standards, NAAQS) 及某些業別之新工業設施的排放標準。(2) 由國會參與制定汽車排放標準。1970 年修正案另要求賦與聯邦政府更多權力，即 USEPA 署長要公佈新污染源成效標準 (new source performance standards, NSPS)。此標準目的在管制對空氣品質有顯著影響的新固定污染源。

1977 年的清淨空氣法修正案，放寬了某些排放要求，並延長實施期限到 1980 年代初期。它也定義出**空氣惡化預防區** (prevention of significant deterioration, PSD) 的觀念，及要求某區的單一空氣污染物符合環境空氣品質標準時，該區稱爲該種空氣污染物的 PSD 區。修正案定義了三級 PSD 區。每一級 PSD 區，設定一限值，代表該區所有新固定污染源最大容許空氣品質退化增加量。

1977 年修正案，也允許在符合某些條件時，新的顯著污染源位於不符合 NAAQS 的地區。此修正案要求，位在未達到 NAAQS 地區的新污染源，必須符合 USEPA 所訂定更嚴格的排放削減要求。此外，新污染源的排放量，必須比該區域其他污染源所削減的總量爲少。

在 1979 年，USEPA 擴充以上的排放補償觀念，並對於未達 NAAQS 地區加上新的註解：單一地區的多重空氣污染源。此即有名的**泡沫政策** (bubble policy)，如圖 1-7 所示。該圖顯示某一家公司，必須控制從兩個相鄰工廠的煙囪排出的污染量。在有泡沫政策之前，該公司必須控制每一廠的排放量均在 100 Mg/d 以下*，以達到排放標準，而總排放量是 200 Mg/d。不過 A 廠的排放控制單位成本比 B 廠高很多，但法定排放要求並未能顧及這種單位成本的差異。當採用泡沫政策時，該公司就有自由的空間，以決定各廠的污染削減量，而唯一的限制就是總排放量不要大於 200 Mg/d。如想像有一個大泡沫包圍住這兩個工廠，而政策允許該公司在這個泡沫裡做選擇，但從泡沫中的總排放量應受到限制。在 1980 年代初期，這原始的泡沫政策，被擴大到包含不在同一區域的工廠 (稱爲多工廠泡沫，multiplant bubbles)。

在 1990 年清淨空氣法修正案 (Clean Air Act Amendment, CAAA) 中，美國環保署公佈超過 175 個新法條、30 本指導文件、35 項研究，及 50 個新的研究計畫。國會要求以 11 個 "**篇名**" (Title) 分類，明列在 CAAA 法中，便於以 篇號引用 CAAA 法的要求。

由於前三個建議期限已經過去，第 I 篇建立了 16 個新的期限，主要目標雖是臭氧，但一氧化碳及微細粒狀物也被包含進去。

有關移動污染源的法規列在第 II 篇。汽車必須用儀表板上的警告燈以指示其空氣污染防制器有否發揮功用。這種防制器通常含有能與污染物反應的

* Mg/d = 每天百萬公克，1 Mg = 1000 kg

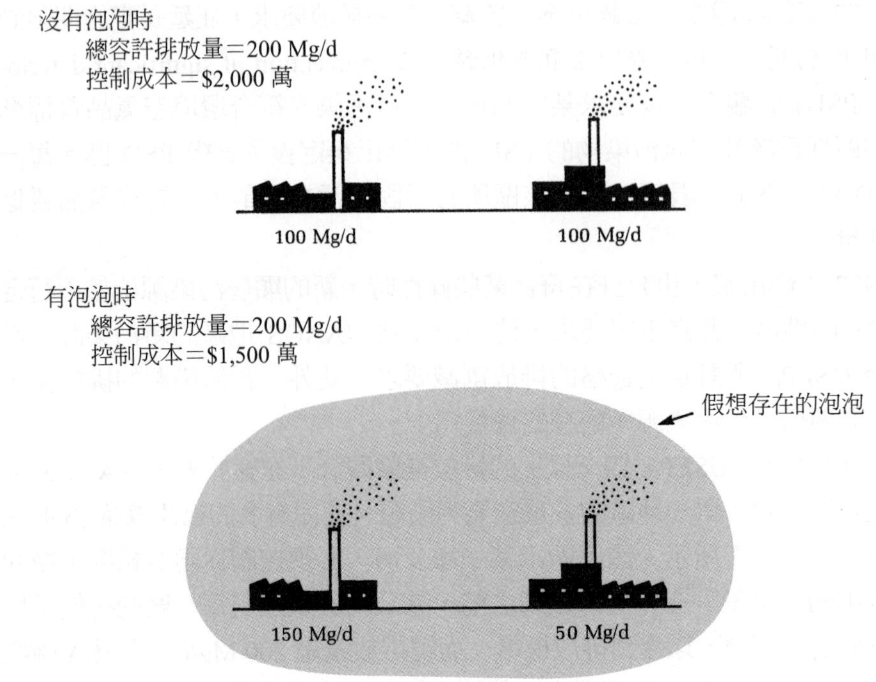


**圖 1-7** 泡沫政策圖解。

化學物質，其壽命以駕駛哩數計為 100,000 哩，高於以前的 50,000 哩。汽車製造商被要求生產可以使用清潔燃料如酒精，或使用電力的汽車。此外，大都會地區的**檢修** (inspection and maintenance, I/M) 計畫也包含在內。

由於以前基於健康風險所制定的有害物質全國排放標準 (national emission standards for hazardous pollutants, NESHAPs)，太過煩瑣。第 III 篇列出 189 種**有害空氣污染物** (hazardous air pollutants, HAPs) 如表 1-8 且指示 USEPA 依技術能力制定排放標準*。這些標準是基於污染物的**最大可用控制技術** (maximum achievable control technology, MACT) 所定出來的。

在第 IV 篇，該法描繪出全國性的酸雨問題解決策略。以市場為導向的系統被建立來減低二氧化碳的排放。USEPA 公佈了電力廠的排放許可量。該許可量低於現有的排放標準。工廠可以購買污染防治設備，以達到許可量限值，或向其他未超過的工廠購買他們的多餘許可量。例如，在 1994 年 11

* 己內醯胺在 1996 年自清單中刪除 (40 CFR 63.60)。

月，紐約州的尼亞加拉莫霍克 (Niagara Mohawk) 公司向亞利桑那 (Arizona) 公共服務公司購買一氧化碳及二氧化硫的許可量。

不像清淨水法，沒有任何排放許可的條文包含在原始的淨空氣法中 (1963)。第 V 篇彌補了這個缺失，它規定除非擁有許可，產生該法中所列的任何一種污染源都是違法的。

清淨空氣法中第 VI 篇提到臭氧層破裂問題。該篇對可破壞臭氧之化學品，提供一張逐步淘汰生產的時程表，並允許 USEPA 加速這個時程。在 1993 年，USEPA 制定了這張加速時程表，要在 2001 年以前停止這些化學品的生產。

## 噪音污染控制

藉由各種法案的立法，聯邦政府對消減噪音所採取的活動，遍及幾個部會機關，其所強調的是在一些特定的活動，早已分別被不同的機關所規範。

在職業噪音管制領域被視爲里程碑的沃爾什赫利公共契約法 (Walsh-Healey Public Contracts Act)，於 1942 年通過施行。此法規定供給政府物料、供應品及設備等總價超過一萬美元的包商，必須設定其雇員最低的適當工作條件。然而直到 1969 年，勞工部長才說明該法適用於噪音方面！(注意：此法只適用於供應合約，不適用於工程合約。)

1970 年的職業安全及衛生法 (Occupational Safety and Health Act, OSHA) 賦予勞工部長以新的方式運用 Walsh-Healey 標準，原有 Walsh-Healey 只是對無法符合最低工作環境標準的供應商排除其投標資格。OSHA 則更進一步對那些供應商施以懲罰，包括民事及刑事處罰。營建施工噪音也是在 1970 年被聯邦加入營造安全法中。此法同樣含有針對營建供應商的 Walsh-Healey 標準。

爲回應 1949 年的住宅法 (Housing Act)，聯邦住宅局 (Federal Housing Administration) 在 1961 年的評估指引中，認爲噪音是一種爭議性問題，而在房地產評估方面需要加以考量。在 1965 年的住宅與都市發展法 (Housing and Urban Development Act) 之下，政府部門在 1971 年的住都發展 (HUD) 通告第 1390.2 號中，發佈全面性的噪音標準。這項法規被 1979 年的現行噪音標準替代更新。

飛機噪音、音爆之控制與消減，是 1958 年聯邦航空法 (Federal Aviation

**表 1-8　有害空氣污染物 (HAPs)**

| | | |
|---|---|---|
| Acetaldehyde | 1,4-Dichlorobenzene(p) | Methoxychlor |
| Acetamide | 3,3-Dichlorobenzidene | Methyl bromide (Bromomethane) |
| Acetonitrile | Dichloroethyl ether [Bis(2-chloroethyl)ether] | Methyl chloride (Chloromethane) |
| Acetophenone | 1,3-Dichloropropene | Methyl chloroform (1,1,1-Trichloroethane) |
| 2-Acetylaminofluorene | Dichlorvos | Methyl ethyl ketone (2-Butanone) |
| Acrolein | Diethanolamine | Methyl hydrazine |
| Acrylamide | N,N-Diethyl aniline (N,N-Dimethylaniline) | Methyl iodide (Iodomethane) |
| Acrylic acid | Diethyl sulfate | Methyl isobutyl ketone (Hexone) |
| Acrylonitrile | 3,3-Dimethoxybenzidine | Methyl isocyanate |
| Allyl chloride | Dimethyl aminoazobenzene | Methyl methacrylate |
| 4-Aminobiphenyl | 3,3′-Dimethyl benzidine | Methyl tert butyl ether |
| Aniline | Dimethyl carbamoyl chloride | 4,4-Methylene bis(2-chloroaniline) |
| o-Anisidine | Dimethyl formamide | Methylene chloride (Dichloromethane) |
| Asbestos | 1,1-Dimethyl hydrazine | Methylene diphenyl diisocyanate (MDI) |
| Benzene (including benzene from gasoline) | Dimethyl phthalate | 4,4′-Methylenedianiline |
| Benzidine | Dimethyl sulfate | Naphthalene |
| Benzotrichloride | 4,6-Dinitro-o-cresol, and salts | Nitrobenzene |
| Benzyl chloride | 2,4-Dinitrophenol | 4-Nitrobiphenyl |
| Biphenyl | 2,4-Dinitrotoluene | 4-Nitrophenol |
| Bis(2-ethylhexyl)phthalate (DEHP) | 1,4-Dioxane (1,4-Diethyleneoxide) | 2-Nitropropane |
| Bis(chloromethyl)ether | 1,2-Diphenylhydrazine | N-Nitroso-N-methylurea |
| Bromoform | Epichlorohydrin (l-chloro-2,3-epoxypropane) | N-Nitrosodimethylamine |
| 1,3-Butadiene | 1,2-Epoxybutane | N-Nitrosomorpholine |
| Calcium cyanamide | Ethyl acrylate | Parathion |
| Caprolactam (deleted 1996) | Ethyl benzene | Pentachloronitrobenzene (Quintobenzene) |
| Captan | Ethyl carbamate (Urethane) | Pentachlorophenol |
| Carbaryl | Ethyl chloride (Chloroethane) | Phenol |
| Carbon disulfide | Ethylene dibromide (Dibromoethane) | p-Phenylenediamine |
| Carbon tetrachloride | Ethylene dichloride (1,2-Dichloroethane) | Phosgene |
| Carbonyl sulfide | Ethylene glycol | Phosphine |
| Catechol | Ethylene imine (Aziridine) | Phosphorus |
| Chloramben | Ethylene oxide | Phthalic anhydride |
| Chlordane | Ethylene thiourea | Polychlorinated biphenyls (Aroclors) |
| Chlorine | Ethylidene dichloride (1,1-Dichloroethane) | 1,3-Propane sultone |
| Chloroacetic acid | Formaldehyde | beta-Propiolactone |
| 2-Chloroacetophenone | Heptachlor | Propionaldehyde |
| Chlorobenzene | Hexachlorobenzene | Propoxur (Baygon) |
| Chlorobenzilate | Hexachlorobutadiene | Propylene dichloride (1,2-Dichloropropane) |
| Chloroform | Hexachlorocyclopentadiene | Propylene oxide |
| Chloromethyl methyl ether | Hexachloroethane | 1,2-Propylenimine (2-Methyl aziridine) |
| Chloroprene | Hexamethylene-1,6-diisocyanate | Quinoline |

Act) 環境條款的主要重點。1966 年的運輸部法 (Department of Transportation Act) 中，包含提升在飛機噪音消除方面的研究，緊接著在 1968 年聯邦航空管理法 (Federal Aviation Administration Act) 修正案，指示運輸部長制定飛機噪音控制與消除的法令。在 1970 年的噪音污染與消除法 (Noise Pollution and Abatement Act) 中，USEPA 被指定負有機場噪音消除的責任。法案指示 USEPA 要：

1. 量測機場的噪音音量位準和曝露量。
2. 建立機場的噪音曝露量地圖 (noise exposure map)。
3. 建立土地利用的噪音相容規劃案 (noise compatibility program)。

## 表 1-8 有害空氣污染物 (HAPs)(續)

| | | |
|---|---|---|
| Cresols/Cresylic acid (isomers and mixture) | Hexamethylphosphoramide | Quinone |
| o-Cresol | Hexane | Styrene |
| m-Cresol | Hydrazine | Styrene oxide |
| p-Cresol | Hydrochloric acid | 2,3,7,8-Tetrachlorodibenzo-p-dioxin |
| Cumene | Hydrogen fluoride (Hydrofluoric acid) | 1,1,2,2-Tetrachloroethane |
| 2,4-D, salts and esters | Hydrogen sulfide (clerical error; deleted 1991) | Tetrachloroethylene (Perchloroethylene) |
| DDE | Hydroquinone | Titanium tetrachloride |
| Diazomethane | Isophorone | Toluene |
| Dibenzofurans | Lindane (all isomers) | 2,4-Toluene diamine |
| 1,2-Dibromo-3-chloropropane | Maleic anhydride | 2,4-Toluene diisocyanate |
| Dibutylphthalate | Methanol | o-Toluidine |
| Toxaphene (chlorinated camphene) | Vinylidene chloride (1,1-Dichloroethylene) | Coke oven emissions |
| 1,2,4-Trichlorobenzene | Xylenes (isomers and mixture) | Cyanide compounds[1] |
| 1,1,2-Trichloroethane | o-Xylenes | Glycol ethers[2] |
| Trichloroethylene | m-Xylenes | Lead compounds |
| 2,4,5-Trichlorophenol | p-Xylenes | Manganese compounds |
| 2,4,6-Trichlorophenol | Antimony compounds | Mercury compounds |
| Triethylamine | Arsenic compounds (inorganic, including arsine) | Fine mineral fibers[3] |
| Trifluralin | Beryllium compounds | Nickel compounds |
| 2,2,4-Trimethylpentane | Cadmium compounds | Polycylic organic matter[4] |
| Vinyl acetate | Chromium compounds | Radionuclides (including radon)[5] |
| Vinyl bromide | Cobalt compounds | Selenium compounds |
| Vinyl chloride | | |

NOTE: For all listings above which contain the word "compounds" and for glycol ethers, the following applies: Unless otherwise specified, these listings are defined as including any unique chemical substance that contains the named chemical (i.e., antimony, arsenic, etc.) as part of that chemical's infrastructure.

[1]X′CN where X = H′ or any other group where a formal dissociation may occur. For example KCN or $Ca(CN)_2$

[2]Includes mono- and di- ethers of ethylene glycol, diethylene glycol, and triethylene glycol R-(OCH2CH2)$_n$-OR′ where

n = 1, 2, or 3

R = alkyl or aryl groups

R′ = R, H, or groups which, when removed, yield glycol ethers with the structure: R-(OCH2CH)$_n$-OH. Polymers are excluded from the glycol category. Ethylene glycol monobutyl ether and surfactant alcohol ethoxylates and derivatives delisted November 29, 2004, 69 FR 692988.

[3]Includes mineral fiber emissions from facilities manufacturing or processing glass, rock, or slag fibers (or other mineral derived fibers) of average diameter 1 micrometer or less.

[4]Includes organic compounds with more than one benzene ring, and which have a boiling point greater than or equal to 100°C.

[5]A type of atom which spontaneously undergoes radioactive decay.

資料來源：Public Law 101-549, Nov. 15, 1990, 40 CFR 63.60

**4.** 建立噪音標準。

噪音相容性調查計畫的補助基金，與航空交通工具的噪音標準制定責任，都在 1979 年的航空安全與噪音消除法 (Aviation Safety and Noise Abatement Act) 裡，指定由 USEPA 負責。1994 年的機場噪音消減法修正案 (Airport Noise Abatement Act Amendments, PL 103-s272)，將機場噪音消除的責任，指定給聯邦航空總署 (Federal Aviation Administration)。

1962 年聯邦高速公路補助法 (Federal Aid Highways Act) 修正案，規定在規劃工程計畫時必須考慮經濟、社會及環境的衝擊。運輸部長要建立和公告相容於不同土地利用區的高速公路噪音音量標準。

國會在 1970 年於清淨空氣法修正案中，加入第 IV 篇內容。該法案被稱為“1970 年的噪音污染與消除法”，並因此成立了隸屬 USEPA 的噪音消除與控制辦公室 (Office of Noise Abatement and Control)。緊接其後的法案是 1972 年的噪音控制法 (Noise Control Act, PL 92-574)，該法主要條文規定 USEPA：

**1.** 建立和公告保護公眾健康所必需的噪音位準準則。
**2.** 列出噪音源清單、鑑定會製造噪音的產品，及指示相關噪音控制技術。
**3.** 制定商業化產品的噪音排放標準 (noise emission standard)，包括營建機具、運輸工具 (含娛樂用交通工具)、任何馬達或引擎，及電子或電機設備。
**4.** 制定航空器、鐵路及機動承載運輸工具的噪音標準。

在 1994 年，噪音控制法被修訂，將機場噪音消減的責任，轉移至聯邦航空局 (Federal Aviation Agency)。

## 固體廢棄物

現代固體廢棄物方面的立法始於 1965 年，國會通過公法 89-272 號第 II 篇，固體廢棄物處置法 (Solid Waste Disposal Act)。該法內容主要包括：

**1.** 促進固體廢棄物管理及資源回收系統的示範、興建與應用。
**2.** 提供資源回收及固體廢棄物處置計畫，有關技術及經費上的協助。
**3.** 推動全國性的研究發展計畫，以改進管理技術。
**4.** 提供固體廢棄物收集、清運、分類、回收及處置系統的綱要方針。
**5.** 提供有關固體廢棄物處理系統設計、操作及維護的在職訓練經費。

執行以上法令的責任是落在美國公共衛生服務部 (USPHS) 及礦務局 (Bureau of Mines) 的肩上。USPHS 負責所有的都市廢棄物，礦務局則被授與監督礦場廢棄物和從電力廠及蒸氣工廠排出的石化燃料廢棄物。

1965 年的固體廢棄物處置法，藉公法 95-512 號，修改成為 1970 年的資源回收法 (Resource Recovery Act)。此法引導全國固體廢棄物的管理計畫，其重點從原始的處置目標，轉為可回收物質的循環與再利用，及能源的轉換。

1970 年法案的另一特點，是國會指示衛生教育福利部長製作一份包含放射性廢料、有毒化學品、生物性，及其他對公眾健康與福祉有顯著影響的有害廢棄物之處理與最終處置報告。

## 有害廢棄物

1976 年的資源保育與回收法 (Resource Conservation and Recovery Act)，一般被稱爲 RCRA (唸成“rick-rah”)。RCRA 闡明正在運轉及還在興建中的設施內有害廢棄物的運作方法。此法主要在滿足清淨空氣法及清淨水法的要求，此二法規定工廠必須將排放廢水及廢氣中的有害物質去除。然而，此二法都無法保證廢棄物質的最終處置，完全不會對環境造成傷害。RCRA 嘗試提供這樣的保證。可是 RCRA 並未直接處置已廢棄場址或已封閉設施內的有害廢棄物。這些地方是由 1980 年國會所制定的全面性環境應變、補償及責任法 (Comprehensive Environmental Response, Compensation, and Liability Act, CERCLA；唸作 “sir-klah”)，一般稱爲 “超級基金” (Superfund) 來負責。RCRA 也不包含有關商業生產線上的有害物質處理，這些物質包括 1976 年毒性物質控制法 (Toxic Substances Control Act, PL 94-469) 中所涵蓋的化學物；1972 年聯邦殺蟲劑、殺菌劑、滅鼠劑法 (Federal Insecticide, Fungicide, and Rodenticide Act, PL 92-516) 所規定的殺蟲劑；或 1975 年有害物質運輸法 (Hazardous Materials Transportation Act) 及其他聯邦法所列之有害產物。

聯邦對於有害廢棄物管理有五大重點：

1. 聯邦性的有害物質分類。
2. 從搖籃到墳墓的聯單 (記錄保存) 系統。
3. 處理、貯存及處置有害廢棄物之產生者、運輸者及設施方面的聯邦安全標準。
4. 經由許可制度，強制施行設施的聯邦標準。
5. 授權各州代理聯邦執行計畫。

RCRA 指示 USEPA 擬定新法令，來使聯邦計畫得以充分發揮效果。

由於國會不滿意 RCRA 的執行進度，在 1984 年通過了有害及固體廢棄物修正案 (Hazardous and Solid Waste Amendments, HSWA，唸作 “hiss-wah”)，RCRA 的內涵因此增色不少。根據該法令：

1. 廢棄物減量化成爲管理有害廢棄物的較佳方法。

2. 未經處理的有害廢棄物被禁止掩埋。USEPA 需要對土地處置制定處理標準。
3. 建立土地處理設施新的技術準則，如雙層襯墊，滲出水收集系統及大區域面積的地下水監測等。
4. 建立對小規模有害物質產生源的新要求標準。
5. USEPA 被指示建立地下儲存槽的標準。
6. USEPA 被指示評估都市固廢掩埋準則及提升監測站要求標準。

1980 年的全面性環境應變、補償及責任法 (CERCLA)，對於違反 RCRA 而興建或操作不當的場址，以及廢棄場址，授予清除有害廢棄物的權責。

CERCLA 最主要的基本特色，是授予聯邦政府基本的執法權限，直接採取行動去除危險場址的有害物質，及協助處理意外洩漏事件。任務包括執行調查、試驗及監測處置場址。另還包含授權執行清除策略，以移除地下水中的污染物。

CERCLA 因條文列有 16 億美元的有害物質應變信託基金 (Hazardous Substance Response Trust Fund) ，而得到 "超級基金" 的外號。八分之七的基金，是來自工業界的原油、石化產物及 42 種化學產品的稅收；八分之一是由政府一般稅收供應。

如果造成廢棄物污染的責任，追溯到具有財力的公司，CERCLA 會要求這些公司必須負責提撥經費將污染清除。該法建立一套聯邦法令，當這些公司只是間接擁有，或營運設施有廢棄物須處置，仍必須負起責任。一旦政府鑑定出有害的場址時，這些公司必須負責自費將之清除。如果公司不願承擔責任，政府可先使用基金處理，再控告這些公司請求付款。

國家意外事故計畫 (National Contingency Plan, NCP) 建立了 USEPA 如何使用權力及應用經費的法規。為了有資格使用 CERCLA 基金，受污染場地必須先列入國家優先名單 (National Priorities List, NPL) 中。USEPA 發展了有害物排名系統 (Hazardous Ranking System, HRS)，及選定 NPL 場址的方法。在 2004 年，美國有 1,244 個場地列在 NPL 中 (U.S. EPA, 2005b)。此外 CERCLA 還包含了有害物質外洩量的通告要求，及建立合格處置設施的封閉後責任基金 (Post-Closure Liability Fund)。

1986 年超級基金修正案及再授權法 (Superfund Amendments and Reauthorization Act, SARA) 延伸了 CERCLA 的內容，除了設立 85 億美元清

除基金外，SARA 要求 USEPA：

1. 修改其所依據之 NPL 及 HRS。
2. 修正 NCP。
3. 授權發出傳票文件及傳喚證人。
4. 可將經費用於場址的調查及除污設計，並可允許私人公司進行清除工作。
5. 有足夠的執法權力以要求私人公司作清除工作。
6. 必須施加更嚴格的聯邦標準或州標準。
7. 可以使用混合基金，也就是聯邦及私人經費。
8. 建立決策過程之行政記錄。

毒性物質控制法 (TSCA) 在有關有害廢棄物的立法中，是很獨特的。該法要求新物質在進行商業化生產前，應公開有關毒性的資訊。目前只處理一種案件：多氯聯苯 (polychlorinated biphenyls, PCBs)。在聯邦層級，PCBs 的處置規定是訂定在 TSCA (唸作 "tos-ka") 中，而非 RCRA 或 CERCLA 中。

## 原子能與放射線

有關放射性物質及放射曝露的立法，始於 1946 年的原子能法。此法設立了原子能委員會 (Atomic Energy Commission, AEC)，並責成該委員會研究及發展分裂及放射物質的和平用途。1954 年的原子能法 (Atomic Energy Act)，對鈾及釷 (核子反應爐之 "源物質" (source material))，鈽及濃縮鈾 (因可製成原子彈，稱為特殊核子物質)，及其他核子工業副產物，進行控制。1974 年的能源再造法 (Energy Reorganization Act)，將 AEC 的研發與立法功能分給兩個單位：能源研究發展局 (Energy and Research and Development Administration, ERDA) 和核能法規委員會 (Nuclear Regulatory Commission, NRC)。在阿拉伯聯盟石油禁運事件以後，有關能源相關物質的管理方向又做了新的調整。1977 年的能源組織法 (Energy Organization Act) 將 ERDA 取代成為能源部 (Department of Energy, DOE)，NRC 被賦與反應爐興建和操作的監督任務。NRC 規範了放射性物質和廢料的持有、使用、運輸、搬運與處置。USDOE 負責研發、營運及防禦高強度廢料貯存設施。

由於低強度放射廢料處置場地愈來愈少，進而衍生 1980 年低強度廢料政策法 (Low-Level Waste Policy Act, LLWPA) 的制定。各州必須負責為其境內的低強度廢料，提供境內或境外可使用場地。該法鼓勵各州與其他相鄰的州結盟 (compacts)，以更有效地處理放射廢料。法律中允許結盟的州排除其他地區的廢料進入，且亦允許現有的處理場，向沒有處理場的地區收取處理費用，此費用將用來尋購新的場地。由於結盟的各州之間，協調很困難，促使 1985 年低強度放射性廢料政策法修正案 (Low-Level Radioactive Waste Policy Act Amendments, LLRWPAA) 的實施。其規定了三個現有的商業場地，開放給各州使用到 1992 年，也規定從反應爐送出廢料之年產量及總產量的限值。USDOE 負責督導結盟州，找出反應爐的緊急調度容量。NRC 則可授權緊急使用現有場地。

1982 年核廢料政策法 (Nuclear Waste Policy Act) 指示 DOE 發展貯存高強度放射性廢料的計畫。根據法令要求，DOE 開始調查美東九個場地及美西二個場地。依據該法，USEPA 建立了核廢料貯存 1,000 年及 10,000 年後之放射線釋放極限標準。

由於很多人關切 USDOE 的任務計畫方向，同時 USDOE 決定放棄在東部尋找貯存場地，國會通過 1987 年的核廢料政策法修正案。此案重新架構 USDOE 的高強度廢料計畫。唯一被考慮的貯存場地，爲內華達的亞卡台地 (Yucca Flats)。此外，廢燃料必須先通知州及地方政府，再以 NRC 核准的包裝方式運送至貯存場地。在 2007 至 2010 年間，DOE 將研究是否設立第二個貯存場地。

關於混合廢料，它既是有害又是放射性的，RCRA 及 HSWA 都可適用於具有害特性的物質。在 1987 年，其處置規則必須同時符合 NRC 的放射性規定，以及 USEPA 的有害物質規定。在此之前，只有 NRC 的法令適用。同樣地，對於處置場地的滲漏，CERCLA、SARA 比照 NRC的規定，一律都可適用。

X 光及醫學診斷與處理所造成的輻射曝露，則是規範在 1968 年的健康和安全放射線控制法 (Radiation Control for Health and Safety Act) 中。

## ▲ 1-5 環境倫理

環境倫理的誕生，一部份是由於我們關切自己的永續生存，同時亦體認人類不過是生命型態中的一種，我們與其他的生命型態，共同享有這個地球 (Vesilind, 1975)。

雖然在簡短的介紹中，建立環境倫理討論的架構，似乎不切實際，但我

**表 1-9　環境倫理的規則**

| |
|---|
| 1. 使用知識與技術促進並保護環境 |
| 2. 以環境的健康、安全以及福利爲最高原則 |
| 3. 只在個人專門技術領域進行服務 |
| 4. 誠實且公平的服務大眾、雇主、顧客以及環境 |
| 5. 只以客觀和眞實的方式發表公開聲明 |

們仍彙整幾項顯著的重點，如表 1-9。

雖然其中幾個規則看似明確，然而實際的問題會提出不同的挑戰。以下列出每個規則的例子：

- 當需要食物的飢餓人口和國家，受到蝗蟲侵擾時，與第一個規則產生衝突，使用殺蟲劑或是促進並保護環境？
- USEPA 規定，當民眾會接觸廢水時，此廢水需經消毒，然而，消毒劑也會殺死自然存在有益的微生物，是否符合第二項規則？
- 假設你的專業爲水及廢水化學，你的公司接到一個空氣污染分析的工作，若公司裡沒有此類專家，並要求你執行此項工作，要拒絕並冒著被開除的風險？
- 大眾、雇主、顧客相信清除雜草和沉積物，將提高湖的品質，然而疏浚會破壞麝鼠的棲息地，如何公平的對待每一個對象？
- 你認爲要達到 USEPA 新法規，所需花費的成本太高，然而沒有資料證實自己的見解，當地方報紙的記者，請教你的看法時，如何回應？即使只是請教 "你的見解"，你是否會違反第五項規則？

以下的兩個案例相當的複雜，我們並不企圖提供答案，而是留給讀者自己來尋找解答。

## 案例 1：加或不加

你的一位朋友發現，他的公司將硝酸鹽及亞硝酸鹽加入培根中，以保存其鮮度，他也讀過文章知道，這些化合物在人體內是促使癌症產生的先驅物質。另一方面，他也知道培根若不加防腐劑處理便可能會產生肉毒桿菌。他請教你是否應該 (a) 即使會被解雇也要向主管抗議；(b) 向記者公佈；(c) 保持沉默，因得到癌症死亡的機會比死於肉毒桿菌者機會少。

**注意**：食品藥物管理署 (Food and Drug Administration) 允許在培根中添加亞硝酸鹽。硝酸鹽及亞硝酸鹽本身對成人的毒性不高，然而受熱時，會與蛋白質中的胺反應，生成會致癌的亞硝胺。

## 案例 2：為了舒適而太靠近

身為一個公司裡唯一受過噪音污染訓練的工程師，你在上班的第三天，被要求審閱與一家製造商有關之廢水處理廠曝氣鼓風機的噪音控制設備標單。在讀過標單及做過一些計算以後，你認為消音器可以保護工作者。然而，你從**環境工程概論**書中得知，該噪音程度在夜間會超過標準，而干擾到鄰居 (該城市沒有噪音法令)。你知道若要回頭增加噪音防制設備，處理廠的施工會因此拖延 90 天，且在這 90 天內，未經處理的廢水會直接排入河川。請問你會給你的新老闆何種建議？

我們必須指出，許多如前述兩例的環境相關決策問題，比本書後面其餘章節所討論的問題來得困難得多。通常這些問題是屬於倫理上而非工程上的問題。問題的產生在於：雖有很多方法但卻找不到最佳的答案。關於安全、健康與福利的決策容易解決，但何種方法是最符合大眾利益的就很難選擇了。最符合環境利益的決策，有時是與大眾利益相衝突的。對大眾有利的決策是基於職業倫理，對環境有利的決策是基於環境倫理。

"倫理" (ethic) 一字源於希臘字 *Ethos*，代表一個人的行為特性。這種特性經由演化過程發展出來，並且受適應自然環境而有所影響。我們的倫理就是我們的做事方法。我們的倫理是自然環境直接的結果。在進化階段的後期，人類開始去改變環境，而不是依照千年後達爾文的天然選擇方式。例如，史前穴居人類在寒冷的早晨，體會到老虎皮的價值，並知道它可以供私人使用。無可避免的，私有觀念的產生，使我們的倫理變成更多自我的修正，而不僅是為適應環境。因此，我們不再去適應自然環境，而是去適應我們自己創造的環境。在生態學裡，這種不適當的適應導致兩個結果：(1) 有機體 (人類) 死亡；或 (2) 有機體進化成另一種型式及特性，可以再度適應自然環境 (Vesilind, 1975)。假設我們選擇後者，則又將會如何在特性 (倫理) 上改變呢？每個個人必須改變他或她的特性或倫理，且整個社會必須作出改變，以適合地球的生態系統。

在一個理想的系統裡，我們須學習如何分享有限的資源－以再獲得平衡。我們必須減少我們的需求及使用可恢復性的材料，我們必須珍惜使用地球的資源使其不致耗盡或永遠改變其原有性質。我們不應排放會對自然系統造成損害的物質。對於以上所提的適應 (爲了生存) 方法的認知，便是我們今天所發展出來的**環境倫理** (environmental ethic) (Vesilind, 1975)。

## ▲ 1-6 本章重點

**研讀完本章後，應該能夠不參照課本或筆記，而能夠回答下列問題。**

1. 描繪及標示一個水資源系統包含 (a) 水源；(b) 集水工程；(c) 輸水工程；(d) 淨水工程；及 (e) 配水工程。
2. 說明地表水及地下水一般的處理過程。(見圖 1-2)
3. 定義 "需求" (demand) 這個字在水方面的意義。
4. 列出五種影響用水量的重要因子，並解釋理由。
5. 概算平均城市每人的需水量並計算一個已知人口數城市平均每天需水量。
6. 定義 WWTP 和 POTW。
7. 解釋爲何分流式雨水及污水下水道比合流式下水道好。
8. 說明揚水站的用途。
9. 判別和說明出現於環境法令中的名詞和觀念：BPT，BAT，BCT，NPDES，HAP，MACT，泡沫政策，NIMLO，Walsh-Healey，OSHA，RCRA 及超級基金。

## ▲ 1-7 習 題

**1-1** 估計美國在 2000 年，包括海水及淡水的總日用水量 ($m^3/d$)。當年人口數爲 281,421,906。

答案：$1.52 \times 10^9$ $m^3/d$

**1-2** 使用下列人口資料 (McGeveran, 2002) 與給水資料 (Hutson, 2001)，估計 2005 年美國公共給水系統，供給每人每天用水量 (Lpcd)。

| 年 | 人口數 | 公共給水量，$m^3/d$ |
|---|---|---|
| 1950 | 151,325,798 | $5.30 \times 10^7$ |
| 1960 | 179,323,175 | $7.95 \times 10^7$ |
| 1970 | 203,302,031 | $1.02 \times 10^8$ |
| 1980 | 226,542,203 | $1.29 \times 10^8$ |
| 1990 | 248,709,873 | $1.46 \times 10^8$ |
| 2000 | 281,421,906 | $1.64 \times 10^8$ |

(注意：此習題可先計算，再繪圖推估 2005 年用水量，或繪圖再計算，並推估 2005 年用水量)

**1-3** 正在規劃中的一個有 280 戶房子的小住宅區，使用 AWWA 所調查的平均每戶用水量，並假設每戶住三個人，估計城市所需提供的額外平均每日供水量 (L/d)。

答案：$3.70\times10^5$ L/d

**1-4** 重複習題 1-3，房子數目改爲 320 戶，並假設省水馬桶可降低 14% 的用水量。

**1-5** 使用習題 1-3 的數據並假設房子裝有水錶，決定在尖峰時間的額外需求量。

答案：$1.96\times10^6$ L/d

**1-6** 如果水龍頭以每秒一滴的速率不斷地漏水，每滴水體積爲 0.15 毫升，試計算一年內會損失多少水？

**1-7** Savabuck 大學已經裝設標準壓力式省水馬桶。每次的沖水量爲 130.0 L/min。如果每立方公尺水費 $0.45，求沖水馬桶閥門破損造成漏水而不去修復的話每月損失多少錢？

答案：$2,527.20 或 $2,530/mo

**1-8** AWWA 估算每天約有 15% 的水在使用過程中被浪費，假設在 2000 年這些浪費來自於公共給水 (習題 1-2)，若每立方公尺的水價爲 $0.45，評估所損失的金錢。

**1-9** Western Michigan 的水價每立方公尺 $0.45，販賣機所販賣的一瓶 0.5 公升的包裝水價格爲 $1.00，則以每立方公尺爲單位，包裝水的價格爲何？

答案：$2,000/m$^3$

**1-10** 使用美國地質勘測通報 1268 (http://usgs.gov)，估算南加州每人每日家庭用淡水量 (Lpcd)。(注意：可使用本書封面內頁所附的轉換參數)

**1-11** 使用太平洋開發環境安全研究學院網站 (http://www.worldwater.org/table2.html)，決定最低每人每日用水量 (Lpcd) 以及發生的國家。

## ▲ 1-8 問題研討

**1-1** 如果水價 ($/L) 漲兩倍的話，你覺得需水量會不會降低一半？說明你的理由。

**1-2** 亞利桑那州的 Peoria 市以地下水作爲飲用水源。除了消毒以外，並沒有做任何的淨水處理。一個過濾水廠可以適當地改進其水質，其對錯爲何？修改以上陳述使其正確。

**1-3** Gettysburg 鎭的水處理廠建於 20 年前。過去數年來，每逢國慶假日就無法維持足夠的系統水壓。有些地方在清晨及晚上時分只有水滴從水龍頭流出來。但在一年裡其他時間並沒有水壓的問題，試解釋其原因。

**1-4** West Lafayette 市正在考慮兩份新水處理廠的建議書。West Lafayette 的日平均需水量爲 11,400 m$^3$/d。A 建議書打算興建一個出水量 475 m$^3$/h 的水廠及容量 2,520 m$^3$ 的水庫。B 建議書則提出建一出水量 1,425 m$^3$/h 的水廠但不做水庫。

你願意推薦那份建議書？爲什麼？

**1-5** Rolla 市的屋主們已將他們的雨水管及污水坑馬達連接至衛生下水道系統。連接到下水道的雨水及污水坑抽出水是叫作 (選一)：

(a) 入滲

(b) 入流

這種連接至衛生下水道的方法叫作 (選一)：

(c) 雨水下水道

(d) 合流下水道

**1-6** Shiny 電鍍公司使用大約 2,000.0 kg/wk 的有機溶劑以蒸汽去除電鍍前金屬片上的油脂。空氣污染工程及測試公司 (APET) 量測了工作室及煙囪旳空氣後發現從煙囪排放 1,985.0 kg/wk 有機溶劑，遠超過容許排放標準値 11.28 kg/wk，而工作室內則符合職業標準。

廠長 Elizabeth Fry 要求工程師 J. R. Injuneer 研究 APET 提供的兩個控制方法並選擇其中一種。

第一個方法是在煙囪加裝污染防治設備。該設備將降低溶劑的排放至 1.0 kg/wk，大約有 1,950.0 kg 的溶劑可以回收再使用。約 34.0 kg 的溶劑必須送到廢水處理廠 (WWTP)。J. R. 認爲如此少量的溶劑將不致對 WWTP 造成負面影響。此外，加裝污染防治設備的成本支出可以在兩年內因回收溶劑而平衡過來。

第二個方法是使用未列在排放法規內的替代有機溶劑。替代品的價錢比現在使用的溶劑者高 10%。J. R. 估計替代溶劑的損失率爲 100.0 kg/wk。而且它在一個月後會因吸收水氣而失去作用。代替品也不能排放入 WWTP，因會影響其處理功能。因此，每月約有 2,000 kg 使用過的溶劑必須送至有害廢棄物場處理。基於資金的缺乏和高貸款利率，J. R. 建議使用代替溶劑。你是否同意這個建議？說明你的理由。

**1-7** Ted Terrific 是一家製革公司的經理。在鞣革過程中需要使用鉻酸溶液。公司的政策是將使用過的鉻酸廢液放在 0.20 $m^3$ 桶中並運至有害廢棄處理場。

12 日星期四當天，値班人員算錯鉻酸量，以至於加了太多進去，而桶子又沒有多餘空間可以加水稀釋它。値班長 Abe Lincoln 將桶子倒空，重新配置，並且寫註記給經理，說明該批倒出液需再調整。

在 16 日星期一，Abe Lincoln 無法找到那批倒出液，於是向 Ted Terrific 報告。經過調查後，Ted 發現是夜班主任 Rip Van-Winkle 於 13 號星期五清晨三點將該批溶液直接倒入衛生下水道。Ted 小心地向廢水處理廠查證發現他們的操作沒有發生問題。在 Ted 嚴重懲誡 Rip 後，他應該：(選擇正確的答案並說明你的原因)

A. 按法律規定向市或州政府相關單位報告這件非法的排放，雖然它並沒有造成明顯危害。

B. 保持沈默，因這會對公司製造麻煩。反正也沒有造成任何災害而且值班主任也被處分了。

C. 秉告總裁及董事會，讓他們決定採用 A 或 B。

## 1-9 參考文獻


ASCE (1973) *Official Record,* American Society of Civil Engineers, New York.

ASCE (1977) *Official Record,* Environmental Engineering Division, Statement of Purpose, American Society of Civil Engineers, New York.

ASCE (2005) http://www.asce.org/inside/codeofethics.cfm.

AWWA (1999) American Water Works Association, "Stats on Tap," Denver, http://www.awwa.org/Advocacy/pressroom/STATS.cfm.

CFR (2005) U.S. Government Printing Office, Washington, DC, http://www.gpoaccess.gov/ecfr/ (in January 2005 this was a beta test site for searching the CFR).

Hutson, S. S., N. L. Barber, J. F. Kenny, et al. (2001) *Estimated Use of Water in the United States in 2000,* U.S. Geological Survey Circular 1268, Washington, DC. http://www.usgs.gov

Linaweaver, F. P., J. C. Geyer, and J. B. Wolff (1967) "Summary Report on the Residential Water Use Research Project," *Journal of the American Water Works Association,* vol. 59, p. 267.

Linsley, R. K. and J. B. Fanzini (1979) *Water Resources Engineering*, McGraw-Hill, New York, p. 546.

MacVicar, R. (1983) Oklahoma State University, commencement address.

McGeveran, W. A. (editorial director) (2002) *The World Almanac and Book of Facts: 2002,* World Almanac Books; New York, p. 377.

Pacific Institute (2000) Pacific Institute for Studies in Development, Environment, and Security, Oakland, CA. http://www.worldwater.org/table2.html.

Percival, R. V. (2003) *Environmental Law: Statutory Supplement and Internet Guide, 2003–2004,* Aspen Publishers, New York, p. 702.

Pontius, F. W. (editor) (2003) *Drinking Water Regulation and Health,* John Wiley & Sons, New York, pp. 14–17, 73–81, 119, 125, 748.

Schein, E. H. (1968) "Organizational Socialization and the Profession of Management," 3rd Douglas Murray McGregor Memorial Lecture to the Alfred P. Sloan School of Management, Massachusetts Institute of Technology.

Tchobanoglous, G., H. Theisen, and R. Eliassen (1977) *Solid Wastes,* McGraw-Hill, New York, p. 21.

U.S. Code (2005) House of Representatives, Washington, DC, http://uscode.house.gov/.

U.S. EPA (2005a) "Municipal Solid Waste: Reduce, Reuse, Recycle," U.S. Environmental Protection Agency, Washington, DC, http://www.epa.gov/epaoswer/non-hw/muncpl/reduce.htm.

U.S. EPA (2005b) "National Priorities List," U.S. Environmental Protection Agency, Washington, DC, http://www.epa.gov/superfund/sites/npl/newfin.htm.

U.S. PHS (1970) *Manual of Septic Tank Practice,* Public Health Service Publication No. 526, Department of Health, Education and Welfare, Washington, DC.

Vesilind, P. A. (1975) *Environmental Pollution and Control,* Ann Arbor Science, Ann Arbor, MI, p. 214.

CHAPTER

# 2

# 物質及能量平衡

## 2-1 導　言

物質和能量平衡是量化與了解環境系統行爲的主要工具，它們可以用來計算能量及物質進出環境系統的流動。物質平衡是用來模擬環境中污染物的產生、傳輸和宿命的工具。同樣地，能量平衡是用來模擬環境中能量產生、製造和宿命的工具。質量平衡的計算範例包含降雨逕流量的預測 (第 3 章)、溪流中的氧氣平衡 (第 5 章) 及有毒廢棄物的稽核 (第 10 章)；能量平衡則可以預測從發電廠排放出的冷卻水使河川溫度上升的情況 (第 5 章)，以及因全球暖化現象導致的溫度上升 (第 7 章)。

## 2-2 一致性理論

### 質量守恆

**質量守恆定律**是一個有力的理論，它闡述了物質不會憑空被創造或毀滅 (不包括核子反應)，意即如果我們仔細地觀察環境轉變的程序，我們應該能夠計算在任何時間點的 “質量”；但這並不表示物質存在的形式不會改變，也不表示該物質的性質不會改變。因此，假使我們於星期一時測量放置在桌上的一杯水的體積，過了一星期之後再次測量，會發現水的體積變少了。我們不能推測是發生了甚麼神奇的事，而是因爲物質已經改變了存在的形式。質量守恆定律說明了我們應該計算原來所有存在的水的質量，那就是餘留在杯中的水的質量，加上揮發掉的水蒸氣質量，這樣才等於原本所存在的水的質量。這種數學表示的計算系統稱爲**物質平衡**或**質量平衡**。

### 能量守恆

**能量守恆定律**闡述了能量不會憑空被創造或毀滅，如同質量守恆定律一樣，能量守恆定律表示我們應該能夠計算在任何時間點的 “能量”，它並不表示能量存在的形式不會改變，因此我們應該能夠透過，從綠色植物到動物體的一連串有機體，去追蹤食物的能量變化。這種用以追蹤能量的數學表示的計算系統，被稱爲**能量平衡**。

### 質能守恆

在二十世紀初，愛因斯坦假設質量能夠轉變爲能量；反之，能量也有可能轉變為質量。隨著核子時代的誕生，這項假設也被證實。今日我們都是結合**質量及能量守恆**，來說明質量及能量的總量是固定的。利用改變原子本身特性的核子變化會產生新的物質，在核爆中，顯著的質量都被轉變為能量。但在環境應用中，質量和能量的交換並不是一個課題，因此，質量或能量守恆通常可以被分開探討。

## ◭ 2-3　物質平衡

### 基本原理

簡單地說，物質平衡或質量平衡可視為一個計算過程。當進行存摺的收支平衡時，就是在執行一個物質平衡計算：

平衡＝存款－提款　**(2-1)**

在一個環境系統中，上述方程式可以寫成：

累積＝輸入－輸出　**(2-2)**

式中，累積、輸入及輸出代表質量累積、流入或流出該系統。舉例來說，“系統” 可能是一個池塘、河川，或是一組污染控制設備。

**控制體積**　在質量平衡計算時，我們首先繪出程序流程圖或環境子系統的概念圖，以求解問題。並將所有已知的輸入量、輸出量及累積量，都換算成相同的質量單位，繪入圖中。未知的輸入、輸出及累積量也繪於圖上，這有助於我們定義這個問題。系統邊界 (圍繞整個程序或部份程序的想像方塊) 的描繪，則有助於儘可能地簡化計算。這種邊界內部的系統被稱為**控制體積**。

接著，我們再寫出物質平衡式，以求解未知的輸入、輸出或累積量；或藉物質平衡方程式的平衡演算，得知是否所有組成成份都被考慮進去，以達到計算之平衡。另一方面，當我們沒有全部輸入或輸出的數據時，我們可以假設質量平衡式成立，以求解未知數。以下為說明此方法之例題。

---

**例題 2-1**　尚未有小孩的 Green 夫婦，平均每週買回家約 50 公斤的消費品 (食物、雜誌、報紙、文具、家具及隨附的包裝)，其中有 50% 是食物。食物中有一半被食

用，以維持人體所需，且最終成爲 $CO_2$ 釋放出去，剩下的則排入下水道系統中。Green 夫婦回收大約 25% 的固體廢棄物，另外約有 1 公斤消費品累積在家中。試計算其每週丟棄的固體廢棄物量。

**解**：一開始，我們先繪出質量平衡圖，分別爲房子與人的質量平衡圖，並標出已知與未知的輸入及輸出量。然而，關於人的質量平衡，在此題目中是不必要的。

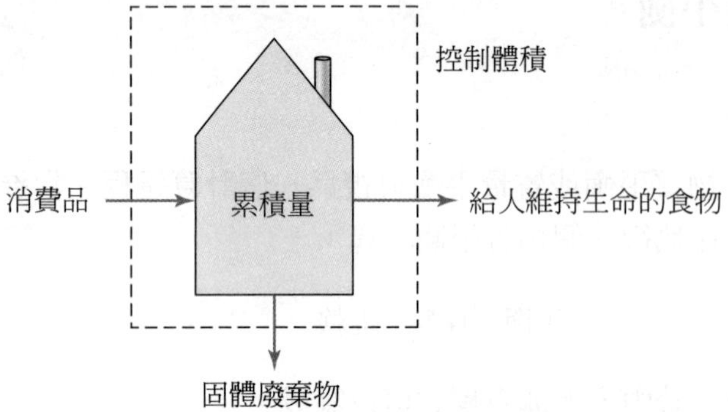


寫出質量平衡方程式：

輸入量＝累積量＋給人維持生命的食物量＋固體廢棄物量

現在我們要計算已知的輸入及輸出量。

食物占輸入量的一半＝(0.5) (50 kg)＝25 kg

此爲給人的食物量，因此質量平衡式變爲：

50 kg＝1 kg＋25 kg＋固體廢棄物量

固體廢棄物量的解爲

固體廢棄物的輸出量＝50－1－25＝24 kg

重新整理後，質量平衡圖重繪如下：

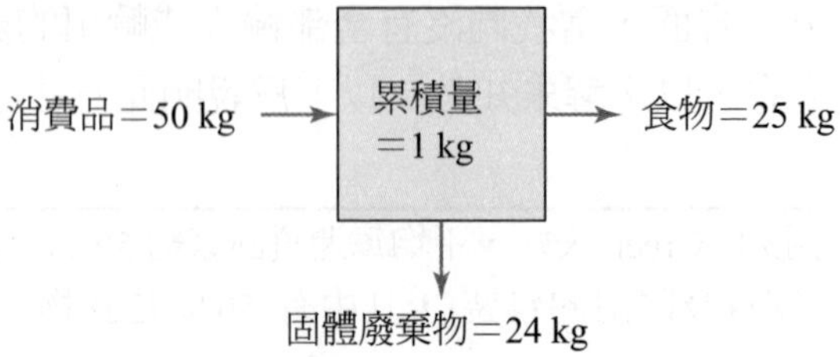

我們可以用另一個只考慮固體廢棄物的質量平衡圖，來估算丟棄的固體廢棄物量，如下圖：

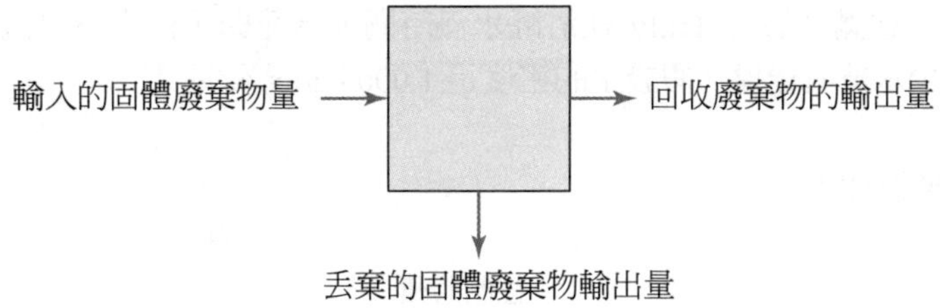


質量平衡式爲

輸入的固體廢棄物量＝回收廢棄物的輸出量＋丟棄的固體廢棄物輸出量

因爲回收廢棄物的量占所有廢棄物量的 25%，

回收廢棄物的輸出量＝(0.25)(24 kg)＝6 kg

將已知量帶入質量平衡式：

24 kg＝ 6 kg＋丟棄的固體廢棄物輸出量

解出，丟棄的固體廢棄物輸出量＝24－6＝18 kg

---

## 時間因素

對於許多環境問題，時間是確立問題嚴重程度或設計解答的重要參數。在此情況下，式 2-2 可修正爲如下的形式：

累積速率＝輸入速率－輸出速率　　**(2-3)**

其中**速率**代表每單位時間的變化。在微積分中，可表示爲：

$$\frac{dM}{dt}=\frac{d(\text{in})}{dt}-\frac{d(\text{out})}{dt} \tag{2-4}$$

式中 $M$ 代表累積質量，(in) 及 (out) 代表輸入或輸出的質量。爲使問題被眞實地描述，我們必須選擇對系統有意義的時間間隔參數。

**例題 2-2** Truly Clearwater 小姐在浴缸中放洗澡水時，忘了將排水孔塞住。如果浴缸的體積是 0.350 $m^3$，水龍頭流入量 1.32 L/min，而排水孔流出量爲 0.32 L/min。請問多久浴缸才會滿？假若 Truly 在浴缸水滿時關掉水龍頭，使水不會流到房子裡，那麼會有多少水被浪費掉？假設水的密度是 1,000 kg/$m^3$。

**解**：質量平衡圖如下。

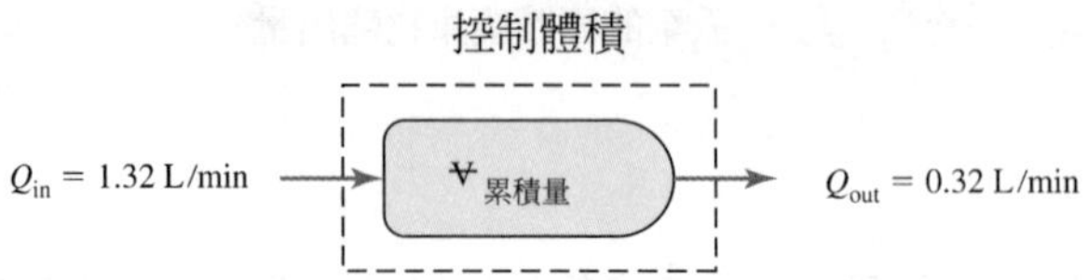


因爲都是使用質量單位來計算，必須先把體積轉換爲質量，所以會使用到水的密度。

$$質量=(體積)(密度)=(\text{₩})(\rho)$$

其中

$$體積=(流速)(時間)=(Q)(t)$$

使用質量平衡方程式，且 1.0 $m^3$＝1,000 L，所以，0.350 $m^3$＝350 L，

$$\begin{aligned} 累積量 &= 輸入量 - 輸出量 \\ (\text{₩}_{ACC})(\rho) &= (Q_{in})(\rho)(t) - (Q_{out})(\rho)(t) \\ \text{₩}_{ACC} &= (Q_{in})(t) - (Q_{out})(t) \\ \text{₩}_{ACC} &= 1.32t - 0.32t \\ 350\text{ L} &= (1.00\text{ L/min})(t) \\ t &= 350\text{ min} \end{aligned}$$

浪費掉的水量＝(0.32 L/min)(350 min)＝112 L

## 複雜系統

對於比起之前的例題更複雜的系統而言，解決質量平衡問題的關鍵性步驟是，選擇合適的控制體積。在一些例子中，必須要選擇多重的控制體積，然後把其中一個控制體積的解答，視爲另一個控制體積的輸入，進而連續地解決問題。在一些比較複雜的例子當中，適當的控制體積可被看作“黑盒子”，因爲在所有的處理程序裡，這些中間步驟不是必要的，因此可以把它

隱藏在黑盒子中。在接下來的例題，解釋了這種較為複雜的系統，並說明其解決方法。

---

**例題 2-3**　一洪水下水道系統分支的略圖如下，洪水在支管內，靠重力沿著圖中所指示的方向流動。洪水只會從系統的東邊及西邊的支管流入，不會從南北向流入。支管中的洪水流速如圖所示，每條支管的容量皆為 0.120 $m^3/s$。在一場大雨之下，水量超過了下水道的系統容量，環河街 (River Street) 在 1 號交叉點前溢出了。為了解決此問題，並提供額外的容量，建議興建滯留池，使洪水延遲至降雨結束才流出。試問，我們必須在支管系統中何處，興建此滯留池，以提供額外約 50% (0.06 $m^3/s$) 的容量？

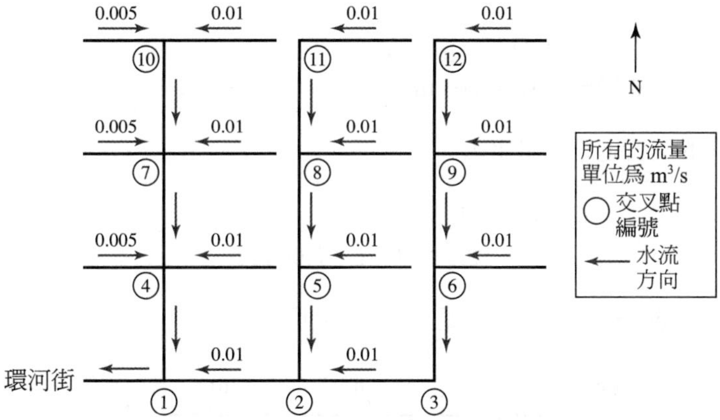


**解**：這題是屬於平衡流的題目，$Q_{out} = Q_{in}$，我們將使用連續的質量平衡方法來解決。從系統最上端的交叉點 12 開始，我們可繪出質量平衡圖如圖所示。

質量平衡式為

$$\frac{dM}{dt} = \frac{d(\text{in})}{dt} - \frac{d(\text{out})}{dt}$$

因為系統中沒有累積量，所以

$$\frac{dM}{dt} = 0$$

且

$$\frac{d(\text{in})}{dt} = \frac{d(\text{out})}{dt}$$

$$(\rho)(Q_{\text{in}}) = (\rho)(Q_{\text{out}})$$

控制體積

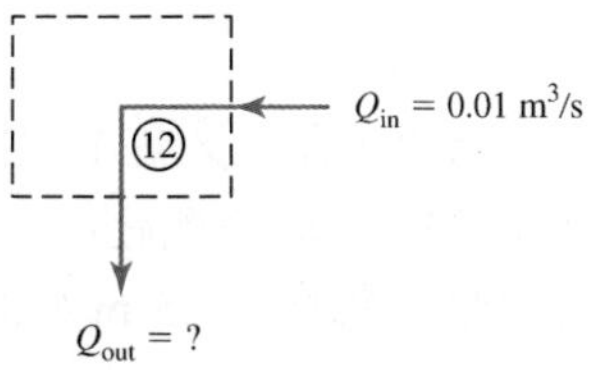

水的密度固定，輸入及輸出的質量流速可直接用流速表示。

$$Q_{\text{in}} = Q_{\text{out}}$$

因此，解得從交叉點 12 到交叉點 9 的流速為 $0.01\text{m}^3/\text{s}$。

在交叉點 9 處，繪出如下的質量平衡圖。再次利用水不會累積於交叉點的假設，則質量平衡式可以用流速表示為：

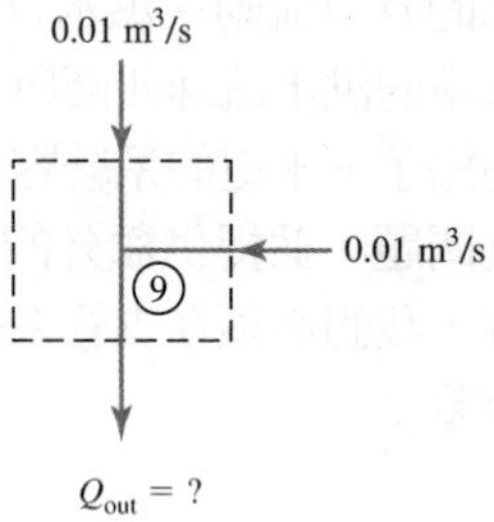


$$\begin{aligned} Q_{\text{交叉點 9}} &= Q_{\text{交叉點 12}} + Q_{\text{連至交叉點 9 的支管}} \\ &= 0.01 + 0.01 = 0.02\ \text{m}^3/\text{s} \end{aligned}$$

同理，

$$\begin{aligned} Q_{\text{交叉點 6}} &= Q_{\text{交叉點 9}} + Q_{\text{連至交叉點 6 的支管}} \\ &= 0.02 + 0.01 = 0.03\ \text{m}^3/\text{s} \end{aligned}$$

並注意從東西向的支管進來的洪水，

$$\begin{aligned} Q_{\text{交叉點 3}} &= Q_{\text{交叉點 6}} + Q_{\text{連至交叉點 2 的交叉點 3 支管}} \\ &= 0.03 + 0.01 = 0.04\ \text{m}^3/\text{s} \end{aligned}$$

根據此原理，可以把管網中的所有流量寫出來，如下圖。

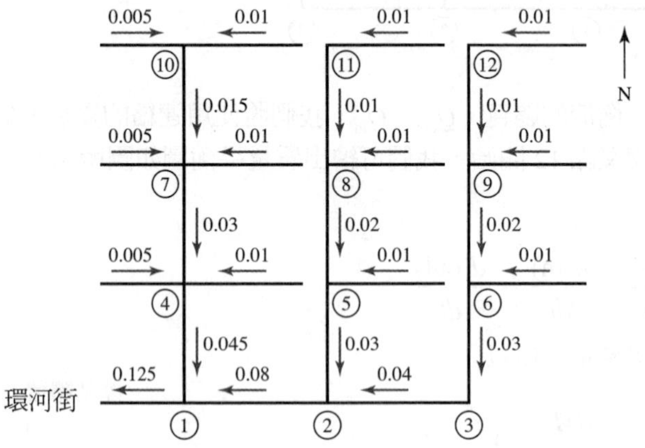


可以看出，在交叉點 1 之前的支管流量中，已超過管容量 $0.12\ \text{m}^3/\text{s}$，也可以看到進入交叉點 2 時的總流量已經達到 $0.07\ \text{m}^3/\text{s}$。因此，滯留池應設置在交叉點 1 之前，可以幫忙處理 $0.055\ \text{m}^3/\text{s}$ 的流量，提供了約占總容量 50% 的擴充空間來處理洪水，

以符合題目所求。

## 效　率

環境過程中處理污染物的效率可以用質量平衡來決定，式 2-4 曾提到：

$$\frac{dM}{dt}=\frac{d(\text{in})}{dt}-\frac{d(\text{out})}{dt}$$

而每單位時間的污染物質 [$d(\text{in})/dt$ 及 $d(\text{out})/dt$] 可被計算如下：

$$\frac{\text{質量}}{\text{時間}}=(\text{濃度})(\text{流速})$$

例如，

$$\frac{\text{質量}}{\text{時間}}=(\text{mg/m}^3)(\text{m}^3\text{/s})=\text{mg/s}$$

被稱爲***質量流速***，因此質量平衡式變成如下所示：

$$\frac{dM}{dt}=C_{\text{in}}Q_{\text{in}}-C_{\text{out}}Q_{\text{out}} \tag{2-5}$$

其中　$dM/dt$ 爲處理過程中污染物累積的速率
$C_{\text{in}}$、$C_{\text{out}}$ 爲污染物進出系統的濃度
$Q_{\text{in}}$、$Q_{\text{out}}$ 爲污染物進出系統的流速

累積在系統中的質量多寡，相對於進入系統中質量的比率，被視爲系統能去除多少污染物質的效率。

$$\frac{dM/dt}{C_{\text{in}}Q_{\text{in}}}=\frac{C_{\text{in}}Q_{\text{in}}-C_{\text{out}}Q_{\text{out}}}{C_{\text{in}}Q_{\text{in}}} \tag{2-6}$$

爲了方便，再將式 2-6 乘上 100%。方程式左邊標記爲 η，效率 (η) 被定義爲：

$$\eta=\frac{\text{輸入量}-\text{輸出量}}{\text{輸入量}}(100\%) \tag{2-7}$$

假使進出系統的流速相等，則式子可被簡化表示成：

$$\eta = \frac{\text{輸入濃度} - \text{輸出濃度}}{\text{輸入濃度}}(100\%) \tag{2-8}$$

下面的例題說明利用效率公式來逐步解決問題。

---

**例題** 2-4　都市廢棄物焚化爐的空氣污染控制系統，包括纖維濾袋的粒狀物收集器(也就是袋式集塵器)。袋式集塵器有 424 個平行排列的濾袋，因此每個濾袋有 1/424 的流量通過，氣體進出集塵器的流速為 47 $m^3/s$，粒狀物進入濾袋中的濃度為 15 $g/m^3$，正常操作下的粒狀物排出量限制標準為 24 $mg/m^3$。在預防性維護的濾袋更換中，有一個濾袋因疏忽未裝上，因此僅有 423 個濾袋被更換。

試計算 424 個濾袋皆運作，且排放符合法規標準時，粒狀物去除的比例與去除效率。並計算當有一個濾袋未裝上時，質量排放率與效率各為多少？假設每個濾袋的工作效率與整體的效率一樣。

**解**：袋式集塵器的質量平衡圖如下所示。

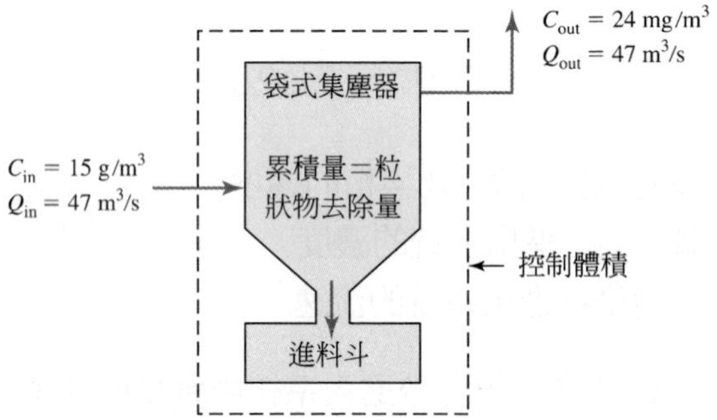


質量平衡可以濃度及流速表示：

$$\frac{dM}{dt} = C_{in}Q_{in} - C_{out}Q_{out}$$

累積在集塵器中的質量速率為：

$$\frac{dM}{dt} = (15{,}000\ mg/m^3)(47\ m^3/s) - (24\ mg/m^3)(47\ m^3/s) = 703{,}872\ mg/s$$

粒狀物去除的比例為：

$$\frac{703{,}872\ \text{mg/s}}{(15{,}000\ \text{mg/m}^3)(47\ \text{mg/s})} = \frac{703{,}872\ \text{mg/s}}{705{,}000\ \text{mg/s}} = 0.9984$$

袋式集塵器的效率爲：

$$\eta = \frac{15{,}000\ \text{mg/m}^3 - 24\ \text{mg/m}^3}{15{,}000\ \text{mg/m}^3}(100\%)$$
$$= 99.84\%$$

應注意到，粒狀物去除比例相當於去除效率的小數表示方式。

若現在少掉一個濾袋，在決定質量排放速率時，我們必須重新繪製一個質量平衡圖。因爲少了一個濾袋，有一部份的流量 (1/424 的 $Q_{out}$) 將繞過袋式集塵器，此部份“繞流”過集塵器的流量如圖所示。

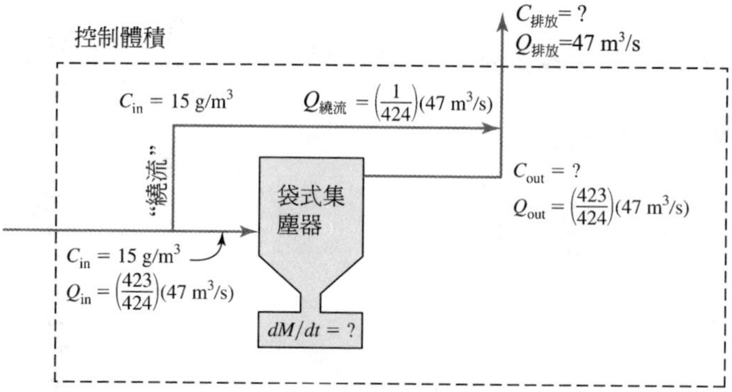


選擇有效的控制體積可以幫助解決此問題。如圖所示，整體袋式集塵器周圍的控制體積，及未被處理的部份流量有三個未知數：流出袋式集塵器的質量流率、在袋式集塵器進料斗的質量累積率，及混合後最終排出口的質量流率。若只把控制體積假設爲袋式集塵器，則未知數變爲兩個：

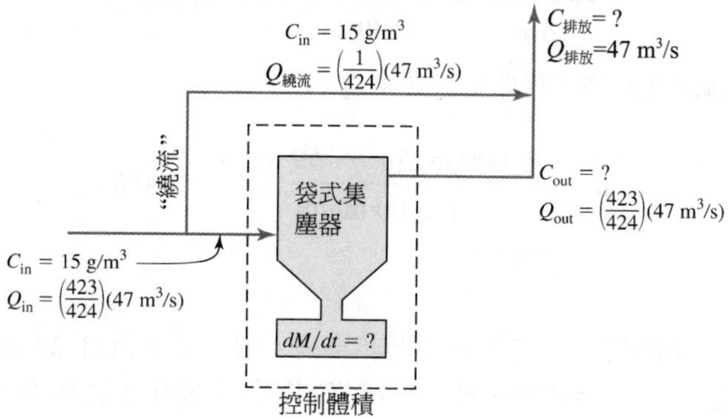

因爲效率及進流的質量流率已知，所以可以利用質量平衡式解出濾袋出口的質量流率。

$$\eta = \frac{C_{\text{in}}Q_{\text{in}} - C_{\text{out}}Q_{\text{out}}}{C_{\text{in}}Q_{\text{in}}}$$

$C_{\text{out}}Q_{\text{out}}$ 可解出

$$\begin{aligned} C_{\text{out}}Q_{\text{out}} &= (1 - \eta)C_{\text{in}}Q_{\text{in}} \\ &= (1 - 0.9984)(15{,}000 \text{ mg/m}^3)(47 \text{ m}^3\text{/s})(423/424) = 1{,}125 \text{ mg/s} \end{aligned}$$

對一個圍繞著繞流端、袋式集塵器排出口端，及最終排出口端的交叉點，所包圍的控制體積，此數值可以作爲該控制體積的進流量。

此部份的質量平衡式可寫爲：

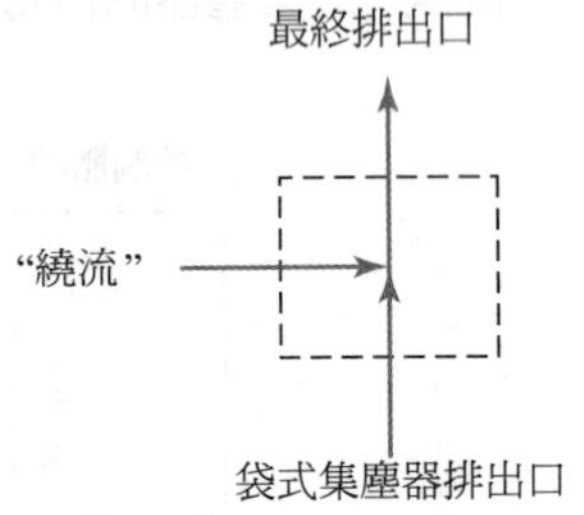


$$\frac{dM}{dt} = C_{\text{in}}Q_{\text{in (繞流)}} + C_{\text{in}}Q_{\text{in (從袋式集塵器)}} - C_{\text{排放}}Q_{\text{排放}}$$

因爲在此交叉點處無累積量：

$$\frac{dM}{dt} = 0$$

代入質量平衡式：

$$\begin{aligned} C_{\text{out}}Q_{\text{out}} &= C_{\text{in}}Q_{\text{in (從繞流)}} + C_{\text{in}}Q_{\text{in (從袋式集塵器)}} \\ &= (15{,}000 \text{ mg/m}^3)(47 \text{ m}^3\text{/s})(1/424) + 1{,}125 = 2788 \text{ mg/s} \end{aligned}$$

排出的濃度爲

$$\frac{C_{\text{out}}Q_{\text{out}}}{Q_{\text{out}}} = \frac{2{,}788 \text{ mg/s}}{47 \text{ m}^3\text{/s}} = 59 \text{ mg/m}^3$$

因此，少掉一個濾袋的袋式集塵器之效率爲：

$$\begin{aligned} \eta &= \frac{15{,}000 \text{ mg/m}^3 - 59 \text{ mg/m}^3}{15{,}000 \text{ mg/m}^3}(100\%) \\ &= 99.61\% \end{aligned}$$

少掉一個濾袋的集塵器，其去除效率仍非常高，但是卻不符合 24 $\text{mg/m}^3$ 的排放標準，袋式集塵器不太可能會在少掉一個濾袋的情況下操作，因爲不平衡的氣體流動會立刻出現。然而，在非正常的操作下，有些濾袋上的眾多小孔會造成排放氣體不符合排放標準。為了防止這種情況發生，濾袋需歷經週期性的檢查與維護，排放的氣體也會被持續地監測。

---

## 混合狀態

在應用式 2-4 時，必須考慮在系統中混合的狀態。試想一杯含有大約 200 mL 黑咖啡 (或所選擇的任何其他飲料) 的咖啡杯，如果加入一湯匙 (約 20 mL) 奶精，且很快地取出一小匙 (或一小口) 樣品，我們無疑地會發現，奶精尚未均勻地分佈於整個咖啡中。反之，如果我們先把咖啡或奶精快速地攪拌，然後再取樣，不管是從杯子的左側、右側或底部，取出的咖啡都會含有均勻分佈的奶精。從咖啡杯系統的質量平衡來看，杯子本身代表系統的邊界，如果咖啡和奶精沒有混合好，則我們取樣的地點會影響式 2-4 中的 $d(\text{out})/dt$ 值。另一方面，如果咖啡與奶精是立即混合均勻，則我們不管從甚麼地方取樣，都可以得到相同的結果，亦即任何取樣的樣品，都與杯中的成份一樣，這樣的系統叫做**完全混合系統** (complete mixed systems)。完全混合系統較正式的定義是，每一滴流體的性質都與其他滴流體相同，也就是說，每一滴流體都會含有相同濃度的物質或物理性質 (如溫度)。如果一個系統是完全混合的，則我們可以假設系統的輸出 (濃度、溫度等) 與系統邊界範圍內的內容是一樣的。雖然，我們常使用這個假設來解決質量平衡問題，但在實際系統中，此假設狀態很難達到，意即利用此假設求解質量平衡問題得到的往往是近似解答。

假使有完全混合系統存在，或至少是可以近似完全混合狀態的系統；當然，也會有某些系統是不完全混合或不混合，這種系統便稱為**柱塞流系統** (plug-flow systems)。柱塞流系統所表現出來的行為就像是一列沿著鐵軌前進的火車 (圖 2-1)，每節車廂隨著前一節車廂前進。假設，如圖 2-1b 所示，一節槽車被安插入兩節車廂之間，槽車會維持它在火車中的位置，一直到抵達目的地為止。當火車持續的沿著鐵軌前進時，在任何時刻，槽車都會被辨認出。在流體流動的情況下，若沒有其他反應發生，每一滴流體都是獨特的，保持其原來進入到柱塞流系統時的物質濃度或是物理性質。在軸向方向，混合可能會發生，也可能不會發生。如同完全混合系統一樣，實際情況下，理想的柱塞流系統不常發生。

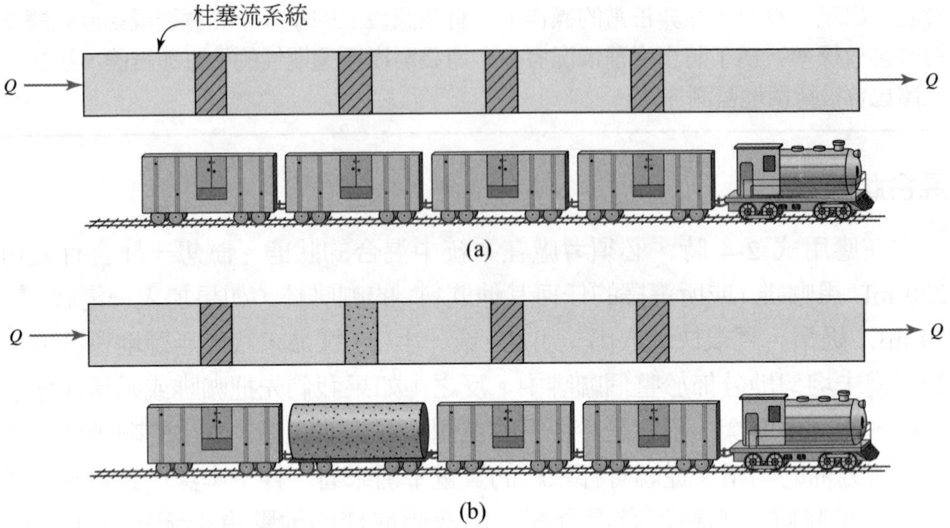


**圖 2-1**　(a)以一列列車模擬柱塞流系統。(b)當進流水濃度產生跳動變化時的模擬狀況。

當一個系統的輸入與輸出速率保持恆定且相等時，累積率爲零 (即 $dM/dt=0$)，這種狀況叫作**穩定狀態** (steady state)。在求解質量平衡問題時，我們常方便地假設系統已經達到穩定狀態。我們必須注意到穩定狀態不代表平衡。舉例來說，水流以相等的速率流出或流入池塘不等於達到平衡，沒有流動產生才算是達到平衡狀態。簡單來說，如果一個池塘中沒有累積量產生的話，我們便稱此系統達到穩定狀態。

例題 2-5 解釋了完全混合和穩定狀態這兩種假設的用法。

---

**例題 2-5**　有一雨水下水道輸送含有 1.200 g/L 氯化鈉的溶雪進入一條小河川，河川本身有 20 mg/L 氯化鈉。如果雨水下水道流量是 2,000 L/min，而河川流量是 2.0 $m^3/s$，請問在排放口的河中鹽份濃度爲多少？假設下水道水流與河川水流完全混合，鹽份爲守恆性物質 (不會發生反應)，且系統爲穩定狀態。

**解：**第一個步驟，畫出如下的質量平衡圖：

鹽份的質量計算爲

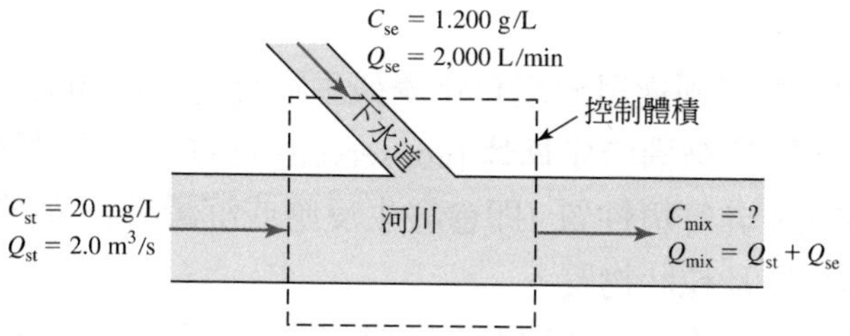


$$\frac{\text{質量}}{\text{時間}} = (\text{濃度})(\text{流率})$$

或

$$\frac{\text{質量}}{\text{時間}} = (\text{mg/L})(\text{L/min}) = \text{mg/min}$$

使用上圖的代號，“st” 代表河川，“se” 代表下水道，則質量平衡可寫成：

$$\text{鹽份累積速率} = [C_{st}Q_{st} + C_{se}Q_{se}] - C_{mix}Q_{mix}$$

其中 $Q_{mix} = Q_{st} + Q_{se}$。

因我們假設爲穩定狀態，則累積速率等於零。

$$C_{mix}Q_{mix} = [C_{st}Q_{st} + C_{se}Q_{se}]$$

解 $C_{mix}$，

$$C_{mix} = \frac{[C_{st}Q_{st} + C_{se}Q_{se}]}{Q_{st} + Q_{se}}$$

在代入數值之前，先做單位換算：

$$C_{se} = (1.200 \text{ g/L})(1000 \text{ mg/g}) = 1{,}200 \text{ mg/L}$$
$$Q_{st} = (2.0 \text{ m}^3\text{/s})(1000 \text{ L/m}^3)(60 \text{ s/min}) = 120{,}000 \text{ L/min}$$
$$C_{mix} = \frac{[(20 \text{ mg/L})(120{,}000 \text{ L/min})] + [(1{,}200 \text{ mg/L})(2{,}000 \text{ L/min})]}{120{,}000 \text{ L/min} + 2{,}000 \text{ L/min}}$$
$$= 39.34 \text{ 或 } 39 \text{ mg/L}$$

## 涵蓋反應

式 2-4 的質量平衡適用於沒有化學或生物反應，或物質無輻射衰變時。在這種情況下，物質被稱作**守恆性** (conserved) 物質。守恆性物質，如水中的鹽和空氣中的氬。非守恆性質 (即會發生反應或沉澱者)，如空氣中降下來的可分解性有機物質及粒狀物質。

在許多環境系統中，有些轉變會時常發生，如副產物的形成 (如 $CO_2$) 或是化合物被分解 (如臭氧)。許多環境中的反應不會突然地發生，必須考慮到反應對時間的變化。式 2-3 若考慮到隨時間而變的轉化，可改寫成：

$$\text{累積速率} = \text{輸入速率} - \text{輸出速率} \pm \text{轉化速率} \tag{2-9}$$

和時間有關的反應被稱爲**反應動力**，轉化速率，或稱爲反應速率，是用來描述物質或化學物種形成或消失的速率，因此式 2-4 變爲

$$\frac{dM}{dt} = \frac{d(\text{in})}{dt} - \frac{d(\text{out})}{dt} + r \tag{2-10}$$

反應速率常爲溫度、壓力、反應物及產物的複雜函數。

$$r = -kC^n \tag{2-11}$$

式中，$k$ ＝反應速率常數 (單位爲 $s^{-1}$ 或 $d^{-1}$)

$C$＝物質濃度

$n$ ＝指數，反應階數

反應速率常數 $k$ 前面的負號代表了物質或化學物種的消失。

在許多環境問題中，如微生物氧化有機化合物 (第 6 章) 及輻射衰變 (第 11 章)，反應速率 $r$，若被假定爲與物質存留量成直接正比，即 $n$ 值＝1，則被稱爲**一階反應**。在一階反應中，物質的減少速率永遠跟物質存在的量成正比。

$$r = -kC = \frac{dC}{dt} \tag{2-12}$$

微分方程式積分後變爲：

$$\ln\frac{C}{C_0} = -kt \tag{2-13}$$

或

$$C = C_0 e^{-kt} = C_0 \exp(-kt) \tag{2-14}$$

此時，$C$＝$t$ 時刻的濃度

$C_0$＝初始濃度

ln＝以 $e$ 爲底的對數

$e$＝exp＝指數 $e$＝以 2.7183 爲底的 $-kt$ 指數

在一個一階反應的簡單完全混合系統中，物質的總質量 ($M$) 會等於濃度和體積的乘積 ($C\text{Ұ}$)。且當體積 ( Ұ ) 爲定值時，物質的質量減少速率爲：

$$\frac{dM}{dt} = \frac{d(C\text{Ұ})}{dt} = \text{Ұ}\frac{d(C)}{dt} \tag{2-15}$$

又因爲一階反應可用式 2-12 表示，因此我們可以改寫式 2-10 如下：

$$\frac{dM}{dt} = \frac{d(\text{in})}{dt} - \frac{d(\text{out})}{dt} - kC\text{Ұ} \tag{2-16}$$

---

**例題 2-6**　有一處完全混合的污水塘 (淺地) 處理 430 $m^3/d$ 的污水。該水塘表面積爲 10 公頃 (ha)，深度爲 1.0 m。排入污水塘中的原污水濃度 180 mg/L。污水中有機物的生物分解性，符合一階反應動力，反應速率常數爲 0.70 $d^{-1}$。假設沒有其他水的流入或流出 (蒸發、滲透或降雨等)，水塘呈完全混合狀態，試求在穩定狀態下，流出水的污染物濃度。

**解**：我們從質量平衡圖開始。

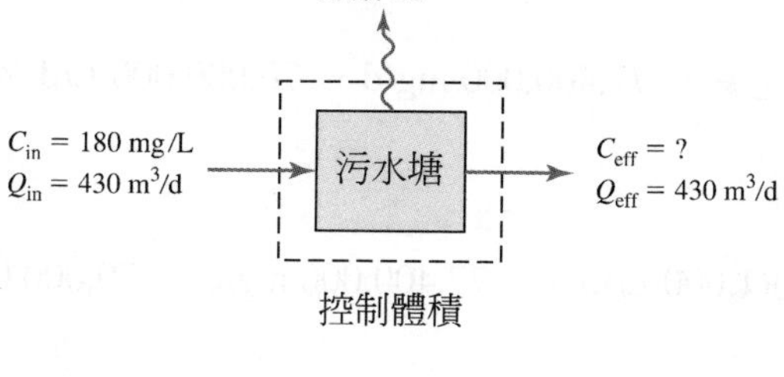

質量平衡方程式可寫成如下：

累積速率＝進流速率－流出速率－衰減速率

假設穩定狀態，則累積速率＝0，則

進流速率＝流出速率＋衰減速率

寫成如圖示的記號來表示：

$$C_{in}Q_{in} = C_{eff}Q_{eff} + kC_{lagoon}\yen$$

解出 $C_{eff}$

$$C_{eff} = \frac{C_{in}Q_{in} - kC_{lagoon}\yen}{Q_{eff}}$$

進流速率 $(C_{in}Q_{in})$

$$(180\ \text{mg/L})(430\ \text{m}^3\text{/d})(1{,}000\ \text{L/m}^3) = 77{,}400{,}000\ \text{mg/d}$$

污水塘體積爲

$$(10\ \text{ha})(10^4\ \text{m}^2\text{/ha})(1\ \text{m}) = 100{,}000\ \text{m}^3$$

而分解係數爲 0.70 $\text{d}^{-1}$ 時，分解速率爲

$$kC\yen = (0.70\ \text{d}^{-1})(100{,}000\ \text{m}^3)(1{,}000\ \text{L/m}^3)(C_{lagoon})$$
$$= (70{,}000{,}000\ \text{L/d})(C_{lagoon})$$

現在假設水塘是完全混合，同時 $C_{eff}=C_{lagoon}$，則

$$kC\yen = (70{,}000{,}000\ \text{L/d})(C_{eff})$$

代入質量平衡方程式，

$$\text{流出速率} = 77{,}400{,}000\ \text{mg/d} - 70{,}000{,}000\ \text{L/d} \times C_{eff}$$

或

$$C_{eff}(430\ \text{m}^3\text{/d})(1{,}000\ \text{L/m}^3) = 77{,}400{,}000\ \text{mg/d} - 70{,}000{,}000\ \text{L/d} \times C_{eff}$$

解 $C_{\text{eff}}$，

$$C_{\text{eff}} = \frac{77{,}400{,}000\text{ mg/d}}{70{,}430{,}000\text{ L/d}} = 1.10\text{ mg/L}$$

---

**柱塞流反應**　如圖 2-1 所示，在柱塞流系統之中，柱塞流反應槽或是流體中的“柱塞”組成份，都不會跟前後的流體混合。然而，反應有可能發生在柱塞流反應槽內。因此，即使在穩定狀態下，當柱塞往下游流動時，其組成成份中的內含物也會隨著時間改變。將每段柱塞或流體的微小組成成份作爲質量平衡中的控制體積，則此移動的一段柱塞的質量平衡可以被寫成：

$$\frac{dM}{dt} = \frac{d(\text{in})}{dt} - \frac{d(\text{out})}{dt} + \mathrm{V\!\!\!-}\frac{d(C)}{dt} \tag{2-17}$$

因爲質量交換不會越過這段柱塞的邊界 (在一條列車之中，車廂跟柱塞流反應槽之間不會有質量的轉移)，所以 $d(\text{in})$ 和 $d(\text{out})=0$，式 2-17 可寫成：

$$\frac{dM}{dt} = 0 - 0 + \mathrm{V\!\!\!-}\frac{d(C)}{dt} \tag{2-18}$$

先前提到的一階分解反應，方程式右邊項可寫爲：

$$\mathrm{V\!\!\!-}\frac{dC}{dt} = -kC\mathrm{V\!\!\!-} \tag{2-19}$$

物質的總質量 ($M$)，和濃度及體積的乘積 ($C\mathrm{V\!\!\!-}$) 相等，並且當體積 $\mathrm{V\!\!\!-}$ 固定時，式 2-18 中的物質分解的質量減少率可表示爲：

$$\mathrm{V\!\!\!-}\frac{dC}{dt} = -kC\mathrm{V\!\!\!-} \tag{2-20}$$

方程式左邊項＝$dM/dt$，在穩定狀態下，一階動力的柱塞流系統中的質量平衡式解爲：

$$\ln\frac{C_{\text{out}}}{C_{\text{in}}} = -k\theta \tag{2-21}$$

或

$$C_{\text{out}} = (C_{\text{in}})e^{-k\theta} \tag{2-22}$$

式中，$k$ 爲反應速率常數，$s^{-1}$、$min^{-1}$ 或 $d^{-1}$

$\theta$ 爲停留在柱塞流系統中的時間，s、min 或 d

假設在一個全長 $L$ 的柱塞流系統中，每段柱塞所需的時間切割爲 $L/u$，其中 $u$ 爲流體流速，且截面積爲 $A$，則停留時間爲

$$\theta = \frac{(L)(A)}{(u)(A)} = \frac{V\!\!\!\!-}{Q} \qquad \textbf{(2-23)}$$

式中，$V\!\!\!\!-$ ＝整個柱塞流系統的體積，$m^3$

$Q$＝體積流率，$m^3/s$

因此，式 2-21 可寫成：

$$\ln\frac{C_{out}}{C_{in}} = -k\frac{L}{u} = -k\frac{V\!\!\!\!-}{Q} \qquad \textbf{(2-24)}$$

式中，$L$ 爲整個柱塞流系統的長度，m

$u$ 爲線性速度，m/s

雖然在流動時，某一段柱塞中的濃度會隨著時間而不同，但在柱塞流系統中任一點的濃度隨時間的變化還是保持相同。因此，式 2-24 與時間變化無關。

例題 2-7 解釋了柱塞流在有反應發生時的應用。

---

**例題 2-7**　一廢水處理廠在排放廢水至鄰近河川前，必須經過消毒的程序。原每公升廢水中含有 $4.5\times10^5$ 的大腸菌落形成單位 (colony-forming unit，簡稱 CFU)，最大可允許的大腸菌排放標準爲 2,000 CFU/L，假設廢水的消毒程序是在管中進行，試計算所需管子的長度。假設廢水在管中的流速爲 0.75 m/s，管內的狀態爲穩定的柱塞流，且大腸菌的反應分解常數爲 $0.23\ mm^{-1}$。

**解**：穩定狀態下的質量平衡式爲：

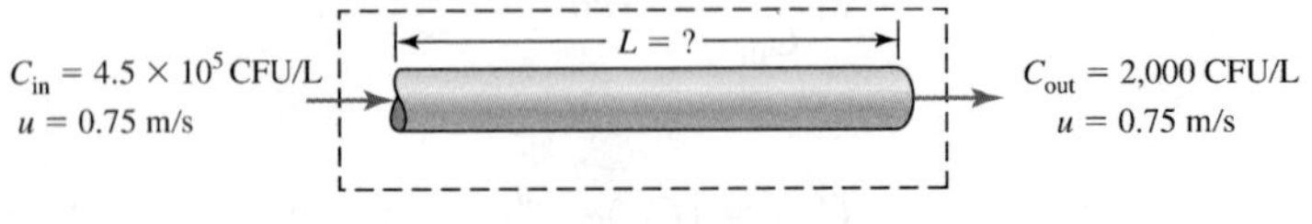

將穩定狀態的解應用於質量平衡式，可以得到

$$\ln\frac{C_{\text{out}}}{C_{\text{in}}} = -k\frac{L}{u}$$

$$\ln\frac{2{,}000\,\text{CFU/L}}{4.5 \times 10^5\,\text{CFU/L}} = -0.23\ \text{min}^{-1}\frac{L}{(0.75\ \text{m/s})(60\ \text{s/min})}$$

可解出，

$$\ln(4.44 \times 10^{-3}) = -0.23\ \text{min}^{-1}\frac{L}{45\ \text{m/min}}$$

$$-5.42 = -0.23\ \text{min}^{-1}\frac{L}{45\ \text{m/min}}$$

$$L = 1{,}060\,\text{m}$$

超過 1 km 多的管長，放流水才可以符合本題的放流水標準。在許多廢水處理系統中，會用特別長的排放管或是其他替代方法，例如採用混合反應器 (後面的章節會討論)。

---

## 反應器

***反應器***是一個裡面會發生物理、化學和生化反應的水槽，例如水軟化的處理 (第 4 章) 及廢水處理 (第 6 章)。反應器根據其中不同的流體特性及混合狀況加以區分，選擇適當的控制體積，理想的化學反應器模型可以用來模擬自然界的系統。

***批次反應器***是典型的填充-傾倒反應器：物質被添加至槽內 (圖 2-2a)，經過足夠的時間混合均勻以使反應發生 (圖 2-2b)，然後將流體排出槽外 (圖 2-2c)。雖然反應器內的流體混合均勻，但槽內的組成物仍會隨著時間改變而產生反應變化，因此我們可以說批次反應是不穩定的。因為沒有流體流進或流出批次反應器，因此可表示為，

$$\frac{d(\text{in})}{dt} = \frac{d(\text{out})}{dt} = 0$$

對於某一個批次反應器來說，式 2-16 可簡化成：

$$\frac{dM}{dt} = -kC\forall \qquad \textbf{(2-25)}$$

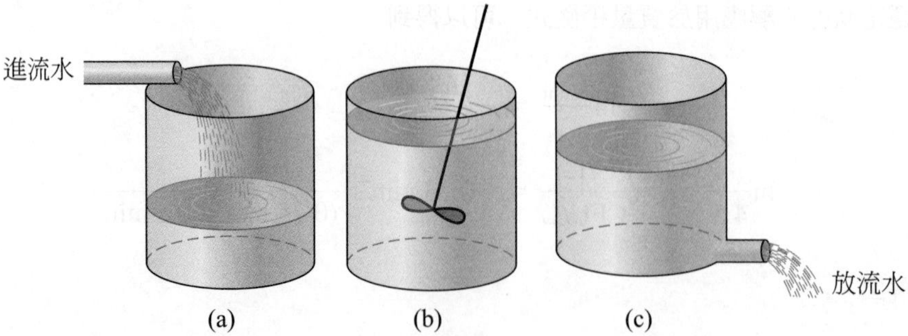


**圖 2-2**　反應器操作。(a) 將物質添加到反應器內。(b) 混合及反應。(c) 反應器排水。(注意：在反應過程中沒有進流或放流發生)。

根據式 2-15

$$\frac{dM}{dt} = V\frac{dC}{dt}$$

因此，對於發生在批次反應器中的一階反應，式 2-25 可簡化成：

$$\frac{dC}{dt} = -kC \tag{2-26}$$

流動反應器是爲一種連續操作的反應槽類型：物質一直不斷地流進、流出槽中，流動槽依其混合狀況加以區分，整個反應槽中的流體爲均勻的，稱爲**完全混合流動反應器** (completely mixed flow reactor, CMFR)，或是連續流攪拌反應器 (CSTR)，圖 2-3 爲 CMFR 的簡要流動示意圖，放流水的組成和

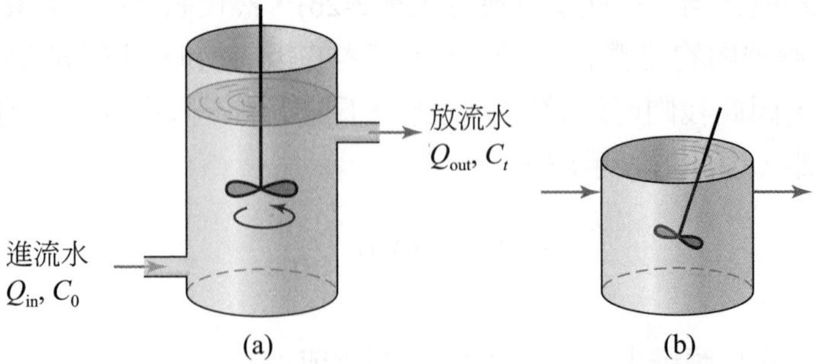


**圖 2-3**　(a) 完全混合流動反應器 (CMFR) 示意圖與 (b) 一般示意圖。攪拌器表示此反應器爲完全混合。

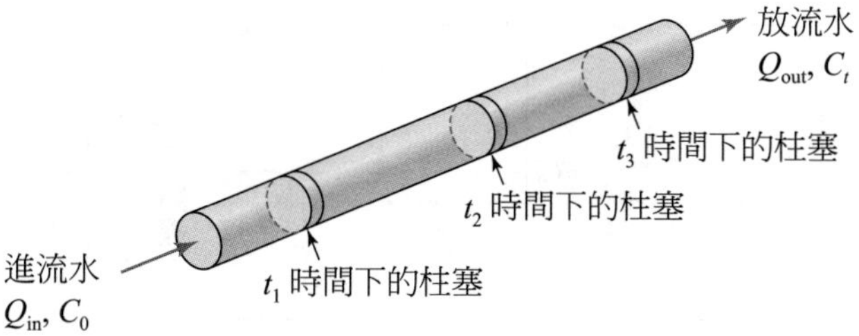


**圖 2-4**　柱塞流反應器 (PFR) 的示意圖。**注意**：$t_3 > t_2 > t_1$。

反應槽中的組成性質相同。假使流進槽中的質量流率固定，則放流水的組成也固定，CMFR 中的質量平衡式如式 2-16 所示。

在**柱塞流反應器** (PFR)，一連串的流體液滴通入槽中，先進入槽中的，依序也先離開。在理想的情況下，側向不會有混合的情況發生，雖然組成會因在槽內不同長度處而不同，但只要流體處於穩定狀態下，放流水中的組成一定。柱塞流反應器的示意如圖 2-4，其質量平衡式如式 2-18，式中的時間因素 ($dt$) 在 PFR 中可以寫成如式 2-23 中的 $\theta$。往往眞實的連續流反應槽情況是介於 CMFR 和 PFR 之間的情況。

對於跟時間有關的反應，流體液滴停留在槽中的時間，顯著地影響其相對於完全反應的程度。在理想反應槽內，平均時間 (對於液體系統來說，爲**滯留時間或停留時間**，或稱爲**水力滯留時間或水力停留時間**)可被定義爲：

$$\theta = \frac{\forall}{Q} \tag{2-27}$$

式中，$\theta$ 爲理論滯留時間，單位爲 s

　　$\forall$ 爲反應槽中的流體體積，單位爲 $m^3$

　　$Q$ 爲反應槽中的體積流率，單位 $m^3/s$

眞實的反應器所顯示出的情況並不像理想反應器如此，有可能因爲溫度或其他因素導致密度變化，不均衡的輸入或輸出狀態造成的短流現象，及區域性的紊流，或是因爲槽內有死角。因此，發生在眞實槽內的滯留時間，通常都少於式 2-27 所計算出的理想狀況下的滯留時間。

## 反應器分析

反應器的選擇，無論是處理方式或是作爲自然過程的模型，都是根據其

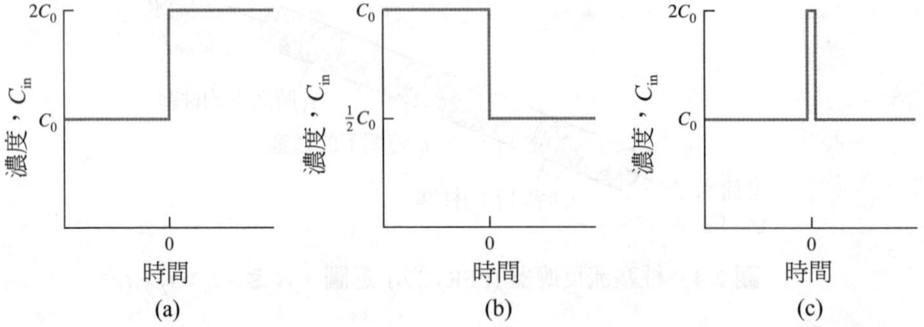


**圖 2-5** 進流可能有下面幾種情況 (a) 進流濃度產生階梯性增加，(b) 進流濃度產生階梯性減少，(c) 進流濃度產生脈衝或尖峰變化。**注意**：爲方便說明，改變量僅爲示意表示。

所希望或認定發生的方式來選擇。我們在不同的情況下，檢視批次、CMFR 及 PFR 反應器的行爲。穩定狀態下，流入反應器中的進流守恆性或非守恆性物質流體的濃度突然增加 (圖 2-5a) 或減少 (圖 2-5b) (一般稱爲階梯性增加或減少)，或是濃度在一瞬間突然變動 (圖 2-5c)。我們將對應於不同的反應器類型，呈現不同的放流濃度，以了解進流改變造成的影響。

我們將分析非守恆性物質的一階反應，並將零階或二階反應的反應行爲，整理於後面的結論，進一步比較分析。

**批次反應器**　批次反應器因爲較便宜且易於配置，常被應用於實驗室內進行的實驗。工程界則利用批次反應器進行少量的廢水處理 (小於 150 $m^3/d$)，因爲批次反應器設備容易操作，且可以提供用來確認在廢水放流前是否符合標準規定。

批次反應器並沒有進流或放流流體進出，因此槽中的守恆性物質可能是呈現階梯增加或是脈衝變化，造成瞬間濃度的改變。濃度的變化圖如圖 2-6 所示。

因爲沒有進流或放流流體進出，對於守恆性物質來說，爲一階分解反應，質量平衡式如式 2-26，積分後爲：

$$\frac{C_t}{C_0} = e^{-kt} \tag{2-28}$$

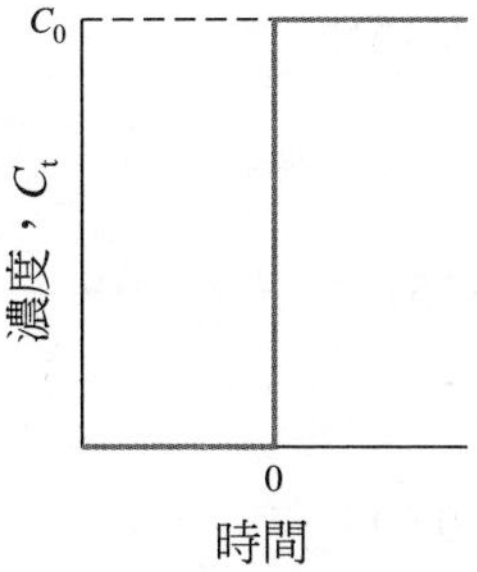


**圖 2-6**　批次反應器內，對於守恆性物質的濃度產生階梯性或脈衝變化的回應。$C_0$＝守恆性物質的質量/反應器體積。

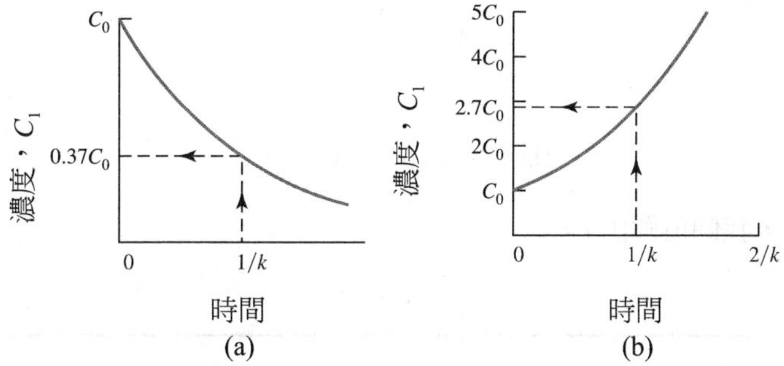


**圖 2-7**　批次反應器的回應 (a) 非守恆性物質的分解 (b) 物質形成的反應。

最終的濃度變化如圖 2-7a。對於物質形成的反應而言，式 2-28 中的符號則爲正，濃度如圖 2-7b 所示。

---

**例題 2-8**　在美國超級基金認定的場址，有一批受到污染的土壤，利用混合好氧塘加以處理，進行復育。用實驗室的批次混合反應器處理，可得到以下資料，得知需要多久時間，才可處理這批土壤。假設此反應爲一階反應，反應速率常數爲 $k$，需要多久的時間，才可以使土壤被污染的濃度，減少 99%。

| 時間 (d) | 污染濃度 (mg/L) |
|---|---|
| 1 | 280 |
| 16 | 132 |

**解**：反應速率常數 $k$ 值可用式 2-28 解出，第 1 天與第 16 天時間的間隔爲 $t=16-1=15$ d。

$$\frac{132 \text{ mg/L}}{280 \text{ mg/L}} = \exp[-k(15 \text{ d})]$$

$$0.4714 = \exp[-k(15)]$$

兩邊都取以指數爲底的對數，上式變成：

$$-0.7520 = -k(15)$$

$$k = 0.0501\ \text{d}^{-1}$$

在時間 $t$ 時，濃度減少 99%，所以濃度變爲 1－0.99：

$$\frac{C_t}{C_0} = 0.01$$

$t$ 可被估算爲：

$$0.01 = \exp[-0.05(t)]$$

兩邊同取對數，我們可解出 $t$。

$$t = 92\ 天$$

---

**完全混合流動反應器 (CMFR)**　小規模的體積流率通常用批次反應器處理，但當水流率超過 150 $m^3/d$ 就會選擇 CMFR 來進行化學混合。通常這類的應用包括了調整 pH 平衡的反應槽，用沉澱以去除重金屬的反應槽，以及混合槽 (稱爲**快混或高速混合槽**)。都市污水的流率在一天之內變化的相當快，因此處理廠中都用 CMFR (稱爲**平衡槽**) 進行進流水處理，使流動與濃度變化一致。自然界中，湖泊或是兩條河川混合，或是室內或城市中的空氣，都可以用 CMFR 來進行眞實情況的模擬。

若守恆性物質進入 CMFR 時產生濃度階梯性增加，初始濃度爲 $C_0$，在 $t=0$ 時，進流濃度 ($C_{in}$) 突然增加至 $C_1$ 且維持此濃度 (圖 2-8a)，因爲 CMFR 裡的流量爲平衡流動 ($Q_{in}=Q_{out}$) 且沒有反應發生，濃度產生階梯性變化的質量平衡式寫成：

$$\frac{dM}{dt} = C_t Q_{in} - C_{out} Q_{out} \qquad \textbf{(2-29)}$$

當 $M = C\forall$ 時，方程式的解爲：

$$C_t = C_0\left[\exp\left(-\frac{t}{\theta}\right)\right] + C_1\left[1 - \exp\left(-\frac{t}{\theta}\right)\right] \qquad \textbf{(2-30)}$$

式中，　$C_t = t$ 時間下的濃度

$C_0$＝階梯性變化之前的濃度

$C_1$＝急速增加之後的進流濃度

$t$＝階梯性變化後所經的時間

$\theta$＝理論滯留時間＝ $\maltese/Q$

exp＝指數爲 $e$，即把 $e$ 取括弧內項次的次方，也就是把 $e$ 當爲括弧內項次的指數的底數，$e$＝2.7183。

圖 2-8b 爲放流水濃度示意圖。

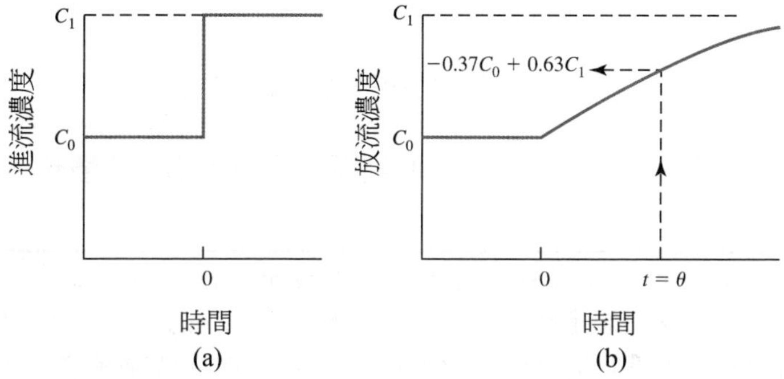


**圖 2-8**　產生CMFR (a) 進流的守恆性物質，濃度由 $C_0$ 變爲 $C_1$ 的階梯性增加。(b) 放流水濃度。

將一乾淨的流體注入於 CMFR 反應器中的非反應性污染物，即爲進流濃度會發生階梯性變化 (step change) 的情況 (圖 2-9a)。因爲 $C_{in}$＝0，且沒有反應發生，所以質量平衡式爲：

$$\frac{dM}{dt} = -C_{out}Q_{out} \tag{2-31}$$

且 $M = C\maltese$，因此初始濃度爲：

$$C_0 = \frac{M}{\maltese} \tag{2-32}$$

我們可解出式 2-31 在 $t \geq 0$ 時，

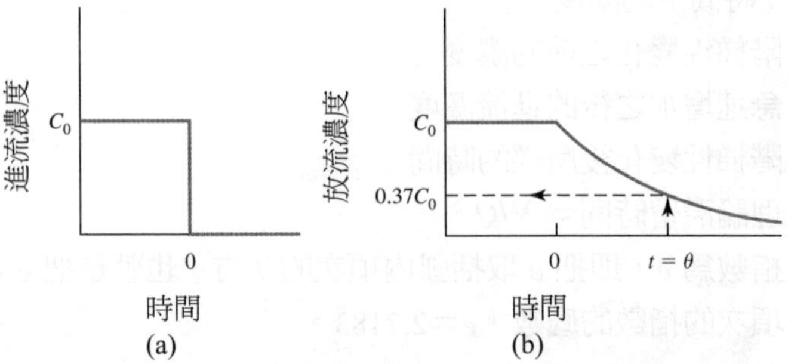


**圖 2-9** CMFR 的沖擊流起因於 (a) 守恆性物質的進流濃度產生階梯性減少，由 $C_0$ 變為 0。(b) 放流水濃度變化。

$$C_t = C_0 \exp\left(-\frac{t}{\theta}\right) \tag{2-33}$$

式 2-27 中已說明 $\theta = \maltese/Q$ 。圖 2-9b 則顯示出放流濃度的變化。

---

**例題 2-9** 在維修地下公營管道時，工作人員先行評估內部氣體，發現含有 29 $mg/m^3$ 的硫化氫。法令規定硫化氫的曝露量最多為 14 $mg/m^3$，因此工作人員先用抽風機使內部通風。地下管道體積為 160 $m^3$，含有污染物的空氣流速為 10 $m^3/min$，試問需要多久的通風時間，才可容許工人進入內部？假設下水道人孔內部狀況為 CMFR，且硫化氫在此時間內不會發生任何反應。

**解**：這是一個在 CMFR 下，非反應物質的流動情況。理論滯留時間為：

$$\theta = \frac{\maltese}{Q} = \frac{160\ \text{m}^3}{10\ \text{m}^3/\text{min}} = 16\ \text{min}$$

可用式 2-33，解得所需要的通風時間 $t$：

$$\frac{14\ \text{mg/m}^3}{29\ \text{mg/m}^3} = \exp\left(-\frac{t}{16\ \text{min}}\right)$$

$$0.4828 = \exp\left(-\frac{t}{16\ \text{min}}\right)$$

兩邊同取以 $e$ 為底的對數，

$$-0.7282 = -\frac{t}{16\text{ min}}$$

$t$ = 需要 11.6 或 12 分鐘以上的時間才能將硫化氫濃度降至容許值以下

硫化氫的濃度超過 0.18 mg/m$^3$ 時，可聞到臭味，因此在 12 分鐘之後，下水道仍可聞到劇烈的臭味。

請注意，硫化氫在特定區域，如人孔下皆存在著，是一種非常毒的毒氣，會使人體嗅覺逐漸麻木。因此，即使濃度在一段時間之後已下降，但我們仍不可去聞它。在美國，每年仍會有幾例，因爲工人沒有採取嚴格的安全預防措施，導致吸入過多硫化氫而死亡的案例產生。

---

CMFR 爲完全混合的情況，因此，若進流濃度產生階梯性變化或是有反應性的物質，就會導致放流濃度產生相對的變化。對於此種情況，我們先用質量平衡分析此一均勻流 ($Q_{in} = Q_{out}$)，則在穩定狀態下，反應物質的一階分解爲：

$$\frac{dM}{dt} = C_{in}Q_{in} - C_{out}Q_{out} - kC_{out}\mathcal{V} \tag{2-34}$$

此時 $M = C\mathcal{V}$ 。因爲流速和體積爲固定值，我們可以同除以 $Q$、$\mathcal{V}$ 簡化得到：

$$\frac{dC}{dt} = \frac{1}{\theta}(C_{in} - C_{out}) - kC_{out} \tag{2-35}$$

式 2-27 中已說明 $\theta = \mathcal{V}/Q$ ，在穩定狀態下，$dC/dt = 0$，則：

$$C_{out} = \frac{C_0}{1 + k\theta} \tag{2-36}$$

階梯性變化後，$C_0 = C_{in}$，注意 $C_{in}$ 在階梯性變化前不一定爲零。對於一個生成產物的一階反應來說，反應項的符號改爲正，因此質量平衡式爲：

$$C_{out} = \frac{C_0}{1 - k\theta} \tag{2-37}$$

式 2-36 及圖 2-10 概略的表示 CMFR 的反應行爲。

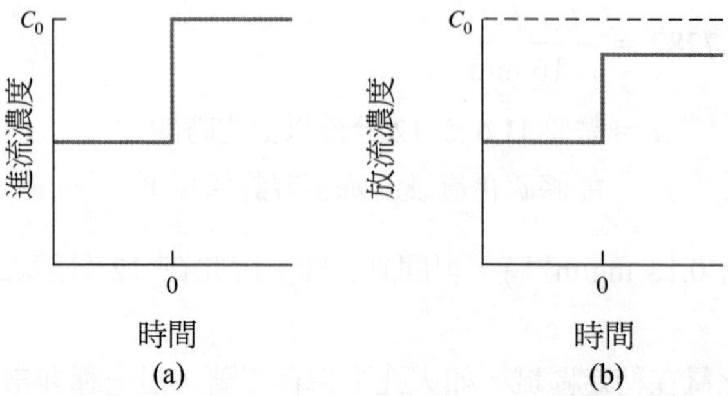


**圖 2-10** 穩定狀態下 CMFR 的回應 (a) 反應物質進流濃度的階梯性增加。(b) 放流濃度。註：$t=0$ 之前為穩定狀態。

假設進流濃度為零 ($C_{in}=0$)，CMFR 中的均勻流反應物質為一階分解反應，非穩定的狀態下運作條件可重寫為：

$$\frac{dM}{dt} = 0 - C_{out}Q_{out} - kC_{out}\forall \quad \textbf{(2-38)}$$

當 $M = C\forall$，體積為固定值時，除以 $\forall$ 可得：

$$\frac{dC}{dt} = \left(\frac{1}{\theta} + k\right)C_{out} \quad \textbf{(2-39)}$$

式 2-27 中已說明 $\theta = \forall/Q$，

$$C_{out} = C_0\exp\left[-\left(\frac{1}{\theta} + k\right)t\right] \quad \textbf{(2-40)}$$

$C_0$ 為 $t=0$ 時之放流濃度。

相關濃度在圖 2-11 中呈現。

**柱塞流反應器 (PFR)** 管狀流及窄長型的河川近似於理想情況下的 PFR，都市廢水處理廠裡的生物處理方式，通常也都是使用細長的管子，以 PFR 為操作模式。

在柱塞流反應器裡，守恆性物質的進流濃度於階梯性改變，在經過一段滯留時間之後，放流濃度也會產生一完全相同的階梯性濃度變化，如圖 2-12 所示。

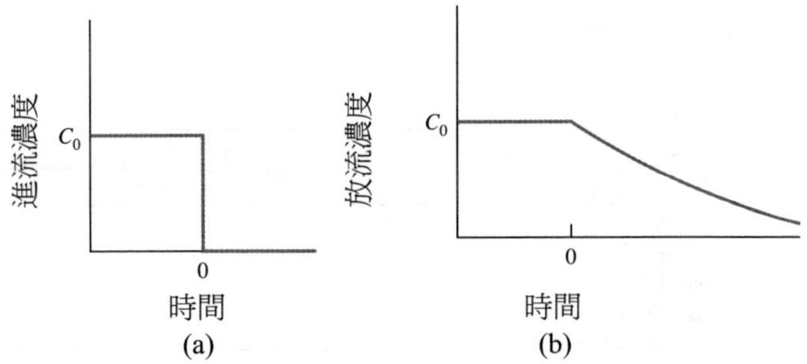


**圖 2-11**　非穩定狀態下 CMFR 的回應 (a) 反應物質的進流濃度由 $C_0$ 降爲 0 的階梯性減少。(b)放流濃度變化。

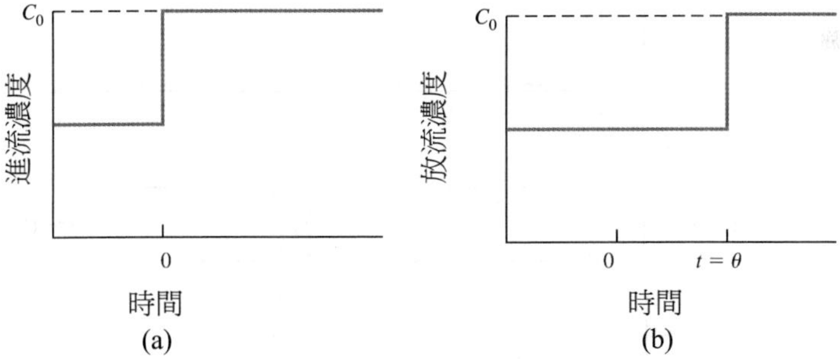


**圖 2-12**　PFR 的回應 (a) 守恆性物質進流濃度的階梯性增加。(b) 放流濃度變化。

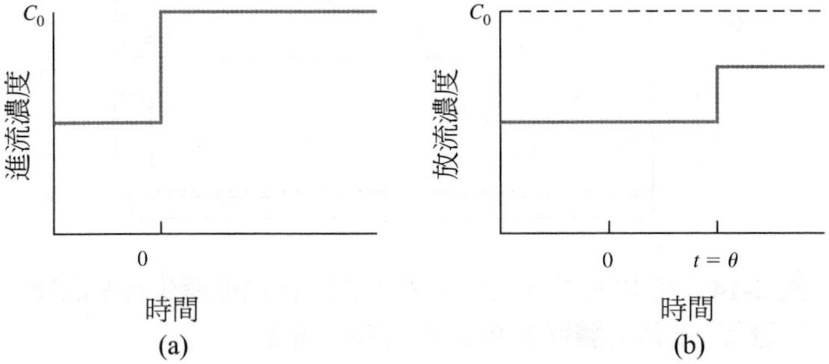


**圖 2-13**　PFR 的回應 (a)反應物質進流濃度的階梯性增加。(b) 放流濃度變化。

穩定狀態下的一階 PFR 反應，質量平衡式爲式 2-21，經過階梯性改變的進流濃度如圖 2-13。

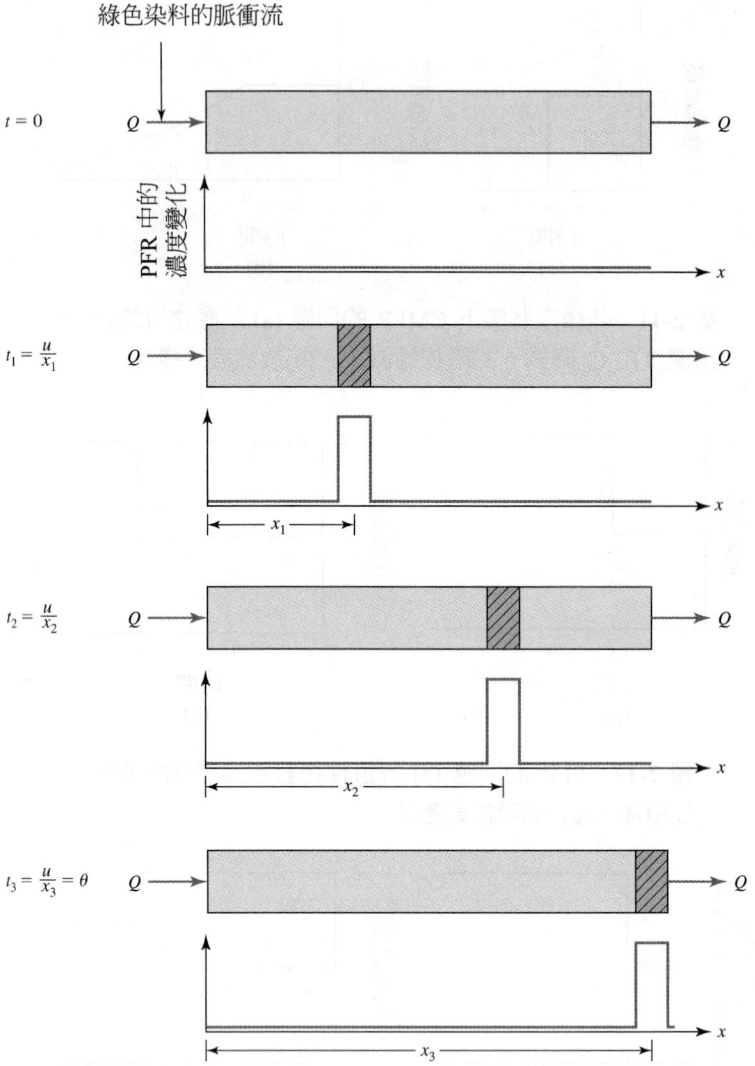


**圖 2-14** 在 PFR 中，守恆性物質的進流濃度產生柱塞改變的過程。$u$ 為流體通過 PFR 內的線性速度。

圖 2-14 為一脈衝流進入 PFR 之情況，說明脈衝流在 PFR 中以及隨著距離改變時濃度的變化情形。

**反應器比較** 環境中的情況多為一階反應，然而，其他階數的反應也有可能

**表 2-1　穩定狀態下，不同階數分解反應的平均停留時間對照表 ***

| | | 平均停留時間的公式 ($\theta$) | | |
|---|---|---|---|---|
| 反應器的階數 | $r$ | 理想批次反應器 | 理想柱塞流反應器 | 理想完全混合流動反應器 |
| Zero† | $-k$ | $\dfrac{(C_0 - C_t)}{k}$ | $\dfrac{(C_0 - C_t)}{k}$ | $\dfrac{(C_0 - C_t)}{k}$ |
| First | $-kC$ | $\dfrac{\ln(C_0/C_t)}{k}$ | $\dfrac{\ln(C_0/C_t)}{k}$ | $\dfrac{(C_0/C_t) - 1}{k}$ |
| Second | $-kC^2$ | $\dfrac{(C_0/C_t) - 1}{kC_0}$ | $\dfrac{(C_0/C_t) - 1}{kC_0}$ | $\dfrac{(C_0/C_t) - 1}{kC_t}$ |

* $C_0$＝初始濃度或進流濃度；$C_t$＝最終濃度或放流濃度。
† $k\theta \le C_0$；否則 $C_t$＝0。

**表 2-2　穩定狀態下，不同階數下分解反應的濃度變化對照表 ***

| | | $C_t$ 的公式 | | |
|---|---|---|---|---|
| 反應器的階數 | $r$ | 理想批次反應器 | 理想柱塞流反應器 | 理想完全混合流動反應器 |
| Zero† $t \le C_0/k$<br>$t > C_0/k$ | $-k$ | $C_0 - kt$<br>0 | $C_0 - k\theta$ | $C_0 - k\theta$ |
| First | $-kC$ | $C_0[\exp(-kt)]$ | $C_0[\exp(-k\theta)]$ | $\dfrac{C_0}{1 + k\theta}$ |
| Second | $-kC^2$ | $\dfrac{C_0}{1 + ktC_0}$ | $\dfrac{C_0}{1 + k\theta C_0}$ | $\dfrac{(4k\theta C_0 + 1)^{1/2} - 1}{2k\theta}$ |

* $C_0$＝初始濃度或進流濃度；$C_t$＝最終濃度或放流濃度。
† 時間因素僅與理想批次反應器相關。

發生。表 2-1 和 表 2-2 列出了零階、一階與二階反應的反應器的類型與停留時間的比較。

**例題 2-10**　一化學藥品在 CMFR 裡發生分解，反應器內爲穩定狀態下，符合一階反應動力的平衡流。化學藥品在上游的濃度爲 10 mg/L，下游的濃度爲 2 mg/L，處理的速率爲 29 $m^3$/min，反應器的體積爲 580 $m^3$，分解的速率爲多少？反應速率常數爲何？

**解**：由式 2-11，我們可得知一階反應下，分解的速率爲 $r = -kC$。爲求出分解速率，我們用式 2-34 來解出 $kC$，以求出反應速率。

$$\frac{dM}{dt} = C_{in}Q_{in} - C_{out}Q_{out} - kC_{out}\forall$$

穩定狀態下不會有質量累積，所以 $dM/dt=0$。且因爲反應器內爲平衡流，所以 $Q_{in}=Q_{out}=29\ m^3/min$，質量平衡式可寫爲：

$$kC_{out}\forall = C_{in}Q_{in} - C_{out}Q_{out}$$

解出反應速率，可得，

$$r = kC = \frac{C_{in}Q_{in} - C_{out}Q_{out}}{\forall}$$

$$= kC = \frac{(10\ mg/L)(29\ m^3/min) - (2\ mg/L)(29\ m^3/min)}{580\ m^3} = 0.4$$

反應速率常數 $k$，可依照表 2-1 的公式解出。CMFR 中的一階反應爲：

$$\theta = \frac{(C_0/C_t) - 1}{k}$$

平均水力滯留時間 ($\theta$) 爲：

$$\theta = \frac{\forall}{Q} = \frac{580\ m^3}{29\ m^3/min} = 20\ min$$

因此，根據表中公式，我們可解出反應速率常數 $k$：

$$k = \frac{(C_0/C_t) - 1}{\theta}$$

及

$$k = \frac{(10\ mg/L/2\ mg/L) - 1}{20\ min} = 0.20\ min^{-1}$$

---

**反應器設計**　在設計反應槽時，體積爲主要設計的參數。一般來說，進流物質的濃度，進入到槽內的流速，與所預期的放流濃度，都是已知的條件。根據式 2-27，體積與理論滯留時間及流速有關。因此，假設理論滯留時間已知的話，我們便可求出體積。如果反應分解速率常數 $k$ 已知的話，可用表 2-1 中的公式計算滯留時間，而 $k$ 值往往是根據文獻或實驗室實驗所求得。

# ▲ 2-4　能量平衡

## 熱力學第一定律

**熱力學第一定律**陳述了能量不會被創造或毀滅 (不包括核子反應)。如同質量不滅定律；能量會存在，但存在的形式可能會改變。舉例來說，煤炭中的化學能量可以轉變爲熱能與電能。**能量**一直以來都爲做功所須。**做功**即爲一物體受力而移動位置，一**焦耳** (J) 爲一物體受到一牛頓的施力，沿著此施力方向移動了一米的距離。**功率**爲做功的效率，或稱爲所用能量的效率。因此，第一定律寫爲：

$$Q_H = U_2 - U_1 + W \tag{2-41}$$

式中，　$Q_H$＝吸收的熱能，kJ

$U_1$、$U_2$＝系統中狀態 1、2 下的內能 (或熱能)，kJ

$W$＝功，kJ

## 基本原理

**能量的熱能單位**　能量可以很多種形式存在，如熱能、機械能、動能、位能、電能與化學能。當熱被視爲一種物質時，就有所謂的熱量單位 (卡路里)，此單位也與質量不滅定律一致。接著，我們了解，能量非物質，而是以一種特殊形式存在的機械能。因此，我們仍將使用常見的公制能量單位——卡路里*。一**卡路里** (卡) 爲將一克的水從 14.5°C 升到 15.5°C 所需的能量，在 SI 單位裡 4.186 焦耳＝1 卡。

物質的**單位比熱**爲使一單位的物質溫度上升一度所需的能量，公制單位的比熱單位爲 kcal/kg · K，SI 單位爲 kJ/kg · K，K 爲開爾文溫度，1 K＝1 °C。

**焓** (Enthalpy) 爲物質的一種熱力學性質，此性質會和物質的溫度、壓力和物質的成份相關。被定義爲：

---

* 在討論食物代謝時，生理學家也使用**卡路里**此種單位。然而，食物的卡路里量在公制系統相當於**仟卡**，故我們在課文中將使用卡或仟卡 (cal 或 kcal) 這種單位。

$$H = U + P\forall \tag{2-42}$$

式中，$H$＝焓，kJ

$U$＝內能 (或熱能)，kJ

$P$＝壓力，kPa

$\forall$＝體積，$m^3$

焓可被視爲熱能 ($U$) 與流動能 ($P\forall$) 相加而成的熱量，流動能不可與動能 ($\frac{1}{2}Mv^2$) 混淆。在歷史上，$H$ 意指一個系統的 “熱含量”，因爲熱被準確的定義爲，在熱力系統邊界由於溫度差所造成的能量傳遞，並不是精確的熱力學描述，而焓才是較精確的名稱。

當產生一個不包括體積改變的非相變的過程時*，內能的改變爲：

$$\Delta U = Mc_v\Delta T \tag{2-43}$$

式中，$\Delta U$＝內能的變化

$M$＝質量

$c_v$＝固定體積下的比熱

$\Delta T$＝溫度的變化

而當產生一個不包括壓力變化的非相變的過程時，內能的改變定義爲：

$$\Delta H = Mc_p\Delta T \tag{2-44}$$

式中，$\Delta H$＝焓的變化

$c_p$＝固定壓力下的比熱

式 2-43 和 2-44 假設比熱在 $\Delta T$ 的範圍內是固定的，固體和液體幾乎爲不可壓縮的，因此實際上沒有做功。$P\forall$ 沒有變化，則理論上 $H$ 和 $U$ 是相等的。因此，對於固體和液體來說，我們大致上可假設 $c_v = c_p$，且 $\Delta U$=$\Delta H$，故儲存於系統內的能量可改寫爲：

$$\Delta H = Mc_v\Delta T \tag{2-45}$$

---

* 非相變的情況，舉例來說，例如水未轉換成水蒸氣。

**表 2-3 一般常用物質的比熱**

| 物質 | cp (kJ/kg·K) |
|---|---|
| 空氣 (293.15 K) | 1.00 |
| 鋁 | 0.95 |
| 牛肉 | 3.22 |
| 波特蘭水泥 | 1.13 |
| 混凝土 | 0.93 |
| 銅 | 0.39 |
| 小麥 | 3.35 |
| 乾燥泥土 | 0.84 |
| 人體 | 3.47 |
| 冰 | 2.11 |
| 鑄鐵 | 0.50 |
| 鋼 | 0.50 |
| 家禽 | 3.35 |
| 蒸氣 (373.15 K) | 2.01 |
| 水 (288.15 K) | 4.186 |
| 木材 | 1.76 |

改編自 Guyton (1961), Hudson (1959), Masters (1998), Salvato (1972).

一些常用物質的比熱容量列於表 2-3。

物質發生**相**變化時 (即固體轉變爲液體或液體變爲氣體)，能量會在溫度沒有改變的情況下被吸收或釋放。在固定壓力下，一單位物質從固相轉變爲液相所需的能量稱爲**融化潛熱**或**融化焓**。一單位物質從液相轉變爲氣相所需的能量稱爲**蒸發潛熱**或**蒸發焓**。使蒸氣濃縮和使液體凝固需要同量的能量被釋放。對於水來說，攝氏溫度零度時的融化焓爲 333 kJ/kg，100°C 時蒸發焓爲 2257 kJ/kg。

---

**例題 2-11**　標準生理學測試報告 (Guyton,1961) 指出，一個 70.0 kg 體重的人，每日需要補充 2,000 kcal 的熱量以維持基本生存。我們所吃的食物中，將近有 61% 的能量，在攜帶能量的分子三磷酸腺苷 (adenosine triphosphate, ATP) 的形成過程中，轉變爲熱能 (Guyton,1961)。在能量供給細胞基本反應時，也會產生熱能。細胞的基本反應釋放更多的能量，以至於最後 “所有經由新陳代謝過程釋放出的能量變爲熱能” (Guyton,1961)。部份的熱用來維持人體的正常體溫 37°C。假設目前室溫 20°C，需要 2000 kcal 中的多少能量，才可用來維持人體正常體溫 37°C。人體的比熱爲 3.47 kJ/kg · K。

**解**：儲存在體內的能量變化爲：

$$\Delta H = (70\ \text{kg})(3.47\ \text{kJ/kg}\cdot\text{K})(37°\text{C} - 20°\text{C}) = 4{,}129.30\ \text{kJ}$$

若把 2,000 kcal 的單位轉成 kJ，

$$(2{,}000\ \text{kcal})(4.186\ \text{kJ/kcal}) = 8{,}372.0\ \text{kJ}$$

因此，欲維持體溫所需的能量約為

$$\frac{4{,}129.30\ \text{kJ}}{8{,}372.0\ \text{kJ}} = 0.49\ \text{或寫為}\ 50\%$$

若體溫不升高超過於正常溫度，其餘的能量必須被消耗掉。經由熱轉移而排出能量的機制，將於下面的章節討論。

---

**能量平衡**　如果我們說熱力學第一定律類似於質量守恆定律，那麼因為可被“平衡”，能量也類似於物質。能量平衡的簡式為：

$$\text{熱物體失去的焓}=\text{冷物體所得到的焓} \tag{2-46}$$

---

**例題 2-12**　Rhett Butler Peach 公司在將桃子製成罐頭之前，先將桃子浸泡在熱水中(100°C)，以便去皮。此過程會產生含有高量有機質的廢水，必須在排放之前進行廢水處理。處理過程為一生物程序，在 20°C 下進行。因此，廢水在處理之前必須先冷卻至 20°C。廢水流至一溫度為 20°C 的槽中進行冷卻，假設沒有任何的能量損失，槽的質量為 42,000 kg，且比熱為 0.93 kJ/kg·K。冷卻槽與廢水的平衡溫度為何？

**解**：假設水的密度為 1,000 kg/m$^3$，熱水中的焓損失量為：

$$\Delta H = (1{,}000\ \text{kg/m}^3)(40\ \text{m}^3)(4.186\ \text{kJ/kg}\cdot\text{K})(373.15 - T)$$
$$= 62{,}480{,}236 - 167{,}440T$$

絕對溫度為 273.15＋100＝373.15 K。

冷卻槽所獲得的焓為：

$$\Delta H = (42{,}000\ \text{kg})(0.93\ \text{kJ/kg}\cdot\text{K})(T - 293.15) = 39{,}060T - 11{,}450{,}439$$

聯立兩式求解，便可求出平衡溫度。

$$(\Delta H)_{\text{water}} = (\Delta H)_{\text{concrete}}$$
$$62{,}480{,}236 - 167{,}440T = 39{,}060T - 11{,}450{,}439$$

$$T = 358 \text{ K} \text{ 或 } 85°\text{C}$$

計算出來溫度並沒有非常接近預期的溫度，這是因爲我們沒有考慮散失到環境中的能量。對流及輻射熱損失會導致溫度降低，將會在往後的章節中討論。冷卻塔仍會要求達到 20°C。

---

對於開放系統來說，一個較完整的能量平衡式爲：

$$\text{能量的淨改變} = \text{進入到系統的物質的能量} - \text{離開系統的物質的能量} \pm \text{進出系統的能量流動} \qquad \textbf{(2-47)}$$

在許多環境系統中，必須考慮依時間改變的能量 (即能量改變速率)，式 2-47 可重新寫爲：

$$\frac{dH}{dt} = \frac{d(H)_{\text{mass in}}}{dt} + \frac{d(H)_{\text{mass out}}}{dt} \pm \frac{d(H)_{\text{energy flow}}}{dt} \qquad \textbf{(2-48)}$$

如果我們考慮到流體流入的速率與流出速率皆爲 $dM/dt$，那麼因爲此流動而改變的焓爲：

$$\frac{dH}{dt} = c_p M \frac{dT}{dt} + c_p T \frac{dM}{dt} \qquad \textbf{(2-49)}$$

$dM/dt$ 爲物質流率 (kg/s)，$\Delta T$ 爲系統內部與外部物質的溫度差。

注意到式 2-47 和 2-48，與質量平衡式不同的地方在於有一樣多加的項目："能量流"。從光合作用 (從太陽散發出的輻射能量轉變爲植物物質) 到熱交換器 (從燃料而來的化學能，經過熱交換器的管壁以加熱內部的流體) 的每種能量流動，都有一些重要的差異。這些進出系統的能量流方式可能爲傳導、對流或輻射。

**傳導**　傳導爲利用溫度差，透過分子間的能量轉移，傳送物質間之熱量。傅立葉定律 (Fourier's law) 提供經由傳導方式的能量流動公式：

$$\frac{dH}{dt} = -h_{tc} A \frac{dT}{dx} \qquad \textbf{(2-50)}$$

其中，$dH/dt$ ＝焓的改變率，kJ/s 或 kW

$h_{tc}$ ＝熱傳導率，kJ/s・m・K 或 kW/m・K

**表 2-4　一些常用物質的熱傳導率** [a]

| 物質 | $h_{tc}$ (W/m・K) |
|---|---|
| 空氣 | 0.023 |
| 鋁 | 221 |
| 磚、燒過的黏土 | 0.9 |
| 混凝土 | 2 |
| 銅 | 393 |
| 玻璃絨絕緣體 | 0.0377 |
| 鋼 | 45.3 |
| 木材 | 0.126 |

[a] 注意：單位皆爲 J/s・m・K。

$A$＝表面積，$m^2$

$dT/dx$＝一段距離下的溫度改變，K/m

1 kJ/s＝1 kW，一些常用物質的熱傳導係數列於表 2-4。

**對流**　強迫熱對流是大規模的流體流動所造成的熱能傳送，如流動的河流，水體或風的流動。在溫度 $T_f$ 的流體與 $T_s$ 表面溫度的固體間的熱對流，可以式 2-51 表示。

$$\frac{dH}{dt} = h_c A(T_f - T_s) \tag{2-51}$$

其中，$h_c$＝對流熱傳送係數 kJ/s・$m^2$・K

$A$＝表面積，$m^2$

**輻射**　相對於傳導與對流皆需要介質來傳送能量，輻射是一種藉由電磁輻射的熱傳送方式。輻射的熱傳送方式包含了兩個過程：物體吸收輻射能以及物體放出輻射能。因輻射熱傳送而造成的焓改變量，可寫作吸收的能量減去發散的能量：

$$\frac{dH}{dt} = E_{abs} - E_{emitted} \tag{2-52}$$

當一個電子從高能階移到低能階時，熱輻射即被發散出來了。輻射能以波的形式傳播，可以是如圖 2-15 所示之週期波或**正弦波**。波可以其波長 (λ) 及頻率 (ν) 表現，波長爲波峰至波谷的距離，頻率與波長皆和光速 ($c$) 相關。

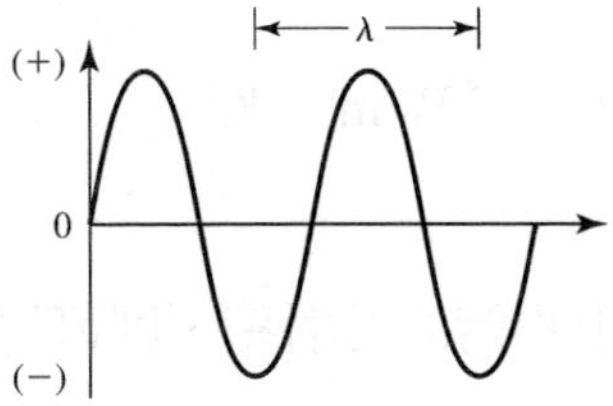


**圖 2-15**　正弦波，波長 λ 爲兩波峰或兩波谷之間的距離。

$$c = \lambda v \quad \textbf{(2-53)}$$

卜朗克定律 (Plank's law) 敘述輻射發散出的能量與輻射頻率的關係。

$$E = hv \quad \textbf{(2-54)}$$

其中 $h$ 爲卜朗克常數＝$6.63 \times 10^{-34}$ J・s。

---

當一個電子在兩個能階中轉移時，電磁波便發散出來，此稱爲一個**光子**。頻率高時 (代表波長小)，發散出來的能量就高。卜朗克定律也適用於一個光子的吸收能量，一個分子僅能吸收輻射波長與其兩個能階之間的距離相符合的輻射能。

每個物體都會散發出熱能，所發散出的輻射能，與其波長、表面積與物體的絕對溫度有關。在特定溫度下，物體所發散出的最大輻射量，稱爲**黑體輻射**，在任何波長下，可發散出最大可能輻射強度的物體稱爲**黑體**。黑體這個名詞和物體的顏色無關，實際上，黑體的特性爲，所有到達黑體表面的輻射都能被吸收。

實際上物體不會像黑體一樣吸收或發散那麼多的輻射量，一物體發散出的輻射量比上黑體所發散出的輻射量，稱爲發射率 (emissivity, $\varepsilon$)。在 6,000 K 時，太陽的能量光譜類似於黑體的能量光譜。在正常的大氣溫度下，於乾土壤或林地的發射率接近於 0.90；水和雪的發射率約爲 0.95；不管任何皮膚的人類，發射率接近 0.97(Guyton, 1961)。一物體吸收的能量比上黑體吸收量稱爲吸收率 (absorption, $\alpha$)。對大部份的材料表面，吸收率的值會與發射率相同。

將卜朗克公式對波長積分，會得到黑體的輻射能。

$$E_B = \sigma T^4 \quad \textbf{(2-55)}$$

其中，$E_B$＝黑體的發射速率，W/m$^2$

σ＝史蒂芬－波茲曼常數＝$5.67\times10^{-8}$ W/m$^2$・K$^4$

$T$＝絕對溫度，K

若是黑體之外的物體，公式右手邊再乘上物體的發射率，則可得物體的發射速率。

若一物體發射率 ε、吸收率 $\alpha$，在溫度 $T_b$ 時，從環境中得到一輻射量，此時環境中的黑體溫度爲 $T_{environ}$，我們可用下式表現焓的變化：

$$\frac{dH}{dt} = A(\varepsilon\sigma T_b^4 - \alpha\sigma T_{environ}^4) \tag{2-56}$$

式中，$A$＝物體的表面積，m$^2$

因爲周遭物體的"重複輻射"效應，熱輻射問題變得非常複雜。除此之外，隨著不同的溫度變化，輻射的冷卻率將會隨著時間改變；一開始，因爲溫度的差異非常大，因此每單位時間的冷卻率改變很大，而當溫度逐漸接近，改變量則減緩下來。接下來的例題中，我們使用算術平均溫度，來當作實際平均溫度的第一個近似值。

---

**例題 2-13**　例題 2-12 所提，沒有考慮到對流與輻射造成的熱損失。因此，我們以下列的假設來估算，考量輻射冷卻及對流冷卻效應的話，需要多久的時間才會使廢水與冷卻槽達到所預期的溫度 (20°C)。假設在廢水與冷卻槽的溫度爲 85°C (例題 2-12 所計算出的溫度) 與 20°C 時，平均溫度爲 52.5°C，周遭溫度所造成的輻射冷卻溫度爲 20 °C，且環境輻射各方向的強度皆一致，發射率相同 (0.90)。裝有水的冷卻槽，其開口的表面積爲 56 m$^2$，熱對流的傳導係數爲 13 J/s・m$^2$・K。

**解**：廢水中的焓變化量爲：

$$\Delta H = (1{,}000\ \text{kg/m}^3)(40\ \text{m}^3)(4.186\ \text{kJ/kg}\cdot\text{K})(325.65 - 293.15) = 5{,}441{,}800\ \text{kJ}$$

廢水的絕對溫度爲 273.15＋52.5＝325.65 K。

冷卻槽中的焓變化量爲：

$$\Delta H = (42{,}000\ \text{kg})(0.93\ \text{kJ/kg}\cdot\text{K})(325.65 - 293.15) = 1{,}269{,}450\ \text{kJ}$$

總計爲 5,441,800＋1,269,450＝6,711,250 kJ 或 6,711,250,000 J。

若估計單獨由輻射冷卻所需的時間，我們注意到冷卻槽與環境的發射率相同，且淨輻射受到絕對溫度的差值所影響。

$$
\begin{aligned}
E_B &= \varepsilon\sigma(T_c^4 - T_{\text{environ}}^4) \\
&= \varepsilon\sigma T^4 = (0.90)(5.67 \times 10^{-8}\ \text{W/m}^2 \cdot \text{K}^4)[(273.15 + 52.5)^4 - (273.15 + 20)^4] \\
&= 197\ \text{W/m}^2
\end{aligned}
$$

熱損失的速率爲

$$(197\ \text{W/m}^2)(56\ \text{m}^2) = 11{,}032\ \text{W}\ \text{或}\ 11{,}032\ \text{J/s}$$

根據式 2-51，可估計對流冷卻速率。

$$
\begin{aligned}
\frac{dH}{dt} &= h_c A(T_f - T_s) \\
&= (13\ \text{J/s} \cdot \text{m}^2 \cdot \text{K})(56\ \text{m}^2)[(273.15 + 52.5) - (273.15 + 20)] \\
&= 23{,}660\ \text{J/s}
\end{aligned}
$$

所需的冷卻時間爲

$$\frac{6{,}711{,}250{,}000\ \text{J}}{11{,}032\ \text{J/s} + 23{,}660\ \text{J/s}} = 193{,}452\ \text{s}\ \text{或}\ 2.24\ \text{天}$$

可以看出，需要非常長的時間進行冷卻，若土地成本不是問題的話，應可建造數座冷卻槽，減少時間成本。否則，必須考慮其他替代方法以減少時間成本，一個方案爲建造一熱交換器，利用熱傳導來加熱在桃子去皮過程中所需要的熱水。

---

**總熱傳送**　實際上，多數的熱傳送問題牽扯到多樣的熱傳送形式。對此來說，我們必須合併多樣形式，用總熱傳送係數來考慮。因此，熱傳送公式變爲：

$$\frac{dH}{dt} = h_0 A(\Delta T) \qquad \textbf{(2-57)}$$

其中 $h_0$＝總熱傳送係數，kJ/s・m$^2$・K

$\Delta T$＝驅動熱傳送的溫差，K

一般來說，環境科學家 (通常是工作職稱爲環境公共衛生學家的人) 負責確認餐廳裡的食物衛生，包括了易腐爛食物是否被適當貯存。接下來的例題便是其中一個例子，那就是在調查家庭聚餐中的食物腐敗問題時，冰箱的額定電功率可能會被加以檢驗。

---

**例題 2-14** 爲了鑑定食物的“腐敗”與否，Sam 和 Janet Evening 估計家庭聚會用的食物貯存於冰箱中所需的電能。他們一共買了 12 公斤的漢堡、6 公斤的雞肉、5 公斤的玉米、20 公升的蘇打汽水。他們將食物儲存在庫房的冰箱裡，以待家庭聚會時使用。這些食物的比熱分別爲 (單位爲 kJ/kg · K)：漢堡 3.22、雞肉 3.35、玉米 3.35、飲料 4.186。冰箱的尺寸爲 0.70 m×0.75 m×1.00 m，冰箱的總熱傳導係數爲 0.43 J/s · $m^2$ · K。庫房中的溫度爲 30°C，而食物必須保持在 4°C 才不會腐爛。若食物的溫度需要兩個小時才能達到 4°C，且從冰箱拿出食物回家後，肉的溫度上升到 20°C，汽水與玉米的溫度上升到 30°C。試問，在食物存於冰箱的前兩個小時，需要輸入多少的電能 (單位爲仟瓦)？後兩個小時需要輸入多少能量才能維持溫度？假設食物放進冰箱時，內部溫度爲 4°C，且冰箱門在四小時內沒有被開啓。忽略冰箱內部空氣加熱所需要的能量，且假設全部的電能爲移除熱所需。若冰箱的功率爲 875 W，此冰箱是否可能是造成食物腐敗原因之一？

**解**：能量平衡的公式爲：

$$\frac{dH}{dt} = \frac{d(H)_{\text{mass in}}}{dt} + \frac{d(H)_{\text{mass out}}}{dt} \pm \frac{d(H)_{\text{energy flow}}}{dt}$$

此時，　$dH/dt$＝平衡能量輸入所需的焓變化量

$d(H)_{\text{mass in}}$＝食物造成的焓變化量

$d(H)_{\text{energy flow}}$＝欲維持溫度在 4°C 的焓變化量

$d(H)_{\text{mass out}}$ 爲零。

開始計算食物造成的焓變化。

**漢堡**：$\Delta H = (12\text{ kg})(3.22\text{ kJ/kg}\cdot\text{K})(20°\text{C} - 4°\text{C}) = 618.24\text{ kJ}$

**雞肉**：$\Delta H = (6\text{ kg})(3.35\text{ kJ/kg}\cdot\text{K})(20°\text{C} - 4°\text{C}) = 321.6\text{ kJ}$

**玉米**：$\Delta H = (5\text{ kg})(3.35\text{ kJ/kg}\cdot\text{K})(30°\text{C} - 4°\text{C}) = 435.5\text{ kJ}$

**飲料**：假設 20 公升＝20 公斤，

$$\Delta H = (20\text{ kg})(4.186\text{ kJ/kg}\cdot\text{K})(30°\text{C} - 4°\text{C}) = 2{,}176.72\text{ kJ}$$

焓的所有變化量 $= 618.24\ kJ + 321.6\ kJ + 435.5\ kJ + 2{,}176.72\ kJ = 3{,}552.06\ kJ$

需要兩小時的時間來降低食物溫度，則焓的改變速率為：

$$\frac{3{,}552.06\ kJ}{(2\ h)(3{,}600\ s/h)} = 0.493 \quad 或 \quad 0.50\ kJ/s$$

冰箱的表面積為：

$$0.70\ m \times 1.00\ m \times 2 = 1.40\ m^2$$
$$0.75\ m \times 1.00\ m \times 2 = 1.50\ m^2$$
$$0.75\ m \times 0.70\ m \times 2 = 1.05\ m^2$$

總表面積為 $3.95\ m^2$。

經由冰箱壁而散失的熱能為：

$$\frac{dH}{dt} = (4.3 \times 10^{-4}\ kJ/s \cdot m^2 \cdot K)(3.95\ m^2)(30°C - 4°C) = 0.044\ kJ/s$$

在前兩個小時內，所需的電能為 0.044 kJ/s＋0.50 kJ/s＝0.54 kJ/s。
因為 1 W＝1 J/s，所以需要的電力為 0.54 kW，或 540 W。可看出冰箱的電力並不會造成食物腐敗。

在後二個小時內中，所需的電能降為 0.044 kW 或 44 W。

注意到我們在本題一開始，註記 “有毒的”，是因為生病有可能是微生物感染所造成的食物中毒現象，此處所指的有毒，並非如砷等毒藥所導致。

---

例題 2-14 的結果是基於 100% 電力被轉化為冷凍能力的假設，當然這是不可能的，因此也導致了熱力學第二定律的導出。

## 熱力學第二定律

熱力學第二定律闡述能量從一個高濃度區域流到一個低濃度處，反之則不行；而且能量在傳送過程中會減少。所有自然的、自發性的反應過程皆遵循熱力學第二定律，且會發現能量流向特定的一邊。因此，熱必由較熱的物體流向較冷物體；氣體由壓力高處流向壓力低處。熱力學第二定律說明了隨機度將會自然增加，結構和濃度傾向消失，熱力學第二定律預言了，如果不做功防止自發性反應產生，則梯度、電與化學的潛在平衡，熱及分子移動的相對位移，將逐漸消失。因此，氣體和液體會逐漸混和；岩石會逐漸風化粉碎；鐵將生鏽。

在能量轉變過程會產生能量減少，是因爲在轉化過程中焓被浪費掉了，被浪費掉的熱能成爲不可利用的能量，數學的表示方式稱爲**熵的改變**，以解釋此不可利用的能量。

$$\Delta s = Mc_{\mathrm{p}} \ln\frac{T_2}{T_1} \tag{2-58}$$

此時，$\Delta s$ ＝熵的改變
$M$ ＝質量
$c_p$ ＝固定壓力下的比熱
$T_1$，$T_2$ ＝初始及最終的絕對溫度
ln ＝自然對數

根據熱力學第二定律，在任何能量由高濃度至低濃度的傳送過程中，熵皆會增加。系統的隨機度愈高，熵就愈大。消失掉的能量變爲熵。

效能 (η)，或是缺乏效能，則是第二定律另一個想說明的重點。卡諾在 1824 年提出了一個接近眞實狀況的熱引擎 (蒸氣引擎) 系統，企圖解決效能的問題。他描述了一個理想的引擎，現在則被稱爲卡諾引擎 (Carnot engine)，圖 2-16 爲簡單的卡諾引擎示意圖。在此系統中，物質經由活塞週期性地推動，回到最初情況，以至於物質在任一循環中的內能皆爲零，即 $U_2 - U_1 = 0$，熱力學第一定律 (式 2-41) 變爲：

$$W = Q_2 - Q_1 \tag{2-59}$$

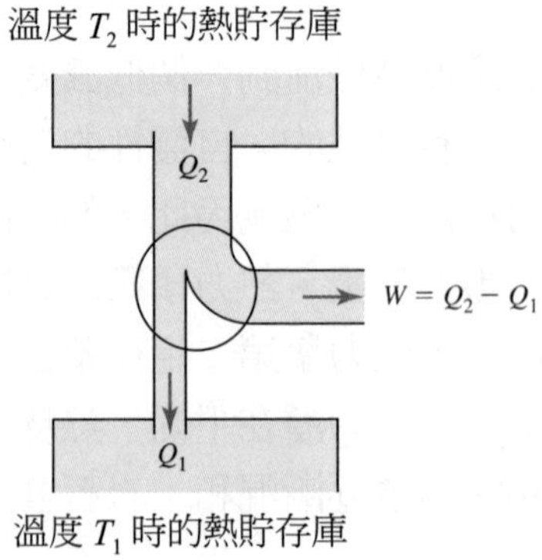


**圖 2-16** 卡諾熱引擎的簡要流程圖。

其中，$Q_1$＝排出的熱

$Q_2$＝推進活塞時的輸入熱

熱效能爲所做的功比上推進活塞時的輸入熱。輸出部份爲機械功，所排出的熱能不被視爲輸出的部份。

$$\eta = \frac{W}{Q_2} \tag{2-60}$$

其中，$W$＝輸出所做的功

$Q_2$＝推進活塞時的輸入熱

或是，根據式 2-59，

$$\eta = \frac{Q_2 - Q_1}{Q_2} \tag{2-61}$$

卡諾分析顯示引擎所能產生的最大效能爲：

$$\eta_{\max} = 1 - \frac{T_1}{T_2} \tag{2-62}$$

此時溫度爲絕對溫度 (凱式溫標)，此方程式指出，當 $T_2$ 愈大且 $T_1$ 愈小時，所能達到的效能爲最大值。

冷凍機可視爲熱引擎的逆向操作反應 (圖 2-17)，從環境的角度來看，最佳的冷凍循環，爲付出最小的機械功，從冷凍機移走最大量的熱能 ($Q_1$)。因此，我們使用**效能係數** (coefficient of performance) 來解釋效能。

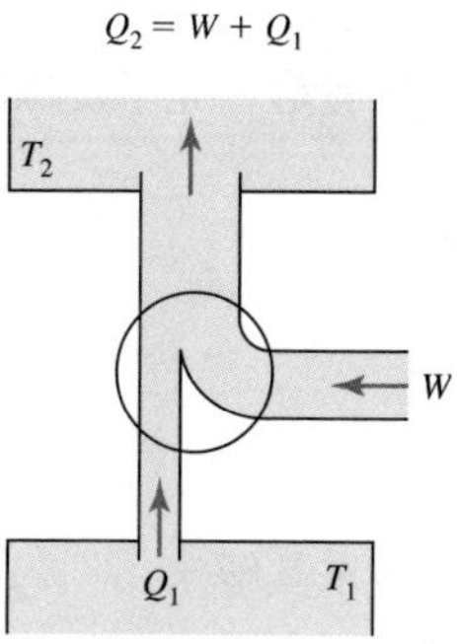


**圖 2-17**　冷凍機的流程圖。

$$\text{C.O.P} = \frac{Q}{W} = \frac{Q_1}{Q_2 - Q_1} \tag{2-63}$$

類似於卡諾效能，

$$\text{C.O.P} = \frac{T_1}{T_2 - T_1} \tag{2-64}$$

---

**例題 2-15** 例題 2-14 當中，冷藏器的效能係數為何？

**解**：C.O.P 可直接由溫度計算。

$$\text{C.O.P} = \frac{273.15 + 4}{[(273.15 + 30) - (273.15 + 4)]} = 10.7$$

與熱引擎比較，若 $Q_1$、$Q_2$ 的溫度愈接近，效能會愈高。

---

## 2-5 本章重點

研讀完本章後，應該能夠不參照課本或筆記，而能夠回答下列問題。

1. 定義物質 (質量) 守恆定律。
2. 解釋在什麼狀況之下，物質守恆定律不適用。
3. 繪出物質平衡圖，並標示出輸入、輸出及累積的互相變動關係。
4. 定義下列名詞：速率、守恆性污染物、反應性化學物質、穩定狀態、平衡、完全混合系統與柱塞流。
5. 解釋為何在一個完全混合系統中，放流水的濃度會與系統濃度相同。
6. 定義熱力學第一定律，並舉例說明。
7. 定義熱力學第二定律，並舉例說明。
8. 定義能量、功、功率、比熱、相變、融化焓、蒸發焓、光子及黑體輻射。
9. 解釋能量平衡式與物質平衡式的異同。
10. 列出三種由熱傳送的機制，並解釋之間的差異。
11. 解釋能量轉變與熵之間的關係。

在課本的輔助下，應該能夠可以回答下列問題：

1. 寫出系統中有轉換與沒有轉換的物質平衡式，並求其解。
2. 寫出關於該物質分解的一階動力的數學表示式。

**3.** 解答一階反應的問題。
**4.** 計算物質中焓的變化量。
**5.** 分別及一起解答傳導、對流與輻射的熱傳送問題。
**6.** 寫出能量平衡式，並求其解。
**7.** 計算熵的變化。
**8.** 計算熱引擎中的卡諾效能。
**9.** 計算一冷凍機的效能係數。

## ▲ 2-6　習　題

**2-1.** 一面積 16.2 公頃 (ha)，深度 10 m 的衛生掩埋場，每星期五天，共有 765 $m^3$ 的固體廢棄物會被傾倒於此，廢棄物會被壓實至原密度的兩倍，繪出物質平衡圖，並估算此掩埋場預計的使用年限。

答案：16.29 或 16 年

**2-2.** Speedy 乾洗公司每天買一桶 (0.160 $m^3$) 乾洗劑，有 90% 的流體會逸散至大氣，其餘 10 % 的殘餘量會經過處理。乾洗劑的密度爲 1.5940 g/mL，試繪出質量平衡圖，並算出每月所排放到大氣中的排放率 (單位：公斤/月)。

**2-3.** 美國國會在 2000 年時，開始取締 Speedy 乾洗公司所使用的乾洗劑，因此，Speedy 公司決定使用新的洗劑，新洗劑的揮發量爲原來的六分之一 (習題 2-2)，密度爲 1.6220 g/mL。若殘餘量與原來的洗劑相同，試算出每月所排放到大氣中的排放率 (單位：公斤/月)。因爲新洗劑較少揮發，因此公司決定未來每年將購買較少的洗劑量，試估算每年所節省的乾洗劑量 (單位：$m^3$/年)。

**2-4.** 當地下儲存油槽裝滿時，油氣會逸散至大氣中。若運油車在沒有蒸氣控制情況下輸油至油槽頂部 (Splash fill method)，油氣逸散量爲 2.75 kg/$m^3$；若油槽設有壓力釋放閥及連鎖軟管連結，且運油車從油槽底部輸油進去，則逸散的油氣量爲 0.095 kg/$m^3$ (Wark 等，1998)。假設加油站每週需在槽內重新裝滿 4 $m^3$ 的汽油一次，繪出質量平衡圖且算出每年的油氣逸散量 (kg/y)，估計使用油氣控制系統下的加油費。假設壓縮後的蒸氣密度爲 0.800 g/mL，且每公升的汽油 1.06 元。

**2-5.** 維吉尼亞州的威靈頓附近的 Rappahannock 河，流量 3.00 $m^3$/s，Tin Pot Run (一條原始的小溪)，以 0.05 $m^3$/s 的流量流注 Rappahannock 河中。爲了了解河溪的混合狀況，我們在 Tin Pot Run 中裝設了追蹤物，若我們偵測到此追蹤物的濃度爲 1.0 mg/L，那麼在河溪充分混合之後，在 Tin Pot Run 中至少可測到的追蹤物濃度爲多少?假設完全混合後量測到此濃度爲 1.0 mg/L 的追蹤物，且沒有其他的追蹤物在河溪裡，那麼添加到 Tin Pot Run 的追蹤物的流量需爲多少 (kg/d)?

答案：263.52 或 264 kg/d

**2-6.** 淨水廠在將處理過後的水送至配水系統之前，先用次氯酸鈉 (NaOCl) 進行消毒，買來的 NaOCl 濃縮溶液爲 52,000 mg/L，要先稀釋才能加到要處理的水中，稀釋管道系統如圖 P-2-6，NaOCl 從日用槽 (稱爲 day tank) 中加入到含有乾淨水的支流 (slip stream)，再到主要的公共管線。主要的公共管線流速爲 0.50 $m^3/s$，支流的流速爲 4.0 L/s，日用槽中的 NaOCl 在多少流速之下，才可以使主要公共管中的 NaOCl 濃度達到 2.0 mg/L? 在此假設 NaOCl 並不會有反應產生。

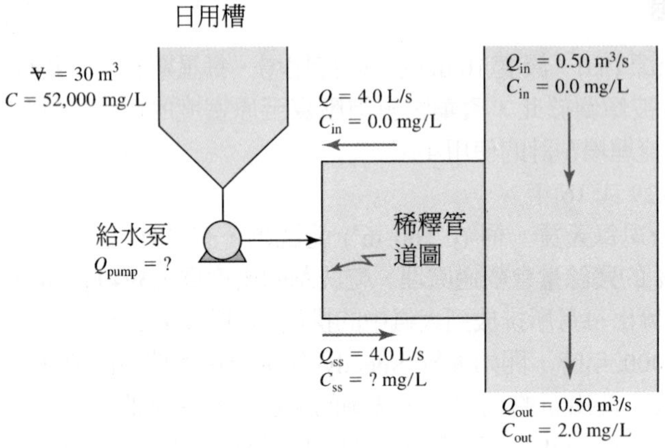


**圖 P-2-6** 稀釋管道系統

**2-7.** 淨水設計工程師沒能找到一確實的抽泵設備來輸送 NaOCl 到支流中 (習題 2-6)，因此，她明確說明操作設備中，日用槽用來稀釋濃縮的 NaOCl 溶液，因此泵的速率須爲 1.0 L/s，每次的操作過程中槽都會被裝滿 (每操作一次需 8 小時)，槽的體積爲 30 $m^3$，若 NaOCl 供給的速率爲 1,000 mg/s，則日用槽中的 NaOCl 濃度爲何?計算出在 8 小時的操作過程中，被添加至槽內的濃縮溶液的體積與水的體積。在此假設 NaOCl 並不會有反應產生。

**2-8.** 在水及廢水處理過程中，過濾裝置用來去除在沉澱反應形成的污泥中的水，軟化反應 (第四章) 後的初始污泥濃度爲 2% (20,000 mg/L)，污泥體積 100 $m^3$，過濾之後的污泥固體濃度爲 35%。假設在過濾程序中，污泥的密度不會改變，且去除的液體中不含污泥成份，請用質量平衡法，解出過濾之後的污泥體積。

**2-9.** 美國環保署要求，燃燒有害廢棄物的焚化爐，投入有害的有機成份，要達到 99.99% 的破壞去除率。這種效率被稱爲 “4 個 9 的破壞去除率”，若是特殊的有害廢棄物，其效率更需達到 “6 個 9 破壞去除率”。利用測量焚化爐中的有機成份流量與煙囪中組成物的流量，可計算出破壞去除效率，簡要的過程圖如圖

P-2-9 所示。其中一項確認破壞程度的困難外，在於測量排氣中的污染物。試繪出焚化過程的質量平衡圖，若焚化爐焚燒有毒物質的速率爲 1.0000 g/s，試計算出允許排放的污染物量。(有效數字的位數在計算中很重要。) 若焚化爐可有效去除 90% 的有害物質，那麼需要多少的洗滌效率才能符合標準？

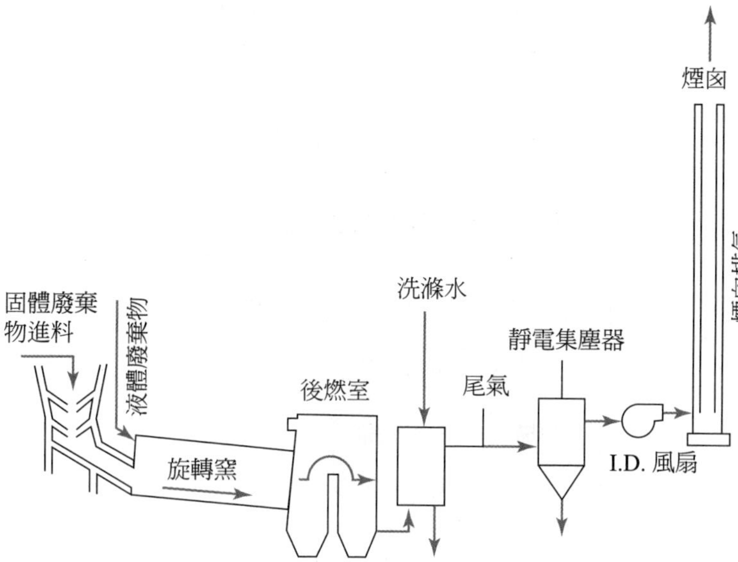


**圖 P-2-9**　有害廢棄物焚化爐示意圖。

**2-10.** 市面上設計出一款高效能的空氣過濾機，可被用來偵測及消滅炭疽菌。在生產及設置前，過濾機需要先經過測試。與炭疽菌孢子同尺寸的陶瓷微球體，被用來做測試。在測試過程中，會遇到一個困難：我們不知道取樣設備的效率，且無法馬上測出，因爲微球體的釋放速率沒辦法完全掌握，因此無法得知進入取樣裝置中的微球體數量。工程師提出一測試裝置如圖 P-2-10 所示，可在取樣過濾器的濾膜上捕捉到微球體，且可用顯微計數來計算其數量。在實驗結束時，第一個薄膜上記錄到的顆粒數量爲 1941，第二個薄膜爲 63。假設每一個濾器的效率相同，請算出取樣過濾器的效率。(**注意**：此問題可很快的利用顆粒數目 ($C_1$、$C_2$、$C_3$) 與效率 ($\eta$) 求出。)

**2-11.** 電鍍金屬之後用來沖洗金屬零件表面的水含有金屬離子，在排放之前必須先經過處理。Shiny 金屬公司所用的處理流程如圖 P-2-11，電鍍液含有 85 g/L 的鎳，金屬零件將電鍍液以 0.05 L/min 的速率帶出至沖洗槽，沖洗用水也以 150 L/min 的速率進到沖洗槽內。試寫出沖洗槽中的質量平衡式，並計算廢水中有多少濃度的鎳需要被處理。假設沖洗槽爲完全混合狀態且沒有任何反應會發生。

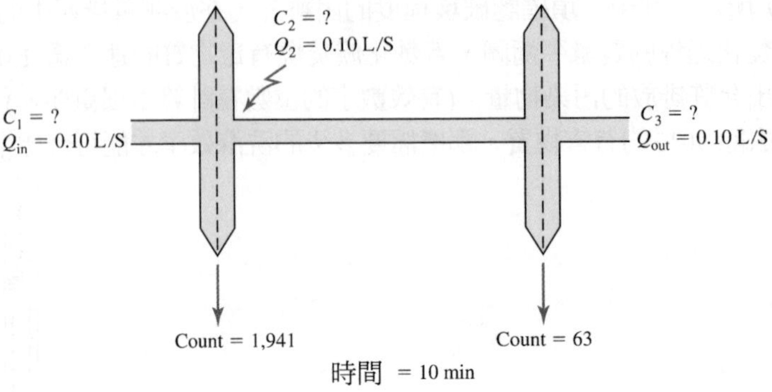


圖 **P-2-10** 過濾測試裝置。

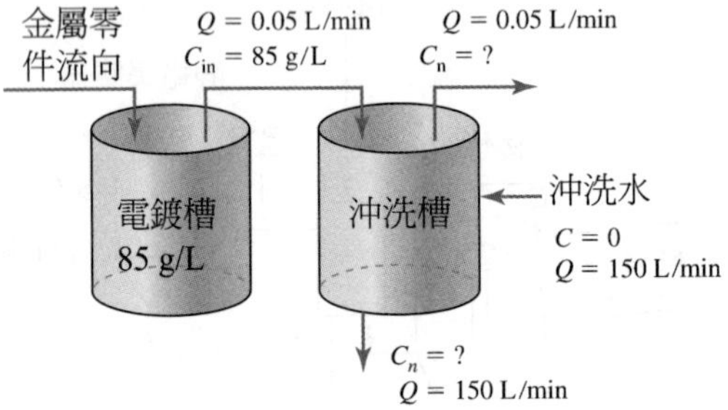


圖 **P-2-11** 電鍍沖洗用水流程圖。

答案：$C_n$＝28.3 或 28 mg/L

**2-12.** 由於沖洗用水的流速太高 (習題 2-11)，因此我們設了一個逆洗系統來降低流速，如圖 P-2-12，假設 $C_n$ 的濃度保持一樣，爲 28 mg/L，試計算新的流速。假設沖洗槽爲完全混合狀態且沒有任何反應會發生。

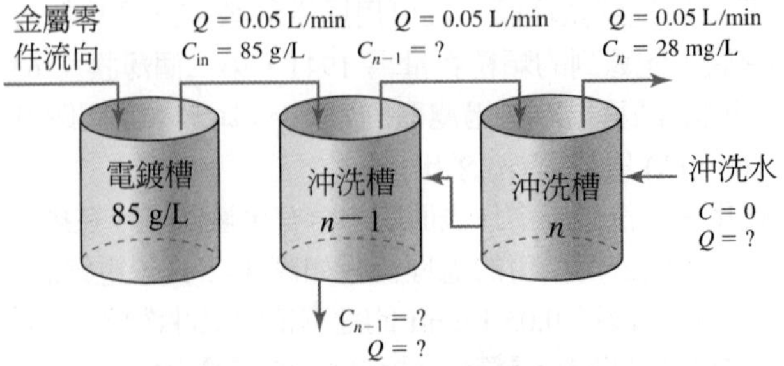


圖 **P-2-12** 逆洗用水流程圖。

**2-13.** 環保署 (U.S. EPA, 1982) 提供下列方程式來計算逆向沖洗水的流速 (圖 P-2-12)：

$$Q = \left[\left(\frac{C_{\text{in}}}{C_n}\right)^{1/n} + \frac{1}{n}\right]q$$

$Q$ ＝沖洗水的流速，L/min
$C_{\text{in}}$＝電鍍槽中金屬濃度，mg/L
$C_n$＝第 n 個沖洗槽中的金屬濃度，mg/L
$n$＝沖洗槽的數量
$q$＝液體排出槽外的流速，L/min

利用 EPA 的公式與習題 2-12 所給的條件，計算出分別有一個、兩個、三個、四個與五個沖洗槽時，沖洗水的流速。可運用自己編寫的電腦試算表，並繪出流速相對於沖洗水槽數的相關圖。

**2-14.** 若把可被生物分解的有機物、氧氣與微生物放置在同一密封的瓶子中，微生物將會利用氧氣，進行有機物的氧化反應。此瓶子可視爲批次反應槽，氧氣的消耗視爲一階分解反應。寫下此瓶中的質量平衡式，利用電腦試算表，計算並繪出在五天內，每天所剩下的氧氣量。氧氣的初始濃度爲 8 mg/L，速率常數爲 $0.35\ \text{d}^{-1}$。

答案：第一天＝5.64 或 5.6 mg/L；第二天＝3.97 或 4.0 mg/L

**2-15.** H. Chick 在 1908 年的發表指出，可利用含有 5% 酚的溶液，消除炭疽孢子，他的實驗結果如右表所示。若實驗在一完全混合的批次反應槽內進行，試求出分解的炭疽反應速率常數。

| 炭疽孢子殘存的濃度<br>數量/毫升 | 時間 (分) |
|---|---|
| 398 | 0 |
| 251 | 30 |
| 158 | 60 |

**2-16.** 容量 4,000 $\text{m}^3$ 的水塔，在裝置氯的監測系統時，停止運作，此時的氯濃度爲 2.0 mg/L。若氯的分解爲一階反應動力，且速率常數 $k$ 值爲 $1.0\ \text{d}^{-1}$ (Grayman and Clark, 1993)。若稍後水塔開始運轉 8 小時，此時的氯濃度變爲多少？必須要再添加多少的氯 (kg)，才能使濃度回升到 2.0 mg/L？雖然水塔內部不是完全混合狀態，但我們仍假設槽內爲完全混合的批次反應器。

**2-17.** "半生期" 的概念，目前被廣泛的運用在環境工程與科學中。舉例來說，常被用來描述放射性同位素的衰變、人體毒素的排除、湖泊自淨與土壤中農藥的去除。試利用質量平衡式，推導出半生期 ($t_{1/2}$) 的表示式。假設反應速率常數爲 $k$，衰變反應發生於批次反應器內。

**2-18.** 在一批次反應器內的反應物質的初始濃度爲 100%，試分別計算出，在經過 1、2、3 與 4個反應單位時間後，物質所剩下的量。若反應速率常數爲 $6\ \text{mo}^{-1}$。

**2-19.** 有害的液體廢棄物在置入有害廢棄物焚化爐燃燒之前，欲在 CMFR 中混合以減低燃燒之能量至最少。目前的廢棄物提供 8.0 MJ/kg 的能量，若有一新的廢棄物投入到 CMFR 中，能量爲 10.0 MJ/kg。若進出 0.20 $m^3$ 的 CMFR 系統的流量爲 4.0 L/s，需要花多久的時間，才能使 CMFR 的出口的廢棄物達到 9 MJ/kg 的能量?

答案：$t$＝34.5 秒或 35 秒

**2-20.** 若現在新的廢棄物能量爲 12 MJ/kg，非 10 MJ/kg，試重新計算習題 2-19。

**2-21.** 在自來水配水系統中裝設一架偵測儀器，偵測恐怖攻擊所造成的潛在污染，由一條長 20.0 公尺，直徑爲 2.54 cm 的管子連接到自來水管線，水經由自來水管加壓後通入儀器，然後排放到滯留池中，以待分析與適當的處理。若水的流量爲 1.0 L/min，需要花多久的時間，水才會進入到偵測儀器內？試用下面的關係式來決定水在管中的速度。

$$u = \frac{Q}{A}$$

此時，$u$ ＝水在管中的速度，m/s

$Q$＝水在管中的流量，$m^3/s$，

$A$ ＝管的截面積，$m^2$

若只使用 10 mL 的水來進行分析，那麼在偵測到污染物之前，需要通入多少公升的水?

**2-22.** 一家破產的化學工廠由新的管理者接管，發現一座 20,000 $m^3$ 的鹵水池塘含有 25,000 mg/L 的鹽。新業主計畫將池塘中的水沖至排放管中，再排入含鹽濃度超過 30,000 mg/L 的大西洋裡。在一年之內，他們需要用多少量的淡水 ($m^3/s$)，才能將池塘中的鹽濃度降低至 500 mg/L？

答案：$Q$＝0.0025 $m^3/s$

**2-23.** 一座容量 1,900 $m^3$ 的水塔，使用含氯溶液消毒，但塔中的氯蒸氣超過了正常運作的標準。若氯的濃度爲 15 mg/$m^3$，正常的濃度值爲 0.0015 mg/L，工人以 2.35 $m^3/s$ 的流率通入新鮮空氣，則需要多久時間才會使濃度符合正常值？雖然氯爲一反應性物質，但你可假設在此問題中爲非反應性物質。

**2-24.** 一輛裝滿殺蟲劑的火車出軌，計有 380 $m^3$ 的殺蟲劑流入到 Mud Lake 的排水管中，如圖 P-2-24，再沿著排水管流入到 40,000 $m^3$ 的 Mud Lake 中。管中的流量爲 0.10 $m^3/s$，速度爲 0.10 m/s，翻覆地點距湖泊有 20 公里遠。若假設溢出的瞬間短暫到可視爲一個脈衝，池塘視爲流動平衡的 CMFR，且殺蟲劑爲非反應性。估計需要多少時間，才能將湖泊中的殺蟲劑沖淡掉 99%。

答案：殺蟲劑流到湖泊的時間爲 2.3 天需要 21.3 或 21 天才能將湖泊中的

**圖 P-2-24**　排放至 Mud Lake。

殺蟲劑沖淡掉 99%。

**2-25.** 在一場暴風雪之中，North Bend 的氟供給器耗盡了氟溶液。圖 P-2-25 顯示，均勻混合槽連接一條 5 公里長的管線，槽中的流量爲 0.44 $m^3/s$，槽的體積爲 2.50 $m^3$，管中的流速爲 0.17 m/s。若在停止供給氟之時，均勻混合槽中的氟濃度爲 1.0 mg/L，經過多久時間之後，管末端的濃度減少至 0.01mg/L？假設氟被視爲非反應性的化學物質。

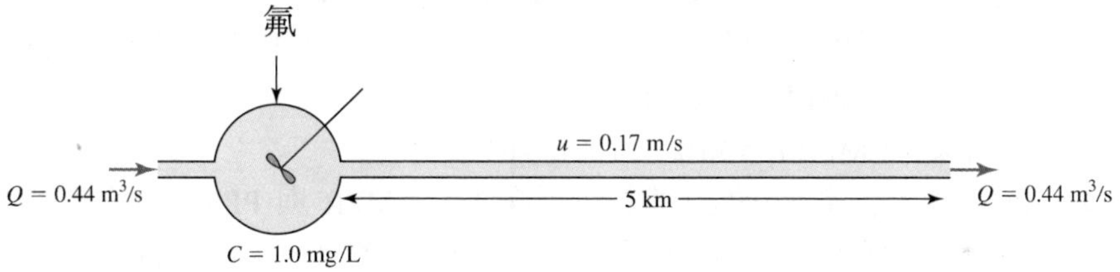


**圖 P-2-25**　氟供給器。

**2-26.** 一座表面積 10 公頃 (ha)，深度 1 m 的污水氧化塘，正在處理含有 100 mg/L 生物可降解污染物的污水，污水量共 8,640 $m^3/d$。在穩定狀態下，從污水塘中排放出的放流水，其污染物濃度不可超過 20 mg/L。假設此污水塘已被充分混合，且除了進流污水之外，沒有其他的水流入或流出系統，在一階反應下，生物降解的反應速率常數 ($d^{-1}$) 爲何？

答案：$k=0.3478$ 或 0.35 $d^{-1}$

**2-27.** 若把習題 2-26 的題目改成有兩座污水氧化塘 (見圖 P-2-27)，每座表面積爲 5 ha，深度爲 1 m，答案變爲何？

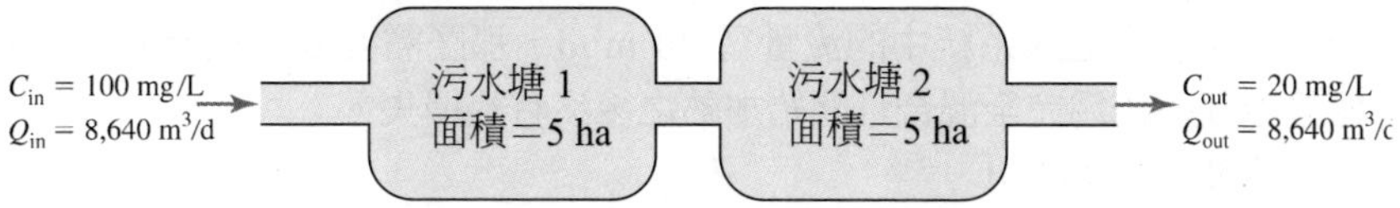


**圖 P-2-27**　兩座污水氧化塘。

**2-28.** 若關掉習題 2-26 中的進流污水，即進水濃度變爲零 ($C_{in}=0$)，利用計算表程式，計算並繪出第一天到第十天的放流水濃度。

**2-29.** 在一個 90 $m^3$ 的住家地下室中，發現受到來自地面排水管的氡氣污染，穩定狀態下，室內的氡氣濃度爲 1.5 Bq/L，室內的反應行爲爲 CMFR，氡氣的反應衰變速率常數爲 $2.09 \times 10^{-6}\ s^{-1}$。若現在關上氡氣來源，室內也開始以 0.14 $m^3/s$ 的速率注入新鮮空氣，需要花多久的時間，才能使氡氣的濃度減少至可接受的 0.15 Bq/L 標準?

**2-30.** 一海洋放流口擴散槽排放經過處理後的廢水，到離海灘 5,000 m 距離的太平洋中，每毫升的廢水含有 $10^5$ 的大腸桿菌，廢水的排放量爲 0.3 $m^3/s$，海水中的大腸桿菌一階分解速率常數約爲 0.3 $h^{-1}$ (Tchobanoglous and Schroeder, 1985)，海流挾著廢水以 0.5 m/s 的速率迎向海攤，海流可視爲一攜帶 600 $m^3/s$ 流量的廢水管，計算出抵達海灘時的大腸桿菌濃度。假設將海流視爲柱塞流反應器，且在排放處爲完全混合的情況。

**2-31.** 根據下列狀況，決定以 CMFR 或 PFR 作爲去除沸水中反應性物質的反應器時，何者效能較高。穩定狀態下的一階反應動力：反應器體積＝280 $m^3$，流量＝14 $m^3/d$，反應速率常數＝0.05 $d^{-1}$。

答案：CMFR $\eta$＝50%；PFR $\eta$＝63%

**2-32.** 欲使反應效能達到 95%，根據下列條件， CMFR 與 PFR 所需的體積各爲多少：穩定狀態，一階反應，流量＝14 $m^3/d$，反應速率常數＝0.05 $d^{-1}$。

**2-33.** 污水揚水站乾井污水泵的排放管無法正常排水，在排放管的末端產生結冰現象。現在設法將結冰塊鑽出一個洞，將 200 W 的加熱器插入洞內。若此排放管有 2 kg 的冰量，需要花多久的時間才能將這些冰塊溶化?假設所有的熱能都使用在溶化冰塊上面。

答案：55.5 或 56 分

**2-34.** 根據例題 2-12 與 2-13，用冷卻槽來達到所需要的溫度需要花很長的一段時間，一台蒸發冷卻裝置被用來作爲降低溫度替代方法。現在要將 40 $m^3$ 的廢水從 100°C 降到 20°C，估計每天需要蒸發掉多少水。(**注意**：雖然此題解答易懂，但其實蒸發冷卻設備的設計是一個複雜的熱力學問題，在本題中因爲廢水可能使冷卻系統結垢，將使其更爲複雜。)

**2-35.** 在生物性的廢水處理系統中，廢水必須從 15°C 加熱至 40°C 微生物才會開始作用。若廢水進入系統中的流量爲 30 $m^3/d$，那麼需要多少熱能加入廢水中？假設處理系統爲完全混合且開始加熱之後沒有熱損失。

答案：3.14 GJ/d

**2-36.** Menominee 河在 7 月時的最低流量爲 40 $m^3/s$，若河川的水溫 18°C，發電廠所排入河川的冷卻水流量 2 $m^3/s$，溫度爲 80°C。互相混合之後，河川的水溫轉變為多少？忽略大氣中的輻射與對流所造成的溫度損失與河川底層的傳導效應。

**2-37.** 位於法國的 Seine 河在低流量時的流量為 28 $m^3/s$，一發電廠同時排放 10 $m^3/s$ 的冷卻水到 Seine 河。夏季時，發電廠的上游河川溫度達到 20°C，在混合發電廠所排出的冷卻水後，河川水溫升至 27°C (Goubet, 1969)，試計算出混合之前的冷卻水溫度。忽略大氣中的輻射與對流所造成的溫度損失與河川底層的傳導效應。

**2-38.** 一曝氣池 (與空氣混合的污水處理池塘) 預計興建於威斯康辛北邊，供一小湖社區使用。因為冬季的人口數約為夏季的一半，因此依夏季人口數作為設計依據。根據這些資料，預計所興建的曝氣池體積為 3,420 $m^3$，在冬季時，每天所產生的污水量為 300 $m^3$。1 月份的水池溫度約為 0°C，但尚未結冰。若流到池中的廢水溫度為 15°C，試估計一天下來，水池的溫度變為幾度？假設池塘內呈完全混合狀態，且沒有任何的熱損耗，污水的密度為 1,000 $kg/m^3$，比熱為 4.186 kJ/kg · K。

**2-39.** 根據習題 2-38 所給的數據，以七天為一週期，用試算表程式計算出每天結束前的溫度值。假設水流進出池塘的量相同，且池塘為完全混合狀態。

**2-40.** 發電廠以 17.2 $m^3/s$ 的流量排放冷卻水到一冷卻池中，若進入池中的水溫 45°C，排出的水溫為 35.5°C，試估計水池所需的表面積大小。假設總熱傳導係數為 0.0412 kJ/s · $m^2$ · K。(Edinger 等，1968)(*注意*：在池中冷卻之後，冷卻水會再與河川水混合，再混合過後的水將可符合排放溫度標準。)

答案：174.76 或 175 ha

**2-41.** 欲建一小型建築物用以保護供水泵設備，建築物的尺寸為 4 m × 6 m × 2.4 m，以 1 cm 厚的木板組構而成，木板的傳導係數為 0.126 W/m · K，內部牆壁的溫度欲維持在 10°C，而外面的溫度為 −18°C，每小時需要多少的熱能供應才可以達到預期溫度。若壁體以 10 cm 的玻璃-木板複合物構築，傳導係數為 0.0377 W/m · K，則需要供應多少的熱能？在第二道計算中，試著忽略木板。

**2-42.** 根據習題 2-38 水池中的廢水已被完全混合，因此推測，有很大的可能性，水池已經結冰了。若水池中廢水溫度為 15°C，空氣溫度 −8°C，估計需要花多久的時間，才會使水池結冰。水池深度 3 公尺深，雖然在在水池內的廢水結冰之前，曝氣處理設備可能已結冰了，但仍假設廢水的所有體積都結冰。假設總熱傳導係數為 0.5 kJ/s · $m^2$ · K (Metcalf & Eddy, 2003)，忽略進流廢水的焓。

**2-43.** 瀝青煤的燃燒熱為 31.4 MJ/kg，在美國，平均燃燒每公斤的瀝青煤可獲得 2.2 kWh 的電能，試問此發電之平均效率為何？

## ▲ 2-7 問題研討

**2-1.** Superior 湖底部一部份石灰岩 ($CaCO_3$) 正緩慢的溶解當中，為了計算質量平衡，你可以假設：
(a) 系統處於平衡狀態下
(b) 系統處於穩定狀態下
(c) 以上皆是
(d) 以上皆非
請解釋原因。

**2-2.** 裝有揮發性化學物品 (苯) 的桶子被傾倒在一小池中，根據質量平衡法，你可以計算流出水池後的苯濃度，請列出你所需要的數據資料。

**2-3.** 表 2-3 中，一般物質的比熱容量，即 $c_p$ 值，如牛肉、玉米、人體與家禽類，皆比鋁、銅與鐵等還高，試解釋之。

**2-4.** 若你手上拿著裝有 4°C 飲料的飲料杯，"你可能會感覺到手心傳來冷的感覺"，請用熱力學的觀點解釋這個狀態是不是眞的。

**2-5.** 若你赤腳走在磚地與木頭地板上，在相同條件下，你會覺得即使在室溫下，走在磚地上會感覺比較冷，請解釋之。

## ▲ 2-8 參考文獻

Chick, H. (1908) "An Investigation of the Laws of Disinfection," *Journal of Hygiene*, p. 698.

Edinger, J. E., D. K. Brady, and W. L. Graves (1968) "The Variation of Water Temperatures Due to Steam-Electric Cooling Operations," *Journal of Water Pollution Control Federation,* vol. 40, no. 9, pp. 1637–1639.

Gates, D. M. (1962) *Energy Exchange in the Biosphere,* Harper & Row, New York, p. 70.

Goubet, A. (1969) "The Cooling of Riverside Thermal-Power Plants," in F. L. Parker and P. A. Krenkel (eds.), *Engineering Aspects of Thermal Pollution*, Vanderbilt University Press, Nashville, p. 119.

Grayman, W. A. and R. M. Clark (1993) "Using Computer Models to Determine the Effect of Storage on Water Quality," *Journal of the American Water Works Association*, vol. 85, no. 7, pp. 67–77.

Guyton, A. C. (1961) *Textbook of Medical Physiology,* 2nd ed., W. B. Saunders, Philadelphia, pp. 920–921, 950–953.

Hudson, R. G. (1959) *The Engineers' Manual*, John Wiley & Sons, New York, p. 314.

Kuehn, T. H., J. W. Ramsey, and J. L. Threkeld (1998) *Thermal Environmental Engineering*, Prentice Hall, Upper Saddle River, NJ, pp. 425–427.

Masters, G. M. (1998) *Introduction to Environmental Engineering and Science*,

Prentice Hall, Upper Saddle River, NJ, p. 30.
Metcalf & Eddy, Inc. (2003) revised by G. Tchobanoglous, F. L. Burton, and H. D. Stensel, *Wastewater Engineering, Treatment and Reuse*, McGraw-Hill, Boston, p. 844.
Richards, J. A., F. W. Sears, M. R. Wehr, and M. W. Zemansky, *Modern University Physics*, Addison-Wesley, Reading, MA, 1960, pp. 339, 344.
Salvato, Jr., J. A. (1972) *Environmental Engineering and Sanitation*, 2nd ed., Wiley-Interscience, New York, pp. 598–599.
Shortley, G., and D. Williams (1955) *Elements of Physics*, Prentice-Hall, Engelwood Cliffs, NJ, p. 290.
Tchobanoglous, G., and E. D. Schroeder (1985) *Water Quality*, Addison-Wesley, Reading, MA, p. 372.
U.S. EPA (1982) *Summary Report: Control and Treatment Technology for the Metal Finishing Industry, In-Plant Changes*, U.S. Environmental Protection Agency, Washington, DC, Report No. EPA 625/8-82-008.
Wark, K., C. F. Warner, and W. T. Davis (1998) *Air Pollution: Its Origin and Control*, 3rd ed., Addison-Wesley, Reading, MA, p. 509.

CHAPTER

# 3

# 水文學

# ▲3-1　基礎學理

## 水文循環

地球表面水的供給和移除的全球系統，可稱為水文循環 (如圖 3-1)。水可經由下列途徑進入大氣層中：(1) 蒸發 (evaporation)及 (2) 蒸散 (transpiration)*。當潮濕的水氣上升時，會受到冷卻。當足夠的水氣累積到相當的冷卻情況下，細小的水珠便會凝結。這些水珠或雪花若增加到足夠的重量時，便會降下，此稱為降水 (precipitation)。當降水到達地表後，水滴若不是流過地表進入河溪之中 [地表逕流或逕流 (surface runoff or runoff)]，就是入滲到地表下而形成地下水。

## 地表水文學

**降水**　地表水文學的範疇不僅止於降水到達地面之際。降水的種類如雨、霰 (sleet)、雹 (hail) 或雪是重要的。舉例而言，10 mm 的雪相當於 1 mm 的降雨。其他重要的因素包括降雨所涵蓋的範圍、降水的強度，及降水延時。

當降水到達地面時，可能發生幾種狀況。一種情形是降水可能立刻蒸

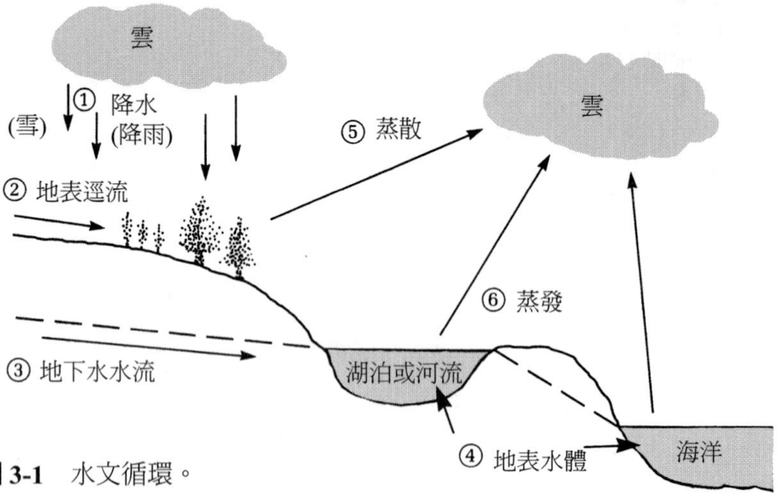


**圖 3-1**　水文循環。

*蒸散是指植物透過葉片孔隙排除水蒸氣的過程。植物的水分以毛細管作用自根部傳輸而至。

發，這樣的情形特別會發生在地表溫度高熱而且地表爲不透水時。另一種情形是當土壤是乾燥的而且又具有孔隙，則降水可能**入滲** (infiltrate) 到地下或只是造成表面的濕潤。上述的過程以及葉面和葉身上被濕潤的情形，合稱爲**截留** (interception)。降水可能會停留在小窪穴或是道路上的泥坑。這些水可能會停留在那裡直到蒸發掉，或一直到窪穴被填滿後，水溢流出去。而且到最後並非罕見的情形，便是降水可能直接流入最近的河流或湖泊，而形成地表水源。這些減少了直接逕流的四項因素 (蒸發、入滲、截留及窪蓄)，合稱爲**消減** (abstraction)。

**河流**　河流中的水有兩種來源：**直接逕流**和地下水**滲出**，而後者通常被稱爲**基流**。直接逕流是降水所造成的。基流則是指不下雨時的水流，這些水是從河岸滲出的地下水。

到達河流的水量多寡取決於前面所述的消減及河流的集水面積或集水區。集水區，或稱爲**流域** (basin)，是由周遭的地形所界定的 (圖 3-2)。集水區的邊界稱爲**分水嶺** (divide)，分水嶺則是集水區四周最高的地方。所有降落到分水嶺範圍內的水，可能注入由這些分水嶺所界定流域的河流之中。而降落到分水嶺之外的水，將流入別的流域。

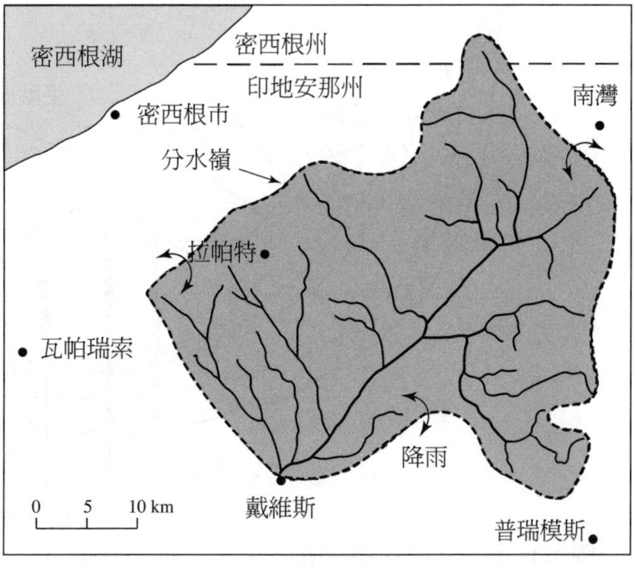


**圖 3-2**　位於印州戴維斯北方的肯卡基河流域。**注意**：箭頭表示降水落在虛線內便屬於戴維斯集水區，而落在虛線外則是另一集水區。虛線爲集水區分水嶺。

## 地下水文學

**地下水面(非侷限)含水層** 我們曾提到降落到地表泥土上的水，有部份會入滲到地面下。這些水會補充土壤中的水分含量，或被植物所取用而蒸散回大氣中。至於向下移動到低於植物的根系水分，其最後將會到達土壤介質的孔隙均勻充滿水的層次中。這個層次便被稱爲**飽和含水層** (zone of saturation)。蓄積於飽和含水層的水稱爲地下水。含水的地層便稱作**含水層** (aquifer)。若飽和含水層上面，並未受到不透水物質的侷限，則此飽和含水層的上界稱爲**水位面** (water table) (圖 3-3)。這種含水層稱爲**地下水面含水層** (water table aquifer) 或**非侷限含水層** (unconfined aquifer)。在不抽水的水井中，井中的水將會上升到這個地下水位面。

由於毛細管作用，使得水位面上多孔介質中的較小孔隙會含帶有水，這層便稱爲**毛管邊緣層** (capillary fringe) (見圖 3-4)。此層非供水水源，因爲所保持的水分不會藉重力而自由排水。由飽和含水層到地表面之間的區域又稱爲**淺層** (vadose zone)。

**泉水** 因爲不規則的地下沉積和地表地形，地下水位有時會和地表面或河

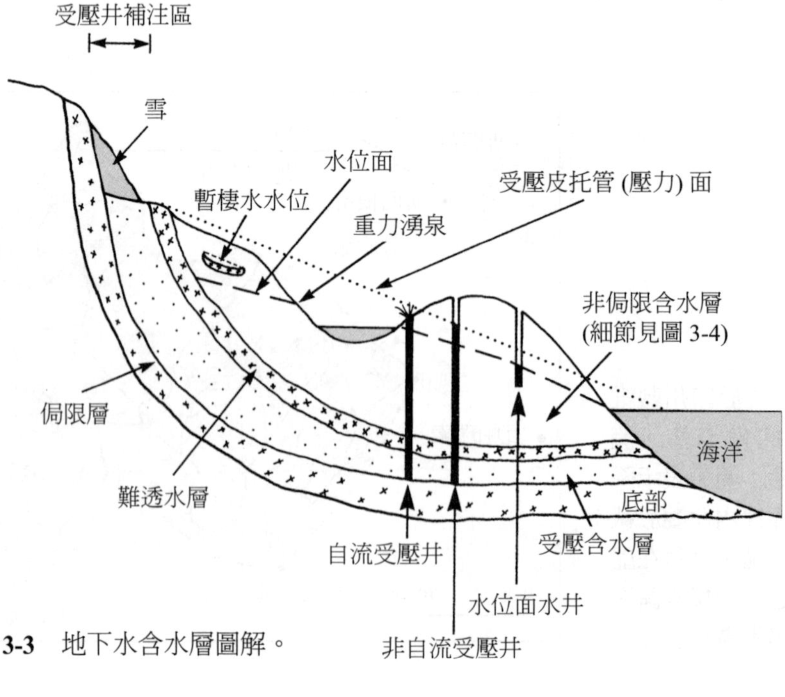


**圖 3-3** 地下水含水層圖解。

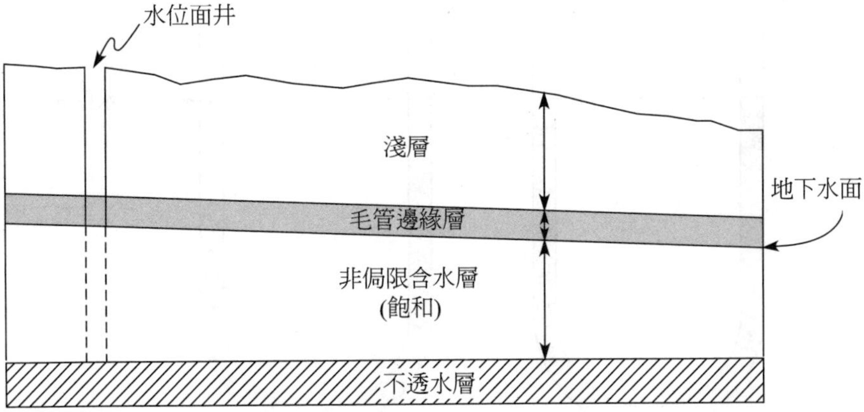


**圖 3-4**　非侷限含水層的細節。

流、湖泊、海洋的底床相交。在這些相交處，地下水會由含水層流出。而地下水面突破地表面的地方，便稱爲**重力**或**滲流泉** (gravity or seepage spring) (圖 3-3)。

**暫棲地下水面**　暫棲地下水面是一層水棲於地下水位上方的局部不透水層上。其涵蓋面積從幾百平方公尺到幾平方公里不等。

**自流 (侷限) 含水層**　當水滲透進入到含水層，且往下坡方向流動時，位在下層的水便會受到壓力。造成壓力的原因就是上層大量的水壓在下層的水上，這種情形像是深海的潛水夫愈向深處潛水時，會受到愈來愈大的水壓。這樣的系統就如同 U 型管壓計 (manometer) (見圖 3-5)。當管內沒有收縮段時，管內兩端的水面便處在相同的高度。如果左邊管子向上升時，在該管內所增加的水壓，會將右邊管子的水向上推至該管兩端的水面再次相同。如果右管中被壓住，則右管的水當然不能升到相同的高度。然而，在壓住該點上的水壓將會增加，此壓力則來自左邊管子的水柱高度。

當地下水層的上、下層都是不透水層，如同液壓計的管壁，水就被限制在其中，而形成特殊的地下水系統。此不透水層稱爲**侷限層** (confining layers)。有時我們會以**絕水層** (或微水層) 來表示這層根本不透水，或稱爲**難透水層** (即滯水層)，表示該層較含水層不易透水，但並不是完全不透水。處在不透水層中的含水層被稱爲**侷限含水層** (confined aquifer)。如果含水層中的水有受到壓力，就稱爲**自流水層** (artesian aquifer) (圖 3-3)。Artesian 源自法國

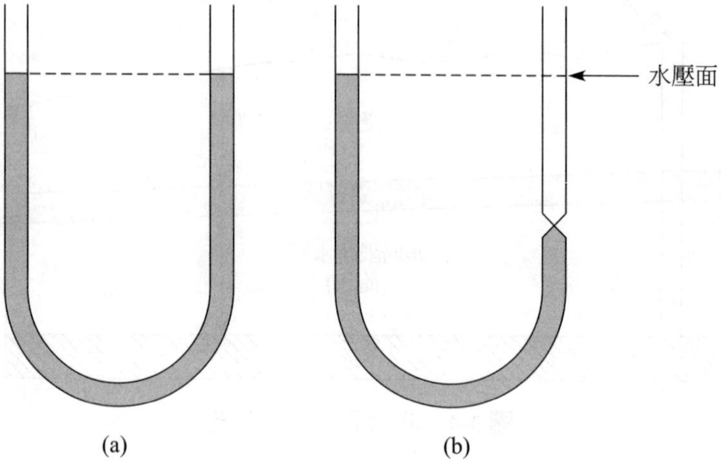


**圖 3-5** U 形管壓力計組成類似水在含水層中。含水層“a”類似非侷限含水層，壓力計“b”類似侷限含水層。

Artois 省的地名，因爲在羅馬時期，這個地方的井水會自動流到地表面來。

水會在侷限層和地表面相交的地方進入受壓水層。這些地帶往往位在地質的高折曲處 (uplift)。這些曝露在地表的地下水層稱爲**補注區**。受壓水層受壓的原理和受到緊壓的壓力計是相同的。由於補注區的高度高於上層絕水層底部的高度。因此，位置高於絕水層的水將產生壓力。補注區與上層絕水層的高度相差愈大，水位的高度愈高，所造成的壓力愈大。

**水壓面**　如果我們順著受壓含水層的橫方向放置小管子 [水壓計，或稱**皮托氏管** (piezometers)]，含水層中的水壓將會造成管內的水位上升，就和壓力計中的水位一樣達到平衡。水面距離含水層底部的高度可用來量測含水層的壓力大小。將這些水壓計中的水面組合成一個想像的平面，就稱之爲**水壓面** (piezometric surface)。對於非侷限含水層而言，水壓面便是地下水位面。

如果侷限含水層的水壓面高於地表面，則對一口貫穿此含水層的井而言，井水在沒有抽水的情況下也會自動流出來。如果水壓面低於地表面，沒有進行抽水時，水將不會流出。

## 水文質量平衡

土木及環境工程師所關注的水文問題，例如設計滯留池與水庫大小，和

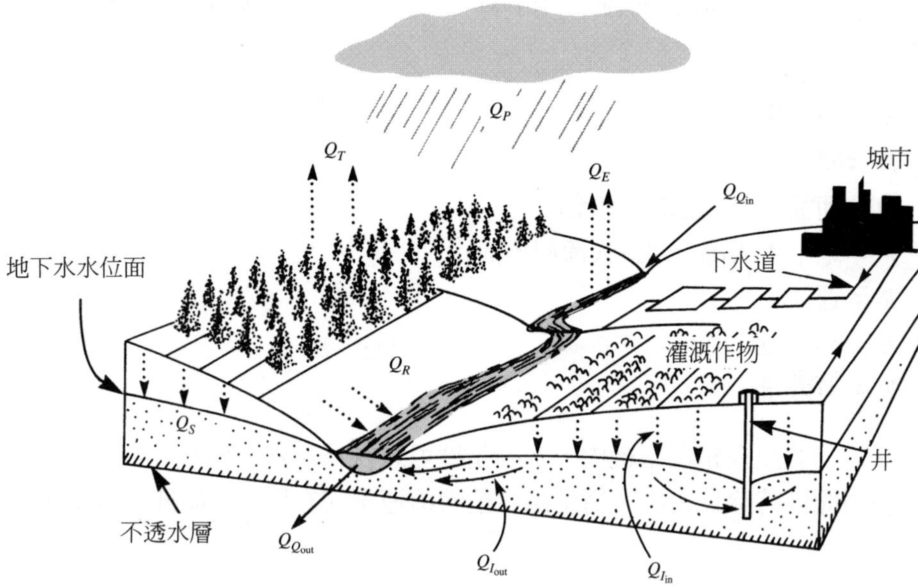


(a)

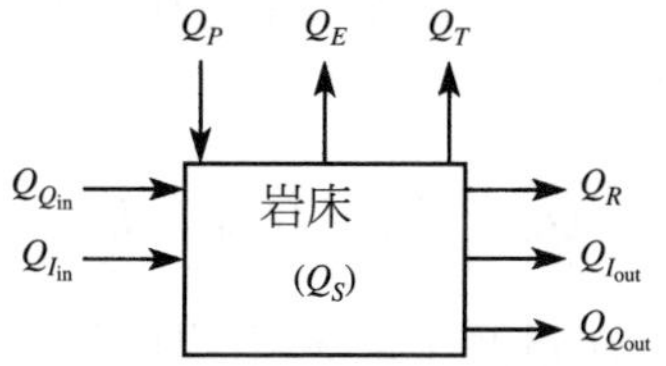


(b)

**圖 3-6**　(a) 水文子系統的配置示意圖；(b) 水文子系統的質量平衡圖。

估算停車場、街道及機場的下水道管線尺寸，或許可藉由應用質量平衡方程式而解決。圖 3-6a 中所顯示的系統，是一個小型水文系統的例子。此系統可以簡化成質量平衡圖來表示，如圖 3-6b 所示。利用第 2 章所述之質量平衡方程式的型式 (式 2-3)，可描述此平衡圖：

累積質量速率＝輸入質量速率－輸出質量速率

需注意的是，質量速率＝體積速率×密度，因此我們可以寫成：

$$Q_S(\rho) = Q_P(\rho) + Q_{Q_{in}}(\rho) + Q_{I_{in}}(\rho) - Q_{Q_{out}}(\rho) - Q_{I_{out}}(\rho) - Q_R(\rho) - Q_E(\rho) - Q_T(\rho) \tag{3-1}$$

式中，$Q$ 代表每單位時間的體積 ($m^3/s$)，$\rho$ 表水的密度 ($kg/m^3$)，下標符號定義如下：

$S$ ＝蓄水量
$P$ ＝降水
$Q$ ＝河流流量 (入流與出流)
$I$ ＝地下水入滲/滲出 (入流與出流)
$R$ ＝逕流
$E$ ＝蒸發量
$T$ ＝蒸散量

我們常假設在整個系統中，水的密度可以視爲常數。因此，我們在方程式等號兩側同時除以密度，衍生出累積體積速率的方程式，亦即式 3-1 可寫成：

$$Q_S = Q_P + Q_{Q_{in}} + Q_{I_{in}} - Q_{Q_{out}} - Q_{I_{out}} - Q_R - Q_E - Q_T \qquad \textbf{(3-2)}$$

在許多水文學教科書中，會把上式各項目的代號，以其相應的下標符號替換，進一步簡化方程式：

$$S = P + Q_{in} + I_{in} - Q_{out} - I_{out} - R - E - T \qquad \textbf{(3-3)}$$

上述方程式的各項，在量測上的常用單位彼此並不一致。例如，量測降水、入滲、蒸發和蒸散的常用單位是 mm/h，然而量測蓄水量、河流流量與逕流量的常用單位卻是 $m^3/s$。由於假設降水、入滲、蒸發和蒸散是發生在水文系統的整個表面上，因此我們可以將該量測值 (單位爲每單位時間的長度) 乘上系統表面積，獲取體積速率的近似值。

水文質量平衡方程式中的各項與其他物理量存在著函數關係。例如：逕流量是地表特性 (鋪面、耕種、平地、陡坡) 的函數。另外蓄積量是土壤特性或地質結構的函數。水文方程式中，逕流量與蓄積量兩項將於 3-3 節及 3-5 節討論，而在下段中，我們將詳述方程式其他項目與物理量的行爲關係。

**入滲**　在許多描述入滲的方程式中，荷頓氏 (Horton's) 公式具有實用價值，因爲它描述了入滲過程中三項重要的相關現象。荷頓將入滲率表示爲 (Horton, 1935)：

$$f = f_c + (f_o - f_c)e^{-kt} \tag{3-4}$$

其中 $f$ ＝入滲率，mm/h

$f_c$ ＝平衡或最終入滲率，mm/h

$f_o$ ＝初始入滲率，mm/h

$k$ ＝經驗常數，$h^{-1}$

$t$ ＝時間，h

本式適用的基本假設爲降水率大於入滲率。

入滲率爲土壤性質的函數，因此 $f_o$，$f_c$ 及 $k$ 的值也是土壤種類的函數。下列提供幾個例子 (單位爲 mm/h 及 $h^{-1}$)：

| | $f_o$ | $f_c$ | $k$ |
|---|---|---|---|
| 壤質砂土 (Dothan) | 88 | 67 | 1.4 |
| 卵石壤質砂土 (Fuquay) | 159 | 61 | 4.7 |

這些參數值與土壤水分含量、植被種類、土壤有機含量以及季節有關。

本式第二個特性是入滲率爲時間的反指數函數。當降水率大於入滲率時，我們以入滲率對應時間作圖，可以發現當降雨持續時，由於土壤空隙被水塡滿，使水被吸收入地下的速率減小。因爲 $f_o$ 及 $f_c$ 的典型數值都比我們所見的降雨強度來得大。因此，造成入滲量較公式計算值小，也就是即使較大的降雨率都會被吸收。

第三特性有關於水文平衡，亦即入滲曲線下的面積代表入滲水的體積。將荷頓公式加以積分運算，便得到體積：

$$\forall = f_c t + \frac{f_o - f_c}{k}(1 - e^{-kt}) \tag{3-5}$$

**蒸發**　決定水離開湖泊水面或其他水體的因素包含太陽輻射、空氣、水的溫度、風速及水體表面與外界空氣的蒸氣壓力的差別。如同推估入滲率一樣，推估蒸發量的方法也有許多。道頓首先提出的關係式如下 (Dalton, 1802)：

$$E = (e_s - e_a)(a + bu) \tag{3-6}$$

其中　$E$ ＝蒸發率，mm/d

$e_s$ ＝飽和蒸氣壓，kPa

$e_a$ ＝空氣之氣壓，kPa

$a, b$ ＝經驗係數

$u$ ＝風速，m/s

從美國奧克拉荷馬州 Hefner 湖實驗結果，獲得類似的相關經驗公式，即

$$E = 1.22(e_s - e_a)u \quad \textbf{(3-7)}$$

從上述的經驗公式，可以明顯看出，高風速和低濕度 (即大氣層中的蒸氣壓力較低) 將造成較大的蒸發率。你可以注意到這些變數的單位對經驗公式並無多大意義。因爲這些經驗公式是由現地情況回歸而來的。而這些經驗公式中的係數包含了單位轉換的因子在裡面，故在使用這些經驗公式時，應注意採用跟經驗公式創造者相同的單位。

**蒸發散量**　當要計算植物的蒸發散量時，我們很難區別水分的損失是由土壤表面或根系所造成的。以質量平衡的觀點而言，此兩項皆稱爲蒸發散量。影響蒸發散量的因子有土壤含水量、土壤種類、植物型態、風速和溫度等。其中植物的型態影響甚巨，例如橡樹每天的蒸發散量約爲 160 L/d，而玉米則只有 1.9 L/d。

---

**例題 3-1**　若 Silk 湖面積爲 70.8 公頃，4 月份河川水流的入流量爲 1.5 $m^3/s$，已知壩的流出量爲 1.25 $m^3/s$，4 月份降雨量爲 7.62 cm，且水庫蓄水量爲 650,000 $m^3$。試估計 Silk 湖的蒸發量爲多少 $m^3$ 和 cm？假設 Silk 湖底部沒有入滲量，且水的密度爲常數。

**解**：首先我們先繪出整個質量平衡圖：

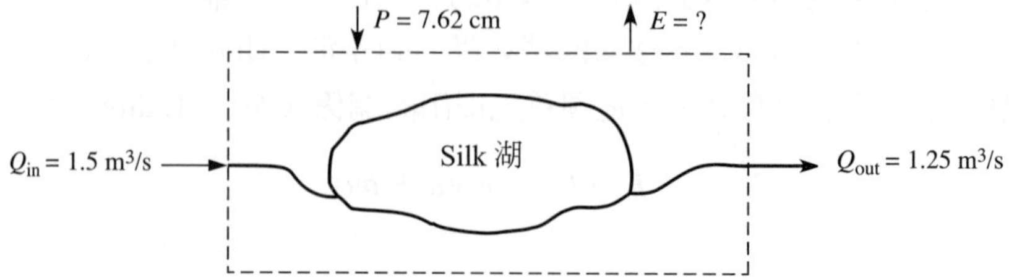

質量平衡方程式爲：

累積質量＝輸入質量－輸出質量

利用水的密度爲常數的假設，我們可將質量平衡方程式寫成：

累積體積＝流入體積－流出體積

由題意得知水庫的蓄水量爲 650,000 $m^3$，其中整個系統的輸入量有入流量及降雨量。又已知降雨深度和面積 (70.8 公頃)，故我們可把它們相乘轉換成體積。整個水庫的輸出量包括流出量和蒸發量。

$$\Delta S = [(Q_{in})(t) + (P)(\text{面積})]_{input} - [(Q_{out})(t) + E]_{output}$$

其中

$$\Delta S = \text{蓄水量的改變量 (爲一體積)}$$
$$(Q)(t) = (\text{流量})(\text{時間}) = \text{體積}$$

注意 4 月有 30 天，同時將單位進行適當的轉換：

$$\begin{aligned} 650{,}000\ m^3 = & (1.5\ m^3/s)(30\ d)(86{,}400\ s/d) \\ & + (7.62\ cm)(70.8\ ha)(10^4\ m^2/ha)(1\ m/100\ cm) \\ & - (1.25\ m^3/s)(30\ d)(86{,}400\ s/d) - E \end{aligned}$$

求解 $E$：

$$E = 3.89 \times 10^6\ m^3 + 5.39 \times 10^4\ m^3 - 3.24 \times 10^6\ m^3 - 6.50 \times 10^5\ m^3$$
$$E = 5.39 \times 10^4\ m^3$$

對 70.8 公頃的面積而言，蒸發的深度爲：

$$E = \frac{5.39 \times 10^4\ m^3}{(70.8\ ha)(10^4\ m^2/ha)} = 0.076\ m \text{ 或 } 7.6\ cm$$

---

**例題 3-2**　4 月間在 Silk 湖上的平均風速估計爲 4.0 m/s，氣溫平均爲 20°C，相對濕度爲 30%，水的平均溫度爲 10°C，試利用式 3-7 的經驗關係式，計算蒸發量。

**解**：由水面上的溫度和表 3-1，可知飽和蒸氣壓爲 $e_s$＝1.227 kPa，空氣中水氣壓的計

**表 3-1 不同溫度下的水蒸氣壓**

| 溫度，°C | 蒸氣壓，kPa |
|---|---|
| 0 | 0.611 |
| 5 | 0.872 |
| 10 | 1.227 |
| 15 | 1.704 |
| 20 | 2.337 |
| 25 | 3.167 |
| 30 | 4.243 |
| 35 | 5.624 |
| 40 | 7.378 |
| 50 | 12.34 |

算係採用相對濕度和飽和蒸氣壓的關係：

$$e_a = (2.337 \text{ kPa})(0.30) = 0.70 \text{ kPa}$$

每天蒸發量爲：

$$E = 1.22(1.227 - 0.70)(4.0 \text{ m/s}) = 2.57 \text{ mm/d}$$

每月的蒸發量爲：

$$E = (2.56 \text{ mm/d})(30 \text{ d}) = 76.8 \text{ mm 或 } 7.7 \text{ cm}$$

## ▲ 3-2 降雨分析

在許多和降雨有關的變數中，我們對下面四點特別有興趣：

**1.** 空間：降雨在面積上如何分佈
**2.** 強度：降雨的量有多少
**3.** 延時：在某一強度下，雨下了多久
**4.** 頻率：在特定的強度及延時下，降雨的次數多少

### 點降雨分析

在一特定地區設置儀器量測所得的資料可用來決定其鄰近區域的降水特性，亦可用來作爲進行小區域工程計畫的參考資料。當雨量資料來自單一量測站時，稱爲點降雨 (point precipitation)。要分析降雨在空間上的分佈是非常

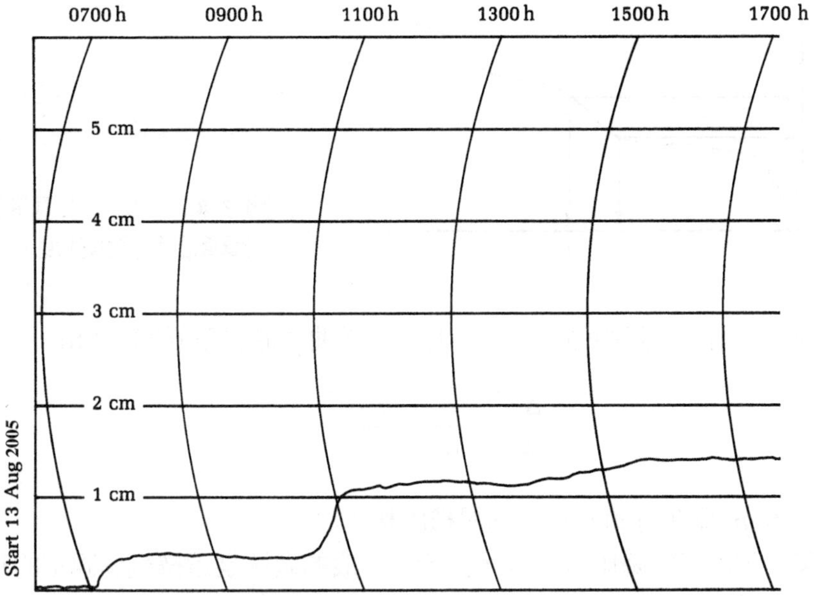


**圖 3-7** 衡重式雨量計的雨量曲線記錄圖。

複雜的，我們留在水文學相關進階課程中介紹。

**雨量計和雨量記錄** 目前所使用的雨量計有三種型式：美國氣象局標準雨量計 (U.S. Weather Bureau standard)、衡重式雨量計 (weighing bucket) 和傾倒式雨量計 (tipping bucket) 等三大類。美國氣象局標準雨量計是以人工 24 小時記錄累積雨量。衡重式雨量計是將收集的雨水導入一容器內，並秤得雨水的重量，並將收集所得雨量繪成一個累積雨量的長條記錄圖 (如圖 3-7)。傾倒式雨量計藉吊筒傾倒的次數來記錄降雨量，吊桶累積到 0.25 mm 時會自動傾倒。

**雨量計記錄的分析** 美國氣象局標準雨量計及傾倒式雨量計的量測可以直接獲得雨量資料。衡重式雨量計雨量資料的取得則稍微繁雜，茲說明如下：

衡重式雨量計的圖紙是繞在一個圓筒上來收集數據，當記錄筆一方面描繪累積降雨量時，圓筒一方面則以固定的速率轉動。將所收集到的雨量畫成雨量長條記錄圖，其斜率代表該時間的降雨強度，若斜率愈大即代表其降雨強度也愈大，當降雨停止時則曲線成水平。

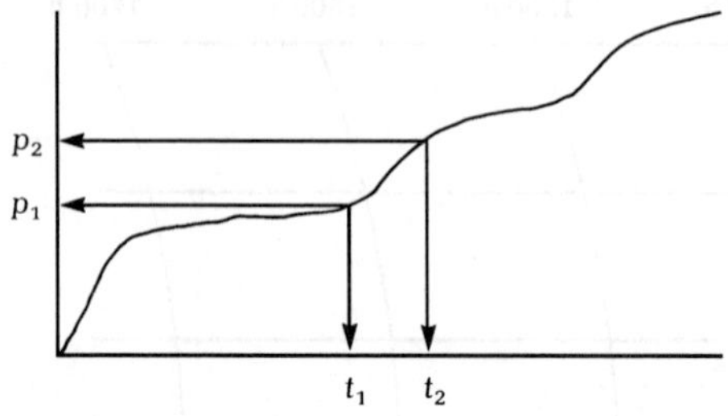


**圖 3-8** 由衡重式雨量計曲線記錄圖計算降雨強度。

衡重式雨量計降雨強度的大小乃決定於曲線的斜率 (如圖 3-8)：

$$\frac{\Delta p}{\Delta t} = \frac{(p_2 - p_1)}{(t_2 - t_1)} \tag{3-8}$$

其中 $p_1$ 和 $p_2$ 爲在時間 $t_1$ 和 $t_2$ 的累積雨量。

某一強度下的降雨延時以 $t$ 表示。一般的做法是選擇幾個固定的時間間隔，然後計算在不同時間間隔的 $\Delta p$ 值。這樣就可將一場降雨事件按照不同延時來進行分析*。例如一場 15 分鐘的降雨，我們可以選擇 15 分鐘的延時、10 分鐘的延時和 5 分鐘的延時來推求其降雨強度。

**強度-延時-頻率曲線**　針對某一地點，將設計雨量的強度、延時與頻率三者關係繪成一組統計曲線，稱爲強度-延時-頻率曲線 (Intensity-duration-frequency curve, IDF)，簡稱 IDF 曲線，此爲使用合理化公式法以設計雨水下水道及滯留池的基礎 (3-3 節)。“在實務上而言，工程設計師會進行雨量資料收集和分析的情形，僅侷限於一些較大的工程計畫。當降雨資料的收集和分析的過程中，若缺乏所要分析的現地資料，以至於無法進行完全正確的統計分析時，可參考由類似美國氣象局農業部門的政府機構所提供的雨量資料” (ASCE, 1969)。

表 3-2 爲某地區降雨事件的部份序列，只要將降雨強度中實際超過最低值呈現出來，而不是將呈現所有的降雨資料。由表中可知等於或超過某降雨事件的頻率或已知暴雨強度和延時所發生的次數。例如表 3-2，表中第一列，在迪士摩沼澤 (Dismal Swamp) 這個地區，45 年之間 (1999－1954＝45

*事件 (event) 是指降水過程中的任意一段連續期間。

**表 3-2　迪士摩沼澤地區的逕流記錄 (1954. 10. 1 至 1999. 9. 30)**

| 延時 (min) | 各強度之暴雨數目 | | | | | | | | | | |
|---|---|---|---|---|---|---|---|---|---|---|---|
| | 強度 (mm/h) | | | | | | | | | | |
| | 20.0 | 30.0 | 40.0 | 60.0 | 80.0 | 100.0 | 120.0 | 140.0 | 160.0 | 180.0 | 200.0 |
| 5 | | | | | | 245 | 49 | 16 | 7 | 3 | 2 |
| 10 | | | | | 256 | 64 | 15 | 7 | 4 | 1 | |
| 15 | | | | 241 | 94 | 18 | 6 | 3 | 2 | | |
| 20 | | 240 | 80 | 36 | 10 | 4 | 2 | 1 | | | |
| 30 | 202 | 44 | 17 | 9 | 2 | 2 | 1 | | | | |
| 40 | 76 | 31 | 8 | 1 | | | | | | | |
| 50 | 30 | 12 | 3 | | | | | | | | |
| 60 | 9 | 2 | | | | | | | | | |

年)，在五分鐘的延時下，降雨強度大於 160.0 mm/h 的暴雨，總共發生了七次。

關於表 3-2 有兩件事需要注意。第一，表中的數字也代表序數 (rank)，如果 5 分鐘延時的暴雨是按照降雨強度遞減排列，那麼連續的第 7 場暴雨或第 7 序數的暴雨，其降雨強度爲等於或超過 160.0 mm/h。另外也可假設表中的降雨強度和序數呈線性變化，我們可藉由內插法求出在 5 分鐘延時下第 5 序數的暴雨，經由估計其降雨強度等於或超過 170.0 mm/h。

第二件需要注意的事項便是序數也可以讓我們知道等於或大於某一降雨強度的機率 (probability)。我們再以之前第 7 序數的暴雨來說明，已知 45 年間發生等於或大於 160.0 mm/h 的降雨強度有 7 次，則年平均發生的機率爲 7/45＝0.16 或 16%。水文學家和工程師都喜歡用年平均機率的倒數來表示，因爲這樣表示比較具有時間上的意義，這個機率的倒數則稱爲**平均重現期** (average return period) 或**平均重現期距** (average recurrence interval, $T$)：

$$T = \frac{1}{\text{年平均機率}} \tag{3-9}$$

讓我們還是以上面的例子來作說明。第 7 序數的暴雨強度爲 160.0 mm/h，在 5 分鐘的降雨延時之下其平均重現期爲 6.25 年。這表示平均 6.25 年會發生一次大於 160.0 mm/h 的暴雨。

因爲可資利用的可靠資料有限*，一般習慣採用威伯法計算重現期 (Weibull, 1939)：

$$T = \frac{n + 1}{m} \tag{3-10}$$

式中 $T$＝重現期，以年表示

$n$＝暴雨記錄年數

$m$＝暴雨的序數，最大的暴雨序數爲 1

當水文資料數目非常少時，則威伯法已做小幅度的修正，反之若水文記錄資料數目非常多時，則威伯公式可趨近於 $T = n/m$。

---

**例題 3-3** 準備一張方格紙，點繪在 Dismal Swamp 地區 5 年一次暴雨的 IDF 曲線，並計算表 3-2 中不同延時的點。

**解**：由表 3-2 的序數表，我們必須決定 5 年一次暴雨的序數，首先我們將威伯公式改寫成：

$$m = \frac{n + 1}{T}$$

其中

$$n = 1999 - 1954 = 45 \text{ y}$$
$$T = 5 \text{ y}$$

則

$$m = \frac{46}{5} = 9.2$$

首先我們考慮 5 分鐘延時，則 9.2 的序數落在 16 與 7 序數間之間，亦即

| 降雨強度 (mm/h) | | |
|---|---|---|
| 140.0 | | 160.0 |
| 16 | 9.2 | 7 |

---

* 降水量的系統性量測，始於 1819 年美國陸軍的軍醫處處長 (the Surgeon General of the Army)，但河流流量資料的收集，則晚至 1888 年才開始。

我們發現序數是由右向左增加，強度則是由左向右增加。假設表中的降雨強度和序數呈線性變化，則我們可利用簡單的比例內插法進行計算：

$$\frac{9.2 - 7}{16 - 7}(160.0 - 140.0) = 4.89$$

因此序數為 9.2 的暴雨強度是 160 mm/h 減掉 4.89 mm/h：

$$160.0 - 4.89 = 155.11 \text{ 或 } 155.1 \text{ mm/h}$$

茲將完整的圖表列於下方：

**Dismal Swamp 地區 5 年一次暴雨的強度與延時**

| 延時 (min) | 降雨強度 (mm/h) |
|---|---|
| 5 | 155.1 |
| 10 | 134.5 |
| 15 | 114.7 |
| 20 | 82.7 |
| 30 | 59.5 |
| 40 | 39.5 |
| 50 | 33.1 |
| 60 | — |

我們可利用表 3-2 每個強度資料，再建立與上面類似的表格。這樣可給的點有兩倍之多，以幫助我們畫出更精確的圖形。

我們將例題 3-3 的 IDF 曲線及 20 年的重現期繪於圖 3-9，且必須注意頻率曲線的連接不必然是要來自相同暴雨。此曲線描述在某一延時下所預期的平均強度，並不是描述在單一暴雨期間的連續強度。圖 3-10 所示的例子為美國四個城市的 IDF 曲線圖。

## ▲ 3-3　地表逕流分析

三個我們所關心的地表逕流問題是：

**1.** 降至地面的雨水有多少量是流到河川或雨水下水道？

**2.** 降至地面的雨水所產生之地表逕流，到達河川或者雨水下水道需要多久時間？

**3.** 地表逕流會引起洪水的頻繁程度為多少？

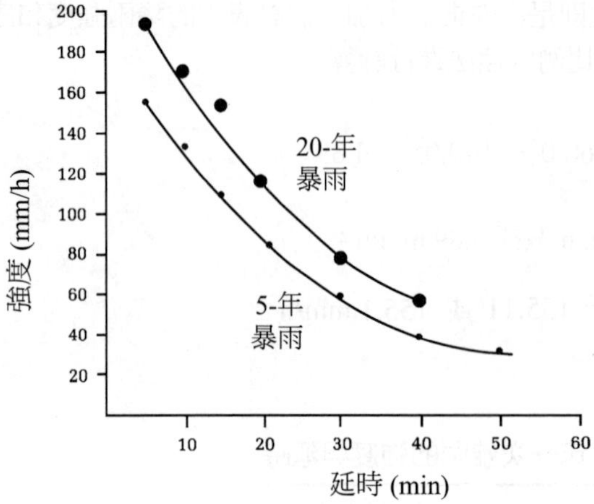


**圖 3-9** 在 Dismal Swamp 地區降雨-延時-頻率曲線圖。

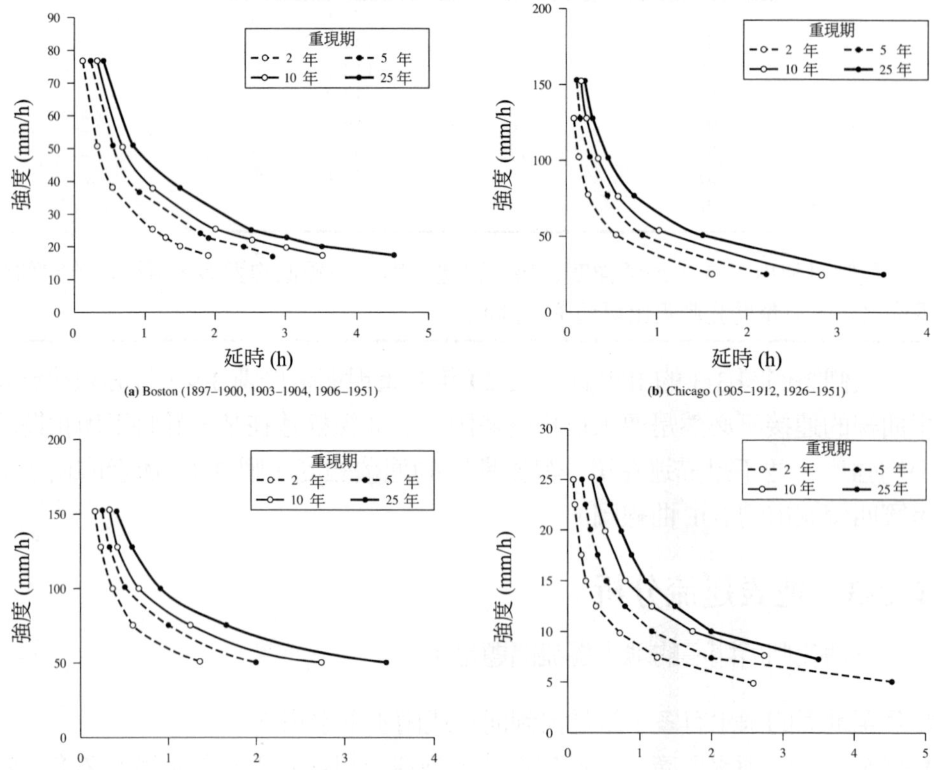


**圖 3-10** IDF 曲線圖 (a)波士頓，(b)芝加哥，(c)邁阿密，(d)西雅圖 (資料來源：Gilman, 1964)。

## 地表逕流量的估計

**河川流量計** (stream gages)　河川流量的量測乃記錄相對於某一參考標高的河川水位面高度值，再將此高度值換算成河川流量。人工記錄流量站是用一支有標記的桿子放置在河川水流之中 (圖 3-11)。而自動記錄流量站則是透過浮筒 (float) 及索具 (cable) 系統將流量變化透過自動記錄儀器，繪於長條的記錄紙上 (strip chart recorder) (圖 3-12)。**靜水井** (stilling well) (圖 3-13) 則是用來降低水面波動所產生的影響，並使浮筒遠離浮木和其他漂流物。對於小型河川我們會設置量水堰 (圖 3-14)。量水堰可增加因為河川流量的改變所引起的高度變化，使量測值更為精確。

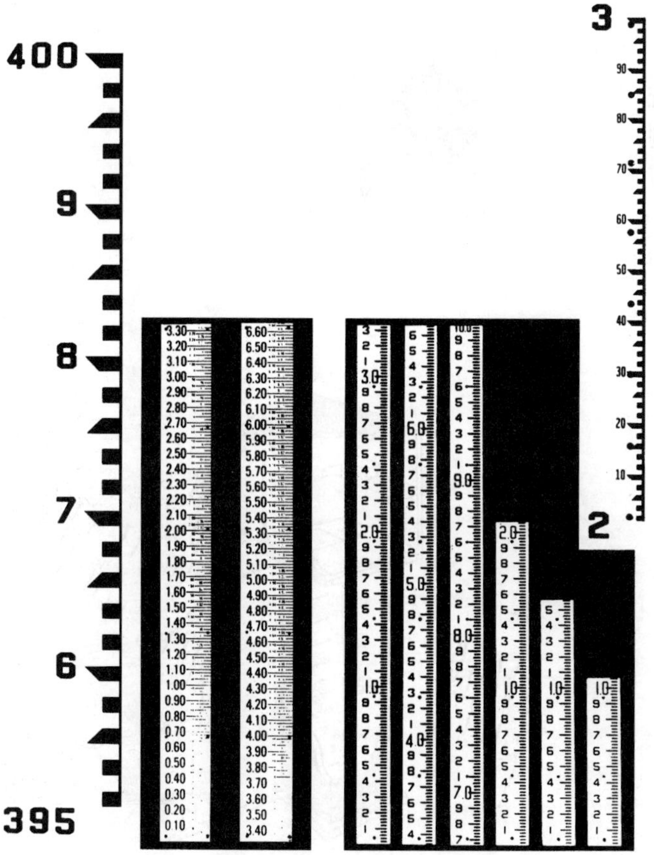


**圖 3-11**　用來量測河川流量的桿子 (Stevens 水監測系統有限公司提供)。

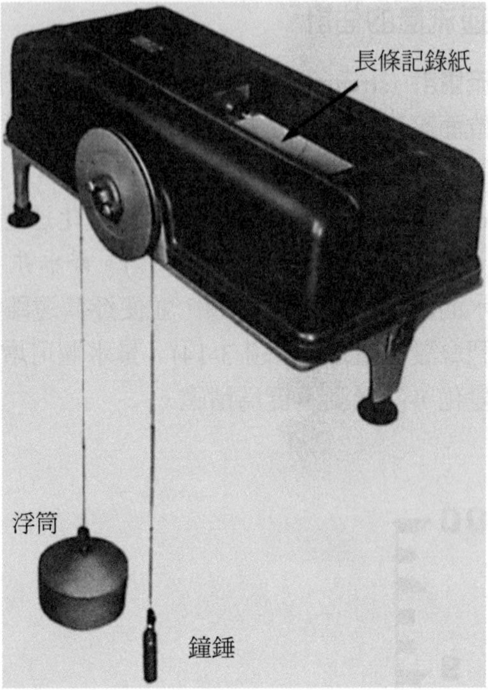


**圖 3-12** 利用浮筒系統及長條記錄紙連續觀測河川流量 (Stevens 水監測系統有限公司提供)。

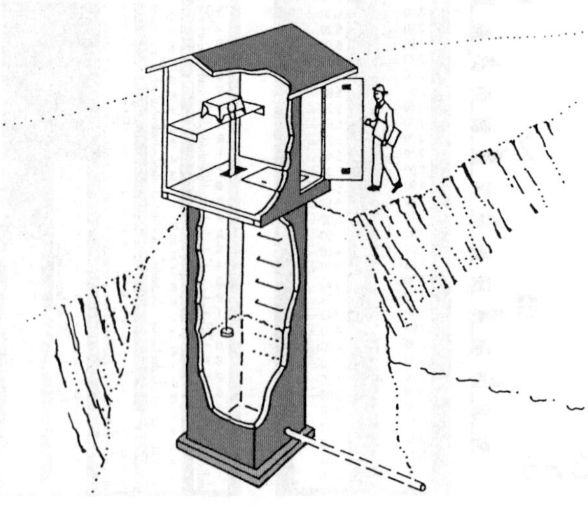

**圖 3-13** 靜水井 (Stevens 水監測系統有限公司提供)。

**圖 3-14**　利用量水堰來量測河川流量 (Stevens 水監測系統有限公司提供)。

**水文歷線**　以圖形表示河川已知點的流量稱爲**水文歷線** (hydrographs) (圖 3-15)。正如我們之前所提到的，在暴雨之間的基流是地下水從河岸滲入到河川的結果。由超滲降雨 (precipitation excess) 所形成的逕流量 (基流分離後的流量)，會在歷線圖上形成一個隆起段，我們稱這個隆起段爲**直接逕流歷線** (direct runoff hydrograph, DRH)。

顯然地，當超滲降雨發生在集水區的邊緣時，則需要經過一段時間的延遲之後，才會在流域出水口被記錄到其造成的流量。若降雨持續，雨水落在距離較遠的地方也會在經過一段時間之後流到河川觀測站出口處。洪峰的稽延時間 (lag time) 和直接逕流歷線 (DRH) 的形狀與降雨特性及集水區特性 (集水區大小、集水區坡度、集水區形狀和蓄水能力) 有關。

表面積較大的集水區，其 DRH 下方圍成的面積 (排出的水流體積)，會比表面積較小的集水區來得大。因爲來自陡峭集水區的水流流動較快，故其洪峰的稽延時間會比同面積但坡度平緩的集水區爲短。從長且窄的集水區而來的水流，若與來自同面積、同坡度但形狀爲短而寬的集水區者相較，其到達河川觀測站的時間會較久。集水區的蓄水能力與許多因子相關，包含 (但不限於) 土壤的滲透性、植被的種類、季節 (結凍與否) 與發展程度 (都市化)。有關都市化發展對水文歷線的影響，如圖 3-16 所示。

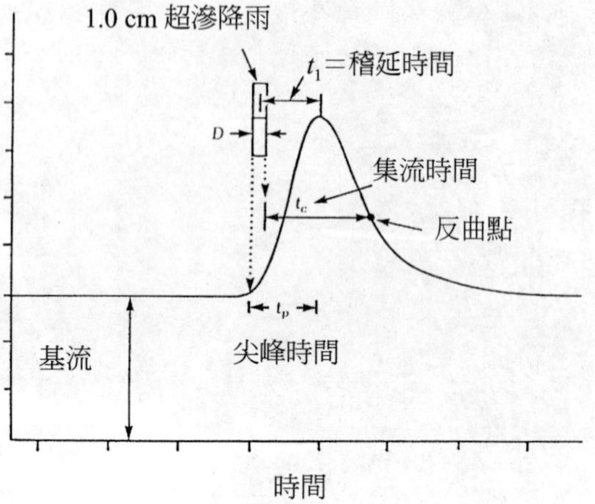


**圖 3-15** 1 cm 超滲降雨所造成的水文歷線圖。

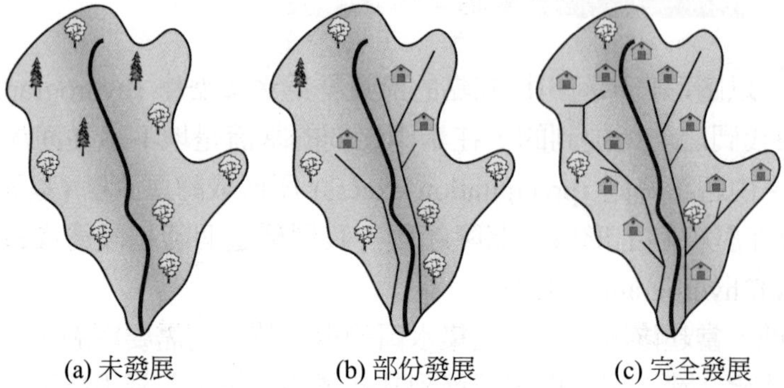


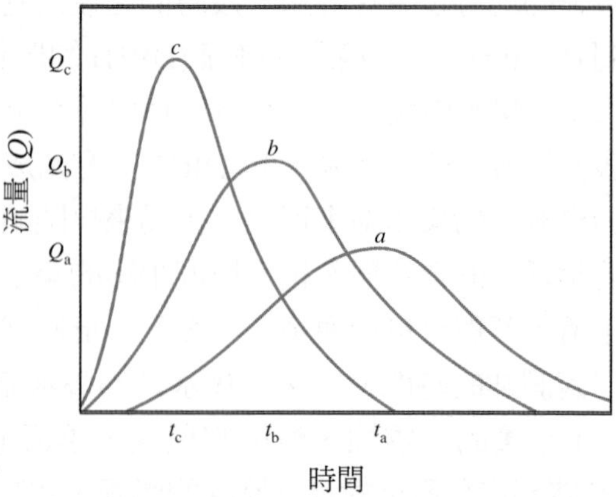


**圖 3-16** 集水區發展對水文歷線的影響。注意 $Q_c > Q_b > Q_a$ 且 $t_c < t_b < t_a$ (資料來源：取自 Davis and Master, 2004)。

衡量集水區蓄水能力的方式之一，是求取通過觀測站的水流體積與降水體積的比值。該比值稱作**逕流係數** (runoff coefficient)，可表示成：

$$C = \frac{Q_R}{Q_P} \tag{3-11}$$

**合理法**　**合理法** (rational method)爲利用水文方程式決定逕流量最簡單的方法之一。一個很好的例子是關於一個柏油鋪面的停車場的排水設計 (圖 3-17)。前面所提式 3-2 質量平衡方程式可應用在此例。唯一的輸入量是降雨量，唯一的輸出量是直接逕流量，且假設水的密度爲一常數，則質量平衡方程式爲：

$$\frac{\text{蓄水量}}{\text{單位時間}} = \frac{\text{降雨體積}}{\text{單位時間}} - \frac{\text{逕流體積}}{\text{單位時間}}$$

或

$$Q_S = Q_P - Q_R \tag{3-12}$$

如果一均勻強度的連續降雨降至停車場，則過不久整個系統將達到**穩態** (steady state)。在穩態的狀況下，每一滴落在集水區的雨滴，在概念上將會取

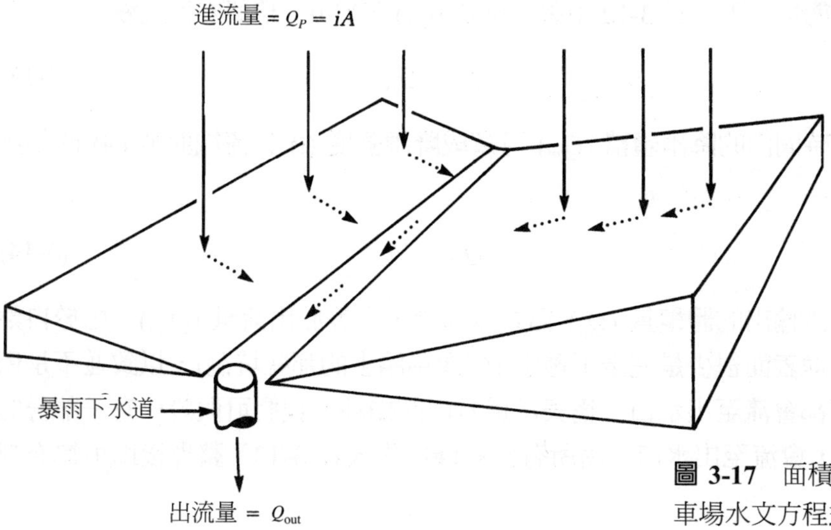


**圖 3-17**　面積爲 *A* 的停車場水文方程式應用。

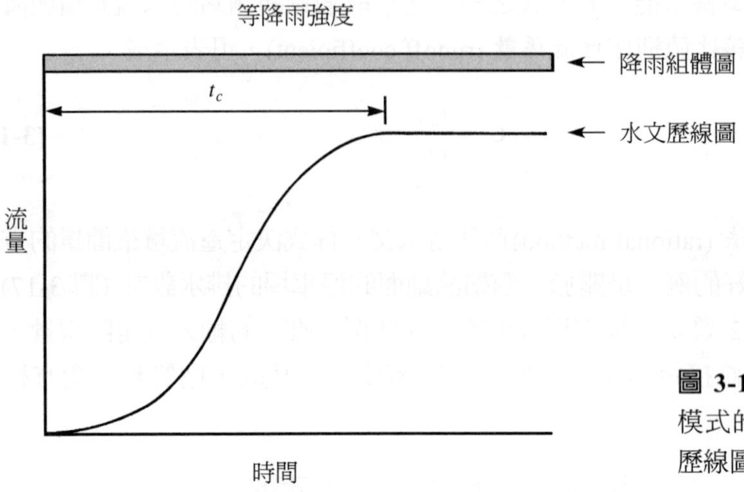


**圖 3-18** 停車場逕流模式的降雨圖和水文歷線圖。

代每一滴流過雨水下水道的水滴，也就是逕流流出的速率等於雨量落下的速率。在穩定狀況下，只要降雨強度維持一定，即使暴雨一直持續下去，則雨水下水道的流量也不會增加。這種情況的降雨組體圖 (hyetograph，表示降雨延時與降雨量之關係) 和對應的直接逕流歷線 (DRH) 表示在圖 3-18，達到此平衡所需的時間稱為**集流時間** (time of concentration, $t_c$)。集流時間的長短最主要受流域形狀、流域地面情況和流域坡度所影響。

在穩態情況下，式 3-12 中蓄水量項 ($Q_S$) 等於 0，整個方程式變為

$$Q_P = Q_R \quad \textbf{(3-13)}$$

其中單位時間內的降雨體積 ($Q_P$) 可寫成降雨強度 ($i$) 和流域面積 ($A$) 的相乘積：

$$Q_P = iA \quad \textbf{(3-14)}$$

單位時間內輸出的體積量 ($Q_R$) 為直接逕流，亦等於出流量 ($Q_{out}$)。由於自然或人工的地表面很少是完全不透水 (想像馬路上的那些坑洞)，以致並不是所有的降雨都會流至出水口。為表示這方面的損耗，我們可假設只有一部份的降雨 ($C$)，會流至出水口。將所有已知條件代入式 3-13，整理後即可得**合理化公式**

$$Q = 0.0028\ CiA \qquad \textbf{(3-15)}$$

式中　$Q$ ＝洪峰逕流量，$m^3/s$

$C$ ＝逕流係數

$i$ ＝平均降雨強度，mm/h

$A$ ＝流域面積，ha

0.0028 ＝轉換因子，$m^3 \cdot h/mm \cdot ha \cdot s$

最初的合理化公式乃爲英制的單位，在英制中降雨強度爲吋/小時 (inches/h)、面積單位爲英畝 (acres)、逕流量單位爲呎$^3$/秒 ($ft^3/s$)，並不需要轉換因子。而"合理化" 公式的名稱由來便是因爲這些單位都是 "合理化" 的。雖然合理化公式適用大集水區，但集水區面積最好不要超過 13 $km^2$ 以上較爲適當 (ASCE, 1969)。一些逕流係數列於表 3-3。

表 3-3 所列之逕流係數適用於 5 至 10 年重現期的暴雨使用。至於對低頻率高強度之暴雨，由於入滲或其他損失在逕流中所占比例較小，故須採用較表 3-3 所列更高的逕流係數。當地面結冰時，則表 3-3 並不適用。

**表 3-3　不同流域特性的逕流係數**

| 流域特性 | 逕流係數 | 流域特性 | 逕流係數 |
|---|---|---|---|
| 商業區 | | 鐵路車場 | 0.20 至 0.35 |
| 　市中心地區 | 0.70 至 0.95 | 未開發地區 | 0.10 至 0.30 |
| 　周圍地區 | 0.50 至 0.70 | 鋪路材料 | |
| 住宅區 | | 　瀝青和混凝土 | 0.70 至 0.95 |
| 　單戶宅院 | 0.30 至 0.50 | 　磚 | 0.70 至 0.85 |
| 　多戶住宅，分散建築 | 0.40 至 0.60 | 屋頂 | 0.75 至 0.95 |
| 　多戶住宅，相連建築 | 0.60 至 0.75 | 草地，砂性土壤 | |
| 郊區 | 0.25 至 0.40 | 　平坦，最大 2% | 0.05 至 0.10 |
| 公寓區 | 0.50 至 0.70 | 　平均，2 至 7% | 0.10 至 0.15 |
| 工業區 | | 　陡峻，7% 以上 | 0.15 至 0.20 |
| 　輕工業區 | 0.50 至 0.80 | 草地，黏性土壤 | |
| 　重工業區 | 0.60 至 0.90 | 　平坦，最大 2% | 0.13 至 0.17 |
| 公園，墓地 | 0.10 至 0.25 | 　平均，2 至 7% | 0.18 至 0.22 |
| 遊樂區 | 0.20 至 0.35 | 　陡峻，7% 以上 | 0.25 至 0.35 |

選自 ASCE. 1969.

**例題 3-4** Beauregard Long Ashby 高中位於 Dismal Swamp 雨量站東方 1.3 km 處，校地面積 16.2 公頃，土地利用情形如下表，假設校地集流時間平均為 41 分鐘，試推求在 5 年的重現期所排出的尖峰流量為多少？(注意：計算集流時間的方式示於例題 3-7 和 3-8)

| 土地利用情況 | 面積 ($m^2$) | 逕流係數 c |
|---|---|---|
| 建築物 | 10,800 | 0.75 |
| 停車場，瀝青路面 | 11,150 | 0.85 |
| 草地，黏性土壤 | | |
| 2.0% 坡度 | 35,000 | 0.17 |
| 6.0% 坡度 | 105,050 | 0.20 |
| | $\Sigma = 162{,}000$ | |

**解**：首先我們先計算逕流加權係數，亦即將不同土地利用的面積乘以不同土地利用的逕流係數

$$AC = (10{,}800)(0.75) + (11{,}150)(0.85) + (35{,}000)(0.17) + (105{,}050)(0.20)$$
$$= 44{,}537.5 \text{ m}^2 \text{ 或 } 4.45 \text{ ha}$$

由於距 Dismal Swamp 雨量站才 1.3 km，我們可利用由例題 3-3 所獲得的 IDF 曲線，以決定強度。由定義看，當暴雨延時等於集流時間時，洪峰流量才會發生。故我們在圖 3-9 的 5 年暴雨曲線，挑選 41 分鐘的降雨延時，得到降雨強度為 38 mm/h。

則洪峰流量為

$$Q = (0.0028)(4.45)(38) = 0.47 \text{ m}^3/\text{s}$$

因此，欲將暴雨所帶來的逕流量從 BLAHS 的校地排出，雨水下水道需足以處理 0.47 $m^3/s$ 的流量。

**單位歷線法** 單位歷線 (unit hydrograph, UH) 為在一已知流域中，發生在所給定單位時間內超滲降雨所形成的直接逕流歷線。雖然我們可以選擇任何單位的深度 (噚、弗隆、英尺、掌寬或腕尺，皆可採用)，但通常會選擇扣除基流後，以 1.0 公分的超滲降雨深度作為推算單位深度*。假設你可以算出平均單位歷線，就可大概估算在相同單位時間內，由任何超滲降雨所造成的直接

* 在 Sherman 原始發展的單位歷線中，一單位深度定義為一吋的超滲降雨量。

逕流歷線，只要將單位歷線縱座標乘以超滲降雨量即可 (Sherman, 1932)。舉例來說，一個由 2 cm 超滲降雨所形成 DRH 的縱座標，相當於 1 cm 單位歷線的兩倍。這個方法只限制於面積為 3,000 及 4,000 平方公里的集水區 (Viessman et al, 1989)。由於單位歷線是用來描述直接逕流所造成的流量，可利用來預測其他暴雨的 DRH，因此建立單位歷線的第一步驟為將地下水流分離出來，此步驟稱為**歷線分離** (hydrograph separation)，目前有許多歷線分離的圖解步驟可以參用。

建立單位歷線的第二步驟是估計直接逕流的總體積，由於歷線是流量對時間的關係圖，在 DRH 下的面積就等於直接逕流的體積，可利用數值的方法計算直接逕流歷線下的面積而得直接逕流體積。簡單的說就是任意時間間距 ($\Delta t$)，乘上選定的時間間隔內直接逕流歷線縱座標之平均高度的總和。

第三步驟是將直接逕流體積轉換成暴雨的逕流深度，換言之，就是將直接逕流體積除以集水區面積 (以平方公尺為單位)，再乘以一個轉換因子 100 cm/m 即可。

第四步驟為將 DRH 的縱座標除以由步驟三所求得的暴雨深度，即為 UH 縱座標各點，單位為 $m^3/s \cdot cm$。

單位歷線的單位延時決定於暴雨的**降雨組體圖** (hyetograph)，但並不是所有的降雨皆會變成直接逕流，因此必須估算超滲降雨的有效延時，而估算出來的有效延時則成為單位歷線的**單位延時** (UH unit duration)。

---

**例題 3-5**　三角河 (Triangle River) 流域面積為 16.2 km$^2$，某暴雨其水文歷線如圖 3-19 所示，試推求該集水區單位歷線縱座標。

**解：**第一步先決定降雨分佈在流域內的暴雨深度，這個深度等於水的體積除以流域面積。此體積等於水文歷線下的面積。由於題目為一相當對稱的水文歷線，將有助於我們利用幾何原理計算其面積。我們可用數值積分的方法來推求曲線下的面積，而此法可應用在實際的水文歷線。此外，我們可利用簡便的方法來推求曲線下的面積，即將時間間距 ($\Delta t$) 乘上直接逕流歷線縱座標的高度。將總流量減去基流量則為直徑逕流歷線縱座標。在這特別例子中，由圖形觀察判斷，在所有時間間隔內，基流量皆為 2.0 m$^3$/s。為方便起見，我們選擇的時間間隔為 1 小時，茲將利用數值積分法所求得曲線下的面積，表列如下：

| 時間間隔平均 (h) | 總流量 ($m^3/s$) | 基流量 ($m^3/s$) | DRH 縱座標 ($m^3/s$) | 體積增量 ($m^3$) |
|---|---|---|---|---|
| 10–11 | 2.5 | 2.0 | 0.5 | 1,800 |
| 11–12 | 3.5 | 2.0 | 1.5 | 5,400 |
| 12–13 | 4.5 | 2.0 | 2.5 | 9,000 |
| 13–14 | 4.5 | 2.0 | 2.5 | 9,000 |
| 14–15 | 3.5 | 2.0 | 1.5 | 5,400 |
| 15–16 | 2.5 | 2.0 | 0.5 | 1,800 |
| | | | | $\Sigma = 32{,}400$ |

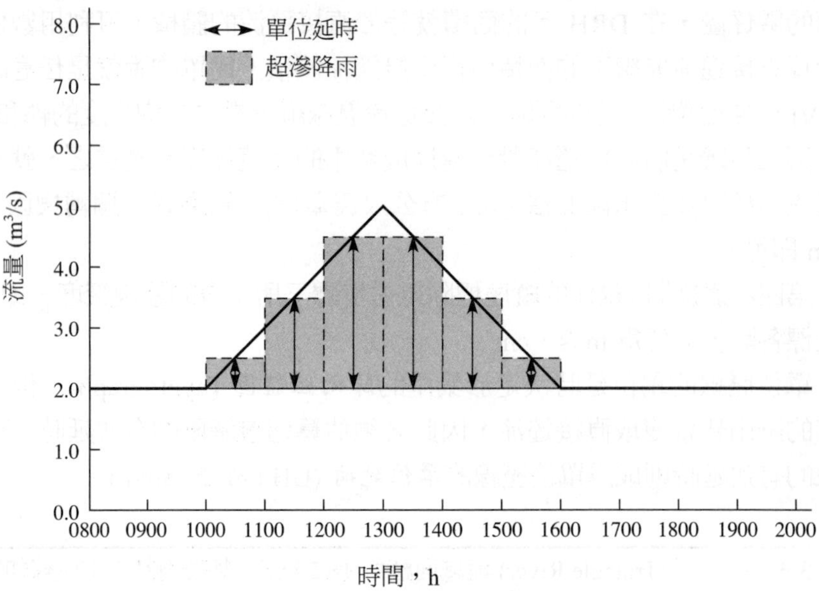


**圖 3-19**　三角河流域流量歷線圖。

體積增量的計算方式如下：首先將某一時間增量中的總流量減去基流量。上表第一行中時間間隔爲 10 AM 至 11 AM (1000 至 1100 小時)，由圖 3-19 的水文歷線圖可知總流量爲 2.5 $m^3/s$：

$$\text{總流量} - \text{基流量} = \text{直接逕流量}$$

$$2.5\ m^3/s - 2.0\ m^3/s = 0.5\ m^3/s$$

爲計算切片下的面積，可將 DRH 的縱座標乘以時間間距 (1 小時)，並進行單位轉換：

$$(0.5\ m^3/s)(1\ h)(3{,}600\ s/h) = 1{,}800\ m^3$$

依此步驟可計算圖 3-19 所有的切片面積，流域總體積 (曲線下的面積) 估計爲 32,400 $m^3$。我們可利用三角形的幾何關係來驗證：

$$1/2(\text{base})(\text{height}) = (0.5)(6\ h)(5.0\ m^3/s - 2.0\ m^3/s)(3{,}600\ s/h) = 32{,}400\ m^3$$

因爲我們希望建立**單位歷線**，所以我們要確定這暴雨在流域中是不是產生 1 cm 的超滲降雨。若是，則我們可直接利用縱座標。反之，若非 1 cm 的超滲降雨時，則需在縱座標上修正，以使其代表 1 cm 的超滲降雨。讓我們將降雨體積除以流域面積 (題目給定爲 16.2 $km^2$)，以確定這場暴雨是否產生 1 cm 的超滲降雨：

$$\text{暴雨深度} = \frac{32{,}400\ m^3}{(16.2\ km^2)(1 \times 10^6\ m^2/km^2)} \times 100\ cm/m = 0.20\ cm$$

很明顯地，這場暴雨太小了，導致縱座標值也小。我們將縱座標值除以暴雨深度，綜合而成單位歷線的縱座標。例如第一個 DRH 的縱座標爲：

$$\frac{\text{直接逕流量}}{\text{暴雨深度}} = \frac{0.5\ m^3/s}{0.2\ cm} = 2.5\ m^3/s \cdot cm$$

我們是以切片中心點的位置來建立縱座標，也就是在 1000 小時和 1100 小時的中點 (參考圖 3-19 中的箭號)，即 1030 小時。由於一般的水文歷線大多由時間原點開始，因此我們所繪的座標點的時間是由 0.5 h 開始。茲將單位歷線之縱座標，表列如下

| 三角河繪製時間 (h) | 一般繪製時間 (h) | UH 縱座標 ($m^3/s \cdot cm$) |
|---|---|---|
| 1030 | 0.5 | 2.5 |
| 1130 | 1.5 | 7.5 |
| 1230 | 2.5 | 12.5 |
| 1330 | 3.5 | 12.5 |
| 1430 | 4.5 | 7.5 |
| 1530 | 5.5 | 2.5 |

單位 “$m^3/s \cdot cm$”，讀作

$$\frac{m^3}{(s)(cm)}$$

這表示將單位歷線 (UH) 縱座標乘以某 cm 的超滲降雨，我們可得到縱座標值爲某 $m^3/s$ 的流量。

我們可利用這些新的縱座標來計算相似三角形下的面積，以證明我們的推理是正確的。

| 時間<br>間隔 (h) | DRH<br>縱座標 ($m^3/s$) | 體積增量<br>($m^3$) |
|---|---|---|
| 10–11 | 2.5 | 9,000 |
| 11–12 | 7.5 | 27,000 |
| 12–13 | 12.5 | 45,000 |
| 13–14 | 12.5 | 45,000 |
| 14–15 | 7.5 | 27,000 |
| 15–16 | 2.5 | 9,000 |
| | | Σ = 162,000 |

再核算暴雨深度：

$$\frac{162{,}000\ \text{m}^3}{(16.2\ \text{km}^2)(1 \times 10^6\ \text{m}^2/\text{km}^2)} \times 100\ \text{cm/m} = 1.00\ \text{cm}$$

單位歷線也可被用來推求相同延時的連續暴雨。這個方法需要兩個基本假設：第一個假設是對於相同延時的暴雨，其歷線縱座標必須與單位歷線的縱座標成比例。亦即有一個簡單的比例值可計算其逕流量的不同。第二個假設爲當推估幾場連續暴雨所產生的水文歷線時，我們可以將一個水文歷線重疊到另一個的水文歷線 (配合選用適當的稽延時間)，而計算其所對應之縱座標值的總和。茲以下個例子來說明。

**例題 3-6** 採用圖 3-20 所示的降雨組體圖，及由例題 3-5 所得單位歷線的縱座標，推求直徑逕流歷線 (DRH) 縱座標和複合逕流量 (compound runoff)。

**解**：計算結果表列如下頁表格，解釋如後。
我們將時間間隔部份逐一舉出。從圖 3-20 降雨組體圖可知，第 1 小時的超滲降雨爲 0.5 cm，第 2 小時、第 3 小時的超滲降雨分別爲 2 和 1 cm，第 3 小時後並沒有任何超滲降雨。表中 DRH 縱座標的第一列係由第 1 小時 0.5 cm 超滲降雨所造成的，同理表中 DRH 縱座標的第二列是由第 2 小時 2 cm 超滲降雨所造成的。

| 時間間隔 | 時間 (h) | 超滲降雨量(cm) | DRH 縱座標 | | | 複合逕流量 ($m^3/s$) |
|---|---|---|---|---|---|---|
| | | | 1 | 2 | 3 | |
| 1 | 0–1 | 0.5 | 1.25 | N/A | N/A | 1.25 |
| 2 | 1–2 | 2.0 | 3.75 | 5.0 | N/A | 8.75 |
| 3 | 2–3 | 1.0 | 6.25 | 15.0 | 2.5 | 23.75 |
| 4 | 3–4 | 0.0 | 6.25 | 25.0 | 7.5 | 38.75 |
| 5 | 4–5 | 0.0 | 3.75 | 25.0 | 12.5 | 41.25 |
| 6 | 5–6 | 0.0 | 1.25 | 15.0 | 12.5 | 28.75 |
| 7 | 6–7 | 0.0 | 0.0 | 5.0 | 7.5 | 12.5 |
| 8 | 7–8 | 0.0 | 0.0 | 0.0 | 2.5 | 2.5 |

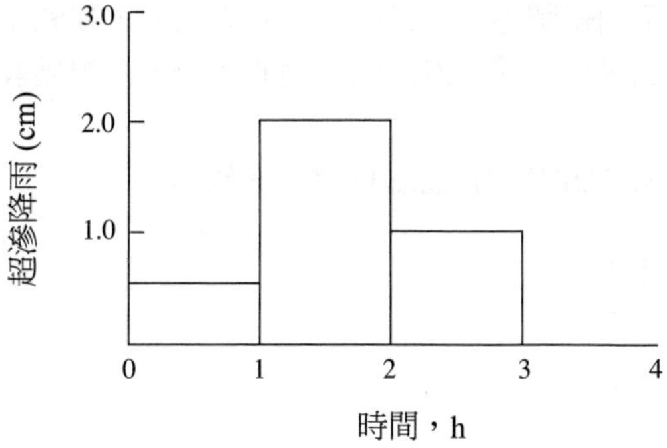


**圖 3-20**　三角河流域降雨組體圖。

DRH 縱座標的第一欄數值即是將超滲降雨乘以 UH 縱座標求得，亦即：

(超滲降雨量)(單位歷線的縱座標)＝直接逕流歷線的縱座標

利用例題 3-5 中 UH 的縱座標：

$$(0.5\ \text{cm})(2.5\ \text{m}^3/\text{s}\cdot\text{cm}) = 1.25\ \text{m}^3/\text{s}$$
$$(0.5\ \text{cm})(7.5\ \text{m}^3/\text{s}\cdot\text{cm}) = 3.75\ \text{m}^3/\text{s}$$
$$(0.5\ \text{cm})(12.5\ \text{m}^3/\text{s}\cdot\text{cm}) = 6.25\ \text{m}^3/\text{s}$$
$$(0.5\ \text{cm})(12.5\ \text{m}^3/\text{s}\cdot\text{cm}) = 6.25\ \text{m}^3/\text{s}$$
$$(0.5\ \text{cm})(7.5\ \text{m}^3/\text{s}\cdot\text{cm}) = 3.75\ \text{m}^3/\text{s}$$
$$(0.5\ \text{cm})(2.5\ \text{m}^3/\text{s}\cdot\text{cm}) = 1.25\ \text{m}^3/\text{s}$$

DRH 縱座標的第二欄數值發生於一小時後，因此在 DRH 2 中的第一列數值不存在 (標示爲 N/A)，因爲在第二小時 (第二時間間隔) 中的降雨，對在第一小時的水流並沒有影響。同樣地，在 DRH 3，第一列和第二列被標示 N/A，因爲第三小時的降雨對第一和第二小時的水流沒有影響。

第二小時超滲降雨所產生的 DRH 縱座標的求法與第一欄是相同的，即將超滲降雨乘以每個 UH 縱座標的值：

$$(2.0\ \text{cm})(2.5\ \text{m}^3/\text{s}\cdot\text{cm}) = 5.0\ \text{m}^3/\text{s}$$
$$(2.0\ \text{cm})(7.5\ \text{m}^3/\text{s}\cdot\text{cm}) = 15.0\ \text{m}^3/\text{s}$$
$$(2.0\ \text{cm})(12.5\ \text{m}^3/\text{s}\cdot\text{cm}) = 25.0\ \text{m}^3/\text{s}$$
$$(2.0\ \text{cm})(12.5\ \text{m}^3/\text{s}\cdot\text{cm}) = 25.0\ \text{m}^3/\text{s}$$
$$(2.0\ \text{cm})(7.5\ \text{m}^3/\text{s}\cdot\text{cm}) = 15.0\ \text{m}^3/\text{s}$$
$$(2.0\ \text{cm})(2.5\ \text{m}^3/\text{s}\cdot\text{cm}) = 5.0\ \text{m}^3/\text{s}$$

你應該注意到表格上的數據記錄到降雨組體圖中的最後一個降雨週期，並利用到全部的縱座標爲止。因爲到達流域中的最後一滴超滲降雨所需的時間，被視爲計算流量的時間長度。

而複合逕流量等於每個時間間隔的 DRH 縱座標值的總和。例如：

$$1.25 + \text{N/A} + \text{N/A} = 1.25$$
$$3.75 + 5.0 + \text{N/A} = 8.75$$
$$6.25 + 15.0 + 2.5 = 23.75$$

依照之前單位歷線 (UH) 縱座標繪點的描述，複合逕流縱座標是以一小時爲時間間隔，但卻以 0.5 小時爲起始時間，目的是爲了繪出複合逕流的水文歷線圖。每場暴雨個別的水文歷線和其疊加，以及疊加後產生的複合水文歷線，示於圖 3-21。這些計算和繪圖過程可以很輕易地在試算表軟體中完成。

---

## 到達時間的估計

我們除了關心水流的量有多大外，另外我們也關心到底水流的洪峰什麼時候到達下游或某些集水口。這在分析一連串集水區在不同中下游地點流入河川或排水管道是非常重要的。若兩個洪峰同時到達集水口，則會對排水道設計影響很大。

**稽延時間**　洪峰流量到達時間早已在估計逕流的單位歷線法中決定。**稽延時間** (lag time) 定義爲由超滲降雨中心到達尖峰流量間的間隔時間，如圖 3-15 所示。

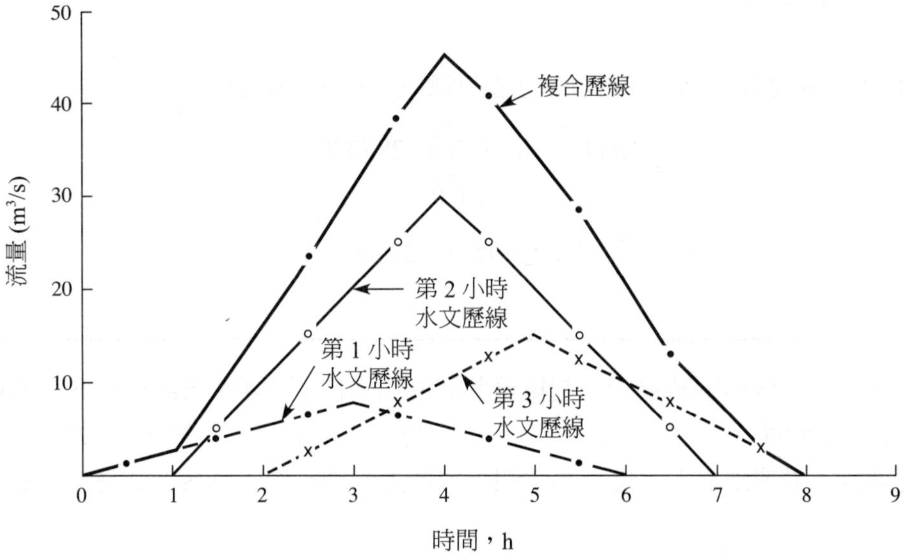


**圖 3-21**　三角河流域複合歷線圖。**注意**：基流量並未顯示。

**集流時間**　**集流時間** (time of concentration)($t_c$) 定義成暴雨逕流由流域最遠處流至流域出口所需時間。合理公式的基本假設之一便是式 3-15 中的平均降雨強度已持續了一段時間，使得直接逕流已經產生，且降雨延時也持續夠久，至少等於或大於 $t_c$。因此應用合理化公式時，首先必須能夠推估 $t_c$。

雖然目前有很多經驗公式可估計集流時間，但以聯邦航空署 (Federal Aviation Agency) 的公式最爲簡便 (FAA, 1970)：

$$t_c = \frac{1.8(1.1 - C)\sqrt{3.28D}}{\sqrt[3]{S}} \qquad \textbf{(3-16)}$$

式中　$t_c$＝集流時間，min
$C$＝逕流係數
$D$＝經過陸地的水流長度，m
$S$＝坡度，%

---

**例題 3-7**　試估計例題 3-4 中，BLAHS 高中在坡度爲 6% 草地的集流時間？假設地

表逕流長度爲 300.0 m。

**解**：依照例題 3-4，我們採用相同的逕流係數 $C=0.20$。因此，

$$t_c = \frac{1.8(1.1 - 0.20)\sqrt{(3.28)(300.0)}}{\sqrt[3]{6.0}}$$

$$t_c = \frac{50.82}{1.82} = 27.97 \text{ 或 } 28 \text{ min}$$

---

如果有若干個地區將逕流一起排至共同的出水口 (如排水溝或雨水下水道)，則總集流時間等於逕流由地表流至排水道入水口的集流時間 ($t_c$)，加上水流通過排水溝或雨水下水道所需時間，取最大的加總值。計算方式述於例題 3-8 中。

---

**例題 3-8** 下表所列爲 BLAHS 校地各個區域的集流時間 ($t_c$) 估計值。建築物與草地將水排至共同的雨水下水道入口，雨水下水道的水流則流經收集停車場逕流的另一個人孔入口，其後，由此四個區域匯流的總水流則進入都市的雨水下水道系統。校內各區域與雨水下水道的位置示於下圖。BLAHS 校地的雨水下水道水流流速爲 0.6 m/s，試估計 BLAHS 校地的集流時間。

| 土地利用情況 | $t_c$ (min) |
|---|---|
| 建築物 | 8 |
| 停車場 | 10 |
| 草地 | |
| 2.0% 坡度 | 38 |
| 6.0% 坡度 | 28 |

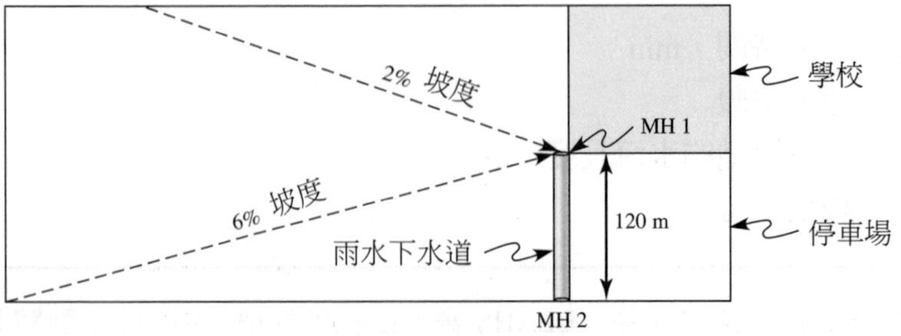

**解**：集流時間用於估計尖峰排水流量，是取 $t_c$ 與流過時間的最大加總值。

就圖上所標示的距離而言，校地內的水流從 1 號人孔 (MH 1) 流至 2 號人孔 (MH 2) 的移動時間 (travel time) 爲

$$\text{移動時間} = \frac{120 \text{ m}}{0.6 \text{ m/s}} = 200 \text{ s} \text{ 或 } 3.33 \text{ min}$$

校內建築物區的總集流時間 ($T_c$) 爲

$$T_c = t_c + \text{移動時間} = 8 + 3.33 = 11.33 \text{ 或 } 11 \text{ min}$$

校內各區的集流時間總結於下表中：

| 土地利用情況 | $t_c$ (min) | 總集流時間 $T_c$ (min) |
|---|---|---|
| 建築物 | 8 | 11 |
| 停車場 | 10 | 10 |
| 草地 | | |
| 2.0% 坡度 | 38 | 41 |
| 6.0% 坡度 | 28 | 31 |

需注意的是，由於停車場是直接排水至 MH 2，所以 $T_c = t_c$。

根據本例題的評估結果，在 IDF 曲線圖中採用的集流時間，應取最大的 $T_c$ 值，本例題最大的 $T_c$ 值爲 41 分鐘。而例題 3-4 所示即是利用本例題之集流時間所推算的尖峰排水流量。

## 發生機率的估計

在給水工程或暴雨設計中所發生的機率 (1/$T$)，乃爲成本跟利益的函數。即利益跟成本間的比值應大於或等於 1，才有經濟價值。雖然建造成本的花費是非常直覺的，但對於環境上的花費卻是非常難以估計，例如除供水成本的降低和洪水對於災害減少之外，其他則很難以定量的方法估算其效益。

以下係摘自美國土木工程師學會 (ASCE) 下水道設計手冊，並獲其同意轉載，以作爲一些選擇設計頻率的參考 (ASCE, 1969)。

一般在進行都市暴雨排水設計時，並不考慮其成本效益，而是採用鄰近地區所獲得的資料，來作爲選擇設計頻率的依據。

工程界所選定的頻率範圍如下：

1. 住宅區內的雨水下水道，設計頻率從 2 到 15 年都有，但較常使用者爲 5 年。
2. 商業區和重要的行政區的雨水下水道，依照其經濟因素來決定，一般採用的設計頻率爲 10 至 50 年。
3. 防洪結構和水庫一般採用最合經濟效益的設計，頻率爲 50 年。

其他影響設計頻率的因素如下：

1. 若部份系統在未來經濟考量上並不會更爲寬裕，則可採用較長的重現期。
2. 在設計重要的結構時也會採用較長的重現期距，例如快速道路的排水抽水系統，當逕流超過設計容量時，會造成嚴重的設施功能損害，如重要交通中斷。故儘管該設施位於普通採用 5 年的設計頻率的區域，但我們會在此系統中選擇 50 年甚至超過 50 年的設計頻率。
3. 可以採用較短的重現期距，但必須提供一筆基金，作爲萬一不幸災害發生時的救助之用。

雨水下水道成本和設計頻率間並不是直接成正比的關係。不同因子對下水道成本影響的研究發現，若將下水道依照其坡度不同，興建 10 年重現期距的下水道，只比興建 5 年重現期距下水道的成本高出 6 至 11% (Rousculp, 1939)。另外也研究發現，下水道隨著坡度的增加，成本增加不顯著。

如果是採用合理化公式來計算尖峰流量，則必須假設尖峰流量的重現期距與用來推求洪峰流量的降雨強度是相同的。如果是以單位歷線法來決定洪峰流量，則必須利用其他法則來估計發生的機率。

## ▲ 3-4 水庫容量

### 水庫的分類

我們可以按照水庫的大小或用途來分類。建造水壩或溢洪道時，安全係數的決定和水庫的大小有關。水庫的各種功能是進行益本比 (benefit-cost ratio) 分析的基礎。

大型水壩 (水庫蓄水量大於 $6\times10^7$ $m^3$) 的設計理念，是用來抵擋最大可能洪水。中型水壩 (水庫蓄水量介於 $1\times10^6$ 到 $6\times10^7$ $m^3$ 之間) 的設計理念，是用來處理合理範圍內可預測之最爲劇烈的暴雨流量。小型水壩 (水庫蓄水

量小於 $1\times10^6\ m^3$) 的設計理念，用來處理重現期爲 50 到 100 年的洪水。

水庫的效益包括下列幾項：(1) 抑制洪水；(2) 水力發電；(3) 灌溉；(4) 給水；(5) 航運；(6) 保育水生生物；及 (7) 休憩。水庫大多是多目標或多用途的。若只以單一用途來衡量大型水庫的效益，則往往因建造費用的龐大而裹足不前。

## 水庫的庫容

**累積曲線**　一般水庫庫容是依照水庫大小及用途來決定。我們將討論最簡單的方法，其對於小型供水蓄水池，暴雨雨水滯留池，和污水處理廠調勻水池 (equalization basin) 的設計分析等爲頗爲有用。這種方法稱爲*累積曲線* (mass diagram) 或*呂波法* (Ripple method) (Rippl, 1883)。呂波法最主要的缺點，在其假設過去造成洪水或乾旱的連續水文事件，將在未來一模一樣的歷史重演。目前有一些進步的方法可以改善呂波法的缺點，但這些方法留在水文進階課程中再介紹。

呂波法決定水庫庫容是以質量平衡爲依據 (式 2-4)，在模式中只以河川之入流量 ($Q_{in}$) 爲輸入，並以水庫出流量爲唯一輸出 ($Q_{out}$)，即：

$$\frac{dS}{dt}=\frac{d(\mathrm{In})}{dt}-\frac{d(\mathrm{Out})}{dt}$$

上式可變爲

$$\frac{dS}{dt}=Q_{\mathrm{in}}-Q_{\mathrm{out}} \tag{3-17}$$

因爲在水庫中水的密度變化微不足道，所以假設上式中的密度項可以忽略。

將上式兩邊同乘 $dt$，則可將入流量和出流量以體積 (流率×時間＝體積) 來表示，亦即：

$$dS=(Q_{\mathrm{in}})(dt)-(Q_{\mathrm{out}})(dt) \tag{3-18}$$

將 $dt$ 以單位時間的變化來表示 ($\Delta t$)，則蓄水量的變化可表示爲：

$$(Q_{\mathrm{in}})(\Delta t)-(Q_{\mathrm{out}})(\Delta t)=\Delta S \tag{3-19}$$

我們將蓄水量那項進行累加，就可估計水庫蓄水量的大小。若水庫是以給水爲目的，則 $Q_{out}$ 代表需水量，當蓄水量 ($\Delta S$) 爲正值或零時，則表示有足夠的水來滿足需求。反之，若蓄水量爲負，則表示水庫庫容必須等於累積蓄水量的絕對值，水庫才能供給足夠的水量。如果水庫是以防洪爲目的，則 $Q_{out}$ 代表下游河川的可輸水容量，當蓄水量爲負值或零時，則表示河川水位在洪水水位之下。反之，若蓄水量爲正值時，則表示水庫庫容必須等於累積蓄水量的絕對值才不會發生洪水情況。

**例題 3-9** 已知在 1976 年 8 月到 1978 年 12 月期間月流量記錄如表 3-4，試求出水庫每月需供給 2.0 m³/s 而不致缺水的水庫蓄水量。

**解**：計算結果如下表：

| 月 | $Q_{in}$ (m³/s) | $Q_{in}(\Delta t)$ (10⁶ m³) | $Q_{out}$ (m³/s) | $Q_{out}(\Delta t)$ (10⁶ m³) | $\Delta S$ (10⁶ m³) | $\Sigma(\Delta S)$ (10⁶ m³) |
|---|---|---|---|---|---|---|
| 1976 | | | | | | |
| 8 月 | 1.70 | 4.553 | 2.0 | 5.357 | −0.8035 | −0.8035 |
| 9 月 | 1.56 | 4.043 | 2.0 | 5.184 | −1.140 | −1.944 |
| 10 月 | 1.56 | 4.178 | 2.0 | 5.357 | −1.178 | −3.122 |
| 11 月 | 2.04 | 5.287 | 2.0 | 5.184 | 0.1036 | −3.019 |
| 12 月 | 2.35 | 6.294 | 2.0 | 5.357 | 0.9374 | −2.081 |
| 1977 | | | | | | |
| 1 月 | 2.89 | 7.741 | 2.0 | 5.357 | 2.384 | |
| 2 月 | 9.57 | | | | | |
| 3 月 | 17.7 | | | | | |
| 4 月 | 16.4 | | | | | |
| 5 月 | 6.83 | | | | | |
| 6 月 | 3.74 | | | | | |
| 7 月 | 1.60 | 4.285 | 2.0 | 5.357 | −1.071 | −1.071 |
| 8 月 | 1.13 | 3.027 | 2.0 | 5.357 | −2.330 | −3.402 |
| 9 月 | 1.13 | 2.929 | 2.0 | 5.184 | −2.255 | −5.657 |
| 10 月 | 1.42 | 3.803 | 2.0 | 5.357 | −1.553 | −7.210 |
| 11 月 | 1.98 | 5.132 | 2.0 | 5.184 | −0.052 | −7.262 |
| 12 月 | 2.12 | 5.678 | 2.0 | 5.357 | 0.3214 | −6.941 |
| 1978 | | | | | | |
| 1 月 | 1.78 | 4.768 | 2.0 | 5.357 | −0.5892 | −7.530 |
| 2 月 | 1.95 | 4.717 | 2.0 | 4.838 | −0.121 | −7.651 |
| 3 月 | 7.25 | 19.418 | 2.0 | 5.357 | 14.061 | |
| 4 月 | 24.7 | | | | | |
| 5 月 | 6.26 | | | | | |
| 6 月 | 8.92 | | | | | |
| 7 月 | 3.57 | | | | | |
| 8 月 | 1.98 | 5.303 | 2.0 | 5.357 | −0.0536 | −0.0537 |
| 9 月 | 1.95 | 5.054 | 2.0 | 5.184 | −0.1296 | −0.1832 |
| 10 月 | 3.09 | 8.276 | 2.0 | 5.357 | 2.919 | |
| 11 月 | 3.94 | | | | | |
| 12 月 | 12.7 | | | | | |

表 3-4　美國密西根州華達派特 (Watapitae) 瓦持河 (Wash River) 的月平均流量 (流量用 $m^3/s$ 來表示)

| 年 | 1 月 | 2 月 | 3 月 | 4 月 | 5 月 | 6 月 | 7 月 | 8 月 | 9 月 | 10 月 | 11 月 | 12 月 |
|---|---|---|---|---|---|---|---|---|---|---|---|---|
| 1969 | 2.92 | 5.10 | 1.95 | 4.42 | 3.31 | 2.24 | 1.05 | 0.74 | 1.02 | 1.08 | 3.09 | 7.62 |
| 1970 | 24.3 | 16.7 | 11.5 | 17.2 | 12.6 | 7.28 | 7.53 | 3.03 | 10.2 | 10.9 | 17.6 | 16.7 |
| 1971 | 15.3 | 13.3 | 14.2 | 36.3 | 13.5 | 3.62 | 1.93 | 1.83 | 1.93 | 3.29 | 5.98 | 12.7 |
| 1972 | 11.5 | 4.81 | 8.61 | 27.0 | 4.19 | 2.07 | 1.15 | 2.04 | 2.04 | 2.10 | 3.12 | 2.97 |
| 1973 | 11.1 | 7.90 | 41.1 | 6.77 | 8.27 | 4.76 | 2.78 | 1.70 | 1.46 | 1.44 | 4.02 | 4.45 |
| 1974 | 2.92 | 5.10 | 28.7 | 12.2 | 7.22 | 1.98 | 0.91 | 0.67 | 1.33 | 2.38 | 2.69 | 3.03 |
| 1975 | 7.14 | 10.7 | 9.63 | 21.1 | 10.2 | 5.13 | 3.03 | 10.9 | 3.12 | 2.61 | 3.00 | 3.82 |
| 1976 | 7.36 | 47.4 | 29.4 | 14.0 | 14.2 | 4.96 | 2.29 | 1.70 | 1.56 | 1.56 | 2.04 | 2.35 |
| 1977 | 2.89 | 9.57 | 17.7 | 16.4 | 6.83 | 3.74 | 1.60 | 1.13 | 1.13 | 1.42 | 1.98 | 2.12 |
| 1978 | 1.78 | 1.95 | 7.25 | 24.7 | 6.26 | 8.92 | 3.57 | 1.98 | 1.95 | 3.09 | 3.94 | 12.7 |
| 1979 | 13.8 | 6.91 | 12.9 | 11.3 | 3.74 | 1.98 | 1.33 | 1.16 | 0.85 | 2.63 | 6.49 | 5.52 |
| 1980 | 4.56 | 8.47 | 59.8 | 9.80 | 6.06 | 5.32 | 2.14 | 1.98 | 2.17 | 3.40 | 8.44 | 11.5 |
| 1981 | 13.8 | 29.6 | 38.8 | 13.5 | 37.2 | 22.8 | 6.94 | 3.94 | 2.92 | 2.89 | 6.74 | 3.09 |
| 1982 | 2.51 | 13.1 | 27.9 | 22.9 | 16.1 | 9.77 | 2.44 | 1.42 | 1.56 | 1.83 | 2.58 | 2.27 |
| 1983 | 1.61 | 4.08 | 14.0 | 12.8 | 33.2 | 22.8 | 5.49 | 4.25 | 5.98 | 19.6 | 8.5 | 6.09 |
| 1984 | 21.8 | 8.21 | 45.1 | 6.43 | 6.15 | 10.5 | 3.91 | 1.64 | 1.64 | 1.90 | 3.14 | 3.65 |
| 1985 | 8.92 | 5.24 | 19.1 | 69.1 | 26.8 | 31.9 | 7.05 | 3.82 | 8.86 | 5.89 | 5.55 | 12.6 |
| 1986 | 6.20 | 19.1 | 56.6 | 19.5 | 20.8 | 7.73 | 5.75 | 2.95 | 1.49 | 1.69 | 4.45 | 4.22 |
| 1987 | 15.7 | 38.4 | 14.2 | 19.4 | 6.26 | 3.43 | 3.99 | 2.79 | 1.79 | 2.35 | 2.86 | 10.9 |
| 1988 | 21.7 | 19.9 | 40.0 | 40.8 | 11.7 | 13.2 | 4.28 | 3.31 | 9.46 | 7.28 | 14.9 | 26.5 |
| 1989 | 31.4 | 37.5 | 29.6 | 30.8 | 11.9 | 5.98 | 2.71 | 2.15 | 2.38 | 6.03 | 14.2 | 11.5 |
| 1990 | 29.2 | 20.5 | 34.9 | 35.3 | 13.5 | 5.47 | 3.29 | 3.14 | 3.20 | 2.11 | 5.98 | 7.62 |

表中第一和第二欄是由表 3-4 中摘錄。

第三欄是將第二欄乘以每月的時間間隔，例如以 1976 年中的 8 月 (31 天) 和 9 月 (30 天) 爲例：

$$(1.70\ m^3/s)(31\ d)(86{,}400\ s/d) = 4{,}553{,}280\ m^3$$
$$(1.56\ m^3/s)(30\ d)(86{,}400\ s/d) = 4{,}043{,}520\ m^3$$

第四欄是題目所給定的需水量。

第五欄是將需水量乘以每月的時間間隔，例如以 1976 年中的 8 月和 9 月爲例：

$$(2.0\ m^3/s)(31\ d)(86{,}400\ s/d) = 5{,}356{,}800\ m^3$$
$$(2.0\ m^3/s)(30\ d)(86{,}400\ s/d) = 5{,}184{,}000\ m^3$$

第六欄 ($\Delta S$) 是將第三欄減掉第五欄，例如以 1976 年中的 8 月 和 9 月爲例：

$$4{,}553{,}280\ m^3 - 5{,}356{,}800\ m^3 = -803{,}520\ m^3$$
$$4{,}043{,}520\ m^3 - 5{,}184{,}000\ m^3 = -1{,}140{,}480\ m^3$$

最後一欄 ($\Sigma(\Delta S)$) 是將第六欄累加起來，如 1976 年 8 月第一個值爲 $-803{,}520\ m^3$，則 1976 年 9 月則變成

$$(-803{,}520\ m^3) + (-1{,}140{,}480\ m^3) = -1{,}944{,}000\ m^3$$

從 1976 年 8 月至 12 月之間由於需求量大於入流量，必須由蓄水量來提供水量，因此在這段期間內最大蓄水量的要求爲 $3.122\times10^6\ m^3$。在 1977 年 1 月，蓄水量 ($\Delta S$) 超過 1976 年 12 月以來短缺的累積蓄水量 ($\Sigma(\Delta S)$)。若將欠缺水量視爲相當於一個庫容爲 $3.122\times10^6\ m^3$ 的虛擬水庫的水量，則在 1976 年 12 月時，該虛擬水庫的水量爲 $1.041\times10^6\ m^3$ ($3.122\times10^6\ m^3 - 2.081\times10^6\ m^3$)。在 1977 年 1 月時，由於入流量大於需求量，補充了水庫累積的不足蓄水量 $2.081\times10^6\ m^3$。

自 1977 年 2 月至 6 月，入流量 ($Q_{in}$) 超過需水量 ($2.0\ m^3/s$)，這段期間不需由蓄水量來提供，就能滿足下游供水，故表中並沒有進行演算。

由 1977 年 7 月到 1978 年 2 月，需求量超出入流量，則必須由蓄水量來提供，而最大蓄水量必須爲 $7.651\times10^6\ m^3$ 才能保證下游供水不虞匱乏。請注意在 1977 年 12 月時入流量超過需水量，但表中仍繼續計算其蓄水量，這是因爲水庫的蓄水量仍未達滿水位。直到 1978 年 3 月蓄水量才達到滿水位。

你應當注意到這種形式的計算，最適合使用試算表 (spreadsheet) 程式進行。

---

利用呂波法計算出的水庫庫容，必須考慮蓄水量的蒸發量和水庫底部淤泥累積造成的庫容損失，而將所求得的數據再增加若干庫容。

**累積曲線的應用**　當現有的雨水下水道無法有效的收集暴雨所產生的地表逕流時，可考慮設計一**滯留池** (蓄水池) 以取代暴雨下水道。滯留池有兩種功能，第一可避免洪峰流量的同時發生，第二可舒緩洪峰流量，使洪峰流量降低到雨水下水道能容納的流量。應用累積曲線來設計滯留池的步驟，大致是供給水量的考量沒有不同，其中設計暴雨中的直接逕流歷線取代了河川每月流量的讀取值，而現有下水道所允許的設計流量取代了水庫的出流量 ($Q_{out}$)。

污水處理廠在處理固定流量的廢水時，其效能可發揮至最大。但由於大部份生活和工業用水的使用量每天起伏不定，導致其廢水排放量高低交錯。利用調勻水池可使洪峰和離峰流量相差不至於太大，而調勻水池的體積大小要選擇足以在流入量的累積曲線中削減洪峰及填補歷線中的坡谷。

## 3-5　地下水與水井

雖然美國使用地表水的人口數比使用地下水者多 58%，但使用地下水的社區數目卻幾乎是使用地表水的社區數目的 12 倍 (如圖 3-22)。造成此現象的原因是在比較大的都市均使用地表水，但在許多小社區則使用地下水。

若以地下水作爲水源乃具有下列優點。首先，地下水系統來自天然的蓄存，可省去建造人工蓄水設備之花費。第二，地下水水源往往就在需要供應水的地方附近，因此可大大降低水的運送費用。第三，地下水由於經過地質層層過濾，故地下水水質看起來較地表水來得清澈。

### 水井的構築

現代的水井不只是在地面上挖一個小洞而已 (如圖 3-23)，而是將由鋼作成的**井管** (casing) 放入井中，同時爲了避免井壁崩塌，我們通常會在井壁澆灌混凝土，並在井管下段加上一濾網，讓水流入井中，且防止水中泥砂流入。目前有兩種類型的抽水機可供使用，一種是將馬達放置地面上，而抽水機本體則放置在濾網的上方，另外一種是潛水式抽水機，是將抽水馬達和抽水機本體皆放在低於井管之下，水抽出後透過排放管或跌水管將水送出。

**衛生的考量**　由於水井對含水層之穿透而提供了造成地下水污染的直接路徑。儘管井的形式和井之構築材料有許多，我們在衛生方面共同的考慮因素包括下列 (見圖 3-24)：

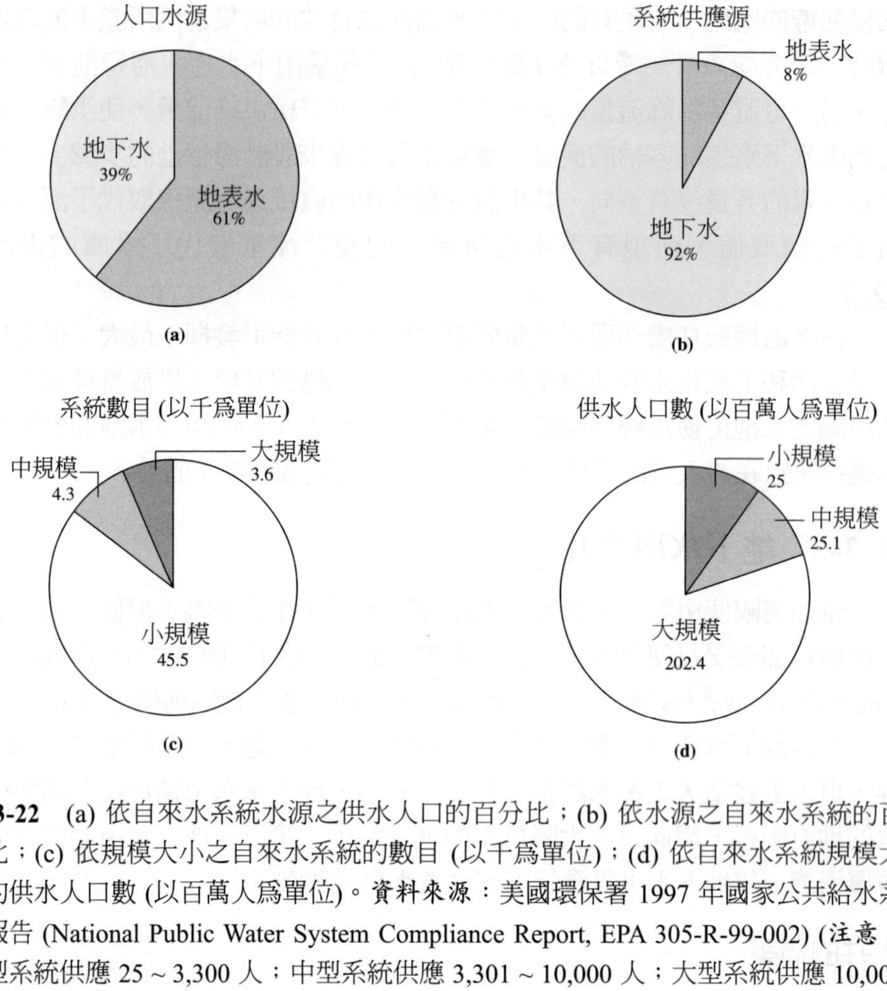


**圖 3-22** (a) 依自來水系統水源之供水人口的百分比；(b) 依水源之自來水系統的百分比；(c) 依規模大小之自來水系統的數目 (以千爲單位)；(d) 依自來水系統規模大小的供水人口數 (以百萬人爲單位)。*資料來源*：美國環保署 1997 年國家公共給水系統報告 (National Public Water System Compliance Report, EPA 305-R-99-002) (*注意*：小型系統供應 25 ~ 3,300 人；中型系統供應 3,301 ~ 10,000 人；大型系統供應 10,000 人以上)。

1. 在井管環狀外圍應灌上一層防水的水泥漿或填上黏泥至一定深度。建議最小填入深度應爲 6 公尺。
2. 井的構築若遇到自流水層必須將井管密封穿透不透水的包覆層，以便保有自流壓力。
3. 當水井貫穿水質不良的含水層時，則必須將此含水層密封，以避免污染水進入水井和含水層。
4. 在井管最上面應含有一種附有排氣孔的衛生井封蓋，以防止污水或異物進

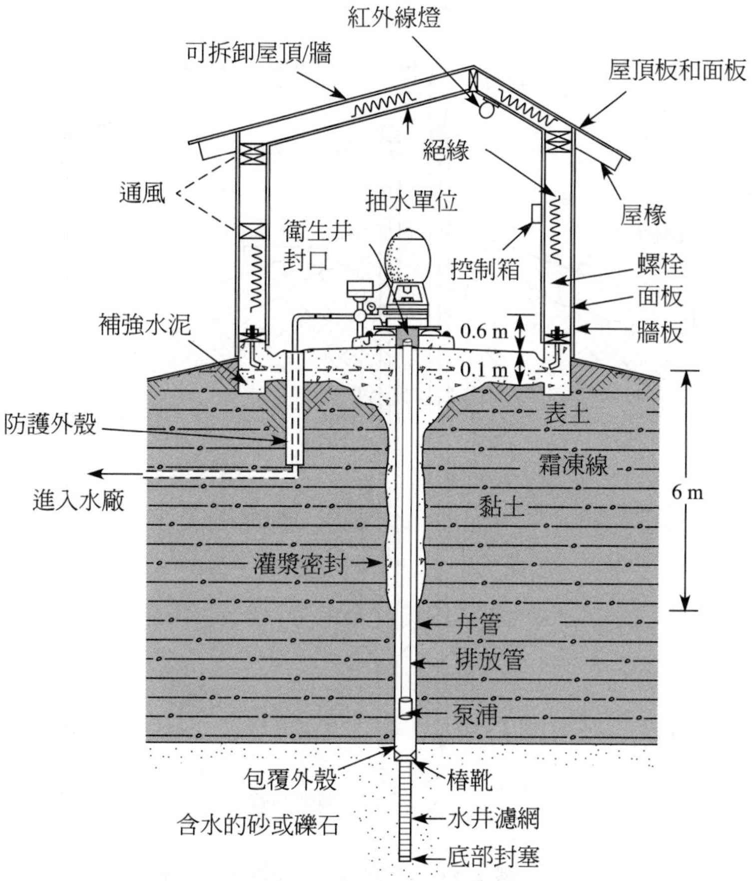


**圖 3-23**　抽水房 (U.S. EPA, 1973)。

入地下水中 (U.S. EPA, 1973)。

**井的蓋子和密封**　每個水井在井管或套管的頂端應加上重疊的、緊密的蓋子以防止污水及異物進入水井。

若水井可能面臨洪水的威脅時，密封的位置至少要比可能發生的洪水位要高出 0.6 m。若無法達成時，則密封的材料必須能防水，且必須埋設排氣管使其與大氣直接接觸，排氣管的高度至少要高於最高洪水位 0.6 m。

井的蓋子和抽水平台應高於水井周圍的地面。抽水房的地坪板應採用防水的鋼筋混凝土來建造，並向外傾斜一個角度，以避免污水在水井的四周蓄

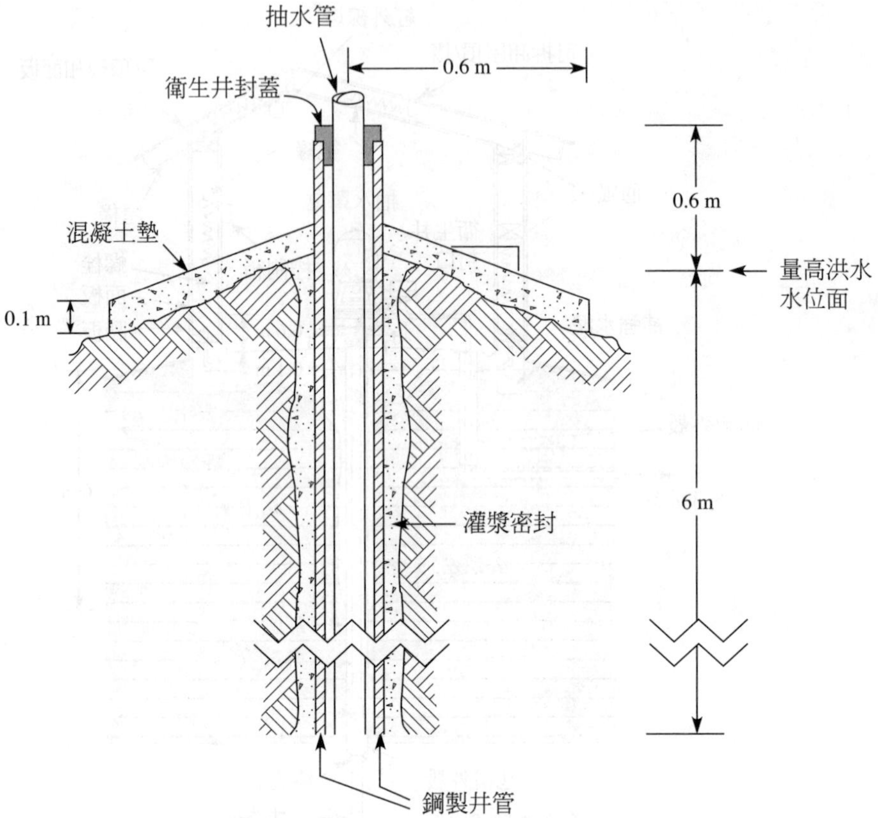


**圖 3-24** 水井構築時的衛生考量。

積。地坪板厚至少 0.1 m。混凝土地坪板要與井壁回填密封分別澆灌，如果在有可能結凍的地區，這些構造與井管之間要放置塑膠或塗料等，以防止井管與混凝土固結一起。

每個水井都應可以很容易從頂端進入以便檢查、維修和檢驗，因此水井的每個部份的結構都必須容易拆卸，同時方便檢修工具易於進入水井中。

**水井的消毒** 剛建造完成的水井應加以消毒，以中和來自設備、材料和建造期間地表排水所造成的污染。水井在建造完成或修理過後應馬上進行消毒工作。

**抽水房** 應在地面上建造一抽水房。如果抽水房與外界隔熱且有暖房設施，則不需裝置地下排水接頭。在郊外獨立的抽水房，當抽水房與外界有適當的隔熱，再加上兩個 60 瓦的燈泡，一個自動調溫電熱控制器或一條用來加熱的電纜線，就足以保護抽水房。由於可能遇到停電的情形，因此可以考慮配置一個緊急用的汽油發電機，或抽水機。

## 洩降錐

當水井抽水時，在水井附近的水壓面會因而下降 (圖 3-25)。這些水壓面的下降 (或稱洩降)，形成一個倒錐形，我們稱爲洩降錐。由於抽水的水井內的水位面會比水井周圍的含水層還要低，水就由含水層流向水井。離水井距離愈遠，其洩降愈少，直到洩降錐的斜率和靜水位面相等爲止。在洩降錐的斜率和靜水位面相等時，該地方與水井的距離稱爲影響半徑。當連續抽水時，影響半徑會擴大，因此影響半徑非一定値。若以一定速率抽水，則洩降錐的形狀和含水層的特性有關。當含水層中含有粗砂或礫石時，洩降錐的形狀是淺而廣的。當含水層中含有細砂或砂黏土時，洩降錐的形狀是深而窄的 (圖 3-26)。當抽水速率增加時，洩降也隨之增加，使洩降錐的斜率變得比較陡峭。當兩口井其他條件一樣時，可預期的是當井周圍的含水層中含有細砂或砂黏土時，抽水成本會較高，原因是它具有較大的洩降。

當洩降錐重疊時，會造成局部水位面下降 (圖 3-27)，因此需要較大的揚程才能將水由位於井群內圈地帶的水井中抽出來。故在抽取地下水時，井分佈應盡量廣大，以降低成本，且能抽取到較多的水量。一個簡單通用的法則便是任意兩口水井的位置不要靠得太近，至少應大於兩倍的含水層厚。至於

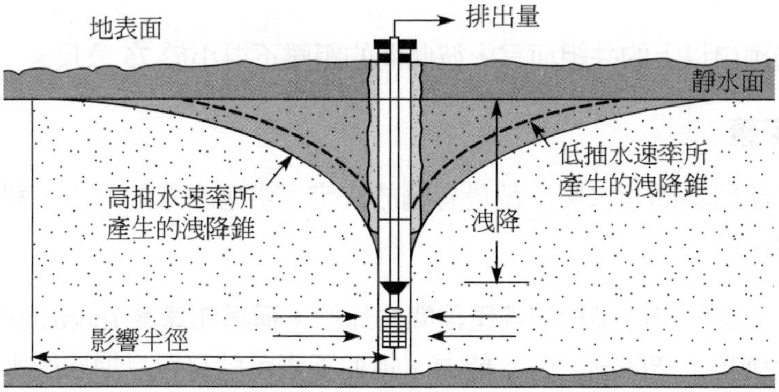


**圖 3-25** 抽水速率對洩降錐的影響 (U.S. EPA, 1973)。

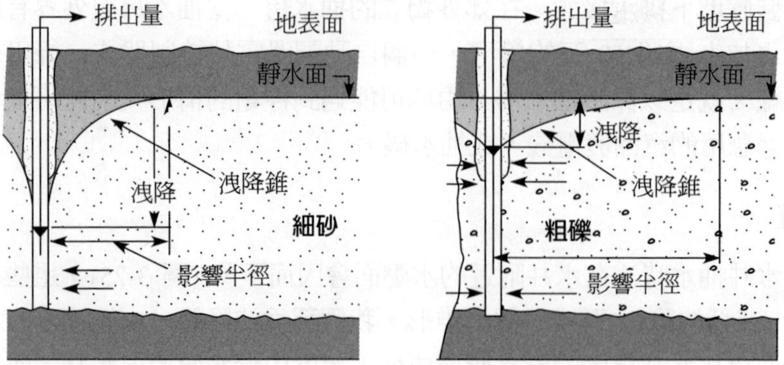


**圖 3-26** 含水層材質對洩降錐的影響 (U.S. EPA, 1973)。

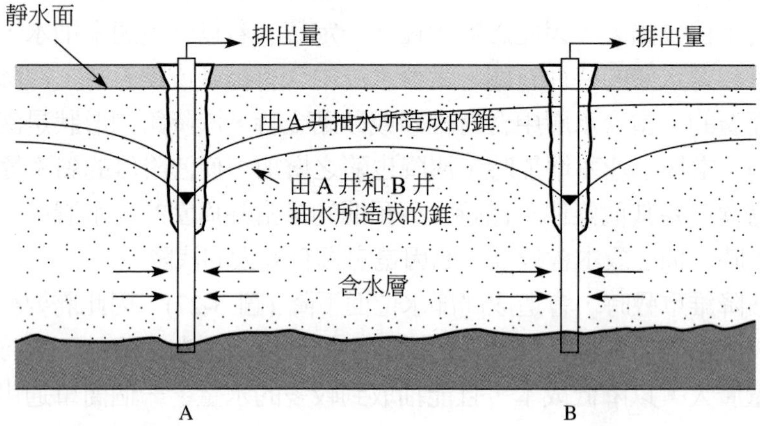


**圖 3-27** 洩降錐的重疊效應 (U.S. EPA, 1973)。

對於超過兩口以上的井組而言，彼此間的距離不得小於 75 公尺。

## 參數的定義

本節所討論的含水層參數是有關於決定可供應水量的大小，與抽取時的難易程度。

**孔隙率** 土壤內空隙體積和總體積間的比值，稱為*孔隙率* (porosity)。可用來量測在土壤粒子空隙間的蓄水能力。這並不表示就是可以抽取的水量。一些代表性含水層的孔隙率如表 3-5。

**表 3-5　含水層的參數值**

| 含水層材料 | 典型的孔隙率 (%) | 孔隙率範圍 (%) | 比出水量範圍 (%) | 典型的水力傳導係數 (m/s) | 水力傳導係數範圍 (m/s) |
|---|---|---|---|---|---|
| 非硬固 | | | | | |
| 黏土 | 55 | 50–60 | 1–10 | $1.2 \times 10^{-6}$ | $0.1-2.3\times10^{-6}$ |
| 沃土 | 35 | 25–45 | | $6.4 \times 10^{-6}$ | $10^{-6}$ 至 $10^{-5}$ |
| 細砂 | 45 | 40–50 | | $3.5 \times 10^{-5}$ | $1.1-5.8\times10^{-5}$ |
| 中砂 | 37 | 35–40 | 10–30 | $1.5 \times 10^{-4}$ | $10^{-5}$ 至 $10^{-4}$ |
| 粗砂 | 30 | 25–35 | | $6.9 \times 10^{-4}$ | $10^{-4}$ 至 $10^{-3}$ |
| 砂和礫石 | 20 | 10–30 | 15–25 | $6.1 \times 10^{-4}$ | $10^{-5}$ 至 $10^{-3}$ |
| 礫石 | 25 | 20–30 | | $6.4 \times 10^{-3}$ | $10^{-3}$ 至 $10^{-2}$ |
| 硬固 | | | | | |
| 頁岩 | <5 | | 0.5–5 | $1.2 \times 10^{-12}$ | |
| 花崗岩 | <1 | | | $1.2 \times 10^{-10}$ | |
| 砂岩 | 15 | 5–30 | 5–15 | $5.8 \times 10^{-7}$ | $10^{-8}$ 至 $10^{-5}$ |
| 石灰岩 | 15 | 10–20 | 0.5–5 | $5.8 \times 10^{-6}$ | $110^{-7}$ 至 $10^{-5}$ |
| 破裂岩石 | 5 | 2–10 | | $5.8 \times 10^{-5}$ | $10^{-8}$ 至 $10^{-4}$ |

取自 Bouwer, 1978，Linsley et al., 1975 與 Walton, 1970

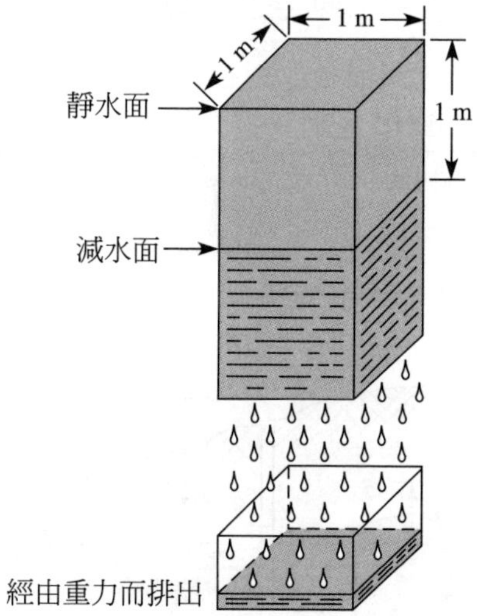


$$\text{比出水量} = \frac{\text{水的體積}}{\text{土壤的體積}}\ (100\%)$$

**圖 3-28**　比出水量 (取自 Johnson Division, UOP, 1975)。

**比出水量**　含水層內，在重力作用影響之下，能自由排出水量的百分比，稱爲**比出水量** (specific yield) (圖 3-28)。比出水量不等於孔隙率，因爲在孔隙中分子和表面張力會將一部份的水留在孔隙內。比出水量可表示出可開發利用的水量。一些含水層比出水量的平均如表 3-5。

**蓄水係數 (*S*)** 此參數和比出水量類似。在單位水平截面積上，因為每單位水壓面下降而造成的可利用水量，稱為**蓄水係數** (storage coefficient)，其單位是 $m^3$ 的水/ $m^3$ 的含水層，也就是無因次單位。在非侷限水層中，蓄水係數與比出水量可以互相代替使用。在非侷限水層中，蓄水係數的範圍從 0.01 到 0.35，而在侷限水層中，蓄水係數 *S* 的範圍從 $1\times10^{-3}$ 到 $1\times10^{-5}$。

**水力坡降和水力水頭** 水壓面的斜率稱為**水力坡降** (hydraulic gradient)。其值以水壓面上下降率最大的方向所量測得到。地下水流的方向等於水力坡降的方向，且其流速與斜率成正比。

從參考面 (零位面) 到水井底部或水壓計 (圖 3-29) 的垂直距離稱為**高度水頭** (elevation head)，水壓計的水柱上升的高度即為**壓力水頭** (pressure head)。若將高度水頭加上壓力水頭則稱為**總水頭** (total head)。

參考圖 3-29 並假設地下水流是在此頁平面上，我們可定義水力坡降為：

$$水力坡降 = \frac{水頭的變化}{水平距離} \tag{3-20}$$

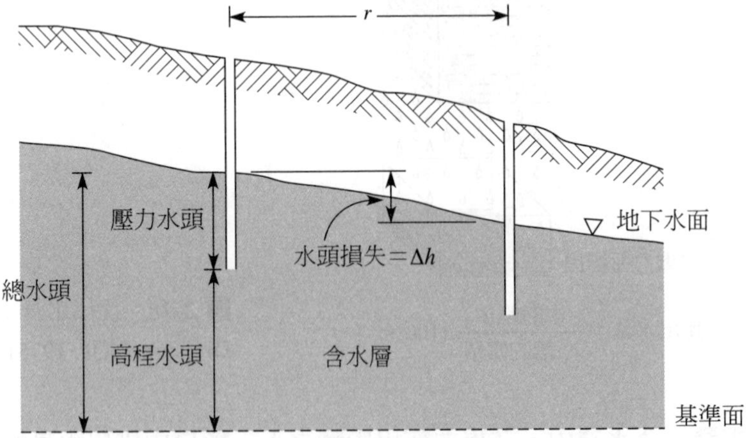


**圖 3-29** 水頭及水力坡降的幾何定義。

也可把上式寫成微分型式

$$水力坡降 = \frac{\Delta h}{r} = \frac{dh}{dr} \tag{3-21}$$

爲了求得水力坡降，我們通常需要三口水井，其中一水井與其他兩口井不在同一水位平面上。Heath 建議利用下列圖解法求得三個鄰近水井的水力坡降(Heath, 1983)：

1. 在最高和最低水頭二口井中畫一條直線，將此直線分割成相同間隔，並以內差法在此直線中標示出其水位高等於第三口水井的位置。
2. 畫一條直線將第三口水井與前述在兩井直線間所標示出來的點連接，此線經由重力而排出 **稱爲等勢線** (equipotential line)。這表示沿著此線任何地方的水頭皆相等，而地下水流動的方向則與此線垂直。
3. 在等勢線做一垂線使其通過最高或最低水頭的水井。地下水流動的方向剛好平行此線，而這條線我們稱爲**流量線** (flow line)。
4. 將等勢線水頭到最高或最低水頭間的變化除以水井到等勢線間的距離，即求可得水力坡度。

---

**例題 3-10**　水井的分佈如下圖，試決定地下水流方向和水力坡降。各水井的總水頭爲：

水井 A＝10.4 m
水井 B＝9.9 m
水井 C＝10.0 m。

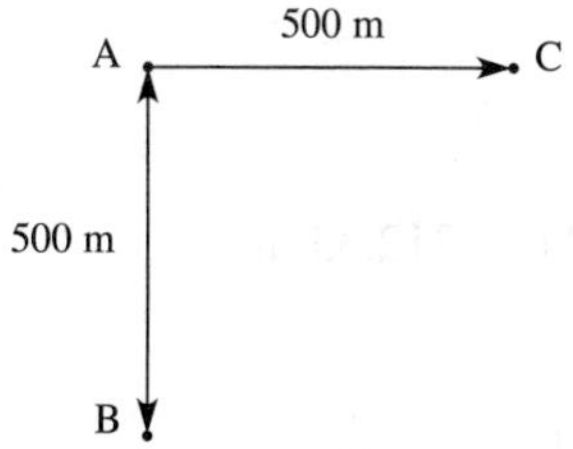


**解**：圖解法的過程與步驟如下。

步驟 1

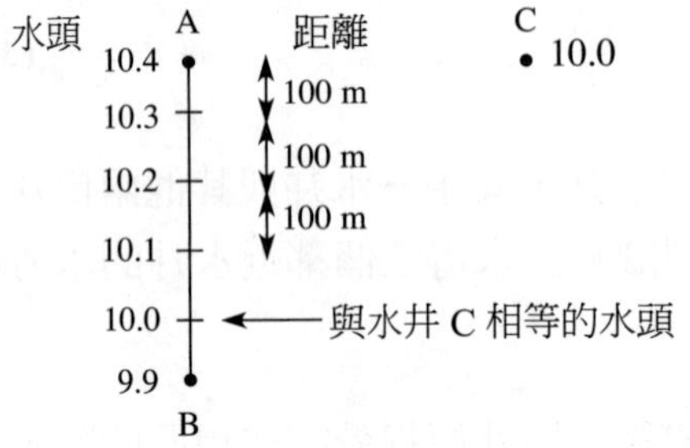


步驟 2

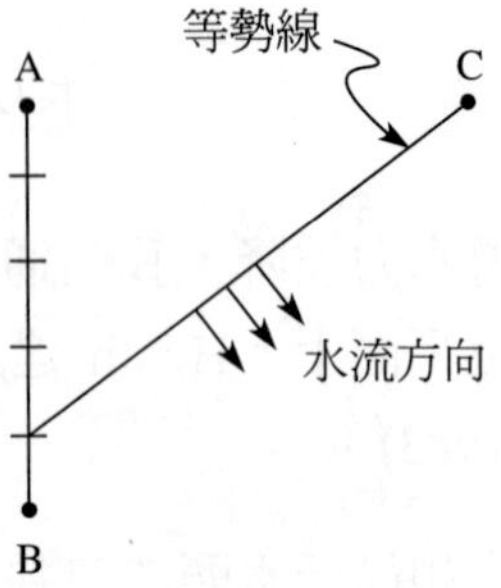


步驟 3

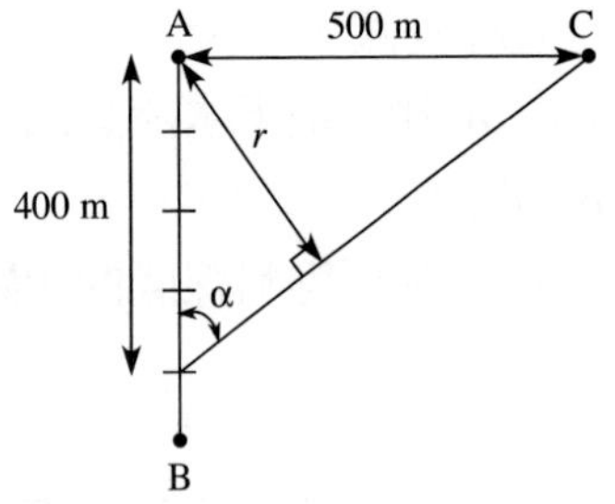


爲求得水力坡降，我們必須先推算水井距離 $r$。由圖上知，水井排列成兩股邊長爲 400 m 和 500 m 的直角三角形。則 $\alpha$ 角的計算爲：

$$\tan^{-1}(\alpha) = \frac{500}{400}$$

求得 $\alpha=51.34^\circ$。

距離 $r$ 爲

$$r = (400)\sin\alpha = 400 \sin 51.34 = 312.35 \text{ m}$$

則水力坡降爲：

$$\text{水力坡降} = \frac{10.4 \text{ m} - 10.0 \text{ m}}{312.35 \text{ m}} = 0.00128$$

注意水力坡降爲無因次單位。

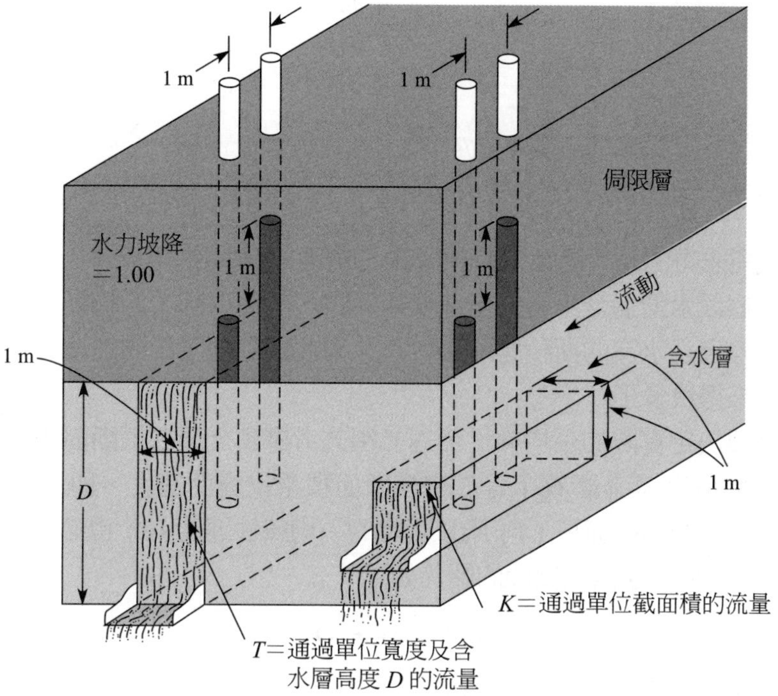


**圖 3-30**　水力傳導係數和導水性定義圖解 (取自 Johnson, UOP, 1975)。

**水力傳導係數 (*K*)**　在傾斜的水壓面下，用來表示含水層輸送水份的能力，稱爲**水力傳導係數** (hydraulic conductivity)。水力傳導係數的定義爲在水力坡降爲 1.00 時，通過含水層的單位截面積 (如圖 3-30) 的流量，其單位爲速度 (m/s)。一些代表性含水層的水力傳導係數如表 3-5。

**導水性 (*T*)**　**導水係數** (coefficient of transmissivity, *T*) 定義爲在一單位水力坡降下，於完全飽和含水層中通過一單位寬之鉛垂條帶的水量 (如圖 3-30)，其單位爲 $m^2/s$。導水係數的範圍從 $1.0\times10^{-4}$ 到 $1.5\times10^{-1}$ $m^2/s$。

## 水井水力學

依照法國水文學家亨利．達西 (Henri Darcy) 的方程式，我們可以計算因水壓面下降所造成的流量。在 1956 年達西發現多孔性含水層的水流速度與水力坡降成正比。他所提出的方程式，現今被稱爲**達西定律** (Darcy's law) (Darcy, 1856)：

$$v = K\frac{dh}{dr} \tag{3-22}$$

式中　$v$ ＝速度，m/s

$K$＝水力傳導係數，m/s

$dh/dr$＝水力坡降的斜率，m/m

公式所求得的**達西速度** (Darcy velocity) 並非實際的地下水流速，因為達西公式是假設水通過含水層的全部橫斷面積，然而大部份的橫斷面是土壤介質，故實際通過水流的面積應顯著較小。因此實際地下水的速度會較由達西公式所求來得快多了。

我們要決定實際的平均線性流速必須先考慮到土壤在橫斷面積中所占的部份。我們可定義流量 ($Q$) 等於總橫斷面積乘以達西速度，即 $Q＝Av$。同時，通過孔隙的橫斷面積 ($A'$) 乘以實際的平均線性速度 ($v'$) 也必須等於流量 $Q$。則實際速度跟達西速度間的關係如下：

$$A'v' = Av = Q \tag{3-23}$$

上式可以平均速度 $v'$ 來表示，即：

$$v' = \frac{Av}{A'} \tag{3-24}$$

上下同樣乘以單位長度 ($L$)，則上式可寫成：

$$v' = \frac{ALv}{A'L} \tag{3-25}$$

$AL$ 的相乘積等於土壤的總體積，$A'L$ 相乘積為土壤的孔隙體積，而土壤間的孔隙體積與總體積間比值即為孔隙率 ($\eta$)，故實際線性速度可寫成孔隙率的型式：

$$v' = \frac{\text{達西速度}}{\text{孔隙率}} = \frac{v}{\eta} \tag{3-26}$$

或水力坡降的型式：

$$v' = \frac{K(dh/dr)}{\eta} \tag{3-27}$$

總流量就等於流速與流經斷面 ($A$) 的相乘積

$$Q = vA = KA\frac{dh}{dr} \tag{3-28}$$

這個方程式可解**穩態**和非穩態或**過渡流** (transient flow)。穩態是不隨時間發生變化的一種情況。現地通常絕少發生穩態流，但是在長時間抽水後會有近似穩態的情況發生。過渡流方程式則多了一個時間因子在內。這些公式導出係依照下列假設：

**1.** 水井以固定速率抽水。
**2.** 流向水流是輻射狀和等速的。
**3.** 最初的水壓面是水平的。
**4.** 水井是完全貫穿含水層，且取水自整個含水層的高度。
**5.** 含水層在每個方向都是均質的，且含水層在水平方向為無限長。
**6.** 若一有水滴落在水壓面，則馬上會有水從含水層中釋放出來。

**侷限水層中的穩定流**　描述在侷限水層中的穩定流方程式，首先由第普特 (Dupuit) 於 1863 年提出 (Dupuit, 1863)，而泰姆 (Theim) 於 1906 年將此方程式加以擴充 (Theim, 1906)，方程式可表示如下 (參考圖 3-31，有助於了解各符號的意思)：

$$Q = \frac{2\pi T(h_2 - h_1)}{\ln(r_2/r_1)} \tag{3-29}$$

$Q$ = 水井抽水的流量，$m^3/s$

式中　$T = KD$ = 導水係數，$m^2/s$
$D$ = 自流含水層的厚度，m
$h_1, h_2$ = 侷限含水層上方水壓面的高度，m
$r_1, r_2$ = 從水井算起的半徑，m
ln = 以 $e$ 為底的對數

---

**例題 3-11**　一個完全貫穿含水層的水井，正從自流含水層中抽水。自流含水層水壓面位於其底部侷限含水層之上方 40 m，且自流含水層厚為 10 m。含水層是由普通砂

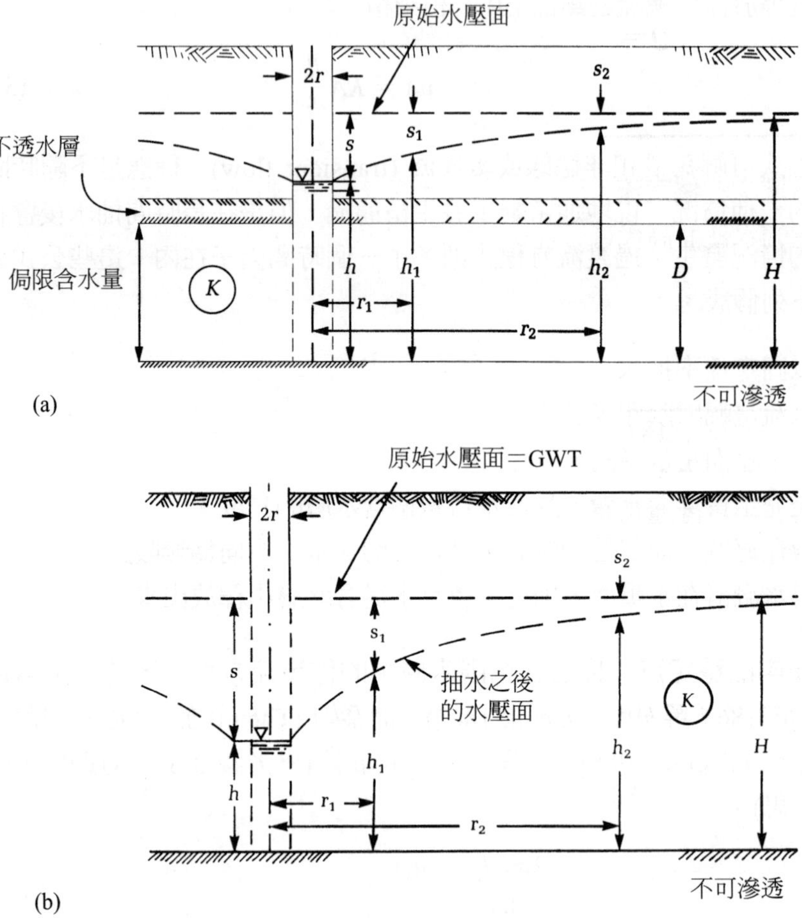


**圖 3-31** 抽水井的幾何與符號 (a) 侷限含水層，(b) 非侷限含水層 (取自 Bouwer, 1978)。

所構成的，其水力傳導係數為 $1.50 \times 10^{-4}$ m/s。兩口觀測井分別距離抽水井 20 m 和 200 m，所觀測到的穩態洩降分別是 5 m 及 1 m。試推求抽水井之抽水量。

**解**：我們先算出 $h_1$ 和 $h_2$：

$$h_1 = 40.0 - 5.00 = 35.0 \text{ m}$$
$$h_2 = 40.0 - 1.00 = 39.0 \text{ m}$$

因此

$$Q = \frac{(2\pi)(1.50 \times 10^{-4})(10.0)(39.0 - 35.0)}{\ln(200/20)}$$

$$Q = 0.0164 \text{ or } 0.016 \text{ m}^3/\text{s}$$

---

**非侷限水層中的穩定流**　對非侷限含水層而言，只要將式 3-29 的 $D$ 以含水層最低處的水位面高代替即可，則式子變成：

$$Q = \frac{\pi K(h_2^2 - h_1^2)}{\ln(r_2/r_1)} \tag{3-30}$$

---

**例題 3-12**　一個直徑為 0.5 m 的水井完全貫入到 30 m 厚的非侷限含水層，抽水井的洩降為 10 m，而這個以礫石所組成的含水層之水力傳導係數為 $6.4\times10^{-3}$ m/s，如果水流為穩定流，抽水量為 0.014 m³/s，試推求距離抽水井 100.0 m 處的洩降。

**解**：首先算出 $h_1$

$$h_1 = 30.0 - 10.0 = 20.0 \text{ m}$$

然後利用式 3-30 求解 $h_2$，其中 $r_1$＝0.50 m/2＝0.25 m。

$$0.014 = \frac{\pi(6.4 \times 10^{-3})(h_2^2 - (20.0)^2)}{\ln(100/0.25)}$$

$$h_2^2 - 400.0 = \frac{(0.014)(5.99)}{\pi(6.4 \times 10^{-3})}$$

$$h_2 = (4.17 + 400.0)^{1/2}$$

$$h_2 = 20.10 \text{ m}$$

洩降為

$$s_2 = H - h_2 = 30.0 - 20.10 = 9.90 \text{ m}$$

---

**侷限水層中的非穩定流**　泰斯 (Theis) 於 1935 年發展出過渡流問題的求解方法 (Theis, 1935)。泰斯由熱流原理的相似方式，推求出水井為無限小時的輻射狀水流可表示如下：

$$s = \frac{Q}{4\pi T}\int_{u}^{\infty}\left(\frac{e^{-u}}{u}\right)du \tag{3-31}$$

式中 $s$＝洩降 $(H-h)$，m

$u = \dfrac{r^2 S}{4Tt}$

$r$＝觀測井到抽水井間的距離，或抽水井的半徑，m

$S$＝蓄水係數

$T$＝導水係數，$m^2/s$

$t$＝從抽水開始算起的時間，s

讓我們進一步解釋式中各項。英文小寫的 $s$ 表示在開始抽水時間 $t$ 時的洩降。這時間項並沒有顯示在式 3-31 中，而是用來計算式中積分項中的 $u$ 值。同樣的，蓄水係數與導水係數也是用來求 $u$ 值。蓄水係數可以比照在穩態狀況下由水力傳導係數與含水層厚度求得。現地抽水試驗也可用來求得 $T$ 值。請注意用來推算 $u$ 值的 $r$ 項值，可以自水井的半徑漸增。因此，我們可以重複用同樣的公式，代入從水井的半徑漸增至無限大的 $r$ 值，以計算出由井邊直到無限遠的洩降錐上每一點的洩降 $s$。當然，如果我們要計算出距某井特定距離地方的洩降，必須代入特定距離 $r$。式 3-31 中的積分項被稱爲 $u$ 的井函數，其值可以下列數列展開求得：

$$W(u) = -0.577216 - \ln u + u - \frac{u^2}{2\cdot 2!} + \frac{u^3}{3\cdot 3!} - \cdots \tag{3-32}$$

$W(u)$ 值的表由斐利斯 (Ferris) 等人提出 (Ferris et al., 1962)，重新編排如表 3-6。

---

**例題 3-13**　假設蓄水係數爲 $2.74\times10^{-4}$，導水係數爲 $2.63\times10^{-3}$ $m^2/s$，有一口直徑爲 0.61 m 的抽水井，以 $2.21\times10^{-2}$ $m^3/s$ 速率抽水，試計算 100 天後的洩降。

**解**：首先先計算 $u$，半徑爲

$$r = \frac{0.61\ \text{m}}{2} = 0.305\ \text{m}$$

## 表 3-6　W(u) 值

| N \ u | $N \times 10^{-15}$ | $N \times 10^{-14}$ | $N \times 10^{-13}$ | $N \times 10^{-12}$ | $N \times 10^{-11}$ | $N \times 10^{-10}$ | $N \times 10^{-9}$ | $N \times 10^{-8}$ | $N \times 10^{-7}$ | $N \times 10^{-6}$ | $N \times 10^{-5}$ | $N \times 10^{-4}$ | $N \times 10^{-3}$ | $N \times 10^{-2}$ | $N \times 10^{-1}$ | N |
|---|---|---|---|---|---|---|---|---|---|---|---|---|---|---|---|---|
| 1.0 | 33.9616 | 31.6590 | 29.3564 | 27.0538 | 24.7512 | 22.4486 | 20.1460 | 17.8435 | 15.5409 | 13.2383 | 10.9357 | 8.6332 | 6.3315 | 4.0379 | 1.8229 | 0.2194 |
| 1.1 | 33.8662 | 31.5637 | 29.2611 | 26.9585 | 24.6559 | 22.3533 | 20.0507 | 17.7482 | 15.4456 | 13.1430 | 10.8404 | 8.5379 | 6.2363 | 3.9436 | 1.7371 | 0.1860 |
| 1.2 | 33.7792 | 31.4767 | 29.1741 | 26.8715 | 24.5689 | 22.2663 | 19.9637 | 17.6611 | 15.3586 | 13.0560 | 10.7534 | 8.4509 | 6.1494 | 3.8576 | 1.6595 | 0.1584 |
| 1.3 | 33.6992 | 31.3966 | 29.0940 | 26.7914 | 24.4889 | 22.1863 | 19.8837 | 17.5811 | 15.2785 | 12.9759 | 10.6734 | 8.3709 | 6.0695 | 3.7785 | 1.5889 | 0.1355 |
| 1.4 | 33.6251 | 31.3225 | 29.0199 | 26.7173 | 24.4147 | 22.1122 | 19.8096 | 17.5070 | 15.2044 | 12.9018 | 10.5993 | 8.2968 | 5.9955 | 3.7054 | 1.5241 | 0.1162 |
| 1.5 | 33.5561 | 31.2535 | 28.9509 | 26.6483 | 24.3458 | 22.0432 | 19.7406 | 17.4380 | 15.1354 | 12.8328 | 10.5303 | 8.2278 | 5.9266 | 3.6374 | 1.4645 | 0.1000 |
| 1.6 | 33.4916 | 31.1890 | 28.8864 | 26.5838 | 24.2812 | 21.9786 | 19.6760 | 17.3735 | 15.0709 | 12.7683 | 10.4657 | 8.1634 | 5.8621 | 3.5739 | 1.4092 | 0.08631 |
| 1.7 | 33.4309 | 31.1283 | 28.8258 | 26.5232 | 24.2206 | 21.9180 | 19.6154 | 17.3128 | 15.0103 | 12.7077 | 10.4051 | 8.1027 | 5.8016 | 3.5143 | 1.3578 | 0.07465 |
| 1.8 | 33.3738 | 31.0712 | 28.7686 | 26.4660 | 24.1634 | 21.8608 | 19.5583 | 17.2557 | 14.9531 | 12.6505 | 10.3479 | 8.0455 | 5.7446 | 3.4581 | 1.3089 | 0.06471 |
| 1.9 | 33.3197 | 31.0171 | 28.7145 | 26.4119 | 24.1094 | 21.8068 | 19.5042 | 17.2016 | 14.8990 | 12.5964 | 10.2939 | 7.9915 | 5.6906 | 3.4050 | 1.2649 | 0.05620 |
| 2.0 | 33.2684 | 30.9658 | 28.6632 | 26.3607 | 24.0581 | 21.7555 | 19.4529 | 17.1503 | 14.8477 | 12.5451 | 10.2426 | 7.9402 | 5.6394 | 3.3547 | 1.2227 | 0.04890 |
| 2.1 | 33.2196 | 30.9170 | 28.6145 | 26.3119 | 24.0093 | 21.7067 | 19.4041 | 17.1015 | 14.7969 | 12.4964 | 10.1938 | 7.8914 | 5.5907 | 3.3069 | 1.1829 | 0.04261 |
| 2.2 | 33.1731 | 30.8705 | 28.5679 | 26.2653 | 23.9628 | 21.6602 | 19.3576 | 17.0550 | 14.7524 | 12.4498 | 10.1473 | 7.8449 | 5.5443 | 3.2614 | 1.1454 | 0.03719 |
| 2.3 | 33.1286 | 30.8261 | 28.5235 | 26.2209 | 23.9183 | 21.6157 | 19.3131 | 17.0106 | 14.7080 | 12.4054 | 10.1028 | 7.8004 | 5.4999 | 3.2179 | 1.1099 | 0.03250 |
| 2.4 | 33.0861 | 30.7835 | 28.4809 | 26.1783 | 23.8758 | 21.5732 | 19.2706 | 16.9680 | 14.6654 | 12.3628 | 10.0603 | 7.7579 | 5.4575 | 3.1763 | 1.0762 | 0.02844 |
| 2.5 | 33.0453 | 30.7427 | 28.4401 | 26.1375 | 23.8349 | 21.5323 | 19.2298 | 16.9272 | 14.6246 | 12.3220 | 10.0194 | 7.7172 | 5.4167 | 3.1365 | 1.0443 | 0.02491 |
| 2.6 | 33.0060 | 30.7035 | 28.4009 | 26.0983 | 23.7957 | 21.4931 | 19.1905 | 16.8880 | 14.5854 | 12.2828 | 9.9802 | 7.6779 | 5.3776 | 3.0983 | 1.0139 | 0.02185 |
| 2.7 | 32.9683 | 30.6657 | 28.3631 | 26.0606 | 23.7580 | 21.4554 | 19.1528 | 16.8502 | 14.5476 | 12.2450 | 9.9425 | 7.6401 | 5.3400 | 3.0615 | 0.9849 | 0.01918 |
| 2.8 | 32.9319 | 30.6294 | 28.3268 | 26.0242 | 23.7216 | 21.4190 | 19.1164 | 16.8138 | 14.5113 | 12.2087 | 9.9061 | 7.6038 | 5.3037 | 3.0261 | 0.9573 | 0.01686 |
| 2.9 | 32.8968 | 30.5943 | 28.2917 | 25.9891 | 23.6865 | 21.3839 | 19.0813 | 16.7788 | 14.4762 | 12.1736 | 9.8710 | 7.5687 | 5.2687 | 2.9920 | 0.9309 | 0.01482 |
| 3.0 | 32.8629 | 30.5604 | 28.2578 | 25.9552 | 23.6526 | 21.3500 | 19.0474 | 16.7449 | 14.4423 | 12.1397 | 9.8371 | 7.5348 | 5.2349 | 2.9591 | 0.9057 | 0.01305 |
| 3.1 | 32.8302 | 30.5276 | 28.2250 | 25.9224 | 23.6198 | 21.3172 | 19.0146 | 16.7121 | 14.4095 | 12.1069 | 9.8043 | 7.5020 | 5.2022 | 2.9273 | 0.8815 | 0.01149 |
| 3.2 | 32.7984 | 30.4958 | 28.1932 | 25.8907 | 23.5880 | 21.2855 | 18.9829 | 16.6803 | 14.3777 | 12.0751 | 9.7726 | 7.4703 | 5.1706 | 2.8965 | 0.8583 | 0.01013 |
| 3.3 | 32.7676 | 30.4651 | 28.1625 | 25.8599 | 23.5573 | 21.2547 | 18.9521 | 16.6495 | 14.3470 | 12.0444 | 9.7418 | 7.4395 | 5.1399 | 2.8668 | 0.8361 | 0.008939 |
| 3.4 | 32.7378 | 30.4352 | 28.1326 | 25.8300 | 23.5274 | 21.2249 | 18.9223 | 16.6197 | 14.3171 | 12.0145 | 9.7120 | 7.4097 | 5.1102 | 2.8379 | 0.8147 | 0.007891 |
| 3.5 | 32.7088 | 30.4062 | 28.1036 | 25.8010 | 23.4985 | 21.1959 | 18.8933 | 16.5907 | 14.2881 | 11.9855 | 9.6830 | 7.3807 | 5.0813 | 2.8099 | 0.7942 | 0.006970 |
| 3.6 | 32.6806 | 30.3780 | 28.0755 | 25.7729 | 23.4703 | 21.1677 | 18.8651 | 16.5625 | 14.2599 | 11.9574 | 9.6548 | 7.3526 | 5.0532 | 2.7827 | 0.7745 | 0.006160 |
| 3.7 | 32.6532 | 30.3506 | 28.0481 | 25.7455 | 23.4429 | 21.1403 | 18.8377 | 16.5351 | 14.2325 | 11.9300 | 9.6274 | 7.3252 | 5.0259 | 2.7563 | 0.7554 | 0.005448 |
| 3.8 | 32.6266 | 30.3240 | 28.0214 | 25.7188 | 23.4162 | 21.1136 | 18.8110 | 16.5085 | 14.2059 | 11.9033 | 9.6007 | 7.2985 | 4.9993 | 2.7306 | 0.7371 | 0.004820 |
| 3.9 | 32.6006 | 30.2980 | 27.9954 | 25.6928 | 23.3902 | 21.0877 | 18.7851 | 16.4825 | 14.1799 | 11.8773 | 9.5748 | 7.2725 | 4.9735 | 2.7056 | 0.7194 | 0.004267 |
| 4.0 | 32.5753 | 30.2727 | 27.9701 | 25.6675 | 23.3649 | 21.0623 | 18.7598 | 16.4572 | 14.1546 | 11.8520 | 9.5495 | 7.2472 | 4.9482 | 2.6813 | 0.7024 | 0.003779 |
| 4.1 | 32.5506 | 30.2480 | 27.9454 | 25.6428 | 23.3402 | 21.0376 | 18.7351 | 16.4325 | 14.1299 | 11.8273 | 9.5248 | 7.2225 | 4.9236 | 2.6576 | 0.6859 | 0.003349 |
| 4.2 | 32.5265 | 30.2239 | 27.9213 | 25.6187 | 23.3161 | 21.0136 | 18.7110 | 16.4084 | 14.1058 | 11.8032 | 9.5007 | 7.1985 | 4.8997 | 2.6344 | 0.6700 | 0.002969 |
| 4.3 | 32.5029 | 30.2004 | 27.8978 | 25.5952 | 23.2926 | 20.9900 | 18.6874 | 16.3884 | 14.0823 | 11.7797 | 9.4771 | 7.1749 | 4.8762 | 2.6119 | 0.6546 | 0.002633 |
| 4.4 | 32.4800 | 30.1774 | 27.8748 | 25.5722 | 23.2696 | 20.9670 | 18.6644 | 16.3619 | 14.0593 | 11.7567 | 9.4541 | 7.1520 | 4.8533 | 2.5899 | 0.6397 | 0.002336 |
| 4.5 | 32.4575 | 30.1519 | 27.8523 | 25.5497 | 23.2471 | 20.9446 | 18.6420 | 16.3394 | 14.0368 | 11.7342 | 9.4317 | 7.1295 | 4.8310 | 2.5684 | 0.6253 | 0.002073 |
| 4.6 | 32.4355 | 30.1329 | 27.8303 | 25.5277 | 23.2252 | 20.9226 | 18.6200 | 16.3174 | 14.0148 | 11.7122 | 9.4097 | 7.1075 | 4.8091 | 2.5474 | 0.6114 | 0.001841 |
| 4.7 | 32.4140 | 30.1114 | 27.8088 | 25.5062 | 23.2037 | 20.9011 | 18.5985 | 16.2959 | 13.9933 | 11.6907 | 9.3882 | 7.0860 | 4.7877 | 2.5268 | 0.5979 | 0.001635 |
| 4.8 | 32.3929 | 30.0904 | 27.7878 | 25.4852 | 23.1826 | 20.8800 | 18.5774 | 16.2748 | 13.9723 | 11.6697 | 9.3671 | 7.0650 | 4.7667 | 2.5068 | 0.5848 | 0.001453 |
| 4.9 | 32.3723 | 30.0697 | 27.7672 | 25.4646 | 23.1620 | 20.8594 | 18.5568 | 16.2542 | 13.9516 | 11.6491 | 9.3465 | 7.0444 | 4.7462 | 2.4871 | 0.5721 | 0.001291 |
| 5.0 | 32.3521 | 30.0495 | 27.7470 | 25.4444 | 23.1418 | 20.8392 | 18.5366 | 16.2340 | 13.9314 | 11.6289 | 9.3263 | 7.0242 | 4.7261 | 2.4679 | 0.5598 | 0.001148 |
| 5.1 | 32.3323 | 30.0297 | 27.7271 | 25.4246 | 23.1220 | 20.8194 | 18.5168 | 16.2142 | 13.9116 | 11.6091 | 9.3065 | 7.0044 | 4.7064 | 2.4491 | 0.5478 | 0.001021 |
| 5.2 | 32.3129 | 30.0103 | 27.7077 | 25.4051 | 23.1026 | 20.8000 | 18.4974 | 16.1948 | 13.8922 | 11.5896 | 9.2871 | 6.9850 | 4.6871 | 2.4306 | 0.5362 | 0.0009086 |
| 5.3 | 32.2939 | 29.9913 | 27.6887 | 25.3861 | 23.0835 | 20.7809 | 18.4783 | 16.1758 | 13.8732 | 11.5706 | 9.2681 | 6.9659 | 4.6681 | 2.4126 | 0.5250 | 0.0008086 |
| 5.4 | 32.2752 | 29.9726 | 27.6700 | 25.3674 | 23.0648 | 20.7622 | 18.4596 | 16.1571 | 13.8545 | 11.5519 | 9.2494 | 6.9473 | 4.6495 | 2.3948 | 0.5140 | 0.0007198 |

**表 3-6　W(u) 值 (續)**

| N \ u | $N \times 10^{-15}$ | $N \times 10^{-14}$ | $N \times 10^{-13}$ | $N \times 10^{-12}$ | $N \times 10^{-11}$ | $N \times 10^{-10}$ | $N \times 10^{-9}$ | $N \times 10^{-8}$ | $N \times 10^{-7}$ | $N \times 10^{-6}$ | $N \times 10^{-5}$ | $N \times 10^{-4}$ | $N \times 10^{-3}$ | $N \times 10^{-2}$ | $N \times 10^{-1}$ | N |
|---|---|---|---|---|---|---|---|---|---|---|---|---|---|---|---|---|
| 5.5 | 32.2568 | 29.9542 | 27.6516 | 25.3491 | 23.0465 | 20.7439 | 18.4413 | 16.1387 | 13.8361 | 11.5336 | 9.2310 | 6.9289 | 4.6313 | 2.3775 | 0.5034 | 0.0006409 |
| 5.6 | 32.2388 | 29.9362 | 27.6336 | 25.3310 | 23.0285 | 20.7259 | 18.4233 | 16.1207 | 13.8181 | 11.5155 | 9.2130 | 6.9109 | 4.6134 | 2.3604 | 0.4930 | 0.0005708 |
| 5.7 | 32.2211 | 29.9185 | 27.6159 | 25.3133 | 23.0108 | 20.7082 | 18.4056 | 16.1030 | 13.8004 | 11.4978 | 9.1953 | 6.8932 | 4.5958 | 2.3437 | 0.4830 | 0.0005085 |
| 5.8 | 32.2037 | 29.9011 | 27.5985 | 25.2959 | 22.9934 | 20.6908 | 18.3882 | 16.0856 | 13.7830 | 11.4804 | 9.1779 | 6.8758 | 4.5785 | 2.3273 | 0.4732 | 0.0004532 |
| 5.9 | 32.1866 | 29.8840 | 27.5814 | 25.2789 | 22.9763 | 20.6737 | 18.3711 | 16.0685 | 13.7659 | 11.4633 | 9.1608 | 6.8588 | 4.5615 | 2.3111 | 0.4637 | 0.0004039 |
| 6.0 | 32.1608 | 29.8672 | 27.5646 | 25.2620 | 22.9595 | 20.6569 | 18.3543 | 16.0517 | 13.7491 | 11.4465 | 9.1440 | 6.8420 | 4.5448 | 2.2953 | 0.4544 | 0.0003601 |
| 6.1 | 32.1533 | 29.8507 | 27.5481 | 25.2455 | 22.9429 | 20.6403 | 18.3378 | 16.0352 | 13.7326 | 11.4300 | 9.1275 | 6.8254 | 4.5283 | 2.2797 | 0.4454 | 0.0003211 |
| 6.2 | 32.1370 | 29.8344 | 27.5318 | 25.2293 | 22.9267 | 20.6241 | 18.3215 | 16.0189 | 13.7163 | 11.4138 | 9.1112 | 6.8092 | 4.5122 | 2.2645 | 0.4366 | 0.0002864 |
| 6.3 | 32.1210 | 29.8184 | 27.5158 | 25.2133 | 22.9107 | 20.6081 | 18.3055 | 16.0029 | 13.7003 | 11.3978 | 9.0952 | 6.7932 | 4.4963 | 2.2494 | 0.4280 | 0.0002555 |
| 6.4 | 32.1053 | 29.8027 | 27.5001 | 25.1975 | 22.8949 | 20.5923 | 18.2898 | 15.9872 | 13.6846 | 11.3820 | 9.0795 | 6.7775 | 4.4806 | 2.2346 | 0.4197 | 0.0002279 |
| 6.5 | 32.0898 | 29.7872 | 27.4846 | 25.1820 | 22.8794 | 20.5768 | 18.2742 | 15.9717 | 13.6691 | 11.3665 | 9.0640 | 6.7620 | 4.4652 | 2.2201 | 0.4115 | 0.0002034 |
| 6.6 | 32.0745 | 29.7719 | 27.4693 | 25.1667 | 22.8641 | 20.5616 | 18.2590 | 15.9564 | 13.6538 | 11.3512 | 9.0487 | 6.7467 | 4.4501 | 2.2058 | 0.4036 | 0.0001816 |
| 6.7 | 32.0595 | 29.7569 | 27.4543 | 25.1517 | 22.8491 | 20.5465 | 18.2439 | 15.9414 | 13.6388 | 11.3362 | 9.0337 | 6.7317 | 4.4351 | 2.1917 | 0.3959 | 0.0001621 |
| 6.8 | 32.0446 | 29.7421 | 27.4395 | 25.1369 | 22.8343 | 20.5317 | 18.2291 | 15.9265 | 13.6240 | 11.3214 | 9.0189 | 6.7169 | 4.4204 | 2.1779 | 0.3883 | 0.0001448 |
| 6.9 | 32.0300 | 29.7275 | 27.4249 | 25.1223 | 22.8197 | 20.5171 | 18.2145 | 15.9119 | 13.6094 | 11.3608 | 9.0043 | 6.7023 | 4.4059 | 2.1643 | 0.3810 | 0.0001293 |
| 7.0 | 32.0156 | 29.7131 | 27.4105 | 25.1079 | 22.8053 | 20.5027 | 18.2001 | 15.8976 | 13.5950 | 11.2924 | 8.9899 | 6.6879 | 4.3916 | 2.1508 | 0.3738 | 0.0001155 |
| 7.1 | 32.0015 | 29.6989 | 27.3963 | 25.0937 | 22.7911 | 20.4885 | 18.1860 | 15.8834 | 13.5808 | 11.2782 | 8.9757 | 6.6737 | 4.3775 | 2.1376 | 0.3668 | 0.0001032 |
| 7.2 | 31.9875 | 29.6849 | 27.3823 | 25.0797 | 22.7771 | 20.4746 | 18.1720 | 15.8694 | 13.5668 | 11.2642 | 8.9617 | 6.6598 | 4.3636 | 2.1246 | 0.3599 | 0.00009219 |
| 7.3 | 31.9737 | 29.6711 | 27.3685 | 25.0659 | 22.7633 | 20.4608 | 18.1582 | 15.8556 | 13.5530 | 11.2504 | 8.9479 | 6.6460 | 4.3500 | 2.1118 | 0.3532 | 0.00008239 |
| 7.4 | 31.9601 | 29.6575 | 27.3549 | 25.0523 | 22.7497 | 20.4472 | 18.1446 | 15.8420 | 13.5394 | 11.2368 | 8.9343 | 6.6324 | 4.3364 | 2.0991 | 0.3467 | 0.00007364 |
| 7.5 | 31.9467 | 29.6441 | 27.3415 | 25.0389 | 22.7363 | 20.4337 | 18.1311 | 15.8286 | 13.5260 | 11.2234 | 8.9209 | 6.6190 | 4.3231 | 2.0867 | 0.3403 | 0.00006583 |
| 7.6 | 31.9334 | 29.6308 | 27.3282 | 25.0257 | 22.7231 | 20.4205 | 18.1179 | 15.8153 | 13.5127 | 11.2102 | 8.9076 | 6.6057 | 4.3100 | 2.0744 | 0.3341 | 0.00005886 |
| 7.7 | 31.9203 | 29.6178 | 27.3152 | 25.0126 | 22.7100 | 20.4074 | 18.1048 | 15.8022 | 13.4997 | 11.1971 | 8.8946 | 6.5927 | 4.2970 | 2.0623 | 0.3280 | 0.00005263 |
| 7.8 | 31.9074 | 29.6048 | 27.3023 | 24.9997 | 22.6971 | 20.3945 | 18.0919 | 15.7893 | 13.4868 | 11.1842 | 8.8817 | 6.5798 | 4.2842 | 2.0503 | 0.3221 | 0.00004707 |
| 7.9 | 31.8947 | 29.5921 | 27.2895 | 24.9869 | 22.6844 | 20.3818 | 18.0792 | 15.7766 | 13.4740 | 11.1714 | 8.8689 | 6.5671 | 4.2716 | 2.0386 | 0.3163 | 0.00004210 |
| 8.0 | 31.8821 | 29.5795 | 27.2769 | 24.9744 | 22.6718 | 20.3692 | 18.0666 | 15.7640 | 13.4614 | 11.1589 | 8.8563 | 6.5545 | 4.2591 | 2.0269 | 0.3106 | 0.00003767 |
| 8.1 | 31.8697 | 29.5671 | 27.2645 | 24.9619 | 22.6594 | 20.3568 | 18.0542 | 15.7516 | 13.4490 | 11.1464 | 8.8439 | 6.5421 | 4.2468 | 2.0155 | 0.3050 | 0.00003370 |
| 8.2 | 31.8574 | 29.5548 | 27.2523 | 24.9497 | 22.6471 | 20.3445 | 18.0419 | 15.7393 | 13.4367 | 11.1342 | 8.8317 | 6.5298 | 4.2346 | 2.0042 | 0.2996 | 0.00003015 |
| 8.3 | 31.8453 | 29.5427 | 27.2401 | 24.9375 | 22.6350 | 20.3324 | 18.0298 | 15.7272 | 13.4246 | 11.1220 | 8.8195 | 6.5177 | 4.2226 | 1.9930 | 0.2943 | 0.00002699 |
| 8.4 | 31.8333 | 29.5307 | 27.2282 | 24.9256 | 22.6230 | 20.3204 | 18.0178 | 15.7152 | 13.4126 | 11.1101 | 8.8076 | 6.5057 | 4.2107 | 1.9820 | 0.2891 | 0.00002415 |
| 8.5 | 31.8215 | 29.5189 | 27.2163 | 24.9137 | 22.6112 | 20.3086 | 18.0060 | 15.7034 | 13.4008 | 11.0982 | 8.7957 | 6.4939 | 4.1990 | 1.9711 | 0.2840 | 0.00002162 |
| 8.6 | 31.8098 | 29.5072 | 27.2046 | 24.9020 | 22.5995 | 20.2969 | 17.9943 | 15.6917 | 13.3891 | 11.0865 | 8.7840 | 6.4822 | 4.1874 | 1.9604 | 0.2790 | 0.00001936 |
| 8.7 | 31.7982 | 29.4957 | 27.1931 | 24.8905 | 22.5879 | 20.2853 | 17.9827 | 15.6801 | 13.3776 | 11.0750 | 8.7725 | 6.4707 | 4.1759 | 1.9498 | 0.2742 | 0.00001733 |
| 8.8 | 31.7868 | 29.4842 | 27.1816 | 24.8790 | 22.5765 | 20.2739 | 17.9713 | 15.6687 | 13.3661 | 11.0635 | 8.7610 | 6.4592 | 4.1646 | 1.9393 | 0.2694 | 0.00001552 |
| 8.9 | 31.7755 | 29.4729 | 27.1703 | 24.8678 | 22.5652 | 20.2626 | 17.9600 | 15.6574 | 13.3548 | 11.0523 | 8.7497 | 6.4480 | 4.1534 | 1.9290 | 0.2647 | 0.00001390 |
| 9.0 | 31.7643 | 29.4618 | 27.1592 | 24.8566 | 22.5540 | 20.2514 | 17.9488 | 15.6462 | 13.3437 | 11.0411 | 8.7386 | 6.4368 | 4.1423 | 1.9187 | 0.2602 | 0.00001245 |
| 9.1 | 31.7533 | 29.4507 | 27.1481 | 24.8455 | 22.5429 | 20.2404 | 17.9378 | 15.6352 | 13.3326 | 11.0300 | 8.7275 | 6.4258 | 4.1313 | 1.9087 | 0.2557 | 0.00001115 |
| 9.2 | 31.7424 | 29.4398 | 27.1372 | 24.8346 | 22.5320 | 20.2294 | 17.9268 | 15.6243 | 13.3217 | 11.0191 | 8.7166 | 6.4148 | 4.1205 | 1.8987 | 0.2513 | 0.000009988 |
| 9.3 | 31.7315 | 29.4290 | 27.1264 | 24.8238 | 22.5212 | 20.2186 | 17.9160 | 15.6135 | 13.3109 | 11.0083 | 8.7058 | 6.4040 | 4.1098 | 1.8888 | 0.2470 | 0.000008948 |
| 9.4 | 31.7208 | 29.4183 | 27.1157 | 24.8131 | 22.5105 | 20.2079 | 17.9053 | 15.6028 | 13.3002 | 10.9976 | 8.6951 | 6.3934 | 4.0992 | 1.8791 | 0.2429 | 0.000008018 |
| 9.5 | 31.7103 | 29.4077 | 27.1051 | 24.8025 | 22.4999 | 20.1973 | 17.8948 | 15.5922 | 13.2896 | 10.9870 | 8.6845 | 6.3828 | 4.0887 | 1.8695 | 0.2387 | 0.000007185 |
| 9.6 | 31.6998 | 29.3972 | 27.0946 | 24.7920 | 22.4895 | 20.1869 | 17.8843 | 15.5817 | 13.2791 | 10.9765 | 8.6740 | 6.3723 | 4.0784 | 1.8599 | 0.2347 | 0.000006439 |
| 9.7 | 31.6894 | 29.3868 | 27.0843 | 24.7817 | 22.4791 | 20.1765 | 17.8739 | 15.5713 | 13.2688 | 10.9662 | 8.6637 | 6.3620 | 4.0681 | 1.8505 | 0.2308 | 0.000005771 |
| 9.8 | 31.6792 | 29.3766 | 27.0740 | 24.7714 | 22.4688 | 20.1663 | 17.8637 | 15.5611 | 13.2585 | 10.9559 | 8.6534 | 6.3517 | 4.0579 | 1.8412 | 0.2269 | 0.000005173 |
| 9.9 | 31.6690 | 29.3664 | 27.0639 | 24.7613 | 22.4587 | 20.1561 | 17.8535 | 15.5509 | 13.2483 | 10.9458 | 8.6433 | 6.3416 | 4.0479 | 1.8320 | 0.2231 | 0.000004637 |

資料來源：Ferris et al,. 1962.

及

$$u = \frac{(0.305\ \text{m})^2(2.74 \times 10^{-4})}{4(2.63 \times 10^{-3}\ \text{m}^2/\text{s})(100\ \text{d})(86{,}400\ \text{s/d})} = 2.80 \times 10^{-10}$$

其中的 86,400 爲將天轉換成秒的因子。

從 $W(u)$ 對 $u$ 的表中，當 $u = 2.8 \times 10^{-10}$ 時，$W(u) = 21.4190$。

故我們可計算 $s$：

$$s = \frac{2.21 \times 10^{-2}\ \text{m}^3/\text{s}}{4(3.14)2.63 \times 10^{-3}\ \text{m}^2/\text{s}}(21.4190)$$

$$= 14.33 \text{ 或 } 14\ \text{m}$$

---

**非侷限水層中的非穩定流**　對於非侷限水層的過渡流問題，並沒有精確的解答，因爲當水位下降時，$T$ 是隨時間和 $r$ 值在變動，再者在水井附近存在鉛垂流量的分量，這使輻射狀水流的假設變得不正確，而輻射狀水流的假設卻是求得解析解答所必要的條件。如果非侷限含水層相對於洩降來說是非常深的，我們可考慮將侷限含水層中的過渡流的解答當作其近似解。一般而言，數值計算的方法可得到令人滿意的解答。

**決定侷限含水層中的水力性質**　含水層中的傳導係數和蓄水係數的決定是以抽水試驗結果爲依據，最好是利用一些和抽水井有一段距離的觀測井來收集資料。

利用式 3-29 可決定在穩定狀態下的導水係數，若假設洩降爲 $s = H - h$，則我們可以將式 3-29 改寫成：

$$T = \frac{Q\ln(r_2/r_1)}{2\pi(s_1 - s_2)} \qquad \textbf{(3-33)}$$

式中 $s_1$ = 半徑爲 $r_1$ 時的洩降，m

$s_2$ = 半徑爲 $r_2$ 時的洩降，m

在過渡狀態下，我們無法直接的解出 $T$ 和 $S$，但可利用數種間接的方法求出，在此我們採用古柏與傑克柏法 (Cooper and Jacob method) 來求解 (Cooper and Jacob, 1946)。當 $u$ 值小於 0.01 時，我們可將式 3-31 改寫成：

$$s = \frac{Q}{4\pi T} \ln \frac{2.25Tt}{r^2S} \tag{3-34}$$

將抽水試驗結果可繪出 $s$ 對 $t$ (對數刻度) 的半對數圖 (如圖 3-32)，從圖中直線上的斜率可直接求得 $T$ 值。從式 3-34 可知，兩點間最終洩降的差可表示爲：

$$s_2 - s_1 = \frac{Q}{4\pi T} \ln \frac{t_2}{t_1} \tag{3-35}$$

求解 $T$，我們可以得到

$$T = \frac{Q}{4\pi(s_2 - s_1)} \ln \frac{t_2}{t_1} \tag{3-36}$$

古柏與傑克柏指出，從圖上直線部份外插至 $s=0$ 的點，可得到一個虛擬的起始時間 ($t_0$)。在這個虛擬時間時，可從式 3-34 解出蓄水係數 $S$ 如下：

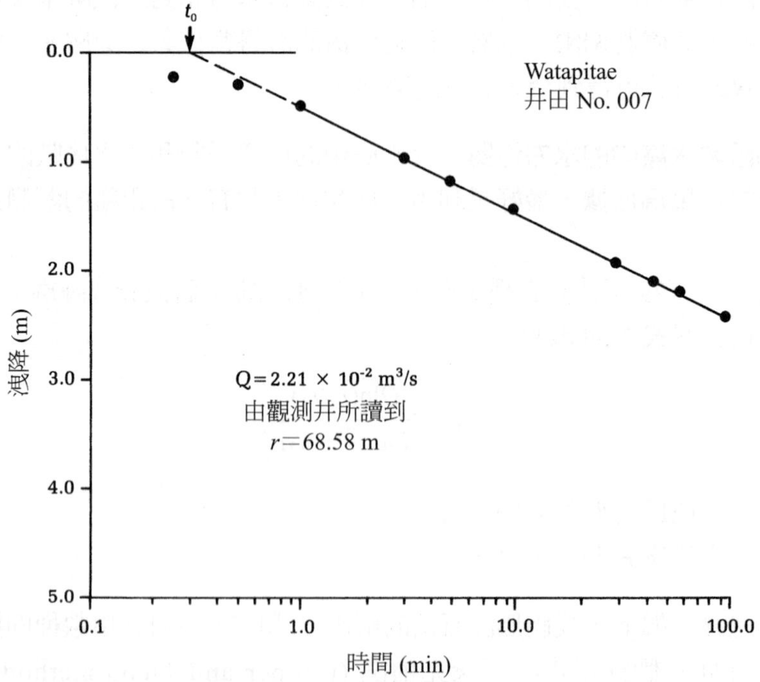


**圖 3-32** 抽水試驗的結果。

$$S = \frac{2.25Tt_0}{r^2} \tag{3-37}$$

這個結果顯示從抽水井到觀測井的距離 ($r$) 可縮短到與抽水井的半徑一樣小。這表示由抽水井所量測到的洩降可作爲資料來源。

---

**例題 3-14**　利用圖 3-32 抽水試驗的數據，計算 Watapitae 地區某井的導水係數和蓄水係數。

**解**：利用圖 3-32，我們可求得在當 $t_1 = 1.0$ min 時 $s_1 = 0.49$ m，及當 $t_2 = 10.0$ min 時 $s_2 = 1.43$ m。因此

$$T = \frac{2.21 \times 10^{-2}}{4(3.14)(1.43 - 0.49)} \ln \frac{10.0}{1.0}$$
$$= (1.87 \times 10^{-3})(2.30) = 4.31 \times 10^{-3}\ \mathrm{m^2/s}$$

將圖 3-32 直線部份外插，得到 $t_0 = 0.30$ min。利用觀測井到抽水井間的距離 ($r = 68.58$ m)，我們可求得

$$S = \frac{(2.25)(4.31 \times 10^{-3})(0.30)(60)}{(68.58)^2}$$
$$= 3.7 \times 10^{-5}$$

其中的 60 爲將分鐘轉換成秒的因子，現在我們可核對原先假設 $u$ 值小於 0.01 是否正確。假設 $t = 10.0$ min 作爲核對

$$u = \frac{(68.58)^2(3.7 \times 10^{-5})}{4(4.31 \times 10^{-3})(10.0)(60)} = 0.017$$

所求出來的 $u$ 值比假設高出一些，但當時間爲 100 min 時，$u$ 值應該是可以接受的。因爲斜率並不會改變，所以我們將所求的答案視爲一合理的解答。

---

**決定非侷限含水層中的水力性質**　在穩定狀態下，導水性的決定與式 3-33 侷限含水層的計算方式類似。

若能滿足侷限含水層的基本假設，則在侷限含水層中的過渡狀態方程式亦可應用到非侷限含水層。因爲在非侷限水層中，一有水落在水壓面上，水

並不會立刻的被釋放出來，使過渡方程式變得沒有用處，因此在使用時應特別注意。

**在非均質含水層中抽水試驗的效果** 我們所假設含水層是均質的，但在現實生活中這是很少發生的。在極少數的狀況下，非均質恰好等於一些含水層的平均，但在大部份的狀況下，需要應用較複雜的技術才能獲得這些參數。

其中有兩個非均質的情況是我們要特別注意的。第一個是洩降錐被障礙物所截斷，如圖 3-33 所示。其造成的結果便是需要採用更大的抽水揚程，才能獲得和沒有障礙物存在時相同的出水量。

第二個情況是洩降錐被如湖泊、河川或地下水流之類的補注區所截斷(如圖 3-34)。其造成的結果便是可以減少抽水機揚程，即能維持所需要水井的出水量。當然若抽水速率相當大時，可能會將湖泊或河水抽乾。這種狀況在圖 3-34 中呈現出來，由圖我們可知在一水平直線後，直線斜率又會增加。

**井相互干擾的計算** 我們之前所提到的，當水井彼此靠得太近時，洩降錐就

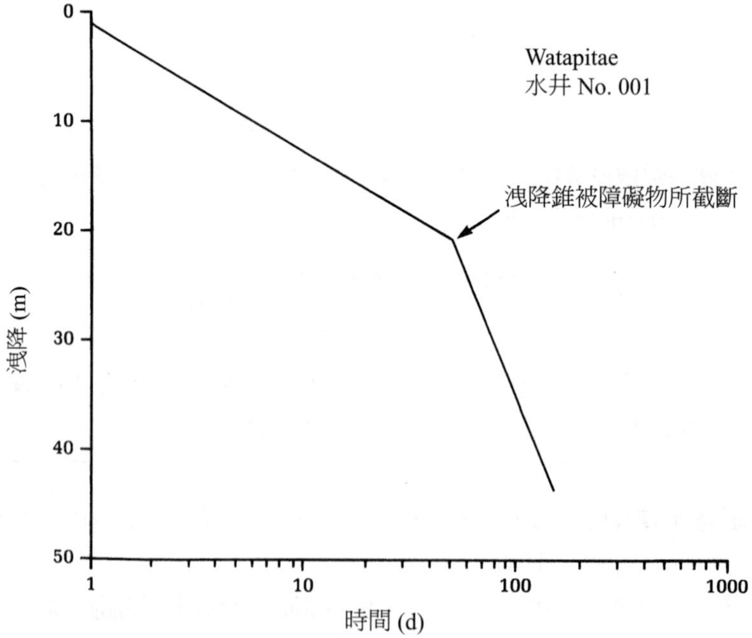


**圖 3-33** 抽水試驗曲線顯示在第 50 天的障礙效應。

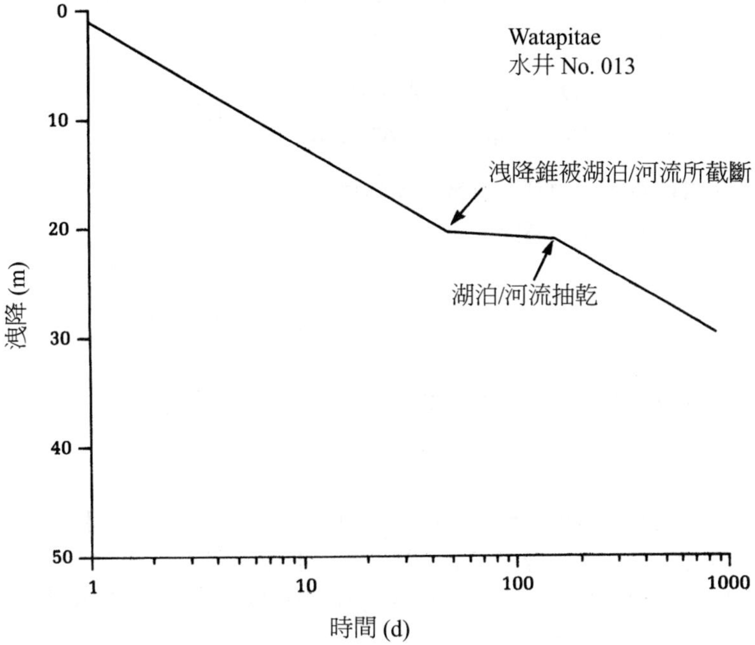


**圖 3-34**　抽水試驗曲線顯示從第 50 天到第 150 天的補注效應。

會發生互相重疊，這種水井的互相干擾會減少兩井的出水量，而嚴重的水井相互干擾會引起較淺的一口水井枯竭。

水井間相互干擾的問題可用重疊法 (method of superposition) 來解決。重疊法乃假設某一處的洩降等於所有影響範圍內各個水井洩降之總和。數學式可寫成：

$$s_r = \sum_{i=1}^{n} s_i \tag{3-38}$$

式中 $s_i$＝在位置 $r$ 處，由水井 $i$ 所引起的個別洩降。

---

**例題 3-15**　三口水井以 75 m 的間隔成一直線排列，每個水井的直徑為 0.5 m，導水係數為 $2.63 \times 10^{-3}$ m²/s，蓄水係數為 $2.74 \times 10^{-4}$。如果每個井連續 10 天以 $4.42 \times 10^{-2}$ m³/s 的速率抽水，試推求每口井的洩降。

**解**：每口井的洩降乃是自身抽水所造成的洩降，加上其他兩口井相互干擾所造成的洩降。因爲每口井的管徑相同且以相同的速率抽水，所以我們只要計算一個 $Q/(4\pi T)$ 的值，就可把它應用在每個水井。

$$\frac{Q}{4\pi T} = \frac{4.42 \times 10^{-2}}{4(3.14)(2.63 \times 10^{-3})} = 1.34$$

同樣地，只要算出一口井自身抽水所造成的洩降，就可把它應用在每個水井，所以我們也只要算出一個 $u$ 值即可。

$$u = \frac{(0.25)^2(2.74 \times 10^{-4})}{4(2.63 \times 10^{-3})(10)(86{,}400)} = 1.88 \times 10^{-9}$$

取 $u=1.9\times10^{-9}$ 並參考表 3-6，我們可查得 $W(u)=19.5042$，每口水井的洩降爲

$$s = (1.34)(19.5042) = 26.14 \text{ m}$$

在計算水井相互干擾前，應依照順序給以編號，以避免混淆。我們將左右側水井標記成 A 和 C，中間水井標記成 B。首先計算水井 A 對水井 B 的干擾，也就是水井 A 抽水對水井 B 所造成的額外洩降。由於我們只抽水 10 天，故我們只能使用過渡方程式，計算 $r=75$ m 時的 $u$ 值。

$$u_{75} = \frac{(75)^2(2.74 \times 10^{-4})}{4(2.63 \times 10^{-3})(10)(86{,}400)} = 1.70 \times 10^{-4}$$

由表 3-6，可求得 $W(u)=8.1027$，則水井 A 對水井 B 所造成的干擾

$$s_{\text{A對B}} = (1.34)(8.1027) = 10.86 \text{ m}$$

同理，我們也可計算水井 A 對於水井 C 所造成的干擾。

$$u_{150} = (150)^2(3.0145 \times 10^{-8}) = 6.78 \times 10^{-4}$$

可查得 $W(u)=6.7169$，則

$$s_{\text{A對C}} = (1.34)(6.7169) = 9.00 \text{ m}$$

由於水井的排列是對稱的，因此可得：

$$s_{\text{A對B}} = s_{\text{B對A}} = s_{\text{B對C}} = s_{\text{C對B}}$$

和

$$s_{\text{A對C}} = s_{\text{C對A}}$$

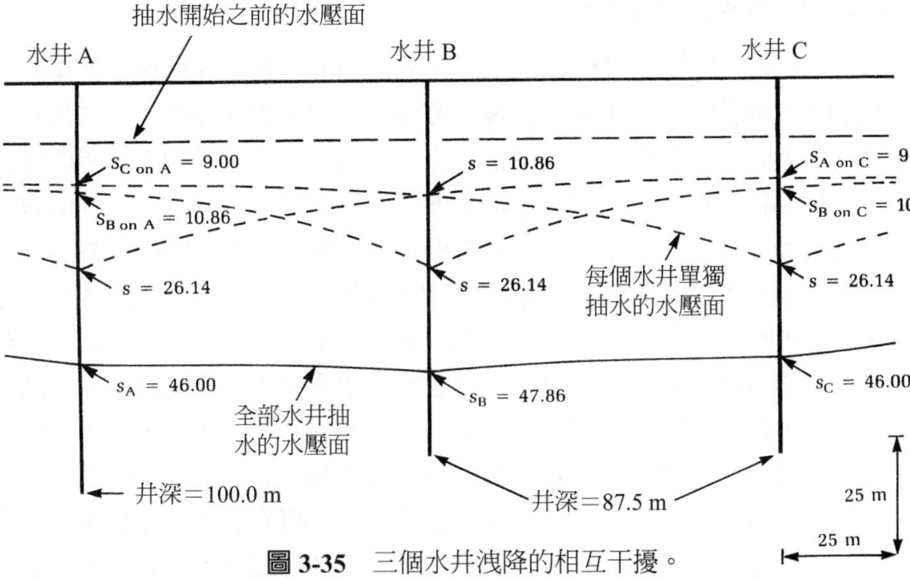


**圖 3-35**　三個水井洩降的相互干擾。

每口水井的總洩降，可計算如下：

$$s_A = s + s_{B\text{對}A} + s_{C\text{對}A}$$
$$s_A = 26.14 + 10.86 + 9.00 = 46.00 \text{ m}$$
$$s_B = s + s_{A\text{對}B} + s_{C\text{對}B}$$
$$s_B = 26.14 + 10.86 + 10.86 = 47.86 \text{ m}$$
$$s_C = s_A = 46.00 \text{ m}$$

洩降是由不受擾動的水壓面所量測得到的。需注意的是，若三口井抽水速率不同，則會破壞對稱性，必須分別計算每口水井 $Q/(4\pi T)$ 的值。同樣地，若水井間的距離不是對稱的，也必須分別計算每口水井的 $u$ 值。本例題計算結果繪於圖 3-35。

## 地下水污染

水井的水力方程式可被用來設計淨化水井 (purge well) 或抽取井 (extraction well)，以除去受污染的地下水。水壓面的下降會讓污染物流至水井，並將污染物輸送至表面，以方便處理。某些情況下，必須佈置井區以產生流場，將地下污染團阻絕。在此水井的相互干擾變成正面效果，可用來設計水井的分佈方式。關於抽取井的使用，將在第 10 章中討論。

## ▲ 3-6 爲永續性而減廢

“水：太多、太少、太髒” (Loucks et al., 1981)。在這種情況下促使我們更加注視水資源的管理。通常在大災害發生後，如洪水、乾旱、魚群死亡、傳染病等，我們才會加強災害的防治工作。傳統上解決一般的水資源問題和特別的水供給問題時，是在自然環境中興建土木結構物，而土木工程師解決這些問題的傳統方法爲建造水庫、疏浚渠道和開鑿新的或更深的水井等。現代水資源管理也考慮非結構性的處理，同樣地也能達成水資源的目標。

減少水的使用是非結構性方法中的一項重要手段。節約用水可減低水被污染或被蒸發/蒸散的可能性。此外，若都市用水量減少，便可降低供水站、水處理、水分配、廢水收集和處置設施的成本。很多例子顯示，只要將生活習慣稍微改變一下，就可減少耗水量和降低對天然水的污染。例如以濕式掃街來取代利用高壓管沖洗街頭，以滴水灌溉來取代噴水灌溉。在科羅拉多州波爾德市這個地方安裝水錶後，每日水量的平均需求從 802 Lpcd 降到 635 Lpcd (Hanke, 1970)。一些省水設備的使用，例如高水壓低水量的蓮蓬頭和低水量的沖洗馬桶，可達到每人每戶節省高達 16% 的用水量 (Flack, 1980)。

## ▲ 3-7 本章重點

研讀完本章後，應該能夠不參照課本或筆記，而能夠回答下列問題。

1. 簡略繪出及解釋如圖 3-1 的水文循環，並標示出每個部份的名稱。
2. 列舉出四個因子可減少直接逕流量，並解釋之。
3. 說明源自直接逕流的河川流量與源自基流量的河川流量間的差異。
4. 定義蒸發、蒸發散、逕流量、基流量、流域、盆地和分水嶺。
5. 簡略繪出及解釋如圖 3-3 的地下水水文系統，並標示出每個部份的名稱。
6. 解釋爲什麼在自流水層內的水要承受壓力，爲什麼在有些情況下會湧出地表，而有些情況則不會。
7. 解釋爲什麼入滲率會隨時間遞減。
8. 試以事件發生的機率來解釋重現期或呈現期距。
9. 定義合理化公式並找出本書中適用合理化公式的一些單位。
10. 解釋沒有經驗的工程師爲何在應用合理化公式時，會算出不合理的答案。反之，有經驗的工程師則不會。

**11.** 解釋何謂單位歷線。

**12.** 說明單位歷線的用途及解釋單位歷線為什麼可應用在雨水下水道的設計和河川防洪計畫上。

**13.** 利用繪圖法，說明地下水對水文歷線的貢獻。

**14.** 定義出集流時間並說明其與合理化公式的關聯。

**15.** 由鑽井的記錄，簡略繪出地下橫斷面，並說明水文地質的特性。

**16.** 依照本章的內容，簡略繪出一口水井，並在圖上標示衛生防治的特徵。

**17.** 分別繪出一口以高速率抽水的水壓剖面圖及以低速率抽水的水壓剖面圖。

**18.** 簡略繪出兩口或兩口以上水井之間的距離，足以造成相互干擾的水壓力剖面。

**19.** 簡略繪出抽水試驗的曲線，曲線中必須分別顯示出 (a) 被障礙物截斷的情況，(b) 被補注區截斷的情況。

**20.** 試列舉出兩個節約用水的方法。

**在課本的輔助下，應該能夠可以回答下列問題：**

**1.** 計算開放和封閉水文系統的質量平衡。

**2.** 利用荷頓法計算入滲率及估計入滲容量。

**3.** 利用給定的大氣壓、水溫、風速和相對濕度可估計出蒸發散水損失的量。

**4.** 利用荷頓方程式和一些道爾頓方程式的步驟，求解出複雜的質量-平衡問題。

**5.** 利用降雨資料，畫出 IDF 曲線圖。

**6.** 若你有河川流量站的降雨和總流量資料，繪出該流量站的單位歷線。

**7.** 若有觀測到的降雨資料和由於入滲和蒸發所造成的降雨損失資料，你可利用既有的單位歷線繪出複合水文歷線。

**8.** 在一定義完整的流域內，當在某一特定的降雨強度和延時下，計算出尖峰流量(合理化公式中的 $Q$) 和到達時間 ($t_c$)。

**9.** 利用質量平衡法，由給定的需求量或防洪的流量資料，決定水庫或滯留池的容量。

**10.** 如果你有相關的資料，便可以計算抽水水井或觀測水井的洩降。

**11.** 如果你有抽水試驗的數據，即可以算出一個含水層的傳導性和蓄水係數。

**12.** 計算兩口或兩口以上的水井相互的干擾作用。

## ▲ 3-8　習　題

**3-1**　美國亞利桑納州普雷森湖 (Lake Pleasant) 的表面積約 2,000 公頃。8 月間無降雨且入流量為零。該湖築有水壩，使得湖水不會從水壩攔水區下游離開。湖水的蒸發量估計為 6.8 mm/d，同時滲漏量 (seepage) 估計為 0.01 mm/d。假設湖岸邊坡與湖面呈垂直，試估算湖面高度在 8 月間下降的距離。如果湖岸邊坡傾斜

5°，湖岸線會退縮多少距離？

答案：垂直下降距離＝211.11 或 210 mm 或 21 cm

退縮距離＝2,422 或 2,400 mm 或 240 cm 或 2.4 m

**3-2** 美國德州崎克剖湖 (Lake Kickapoo)，湖長約為 12 km，湖寬約為 2.5 km。3 月間的入流量為 3.26 $m^3$/s，出流量為 2.93 $m^3$/s，月雨量為 15.2 cm，月蒸發量為 10.2 cm。滲漏量估計為 2.5 cm。試推算在 3 月間蓄水量 (以 $m^3$ 為單位) 的變化。

**3-3** 某流域面積 4,000 $km^2$，一年中降在流域內的降雨為 102 cm，流域的流出量為 34.2 $m^3$/s，入滲量估計為 $5.5 \times 10^{-7}$ cm/s，蒸發散量估計為 40 cm/y。試計算一年內流域蓄水量的變化。降雨中逕流的比例 (兩者均以 cm 為單位) 為逕流係數，試決定該流域的逕流係數。

**3-4** 利用傅達 (Fuquay) 卵質砂土的 $f_o$、$f_c$ 和 $k$ 值 (見 3-1 節)，計算 12、30、60 和 120 分鐘的入滲率，並計算持續 120 分鐘的總入滲容量。

**3-5** 在 60 分鐘連續的降雨，從現地經驗入滲資料為初始的入滲率 4.70 cm/h，最終入滲率 0.70 cm/h。$k$ 值估計為 0.1085 $h^{-1}$，試計算下列連續暴雨的總入滲容量：連續 30 分鐘 30 mm/h 的降雨，連續 30 分鐘 53 mm/h 的降雨，及連續 30 分鐘 23 mm/h 的降雨。

**3-6** 試利用瀚福那湖 (Lake Hefner) 的經驗公式，計算瀚福那湖的日蒸發量。氣溫 30°C，水的溫度 15°C，風速 9 m/s 及相對濕度 30%。

答案：4.73 或 4.7 mm/d

**3-7** 試利用瀚福那湖 (Lake Hefner) 的經驗公式，計算瀚福那湖的日蒸發量。氣溫 40°C，水的溫度 25°C，風速 2.0 m/s 及相對濕度 5%。

**3-8** 道爾頓 (Dalton) 形式的蒸發公式意含著若相對濕度在一個限值之上，則蒸發量跟風速毫無關係。試利用瀚福那湖 (Hefner) 的經驗公式，估計當蒸發量為 0 時的相對濕度。水的溫度 10°C 和氣溫 25°C。

**3-9** 利用表 3-2 的數據，繪出在迪士摩沼澤 (Dismal Swamp) 2 年一次暴雨的強度-延時-頻率曲線。提示：在 15 分鐘的延時下，曲線應通過 98.7 mm/h。

**3-10** 利用表 3-2 的數據，繪出在迪士摩沼澤 10 年一次暴雨的強度-延時-頻率曲線。

**3-11** 利用表 P-3-11 的數據，繪出一條 5 年一次暴雨的強度-延時-頻率曲線。(提示：在 60 分鐘延時下，曲線應通過 98.6 mm/h。)

**3-12** 同習題 3-11 的資料，繪出一條 2 年一次暴雨的強度-延時-頻率曲線。

**3-13** 一家大型購物中心停車場的設置，可能採用圖 P-3-13 所示兩種型式中的一種。雨水道管理局長 (drain commissioner) 傾向停車場要具備最長的集流時間，以便能使雨水道中的其他尖峰流量通過。請針對柏油鋪面的特性，選用最高的逕流係數，試估計每種停車場型式的集流時間，並向雨水道管理局長建議其中一種型式。注意：圖 (a) 的面積與圖 (b) 相同。

**表 P-3-11　每年最大降雨強度 (mm/h)**

| 年 | 30 分鐘延時 | 60 分鐘延時 | 90 分鐘延時 | 120 分鐘延時 |
|---|---|---|---|---|
| 1960 | 122.3 | 100.3 | 81.1 | 55.3 |
| 1961 | 104.6 | 82.9 | 64.5 | 39.7 |
| 1962 | 81.0 | 60.8 | 41.5 | 16.5 |
| 1963 | 145.1 | 123.7 | 104.7 | 81.7 |
| 1964 | 83.0 | 61.5 | 40.7 | 16.0 |
| 1965 | 70.1 | 51.1 | 30.1 | 11.3 |
| 1966 | 94.7 | 71.0 | 51.7 | 26.7 |
| 1967 | 63.7 | 41.5 | 21.8 | 10.1 |
| 1968 | 57.9 | 35.7 | 17.1 | 9.7 |
| 1969 | 71.5 | 50.0 | 31.3 | 15.9 |

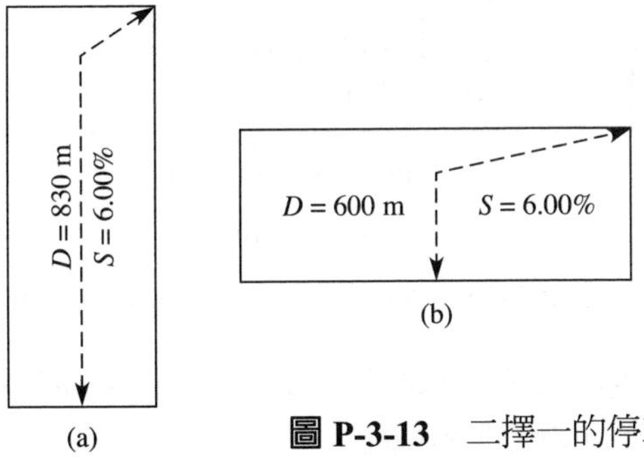


**圖 P-3-13**　二擇一的停車場型式。

**3-14** 梅高尼斯維爾 (Mechanicsville) 已獲得聯邦都市綠色空間和環境發展的補助，建立專爲退休人員居住的複合式大廈。總土地面積爲 74,010 $m^2$，其中的 15,831 $m^2$ 是用來建造以石板爲屋簷的瑞士農舍，公共街道和馬路占 18,886 $m^2$，剩餘的土地將作爲草坪。土地相當平坦，且爲砂質土壤。採用最保守的 $C$ 值，計算出 2 年一次的暴雨的尖峰流量？假設地表逕流距離爲 272 m，並利用圖 P-3-14 的 IDF 曲線。

答案：$Q$＝0.6097 或 0.61 $m^3/s$

**3-15** 利用圖 3-10c 所示佛羅里達州邁阿密市的 IDF 曲線，重新計算習題 3-14。

**3-16** 寶拉李維爾 (Paula Revere) 計畫要在美國麻薩諸塞州的巴克斯柏路郡 (Boxborough) 近郊，建立小聯盟棒球場的停車場，場址選定在一個 9.94 公頃的牧場。排水 (drainage) 從牧場流經 62 號道路底下的涵管 (culvert)，該涵管的容量未知。政府高速公路部門採用 5 年一次的暴雨重現期，設計這類道路的涵管。從場址的地形資料估計，漫地流 (overland flow) 的距離約 450 m，牧場的

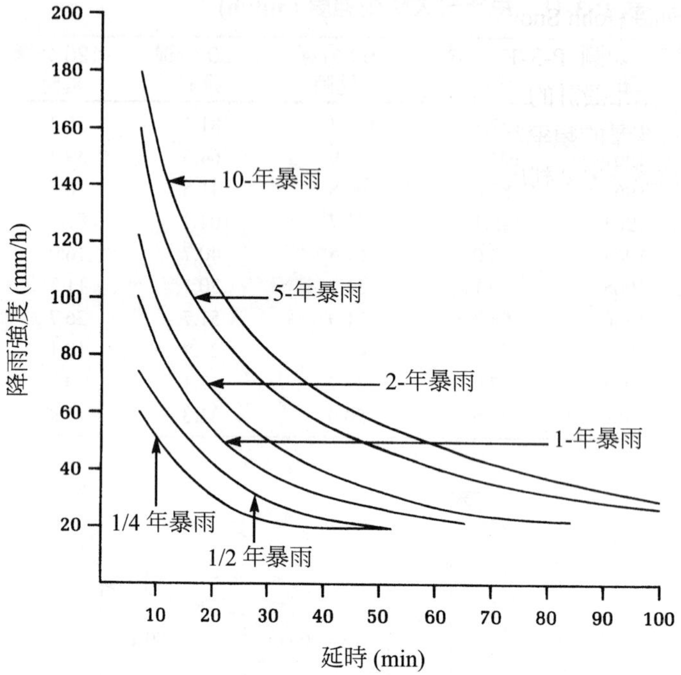


**圖 P-3-14** 梅高尼斯維爾地區 IDF 曲線。

坡度約 2.00%，逕流係數約 0.20。利用麻州波士頓市的 IDF 曲線 (圖 3-10a)，試估計現有涵管的洪峰流量承載能力，單位以 $m^3/s$ 表示。

答案：$Q = 0.2115$ 或 $0.21\ m^3/s$

**3-17** 寶拉李維爾所提出棒球場的停車場場址 (習題 3-16)，占地約 2.64 公頃。場址將整地築平，使坡度達 1.80%。漫地流的距離約 200.0 m，逕流係數約 0.70。如果忽略來自牧場的逕流，試分析現有的涵管容量，是否足以承載停車場在 5 年一次的暴雨重現期下產生的洪峰流量。利用麻州波士頓市的 IDF 曲線 (圖 3-10a)。

**3-18** 美國密西根州荷蘭郡一家 4.8 公頃的停車場要設計雨水下水道。停車場的坡度爲 1.00%，逕流係數估計爲 0.85。漫地流的距離爲 219.0 m。試使用合理化公式，在重現期爲 5 年的暴雨下，推求停車場逕流的洪峰流量。密西根州荷蘭郡 5 年一次暴雨的 IDF 曲線可用下列方程式描述：

$$i = \frac{1,193.80}{(t_c)^{0.8} + 7}$$

在此，$i$＝降雨強度，mm/h；$t_c$＝集流時間，min。

**3-19** 約翰斯諾 (John Snow) 正計畫在亨籟路 (Hindry Road) 的北側，興建購物中心和停車場，如圖 P-3-19 所示。在停車場預定地的西南隅附近的涵管，是以 5 年一次暴雨來設計的。但一旦購物中心建好後，現有的涵管又沒加大，求雨水超過涵管容量的頻率爲多少？如果暴雨改爲 10 年一次，決定涵管所要處理的洪峰流量爲多少？利用圖 P-3-14 的 IDF 曲線。

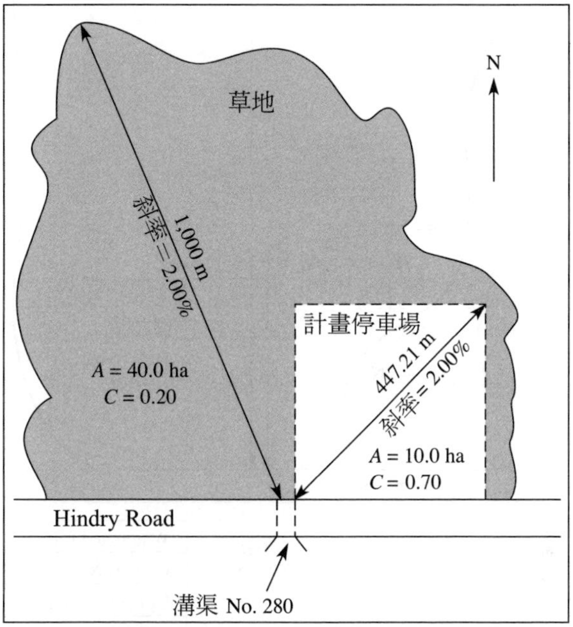


**圖 P-3-19**　購物中心場址的規劃圖。

答案：$Q_{設計}=0.74\ m^3/s$；導致洪水發生的 $I=37.7$ mm/h；洪水發生頻率 ≈ 4 次/年；$Q_{10年}=2.0\ m^3/s$

**3-20** 威廉哥葛斯 (William Gorgas) 醫生打算在阿喀莫思路 (Okemos Road) 的東側興建一座醫療中心，如圖 P-3-20 所示。現有的涵管 (編號 481) 是以 5 年一次暴雨來設計的。但一旦醫院建好後，現有的涵管又沒加大，試問雨水是否會超過涵管容量？如果暴雨改爲 10 年一次，決定涵管所要處理的洪峰流量爲多少？利用圖 P-3-14 的 IDF 曲線。

**3-21** 兩塊彼此比鄰的土地如圖 P-3-21 所示。假設雨水沿著排水溝渠由 $P$ 點向東流動的流速爲 0.60 m/s，利用美國華盛頓州西雅圖市的 IDF 曲線 (圖 3-10d)，試推求在 5 年一次的暴雨下，排水溝渠必須承載的洪峰逕流量。本題算式需要重複計算，可考慮使用試算表軟體解題。

答案：$Q=0.11\ m^3/s$

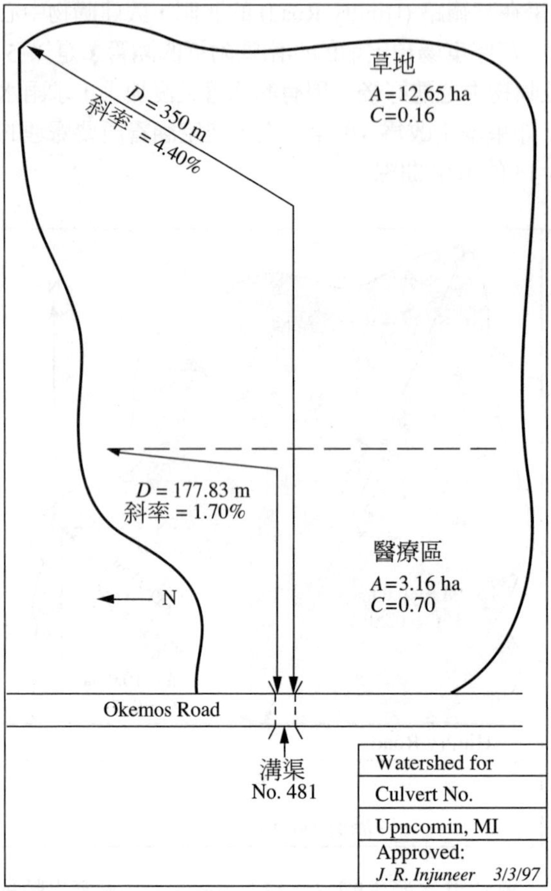


**圖 P-3-20** 醫療中心場址規劃圖。

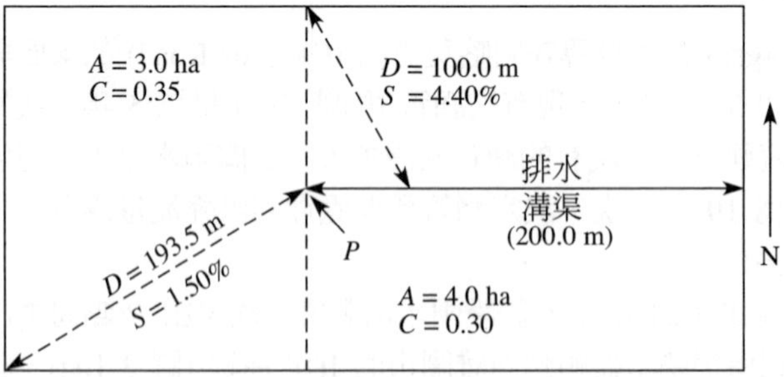


**圖 P-3-21** 兩相鄰土地的排水示意圖。

**3-22** 一家停車場由三個區域構成，每個區域設有雨水入流人孔，如圖 P-3-22 所示。當雨水到達雨水下水道時，流速爲 0.90 m/s，水流由東向西流動。利用美國佛羅里達州邁阿密市的 IDF 曲線 (圖 3-10c)，試推求在 5 年一次暴雨下，承載來自 3 號人孔水量所需的雨水下水道洪峰逕流量。本題算式需要重複計算，

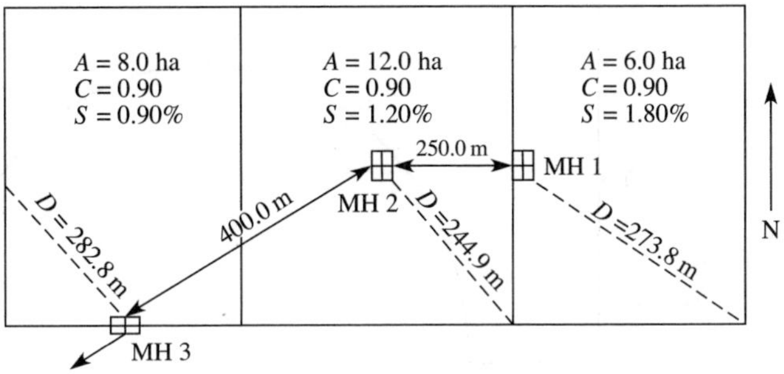


**圖 P-3-22**　停車場三個區域的雨水下水道容量。

可考慮使用試算表軟體解題。

**3-23** 利用圖 P-3-23 所示伊色列河 (Isosceles River) 的河川流量資料，試推求單位歷線的縱座標。流域面積爲 14.40 km$^2$，單位暴雨延時爲 1 小時。爲方便計算，將時間間隔以 1 小時標示出來，亦即以 1500、1600 和 1700 小時來標示。**注意**：所表示的時間爲軍事時間，即 1500 h＝3 PM，2000 h＝8 PM 等。

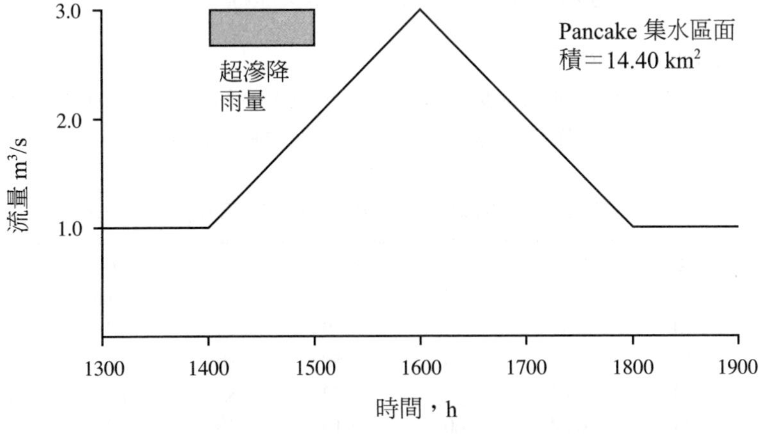


**圖 P-3-23**　伊色列河暴雨水文歷線。

**3-24** 利用下列所示康維斯河 (Convex River) 的流量資料，推求其單位歷線的縱座標。爲計算方便，流量歷線的縱座標表列如右表。需注意的是，基流量可能需要利用簡易的圖形外插方式求得。流域面積爲 100 公頃。注意：所表示的時間爲軍事時間，即 1500 h＝3

| 時間 (h) | 河流總流量 (m$^3$/s) |
|---|---|
| 2100 | 3.0 |
| 2200 | 3.8 |
| 2300 | 4.0 |
| 0000 | 3.8 |
| 0100 | 3.0 |

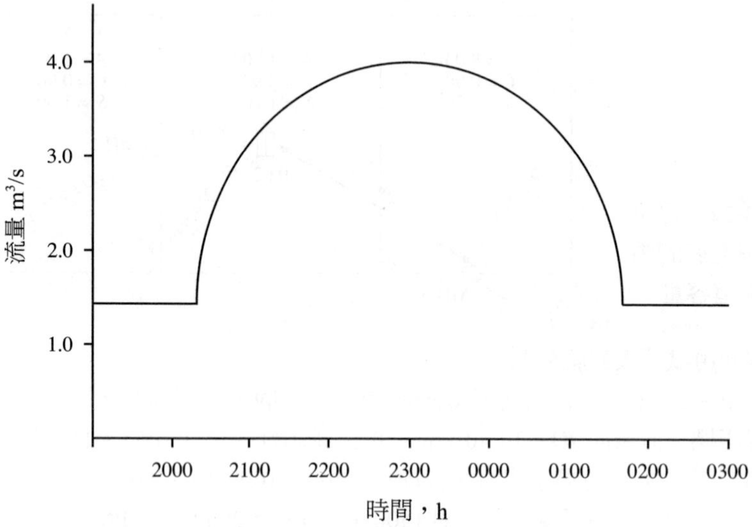


**圖 P-3-24**　康維斯河暴雨水文歷線。

PM，2000 h＝8 PM 等。

**3-25** 利用下表所示維德河 (Verde River) 的河川流量資料，試推求在相同強度下，暴雨延時爲 5 小時的單位歷線縱座標。流域面積爲 64.0 $km^2$。

| 時間 (h) | 流量 ($m^3$/s) | 時間 (h) | 流量 ($m^3$/s) | 時間 (h) | 流量 ($m^3$/s) |
|---|---|---|---|---|---|
| 0 | 0.55 | 35 | 5.77 | 65 | 1.64 |
| 5 | 0.50 | 40 | 5.02 | 70 | 1.10 |
| 10 | 0.45 | 45 | 4.29 | 75 | 0.79 |
| 15 | 1.98 | 50 | 3.50 | 80 | 0.47 |
| 20 | 4.82 | 55 | 2.72 | 85 | 0.25 |
| 25 | 6.24 | 60 | 2.19 | 90 | 0.25 |
| 30 | 6.86 | | | | |

答案：橫座標的繪點位於時間間隔的中間點，亦即 2.5 h、7.5 h、15.0 h、25 h、35 h、45 h、55 h、65 h。單位歷線縱座標的單位以 $m^3/s \cdot cm$ 表示時，爲 0.51、2.544、4.95、4.55、3.29、1.98、1.07、0.42。

**3-26** 利用下表所示紅河 (Crimson River) 的河川流量資料，試推求單位歷線的縱座標。流域面積爲 626.0 $km^2$，暴雨的單位延時爲 5 小時。

| 時間 (h) | 流量 ($m^3$/s) | 時間 (h) | 流量 ($m^3$/s) | 時間 (h) | 流量 ($m^3$/s) |
|---|---|---|---|---|---|
| 0 | 1.60 | 35 | 21.55 | 70 | 5.15 |
| 5 | 1.73 | 40 | 18.13 | 75 | 3.46 |
| 10 | 1.57 | 45 | 15.77 | 80 | 2.48 |
| 15 | 1.41 | 50 | 13.48 | 85 | 1.48 |
| 20 | 6.22 | 55 | 11.03 | 90 | 0.79 |
| 25 | 15.14 | 60 | 8.55 | 95 | 0.77 |
| 30 | 19.60 | 65 | 6.88 | 100 | 0.77 |

**3-27** 將下方所示單位歷線，應用至下列量測所得的降雨資料，計算複合後的逕流量。

| 天 | 單位歷線縱座標 ($m^3$/s · cm) |
|---|---|
| 1 | 0.12 |
| 2 | 0.75 |
| 3 | 0.13 |

| 天 | 降雨量 (cm) | 消減量 (cm) |
|---|---|---|
| 1 | 0.50 | 0.20 |
| 2 | 0.30 | 0.10 |
| 3 | 0.0 | 0.0 |

**3-28** 利用例題 3-23 所求出的伊色列河單位歷線，決定圖 P-3-28 中暴雨的河川流量歷線。注意：所表示的時間爲軍事時間，即 1500 h＝3 PM，2000 h＝8 PM 等。

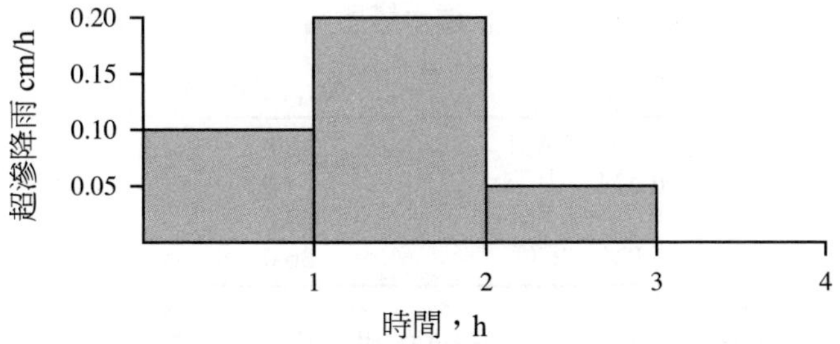


**圖 P-3-28**　伊色列河流域降雨組體圖。

**3-29** 利用例題 3-25 所求出的維德河單位歷線，決定圖 P-3-29 中暴雨的河川流量歷線。

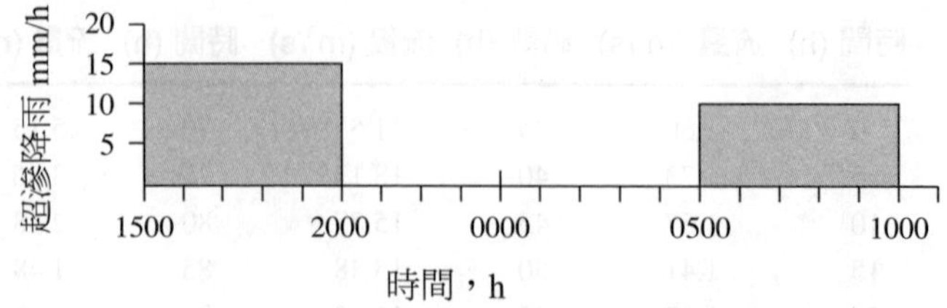


**圖 P-3-29** 維德河流域的降雨組體圖。

**3-30** 利用例題 3-26 所求出的紅河單位歷線，決定圖 P-3-30 中暴雨的河川流量歷線。

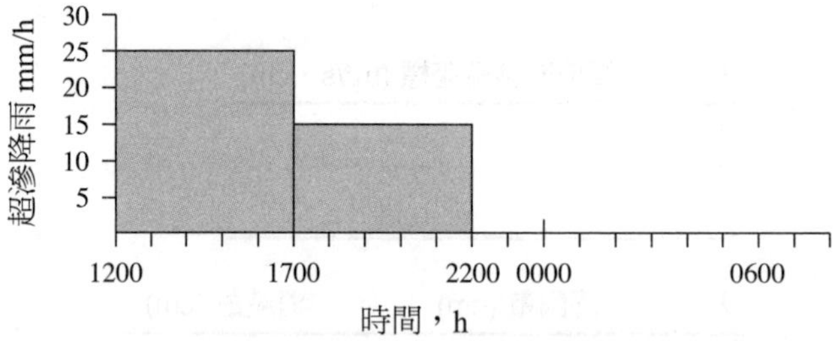


**圖 P-3-30** 紅河流域降雨組體圖。

**3-31** 為了能在乾旱時期供水無虞，過去建立一座水庫，設計庫容為 $7.00\times10^6$ $m^3$。如果流入水庫的平均流量為 3.2 $m^3/s$，DNR 需要的水庫出流量至少為 2.0 $m^3/s$，則達到設計庫容的蓄水時間為多少天？

**3-32** 根據下表所列瓦比崗鎮 (Woebegone) 的用水需求，以及該鎮有口抽水量為 36 L/s 之水井的現況，請你估計該鎮水塔所需要的尺寸 (體積以公升表示)。

| 時間 | $Q_{out}$ (L/s) |
|---|---|
| 午夜－6 AM | 0.0 |
| 6 AM－中午 | 54.0 |
| 中午－6 PM | 54.0 |
| 6 PM－午夜 | 36.0 |

**3-33** 淨三岔河 (Clear Fork Trinity River) 的供水需求為 0.35 $m^3/s$，月平均流量資料示於表 P-3-33 的表中。畫出 1951 年 7 月 1 日至 1952 年 5 月 31 日期間的質量平衡圖，並推算滿足需水量時需要的蓄水量 (以 $m^3$ 表示)。假設在這段期間的一開始，水庫即為滿水位，而且當水庫達滿水位後，以高於需求量的流量向下游供應。請問在 1952 年 5 月底時，水庫是否為滿水位？你可以撰寫一個試算表程式來計算這個問題。

**表 P-3-33　美國德克薩斯州福和市 (Fort Worth) 淨三岔河月平均流量 ($m^3/s$)**

| 年 | 1 月 | 2 月 | 3 月 | 4 月 | 5 月 | 6 月 | 7 月 | 8 月 | 9 月 | 10 月 | 11 月 | 12 月 |
|---|---|---|---|---|---|---|---|---|---|---|---|---|
| 1940 | — | — | — | — | — | — | — | — | — | 0.00 | 5.63 | 15.4 |
| 1941 | 4.59 | 23.8 | 7.50 | 6.91 | 10.2 | 17.0 | 2.07 | 2.29 | 0.20 | 1.71 | 0.631 | 0.926 |
| 1942 | 0.697 | 0.595 | 0.614 | 58.93 | 24.1 | 9.09 | 0.844 | 0.714 | 1.21 | 10.0 | 2.38 | 1.87 |
| 1943 | 1.33 | 1.00 | 3.99 | 3.71 | 8.38 | 3.77 | 0.140 | 0.00 | 1.33 | 0.014 | 0.00 | 0.139 |
| 1944 | 0.311 | 4.93 | 2.83 | 2.25 | 13.3 | 1.68 | 0.210 | 0.609 | 4.11 | 0.985 | 0.515 | 1.47 |
| 1945 | 3.06 | 30.38 | 35.23 | 28.85 | 5.69 | 21.7 | 2.14 | 0.230 | 0.162 | 0.971 | 0.617 | 0.541 |
| 1946 | 1.88 | 5.75 | 3.54 | 1.89 | 6.57 | 5.86 | 0.153 | 1.45 | 4.02 | 0.906 | 12.2 | 10.3 |
| 1947 | 4.64 | 2.62 | 4.87 | 5.13 | 2.27 | 4.25 | 0.292 | 0.054 | 0.535 | 0.371 | 0.331 | 3.51 |
| 1948 | 3.99 | 16.9 | 9.06 | 1.91 | 2.64 | 1.11 | 1.22 | 0.00 | 0.00 | 0.00 | 0.00 | 0.003 |
| 1949 | 0.309 | 4.19 | 9.94 | 4.16 | 55.21 | 11.1 | 1.38 | 0.450 | 0.447 | 4.53 | 0.711 | 0.614 |
| 1950 | 3.28 | 14.7 | 3.26 | 12.7 | 15.1 | 2.50 | 3.60 | 2.44 | 10.6 | 1.12 | 0.711 | 0.801 |
| 1951 | 0.708 | 0.994 | 0.719 | 0.527 | 1.37 | 6.20 | 0.980 | 0.00 | 0.00 | 0.00 | 0.006 | 0.090 |
| 1952 | 0.175 | 0.413 | 0.297 | 1.93 | 3.65 | 0.210 | 0.003 | 0.029 | 0.007 | 0.00 | 0.368 | 0.167 |
| 1953 | 0.099 | 0.080 | 0.134 | 0.671 | 0.934 | 0.008 | 0.286 | 0.249 | 0.041 | 0.546 | 0.182 | 0.066 |
| 1954 | 0.108 | 0.092 | 0.114 | 0.088 | 0.278 | 0.017 | 0.021 | 0.015 | 0.008 | 0.047 | 0.024 | 0.063 |
| 1955 | 0.091 | 0.153 | 0.317 | 0.145 | 0.464 | 0.640 | 0.049 | 0.050 | 0.119 | 0.104 | 0.055 | 0.058 |
| 1956 | 0.069 | 0.218 | 0.026 | 0.306 | 1.35 | 0.30 | 0.026 | 0.019 | 0.029 | 0.266 | 0.030 | 0.170 |
| 1957 | 0.065 | 0.300 | 0.385 | 12.8 | 23.6 | 59.9 | 6.97 | 1.36 | 0.501 | 0.476 | 0.855 | 1.55 |
| 1958 | 1.65 | 1.61 | 4.59 | 5.69 | 28.1 | 0.589 | 0.524 | 0.456 | 0.549 | 0.572 | 0.490 | 0.566 |
| 1959 | 0.759 | 0.776 | 0.120 | 0.261 | 0.097 | 0.685 | 0.379 | 0.668 | 0.473 | 9.03 | 1.64 | 3.65 |
| 1960 | 11.8 | 4.45 | 3.26 | 1.42 | 0.631 | 0.379 | 0.660 | 0.566 | 0.467 | 0.498 | 0.241 | 0.648 |
| 1961 | 2.05 | 1.92 | 3.40 | 1.02 | 0.306 | 2.34 | 0.821 | 0.816 | 1.08 | 0.824 | 0.297 | 0.504 |
| 1962 | 0.311 | 2.03 | 0.467 | 0.759 | 0.459 | 0.236 | 0.745 | 1.41 | 6.94 | 1.31 | 0.405 | 0.767 |
| 1963 | 0.345 | 0.268 | 0.379 | 1.74 | 3.79 | 1.48 | 0.527 | 0.586 | 0.331 | 0.277 | 0.249 | 0.266 |
| 1964 | 0.416 | 0.266 | 1.16 | 0.813 | 1.02 | 0.374 | 0.535 | 0.963 | 3.96 | 0.351 | 1.47 | 0.886 |
| 1965 | 2.13 | 14.6 | 4.16 | 2.28 | 20.5 | 2.45 | 1.22 | 0.821 | 0.776 | 0.394 | 0.476 | 0.213 |
| 1966 | 0.169 | 0.354 | 0.462 | 6.40 | 23.1 | 18.5 | 5.32 | 0.951 | 0.294 | 1.37 | 0.15 | 0.134 |
| 1967 | 0.244 | 0.244 | 0.198 | 0.688 | 1.04 | 3.65 | 0.354 | 0.068 | 0.697 | 0.473 | 0.394 | 0.558 |
| 1968 | 1.64 | 3.85 | 23.2 | 1.89 | 15.7 | 6.12 | 0.583 | 0.144 | 0.220 | 0.419 | 0.396 | 0.206 |
| 1969 | 0.259 | 0.555 | 2.66 | 12.1 | 21.2 | 0.745 | 0.674 | 0.30 | 1.56 | 0.917 | 0.459 | 1.94 |
| 1970 | 5.78 | 6.37 | 27.0 | 3.31 | 15.0 | 1.03 | 0.521 | 0.697 | 1.23 | — | — | — |

答案：V＝4,838,832 或 $4.8\times10^6$ $m^3$；水庫在 1952 年 5 月底時為滿水位。

**3-34** 畫出斯喀那喀河 (Squannacook River) 的質量平衡圖，並推算 1964 年 1 月 1 日至 1967 年 12 月 31 日期間，滿足需水量為 1.76 $m^3/s$ 時需要的蓄水量 (以立方公尺表示)。月平均流量資料示於表 P-3-34 的表中。假設在這段期間的一開始，水庫即為滿水位，而且當水庫達滿水位後，以高於需求量的流量向下游供應。請問在 1967 年 12 月底時，水庫是否為滿水位？你可以撰寫一個試算表程式來計算這個問題。

**3-35** 霍喀河 (Hoko River) 的供水需求為 0.325 $m^3/s$，月平均流量資料示於表 P-3-35 的表中。如果環境品質部門限制河水抽取量為 10% 的流量，計算在 1972 年 5 月 1 日至 11 月 30 日乾旱期間，水庫的體積要多大才能使供水不虞匱乏 (以立方公尺表示)？假設在這段期間的一開始，水庫即為滿水位，而且當水庫達滿水位後，以高於需求量的流量向下游供應。請問在 1972 年 11 月底時，水庫是否為滿水位？你可以撰寫一個試算表程式，以質量平衡法求解本題。

**3-36** 你的同事正進行巴納恩購物中心 (Bar Nunn Mall) 的滯留池設計工作。你的老闆剛通知你，你的同事染上水痘，而你必須要完成水文計算，以決定滯留池的體積。你的老闆給你下列資料，請求取滯留池的體積，以立方公尺表示。注意：每個時間間隔為 1 小時，你可以撰寫一個試算表程式來計算這個問題。

| 時間間隔 | 入流量 (L/s) | 入流體積 ($m^3$) | 出流量 (L/s) | 出流體積 ($m^3$) |
|---|---|---|---|---|
| 1 | 10.0 | 36.0 | 10.0 | 36.0 |
| 2 | 20.0 | 72.0 | 10.0 | 36.0 |
| 3 | 30.0 | | 10.0 | |
| 4 | 20.0 | | 10.0 | |
| 5 | 15.0 | | 10.0 | |
| 6 | 5.0 | | | |

**3-37** 當邁奈密河 (Menominee River) 的流量超過 100 $m^3/s$ 時，會發生洪水。使用表 P-3-37 的資料，在 1959 年 1 月 1 日至 1960 年 12 月 31 日期間，求取必要的蓄水量 (以立方公尺表示)，以避免洪水發生。假設在這段期間的一開始，水庫為空水位。同時，假設當水庫達滿水位後，直至空水位為止，出流量等同 $Q_{out}$。請問在 1960 年 12 月底時，水庫是否為空水位？你可以撰寫一個試算表程式來計算這個問題。

答案：V＝1,226,525,760 或 $1.23\times10^9$ $m^3$；水庫不是空水位。

**3-38** 當史巴克奈河 (Spokane River) 的流量超過 250.0 $m^3/s$ 時，會發生洪水。使用表 P-3-38 的資料，在 1957 年 1 月 1 日至 1958 年 12 月 31 日期間，求取必要的蓄

**表 P-3-34 美國麻薩諸塞州西格羅頓市 (West Groton) 近郊斯喀那喀河月平均流量 ($m^3/s$)**

| 年 | 1 月 | 2 月 | 3 月 | 4 月 | 5 月 | 6 月 | 7 月 | 8 月 | 9 月 | 10 月 | 11 月 | 12 月 |
|---|---|---|---|---|---|---|---|---|---|---|---|---|
| 1951 | 3.48 | 8.18 | 6.63 | 6.63 | 3.20 | 2.38 | 2.40 | 1.49 | 1.06 | 1.82 | 6.60 | 4.47 |
| 1952 | 6.68 | 5.07 | 6.51 | 9.94 | 5.44 | 3.71 | .87 | 1.01 | .69 | .45 | 1.05 | 3.37 |
| 1953 | 4.79 | 6.77 | 11.44 | 9.80 | 6.34 | 1.21 | .52 | .42 | .29 | .51 | 1.34 | 3.65 |
| 1954 | 2.06 | 3.20 | 4.67 | 4.53 | 9.71 | 2.75 | 1.21 | 1.05 | 6.94 | 2.27 | 6.26 | 7.16 |
| 1955 | 2.92 | 3.06 | 5.41 | 6.17 | 2.77 | 1.44 | .46 | 1.63 | .61 | 8.38 | 8.61 | 2.17 |
| 1956 | 9.15 | 3.29 | 3.82 | 14.56 | 5.21 | 2.50 | .77 | .40 | .50 | .54 | 1.14 | 2.33 |
| 1957 | 2.92 | 2.63 | 4.22 | 3.99 | 2.65 | .87 | .37 | .22 | .22 | .29 | .97 | 3.91 |
| 1958 | 5.89 | 3.48 | 6.60 | 12.40 | 5.35 | 1.29 | .81 | .49 | .45 | .62 | 1.13 | 1.49 |
| 1959 | 2.07 | 2.05 | 5.41 | 8.67 | 2.37 | 1.22 | 1.17 | .59 | .82 | 2.55 | 4.08 | 5.55 |
| 1960 | 3.51 | 3.96 | 3.03 | 14.73 | 5.52 | 2.41 | 1.09 | 1.21 | 2.71 | 2.18 | 3.34 | 2.49 |
| 1961 | 1.57 | 3.09 | 7.28 | 11.10 | 4.67 | 2.31 | 1.03 | .80 | 1.23 | .99 | 2.06 | 1.73 |
| 1962 | 3.14 | 1.80 | 5.47 | 10.93 | 3.71 | 1.25 | .56 | .69 | .50 | 2.95 | 4.73 | 4.30 |
| 1963 | 2.19 | 1.76 | 6.83 | 7.53 | 2.66 | .77 | .38 | .24 | .25 | .35 | 1.52 | 1.98 |
| 1964 | 3.77 | 2.57 | 7.33 | 6.57 | 1.85 | .59 | .38 | .25 | .21 | .27 | .36 | .79 |
| 1965 | .65 | 1.33 | 2.38 | 3.79 | 1.47 | .59 | .23 | .20 | .19 | .27 | .45 | .64 |
| 1966 | .61 | 1.96 | 5.55 | 2.92 | 2.46 | .80 | .26 | .18 | .27 | .52 | 1.75 | 1.35 |
| 1967 | 1.68 | 1.53 | 2.64 | 10.62 | 6.29 | 3.17 | 2.22 | .72 | .47 | .60 | 1.07 | 3.03 |
| 1968 | 2.02 | 2.14 | 9.60 | 3.79 | 3.82 | 4.79 | 1.92 | .61 | .48 | .46 | 1.88 | 4.33 |
| 1969 | 2.21 | 2.17 | 5.81 | 10.70 | 2.80 | 1.01 | .58 | 1.03 | .93 | .52 | 5.24 | 5.83 |

**表 P-3-35 美國華盛頓州西昆市 (Sekiu) 近郊霍喀河**
**月平均流量 (m$^3$/s) 1963-1973**

| 年 | 1月 | 2月 | 3月 | 4月 | 5月 | 6月 | 7月 | 8月 | 9月 | 10月 | 11月 | 12月 |
|---|---|---|---|---|---|---|---|---|---|---|---|---|
| 1963 | 12.1 | 15.0 | 8.55 | 9.09 | 5.78 | 1.28 | 2.59 | 1.11 | .810 | 13.3 | 26.1 | 20.3 |
| 1964 | 27.3 | 12.2 | 18.0 | 8.21 | 4.08 | 3.62 | 4.53 | 2.44 | 4.28 | 7.67 | 13.3 | 14.7 |
| 1965 | 27.4 | 27.3 | 5.01 | 5.61 | 6.68 | 1.38 | .705 | .830 | .810 | 7.31 | 16.8 | 19.6 |
| 1966 | 29.8 | 11.3 | 17.6 | 5.18 | 2.67 | 2.10 | 1.85 | .986 | 1.54 | 10.3 | 17.0 | 39.0 |
| 1967 | 35.6 | 26.8 | 18.5 | 6.51 | 3.43 | 1.46 | .623 | .413 | .937 | 25.7 | 14.2 | 27.8 |
| 1968 | 34.2 | 22.4 | 15.7 | 9.20 | 3.68 | 2.65 | 1.72 | 1.55 | 9.12 | 16.8 | 16.5 | 25.2 |
| 1969 | 17.2 | 18.5 | 12.9 | 12.8 | 3.74 | 2.23 | 1.19 | .810 | 6.15 | 7.84 | 9.15 | 15.9 |
| 1970 | 17.3 | 12.1 | 8.50 | 17.7 | 3.85 | 1.32 | .932 | .708 | 4.22 | 7.96 | 13.9 | 25.4 |
| 1971 | 32.7 | 21.0 | 21.1 | 8.13 | 3.43 | 2.83 | 1.83 | .932 | 2.22 | 10.7 | 22.7 | 22.0 |
| 1972 | 27.4 | 26.9 | 25.4 | 14.6 | 3.00 | 1.00 | 5.32 | .841 | 2.00 | 1.14 | 11.8 | 37.8 |
| 1973 | 28.0 | 9.23 | 11.3 | 4.13 | 5.30 | 4.93 | 1.63 | .736 | .810 | 13.1 | 29.8 | 31.5 |

表 P-3-37　美國密西根州高斯市 (Koss) 邁奈密河月平均流量 ($m^3/s$)

| 年 | 1月 | 2月 | 3月 | 4月 | 5月 | 6月 | 7月 | 8月 | 9月 | 10月 | 11月 | 12月 |
|---|---|---|---|---|---|---|---|---|---|---|---|---|
| 1946 | 76.3 | 69.8 | 149.0 | 106.0 | 85.3 | 132.0 | 89.5 | 62.2 | 58.5 | 56.6 | 76.7 | 56.8 |
| 1947 | 54.0 | 53.0 | 60.1 | 157.0 | 164.0 | 103.0 | 72.1 | 55.5 | 52.7 | 51.0 | 59.3 | 47.1 |
| 1948 | 49.2 | 35.4 | 72.5 | 103.0 | 82.3 | 48.5 | 42.2 | 45.8 | 39.6 | 34.8 | 56.1 | 49.2 |
| 1949 | 45.9 | 47.9 | 57.4 | 87.7 | 84.7 | 62.0 | 102.0 | 51.7 | 57.2 | 57.0 | 57.8 | 58.6 |
| 1950 | 59.1 | 57.6 | 61.1 | 199.0 | 243.0 | 101.0 | 69.2 | 65.8 | 49.0 | 43.4 | 48.9 | 48.4 |
| 1951 | 50.5 | 44.5 | 68.0 | 267.0 | 171.0 | 143.0 | 159.0 | 93.3 | 122.0 | 147.0 | 117.0 | 87.0 |
| 1952 | 76.9 | 75.6 | 66.5 | 219.0 | 94.0 | 86.7 | 153.0 | 97.0 | 58.6 | 45.6 | 50.2 | 51.9 |
| 1953 | 59.4 | 62.5 | 103.0 | 167.0 | 133.0 | 166.0 | 174.0 | 87.5 | 67.0 | 56.1 | 53.4 | 63.6 |
| 1954 | 57.0 | 66.7 | 68.5 | 182.0 | 184.0 | 138.0 | 73.2 | 61.0 | 91.1 | 123.0 | 84.6 | 68.5 |
| 1955 | 66.2 | 61.0 | 70.5 | 254.0 | 108.0 | 106.0 | 48.7 | 56.1 | 38.0 | 59.7 | 63.0 | 57.4 |
| 1956 | 59.0 | 54.8 | 49.7 | 270.0 | 108.0 | 88.4 | 116.0 | 83.4 | 61.5 | 48.8 | 53.1 | 53.6 |
| 1957 | 49.4 | 46.1 | 69.7 | 130.0 | 93.0 | 65.0 | 41.4 | 36.3 | 52.3 | 52.7 | 73.3 | 59.8 |
| 1958 | 54.0 | 51.3 | 61.8 | 123.0 | 65.9 | 62.0 | 132.0 | 47.0 | 58.5 | 47.7 | 68.9 | 48.4 |
| 1959 | 46.7 | 43.1 | 55.0 | 110.0 | 105.0 | 56.7 | 48.3 | 78.0 | 142.0 | 155.0 | 122.0 | 78.2 |
| 1960 | 82.3 | 71.0 | 62.4 | 242.0 | 373.0 | 135.0 | 83.4 | 72.1 | 80.8 | 60.5 | 102.0 | 68.2 |
| 1961 | 52.6 | 49.2 | 77.0 | 158.0 | 186.0 | 82.5 | 60.8 | 53.8 | 48.9 | 57.9 | 67.6 | 63.1 |
| 1962 | 53.9 | 52.4 | 69.2 | 168.0 | 168.0 | 107.0 | 59.3 | 52.1 | 73.8 | 65.3 | 54.7 | 51.4 |
| 1963 | 46.8 | 43.8 | 56.1 | 87.7 | 120.0 | 99.1 | 43.6 | 40.6 | 38.0 | 34.2 | 35.6 | 35.7 |
| 1964 | 37.2 | 33.8 | 41.8 | 70.2 | 131.0 | 63.2 | 42.1 | 56.9 | 65.1 | 55.6 | 69.8 | 54.2 |
| 1965 | 49.3 | 44.1 | 50.9 | 173.0 | 361.0 | 83.6 | 51.7 | 45.6 | 56.2 | 67.5 | 76.6 | 87.2 |
| 1966 | 78.5 | 66.6 | 131.0 | 157.0 | 117.0 | 113.0 | 44.6 | 63.0 | 43.5 | 62.6 | 63.7 | 59.2 |
| 1967 | 59.8 | 64.0 | 65.2 | 295.0 | 133.0 | 135.0 | 100.0 | 66.3 | 51.6 | 86.0 | 108.0 | 63.3 |
| 1968 | 50.5 | 58.0 | 72.6 | 134.0 | 108.0 | 168.0 | 141.0 | 78.1 | 155.0 | 93.8 | 90.2 | 82.7 |
| 1969 | 89.9 | 90.0 | 84.4 | 229.0 | 157.0 | 118.0 | 87.1 | 51.1 | 42.6 | 65.3 | 68.9 | 58.2 |
| 1970 | 62.7 | 51.0 | 58.8 | 114.0 | 109.0 | 157.0 | 56.9 | 46.6 | 49.1 | 64.1 | 122.0 | 97.5 |
| 1971 | 72.4 | 64.7 | 89.4 | 284.0 | 155.0 | 93.3 | 67.5 | 51.0 | 47.0 | 92.4 | 88.2 | 80.2 |
| 1972 | 65.9 | 56.7 | 68.5 | 194.0 | 254.0 | 88.6 | 68.2 | 108.0 | 91.0 | 134.0 | 138.0 | 77.2 |
| 1973 | 85.3 | 73.8 | 226.0 | 240.0 | 290.0 | 111.0 | 72.6 | 80.3 | 69.0 | 66.9 | 82.5 | 66.3 |
| 1974 | 62.8 | 65.4 | 73.4 | 142.0 | 107.0 | 111.0 | 61.6 | 86.4 | 77.8 | 58.8 | 106.0 | 75.5 |
| 1975 | 66.3 | 66.0 | 68.4 | 193.0 | 209.0 | 116.0 | 54.8 | 41.5 | 63.2 | 43.4 | 69.2 | 86.3 |
| 1976 | 67.5 | 69.2 | 96.9 | 298.0 | 147.0 | 79.1 | 41.2 | 36.9 | 30.3 | — | — | — |

**表 P-3-38　美國華盛頓州奧提斯園市 (Otis Orchards) 近郊史巴克奈河月平均流量 ($m^3/s$)**

| 年 | 1 月 | 2 月 | 3 月 | 4 月 | 5 月 | 6 月 | 7 月 | 8 月 | 9 月 | 10 月 | 11 月 | 12 月 |
|---|---|---|---|---|---|---|---|---|---|---|---|---|
| 1950 | — | — | — | — | — | — | — | — | — | 59.9 | 123.0 | 257.0 |
| 1951 | 217.0 | 492.0 | 200.0 | 422 | 460 | 156.0 | 36.3 | 4.25 | 8.44 | 75.6 | 98.7 | 145.0 |
| 1952 | 115.0 | 140.0 | 107.0 | 491 | 624 | 165.0 | 52.4 | 9.49 | 33.3 | 36.1 | 44.7 | 50.5 |
| 1953 | 169.0 | 311.0 | 163.0 | 246 | 525 | 358.0 | 32.3 | 12.8 | 29.8 | 52.2 | 53.0 | 97.8 |
| 1954 | 116.0 | 190.0 | 254.0 | 398 | 657 | 414.0 | 68.0 | 28.13 | 28.3 | 82.1 | 106.0 | 93.1 |
| 1955 | 60.0 | 76.3 | 62.4 | 257 | 544 | 468.0 | 82.3 | 19.5 | 26.0 | 86.0 | 166.0 | 354.0 |
| 1956 | 292.0 | 141.0 | 195.0 | 685 | 809 | 391.0 | 47.8 | 22.0 | 27.9 | 64.7 | 78.9 | 101.0 |
| 1957 | 99.0 | 61.0 | 278.0 | 461 | 792 | 329.0 | 33.6 | 12.5 | 15.7 | 55.5 | 66.9 | 73.0 |
| 1958 | 80.0 | 245.0 | 234.0 | 408 | 548 | 152.0 | 29.5 | 4.50 | 24.4 | 36.8 | 153.0 | 240.0 |
| 1959 | 356.0 | 233.0 | 192.0 | 465 | 351 | 410.0 | 35.5 | 11.6 | 45.2 | 84.4 | 224.0 | 172.0 |
| 1960 | 117.0 | 154.0 | 202.0 | 600 | 470 | 266.0 | 35.4 | 16.0 | 45.0 | 47.8 | 57.6 | 88.5 |
| 1961 | 93.0 | 454.0 | 406.0 | 389 | 559 | 352.0 | 8.86 | 4.96 | 19.1 | 24.5 | 55.9 | 50.7 |
| 1962 | 107.0 | 142.0 | 124.0 | 534 | 535 | 232.0 | 39.9 | 11.0 | 13.3 | 50.3 | 96.6 | 186.0 |
| 1963 | 152.0 | 268.0 | 208.0 | 353 | 303 | 92.1 | 26.9 | 5.32 | 10.1 | 21.2 | 68.0 | 71.2 |
| 1964 | 76.5 | 97.6 | 81.6 | 328 | 594 | 619.0 | 66.5 | 34.0 | 92.7 | 43.0 | 88.6 | 408.0 |
| 1965 | 282.0 | 314.0 | 268.0 | 475 | 602 | 158.0 | 57.3 | 28.9 | 23.2 | 32.5 | 82.7 | 76.7 |
| 1966 | 105.0 | 63.7 | 175.0 | 451 | 388 | 126.0 | 38.3 | 10.3 | 12.0 | 45.6 | 60.1 | 122.0 |
| 1967 | 205.0 | 282.0 | 191.0 | 272 | 504 | 413.0 | 40.8 | 13.3 | 30.8 | 49.3 | 68.5 | 93.6 |
| 1968 | 104.0 | 276.0 | 348.0 | 226 | 232 | 155.0 | 42.3 | 22.3 | 40.5 | 92.9 | 166.8 | 198.0 |
| 1969 | 254.0 | 138.0 | 162.0 | 638 | 651 | 220.0 | 50.7 | 25.2 | 40.5 | 45.8 | 49.0 | 60.8 |
| 1970 | 86.8 | 225.0 | 214.0 | 260 | 512 | 382.0 | 51.3 | 32.5 | 35.6 | — | — | — |

水量 (以立方公尺表示)，以避免洪水發生。假設在這段期間的一開始，水庫為空水位。同時，假設當水庫達滿水位後，直至空水位為止，出流量等同 $Q_{out}$。請問在 1958 年 12 月底時，水庫是否為空水位？你可以撰寫一個試算表程式來計算這個問題。

**3-39** 當瑞巴哈納克河 (Rappahannock River) 的流量超過 5.80 $m^3/s$ 時，會發生洪水。使用表 P-3-39 的資料，在 1960 年 1 月 1 日至 1962 年 12 月 31 日期間，求取必要的蓄水量 (以立方公尺表示)，以避免洪水發生。假設在這段期間的一開始，水庫為空水位。同時，假設當水庫達滿水位後，直至空水位為止，出流量等同 $Q_{out}$。請問在 1962 年 12 月底時，水庫是否為空水位？你可以撰寫一個試算表程式來計算這個問題。

**3-40** 四個監測水井用來估算四周貯藏在地下的滲漏量，這些水井位於一正方形的四個角落，正方形面積為 100 ha。每個水井的總水頭如下：東北隅 30 m，東南隅 30 m，西南隅 30.6 m，西北隅 30.6 m。試決定水力坡降和水流方向。

答案：水力坡降＝$6.0\times10^{-4}$；方向＝由西向東

**3-41** 在一雨季後，水井水位量測的描述請參考習題 3-40，位於地面上各水井的間距如下：東北隅 3.0 m，東南隅 3.0 m，西南隅 3.6 m，西北隅 3.4 m。假設四個水井在地面上的高程是一樣的。試決定水力坡降和水流方向。

**3-42** 為了對模擬地下水污染團移動的研究做準備，設立了三口水井以求取水力坡降。三口水井設立在一矩形的網格上，位置如下：A 水井 $x=0.0$ m 且 $y=0.0$ m；B 水井 $x=280$ m 且 $y=0.0$ m；C 水井 $x=0.0$ m 且 $y=500$ m。每口井的地表高程在海平面以上 186.66 m。每口井至地下水水面的深度如下：A 水井＝5.85 m；B 水井＝5.63 m；C 水井＝5.52 m。試決定水力坡降和水流方向。

**3-43** 礫砂的水力傳導係數為 $6.9\times10^{-4}$ m/s，水力坡降為 0.00141，孔隙率為 20%。試決定達西速度與線性平均速度。

答案：$v=9.73\times10^{-7}$ m/s；$v'=4.86\times10^{-6}$ m/s。

**3-44** 細砂的水力傳導係數為 $3.5\times10^{-5}$ m/s，水力坡降為 0.00141，孔隙率為 45%。試決定達西速度與線性平均速度。

**3-45** 海濱的追蹤劑研究結果顯示，地下水的線性平均速度估計為 0.60 m/d。在實驗室的分析結果顯示，海砂的孔隙率為 30%，水力傳導係數為 $4.75\times10^{-4}$ m/s。試估計達西速度 (以 m/s 表示)，及地下水的水力坡降。

**3-46** 兩個水壓計安裝於侷限含水層中，含水層厚 30.0 m。兩個水壓計相隔 280 m，水壓水頭差 1.4 m。含水層的水力傳導係數為 50 m/d，孔隙率為 20%。計算水流流經兩個水壓計所需時間。

**3-47** 一個完全貫穿 28 m 厚自流含水層的水井，抽水速率為 0.00380 $m^3/s$，持續 1,941 天，所引起距離水井 48.0 m 處觀測井的洩降為 64.05 m。試計算離觀測

表 3-39　美國維吉尼亞州威林頓市 (Warrenton) 近郊瑞巴哈納克河月平均流量 ($m^3/s$)

| 年 | 1 月 | 2 月 | 3 月 | 4 月 | 5 月 | 6 月 | 7 月 | 8 月 | 9 月 | 10 月 | 11 月 | 12 月 |
|---|---|---|---|---|---|---|---|---|---|---|---|---|
| 1943 | 7.08 | 9.23 | 10.5 | 8.55 | 6.12 | 3.31 | 1.18 | 0.294 | 0.269 | 0.057 | 1.38 | 1.06 |
| 1944 | 4.67 | 3.14 | 8.44 | 5.66 | 3.71 | 1.88 | 0.334 | 0.450 | 4.13 | 4.62 | 1.87 | 5.27 |
| 1945 | 4.11 | 5.44 | 4.81 | 3.62 | 3.79 | 2.94 | 4.22 | 9.68 | 13.0 | 3.77 | 4.05 | 8.27 |
| 1946 | 8.44 | 7.90 | 7.36 | 5.38 | 9.94 | 7.84 | 2.60 | 4.70 | 2.02 | 3.14 | 2.35 | 2.38 |
| 1947 | 6.94 | 3.79 | 6.77 | 3.57 | 4.84 | 3.74 | 2.92 | 2.39 | 1.40 | 1.04 | 6.60 | 2.74 |
| 1948 | 3.85 | 6.09 | 7.28 | 9.77 | 11.5 | 4.05 | 4.16 | 13.1 | 2.86 | 7.73 | 10.4 | 14.1 |
| 1949 | 13.8 | 11.0 | 8.95 | 11.9 | 13.2 | 5.10 | 4.39 | 3.79 | 1.67 | 2.03 | 2.37 | 2.94 |
| 1950 | 2.76 | 7.45 | 7.73 | 4.42 | 7.56 | 5.44 | 4.25 | 1.60 | 5.75 | 4.19 | 5.63 | 20.0 |
| 1951 | 5.72 | 12.8 | 11.0 | 12.1 | 5.44 | 9.40 | 2.89 | 1.19 | 0.447 | 0.453 | 1.93 | 5.13 |
| 1952 | 7.62 | 9.74 | 12.5 | 18.0 | 9.32 | 3.43 | 2.21 | 1.98 | 2.50 | 0.951 | 9.80 | 7.28 |
| 1953 | 11.3 | 7.25 | 12.6 | 8.24 | 10.6 | 4.39 | 1.36 | 0.685 | 0.343 | 0.357 | 0.773 | 2.25 |
| 1954 | 2.47 | 2.54 | 5.69 | 5.72 | 4.39 | 1.95 | 0.875 | 0.572 | 0.131 | 1.90 | 1.80 | 3.57 |
| 1955 | 2.42 | 4.11 | 8.21 | 5.07 | 3.85 | 4.16 | 0.801 | 20.3 | 3.54 | 2.47 | 2.19 | 1.62 |
| 1956 | 2.21 | 6.54 | 7.31 | 6.23 | 2.46 | 1.06 | 10.3 | 3.60 | 2.17 | 4.42 | 6.34 | 3.91 |
| 1957 | 4.33 | 8.07 | 8.95 | 8.72 | 3.31 | 2.15 | 0.402 | 0.008 | 0.391 | 1.02 | 1.66 | 6.43 |
| 1958 | 10.1 | 6.82 | 12.0 | 11.8 | 9.03 | 2.97 | 5.07 | 3.57 | 1.33 | 1.56 | 1.81 | 1.89 |
| 1959 | 3.45 | 3.06 | 4.76 | 7.08 | 3.28 | 5.04 | 0.804 | 0.513 | 0.759 | 2.68 | 2.05 | 3.88 |
| 1960 | 4.11 | 9.71 | 7.70 | 13.3 | 11.3 | 9.97 | 2.97 | 1.85 | 2.77 | 1.10 | 1.23 | 1.31 |
| 1961 | 3.31 | 15.4 | 9.85 | 15.5 | 11.1 | 6.82 | 3.23 | 2.24 | 1.70 | 1.16 | 1.77 | 4.25 |
| 1962 | 5.44 | 5.61 | 16.8 | 10.7 | 5.27 | 6.88 | 3.57 | 1.51 | 0.855 | 0.932 | 4.73 | 3.60 |
| 1963 | 6.51 | 4.19 | 13.6 | 4.45 | 2.55 | 3.20 | 0.496 | 0.136 | 0.160 | 0.121 | 2.28 | 2.21 |
| 1964 | 9.97 | 8.18 | 9.63 | 11.8 | 7.25 | 1.37 | 1.44 | 0.660 | 0.697 | 1.72 | 1.83 | 3.82 |
| 1965 | 6.51 | 13.8 | 15.0 | 6.31 | 3.74 | 1.34 | 5.27 | 0.365 | 3.09 | 0.459 | 0.379 | 0.450 |
| 1966 | 0.694 | 5.83 | 4.45 | 4.45 | 6.63 | 1.70 | 0.225 | 0.135 | 4.47 | 3.51 | 3.31 | 4.42 |
| 1967 | 5.63 | 5.86 | 13.6 | 3.82 | 4.53 | 1.57 | 1.04 | 7.42 | 2.27 | 3.82 | 2.57 | 10.0 |
| 1968 | 12.9 | 6.68 | 9.40 | 4.56 | 4.02 | 4.59 | 2.64 | 1.64 | 1.03 | 0.971 | 4.93 | 3.00 |
| 1969 | 4.47 | 4.84 | 5.07 | 3.51 | 1.93 | 1.70 | 1.54 | 1.93 | 2.12 | 1.80 | 3.37 | 6.12 |
| 1970 | 5.92 | 11.4 | 6.14 | 9.83 | 4.30 | 2.34 | 3.62 | 1.62 | 0.413 | — | — | — |

井 68.0 m 處的洩降爲多少？原先的水壓面位於含水層底部上方 94.05 m 處，蓄水層的材質爲砂岩。答案取到小數點後面二位數。

答案：$s_2$＝51.08 m

**3-48** 如果一個完全貫穿 99.99 m 厚自流含水層的水井，抽水速率爲 0.0020 $m^3/s$，持續 1,812 天，所引起距離水井 280.0 m 處觀測井的洩降爲 12.73 m。試計算離觀測井 1,492.0 m 處的洩降爲多少？原先的水壓面位於含水層底部上方 170.89 m 處，蓄水層的材質爲砂岩。答案取到小數點後面二位數。

**3-49** 一抽水井完全貫穿 42.43 m 厚破裂岩石材質之自流含水層而汲水。在抽水開始前，水壓面位於含水層底部上方 70.89 m 處。抽水速率爲 0.0255 $m^3/s$。抽水 1,776 天後，距抽水井 272.70 m 處鑽設觀測井，井中的洩降達 5.04 m。試計算離抽水井 64.28 m 處的洩降。

**3-50** 爲求取 82.0 m 厚侷限含水層的水力傳導係數，執行一項長期性的抽水試驗。未抽水時的水壓面位於含水層底部上方 109.5 m 處。抽水速率爲 0.0280 $m^3/s$。離抽水井 41.0 m 處的觀測井，達穩態時的洩降爲 3.55 m。離抽水井 63.5 m 處的觀測井洩降爲 1.35 m。試求取水力傳導係數至三位有效數字。

**3-51** 侷限含水層的水壓面不宜降到微水層之下，因爲這樣會破壞含水層結構的完整性。決定例題 3-11 所允許最大抽水率，同時合下列條件：

1. 在 200 m 處的觀測井維持相同的洩降。
2. 另一口觀測井距離抽水井 2.0 m，觀測井備用來觀察水壓面低於微水層底部的情形。答案取到小數點後面二位數。

**3-52** 有一個自流含水層厚 5 m，水壓面在侷限層底部上方 65 m，正被一個完全貫穿的水井抽水。含水層的材質爲混合砂和礫石。一口位於 10 m 外的觀測井量測到 7 m 的洩降。如果抽水速率是 0.020 $m^3/s$，則距離水井多遠的第二口觀測井會量測到 2 m 的洩降？答案取到小數點後面二位。

**3-53** 一口測試井鑽至地表下非侷限含水層的不透水層，水井的深度爲 18.3 m。離抽水測試井 20.0 m 和 110.0 m 遠處，分別鑽設觀測井，每口觀測井的靜止水面位於地表下 4.57 m。測試井以 0.0347 $m^3/s$ 的速率抽水，直至達到穩態爲止。離抽水測試井 20.0 m 和 110.0 m 遠處的觀測井洩降，分別爲 2.78 m 和 0.73 m。試求取水力傳導係數，以 m/s 表示。答案取到三位有效數字。

**3-54** 對一個非侷限含水層而言，洩降有可能使水壓面低於水井底部，而使水停止流入井內。參考例題 3-12，若與抽水井相距 100.0 m 處的觀察井水位維持降低 9.90 m，且抽水井的水位降低量受限於含水層深度，即 30.0 m 時，請決定可無限持續的最大抽水量？答案請記錄至小數點以下二位數。

答案：$Q$＝1.36 $m^3/s$

**3-55** 有一包商試著估算某一點，其洩降爲 4.81 m，則該點距離抽水井有多遠？抽水井的相關條件如下：

抽水率＝0.0280 $m^3/s$

抽水時間＝1,066 d

觀測井的洩降＝9.52 m

觀測井距離抽水井 10 m

含水層材質＝中砂

含水層厚度＝14.05 m

假設水井完全貫穿非侷限含水層。答案取到小數點後面二位數。

**3-56** 爲新設一座廢水處理廠，在預定地開鑿一口完全貫穿 30.0 m 厚非侷限含水層的水井，以進行地層排水。離抽水井 45.45 m 處，水壓面必須下降至靜止水面以下 5.25 m。此外，離抽水井 53.56 m 處，亦希望水壓面能下降 2.50 m。含水層的材質是沃土。假設爲穩態，則達到預期的洩降所需要之抽水速率爲多少(以 $m^3/s$ 表示)？答案取到三位有效數字。

**3-57** 一口直徑爲 0.25 m 的水井，完全貫穿一個 20 m 厚的非侷限含水層。水井的排放速度爲 0.015 $m^3/s$，洩降爲 8 m。若流速穩定，水力傳導係數爲 $1.5 \times 10^{-4}$ m/s，決定距離水井 80 m 處，水壓面在侷限層上多少高度。

**3-58** 使用直徑爲 0.50 m 的水井，重做習題 3-57。

**3-59** 一口直徑爲 0.30 m 的水井，完全貫穿一個 28.0 m 厚的侷限含水層。含水層的材質爲破裂岩石。如果抽水井以 0.0075 $m^3/s$ 的速率，連續抽水 48 小時後，洩降達 6.21 m，試問以同樣的速率抽水 48 天之後，洩降爲多少？

**3-60** 一口水井直徑 0.61 m，以 0.0303 $m^3/s$ 的速率抽水，造成含水層產生以下的結果：在 8 分鐘時，$s$＝0.98 m；在 24 小時，$s$＝3.87 m。試計算導水係數。答案取到三位有效數字。

答案：$T = 4.33 \times 10^{-3}\ m^2/s$

**3-61** 一項抽水試驗以一口直徑爲 0.46 m、完全貫穿侷限含水層的水井進行，試求取該侷限含水層的導水係數。抽水試驗的結果如下：

抽水速率＝0.0076 $m^3/s$

$s$＝3.00 m (在 0.10 min 時)

$s$＝34.0 m (在 1.00 min 時)

**3-62** 一個含水層在觀測井處形成 1.04 m 的洩降，觀測井距離水井 96.93 m。抽水井在抽水 80 分鐘後，以 0.0170 $m^3/s$ 的速度抽水。虛擬時間爲 0.6 分鐘，導水係數爲 $5.39 \times 10^{-3}\ m^2/s$。試決定蓄水係數。

答案：$S = 4.647 \times 10^{-5}$ 或 $4.6 \times 10^{-5}$

**3-63** 利用習題 3-62 的數據，計算在抽水開始 80 天後觀測井的洩降。

**3-64** 若導水係數爲 $2.51 \times 10^{-3}\ m^2/s$，蓄水係數爲 $2.86 \times 10^{-4}$。計算一口直徑爲

0.5 m 的水井，以 0.0194 $m^3/s$ 的速率抽水，持續抽水兩天後的洩降。

**3-65** 從下表所列抽水試驗的結果，試決定自流含水層的蓄水係數。下表的結果是在一個離抽水井 300.00 m 處的觀測井所作的試驗，抽水速率為 0.0350 $m^3/s$。

| 時間 (min) | 洩降 (m) |
|---|---|
| 100.0 | 3.10 |
| 500.0 | 4.70 |
| 1,700.0 | 5.90 |

答案：$S=1.9\times10^{-5}$

**3-66** 重做習題 3-65，但假設觀測井距離抽水井 100.0 m。

**3-67** 從下表所列抽水試驗的結果，試決定自流含水層的蓄水係數。下表的結果是在一個離抽水井 100.00 m 處的觀測井所做的試驗，抽水速率為 0.0221 $m^3/s$。

| 時間 (min) | 洩降 (m) |
|---|---|
| 10.0 | 1.35 |
| 100.0 | 3.65 |
| 1,440.0 | 6.30 |

**3-68** 重做習題 3-67，但假設觀測井距離抽水井 60.0 m 處。

**3-69** 下表所列，為利用一口直徑 0.76 m、完全貫穿含水層的水井，進行抽水試驗的結果，試決定自流含水層的蓄水係數。抽水速率為 0.00350 $m^3/s$。表中的洩降數據量測自抽水井。

| 時間 (min) | 洩降 (m) |
|---|---|
| 0.20 | 2.00 |
| 1.80 | 3.70 |
| 10.0 | 5.00 |

**3-70** 兩口距離為 106.68 m 的抽水井，同時進行抽水，水井 A 以 0.0379 $m^3/s$ 的速率抽水，而水井 B 以 0.0252 $m^3/s$ 的速率抽水。兩口水井的直徑皆為 0.460 m。導水係數為 $4.35\times10^{-3}$ $m^2/s$，蓄水係數為 $4.1\times10^{-5}$。抽水 365 天後，計算水井 A 對水井 B 的干擾值。答案取到小數點後面二位數。

答案：水井 A 對水井 B 的干擾值為 9.29 m。

**3-71** 利用習題 3-70 的資料，求出 365 天後，水井 B 的總洩降。答案取到小數點後面兩位。

**3-72** 編號 12 和編號 13 的兩口水井，距離 100 m，分別以 0.0250 $m^3/s$ 及 0.0300 $m^3/s$ 的速率抽水，在抽水 280 天後，12 號的水井對 13 號水井所造成的干擾為何？

每口井直徑 0.500 m，導水係數 $1.766 \times 10^{-3}$ $m^2/s$，蓄水係數爲 $6.675 \times 10^{-5}$。答案取到小數點後面二位數。

**3-73** 利用習題 3-72 的資料，求出 280 天後，13 號抽水井的總洩降。答案取到小數點後面二位數。

**3-74** 三口水井 X、Y、Z 彼此等距離相距 100.0 m，抽水速率分別爲 0.0315 $m^3/s$，0.0177 $m^3/s$ 及 0.0252 $m^3/s$。每口水井的直徑爲 0.300 m，導水係數爲 $1.77 \times 10^{-3}$ $m^2/s$，蓄水係數爲 $6.436 \times 10^{-5}$。在抽水 100 天後，水井 X 對水井 Y 和水井 Z 的干擾爲何？答案取到小數點後面二位數。

**3-75** 利用習題 3-74 的資料，求出水井 X 在抽水 100 天後的總洩降。答案取到小數點後面二位數。

**3-76** 圖 P-3-76 爲一井田的分布圖，試決定加入第六口水井後的效果。是否可能對水井或含水層有任何潛在的不良影響？假設所有水井已抽水 100 天，每個水井

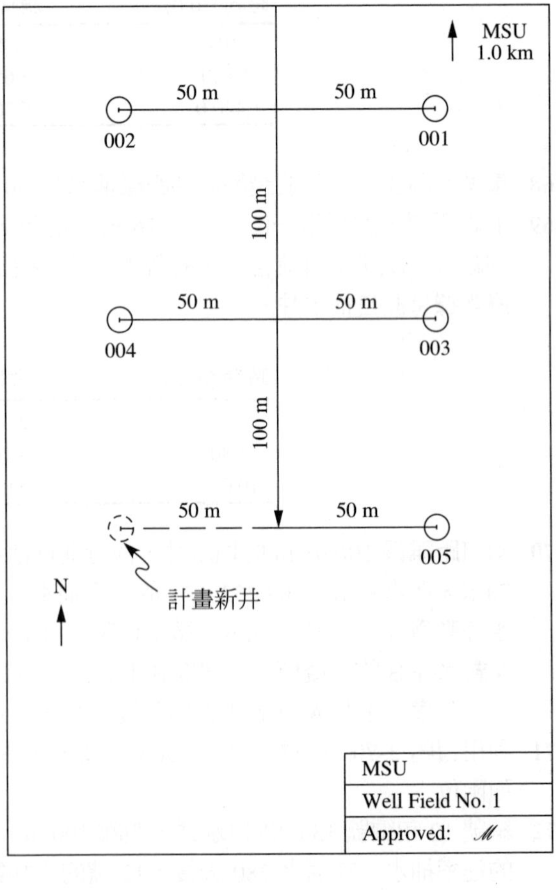


**圖 P-3-76** MSU 井田分佈。

**1 號 MSU 井田**

| 水井編號 | 抽水速率 ($m^3/s$) | 井深 (m) |
|---|---|---|
| 1 | 0.0221 | 111.0 |
| 2 | 0.0315 | 112.0 |
| 3 | 0.0189 | 110.0 |
| 4 | 0.0177 | 111.0 |
| 5 | 0.0284 | 112.0 |
| 6 (新加入) | 0.0252 | 111.0 |

直徑爲 0.300 m。水井的資料如下表所示。含水層的資料示於水井資料之後。
含水層特徵如下：

蓄水係數＝$6.418 \times 10^{-5}$

導水係數＝$1.761 \times 10^{-3}$ $m^2/s$

沒抽水時的水位＝地平面下 6.90 m

自流含水層頂部的深度＝87.0 m

答案：每口水井的總洩降，依編號順序爲：(1) 79.54 m，(2) 84.99 m，(3) 80.05 m，(4) 79.54 m，(5) 83.18 m，(6) 81.35 m。2 號、5 號，與 6 號水井的洩降，會低於絕水層的頂部。

**3-77** 圖 P-3-77 爲一井田的分佈圖，試決定加入第六口水井後的效果。是否可能對水井或含水層有任何潛在的不良影響？假設所有水井已抽水 100 天，每個水井直徑爲 0.300 m。含水層與水井資料如下列圖表所示。
含水層特徵如下：

蓄水係數＝$2.11 \times 10^{-6}$

導水係數＝$4.02 \times 10^{-3}$ $m^2/s$

沒抽水時的水位＝地平面下 9.50 m

自流含水層頂部的深度＝50.1 m

**3-78** 若將習題 3-77 所有水井的直徑都放大到 1.50 m，試計算新水井可維持的抽水速率及抽水時間。

**3-79** 圖 P-3-79 爲一井田的分佈圖，試決定加入第六口水井後的效果。是否可能對水井或含水層有任何潛在的不良影響？假設所有水井已抽水 180 天，每個水井直徑爲 0.914 m。水井資料如下表所示。含水層的資料示於水井資料之後。
含水層特徵如下：

蓄水係數＝$2.80 \times 10^{-5}$

導水係數＝$1.79 \times 10^{-3}$ $m^2/s$

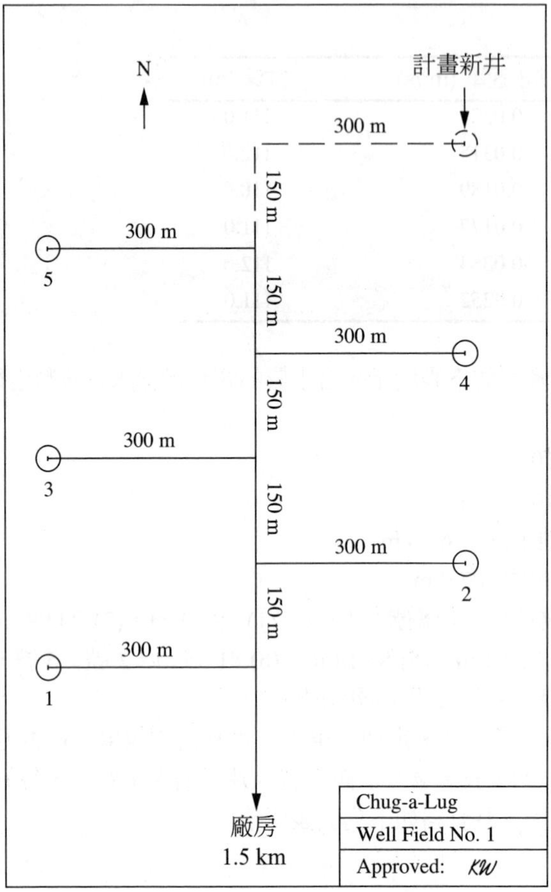


**圖 P-3-77** 1 號釀酒井田分佈。

**一口飲 (Chung-a-Lug) 酒廠的 1 號釀酒井田**

| 水井編號 | 抽水速率 ($m^3$/s) | 井深 (m) |
|---|---|---|
| 1 | 0.020 | 105.7 |
| 2 | 0.035 | 112.8 |
| 3 | 0.020 | 111.2 |
| 4 | 0.015 | 108.6 |
| 5 | 0.030 | 113.3 |
| 6 (新加入) | 0.025 | 109.7 |

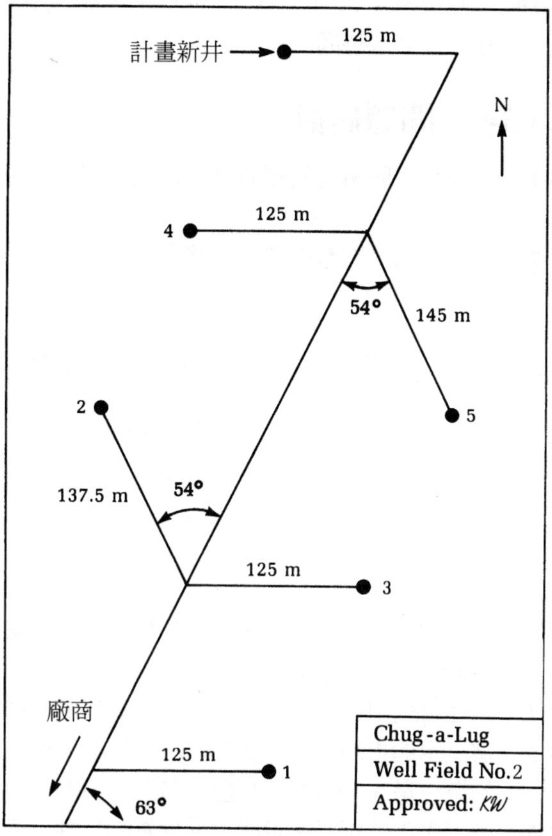


**圖 P-3-79**　2 號釀酒井田分佈。

**一口飲 (Chung-a-Lug) 酒廠的 2 號釀酒井田**

| 水井編號 | 抽水速率 ($m^3/s$) | 井深 (m) |
|---|---|---|
| 1 | 0.0426 | 169.0 |
| 2 | 0.0473 | 170.0 |
| 3 | 0.0426 | 170.0 |
| 4 | 0.0404 | 168.0 |
| 5 | 0.0457 | 170.0 |
| 6 | 0.0473 | 170.0 |

沒抽水時的水位＝地平面下 7.60 m

自流含水層頂部的深度＝156.50 m

**3-80** 若將習題 3-79 中所有水井的直徑都放大到 1.8 m，試計算新水井可維持的抽水速率及抽水時間。

## ▲ 3-9 問題研討

**3-1** 自流含水層所受的壓力是來自地質層上的重量。這句話是對或錯？若錯，則將句子改正。

**3-2** 決定下列水文歷線圖的基流。

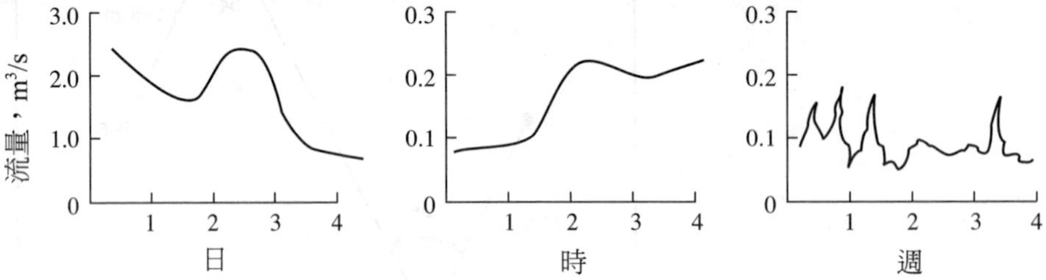


(a) (b) (c)

**3-3** 當一個專業的工程師，若必須估計尖峰流量從停車場到達量測點的時間。你如何收集資料並做估計？

**3-4** 爲什麼使用合理化公式時需要估計集流時間。

**3-5** 當洪水的重現期距 (重現期) 爲 5 年，那表示下一年發生相同或小於劇烈洪水的機率是 5%。這句話是對或錯？若錯，則將句子改正。

**3-6** 由下表鑽井記錄，說明水文地質的特性。水井濾網放置在 6.0－8.0 m，從地表面鑽孔 1.8 m 後，水位面處於靜止狀態。

| 地層 | 深度，m | 注意 |
|---|---|---|
| 頂部土層 | 0.0-0.5 | |
| 砂質耕土 | 0.5-6.0 | 在 1.8 m 處與水相遇 |
| 砂 | 6.0-8.0 | |
| 黏土 | 8.0-9.0 | |
| 頁岩 | 9.0-10.0 | 水井終點 |

**3-7** 由下表加拿大安大略省 (Ontario) 布雷斯橋市 (Bracebridge) 的鑽井記錄，說明水文地質的特性。水井濾網放置在 48.0－51.8 m，從地表面鑽孔 10.2 m 後，水位面處於靜止狀態。

| 地層 | 深度，m | 注意 |
|---|---|---|
| 砂 | 0.0-6.1 | |
| 礫質黏土 | 6.10-8.6 | |
| 細砂 | 8.6-13.7 | |
| 黏土 | 13.7-17.5 | 井管密封 |
| 細砂 | 17.5-51.8 | |
| 岩床 | 51.8 | 水井終點 |

**3-8** 繪出兩個水井對另外一個水井的相互干擾的水壓剖面圖。水井 A 的抽水量為 0.028 $m^3/s$，水井 B 的抽水量為 0.052 $m^3/s$。並標示出抽水前的地下水位、每個水井獨自抽水和兩個水井一起抽水的洩降曲線。

## ▲ 3-10 參考文獻

ASCE (1969) *Design and Construction of Sanitary and Storm Sewers,* Manual of Practice No. 37 (also Water Pollution Control Federation Manual of Practice No. 9), American Society of Civil Engineers, New York, pp. 43–46.

Bouwer, H. (1978) *Groundwater Hydrology*, McGraw-Hill, New York, pp. 22, 38, 66, 68.

Cooper, H. H., and C. E. Jacob (1946) "A Generalized Graphical Method for Evaluating Formation Constants and Summarizing Well Field History," *Transactions American Geophysical Union,* vol. 27, pp. 520–534.

Dalton, J. (1802) "Experimental Essays on the Constitution of Mixed Gases; on the Force of Steam or Vapor from Waters and other Liquids, Both in a Torricellian Vacuum and in Air; on Evaporation; and on the Expansion of Gases by Heat," *Member Proceedings, Manchester Literary and Philosophical Society,* vol. 5, pp. 535–602.

Darcy, H. (1856) *Les Fontaines Publiques de la Ville de Dijon,* Victor Dalmont, Paris, pp. 570, 590–594.

Davis, M. L., and S. J. Masten, (2004) *Principles of Environmental Engineering and Science,* McGraw-Hill, New York, p. 195.

Dupuit, J. (1863) *Etudes Théoriques et Practiques sur le Mouvement des Eaux dans Les Canaux Décoverts et à Travers les Terrains Perrméables*, Dunod, Paris.

FAA (1970) *Airport Drainage,* Advisory Circular A/C 150-5320-5B, Federal Aviation Agency, Department of Transportation, U.S. Government Printing Office, Washington, DC.

Ferris, J. G., D. B. Knowles, R. H. Brown, and R. W. Stallman (1962) *Theory of Aquifer Tests,* U.S. Geological Survey Water-Supply Paper 1536-E, pp. 69–174.

Flack, J. E. (1980) "Achieving Urban Water Conservation," *Water Resources Bulletin,* vol. 16, no. 1.

Gilman, C. S. (1964) "Rainfall," in V. T. Chow (ed.), *Handbook of Applied*

*Hydrology,* McGraw-Hill, New York, p. 9–50.
Hanke, S. H. (1970) "Demand for Water Under Dynamic Conditions," *Water Resources Research*, vol. 6, No. 5.
Heath, R. C. (1983) *Basic Ground-Water Hydrology,* U.S. Geological Survey Water-Supply Paper 2220, U.S. Government Printing office, Washington, DC.
Horton, R. E. (1935) *Surface Runoff Phenomena: Part I, Analysis of the Hydrograph,* Horton Hydrologic Lab Publication 101, Edward Bros., Ann Arbor, MI.
Johnson Division, UOP (1975) *Ground Water and Wells*, Johnson Division, UOP, St. Paul, MN, pp. 37, 102.
Linsley, R. K., M. A. Kohler, and J. L. H. Paulhus (1975) *Hydrology for Engineers,* McGraw-Hill, New York, p. 200.
Loucks, D. P., J. R. Stedinger, and D. A. Haith (1981) *Water Resource Systems Planning and Analysis,* Prentice-Hall, Englewood Cliffs, NJ, p. 3
Rippl, W. (1883) "The Capacity of Storage Reservoirs for Water Supply," *Proceedings of the Institution of Civil Engineers* (London), vol. 71, p. 270.
Rousculp, J. A. (1939) "Relation of Rainfall and Runoff to Cost of Sewers," *Transactions of the American Society of Civil Engineers,* vol. 104, p. 1473.
Sherman, L. K. (1932) "Stream-Flow from Rainfall by the Unit-Graph Method," *Engineering News Record,* vol. 108, pp. 501–505.
Theim, G. (1906) *Hydrologische Methoden,* J. M. Gebhart, Leipzig, Germany.
Theis, C. V. (1935) "The Relation Between Lowering of the Piezometric Surface and the Rate and Duration of Discharge of a Well Using Ground Water Storage," *Transactions of the American Geophysical Union,* vol. 16, pp. 519–524.
U.S. EPA (1973) *Manual of Individual Water Supply Systems,* U.S. Environmental Protection Agency (EPA-430-9-73), Washington, DC, pp. 45–50, 107–109.
U.S. EPA (1997) *National Public Water Systems Compliance Report*, U.S. Environmental Protection Agency, Office of Water (EPA-305-R-99-002) Washington, D.C.
Viessman, W., J. W. Knapp, and G. L. Lewis (1989) *Introduction to Hydrology,* Harper & Row, New York, p. 186.
Walton, W. C. (1970) *Groundwater Resource Evaluation,* McGraw-Hill, New York, p. 34.
Weibull, W. (1939) "Statistical Theory of the Strength of Materials," *Ing. Vetenskapsakad. Handl,* Stockholm, vol. 151, p. 15.

CHAPTER

# 4

# 水處理

## 4-1 導　言

每天約有將近 80% 的美國人口開啓水龍頭飲用公共給水。一般民衆均假設飲用水是安全的，或甚至從未想過安全性的問題。

美國約有 170,000 公共給水系統。美國環保署將供水系統依據供水服務人口數、水源，及是否符合全年服務相同用戶或偶而供水，而將供水系統加以分類。以下統計資料來自於**安全飲用水資訊系統** (Safe Drinking Water Information System, SDWIS)，其係於 2000 年 9 月會計年度，各州政府向環保署所申報。

**公共供水系統** (Public water systems)，係指經由管線或其他輸送構造物，提供水供人類使用，且其至少有十五個以上的服務接點，或一年內至少六十天，平均服務至少在 25 人以上。美國環保署將公共供水系統分爲三類：

- 社區供水系統 (Community Water System, CWS)：全年供水給相同人口的公共給水系統。
- 非暫時逗留非社區供水系統 (Non-Transient Non-Community Water System, NTNCWS)：一年之中至少有 6 個月，但非整年，提供至少 25 位相同人口用水之公共給水系統，例如本身擁有供水系統之學校、工廠、辦公大樓以及醫院。
- 暫時逗留非社區供水系統 (Transient Non-Community Water System, TNCWS)：供給對象爲加油站或營地非長時間逗留之人口的公共給水系統。

美國環保署同時依據供水服務人口數，將水系統加以分類：

- 非常小型給水系統　25 ~ 500 人
- 小型給水系統　501 ~ 3,300 人
- 中型給水系統　3,301 ~ 10,000 人
- 大型給水系統　10,001 ~ 100,000 人
- 非常大型給水系統　100,000 人 以上

以下列出 2000 年之系統數及供水服務人口數 (註：人口數並非總計資料，部

份人口會因由數個系統所供給，而重複計算)

- 54,064 CWS 供給 2 億 6,390 萬人
- 20,559 NTNCWS 供給 690 萬人
- 93,210 TNCWS 供給 1,290 萬人

對開發中國家而言，乾淨的用水是一種必然的要求，而無關法律是否有所訂定。

據估計，2005 年每 15 秒就有一位未滿 5 歲的小孩死於水媒相關疾病，約有 17% 的地球人口 (12 億人) 無法擁有可靠的飲用水，而約有 40% 人口無法接近足夠的衛生條件 (www.waterforpeople.com)。

事實顯示美國及已開發國家在公共給水方面的傑出記錄，並不是偶然的。早在 1900 年代初期，美國的衛生工程師即致力於減少水媒疾病的發生。圖 4-1 所示爲費城在 1890 至 1935 年期間，傷寒發生率的變化，顯示在公共給水使用的處理方法逐漸增加下，水媒疾病的發生率明顯地減少。其中，1906 年以前，是直接從河中取水，在未處理的情況下即分配供水。而使用慢砂過濾後，傷寒發生的情況便很清楚地立即減少。在加氯消毒應用後，傷寒發生的案例數目更爲降低。1920 年以後，由於對受到感染的帶原者開始加以小心掌控，使傷寒的發生案例更進一步的減少。自 1952 年後，美國國內傷寒導致的死亡率已降至百萬分之一。基於合理地使用安全且適當的飲用水，是所有人類的基本權利，許多國家與組織已對開發中國家給予技術與財務方面的援助，以解決這方面的問題。

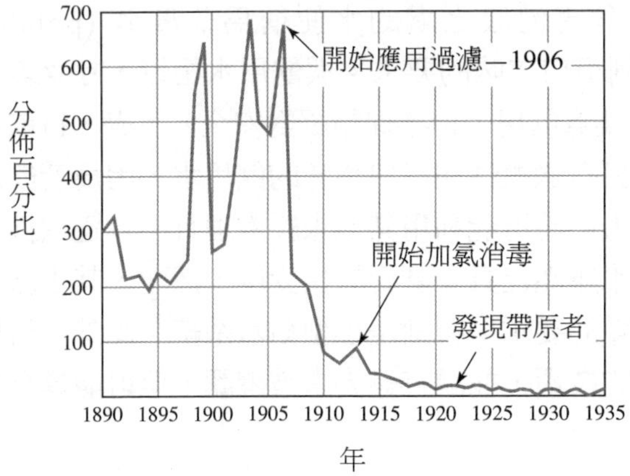


**圖 4-1**　費城於 1890 至 1935 年期間每 100,000 人發生傷寒案例數。

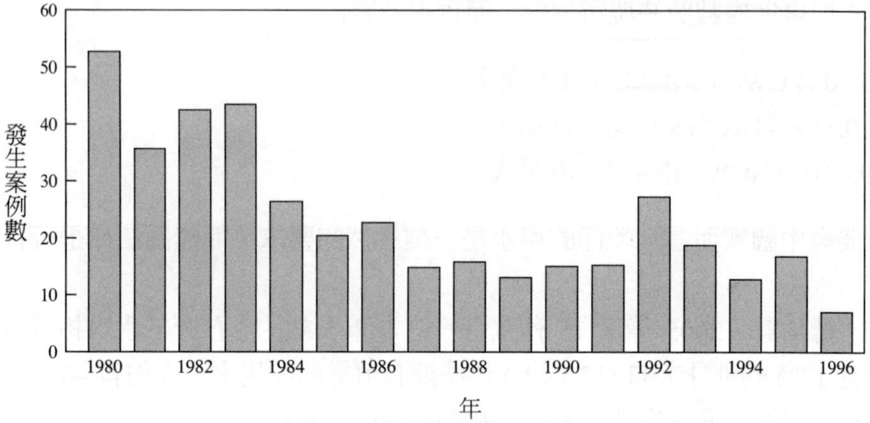


**圖 4-2** 1980 至 1996 年期間水媒疾病發生案例數 (資料來源：WQ&T, 1999)。

美國對於公共衛生的追蹤，以及對眾多微生物所導致水媒疾病的體認，有助於對水質與疾病間的關連有更深刻的了解。當許多與死亡或重症 (如傷寒、小兒痲痺病毒) 有關之微生物於美國境內被消除時，仍有部份會導致疾病或偶發死亡案例之微生物被發現。如圖 4-2 所示，美國在 1980 年至 1996 年期間，發生 402 次水媒疾病。這些案例當中，有許多與胃腸病狀有關 (腹瀉、疲勞、絞痛)，主要發生於小型給水系統。表 4-1 列出由不同微生物所導致之疾病數，在 509,213 病例中，有 403,000 病例係於 1993 年發生於威斯康辛州之密爾瓦基市之隱孢子蟲病事件有關。據估算約有 403,000 民眾生病，此次事件並導致 50 名免疫力不足的民眾死亡，在那時，密爾瓦基市符合所有水質法規。2006 年美國環保署通過新的法規以管制隱孢子蟲病。

在任何需求量下，沒有危害健康之虞的水便稱爲**飲用水** (potable water)。飲用水並沒有必要達到可口美味的要求。與飲用水相較，**可口美味的水** (palatable water) 會使人們樂意飲用，但不保證絕對安全。不過，目前已經體認到淨水廠需要同時提供具有適飲性與可口美味的飲用水，因爲若飲用水無法達到可口美味的要求，人們將可能利用其他未經處理且不具適飲性的水源。另外，美國國內的飲用水雖然已具有廣泛的接受度，然而，其水處理系統尚未達到操作與控制零缺點的要求，特別是小型給水系統。此外，科學界亦不斷地在加強檢測污染物的技術，並調查過去未被確認，但可能具有長期影響健康的潛在組成物。

**表 4-1　1980 至 1996 年期間美國水媒疾病發生次數*†**

| 疾病 | 發生次數 | 疾病案例 |
|---|---|---|
| 腸胃炎, 未定義 | 183 | 55,562 |
| 腸胃炎, 梨形蟲胞囊 | 84 | 10,262 |
| 化學毒化 | 46 | 3,097 |
| 桿菌性痢疾 | 19 | 3,864 |
| 腸胃炎, 諾沃克病毒 | 15 | 9,437 |
| 彎曲菌症 | 15 | 2,480 |
| A型肝炎 | 13 | 412 |
| 孢子蟲症 | 10 | 419,939‡ |
| 沙門桿菌病 | 5 | 1,845 |
| 腸胃炎，大腸桿菌 0157:H7 | 3 | 278 |
| 腸炎耶辛氏症 | 2 | 103 |
| 霍亂 | 2 | 28 |
| 腸胃炎, 輪狀病毒 | 1 | 1,761 |
| 傷寒 | 1 | 60 |
| 腸胃炎, 鄰單胞菌 | 1 | 60 |
| 阿米巴痢疾 | 1 | 4 |
| 隱孢子蟲病 | 1 | 21 |
| **總計** | **402** | **509,213** |

* 微生物所引起水媒疾病發生的定義包括：(1) 兩位以上的民眾，飲用或使用水之後出現相同的症狀 (2) 流行病學的證據指出水爲疾病來源。若實驗研究指出水受到化學物質污染，則屬單一化學毒化案例。

† 數據來自於 CDC 統計 1980 至 1985 年的監測年報，與 1986 至 1994 年的雙年報，並與 G.F. Craun 數據比對修正數個遺漏案例。

‡ 包括一次爆發，發生 403,000 案例數。

(資料來源：WQ&T, 1999)

## 水化學

爲理解各章關於水質與廢水處理的說明，首先有必要對於水化學的基本觀念加以了解，建議應利用足夠的時間，練習本節所舉出的例子。

**水的物理性質**　密度 (density) 及黏滯度 (viscosity) 爲有關水處理的基本物理性質。其中，密度可用來表示物質的濃度，計有三種表達方式：

**1.** 質量密度，$\rho$。*質量密度* (mass density) 爲單位體積所具有的質量，以 $kg/m^3$ 表示。附錄 A 的表 A-1 即爲不含空氣時，純水密度隨溫度的變化。溶解物質濃度的改變與本身濃度及密度有直接的比例關係。不過，在環境工程的應用中，通常會忽略溶解物質增加密度的影響。然而，若處理濃縮污泥或有價液體化學品等高濃度物質時，環境工程師則不能忽略物質密度的影響。

**2.** 比荷重，$\gamma$。**比荷重** (specific weight) 表示單位體積的荷重，單位以 $kN/m^3$ 表示。流體的比荷重可利用密度與重力加速度，$g$，9.81 $m/s^2$，的乘積求得，如下式所示：

$$\gamma = \rho g \tag{4-1}$$

**3.** 比重，$S$。比重的定義爲

$$S = \rho/\rho_0 = \gamma/\gamma_0 \tag{4-2}$$

上式中的下標零代表水溫爲 3.98°C 時水的密度，即 1,000 $kg/m^3$，此時比荷重爲 9.81 $kN/m^3$

爲方便求得近似值，常溫下水的密度通常設爲 1,000 $kg/m^3$ (1 kg/L)，比荷重假設爲 1。

另外，包括液體等所有的物質，皆會產生一種內在的摩擦力，阻礙物質的移動，因此，摩擦力高的液體較難以抽取。而摩擦力的大小是以黏滯度表示，且以兩種表達方式：

**1.** 動力黏滯力 (dynamic viscosity) 或絕對黏滯度 (absolute viscosity)，$\mu$，表示單位時間，單位長度時所具有的質量，表示爲 Pa．s。
**2.** 運動黏滯力 (kinematic viscosity)，$\upsilon$，可利用下式計算：

$$\upsilon = \mu/\rho \tag{4-3}$$

運動黏滯力的尺度爲單位時間下長度的平方，單位爲 $m^2/s$。

**溶液中物質分類**　就環境工程的觀點，物質在水中存在的種類不外乎**懸浮性** (suspended)、**膠體性** (colloidal) 與**溶解性** (dissolved) 等三種形式。

溶解物質爲實際存在於溶液中的物質，且均勻地分佈在液相。溶解物質除了以簡單的原子態存在，亦可以是複雜的分子化合物。由於溶解物質與液體均同時以液相存在，因此，必須藉由蒸餾、沉澱、吸附與萃取等相轉移，或通過離子大小孔洞薄膜的方式，才能將液體中的溶解物質移除。其中，**蒸餾** (distillation) 是將溶解物質或液體，由液相轉變爲氣相，達到分離的目的；**沉澱** (precipitation) 是將液相中的溶解物質與其他化合物結合形成一固態

物，藉以達到固液分離的目的；**吸附** (adsorption) 是將溶解物質與固體顆粒結合形成複合物，亦是一種相轉移；**液體萃取** (extraction) 則是將溶解物質從水相分離，轉移至另一液相的過程；具有離子大小孔洞之薄膜，可將溶解性物質經由高壓過濾程序由溶液中移除。

懸浮固體因尺寸較大，可以在水中經由沉降或過濾加以移除。其中，懸浮固體視爲固相，與液相水體以兩相的形式存在。至於細菌的尺寸，則屬尺寸較小的懸浮固體，大小約在 0.1 至 1.0 $\mu$m 之間。另外，在環境工程領域中，懸浮固體通常定義爲可經由玻璃纖維濾紙分離的固體顆粒，亦可稱可過濾的固體。懸浮固體可利用沉降、過濾與離心等物理方法，從水中加以移除。

膠體顆粒的尺寸介於溶解物質與懸浮固體之間，爲固體狀態，並可利用高強度的離心作用或非常小孔隙的薄膜過濾加以分離。然而，由於膠體顆粒太小，因此，沉降或一般的過濾程序是無法加以移除的。膠體顆粒會產生所謂的丁道爾 (Tyndall) 效應。當光源通過含有膠體顆粒的液體時，光線將會被顆粒反射。通常在光源入口處的 90$^o$ 方向，將膠體顆粒反射光線的程度，以**濁度**表示。由於濁度是一種相對性的量測方式，因此，水樣的濁度有許多的量測方法，最常用的標準爲散射濁度單位 (NTU)。針對使用目的，本書將簡易地以濁度單位 (TU) 量測水中的濁度。在顆粒尺寸固定的情況下，較高的濁度表示水中含有較高濃度膠體顆粒。

在環境工程領域，另一個可以描述溶液狀態的有效方法爲**色度** (color)。色度很難由上述三種的物質溶解狀態加以區分，但可視爲溶解物質與膠體顆粒的合併狀態。由於色度可以量測得知，因此廣泛地應用於環境工程。不過，若要進一步區分色度爲溶解性色度或膠體色度，將是非常困難的工作。雖然水中色度形成的原因，大部份係因有機物分解所產生的錯合有機化合物所致，但膠體態的鐵錳錯合物亦會導致部份色度的產生。色度的來源通常爲土壤有機物的分解，產生腐植酸，造成水質有略帶紅棕色的現象。腐植酸分子量介於 800 至 50,000 之間，其中，分子量較低的部份屬於溶解性，而分子量較高的部份則屬於膠體性。大部份產生色度的顆粒大小似乎介於 3.5 至 10 $\mu$m 之間，該尺寸範圍應屬於膠體顆粒。色度的量測是藉由光吸收能力的大小加以決定，而色度的去除方法與溶解物質與膠體顆粒的去除方法相同，但仍須視色度的特性而定。

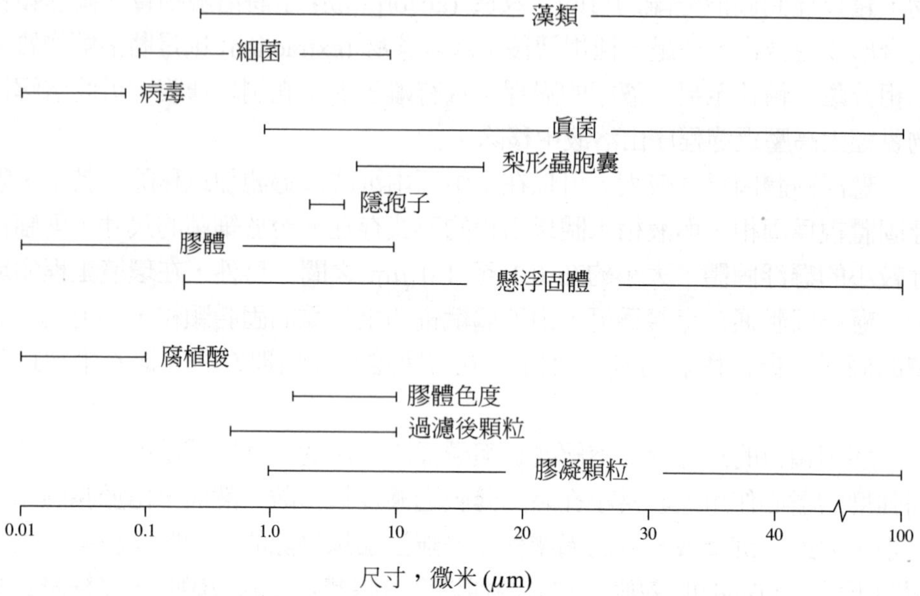


**圖 4-3** 水中顆粒分佈情形 (資料來源：McTigue and Cornwell, 1988)。

在水處理領域中，不同顆粒種類及其尺寸的概略分佈如圖 4-3 所示。目前，已有一種技術，稱爲**顆粒計數** (particle counting)，係利用顆粒尺寸來評估水質特性。顆粒計數器可以量測水樣中的顆粒數目，而量測的顆粒尺寸範圍是介於 1 至 30 $\mu$m 之間。圖 4-4 所示爲某原水與處理後水中顆粒分佈的比較，雖然藉由顆粒計數器並無法得知顆粒的種類，然而，對於處理效率的評估與原水水質的特徵化將會有所助益。

**化學單位** 過去對於溶液的溶質重量分析，係使用**重量百分比** (weight percent) 及**毫克/公升** (milligram per liter) 來表示。爲方便計量的運算*，有必要轉換成 molarity 及 normality 等常用的單位。

重量百分比，$P$，有時會用來計算商用化學品的近似濃度或污泥的固體濃度，其定義爲每 100 公克溶液具有的溶質重量 (公克)，數學式表示爲：

* 計量爲一種有關於量測元素參與反應之比例的化學。計量計算可視爲質量守恆定律至化學反應的應用。

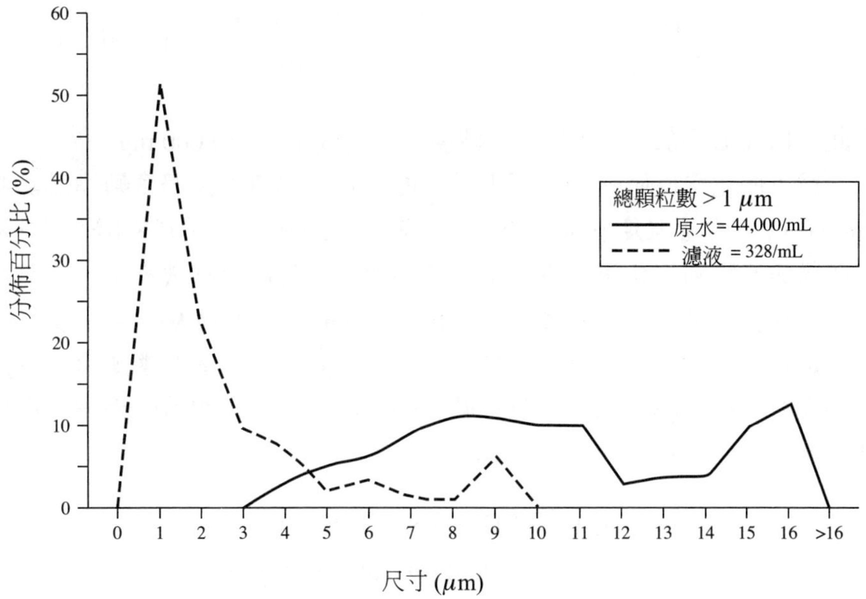


**圖 4-4**　處理前後的粒徑分佈變化。

$$P = \frac{W}{W + W_0} \times 100\% \quad \textbf{(4-4)}$$

其中，$P$ ＝溶質重量百分比

$W$ ＝溶質公克數

$W_0$ ＝溶液公克數

水樣分析結果常會直接地表示爲質量/體積 (濃度)，使用單位爲 mg/L。在環境工程領域，通常假設溶質不會改變水的密度，但這個假設經常是不正確的，尤其應用於稀溶液時將不會有精確的結果，然而，該假設仍可進行某些有用的轉換。假設 1 毫升的水重量等於 1 公克，則：

$$\frac{1\text{ mg}}{\text{L}} = \frac{1\text{ mg}}{1{,}000\text{ g}} = \frac{1\text{ mg}}{10^6\text{ mg}} = 1\text{ ppm} \quad \textbf{(4-5)}$$

故 1 mg/L 等於 1 ppm (part per million)。若上述關係成立，1 mg/L 與重量百分比的關係，如下所示：

$$P = \frac{W}{W + W_0} \times 100 = \frac{1\ \text{mg}(100)}{1\ \text{L}} = \frac{10^{-3}\ \text{g}(100)}{10^3\ \text{g}} = 1 \times 10^{-4}\% \qquad \textbf{(4-6)}$$

因此，1 mg/L 等於 $1 \times 10^{-4}$ %，轉換式可寫成 1%＝10,000 mg/L。

爲了使化學反應式的計算更爲方便，有必要將重量濃度轉換爲**莫耳濃度** (molarity) 或**當量濃度** (normality)。一**莫耳** (mole) 表示 $6.02 \times 10^{23}$ 個分子或原子所構成的物種。化學反應式中，各物種的莫耳數以整數表示。一莫耳的物種會對應至一個重量，稱爲**分子重** (molecular weight, MW)，爲一莫耳原子重量的總和。本書封面內頁即爲各元素原子量的列表。**莫耳濃度**表示一升溶液中所含有的莫耳數，亦即一莫耳濃度的溶液表示每升溶液中含有一莫耳的物種。莫耳濃度與 mg/L 的關係如下：

$$\begin{aligned} \text{mg/L} &= \text{莫耳濃度} \times \text{分子重} \times 10^3 \qquad \textbf{(4-7)} \\ &= (\text{moles/L})(\text{g/mole})(10^3\ \text{mg/g}) \end{aligned}$$

另一個單位，**當量重量** (equivalent weight, EW)，亦在軟化或氧化還原反應中經常使用。當量重量的計算是將莫耳的重量除以氧化還原反應時電子的轉移數或酸鹼反應中質子的轉移數。

電子或質子轉移數 $n$ 的大小，需視反應的莫耳數而定，在本書內容中，分子所涉及的反應主要爲酸鹼反應或沉澱反應。**在酸鹼反應中，$n$ 表示氫離子轉移的莫耳數，即酸釋放一當量重量的氫離子，鹼接受一當量重量的氫離子。在沉澱反應中，$n$ 為反應中涉及元素的價數。對於一化合物而言，$n$ 相當於需要置換陽離子的數目，以碳酸鈣為例，需要兩個氫原子置換鈣離子，因此其值 $n=2$。在氧化還原反應中，$n$ 為反應進行時化合物氧化數的改變量**。因此，若不知道反應式的前後關係，顯然地，將難以了解反應中的 $n$ 值大小。元素在水中常發現的價數列於附錄 A。

**當量濃度** ($N$) 爲每升溶液中的當量重量，與莫耳濃度 ($M$) 的關係爲：

$$N = Mn \qquad \textbf{(4-8)}$$

---

**例題 4-1** 商業使用的硫酸，$H_2SO_4$ 通常以 93% 的重量百分比的溶液販售。試問此硫酸溶液的 mg/L、莫耳濃度及當量濃度？硫酸的比重爲 1.839。

**解**：由於 1 L 的水重量爲 1,000 g，因此 1 L 的 100% 硫酸重量爲

$$1{,}000(1.839) = 1{,}839\ \text{g}$$

93% 的硫酸溶液重量＝(0.93) (1,839 g)＝1,710 g 或 $1.7\times10^6$ mg/L。根據封面內頁的原子重查詢得知 $H_2SO_4$ 的莫耳重：

$$\begin{aligned} 2H &= 2(1) &&= 2 \\ S &= && \quad 32 \\ 4O &= 4(16) &&= \underline{64} \\ & && \quad 98\ \text{g/mole} \end{aligned}$$

利用式 4-7 求得莫耳濃度：

$$\frac{1{,}710\ \text{g/L}}{98\ \text{g/mole}} = 17.45\ \text{mole/L}\ \text{或}\ 17.45\ M$$

利用式 4-8 求得當量濃度。因硫酸會釋放兩個氫離子，因此每莫耳的當量數，$n=2$

$$N = 17.45\ \text{mole/L}\ (2\ \text{equiv/mole}) = 34.9\ \text{equiv/L}$$

---

**例題 4-2**　欲配製 1 $M$ 的碳酸氫鈉溶液，請計算需要的碳酸氫鈉重量，並求得溶液的當量濃度。

**解**：碳酸氫鈉的莫耳重＝84，利用式 4-7 計算：

$$\text{mg/L} = (1\ \text{mole/L})(84\ \text{g/mole})(10^3\ \text{mg/g}) = 84{,}000$$

只能接受或釋放一個質子，因此 $n=1$，其當量濃度與莫耳濃度相同。

---

**例題 4-3**　求出當量重量：$Ca^{2+}$，$CO_3^{2-}$，$CaCO_3$。

**解**：當量重量定義爲：

$$\text{EW} = \frac{\text{原子或分子重}}{n}$$

EW 的單位爲公克/當量數 (g/eq) 或毫克/毫當量數 (mg/meq)。

鈣離子的 $n$ 值等於其在水中的價數或氧化態，故 $n=2$。鈣離子的原子重為 40.08。當量重量為：

$$EW = \frac{40.08}{2} = 20.04 \text{ g/eq} \text{ 或 } 20.04 \text{ mg/meq}$$

碳酸根離子 ($CO_3^{2-}$) 的氧化態為 $2^-$，且可以接受兩個氫離子，故 $n=2$。分子重量為

$$\begin{aligned} C &= \qquad\qquad 12.01 \\ 3O &= 3(16.00) = \underline{48.00} \\ & \qquad\qquad\quad 60.01 \end{aligned}$$

當量重量為：

$$EW = \frac{60.01}{2} = 30.00 \text{ g/eq} \text{ 或 } 30.00 \text{ mg/meq}$$

$CaCO_3$ 需要兩個氫離子置換鈣離子 ($Ca^{2+}$) 才能形成碳酸 ($H_2CO_3$)，故碳酸鈣的 $n=2$。碳酸鈣的分子重為 $Ca^{2+}$ 與 $CO_3^{2-}$ 的總和，即 $40.08+60.01=100.09$。其當量重量為

$$EW = \frac{100.09}{2} = 50.04 \text{ g/eq} \text{ 或 } \text{mg/meq}$$

---

**化學反應**　在環境工程領域，有四種重要的典型化學反應：沉澱 (precipitation)、酸鹼 (acid/base)、離子結合 (ion-association) 與氧化還原 (oxidation/reduction)。溶解性的離子能夠互相反應，形成固體化合物。這種由溶解態至固體態的相轉移反應稱為沉澱反應。如鈣離子溶液與碳酸根溶液混合時，會形成碳酸鈣，即為典型的沉澱反應：

$$Ca^{2+} + CO_3^{2-} \rightleftharpoons CaCO_3(s) \qquad \textbf{(4-9)}$$

反應式中的 (s) 表示碳酸鈣為固體相。當無任何符號指示狀態時，則表示該化合物為溶解態。式中的箭頭表示反應是可逆的，亦即反應可向右進行 (離子結合形成固體) 或向左進行 (固體溶解形成離子)。

通常，為了方便起見，我們會提及實際上不存在於水中的化合物。例如，水中含有氯化鈉及硫酸鈣時，我們會說水中含有 NaCl 與 $CaSO_4$，但不會說明是由 Na 與 Cl 或 Ca 與 $SO_4$ 結合而成的。因為這兩種化合物在水中會

發生下列的反應：

$$CaSO_4(s) \rightleftharpoons Ca^{2+} + SO_4^{2-} \quad \textbf{(4-10)}$$

與

$$NaCl(s) \rightleftharpoons Na^+ + Cl^- \quad \textbf{(4-11)}$$

因此，實際上水中應含有四種未結合的離子：$Na^+$、$Ca^{2+}$、$Cl^-$ 與 $SO_4^{2-}$。千萬不要誤認鈉與氯是結合在一起的。

酸鹼反應是一種特別的解離反應，即溶液中加入或移除氫離子。當酸加入水中會產生一氫離子，如氫氯酸加入水中會有以下的反應：

$$HCl \rightleftharpoons H^+ + Cl^- \quad \textbf{(4-12)}$$

上述反應式是假設水存在的情況下而加以簡化，事實上寫成下式將更爲適當：

$$HCl + H_2O \rightleftharpoons H_3O^+ + Cl^- \quad \textbf{(4-13)}$$

氫離子亦可以經由鹼劑添加而從水中移除：

$$NaOH + H_3O^+ \rightleftharpoons 2H_2O + Na^+ \quad \textbf{(4-14)}$$

在某些情況下，水中的離子會彼此錯合在一起。溶解性錯合物的形成即爲離子結合反應，這種情形就如同離子在水中被綁在一起的情況。錯合物可以爲中性的化合物，如溶解性氯化汞：

$$Hg^{2+} + 2Cl^- \rightleftharpoons HgCl_2 \quad \textbf{(4-15)}$$

然而，溶解性錯合物更常帶有電荷，且本身即爲一種離子。如一般的金屬錯合物：

$$Al^{3+} + OH^- \rightleftharpoons AlOH^{2+} \quad \textbf{(4-16)}$$

$AlOH^{2+}$ 仍爲溶解性，但其行爲與錯合前的離子並不相同。

氧化還原反應涉及價數改變與電子轉移。如金屬鐵受到侵蝕時，會釋放電子：

$$Fe^0 \rightleftharpoons Fe^{2+} + 2e^- \quad \textbf{(4-17)}$$

若一元素釋放電子，則必定有另一元素能夠接受電子。在鐵管管路的腐蝕中，氫離子常會接受電子形成氫氣：

$$2H^+ + 2e^- \rightleftharpoons H_2(g) \quad \textbf{(4-18)}$$

式中 (g) 表示形成的氫氣爲氣態。

**沉澱反應**　所有錯合物在某個含量內皆爲溶解性。同樣地，所有錯合物亦受限於可溶解於水中的含量。NaCl 等部份化合物，具有很高的溶解性；AgCl 等其他化合物則是不溶性的，僅能夠少量地溶於水中。想像一固體化合物置於蒸餾水中，部份化合物會溶於水中。當化合物在水中不再溶解時，表示平衡狀況已經達到，而達到平衡狀態所需要的時間，則從數秒至數百年不等。溶解反應可以下式表示：

$$A_aB_b(s) \rightleftharpoons aA^{b+} + bB^{a-} \quad \textbf{(4-19)}$$

例如：

$$Ca_3(PO_4)_2(s) \rightleftharpoons 3Ca^{2+} + 2PO_4^{3-} \quad \textbf{(4-20)}$$

有趣的是在特定的溫度下，離子活性 (或利用莫耳濃度近似) 的乘積總爲常數值，此常數值稱爲溶解度常數，$K_s$。其一般表示式爲：

$$K_s = [A]^a[B]^b \quad \textbf{(4-21)}$$

其中，[] 在本書中表示爲**莫耳**濃度，請注意**千萬不要使用 mg/L**！部份化合物的溶解度常數列於表 4-2 與附錄 A。此外，$K_s$ 通常被記錄爲 p$K_s$：

$$pK_s = -\log K_s \quad \textbf{(4-22)}$$

無論是在固體溶解 (溶解反應向右) 或離子沉澱 (溶解反應向左)，溶解度常數皆可做良好的應用。假設加入 $A_aB_b$(s) 於水中，每 $a$ 莫耳的 $A$ 溶解時，$b$ 莫耳的 $B$ 亦會溶解，直到平衡達到爲止。不過由動力學來看*，也許需要幾年的時間才能達到平衡。

---

* **動力學**爲一種有關於反應速率與其影響因子的化學。

**表 4-2　25°C 時部份化合物的溶解度常數**

| 物種 | 平衡反應式 | $pK_s$ | 應用 |
|---|---|---|---|
| 氫氧化鋁 | $Al(OH)_3(s) \rightleftharpoons Al^{3+} + 3OH^-$ | 32.9 | 混凝 |
| 磷酸鋁 | $AlPO_4(s) \rightleftharpoons Al^{3+} + PO_4^{3-}$ | 20.0 | 去除磷酸鹽 |
| 碳酸鈣 | $CaCO_3(s) \rightleftharpoons Ca^{2+} + CO_3^{2-}$ | 8.305 | 軟化，腐蝕控制 |
| 氫氧化鐵 | $Fe(OH)_3(s) \rightleftharpoons Fe^{3+} + 3OH^-$ | 38.57 | 混凝，去除鐵 |
| 磷酸鐵 | $FePO_4(s) \rightleftharpoons Fe^{3+} + PO_4^{3-}$ | 21.9 | 去除磷酸鹽 |
| 氫氧化鎂 | $Mg(OH)_2(s) \rightleftharpoons Mg^{2+} + 2OH^-$ | 11.25 | 軟化 |

當發生沉澱作用的離子在水中具有較高的濃度時，此溶液稱爲過飽和溶液。

**例題 4-4**　$AlPO_4(s)$ 沉澱平衡時，溶液中含有多少 mg/L 的 $PO_4^{3-}$？

**解**：寫出相關的反應式：

$$AlPO_4(s) \rightleftharpoons Al^{3+} + PO_4^{3-}$$

$pK_s$ 由表 4-2 查得爲 20.0，計算式可寫成：

$$K_s = 10^{-20.0} = [Al][PO_4]$$

每 1 莫耳的 $AlPO_4$ 溶解時，溶液中會產生 1 莫耳的 $Al^{3+}$ 與 1 莫耳的 $PO_4^{3-}$。當平衡達到時，溶液中 $Al^{3+}$ 與 $PO_4^{3-}$ 的莫耳濃度將會相等，故可寫出下式：

$$[Al^{3+}] = [PO_4^{3-}] = X$$

以 X 取代 $K_s$ 計算式中的化合物：

$$10^{-20.0} = X^2$$

解 X (即爲 $PO_4^{3-}$) 可得溶液中 $PO_4^{3-}$ 爲 $10^{-10}$ 莫耳濃度。莫耳重爲 95 g/mole，故以 mg/L 爲單位的濃度值爲

$$(95\ g/mole)(10^3\ mg/g)(10^{-10}\ moles/L) = 9.5 \times 10^{-6}\ mg/L$$

**例題 4-5**　1 L 的水中同時存在 50 mg 的 $Ca^{2+}$ 與 50 mg 的 $CO_3^{2-}$ 時，$Ca^{2+}$ 最後的平衡濃度爲何？

**解**：$Ca^{2+}$ 與 $CO_3^{2-}$ 的莫耳重分別爲 40.08 與 60.01，故最初的莫耳濃度分別爲 1.25×$10^{-3}$ moles/L 與 8.33×$10^{-4}$ moles/L。

$$K_s = 10^{-pK_s} = 10^{-8.305} = [Ca^{2+}][CO_3^{2-}]$$

每莫耳的 $Ca^{2+}$ 從溶液中移除時，同時會移除 1 莫耳的 $CO_3^{2-}$。假設移除量設定爲 Z，則

$$10^{-8.305} = 4.95 \times 10^{-9} = [1.25 \times 10^{-3} - Z][8.33 \times 10^{-4} - Z]$$
$$1.04 \times 10^{-6} - (2.08 \times 10^{-3})Z + Z^2 = 0$$
$$Z = \frac{-b \pm \sqrt{b^2 - 4ac}}{2a}$$
$$= \frac{2.08 \times 10^{-3} \pm \sqrt{4.34 \times 10^{-6} - 4(1.04 \times 10^{-6})}}{2}$$
$$= 8.28 \times 10^{-4}$$

故最後的鈣離子濃度爲

$$[Ca^{2+}] = 1.25 \times 10^{-3} - 8.28 \times 10^{-4} = 4.22 \times 10^{-4}\, M$$

或

$$(4.22 \times 10^{-4}\ \text{moles/L})(40\ \text{g/mole})(10^3\ \text{mg/g}) = 16.9\ \text{mg/L}$$

---

**酸鹼反應**　本文定義酸爲釋放質子的化合物，鹼爲接受質子的化合物。

釋放質子的方程式可簡易地表示爲：

$$HA \rightleftharpoons H^+ + A^- \qquad \textbf{(4-23)}$$

相對於 HA 釋放質子 ($H^+$)，必定有其他物種接受質子。通常在水中的反應爲：

$$H^+ + H_2O \rightleftharpoons H_3O^+ \qquad \textbf{(4-24)}$$

因此，淨反應如下：

$$HA + H_2O \rightleftharpoons H_3O^+ + A^- \qquad \textbf{(4-25)}$$

由於大部份的反應皆有水的存在，因此，通常會以式 4-23 取代式 4-25，來表示酸的解離。在式 4-25 中，水做爲接受質子的鹼。若鹼加入水中，則水將做爲酸。

$$B^- + H_2O \rightleftharpoons HB + OH^- \quad \textbf{(4-26)}$$

在上述的反應中，鹼 ($B^-$) 從水中接受一個質子。假設化合物與水比較後爲較強的酸，則水將做爲鹼，若化合物是較強的鹼，水將做爲酸。

讀者可以很快地發現，酸鹼化學與水有密切的關係，因此，首先必須知道水的酸性強度爲何。水自身會於水中經由下式解離：

$$H_2O \rightleftharpoons H^+ + OH^- \quad \textbf{(4-27)}$$

水解離的程度非常小，且可利用離子積 $K_w$ 加以求得：

$$K_w = [OH^-][H^+] \quad \textbf{(4-28)}$$

25°C 時的離子積爲 $10^{-14}$ ($pK_w = 14$)，在酸性的情況下，$[H^+]$ 將高於 $[OH^-]$；中性時兩者的濃度將會相同；鹼性的情況下，$[H^+]$ 將會少於 $[OH^-]$。故水溶液爲中性時，$[H^+] = [OH^-] = 10^{-7}\ M$。溶液爲酸性時，$H^+$ 將高於 $10^{-7}\ M$。一般對氫離子濃度的表示爲 pH，如下式所示：

$$pH = -\log[H^+] \quad \textbf{(4-29)}$$

因此，25°C 時中性溶液的 pH 值爲 7 (寫爲 pH＝7)，酸性溶液的 pH < 7，鹼性溶液之 pH > 7。

酸可區分爲強酸與弱酸。**強酸**傾向於釋出質子至水中。例如：

$$HCl \rightarrow H^+ + Cl^- \quad \textbf{(4-30)}$$

爲下式的簡化形式：

$$HCl + H_2O \rightarrow H_3O^+ + Cl^- \quad \textbf{(4-31)}$$

重要的強酸列示於表 4-3。表中的平衡反應式是以單一箭頭表示其反應方

**表 4-3　強酸列表**

| 物種 | 平衡反應式 | 重要性 |
|---|---|---|
| 氫氯酸 | $HCl \rightarrow H^+ + Cl^-$ | 調整 pH |
| 硝酸 | $HNO_3 \rightarrow H^+ + NO_3^-$ | 分析技術 |
| 硫酸[a] | $H_2SO_4 \rightarrow 2H^+ + SO_4^{2-}$ | 調整 pH，混凝 |

[a] 第二個質子的解離反應，$HSO_4^- \rightleftharpoons H^+ + SO_4^{2-}$ 實際上爲一弱酸反應，$pK_a$ 爲 1.92。只要溶液的 pH 值在 2.5 以上，其兩個質子可視爲完全解離。

向。在實際應用中，通常可假設反應完全向右進行。

---

**例題 4-6** 100 mg 的硫酸 (MW＝98) 加入 1 L 的水中時，最終 pH 爲何？

**解**：由硫酸的分子重可得

$$\left(\frac{100\text{ mg}}{1\text{ L H}_2\text{O}}\right)\left(\frac{1}{98\text{ g/mole}}\right)\left(\frac{1}{10^3\text{ mg/g}}\right) = 1.02 \times 10^{-3}\text{ mole/L}$$

硫酸之解離反應爲

$$H_2SO_4 \rightarrow 2H^+ + SO_4^{2-}$$

因此，將會產生 $2(1.02\times10^{-3})M$ 的 $H^+$，最終 pH 爲

$$\text{pH} = -\log(2.04 \times 10^{-3}) = 2.69$$

---

*弱酸* (weak acids) 可視爲不完全在水中解離的酸，已解離離子與未解離的化合物間會達到平衡關係。弱酸的反應式爲：

$$HW \rightleftharpoons H^+ + W^- \qquad \textbf{(4-32)}$$

弱酸解離的程度與平衡常數存在以下的關係：

$$K_a = \frac{[H^+][W^-]}{[HW]} \qquad \textbf{(4-33)}$$

$K$ 值亦可以表示爲：

$$\text{p}K_a = -\log K_a \qquad \textbf{(4-34)}$$

水及廢水處理中重要的弱酸列於表 4-4。若能知道溶液的 pH 值 (可藉由 pH 電極輕易地量測得知)，即有可能概略地得知弱酸解離的程度。例如，當水中的 pH 值與 p$K_a$ 值相同時 (即 $[H^+]=K_a$)，則式 4-33 會變化爲 $[HW]=[W^-]$，此表示 50% 的酸在水中解離。假設 $[H^+]$ 小於 $K_a$ 的百分之一，如 $100[H^+]=K_a$ (或 pH >> p$K$)，可得到下式：

$$100[H^+] = \frac{[H^+][W^-]}{[HW]}$$

**表 4-4**　25°C **時部份弱酸解離常數**

| 物種 | 平衡反應式 | $pK_a$ | 應用 |
|---|---|---|---|
| 醋酸 | $CH_3COOH \rightleftharpoons H^+ + CH_3COO^-$ | 4.75 | 厭氧消化 |
| 碳酸 | $H_2CO_3\ (CO_2 + H_2O) \rightleftharpoons H^+ + HCO_3^-$ | 6.35 | 腐蝕，混凝， |
| | $HCO_3^- \rightleftharpoons H^+ + CO_3^{2-}$ | 10.33 | 軟化，pH 控制 |
| 硫化氫 | $H_2S \rightleftharpoons H^+ + HS^-$ | 7.2 | 曝氣，臭味控制 |
| | $HS^- \rightleftharpoons H^+ + S^{2-}$ | 11.89 | 腐蝕 |
| 氫氯酸 | $HOCl \rightleftharpoons H^+ + OCl^-$ | 7.54 | 消毒 |
| 磷酸 | $H_3PO_4 \rightleftharpoons H^+ + H_2PO_4^-$ | 2.12 | 磷酸鹽去除， |
| | $H_2PO_4^- \rightleftharpoons H^+ + HPO_4^{2-}$ | 7.20 | 植物營養鹽， |
| | $HPO_4^{2-} \rightleftharpoons H^+ + PO_4^{3-}$ | 12.32 | 分析應用 |

或寫爲 $100[HW]=[W^-]$。基本上，此情況可假設弱酸完全解離。反之，當 $pH << pK$ 時，$[HW] >> [W^-]$，表示弱酸幾乎未解離*。

**例題 4-7**　自來水中加入 15 mg/L 的 HOCl 進行消毒作用，pH 最終測值爲 7.0，試問 HOCl 尚未分解的比例爲何？溫度假設爲 25°C。

**解**：次氯酸解離反應式爲

$$HOCl \rightleftharpoons H^+ + OCl^-$$

由表 4-4 可知其 $pK_a$ 爲 7.54：

$$K_a = 10^{-7.54} = 2.88 \times 10^{-8}$$

將平衡常數寫爲式 4-33 的形式：

$$K_a = \frac{[H^+][OCl^-]}{[HOCl]}$$

代入 $K_a$ 及 $[H^+]$

$$2.88 \times 10^{-8} = \frac{[10^{-7}][OCl^-]}{[HOCl]}$$

解得 HOCl 的濃度

* 若 $[H^+] < K_a$，則 $pH > pK$。而符號 >> 表示數值大於兩次方的強度。

$$[HOCl] = 3.47[OCl^-]$$

根據質量守恆定律，水中 HOCl 尚未解離的比例，加上已經解離爲 $OCl^-$ 的比例時，應會等於 100% 最初加入的 HOCl。

$$[HOCl] + [OCl^-] = 100\% \ (\text{加入溶液中總 HOCl})$$

故

$$3.47[OCl^-] + [OCl^-] = 100\%$$
$$4.47[OCl^-] = 100\%$$
$$[OCl^-] = \frac{100\%}{4.47} = 22.37\%$$

$$[HOCl] = 3.47(22.37\%) = 77.6\%$$

---

**緩衝溶液**　溶液經稀釋、加酸或加鹼後，pH 值不會產生劇烈的變化，則稱爲緩衝 (buffer) 溶液。通常溶液中同時含有弱酸及其鹽類時，即會形成典型的緩衝溶液。大氣中的二氧化碳能夠經由以下的反應，形成天然的緩衝能力：

$$CO_2(g) \rightleftharpoons CO_2 + H_2O \rightleftharpoons H_2CO_3 \rightleftharpoons H^+ + HCO_3^- \rightleftharpoons 2H^+ + CO_3^{2-} \quad \textbf{(4-35)}$$

其中，$H_2CO_3$ ＝碳酸
$HCO_3^-$ ＝碳酸氫根離子
$CO_3^{2-}$ ＝碳酸根離子

二氧化碳形成的緩衝能力，或許爲水及廢水處理系統中最重要的緩衝系統。故在本章與後續章節將會多次提及碳酸根緩衝系統 (carbonate buffer system)。

如式 4-35，溶液中的 $CO_2$ 會與大氣中的 $CO_2(g)$ 維持平衡的狀態。系統中的組成一旦使右側反應有任何改變發生，皆會使 $CO_2$ 從溶液中釋出或溶於溶液。

通常我們是藉由添加酸或鹼，及應用質量作用定律 (勒沙特略法則, LeChatelier's principle)，確認緩衝系統中承受 pH 改變的特性。例如，當酸加入緩衝系統中，氫離子濃度的增加將造成系統的不平衡。因此，碳酸根將與氫離子結合形成碳酸氫根，再進一步形成碳酸，轉換爲 $CO_2$ 與水，但在熱動力開放的系統中，過多的 $CO_2$ 將會釋放至大氣。另一方面，鹼加入溶液後將會消耗氫離子，並從大氣中補充 $CO_2$，向式 4-35 的右側進行反應。當 $CO_2$ 以曝氣方式加入水中或加入氮氣等鈍氣於水中移除 $CO_2$ (此程序又稱氣提，stripping) 時，由於大氣不再是可接受的 $CO_2$ 來源或排放處，因此，pH 的變化將會更爲明顯。圖 4-5 彙整四種影響碳酸鹽緩衝系統的常見反應。其中，前兩種情況常發生於自然沉澱反應，且需要相當長的反應時間才能完成。後兩種情況在自然沉澱過程中並不常見，通常是淨水廠調整 pH 時所產生的現象。而淨水廠中因 $CO_2$ 的來源不僅是由大氣提供，故其反應會更加迅速。

天然水體會與大氣中的 $CO_2$ 維持平衡狀態，且溶液中的 $CO_3^{2-}$ 與 $HCO_3^-$ 相較之下，其濃度值顯得相當低。此外，水體中天然石灰岩或其他提供鈣的來源，所產生的鈣離子將會形成不溶性的碳酸鈣 ($CaCO_3$)，而在溶液中產生

***情況 I***
酸加入碳酸根緩衝系統 [a]

反應向左移動，$H^+$ 與 $HCO_3^-$ 結合時會形成 $H_2CO_3^*$ [b]
$CO_2$釋放至大氣中
因自由 $H^+$ 的可接受度增加，pH 略微降低 (降低量視緩衝容量而定)

***情況 II***
鹼加入碳酸根緩衝系統

反應向右移動
$CO_2$由大氣溶解至溶液中
因 $H^+$ 與 $OH^-$ 結合，pH 略微提高 (提高量視緩衝容量而定)

***情況 III***
$CO_2$ 曝氣至碳酸根緩衝系統

反應向右移動，$CO_2$ 與 $H_2O$ 結合時會形成 $H_2CO_3^*$
$CO_2$ 由大氣溶解至溶液中
pH 值降低

***情況 IV***
碳酸根緩衝系統氣提 $CO_2$

反應向左移動，形成更多的 $H_2CO_3^*$ 以取代氣提移除之量
$CO_2$ 從溶液中移除
pH 值增加

[a] 參考式 4-35
[b] *用來表示 $CO_2$ 與 $H_2CO_3$ 的總和

**圖 4-5**　添加酸鹼或加入及移除 $CO_2$ 時碳酸根緩衝系統的行爲。

沉澱。鈣離子與 $CO_3^{2-}$ 形成沉澱的作用，為軟化水質過程中基本的化學反應之一。

**鹼度** 鹼度定義為 pH 調降至 4.5 時，所有可滴定鹼的總量。通常可利用實驗求得調整 pH 至 4.5 所需要的酸總量而加以決定。在大部份的水體中，鹼度的主要來源為碳酸根物種與其他 $H^+$ 或 $OH^-$。當水中主要鹼度為碳酸根物種時，可消耗 $H^+$ 的鹼度為：

$$\text{鹼度} = [HCO_3^-] + 2[CO_3^{2-}] + [OH^-] - [H^+] \quad \textbf{(4-36)}$$

其中，[] 所對應的濃度為 moles/L。在大多數的天然水體情況下 (pH 6 至 8)，$OH^-$ 與 $H^+$ 是可以忽略的，故

$$\text{鹼度} = [HCO_3^-] + 2[CO_3^{2-}] \quad \textbf{(4-37)}$$

上式中值得注意的，$[CO_3^{2-}]$ 乘以兩倍的主要原因是其能夠接受兩個質子。有關的酸鹼反應為

$$H_2CO_3 \rightleftharpoons H^+ + HCO_3^- \qquad pK_{a1} = 6.35 \text{ at } 25°C \quad \textbf{(4-38)}$$

$$HCO_3^- \rightleftharpoons H^+ + CO_3^{2-} \qquad pK_{a2} = 10.33 \text{ at } 25°C \quad \textbf{(4-39)}$$

另外，從 p$K$ 值亦可發現有意義的關係，較為重要的發現有以下幾點：

**1.** 在 pH＝4.5 以下，基本上所有的碳酸鹽物種皆以 $H_2CO_3$ 存在，故鹼度為負值 (因 $H^+$ 存在)。
**2.** 當 pH＝8.3 時，大部份的碳酸根物種以 $HCO_3^-$ 存在，因此鹼度相當於 $HCO_3^-$。
**3.** 當 pH 值大於 12.3 時，理論上所有的碳酸鹽物種以 $CO_3^{2-}$ 存在，鹼度等於 $2[CO_3^{2-}]+[OH^-]$。在此 pH 值下，$[OH^-]$ 不能夠被忽略。

圖 4-6 為添加酸中和水中鹼度使溶液 pH 值降低時，各物種分佈變化示意圖。開始時 pH 值高於 12.3，隨酸的加入，pH 緩慢地降低，此乃由於初始所加入的酸 ($H^+$) 被氫氧根離子 ($OH^-$) 所消耗，使得 pH 值會明顯的降低，當酸被消耗，將碳酸根離子 ( $CO_3^{2-}$ ) 轉化為碳酸氫根離子 ($HCO_3^-$)，而在 pH 約為 8.3 時，碳酸根離子幾乎全部轉化為碳酸氫根離子，之後酸在被進一步

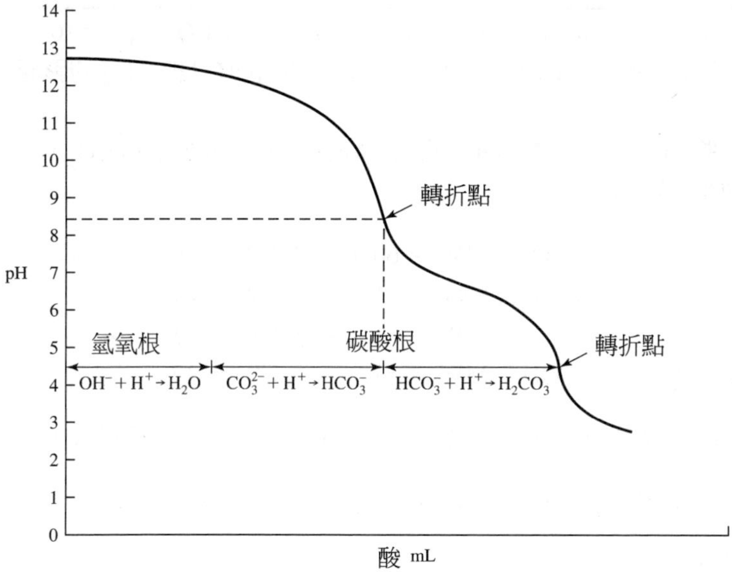


**圖 4-6**　氫氧根-碳酸根混合液滴定曲線 (資料來源：Sawyer, McCarty, and Parkin, 1994.)。

消耗，將碳酸氫根離子轉化爲碳酸，此時又有另一平緩區域。

根據式 4-37 及先前緩衝溶液的討論，鹼度可做爲緩衝能力的表達方式。水中有較高的鹼度時，表示有較大的緩衝能力。在環境工程領域，有必要區分鹼性水質與含有高鹼度的水質的差異。鹼性水質的 pH 在 7 以上，而含有高鹼度的水質則表示具有較大的緩衝能力。鹼性水質不一定具有高緩衝能力；反之，高鹼度的水質亦不代表一定爲高 pH。

爲方便起見，鹼度的單位並非以莫耳濃度表示，而是以 mg/L as $CaCO_3$ 爲表示單位。爲了將單位轉換爲 mg/L as $CaCO_3$，必須將單位 mg/L 乘以碳酸鈣與該物種當量重量的比值：

$$\text{mg/L as CaCO}_3 = (\text{化合物濃度 mg/L})\left(\frac{EW_{CaCO_3}}{EW_{species}}\right) \tag{4-40}$$

鹼度的計算是將碳酸根物種與氫氧根離子濃度總和，扣除氫離子濃度所得之值。當使用單位爲 “mg/L as $CaCO_3$” 時，上述項目將可以直接運算，而碳酸根亦不需要乘以兩倍，因爲在轉換單位的計算中已加以考慮。

**例題 4-8** 水中含有 100.0 mg/L 的 $CO_3^{2-}$，75 mg/L 的 $HCO_3^-$，pH＝10。試計算正確的鹼度 (溫度設定為 25°C)。計算近似鹼度時可忽略 $[OH^-]$ 與 $[H^+]$ 的影響。

**解**：首先，將 $CO_3^{2-}$、$HCO_3^-$、$OH^-$ 與 $H^+$ 轉換單位為 mg/L as $CaCO_3$。
當量重量分別為

$$\begin{aligned} CO_3^{2-}&: MW = 60, n = 2, EW = 30 \\ HCO_3^-&: MW = 61, n = 1, EW = 61 \\ H^+&: MW = 1, n = 1, EW = 1 \\ OH^-&: MW = 17, n = 1, EW = 17 \end{aligned}$$

根據 pH＝10 計算 $H^+$ 與 $OH^-$ 的濃度，因此 $[H^+]=10^{-10}\,M$。利用式 4-7，

$$\text{mg/L} = (10^{-10}\ \text{moles/L})(1\ \text{g/mole})(10^3\ \text{mg/g}) = 10^{-7}$$

利用式 4-28，

$$[OH^-] = \frac{K_w}{[H^+]} = \frac{10^{-14}}{10^{-10}} = 10^{-4}\ \text{moles/L}$$

$$\text{mg/L} = (10^{-4}\ \text{moles/L})(17\ \text{g/mole})(10^3\ \text{mg/g}) = 1.7$$

現在利用式 4-40 將單位轉換為 mg/L，碳酸鈣的當量重量設定為 50

$$CO_3^{2-} = 100.0\left(\frac{50}{30}\right) = 167$$

$$HCO_3^- = 75.0\left(\frac{50}{61}\right) = 61$$

$$H^+ = 10^{-7}\left(\frac{50}{1}\right) = 5 \times 10^{-6}$$

$$OH^- = 1.7\left(\frac{50}{17}\right) = 5.0$$

正確的鹼度 (以 mg/L 表示) 為

$$\begin{aligned} \text{鹼度} &= 61 + 167 + 5.0 - (5 \times 10^{-6}) \\ &= 233\ \text{mg/L as}\ CaCO_3 \end{aligned}$$

近似鹼度＝61＋167＝228 mg/L as $CaCO_3$。近似鹼度與正確鹼度間存在 2.2% 的誤

差。

---

**活性係數**　到目前為止，我們所討論的溶液皆設定為稀溶液，即總離子濃度很低的情況下 (一般小於 $10^{-2}$ *M*)。對稀溶液而言，可以假設溶液中離子間並無直接的交互作用。然而，當溶液離子濃度增加時，電荷的交互作用將會影響彼此的平衡關係，這種交互作用稱為**離子強度** (ionic strength)。為了描述離子強度的影響，可利用**活性係數** (activity coefficient) 修正其平衡關係。活性係數的符號為 $\gamma$ (離子種類)。活性為物種的莫耳濃度與活性係數的乘積。例如，碳酸鈣的溶解度將會寫成

$$K_s = \{\gamma(Ca^{2+}) \times [Ca^{2+}]\}\{\gamma(CO_3) \times [CO_3]\} \tag{4-41}$$

## 反應動力

環境中許多發生的反應，並不會很快的達成平衡。常見的例子包括水消毒、氣體輸入水中或從水中移除、水中有機物移除及輻射線的衰減等。關於這些反應如何進行的研究，稱為**反應動力** (reaction kinetics)。**反應速率** (rate of reaction)，$r$，是用來描述物種生成或消失的速率。反應若發生在單一相中 (液相、氣相或固相)，稱為**均相反應** (homogeneous reactions)。反應發生在兩相間的界面時，則稱為**異相反應** (heterogeneous reactions)。對於每一種類型的反應，反應速率可定義為

均相反應：

$$r = \frac{\text{莫耳數或毫克}}{(\text{單位體積})(\text{單位時間})} \tag{4-42}$$

異相反應：

$$r = \frac{\text{莫耳數或毫克}}{(\text{單位面積})(\text{單位時間})} \tag{4-43}$$

化合物的產生以正號標示其反應速率 ($+r$)，物質的減少則以負號標示反應速率 ($-r$)。反應速率是溫度、壓力與反應物濃度的函數。對於以下形式的計量反應式而言：

$$aA + bB \rightarrow cC$$

$a$、$b$ 與 $c$ 分別爲反應物 A、B 與 C 的比例係數。化合物 A 濃度的改變即相當於化合物 A 的速率反應式：

$$\frac{d[\mathrm{A}]}{dt} = r_{\mathrm{A}} = -k[\mathrm{A}]^{\alpha}\,[\mathrm{B}]^{\beta} = k[\mathrm{C}]^{\gamma} \qquad \textbf{(4-44)}$$

其中，[A]、[B] 與 [C] 分別爲反應物的濃度，$\alpha$、$\beta$、$\gamma$ 爲經驗決定的指數。比例項目 $k$ 稱爲**反應常數** (reaction rate constant)，但通常不是一個常數，係受溫度與壓力影響而改變。由於 A 與 B 是減少的物種，故速率反應式的符號是負數。因 C 是生成的物種，故反應速率的符號爲正值。

**反應級數** (order of reaction) 定義爲速率反應式中指數的總和。指數可能爲整數，亦可能爲分數。典型的反應級數列於表 4-5。

對基元反應而言，計量反應式不僅具有質量平衡特性，且考量分子尺度的反應過程，故反應式中的比例係數 ($a, b, c$) 相等於速率反應式中的指數：

$$r_{\mathrm{A}} = -k[\mathrm{A}]^{a}[\mathrm{B}]^{b} \qquad \textbf{(4-45)}$$

總反應速率 $r$ 與個別反應速率的關係爲

$$r = \frac{r_{\mathrm{A}}}{a} = \frac{r_{\mathrm{B}}}{b} = \frac{r_{\mathrm{C}}}{c} \qquad \textbf{(4-46)}$$

利用實驗可求得反應物濃度隨時間變化的關係圖，決定速率常數 $k$。對於圖形的型式，可利用表 4-5 中速率反應式的積分型式加以決定。不同反應級數的積分式與特有的圖形列於表 4-6。

**氣體傳輸**　反應式與時間無關的重要例子爲氣體在水中的質傳作用 (即溶解或揮發)。1924 年路易斯 (Lewis) 與惠特曼 (Whitman) 兩人發表雙膜理論 (two-film theory) 描述氣體的質傳作用。根據他們的理論，在氣相與液相之間的邊界層 (又稱**介面**)，是由兩個不同的膜所組成，並在兩巨相間形成一層狀

**表 4-5　反應級數與速率反應式的關係**

| 反應級數 | 速率反應式 |
|---|---|
| 零 | $r_A = -k$ |
| 一 | $r_A = -k[\mathrm{A}]$ |
| 二 | $r_A = -k[\mathrm{A}]^2$ |
| 二 | $r_A = -k[\mathrm{A}][\mathrm{B}]$ |

**表 4-6　柱塞式反應器與批次反應器中積分方法決定反應級數的繪圖程序**[a]

| Order | 速率反應式 | 積分公式 | 線性圖形 | 斜率 | 截距 |
|---|---|---|---|---|---|
| 0 | $\frac{d[A]}{dt} = -k$ | $[A] - [A_0] = -kt$ | [A] vs. $t$ | $-k$ | $[A_0]$ |
| 1 | $\frac{d[A]}{dt} = -k[A]$ | $\ln \frac{[A]}{[A_0]} = -kt$ | ln [A] vs. $t$ | $-k$ | $\ln [A_0]$ |
| 2 | $\frac{d[A]}{dt} = -k[A]^2$ | $\frac{1}{[A]} - \frac{1}{[A_0]} = kt$ | $\frac{1}{[A]}$ vs. $t$ | $k$ | $\frac{1}{[A_0]}$ |

[a] 資料來源：J.G. Henry and G.W. Heinke, 1989。

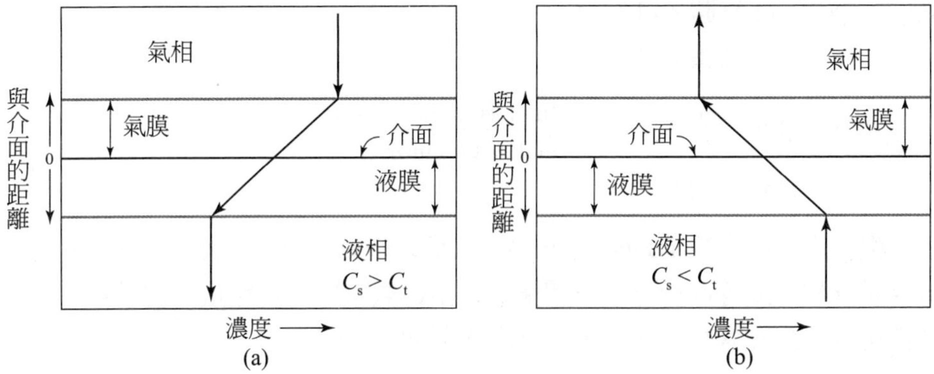


**圖 4-7**　氣液介面間的雙膜理論：(a) 吸附理論及 (b) 脫附理論。

構造 (如圖 4-7)。因此，當一個氣體分子進入溶液時，必須依次進入氣相、氣膜、液膜與液相 (如圖 4-7a)。而氣體離開溶液時，則必須經由相反的過程 (如圖 4-7b)。導致氣體移動，並產生質傳驅動力的是濃度梯度：$C_s - C$。$C_s$ 是氣體在水中的飽和濃度，而 $C$ 是實際的氣體濃度。當 $C_s$ 大於 $C$ 時，氣體將會溶於水中；而 $C$ 大於 $C_s$ 時，氣體將會從水中釋出。

溶解氣體在溶液中平衡濃度與氣體分壓的關係，可利用**亨利定律** (Henry's law) 加以說明 (WQ&T, 1990)：

$$p = \frac{Hc}{P_T} \tag{4-47}$$

其中，　$c$＝水中氣體莫耳分率

　　　　$p$＝空氣中氣體莫耳分率

　　　　$H$＝分佈常數，通常稱爲亨利定律常數 (分佈曲線中直線部份的斜率)

$P_T$＝總壓力

對水處理而言，$P_T$ 通常為 1 大氣壓 (atm)，由於二相間的濃度，不同的研究者使用不同的單位，故亨利常數的單位亦會隨之改變，因此必須特別注意關係式中的單位，尤其使用不同來源的常數時。以下為亨利定律主要方法的討論。

亨利定律最常使用的表達方法係以莫耳分率作為 $c$ 與 $p$ 的單位

$$p = \frac{Hc}{P_T} \qquad \textbf{(4-48)}$$

其中，$p$ ＝mol 氣體/mol 空氣

$c$ ＝mol 氣體/mol 水

$H$ ＝atm，實際上＝ $\frac{\text{atm (mol 氣體/mol 空氣)}}{\text{mol 氣體/mol 水}}$

$P_T$ ＝atm，通常＝1

根據道耳吞定律 (Dalton's law)，每莫耳空氣含有之氣體莫耳數，即等同於氣體分壓，或等同於每單位體積空氣中之氣體所占的體積。當計算 $c$ 時，常使用每 1 公升含有 55.6 莫耳的水作為轉換因子：

$$\frac{1000\ \text{g/L}}{18\ \text{g/mol}} = 55.6\ \text{mol/L}$$

亨利定律另一常用的表達方法為使用濃度單位。在此情況下，總壓力 $P_T$ 通常定義為 1，故可於式中被移除，而 $H$ 的單位不再是氣壓。在此情況下，單位可使用質量每單位體積或莫耳每單位體積 (只要 $p$ 與 $c$ 相同)，因此使亨利常數無因次化或無單位：

$$p = H_u c \qquad \textbf{(4-49)}$$

其中，$p$ ＝濃度單位，如 $kg/m^3$、mol/L、mg/L

$H_u$ ＝無單位

$c$ ＝與 $p$ 相同之濃度單位

在 1 大氣壓且 0°C下，22.412 L 空氣相當於 1 莫耳空氣，在其他溫度下，1 莫耳空氣為 $0.082T$ L 空氣 ($T$＝絕對溫度)。以下公式可對 $H_u$ 及 $H$ 進行轉換：

$$H_u = \left[ H \frac{\text{atm (mol 氣體/mol 空氣)}}{\text{mol 氣體/mol 水}} \right] \left( \frac{\text{mol 空氣}}{0.082T\ \text{L空氣}} \right) \left( \frac{\text{L 水}}{55.6\ \text{mol}} \right)$$

$$= \frac{H}{4.56T} \text{ 或 } H_u = H \times 7.49 \times 10^{-4} \text{ at } 20°\text{C} \qquad \textbf{(4-50)}$$

另一種方法係利用 $p$ 與 $c$ 混合單位計算亨利常數，由於氣相中以分壓，而水相中以濃度作爲單位，故此方法常被使用，並會有不同的差異性，以下列出二種方式：

$$p = \frac{H_m c}{P_T} \qquad \textbf{(4-51)}$$

其中，$p$ ＝mol 氣體/mol 空氣 (分壓)

$c$ ＝mol 氣體/ $m^3$ 水

$H_m$ ＝atm×$m^3$ 水/mol 氣體

$$= \left[ H \frac{\text{atm (mol 氣體/mol 空氣)}}{\text{mol 氣體/mol 水}} \right] \left( \frac{\text{m}^3 \text{ 水}}{55{,}600\ \text{mol}} \right)$$

$$= \frac{H}{55{,}600}$$

最後，$c$ 亦可使用 mg/L 作爲單位，在水處理中，常被使用：

$$p = \frac{H_D c}{P_T} \qquad \textbf{(4-52)}$$

其中，$p$ ＝mol 氣體/mol 空氣 (分壓)

$c$ ＝mg/L

$H_D$ ＝(atm)(L)/mg

$$H_D = \frac{H_m}{\text{MW}} = \frac{H}{55{,}600\ \text{MW}}$$

MW＝氣體分子量

亨利定律的係數會隨溫度與其他溶解物質的濃度而改變。亨利定律的常數參見附錄 A 中的表 A-2。質傳速率可經由下式描述：

$$\frac{dC}{dt} = k_a(C_s - C) \qquad \textbf{(4-53)}$$

其中，$k_a$＝速率常數或質傳係數，$s^{-1}$。

飽和濃度與實際濃度的差值 $(C_s-C)$ 稱爲**未飽和量** (deficit)。由於在定溫定壓下氣體的飽和濃度是固定的，質傳視爲一次反應。

---

**例題 4-9** 一掉落的雨滴中，最初無任何溶氧存在。雨滴的飽和溶氧量爲 9.20 mg/L。假設在掉落 2 秒鐘後雨滴已有 3.20 mg/L 的溶氧。試問當雨滴達到 8.20 mg/L 的溶氧時需要多少時間？

**解**：首先計算兩秒後溶氧的未飽和量，及溶氧達到 8.20 mg/L 時的不足值：

2 秒時的未飽和量＝9.20－3.20＝6.00 mg/L
$t$ 秒時的未飽和量＝9.20－8.20＝1.00 mg/L

利用表 4-6 所得的一級反應的積分式，並特別注意速率的變化是與不足值成比例的關係，因此，$[A]=(C_s-C)$，且 $[A_0]=(9.20-0.00)$，

$$\ln\frac{6.00}{9.20} = -k(2.00\ \text{s})$$
$$k = 0.2137\ \text{s}^{-1}$$

解得 $k$ 值之後，即可計算時間 $t$ 之值。

$$\ln\frac{(9.20-8.20)}{9.20} = -(0.2137)(t)$$
$$t = 10.4\ \text{s}$$

---

## 水 質

雨、雹或霰等沉降物所含有的雜質非常少。經由大氣層中的形成與沉降，可能含有微量無機物、氣體及其他物質。實際上並無微生物的存在 (U.S. PHS, 1962)。

上述沉降物一旦到達地面，即存在許多機會，產生無機與有機物質、微生物及其他形式的污染*。當水流經或穿過地表時，將可能攜帶了土壤顆粒。這種現象很容易經由透視度或濁度得知。同時，亦有可能攜帶有機物與

* 本文中所提及的污染意指任何存在水中的外來物 (有機性、無機性、輻射性或生物性)，具有降低水質的傾向，而構成健康危害性或減少水體的用途。

微生物的粒狀物。當地表水向下滲入土壤，並流入水面下的地層時，大部份的懸浮顆粒可經由過濾作用去除。這種自然的過濾作用也許能夠有效地去除部份的微生物或其他顆粒物質。然而，水的化學性質將會因此而改變，若與無機沉澱物接觸，則可能產生更爲廣泛的變化。另外，地表水滲入水面下時，會溶解部份土壤或岩石中的無機物，因此，地下水通常較地表水含有較多的無機溶解鹽類。

飲用水水質可分爲以下四個方面加以描述：

1. 物理性：物理特性常爲民生用途水質所關心的焦點，通常與水的外觀有關，如色度或濁度、溫度，較特別的則有嗅與味。
2. 化學性：水的化學性質常利用觀察到的反應來加以確認。如比較硬水與軟水在洗燙過程中產生的現象。大部份的情況下，其差別並不明顯。
3. 生物性：微生物與公共健康有非常重要的關係，且可能大幅地改變水的物理與化學性質。
4. 輻射性：在水源有可能與輻射物質接觸的地區，輻射性的效應必須加以考慮。這種情況下水的輻射性爲公共健康關心的重點。

因此，在發展給水系統時，對於給水來源的預期用途，有必要謹愼地考慮所有可能產生不良影響的因子。

## 物理特性

**濁度**　黏土、淤泥、細小的碎裂有機物、浮游生物與其他粒狀物等懸浮物質存在時，即會產生所謂的*濁度*。量測單位通常是*濁度單位* (Turbidity Unit, TU) 或*散射濁度單位* (Nephlometric Turbidity Unit, NTU)，量測的原理是利用一種化學混合物，其會產生再生性的光線折射作用，並依此做爲參考基準。玻璃杯中水的濁度超過 5 TU 時，便能容易地測得，且常因美觀因素而不被使用。

水中的黏土或其他無生命的懸浮顆粒可能對於人體健康不會產生不良影響，但水中含有這些顆粒時，常爲了要適當地符合預期的用途，而需要處理。且經由降雨與地下水的改變，濁度常可做爲地表水或其他產生污染物的指示。

**色度** 植物降解產生的溶解性有機物與某些無機物會在水中形成色度。有時過剩的藻花或水中微生物的生長，亦會導致色度的發生。從健康的觀點而言，色度本身通常不需要處理，但因在美學的觀點上不被人所接受，而認為需要適當的處理。

**嗅與味** 水中的嗅與味主要來自外來的有機物、無機鹽類或溶解氣體。這些物質的來源主要包括民生使用、灌溉或自然來源。基於使用者的觀點，飲用水中任何不被接受的嗅與味均需要加以避免。

**溫度** 最理想的飲用水水質需要維持穩定的低溫，且不要有太大的溫度變化。山區的地表水或地下水通常可符合這些要求。大部份的飲用者發現水溫在 10° 至 15°C 之間時，最為可口適飲。

## 化學特性

**氯離子** 大部份的水含有部份的氯離子。氯離子的含量來自於鹽類沉積物的釋出、海水、高鹽成份的水、工業廢水或生活污水的污染。飲用水中氯離子濃度超過 250 mg/L 時，便會產生明顯的味道。通常民生用水的氯離子濃度應小於 100 mg/L。但在部份地區，也許必須使用氯離子超過 100 mg/L 的飲用水，但仍需要符合其他的標準以達到潔淨飲用水要求。

**氟離子** 在部份地區，水源含有天然的氟離子。一旦氟離子的濃度在最佳範圍內，將可觀察到有益健康的效果。在這種地區，齲齒發生率會比水中未含有天然氟離子的地區為低。每一個地區的最佳氟離子濃度範圍視空氣溫度而定，因為溫度將會影響人們的飲水量。當飲用水源中的氟離子濃度超過最佳範圍時，過高的氟離子會使牙齒產生斑點*。故州政府與地方健康單位應加以磋商，一般可接受值介於 0.8 至 1.3 mg/L 之間。

**鐵** 由於地質中含有大量的鐵，因此水中經常有少量的鐵離子。而鐵離子會使洗燙的物品產生褐色，並影響茶與咖啡等飲料的味道，故水中應盡量避免含有鐵離子。

**鉛** 人體曝露於鉛，即使時間很短暫，亦會對健康產生嚴重的危害。長時間

* 齒斑的特徵是齒上具有黑點或條紋，使牙齒接觸大量的氟離子後會變得脆弱。

曝露於少量的鉛，亦可能產生嚴重的疾病或死亡。鉛具有累積性毒性，需要考量進入人體的量是否超出某種相當低的正常限值。

**錳**　錳將會增加用水或清洗衣物的褐色色度，同時容易使咖啡及茶產生藥的味道。

**鈉**　水中存在的鈉會影響人體在心臟、腎臟或營養循環方面的功能。當水質建議值要求不含鈉離子時，所有水源將無法符合此規定。家庭用水的軟水器常常會增加大量的鈉離子於水中，因此格外需要注意 (詳見 4-3 節離子交換軟化內容中，軟化器操作與化學說明的討論)。

**硫酸根**　天然的硫酸鎂 (Epsom salts) 或硫酸鈉 (Glauber's salt) 沉積物的淋洗作用，會使水中含有高濃度的硫酸鹽，由於會產生通便的效果，故並不為人所接受。

**鋅**　鋅被發現存在於部份天然水中，尤其在鋅礦已被開採地區，格外容易發現。鋅並無被認定對人體有害，但會使飲用水產生不佳的味道。

**砷**　自然的存在於環境中，且常被使用於木材處理上，農業化學品 (殺蟲劑)、砷化鎵晶圓、玻璃及合金的製程中。飲用水中的砷與肺及膀胱癌有關。

**毒性無機物質**　硝酸根 (nitrates, $NO_3$)、氰離子 (cyanides, CN) 與重金屬 (heavy metals) 涵蓋主要具有危害健康考量之虞的毒性無機物質種類。“藍嬰症” 發生的原因主要因嬰兒吸收了含有高濃度硝酸根的水或化學品，而硝酸根會取代紅血球上與氧氣結合的位置，造成輸氧功能的喪失，病人典型的症狀是其皮膚呈現藍紫色。CN 會對於甲狀腺與中樞神經系統產生長期的危害。毒性重金屬主要包括砷 (As)、鋇 (Ba)、鎘 (Cd)、鉻 (Cr)、鉛 (Pb)、汞 (Hg)、銻 (Se) 與銀 (Ag)。這些重金屬具有多種的毒性影響，有些可能具有急毒性 (如 As 與 $Cr^{6+}$)，有些則會造成慢性病的發生 (如 Pb、Cd 與 Hg)。

**毒性有機物質**　美國環保署優先管制污染物列表 (表 1-6) 涵蓋超過 120 種的毒性有機物質，主要包括農藥、殺蟲劑與溶劑。其對人體的影響與上述無機物質一樣，包括急毒性與慢性危害兩類型。

## 微生物特性

飲用水與烹飪用水必須確保無致病菌的產生。可能的微生物種類包括病毒、細菌、原生動物與蟲。

有些微生物主要來自受感染個體的糞便，導致人體疾病的產生。其他則可能來自動物的糞便。

不幸地，水中有些致病菌並不易被檢測出。廣泛的細菌學技術檢測因較為複雜且花費時間，因此，有必要發展容易定量，能夠指出受污染程度的測試方法。目前最常使用的測試方法是檢測**大腸菌類**的菌落數。此類微生物的名稱是由 *colon* 這個字所引申得來的，其包括 *Escherichia coli* 及 *Aerobacter aerogenes* 兩屬。*E. coli.* 常存在於腸道中，而 *Aerobacter* 則常於土壤中發現，在某種的許可條件或機會下，有可能導致尿道的感染。這些微生物的測試方法，稱為**總菌落數試驗** (Total Coliform Test)。選擇此測試方法主要有以下的原因：

**1.** 大腸菌族群普遍地生存於人類及哺乳類動物的腸道中。因此，水中發現時表示該水質受到糞便污染。

**2.** 即使在生病個體上，大腸菌的數量仍遠超過致病菌好幾個次方。大量的大腸菌較致病菌更容易培養。

**3.** 大腸菌可在水中存活相當長的時間，但在環境中並無法有效的再生。因此，一旦水中發現大腸菌，表示該水質受到糞便污染，而不是因適應環境而生長的結果。另外，大腸菌在水中的存活率通常較多數的致病菌為高。此意謂在無大腸菌的情況下，可視為一合理顯示無致病菌存在的指標。

**4.** 大腸菌相當容易培養。因此實驗室不需昂貴的設備即可進行此檢測方法。

目前研究指出，檢測 *Escherichia coli* 菌落數，似乎較能合理地判斷水質是否遭受生物性污染。因此，已有部份政府機構偏好以 *E. coli* 菌落數檢測，取代總大腸菌落數檢測，做為生物性污染的指標。

最常被注意的二種原生動物為**梨形蟲胞囊** (Giardia lambia) 與**隱孢子蟲** (Cryptosporidium parvum)，會藉由野生或畜養的動物傳遞，進入環境及水源中，並會造成胃腸疾病。

## 輻射特性

在原子能做爲能量源及輻射物質開採的發展下，如同天然輻射物質一般，有必要就飲用水等易使輻射物進入人體中的管道，建立限制濃度。

人類曝露在輻射線或輻射物下，會產生危害性的影響，因此任何不必要的曝露均應盡量避免。人類總是會經由水、食物與空氣曝露於天然輻射線。每個個體所曝露的輻射量，隨背景輻射量的改變而有所不同。水具有高輻射性是不尋常的，發生的區域通常限制在具有核能工業的地區。

## 水質標準

美國總統福特於 1974 年 12 月 16 日簽署了國家安全飲用水規定，下令美國環保署針對公共給水系統建立**最大污染限值** (maximun contaminant levels, MCLs)，以維持適當的安全標準外，避免任何已知或預期會造成健康負面影響。環保署定義供給管線水源給民眾的任何給水系統，若擁有 15 個以上的服務接點，或一年內服務時間至少爲 60 天，合法的服務人數平均至少在 25 人以上，即稱爲公共給水系統。在此定義下，公共給水系統包括私人企業，如加油站、餐廳、汽車旅館，及其他每天服務人數超過 25 人，或一年總服務時間超過 60 天的單位。

從 1975 至 1985 年，環保署對於公共給水系統所供應的飲用水，訂定了 23 種污染物。這些法案即眾所皆知的過渡時期飲用水初步規定 (interim primary drinking water regulations, IPDWRs)。1986 年 6 月，美國完成國家安全飲用水規定的修訂工作。修訂內容中，該規定要求美國環保署針對 83 種特定物質，建立**最大污染限值標的** (maximum contaminant level goals, MCLGs) 及最大污染限值 (MCLs)，其中，涵蓋了 IPDWRs 中的 22 個項目 (除三鹵甲烷外，其餘皆在涵蓋範圍內)。這個修正案另外要求環保署從 1991 年 1 月起，每三年需要額外訂定 25 個污染物限值，且無限期持續進行。

表 4-7 列出各項規定的污染物，及其危害健康效應。部份的污染物標準正在考量進行修訂工作。表中“TT”的標記，表示規定使用特定的處理技術，而不是以污染物標準的方式訂定。這些處理技術爲應用於水處理的特定程序，例如混凝與過濾、石灰軟化與離子交換。這些技術將於後續各節中加以討論。

表 4-7 SDWA 制定的污染物標準與潛在健康影響

| 污染物 | 最大污染標準標的 mg/L | 最大污染標準 mg/L | BAT | 潛在健康影響 |
|---|---|---|---|---|
| **有機物** | | | | |
| Acrylamide | Zero | TT | PAP | Cancer, nervous system effects |
| Alachor | Zero | 0.002 | GAC | Cancer |
| Atrazine | 0.003 | 0.003 | GAC | Liver, kidney, lung, cardiovascular effects; possible carcinogen |
| Benzene | Zero | 0.005 | GAC, PTA | Cancer |
| Benzo(a)pyrene | Zero | 0.0002 | GAC | Cancer |
| Bromodichloromethane | Zero | See TTHM | GAC, NF* | Cancer |
| Bromoform | Zero | See TTHM | GAC, NF* | Cancer |
| Carbofuran | 0.04 | 0.04 | GAC | Nervous system, reproductive system effects |
| Carbon tetrachloride | Zero | 0.005 | GAC, PTA | Cancer |
| Chlordane | Zero | 0.002 | GAC | Cancer |
| Chloroform | 0.07 | See TTHM | GAC, NF* | Cancer |
| Chlorodibromomethane | No MCLG | See TTHM | GAC, NF* | Cancer |
| 2,4-D | 0.07 | 0.07 | GAC | Liver, kidney effects |
| Dalapon | 0.2 | 0.2 | GAC | Kidney, liver effects |
| Di(2-ethylhexyl)adipate | 0.4 | 0.4 | GAC, PTA | Reproductive effects |
| Di(2-ethylhexyl)phthalate | Zero | 0.006 | GAC | Cancer |
| Dibromochloropropane (DBCP) | Zero | 0.0002 | GAC, PTA | Cancer |
| Dichloroacetic acid | No MCLG | See HAA5 | GAC, PTA | Cancer |
| *p*-Dichlorobenzene | 0.075 | 0.075 | GAC, PTA | Kidney effects, possible carcinogen |
| *o*-Dichlorobenzene | 0.6 | 0.6 | GAC, PTA | Liver, kidney, blood cells effects |
| 1,2-Dichloroethane | Zero | 0.005 | GAC, PTA | Cancer |
| 1,1-Dichloroethylene | 0.007 | 0.007 | GAC, PTA | Liver, kidney effects, possible carcinogen |
| *cis*-1,2-Dichloroethylene | 0.07 | 0.07 | GAC, PTA | Liver, kidney, nervous system, circulatory effects |
| *trans*-1,2-Dichloroethylene | 0.1 | 0.1 | GAC, PTA | Liver, kidney, nervous system, circulatory effects |
| Dichloromethane (methylene chloride) | Zero | 0.005 | PTA | Cancer |
| 1,2-Dichloropropane | Zero | 0.005 | GAC, PTA | Cancer |
| Dibromoacetic acid | No MCLG | See HAA5 | GAC, NF* | Cancer |
| Dichloroacetic acid | No MCLG | See HAA5 | GAC, NF* | Cancer |
| Dinoseb | 0.007 | 0.007 | GAC | Thyroid, reproductive effects |
| Diquat | 0.02 | 0.02 | GAC | Ocular, liver, kidney effects |
| Endothall | 0.1 | 0.1 | GAC | Liver, kidney, gastrointestinal effects |
| Endrin | 0.002 | 0.002 | GAC | Liver, kidney, nervous system effects |
| Epichlorohydrin | Zero | TT | PAP | Cancer |
| Ethylbenzene | 0.7 | 0.7 | GAC, PTA | Liver, kidney, nervous system effects |
| Ethylene dibromide (EDB) | Zero | 0.00005 | GAC, PTA | Cancer |

表 4-7 SDWA 制定的污染物標準與潛在健康影響 (續)

| 污染物 | 最大污染標準標的 mg/L | 最大污染標準 mg/L | BAT | 潛在健康影響 |
|---|---|---|---|---|
| **有機物** | | | | |
| Glyphosate | 0.7 | 0.7 | OX | Liver, kidney effects |
| Haloacetic acids (sum of 5; HAA5)[1] | No MCLG | 0.060 | GAC, NF* | Cancer |
| Heptachlor | Zero | 0.0004 | GAC | Cancer |
| Heptachlor epoxide | Zero | 0.0002 | GAC | Cancer |
| Hexachlorobenzene | Zero | 0.001 | GAC | Cancer |
| Hexachlorocyclopentadiene | 0.05 | 0.05 | GAC, PTA | Kidney, stomach effects |
| Lindane | 0.0002 | 0.0002 | GAC | Liver, kidney, & nervous, immune, circulatory system effects |
| Methoxychlor | 0.04 | 0.04 | GAC | Development, liver, kidney, nervous system effects |
| Monochlorobenzene | 0.1 | 0.1 | GAC, PTA | Cancer |
| Monochloroacetic acid | 0.07 | See HAA5 | GAC, NF* | Cancer |
| Monobromoacetic acid | No MCLG | See HAA5 | GAC, NF* | Cancer |
| Oxamyl (vydate) | 0.2 | 0.2 | GAC | Kidney effects |
| Pentachlorophenol | Zero | 0.001 | GAC | Cancer |
| Picloram | 0.5 | 0.5 | GAC | Kidney, liver effects |
| Polychlorinated biphenyls (PCBs) | Zero | 0.0005 | GAC | Cancer |
| Simazine | 0.004 | 0.004 | GAC | Body weight and blood effects, possible carcinogen |
| Styrene | 0.1 | 0.1 | GAC, PTA | Liver, nervous system effects, possible carcinogen |
| 2,3,7,8-TCDD (dioxin) | Zero | $5\times10^{-8}$ | GAC | Cancer |
| Tetrachloroethylene | Zero | 0.005 | GAC, PTA | Cancer |
| Toluene | 1 | 1 | GAC, PTA | Liver, kidney, nervous system, circulatory system effects |
| Toxaphene | Zero | 0.003 | GAC | Cancer |
| 2,4,5-TP (silvex) | 0.05 | 0.05 | GAC | Liver, kidney effects |
| Trichloroacetic acid | 0.02 | See HAA5 | GAC, NF† | Cancer |
| 1,2,4-Trichlorobenzene | 0.07 | 0.07 | GAC, PTA | Liver, kidney effects |
| 1,1,1-Trichloroethane | 0.2 | 0.2 | GAC, PTA | Liver, nervous system effects |
| 1,1,2-Trichloroethene | 0.003 | 0.005 | GAC, PTA | Kidney, liver effects, possible carcinogen |
| Trichloroethylene | Zero | 0.005 | GAC, PTA | Cancer |
| Trihalomethanes (sum of 4; TTHM's)[2] | No MCLG | 0.080 | GAC, NF* | Cancer |
| Vinyl chloride | Zero | 0.002 | PTA | Cancer |
| Xylenes (total) | 10 | 10 | GAC, PTA | Liver, kidney, nervous system effects |

表 4-7　SDWA 制定的污染物標準與潛在健康影響 (續)

| 污染物 | 最大污染標準標的 mg/L | 最大污染標準 mg/L | BAT | 潛在健康影響 |
|---|---|---|---|---|
| **無機物** | | | | |
| Antimony | 0.006 | 0.006 | C-F[3], RO | Decreased longevity, blood effects |
| Arsenic | Zero | 0.010 | IX,AA,RO, C-F,LS,ED, OX-F | Dermal, nervous system effects, cancer |
| Asbestos (fibers > 10 μm) | 7 million (fibers/L) | 7 million (fibers/L) | C-F[3], DF, DEF | Possible carcinogen by ingestion |
| Barium | 2 | 2 | IX,RO, LS[3] | Blood pressure effects |
| Beryllium | 0.004 | 0.004 | IX,RO, C-F[3] LS[3], AA,IX | Bone, lung effects, cancer |
| Bromate | Zero | 0.010 | DC | |
| Cadmium | 0.005 | 0.005 | C-F[3], LS[3], IX, RO | Kidney effects |
| Chlorite | 0.8 | 1.0 | DC | Nervous system effects |
| Chromium (total) | 0.1 | 0.1 | C-F[3], LS[3], (Cr III), IX, RO | Liver, kidney, circulatory system effects |
| Copper | 1.3 | TT | CC, SWT | Gastrointestinal effects |
| Cyanide | 0.2 | 0.2 | IX, RO, $Cl_2$ | Thyroid, central nervous system effects |
| Fluoride | 4 | 4 | AA, RO | Skeletal Fluorosis |
| Lead | Zero | TT | CC, PE, SWT, LSLR | Cancer, kidney, central and peripheral nervous system effects |
| Mercury | 0.002 | 0.002 | C-F[3] (influent < 10μg/L), LS[3], GAC, RO (influent < 10 μg/L) | Kidney, central nervous system effects |
| Nitrate (as N) | 10 | 10 | IX,RO,ED | Methemoglobinemia (blue baby syndrome) |
| Nitrite (as N) | 1 | 1 | IX,RO | Methemoglobinemia (blue baby syndrome) |
| Nitrate + nitrite (both as N) | 10 | 10 | IX,RO | |
| Selenium | 0.05 | 0.05 | C-F[3] (Se IV), LS[3], AA,RO,ED | Nervous system effects |
| Thallium | 0.0005 | 0.002 | IX, AA | Liver, kidney, brain, intestine effects |
| **輻射核種** | | | | |
| Beta particle and photon emitters | Zero | 4 mrem | C-F,IX,RO | Cancer |
| Alpha particles | Zero | 15 pCi/L | C-F,RO | Cancer |
| Radium-226 + Radium-228 | No MCLG | 5 pCi/L | IX,LS,RO | Cancer |
| Uranium | Zero | 30 μg/L | C-F[3], LS[3], AX | Cancer |

**表 4-7　SDWA 制定的污染物標準與潛在健康影響 (續)**

| 污染物 | 最大污染標準標的 mg/L | 最大污染標準 mg/L | BAT | 潛在健康影響 |
|---|---|---|---|---|
| **微生物** | | | | |
| *Cryptosporidium* | Zero | TT | NA | Gastroenteric disease |
| *E. coli* | Zero | TT[5] | NA | Gastroenteric disease |
| Fecal coliforms | Zero | TT[5] | NA | Gastroenteric disease |
| *Giardia lambia* | Zero | TT | NA | Gastroenteric disease |
| Heterotrophic bacteria | No MCLG | TT | NA | Gastroenteric disease |
| *Legionella* | Zero | TT | NA | Pneumonia-like effects |
| Total coliforms | Zero | TT[4] | NA | Indicator of gastroenteric infections |
| Turbidity | | PS | NA | Interferes with disinfection, indicator of filtration performance |
| Viruses | Zero | TT | NA | Gastroenteric disease, respiratory disease, and other diseases, (e.g. hepatitis, myocarditis) |

* 可使用一氯胺作爲 BAT

AA-活性鋁，AX-陰離子交換，CC-腐蝕控制，C-F-混凝與過濾，$Cl_2$-加氯，DC-消毒系統控制，DEF-矽藻土過濾，DF-直接過濾，EF-增強過濾，ED-電透析，GAC-顆粒活性碳，IX-離子交換，LS-石灰軟化，LSLR-鉛維修管線更換，NA-無合適技術，NF-奈濾，OX-氧化，OX-F-氧化與過濾，PAP-聚合物添加案例，PE-公共教育，PR-前驅物去除，PS-效果標準，PTA-塡充塔曝氣，RO-逆滲透，SWT-水源處理，TT-處理技術

**1.** 一、二與三氯醋酸以及一與二溴醋酸濃度總和。

**2.** 溴二氯甲烷、二溴一氯甲烷、溴仿與氯仿濃度總和。

**3.** 除了已設置的處理系統外。混凝－過濾與石灰－軟化程序對於不同小型系統而言，並非爲 BAT。

**4.** 每月不超過 5% 的水樣可呈現陽性。給水系統每月收集水樣數小於 40 者，每月不超過 1 個水樣可呈現陽性。

**5.** 若重複總大腸菌水樣呈現 fecal coliform 或 *E.* coli 陽性時，此給水系統將不符合 MCL 對總大腸菌的規定。此外，若例行的水樣呈現 fecal coliform 或 *E.* coli 陽性，且隨後的重複水樣分析總大腸菌呈現陽性，該給水系統亦不符合 MCL 對總大腸菌的規定。

**鉛與銅** 1988 年 6 月，美國環保署除了公佈建議方案，定義銅與鉛的 MCLs 與 MCLGs，同時就鉛與銅建立監測計畫與處理技術。其中，MCLG 建議鉛允許濃度爲 0，銅的允許濃度爲 1.3 mg/L。MCL 影響標準規定進入分佈系統時，鉛與銅的可接受濃度分別爲 0.005 mg/L 與 1.3 mg/L。

方案並應允以消費者獲得的自來水水質爲標準。需要的監測方法爲收集住宅區第一次流出水樣。需要採集水樣數從每年 10 個水樣至每十五分鐘 50 個水樣不一，須視管線系統而定。

SDWA 修正案對於供應大眾使用的鉛管系統或公共給水系統的設置與修復，限制含鉛管材、銲料與熔解劑的使用。然而，此限制並不包括鑄鐵管線修復所需使用的含鉛接合劑。

**消毒劑與消毒劑衍生副產物 (D-DBPs)** 消毒劑應用於破壞水中致病菌，及其與水中有機物形成具有潛在健康顧慮的副產物反應。自 1979 年起即訂定一類的消毒副產物 (DBPs)。這類的副產物即眾所熟知的三鹵甲烷 (trihalomethanes, THMs)。當水中有機前驅物與氯消毒劑反應時，即可能形成 THMs (**前驅物**指尚未反應爲 THM 的有機物)。這種情況顯示有機化合物會反應生成 THM。前驅物爲天然有機物，是由具生長力物質降解而成，如樹葉與水中生物等。THMs 受到關心的原因主要是這些物質已知具有潛在的致癌性，並會影響生殖。1979 年訂定四種 THMs，分別爲氯仿、溴二氯甲烷、二溴氯甲烷及溴仿。其中，以氯仿最容易被發現，生成濃度亦較高。

此外，D-DBP 規定是藉由所謂的磋商規定與訂定程序發展而成的，係代表關心規定的主要團體 (如公共給水系統所有者、州政府與地方政府官員與環保團體等) 與環保署代表單位，對於建議規定的內容達成共識。

氯、氯氨與二氧化氯的最大殘餘消毒劑標準目標 (MRDLGs) 與最大殘餘消毒劑標準 (MRDLs) 已被建立 (表 4-8)。臭氧因反應過於迅速，而無法在配水系統檢測其殘餘濃度，因此，並無臭氧限制標準。

消毒副產物的 MCLGs 與 MCLs 列於表 4-9。除了規定單一化合物外，D-DBP 規定亦對 HAA5 與 TTHMS 兩類型的副產物設置標準，以確認幾種化合物潛在的累積效果。HAA5 是五種醋氯酸的總和 (一氯醋酸、二氯醋酸、三氯醋酸、一溴醋酸與二溴醋酸)。TTHMs (總三鹵甲烷) 是氯仿、溴二氯甲烷、二溴氯甲烷及溴仿濃度的總和。

**表 4-8　最大殘餘消毒劑標的 (MRDLGs) 與最大殘餘消毒劑標準 (MRDLs)**

| 殘餘消毒劑 | MRDLGs mg/L | MRDL mg/L |
|---|---|---|
| 自由餘氯 | 4 | 4.0 |
| 總氯胺 | 4 | 4.0 |
| 二氧化氯 | 0.08 | 0.8 |

D-DBP 規定十分複雜。表中除了顯示訂定標準外，亦提供去除前驅物的標準。前驅物需要去除的量，與水的鹼度與存在的*總有機碳濃度* (total organic carbon, TOC) 有關。

D-DBP 規定將會分階段推動。第一階段將於 1998 年 11 月公佈，第二階段將於 2006 年推動。

當氯加入含有 TOC 的水中，氯會與 TOC 緩慢的反應生成 THMs 及 HAA5，因此，THMs 及 HAA5 持續的增加，直至達到最大生成量。爲了更正確的評估 DBPs 至水龍頭處的被飲入量，同時爲達法規要求，須於配水系統中進行採樣，雖然樣品數會改變，但每一處理廠，季節性的採取 4 個水樣。在第一階段標準中，將 4 個取樣點，各有 4 個季節性數據加以平均 (亦即平均 16 個數據)，以決定是否符合表 4-9 的 MCLs 標準。決定符合標準的

**表 4-9　消毒副產物 (DBPs) 的最大污染物標準標的 (MCLGs) 與最大污染物標準 (MCLs)**

| 污染物 | MCLG mg/L | 第一階段 MCL mg/L | 第二階段 MCL mg/L |
|---|---|---|---|
| 溴酸鹽 | Zero | 0.010 | |
| 溴二氯甲烷 | Zero | | |
| 溴仿 | Zero | | |
| 水合三氯乙醛 | 0.005 | | |
| 亞氯酸鹽 | 0.3 | 1.0 | |
| 氯仿 | 0.07 | | |
| 二溴氯甲烷 | 0.06 | | |
| 二氯醋酸 | Zero | | |
| 一氯醋酸 | 0.03 | | |
| 三氯醋酸 | 0.02 | | |
| HAA5 | | 0.060 | 0.060* |
| TTHMs | | 0.080 | 0.080* |

* 第二階段計算方式不同

方法稱爲**連續年平均** (running annual average, RAA)。第二階段標準，其採樣數及採樣位置改變，且計算方法也改變。在第二階段中，各採樣點的 4 個季節水樣，先進行平均 (4 組數據)，每一採樣點的數值必須低於 MCLs，稱爲**定點連續年平均** (locational running annual average, LRAA)。雖然第一及第二階段的 MCLs 値相同，但根據 LRAA 的計算，其要達成第二階段標準更爲困難。

**地表水處理規定 (SWTR)** **地表水處理規定** (Surface Water Treatment Rule, SWTR) 與延伸法規，包括過渡時期增進地表水處理規定 (Interim Enhanced Surface Water Treatment Rule, IESWTR)、長期增進地表水處理規定 (Long-Term Enhanced Surface Water Treatment Rules, LT1ESWTR and LT2ESWTR)，形成四個初步飲用水規定，訂定在地表水的直接影響下，地表水或地下水供給單位需要提供處理。規定需要特定的技術，即過濾與消毒。並依此技術建立濁度、*Cryptosporidium*、*Giardia*、病毒、*Legionella*、異營菌與其他許多可加以去除致病菌的 MCLs。規定同時建立 *Giardia*、*Cryptosporidium*、病毒與 *Legionella* 的 MCLG 爲零。而異營菌的平面計數與濁度則尚未建立 MCLG。

**濁度限制** 利用傳統方法或直接過濾處理原水，在每月採取的水樣中，有 95% 的水樣可以達到濁度小於 0.3 NTU 的標準。使用慢砂濾的淨水系統無論何時均可達到濁度標準小於 5 NTU 的要求，且每月採取水樣中有 5% 不超過 1 NTU。在不嚴重干擾消毒的情況下，濁度限値 1 NTU 或許可以提升至 5 NTU。通常過濾技術常被使用，慢砂濾能夠達到濁度標準的要求，符合消毒的要求，且成效已被加以確認。

濁度的量測必須持續監測，或每四小時採取具有代表性的水樣。任何供水系統若使用慢砂濾或其他非傳統過濾技術，如直接過濾或矽藻土過濾，在這種情況下，監測要求將可減少至一天一次。

**消毒要求** 結合過濾單元與消毒劑的應用，具有過濾設備的供水系統必須與未有過濾設備之系統達到相同的消毒要求 (對 *Giardia* 及病毒有 3-log 及 4-log 的去除效果或去活性效果，即 99.9% 或 99.99% 的去除率)。

氯會使 *Giardia* 及病毒失去活性，因此結合適當的物理處理及加氯程序可加以控制，然而 *Cryptosporidium* 對氯具有抵抗力。USEPA 根據原水含量，訂定處理等級，需同時使用額外的物理屏障及消毒技術，以避免 *Cryptosporidium* 所導致之疾病案例大量發生。臭氧及 UV 光對 *Cryptosporidium* 為有效的消毒劑。

**總大腸菌**　1989 年 6 月 19 日，美國環保署於國家主要飲用水規定修正版公佈糞便大腸菌與 *E. coli* 的總大腸菌標準，並適用於所有的公共給水系統。

此規定是以水中有無大腸菌存在，做為最大污染標準 (MCL) 的建立基礎。較大型的給水系統每月須至少採集 40 個以上的水樣，且不能超過 5% 的水樣，檢測出大腸菌呈陽性反應，以符合最大污染標準。較小型的給水系統每月需要採集的水樣在 40 個以下，且檢測出大腸菌呈陽性反應的水樣數不能超過 1 個。

目前美國環保署接受以下五種分析方法的任何一種檢測大腸菌：

多管發酵法 (multiple-tube fermentation technique, MTF)
膜濾法 (membrane filter technique, MF)
最小基質 ONPG-MUG 測試 (colilert 系統) (MMO-MUG)
存在-不存在大腸菌測試 (presence-absence coliform test, P-A)
大腸菌確認技術 (colisure technique)

不論使用何種方法，總大腸菌檢測需要的標準水樣體積為 100 mL。

公共給水系統若有不符合總大腸菌規定時，必須在次一營業日結束前提出報告。此外，亦須根據安全飲用水規定一般公共通知書的要求，製作公共通知書，而總大腸菌規定規範需要特別加以說明。

**二級最大污染標準** (secondary maximum contaminant levels, SMCLs)　國家安全飲用水規定同時建立額外的標準，對於造成水質不適合使用，但對人體健康並沒有任何特別負面影響的污染物，加以規範其最大限值。二級最大污染物標準對於任何公共給水系統，視為可取的最大污染物濃度標準，列於表 4-10。

**AWWA 標的**　主要及次要最大污染物標準為污染物的最大可允許或建議濃度值，然而，在訂定一個合理的最大污染物限值標的時，其訂定值通常會小於其 MCL 甚多。美國水工協會 (AWWA) 即已自行訂定最大污染物限值標的，並敦促其會員嘗試遵守，其標準列於表 4-11。

**表 4-10　二級最大污染物標準**

| 污染物 | SMCL (mg/L)[a] |
|---|---|
| 氯離子 | 250 |
| 色度 | 15 色度單位 |
| 銅 | 1 |
| 腐蝕性 | 無腐蝕性 |
| 起泡劑 | 0.5 |
| 硫化氫 | 0.05 |
| 鐵 | 0.3 |
| 錳 | 0.05 |
| 氣味 | 3 門檻氣味數 |
| pH | 6.5 – 8.5 單位 |
| 硫酸根 | 250 |
| 總溶解固體 (TDS) | 500 |
| 鋅 | 5 |

[a] 除給定單位外，所有數值單位為 mg/L。

**表 4-11　美國水工協會水質標的**

| 污染物 | 標的值 (mg/L)[a] |
|---|---|
| 濁度 | < 0.1 TU |
| 色度 | < 3 色度單位 |
| 臭 | 無 |
| 味 | 無異議 |
| 鋁 | < 0.05 |
| 銅 | < 0.2 |
| 鐵 | < 0.05 |
| 錳 | < 0.01 |
| 總溶解固體 (TDS) | 200.0 |
| 鋅 | < 1.0 |
| 硬度 | 80.0 |

[a] 除給定單位外，所有數值單位為 mg/L。

## 水質分類與處理系統

**水源水質分類**　自來水以水源做為分類最便利，包括地下水與地表水等兩類。一般而言，地下水未受污染，但可能含有美學上或經濟上不理想的雜質。地表水必須考慮是否受到細菌、病毒與無機物質等會危害健康的污染物污染。對於自來水而言，地表水亦可能有美學上不理想的特性。表 4-12 為地下水與自來水的比較。

地下水進一步根據其來源區分為深井水與淺井水。深井水水質很容易符合安全性、溫度、外觀、臭與味及化學平衡等生活用水水質的要求。高濃度

**表 4-12　一般地下水與地表水特性**

| 地下水 | 地表水 |
|---|---|
| 組成一致 | 組成易改變 |
| 高礦物質 | 低礦物質 |
| 低濁度 | 高濁度 |
| 低色度或無 | 具色度 |
| 無細菌問題 | 存在微生物 |
| 無溶氧 | 具溶氧 |
| 高硬度 | 低硬度 |
| $H_2S$, Fe, Mn | 具臭與味 |
| | 具潛在化學毒性 |

**表 4-13　不同水源的原水水質**

| 水源 | 濁度 (TU) | 色度 (Pt-Co units) | 平均鋁鹽使用劑量 (mg/L) |
|---|---|---|---|
| 水庫 | 11 | 18 | 16 |
| 湖泊 | 16 | 28 | 22 |
| 河流 | 26 | 44 | 29 |

資料來源：D.A. Cornwell and J.A. Susan, 1979

的鈣、鐵、錳與鎂爲其特色。部份的水源可能含有硫化氫，其餘的亦可能含有過高的氯離子、硫酸根與碳酸根。

淺井水由鄰近表面渠道的水補注，其水質與深井水相似，或與表面補注水的特性有關。淺井水水源與表面渠道之間的砂含水層，可作爲一有效的過濾去除有機物，並可作爲熱交換器緩衝溫度的變化。爲預測淺井水的水質，謹慎地研究補注水的天然特性與含水層是相當必要的。

地表水水源以是否來自湖泊、水庫與河流加以區分，三種原水的比較如表 4-13 所示。一般而言，河川水的水質最差，而水庫水的水質最佳。河川的水質視流域的特性而定。居民生活、工業與農業等造成的污染，對於河川水質具有相當大的污染。河川水的另一特性是水量變化較大，在雨季或相似的時期時，濁度通常會大幅度的增加。許多河川的色度與味以及產生臭味化合物會增加。在暖月時，藻華經常造成臭與味的問題。

水庫水與湖泊水較不同於河川水每天都會產生變化。此外，停滯的狀況將會降低濁度，有時色度亦能夠降低。但如同河川水，夏季時藻華會造成湖泊與水庫臭與味的問題。

**處理系統**　給水廠依據處理系統可簡單分爲簡單消毒、過濾處理廠與軟化處理廠。當以地下水作爲水源，給水廠會使用簡單加氯消毒，並確保消費者使用時，水質能夠符合微生物含量的安全標準。通常過濾處理廠處理地表水，而必須以軟化處理廠處理地下水。

在過濾處理廠中，會使用快混、膠凝、沉澱、過濾與消毒等單元，去除色度、濁度、臭與味、有機物及微生物。若發生浮渣與魚阻塞的問題時，可能會增加柵欄或粗篩網等額外操作設備。圖 4-8 顯示一典型的過濾廠處理流程。**未處理的地表水**經由低揚程泵浦進入處理廠，篩網通常設置於泵浦之前，在混合單元中添加混凝劑，並迅速地分散至水中。混凝劑會與預期去除

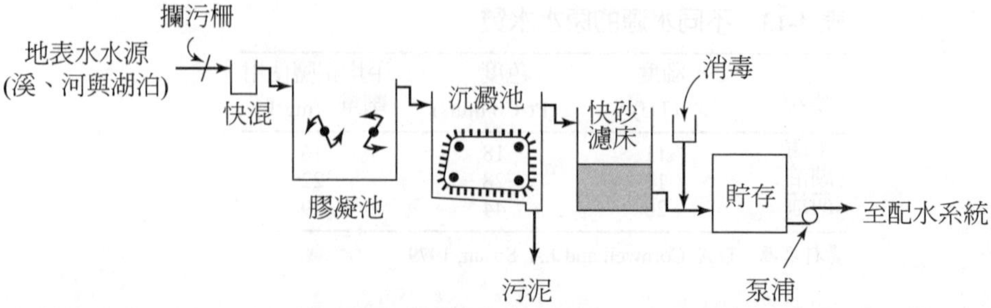


**圖 4-8**　傳統地表水處理廠流程圖。

的物質形成沉澱物 (膠羽)，在膠凝過程中緩慢地彼此碰觸，其目的在允許膠羽產生膠結，而成長至可沉降的尺寸。膠羽顆粒即藉重力加以去除 (沉澱)。如此將減少通過過濾單元的固體顆粒含量。對於水質良好的原水，處理工程或許能省略沉澱或膠凝的步驟，這種修正的處理程序稱爲**直接過濾**。過濾是固體的最終去除方式，當處理水通過砂礫或相似的介質時，將會攔除無法沉降的細小固體顆粒。消毒是添加化學藥劑 (通常是加氯) 以殺死或減少水中致病菌的數量。原水直接消毒既不經濟又沒有效率。由於色度與濁度會消耗消毒劑，使化學藥劑的使用量增加，此外，水中存在濁度亦會遮蔽致病菌，避免與消毒劑發生反應，而無法產生有效的破壞。在處理廠或社區內必須提供貯存消毒劑的位置，以符合尖峰的使用量，並允許處理廠能夠維持一致的操作。高揚程的泵浦將能夠提供足夠的壓力，傳輸處理水至最終的用途。沉澱的化學藥劑、原有的濁度與懸浮固體則由沉澱槽與過濾槽移除，這些**廢污** (residuals) 需要妥善的處置。

軟化處理廠與過濾處理廠具有相同的處理流程，但使用的化學藥劑不同。軟化廠的主要功能是去除水中的硬度 (鈣與鎂)。在軟化廠中 (典型的處理流程如圖 4-9 所示)，許多設備的設計考量與過濾廠並不相同；同時，軟化廠的化學藥劑使用量較高，相對地污泥的產量亦較大。

在快混過程中，添加的化學藥劑會與硬度發生反應而沉澱。沉澱反應則發生於反應槽中。除了在軟化過程中會進行再碳酸作用調整 pH 值，其餘的單元操作則與過濾廠相同。

在以下兩節，我們將分別討論混凝化學與軟化化學。隨後將描述各自的物理程序。這些內容適用於所有的過濾廠與軟化廠。

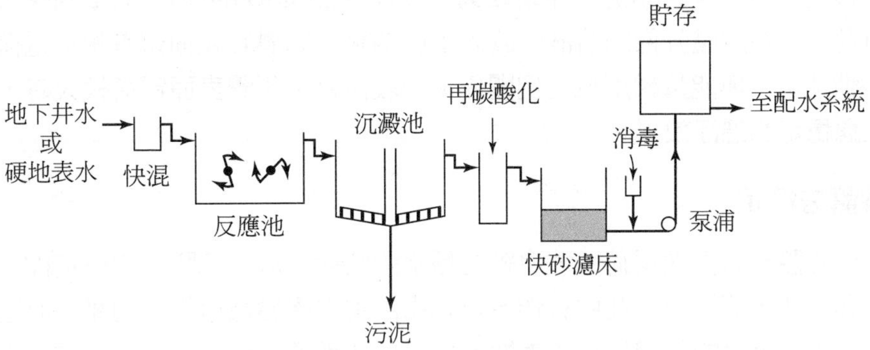


**圖 4-9**　水軟化廠流程圖。

## ▲4-2　混　凝

地表水需要加以處理以去除色度、濁度與細菌。當砂濾於 1885 年左右被發展出時，單獨使用砂濾則顯然無法產生清潔的用水。而實驗亦已證實直接過濾對於細菌、病毒、土壤顆粒與色度的去除，並無明顯的效果。

混凝的目的 (及隨後的膠凝) 是將小顆粒的色度、濁度與微生物轉換爲沉降物或懸浮顆粒等較大的膠羽，這些膠羽再加以調整，即能在隨後的膠凝程序中輕易的去除。就技術面而言，混凝適用於膠體顆粒的去除。然而，混凝具有更廣泛的應用範圍，能夠以沉澱作用的原理，將溶解性的離子去除。不過，本章中所論及的混凝將只限於膠體顆粒的去除。我們定義**混凝** (coagulation) 是一種改變膠體顆粒的方法，使膠體顆粒能夠彼此接近並附著，而產生較大的膠羽顆粒。

### 膠體穩定性

在討論膠體顆粒的去除之前，我們必須先了解膠體顆粒爲何能懸浮在溶液中，而無法藉沉降或過濾的方式去除。簡單地說，膠體顆粒因粒徑太小而無法在合理的時間內沉降，或被濾床的孔隙捕捉。因此，膠體若要在水中維持穩定的狀態，其尺寸必須很小。此外，大部份的膠體因帶有負電荷，在與其他膠體碰撞前，即會彼此排斥，而產生穩定的現象*。故膠體會以幾乎隨

* 有些膠體其穩定性的原因係因與水具有親和性，而與膠體的形式較無重要的關係。

機移動的方式，持續進行**布朗運動** (Brownian movement)。欲量測膠體上的電荷，可在膠體分佈的溶液中置入 DC 電極。膠體顆粒向帶有相反電荷端的移動速率，與能量梯度成比例關係。一般而言，膠體表面電荷較大時，會產生愈穩定的懸浮效果。

## 膠體去穩定

由於膠體具有表面電荷，才會維持穩定的狀態。為去除膠體的穩定性，必須中和這些表面電荷。此中和作用可藉由添加與膠體電荷相反的離子而達成。因水中大部份的膠體帶有負電性，故添加鈉離子 ($Na^+$) 將會減少電荷量。圖 4-10 即顯示此一效應，顯示在無鹽類 (NaCl)、少量鹽類與高量鹽類等三種添加情況下，表面電荷與膠體距離的關係。如同預測的情形，當添加較高濃度的鈉離子時，將會減少較多的電荷，而降低膠體四周的排斥力。若取代鈉等單價離子，改而添加二價離子或三價離子，電荷減少的趨勢將更為明顯，如圖 4-11 所示。事實上，此現象是由舒爾茲 (Schulze) 與哈迪 (Hardy) 兩人所發

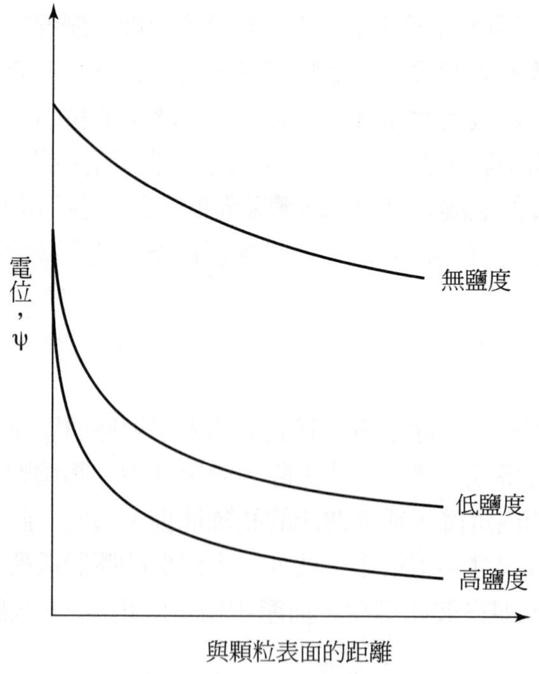


**圖 4-10** 鹽度對電位的影響。

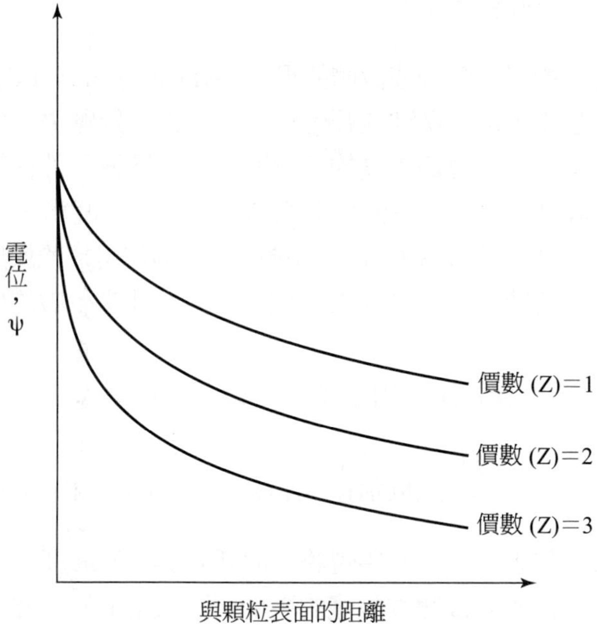


**圖 4-11**　價數對電位的影響。

現。其研究顯示，1 莫耳三價離子所能減少的表面電荷量，與 30 至 50 莫耳二價離子與 1,500 至 2,500 單價離子所能減少的電荷量相當 (稱爲 Schulze-Hardy 定律)。

## 混　凝

混凝的目的是爲了改變膠體，使膠體能夠彼此附著。混凝作用的過程，即是將陽離子加入水中，減少表面電荷至不會互相排斥的情況。**混凝劑**爲加入水中以產生混凝作用的物質 (化學藥劑)。混凝劑具有三種關鍵的性質：

**1.** 三價陽離子：如上節所述，天然水中的膠體大部份帶負電荷，因此需要陽離子中和這些電荷。而三價陽離子是最具有效果的陽離子。
**2.** 無毒性：此要求明顯是爲了產生安全的用水。
**3.** 在中性 pH 範圍內爲不溶解性：加入的混凝劑需要能夠從水中沉澱分離，才能避免水中殘餘高濃度的離子。如此的沉澱作用將有助膠體的去除。

目前最常使用的兩種混凝劑爲鋁離子 ($Al^{3+}$) 與鐵離子 ($Fe^{3+}$)，兩者皆符合上述的要求，其反應分述如下。

**鋁** 鋁鹽混凝劑可以乾燥或液體的形式 [$Al_2(SO_4)_3 \cdot 14H_2O$] 購買。經濟的鋁鹽平均分子量爲 594。液體的鋁鹽大約以 48.8% 鋁鹽 (8.3% $Al_2O_3$) 與 51.2% 水的比例販售。若以更高濃度的鋁鹽販售，在裝運與貯存的過程則會發生結晶的問題。48.8% 的鋁鹽溶液會發生結晶作用的溫度爲 −15.6°C，而 50.7% 鋁鹽溶液在溫度爲 +18.3°C 時，即會產生結晶作用。乾燥形式的鋁鹽價格，大約較等量的液體鋁鹽高出 50%。因此，只有非常少數的使用者購買乾燥的鋁鹽。

鋁鹽加入含有鹼度的水中，會發生以下的反應：

$$Al_2(SO_4)_3 \cdot 14H_2O + 6HCO_3^- \rightleftharpoons 2Al(OH)_3 \cdot 3H_2O(s) + 6CO_2 + 8H_2O + 3SO_4^{2-} \quad \textbf{(4-54)}$$

如上式所示，加入 1 莫耳的鋁鹽將會消耗 6 莫耳的鹼度，並產生 6 莫耳的二氧化碳。上述反應會改變碳酸鹽的平衡而降低 pH 值。然而。只要有足夠的鹼度，且允許二氧化碳釋出，pH 值就不會劇烈的降低，通常不會造成操作問題。當沒有鹼度中和產生的硫酸時，pH 值則會大幅地降低：

$$Al_2(SO_4)_3 \cdot 14H_2O \rightleftharpoons 2Al(OH)_3 \cdot 3H_2O(s) + 3H_2SO_4 + 2H_2O \quad \textbf{(4-55)}$$

若上述第二個反應發生，可添加石灰或碳酸鈉以中和形成的酸。

pH 與混凝劑量爲混凝劑添加的兩個重要因子。最佳的劑量與 pH 值須由實驗室試驗加以決定。在適當的混凝作用下，鋁的最佳 pH 範圍大約在 5.5 至 6.5 之間，在某些情況，最佳的 pH 範圍則在 5 至 8。

在混凝作用中的一項重要觀念是鋁離子並非以 $Al^{3+}$ 的形態存在，且最終產物的形式較 $Al(OH)_3$ 更爲複雜。當鋁加入水中後會立即溶解，釋出周圍具有六個水分子的鋁離子。此時，鋁離子會立刻在水中反應，形成以 Al・OH・$H_2O$ 所組成的大型錯合物。有些學者推測混凝現象產生時的反應產物爲 [$Al_8(OH)_{20} \cdot 28H_2O$]$^{4+}$。無論實際上產生的物種爲何，形成的錯合物爲非常大的沉澱物，且在水中沉降時會藉由絆除作用去除許多的膠體顆粒。這種沉澱物即稱爲**膠羽** (floc)。膠羽形成爲混凝劑有效去除膠體的重要特性。根據化學方程式，混凝最終產物爲具有 3 個水合分子之固體物。

**例題 4-10** 評估混凝效率最常使用的方法之一為瓶杯試驗。瓶杯試驗操作的裝置如圖 4-12 所示。在六個燒瓶內裝滿水，再藉由一組攪拌器均勻地混合與膠凝。瓶杯為方形以避免產生漩渦，稱為 gator jars。試驗進行的方式通常會先在每個燒瓶中加入相同的鋁鹽藥劑，改變不同的 pH 值。可於另一組瓶杯試驗中，維持一定的 pH 值，改變混凝藥劑量，進行重複操作。

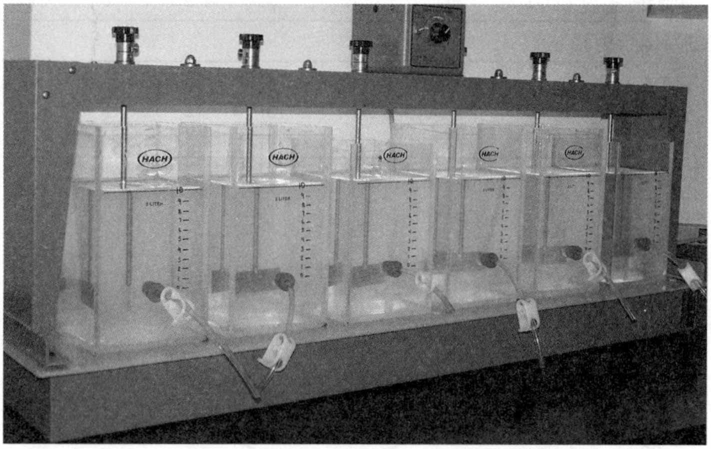


(a)

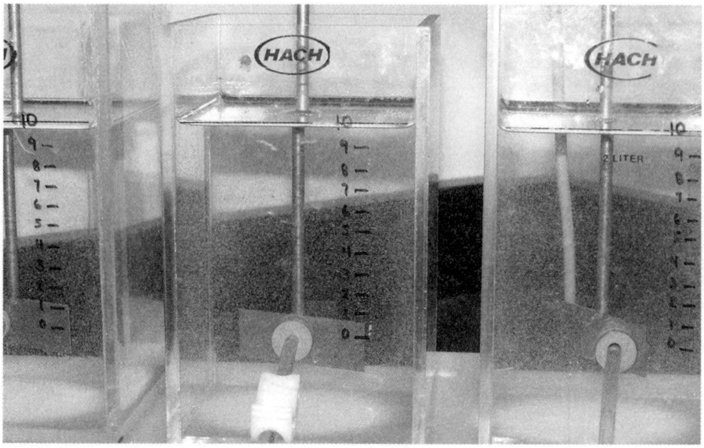


(b)

**圖 4-12** 瓶杯試驗：(a) Phipps 與 Bird 瓶杯測試儀；(b) Gator jar 中膠羽近景照片 (David Cornwell)。

以下為兩組瓶杯試驗的結果，試驗的原水含有濁度 15 TU 及碳酸氫根鹼度 50 mg/L as $CaCO_3$。試求最佳 pH、混凝藥劑量及添加最佳藥劑量時鹼度的消耗量。

**瓶杯試驗 I**

| | **1** | **2** | **3** | **4** | **5** | **6** |
|---|---|---|---|---|---|---|
| pH | 5.0 | 5.5 | 6.0 | 6.5 | 7.0 | 7.5 |
| 鋁鹽劑量 (mg/L) | 10 | 10 | 10 | 10 | 10 | 10 |
| 沉澱後濁度 (TU) | 11 | 7 | 5.5 | 5.7 | 8 | 13 |

**瓶杯試驗 II**

| | | | | | | |
|---|---|---|---|---|---|---|
| pH | 6.0 | 6.0 | 6.0 | 6.0 | 6.0 | 6.0 |
| 鋁鹽劑量 (mg/L) | 5 | 7 | 10 | 12 | 15 | 20 |
| 沉澱後濁度(TU) | 14 | 9.5 | 5 | 4.5 | 6 | 13 |

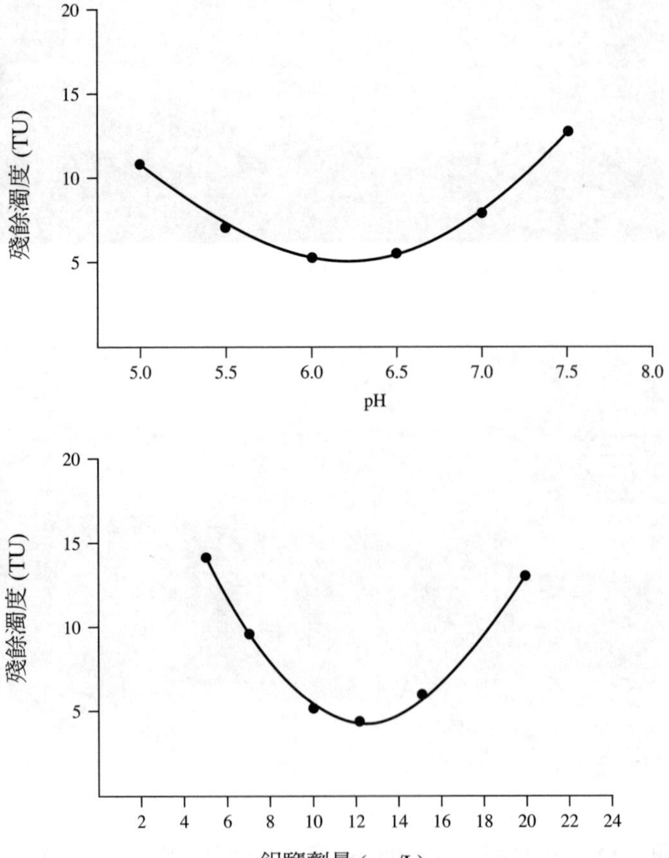


**圖 4-13** 瓶杯試驗的結果。

**解**：兩組瓶杯試驗的結果繪製如圖 4-13 所示。最佳的 pH 值選擇爲 6.25，而最佳的藥劑量約爲 12.5 mg/L。實驗者也許可以嘗試使用 pH＝6.25，改變鋁鹽劑量在 10 至 15 mg/L 範圍內以找出最佳的操作條件。

鹼度的消耗量可利用式 4-54 求得，即 1 莫耳的鋁鹽消耗 6 莫耳的 $HCO_3^-$。鋁鹽的莫耳分子量設爲 594，每公升加入的鋁鹽莫耳數可利用式 4-7 求得：

$$\frac{12.5 \times 10^{-3}\ \text{g/L}}{594\ \text{g/mole}} = 2.1 \times 10^{-5}\ \text{moles/L}$$

將會消耗鹼度：

$$6(2.1 \times 10^{-5}) = 1.26 \times 10^{-4}\ M\ \text{HCO}_3^-$$

$HCO_3^-$ 的分子莫耳重爲 61，故

$$(1.26 \times 10^{-4}\ \text{moles/L})(61\ \text{g/mole})(10^3\ \text{mg/g}) = 7.7\ \text{mg/L HCO}_3$$

消耗量爲 7.7 mg/L，可利用式 4-40 將單位轉換爲 $CaCO_3$表示：

$$7.7\frac{50}{61} = 6.31\ \text{mg/L HCO}_3^-\ \text{as CaCO}_3$$

---

**鐵**　鐵鹽混凝劑可以硫酸鹽 ($Fe_2(SO_4)_3 \cdot xH_2O$) 或氯鹽 ($FeCl_3 \cdot xH_2O$) 的形式購買。鐵鹽混凝劑有多種可接受的產品，每座給水廠應參考各產品的特性加以決定。乾燥與液體的型式皆爲可接受的種類。鐵鹽混凝劑與鋁鹽混凝劑具有相同的特性，皆會形成大型的錯合物，且有相似的劑量與 pH 曲線。例如，在鹼度存在的情況下，$FeCl_3$ 會有以下的反應：

$$\text{FeCl}_3 + 3\text{HCO}_3^- + 3\text{H}_2\text{O} \rightleftharpoons \text{Fe(OH)}_3 \cdot 3\text{H}_2\text{O(s)} + 3\text{CO}_2 + 3\text{Cl}^- \qquad \textbf{(4-56)}$$

在沒有鹼度存在時，反應如下：

$$\text{FeCl}_3 + 6\text{H}_2\text{O} \rightleftharpoons \text{Fe(OH)}_3 \cdot 3\text{H}_2\text{O(s)} + 3\text{HCL} \qquad \textbf{(4-57)}$$

形成的氫氯酸會降低 pH 值。鐵鹽與鋁鹽相較之下，其有效混凝作用的 pH 值範圍較廣，最佳的 pH 範圍在 4 至 9 之間。

**輔助混凝劑**　典型的輔助混凝劑有四種：pH 調整劑、活性矽、黏土與聚合

物。酸與鹼同時用來調整水中的 pH 值至混凝的最佳範圍。最常被使用來降低 pH 值的酸為硫酸。石灰 [$Ca(OH)_2$] 或蘇打灰 ($Na_2CO_3$) 常用來調高 pH 值。

當活性矽加入水中時，會形成帶有表面負電荷的穩定溶液。活性矽可以與具有正電荷的鋁鹽或鐵鹽膠羽結合，形成更大且更緊密的膠羽，而能夠更迅速的沉澱，並增強沉澱物的絆除作用。由於添加活性矽會增加膠羽的重量，特別適合處理具有高色度、低濁度特性的水質。然而，使用活性矽需要適當的設備及精密的操作控制，因此，許多處理廠對於是否使用活性矽仍相當遲疑。

黏土的作用與活性矽相似，帶有微弱的負電荷及增加膠羽的重量。黏土亦特別適用於具色度、低濁度的水質，但很少被使用。

聚合物具有帶負電荷、正電荷、同時具有正電荷與負電荷及不具電荷等型式。聚合物為高分子的長鏈碳化合物，具有許多的活性位置。這些活性位置可以附著膠羽，將膠羽連結成更大且堅實的膠羽，而有更佳的沉澱效果。此程序稱為顆粒間的**架橋作用** (interparticle bridging)。聚合物的使用型式、劑量與加入點視水處理廠而定，且廠內的需求亦隨季節，甚至每日的情況而有所改變。

## ▲ 4-3 軟　化

**硬度**　含有硬度的水質特徵為不易起泡，在澡盆產生浮渣，在咖啡壺、茶壺與熱水器形成堅硬、白色的粗糙沉積物 (結垢)。不易產生泡沫與澡盆形成浮渣的現象，主要是因鈣鎂與肥皂發生反應的結果，如下式所示：

$$Ca^{2+} + (\text{肥皂})^- \rightleftharpoons Ca\,(\text{肥皂})_2(s) \qquad \textbf{(4-58)}$$

由於此錯合反應的結果，肥皂無法與衣物上的污垢作用，而鈣-肥皂組成的錯合物本身會形成不理想的沉澱物。

**硬度** (hardness) 定義為所有多價陽離子的總和 (在一致的單位下)。常用的表示單位為 mg/L as $CaCO_3$ 或 meq/L，如表 4-14 所示，即以定量的方式描述硬度的大小。由於許多人反對水中的硬度含量超過 150 mg/L as $CaCO_3$。故

**表 4-14　硬水分類列表**

| 硬度範圍 ($mg/L\ CaCO_3$) | 說明 |
|---|---|
| 0 ~ 75 | 軟水 |
| 75 ~ 100 | 中等硬度 |
| 100 ~ 300 | 一般硬度 |
| > 300 | 高硬度 |

給水廠常會**軟化** (soften) 原水以達成此效益，即去除水中部份的硬度。通常水處理的標準是產生硬度介於 75 至 120 mg/L as $CaCO_3$之間的水質。

雖然所有陽離子皆會造成硬度，但最主要的來源仍是鈣與鎂。因此，隨後的內容將著重在鈣與鎂的討論。

水中產生硬度的自然過程如圖 4-14 所示。當雨水進入表土層時，微生物的呼吸作用將會增加水中 $CO_2$ 的含量。如式 4-35，$CO_2$ 與水形成 $H_2CO_3$。固態 $CaCO_3$ 與 $MgCO_3$ 組成的石灰岩再與碳酸反應形成碳酸氫鈣 [$Ca(HCO_3)_2$] 與碳酸氫鎂 [$Mg(HCO_3)_2$]。雖然 $CaCO_3$ 與 $MgCO_3$ 兩者在水中皆爲不溶性，

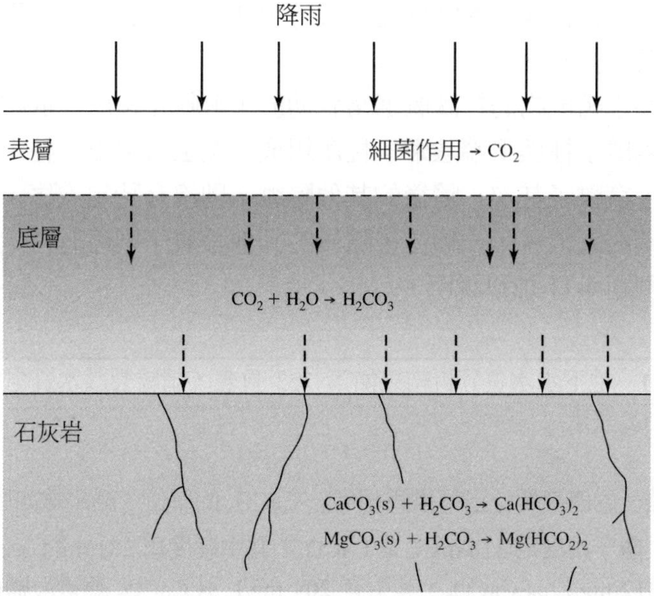


**圖 4-14**　水中產生硬度的自然過程。

但碳酸氫鹽的物種卻是具有相當高的溶解性。石膏 ($CaSO_4$) 與 $MgSO_4$ 亦可能進入溶液中而形成硬度。

因鈣與鎂爲主要的硬度來源，爲方便起見，在進行軟化計算時，會定義水中的*總硬度* (total hardness, TH) 爲這兩種離子的總和：

$$TH = Ca^{2+} + Mg^{2+} \tag{4-59}$$

其中，兩種離子具有一致的濃度單位 (mg/L as $CaCO_3$ 或 meq/L)。總硬度通常分爲兩個部份：(1) 與碳酸氫根陰離子結合的部份 (稱爲*碳酸鹽硬度*，carbonate hardness，簡稱 CH)。(2) 與其他陰離子結合的部份 (稱爲*非碳酸鹽硬度*，noncarbonate hardness，簡稱 NCH)*。故總硬度亦可定義如下：

$$TH = CH + NCH \tag{4-60}$$

碳酸鹽硬度定義爲硬度值等於或小於總硬度或總鹼度的情況。由於加熱即可從水中加以去除，因此碳酸鹽硬度常稱爲暫時性硬度。當 pH 值小於 8.3 時，爲鹼度的主要型式，理論上總鹼度會與 $HCO_3^-$ 濃度相同。

非碳酸鹽硬度定義爲總硬度高於總鹼度的情形。若鹼度高於或等於總硬度，將不會存在非碳酸鹽硬度。由於加熱時並無法移除，因此非碳酸鹽硬度稱爲永久硬度。

繪製水組成物的柱狀圖通常有助於了解軟化程序。依照慣例，柱狀圖是由上端陽離子柱與下端陰離子柱所組成。在上端陽離子柱中，鈣離子置於第一順位，鎂離子其次。隨後的其他陽離子則沒有特定次序。下端陰離子柱的組成以碳酸氫根爲第一順位，隨後的其他陰離子則沒有特定次序。柱狀圖的組成以例題 4-11 加以說明。

---

**例題 4-11**　地下水水質分析結果如第 253 頁表，請繪製該水質組成物的柱狀圖，單位以$CaCO_3$ 表示。

**解**：各離子的濃度單位已轉換爲相當於 $CaCO_3$ 的單位。結果繪如圖 4-15 所示。

總陽離子濃度爲 316 mg/L as $CaCO_3$，其中硬度爲 281 mg/L as $CaCO_3$。總陰離子濃度爲 312 mg/L as $CaCO_3$，其中有 209 mg/L as $CaCO_3$ 爲碳酸鹽硬度。由於並未分

---

* 請注意此名稱並非暗示此化合物在溶液中以化合物的形態存在，而應爲解離的形式。

| Ion | mg/L as ion | EW $CaCO_3$/EW ion | mg/L as $CaCO_3$ |
|---|---|---|---|
| $Ca^{2+}$ | 103 | 2.50 | 258 |
| $Mg^{2+}$ | 5.5 | 4.12 | 23 |
| $Na^{+}$ | 16 | 2.18 | 35 |
| $HCO_3^-$ | 255 | 0.82 | 209 |
| $SO_4^{2-}$ | 49 | 1.04 | 51 |
| $Cl^-$ | 37 | 1.41 | 52 |

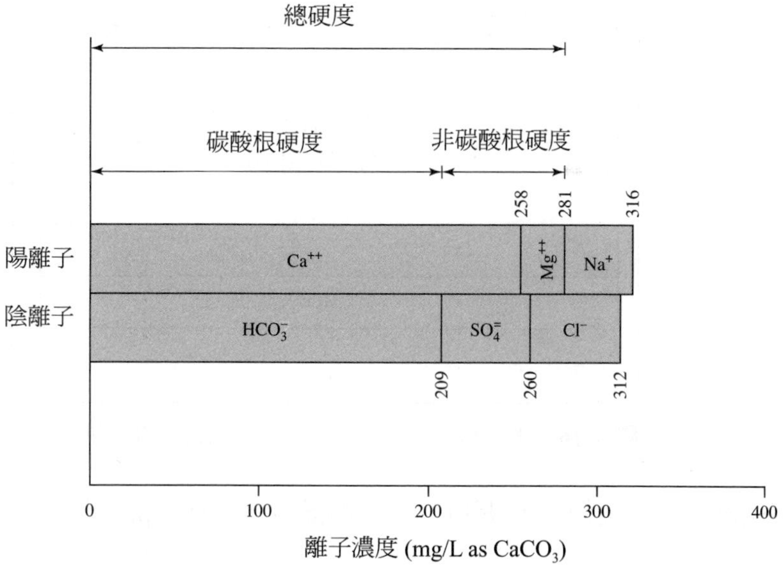


**圖 4-15**　地下水水質組成的柱狀圖。

析其他離子，因此總陽離子與總陰離子濃度並不一致。若進行完整的分析，且無分析誤差發生，陽離子濃度一定會與陰離子濃度相等。基本上，由於分析時的誤差，完整分析將會有 ±5% 的變化量。

---

總硬度、碳酸鹽硬度與非碳酸鹽硬度的關係繪如圖 4-16 所示。圖 4-16a 顯示，總硬度爲 250 mg/L as $CaCO_3$，碳酸鹽硬度等於鹼度 ($HCO_3^-$＝200 mg/L as $CaCO_3$)，而非碳酸鹽硬度等於總硬度與碳酸鹽硬度的差值 (NCH＝TH－CH＝250－200＝50 mg/L as $CaCO_3$)。圖 4-16b 顯示，總硬度同樣爲 250 mg/L as $CaCO_3$。然而，由於鹼度 ($HCO_3^-$) 大於總硬度，且碳酸鹽硬度不會大於總硬度 (見式 4-60)，故碳酸鹽硬度將會等於總硬度 250 mg/L as $CaCO_3$。以碳酸鹽硬度對應至非碳酸鹽硬度，所有的硬度皆爲碳酸鹽硬度，而不是非碳

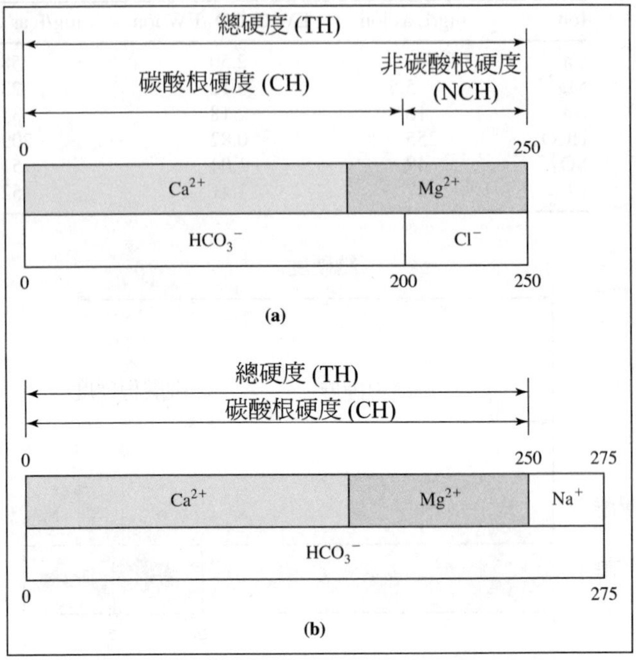


**圖 4-16**　總硬度，碳酸根硬度與非碳酸根硬度的關係。

酸鹽硬度。在兩案例中， 是唯一存在的鹼度，因此，pH 值可假設在 8.3 以下。

---

**例題 4-12**　水中含有鹼度 200 mg/L as $CaCO_3$，鈣離子濃度為 160 mg/L，鎂離子濃度為 40 mg/L，pH 值為 8.1。試問總硬度、碳酸鹽硬度與非碳酸鹽硬度各為何？

**解**：鈣與鎂的分子量分別為 40 與 24。由於各自帶有 $2^+$ 的價電數，所對應的當量應為 20 與 12。利用式 4-40 將單位 mg/L 轉換為 mg/L as $CaCO_3$ 代入兩離子於式 4-59，可得總硬度為：

$$\text{TH} = 160 \text{ mg/L}\left(\frac{50 \text{ mg/meq}}{20 \text{ mg/meq}}\right) + 40 \text{ mg/L}\left(\frac{50 \text{ mg/meq}}{12 \text{ mg/meq}}\right) = 567 \text{ mg/L as CaCO}_3$$

其中，50 是碳酸鈣的當量重。

根據定義，碳酸鹽硬度會小於總硬度或鹼度。不過，在本例中鹼度小於總硬度，碳酸鹽硬度 (CH) 等於 200 mg/L as $CaCO_3$。非碳酸鹽硬度等於兩者的差值：

$$NCH = TH - CH = 567 - 200 = 367 \text{ mg/L as } CaCO_3$$

只有在 $Ca^{2+}$ 與 $Mg^{2+}$ 濃度單位一致時，如 moles/L、meq/L 或 mg/L as $CaCO_3$，才能進行增加與扣除的運算。

---

軟化可藉由石灰-蘇打程序或離子交換達成。以下將討論這兩種方法。

## 石灰-蘇打軟化

在石灰-蘇打軟化程序中，將有可能計算去除硬度所需要的藥劑量。硬度是根據以下兩個溶解度反應而沉澱：

$$Ca^{2+} + CO_3^{2-} \rightleftharpoons CaCO_3(s) \qquad \textbf{(4-61)}$$

與

$$Mg^{2+} + 2OH^- \rightleftharpoons Mg(OH)_2(s) \qquad \textbf{(4-62)}$$

反應的目的是使鈣形成 $CaCO_3$ 而沉澱，鎂形成 $Mg(OH)_2$ 沉澱。為了產生 $CaCO_3$ 沉澱，水中的 pH 值需要調高至 10.3 左右。若要使鎂離子產生沉澱，則 pH 值需要提升至 11 左右。天然水中若無足夠的碳酸氫根鹼度 ($HCO_3^-$)，將無法形成 $CaCO_3(s)$ 沉澱 (即水中多為非碳酸鹽硬度)，此時則必須添加 $CO_3^{2-}$ 至水中。鎂的去除較鈣去除來得昂貴，因此儘可能殘餘較多的鎂於水中。去除非碳酸鹽硬度需要額外添加化學藥劑以提供足夠的 $CO_3^{2-}$，其處理費用較碳酸鹽硬度更為昂貴。因此，儘可能維持非碳酸鹽硬度於水中。

**軟化化學** 軟化水所使用的化學程序為質量作用法則的直接應用。通常藉由化學藥劑的添加增加 $CO_3^{2-}$ 與/或 $OH^-$ 的濃度，儘可能地驅動反應式 4-61 與式 4-62 向右進行。添加 $OH^-$ 離子將會轉換原先的碳酸氫根鹼度 ($HCO_3^-$) 為碳酸根 ($CO_3^{2-}$)。增加的氫氧根離子會導致碳酸根緩衝系統 (式 4-35) 向右改變，而提供沉澱反應 (式 4-61) 需要的碳酸根。

氫氧根離子的一般來源為氫氧化鈣 [$Ca(OH)_2$]。許多水處理廠發現購買生石灰 (CaO)，或稱為石灰，較水合石灰 [$Ca(OH)_2$] 更為經濟。水處理廠會將 CaO 與水混合，使生石灰轉化為水合石灰，產生稀泥狀的 $Ca(OH)_2$，再加入水中進行軟化反應。此轉化程序稱為消除 (slaking)：

$$CaO + H_2O \rightleftharpoons Ca(OH)_2 + \text{反應熱} \tag{4-63}$$

此一反應爲放熱反應。每克莫耳的石灰幾乎會產生 1 MJ 的熱量。由於會釋放高熱量，因此反應必須小心的控制。處置強鹼的所有安全措施必須加以遵守。雖然實際上利用的是氫氧化鈣，但因購買的化學藥劑爲石灰，故通常稱添加化學藥劑爲添加石灰。當必須要增加碳酸根離子時，最常使用的化學藥劑爲碳酸鈉 ($Na_2CO_3$)。碳酸鈉通常稱爲蘇打灰 (soda ash) 或蘇打 (soda)。

**軟化反應** 軟化反應是藉由 pH 控制而加以調整。首先，必須先中和任何自由酸，然後調高 pH 值以產生碳酸鈣沉澱，若有必要，pH 值需要更爲提高以產生 $Mg(OH)_2$。最後，必要時需要添加 $CO_3^{2-}$，使非碳酸鹽硬度沉澱。

以下將討論六個重要的軟化反應。在每個反應中，加入水中的化學藥劑以粗體字表示。請記住 (s) 是指該化合物爲固體相，表示該化合物已從水中去除。雖然實際上其反應是同時發生的，以下仍將嘗試依次說明：

**1.** 碳酸 ($H_2CO_3$) 中和

爲提高 pH 值，首先需要中和任何存在於水中的自由酸。在未受到污染的天然水體中，典型存在的酸爲 $CO_2$*。需要注意在此步驟中，並不會有硬度去除的效果。

$$CO_2 + \mathbf{Ca(OH)_2} \rightleftharpoons CaCO_3(s) + H_2O \tag{4-64}$$

**2.** 鈣形成的碳酸鹽硬度沉澱作用

如同先前提及的，軟化時需要將 pH 值提升至 10.3，才能產生碳酸鈣沉澱。爲了達到此 pH 值，需要將所有的碳酸氫根離子轉換爲碳酸根離子。碳酸根通常爲發生沉澱反應的離子。

$$Ca^{2+} + 2HCO_3^- + \mathbf{Ca(OH)_2} \rightleftharpoons 2CaCO_3(s) + 2H_2O \tag{4-65}$$

**3.** 鎂形成的碳酸鹽硬度的沉澱作用

若需要去除鎂存在導致的碳酸鹽硬度，必須添加更多的石灰以達到 pH 等於 11 的條件。此反應可分爲兩個階段加以考量。在上述第二個步驟

---

* 水中 $CO_2$ 與 $H_2CO_3$ 本質上是相同的：

$$CO_2 + H_2O \rightleftharpoons H_2CO_3$$

因此，$CO_2$ 的反應單位數 ($n$) 等於二。

中，轉換所有的碳酸氫根時會產生第一階段反應：

$$Mg^{2+} + 2HCO_3^- + \mathbf{Ca(OH)_2} \rightleftharpoons MgCO_3 + CaCO_3(s) + 2H_2O \qquad \mathbf{(4\text{-}66)}$$

由於 $MgCO_3$ 爲溶解性的化合物，因此水中的硬度並未改變。當添加更多的石灰時，鎂造成的硬度將可被去除：

$$Mg^{2+} + CO_3^{2-} + \mathbf{Ca(OH)_2} \rightleftharpoons Mg(OH)_2(s) + CaCO_3(s) \qquad \mathbf{(4\text{-}67)}$$

**4.** 鈣形成的非碳酸鹽硬度去除

若需要去除鈣產生的非碳酸鹽硬度，並不需要進一步提高 pH 值，反而需要添加蘇打灰以提供額外的碳酸根離子。

$$Ca^{2+} + \mathbf{Na_2CO_3} \rightleftharpoons CaCO_3(s) + 2Na^+ \qquad \mathbf{(4\text{-}68)}$$

**5.** 鎂形成的非碳酸鹽硬度去除

若需要去除鎂產生的非碳酸鹽硬度，需要同時添加石灰與蘇打。石灰能夠提供鎂沉澱反應需要的氫氧根離子。

$$Mg^{2+} + \mathbf{Ca(OH)_2} \rightleftharpoons Mg(OH)_2(s) + Ca^{2+} \qquad \mathbf{(4\text{-}69)}$$

由於鈣仍然存在於溶液中，因此雖然鎂已去除，但硬度並沒有改變。需要添加蘇打以去除鈣。

$$Ca^{2+} + \mathbf{Na_2CO_3} \rightleftharpoons CaCO_3(s) + 2Na^+ \qquad \mathbf{(4\text{-}70)}$$

此與去除鈣形成非碳酸鹽硬度的反應式相同。

上述反應式彙整如圖 4-17。

**程序限制與經驗考量**　由於 $CaCO_3$ 與 $Mg(OH)_2$ 溶解度特性、攪拌與接觸槽的物理限制與缺乏足夠的時間使反應完全等因素，石灰-蘇打軟化程序並無法產生無硬度的水質。因此，可達到的最小鈣硬度約爲 30 mg/L as $CaCO_3$，最小的鎂硬度爲 10 mg/L as $CaCO_3$，但使用肥皂時可能因水質太軟而有泥濘的情形，傳統上，操作目標設定爲最終總硬度介於 75 至 120 mg/L as $CaCO_3$ 之間。在經濟因素的考量下，許多處理廠將最終總硬度，操作至介於 140 至 150 mg/L as $CaCO_3$ 之間。

爲了在合理的時間內，達到合理的硬度去除效果，$Ca(OH)_2$ 的添加量通

碳酸中和

$$CO_2 + \mathbf{Ca(OH)_2} \rightleftharpoons CaCO_3(s) + H_2O$$

碳酸根硬度沉澱

$$Ca^{2+} + 2HCO_3^- + \mathbf{Ca(OH)_2} \rightleftharpoons 2CaCO_3(s) + 2H_2O$$

$$Mg^{2+} + 2HCO_3^- + \mathbf{Ca(OH)_2} \rightleftharpoons MgCO_3 + CaCO_3(s) + 2H_2O$$

$$MgCO_3 + \mathbf{Ca(OH)_2} = Mg(OH)_2(s) + CaCO_3(s)$$

鈣產生非碳酸根硬度的沉澱

$$Ca^{2+} + \mathbf{Na_2CO_3} \rightleftharpoons CaCO_3(s) + 2Na^+$$

鎂產生非碳酸根硬度的沉澱

$$Mg^{2+} + \mathbf{Ca(OH)_2} \rightleftharpoons Mg(OH)_2(s) + Ca^{2+}$$

$$Ca^{2+} + \mathbf{Na_2CO_3} \rightleftharpoons CaCO_3(s) + 2Na^+$$

**圖 4-17** 軟化反應摘要 (**註**：添加的化合物以粗體字表示。沉澱物加上 (s) 標示。箭號表示在一反應中形成的化合物被使用於另一反應)。

常會高於計量值。根據經驗顯示，添加 $Ca(OH)_2$ 時最少應超過計量值 20 mg/L as $CaCO_3$。

在熱水器的熱交換元件中，鎂的濃度若超過 40 mg/L as $CaCO_3$ 即會產生結垢。由於去除鎂硬度成本較高，通常只會去除鎂高於 40 mg/L as $CaCO_3$ 的部份。當鎂的去除量小於 20 mg/L as $CaCO_3$，上述過量石灰即足夠達到良好效果。當鎂的去除量介於 20 至 40 mg/L as $CaCO_3$ 之間，必須加入相當於鎂去除量的過量石灰，當鎂去除量高於 40 mg/L as $CaCO_3$，所需的過量石灰量爲 40 mg/L as $CaCO_3$。額外超量添加石灰 40 mg/L as $CaCO_3$，並無法增進其反應動力。

軟化水所需要的化學藥劑 (單位以 $CaCO_3$ 表示) 添加量彙整如下：

| 步驟 | 添加化學藥劑[a] | 目的 |
|---|---|---|
| *碳酸鹽硬度* | | |
| 1. | 石灰＝$CO_2$ | 破壞 $H_2CO_3$ |
| 2. | 石灰＝$HCO_3^-$ | 提升 pH; 轉換 $HCO_3^-$ 爲 $CO_3^{2-}$ |
| 3. | 石灰＝欲去除的 $Mg^{2+}$ | 提升 pH：$Mg(OH)_2$ 沉澱 |
| 4. | 石灰＝需要的超量添加量 | 驅動反應 |
| *非碳酸鹽硬度* | | |
| 5. | 蘇打＝需要去除的非碳酸鹽硬度 | 提供 $CO_3^{2-}$ |

[a]The terms "Lime =" and "Soda =" refer to mg/L of $Ca(OH)_2$ and $Na_2CO_3$ as $CaCO_3$ equal to mg/L of ion (or gas in the case of $CO_2$) as $CaCO_3$.

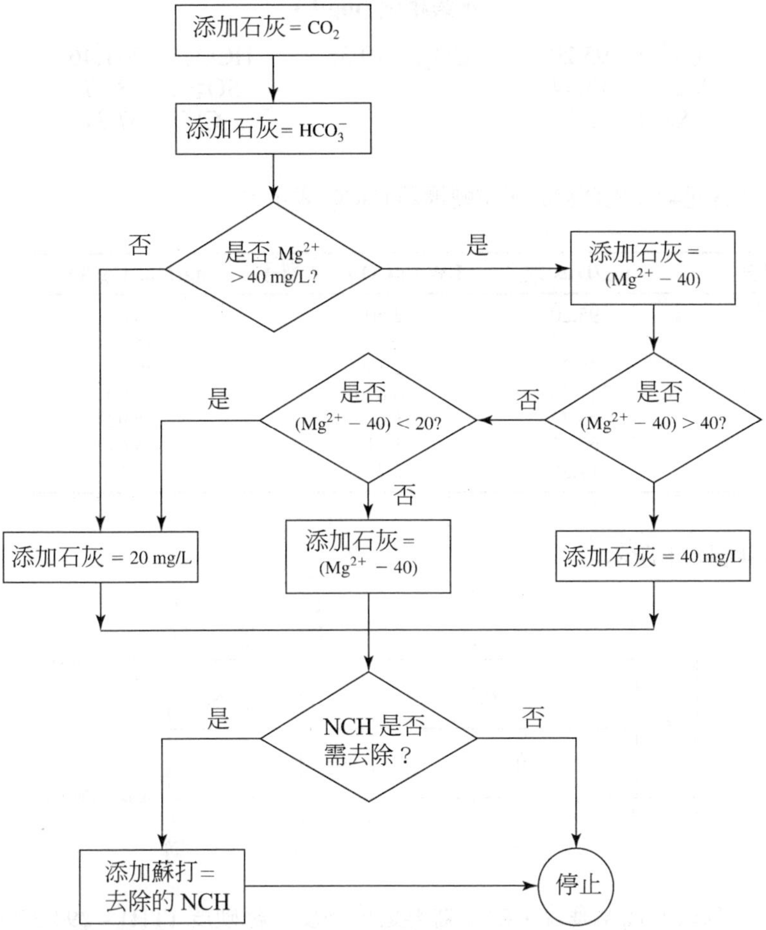


**圖 4-18**　解決軟化問題的流程圖 (註：所有添加物單位以 "as $CaCO_3$" 表示。NCH 爲非碳酸根硬度)

這些步驟可繪製爲流程圖，如圖 4-18 所示。以下三個例題將用來說明此一技術。

---

**例題 4-13**　水質分析結果如下，請決定軟化水至硬度値爲 80 mg/L as $CaCO_3$ 時，需要添加的石灰與蘇打量 (以 mg/L as $CaCO_3$ 表示)。

**水質組成 (mg/L)**

| | | | | | |
|---|---|---|---|---|---|
| $Ca^{2+}$: | 95.20 | $CO_2$: | 19.36 | $HCO_3^-$: | 241.46 |
| $Mg^{2+}$: | 13.44 | | | $SO_4^{2-}$: | 53.77 |
| $Na^+$: | 25.76 | | | $Cl^-$: | 67.81 |

**解**：首先將各元素或化合物的單位轉換為 $CaCO_3$表示。

| 離子 | mg/L as 離子 | EW $CaCO_3$/EW 離子 | mg/L as $CaCO_3$ |
|---|---|---|---|
| $Ca^{2+}$ | 95.20 | 2.50 | 238.00 |
| $Mg^{2+}$ | 13.44 | 4.12 | 55.37 |
| $Na^+$ | 25.76 | 2.18 | 56.16 |
| $HCO_3^-$ | 241.46 | 0.820 | 198.00 |
| $SO_4^{2-}$ | 53.77 | 1.04 | 55.92 |
| $Cl^-$ | 67.81 | 1.41 | 95.61 |
| $CO_2$ | 19.36 | 2.28 | 44.14 |

完成的柱狀圖如下所示：

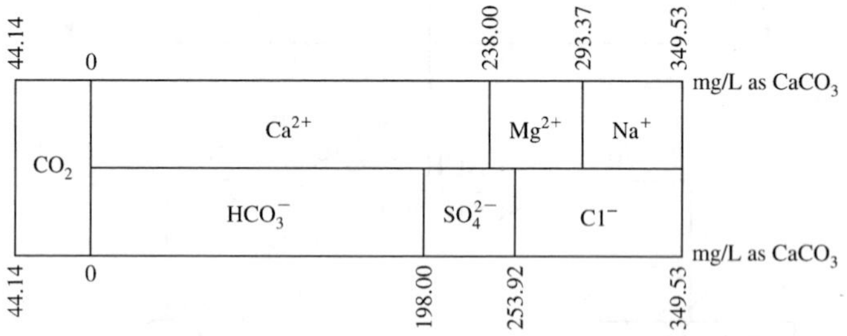


根據柱狀圖有以下幾點發現：$CO_2$ 並無造成硬度；總硬度 (TH)＝293.37 mg/L as $CaCO_3$；碳酸鹽硬度 (CH)＝198.00 mg/L as $CaCO_3$，最後非碳酸鹽硬度 (NCH) 等於 TH－CH＝95.37 mg/L as $CaCO_3$。

利用圖 4-17 引導上述的邏輯，石灰添加量如下：

| 步驟 | 劑量 (mg/L as $CaCO_3$) |
|---|---|
| 石灰＝$CO_2$ | 44.14 |
| 石灰＝$HCO_3^-$ | 198.00 |
| 石灰＝$Mg^{2+}$－40＝55.37－40 | 15.37 |
| 石灰＝超量添加量 | 20.00 |
| | 277.51 |

石灰添加量為 277.51 mg/L as $CaCO_3$，由於 ($Mg^{2+}$－40) 之值小於 20，超量石灰添加

量選用最小值。

接下來必須決定是否有任何 NCH 需要去除。NCH 可殘餘的部份 ($NCH_f$) 等於最後設定的硬度 (80.00 mg/L)，減去因溶解度與其他因素所殘餘的 CH (40.00 mg/L)：

$$NCH_f = 80.00 - 40.00 = 40.00 \text{ mg/L}$$

因此，可殘餘 40.00 mg/L 的 NCH。NCH 需要去除的部份 ($NCH_R$) 即爲最初的 $NCH_i$ (95.37 mg/L) 減去 $NCH_f$：

$$NCH_R = NCH_i - NCH_f$$
$$NCH_R = 95.37 - 40.00 = 55.37 \text{ mg/L}$$

故蘇打添加量爲 55.37 mg/L as $CaCO_3$，此數值剛好與本題選擇的 $Mg^{2+}$ 濃度相同。

---

**例題 4-14**　水質分析結果如下，請決定軟化水至硬度值爲 90.00 mg/L as $CaCO_3$ 時，需要添加的石灰與蘇打量 (以 mg/L as $CaCO_3$ 表示)。

**水質組成 (mg/L as $CaCO_3$)**

| | | | | | |
|---|---|---|---|---|---|
| $Ca^{2+}$: | 149.2 | $CO_2$: | 29.3 | $HCO_3^-$: | 185.0 |
| $Mg^{2+}$: | 65.8 | | | $SO_4^{2-}$: | 29.8 |
| $Na^+$: | 17.4 | | | $Cl^-$: | 17.6 |

**解**：此水質之柱狀圖直接繪製如下：

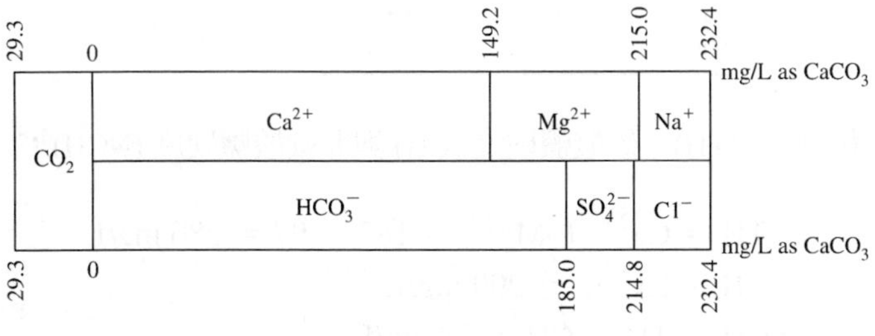


根據柱狀圖可得知以下結果：

$$TH = 215.0 \text{ mg/L as } CaCO_3$$
$$CH = 185.0 \text{ mg/L as } CaCO_3$$
$$NCH = 30.0 \text{ mg/L as } CaCO_3$$

根據圖 4-17 的流程，石灰添加量計算結果如下：

| 步驟 | 劑量 (mg/L as $CaCO_3$) |
|---|---|
| 石灰＝$CO_2$ | 29.3 |
| 石灰＝$HCO_3^-$ | 185.0 |
| 石灰＝$Mg^{2+}-40=65.8-40$ | 25.8 |
| 石灰＝超量添加量 | 25.8 |
| | 265.9 |

石灰添加量為 265.9 mg/L as $CaCO_3$，額外的石灰添加量選擇為 $Mg^{2+}$ 濃度與 40 的差值。由於此差值介於 20 與 40 之間，即為 $Mg^{2+}-40=25.8$。

$NCH_R$ 值的計算同例題 4-13：

$$NCH_f = 90.00 - 40.00 = 50.00$$
$$NCH_R = 30.00 - 50.00 = -20.00$$

由於 $NCH_R$ 為一負值，因此並不需要去除任何 NCH，**故不需要蘇打灰**。

---

**例題 4-15**　水質如下，試決定該水質處理至最後硬度為 85 mg/L；120 mg/L，須購買 90% 純度的 CaO 與 97% 純度的 $Na_2CO_3$ 的數量為何？

| 離子 | (mg/L as $CaCO_3$) |
|---|---|
| $CO_2$ | 21 |
| $HCO_3^-$ | 209 |
| $Ca^{2+}$ | 183 |
| $Mg^{2+}$ | 97 |

**解**：首先求得總硬度 (TH)、碳酸鹽硬度 (CH) 與非碳酸鹽硬度 (NCH)：

$$TH = Ca^{2+} + Mg^{2+} = 183 + 97 = 280 \text{ mg/L}$$
$$CH = HCO_3^- = 209 \text{ mg/L}$$
$$NCH = TH - CH = 71 \text{ mg/L}$$

利用圖 4-17 求得單位以 $CaCO_3$ 表示的石灰添加量，並假設水中可殘餘鎂 40 mg/L $Mg^{2+}$：

$$Ca(OH)_2 = [21 + 209 + (97 - 40) + 40] = 327 \text{ mg/L as } CaCO_3$$

由於 1 莫耳的 CaO 等於 1 莫耳的 $Ca(OH)_2$，因此 CaO 需要 327 mg/L as $CaCO_3$。CaO

的分子重為 56 (當量重＝28)，考量 90% 的純度：

$$CaO = 327\left(\frac{28}{50}\right)\left(\frac{1}{.9}\right) = 203 \text{ mg/L as CaO}$$

可殘餘在水中的 NCH 等於最後需要的硬度 (85 mg/L)，扣除因溶解度與無效混合等因素殘留的 CH (40 mg/L)，即等於 85－40＝45 mg/L。

因此，$NCH_R$ 為最初 NCH (71 mg/L) 扣除可殘留的 NCH (45 mg/L)，即 71－45＝26 mg/L，根據圖 4-18：

$$Na_2CO_3 = 26 \text{ mg/L as } CaCO_3$$

蘇打灰的當量重為 53，純度為 97%：

$$Na_2CO_3 = 26\left(\frac{53}{50}\right)\left(\frac{1}{.97}\right) = 28 \text{ mg/L as } Na_2CO_3$$

若最後需要的硬度為 120 mg/L，可容許的最終 NCH 為 120－40＝80 mg/L。此值高於最初的 NCH 值 71，故不需要使用蘇打灰。最終的硬度約為 40 mg/L (碳酸鹽硬度) 與 71 mg/L (非碳酸鹽硬度) 之和或等於 111 mg/L。

---

## 石灰-蘇打軟化的進階概念

**$CO_2$ 濃度估算**　在軟化過程中，$CO_2$ 具有兩種重要的影響。第一種影響是會消耗可去除 Ca 與 Mg 的石灰。當 $CO_2$ 的濃度超過 10 mg/L as $CO_2$ (22.7 mg/L as $CaCO_3$ 或 0.45 meq/L) 時，以曝氣 (氣提) 法去除 $CO_2$，將比石灰中和法更為經濟。在軟化程序中，$CO_2$ 所具有的第二個重要影響，即會中和軟化程序放流水的 pH 值。此種影響可說是 4-1 節中碳酸鹽緩衝系統概念的一種應用。

$CO_2$ 濃度估算可利用鹼度定義中，碳酸與水解離的平衡反應 (式 4-36)。欲估算 $CO_2$ 需要先決定 pH 值與鹼度。例題 4-16 以簡單的例子說明鹼度主要存在的型式。

---

**例題 4-16**　水中 pH 等於 7.65，總鹼度為 310 mg/L as $CaCO_3$ 時，試估計 $CO_2$ 濃度？

**解**：當原水的 pH 值小於 8.5 時，可假設水中鹼度主要以 $HCO_3^-$ 存在。因此，可忽略碳酸氫根解離爲碳酸根的情形。

基於上述假設，本題的解題程序爲：

**a.** 根據 pH 計算 $[H^+]$。
**b.** 根據鹼度計算 $[HCO_3^-]$。
**c.** 解碳酸解離的平衡式以求得 $[H_2CO_3]$。
**d.** 假設 $[CO_2]=[H_2CO_3]$，以估算 $CO_2$ 的濃度。

根據上述的方法，$[H^+]$ 濃度爲

$$[H^+] = 10^{-7.65} = 2.24 \times 10^{-8} \text{ moles/L}$$

$[HCO_3^-]$ 濃度爲

$$[HCO_3^-] = 310 \text{ mg/L}\left(\frac{61 \text{ mg/meq}}{50 \text{ mg/meq}}\right)\left(\frac{1}{(61 \text{ g/mole})(10^3 \text{ mg/g})}\right)$$
$$= 6.20 \times 10^{-3} \text{ moles/L}$$

由於鹼度單位以 mg/L as $CaCO_3$ 表示，因此需要在計算莫耳濃度之前，利用式 4-40 將單位轉換爲 mg/L。61/50 爲 $HCO_3^-$ 的當量重對 $CaCO_3$ 當量重的比值。

根據式 4-33，以反應式與表 4-4 的 $pK_a$ 寫成碳酸解離的平衡反應式。

$$K_a = \frac{[H^+][HCO_3^-]}{[H_2CO_3]}$$

其中，$K_a=10^{-6.35}=4.47\times10^{-7}$

解出 $[H_2CO_3]$

$$[H_2CO_3] = \frac{(2.24 \times 10^{-8} \text{ moles/L})(6.20 \times 10^{-3} \text{ moles/L})}{4.47 \times 10^{-7}}$$
$$[H_2CO_3] = 3.11 \times 10^{-4} \text{ moles/L}$$

假設所有在水中的 $CO_2$ 皆形成碳酸，因此，$CO_2$ 估算濃度爲

$$[CO_2] = 3.11 \times 10^{-4} \text{ moles/L}$$

比較及計算其他單位的結果：

$$CO_2 = (3.11 \times 10^{-4} \text{ moles/L})(44 \times 10^3 \text{ mg/mole}) = 13.7 \text{ mg/L as } CO_2$$

$$CO_2 = (13.7 \text{ mg/L as } CO_2)\left(\frac{50 \text{ mg/meq}}{22 \text{ mg/meq}}\right) = 31.14 \text{ or } 31.1 \text{ mg/L as } CaCO_3$$

由於 $CO_2$ 反應時的價數變化與碳酸 ($H_2CO_3$) 相同，即 $n=2$，因此其當量重為 22。

---

**軟化至實際限制值**　在例題 4-14，$NCH_R$ 得到一負值。此結果暗示該水質將能軟化至低於原先設定的硬度以下。解決此難題的方法之一是處理部份的水至實際的限制值，再將處理水與原水混合，以達到期望的硬度。因此，計算化學藥劑添加量的原則，與例題 4-13 至例題 4-15 所使用流程圖的方法並不相同，只需考慮軟化水至實際的限制值 (即 Ca 為 0.60 meq/L 或 30 mg/L as $CaCO_3$ 與 $Mg(OH)_2$ 為 0.20 meq/L 或 10 mg/L as $CaCO_3$)，不需要考量水中最後期望的硬度，而是以石灰與蘇打計量添加量加入水中，去除所有鈣與鎂。例題 4-17 同時以 mg/L as $CaCO_3$ 與 milliequivalents/L 兩種單位說明此技術。

---

**例題 4-17**　試決定軟化下列水質至實際溶解度限制所需要的化學藥劑量。

| 組成 | mg/L | EW | EW $CaCO_3$/EW 離子 | mg/L as $CaCO_3$ | meq/L |
|---|---|---|---|---|---|
| $CO_2$ | 9.6 | 22.0 | 2.28 | 21.9 | 0.44 |
| $Ca^{2+}$ | 95.2 | 20.0 | 2.50 | 238.0 | 4.76 |
| $Mg^{2+}$ | 13.5 | 12.2 | 4.12 | 55.6 | 1.11 |
| $Na^+$ | 25.8 | 23.0 | 2.18 | 56.2 | 1.12 |
| 鹼度 | | | | 198 | 3.96 |
| $Cl^-$ | 67.8 | 35.5 | 1.41 | 95.6 | 1.91 |
| $SO_4^{2-}$ | 76.0 | 48.0 | 1.04 | 76.0 | 1.58 |

原水的柱狀圖，單位以 mg/L as $CaCO_3$：

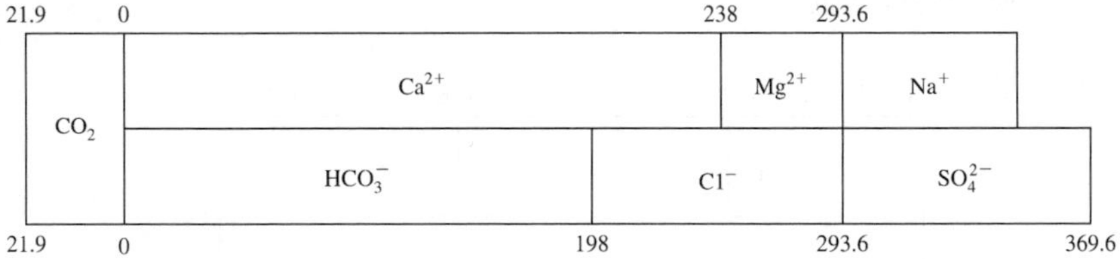


**解**：為軟化至理論溶解度限制值，需要的石灰與蘇打添加量如下所示。

| 反應物種 = to: | 石灰 mg/L as $CaCO_3$ | 石灰 meq/L | 蘇打 mg/L as $CaCO_3$ | 蘇打 meq/L |
|---|---|---|---|---|
| $CO_2$ | 21.9 | 0.44 | | |
| $HCO_3^-$ | 198.0 | 3.96 | | |
| Ca-$HCO_3^-$ | | | 40 | 0.80 |
| $Mg^{2+}$ | 55.6 | 1.11 | 55.6 | 1.11 |
| | 275.5 | 5.51 | 95.6 | 1.91 |

由於差值 Mg－40＝15.6 mg/L as $CaCO_3$，因此選擇最小超量石灰 20 mg/L as $CaCO_3$。總石灰添加量爲 295.5 mg/L as $CaCO_3$ 或 165.5 mg/L as CaO。蘇打添加量爲 95.6 mg/L as $CaCO_3$ 或爲

$$95.6 \text{ mg/L as } CaCO_3(53/50) = 101.3 \text{ mg/L as } Na_2CO_3$$

其中 (53/50) 爲 $Na_2CO_3$ 當量重/$CaCO_3$ 當量重。與 $CO_2$ 反應：

$$CO_2 + Ca(OH)_2 \rightarrow CaCO_3(s) + H_2O$$

去除 $CO_2$ 後的柱狀圖：

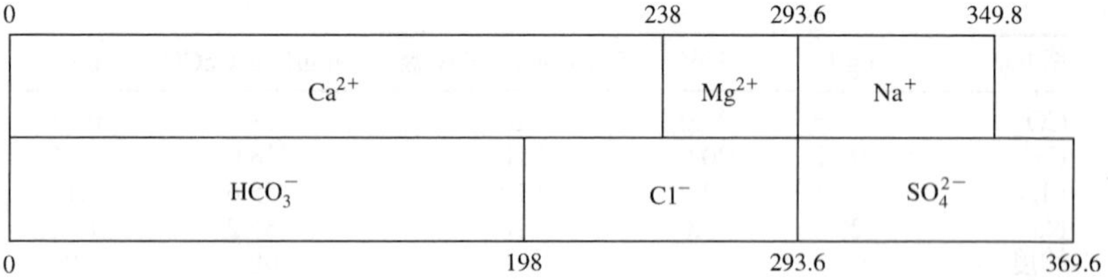


與 $HCO_3^-$ 反應：

$$Ca^{2+} + 2HCO_3^- + Ca(OH)_2 \rightarrow 2CaCO_3(s) + 2H_2O$$

與 $HCO_3^-$ 反應後的柱狀圖

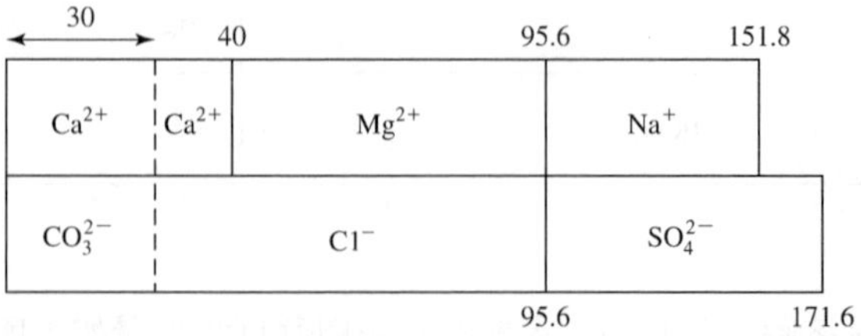


由於溶解度的限制，水中仍有殘餘的碳酸鈣 30 mg/L as $CaCO_3$，如上圖虛線左邊部份。

鈣與蘇打發生反應：

$$Ca^{2+} + Na_2CO_3 \rightarrow CaCO_3(s) + 2Na^+$$

鈣與蘇打反應後的柱狀圖：

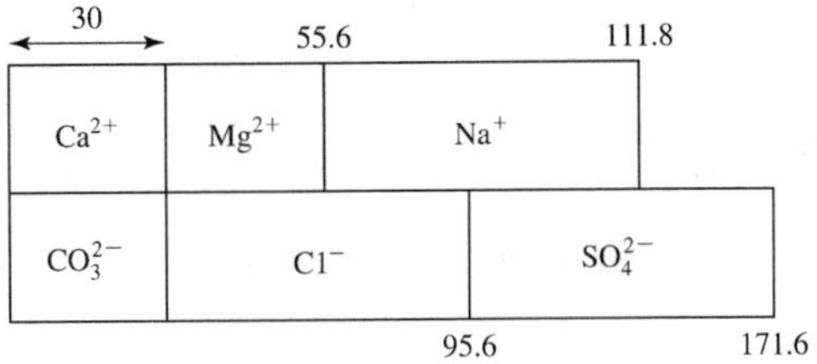


鎂、石灰與蘇打發生反應：

$$Mg^{2+} + Ca(OH)_2 \rightarrow Mg(OH)_2(s) + Ca^{2+}$$
$$Ca^{2+} + Na_2CO_3 \rightarrow CaCO_3(s) + 2Na^+$$

處理水的柱狀圖：

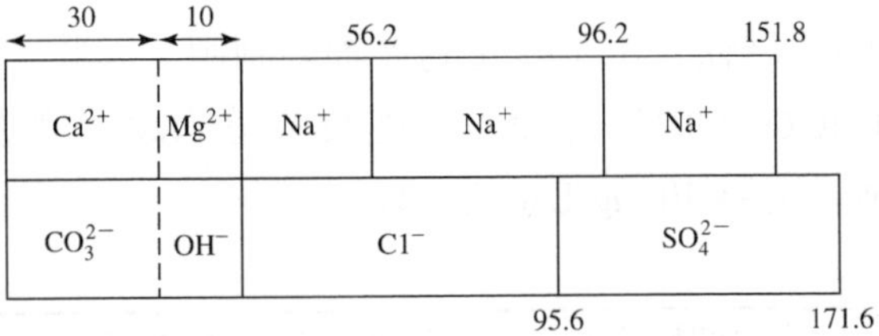


處理後水的總硬度爲 30 mg/L as $CaCO_3$＋10 mg/L as $CaCO_3$＝40 mg/L as $CaCO_3$。

---

**分流處理**　如圖 4-19，在分流處理中，一部份的原水從軟化反應槽與沉澱槽旁繞流。此設計具有許多功能。第一，允許處理水調整爲含有鎂濃度 40 mg/L as $CaCO_3$ 或 0.80 meq/L (或任何高於溶解度限制的濃度值)。第二，由於不需處理全部的水量，反應槽的設備投資費可減少。第三，只需處理一部份的水量，將會降低化學藥劑造成的操作費用。第四，利用水中的天然鹼度，降低處理水的 pH 值，有助於維持水質的穩定性。在許多案例中，於再碳酸化後與過濾前，加入第二沉澱池，以減低進入過濾池的固體負荷。

分流量可利用下式計算：

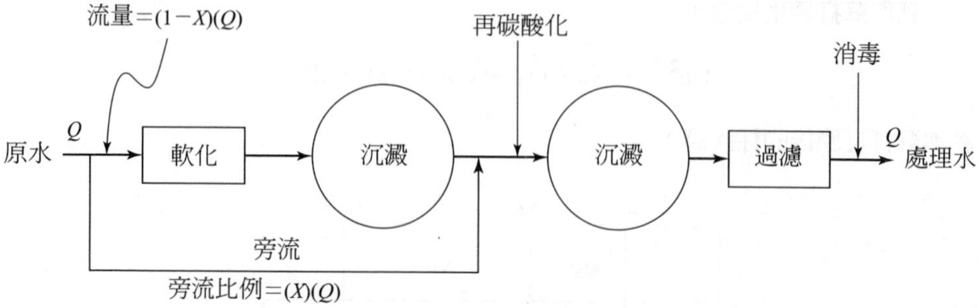


**圖 4-19**　分流處理示意圖。

$$X = \frac{Mg_f - Mg_i}{Mg_r - Mg_i} \tag{4-71}$$

其中，$Mg_f$ ＝最終鎂濃度，mg/L as $CaCO_3$

$Mg_i$ ＝第一階段後的鎂濃度，mg/L as $CaCO_3$

$Mg_r$ ＝原水鎂濃度，mg/L as $CaCO_3$

操作的第一階段爲軟化水至軟化的實際限制值。因此，$Mg_i$ 濃度通常設爲 10 mg/L as $CaCO_3$。由於前面內容提及期望的鎂濃度應爲 40 mg/L as $CaCO_3$。$Mg_f$ 通常設定爲 40 mg/L as $CaCO_3$。

**例題 4-18**　試決定分流處理軟化以下水質所需要的化學藥劑量。處理水的標準爲最大鎂硬度 40 mg/L as $CaCO_3$，總硬度介於 80 至 120 mg/L as $CaCO_3$ 之間。

| 組成 | mg/L | EW | EW $CaCO_3$/EW 離子 | mg/L as $CaCO_3$ | meq/L |
|---|---|---|---|---|---|
| $CO_2$ | 11.0 | 22.0 | 2.28 | 25.0 | 0.50 |
| $Ca^{2+}$ | 95.2 | 20.0 | 2.50 | 238 | 4.76 |
| $Mg^{2+}$ | 22.0 | 12.2 | 4.12 | 90.6 | 1.80 |
| $Na^+$ | 25.8 | 23.0 | 2.18 | 56.2 | 1.12 |
| 鹼度 | | | | 198 | 3.96 |
| $Cl^-$ | 67.8 | 35.5 | 1.41 | 95.6 | 1.91 |
| $SO_4^{2-}$ | 76.0 | 48.0 | 1.04 | 76.0 | 1.58 |

**解**：在第一階段原水需要軟化至實際溶解度限制值。石灰與蘇打的添加量如下表所示。

| 反應物種 = to: | 石灰 mg/L as $CaCO_3$ | 石灰 meq/L | 蘇打 mg/L as $CaCO_3$ | 蘇打 meq/L |
|---|---|---|---|---|
| $CO_2$ | 25.0 | 0.50 | | |
| $HCO_3^-$ | 198.0 | 3.96 | | |
| Ca-$HCO_3^-$ | | | 40 | 0.80 |
| $Mg^{2+}$ | 90.6 | 1.80 | 90.6 | 1.80 |
| | 313.6 | 6.26 | 130.6 | 2.60 |

分流處理以 mg/L as $CaCO_3$ 為計算單位：

$$X = (40 - 10)/(90.6 - 10) = 0.372$$

原水流過第一階段處理的比例為 1－0.372＝0.628。通過第一階段處理後，水中總硬度應為理論溶解度限制值，即 40 mg/L as $CaCO_3$，由於原水中的總硬度為 238＋90.6＝328.6 mg/L as $CaCO_3$，處理水與繞流水混合後的硬度為

$$(0.372)(328.6) + (0.628)(40) = 147.4 \text{ mg/L as } CaCO_3$$

此值高於規定的最終硬度範圍 80－120 mg/L as $CaCO_3$，因此需要進一步的處理。由於分流處理是設計用來使處理水的鎂達到 40 mg/L as $CaCO_3$，更多的鈣必定會被去除。去除的鈣硬度相當於碳酸氫根濃度，會殘留 40 mg/L as $CaCO_3$的鈣硬度與 40 mg/L as $CaCO_3$的鎂硬度，而具有總硬度 80 mg/L as $CaCO_3$。額外的添加量如下所示：

| 組成 | 石灰 mg/L as $CaCO_3$ | 石灰 meq/L |
|---|---|---|
| $CO_2$ | 25.0 | 0.50 |
| $HCO_3^-$ | 198.0 | 3.96 |
| | 223.0 | 4.46 |

石灰添加量＝$CO_2$ 及 $HCO_3^-$ 濃度值之和，且必須將 pH 調整至足夠高的程度 (即使在第二階段亦同)。

總化學藥劑添加量與流量呈比例關係：

石灰添加量＝ 0.628(313.6) + 0.372(223) = 280 mg/L as $CaCO_3$

蘇打添加量＝ 0.628(130.6) + 0.372(0.0) = 82 mg/L as $CaCO_3$

---

**案例**　化學藥劑的選擇與劑量須視原水的組成，及期望的最終處理水水質而定。若以 Mg 濃度為 40 mg/L as $CaCO_3$ 做為處理水的標準，以下有六種情況

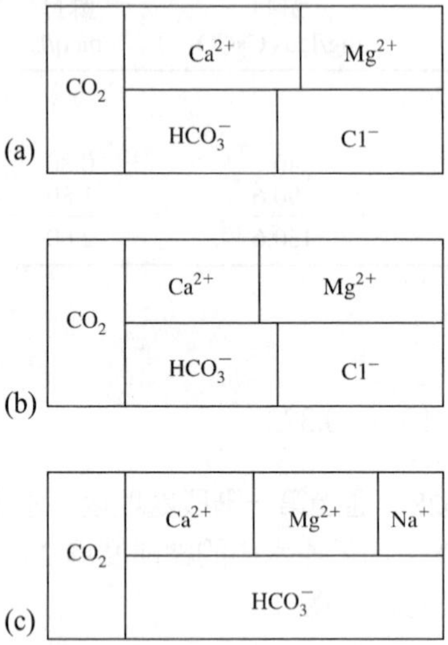


(a)

**1.** 石灰添加量＝$CO_2$ (提升 pH)
**2.** 石灰添加量＝$HCO_3^-$ (提升 pH)
**3.** 確認 $Ca^{2+}$ 之總和：
其餘 NCH＋$Mg^{2+}$ > 120 時，利用蘇打移除 NCH 部份的 ($Ca^{2+}$－$HCO_3^-$)。
**4.** 考量過量石灰

(b)

**1.** 石灰添加量＝$CO_2$
**2.** 石灰添加量＝$HCO_3^-$
**3.** 考量過量石灰
$HCO_3^-$ > $Ca^{2+}$，因此所有的 $Ca^{2+}$ 可被去除

(c)

**1.** 石灰添加量＝$CO_2$
**2.** 石灰添加量＝$HCO_3^-$
**3.** 考量過量石灰

**圖 4-20**　$Mg^{2+}$ 濃度小於 40 mg/L as $CaCO_3$ 與無須分流處理時之劑量示意圖。注意鎂未被去除，反應僅與 $CO_2$ 及 $Ca^{2+}$ 有關。

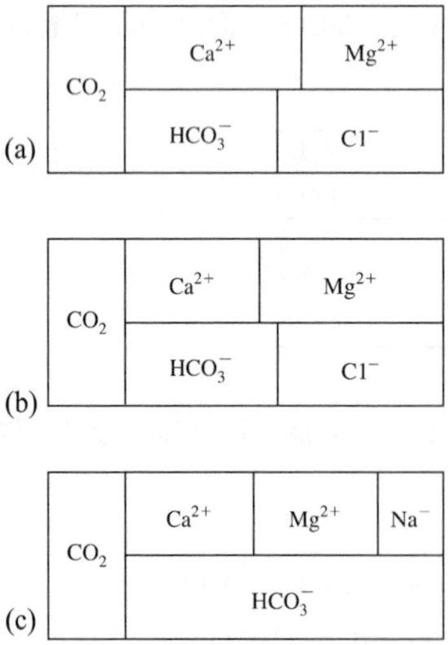


(a)

**1.** 石灰添加量＝$CO_2$ (提升 pH)
**2.** 石灰添加量＝$HCO_3^-$ (提升 pH)
**3.** 石灰添加量＝$Mg^{2+}$
**4.** 蘇打添加量＝($Ca^{2+}$＋$Mg^{2+}$)－$HCO_3^-$ (去除 $Ca^{2+}$)
**5.** 考量過量石灰

(b)

**1.** 石灰添加量＝$CO_2$
**2.** 石灰添加量＝$HCO_3^-$
**3.** 石灰添加量＝$Mg^{2+}$
**4.** 蘇打添加量＝($Ca^{2+}$ ＋$Mg^{2+}$)－$HCO_3^-$
**5.** 考量過量石灰

(c)

**1.** 石灰添加量＝$CO_2$
**2.** 石灰添加量＝$HCO_3^-$ (提升 pH)
**3.** 石灰添加量＝$Mg^{2+}$
**4.** 不需要添加蘇打灰
**5.** 考量過量石灰

**圖 4-21**　$Mg^{2+}$ 濃度大於 40 mg/L as $CaCO_3$ 與需要分流處理時的劑量示意圖。注意此處描述於分流處理的第一階段軟化至實際限值。

可用來說明藥劑的使用情形。其中三種情況爲原水 Mg 濃度小於 40 mg/L as $CaCO_3$ (圖 4-20a，b 及 c)，另外三種發生在 Mg 濃度大於 40 mg/L as $CaCO_3$ 的情形 (圖 4-21a，b 及 c)。圖 4-20 顯示的情況並不需要分流處理。反之，圖 4-21 說明的情況係針對分流處理流程中的第一階段處理 (軟化至實際限制值)。圖 4-21 說明的例子中，必須確認處理水與原水混合後，能否達到可接受的硬度值。若在混合後總硬度仍高於所需濃度值時，則於第二階段中需要進一步的軟化 (如圖 4-22 所示)。由於分流處理的設計是要達到期望 Mg 濃度 40 mg/L as $CaCO_3$，無鎂硬度需要進一步的去除，只有鈣硬度需要加以處理。

## 離子交換軟化

離子交換定義爲離子在固相與液相間進行可逆性的交互作用，且固體結

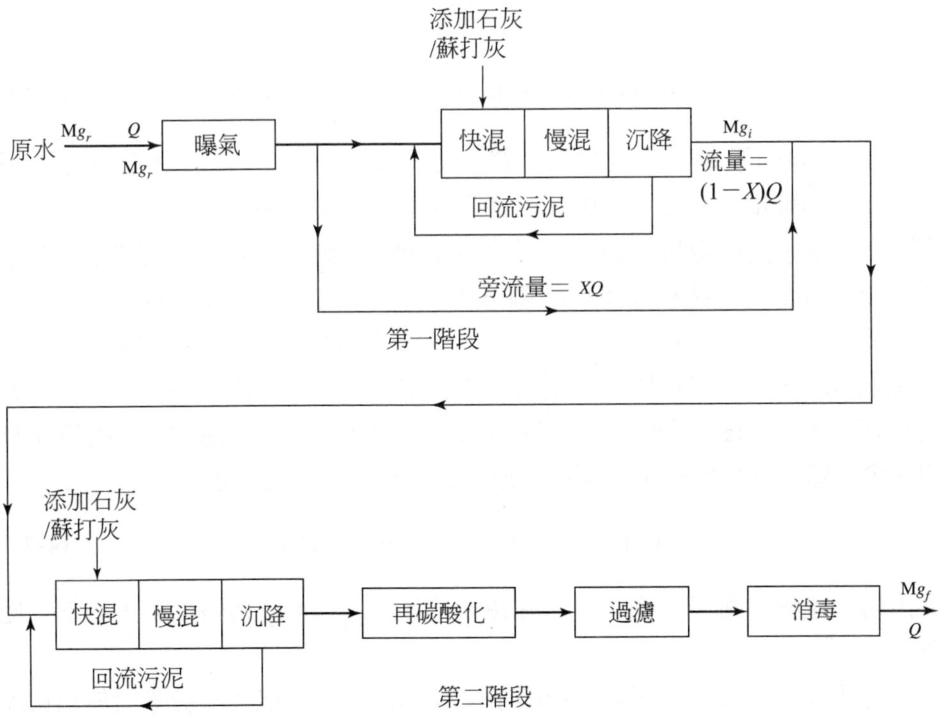


**圖 4-22**　兩階段分流處理的石灰-蘇打灰軟化廠流程圖 (摘自 J. L. Cleasby and J. H. Dillingham, 1966.)。

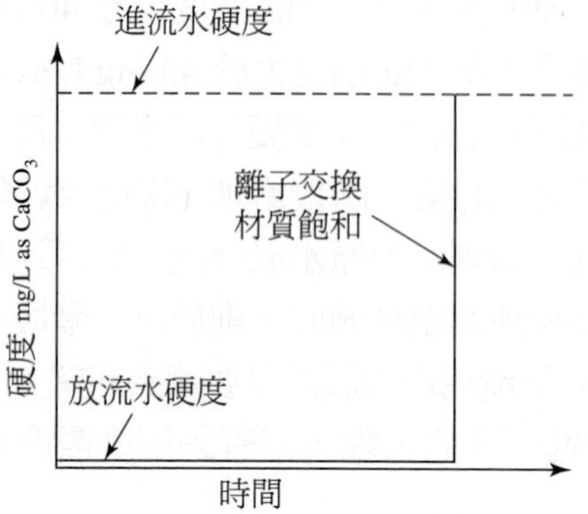


**圖 4-23** 離子交換管柱的硬度去除情形。

構不會發生永久性的改變。基本上，利用離子交換軟化的方式，將含有硬度的水，流經具有離子交換材質的柱床，水中的硬度會與離子交換材質中的離子產生交換作用。一般而言，與硬度產生交換作用的離子爲鈉，其反應以式 4-72 說明：

$$Ca(HCO_3)_2 + 2NaR \rightleftharpoons CaR_2 + 2NaHCO_3 \qquad \textbf{(4-72)}$$

其中 R 代表固體離子交換材質，從上述反應可知，鈣 (或鎂) 會從水中移除，並置換等量的鈉離子，即每一個陽離子置換兩個鈉離子。鹼度則不會產生變化。離子交換效果於必要時可達到 100% 的硬度去除，直到離子交換材質的交換容量達到飽和爲止，如圖 4-23 所示。當離子交換材質飽和時，將不會有鈣硬度被去除。在此操作點下，硬度會流過床體的現象稱爲***貫穿*** (breakthrough)。此時柱床需要更換維修，離子交換材質需要再生。再生的方式爲通過大量 $Na^+$ 於管柱，移除材質上的硬度。如此高量 $Na^+$ 的質量作用，會使離子交換材質中的硬度與鈉進行交換作用而進入水中：

$$CaR_2 + 2NaCl \rightleftharpoons 2NaR + CaCl_2 \qquad \textbf{(4-73)}$$

經由再生過程，離子交換將可去除更多的硬度。$CaCl_2$ 爲廢棄物，需加以處置。

有些大型的水處理廠會利用離子交換進行軟化，但大部份應用於爲民眾用水的軟化器。離子交換材質可以是天然的黏土，稱爲***白雲石*** (zeolites)，或人造合成樹脂。目前有許多的人造樹脂製造商。樹脂或白雲石通常藉由單位樹脂體積可去除的硬度量，或再生樹脂需要的鹽量加以特徵化。人造樹脂具有較高的交換容量，且再生需要的鹽量較少，然其使用成本亦較高。水軟化廠使用的單位通常為每加侖水具有的硬度顆粒 (gr/gal)。記得 1 gr/gal 等於 17.1 mg/L 是相當有用的。

因樹脂實質上可去除 100% 的硬度，有必要繞流部份的原水以混合處理水，達到期望的最終硬度。

$$\%\text{Bypass} = (100)\,\frac{\text{Hardness}_{\text{desired}}}{\text{Hardness}_{\text{initial}}} \tag{4-74}$$

---

**例題 4-19**　家庭用水軟化器具有 0.1 $m^3$ 的離子交換樹脂，交換容量為 57 $kg/m^3$。居住者每天用水量為 2000 L。若水中含有 280.0 mg/L as $CaCO_3$ 的硬度，期望能將水質硬度軟化至 85 mg/L as $CaCO_3$。試問繞流量與再生循環需要的週期？

**解**：繞流量的百分比可利用式 4-74 求得：

$$\text{繞流比}\ (\%) = (100)\,\frac{85}{280} = 30.36 \ \text{或}\ 30\%$$

再生循環之間所需要的時間長短，可利用離子交換材質 (介質) 的交換容量加以決定。該時間又稱貫穿時間，即交換樹脂到達飽和的時間。若繞流量為 30%，70% 的水需要處理，則硬度負荷率為：

$$\text{負荷率} = (0.7)(280\ \text{mg/L})(2{,}000\ \text{L/d}) = 392{,}000\ \text{mg/d}$$

因床體容量為 57 $kg/m^3$ 含有 0.1 $m^3$ 的離子交換材質，故貫穿時間近似為

$$\text{貫穿時間} = \frac{(57\ \text{kg/m}^3)(0.1\ \text{m}^3)}{(392{,}000\ \text{mg/d})(10^{-6}\ \text{kg/mg})} = 14.5\ \text{d}$$

---

## ▲ 4-4　攪拌與膠凝

明顯地，混凝與軟化水的化學反應若要發生，化學藥劑必須與水充分混合。本節將開始論及完成混凝與軟化化學程序所必須具備的物理方法。

攪拌，或稱為**快混**，為化學藥劑迅速且均勻分佈在水中的程序。理想上，化學藥劑應瞬間地分佈在水中。混凝與軟化化學反應在快混時會形成沉澱物，如混凝時會形成氫氧化鋁或氫氧化鐵，而軟化時會產生碳酸鈣與氫氧

化鎂。在這些程序中形成的沉澱物會彼此接觸、聚集，形成更大的顆粒，稱為膠羽 (floc)。此接觸程序稱為膠凝，係藉由緩慢而溫和的攪拌達成。

在水及廢水處理中，攪拌的程度是利用速度梯度 $G$ 加以衡量。速度梯度可視為剪力產生值的最佳表現方式，即較高的 $G$ 值，會有較為劇烈的攪拌效果。速度梯度為單位體積水加入動力的函數，其計算式如下：

$$G = \sqrt{\frac{P}{\mu \forall}} \tag{4-75}$$

其中，$G$ ＝速度梯度，$s^{-1}$

$P$ ＝輸入動力，W

$\forall$ ＝攪拌槽中水的體積，$m^3$

$\mu$ ＝動力黏滯係數，Pa・s

經由文獻、經驗、實驗室研究或模型廠研究，即能夠針對應用的特性，選擇一 $G$ 值。顆粒碰撞的總數與 $G\theta$ 呈正比，其中 $\theta$ 為式 2-27 所表示的槽體停留時間。

## 快　混

快混是影響混凝藥劑效率最重要的物理操作影響因素。混凝時化學反應完成的時間在 0.1 s 以下；因此，儘可能在瞬間完成混合是有必要的。快混可利用槽中垂直軸攪拌器 (圖 4-24)，管線中的線上混合器 (圖 4-25) 或管線中靜態攪拌器 (圖 4-26) 達成。其他方法包括馬歇爾水槽、水躍、擾流渠道與氣體攪拌等亦可使用。

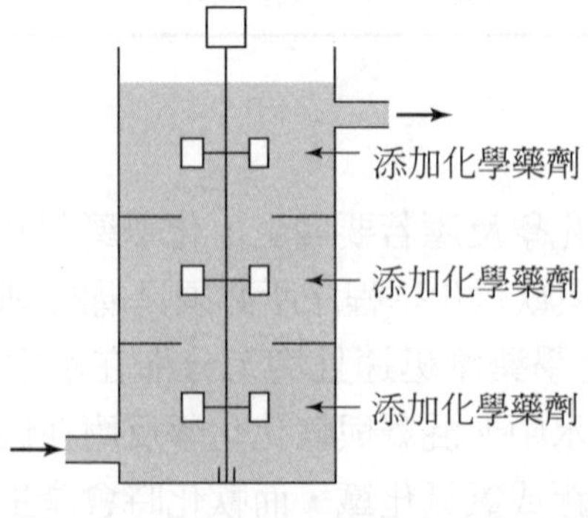


**圖 4-24**　快混槽。

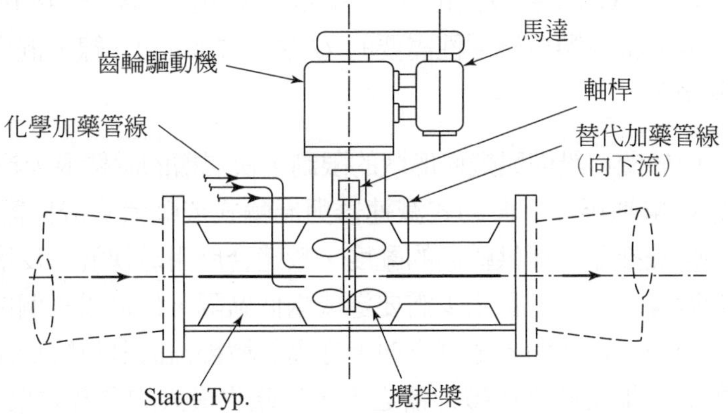


**圖 4-25**　典型線上攪拌器 (資料來源：AWWA, 1998)。

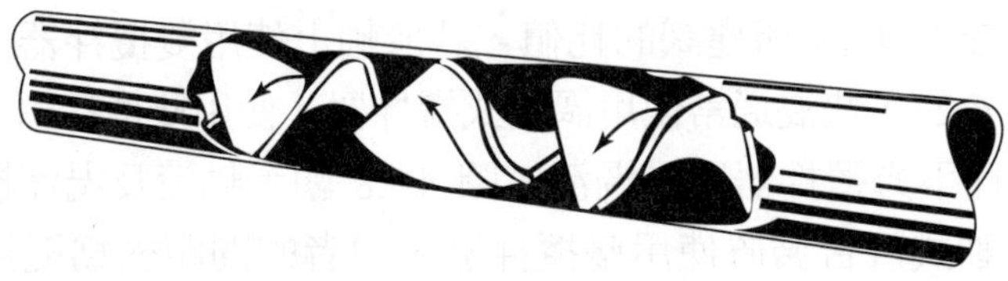

**圖 4-26**　靜態攪拌器：連續可逆、繞流與分流的元件數與分散能力呈正比關係 (資料來源：*Chemical Engineering*, March 22, 1971.)。

混凝時 $G$ 與 $G\theta$ 的選擇與混合裝置、選擇的化學藥劑與預期的化學反應有關。混凝主要有兩種發生機制：溶解性水解物種吸附在膠體及去穩定或膠體被氫氧化物沉澱物捕捉所形成的掃除作用。吸附與去穩定的反應在 1 秒以內發生，非常快速。掃除作用較為緩慢，需要 1 至 7 秒的時間 (Amirtharajah, 1978)。瓶杯試驗資料可用來判別主要的反應是吸附與去穩定，或掃除作用。若由劑量-濁度曲線可明顯地得知電荷逆轉的情形 (詳見例題，圖 4-13)，則吸附與去穩定為主要的反應機制。若劑量-濁度曲線無法顯示電荷翻轉的情形 (即在較高的劑量時曲線仍相當的平直)，則主要的機制為掃除作用。若要發生吸附與去穩定反應，建議 $G$ 值維持在 3,000 至 5,000 $s^{-1}$ 的範圍，滯留時間為 0.5 s，這些建議值最常以線上混合器達到。對於掃除作用，建議滯留時間在 1 至 10 s 之間，$G$ 值維持在 600 至 1,000 $s^{-1}$ 的範圍內 (Amirtharajah, 1978)。

**軟化** CaO/Ca $(OH)_2$ 參與軟化所發生的溶解作用，需要 5 至 10 分鐘的滯留時間，分散並維持顆粒懸浮性需要的 *G* 值爲 700 $s^{-1}$。線上混合器並沒有用來軟化藥劑。

**快混槽** 由於攪拌設備與幾何形狀的限制，快混槽的體積很少超過 8 $m^3$。攪拌設備包括電動馬達、傳動式減速器與渦輪式或軸流式攪拌器，如圖 4-27 所示。渦輪攪拌器可提供較高的亂度，較適合應用於快混。反應槽在水平方向上應設置擾流設計，且至少需要造成兩個區隔，但仍以三個區隔尤佳，能夠提供充分的停留時間。垂直方向上亦需設置擾流設計以降低渦流的效果。化學藥劑的添加位置應於攪拌器之下，以產生最大的混合效果。表 4-15 列出部份關於快混及膠凝無單位幾何比例，可作爲槽體深度、表面積以及攪拌器直徑選擇之用。對快混而言，爲了達到更爲合適的槽體尺寸，所使用的槽體深度會大於表 4-15 所建議的比值。若於軸上使用雙攪拌器，槽體深度需增加。如圖 4-27，快混通常使用渦輪式攪拌器。使用雙攪拌器，在上方攪拌器爲軸流，而下方攪拌器則是渦流。圖 4-28 顯示軸流及渦流攪拌器之水流型式。當傳動式混合裝置使用雙攪拌器，兩者的間距約爲攪拌器直徑的兩倍。對單一攪拌器而言，一般假設馬達傳輸效率爲 0.8。

## 膠 凝

若快混是影響混凝效率的最重要影響因子，膠凝則是影響顆粒去除效率最重要的影響因子。膠凝的目的是使顆粒互相接觸，進一步發生碰撞與黏

**表 4-15 混合槽體及攪拌器幾何參數**

| 幾何比 | 允許範圍 |
|---|---|
| *D*/*T* (渦流式) | 0.14－0.5 |
| *D*/*T* (軸流式) | 0.17－0.4 |
| *H*/*D* (二種) | 2－4 |
| *H*/*T* (軸流式) | 0.34－1.6 |
| *H*/*T* (渦流式) | 0.28－2 |
| *B*/*D* (二種) | 0.7－1.6 |

*D*＝攪拌器直徑
*T*＝等積槽體直徑
*H*＝水深
*B*＝攪拌器下水深

(a) 渦流式渦輪攪拌器

(b) 軸流式攪拌器

**圖 4-27**　基本攪拌器種類 (資料來源：Courtesy of SPX Process Equipment.)。

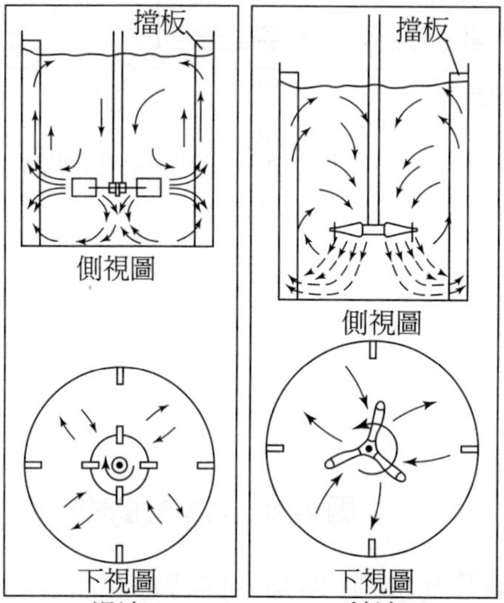


**圖 4-28**　攪拌器所產生之水流型式 (資料來源：Cornwell and Bishop, 1983.)。

結，使顆粒成長至可迅速沉降的尺寸。為促使顆粒能夠互相接觸，且避免在膠凝池發生沉降，必須維持足夠的混合。過大的攪拌會剪碎膠羽顆粒，而形成小的膠羽而分散於溶液中。因此。速度梯度必須控制在相當狹窄的範圍內。攪拌設備亦需要維持彈性，使工廠操作人員能夠藉二至三個參數而改變 *G* 值。較重的膠羽與較高的懸浮固體濃度需要較大的攪拌，才能維持膠羽為懸浮態，其相關特性可參照表 4-16。軟化形成的膠羽較混凝為重，因此需要

**表 4-16 膠凝作用的 $G\theta$ 值列表**

| 種類 | $G$ ($s^{-1}$) | $G\theta$ (無因次) |
|---|---|---|
| 低濁度，色度 | | |
| 混凝處理 | 20–70 | 60,000 至 200,000 |
| 高濁度，固體 | | |
| 混凝去除 | 30–80 | 36,000 至 96,000 |
| 軟化，10% 固體 | 130–200 | 200,000 至 250,000 |
| 軟化，39% 固體 | 150–300 | 390,000 至 400,000 |

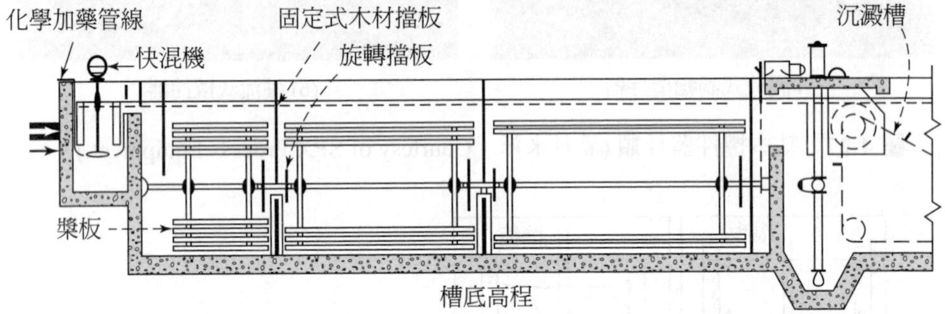


圖 4-29 槳板式膠凝裝置 (Courtesy of Envirex, Inc., a Rexnord Company)。

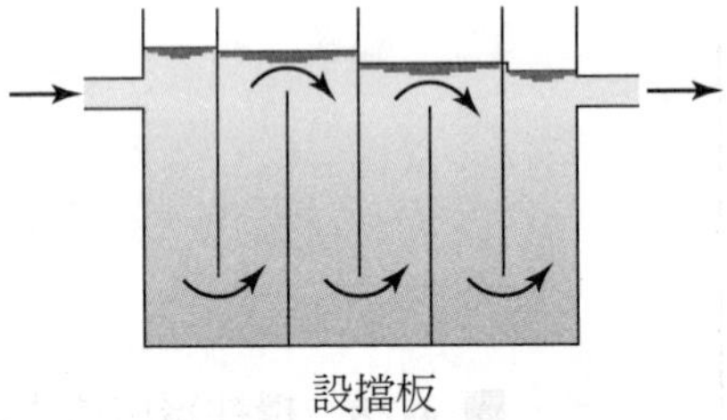


圖 4-30 具擋板膠凝裝置。

較高的 $G$ 值。膠羽濃度 (以懸浮固體濃度量測) 增加，同時會使需要的 $G$ 值增加。水溫大約在 20°C 時，中型給水廠在廠容量許可的情況下，會提供 20 分鐘的膠凝時間 ($\theta$)。當溫度較低時，滯留時間會增加。15°C 時滯留時間將會增加 7%，10°C 時需要增加 15%，當溫度降至 5°C 時，則需要增加 25%。

膠凝通常利用軸流式攪拌器 (圖 4-27)、槳板式膠凝器 (圖 4-29) 或擾流槽 (圖 4-30)。在這些膠凝器中，以軸流式攪拌器被推薦使用，主因其可提供整個膠凝槽幾近一定的 $G$ 值 (Hudson, 1981)。膠凝槽至少需要區分為三個區域。速度梯度遞減使 $G$ 值由第一槽至第三槽減少，而各區域所得的平均 $G$

值則與表 4-16 所選擇的設計值相同。

## 動力要求

在快混與膠凝等攪拌設備的設計上，擾流槽中攪拌器提供至液體的動力，可利用拉斯頓 (Rushton, 1952) 針對完全亂流時所發展的公式說明：

$$P = N_p(n)^3(D_i)^5\rho \tag{4-76}$$

其中，$P$＝動力，W

$N_p$＝攪拌器常數 (或稱動力數)

$n$＝轉速，轉數/s

$D_i$＝攪拌器直徑，m

$\rho$＝液體密度，kg/m$^3$

特定攪拌器之攪拌器常數值可由製造商獲得，圖 4-27 所顯示的渦流式攪拌器，其攪拌器常數值為 5.7，軸流式攪拌器則為 0.31。膠凝機的切速度 (端速度)，建議不超過 2.7 m/s。

槳板式攪拌器 (圖 4-29) 所提供的動力為槳板上拖曳力的函數，如下所示：

$$P = \frac{C_D A\rho(\upsilon_p)^3}{2} \tag{4-77}$$

其中，$P$＝傳輸動力，W

$C_D$＝槳板拖曳係數

$\rho$＝流體密度，kg/m$^3$

$A$＝槳板截面積，m$^2$

$\upsilon_p$＝槳板對於流體的相對速度，m/s

槳板的速度已經發現應介於 0.1 至 1.0 m/s 之間，且槳板對流體的相對速度，應為槳板末端速度的 0.6 至 0.75 倍。拖曳係數 ($C_D$) 則隨槳板長寬比而不同 (如 L：W＝5，$C_D$＝1.20；L：W＝20，$C_D$＝1.50；L：W＝無限大，$C_D$＝1.90)。水平軸上的槳板面積建議不要超過總槽截面積的 15 至 20%，以避免產生過度的轉動力。

壓縮攪拌所產生的動力如下式所示：

$$P = KQ_a \ln\left(\frac{h + 10.33}{10.33}\right) \quad \textbf{(4-78)}$$

其中，$P$ ＝傳輸動力，W

$K$ ＝常數＝1.689

$Q_a$ ＝大氣壓下的空氣流率，$m^3/min$

$h$ ＝流動位置的氣壓，m

靜態攪拌裝置的傳輸動力，可由下式計算：

$$P = \gamma Qh \quad \textbf{(4-79)}$$

其中，$P$ ＝傳輸動力，kW

$\gamma$ ＝流體比重，$kN/m^3$

$Q$ ＝流率，$m^3/s$

$h$ ＝經由攪拌器之水頭損失，m

水的比重等於密度與重力加速度的乘積 ($\gamma = \rho g$)。在正常的溫度下，水的比重為 9.81 $kN/m^3$。

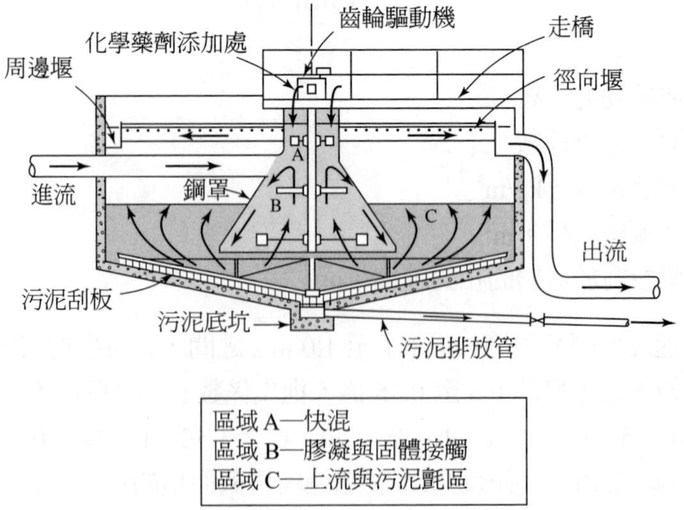


**圖 4-31** 典型上流式固體接觸單元 (資料來源：摘自 AWWA, 1990)。

**上流固體接觸設備** 攪拌、膠凝與澄清可同時集中於單一槽中，如圖 4-31 所示。進流水與化學藥劑在中心錐形類似構造中混合，固體流在錐形構造下(有時稱爲 "邊緣") 流動。當水流向上時，固體會沉澱而形成*污泥氈* (sludge blanket)，此設計即稱上流固體接觸槽。這種設計的主要優點爲縮小尺寸。此單元最適合處理水質穩定的進流水。由於井水水質較爲穩定，故此單元通常較適合用於軟化，而污泥更進一步提供促進沉澱反應完全的機會。

---

**例題 4-20** 一城市計畫新設一水處理廠以供給持續成長人口，擬規劃一個快混槽，之後分流至二套膠凝單元，每套各有三池體積相同的槽體，所有槽體的水深皆爲 4.0 m。由下表之資料，決定正確的槽體體積、尺寸規格、槽體等積直徑、輸入動力需求、攪拌器直徑，並使用下列參數，決定攪拌器轉速。

$Q = 11.5 \times 10^3\ m^3/d$
快混時間 $\theta = 2$ min
快混 $G = 600\ s^{-1}$
總膠凝時間 $\theta = 30$ min
膠凝 $G = 70, 50, 30\ s^{-1}$
水溫 $= 5°C$
攪拌器放置於 1/3 水深處

| 攪拌器型式 | 攪拌器直徑 (m) | | | 動力數 ($N_p$) |
|---|---|---|---|---|
| 渦流式 | 0.8 | 1.1 | 1.4 | 5.7 |
| 軸流式 | 0.8 | 1.4 | 2.0 | 0.31 |

**解：**

**a. 快混設計**

將 $11.5 \times 10^3\ m^3/d$ 轉換爲 $m^3/min$：

$$\frac{11.5 \times 10^3\ m^3}{d} \times \frac{d}{24\ hr} \times \frac{h}{60\ min} = 7.986 \text{ 或 } 8.0\ m^3/min$$

利用式 2-27 可由流量及滯留時間，計算快混槽體積。

$$\forall = (Q)(\theta) = (8.0\ m^3/min)(2\ min) = 16.0\ m^3$$

根據所需水深，對應的表面積爲：

$$面積 = \frac{16\ \text{m}^3}{4.0\ \text{m}} = 4.0\ \text{m}^2$$

實際應用上，將槽體設計爲相同長寬，因此，所需面積的平方根即爲槽體長與寬。

$$長與寬 = \sqrt{4.0\ \text{m}^2} = 2.0\ \text{m}$$

計算槽體的等積直徑可用於計算攪拌器之幾何比

$$T_E = \sqrt{\frac{4 \times \text{Area}}{\pi}} = \sqrt{\frac{4 \times 4.0\ \text{m}^2}{\pi}} = 2.26\ \text{m}$$

動力需求可根據式 4-75 進行計算，使用附錄 A 中的表 A-1，以及水溫可查得動力黏滯度為 $1.52 \times 10^{-3}$ Pa・s。根據表的註解，表中所列的值必須乘以 $10^{-3}$。

$$P = G^2 \mu \forall = (600\ \text{s}^{-1})^2 (1.52 \times 10^{-3}\ \text{Pa} \cdot \text{s})(16.0\ \text{m}^3) = 8{,}755\ \text{W}$$

使用表 4-15 中的幾何比，可評估不同尺寸的渦流式攪拌器。下表比較尺寸適用之渦流式攪拌器及快混槽幾何比。

| | | 渦流式攪拌器直徑 | | |
|---|---|---|---|---|
| 幾何比 | 可容許範圍 | 0.8 m | 1.1 m | 1.40 m |
| D/T | 0.14–0.5 | 0.35 | 0.49 | 0.62 |
| H/D | 2.0–4.0 | 5.00 | 3.64 | 2.85 |
| H/T | 0.28–2.0 | 1.77 | 1.77 | 1.77 |
| B/D | 0.7–1.6 | 1.67 | 1.21 | 0.95 |

灰色部份表示值不在容許範圍，故僅有 1.1 m 之渦流式攪拌器最合適。最後，以式 4-76 計算攪拌器的轉速。

$$n = \left[\frac{P}{N_p \rho (D_i)^5}\right]^{1/3} = \left[\frac{8{,}755\ \text{W}}{(5.7)(1{,}000\ \text{kg/m}^3)(1.1\ \text{m})^5}\right]^{1/3} = 0.98\ \text{rps} = 59\ \text{rpm}$$

**b. 膠凝槽設計**

由於分流至二套膠凝單元，故快混槽出流之流量需除以 2。

$$Q_{每套} = \frac{8.0\ \text{m}^3/\text{min}}{2} = 4.0\ \text{m}^3/\text{min}$$

再度使用式 2-27，可求出每套膠凝單元所需體積。

$$\forall_T = (Q)(\theta) = (4.0\ \mathrm{m^3/min})(30\ \mathrm{min}) = 120\ \mathrm{m^3}$$

由於需要三池等體積膠凝槽，故每套總體積需除以 3。

$$\forall_{\text{每池}} = \frac{\forall_T}{3} = \frac{120\ \mathrm{m^3}}{3} = 40\ \mathrm{m^3}$$

如前述之步驟，計算槽體表面積、長、寬以及等積直徑。

$$\text{面積} = \frac{40.0\ \mathrm{m^3}}{4.0\ \mathrm{m}} = 10.0\ \mathrm{m^2}$$

$$\text{長與寬} = \sqrt{10.0\ \mathrm{m^2}} = 3.16\ \mathrm{m}$$

$$T_E = \sqrt{\frac{4 \times \text{面積}}{\pi}} = \sqrt{\frac{4 \times 10.0\ \mathrm{m^2}}{\pi}} = 3.57\ \mathrm{m}$$

由於每個膠凝槽的速率梯度不同，故膠凝槽的動力需求需計算 3 次。

$$P_{G=70} = G^2\mu\forall = (70\ \mathrm{s^{-1}})^2(1.52 \times 10^{-3}\ \mathrm{Pa \cdot s})(40.0\ \mathrm{m^3}) = 298\ \mathrm{W}$$
$$P_{G=50} = G^2\mu\forall = (50\ \mathrm{s^{-1}})^2(1.52 \times 10^{-3}\ \mathrm{Pa \cdot s})(40.0\ \mathrm{m^3}) = 152\ \mathrm{W}$$
$$P_{G=30} = G^2\mu\forall = (30\ \mathrm{s^{-1}})^2(1.52 \times 10^{-3}\ \mathrm{Pa \cdot s})(40.0\ \mathrm{m^3}) = 54.7\ \mathrm{W}$$

根據軸流式攪拌器幾何比，選擇適用於膠凝槽之攪拌器。

| | | 渦流式攪拌器直徑 | | |
|---|---|---|---|---|
| 幾何比 | 可容許範圍 | 0.8 m | 1.4 m | 2.0 m |
| D/T | 0.17–0.4 | 0.22 | 0.39 | 0.56 |
| H/D | 2.0–4.0 | 5.00 | 2.86 | 2.00 |
| H/T | 0.34–1.6 | 1.12 | 1.12 | 1.12 |
| B/D | 0.7–1.6 | 1.66 | 0.95 | 0.67 |

再次注意灰色部份，上表顯示 1.4 m 攪拌器最符合槽體尺寸。

$$n_{G=70} = \left[\frac{P}{N_p \rho (D_i)^5}\right]^{1/3} = \left[\frac{298\ \mathrm{W}}{(0.31)(1{,}000\ \mathrm{kg/m^3})(1.4\ \mathrm{m})^5}\right]^{1/3} = 0.56\ \mathrm{rps} = 34\ \mathrm{rpm}$$

對膠凝而言，切速度 (端速度) 不能超過 2.7 m/s，如果 G＝70 $\mathrm{s^{-1}}$ 之膠凝機能符合，則另外二個膠凝機亦能符合，此乃是因為另外二個膠凝機的轉速較慢。

端速度＝(rps)($\pi\times D_i$)＝(0.56)($\pi\times$1.4)＝2.46 或 2.5 m/s

---

# ◭4-5 沉 澱

## 簡 介

在沉澱池 (或稱爲澄清池) 中，顆粒將會在合理的時間內沉降而去除。沉澱池通常是矩形或圓形，亦可能是輻射流式或上流式。儘管沉澱池的形式不同，其設計可區分爲四個區域：進流、沉降、出流與污泥貯存。由於本書目的將會提及沉澱概念與沉澱池的設計，所有四個區域的簡短討論將有助於了解沉降區的尺寸。四個區域的示意圖如圖 4-32 所示。

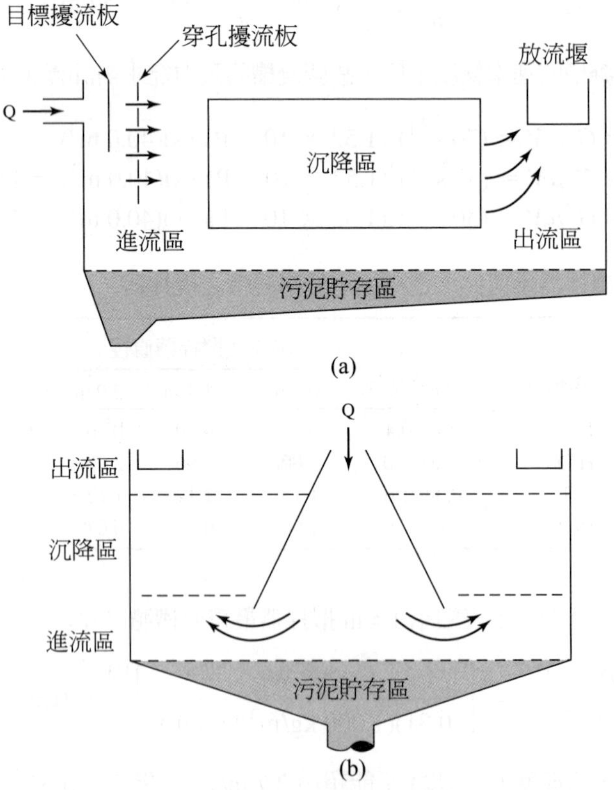


**圖 4-32** 沉澱區：(a) 水平流澄清池；(b) 上流式澄清池。

進流區域的目的在均勻地分配水流與懸浮顆粒進入沉降區*。進流區包括一連串的進流管線與擾流板，約佔槽中 1 m 的距離，並延伸至所有的槽深。在擾流系統之後，水流會因進流構造的不同，決定進流的形式。在某些部位水流的形式是均勻分佈，而在進流區末端與沉澱區前端的部位，流速將會降低至沉澱區的設計流速。若要具備設計良好的擾流系統，進流區會於槽體長度上延伸約 1.5 m，理想的進流區設計爲增進去除效率最重要的因素。

進流區的設計若不合理，進流速度將無法符合沉澱區的設計速度。典型的設計數值通常是較爲保守的，且進流區的長度亦不能增加沉澱區的計算長度。對一個精確的設計而言，進流區與沉澱區必須分開設計，再將彼此的長度加總。

污泥貯存區的構造與深度視清理方法、清理頻率與預估的污泥產生量而定。所有變數可加以評估，以設計沉澱區。在這些設計細目中，有些設計準則可加以說明。良好的膠凝固體與進流設計，超過 75% 的固體將會在槽體的五分之一內沉澱。對於混凝膠羽而言，Hudson 建議在出流處附近的污泥貯存深度約爲 0.3 m，進流處附近超過 2 m (Hudson, 1981)。

若槽體有足夠的長度，貯存深度可藉由底部坡度提供。若無足夠的長度，必須在進流末端設置污泥斗。機械清理的沉澱池或許需要裝置一底部刮泥機，如圖 4-33 所示。污泥將會連續被刮除至污泥斗中，再予以排出。對於機械清理的沉澱池而言，會朝向污泥排放點傾斜 1% 的坡度。污泥斗的四壁會設計傾斜，其垂直與水平之比值約在 1.2：1 至 2：1 之間。

出流區的設計爲移除沉澱池中已進行沉澱的水，並不帶任何的膠羽顆粒。根據水的基本性質，水流的流速等於流量除於水流流經的面積，即：

$$v = \frac{Q}{A_c} \tag{4-80}$$

其中，$v$ ＝水流速度，m/s

$Q$ ＝流量，$m^3/s$

$A_c$ ＝截面積，$m^2$

---

* 截面爲流量通過的面積。舉例而言，圖 4-32a 中截面即爲沉降區寬度×深度，而 圖 4-32b 中爲底部圓形面積。

**圖 4-33** 圓形沉澱池污泥收集裝置的簡圖與照片 (資料來源：David Cornwell/Courtesy of Siemens Water Technologies)。

在沉澱池內水流會流經非常大的面積 (池深與寬度的乘積)，因此，流速緩慢。爲了迅速地將水從池中移除，理想上會將水導引至管線或小型渠道以

**表 4-17　典型堰溢流率值**

| 膠羽種類 | 堰溢流率 ($m^3/d \cdot m$) |
|---|---|
| 輕鋁鹽膠羽 | |
| (低濁度水) | 143–179 |
| 較重的鋁鹽膠羽 | |
| (高濁水度) | 179–268 |
| 石灰軟化產生的重膠羽 | 268–322 |

資料來源：Walker Process Equipment, Inc., 1973.

便利傳輸，產生相當高的速度。若管線配置在沉澱池的末端，所有水將會衝進管中。此衝擊的水流將會在池中產生高速的剖面，而導致沉澱的膠羽上升而進入放流水中。膠羽洗出的現象稱爲**沖洗** (scouring)，產生的原因即爲不適當的出流設計。與其在沉澱池的末端配置管線，較理想的方式是先設置一組稱爲**堰** (weirs) 的水槽，以提供大的面積使水流通過，並減小沉澱池靠近出流端的速度。在堰的後方再將水流導引至中央處的渠道或管線，傳輸沉澱後的出流水。不同的堰配置方式如圖 4-34 所示。所需要的堰長度爲固體種類的函數。較重的固體會較難以沖洗，而允許較高的出流速度。因此，重的顆粒與輕者相較，需要長度較小的堰。通常各州有一套必須遵守的標準，即使如此，表 4-17 仍然顯示典型的堰負荷設計值。堰溢流率的單位爲 $m^3/d \cdot m$，即每單位堰長度 (m) 所通過的水流流量 ($m^3/d$)。

在矩形池中，堰的長度至少需要涵蓋池長的三分之一，理想上需要達二分之一。在中央處的間距可至 5 至 6 m 長，但經常只是此距離的二分之一。

**例題 4-21**　Urbana 市具有低濁度的原水，且正在設計一負荷率爲 150 $m^3/d$ 的溢流堰。若處理廠的流量爲 0.5 $m^3/s$，試問需要多少直線距離的堰？

**解：**

$$\frac{(0.5\ m^3/s)(86{,}400\ s/d)}{150\ m^3/d \cdot m} = 288\ m$$

(a)

(b)

**圖 4-34** 堰配置情形：(a) 矩形；(b) 圓形 (資料來源：David Cornwell/MacKenzie L. Davis)。

## 沉澱原理

在沉澱區設計中，有兩個重要的項目需要了解。第一個項目爲**膠羽** (floc) **沉降速度**，$\upsilon_s$。第二個項目爲槽體操作時的設計速度，稱爲**溢流率** $\upsilon_o$。最容易了解這兩個原理的方式可利用圖 4-35 所顯示的上流式沉澱池來加以說明。在這種設計中，顆粒向下沉降的同時，水流會垂直地上升。顆粒向下沉降的速率稱爲顆粒沉降速度，液體上升的速度則稱爲溢流率。明顯地，若顆粒需要從澄清池的底部移除，且不會隨沉降後的出流水移出，則顆粒沉降速度必須大於液體上升速度 ($\upsilon_s > \upsilon_o$)。若 $\upsilon_s$ 大於 $\upsilon_o$，可預期會有 100% 的顆粒去除效果；若 $\upsilon_s$ 小於 $\upsilon_o$，預期去除率爲 0%。故設計程序中需要決定顆粒沉降速度，並將溢流率設定爲一較低的數值。對於**上流式澄清池**而言，$\upsilon_o$ 通常設爲 $\upsilon_s$ 的 50 至 70% 之間。

接下來需要考量爲何液體上升速率稱爲溢流率及使用的單位爲何。由於水流會流經槽體的上端，而進入堰系統，故採用**溢流率** (overflow rate) 表示。由於其單位爲 $m^3/d \cdot m^2$，有時亦會稱爲**表面負荷率** (surface loading rate)。此單位爲流量 ($m^3/d$) 在一表面積 $m^2$ 之上，因此，此單位可視爲每天每一 $m^2$ 的槽表面積，所流經的水量，與負荷率頗爲相似。再利用式 4-80 的定義，流速等於流量除以其通過面積，由此可知，溢流率與液體速度相同：

$$\upsilon_o = \frac{\text{體積/時間}}{\text{表面積}} = \frac{(\text{深度})(\text{表面積})}{(\text{時間})(\text{表面積})} = \frac{\text{深度}}{\text{時間}} = \text{液體速度} \qquad \textbf{(4-81)}$$

$$\upsilon_o = \frac{\forall/\theta}{A_s} = \frac{(h)(A_s)}{(\theta)(A_s)} = \frac{h}{\theta}$$

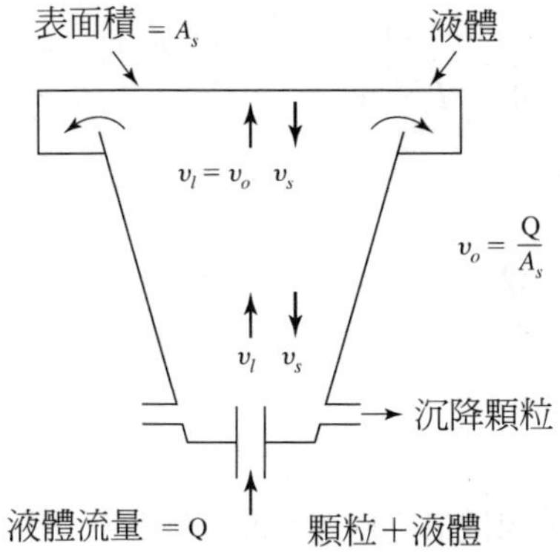


**圖 4-35**　上流式澄清池的沉降情形 (代號：$\upsilon_l$＝液體流速；$\upsilon_s$＝顆粒終端沉降速度)。

由上述討論可以了解，顆粒去除效果與沉澱池的深度無關，只要 $v_s$ 大於 $v_o$，無論深度爲何顆粒即能夠向下沉降，而從槽體底部移除。沉澱區的深度通常在幾公分至 6 m 或更高的數值之間改變*。

現在我們可以指出水平沉澱槽中的顆粒去除效果，僅與溢流率有關。一理想的水平沉澱槽基於三個假設 (Hazen, 1904, and Camp, 1946)：

**1.** 顆粒與速度向量均勻地分佈在槽體截面積，此特性會受到進流區的作用。
**2.** 液體在槽體長度方向上如理想的子彈般移動。
**3.** 任何撞擊在底部的顆粒皆會被去除。

讓我們利用圖 4-36a 闡述這些概念，假設一顆粒從 A 點釋出，若要從水中加以去除，則該顆粒需要具有足夠大的沉降速度，以確保在水流通過槽體的停留時間內，能夠到達槽體的底部。故我們可以認定沉降速度必須與槽體深度除於滯留時間所得的數值相同。

$$v_s = \frac{h}{\theta} \tag{4-82}$$

爲了達到去除效果，現在我們可以認定顆粒的沉降速度必須等於或高於槽體之溢流率。根據式 2-27 對滯留時間的定義，並且代入式 4-82，可得：

$$v_s = \frac{h}{(\forall/Q)} = \frac{hQ}{\forall} \tag{4-83}$$

另外，由於槽體積可利用高度、長度與寬度的乘積加以描述，故上式可再表示爲：

$$v_s = \frac{hQ}{l \times w \times h} = \frac{Q}{l \times w} \tag{4-84}$$

而此乘積 ($l \times w$) 即爲表面積 ($A_s$)，故

$$v_s = \frac{Q}{A_s} \tag{4-85}$$

* 管形沉澱器設計有非常狹窄的沉澱區，其使用情形已超過本書的介紹。

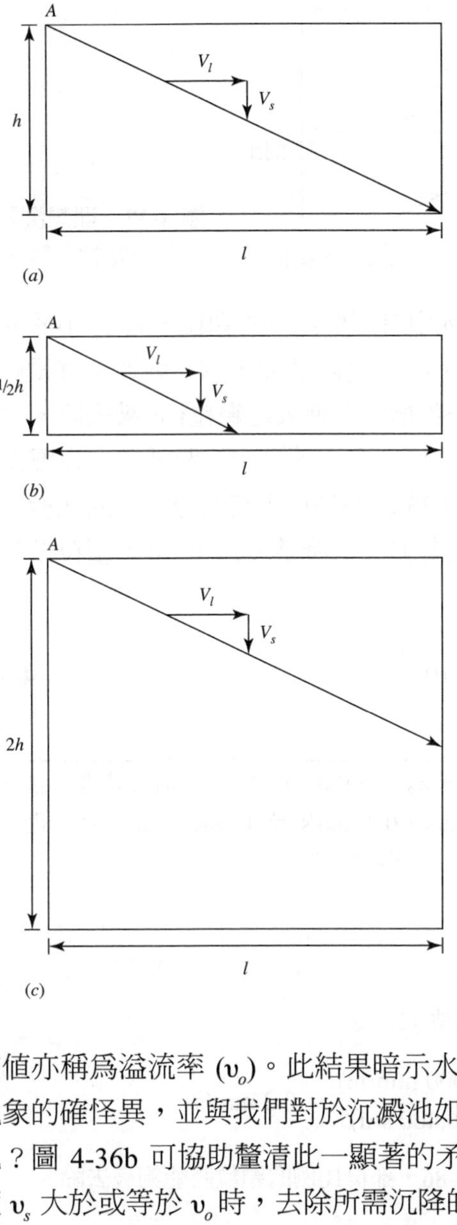


**圖 4-36**　理想水平流沉澱池。

該值亦稱為溢流率 ($\upsilon_o$)。此結果暗示水平澄清池的去除效果與深度無關！此現象的確怪異，並與我們對於沉澱池如何作用的直覺背道而馳。為什麼會如此？圖 4-36b 可協助釐清此一顯著的矛盾。圖中所顯示的是沉澱槽中沉降速度 $\upsilon_s$ 大於或等於 $\upsilon_o$ 時，去除所需沉降的深度為圖 4-36a 中深度的二分之一。然而，若深度較大時，沉降速度等於 $\upsilon_o$ 的顆粒將無法完全去除 (如圖 4-36c)。不過在較低深度處進入沉澱槽的顆粒，因具有正確的軌道能夠到達底部，故仍會發生部份去除的現象。此結果引導我們了解部份去除的原理。

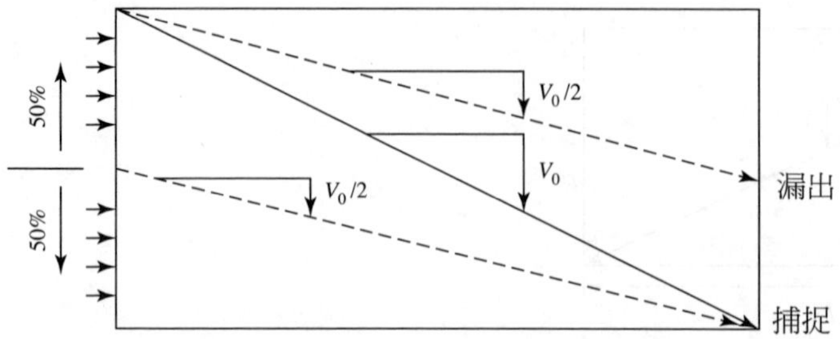


**圖 4-37** 理想沉澱池之部份顆粒去除。

不似上流式澄清池，在水平沉澱池中有部份比例的顆粒，其 $\upsilon_s$ 小於 $\upsilon_o$，仍能夠去除。例如，考量顆粒帶有 0.5 $\upsilon_o$ 的沉降速度，均勻地進入沉澱區，則圖 4-37 顯示將有 50% 的顆粒 (在一半槽深下進入之顆粒) 會被去除。主要係因這些顆粒僅要沉降一半的槽深，故可以在水流攜出沉澱池前，撞擊至沉澱池的底部。換句話說，沉降速度爲 0.25 $\upsilon_o$ 的顆粒，有四分之一的比例將會被去除。在沉澱池中，以溢流率 $\upsilon_o$ 設計值，沉降速度爲 $\upsilon_s$ 時，顆粒去除的百分比，$P$ 可以下式表示：

$$P = 100\frac{\upsilon_s}{\upsilon_o} \tag{4-86}$$

---

**例題 4-22** 聖瓊斯市 (San Jose) 有一溢流率爲 17 $m^3/d \cdot m^2$ 的水平流沉澱池，預期去除的顆粒所帶有的沉降速度分別爲 0.1 mm/s，0.2 mm/s 及 1 mm/s。試問在一理想的沉澱池中，不同沉降速度顆粒預估會有多少比例的去除率？

**解：**

**a.** $\upsilon_s = 0.1$ mm/s

首先需要轉換溢流率至允許運算的單位：

$$17\ \frac{m^3}{d \cdot m^2} = 17\ \frac{m}{d}\ \frac{(1{,}000\ mm/m)}{(86{,}400\ s/d)} = 0.2\ mm/s$$

由於 $\upsilon_s$ 爲 0.1 mm/s 時，$\upsilon_s < \upsilon_o$，根據式 4-86，部份比例的顆粒將能夠被去除。

$$P = 100\frac{(0.1)}{(0.2)} = 50\%$$

**b.** $\upsilon_s = 0.2$ mm/s

此沉降速度的顆粒因 $\upsilon_s = \upsilon_o$，故理論上將有 100% 的去除率。

**c.** $\upsilon_s = 1$ mm/s

此沉降速度的顆粒因 $\upsilon_s > \upsilon_o$，故 100% 的顆粒能夠輕易地去除。

---

## $\upsilon_s$ 決定方法

在理想沉澱池的設計中，首先需要決定欲被去除顆粒的沉降速度 ($\upsilon_s$)，然後再將溢流率 ($\upsilon_o$) 設定小於或等於 $\upsilon_s$。

對於不同型式的顆粒，其顆粒沉降速度的定義亦不相同。顆粒的沉降速度通常可區分為下列三種：

**第一型沉澱**　第一型沉澱的特徵是顆粒以一定的沉降速度而不連續地沉澱。這些顆粒以單一顆粒的形態沉降，且在沉降期間不會有膠凝或被其他顆粒絆除的現象，這種顆粒的代表為砂與礫石。一般而言，第一型沉澱僅適用於自來水廠中混凝之前去除砂的預沉澱單元，快砂過濾清洗時的砂粒沉降與礫石槽 (詳見 6-6 節)。

**第二型沉澱**　第二型沉澱的特徵是沉澱作用中顆粒會發生膠凝作用。由於這些顆粒會產生膠凝，其尺寸會不斷地改變，因此，沉降速度亦會變化。通常沉降速度會逐漸增加。這種型式的顆粒常發生於鋁或鐵混凝、初級沉澱池 (詳見 6-7 節)及滴濾床中的沉澱池 (詳見 6-8 節)。

**第三型沉澱或層沉澱**　顆粒在層沉澱中具有高的濃度 (大於 1,000 mg/L)，如此的現象使顆粒傾向以團塊的方式沉澱，並會清楚地呈現澄清區與污泥區。層沉澱發生於石灰軟化沉澱、活性污泥沉澱與污泥濃縮槽 (詳見 6-12 節)。

## $\upsilon_o$ 決定方法

有五種方式可決定有效顆粒沉降速度，並隨後決定溢流率。

**計算**　在第一型沉澱中，沉澱池會針對去除特定尺寸顆粒而設計，且可計算顆粒沉降速度。1687 年牛頓先生指出，顆粒在靜止的流體中落下時會產生加速作用，直至作用於顆粒上的摩擦力及拖曳力，與顆粒的重力相等為止 (圖 4-38) (Newton, 1687)。這三種力定義如下：

$$F_G = (\rho_s) g \forall_p \qquad \textbf{(4-87)}$$

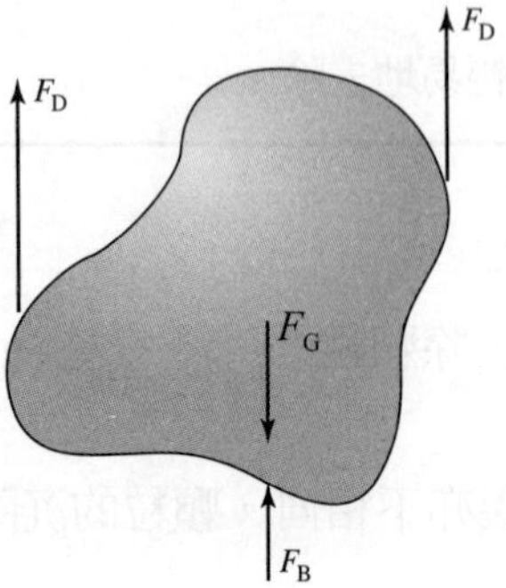


**圖 4-38** 自由沉降顆粒於流體中的作用力 ($F_D$＝拖曳力；$F_G$＝重力；$F_B$＝浮力)。

$$F_B = (\rho)g\forall_p \quad \textbf{(4-88)}$$

$$F_D = C_D A_P(\rho)\frac{\upsilon^2}{2} \quad \textbf{(4-89)}$$

其中，$F_G$ ＝地心引力
$F_B$ ＝浮力
$F_D$ ＝拖曳力
$\rho_s$ ＝顆粒密度，$kg/m^3$
$\rho$ ＝流體密度，$kg/m^3$
$g$ ＝重力加速度，$m/s^2$
$\forall_p$ ＝顆粒體積，$m^3$
$C_D$ ＝拖曳係數
$A_p$ ＝顆粒截面積，$m^2$
$\upsilon$ ＝顆粒速度，m/s

使顆粒加速的牽引力等於重力與浮力的差值：

$$F_G - F_B = (\rho_s - \rho)g\forall_p \quad \textbf{(4-90)}$$

當拖曳力等於此牽引力時，顆粒速度將會達到一定值，稱爲**終端沉降速度** (terminal settling velocity, $\upsilon_s$)。

$$F_G - F_B = F_D \quad \textbf{(4-91)}$$

$$(\rho_s - \rho)g\forall_p = C_D A_p(\rho)\frac{\upsilon_s^2}{2} \quad \textbf{(4-92)}$$

若球狀顆粒直徑＝$d$，

$$\frac{\forall_p}{A_p} = \frac{4/3\,(\pi)(d/2)^3}{(\pi)(d/2)^2} = \frac{2}{3}\,d \tag{4-93}$$

利用式 4-29 與 式 4-93 可解得終端沉降速度：

$$v_s = \left[\frac{4\,g(\rho_s - \rho)\,d}{3\,C_D\,\rho}\right]^{1/2} \tag{4-94}$$

拖曳係數視顆粒周圍的流動情形而有不同的數值。流動的情形可以定量的方式加以特徵分爲層流、亂流與漸變流。在層流中流體會以層狀或薄片的形式移動，層與層之間平滑的移動中，只有分子間有動量的交換。在亂流中流體的運動將極不規律，並帶有劇烈的動力傳遞與交換現象。奥斯柏・雷諾 (Osborne Reynolds, 1883) 發展出一量化的方式，利用無因次的比值，即所謂的**雷諾數** (Reynolds number)，描述不同形式的流動現象。對於在液體中移動的球體而言，雷諾數定義如下：

$$\mathbf{R} = \frac{(d)\,v_s}{\nu} \tag{4-95}$$

其中，$\mathbf{R}$ ＝雷諾數
　　$d$ ＝球體直徑，m
　　$v_s$ ＝球體速度，m/s
　　$\nu$ ＝運動黏滯係數，m2/s＝$\mu/\rho$
　　$\rho$ ＝流體密度，kg/m$^3$
　　$\mu$ ＝動力黏滯係數，Pa・s

湯馬斯・坎普 (Thomas Camp, 1946) 發展出拖曳係數與雷諾數之間的經驗資料 (圖4-39)。在高雷諾數 ($\mathbf{R} > 10^4$) 的情況下，對於球體所產生的渦流阻力而言，$C_D$ 值約爲 0.4。在低雷諾數時，對於球體的黏滯阻力而言，雷諾數 ($\mathbf{R} < 0.5$) 爲：

$$C_D = \frac{24}{\mathbf{R}} \tag{4-96}$$

至於漸變區的 $\mathbf{R}$ 值介於 0.5 與 $10^4$ 之間，球體的拖曳係數可利用下式近似計

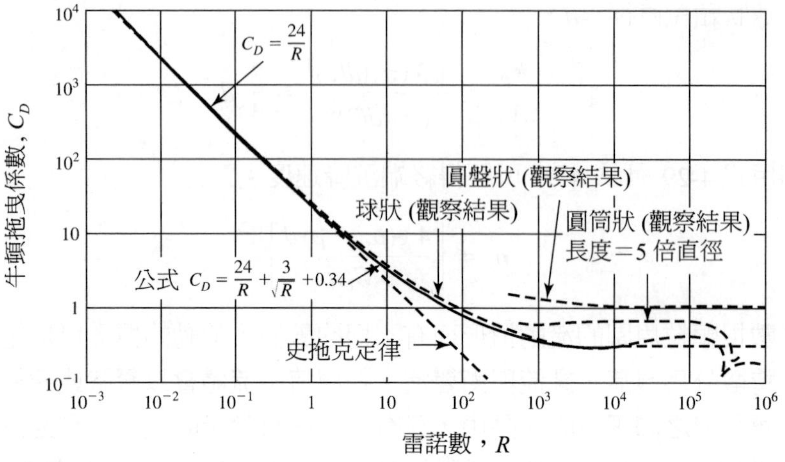


**圖 4-39** 牛頓拖曳係數與雷諾數的關係 (資料來源：T. R. Camp., 1946.)。

算：

$$C_D = \frac{24}{\mathbf{R}} + \frac{3}{\mathbf{R}^{1/2}} + 0.34 \qquad \textbf{(4-97)}$$

喬治．蓋布列爾．史托克先生 (Sir George Gabriel Stokes) 指出在層流 (靜態) 情況下，對於球體落下而言，式 4-94 可簡化如下 (Stokes , 1845)：

$$v_s = \frac{g(\rho_s - \rho)d^2}{18\mu} \qquad \textbf{(4-98)}$$

其中，$\mu$ ＝動力黏滯係數，Pa．s

18 ＝常數

式 4-98 稱為*史托克定律* (Stokes's law) (Stokes , 1845)。動力黏滯係數受溫度影響，列表於附錄 A。菲爾 (Fair)、蓋爾 (Geyer) 及奧肯 (Okun) 等人 (1968) 建議 $v_o$ 可設定為 0.33 至 0.7 倍的 $v_s$，視沉澱池的設計效率而定。

**膠體沉澱的實驗室或模廠數據** 目前並無適當的數學關係式可用來描述第二型沉澱。由於膠羽顆粒會持續地改變尺寸與形狀，且水分子若被膠羽所捕捉，其比重亦會改變，因此無法使用史托克公式進行計算。故實驗室進行沉降筒試驗常被使用來發展設計資料。

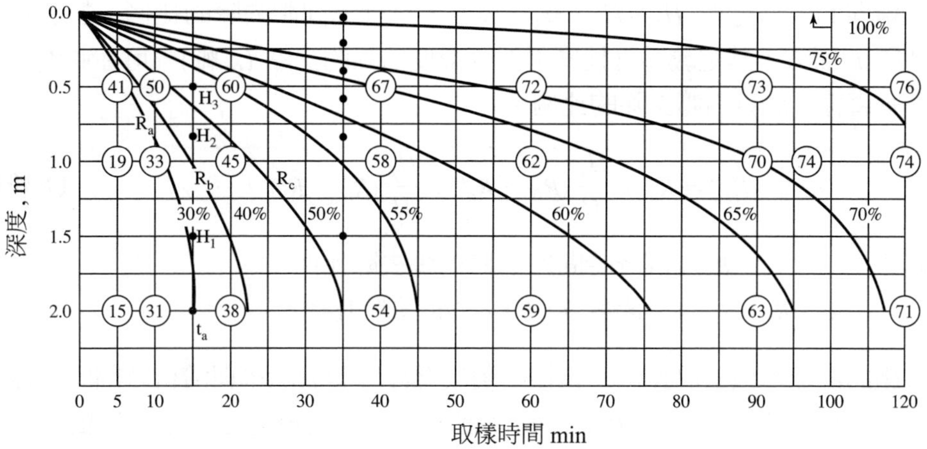


**圖 4-40**　利用 2 m 深沉降筒進行第二型沉降試驗所得的等濃度曲線。

首先，將沉降筒裝滿待分析的懸浮液，然後使懸浮液開始沉澱。在選擇的時間間隔下，於採樣口排水進行取樣，就每個水樣決定其懸浮固體濃度，而去除百分比可利用下式計算：

$$R\% = 1 - \frac{C_t}{C_o}(100\%) \tag{4-99}$$

其中，$R\%$＝在特定深度與時間下的去除率，%

$C_t$＝在特定深度，時間為 $t$ 下的濃度，mg/L

$C_o$＝初始濃度，mg/L

顆粒去除率與深度的關係如圖 4-40 所示。圓圈內的數值表示所計算的去除率，且在合理的百分比下，以 5% 或 10% 的間隔，連接圖中的各點以組成等濃度曲線。管柱底部與等濃度曲線的交點可定義溢流率：

$$v_o = \frac{H}{t_i} \tag{4-100}$$

其中，$H$＝管柱高度，m

$t_i$＝時間定義為管柱底部與等濃度曲線的交點 ($x$ 軸)，其中下標 $i$ 表示第一、第二、第三等交點，d

在 $t_i$ 處繪製垂直線，會與所有通過時間 $t_i$ 的等濃度曲線相交。再利用等濃度

曲線間的中點定義 $H_1$、$H_2$、$H_3$等高度，以計算固體去除的比例。對於每個時間 $t_i$ 而言，其定義爲管柱底部與等濃度曲線的交點 (x 軸)，可在此處建立一垂直線，計算固體去除的比例：

$$R_{T_a} = R_a + \frac{H_1}{H}(R_b - R_a) + \frac{H_2}{H}(R_c - R_b) + \cdots \quad \textbf{(4-101)}$$

其中，　$R_T$ ＝沉降時間爲 $t_a$ 時的總去除比例

$R_a$，$R_b$，$R_c$ ＝等濃度 $a$，$b$，$c$ 等的去除比例

各組的溢流率與去除比例，習慣繪製成懸浮固體去除率與滯留時間的曲線，及懸浮固體去除率與溢流率之關係圖，以決定沉澱池之尺寸。愛根菲爾特 (Eckenfelder, 1980) 建議溢流率的比例係數 0.65 與滯留時間的比例係數 1.75，可應用沉澱池的設計。

---

**例題 4-23** Urbana 市計畫設置一新的水處理廠。試根據其設計流量 0.5 $m^3/s$，設計一沉澱池能夠去除 65% 的進流懸浮固體。批次沉降試驗利用 2.0 m 的管柱與既有處理廠混凝單元出流水，得到以下的數據：

**取樣時間各深度的去除率**

| | 取樣時間 (min) | | | | | | |
|---|---|---|---|---|---|---|---|
| 深度, m | 5 | 10 | 20 | 40 | 60 | 90 | 120 |
| 0.5 | 41 | 50 | 60 | 67 | 72 | 73 | 76 |
| 1.0 | 19 | 33 | 45 | 58 | 62 | 70 | 74 |
| 2.0 | 15 | 31 | 38 | 54 | 59 | 63 | 71 |

**解**：繪圖如圖 4-40 所示。

計算每個交點的溢流率，以去除率 50% 的曲線爲例

$$v_o = \frac{2.0\ \text{m}}{(35\ \text{min})}(1{,}440\ \text{min/d}) = 82.3\ \text{m/d}$$

其對應的去除比例爲

$$R_{T50} = 50 + \frac{1.5}{2.0}(55 - 50) + \frac{0.85}{2.0}(60 - 55)$$

$$+ \frac{0.60}{2.0}(65 - 60) + \frac{0.40}{2.0}(70 - 65)$$

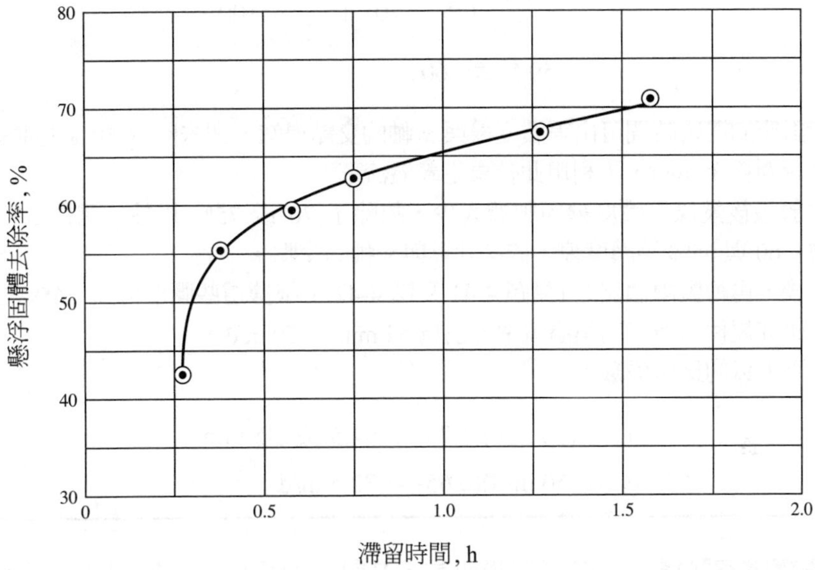


**圖 4-41**　懸浮固體去除率與滯留時間的關係。

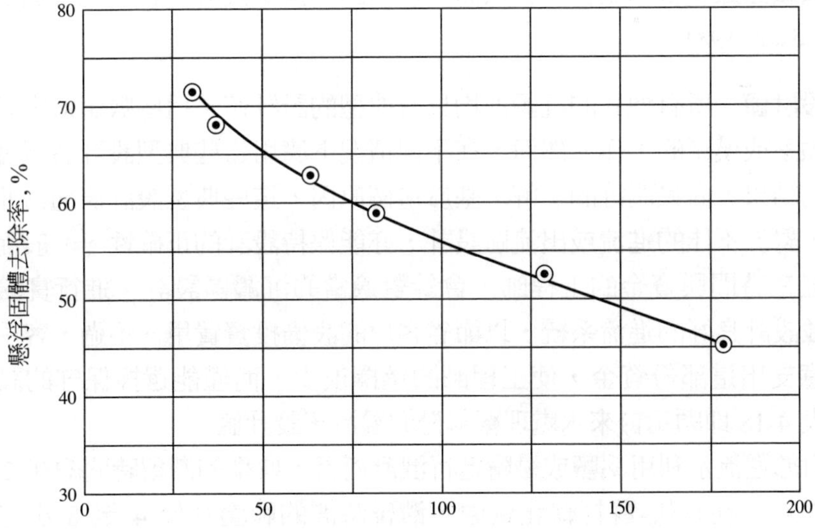


**圖 4-42**　懸浮固體去除率與溢流率的關係。

$$+\frac{0.20}{2.0}(75-70)+\frac{0.05}{2.0}(100-75)$$
$$=59.5 \text{ 或 } 60\%$$

所對應的滯留時間可由等濃度線與 $x$ 軸的交點得知，即去除率 50% 的曲線會得到滯留時間爲 35 min，再利用此結果定義溢流率。

由於最後幾條等濃度線因數據太少，故除了 70 或 75% 以外，選擇 30、40、50、55、60 與 65% 等濃度線，依次計算與 x 軸的交點。

然後，再繪製兩個圖形 (見圖 4-41 及圖 4-42)。根據這些圖形可知，65% 去除率所得的研究規模滯留時間與溢流率分別爲 54 min 與 50 m/d。

應用上述的比例係數：

$$t_o = (54 \text{ min})(1.75) = 94.5 \text{ 或 } 95 \text{ min}$$
$$\upsilon_o = (50 \text{ m/d})(0.65) = 32.5 \text{ m/d}$$

---

**層沉澱實驗室數據**　對於層沉澱而言，其設計值可由實驗室得知。溢流率設計值再次設定爲 0.5 至 0.7 倍的實驗室數值。

**瓶杯試驗數據**　根據瓶杯試驗數據，已發展出決定混凝劑膠羽沉降速度的技術 (Hudson, 1981)。

**經驗設計值**　所有型式的沉澱池均具有典型的設計值。這些數值通常可以取代實驗室或模廠的工作。然而，在不同情況下應用這些典型設計值至實際設計上的結果，尚無明確的了解，基於這個原因，這些典型設計值通常非常的保守，對於不佳的進流或出流區設計，亦能保持設計的正確性。一般而言，具有充裕時間與資金的工程師，會針對適當的沉澱區設計，進行實驗室試驗，並設計良好的進流系統，以節省客戶的設備投資費用。不過，客戶總是不願意支出這部份資金，使工程師的選擇很少，而僅能選擇保守的設計參數。表 4-18 即顯示自來水處理廠部份的溢流率設計值。

對於進流水利用鋁鹽或鐵鹽進行混凝而言，典型的滯留時間約在 2 至 8 小時左右。在石灰-蘇打軟化廠中，滯留時間的範圍介於 4 至 8 小時之間 (Reynolds and Richards, 1996)。

**表 4-18　典型沉澱池溢流率值**

| 應用範圍 | 長矩形及圓形 $m^3/d \cdot m^2$ | 上流式固體接觸 $m^3/d \cdot m^2$ |
|---|---|---|
| 鋁鹽或鐵鹽混凝 | | |
| 　濁度去除 | 40 | 50 |
| 　色度去除 | 30 | 35 |
| 　大量藻類 | 20 | |
| 石灰軟化 | | |
| 　低鎂濃度 | 70 | 130 |
| 　高鎂濃度 | 57 | 105 |

資料來源：AWWA, 1990.

**例題 4-24**　針對 Urbana 市的設計流量 0.5 $m^3/s$，利用例題 4-23 所求得之設計溢流率，決定沉澱池的表面積。並與典型溢流率設計值 20 $m^3/d \cdot m^2$ 所求得表面積加以比較。另針對例題 4-23 所求得的溢流率與滯留時間，決定澄清池的深度。

**解：**

**a.** 決定表面積

首先改變流量至相容的運算單位：

$$\left(\frac{0.5\ m^3}{s}\right)\left(\frac{86{,}400\ s}{d}\right) = 43{,}200\ m^3/d$$

利用例題 4-23 所得的溢流率，表面積爲

$$A_s = \frac{43{,}200\ m^3/d}{32.5\ m^3/d \cdot m^2} = 1{,}329.23 \text{ 或 } 1{,}330\ m^2$$

利用保守設計值計算

$$A_s = \frac{43{,}200\ m^3/d}{20\ m^3/d \cdot m^2} = 2{,}160\ m^2$$

明顯地，在這個案例使用保守設計值，將會導致槽表面積有 60% 的過度設計。

一般沉澱池的長寬比約介於 2：1 與 5：1 之間，而長度很少超過 100 m，通常會提供最小的兩個槽體。

若以兩槽設計，各槽寬度爲 12 m，總表面積爲 1,330 $m^2$，故槽長應爲

$$長度 = \frac{1,330\ m^2}{(2槽)(12\ m寬)} = 55.4\ 或\ 55\ m$$

此結果符合 5：1 的長寬比。

**b.** 決定槽深

首先根據例題 4-23 所得的滯留時間 95 min，利用式 2-27 決定總槽體積：

$$\forall = (0.5\ m^3/s)(95\ min)(60\ s/min) = 2,850\ m^3$$

由上述可知，此槽體將會分為兩槽，可將總槽體積除以總表面積求得槽深：

$$深度 = \frac{2,850\ m^3}{1,330\ m^2} = 2.1428\ 或\ 2\ m$$

此深度並不包括污泥貯存區。

最終設計為兩個槽體，各槽尺寸如下：12 m 寬×55 m 長×2 m 深加污泥貯存深度。

---

## 4-6 過　濾

從沉澱池流出的水中仍含有膠羽顆粒，該流出水的濁度範圍在 1 至 10 TU 之間，常見值為 3 TU。一般使用過濾方法使濁度降低至 0.3 TU。過濾是一種利用砂床或其他多孔介質，將流經期間的水與懸浮狀或膠體狀不純物質分開的過程，當水充滿砂粒之間的空隙時，水中不純物因阻塞或附著在砂面上而與水分離。

過濾池的分類有很多種方式，一種是根據使用的介質型態，如砂、煤(稱為無煙煤)、雙介質 (煤加砂) 或混合介質 (煤、砂及礫石)，另一種常用的分類是根據容積器負荷率。***負荷率*** (loading rate) 是單位面積濾床流過的水量。它是水流近濾床表面的流速。

$$v_a = \frac{Q}{A_s} \tag{4-102}$$

其中，$v_a$ ＝表面流速，m/s

＝負荷率，$m^3/d \cdot m^2$

$Q$＝河床表面流量，$m^3/d$

$A_s$ ＝河床表面積，$m^2$

依照不同的負荷率，濾池可分爲慢砂濾池、快砂濾池及高速砂濾池。

慢砂濾池的應用最早開始於 1800 年代，其水流經濾池的負荷率是 2.9 至 7.6 $m^3/d \cdot m^2$ 之間。當懸浮或膠體物質經過砂層時，這些物質被阻流在離砂面 75 mm 厚的空隙裡，當空隙都被塡滿時，水就無法流過濾砂層，這時表層的砂必須刮掉、清洗及替換。慢砂濾池需要很大的土地面積及較多的人力操作。

在 1900 年代初，爲防止流行病而需要設置更多數目的過濾池。快砂濾池便在這種急切需求下產生。這種過濾池在河床中使用級配 (分層) 濾料。濾砂的粒徑分配選擇是爲了使最少的粒狀雜質通過濾床，以得到最佳過濾效果。

快砂濾池的清潔方式是利用壓力水反向流過濾床。這種操作叫作**反沖洗** (backwashing)。沖洗水的流量要大到足夠使砂層膨脹，讓阻塞其中的粒狀雜質被沖出。沖洗過後，砂層又回到回來的地方。最大的砂粒會先沉降，故細砂層會留在頂部，粗砂層在底部的位置。快砂濾池是今日水處理方面最常使用的過濾型式。

傳統上，快砂濾池設計負荷率爲 120 $m^3/d \cdot m^2$。芝加哥水處理廠曾做過實驗顯示在 235 $m^3/d \cdot m^2$ 的高負荷率下，仍能得到令人滿意的處理水質 (AWWA, 1971)。現在，即使在高負荷率下，選用適當的過濾介質以及前處理，過濾仍能夠成功的運作。正常情況下，爲確保安全至少應興建兩個濾池。較大的水廠 (> 0.5 $m^3/s$) 則需至少 4 個濾池 (Montgomery, 1985)，過濾槽 (通常稱濾盒) 的表面積通常限制在 100 $m^2$ 左右，除了相當大型的水廠。

在 1940 年代戰爭時期，雙介質濾池被發展出來。此種設計使用更多的濾池深度來阻絕粒狀雜質。在快砂濾池中，最細的砂在頂層，因此頂層的孔隙最小。結果所有的雜質都阻塞在河床頂層。爲能使用到河床的中、下層，我們必須把大顆粒濾料放在細砂的上面。爲達此目的，我們使用無煙煤，無煙煤的比重比砂小，所以在反沖洗以後，它會沉降地比砂慢，以致留在頂層。雙介質過濾池可以操作到 300 $m^3/d \cdot m^2$ 的負荷率。

在 1980 年代中期，單媒介深床濾池被引進。此濾床的設計是可以同時達到較高的負荷率及較低的處理水濁度。這種濾池含有 1.5 m 至 2.5 m 厚，直徑 1.0 mm 到 1.5 mm 的無煙煤。在操作時的負荷率可達到 800 $m^3/d \cdot m^2$。

---

**例題 4-25** Urbana 市計畫中淨水處理廠的一部份是在沉澱池後設置快砂濾池。濾池的設計負荷率為 200 $m^3/d \cdot m^2$。在設計流量 0.5 $m^3/s$ 下，該濾池表面積應該多大？若每個濾槽表面積限制在 50 $m^2$ 以下，求共需多少過濾槽？

**解**：需求表面積等於流量除以負荷率

$$A_s = \frac{Q}{V_a} = \frac{(0.5\ \text{m}^3/\text{s})(86{,}400\ \text{s/d})}{200\ \text{m}^3/\text{d} \cdot \text{m}^2} = 216\ \text{m}^2$$

若每槽最大表面積為 50 $m^2$，則總槽數為

$$\text{槽數} = \frac{216\ \text{m}^2}{50\ \text{m}^2} = 4.32$$

由於不可能興建 0.32 個過濾槽，小數點必須去掉，通常為易於興建及節省成本而選擇偶數個槽。在本例，我們建議使用 4 個槽，同時檢查負荷率是否超過指引值。使用四槽的負荷率為

$$v_a = \frac{Q}{A_s} = \frac{(0.5\ \text{m}^3/\text{s})(86{,}400\ \text{s/d})}{(4\ \text{槽})(50\ \text{m}^2/\text{槽})} = 216\ \text{m/d}$$

此值小於建議最大負荷率，235 m/d，應可接受；但很多州要求濾池容量必須考慮當中一個槽因維修保養而不能使用時仍能滿足需求。故仍需檢查三槽操作下的負荷率。

$$v_a = \frac{(0.5\ \text{m}^3/\text{s})(86{,}400\ \text{s/d})}{(3\text{槽})(50\ \text{m}^2/\text{槽})} = 288\ \text{m/d}$$

此值超過建議最大負荷率。若 50 $m^2$/槽不能改變，則還需另一個槽。因此考慮濾槽面積可以大到 100 $m^2$/槽，我們期望興建四個較大表面積的過濾槽以滿足一槽不能使用時的需求負荷。

---

圖 4-43 為快砂濾池的剖面圖。濾池底包含支撐濾料的介質及過濾水的收集系統，支撐介質使濾砂留在濾池中不會隨過濾水流出。傳統上使用分層級配礫石 (大的在底層，小的在頂層)。過濾水的收集方法之一是利用暗渠。

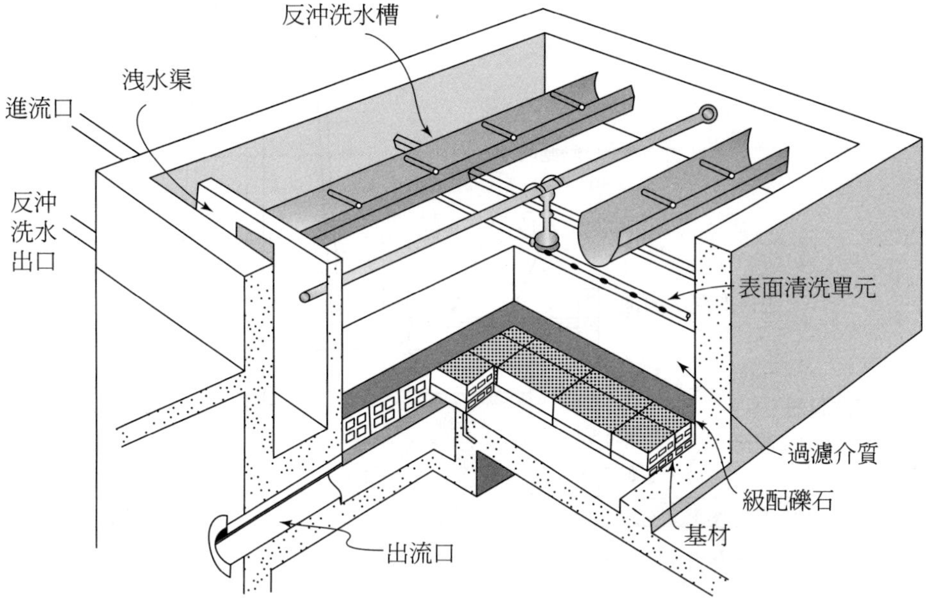


**圖 4-43**　典型的快砂濾池剖面圖 (資料來源：*F.B. Leopold Co.*)。

在支撐介質上面是級配濾砂層。砂層厚度在 0.5 至 0.75 m 之間。若使用雙濾料，則砂層爲 0.3 m 厚，煤層 0.45 m 厚。離砂層表面約 0.7 m 到 1 m 高處爲洗砂水槽。洗砂水槽收集反沖洗砂水。該水槽的高度必須足夠使砂層膨脹後，濾砂本身不會隨反沖洗水流入。通常過濾時，濾砂層表面水層總高度爲 1.8 m 至 3 m。此水層深度提供足夠的壓力使水順利通過砂層。

圖 4-44 爲快砂濾池的簡化圖。水從沉澱池進入濾池，滲過砂層及礫石床，經過假樓板而流入過濾水貯存槽，在過濾當中，A 及 C 閥是開啓的。

過濾時，濾池會愈來愈阻塞，砂層上的水位會因水難以通過濾床而升高。最後，水位會高到一定點，表示濾床已完全阻塞，必須加以清理。此定點叫作**終端水頭損失** (terminal head loss)。此時，操作員關閉閥 A 及 C，以停止從沉 澱池來的進水及防止水流到過濾水貯槽。接著，操作員打開閥門 E 及 B，讓大量的沖洗水 (從在高塔或由過濾水貯槽抽出的淨水) 從濾床底下流入。沖洗水的沖力促使砂床膨脹，砂粒開始移動。由於彼此間的摩擦，原先陷在砂層孔隙中的膠體雜質便被釋出而逃逸入沖洗水中。沖洗水因含雜質成爲待處理的廢水，經過幾分鐘後，沖洗便可停止，重新開始過濾。

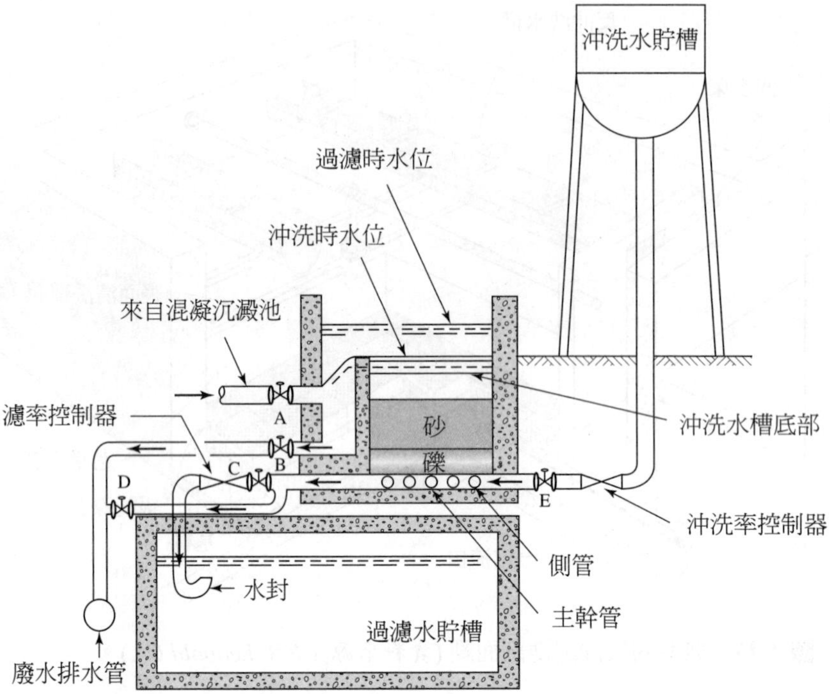


**圖 4-44** 快砂濾池的操作 (資料來源：Steel and McGhee, 1979.)

## 濾料粒徑特性

粒狀物質的大小分佈是以物質經由過濾一系列的標準篩來決定。美國標準篩系列爲其中的一種 (表 4-19)。它是以 1 mm 的篩網開口爲準，依照 $(2)^{1/4}$

**表 4-19 美國標準篩系列**

| 篩號 | 開口尺寸 (mm) | 篩號 | 開口尺寸 (mm) |
|---|---|---|---|
| 200 | 0.074 | 20 | 0.84 |
| 140 | 0.105 | (18) | (1.00) |
| 100 | 0.149 | 16 | 1.19 |
| 70 | 0.210 | 12 | 1.68 |
| 50 | 0.297 | 8 | 2.38 |
| 40 | 0.42 | 6 | 3.36 |
| 30 | 0.59 | 4 | 4.76 |

資料來源：Fair and Geyer, 1954.

倍數遞增或遞減，最大的開口爲 5.66 mm，最小爲 0.037 mm。所有能夠通過最小篩網的物質落在一個盤子裡成爲最終篩物質 (Fair and Geyer, 1954)。

粒徑篩分析是將篩網架由開口最大到開口最小者，由上而下擺置，再將濾砂樣品置於頂架上，經過一段時間振動後，量秤留置於各篩上的砂粒質量。記錄其累積質量，並換算成等於或小於各篩開口尺寸的砂粒質量百分比，然後繪出質量累積頻率分佈曲線。許多天然粒狀物質的分佈曲線是接近幾何常態分佈。因此，利用內插法在對數-機率紙上繪出的幾乎是一條直線。幾何平均 $(X_g)$ 及幾何標準差 $(S_g)$ 是有用的中值傾向度及變異度參數。其大小可以從圖決定。但最常使用的參數應是**有效粒徑** (effective size)，$E$，或 10 百分數，$P_{10}$，及**均勻係數** (uniformity coefficient)，$U$，或 60 百分數對 10 百分數，$P_{60}/P_{10}$。Allen Hazen 建議使用 $P_{10}$，他發現不管濾粒尺寸如何變化，只要是均勻分佈的濾床 (在均勻係數 0.5 以下)，且 $P_{10}$ 保持不變，則其過濾阻力也幾乎不改變 (Hazen, 1892)。Hazen 又建議使用，$P_{60}/P_{10}$ 來衡量均勻度，因爲此比率涵括一半的濾砂尺寸範圍*。依據幾何常態分佈機率積分建立有效粒徑或均勻係數與幾何平均尺寸和幾何標準差的關係：

$$E = P_{10} = (X_g)(S_g)^{-1.282} \qquad \textbf{(4-103)}$$

$$U = P_{60}/P_{10} = (S_g)^{1.535} \qquad \textbf{(4-104)}$$

經驗告訴我們，濾砂的有效粒徑範圍爲 0.35 至 0.55 mm，最大值約 1.0 mm。而均勻係數介於 1.3 至 1.7 之間。較小的有效粒徑會使過濾水濁度較低，但濾池的壓力損失會較高，並縮短過濾操作週期。

---

**例題 4-26**　由第 308 頁表所列之濾砂樣品重量及百分尺寸頻率分佈，求出有效粒徑，E 及均勻係數，U。

**解**：首先將數據繪成對數-機率紙上如圖 4-45，由圖我們可以求出有效粒徑：

$$E = P_{10} = 0.30 \text{ mm}$$

而均勻係數爲

---

* 較合邏輯的說法，該比率應爲非均勻係數，因係數值愈增加，不均勻度也愈大。

| U. S. 標準篩號 | 濾砂分析 (累積質量過濾百分率) |
|---|---|
| 140 | 0.2 |
| 100 | 0.9 |
| 70 | 4.0 |
| 50 | 9.9 |
| 40 | 21.8 |
| 30 | 39.4 |
| 20 | 59.8 |
| 16 | 74.4 |
| 12 | 91.5 |
| 8 | 96.8 |
| 6 | 99.0 |

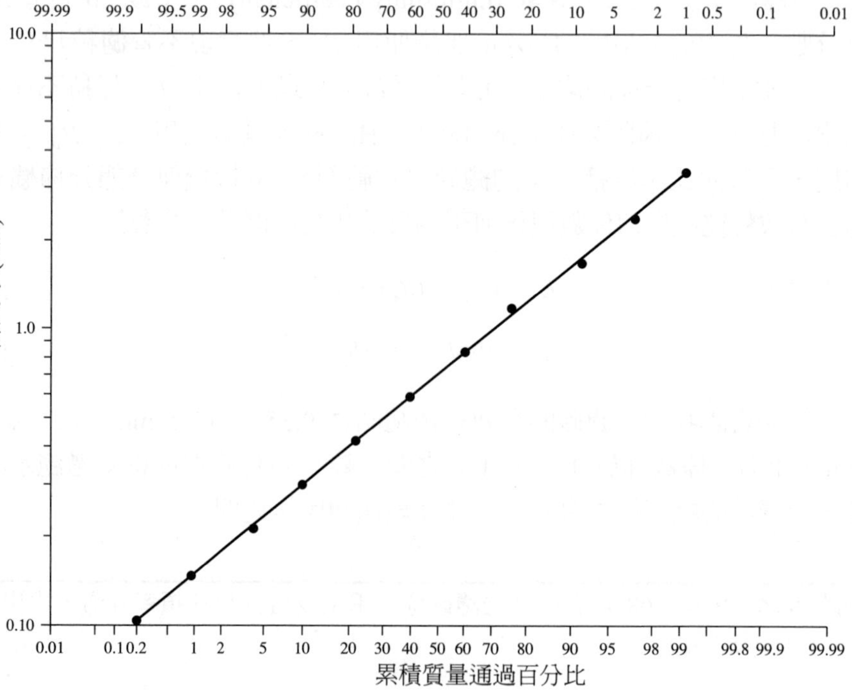


**圖 4-45** run-of-bank 砂粒徑分析。

$$U = \frac{P_{60}}{P_{10}} = \frac{0.85}{0.30} = 2.8$$

從自然沉積地挖出的砂稱作 *run-of-bank* 砂。此砂有可能太粗、太細或太均勻而不適做濾砂。在經濟容許下，利用篩除法去除粗大顆粒或洗掉細小顆粒，可使其改善。在砂濾池中，細砂的移除是利用反沖洗將其沖出濾床。

## 過濾水力學

原水通過乾淨成層，具均勻空隙率的砂濾池所產生的壓力損失 (一般稱**水頭損失**，head loss)，可以 Rose (1945) 推導公式表示*：

$$h_L = \frac{1.067\,(\upsilon_a)^2(D)}{(\phi)(g)(\epsilon)^4} \sum_{i=1}^{n} \frac{(C_D)(f)}{d} \tag{4-105}$$

其中，$h_L$＝通過濾池的摩擦 (水頭) 損失，m
$\upsilon_a$＝逼近流速，m/s
$D$＝濾床深度，m
$C_D$＝阻滯係數
$f$＝砂粒徑 $d$ 的質量百分率
$d$＝砂粒直徑，m
$\phi$＝形狀因子
$g$＝重力加速度，$m/s^2$
$\epsilon$＝孔隙率

阻滯係數的定義示於式 4-96 及 4-97。用來計算阻滯係數的雷諾數乘上形狀因子，是應用在非球形砂粒。上式的總加項可使用篩分析所得的砂粒尺寸分佈來計算。雖然 Rose 方程式只限用於乾淨濾床。它提供機會檢視過濾的初期狀況及砂粒大小分佈對水頭損失的影響。因此，濾槽深度必須至少等於最高設計水頭損失，如前所述，約爲 3 m。

反沖洗時水頭損失的計算式是爲決定濾床上方反沖洗水槽的位置。反沖洗水槽的底部必須離膨脹濾床表面至少 0.15 m 以防止濾料的損失。Fair 及 Geyer (1954) 發展了預測膨脹濾床深度的公式：

* 其他水頭損失方程式，包括由 Carmen-Kozeny, Fair-Hatch, and Hazen 所推導的方程式，彙整於 Cleasby and Logsdon (WQ&T, 1999) 以及 Eddy, Inc. (2003)。

$$D_e = (1 - \epsilon)(D) \sum_{i=1}^{n} \frac{f}{(1 - \epsilon_e)} \tag{4-106}$$

其中，$D_e$＝膨脹濾床深度，m
$\epsilon$＝濾床孔隙率
$\epsilon_e$＝膨脹濾床孔隙率
$f$＝膨脹濾砂的質量分量

膨脹濾床的孔隙率可以計算如：

$$\epsilon_e = \left(\frac{\upsilon_b}{\upsilon_s}\right)^{0.22} \tag{4-107}$$

式中，$\upsilon_b$＝反沖洗流速，m/s
$\upsilon_s$＝沉澱速率，m/s

嚴格說來，此一計算膨脹濾床孔隙率的公式只適用於層流狀況下，因反沖洗時爲紊流狀況，故 Richardson 及 Zaki (1954) 提出更具代表性的模式方程式：

$$\epsilon_e = \left(\frac{\upsilon_b}{\upsilon_s}\right)^{0.2247\mathbf{R}^{0.1}} \tag{4-108}$$

其中雷諾數定義爲

$$\mathbf{R} = \frac{\upsilon_s\, d_{60\%}}{v}$$

式中，$d_{60\%}$＝60 百分數直徑，m。另外，Dharmarajah 和 Cleasby (1986) 也發展了一套更複雜的模式可供參考使用。

$D_e$ 值的決定不是很直截了當地得到。從式 4-107 知膨脹濾床孔隙率是沉降速度的函數。顆粒的沉降速度由式 4-94 決定。解式 4-94 就必須計算阻滯係數 ($C_D$)。阻滯係數是雷諾數的函數。也因此是沉降速度的函數。所以我們需要知道沉降速度以便求出沉降速度！解開此迷思的方法是先假設一個沉降速度。知道砂粒直徑和比重，就可以用圖 4-46 得到第一個沉降速度預估值，以便計算雷諾數。

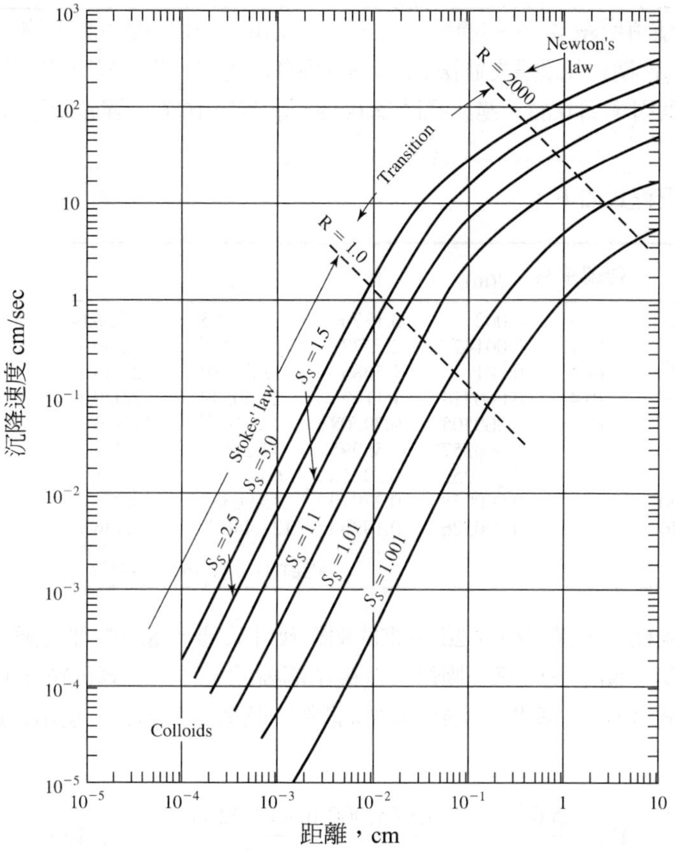


**圖 4-46**　10°C 靜水中圓形單顆粒物質沉澱及上升速度。在其他溫度時，Stoke 值須乘上 $v/(1.31\times10^{-2})$，$v$ 是在該溫度下的動黏滯係數 (資料來源：G.M. Fair, J.C. Geyer, and D.A. Orun, 1971.)

反沖洗速率通常在 880 m/d 及 1,200 m/d 之間變化。然而，反沖洗速率的選擇受限於那些留在濾池中，最細小砂粒的終端沉降速度。因爲反沖洗過程可看成是向上流的淨水池，反沖洗速率便成爲淨水池的溢流率，它決定濾料顆粒會留在濾池中或會經洗砂水槽流出。

另一個經常被使用的設計標準爲，將最大或 90 百分數最大顆粒流體化。在雙濾料過濾中，無煙煤的 $P_{90}$ 被視爲是最大顆粒粒徑，在反沖洗過程中，藉由將此類顆粒流體化，不使下沉至濾床底部，於反沖洗完成後，將再度形成分層。

**例題 4-27** 使用例題 4-26 的濾砂資料，估算 Urbana 市所提新設砂濾池 (例題 4-25) 的乾淨濾池 (初期) 水頭損失並檢查計算結果的合理性。使用以下的假設：砂的比重是 2.65，形狀因子爲 0.82，濾床孔隙率 0.45，水溫是 10°C，濾砂層厚度 0.5 m。

**解**：計算過程程式如下：

| 篩號 | 殘留率 % | d(m) | **R** | $C_D$ | $\frac{(C_D)(f)}{d}$ |
|---|---|---|---|---|---|
| 8–12 | 5.3 | 0.002 | 3.1370 | 9.684551 | 256.64 |
| 12–16 | 17.1 | 0.00142 | 2.2272 | 13.12587 | 1,580.7 |
| 16–20 | 14.6 | 0.001 | 1.5685 | 18.03689 | 2,633.4 |
| 20–30 | 20.4 | 0.000714 | 1.1199 | 24.60549 | 7,030.1 |
| 30–40 | 17.6 | 0.000505 | 0.79208 | 34.01075 | 11,853 |
| 40–50 | 11.9 | 0.000357 | 0.55995 | 47.21035 | 15,737 |
| 50–70 | 5.9 | 0.000252 | 0.39526 | 60.72009 | 14,216 |
| 70–100 | 3.1 | 0.000178 | 0.27919 | 85.96328 | 14,971 |
| 100–140 | .7 | 0.000126 | 0.19763 | 121.4402 | 6,746.7 |
| | | | | 總計 $(C_D)(f)/d$ = | 75,025 |

在上表的前兩欄，把從例題 4-26 而來的顆粒尺寸分佈，重新整理成篩與篩之間的殘留百分率。第三欄是依照第一欄最大及最小篩號的尺寸，計算砂粒幾何平均直徑。第四欄應用式 4-95 計算非球型砂粒的雷諾數。就第一列來講，使用例題 4-25 的負荷率可得

$$\mathbf{R} = \frac{\phi\,(d)\,v_a}{\nu} = \frac{(.82)(.002\text{ m})(0.0025\text{ m/s})}{1.307 \times 10^{-6}\text{ m}^2/\text{s}} = 3.137$$

經過單位換算的過濾速率爲

$$v_a = \frac{216\text{ m}^3/\text{d}\cdot\text{m}^2}{86{,}400\text{ s/d}} = 0.0025\text{ m/s}$$

由附錄 A 可查得 10°C 下的動黏滯係數。其中 $10^{-6}$ 是從 $\mu$m²/s 轉換爲 m²/s 而得。

阻滯係數計算於第五欄，依據雷諾係數的不同而應用式 4-96 或 4-97 算出。就第一列而言，

$$C_D = \frac{24}{\mathbf{R}} + \frac{3}{\mathbf{R}^{1/2}} + 0.34$$
$$= 7.6507 + 1.6938 + 0.34 = 9.6846$$

最後一欄是質量殘留率與阻滯係數的乘積除以粒徑，就第一列而言，

$$\frac{(C_D)(f)}{d} = \frac{(9.6846)(0.053)}{0.002} = 256.64$$

將最後一欄的值總加起來，利用式 4-105 計算水頭損失：

$$h_L = \frac{1.067\ (0.0025)^2\ (0.5)}{(0.82)(9.8)(0.45)^4}(7.5025 \times 10^4)$$
$$= (1.0119 \times 10^{-5})(7.5025 \times 10^4) = 0.76\ \text{m}$$

此初期水頭損失超過指標值 0.6 m。所以必須降低濾率或減少細濾料的比率。

---

**例題 4-28**　決定 Urbana 市砂濾池的反沖洗水浅水渠離濾床的高度。爲簡化計算，假設式 4-107 適用，即使在紊流狀態下，使用式 4-108 雖較爲適合。

**解**：首先，選擇反沖洗速率，假設我們保留使用最細的砂料，反沖洗時不能洗掉直徑 0.000126 m (0.0126 cm) 的砂粒。從圖 4-46，我們發現直徑 0.0126 cm，比重 2.65 的砂粒，終端沉降速度大約爲 1 cm/s (864 m/d)。因此，反沖洗速率不能超過 864 m/d，此值小於一般設計的最低值 880 m/d。

計算結果如下所示：

| 設定值 $v_s$ (m/s) | **R** | $C_D$ | 計算值 $v_s$ (m/s) | $\epsilon_e$ | $\frac{f}{1-\epsilon_e}$ |
|---|---|---|---|---|---|
| .30 | 376.435 | 0.558380 | .2778839 | .4812 | .10216 |
| .20 | 178.179 | 0.699442 | .2092095 | .5122 | .35058 |
| .15 | 94.1086 | 0.904272 | .1544058 | .5476 | .32275 |
| .10 | 44.7957 | 1.32400 | .1078248 | .5927 | .50080 |
| .07 | 22.1783 | 2.05917 | .0727132 | .6463 | .49762 |
| .05 | 11.1989 | 3.37953 | .0477221 | .7091 | .40902 |
| .03 | 4.74308 | 6.77751 | .0283125 | .7954 | .28831 |
| .02 | 2.23351 | 13.0928 | .0171201 | .8884 | .27788 |
| 0.015 | 1.18577 | 23.3350 | .0107893 | .9834 | .42232 |
| | | | | | $\Sigma f/(1-\epsilon_e) = 3.1715$ |

第一欄中預估沉降速率由圖 4-46 得到，依據此預估計算雷諾數。如第一列爲：

$$\mathbf{R} = \frac{\phi\ (d)\ v_s}{\nu} = \frac{(.82)(.002\ \text{m})(0.30\ \text{m/s})}{1.307 \times 10^{-6}\ \text{m}^2/\text{s}} = 376.435$$

你應注意到形狀因子，砂粒直徑及黏滯度都與例題 4-27 相同，阻滯係數 ($C_D$) 的計算有與例題 4-27 相同。利用式 4-94 計算沉降速率，並假設水之密度 1,000 kg/m³，就第一列：

$$v_s = \left[\frac{(4)(9.8\ \text{m/s}^2)(2{,}650\ \text{kg/m}^3 - 1{,}000\ \text{kg/m}^3)(0.002\ \text{m})}{(3)(0.55838)(1{,}000\ \text{kg/m}^3)}\right]^{1/2}$$
$$= 0.2778839\ \text{m/s}$$

砂粒密度是比重 (由例題 4-27 而來) 與水密度的乘積：

$$\rho_s = (2.65)(1{,}000\ \text{kg/m}^3) = 2{,}650\ \text{kg/m}^3$$

膨脹床孔隙率 (第 5 欄) 由式 4-107 計算而得，如在第一列：

$$\epsilon_e = \left(\frac{v_b}{v_s}\right)^{0.22} = \left(\frac{0.01\ \text{m/s}}{0.2778839\ \text{m/s}}\right)^{0.22} = 0.4812$$

則第一列的最後一欄爲

$$\frac{f}{1 - \epsilon_e} = \frac{0.053}{1 - 0.4812} = 0.10216$$

其中 0.053 得自例題 4-27 第一列，爲幾何平均直徑 0.002 m (即介於 8 號及 10 號篩之間) 的砂粒質量分量。

使用式 4-106，孔隙率爲 0.45，由例題 4-27，原濾床厚 0.5 m，則膨脹後濾床深度爲

$$D_e = (1 - .45)(0.5\ \text{m})(3.1715) = 0.87\ \text{m}$$

如上述安全邊緣爲 0.15 m，故反沖洗槽底離砂表面上的高度爲

$$(0.87 - 0.5)\ \text{m} + 0.15 = 0.52 \quad 或 \quad 0.5\ \text{m}$$

(注意：$(0.87-0.5)=D_e-D$)

## ▲4-7 消 毒

在水處理中，消毒是用來減除病原體到可接受的程度。消毒與滅菌不同，滅菌是消滅所有的生物，飲用水不需要如此徹底地殺菌。

人類體內病原體有三類：細菌、病毒及阿米巴原蟲。有目的的消毒是能夠消滅以上三類病原體。

在實務上，水的消毒必須具有以下特性：

**1.** 必須能消滅在一定溫度範圍下，存在於水中相當時間的所有種類及數目的病原體。
**2.** 必須能適應待處理水或廢水的成份、濃度及其他狀況的變動。
**3.** 必須對人體及寵物無害且無其他如味覺上不好的感覺。
**4.** 必須成本低廉，安全及容易貯存、輸送、搬運及使用。
**5.** 它在處理水中的強度或濃度必須能容易地、迅速地、和 (最好能) 自動地決定出來。
**6.** 它要能在水中持續保持一定濃度以提供足夠的殺菌力，以防止水在使用前再受到污染，或──這是不正常的情形──殺菌力的消失表示水已受到二次污染。

## 消毒動力學

在理想狀況下，當微生物曝露於一單位的消毒劑裡，其死亡速率可以 *Chick's Law* 表示，在單位時間內被消滅的生物數與殘留生物數成正比 (Chick, 1908)：

$$-\frac{dN}{dt} = kN \qquad \textbf{(4-109)}$$

這是一階反應。在實際情況下殺菌率可能不遵照 Chick's Law，因爲消毒劑進入生物細胞中心的時間延滯，殺菌率會逐漸增加，當水消毒劑濃度減少或消毒劑與病原體分佈不均時，殺菌率可能逐漸降低。

## 水中加氯反應

氯是最常使用的消毒劑。**氯化作用** (chlorination) 這個名詞常使用來代表消毒。氯的形式有氯元素 ($Cl_2$)、次氯酸鈉 (NaOCl) 或次氯酸鈣 [$Ca(OCl)_2$]。

將氯加入水中，便會形成次氯酸 (HOCl) 及氯酸的混合物：

$$Cl_2(g) + H_2O \rightleftharpoons HOCl + H^+ + Cl^- \qquad \textbf{(4-110)}$$

基本上，上述反應在幾分之一秒內即可以完成，但該反應的移動方向取決於水中的 pH 值。在稀溶液與 pH 值大於 1.0 的情況下，反應式會向右邊移動，當達成平衡時，溶液中將只會存在少量的 $Cl_2$。此時形成的次氯酸，爲一種弱酸，在 pH 值小於 6.0 時，並不容易分解。然而，當 pH 值等於 6.0 至 8.5 之間時，HOCl 很快地轉變成完全分解：

$$HOCl \rightleftharpoons H^+ + OCl^- \quad \textbf{(4-111)}$$

$$pK = 7.537 \text{ 在 } 25°C$$

因此，在 pH 值介於 4.0 到 6.0 之間時，加入的氯消劑主要是以 HOCl 形式存在。當 pH 值低於 1.0 時，HOCl 會依式 4-110 向左移動轉變回 $Cl_2$。在 20°C，pH 值約爲 7.5 時和在 0°C，pH 值約 7.8 時，次氯酸根離子 ($OCl^-$) 占優勢。pH 值大於 9 時，幾乎只存在次氯酸根離子。氯以 HOCl 及/或 $OCl^-$ 存在時稱爲自由有效氯 (free available chlorine)。

次氯酸鹽溶解於水中便產生次氯酸根離子：

$$NaOCl \rightleftharpoons Na^+ + OCl^- \quad \textbf{(4-112)}$$

$$Ca(OCl)_2 \rightleftharpoons Ca^{2+} + 2OCl^- \quad \textbf{(4-113)}$$

次氯酸根離子與氫離子平衡的建立依式 4-111，同樣地決定於 pH 值。如此，相同的反應氯化合物及平衡在水中產生，不管是使用元素氯或次氯酸。不同的是最終 pH 值及 HOCl 和 $OCl^-$ 的相對比例。元素氯傾向於降低 pH 值；每 mg/L 的氯會降低 1.4 mg/L as $CaCO_3$ 的鹼度。次氯酸鹽則因含有多餘的鹼度可維持其穩定度，故傾向提高 pH 值。我們希望維持 pH 值在 6.5 至 7.5 之間，以獲得最佳消毒效果。

## 氯消毒行為

氯消毒牽涉一系列複雜事件，且受氯反應物質 (包括氮) 的種類及反應程度、溫度、pH 值，試驗生物忍受度及各種其他因子的影響。這些因子使氯對細菌及其他微生物的作用模式變得複雜化。多年來，一些理論已經獲得進展。早期的理論爲氯直接與水反應產生氧源，另一種說法是氯能將微生物完全氧化分解。這些理論都已被否定，因爲在加氯的水中發現低濃度的次氯酸能殺死細菌，而其他的氧化劑 (如雙氧水及過錳酸鉀) 在相同狀況下失效。稍後的理論提出氯會與細胞的蛋白質與胺基酸反應，以致改變和永久地毀滅細胞原生質。近來，氯與細菌的反應被認定是物理化學作用，至於細菌、孢子、胞囊、病毒的抗藥性變化及變異種的產生等現象仍有待研究。

消毒劑的殺菌效率遵守 *CT* 理論，即溶液中消毒劑濃度 (*C*) 與殺菌時間 (*T*) 的乘積爲一常數。*CT* 普遍使用於地表水處理規定 (Surface Water Treatment Rule, SWTR) 中，作爲胞囊與病毒消毒指標。*CT* 是一種定義生物失去活動力情形的經驗公式：

$$CT = 0.9847C^{0.1758}\text{pH}^{2.7519}\text{temp}^{-0.1467} \qquad \textbf{(4-114)}$$

其中，$C$ ＝消毒劑濃度

$T$ ＝微生物及消毒劑的接觸時間

$\text{pH} = -\log\,[H^+]$

temp ＝溫度，°C

式 4-114 表示當自由氯濃度，pH 值及水溫爲已知時，自由氯使**梨形蟲胞囊** (giardia cysts) 減少比例對數値爲 3-log 時，所需要的濃度及時間 (*CT*)。

表 4-20 顯示依 SWTR 法採用自由氯的情況下，決定所需 *CT* 値的例子。美國環保署使用經驗數據及安全係數來製成此表，因此表中的數字與式 4-114 並不完全符合。對於以混凝程序處理之水廠而言，通常梨形蟲胞囊的去除率都要求達到對數値 5-log，至於未處理地表水，則需達到 3-log。

另一個需要使之失去活性的致病菌爲**隱孢子蟲** (Cryptosporidium)。**隱孢子蟲**不會因爲氯失去活性，需以臭氧或 UV 光處理，此二程序將在之後討論說明。

水工業中，**對數去除率** (log removal) 常用以表示失去活性或達到物理性移除的程度，但這並不表示物理性顆粒的移除爲對數程序。對數去除率，由於可利用對數去除數學公式得到，較以某一時間點爲計算基礎的百分比去除率，更具應用性。對數移除率 (LR) 可以下式計算：

$$\text{LR} = \log\left(\frac{\text{進流濃度}}{\text{出流濃度}}\right) \qquad \textbf{(4-115)}$$

在各對數去除率已知的條件下，可利用平均進流及出流濃度，計算對數去除

表 4-20　在 10°C 下，自由氯使梨形蟲胞囊去活性所需的 CT(mg/L · min) 值

| 氯濃度 | pH = 6.0 | | | | | | pH = 7.0 | | | | | | pH = 8.0 | | | | | | pH = 9.0 | | | | | |
|---|---|---|---|---|---|---|---|---|---|---|---|---|---|---|---|---|---|---|---|---|---|---|---|---|
| | Log inactivations | | | | | | Log inactivations | | | | | | Log inactivations | | | | | | Log inactivations | | | | | |
| (mg/L) | 0.5 | 1.0 | 1.5 | 2.0 | 2.5 | 3.0 | 0.5 | 1.0 | 1.5 | 2.0 | 2.5 | 3.0 | 0.5 | 1.0 | 1.5 | 2.0 | 2.5 | 3.0 | 0.5 | 1.0 | 1.5 | 2.0 | 2.5 | 3.0 |
| ≤ 0.4 | 12 | 24 | 37 | 49 | 61 | 73 | 17 | 35 | 52 | 69 | 87 | 104 | 25 | 50 | 75 | 99 | 124 | 149 | 35 | 70 | 105 | 139 | 174 | 209 |
| 0.6 | 13 | 25 | 38 | 50 | 63 | 75 | 18 | 36 | 54 | 71 | 89 | 107 | 26 | 51 | 77 | 102 | 128 | 153 | 36 | 73 | 109 | 145 | 182 | 218 |
| 0.8 | 13 | 26 | 39 | 52 | 65 | 78 | 18 | 37 | 55 | 73 | 92 | 110 | 26 | 53 | 79 | 105 | 132 | 158 | 38 | 75 | 113 | 151 | 188 | 226 |
| 1 | 13 | 26 | 40 | 53 | 66 | 79 | 19 | 37 | 56 | 75 | 93 | 112 | 27 | 54 | 81 | 108 | 135 | 162 | 39 | 78 | 117 | 156 | 195 | 234 |
| 1.2 | 13 | 27 | 40 | 53 | 67 | 80 | 19 | 38 | 57 | 76 | 95 | 114 | 28 | 55 | 83 | 111 | 138 | 166 | 40 | 80 | 120 | 160 | 200 | 240 |
| 1.4 | 14 | 27 | 41 | 55 | 68 | 82 | 19 | 39 | 58 | 77 | 97 | 116 | 28 | 57 | 85 | 113 | 142 | 170 | 41 | 82 | 124 | 165 | 206 | 247 |
| 1.6 | 14 | 28 | 42 | 55 | 69 | 83 | 20 | 40 | 60 | 79 | 99 | 119 | 29 | 58 | 87 | 116 | 145 | 174 | 42 | 84 | 127 | 169 | 211 | 253 |
| 1.8 | 14 | 29 | 43 | 57 | 72 | 86 | 20 | 41 | 61 | 81 | 102 | 122 | 30 | 60 | 90 | 119 | 149 | 179 | 43 | 86 | 130 | 173 | 216 | 259 |
| 2 | 15 | 29 | 44 | 58 | 73 | 87 | 21 | 41 | 62 | 83 | 103 | 124 | 30 | 61 | 91 | 121 | 152 | 182 | 44 | 88 | 133 | 177 | 221 | 265 |
| 2.2 | 15 | 30 | 45 | 59 | 74 | 89 | 21 | 42 | 64 | 85 | 106 | 127 | 31 | 62 | 93 | 124 | 155 | 186 | 45 | 90 | 136 | 181 | 226 | 271 |
| 2.4 | 15 | 30 | 45 | 60 | 75 | 90 | 22 | 43 | 65 | 86 | 108 | 129 | 32 | 63 | 95 | 127 | 158 | 190 | 46 | 92 | 138 | 184 | 230 | 276 |
| 2.6 | 15 | 31 | 46 | 61 | 77 | 92 | 22 | 44 | 66 | 87 | 109 | 131 | 32 | 65 | 97 | 129 | 162 | 194 | 47 | 94 | 141 | 187 | 234 | 281 |
| 2.8 | 16 | 31 | 47 | 62 | 78 | 93 | 22 | 45 | 67 | 89 | 112 | 134 | 33 | 66 | 99 | 131 | 164 | 197 | 48 | 96 | 144 | 191 | 239 | 287 |
| 3 | 16 | 32 | 48 | 63 | 79 | 95 | 23 | 46 | 69 | 91 | 114 | 137 | 34 | 67 | 101 | 134 | 168 | 201 | 49 | 97 | 146 | 195 | 243 | 292 |

(資料來源：U.S. EPA, 1991)

率。而百分比去除率與對數去除率或去活性的關係如下：

$$去除率\ \% = 100 - \frac{100}{10^{LR}} \tag{4-116}$$

---

**例題 4-29**　一城市量測水廠的原水及處理水中的好氧孢子濃度，以作爲處理效能指標。供水系統中常出現孢子，可作爲水廠去除**隱孢子蟲**的指標。城市資料如下，

| | (孢子數/公升) | |
|---|---|---|
| 星期 | 原水 | 處理水 |
| 星期日 | 200,000 | 16 |
| 星期一 | 145,000 | 4 |
| 星期二 | 170,000 | 2 |
| 星期三 | 150,000 | 8 |
| 星期四 | 170,000 | 10 |
| 星期五 | 180,000 | 2 |
| 星期六 | 180,000 | 3 |

計算對數去除率，並轉換爲百分比去除率。

**解**：對數去除率，可由原水及處理水的濃度，代入式 4-115 計算得知。原水平均濃度爲 170,714 spores/L，處理水平均濃度爲 6.43，因此：

$$LR = \log\left(\frac{170{,}714}{6.43}\right) = 4.42$$

百分比去除率則爲

$$去除率\ \% = 100 - \frac{100}{10^{4.42}} = 99.996$$

---

## 氯/氨反應

氯與氨的反應在水的氯化作用過程中很重要。當氯消毒劑加入含有氨 (氨與銨離子達成平衡的狀態) 的天然或人造水溶液中，氨會與 HOCl 反應，形成**氯胺化合物** (chloramines) 且如 HOCl 一樣具有氯的氧化力。氯與氨的反應如下 (AWWA, 1971)：

$$NH_3 + HOCl \rightleftharpoons NH_2Cl + H_2O \tag{4-117}$$

一氯胺

$$NH_2Cl + HOCl \rightleftharpoons NHCl_2 + H_2O \tag{4-118}$$

二氯胺

$$NHCl_2 + HOCl \rightleftharpoons NCl_3 + H_2O \tag{4-119}$$

三氯胺

反應產物的形式由一氯胺及二氯胺的形成速率來決定。該速率與 pH、溫度、時間及初期 $Cl_2$：$NH_3$ 比率有關。一般在高 $Cl_2$：$NH_3$ 比率、低溫、低 pH 值下容易形成二氯胺。

氯也會與有機氮如蛋白質、胺基酸等反應形成有機氯胺化合物。氯與氨或有機氮化合物結合，在水中形成的氯化合物稱爲**結合有效氯** (combined available chlorine)。

自由氯溶液的氧化能力隨 pH 而變，此因 HOCl：$OCl^-$ 比率改變所致，同樣地，氯胺溶液的氧化能力也隨 $NHCl_2$：$NH_2Cl$ 的比率而變。在高 pH 值下，溶液中含較多的一氯胺。氯胺的殺菌力遠低於自由有效氯，即氯胺比自由有效氯的活性小。

## 水氯化實務

**沿革** 早期的水氯化實務 (又稱 "plain chlorination", "simple chlorination" 及 "marginal chlorination") 是爲了消毒殺菌的目的。隨後，氯-氨處理很快被採用，防止因加氯消毒所產生不好的味道及臭味，接著 "超級氯化" (super-chlorination) 被發展出來用以除去含氯的有機物質，由於 "折點加氯" (breakpoint chlorination) 的使用及於氯可以兩種不同型態存在的認知，近來水氯化方式是採用以下兩種之一：結合餘氯或自由餘氯。

**結合餘氯** 結合餘氯的方法包括加氯入水中，以與天然或人工產生的氨結合形成效的餘氯，並使該餘氯持續存在於水處理廠配水系統管線中。結合有效餘氯氧化能力較自由有效氯弱，且也較沒有消毒力。事實上，在相同的 pH 值、溫度及接觸時間下，約 25 倍的結合餘氯才能得到與自由餘氯相同的殺菌量 (以 *S. typhosa*) 爲準。在相同的狀況及用量下，結合餘氯所需接觸時間爲自由餘氯的 100 倍時，才能有相同的殺菌量。

應用有效餘氯於水中時，水本身的特性決定其成效：

1. 如果水中含有足夠的氨以供形成結合有效餘氯，則只加氯於水中即可。
2. 如果水中含很少或不含氨，則必須同時加入氯和氨。
3. 如果水中存在自由有效餘氯，加入氨會使其轉變爲結合有效餘氯。結合有效餘氯應包含很少或不含自由有效氯。

結合有效餘氯特別能應用在過濾以後 (後處理) 以控制藻類及細菌成長，且提供並維持從水處理系統到使用端點的穩定餘氯量。

雖然結合餘氯不是很好的消毒劑。它有比自由餘氯消耗慢的優點，故能在配水系統中持續較長時間的消毒能力。因此，它可以做主要污染物的指標，故水廠人員必須定期檢測配水系統中的氯含量。有效氯 (自由的或結合的) 的存在代表重大污染產生，如果主要污染產生，結合餘氯會緩慢地消耗掉，這種消耗現象正是警告我們污染已經產生。

由於氯胺非強氧化劑，不會與水中有機物反應形成含氯碳氫化合物，具有降低消毒副產物 (disinfection by-products, DBPs) 形成的優點。一個普受歡迎的消毒策略，是於水中加入達到梨形蟲胞囊及病毒之 CT 值的氯量，然後加入氨，以形成氯胺，藉以停止或減低 DBP 的形成。

因爲結合餘氯消毒能力較差，其常用在自由餘氯之前，以確保飲用水的安全。

**自由餘氯**　自由餘氯方法包括將氯加入水中，以直接或間接 (經由氨的去除) 方式，而產生自由有效餘氯，並維持該餘氯量於水處理廠或配水系統中。自由有效餘氯型式比結合有效餘氯有較高的氧化勢能，故具較有效的氧化能力。甚且如前所提，其爲最有效的消毒劑。

使用自由有效餘氯時，水的特性決定其成效：

1. 如果水中不含氨 (或其他含氮物質)，加入氯會產生自由餘氯。
2. 若水中含氨，則需加入過量的氯去除結合有效餘氯，之後再形成自由有效餘氯。

當 $Cl_2$：$NH_3$ (以氮表示) 莫耳濃度比高至於 1：1 (質量比 5：1) 時，一氯

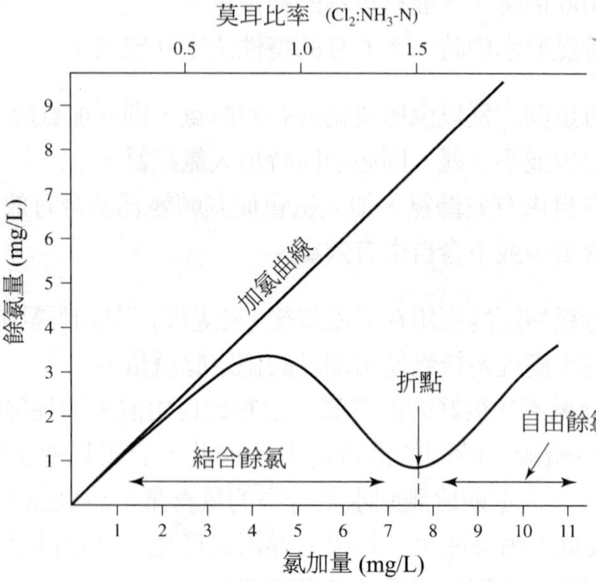


**圖 4-47** 折點加氯 (資料來源：AWWA, 1969.)。

胺及二氯胺會形成。兩者的含量隨 pH 值及其他因數而變，在含有相等莫耳濃度氯與氨的情況下產生殘餘氯胺會達到最大值。增加 $Cl_2$：$NH_3$ 比率會使氨氧化及氯的還原，這種氧化反應在二莫耳的氯加入一莫耳的氨時便會完全，要達到這樣的完全反應必須給予足夠反應時間，殘留氯胺量在 $Cl_2$：$NH_3$ 莫耳比約為 2：1 時減到最小值，即折點 (the breakpoint)，在此點，氧化/還原反應基本上已完成。再加更多的氯將產生自由餘氯，如圖 4-47 所示。

## 二氧化氯

另一種很強的氧化劑是二氧化氯。二氧化氯 ($ClO_2$) 係現場加入方式氯及氯化鈉而形成的。二氧化氯通常用於初期消毒，鈍化細菌及胞囊的活性，配合氯胺使用在配水系統的消毒。二氧化氯並不能夠在配水系統中維持長時間的餘氯量。但二氧化氯有個好處是不像氯會與水中的先驅物質形成 DBPs。

當二氧化氯與水反應時會形成兩種副產物，亞氯酸鹽及氯酸鹽。這些副產物牽涉到人體的健康風險，因此有很多州的立法機構，限定二氧化氯的使用量不得超過 1.0 mg/L。在許多情況下，這樣的限值可能無法提供足夠的消毒力。二氧化氯的使用也曾造成一些社區自來水的問題。因健康的觀點，臭味的產生及相當高的成本等因素限制二氧化氯的使用。然而，很多設施已成功地應用二氧化氯爲初期消毒劑。

## 臭　氧

臭氧是一種具辛味，不穩定的氣體，其形成係三個原子氧結合成的 $O_3$ 分子。因其不穩定性，通常是在使用的地點現場製造出來。臭氧產生器是一種放電電極裝置。爲減少該設備的腐蝕，空氣要先乾燥後再進入臭氧產生器。產生器包含兩片電極板或一條電線和管子，裡面的電壓高達 15,000 到 20,000 伏特。空氣中的氧因放電電極上電子的撞擊而解離。然後，原子氧再與空氣中的氧結合形成臭氧：

$$O + O_2 \rightarrow O_3 \qquad \textbf{(4-120)}$$

從產生器出來的空氣約有 0.5 到 1.0% 的體積是臭氧，這樣的臭氧-空氣混合物便被打入水中進行消毒工作。

臭氧在歐洲普遍使用於飲用水處理，在美國也逐漸流行。它是一種很強的氧化劑，甚至比次氯酸還強。它被報導爲比氯更能有效殺死病毒及胞囊。表 4-21 是臭氧、二氧化氯及氯胺達到使**梨形蟲胞囊**有 3-log 去活性 (即 99.90% 殺除率)，而隱孢子蟲有 2-log 去活性所需的 *CT* 值。從表 4-21 與表 4-20 的 *CT* 值相比較，可看出臭氧的氧化強度。(同時可看出氯胺具很弱的消毒能力)。

除了是強氧化劑，臭氧也具不會形成 THMs 或任何含氯 DBPs 的優點。如同二氧化氯，臭氧不會長久存在於水中，幾分鐘內就回復成氧氣。因此，典型的流程是加臭氧於原水或在沉澱池與過濾池之間，作爲初級消毒，接著再於過濾池後加入氯胺作爲配水系統的消毒劑。

## 紫外線照射

光線幾乎對所有的生命體都是重要的，我們只能“看見”極少部份光的顏色。紫外光範圍落在彩虹的紫色光之後，表 4-22 界定光化學中光譜的範圍。

波長大於 1000 奈米 (nm) 的光子，由於其能量太小，當被吸收時，無法引發化學改變，而波長小於 100 nm 的光子，其含有大量的能量，具有輻射

**表 4-21 梨形蟲胞囊與隱孢子蟲去活性的 CT 值**

| 溫度 (°C) | 二氧化氯 | 臭氧 | 氯胺 |
|---|---|---|---|
| 梨形蟲胞囊* 3-log 去活性 | | | |
| 0.5 | 63 | 2.9 | 3,800 |
| 5 | 26 | 1.9 | 2,288 |
| 10 | 23 | 1.43 | 1,850 |
| 15 | 19 | 0.95 | 1,500 |
| 20 | 15 | 0.72 | 1,100 |
| 25 | 11 | 0.48 | 750 |
| 隱孢子蟲† 2-log 去活性 | | | |
| 0.5 | 1,275 | 48 | N/A |
| 5 | 858 | 32 | N/A |
| 10 | 553 | 20 | N/A |
| 15 | 357 | 12 | N/A |
| 20 | 232 | 7.8 | N/A |
| 25 | 150 | 4.9 | N/A |

資料來源：*U.S EPA, 1991

† U.S. Environmental Protection Agency, National Primary Drinking Water Regulations: Long Term 2 Enhanced Surface Water Treatment Rule.

**表 4-22 光化學中光譜的波長範圍**

| 範圍名稱 | 光波長範圍 (nm) |
|---|---|
| 近紅外線 | 700–1,000 |
| 可見光 | 400–700 |
| 紫外光 | |
| UVA | 315–400 |
| UVB | 280–315 |
| UVC | 200–280 |
| 真空紫外線 (VUV) | 100–200 |

化學之離子化及破壞分子的特性。

除了某些光合成菌外，極少的光化學反應會發生於近紅外線範圍。綠色植物與藻類，則能在可見光範圍內，完整的進行光合作用，而大部份的光化學研究，落於紫外光範圍。根據人類肌膚對紫外光的敏感性，紫外光可分爲三類。UVA 會導致皮膚變成褐色，UVB 會使肌膚灼傷，並促使皮膚癌發生，UVC 由於能被蛋白質吸收並導致細胞突變或細胞死亡，對皮膚有嚴重的危害。

在歐洲，紫外光已廣泛的被應用於水及廢水的消毒上，且在美國的應用，也日趨普遍。紫外光藉由破壞細胞中的基因物質，使細胞無法再生，而達到消毒的作用。細胞中的基因物質稱爲 DNA，可吸收紫外光範圍的光，主要以 200 到 300 nm 爲主 (DNA 之 UV光最大吸收波長爲 253.7 nm)，當 DNA 吸收過多的 UV 光，將會被破壞且無法修復。破壞 DNA 所需要的光能量，小於實際破壞細胞的光能量，一旦微生物無法再生，便無法造成傳染，此二者的影響相同。

UV 光所導致微生物的去活性，與 UV 光劑量有關，此概念與其他常見消毒方法，包括氯及臭氧所使用的 $CT$ 值相似。平均 UV 光劑量可以下式計算：

$$D = It \tag{4-121}$$

其中，$D$ ＝UV 光劑量

$I$ ＝平均光強度，$mW/cm^2$

$t$ ＝平均曝露時間，s

存活比例可以下式計算：

$$\text{存活比例} = \log\left(\frac{N}{N_0}\right) \tag{4-122}$$

其中，$N$ ＝去活性之後的微生物濃度

$N_0$ ＝去活性之前的微生物濃度

UV 光劑量的方程式指出，劑量與曝露時間直接成正比，因此與系統流量成反比。UV 光強度 ($I$) 與 UV 光在水中的穿透、UV 光反應器幾何形狀，及燈管的老化及積垢有關。UV 光強度可由數學模式估算，並可由生物試驗驗證，曝露時間，則可由 UV 光反應器水力特徵及流況估算。

影響 UV 光消毒系統效能的主要因子爲進流水質，顆粒、濁度及懸浮固體物，可遮蔽致病菌遠離 UV 光，或散射 UV 光以避免光到達目標微生物，因此其將降低以 UV 光作爲消毒劑的效率。部份有機物及無機物 (如鐵及高錳酸鹽) 由於會吸收 UV 光能，降低 UV 光穿透度，此時必須提高 UV 光強度，以達到相同的光劑量。因此，一般建議 UV 光系統需設置在過濾單元下游，如此在 UV 上游，可達到顆粒、有機物及無機物最大的去除量。

水中濁度及 UV 光穿透度，通常作爲 UV 光設施程序控制之用，水樣的

**表 4-23　隱孢子蟲、梨形蟲胞囊及病毒所需 UV 光劑量**

| 對數效率 | 隱孢子蟲 UV 光劑量 (mJ/cm$^2$) | 梨形蟲胞囊 UV 光劑量 (mJ/cm$^2$) | 病毒 UV 光劑量 (mJ/cm$^2$) |
|---|---|---|---|
| 0.5 | 1.6 | 1.5 | 39 |
| 1.0 | 2.5 | 2.1 | 58 |
| 1.5 | 3.9 | 3.0 | 79 |
| 2.0 | 5.8 | 5.2 | 100 |
| 2.5 | 8.5 | 7.7 | 121 |
| 3.0 | 12 | 11 | 143 |
| 3.5 | 15 | 15 | 163 |
| 4.0 | 22 | 22 | 186 |

UV光穿透百分比，可於用 UV 分光光度計，在波長設定為 253.7 nm 時，量測通過一公分厚的水樣得知。水的 UV 光穿透度，與相同波長時之 UV 吸收度 ($A$) 有關：

$$穿透百分比 = 100 \times 10^{-A} \quad \textbf{(4-123)}$$

例如，水樣的 UV 光吸收度為每公分 0.22，相當於水穿透百分比為 95 (亦即是距 UV 燈管 1 公分處，有 95% 燈管輸出光通過)。同樣的，UV 吸收度為每公分 0.046，相當於 90% UV 穿透度。

UV 光被發現在隱孢子蟲、梨形蟲胞囊及病毒的消毒上，具有非常好的效果，美國環保署已建立 UV 光劑量需求，如表 4-23 所列。

雖然達到隱孢子蟲 2-log 去活性的光劑量為 5.8 mJ/cm$^2$，但基於額外的安全考量，許多設計工程師使用光劑量為 20 到 40 mJ/cm$^2$。

UV 電磁能量可由電源發射出的電子流，通過燈管中離子化汞蒸氣所生成，許多製造商發展出將燈管排列於導管或渠道中的系統，提供 UV 光在殺菌的範圍，作為細菌、病毒，及其他微生物去活性之用。UV 光燈管與家用的螢光燈管相似，差異在於螢光燈管塗佈磷，將 UV 光轉化為可見光。電子或電磁穩壓器 (或變壓器) 可控制 UV 光燈管的功率，電子穩壓器具有降低燈管操作溫度、高效能及壽命長之優勢。

低壓及中壓汞蒸氣燈皆能作為消毒之用，低壓燈最大輸出能量落在波長為 253.7 nm 處，中壓燈的輸出波長則介於 180 至 1370 nm 間。中壓燈的強度高於低壓燈。因此，只需少量的中壓燈即可達到相同光劑量。雖然就微生物的去活性而言，二種燈管作用相同，但低壓 UV 燈通常建議用於小系統，因為使用多支低壓燈相較於單一中壓燈，具有較佳的可信度，且在清洗階段可提供足夠的操作效果。

大多數傳統的 UV 光反應器分爲兩種形式，稱爲密閉式導管與開放式渠道。基於下列理由，密閉式導管較適用於飲用水系統 (U.S. EPA, 1996)：

- 較小的體積
- 最小化之空氣傳播物質的污染
- 最小量之 UV 光的個人曝露
- 安裝簡易之模組設計

圖 4-48 爲常見的密閉式 UV 光反應器。

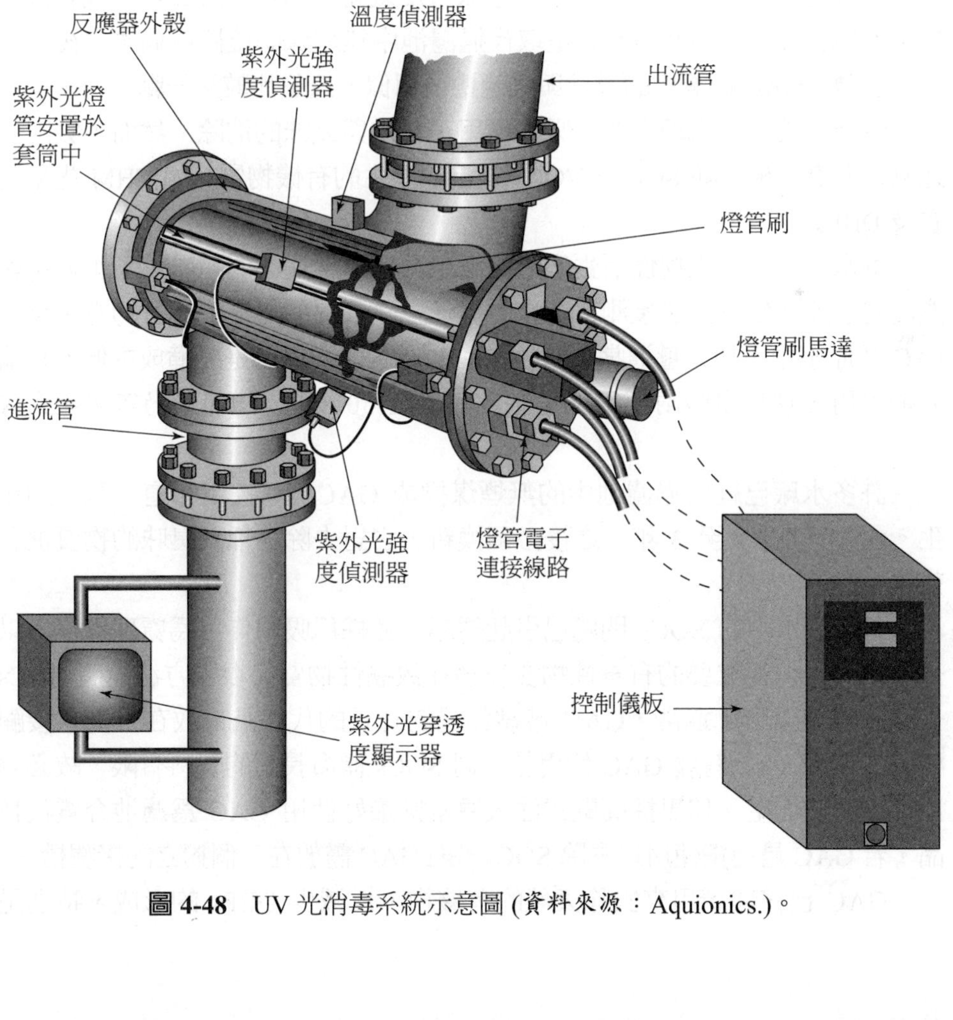


**圖 4-48**　UV 光消毒系統示意圖 (資料來源：Aquionics.)。

### 高級氧化程序 (AOPs)

AOPs 是消毒劑的組合，以產生氫氧自由基 (OH · )。氫氧自由基是無選擇性的強反應劑，可以分解很多有機物質。最有用的 AOP 程序是臭氧加雙氧水。

## 4-8 吸 附

吸附是一種質量運送過程，物質從液相傳到一個固體表面，藉由物理或化學力量與其結合。

一般水處理的吸附劑是活性碳，有粒狀 (GAC) 或粉狀 (PAC)。PAC 是以泥漿方式送入原水中，用以去除引起味道及氣味的物質，或去除合成有機物質 (SOCs)。GAC 的使用方式是取代過濾池中無煙煤的位置或過濾池後另加一接觸槽。GAC 接觸槽的設計與過濾槽很相似，只是比較深一點。

現今，美國水處理主要的吸附應用在味道與氣味的消除。然而，吸附已逐漸被考慮用來去除 SOCs、VOCs 及自然產生的有機物質，如 THM 先驅物質及 DBPs。

供水系統中，生物性衍生出來的泥土霉味是普遍的問題。其產生週期與濃度隨季節而變且無法預測。前文曾提及，除去這些物質最流行的方法是加 PAC 於原水中，加入量通常小於 10 mg/L。PAC 的優點是設備成本低，且隨要隨可用，缺點是吸附作用不完全，有時在 50 mg/L 的加量仍無法達到效果。

許多水廠已經將過濾池中的無煙煤換成 GAC，以控制味道及氣味的產生。GAC 可用 1 至 3 年，之後必須換新，它對去除各種具臭味的物質很有效果。

有關飲水中的 SOCs 問題已引起興趣，並採用吸附作用為處理過程，以去除雖微量但很重要的有毒性物質及潛在致癌性物質。很少方法能將 SOCs 去除到限值以下。通常，GAC 被當作過濾介質的代替品或放在一獨立接觸槽以去除 SOCs，有關 GAC 使用於不同 SOCs 壽命長短的資料有限，故必須依實際情形而定。如果採間歇式注入原水則最好使用 GAC 為濾池介質代替品，若 GAC 是連續使用以去除 SOCs，則 GAC 需放在一個獨立的接觸槽。

GAC 已被建議用來去除天然的有機物，以減少 DBPs 的形成，特別是

THMs。試驗結果顯示 GAC 能夠去除這些有機物。由於傳統的濾床深度並不適合 GAC 柱床設計，因此 GAC 必須以一個分離的接觸槽系統操作。GAC 典型的操作時間可維持 90 至 120 天，直到失去吸附容量爲止。基於其使用壽命較短，GAC 需要在高溫爐中以焚燒的方式再生，再生程序可於現場或送回製造者處進行。

GAC 亦被考量用來去除 THMs。然而，其吸附容量將非常有限，操作時間僅能維持至 30 天左右。故實務上並不考慮用 GAC 來去除 THMs。

## ▲4-9　薄　膜

薄膜是一薄層材料，當提供驅動力穿透薄膜時，能根據物質的物理或化學特性，將物質分離。在水處理中，驅動力由高壓馬達提供，而薄膜型式則依所欲去除之成份作爲選擇依據。

在薄膜程序中，如圖 4-49 所示，飼水被分爲兩股水，分別爲濃縮液或稱廢液，以及滲出液或稱產水。薄膜爲每一個薄膜程序的核心，可視爲進流及產水之間，不允許某污染物質通過的屏障，如圖 4-50 所示。一已知薄膜的效能或效率，是由其選擇性與流入水流來決定。效率是被稱爲通量 (flux)，其定義爲單位時間單位面積通過薄膜的水量體積，$m^3/m^2 \cdot s$。薄膜對於一混合液的選擇性，可以其截留率 ($R$) 表示如下：

$$R = \frac{c_p - c_f}{c_p} \times 100\% \qquad \textbf{(4-124)}$$

其中，$c_f$ ＝進流污染物濃度

$c_p$ ＝滲出液污染物濃度

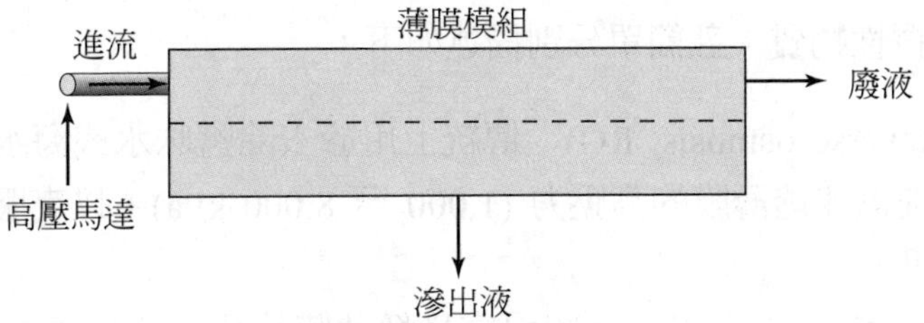


**圖 4-49**　薄膜程序示意圖。

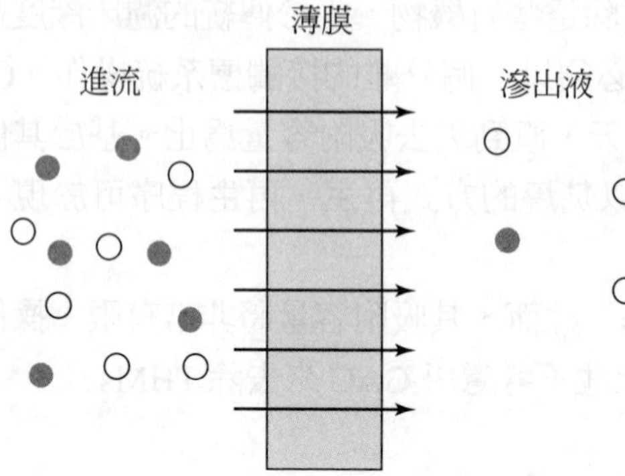


**圖 4-50** 薄膜分離污染物示意圖。

*R* 值介於 100% (完全截留) 至 0% (無截留) 之間。

薄膜技術愈來愈受到歡迎，可以作爲飲用水的替代處理技術。由於對更嚴格水質法規的期待，合適水源取得的困難以及對水再利用的強調，促使薄膜程序應用於水處理更受到重視，若薄膜技術能再進步，且設置、操作和維護成本，能持續降低，將使得薄膜處理技術的應用，獲得進一步的認同。

薄膜可根據不同的準據加以描述：

- 薄膜孔隙大小
- 分子量截留 (molecular weight cutoff, MWCO)
- 薄膜材質及形狀
- 去除之目標物質
- 進水水質種類，及/或
- 處理水質

根據上述準據，薄膜程序可寬廣地分爲壓力驅動及電力驅動兩類程序，這裡僅就壓力驅動薄膜程序加以討論。圖 4-51 彙整不同壓力驅動薄膜程序及其可去除的選擇性物質。茲簡單分別描述如下：

- *逆滲透* (Reverse osmosis, RO)　傳統上用於去除鹽味水或海水中的鹽份，其依據所提供穿透薄膜的高壓力 (1,000 至 8,000 kPa)，以克服鹽水及產水間的滲透壓。
- *奈濾* (Nano-filtration, NF)　此程序又稱薄膜軟化，介於 RO 及超過濾之間。其操作壓力爲 500 至 1,000 kPa，可去除造成硬度的離子，如鈣與鎂，

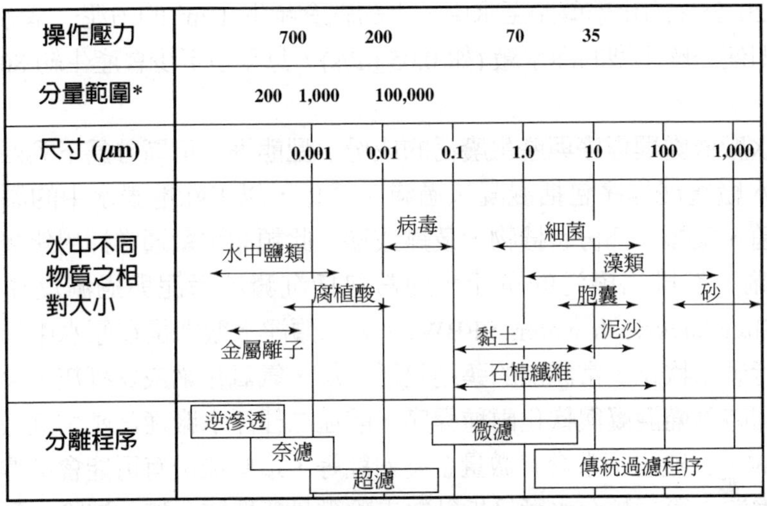


* Dalton 是 psi×7＝kPa，一質量單位等於最輕和最多同位數氧之質量的 1/16。

**圖 4-51** 分離程序比較 (*資料來源*：Jacangelo et al., 1997.)。

亦能有效去除色度及 DBP 前驅物。

- *超濾* (Ultrafiltration, UF) UF 薄膜涵蓋大範圍之分子量截留及孔隙大小，操作壓力範圍爲 70 至 700 kPa。“緊密的” (tight) UF 薄膜 (MWCO＝1,000 daltons) 可去除淡水中的某些有機物，而 “鬆散的” (loose) UF 薄膜 (MWCO > 50,000 daltons, 70 到 200 kPa) 主要用於固/液分離，如顆粒或微生物的去除。
- *微濾* (microfiltation, MF) MF 與鬆散的 UF 薄膜主要的差異在於孔洞大小，MF 的孔洞大小 (＝0.1 μm 或以上)，約爲鬆散的 UF 薄膜的 10 倍，主要應用於顆粒及微生物的移除。

## ▲ 4-10 淨水廠廢污管理

在原水淨化成爲自來水或飲用水的過程中，沉降的化學藥劑與其他雜質自水中分離，而形成所謂的*廢污* (residuals)。對於淨水廠而言，妥善地處理及處置廢污，是一項複雜而且成本高昂的作業。

化學混凝與硬水軟化單元所排出的廢污，含有大量的水分，常被歸類爲污泥，可能含有高達 98% 的水分。例如，20 公斤的化學沉澱固體物，將伴隨 980 公斤的水。假設沉澱物的密度與水相同 (此種假設並非完全適當)，則每加入 20 公斤的化學藥劑至水中，大約就會產生 1 $m^3$ 的污泥。基於以上的假設，即使一座小型的淨水廠 (如 0.05 $m^3/s$)，每年也至少會產生約 800 $m^3$ 的污泥。

淨水廠依處理程序與產生廢污的成份、型態等，可區分爲下列四類。第一類淨水廠處理程序包括混凝、過濾、氧化，以去除地表水中的濁度、色度、細菌、藻類、部份有機物，及鐵或錳。此類淨水廠通常採用鋁鹽或鐵鹽作混凝劑，而排出廢污的單元，通常包括沉澱池污泥與過濾反沖洗廢水 (spent filter backwash water, SFBW)。第二類淨水廠則是在原水中加入鈣或鎂，進行硬水軟化，常添加的藥劑包括石灰、氫氧化鈉或蘇打灰，少部份淨水廠則同時具備混凝與軟化兩種程序。前述二種淨水廠通常產生沉澱池污泥與 SFBW，且廢污中常含有微量金屬如鐳等，這些成份有可能會影響廢污的處理與處置。第三類淨水廠係指針對去除微量無機物，如硝酸鹽、氟化物、鐳及砷等所設計的淨水廠，其常採用的處理程序包括離子交換、薄膜逆滲透、吸附等。此類淨水廠常產生液態廢污或固體廢污，如廢棄的吸附劑等。第四類淨水廠主要是採用氣提方式去除水中的揮發性有機物 (VOCs)，因此將產生廢氣。以上四種淨水廠產生的廢污整理如表 4-24 所示。由於混凝與軟化程序污泥占所有廢污總量的 95%，因此本節後續的討論將以污泥的處理處置爲主。

**表 4-24　淨水廠主要的廢污**

*固/液廢污*

**1.** 鋁污泥
**2.** 鐵污泥
**3.** 高分子聚合物污泥
**4.** 硬水軟化污泥
**5.** SFBW
**6.** 廢棄的顆狀活性碳 (GAC) 或來自碳系統的排水
**7.** 慢砂濾床清洗廢水
**8.** 鐵錳去除單元廢污
**9.** 廢棄的預覆過濾介質

*液態廢污*

**10.** 離子交換再生廢液
**11.** 活性鋁土再生廢液
**12.** 逆滲透濃縮液

*氣態廢污*

**13.** 氣提單元排氣

混凝程序主要是在水中加入可水解的金屬鹽類，或合成的有機性高分子聚合物，以凝聚水中的懸浮固體或溶解性物質，經混凝處理的原水已較潔淨，適合以過濾方式進一步處理。混凝程序中大部份的混凝劑與雜質皆沉入沉澱池底，並成爲污泥的一部份，因此這些沉澱物依原先使用混凝劑的種類不同，而形成鋁污泥、鐵污泥或高分子聚合物污泥。混凝單元產生的污泥約佔淨水廠廢棄物總量的 70%。此外在軟化程序方面，主要使用的藥劑爲石灰與蘇打灰，此一單元產生的污泥量約佔淨水廠廢污量的 25%。綜合以上所述，混凝單元污泥與軟化單元污泥爲淨水廠產生最主要的廢污。

合理的污泥管理計畫對污泥處理處置有下列四點考量：

**1.** 污泥產生量的最小化。
**2.** 自沉澱物中再生化學藥劑。
**3.** 適當處理污泥以減少其體積。
**4.** 污泥最終處置需考量環境安全。

本節後續內容將針對淨水廠污泥來源與產生量進行短暫的討論，再分別就前述四點考量加以說明。

## 污泥產生量與特性

在淨水廠中，污泥通常自下列單元中產生：預沉澱，混凝沉澱，及過濾(主要來自過濾反沖洗水)。以下分別就上述單元的污泥產生情形加以說明。

**預沉澱**　當地表水自水道中抽取時，會夾帶大量懸浮物質，此時可在混凝沉澱之前予以預沉澱處理，以避免在後續單元中累積大量固體物。在預沉澱單元中的沉澱物一般包括有細砂、沉泥、黏土及有機物腐敗分解產物。

**軟化沉澱池**　軟化單元使用的藥劑包括石灰 [$Ca(OH)_2$] 及蘇打灰 ($Na_2CO_3$)，因此其沉澱物中可能含有單一化合物，或爲數種化合物的混合物。依據 4-3 節的討論，軟化程序排出的污泥，主要含有碳酸鈣與氫氧化鎂。

理論上每去除 1 mg/L 的鈣硬度，將產生 1 mg/L 的碳酸鈣污泥；每去除 1 mg/L 的鎂硬度，可產生 0.6 mg 的污泥；而每加入 1 mg/L 的石灰，則另增加 1 mg/L 的污泥。以上的理論污泥產生量可整理成以下的計算式：

$$M_s = 86.4\,Q(2\,CaCH + 2.6\,MgCH + CaNCH + 1.6\,MgNCH + CO_2) \quad \textbf{(4-125)}$$

其中，$M_s$＝污泥產量，kg/d
CaCH＝去除的碳酸鈣硬度，mg/L as $CaCO_3$
MgCH＝去除的碳酸鎂硬度，mg/L as $CaCO_3$
$Q$＝淨水廠處理水量，$m^3/s$
CaNCH＝去除的非碳酸鈣硬度，mg/L as $CaCO_3$
MgNCH＝去除的非碳酸鎂硬度，mg/L as $CaCO_3$
$CO_2$＝加入石灰去除的二氧化碳，mg/L as $CaCO_3$

對於已經軟化處理的地表水而言，上式並不適用於混凝污泥的計算，因爲在此種情形下，產生的污泥其成份以懸浮固體物與添加的混凝藥劑爲主。自沉澱池排出的石灰軟化污泥，其固體物濃度一般介於 2% 至 15%，而 10% 則是最常被採用的數值。

**混凝沉澱池**　鋁鹽及鐵鹽是混凝中常用的化學藥劑 (以上兩種鹽類的化學反應請參見 4-2 節)，大部份淨水廠的混凝程序，pH 值均控制在 6 至 8 之間，在此 pH 值範圍內，加入的鋁鹽將形成不溶解性的氫氧化鋁錯合物，且可能以 $Al(H_2O)_3(OH)_3$ 爲主。當此種氫氧化鋁錯合物形成時，每加入 1 kg 的明礬，將產生 0.44 kg 的化學污泥。至於去除水中單位濁度，產生的污泥量並不多，但對於大部份的原水而言，濁度的去除量與污泥產生量有正比關係。此外對於加入水中的活性碳、高分子聚合物或黏土等化學藥劑，每加入 1 kg 便會產生 1 kg 的污泥。綜合以上所述，明礬混凝程序的污泥產生量可用下式估計：

$$M_s = 86.40\,Q(0.44A + SS + M) \quad \textbf{(4-126)}$$

其中，$M_s$＝產生污泥乾重，kg/d
$Q$＝淨水廠處理量，$m^3/s$
A＝明礬加藥量，mg/L
SS＝原水中懸浮固體物，mg/L
M＝其他添加的化學藥劑，如黏土、高分子聚合物及活性碳等，mg/L

自沉澱池中排出的明礬污泥，其固體物濃度一般為 0.5 至 2%，通常是小於 1%。污泥中有機性固體物比例約為 20 至 40%，其餘則為無機性固體物或沉泥。明礬污泥的 pH 值正常範圍為 5.5 至 7.5，則自沉澱池排出的明礬污泥可能含有大量微生物，但一般不致發出令人不悅的臭味。一般而言，自沉澱池排出的污泥流量約為淨水廠處理量的 0.3 至 1%。

**過濾池反沖洗廢水**　所有淨水廠的過濾單元皆會產生大量但懸浮固體物濃度不高的反沖洗廢水，其體積約為淨水廠處理水量的 2 至 3%。過濾單元反沖洗廢水中所含的固體物質，大致與沉澱池排出的污泥固體物相同；但比較特別的是，由於過濾池有助於生物生長，因此反沖洗水中可能較沉澱池污泥含有更多的有機物質。

**質量平衡分析**　沉澱池的污泥產生量可利用質量平衡方法加以分析，由於沉澱池中沒有反應發生，因此其質量平衡關係可簡化如下式所示：

$$\text{質量累積率} = \text{質量進流率} - \text{質量出流率} \qquad \textbf{(4-127)}$$

上式中的質量進流率可用式 4-125 或 4-126 估算，而質量出流率 (離開沉澱池溢流堰的固體物量) 則必須依據固體物濃度及處理水量，以下式估計：

$$\text{質量出流率} = (\text{固體物濃度，g/m}^3)(\text{處理水量，m}^3\text{/s}) = \text{g/s}$$

---

**例題 4-30**　一座混凝淨水廠處理水量為 0.5 $m^3/s$，明礬加藥量為 23.0 mg/L，未添加其他種類藥劑。原水的懸浮固體物濃度為 37.0 mg/L，出流懸浮固體物濃度為 12.0 mg/L。設污泥濃度為 1.00%，污泥固體物比重為 3.01，試求本廠每日排出的污泥體積。

**解**：沉澱池質量平衡圖如下：

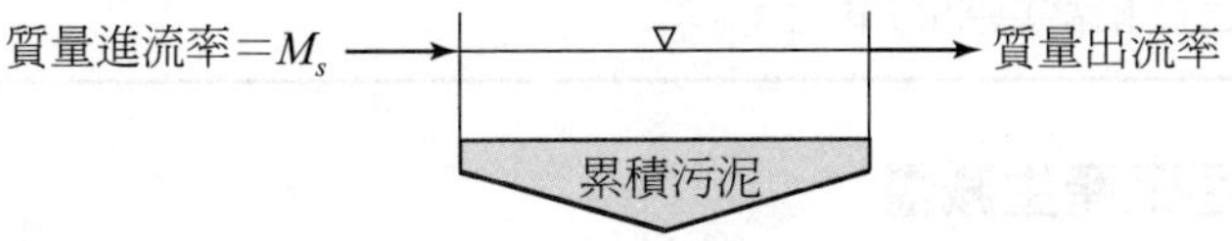


以式 4-126 計算進入沉澱池的污泥固體物量：

$$M_s = 86.40(0.50\ \text{m}^3/\text{s})(0.44(23.0\ \text{mg/L}) + 37.0\ \text{mg/L} + 0)$$
$$= 2{,}035.58\ \text{kg/d}$$

由於 $g/m^3$ 與 mg/L 相等，因此質量出流率可計算如下：

$$\text{質量出流率} = (12.0\ \text{g/m}^3)(0.50\ \text{m}^3/\text{s})(86{,}400\ \text{s/d})(10^{-3}\ \text{kg/g})$$
$$= 518.4\ \text{kg/d}$$

因此累積污泥量可計算如下：

$$\text{累積污泥量} = 2{,}035.58 - 518.4 = 1{,}517.18 \text{ 或 } 1{,}517\ \text{kg/d}$$

由於污泥中固體物乾重僅占 1.00%，因此要估計污泥體積必須先估計污泥中的水分。污泥中的水重 ($W_o$) 可以式 4-4 計算如下：

$$1.00 = \frac{1{,}517}{1{,}517 + W_o}(100)$$
$$W_o = 150{,}183\ \text{kg/d}$$

現依密度定義計算污泥固體物與水分的體積

$$\text{體積} = \frac{\text{質量}}{\text{密度}}$$

$$V_T = \text{固體物體積} + \text{水分體積}$$
$$= \frac{1{,}517\ \text{kg/d}}{(3.01)(1{,}000\ \text{kg/m}^3)} + \frac{150{,}183\ \text{kg/d}}{1{,}000\ \text{kg/m}^3}$$
$$= 0.50 + 150.18 = 150.7\ \text{m}^3/\text{d} \text{ 或 } 150\ \text{m}^3/\text{d}$$

上式中固體物比重為 3.01，而水密度設為 1,000 $kg/m^3$。

經由以上的計算可以發現，污泥固體物僅占其總體積之一小部份，因此脫水程序對淨水廠而言是相當重要的單元。

---

## 為永續性的污泥產生減量

污泥產生之減量有助於降低淨水廠污泥處理與處置的成本，同時可節省淨水廠所耗用的原物料、能源與人力。

針對沉澱污泥中所含的金屬氫氧化物而言，有下列三種方式可以減少其產生量：

**1.** 將淨水廠處理程序改爲直接過濾。
**2.** 改用其他種類混凝劑，尤其是使用在較低劑量即可有效的高分子聚合物。
**3.** 依原水水質變化，時常決定其最佳加藥量，以節省藥劑之使用。

## 污泥處理

淨水廠處理程序中所排出的各種固態與液態廢污，主要是指污泥，須依其最終處置方法的需求，將多餘的水分與固體物分離。換言之，污泥處理的程度，應依其最終處置方法來決定。

在自來水界有一些方法可決定污泥處理方式，圖 4-52 所示爲目前最常見的污泥處理方案，其大致可分爲濃縮、脫水及最終處置等項目。在選擇污泥處理流程組合方案時，最好能先確定可供利用的污泥最終處置方式，及進行最終處置污泥餅所需之固體物濃度。大部份的掩埋場合中，污泥必須是「可處理的」，而污泥運輸的方法與成本，也影響了「怎樣的乾燥才足夠」的

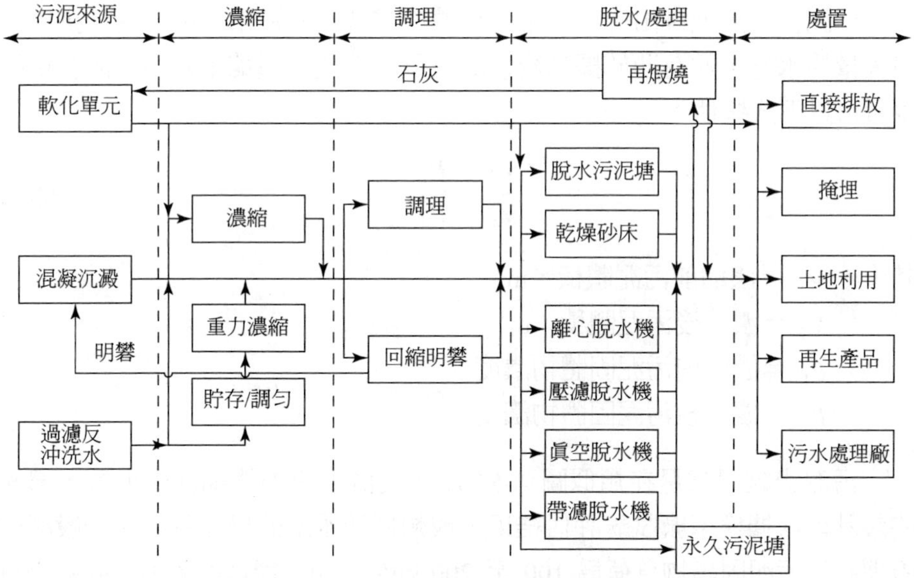


**圖 4-52**　淨水廠污泥處理處置方案。

表 4-25 污泥餅固體物濃度範圍

| | 石灰污泥，% | 混凝污泥，% |
|---|---|---|
| 重力濃縮 | 15–30 | 3–4 |
| 籃式離心脫水機 | | 10–15 |
| 渦轉式離心脫水機 | 55–65 | 20–25 |
| 帶濾脫水機 | | 18–25 |
| 真空脫水機 | 45–65 | n/a |
| 壓濾脫水機 | 55–70 | 30–45 |
| 乾燥砂床 | 50 | 20–25 |
| 貯存污泥塘 | 50–60 | 7–15 |

決定。然而污泥處理的準則並非單純地要求固體物濃度達到某一定值，而應是藉由固體物濃度的提升，使污泥性質適於所選定的處理、運輸及處置方案。

表 4-25 所示為混凝污泥與石灰污泥經各種脫水裝置處理，所能得到的最終污泥固體物濃度。

以下的形容可能有助於了解污泥固體物濃度與其性質之關係。大體上來說，固體物濃度達到 35% 以上的污泥，其形狀類似塊狀奶油；固體物濃度為 15% 的污泥，則類似未硬化的強力膠。

污泥自沉澱池排出後，通常先經濃縮處理。濃縮單元可快速地排出污泥中大量的水分，並有助於提升後續處理單元效能。濃縮單元中污泥體積的減少量可以下式概估：

$$\frac{\mathcal{V}_2}{\mathcal{V}_1}=\frac{P_1}{P_2} \tag{4-128}$$

其中，$\mathcal{V}_1$ ＝濃縮前污泥體積，$m^3$

$\mathcal{V}_2$ ＝濃縮後污泥體積，$m^3$

$P_1$ ＝濃縮前污泥固體物濃度

$P_2$ ＝濃縮後污泥固體物濃度

污泥濃縮通常是在類似圖 4-53 所示的圓形重力濃縮池中進行，濃縮池的設計可依據模型廠試驗評估結果，或類似淨水廠的操作資料。一般濃縮池處理石灰污泥固體物負荷為 100 至 200 $kg/m^2 \cdot d$，處理混凝污泥固體物負荷則為 15 至 25 $kg/m^2 \cdot d$。

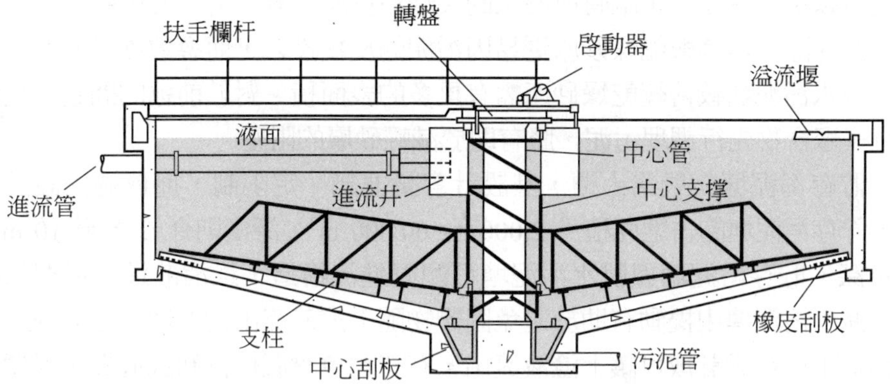


**圖 4-53**　連續進流式重力濃縮池 (Courtesy of Link Belt.)。

污泥經濃縮處理後，接著可用機械或非機械方式加以脫水。非機械式的污泥脫水，主要是將污泥散佈，使其多餘水分自然排乾，污泥中剩餘的水分則利用蒸散方式去除。有時污泥中的自由水分，可透過凍結/凍融的循環加以進一步排除。至於在機械式脫水方面，則有數種不同型式的設備可強迫污泥與水分離。

以下的說明將依序介紹幾種不同的類型非機械式脫水與機械式脫水。

**污泥塘**　污泥塘實際上就是在一個挖掘的坑中傾入污泥，污泥塘可用於污泥貯存或污泥脫水。貯存污泥塘可用於預定時間內貯存污泥與收集固體物。貯存污泥塘一般具有排除上澄液的能力，但並無底部排水設施。貯存污泥塘底部應設有不透水設施，以保護地下水。一旦污泥固體物已充滿整個污泥塘，或排除其上澄液不符合排放標準，則必須將污泥塘廢棄或加以清理。爲加速污泥乾燥，污泥塘的上澄液可用抽水泵排除，並留下溼污泥。混凝污泥以貯存污泥塘處理，其固體物濃度僅達到 7 至 10%。此種乾燥程度的污泥，可以自污泥塘中抽出後另行處理，或任其在污泥塘中蒸發多餘水分；蒸發所需時間，視污泥厚度而定，可能需要花上數年。在前述乾燥的過程中，污泥塘中頂層的污泥，常因乾燥而形成一層硬殼，而阻礙下層污泥水分的蒸發。

脫水污泥塘與貯存污泥塘的主要不同，在於脫水污泥塘底部，具有類似乾燥砂床的砂層與排水系統。脫水污泥塘可依設計需要而產生足夠乾燥度的脫水污泥餅。使用脫水污泥塘的好處是其較乾燥砂床有較大的污泥貯容能，因此可以應付在雨季來臨時所發生的尖峰污泥產生量。另一方面脫水污泥塘的主要缺點，是其較乾燥砂床更易因污泥的反覆投入，而導致砂層的阻塞，因此脫水污泥塘較傳統乾燥砂床需有更多的表面積。對於前述的問題，使用高分子聚合物先行調理污泥，將有助於減輕砂層的阻塞。

貯存污泥塘一般爲土槽，其設計容量並無一定限制，而依過去設計經驗，貯存污泥塘的占地面積爲 2,000 至 60,000 $m^2$，深度則介於 2 至 10 m，或更深。貯存污泥塘與脫水污泥塘可配置進流構造，以消散進流污泥的流速，減少污泥塘中擾動有助於避免固體物隨上澄液流出污泥塘。污泥塘的出流構造主要是設計成可讓上澄液流出，有時也會設置可拆卸式堰板，以便調整排水高度。除非污泥塘使用完畢後將被棄置，否則設計貯存污泥塘一定要考慮最終污泥的移除方式。

設計脫水污泥塘的方法基本上與設計乾燥砂床相同，其間差異在於污泥塘的深度較深，同時每年可投入污泥的次數減少許多。

**乾燥砂床**　乾燥砂床的操作，簡單來說便是將污泥散佈在砂床上，然後任其自然乾燥。起初污泥中的水分應儘量利用排水或澄清方式排除，其餘水分則任其蒸發乾燥，直達到所要求的固體物濃度爲止。在過去最簡單的乾燥床，便是在地面清理出一塊區域，便直接將污泥傾入。目前有的乾燥床已設計成先進的自動化系統。

乾燥床的種類大略可分成以下四類：

1. 傳統矩形乾燥床，四周有圍牆，砂層下依序爲礫石層與排水管線，可排除滲漏的液體，如圖 4-54 所示。此種乾燥砂床設計時可選用機械式污泥刮除設備，或設置屋頂型或溫室型之遮雨棚。
2. 有鋪面的矩形乾燥床，中央設有排水砂帶，鋪面部份內部可選擇設置加熱管線。如同上例，鋪面乾燥床也可選擇加設遮雨棚以防雨水入侵。
3. 設有“網狀濾材”的乾燥床，濾材網線斷面爲倒三角形，有利污泥的排水。此種乾燥床通常在其濾材上先浸沒一層水，再將污泥排入，藉以控制濾餅的形成。此種乾燥床一般以機械方式將污泥移除。
4. 眞空輔助的矩形乾燥床，在濾床中施加一眞空壓力，以加速重力排水。

污泥在乾燥砂床上脫水行爲，受到二種因素的影響：排水與蒸散。以排

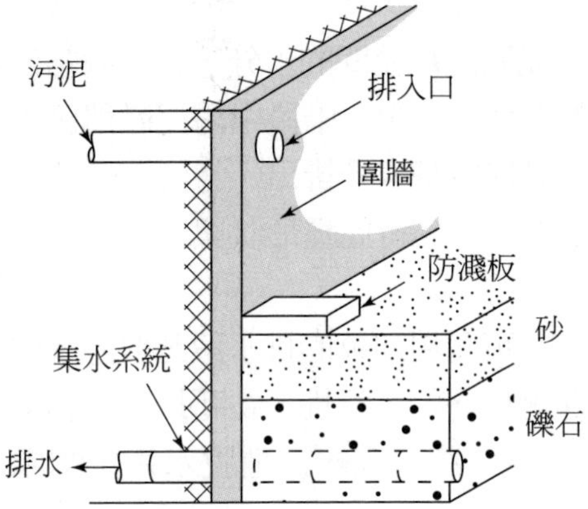


**圖 4-54**　典型污泥乾燥砂床構造 (資料來源：U.S. Environmental Protection Agency, 1979.)。

水方式將污泥中的水分去除，包括了二個步驟。首先水分自污泥中排出，滲入砂層，再進入排水系統。若砂層爲細小顆粒所阻塞，以上的排水程序將會持續數天，直到污泥中所有的自由水分均被排除。如果污泥形成上澄液，可將上澄液排除以達到進一步的排水 (假設濾床設有適當排水設施)；對未龜裂的污泥而言，下雨時污泥表面累積的雨水也可用類似的方法排除。

對於以排水方式無法去除的水分，則必須以蒸散方式去除。對於蒸散作用而言，氣候扮演重要的角色。換言之，設在鳳凰城的乾燥砂床其效率顯然將高於西雅圖的乾燥砂床。例如，大部份中西部偏南地區年蒸發量爲 0.75 m，此種氣候條件下，乾燥砂床的負荷率可達 100 kg/m$^2$・y，相當於一年內可重複約 10 次投入與清除污泥。

自乾燥砂床排出的過濾液可視其水質，加以迴流、處理或直接放流至水道。在決定過濾液的處置方式之前，最好能配合乾燥砂床的模型試驗進行實驗室水質分析。

目前在美國所建造的矩形乾燥砂床，寬度多爲 4 至 20 m，長度多爲 15 至 50 m，周邊設有垂直圍牆。砂層厚度多爲 100 至 230 mm，置於 200 至 460 mm 厚的級配礫石層上。砂層所用的砂有效粒徑通常爲 0.3 至 1.2 mm，均勻係數必須小於 5.0；礫石的有效粒徑則爲 3 至 25 mm。標準的排水管線材質爲釉陶管，塑膠管目前也普遍被接受。排水管的管徑不得小於 100 mm，管與管間距爲 2.2 至 6 m，管線最小坡度爲 1%。由於人工成本日漸升高，新近的乾燥砂床也設計有機械式污泥刮除設備。

**冷凍處理** 透過凍結/凍融反覆循環的物理調理，將可強化污泥在非機械脫水中的脫水性。在凍結/凍融程序中，污泥固體顆粒間的水分，會因凍結而與固體物分離，此種脫水現象分爲兩個階段進行。第一階段中污泥體積因水分子凝結而減少，第二階段固體物在凍結過程中將水分排出。當污泥結凍時，污泥固體物形成容易沉降的大顆粒，並將一直維持此種形狀與尺寸。此種經處理的殘餘污泥適合直接掩埋。

在凍結/凍融程序中產生的上澄液，可利用前述的排水與蒸散方式加以排除。利用模型廠規模試驗可確凍結/凍融程序的可行性，並藉以建立相關設計參數。利用遮雨棚以阻擋雨、雪的入侵，將可大幅此種脫水系統的處理效率。

使用凍結/凍融程序可能的優點包括：

**1.** 對污泥性質與其變化要求不高
**2.** 不需另外進行調理
**3.** 操作維護需求甚低
**4.** 可利用自然氣候 (冬天) 進行處理
**5.** 污泥餅更適於掩埋
**6.** 利用一般性設備即可進行作業

一些利用自然氣候的凍結/凍融過程，已在紐約州設置。奧斯威格郡自來水局 (Metropolitan Water Board of Oswego County, New York) 管轄的淨水廠採用明礬混凝程序，SFBW 首先排入一污泥塘加以澄清。自污泥塘中抽出的濃縮污泥，則泵送至一座特殊的凍結/凍融池，且形成厚度約 450 mm 的污泥層。在污泥結凍之前，污泥中的水分已經因其他原因流失，因此污泥厚度通常不及 300 mm，凍融完成之後，厚度約 300 mm 的污泥層，僅剩下厚度約 75 mm 的乾燥物質。

**離心脫水** 離心脫水是利用離心力加速污泥顆粒與水分的分離。圖 4-55 所示爲典型的離心脫水機，污泥以泵送注入水平的柱狀缽，柱狀缽的轉速約爲 800 至 2,000 rpm，污泥調理用高分子聚合物也同時注入離心脫水機。高速旋轉的離心脫水機中污泥固體物被拋向缽外緣，並用螺旋輸送機刮出。液體部份，或稱爲*離心液* (centrate)，則返送回淨水廠。目前常用的離心脫水機有兩

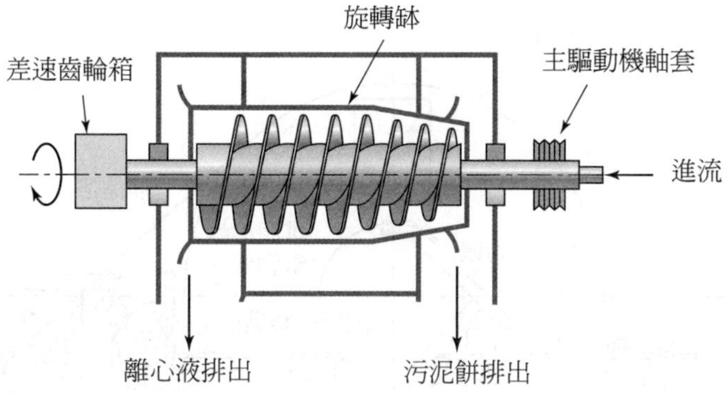


**圖 4-55**　實心缽式離心脫水機 (Courtesy of Bird Machine Company.)。

種型式：一種爲實心缽式，另一種爲籃式。在淨水廠污泥脫水的應用上，實心缽式離心脫水機被證實較籃式離心脫水機更爲成功。離心脫水機對於污泥成份、固體物濃度與高分子聚合物加藥量等因素均十分敏感。

由於石灰軟化污泥含有大量的碳酸鈣成份，因此相對來說以離心脫水機處理也較爲容易。明礬污泥以離心脫水機處理，其脫水污泥固體物濃度約爲 20 至 25%；而石灰污泥經離心脫水機處理後，其固體物濃度可達 50%。

**真空脫水**　如圖 4-56 所示，眞空脫水機主要由一具覆蓋有濾材或濾布的滾桶所構成，滾桶旋轉時部份浸沒於污泥槽中，槽內污泥已先經調理。在滾桶內施加一眞空壓力，可將污泥的水分吸入桶內，並在濾布表面留下一層固體物，或稱爲**濾餅** (filter cake)。當滾桶旋轉一周，一組刮板便將濾餅刮除，以便滾桶展開下一個脫水循環。前述在淨水廠中應用的滾桶式眞空脫水機有兩種基本型式，分別爲**移動濾材型** (traveling medium) 與**預覆濾材型** (precoat medium) 脫水機。移動濾材型脫水機的濾材由織布或不銹鋼線圈製成，脫水過程中會不斷與滾桶分開，並進入脫水機旁的清洗裝置中沖洗，如此可防止污泥槽中的污泥被沖洗水稀釋。另外所謂預覆濾材型脫水機，是在滾桶上預先覆蓋約 50 至 75 mm 厚的惰性材料作爲濾材，滾桶每旋轉一周，則大約會刮去約 0.1 mm 的厚度。

**連續式帶濾脫水機**　帶濾脫水機的操作原理，是利用兩組濾布迴繞於滾輪之間，並產生剪力與壓力，以便將濾布間污泥所含水分擠出。連續式帶濾脫水

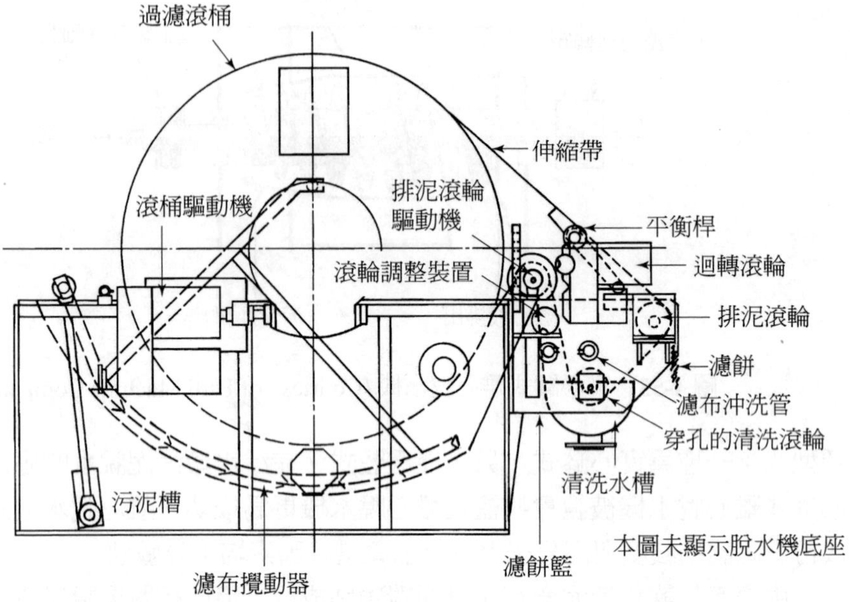


**圖 4-56**　真空脫水機 (Courtesy of Komline-Sanderson Engineering Corporation.)。

機 (continuous belt filter press, CBFP) 有兩組移動濾布可連續脫水，並經過如圖 4-57 所示的一個或數個脫水階段。典型的 CBFP 脫水過程通常包括下列階段：

**1.** 調理區，供移除污泥中可自由排出的水分

**2.** 低壓區，利用上濾布與下濾布將污泥初步過濾，除了去除多餘水分外，也形成形狀較為穩定的污泥氈

**3.** 高壓區，濾布在滾輪間蜿蜒地迴繞，因此產生剪力與壓力機制，使污泥進一步脫水

**板框式壓濾脫水機**　板框式壓濾脫水機的主要元件，為一系列垂直之凹板，每片凹板均覆以濾布以形成濾餅。所有凹板均固定於框架上，脫水機框架主要為兩端的固定座，並以兩支平行的水平桿加以連結。圖 4-58 為濾板斷面示意圖，經調理的污泥泵送入壓濾脫水機，經過注入口逐步進入脫水機各凹板間的濾餅室。當污泥持續注入脫水機，注入點的壓力將逐漸升高，而各濾餅室開始形成污泥餅，而污泥注入量則隨時間而減少。

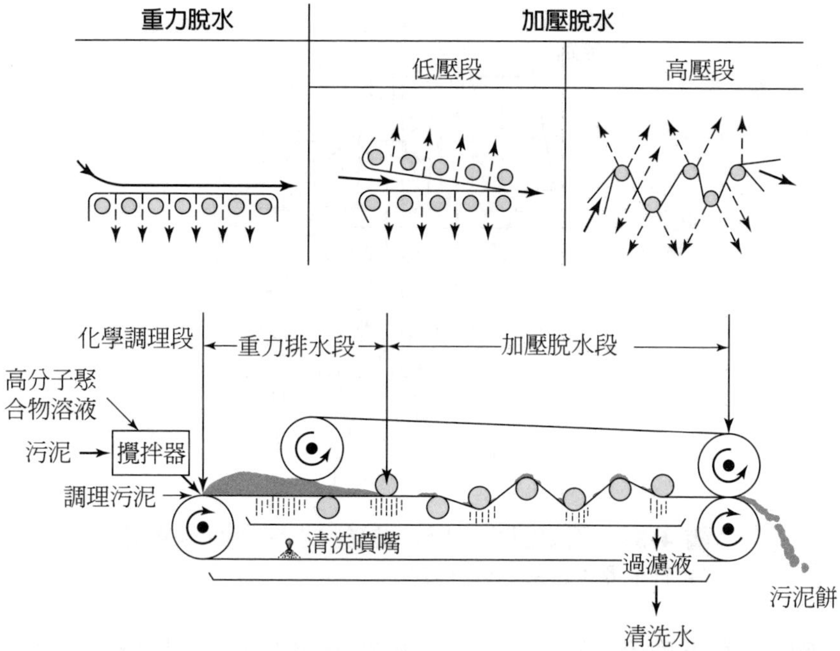


**圖 4-57**　連續式帶濾脫水機 (資料來源：U.S. EPA, 1979.)。

如圖 4-58 所示，壓濾脫水機的脫水循環爲，從將凹板關閉至預定位置開始，污泥注入時間約爲 20 至 30 分鐘，直到脫水機充滿污泥餅爲止。此時污泥注入口的壓力可達到脫水機設計的最大壓力，一般爲 700 至 1,700 kPa，該最大壓力將維持 1 至 4 小時，其間更多的濾液自脫水機中排出，同時污泥餅也達到預定的固體物濃度。當脫水完成後，脫水機以機械方式開板，污泥餅自濾餅室落入脫水機下方的帶式輸送機，以便加以清除。此外爲方便污泥餅運送，通常會設置泥餅破碎機，以便將堅硬的污泥餅切碎。由於板框式脫水機是在高壓下操作，且又常使用石灰作爲調理劑，因此凹板上的濾布必須時常用高壓水沖洗，並定期進行酸洗。

紐約州艾拉郡自來水局 (Erie County Water Authority, New York) 所管轄的史特瓊淨水廠 (Sturgeon Point Plant)，及夢露郡自來水局 (Monroe County Water Authority, New York) 所管轄的修蒙淨水廠 (Shoremont Plant, Rochester)，均設有典型的壓濾脫水單元。以上二淨水廠的污泥均先經重力濃縮及化學調理，再以板框式壓濾脫水機進行機械脫水。圖 4-59 所示爲二

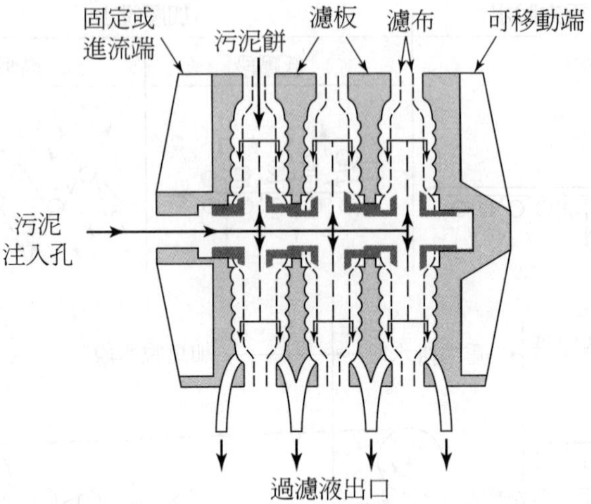


**圖 4-58** 固定體積凹板式壓濾脫水機斷面示意圖
(資料來源：U.S. EPA, 1979.)。

淨水廠的污泥處理流程圖，其差異在史特瓊淨水廠脫水機濾板爲 1.6 m 直徑，修蒙廠脫水機濾板爲 2 m 見方。依據實地操作情形顯示，二淨水廠脫水污泥的固體物濃度可達 45 至 50%，但由於在污泥固體物中約有 30% 來自調理用化學藥劑或飛灰，因此修正後的污泥固體物濃度約爲 35%，此種脫水效率已明顯高於其他的機械脫水方式。

## 最終處置

完成所有可能的污泥處理後，殘餘的污泥必須進行最終處置或有效利用。雖然理論上污泥可行的最終處置方案有許多，但實際上可行的方案大致只有下列三種：

**1.** 與污水廠下水污泥共同處置
**2.** 掩埋
**3.** 有效利用

由於成本增加及可利用的掩埋場減少，污泥有效利用逐漸受到矚目，有效利用的方式，包含農地或森林用地的土地利用、草場的土壤改良、庭院廢棄物或生物固體堆肥的添加劑、表土附加物、製磚或製造水泥。有效利用選

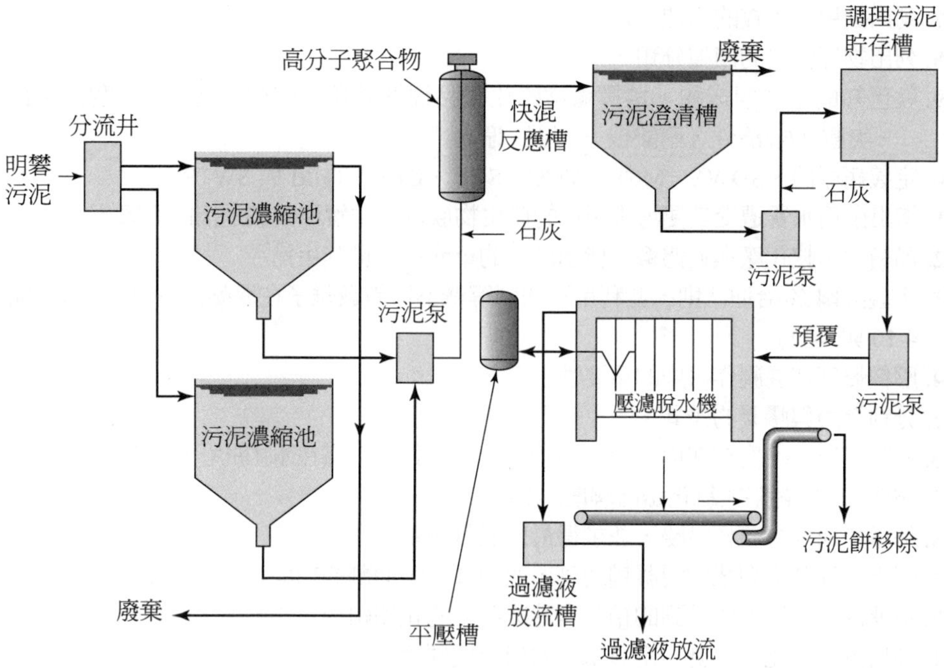


**圖 4-59** 明礬污泥壓濾脫水流程圖。

項的詳細資訊可參考：*Commercial Application and Marketing of Water Plant Residuals* by Cornwell et al. (2000)。

## ▲ 4-11 本章重點

**研讀完本章後，應該能夠不參照課本或筆記，而能夠回答下列問題。**

1. 定義自來水的適飲性與美味性，並解釋為何我們提供的水質必須同時具有適飲性與美味性。
2. 根據粒徑尺寸與其從水中去除的機制，區分溶解物質、懸浮固體與膠體物質。
3. 以重量百分比、百萬分之一 (ppm) 與毫克/公升 (mg/L) 定義與計算水中給定物質的數量，並能由其中之一的量測單位轉換至其他單位。
4. 根據式 4-36，利用所有已知的化學物種定義鹼度。
5. 定義緩衝能力。
6. 解釋不同化學品加入碳酸根緩衝系統的影響。你的解釋必須包括對反應轉移的影響 (向左或向右)、對 $CO_2$ 的影響 (進入溶液或移出) 與對 pH 值的影響 (增加、減少或沒有變化)。

7. 列出飲用水水質的四種分類。
8. 列出物理性質的四種分類。
9. 就已知的水中組成物，選擇適當的化學品標準分類。例如，鋅——美觀性，鐵——美觀性/經濟性，硝酸根——毒性等。
10. 定義病原體、SDWA、MCL、VOC、SOC、DBP、THM 與 SWTR。
11. 指出做為水質遭受糞便污染指標的微生物族群，並解釋其被選擇的原因。
12. 簡繪一水軟化廠與過濾廠，標示所有的單元並解釋其用途。
13. 定義舒爾滋-哈迪法則，並利用該法則解釋不同價數離子在混凝作用中的效率 (圖 4-10 與 4-11)。
14. 解釋鹼度在混凝作用中的重要性。
15. 分別混凝與膠凝的差異。
16. 分別寫出在鹼度存在與不存在的情況下，鋁與氯化鐵在水中的化學反應。
17. 解釋 pH 值對鋁與氯化鐵溶解度的影響。
18. 解釋如何進行瓶杯試驗，並求得最佳混凝劑量。
19. 列出四種基本型式的混凝輔助劑，並解釋各輔助劑的功能及何時需要使用。
20. 根據硬水使用者所看到的結果與造成硬度的化學組成定義硬度。
21. 利用圖形與化學反應，定義水中如何形成硬度。
22. 給定總硬度與鹼度，計算碳酸根硬度與非碳酸根硬度。
23. 寫出離子交換與化學沉澱法軟化時常用的反應式。
24. 解釋鹼度在石灰-蘇打軟化中的重要性。
25. 根據給定的流量與體積或滯留時間，計算理論滯留時間或槽體積。
26. 利用一沉澱顆粒的向量箭頭圖形，解釋上流式沉澱池 (上流式澄清池) 如何作用。
27. 根據溢流率與沉澱池的幾何形狀定義溢流率，並說明其使用單位。
28. 利用向量箭頭圖形，指出水平流澄清池中沉降速度小於溢流率的顆粒如何能被捕捉 (圖 4-36)。
29. 根據給定的溢流率、沉降速度與池流動特性 (即水平流或上流式)，計算沉澱池中顆粒截留百分比。(習題 4-88 及 4-89)
30. 解釋第一型、第二型與第三型沉澱之間的差異。
31. 根據操作程序與負荷率，比較慢砂濾床、快砂濾床與多介質濾床。
32. 解釋快砂濾床如何清洗。
33. 簡繪並標示一快砂濾床，並辨認下列有關特徵：進流區、出流區、廢水排放處、側邊收集單元、支撐介質 (級配礫石)、級配濾砂與反沖洗水槽。
34. 定義有效粒徑與均勻係數，並解釋其在設計快砂濾床時的用途。
35. 解釋為何能夠維持殘餘濃度的殺菌劑較無法殘餘者適合使用。

**36.** 寫出氯氣在水中溶解的反應式，及隨後氫氯酸的解離反應。

**37.** 解釋自由可接受餘氯與結合可接受餘氯的差異，並說明何者爲較有效的殺菌劑。

**38.** 簡繪一折點加氯曲線，並標出各軸單位、折點與主要爲結合餘氯與自由餘氯的區域。

**39.** 定義濃縮、調理與脫水等三個項目。

**40.** 列出並說明三種非機械性的污泥脫水方法。

**41.** 列出並說明 4 種機械性的污泥脫水方法。

**在課本的輔助下，應該能夠可以回答下列問題：**

**1.** 計算一化學品或化合物的克當量重。

**2.** 計算給定化合物以毫克/公升 (mg/L) 表示的濃度、莫耳濃度與當量濃度，並能轉換一量測單位至其他單位

**3.** 計算一化合物與其沉澱物達平衡時的平衡濃度。

**4.** 計算溶液單獨含有強酸或弱酸時的 pH 值 (忽略水的解離)。

**5.** 轉換一化合物的濃度爲碳酸鈣當量濃度。

**6.** 根據一組實驗數據，計算反應速率常數 ($k$)。

**7.** 給定鋁或氯化鐵的劑量，計算鹼度的消耗量。

**8.** 給定鋁或氯化鐵的劑量，計算 $CO_2$，$SO_4^{2-}$ 或酸的產生量。

**9.** 爲中和添加鋁或氯化鐵至水中產生的酸，計算當水中鹼度不足時所需要的石灰添加量 (as $CaCO_3$)。

**10.** 對於已知組成的水質，估計軟化水需要的石灰與蘇打灰添加量。

**11.** 計算石灰-蘇打軟化系統或離子交換軟化系統的“分流”比例。

**12.** 根據水處理廠的種類，決定其快混池與膠凝池的尺寸，並計算需要輸入的動力。

**13.** 針對快混池或膠凝池設計一混合系統。

**14.** 決定沉澱池的尺寸，並計算所需要的堰長。

**15.** 進行粒徑尺寸分析，並決定有效粒徑與均勻係數。

**16.** 決定快砂濾床的尺寸，及反沖洗期間洗砂的水頭損失與延伸床的深度。

## ▲ 4-12　習　題

**4-1.** 指出密度 1 g/mL 與密度 1,000 $kg/m^3$ 相同。(**提示**：本書封底內頁列有一些有用的轉換式)

**4-2.** 指出重量百分比爲 4.50% 的混合液，其一立方公尺中含有 45.0 kg 的溶質 (即 4.5%＝45.0 $kg/m^3$)。假設水的密度爲 1,000 $kg/m^3$。

**4-3.** 家用氨水含有 3% 重量百分比的 $NH_3$，試計算 $NH_3$ 的濃度 (mg/L)。假設水的

密度為 1,000 kg/m$^3$。

答案：30,000 mg/L

**4-4.** 家用漂白水含有 5.25% 重量百分比的 $Cl_2$，試計算 $Cl_2$ 的濃度 (mg/L)。假設水的密度為 1,000 kg/m$^3$。

**4-5.** 指出 1 mg/L＝1 g/m$^3$。

**4-6.** 2001 年美國環保署發佈新的飲用水標準，其中砷的 MCL 標準，目前為 10 ppb，試問其濃度為多少 mg/L？

**4-7.** 一般以百萬加侖/天 (MGD) 來表示水流量的大小，其為過時且希望能儘速放棄的量測單位。試決定下列以 m$^3$/s 表示的流量相當於多少數值的 MGD：0.0438；0.05；0.438；0.5；4.38 與 5。請同時記錄你計算的答案與僅包括重要數字的完整答案。

**4-8.** 計算下列濃度所對應的莫耳濃度與當量濃度：

a. 200.0 mg/L HCl　　b. 150.0 mg/L $H_2SO_4$

c. 100.0 mg/L $Ca(HCO_3)_2$　　d. 70.0 mg/L $H_3PO_4$

答案：

| 莫耳濃度 (M) | 當量濃度 (N) |
|---|---|
| a. 0.005485 | 0.005485 |
| b. 0.001529 | 0.003059 |
| c. 0.0006168 | 0.001234 |
| d. 0.000714 | 0.00214 |

**4-9.** 計算下列濃度對應的莫耳濃度與當量濃度：

a. 80 $\mu$g/L $HNO_3$　　b. 135 $\mu$g/L $CaCO_3$

c. 10 $\mu$g/L $Cr(OH)_3$　　d. 1000 $\mu$g/L $Ca(OH)_2$

**4-10.** 計算下列濃度對應的莫耳濃度與當量濃度：

a. 0.05 mg/L $As^{3+}$　　b. 0.005 mg/L $Cd^{2+}$

c. 0.002 mg/L $Hg^{2+}$　　d. 0.1 mg/L $Ni^{2+}$

**4-11.** 計算下列濃度對應的 mg/L：

a. 0.01000 N $Ca^{2+}$　　b. 1.000 M $HCO_3^-$

c. 0.02000 N $H_2SO_4$　　d. 0.02000 M $SO_4^{2-}$

答案：$Ca^{2+}$＝200.4 mg/L，$HCO_3^-$＝61.02 mg/L，
$H_2SO_4$＝980.7 mg/L，$SO_4^{2-}$＝1,921 mg/L

**4-12.** 計算下列濃度對應之 $\mu$g/L：

a. 0.0500 N $H_2CO_3$　　b. 0.0010 M $CHCl_3$

c. 0.0300 N $Ca(OH)_2$　　d. 0.0080 M $CO_3^{2-}$

**4-13.** 計算下列濃度對應之 mg/L：

a. 0.2500 M NaOH　　b. 0.0704 M $Na_2SO_4$

c. 0.0340 M $K_2Cr_2O_7$　　d. 0.1342 M KCl

**4-14.** 25°C 時，氫氧根離子為 0.001000 M，有多少 mg/L 的鎂離子將會殘留於水溶液中？

答案：0.1367 mg/L

**4-15.** 新墨西哥州 Pherric 城，其地下水含有 1.800 mg/L 的 $Fe^{3+}$。試問在 25°C 時，若要將鐵以沉澱方式去除至 0.3 mg/L 時，需要的 pH 值為何？

**4-16.** 欲使 2.00 mg/L 的銅濃度降至 0.200 mg/L，則需將氫氧根離子濃度提高至多少 (moles/L)，並算出此時的 pH 值。

**4-17.** 給定碳酸鈣飽和溶液，在 25°C 時添加 $3.16 \times 10^{-4}$ M 的 $Na_2CO_3$ 後，多少莫耳的鈣離子會殘留在水中 (假設 pH 值不改變)？

**4-18.** 氟化鈣 ($CaF_2$) 的溶解度積，在 25°C 時為 $3.45 \times 10^{-11}$。當水中含有 200 mg/L 的鈣離子時，水中是否能夠存在 1.0 mg/L 的溶解性氟離子？

**4-19.** 在準備實驗室實驗時，技術員配製一 $CaSO_4$ 飽和溶液，但因容器未貼標籤，卻意外地加入 $5.00 \times 10^{-3}$ M $Na_2SO_4$ 溶液至容器中，則當達到平衡時，鈣與硫酸鹽的濃度為何？假設在 25°C 時，$CaSO_4$ 的 $pK_s$ 為 4.31，且此二溶液水溫為 25°C。

**4-20.** 中和例題 4-6 (見 4-1 節) 的酸，需要多少 mg 的 NaOH (為一強鹼)？

答案：81.568 或 81.6 mg

**4-21.** 軟化程序後的處理水 pH 值為 10.74。中和 1.000 公升的處理水需要多少毫升的 0.02000 N 硫酸？(假設緩衝能力為零)

**4-22.** 為完成習題 4-21 的中和作用，需要多少毫升的 0.02000 N 氫氯酸？

**4-23.** 繪製 50.0 mL，0.0200 N 的 NaOH (強鹼)，被 0.0200 N HCl (強酸) 中和至 pH 值為 7.00 之滴定曲線。

**4-24.** 計算在 25°C 時水中含有 0.6580 mg/L 碳酸的 pH 值。假設平衡時 $[H^+] = [HCO_3^-]$，並忽略水的解離。

答案：pH＝5.66

**4-25.** 假設習題 4-24 的 pH 值調整為 4.5，計算 $HCO_3^-$ 的濃度為多少 moles/L？

**4-26.** 25°C 時水中含有 0.5000 mg/L 氫氯酸時的 pH 值為何？假設已達到平衡，忽略水的解離。雖然就你可接受的數據也許無法證明，嘗試記錄答案至小數點兩位。

**4-27.** 若習題 4-26 中的 pH 值調整為 7.00，在 25°C 時 $OCl^-$ 的濃度為多少 mg/L？

**4-28.** 轉換下列離子濃度單位由 mg/L 至 mg/L as $CaCO_3$

a. 83.00 mg/L $Ca^{2+}$　　b. 27.00 mg/L $Mg^{2+}$

c. 48.00 mg/L $CO_2$ (提示：見第 256 頁註解)　d. 220.00 mg/L $HCO_3^-$

e. 15.00 mg/L $CO_3^{2-}$

答案：$Ca^{2+}$＝207.25 或 207.3 mg/L as $CaCO_3$

$Mg^{2+}$＝111.20 或 111.2 mg/L as $CaCO_3$

$CO_2$＝109.18 或 109.2 mg/L as $CaCO_3$

$HCO_3^-$＝180.41 或 180.4 mg/L as $CaCO_3$

$CO_3^{2-}$＝25.02 或 25.0 mg/L as $CaCO_3$

**4-29.** 轉換下列離子或化合物濃度單位由 mg/L 至 mg/L as $CaCO_3$：

a. 200.00 mg/L HCl　b. 280.00 mg/L CaO

c. 123.45 mg/L $Na_2CO_3$　d. 85.05 mg/L $Ca(HCO_3)_2$

e. 19.90 mg/L $Na^+$

**4-30.** 轉換下列離子或化合物濃度單位由 mg/L as $CaCO_3$ 至 mg/L：

a. 100.00 mg/L $SO_4^{2-}$　b. 30.00 mg/L $HCO_3^-$

c. 150.00 mg/L $Ca^{2+}$　d. 10.00 mg/L $H_2CO_3$

e. 150.00 mg/L $Na^+$

答案：$SO_4^{2-}$＝95.98 或 96.0 mg/L

$HCO_3^-$＝36.58 或 36.6 mg/L

$Ca^{2+}$＝60.07 或 60.1 mg/L

$H_2CO_3$＝6.198 或 6.20 mg/L

$Na^+$＝68.91 mg/L

**4-31.** 轉換下列離子或化合物濃度單位由 mg/L as $CaCO_3$ 至 mg/L：

a. 10.00 mg/L $CO_2$　b. 13.50 mg/L $Ca(OH)_2$

c. 481.00 mg/L $H_3PO_4$　d. 81.00 mg/L $H_2PO_4$

e. 40.00 mg/L $Cl^-$

**4-32.** 將 0.0100 N $Ca^{2+}$ 轉換為 mg/L as $CaCO_3$。

**4-33.** 水中含有 0.6580 mg/L 的碳酸氫根離子濃度，pH 值為 5.66，"正確" 鹼度為何？此時無碳酸根離子存在。

答案：0.4302 mg/L as $CaCO_3$

**4-34.** 若水中含有 120 mg/L 的碳酸氫根離子與 15.00 mg/L 的碳酸根離子，試計算 "近似" 鹼度 (以 mg/L as $CaCO_3$ 表示) 為何？

**4-35.** 若 pH 值為 9.43，計算習題 4-34 水中的 "正確" 鹼度。

**4-36.** 若水中含有 15.00 mg/L 的碳酸氫根離子與 120.0 mg/L 的碳酸根離子，試計算 "近似" 鹼度 (以 mg/L as $CaCO_3$ 表示) 為何？

**4-37.** 利用式 4-28、4-36、4-38 與 4-39，根據量測的總鹼度 ($A$) 與 pH 值，推導出能夠以 mg/L as $CaCO_3$ 為單位，計算碳酸氫根與碳酸根鹼度的公式。

答案：(以 mg/L as $CaCO_3$ 表示)

$$HCO_3^- = \frac{50{,}000\left\{\left(\frac{A}{50{,}000}\right) + [H^+] - \left(\frac{K_W}{[H^+]}\right)\right\}}{1 + \left(\frac{2K_2}{[H^+]}\right)}$$

$$CO_3^{2-} = \left(\frac{2K_2}{[H^+]}\right)(HCO_3^-)$$

其中，　$A$ ＝總鹼度，mg/L as $CaCO_3$

$K_2$ ＝碳酸二次解離常數＝$4.68\times10^{-11}$，25°C

$K_W$ ＝水的離子常數＝$1\times10^{-14}$，25°C

$HCO_3^-$ ＝碳酸氫根鹼度，mg/L as $CaCO_3$

$CO_3^{2-}$ ＝碳酸根鹼度，mg/L as $CaCO_3$

**4-38.** 利用習題 4-37 的答案，以 mg/L as $CaCO_3$ 爲單位，計算當水中含有總鹼度 233.0 mg/L as $CaCO_3$，pH 值爲 10.47 時的碳酸氫根與碳酸根鹼度。

**4-39.** 利用習題 4-37 的答案，以 mg/L as $CaCO_3$ 爲單位，計算習題 4-43 水中的碳酸氫根與碳酸根鹼度。

**4-40.** 若水中含有碳酸根鹼度 120.00 mg/L，pH 值爲 10.30，則水中碳酸氫根鹼度爲何？

答案：$HCO_3^-$ ＝130.686 或 130.7 mg/L

**4-41.** 水中含有 120.00 mg/L 的碳酸氫根離子與 15.00 mg/L 的碳酸根離子時，pH 值爲何？

**4-42.** 利用習題 4-37 的公式與例題 4-8 的 “正確” 鹼度計算方法，計算習題 4-40 水中的鹼度。(見 4-1 節)

**4-43.** 下列爲水質無機鹽類分析結果，取自伊利諾州莫克亨利 (McHenry) 附近，東木莊園部份地區裡的一號井 (Woller and Sanderson 1976a)。

**一號井，實驗室編號 02694，1971 年 11 月 9 日**

| | | | |
|---|---|---|---|
| 鐵 | 0.2 | 矽 ($SiO_2$) | 20.0 |
| 錳 | 0.0 | 氟 | 0.35 |
| 氨 | 0.5 | 硼 | 0.1 |
| 鈉 | 4.7 | 硝酸根 | 0.0 |
| 鉀 | 0.9 | 氯 | 4.5 |
| 鈣 | 67.2 | 硫酸根 | 29.0 |
| 鎂 | 40.0 | 鹼度 | 284.0 as $CaCO_3$ |
| 鋇 | 0.5 | pH | 7.6 單位 |

**註**：除非另外說明，所有記錄值單位以 mg/L 表示

利用 4-3 節主要多價陽離子的定義，以 mg/L as $CaCO_3$ 爲單位，決定總硬度、碳酸根與非碳酸根硬度。

答案：TH＝332.8 mg/L as $CaCO_3$，CH＝284.0 mg/L as $CaCO_3$，
NCH＝48.8 mg/L as $CaCO_3$

**4-44.** 利用習題 4-43 所有的多價陽離子，計算總硬度、碳酸根與非碳酸根硬度。只利用主要陽離子計算硬度的誤差百分比爲何？

**4-45.** 下列無機離子分析結果爲取自伊利諾州木蘭 (Magnolia) 的一號井水樣 (Woller and Sanderson 1976b)。利用以主要多價陽離子定義的硬度，mg/L as $CaCO_3$ 爲單位，決定總硬度、碳酸根與非碳酸根硬度。

**一號井，實驗室編號 B109535，1973 年 4 月 23 日**

| | | | |
|---|---|---|---|
| 鐵 | 0.42 | 鋅 | 0.01 |
| 錳 | 0.04 | 矽 ($SiO_2$) | 20.0 |
| 氨 | 11.0 | 氟 | 0.3 |
| 鈉 | 78.0 | 硼 | 0.3 |
| 鉀 | 2.6 | 硝酸根 | 0.0 |
| 鈣 | 78.0 | 氯 | 9.0 |
| 鎂 | 32.0 | 硫酸根 | 0.0 |
| 鋇 | 0.5 | 鹼度 | 494.0 as $CaCO_3$ |
| 銅 | 0.01 | pH | 7.7 單位 |

**註：**除非另外說明，所有記錄值單位以 mg/L 表示

**4-46.** 下列無機鹽類分析結果取自密西根州立大學的井水 (MDEQ, 1979)。以主要多價陽離子定義的硬度，mg/L as $CaCO_3$ 爲單位，決定總硬度、碳酸根與非碳酸根硬度。**註：**除非另有說明，所有項目皆以 mg/L 表示。

**密西根州立大學的井水**

| | | | |
|---|---|---|---|
| 氟 | 1.1 | 矽 ($SiO_2$) | 3.4 |
| 氯 | 4.0 | 碳酸氫根 | 318.0 |
| 硝酸根 | 0.0 | 硫酸根 | 52.0 |
| 鈉 | 14.0 | 鐵 | 0.5 |
| 鉀 | 1.6 | 錳 | 0.07 |
| 鈣 | 96.8 | 鋅 | 0.27 |
| 鎂 | 30.4 | 鋇 | 0.2 |

**4-47.** Kool Artesian Water Bottling Company 的瓶裝水分析如下所列，以主要多價陽離子定義的硬度，mg/L as $CaCO_3$ 爲單位，決定總硬度、碳酸根與非碳酸根硬度。**註：**除非另有說明，所有項目皆以 mg/L 表示。(**提示：**利用習題 4-37 的

**Kool Artesian Water**

| | | | |
|---|---|---|---|
| 鈣 | 37.0 | 矽 | 11.5 |
| 鎂 | 18.1 | 硫酸根 | 5.0 |
| 鈉 | 2.1 | 鉀 | 1.6 |
| 氟 | 0.1 | 鋅 | 0.02 |
| 鹼度 | 285.0 mg/L as $CaCO_3$ | | |
| pH | 7.6 單位 | | |

解答，得到碳酸氫根離子的濃度)

**4-48.** 下列數據得自一不可逆的基元反應。試繪出圖形並模擬，決定反應級數 (零次，一次或二次) 與速率常數 ($k$)。

| 時間, min | 反應物 "A" 濃度, mmoles/L |
|---|---|
| 0 | 2.80 |
| 1 | 2.43 |
| 2 | 2.12 |
| 5 | 1.39 |
| 10 | 0.69 |
| 20 | 0.17 |

**4-49.** 利用下列數據，重複習題 4-48。

| 時間, min | 反應物 "A" 濃度, mmoles/L |
|---|---|
| 0 | 48.0 |
| 1 | 6.22 |
| 2 | 3.32 |
| 3 | 2.27 |
| 5 | 1.39 |
| 10 | 0.704 |

**4-50.** 下表爲倫敦泰晤士河的水質分析結果。若河水以 60.00 mg/L 的鋁鹽處理，去除水中的濁度，將會殘餘多少的鹼度？忽略磷酸鹽的旁反應，並假設所有鹼度爲 。

答案：殘餘鹼度＝99.69 或 100 mg/L as $CaCO_3$

**倫敦泰晤士河**

| 組成物 | 表示物種 | 毫克/公升 |
|---|---|---|
| 總硬度 | $CaCO_3$ | 260.0 |
| 鈣硬度 | $CaCO_3$ | 235.0 |
| 鎂硬度 | $CaCO_3$ | 25.0 |
| 總鐵 | Fe | 1.8 |
| 銅 | Cu | 0.05 |
| 鉻 | Cr | 0.01 |
| 總鹼度 | $CaCO_3$ | 130.0 |
| 氯 | Cl | 52.0 |
| 總磷 | $PO_4$ | 1.0 |
| 矽 | $SiO_2$ | 14.0 |
| 懸浮固體 | | 43.0 |
| 總固體 | | 495.0 |
| pH[a] | | 7.4 |

[a] 單位不爲 mg/L

**4-51.** 下表爲路易斯安娜州貝塔蘆吉地區密西西比河的水質分析結果。若河水以 30.00 mg/L 的氯化鐵處理，進行濁度的混凝，將會殘餘多少的鹼度？忽略磷酸鹽的旁反應，並假設所有鹼度爲 $HCO_3^-$。

**路易斯安娜州貝塔蘆吉地區密西西比河**

| 組成物 | 表示物種 | 毫克/公升 |
|---|---|---|
| 總硬度 | $CaCO_3$ | 164.0 |
| 鈣硬度 | $CaCO_3$ | 108.0 |
| 鎂硬度 | $CaCO_3$ | 56.0 |
| 總鐵 | Fe | 0.9 |
| 銅 | Cu | 0.01 |
| 鉻 | Cr | 0.03 |
| 總鹼度 | $CaCO_3$ | 136.0 |
| 氯 | Cl | 32.0 |
| 總磷 | $PO_4$ | 3.0 |
| 矽 | $SiO_2$ | 10.0 |
| 懸浮固體 | | 29.9 |
| 濁度[a] | NTU | 12.0 |
| pH[a] | | 7.6 |

[a] 單位不爲 mg/L

**4-52.** 下表爲俄勒岡州美樂摩山火口湖的水質分析結果。若河水以 40.00 mg/L 的鋁鹽處理，進行濁度的混凝，將會殘餘多少的鹼度？假設所有鹼度爲 $HCO_3^-$。

**俄勒岡州美樂摩山火口湖**

| 組成物 | 表示物種 | 毫克/公升 |
| --- | --- | --- |
| 總硬度 | $CaCO_3$ | 28.0 |
| 鈣硬度 | $CaCO_3$ | 19.0 |
| 鎂硬度 | $CaCO_3$ | 9.0 |
| 總鐵 | Fe | 0.02 |
| 鈉 | Na | 11.0 |
| 總鹼度 | $CaCO_3$ | 29.5 |
| 氯 | Cl | 12.0 |
| 硫酸根 | $SO_4$ | 12.0 |
| 矽 | $SiO_2$ | 18.0 |
| 總溶解固體 | | 83.0 |
| pH[a] | | 7.2 |

[a] 單位不為 mg/L

**4-53.** 繪製習題 4-43 所描述的水質柱狀圖。(**註**：附錄 A 可查詢價數) 由於並未對所有的水質組成物進行分析，因此將無法達到離子平衡。

**4-54.** 繪製習題 4-45 所描述的水質柱狀圖。由於並未對所有的水質組成物進行分析，因此將無法達到離子平衡。

**4-55.** 繪製習題 4-46 所描述的水質之柱狀圖。由於並未對所有的水質組成物進行分析，因此離子平衡將無法達到。

**4-56.** 繪製密西根湖的水質柱狀圖，水質分析如下表。由於並未對所有的水質組成

**密西根湖在密西根州 Grand Rapids市的取水口**

| 組成物 | 表示物種 | 毫克/公升 |
| --- | --- | --- |
| 總硬度 | $CaCO_3$ | 143.0 |
| 鈣 | Ca | 38.4 |
| 鎂 | Mg | 11.4 |
| 總鐵 | Fe | 0.10 |
| 鈉 | Na | 5.8 |
| 總鹼度 | $CaCO_3$ | 119 |
| 碳酸根鹼度 | $CaCO_3$ | 115 |
| 氯化物 | Cl | 14.0 |
| 硫酸鹽 | $SO_4$ | 26.0 |
| 矽 | $SiO_2$ | 1.2 |
| 總溶解固體 | | 180.0 |
| 濁度[a] | NTU | 3.70 |
| pH[a] | | 8.4 |

[a] 單位不為 mg/L

物進行分析，因此離子平衡將無法達到。估算 $CO_2$ 濃度，並忽略碳酸根鹼度。

**4-57.** 以 mg/L as $CaCO_3$ 爲單位，決定軟化下列水質至最終硬度爲 80.0 mg/L as $CaCO_3$ 所需要的石灰與蘇打灰劑量。下列資料的濃度單位均爲 mg/L as $CaCO_3$

$Ca^{2+}$ ＝120.0

$Mg^{2+}$＝30.0

$HCO_3^-$ ＝70.0

$CO_2$＝10.0

答案：石灰添加量＝100 mg/L as $CaCO_3$，蘇打灰添加量＝40 mg/L as $CaCO_3$

**4-58.** 以 mg/L as $CaCO_3$ 爲單位，決定軟化 Lime Ridge 村的水質至最終硬度爲 80.0 mg/L as $CaCO_3$ 所需要的石灰與蘇打灰劑量。

| 化合物 | 濃度，mg/L as $CaCO_3$ |
|---|---|
| $CO_2$ | 4.6 |
| $Ca^{2+}$ | 257.9 |
| $Mg^{2+}$ | 22.2 |
| $HCO_3^-$ | 248.0 |
| $SO_4^{2-}$ | 32.1 |

**4-59.** 下列水質欲軟化至最終硬度爲 80.0 mg/L as $CaCO_3$，試決定石灰與蘇打灰劑量單位分別以 mg/L as CaO 與 Na2$CO_3$ 表示，下列資料的濃度單位均爲 mg/L as $CaCO_3$，設石灰純度爲 90%，蘇打灰純度爲 97%。

$Ca^{2+}$ ＝210.0

$Mg^{2+}$＝23.0

$HCO_3^-$ ＝165.0

$CO_2$＝5.0

答案：石灰添加量＝118 mg/L as CaO，蘇打灰添加量＝31 mg/L as $Na_2CO_3$

**4-60.** 以 mg/L as $CaCO_3$ 爲單位，決定軟化下列水質至最終硬度爲 70.0 mg/L as $CaCO_3$ 所需要的石灰與蘇打灰劑量。下列所記錄的濃度單位均爲 mg/L as $CaCO_3$。

$Ca^{2+}$ ＝220.0

$Mg^{2+}$＝75.0

$HCO_3^-$ ＝265.0

$CO_2$＝17.0

答案：石灰添加量＝352 mg/L as $CaCO_3$，不需添加蘇打灰

**4-61.** 以 mg/L as $CaCO_3$ 爲單位，決定軟化 Sarepta 村的水質至最終硬度爲 80.0 mg/L as $CaCO_3$ 所需要的石灰與蘇打灰劑量。

| **化合物** | **濃度，mg/L as $CaCO_3$** |
|---|---|
| $CO_2$ | 39.8 |
| $Ca^{2+}$ | 167.7 |
| $Mg^{2+}$ | 76.3 |
| $HCO_3^-$ | 257.9 |
| $SO_4^{2-}$ | 109.5 |

**4-62.** 下列水質欲軟化至最終硬度爲 80.0 mg/L as $CaCO_3$，試決定石灰與蘇打灰劑量單位分別以 mg/L as CaO 與 $Na_2CO_3$ 表示，下列資料的濃度單位均爲 mg/L as $CaCO_3$，設石灰純度爲 93%，蘇打灰純度爲 95%。

$Ca^{2+}$ ＝137.0

$Mg^{2+}$ ＝56.0

$HCO_3^-$ ＝128.0

$CO_2$ ＝7.0

**4-63.** 以 mg/L as $CaCO_3$ 爲單位，決定軟化 Zap 村的水質至最終硬度爲 80.0 mg/L as $CaCO_3$ 所需要的石灰與蘇打灰劑量。

| **化合物** | **濃度，mg/L as $CaCO_3$** |
|---|---|
| $CO_2$ | 44.2 |
| $Ca^{2+}$ | 87.4 |
| $Mg^{2+}$ | 96.3 |
| $HCO_3^-$ | 204.6 |
| $SO_4^{2-}$ | 73.8 |

**4-64.** 以 mg/L as $CaCO_3$ 爲單位，決定軟化習題 4-43 所描述的水質至最終硬度爲 100.0 mg/L as $CaCO_3$ 所需要的石灰與蘇打灰劑量。

答案：$CO_2$＝44.2 mg/L as $CaCO_3$，石灰添加量＝481 mg/L as $CaCO_3$，不需添加蘇打灰

**4-65.** 以 mg/L as $CaCO_3$ 爲單位，決定軟化習題 4-50 所描述的水質至最終硬度爲 90.0 mg/L as $CaCO_3$ 所需要的石灰與蘇打灰劑量。

**4-66.** Galena 村欲使用軟化程序去除水中的鉛，水質分析如下表所列，決定軟化水質至最終硬度爲 80.0 mg/L as $CaCO_3$ 所需要的石灰與蘇打灰劑量，分別以 mg/L as CaO 和 mg/L as $Na_2CO_3$ 爲單位。假設石灰的純度爲 93% 與蘇打灰的純度爲 95%。軟化程序能否去除水中的鉛？

**Galena 村水質分析**

| 組成物 | 表示物種 | 毫克/公升 |
|---|---|---|
| 鈣 | Ca | 177.8 |
| 鎂 | Mg | 16.2 |
| 總鐵 | Fe | 0.20 |
| 鉛[a] | Pb | 20[a] |
| 鈉 | Na | 4.9 |
| 碳酸根鹼度 | $CaCO_3$ | 0.0 |
| 碳酸氫根鹼度 | $CaCO_3$ | 276.6 |
| 氯化物 | Cl | 0.0 |
| 硫酸鹽 | $SO_4$ | 276.0 |
| 矽 | $SiO_2$ | 1.2 |
| 總溶解固體 | | 667 |
| pH[b] | | 7.2 |

[a] ppb
[b] 單位不為 mg/L

**4-67.** 以 mg/L as $CaCO_3$ 爲單位，決定軟化下列水質至最終硬度爲 80.0 mg/L as $CaCO_3$？所需要的石灰與蘇打灰劑量。若石灰以 CaO 的形式購買，價格爲每百萬克 (Mg) \$100.00，蘇打灰以 $Na_2CO_3$ 的形式購買，價格爲每百萬克 \$200.00，試問每年處理 0.500 $m^3/s$ 所需要的化學藥劑費用？假設石灰與蘇打灰的純度爲 100%。以下所記錄的濃度單位均爲 mg/L as $CaCO_3$

$Ca^{2+}$ = 200.0
$Mg^{2+}$ = 100.0
$HCO_3^-$ = 150.0
$CO_2$ = 22.0

答案：石灰 = 272.00 mg/L as $CaCO_3$，蘇打灰 = 110.00 mg/L as $CaCO_3$，每年總費用 = \$607,703.25 或 \$608,000

**4-68.** 以 mg/L as $CaCO_3$ 爲單位，決定軟化下列水質至最終硬度爲 120.0 mg/L as $CaCO_3$ 所需要的石灰與蘇打灰劑量。若石灰以 CaO 的形式購買，價格爲每百萬克 (Mg) \$61.70，蘇打灰以 $Na_2CO_3$ 的形式購買，價格爲每百萬克 \$172.50，試問每年處理 1.35 $m^3/s$ 所需要的化學藥劑費用？假設石灰的純度爲 87% 與蘇打灰的純度爲 97%。以下所記錄的濃度單位均爲 mg/L as $CaCO_3$

$Ca^{2+}$ = 293.0
$Mg^{2+}$ = 55.0
$HCO_3^-$ = 301.0
$CO_2$ = 3.0

**4-69.** 以 mg/L as $CaCO_3$ 爲單位，決定軟化伊利諾州哈丁市水質至最終硬度爲 95.00 mg/L as $CaCO_3$ 所需要的石灰與蘇打灰量 (Woller, 1975)。使用習題 4-67 所提供的價格與純度，決定每年處理 0.150 $m^3/s$ 所需要的化學藥劑費用。

**二號井，伊利諾州哈丁市**

| | | | |
|---|---|---|---|
| 鐵 | 0.10 | 鋅 | 0.13 |
| 錳 | 0.64 | 矽 ($SiO_2$) | 21.6 |
| 氨 | 0.38 | 氟 | 0.3 |
| 鈉 | 21.8 | 硼 | 0.38 |
| 鉀 | 3.0 | 硝酸鹽 | 8.4 |
| 鈣 | 102.0 | 氯化物 | 32.0 |
| 鎂 | 45.2 | 硫酸鹽 | 65.0 |
| 銅 | 0.01 | 鹼度 | 344.0 as $CaCO_3$ |
| pH | 7.2 單位 | | |

註：除非另外說明，所有記錄值單位以 mg/L 表示

**4-70.** 以 mg/L as $CaCO_3$ 爲單位，決定軟化下列水質至最終硬度爲 90.0 mg/L as $CaCO_3$ 所需要的石灰與蘇打灰劑量。若石灰以 CaO 的形式購買，價格爲每百萬克 (Mg) \$61.70，蘇打灰以 $Na_2CO_3$ 的形式購買，價格爲每百萬克 \$172.50，試問每年處理 0.050 $m^3/s$ 所需要的化學藥劑費用？假設石灰的純度爲 90% 與蘇打灰的純度爲 97%。以下所記錄的濃度單位均爲 mg/L as $CaCO_3$。

$Ca^{2+} = 137.0$

$Mg^{2+} = 40.0$

$HCO_3^- = 197.0$

$CO_2 = 9.0$

**4-71.** 就下列水質設計一分流處理軟化程序 (水流型式/分流，化學藥劑單位以 mg/L as $CaCO_3$ 表示)，最終硬度必須 ≦ 120 mg/L as $CaCO_3$。除另外特別說明，化合物單位以 mg/L 表示。

| | | | |
|---|---|---|---|
| $CO_2$ | 42.7 | $HCO_3^-$ | 344.0 mg/L as $CaCO_3$ |
| $Ca^{2+}$ | 102.0 | $SO_4^{2-}$ | 65.0 |
| $Mg^{2+}$ | 45.2 | $Cl^-$ | 32.0 |
| $Na^+$ | 21.8 | | |

**4-72.** 給定下列水質條件 (單位均以 meq/L 表示)，設計一水軟化程序 (水流型式/分流；需要的石灰與蘇打灰添加量單位分別以 mg/L as CaO 與 $Na_2CO_3$ 表示)，並求得最終硬度，最終硬度必須 ≦ 120 mg/L as $CaCO_3$。

| | | | |
|---|---|---|---|
| $CO_2$ | 0.40 | $Mg^{2+}$ | 1.12 |
| $Ca^{2+}$ | 2.16 | $HCO_3^-$ | 2.72 |

**4-73.** 設計一軟化程序，使 What Cheer 市的水能達到鎂濃度為 40 mg/L as $CaCO_3$，最終總硬度小於 120 mg/L as $CaCO_3$，繪製水流流程圖，並計算分流所需的石灰與蘇打灰添加量 (以 mg/L as $CaCO_3$ 為單位)，以及最終硬度，水質分析如下：

| 化合物 | 濃度，mg/L as $CaCO_3$ |
|---|---|
| $CO_2$ | 39.8 |
| $Ca^{2+}$ | 167.7 |
| $Mg^{2+}$ | 76.3 |
| $HCO_3^-$ | 257.9 |
| $SO_4^{2-}$ | 109.5 |

**4-74.** 若快混池的滯留時間為 10 秒，處理水量為 0.05 $m^3/s$，需要的池體積為何？

答案：0.5 $m^3$

**4-75.** 兩平行式膠凝池用來處理 0.150 $m^3/s$ 的水量，若設計滯留時間為 20 分鐘，各池體積為何？

**4-76.** 二沉澱池平行操作，總流量為 0.1000 $m^3/s$，每池體積為 720 $m^3$，計算每池的滯留時間。

**4-77.** 若水溫為 20°C，速度梯度為 700 $s^{-1}$，決定習題 4-74 所設計的快混池需要輸入多少的動力。

答案：245.49 或 250 W 或 0.25 kW

**4-78.** 習題 4-75 的膠凝池，其平均速度梯度被設計為 36 $s^{-1}$，水溫為 17°C，試問需要輸入多少動力？

**4-79.** 習題 4-77 的水溫若降至 10°C 時，需要輸入多少的動力？

**4-80.** 習題 4-78 的水溫若降至 10°C 時，需要輸入多少的動力？

**4-81.** 完成例題 4-20 中第二、三區隔之攪拌器轉速的計算。

**4-82.** Eau Gaullie 城要求對新混凝水處理廠提出計畫書。處理廠設計流量為 0.1065 $m^3/s$，每年平均水溫為 19°C，快混池已完成的設計假設為：

**1.** 池數＝1 (及 1 個備用池)

**2.** 池構造：圓形且液深＝2×直徑

**3.** 滯留時間＝10 s

**4.** 速度梯度＝800 $s^{-1}$

**5.** 攪拌器型式：渦輪式、6 扁平葉片，附葉片圓盤構造，$N_p=5.7$

**6.** 可採用的攪拌器直徑：0.45，0.60 與 1.2 m

**7.** 假設 $B=\frac{1}{3}H$

計算下列快混池設計值：

**1.** 水中輸入動力，kW
**2.** 池尺寸大小，m
**3.** 攪拌器直徑，m
**4.** 攪拌器轉速，rpm

答案：$P$＝0.700 kW
直徑＝0.88 m；深度＝1.76 m
攪拌器直徑＝0.45 m
轉速＝399 或 400 rpm

**4-83.** Laramie 計畫興建新的水軟化廠，設計流量為 0.168 m³/s，平均水溫為 5℃，若快混池的設計假設如下：

**1.** 池構造：方形，深度＝寬度
**2.** 滯留時間＝5 s
**3.** 速度梯度＝700 $s^{-1}$
**4.** 攪拌器型式：渦輪式、6 扁平葉片，附葉片圓盤構造，$N_p$＝5.7
**5.** 可採用的攪拌器直徑：0.45，0.60 與 1.2 m
**6.** 假設 $B = \frac{1}{3}H$

計算下列快混池設計值：

**1.** 池數
**2.** 水中輸入動力，kW
**3.** 池尺寸大小，m
**4.** 攪拌器直徑，m
**5.** 攪拌器轉速，rpm

**4-84.** 老闆要求你為 Waffle 新設水處理廠設計一快混池，設計流量為 0.050 m³/s，平均水溫為 8℃，若快混池的設計假設如下：

**1.** 池數＝1 (及 1 個備用池)
**2.** 池構造：圓形且液深＝1.0 m
**3.** 滯留時間＝5 s
**4.** 速度梯度＝750 $s^{-1}$
**5.** 攪拌器型式：渦輪式、6 扁平葉片，附葉片圓盤構造，$N_p$＝3.6
**6.** 可採用的攪拌器直徑：0.25，0.50 與 1.0 m

**7.** 假設 $B = \frac{1}{3}H$

計算下列快混池設計值：

**1.** 水中輸入動力，kW
**2.** 池尺寸大小，m
**3.** 攪拌器直徑，m
**4.** 攪拌器轉速，rpm

**4-85.** 繼續準備 Gaullie 處理廠的計畫書 (習題 4-82)。試就膠凝池前兩個區隔，進行下列項目的設計：

**1.** 水中輸入動力，kW
**2.** 池尺寸大小，m
**3.** 攪拌器直徑，m
**4.** 攪拌器轉動速度，rpm

使用下列假設：

**1.** 池數＝2
**2.** 三個區隔的遞減 $G$ 值：90 $s^{-1}$, 60 $s^{-1}$ 與 30 $s^{-1}$
**3.** $G\theta$＝120,000
**4.** 區隔長度＝寬度＝深度
**5.** 攪拌器型式：軸流式攪拌器，三葉片，$N_p$＝0.31
**6.** 可採用的攪拌器直徑：1.0，1.5 與 2.0 m
**7.** 假設 $B = \frac{1}{3}H$

答案：僅針對第一區隔：
$P$＝295.31 或 295 W 或 0.295 kW
$L$＝$W$＝$D$＝3.3 m
攪拌器直徑＝1.5 m
轉速＝30 rpm

**4-86.** 繼續準備 Laramie 處理廠的計畫書 (習題 4-83)。試就膠凝池前兩個區隔，進行下列項目的設計：

**1.** 水中輸入動力，kW
**2.** 池尺寸大小，m
**3.** 攪拌器直徑，m

**4.** 攪拌器轉動速度，rpm

使用下列假設：

**1.** 池數＝2
**2.** 三個區隔的遞減 $G$ 值：90 $s^{-1}$，60 $s^{-1}$ 與 30 $s^{-1}$
**3.** $G\theta$＝120,000
**4.** 區隔長度＝寬度＝深度
**5.** 攪拌器型式：軸流式攪拌器，三葉片，$N_p$＝0.40
**6.** 可採用的攪拌器直徑：1.0, 1.8 與 2.4 m
**7.** 假設 $B = \frac{1}{3}H$

**4-87.** 繼續準備 Waffle 處理廠的計畫書 (習題 4-84)。試就膠凝池前兩個區隔，進行下列項目的設計：

**1.** 水中輸入動力，kW
**2.** 池尺寸大小，m
**3.** 攪拌器直徑，m
**4.** 攪拌器轉速，rpm

使用下列假設：

**1.** 池數＝1 (及 1 個備用池)
**2.** 三個區隔的遞減 $G$ 值：60 $s^{-1}$，50 $s^{-1}$ 與 20 $s^{-1}$
**3.** 滯留時間＝30 min
**4.** 深度＝3.5 m
**5.** 攪拌器型式：軸流式攪拌器，三葉片，$N_p$＝0.43
**6.** 可採用的攪拌器直徑：1.0, 1.5 與 2.0 m
**7.** 假設 $B = \frac{1}{3}H$

**4-88.** 若顆粒的沉降速度爲 0.70 cm/s，水平流澄清池的溢流率爲 0.80 cm/s，試問多少百分比的顆粒會截留於澄清池中？

答案：88%

**4-89.** 若顆粒的沉降速度爲 2.80 mm/s，上流式澄清池的溢流率爲 0.560 cm/s，試問多少百分比的顆粒會截留於澄清池中？

**4-90.** 若顆粒的沉降速度爲 0.30 cm/s，水平流澄清池的溢流率爲 0.25 cm/s，試問多少百分比的顆粒會截留於澄清池中？

**4-91.** 若習題 4-88 原廠的流量由 0.150 $m^3/s$ 增加至 0.200 $m^3/s$，預期顆粒去除百分比爲多少？

**4-92.** 若習題 4-89 原廠的流量增爲兩倍，預期顆粒去除百分比爲多少？

**4-93.** 若習題 4-90 原廠的流量增爲兩倍，預期顆粒去除百分比爲多少？

**4-94.** 若流量爲 1.0 $m^3/s$ 的水處理廠使用 10 個沉澱池，溢流率爲 15 $m^3/d \cdot m^2$ 各池表面積 ($m^2$) 應爲多少？

答案：576.0 $m^2$

**4-95.** 就溢流率假設一保守設計值，並設計兩個池一起處理流量爲 0.05162 $m^3/s$ 的石灰軟化膠羽，試決定各池的表面積 ($m^2$)。

**4-96.** 處理水流性質改爲鋁鹽或鐵鹽膠羽，重複習題 4-95 的計算。

**4-97.** 二沉澱池平行操作，總流量爲 0.1000 $m^3/s$，每池深度爲 2.00 m 且每池滯留時間爲 4.00 h，計算每池的表面積以及溢流率 ($m^3/d \cdot m^2$)。

**4-98.** 欲設計一沉澱池能夠將進流懸浮固體濃度由 33.0 mg/L 減少至 15.0 mg/L，試決定其滯留時間與溢流率。以下爲已取得的批次沉降筒數據。已知的數據爲在取樣時間各深度的去除率。

| | 深度,* m | | | | |
|---|---|---|---|---|---|
| **時間, min** | **0.5** | **1.5** | **2.5** | **3.5** | **4.5** |
| 10 | 50 | 32 | 20 | 18 | 15 |
| 20 | 75 | 45 | 35 | 30 | 25 |
| 40 | 85 | 65 | 48 | 43 | 40 |
| 55 | 90 | 75 | 60 | 50 | 46 |
| 85 | 95 | 87 | 75 | 65 | 60 |
| 95 | 95 | 88 | 80 | 70 | 63 |

* 離筒頂的深度，筒深爲 4.5 m

**4-99.** 收集以下試驗數據以設計一沉澱池。試驗進行時初始懸浮固體濃度爲 20.0 mg/L。若懸浮固體去除率需要達 60%，試決定滯留時間與溢流率。已知的數據爲懸浮固體濃度 (mg/L)。

| | 時間, min | | | | | |
|---|---|---|---|---|---|---|
| **深度,* m** | **10** | **20** | **35** | **50** | **70** | **85** |
| 0.5 | 14.0 | 10.0 | 7.0 | 6.2 | 5.0 | 4.0 |
| 1.0 | 15.0 | 13.0 | 10.6 | 8.2 | 7.0 | 6.0 |
| 1.5 | 15.4 | 14.2 | 12.0 | 10.0 | 7.8 | 7.0 |
| 2.0 | 16.0 | 14.6 | 12.6 | 11.0 | 9.0 | 8.0 |
| 2.5 | 17.0 | 15.0 | 13.0 | 11.4 | 10.0 | 8.8 |

* 離筒頂的深度，筒深爲 2.5 m

**4-100.** 收集以下試驗數據以設計一沉澱池。試驗進行時初始濁度為 33.0 NTU。若懸浮固體去除率需要達 88%，試決定滯留時間與溢流率。已知的數據為懸浮固體濃度 (NTU)。

| | 時間, min | | | |
|---|---|---|---|---|
| **深度,* m** | **30** | **60** | **90** | **120** |
| 1.0 | 5.6 | 2.0 | | |
| 2.0 | 11.2 | 5.9 | 2.6 | |
| 3.5 | 14.5 | 9.9 | 6.6 | 3.0 |

* 離筒頂的深度，筒深為 4.0 m

**4-101.** 流量 0.8 $m^3/s$，負荷率 110 $m^3/d \cdot m^2$，需要幾個尺寸為 10 m×20 m 的快砂濾筒？

答案：4 個濾床 (取最接近的偶數值)

**4-102.** 若設立負荷率為 300 $m^3/d \cdot m^2$ 的雙介質濾床，以取代習題 4-101 的標準濾床，將需要幾個濾床？

**4-103.** Troublesome Creek 水處理廠的流量計故障。處理廠管理員告訴你四個雙介質濾床 (每個濾床尺寸為 5.00 m×10.0 m) 的負荷流速為 280 m/d，試問流經濾床的流量 ($m^3/s$) 為何？

**4-104.** Urbana 市淨水處理廠設預計擴建 (例題 4-25)，新的設計流量為 1.0 $m^3/s$，一深床濾池的設計負荷率為 600 $m^3/d \cdot m^2$，若每個濾槽表面積限制在 50 $m^2$ 以下，求共需多少過濾槽？若當中一個槽因維修保養而不能使用時，請重新檢核設計負荷。若一槽不能使用而超過設計負荷率時，請提出替代的設計方案。

**4-105.** Orono 砂及礫石公司參與 Eau Gaullie 新砂濾床的濾砂競標。該規格要求砂的有效粒徑須在 0.35 至 0.55 mm 之間，均勻係數在 1.3 至 1.7 之間。Orono 公司提供以下篩分析的資料，證明其濾砂符合規格。試進行粒徑分析 (以半對數機率圖繪製)，以確認濾砂是否符合規格。

| U.S. 標準篩號 | 質量截留百分比 |
|---|---|
| 8 | 0.0 |
| 12 | 0.01 |
| 16 | 0.39 |
| 20 | 5.70 |
| 30 | 25.90 |
| 40 | 44.00 |
| 50 | 20.20 |
| 70 | 3.70 |
| 100 | 0.10 |

**4-106.** Lexington 砂及礫石公司參與 Laramie 新砂濾床的濾砂競標。此規格標要求砂的有效粒徑須在 0.35 至 0.55 mm 之間，均勻係數在 1.3 至 1.7 之間。Lexington 公司提供以下篩分析的資料 (樣本重為 500.00 g)，證明其濾砂符合規格。試進行粒徑分析 (以 log-log 機率圖繪製)，以確認濾砂是否符合規格。

| U.S. 標準篩號 | 質量截留百分比 |
|---|---|
| 12 | 0.00 |
| 16 | 2.00 |
| 20 | 65.50 |
| 30 | 272.50 |
| 40 | 151.0 |
| 50 | 8.925 |
| 70 | 0.075 |

**4-107.** 改用 70，100 與 140 號篩的去除比例，重新計算例題 4-26 (4-6 節)。設原樣本重 100 g。

**4-108.** Eau Gaullie 處理廠快砂濾床的特性與篩分析結果如下所示。試決定濾砂在已成層的情況下，乾淨濾床的水頭損失。

深度＝0.60 m　　濾床負荷＝120 $m^3/d \cdot m^2$

濾砂比重＝2.50　　形狀因子＝1.00

成層濾床孔隙度＝0.42　　水溫＝19°C

篩分析結果

| U.S. 標準篩號 | 質量截留百分比 |
|---|---|
| 8–12 | 0.01 |
| 12–16 | 0.39 |
| 16–20 | 5.70 |
| 20–30 | 25.90 |
| 30–40 | 44.00 |
| 40–50 | 20.20 |
| 50–70 | 3.70 |
| 70–100 | 0.10 |

**4-109.** 若習題 4-108 的濾床反沖洗率為 1,000 m/d，試決定其擴張床的高度。設應用式 4-107 計算。

**4-110.** Laramie 處理廠所設計的快砂濾床特性如下。試決定濾砂在已成層的情況下，乾淨濾床的水頭損失。

深度＝0.75 m　　濾床負荷＝230 $m^3/d \cdot m^2$

**篩分析結果**

| U.S. 標準篩號 | 質量截留百分比 |
|---|---|
| 8–12 | 0.00 |
| 12–16 | 0.40 |
| 16–20 | 13.10 |
| 20–30 | 54.50 |
| 30–40 | 30.20 |
| 40–50 | 1.785 |
| 50–70 | 0.015 |

濾砂比重＝2.80　　　　　形狀因子＝0.91
成層濾床孔隙度＝0.50　　水溫＝5°C

**4-111.** 決定習題 4-110 中最大反沖洗率與濾砂上方反清洗水槽的高度。設應用式 4-107 計算。

**4-112.** 如 4-6 節例題 4-27 所提及的情形，其濾床水頭損失太高。忽略 100 至 140 過篩比例，重新計算此例題，以了解改善水頭損失特性的情形。

**4-113.** 例題 4-28 (4-6 節) 中忽視 100 至 140 過篩比例後，對於擴張床深度的影響爲何？

**4-114.** 梨形蟲胞囊達到 2.5 log 的衰減，其所對應的去除百分比爲何？

**4-115.** 梨形蟲胞囊達到 99.96 百分比的衰減，其所對應的 log 衰減爲何？

## ▲ 4-13　問題研討

**4-1.** 你預期碳酸飲料的 pH 值會高於、低於，或等於 7？並請解釋原因。

**4-2.** 解釋“濁度”這個名詞使社區的首長明瞭。

**4-3.** 何種輔助化學藥劑應用於處理地表水時，可以使水質美味可口？

**4-4.** 微生物在地下水硬度的形成過程中扮演重要的角色。試問對或錯？並解釋之。

**4-5.** 若井水中無碳酸氫根存在，則軟化時欲去除鎂，需要加入何種化學藥劑？

**4-6.** 利用尺規作圖繪製一水平流沉澱池的向量圖，並指出沉降速度等於溢流率四分之一的顆粒，將有 25% 的比例能夠被去除。

**4-7.** 由於加氯可以維持殘餘濃度，因此在美國較偏好使用氯爲消毒劑而不使用臭氧。試問維持殘餘濃度爲何具有重要性？

**4-8.** 德州 Lubbock 地區正在設計一新的水軟化廠。此地氣候乾燥，而土地亦可以合理的價格輕易地購得。試問何種污泥脫水方法最爲適合？並解釋你的理由。

## ▲4-14 參考文獻

Amirtharajah, A. (1978) "Design of Raid Mix Units," in R. L. Sanks (ed.) *Water Treatment Plant Design for the Practicing Engineer,* Ann Arbor Science, Ann Arbor, MI, pp. 132, 141, 143.

AWWA (1990) *Water Treatment Plant Design,* 2nd ed., McGraw-Hill, New York.

AWWA (1971) *Water Quality and Treatment,* 3rd ed., American Water Works Association, McGraw-Hill, New York, pp. 188, 259.

AWWA (1998) *Water Treatment Plant Design,* 3rd ed., American Water Works Association, McGraw-Hill, New York.

Camp, T. R. (1946) "Sedimentation and Design of Settling Tanks," *Transactions of the American Society of Civil Engineers,* vol. 111, p. 895.

Chick, H. (1908) "Investigation of the Law of Disinfection," *Journal of Hygiene,* vol. 8, p. 92.

Cleasby, J. L. and J. H. Dillingham (1966) "Rational Aspects of Split Treatment," *Proceedings American Society of Civil Engineers, Journal Sanitary Engineering Division,* vol. 92, SA2, pp. 1–7.

Cleasby, J. L. and G. S Logsdon, "Filtration," in Letterman, R. D. (Ed.) (1999) *Water Quality and Treatment,* 5th ed., American Water Works Association, McGraw-Hill, New York, pp. 8.11–8.16.

Cornwell, D. A., and M. Bishop (1983) "Determining Velocity Gradients in Laboratory and Full-Scale Systems," *Journal of American Water Works Association,* vol. 75, September, pp. 470–475.

Cornwell, D. A. and J. A. Susan (1979) "Characterization of Acid Treated Alum Sludges." *Journal of the American Water Works Association,* vol. 71, October, pp. 604–608.

Cornwell, D. A., R. M. Mutter, C. Vandermeyden, (2000) "Commercial Application and Marketing of Water Plant Residuals," AWWA Research Foundation and American Water Works Association, Denver, CO.

Dharmarajah, A. H., and J. L. Cleasby (1986) "Predicting the Expansion Behavior of Filter Media," *Journal of the American Water Works Association,* December, pp. 66–76.

Eckenfelder, W. W. (1980) *Industrial Water Pollution Control,* McGraw-Hill, New York, 1989, p. 61.

Fair, G. M., and J. C. Geyer (1954) *Water Supply and Wastewater Disposal,* John Wiley & Sons, New York, pp. 664–671, 678.

Fair, G. M., J. C. Geyer, and D. A. Okun (1968) *Water and Wastewater Engineering,* vol. 2, John Wiley & Sons, Inc., New York, pp. 25–14.

Fair, G. M., J. C. Geyer, and D. A. Okun (1971) *Elements of Water Supply and Wastewater Disposal,* John Wiley & Sons, New York, p. 371.

Hazen, A. (1892) *Annual Report of the Massachusetts State Board of Health,* Boston.

Hazen, A. (1904) "On Sedimentation," *Transactions of the American Society of Civil*

*Engineers,* vol. 53, p. 45.

Henry, J. G., and C. W. Heinke (1989) *Environmental Science and Engineering,* Prentice Hall, Englewood Cliffs, NJ, p. 201.

Hudson, H. E. (1981) *Water Clarification Processes, Practical Design and Evaluation,* Van Nostrand Reinhold, New York, pp. 115–117.

Jacangelo, J. G., S. Adham, and J. Laine (1997) *Membrane Filtration for Microbial Removal,* AWWA Research Foundation and American Water Works Association.

Lewis, W. K., and W. G. Whitman (1924) "Principles of Gas Absorption," *Industrial Engineering Chemistry,* vol. 16, p. 1,215.

Lide, D. R. (2000) *CRC Handbook of Chemistry and Physics,* 81st ed., CRC Press, Boca Raton, FL, pp. 8-111–8-112.

Lightnin Mixers (2000) http://www.lightninmixers.com/sites/lightnin.

MDEQ (1979) *Annual Data Summary,* Michigan Department of Public Health, Lansing, MI.

McTigue, N., and D. Cornwell, "The Use of Particle Counting for the Evaluation of Filter Performance," AWWA Seminar Proceedings, Filtration: Meeting New Standards, AWWA Conference, 1988.

Metcalf & Eddy, Inc. (2003) *Wastewater Engineering: Treatment and Reuse,* revised by G. Tchobanoglous, F. L. Burton, and H. D. Stensel, McGraw-Hill, New York, p. 1,051.

Montgomery, J. M. (1985) *Water Treatment Principles and Design,* John Wiley & Sons, New York, p. 535.

Newton, I. (1687) *Philosophiae Naturalis Principia Mathematica.*

Reilly, W. H. (a USFilter Company) (2006) http:www.whreilly.com/USF Envirex clarifier.html

Reynolds, O. (1883) "An Experimental Investigation of the Circumstances Which Determine Whether the Motion of Water Shall Be Direct or Sinuous and the Laws of Resistance in Parallel Channels," *Transactions of the Royal Society of London,* vol. 174.

Reynolds, T. D., and P. A. Richards (1996) *Unit Operations and Processes in Environmental Engineering,* PWS-Kent, Boston, p. 256.

Richardson, J. F., and W. N. Zaki, (1954) "Sedimentation and Fluidization, Part I, *Transactions of the Institute of Chemical Engineers* (Brit.), vol. 32, pp. 35–53.

Rose, H. E. (1945) "On the Resistance Coefficient–Reynolds Number Relationship of Fluid Flow through a Bed of Granular Material," *Proceedings of the Institute of Mechanical Engineers,* vol. 153, p. 493.

Rushton, J. H. (1952) "Mixing of Liquids in Chemical Processing," *Industrial & Engineering Chemistry,* vol. 44, no. 12, p. 2,931.

Sawyer, C. N., P. L. McCarty, and G. F. Parkin (1994) *Chemistry for Environmental Engineering,* 4th ed., McGraw-Hill, Boston, p. 473.

Steele, E. W., and T. J. McGhee (1979) *Water Supply and Sewerage,* McGraw-Hill, New York.

Stokes, G. G. (1845) *Transactions of the Cambridge Philosophical Society,* vol. 8, p. 287.

U.S. EPA (1979) *Process Design Manual, Sludge Treatment and Disposal,* U. S.

Environmental Protection Agency, Washington, DC.
U.S. EPA (1991) *Guidance Manual for Compliance with Filtration and Disinfection Requirements for Public Water Systems Using Surface Waters,* Compliance and Standards Division, Office of Drinking Water, U.S. Environmental Protection Agency, NTIS Pub. No. PB93-222933.
U.S. EPA (1996) *Ultraviolet Light Disinfection Technology in Drinking Water Application—An Overview,* U.S. Environmental Protection Agency Office of Ground Water and Drinking Water, Pub. No. 811-R-96-002.
U.S. EPA (2000) *Safe Drinking Water Information System,* U.S. Environmental Protection Agency, www.epa.gov/safewater/getdata.html.
U.S. PHS, (1962) *Manual of Individual Water Supply Systems,* U.S. Public Health Service Publication No. 24, U.S. Department of Health, Education and Welfare, Washington, DC.
Walker Process Equipment (1973) *Walker Process Circular Clarifiers,* Bulletin 9-w-65, Aurora, IL.
Woller, D. M. (1975) *Public Groundwater Supplies in Calhoun County,* Illinois State Water Survey, Publication No. 60-16, Urbana, IL.
Woller, D. M., and E. W. Sanderson (1976a) *Public Water Supplies in McHenry County,* Illinois State Water Survey, Publication No. 60-19, Urbana, IL.
Woller, D. M., and E. W. Sanderson (1976b) *Public Groundwater Supplies in Putnam County,* Illinois State Water Survey, Publication No. 60-15, Urbana, IL.
WQ&T (1990) *Water Quality and Treatment: A Handbook of Community Water Supplies,* F. W. Pontius (ed.), American Water Works Association, McGraw-Hill, New York, pp. 234–235.
WQ&T (1999) *Water Quality and Treatment: A Handbook of Community Water Supplies,* R. D. Letterman (ed.), American Water Works Association, McGraw-Hill, New York, pp. 23, 24. http://www.waterforpeople.org

CHAPTER

# 5

# 水質管理

## ▲ 5-1 導 言

湖泊、河川、池塘等水體的用途主要受其水質影響，釣魚、游泳、划船及排放廢污等不同活動，對水質要求有相當大的差異。倘若作爲飲用水源，則需要高品質的水質。在世界的許多地方，人類活動產生的廢污，已嚴重地降低了水的品質，甚至使原本生產鱒魚的溪流轉而成爲無生命、無用途的污水道。

水質管理主要在控制人類活動產生的污染物，避免水質降低至無法有效使用的地步。居住在俄亥俄河畔的未開化族群，即使將其廢污全部丟入河中也不會降低其水質，然而若是辛辛那提市把未經處理的廢污排入河川，則將無可避免產生不幸的後果。因此水體水質管理亦是一種確認如何會過多 (how much is too much) 的科學。

要知道水體可忍受多少廢污 (即**涵容能力**)，需先了解污染物的型式與其影響水質的方式。而且也要了解流域礦物特性、地勢及氣候等自然因子對水質的影響。一條小山溪將會與低地蜿蜒河流與湖泊具有截然不同的涵容能力。

起初水質管理的目的是在保護水體正常用途，同時在涵容能力限制下，以水體作爲廢污處置的方法。在 1972 年美國國會確立爲了國家利益必須 “恢復並維持水體中化學、物理與生物的完整性”。除了水必須安全適飲外，美國國會亦確立了 “提供魚、貝類與野生動物保護繁殖，及提供水上娛樂的水質” 的目標 (FWPCA, 1972)。經由了解污染物對水質的衝擊，環境工程師可以設計適宜的處理設施來將污染物降低至可接受程度。

本章首先介紹主要污染物的型式及其來源。其次討論河川與湖泊的水質管理，並把重點放在家庭廢水污染物的類別上。此外，爲了解人類活動對河川、湖泊水質的衝擊，影響水質的自然因子亦列入討論之中。

## ▲ 5-2 水污染物及其來源

**點源** 排放至地表水的污染物種類甚多，大體可分類如表 5-1。由於家庭污水與工業廢水一般均由管網或渠道收集並單點排放至承受水體，稱爲**點源**

---

* 本章第一版由 John A. Eastman, Ph.D., of Lockwood, Jones and Beals, Inc., Kettering, OH 所撰寫。

**表 5-1　主要污染物分類及其來源**

| 污染物類別 | 點源 |  | 非點源 |  |
|---|---|---|---|---|
|  | 家庭污水 | 工業廢水 | 農業逕流 | 都市逕流 |
| 耗氧物質 | X | X | X | X |
| 營養物質 | X | X | X | X |
| 致病菌 | X | X | X | X |
| 懸浮固體/沉澱物 | X | X | X | X |
| 鹽類 |  | X | X | X |
| 毒性金屬 |  | X |  | X |
| 毒性有機化合物 |  | X | X |  |
| 環境荷爾蒙 | X | X | X |  |
| 熱 |  | X |  |  |

(point sources)。家庭污水包含由家庭、學校、辦公室及商家所排出的污水。而都市污水則是指工業廢水，亦併同排入的家庭污水。

1972年水污染控制法案認爲，若干**動物飼養操作** (animal feeding operations, AFOs) 屬於集中式動物飼養操作 (concentrated animal feeding operation, CAFO)，則可被歸類爲點源。法規中，AFOs 被定義爲動物被飼養或生產超過 45 天或連續 12 個月，且穀物、蔬菜、草的生產或農業廢棄物保持一定量不再增加的飼養場。後者的要求，將飼養場由牧場中劃分出來。AFO 歸類爲 CAFO (視爲點源) 需符合以下三種特性其中一項 (DiMura, 2003)：(1) 動物飼養數等同或超過 1,000 動物單位*者屬 CAFOs，(2) 動物單位介於 300 至 1,000 間，直接排放或間接排放於地表水者屬 CAFOs (若少於 300 動物單位，則可能不被視爲 CAFOs)，(3) 當 AFO 被認定會對地表水造成顯著污染時視作CAFO。

一般點污染源可在排入天然水體前，經由廢污減量或適宜的廢水處理而降低其污染程度。

**非點源**　市區及農業逕流一般具多排放點，故稱爲**非點源** (non-point sources)。通常受污染的水流過地表沿著天然排水道而進入最近的水體，即使市區或農業逕流以管渠收集，該逕流均以最短路徑排至水體，因此在每一

* 一般而言，每動物單位相當於 450 kg 動物重。

排放口均設置處理設施經濟上並不可行。大多數的非點源污染發生於暴雨或春天溶雪時，並導致相當大的流量，使得處理上更加困難。市區雨水所致的非點源污染，特別是以**合流式下水道** (combined sewers) 同時收集到的都市污水與雨水，需要對主要工程建設進行修正。合流式下水道的原始設計係在提供一個分流結構，使當雨污水混合液流量超過廢水處理廠設計容量時，可溢流超過部份至最近的河川。降低此**合流下水道溢流** (combined sewer overflow, CSO) 量可能不只包括雨污水分流，尚且包含設置雨水溢流池及擴充處理設施以便處理雨水。因爲合流式下水道多位於老舊市區或已發展之地區，因此工程建設的修正複雜且昂貴，而且街道、公共設施及商業活動亦將受干擾。現在在美國已禁止設立合流式下水道。

來自農業土地的逕流爲明顯的非點源污染。肥料以堆肥或商業肥料的形式提供營養物質，農業逕流含有農藥形式的毒性有機化合物，而土壤沖蝕會提供懸浮固體物。執行**最佳管理計畫** (Best Management Practices, BMP)，可降低肥料及農藥的施用，配合土壤沖蝕管制計畫，在保護河川之餘，同時節省農夫的經濟花費。

**耗氧物質**　在承受水體中可被氧化並消耗溶氧的物質稱爲**耗氧物質** (oxygen-demanding material)。該物質通常爲生物可分解的有機物，但亦包含某些無機化合物。**溶氧** (dissolved oxygen, DO) 的消耗威脅那些賴氧爲生的魚類與高等水生生物，臨界的溶氧濃度會隨不同種類的生物而異。例如：溪流中的鱒魚需要約 7.5 mg/L 的溶氧，而鯉魚則需 3 mg/L。通常高商業價值的魚類需要較高的溶氧。家庭污水裡的耗氧物質通常來自於人類廢污與廚餘，在會產生耗氧物質的工業裡面，特別值得注意的是食品業與造紙業。幾乎所有天然的有機物如動物排泄物、農作物殘渣或樹葉等，當以非點源型式進入水體之後均會消耗溶氧。

**營養物質**　氮與磷爲最受關注的兩種營養物質與污染物。所有生物的生長均須靠**營養物質** (nutrients)，因此河川與湖泊中需存在營養物質來維持自然食物鏈*。當營養物質過量且食物鏈受重大干擾時會產生問題，過量營養物質通常導致藻類大量生長，當藻類死亡而沉至湖底時則變成耗氧物質。含磷清

* 簡單來說，食物鏈是有相關的生物集合體，低層的是被捕食者，上層的是捕食者。

潔劑、肥料與食品處理廢水爲營養物質的主要來源。

**致病菌**　廢水中所發現的微生物包含患病人類與動物所排出的細菌、病毒與原生動物。當此類廢水排入地表水體時，會使水無法飲用。假如致病菌的濃度太高，更將使該水體不適於游泳與釣魚。某些貝類可能有毒，乃是因爲它們會在其組織濃縮致病菌而使貝類的毒性較水中爲高。

霍亂及傷寒屬於**地區性**傳染疾病，據統計全球每年約超過 384,000 件霍亂案例發生，導致 20,000 人死亡，傷寒案例約有 1,600 萬件，造成 600,000 人死亡 (*Population Reports*, 1998)，目前在美國這些致病菌已絕跡。美國分佈最廣的致病菌，爲**梨形蟲胞囊** (Giardia lambia) 與**隱孢子蟲** (Cryptosporidium parvum)，這些原生動物致病菌來自於人類及動物。

最近發現自然水體中的細菌，對抗生素具有免疫力 (Ash et al., 1999; Sternes, 1999; Bennett and Kramer, 1999)，將影響未來抗生素的效能。

**懸浮固體**　廢水挾帶的有機與無機顆粒稱爲**懸浮固體** (suspended solids, SS)。當水流入池塘與湖泊時流速降低，許多顆粒即沉至湖底成爲沉積物。一般而言，沉積物亦包含被刮蝕的土壤顆粒，不易沉降的膠體顆粒導致地表水的濁度增加，有機懸浮固體亦可能耗氧。無機懸浮固體由一些工業所排出，但大部份均來自土壤的刮蝕，特別是鑽井、採礦與建造活動。當湖泊與水庫過量沉積時，水的有用性便會降低，即使在快速的山溪，採礦與鑽井所致的沉積物亦會破壞許多水生生物的棲息地，如鮭魚卵僅孵化於鬆碎石的河床，當沉積物塞滿小圓石縫時，魚卵窒息使魚數量減少。

**鹽類**　雖然大部份人談及鹽水便聯想至海洋與鹽湖，但所有的水均含鹽類。鹽通常經由過濾水樣蒸發而量測，不蒸發的鹽類與其他物質稱爲**總溶解性固體** (total dissolved solids, TDS)。當水中鹽類濃度增加至威脅及動植物，或無法作爲給水或灌溉使用時，問題便產生。許多工廠排放高濃度鹽類，冬天馬路使用鹽類導致都市逕流含高鹽類，特別值得注意的是在灌溉區域，每當水流經土壤時會挾帶鹽類。此外蒸發進一步導致鹽類的濃縮，因此當水往下游流時鹽類濃度會持續提高，如果濃度太高會導致土壤中毒或損害農作。

**毒性金屬與毒性有機物**　農業逕流通常含有農作物使用的殺蟲劑與除草劑。都市逕流是許多水體鋅的主要來源，鋅來自於輪胎的磨損。許多工業廢水含有毒性金屬或毒性有機物，假如這些物質排放過多，會使水體幾乎長時間無法使用。維吉尼亞州詹姆士河下游，由於含毒性有機物的工業廢水大量排入，而僅能作爲航行使用。許多毒性物質在食物鏈中會濃縮，使魚貝類無法爲人類所食用，因此即使少量的毒性化合物，對於自然生態系與許多人類的用途上均無法忍受。

**環境荷爾蒙**　改變內分泌的正常生理功能且會影響荷爾蒙合成之化學物質，稱爲*環境賀爾蒙* (endocrine disrupters 或 EDCs)，EDCs 會攻擊讓荷爾蒙發揮作用的組織，EDCs 會模仿雌激素、男性荷爾蒙或甲狀腺荷爾蒙或相關的抗體，干擾哺乳動物、鳥、爬行動物及魚的再生和生長 (Sadik and Witt, 1999; Harries et al., 2000)。圖 5-1 顯示經常在美國水體中被發現的藥物與 EDCs (U.S.G.S., 2002)。

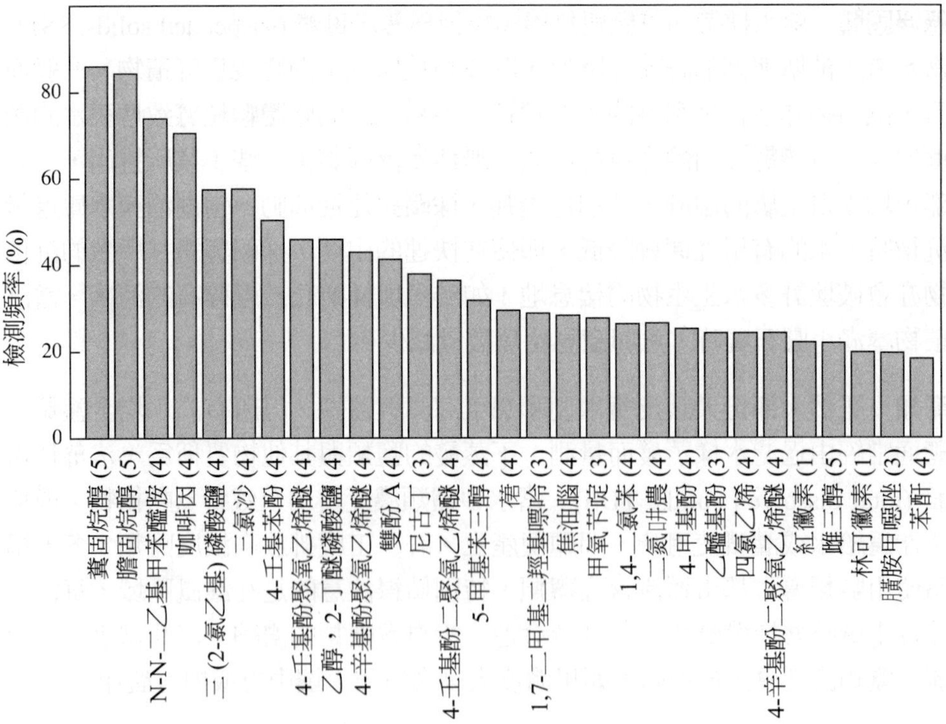


**圖 5-1**　最常被檢測到的藥物及環境荷爾蒙 (*資料來源*：U.S.G.S., 2002.)。

**熱** 雖然熱在一般情形不被認為污染物，但電廠排出的廢熱卻是眾所周知的問題。此外許多工業程序的排出水亦較承受水體水溫高出甚多。在許多環境下水溫的增加可能是有益的，如蚌與蠔的生產可能會因暖化水溫而提高。反之，增加水溫可能會有負面衝擊，許多如鮭魚與鱒魚等高商業價值魚類僅生活於冷水中，在某些案例中，電廠排放的熱水可完全阻擋鮭魚的遷移，當耗氧物質存在時高溫亦會增加耗氧的速率。

## 5-3 河川水質管理

水質管理的目標，簡單來說即是控制污染的排放，使水質不致降低至無法接受的地步。然而控制廢水排放必須進行定量的分析。我們必須能量度污染物、預測污染物對水質的衝擊、決定無人為干擾時的背景水質及確立水體在正常用途下的水準。

對大部分的人來說，經由溶雪所產生清澈、冰冷的山中小溪為高品質飲用水的典型代表。當然，在此種情形下的溪流對我們而言是一種寶藏，但我們卻無法期望密西西比河會具有相同的水質，過去不會將來亦不會有。儘管如此，為維持其正常用途，二者均需適當地管理。山溪可能為某些魚類產卵地，必須避免熱、沉積與化學污染，然而密西西比河由於其流程甚長，經過曝晒與沖蝕後水溫已較高並夾帶沉積物，甚至於遭受有機與毒性化學污染，但魚類仍生存於其中，該河亦作為百萬人口的水源。

污染物對河川的影響主要依污染物型式與個別河川的特徵而定*。河川最重要的特徵包括河川流量、流速、深度、河底型式及周邊植物。其他因子包含氣候、集水區地質、土地使用及河川水生生物型式。河川水質管理必須對此類因子全部加以考量。因此，部份河川對於沉積物、鹽類與熱相當敏感，然而部份河川卻具有較高的污染承受能力。

### 最大每天負荷總量

在 1972 年清淨水法案 303(d) 中，各州、地區及部落被要求提出未達水質標準**惡化水體** (impaired waters) 的名單。在提供最低污染控制技術之後，對於點源污染進行評估，法規要求這些主管機關根據水體名單建立優先順

---

* 這裡將使用的 “river” 這個字包含河川、小河、小溪與其他淡水流通的渠道。

序，並提出水體之**最大每天負荷總量** (total maximum daily loads, TMDL)。TMDL 界定水體可以承受並能達到水質標準的污染物總量，此外，TMDL 分配由點源及非點源的污染物**負荷** (污染物重量)。TMDL 的估算，係以各污染物爲計算基礎，考慮的污染物與表 5-1 所列的物種相近，其他還包括酸/鹼 (pH 值)、農藥與汞。TMDL 計算式定義如下：

$$\text{TMDL} = \Sigma\text{WLA} + \Sigma\text{LA} + \text{MOS} \tag{5-1}$$

其中， WLA ＝現存及未來點源之廢污負荷分配

LA ＝現存及未來非點源之負荷分配

MOS ＝安全限値

MOS 爲計算負荷與水質間之不確定性。*Better Assessment Science Integrating Point and Non-point Sources* (BASINS) **軟體系統，整合地理資訊系統** (*geographic information system*, GIS)、全國性水域與氣象資訊、環境評估技術及模擬工具，用以建立 TMDL (Ahmad, 2002; U.S EPA, 2005)。

部份污染物，特別是耗氧物質與營養物質相當常見，且對任何型式的河川影響均甚大，因此値得特別強調。但並不是說該污染類型對任何河川來講均具最大影響，而是就整體而言，美國河川最受這二類的污染。基於上述理由，本章接下來將對耗氧物質與營養物質對河川水質的影響，進行較詳細的討論。

## 耗氧物質對河川的影響

耗氧物質無論爲有機的或無機的，在排入河川後均會造成水中溶氧的降低，當溶氧降到臨界值後，魚類及水生生物便遭受威脅。要預測溶氧的變化，必須先知道多少廢污排出及微生物分解這些廢污需消耗多少氧。然而由於溶氧會由大氣及水生植物或藻類經光合作用補充，河川溶氧濃度乃決定於補充及消耗此二過程的相對速率。有機耗氧物質的量度，一般是以一種接近於天然水體的方式分解有機物時氧的消耗量來表示。本節首先介紹有機物分解時影響耗氧的因子，接著說明無機氮的氧化，最後討論有機物分解時河川溶氧的預測方程式。

## 生化需氧量

假設某物化學組成已知，將此物質完全分解氧化為二氧化碳及水所需的氧量可以計量觀念求得，該氧量稱為**理論需氧量** (theoretical oxygen demand, ThOD)。

---

**例題 5-1**　計算 108.75 mg/L 葡萄醣 ($C_6H_{12}O_6$) 的理論需氧量。

**解**：首先寫下反應平衡式

$$C_6H_{12}O_6 + 6O_2 \rightleftharpoons 6CO_2 + 6H_2O$$

接著以本書封面內頁表格計算反應物克分子量

| 葡萄醣 | 氧 |
|---|---|
| 6C = 72 | (6)(2)O = 192 |
| 12H = 12 | |
| 6O = 96 | |
| 180 | |

因此氧化 180 克葡萄醣成為二氧化碳及水共需 192 克氧。

108.75 mg/L 葡萄醣的理論需氧量等於

$$(108.75\ \text{mg/L 葡萄醣})\left(\frac{192\ \text{g 氧}}{180\ \text{g 葡萄醣}}\right) = 116\ \text{mg/L 氧}$$

---

**化學需氧量** (chemical oxygen demand, COD) 與理論需氧量不同，它是一種量測值，並非基於對水中物質化學組成的知識而來。在 COD 分析過程，水樣將混以強化學氧化劑 (重鉻酸) 並加熱煮沸，再以反應前後氧化劑量的差距來計算 COD 值。

假如有機物氧化是以微生物將其當成食物來源而進行，所消耗的氧量則稱為**生化需氧量** (biochemical oxygen demand, BOD)。由於部份碳源會轉為細菌細胞，因此實際上的 BOD 值將較 ThOD 值為低。此種 BOD 分析是一種**生物量度法** (bioassay)，它利用微生物在相似於天然水的情形下，間接量度有機物生物可分解的量。生物量度法是指以生物的方法進行測量，水樣首先以細菌植種，細菌則分解有機物獲得能量求生存。由於細菌分解有機物的過程亦消耗氧，此過程稱為**好氧分解** (aerobic decomposition)。耗氧量很容易分析，當有機物存在的量愈多時，氧的利用量即愈高。由於我們實際上分析的是微生物分解有機物時所消耗的氧量，BOD 分析事實上是有機物的間接量測。雖然並非所有有機物是生物可分解的，且實際的分析步驟亦不精確，但由於 BOD 與承受水體耗氧有觀念上的直接關係，BOD 分析仍廣泛地應用於有機物分析上。

僅在極少數情況下 ThOD、COD 與 BOD 會相等。若水中所有機物化學組成均已知，且均可以化學及生物的方法完全氧化，則上述三個分析值將會相同。

當含有可分解有機物的水樣置於封閉性容器內，並以細菌植種後，耗氧型式會如圖 5-2 所示方式進行。在開始幾天由於有機物濃度較高，耗氧速率會較快，隨著有機物濃度降低，耗氧速率亦跟著降低，在 BOD 曲線的最後部份，耗氧則大部份跟細菌的衰減有關。一般假設任何時間的耗氧速率正比於當時殘留可分解有機物濃度。因此，圖 5-2 BOD 曲線可以一次反應的數學式表示。以第 4 章反應速率與反應次數的定義表示該式如下：

$$\frac{dL_t}{dt} = -r_A \tag{5-2}$$

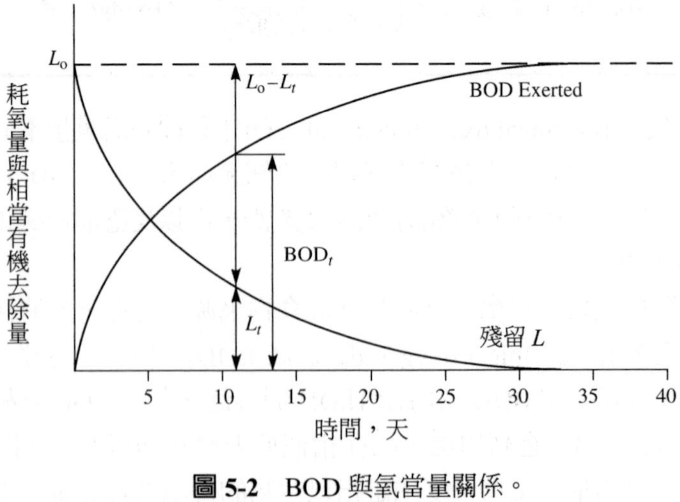


**圖 5-2** BOD 與氧當量關係。

其中，　$L_t$ ＝時間爲 $t$ 時之殘留 BOD，mg/L

$-r_A = -kL_t$

$k$＝反應速率常數 $d^{-1}$

重新安排式 5-2 並積分得：

$$\frac{dL_t}{L_t} = -k\,dt$$

$$\int_{L_o}^{L}\frac{dL_t}{L_t} = -k\int_0^t dt$$

$$\ln\frac{L_t}{L_o} = -kt$$

或

$$L_t = L_o\,e^{-kt} \tag{5-3}$$

其中，$L_o$＝當時間 $t=0$ 時的 BOD

我們主要興趣在有機物分解時的耗氧量 ($BOD_t$) 而非 $L_t$。由圖 5-2 可知，$BOD_t$ 是 $L_o$ 與 $L_t$ 之差值，因此

$$\begin{aligned} BOD_t &= L_o - L_t \\ &= L_o - L_o\,e^{-kt} \\ &= L_o(1 - e^{-kt}) \end{aligned} \tag{5-4}$$

$L_o$ 稱爲*最終 BOD* (ultimate BOD)，亦即當有機物完全分解時最大可能耗氧量。式 5-4 稱爲 *BOD 速率方程式*，通常亦以 10 爲底表示：

$$BOD_t = L_o(1 - 10^{-kt}) \tag{5-5}$$

小寫 $k$ 表示以 $e$ 爲底的反應速率常數，而大寫 $K$ 則表示以 10 爲底的常數。二者關係爲：$k=2.303\,(K)$。

---

**例題 5-2**　若廢水 $BOD_3$＝75 mg/L，$K$ 爲 0.150 $d^{-1}$，求最終 BOD。

**解**：注意 $K$ 以 10 爲基底，將其值代入式 5-5，解 $L_o$：

$$75 = L_o(1 - 10^{-(.150)(3)}) = 0.645\ L_o$$

或

$$L_o = \frac{75}{0.645} = 116\ \text{mg/L}$$

以 $e$ 爲底

$$k = 2.303(K) = 0.345$$
$$75 = L_o(1 - e^{-(.345)(3)}) = 0.645\ L_o$$

則

$$L_o = 116\ \text{mg/L}$$

---

必須注意最終 BOD ($L_o$) 的定義爲廢水的最大 BOD 值，即圖 5-2 的水平線值，因爲 $BOD_t$ 漸近於 $L_o$，因此很難決定得到最終 BOD 的時間。的確，倘由式 5-3 來看，亦只有 $t$ 接近於無窮大時才會得到該值，然而從實際的觀點來說，當 BOD 曲線接近水平時，最終 BOD 亦已達成。就圖 5-2 而言，我們可說大約是 35 天。如果採用計算方式，一般通則是當 $BOD_t$ 與 $L_o$ 一致到三位有效數字時，最終 BOD 就算達成。由於 BOD 分析不可掌握的因素較多，採用二位有效數字的情形可能尚不切實際。

雖然最終 BOD 表示可分解有機物濃度，但它卻未說明在承受水體時耗氧的速率。耗氧乃與最終 BOD 與 BOD 速率常數 ($k$) 二者相關。雖最終 BOD 隨可分解有機物濃度正比增加，速率常數值則與下述因素有關：

**1.** 廢水特性
**2.** 系統內微生物利用污染物的能力
**3.** 溫度

**廢水特性**　天然有機物種類甚多，但其分解的難易度並非均相同。簡單醣類與澱粉可很快分解，因此其 BOD 速率常數相當大，纖維素 (如衛生紙) 則分解甚慢，而頭髮與指甲在 BOD 分析或通常廢水處理程序裡，則幾乎不分解，其他化合物是位於此二極端之間。複雜成分廢水的 BOD 速率常數，則與其不同成分的相對比例有關，典型的 BOD 速率常數示如表 5-2。處理過的水較原廢水具有較低速率常數，主要肇因於易分解有機物較不易分解有機物

**表 5-2　典型 BOD 速率常數數值**

| 水樣 | $K$ (20°C) ($\text{day}^{-1}$) | $k$ (20°C) ($\text{day}^{-1}$) |
|---|---|---|
| 原污水 | 0.15–0.30 | 0.35–0.70 |
| 處理後污水 | 0.05–0.10 | 0.12–0.23 |
| 受污染河水 | 0.05–0.10 | 0.12–0.23 |

於廢水處理系統內去除較完全之故。

**微生物利用廢污的能力**　任何微生物利用有機物的能力均有受限。因此，有許多有機物僅能被小部份的微生物所分解。在一個連續遭受有機污染的天然環境裡，那些最能有效利用這些污染物的微生物將占優勢。然而在分析 BOD 時，微生物的植種可能僅含少部份能分解該廢水有機物的微生物，此問題在分析工業廢水時並非常見。產生的結果是實驗室求得的 BOD 速率常數較天然水環境者爲低，因此 BOD 試驗時必須以已適應此廢水的微生物來進行，如此實驗室求得的速率常數方能與河川的狀況進行比較*。

**溫度**　大部份的生物程序在溫度增加時會較快，且在溫度降低時會較慢，由於耗氧本身是微生物代謝的現象，因此耗氧率亦同時受溫度的影響。在理想情況，BOD 速率常數實驗應以與承受水體相同溫度來進行，但這有二種困難，通常承受水體水溫終年在變，因此需進行相當多的實驗來決定 $k$，另一困難是具不同水溫的地點所求出的 $k$ 值不易比較，所以實驗室的分析以 20°C 來進行，而 BOD 速率常數則以下述表示式來調整至承受水體溫度。

$$k_T = k_{20}(\theta)^{T-20} \qquad \textbf{(5-6)}$$

其中，　$T$ ＝溫度，°C

$k_T$ ＝溫度爲 $T$ 時的 BOD 速率常數，$\text{d}^{-1}$

$k_{20}$ ＝ 20°C 時的 BOD 速率常數，$\text{d}^{-1}$

$\theta$ ＝溫度係數，溫度 4 至 20°C 時爲 1.135，溫度 20 至 30°C 時爲 1.056 (Schroepfer et al., 1964)。

---

* 適應 “acclimated” 這字表示微生物需要時間以適應它們對廢污的代謝，或微生物能利用廢污而有機會在培養中成爲優勢者。

**例題 5-3** 某廢水排放至 10°C 的河川中，求四天之後耗氧量占最大耗氧量之比例。假如 $k_{20}$＝0.115 $d^{-1}$ (以 *e* 爲底)。

**解**：決定水溫爲 10°C 時之 BOD 速率常數值

$$k_{10^\circ C} = 0.115(1.135)^{10-20}$$
$$= 0.032\ d^{-1}$$

以式 5-4 求占最大耗氧之比例

$$\frac{BOD_4}{L_o} = [1 - e^{-(.032)(4)}]$$
$$= 0.12$$

## BOD 常數圖解法

有許多方法可由 BOD 實驗資料來決定 $k$ 及 $L_o$。最簡單但最不精確的作法就是做 BOD 對時間的圖形，其結果如圖 5-2 所示，爲一次曲線。最終 BOD 則從曲線的漸近線來估計。$k$ 以速率方程式求得，但當資料比較散亂時通常不易找到密合曲線。將數據資料線性化爲常用方法之一。一般的一次反應圖解法並不適用，因爲半對數圖解法需先知道初始濃度，而初始濃度正是我們要求的常數 $L_o$。克服此一困難的方法是使用湯姆士圖解法 (Thomas, 1950)，此法係基於下述二函數數列展開的相似性。

$$F_1 = 1 - e^{-kt} \tag{5-7}$$

及

$$F_2 = (kt)(1 + (1/6)\,kt)^{-3} \tag{5-8}$$

將此二函數數列展開得：

$$F_1 = (kt)\left[1 - 0.5(kt) + \frac{1}{6}(kt)^2 - \frac{1}{24}(kt)^3 + \cdots\right] \tag{5-9}$$

$$F_2 = (kt)\left[1 - 0.5(kt) + \frac{1}{6}(kt)^2 - \frac{1}{21.9}(kt)^3 + \cdots\right] \tag{5-10}$$

前二項相同且第三項僅略爲不同。以式 5-10 代替式 5-9 並代入 BOD 速率方程式得如下方程式：

$$\mathrm{BOD}_t = L_o(kt)[1 + (1/6)kt]^{-3} \qquad \textbf{(5-11)}$$

移項並二邊開三次方，式 5-11 可轉成：

$$\left(\frac{t}{\mathrm{BOD}_t}\right)^{1/3} = \frac{1}{(kL_o)^{1/3}} + \frac{(k)^{2/3}}{6(L_o)^{1/3}}(t) \qquad \textbf{(5-12)}$$

$(t/\mathrm{BOD}_t)^{1/3}$ 對時間作圖爲一線性直線，如圖 5-3。該截距爲

$$A = (kL_o)^{-1/3} \qquad \textbf{(5-13)}$$

斜率則爲

$$B = \frac{(k)^{2/3}}{6(L_o)^{1/3}} \qquad \textbf{(5-14)}$$

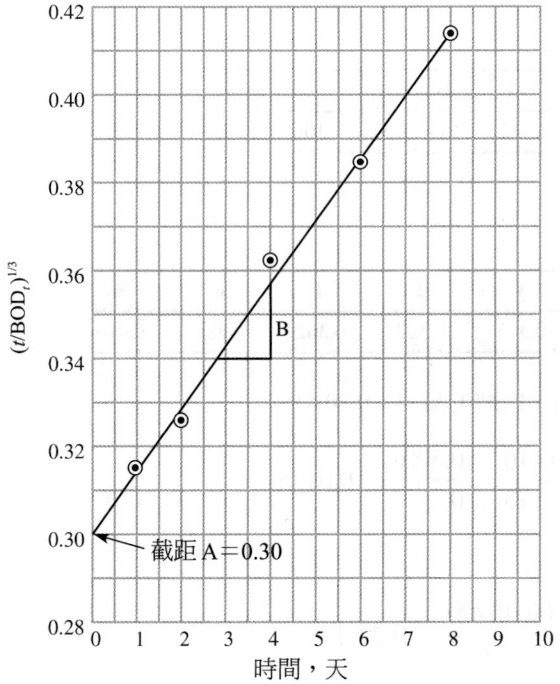


**圖 5-3** 以湯姆士圖解法將 $(t/\mathrm{BOD}_t)^{1/3}$ 對 $t$ 作圖。

解式 5-13 求 $L_o^{1/3}$　並代入式 5-14 求 $k$

$$k = 6(B/A) \tag{5-15}$$

相同地，將式 5-15 代入式 5-13 解 $L$ 得

$$L_o = \frac{1}{6(A)^2(B)} \tag{5-16}$$

以此方法求 BOD 常數之步驟如下：

**1.** 由不同時間 BOD 實驗值計算每日 $(t/BOD_t)^{1/3}$。
**2.** 將 $(t/BOD_t)^{1/3}$ 對時間作圖於算數圖紙上，並繪出最密合資料的直線。
**3.** 由圖形找出截距 $(A)$ 與斜率 $(B)$。
**4.** 由式 5-15 與式 5-16 計算 $k$ 及 $L_o$。

**例題 5-4**　一未經處理廢水的實驗分析資料如下；試求其 BOD 速率常數與最終 BOD。

| **天** | **0** | **1** | **2** | **4** | **6** | **8** |
|---|---|---|---|---|---|---|
| BOD, mg/L | 0 | 32 | 57 | 84 | 106 | 111 |

**解**：首先計算 $(t/BOD_t)^{1/3}$ 值

| 天 | **0** | **1** | **2** | **4** | **6** | **8** |
|---|---|---|---|---|---|---|
| $(t/BOD_t)^{1/3}$ | — | 0.315 | 0.327 | 0.362 | 0.384 | 0.416 |

將 $(t/BOD_t)1/3$ 對 $t$ 作圖 (如圖 5-3)，由圖可知 $A=0.30$ 且

$$B = \frac{(0.416 - 0.300)}{(8 - 0)} = 0.0145$$

代入式 5-15 與式 5-16

$$k = \frac{6(0.0145)}{0.30} = 0.29\ \mathrm{d}^{-1}$$

$$L_o = \frac{1}{6(0.30)^2(0.0145)} = 128 \text{ mg/L}$$

## BOD 的實驗室測量

爲儘可能具備一致性，BOD 量測步驟需予標準化，以下對 BOD 試驗的描述將較強調每一步驟的理由而非詳細內容，詳細內容則請參考**標準水質檢驗法** (Standard Methods for the Examination of Water and Wastewater)(APHA, 2004)。

**步驟 1**　將適量稀釋與植種的水樣置於 300 mL BOD 瓶中 (圖 5-4)，蓋上瓶蓋

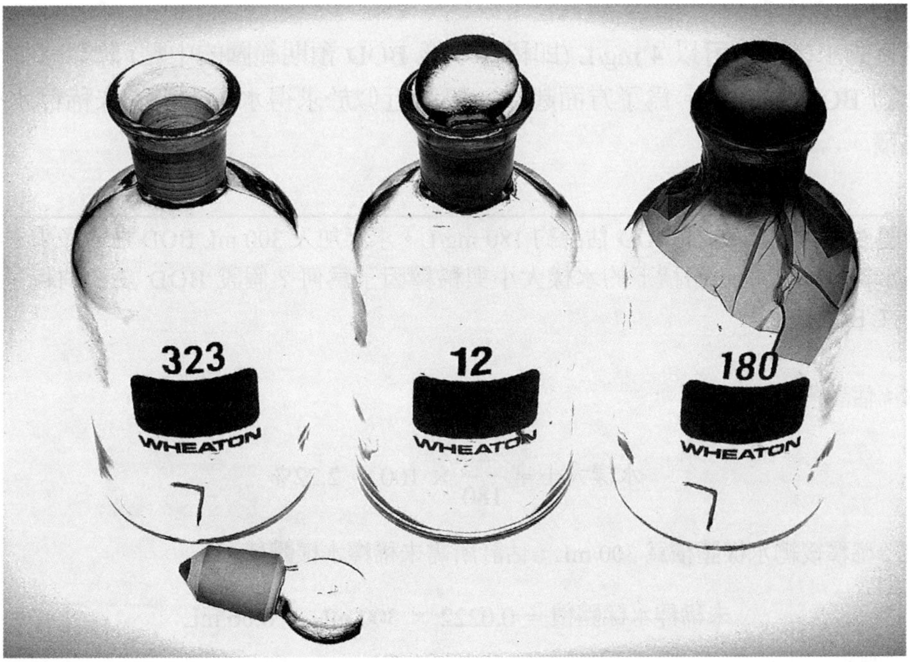


**圖 5-4**　BOD 瓶。左邊的瓶子與瓶蓋分開藉以顯示瓶蓋的形狀，瓶蓋的頂點在確保空氣不會留置於瓶內。中間的瓶子已闔上瓶蓋並在瓶口加以水封、右邊的瓶子在瓶口覆以塑膠套蓋以避免水封蒸發。(Photo courtesy of Harley Seeley of the Instructional Madia Center, Michigan State University)。

排除空氣泡，因爲微生物可用的氧溶於水中，因此水樣需要稀釋。最大溶氧大約在 9 mg/L 左右，稀釋後水樣 BOD 必須在 2 到 6 mg/L 之間。爲避免因細菌生長不足而影響有機物分解，水樣需以含有細菌代謝所需微量元素的稀釋水來稀釋。稀釋水亦含微生物植種，因此所有水樣均含有大約相同型式與數目的微生物。

未稀釋與稀釋水樣的比例稱爲**水樣大小** (samples size)，通常以比例來表示。其倒數則稱爲**稀釋因子** (dilution factor)，以數學式表示如下：

$$\text{水樣大小}\ (\%) = \frac{\text{未稀釋水樣體積}}{\text{稀釋水樣體積}} \times 100 \tag{5-17}$$

$$\text{稀釋因子} = \frac{\text{未稀釋水樣體積}}{\text{稀釋水樣體積}} = \frac{100}{\text{水樣大小}\ (\%)} \tag{5-18}$$

適量的水樣大小可以 4 mg/L (即稀釋水樣 BOD 預期範圍的中點) 除以水樣估計的 BOD 值求得。爲了方面起見，可取近似於求得水樣大小的未稀釋水樣體積。

---

**例題 5-5**　某廢水水樣 BOD 估計約 180 mg/L。求應加入 300 mL BOD 瓶內多少未稀釋水樣體積？在此體積下的水樣大小與稀釋因子爲何？假設 BOD 瓶中消耗了 4 mg/L BOD。

**解**：估計所需水樣大小：

$$\text{水樣大小} = \frac{4}{180} \times 100 = 2.22\%$$

由於稀釋後總水樣體積爲 300 mL，估計所需未稀釋水樣體積：

$$\text{未稀釋水樣體積} = 0.0222 \times 300\ \text{mL} = 6.66\ \text{mL}$$

取水樣體積爲 7 mL。

計算實際水樣大小及稀釋因子：

$$\text{水樣大小} = \frac{7.00\ \text{mL}}{300\ \text{mL}} \times 100 = 2.33\%$$

$$稀釋因子 = \frac{300\ \text{mL}}{7.00\ \text{mL}} = 42.9$$

---

**步驟 2**　將僅含植種稀釋水的空白水樣置於 BOD 瓶中並蓋上瓶塞。空白試驗藉由不含樣本之瓶中加入微生物 (稱為**植種**) 用來估計植種對耗氧量的影響。

**步驟 3**　將含稀釋水樣及空白水樣的 BOD 瓶置於 20°C 暗處數日，一般多採用 5 日。倘為求取最終 BOD 及 BOD 速率常數則仍需分析其他天數的 BOD。水樣置於暗處主要在避免光合作用產氧干擾耗氧結果的計算。如前所述，BOD 試驗在 20°C 標準溫度下進行，因此溫度對 BOD 速率常數影響可降低，且不同實驗室的結果可互相比較。

**步驟 4**　數日後，將水樣瓶及空白瓶由恆溫箱中移出，並測其瓶中溶氧。未稀釋水樣的 BOD 可以下式計算：

$$\text{BOD}_t = (\text{DO}_{b,t} - \text{DO}_{s,t}) \times 稀釋因子 \tag{5-19}$$

其中，$\text{DO}_{b,t}$ = $t$ 天後空白瓶的溶氧，mg/L

$\text{DO}_{s,t}$ = $t$ 天後水樣瓶的溶氧，mg/L

---

**例題 5-6**　若 5 天後空白瓶與稀釋水樣瓶的 DO 分別為 8.7 與 4.2 mg/L，求例題 5-5 廢水水樣的 $\text{BOD}_5$ 值？

**解**：於式 5-19 中代入適當的數值

$$\text{BOD}_5 = (8.7 - 4.2) \times 42.9 = 193 \text{ 或 } 190\ \text{mg/L}$$

---

## 有關 BOD 的其他要點

雖然一般廢水分析均採用 5 天 BOD 為標準，事實上最終 BOD 為總廢水強度較佳的指標。對於具有一定 BOD 速率常數的廢水而言，最終 BOD 與 $\text{BOD}_5$ 的比值為常數，因此 $\text{BOD}_5$ 指示相對的廢水強度。當不同型式的廢水具相同 $\text{BOD}_5$ 時，唯有當 BOD 速率常數相同，其最終 BOD 值才會相等。此

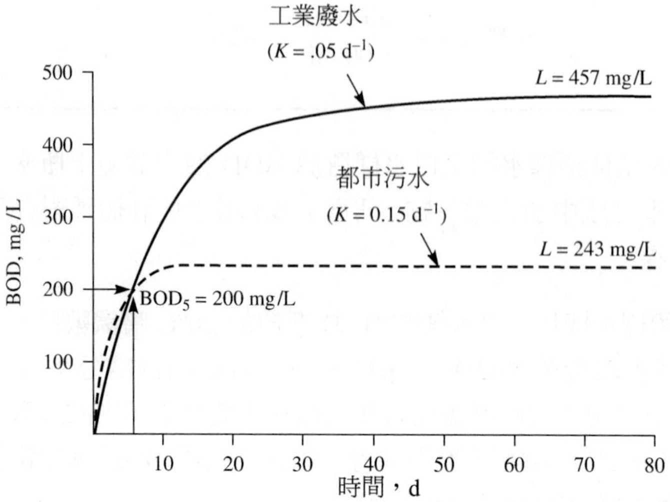


**圖 5-5** 兩種具有相同 $BOD_5$ 的廢水其 $K$ 值對最終 BOD 的影響。

觀念可以圖 5-5 來說明，圖中二種廢水，都市污水具有 $K = 0.15\ d^{-1}$，工業廢水具有 $K = 0.05\ d^{-1}$，雖然二廢水均具 200 mg/L 的 $BOD_5$，工業廢水有較高的最終 BOD，預期對河川溶氧亦會有較大衝擊。對工業廢水而言，前五日具較低比例 BOD 主要乃導因於較低速率常數之故。

$BOD_5$ 值的適當解釋亦可以其他方式說明如下。有一受污染的河川水樣，實驗室分析結果為 $BOD_5 = 50$ mg/L，$K = 0.115\ d^{-1}$，最終 BOD 以式 5-5 計算得 68 mg/L，然而因為河川水溫為 10°C，其 $K$ 值僅 $0.032\ d^{-1}$ (參見例題 5-3)。如圖 5-6 所示，實驗室 $BOD_5$ 值嚴重高估了河川實際耗氧。同樣地情形，當 BOD 速率常數較低時，5 天 BOD 會占最終 BOD 較低的比例。

5 天 BOD 被作為一般使用時的標準，主要係因該試驗法由英國衛生工程師所建議。在英國河川流到海洋的時間少於 5 天，因此無需對較長時間的耗氧進行考慮。由於並未有比 5 天更合理的其他時間來作為標準，該值的使用因此被確立*。

---

* 許多關於 BOD 試驗動力結果顯示，不管河川流過時間為何，5 天培養期的選擇，仍具有科學根據。例如一合理的解釋是 5 天之後，BOD 瓶中的微生物系統是處於自動消化期 (autodigestive phase)，此時細胞外無碳源，因此 5 天後氧的攝取，為細胞消耗本身所儲存碳源所致。

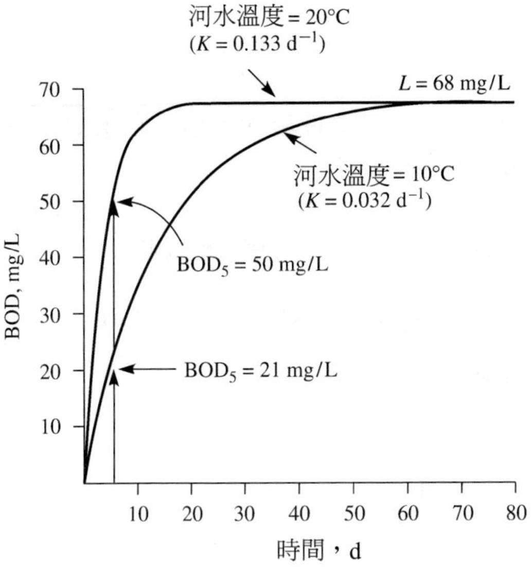


**圖 5-6**　當最終 BOD 一定時，*K* 值對最終 $BOD_5$ 的影響。

## 氮的氧化

先前的討論均假設僅有機物的碳被氧化，許多有機物 (如蛋白質) 亦包含氮，可被氧化並消耗分子氧，但因爲氮氧化的機制與速率明顯地和碳不同，此二程序需分開考慮。由於碳氧化所致的耗氧稱爲 *CBOD* (carbonaceous BOD)。反之，由於氮氧化所致的耗氧稱爲 *NBOD* (nitrogenous BOD)。

氧化有機物中的碳而獲得能量的微生物並無法將其中的氮氧化。相反地，氮是以氨 $NH_3$ 的型式釋放到水中，在正常 pH 值情形，氨實際上的型式爲 $NH_4^+$。從有機物釋放出的氮加上工業廢水及農業逕流流來的氮，均被一種特別的硝化菌當成能量來源而被氧化爲硝酸鹽 ($NO_3^-$)，此程序通稱爲**硝化** (nitrification)。氨氧化的整個程序爲

$$NH_4^+ + 2O_2 \xrightleftharpoons{\text{微生物}} NO_3^- + H_2O + 2H^+ \qquad \textbf{(5-20)}$$

由此反應，理論 NBOD 計算如下：

$$\text{NBOD} = \frac{\text{氧使用克數}}{\text{氮氧化克數}} = \frac{4 \times 16}{14} = 4.57 \text{ g } O_2/\text{g N}$$

因部份氮轉爲新的細菌細胞，實際的 NBOD 值會較理論值爲低，但該差異甚小僅幾個百分比而已。

---

**例題 5-7** 某廢水含 30 mg/L 氨氮 ($NH_3$–N)，計算其理論 NBOD。若廢水分析結果顯示含有 30 mg/L 氨 ($NH_3$)，則理論 NBOD 爲何？

**解**：本題第一部份是以氨氮來表示，因此可以式 5-20 來計算其理論關係

$$\text{理論 NBOD} = (30 \text{ mg N/L})(4.57 \text{ mg } O_2/\text{mg N}) = 137 \text{ mg } O_2/\text{L}$$

對於本題第二部份，必須先將氨轉爲氨氮。

$$(30 \text{ mg } NH_3/\text{L})\left(\frac{14 \text{ g N}}{17 \text{ g } NH_3}\right) = 24.7 \text{ mg N/L}$$

再以式 5-20 的關係求解

$$\text{理論 NBOD} = (24.7 \text{ mg N/L})(4.57 \text{ mg } O_2/\text{mg N}) = 133 \text{ mg } O_2/\text{L}$$

---

NBOD 反應速率與硝化菌存在的數目息息相關。未經處理的原污水中，硝化菌數量甚少，經處理過的放流水硝化菌的濃度則較高。當以未處理的原水與處理過的放流水進行 BOD 試驗時，BOD 的變化如圖 5-7。未經處理的原污水情形，NBOD 會在大多數的 CBOD 用完時才會進行反應，此遲延時間的主要原因在於硝化菌所需時間，以達到充足的數量使 NBOD 反應較 CBOD 明顯。在經處理的放流水情形，水樣中較高的硝化菌數量降低所需的遲延時間。一但硝化作用開始，NBOD 可以式 5-4 及式 5-5 描述，而其 BOD 速率常數與放流水的 CBOD 速率常數值相距不大 ($K$=0.04 至 0.10 $d^{-1}$)。由於 NBOD 的遲延時間變化甚大，$BOD_5$ 值通常甚難解釋，當僅僅想量測 CBOD 時，則必須加入抑制劑以停止硝化程序。硝化速率常數亦受溫度影響，並可以式 5-6 來調整。

## 氧垂曲線

溶氧濃度是河川健康的指標。所有河川均具有某種程度的自淨能力，只要耗氧物質的排放仍位於自淨能力以內，高溶氧濃度將仍可維持，而各類不

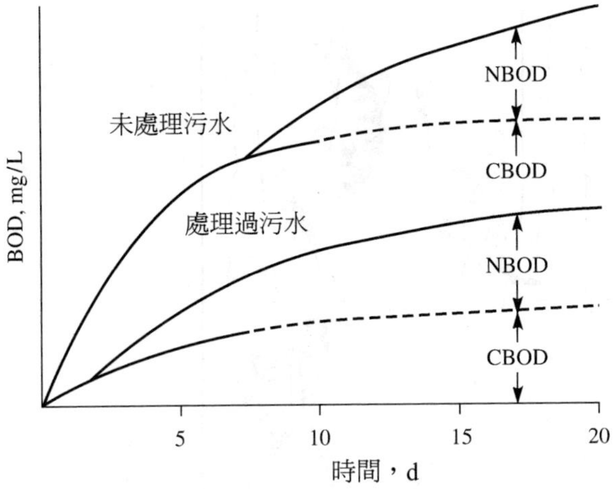


**圖 5-7**　同時顯示 CBOD 與 NBOD 的 BOD 曲線。

同的動植物均可在河中發現。當廢污量增加而超過其自淨能力時，則將危害動植物生命，此時河川喪失自淨能力，溶氧濃度降低。當溶氧低於 4 到 5 mg/L 時，魚將消失。假設溶氧完全消耗盡，魚類和其他高等動物將死亡或消失，並導致絕對有害的環境。當污水和動物死屍在厭氧 (anaerobic) 狀態下分解時，河川變成黑色且具有臭味。

河川水質管理的主要工具之一是評估河川涵容廢污的能力，該方法是在決定廢水排入後下游溶氧的變化，此變化稱爲氧垂曲線 (參見圖 5-8)，因爲當耗氧物質氧化時溶氧濃度下降，但在更下游當氧從大氣中補充時溶氧濃度又再度升起。如圖 5-9 所示，河川中的生物通常是河川中溶氧濃度的一種反

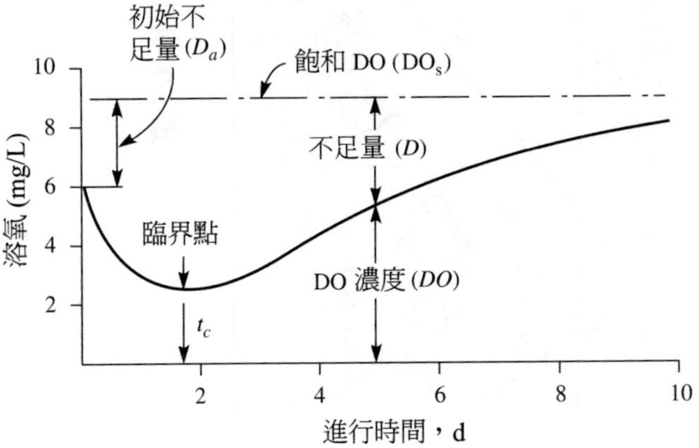


**圖 5-8**　典型氧垂曲線。

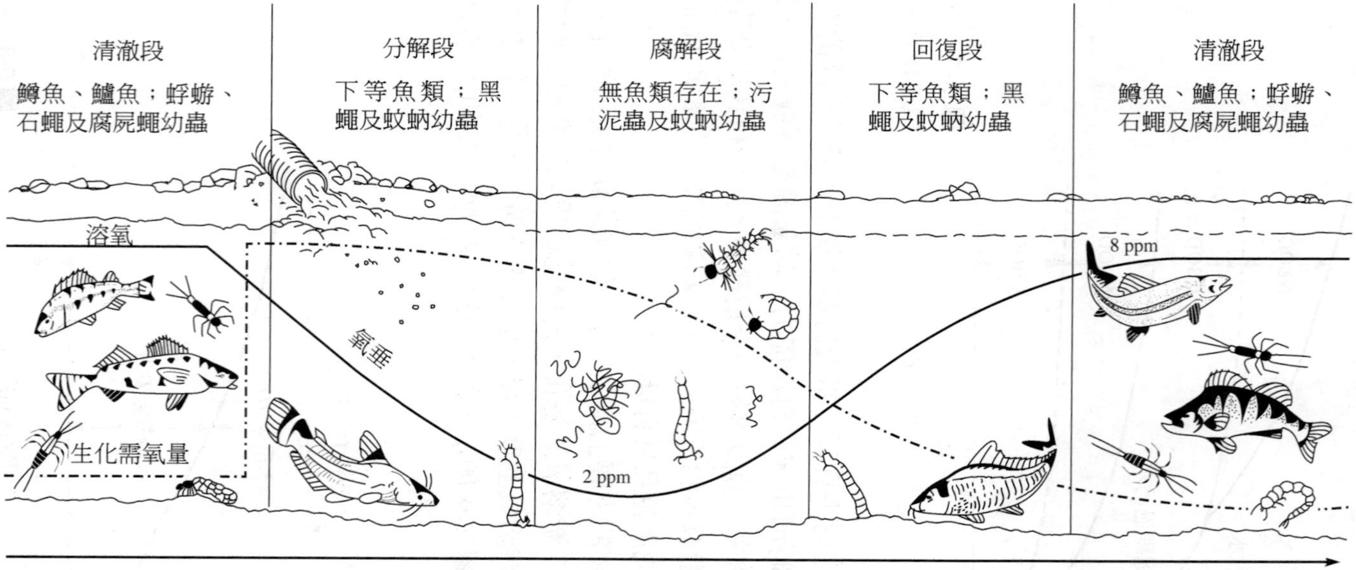


**圖 5-9**　有機污染源下游的氧垂曲線 (資料來源：U.S. EPA)

應。

發展一氧垂曲線的數學模式，必須對氧的來源與影響耗氧的因子加以識別及量化。氧的來源主要爲再曝氣過程由大氣中補充及水生植物的光合產氧。耗氧的因子甚多，最重要的是廢水排放的 BOD (含 CBOD 及 NBOD) 及上游河川本身含的 BOD，第二重要因子是廢水的溶氧通常較河川爲低，因此，在 BOD 作用前，由於廢水的排入，已先將河川溶氧降低。其他影響溶氧的因子包括非點源污染、底泥微生物呼吸作用及水生植物的呼吸作用。依循傳統方式，以下介紹的**氧垂方程式** (又稱爲 Streeter-Phelps 方程式，以發展此方程式的工程師命名) 將僅先考慮初始溶氧降低、CBOD 及大氣的再曝氣效應 (Streeter-Phelps, 1925)，接著再將方程式擴張包含 NBOD，最後，再定性的討論其他影響溶氧的因子，定量的討論則不在本書範圍之內。

**質量平衡法**　簡化的質量平衡有助於了解並解出氧垂曲線問題，三個質量平衡可用來解釋河川與廢水的初始混合效應，當河川與廢水混合時，溶氧、CBOD、溫度均發生改變。

氧的質量平衡圖示如圖 5-10。流量與溶氧濃度的乘積可得單位時間的氧量：

$$廢水溶氧量 = Q_w \mathrm{DO}_w \tag{5-21}$$

$$河川溶氧量 = Q_r \mathrm{DO}_r \tag{5-22}$$

其中，$Q_w$ = 廢水流量，$m^3/s$

$Q_r$ = 河川流量，$m^3/s$

$\mathrm{DO}_w$ = 廢水氧濃度，$g/m^3$

$\mathrm{DO}_r$ = 河川溶氧濃度，$g/m^3$

混合後河川溶氧量等於前二項之和：

$$混合後溶氧量 = Q_w \mathrm{DO}_w + Q_r \mathrm{DO}_r \tag{5-23}$$

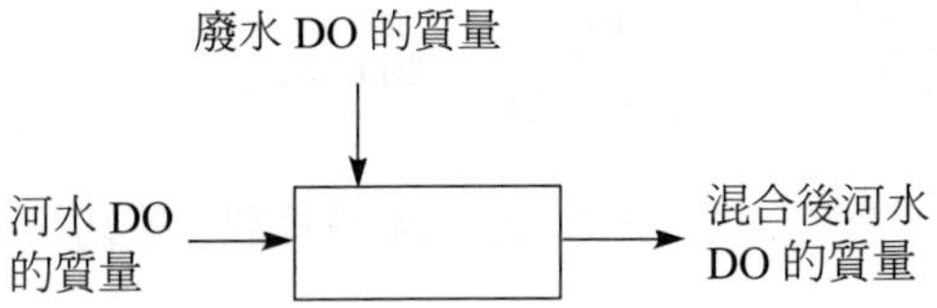


**圖 5-10**　DO 混合的質量平衡圖。

同樣的方式求最終 BOD：

$$\text{混合後最終 BOD} = Q_w L_w + Q_r L_r \tag{5-24}$$

其中，$L_w$ ＝廢水最終 BOD，mg/L

$L_r$ ＝河川最終 BOD，mg/L

混合後溶氧與BOD濃度為單位時間質量除以總流量 (廢水量與河川流量總和)：

$$\text{DO} = \frac{Q_w \text{DO}_w + Q_r \text{DO}_r}{Q_w + Q_r} \tag{5-25}$$

$$\text{L}_a = \frac{Q_w L_w + Q_r L_r}{Q_w + Q_r} \tag{5-26}$$

其中，$L_a$＝混合後最終 BOD 的初始值。

---

**例題 5-8** 某城鎮排放 17,360 $m^3/d$ 處理過的放流水至河川中，放流水的 $BOD_5$ 為 12 mg/L，且 $k$ 值 0.12 $d^{-1}$ (20°C)。河川流量 0.43 $m^3/s$，最終 BOD 為 5.0 mg/L。河川的溶氧為 6.5 mg/L，而放流水溶氧為 1.0 mg/L。試計算混合後的溶氧及初始最終 BOD 值。

**解**：混合後的溶氧可以式 5-25 求得，使用此式前須先轉換至相同單位，亦即 $m^3/s$。

$$Q_w = \frac{(17{,}360 \text{ m}^3/\text{d})}{(86{,}400 \text{ s/d})} = 0.20 \text{ m}^3/\text{s}$$

因此混合後的溶氧為

$$\text{DO} = \frac{(0.20 \text{ m}^3/\text{s})(1.0 \text{ mg/L}) + (0.43 \text{ m}^3/\text{s})(6.5 \text{ mg/L})}{0.20 \text{ m}^3/\text{s} + 0.43 \text{ m}^3/\text{s}} = 4.75 \text{ mg/L}$$

在決定混合後初始最終 BOD 前，須先計算放流水的最終 BOD。以式 5-4 求 $L_o$：

$$L_o = \frac{\text{BOD}_5}{(1 - e^{-kt})} = \frac{12 \text{ mg/L}}{(1 - e^{-(0.12)(5)})} = \frac{12}{(1 - .55)} = 26.6 \text{ mg/L}$$

使用下標 5 天之 $BOD_5$ 決定式中的 $t$ 值。令 $L_w = L_o$，可以式 5-26 計算混合後初始最終 BOD 值。

$$L_a = \frac{(0.20\ \mathrm{m^3/s})(26.6\ \mathrm{mg/L}) + (0.43\ \mathrm{m^3/s})(5.0\ \mathrm{mg/L})}{0.20\ \mathrm{m^3/s} + 0.43\ \mathrm{m^3/s}} = 11.86 \text{ 或 } 12\ \mathrm{mg/L}$$

---

就溫度而言，必須考慮熱平衡而非質量平衡。如第 2 章所述，此為物理學基本原理的應用：

熱物體損失的熱＝冷物體獲得的熱　**(5-27)**

某物質焓 (enthalpy) 或 "熱含量" 的改變可以下述方程式來定義：

$$H = mc_p\Delta T \tag{5-28}$$

其中，　$H$＝焓的改變，J
$m$＝物質的質量，g
$c_p$＝定壓比熱，J/g・K
$\Delta T$＝溫度的改變，K

水比熱隨溫度的不同會略為改變，在天然水體裡其值大約是 4.19。應用式 5-27 可表示如下：

$$(m_w)(4.19)\Delta T_w = (m_r)(4.19)\Delta T_r \tag{5-29}$$

解此方程式的最後溫度即混合後溫度，式中 $\Delta T$ 是指最後河川溫度與廢水或河川初始溫度之差。

$$T_f = \frac{Q_wT_w + Q_rT_r}{Q_w + Q_r} \tag{5-30}$$

**氧不足量**　為使方程式容易求解，氧垂方程式是以氧不足量 (oxygen deficit) 來建立而非以溶氧濃度。氧不足量是指實際溶氧濃度與飽和溶氧濃度之差。

$$D = \mathrm{DO}_s - \mathrm{DO} \tag{5-31}$$

其中，　$D$＝氧不足量，mg/L
$\mathrm{DO}_s$＝混合後河川溫度的飽和溶氧濃度，mg/L
DO＝實際溶氧濃度，mg/L

飽和溶氧濃度受水溫影響甚大，溫度升高其值則降低。清水的 $DO_s$ 值請參閱附錄 A 表 A-3。

**初始不足量** 氧垂曲線的開端是在廢水與河水混合處，初始不足量 (initial deficit) 則為飽和溶氧與混合後溶氧濃度之差 (式 5-25)。

$$D_a = DO_s - \frac{Q_w DO_w + Q_r DO_r}{Q_w + Q_r} \tag{5-32}$$

其中，$D_a$＝河川與廢水混合後的初始不足量，mg/L

---

**例題 5-9** 試計算例題 5-8 廢水和河川水混合後的氧初始不足量，假設河水與廢水均為 10°C。

**解**：由附錄 A 的表中可查得 10°C 飽和溶氧濃度為 $DO_s$＝11.33 mg/L。例題 5-8 中已求出混合後 DO 濃度為 4.75 mg/L，混合後氧初始不足量為

$$D_a = 11.33 \text{ mg/L} - 4.75 \text{ mg/L} = 6.58 \text{ mg/L}$$

---

由於廢水一般較河川溫度為高，因此排放點下游河水溫度通常較上游為高，此又以冬天時為然。因為我們有興趣的是下游的情況，故當決定飽和溶氧濃度時，使用下游的溫度相當重要。

**氧垂方程式** 河川中一小**河段** (reach) 的溶氧質量平衡圖示如圖 5-11a。該圖顯示所有的輸出入情形，具有較完整的質量平衡。如前所述，我們將僅討論傳統的 Streeter-Phelps 模式。簡化質量平衡圖示如圖 5-11b，因此質量平衡方程式為

$$RDO_{in} + W + A - M - RDO_{out} = 0 \tag{5-33}$$

其中，$RDO_{in}$ ＝流入小河段的河川溶氧質量

$W$ ＝流入小河段的廢水溶氧質量

$A$ ＝大氣所致之溶氧增加量

$M$ ＝微生物分解 CBOD 所去除的溶氧質量

$RDO_{out}$ ＝流出小河段的河川溶氧質量

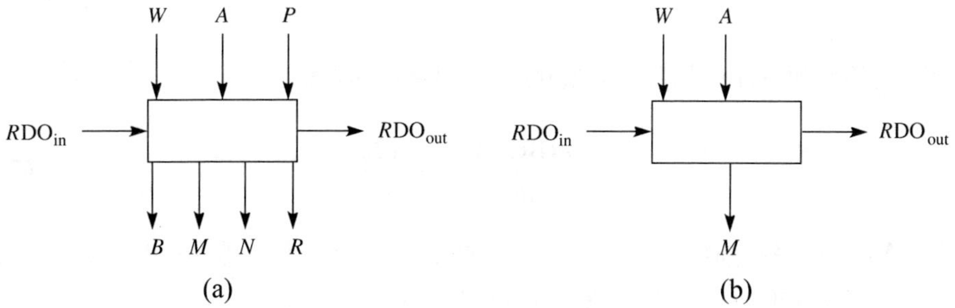


圖例

$R\text{DO}_{\text{in}}, R\text{DO}_{\text{out}}$＝流入與流進河段的 DO 量
$W$＝流入河段的廢水 DO 量
$A$＝由大氣進入的 DO 量
$P$＝藻類光合作用製氧進入的 DO 量
$B$＝植物需求消耗的 DO 量
$M$＝微生物分解含碳 BOD 所移除的 DO 量
$N$＝微生物分解含氮 BOD 所移除的 DO 量
$R$＝藻類呼吸作用消耗的 DO 量

**圖 5-11**　(a) 一小河段 DO 質量平衡圖；(b) Streeter-Phelps 模式簡化質量平衡圖。

我們可以說明式 5-33 的 $R\text{DO}_{\text{in}}+W$ 這二項，我們的目的是找 $R\text{DO}_{\text{out}}$ (mg/L)。因此在解質量平衡方程式前，剩下的 $A$ 與 $M$ 二項必先說明。

河川中微生物作用使溶氧消失的速率 ($M$) 等於溶氧不足量增加的速率，假設溶氧飽和值為常數 [$d(\text{DO}_s)/dt=0$]，式 5-31 取微分得：

$$\frac{d(\text{DO})}{dt}+\frac{dD}{dt}=0$$

且

$$\frac{d(\text{DO})}{dt}=-\frac{dD}{dt} \tag{5-34}$$

DO 的消失速率與 BOD 的降解速率一致，故

$$\frac{d(\text{DO})}{dt}=-\frac{dD}{dt}=-\frac{d(\text{BOD})}{dt} \tag{5-35}$$

先前，在式 5-4 中 $\text{BOD}_t$ 定義為

$$\mathrm{BOD}_t = L_\mathrm{o} - L_t$$

注意 $L_\mathrm{o}$ 爲常數，我們可以說 BOD 隨時間的改變爲

$$\frac{d(\mathrm{BOD})}{dt} = -\frac{dL_t}{dt} \tag{5-36}$$

如此讓我們了解在時間 $t$ 時，由於 BOD 導致之溶氧不足量變化速率，爲一個一次反應且正比於殘留有機物的氧當量：

$$\frac{dD}{dt} = kL_t \tag{5-37}$$

速率常數 $k$ 稱爲**去氧速率常數** (deoxygenation rate constant)，且以 $K_d$ 表示。

氧由空氣 ($A$) 傳送至溶液的速率爲一次反應，且正比於飽和值與實際濃度值之差：

$$\frac{d(\mathrm{DO})}{dt} = k(\mathrm{DO}_s - \mathrm{DO}) \tag{5-38}$$

由式 5-31 與式 5-34，我們可以了解

$$\frac{dD}{dt} = -kD \tag{5-39}$$

此速率常數稱爲**再曝氣速率常數** (reaeration rate constant) $k_r$。

由式 5-37 與式 5-39，可了解氧不足量爲一氧利用與再曝氣競爭的函數：

$$\frac{dD}{dt} = k_d L - k_r D \tag{5-40}$$

其中，$\frac{dD}{dt}$ ＝氧不足量單位時間的改變，mg/L．d

$k_d$ ＝去氧速率常數，$\mathrm{d}^{-1}$

$L$ ＝河水最終 BOD，mg/L

$k_r$ ＝再曝氣速率常數，$\mathrm{d}^{-1}$

$D$ ＝河水氧不足量，mg/L

對式 5-40 積分，當邊界條件為 $t=0$、$D=D_a$ 時，可得氧垂方程式：

$$D = \frac{k_d L_a}{k_r - k_d}(e^{-k_d t} - e^{k_r t}) + D_a(e^{-k_r t}) \tag{5-41}$$

其中，$D$＝BOD 作用後 $t$ 時間河水的氧不足量，mg/L
$L_a$＝河水與廢水混合後初始的最終 BOD 值 (式 5-26)，mg/L
$k_d$＝去氧速率常數，$d^{-1}$
$k_r$＝再曝氧速率常數，$d^{-1}$
$t$＝廢水排放點下游流過時間，d
$D_a$＝河水與廢水混合後最初氧不足量 (式 5-32)，mg/L

當 $k_r=k_d$ 時，式 (5-41) 變為：

$$D = (k_d t L_a + D_a)(e^{-k_d t}) \tag{5-42}$$

式中各項先前已定義。

**去氧速率常數**　因為河川與 BOD 瓶在物理與生物上的差異，其去氧速率常數與 BOD 速率常數有所不同。一般而言，由於河川的紊流混合作用、大量的微生物及懸浮與河床微生物的 BOD 去除作用，河川中 BOD 變化通常較 BOD 瓶中快。雖 $k$ 值很少大過 0.7 day$^{-1}$，$k_d$ 卻可在較淺且流速快的河川中達到 7 day$^{-1}$，然而，在較深且流速慢的河川，$k_d$ 值非常接近 $k$。

Bosko 發展了一種配合河川特性由 $k$ 估計 $k_d$ 的方法 (Bosko, 1966)：

$$k_d = k + \frac{\upsilon}{H}\eta \tag{5-43}$$

其中，$k_d$＝20°C 的去氧速率常數，$d^{-1}$
$\upsilon$＝河川平均流速，m/s
$k$＝實驗室求得 20°C BOD 速率常數，$d^{-1}$
$H$＝河川平均深度，m
$\eta$＝河床活性係數 (bed-activity coefficient)

河床活性係數值之變化可以由 0.1 (深或靜止的水) 到 0.6 (流速快的河川) 或

更高。注意河床活性係數值包含轉換因子，如此使得第二項的單位正確無誤。在由式 5-43 決定完 $k_d$ 後，假使河川溫度是 20°C，則須以式 5-6 進行溫度修正。

---

**例題 5-10** 試計算例題 5-8 與 5-9 的去氧速率常數。河川平均流速為 0.03 m/s，深度 5.0 m 且河床活性係數值為 0.35。

**解**：由例題 5-8 知 $k$ 值為 0.12 $d^{-1}$。以式 5-43 求 20°C 的去氧速率常數

$$k_d = 0.12\ d^{-1} + \frac{0.03\ m/s}{5.0\ m}(0.35) = 0.1221 \text{ 或 } 0.12\ d^{-1}$$

注意式中的單位並不一致。如前所述，式 5-43 的經驗式中含有隱藏式轉換因子，因此在使用該公式時必須採用與作者相同的單位。

此外，該 $k_d$ 值 0.1221 $d^{-1}$ 的溫度為 20°C，而例題 5-9 中河川溫度為 10°C，因此須以式 5-6 修正 $k_d$ 值。

$$10°C \text{ 的 } k_d = (0.1221\ d^{-1})(1.135)^{10-20} = (0.1221)(0.2819)$$
$$= 0.03442 \text{ 或 } 0.034\ d^{-1}$$

---

**再曝氣** $k_r$ 值與紊流混合程度 (與流速相關) 及接觸空氣的水面積與河水體積的比值相關，一個較窄且深的河川會較寬且淺的河川具有較低的 $k_r$ 值。O'Connor and Dobbins (1958) 發展一經驗式，可根據河川特性以及氧進入水中之分子擴散，以估計再曝氣常數：

$$k_r = \frac{3.9\ v^{0.5}}{H^{1.5}} \tag{5-44}$$

其中，$k_r$ ＝20°C 再曝氣速率常數，$d^{-1}$

$v$ ＝平均流速，m/s

$H$ ＝平均深度，m

注意式中係數 3.9 包含使方程式維持正確的轉換因子，再曝氣速率常數亦受溫度影響，且可以式 5-6 ($\theta$ 取 1.024) 來修正，而 $k_r$ 值變化一般在 0.05 到 18

$d^{-1}$ 或更高。

爲使流過時間與下游距離產生關聯，必須知道平均流速。一旦知道下游 $D$ 值即可以式 5-31 求 DO。注意 DO 實際情形不會小於零。假如以式 5-41 計算出來的氧不足量較飽和 DO 爲大，則所有的氧在稍早即已耗用殆盡且 DO 爲零，若計算結果導致負的 DO，則將 DO 當作零，因爲 DO 不可能小於零。

氧垂曲線的最低點 (稱爲**臨界點**，critical point) 因代表河川的最糟狀況，故最受注意。流至臨界點的時間 ($t_c$) 可透過對式 5-41 微分，並設定爲零，解 $t$ 得：

$$t_c = \frac{1}{k_r - k_d} \ln \left[ \frac{k_r}{k_d} \left( 1 - D_a \frac{k_r - k_d}{k_d L_a} \right) \right] \qquad \textbf{(5-45)}$$

或當 $k_r = k_d$

$$t_c = \frac{1}{k_d} \left( 1 - \frac{D_a}{L_a} \right) \qquad \textbf{(5-46)}$$

臨界氧不足量 ($D_c$) 可以式 5-41 臨界時間而求得。

某些情況下，可能在下游並不發生氧垂現象，最低的 DO 可能發生在混合段，此時式 5-45 則不適用。

---

**例題 5-11** 試計算例題 5-8、5-9 及 5-10 排放點下游 5 km 處的 DO 濃度，並求出臨界 DO 與其發生的位置。

**解：**除了流過時間 $t$ 與再曝氣速率外，式 5-41 與式 5-45 所需之數值均已於例題 5-8、5-9 及 5-10 中計算求得，因此首先須計算 $k_r$。

$$20°\text{C 的 } k_r = \frac{(3.9)(0.03 \text{ m/s})^{0.5}}{(5.0 \text{ m})^{1.5}}$$

$$= 0.0604 \text{ d}^{-1}$$

因河川溫度爲 10°C，必須以式 5-6 來修正溫度差異。

10°C 的 $k_r = (0.0604\ \text{d}^{-1})(1.024)^{10-20} = (0.0604)(0.7889) = 0.04766\ \text{d}^{-1}$

注意溫度係數採用本文所述之 1.024，而不是式 5-6 所示的係數。

流過時間由下游距離與河川流速來計算：

$$t = \frac{(5\ \text{km})(1{,}000\ \text{m/km})}{(0.03\ \text{m/s})(86{,}400\ \text{s/d})} = 1.929\ \text{d}$$

雖然在計算中不能藉有效數字使有正當理由，但因爲截短此值的計算效應，我們選擇保持四個有效數字。

溶氧不足量可以式 5-41 來計算

$$D = \frac{(0.03442)(11.86)}{0.04766 - 0.03442}[e^{-(0.03442)(1.929)} - e^{-(0.04766)(1.929)}] + 6.58[e^{-(0.04766)(1.929)}]$$

$$D = (30.83)(0.9358 - 0.9122) + 6.58(0.9122)$$

$$= 6.729 \text{ 或 } 6.73\ \text{mg/L}$$

溶氧則爲

$$\text{DO} = 11.33 - 6.73 = 4.60\ \text{mg/L}$$

臨界時間可以式 5-45 來計算

$$t_c = \frac{1}{0.04766 - 0.03442}\ln\left\{\frac{0.04766}{0.03442}\left[1 - 6.58\frac{0.04766 - 0.03442}{(0.03442)(11.86)}\right]\right\}$$

$$t_c = 6.45\ \text{d}$$

以 $t_c$ 代入式 5-41 的時間，計算臨界溶氧不足量：

$$D_c = \frac{(0.03442)(11.86)}{0.04766 - 0.03442}[e^{-(0.03442)(6.45)} - e^{-(0.04766)(6.45)}] + 6.58[e^{-(0.04766)(6.45)}]$$

$$D_c = 6.85\ \text{mg/L}$$

利用式 5-31 計算臨界點的 DO ($\text{DO}_c$)，並使用附錄 A 表 A-3 中的 $\text{DO}_c$＝11.33 mg/L，計算臨界 DO：

$$\text{DO}_c = 11.33 - 6.85 = 4.48\ \text{mg/L}$$

臨界 DO 發生於排放點下游的距離爲

$$(6.45\text{d})(86{,}400\ \text{s/d})(0.03\ \text{m/s})\left(\frac{1}{1{,}000\ \text{m/km}}\right) = 16.7\ \text{km}$$

注意 0.03 m/s 爲河川流速。

---

**管理策略**　以氧垂曲線進行河川水質管理的第一步是先決定保護河川水生生物的最低溶氧值。該値 (即溶氧標準) 的設定，一般在保護河川中最敏感的水生生物種類。在河川特性與廢水排放狀況已知的情形下，可以氧垂方程式求得臨界點的溶氧値，若該値高於標準，則該河川可涵容此廢水，但若該値低於標準，則需進一步將廢水先行處理。一般而言，環境工程師可控制二參數，$L_a$ 與 $D_a$。經由增加既有處理程序效率或增加新處理步驟，可降低廢水的最終 BOD 進而降低 $L_a$。相對而言，通常較便宜的改善河川水質方法爲降低 $D_a$，即在廢水排入河川前增加溶氧至接近飽和。決定改善方式是否適宜的方式，就是以新的 $L_a$ 及 $D_a$ 值來檢核臨界溶氧值是否超過標準。在特殊情形下，工程師可能會以機械系統將河川曝氣來增加 DO。

當以氧垂曲線來決定廢水處理適當性時，很重要的必須採用足以造成最低 DO 濃度的河川狀況。通常該情形發生在流量低且溫度高的夏末。常用的準則是“10 年，7 天低流量”，即以第 2 章部份期間序列技巧計算得的 7 天平均低流量發生區間。低河川流量降低了對廢水的稀釋，導致較高的 $L_a$ 值與 $D_a$ 值。在低河川流量時因流速低，一般 $k_r$ 值亦較低。此外，高溫增加 $k_d$ 並降低 DO 飽和濃度，因此，使得臨界點更爲嚴重。

---

**例題 5-12**　比茲 (Pitts) 罐頭公司正考慮在格寧河或懷特河旁設立新工廠，其中一項重要決定是在了解廢水排放對河川會有多少影響及對那一條河川影響較小。比茲 A 廠與比茲 B 廠的放流水資料被用來當成可能的放流水持性，此外夏天低流量河川資料如下。

| 放流參數 | A 廠 | B 廠 |
|---|---|---|
| 流量，$m^3/s$ | 0.0500 | 0.0500 |
| 25°C 最終 BOD, mg/L | 129.60 | 129.60 |
| DO, mg/L | 0.900 | 0.900 |
| 溫度，°C | 25.0 | 25.0 |
| 20°C $K$ 值，$d^{-1}$ | 0.0500 | 0.0300 |

| 河川參數 | 格寧河 | 懷特河 |
|---|---|---|
| 流量，$m^3/s$ | 0.500 | 0.500 |
| 25°C 最終 BOD, mg/L | 19.00 | 19.00 |
| DO, mg/L | 5.85 | 5.85 |
| 溫度，°C | 25.0 | 25.0 |
| 速度，m/s | 0.100 | 0.200 |
| 平均深度，m | 4.00 | 4.00 |
| 河床活性係數 | 0.200 | 0.200 |
| 共有四種組合需加以評估 | | |
| A-格寧 B-格寧 | | |
| A-懷特 B-懷特 | | |

**解**：本題將以基底爲 10 的方式來進行。注意 BOD 速率常數 ($K$) 的基底爲 10。另請注意爲解釋後續的計算，本題資料的有效數字位數較可能可以量測的還多。在上述組合中的差別僅在去氧及再曝氣係數的改變，因此我們僅需計算一個 $L_a$ 值及一個 $D_a$ 值。

首先將最終 BOD (kg/d) 質量轉換爲濃度 (mg/L)。與一般由質量換算爲濃度的方法一樣，將廢水質量 (kg/d) (第 2 章) 除以廢水流量 ($Q_w$, $Q_r$ 或 $Q_w + Q_r$)：

$$\frac{\text{最終 BOD 的排放量 (kg/d)}}{\text{廢水流量 } (m^3/s)}$$

分別將質量及流量單位轉換爲 mg/d 與 L/d，如此 d 則可消去

$$\frac{(\text{kg/d}) \times (1 \times 10^6 \text{ mg/kg})}{(m^3/s) \times (86{,}400 \text{ s/d})(1 \times 10^3 \text{ L/m}^3)}$$

無論 A 廠或 B 廠

$$L_w = \frac{(129.60 \text{ kg/d})(1 \times 10^6 \text{ mg/kg})}{(0.0500 \text{ m}^3/\text{s})(86{,}400 \text{ s/d})(1 \times 10^3 \text{ L/m}^3)}$$

$$= \frac{129.60 \times 10^6 \text{ mg}}{4.320 \times 10^6 \text{ L}}$$

$$= 30.00 \text{ mg/L}$$

以式 5-26 計算混合 BOD

$$L_a = \frac{(0.0500)(30.00) + (0.500)(19.00)}{0.0500 + 0.500}$$

$$= 20.0 \text{ mg/L}$$

由附錄 A 表 A-3 得知，DO 飽和濃度在 25°C 時爲 8.38 mg/L。以式 5-32 計算溶氧不足量：

$$
\begin{aligned}
D_a &= 8.38 - \frac{(0.0500)(0.900) + (0.500)(5.85)}{0.0500 + 0.500} \\
&= 8.38 - 5.4 \\
&= 2.98 \text{ mg/L}
\end{aligned}
$$

在 A 廠排入格寧河的情形，以式 5-43 與 5-44 來計算去氧及再曝氣係數：

$$
\begin{aligned}
K_d &= 0.0500 + \frac{0.100 \times 0.200}{2.3 \times 4.00} \\
&= 0.05217 \text{ d}^{-1} \quad (20°\text{C})
\end{aligned}
$$

及

$$
\begin{aligned}
K_r &= \frac{1.7(0.100)^{0.5}}{(4.00)^{1.5}} \\
&= 0.067198 \text{ d}^{-1} \quad (20°\text{C})
\end{aligned}
$$

($K_d$ 方程式中的 2.3 與 $K_r$ 方程式中的 1.7 是基底爲 10 的情形，該值與正文所列之值不同，應注意。)

因河川與廢水之溫度均爲 25°C，因此無需計算混合後之溫度，然而仍需將 $K_d$ 與 $K_r$ 調整至 25°C。$K_d$ 部份以式 5-6 的 $\theta$ 值 1.056 來計算

$$
\begin{aligned}
K_d &= 0.05217(1.056)^{25-20} \\
&= 0.068513 \text{ 或 } 0.0685 \text{ d}^{-1}
\end{aligned}
$$

根據式 5-44 的討論，可知再曝氣的 $\theta$ 值爲 1.024，因此

$$
\begin{aligned}
K_r &= 0.067198(1.024)^{25-20} \\
&= 0.075658 \text{ 或 } 0.0757 \text{ d}^{-1}
\end{aligned}
$$

因爲我們希望將流過時間計算至小數以下第二位，因此將 $K_d$ 減少至三個有效數字。接著以式 5-45 計算臨界時間

$$
\begin{aligned}
t_c &= \frac{1}{0.0757 - 0.0685} \log \left\{ \frac{0.0757}{0.0685} \left[ 1 - 3.0 \left( \frac{0.0757 - 0.0685}{0.0685 \times 20.0} \right) \right] \right\} \\
&= 138.89 \log [1.105(1 - 3.0(0.005255))] \\
&= 138.89 \log [1.0876] \\
&= 5.07 \text{ d}
\end{aligned}
$$

將此值代入式 5-41 的 $t$，可求得臨界點的氧不足量：

$$D_c = \frac{(0.0685)(20.0)}{0.0757 - 0.0685}[10^{-(0.0685)(5.07)} - 10^{-(0.0757)(5.07)}] + 2.98[10^{-(0.0757)(5.07)}]$$
$$= 191.76\,[(0.4493) - (0.4133)] + 2.98[0.4133]$$
$$= 6.903 + 1.232$$
$$= 8.13 \text{ mg/L}$$

解式 5-31 求 DO，並查附錄 A 表 A-3 的飽和 DO，可計算臨界點的 DO：

$$\text{DO} = \text{DO}_s - D$$
$$= 8.38 - 8.13 = 0.25 \text{ mg/L}$$

因此 A-格寧組合方式的最低 DO 值爲 0.25 mg/L，它發生於 A 廠排放口下游流過時間 5.07 天處。因格寧河流速爲 0.100 m/s，其下游距離爲：

$$\frac{(0.100 \text{ m/s})(5.07 \text{ d})(86{,}400 \text{ s/d})}{1{,}000 \text{ m/km}} = 43.8 \text{ km}$$

所有的組合情形整理如下：

| | A-格寧 | A-懷特 | B-格寧 | B-懷特 |
|---|---|---|---|---|
| $K_d$ | 0.0685 | 0.0714 | 0.0422 | 0.0451 |
| $K_r$ | 0.0757 | 0.107 | 0.0757 | 0.107 |
| $t_c$ | 5.07 | 3.99 | 5.93 | 4.44 |
| $D$ | 8.14 | 6.93 | 6.27 | 5.31 |
| DO | 0.25 | 1.47 | 2.13 | 3.08 |

明顯地 B-懷特爲最佳組合。

以上組合情形在不同時間下的氧不足量繪如圖 5-12，由此圖可獲得結論如下：

**1.** 增加再曝氣速率，其餘維持不變，則會降低氧不足量且臨界點會移向上游。
**2.** 降低再曝氣速率，其餘維持不變，則會增加氧不足量且臨界點會移向下游。
**3.** 增加去氧速率，其餘維持不變，則會增加氧不足量且臨界點會移向上游。
**4.** 降低去氧速率，其餘維持不變，則會降低氧不足量且臨界點會移向下游。

---

**NBOD** 直至目前爲止，在氧垂曲線上僅考慮 CBOD 部份，然而在許多情形下，NBOD 對 DO 的影響均不小於 CBOD。現在的廢水處理廠放流水 $\text{CBOD}_5$ 可小於 30 mg/L，而典型的放流水亦含大約 30 mg/L，若該放流水排

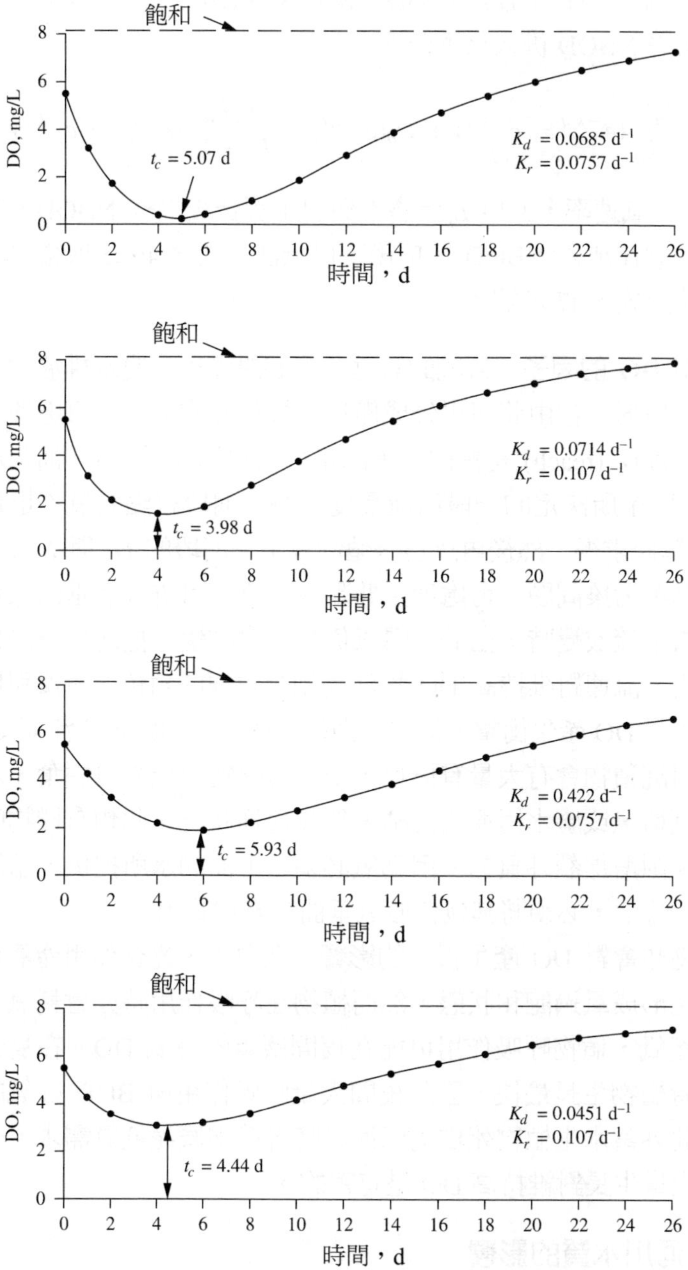


**圖 5-12**　$K_d$ 與 $K_r$ 對氧垂曲線的影響。

放的是氨 (見例題 5-7)，則其 NBOD 約為 137 mg/L。在式 5-41 中增加另一項計算式即可將 NBOD 併入氧垂曲線之內。

$$D = \frac{k_d L_a}{k_r - k_d}(e^{-k_d t} - e^{-k_r t}) + D_a(e^{-k_r t}) + \frac{k_n L_n}{k_r - k_n}(e^{-k_n t} - e^{-k_r t}) \qquad \textbf{(5-47)}$$

其中，$k_n$＝氮去氧速率，$d^{-1}$；$L_n$＝廢水與河水混合後最終 NBOD，其餘的定義同前。需注意在加入 NBOD 一項後，已無法以式 5-45 求取臨界時間，而必須以試誤法對式 5-47 求解。

**其他影響河川 DO 的因子**　傳統的氧垂曲線假設僅有一廢水排放源，實際上很少發生這種情形，經由將河川分成僅具一排放源的河段，可處理多污染源的問題。所謂*河段* (reach) 是指由工程師基於河川的同質性 (即河道形狀、河底組成、坡度等) 所決定的一段河流長度。每一河段終點的氧不足量與殘留 BOD 可經計算而求得，然後再以這些值計算下一河段的 $D_a$ 與 $L_a$。若河段切的夠小，非點源污染問題亦可處理。非點源污染一可併入氧垂曲線進行較複雜的分析。當水流改變時，由於再曝氣係數也會改變，把河川分段也相當必要。在小河川，流速對維持高 DO 扮演著相當重要的角色。浚渫與攔河壩降低了流速，也對 DO 產生衝擊，但壩下游的 DO 也會因跌水亂流而提高。

一些河川沉積物會有大量有機物，這些有機物可能來自樹葉、水生植物死亡的天然沉積，或廢水污泥的沉積，無論何種狀況，此類有機物的分解均會對河川氧來源增加額外負擔。因為氧必須由上面的水所提供，當河底需氧量相對地很大時則，必須將其包含於氧垂曲線方程式內。

水生植物亦會對 DO 產生很大的影響。在白天，光合作用產氧可補充再曝氣作用甚至形成氧過飽和狀態，然而植物在呼吸作用時亦會耗氧。雖然整個淨作用是產氧，植物呼吸作用可能在夜間嚴重的降低 DO。在夏天，流量低且溫度高時植物生長最快，因此夜間大量呼吸作用與 BOD 好氧的最壞狀況相符合。此外當水生植物死亡沉至河底時會增加底泥耗氧需求。一般說來水生植物的大量生長對維持高 DO 是有害的。

## 營養物質對河川水質的影響

雖然耗氧物質是河川最重要的污染物，營養物質可導致植物過量生長而破壞河川水質。營養物質指植物生長所需元素，以植物組織含量次序排序包括碳、氮、磷和各類微量元素。當各類營養物質充足時，植物生長，然當任何其中一樣受限時，植物生長即受限制。

某些植物生長是需要的，因爲植物形成食物鏈的基礎、支持動物族群。然而，過量植物生長亦產生許多不佳的情形，如：岩石上生長黏層 (slime layers) 與水生雜草的過量生長。

營養物質並非植物生長的唯一要素。在許多河川，由於土壤、細菌與其他因子所致的濁度易阻擋光線而限制了深水處的植物生長，也因此岩石的黏層多發生於淺水處。

**氮的影響**　氮對承受水體有害的理由有三：

**1.** $NH_3$-N 濃度高時對魚有毒
**2.** 低濃度 $NH_3$ 與 $NH_3^-$ 可導致藻類過量生長
**3.** $NH_4^+$ 變爲 $NO_3^{-1}$ 時消耗大量溶氧

**磷的影響**　磷主要有害的效應是它爲藻類生長重要營養物質。若磷量符合藻類生長所需，藻類即過量生長。藻類死亡時則成爲細菌可分解的耗氧有機物，而其耗量往往超過水體可供給的氧量，因此造成魚類的死亡。

**管理策略**　過量營養物質所致水質問題的管理策略多基於營養物質的來源。除少數狀況外，植物生長所需碳源均相當充足，植物使用二氧化碳，而此二氧化碳可由水中碳酸鹽鹼度或細菌分解有機物而獲得。當水中二氧化碳耗用時，大氣將進行補充。一般微量元素的主要來源爲岩石礦物的天然風化，該作用通常是環境工程師較無法掌握。然而因爲空氣污染產生的酸雨會加速此作用，因此空氣污染控制可協助降低微量元素的供給。即使在廢水中可發現多量的微量元素，去除這些微量元素卻相當困難。此外，氮和磷更可能爲限制營養物質，因此營養物質所致水質問題的控制主要在廢水氮磷的去除。

## ▲ 5-4　湖泊的水質管理

耗氧物質亦是重要的湖泊污染物，特別是廢污排放於如海灣般的封閉性區域時。致病菌在靠近海水浴場時特別重要。如河川一般，某些湖泊受到工業廢水毒性物質的嚴重污染，然而在大部份湖泊的水質控制上，磷較其他污染物來得重要，因此以下討論將給予較高重視。

湖泊系統的基本知識對於了解磷在湖泊污染的角色是相當重要的。湖泊的研究稱爲**湖沼學** (limnology)，本節基本上是與磷污染相關的湖沼學簡介。

## 分層作用與翻騰

由於每年空氣溫度改變導致水溫改變，幾乎所有在溫帶的湖泊在夏天會分層而秋天會翻騰，此外，在寒冷氣候的湖泊也會進行冬天分層與春天翻騰的現象。此種物理現象的發生與水質無關，然而卻影響水質。

夏天湖泊的表水被陽光直接加熱也被暖空氣間接加熱。溫水較冷水密度低，因此多維持在水面位置上直至因風力、波浪與其他作用力產生亂流而形成向下混合。由於這樣的紊流僅延伸至水面下一定距離，因而形成混合良好的**溫水表水層** (epilimnion) 浮於混合不良的**冷水下水層** (hypolimnion) 上的現象 (如圖 5-13a)。表水層由於混合良好因此爲**好氧** (aerobic) 狀態，下水層 DO 較低可能爲**厭氧** (anaerobic) 狀態。由於溫度在一相對而言很短距離內有大改變，此邊界稱爲**變溫層** (thermocline)，變溫層定義爲溫度隨距離的改變大於 1°C/m。你可能在一小湖游泳時經歷過變溫層，當你水平游泳時水爲定溫的，但當你潛下時，水溫轉冷，如此即穿越了變溫層。表水層深度與湖泊大

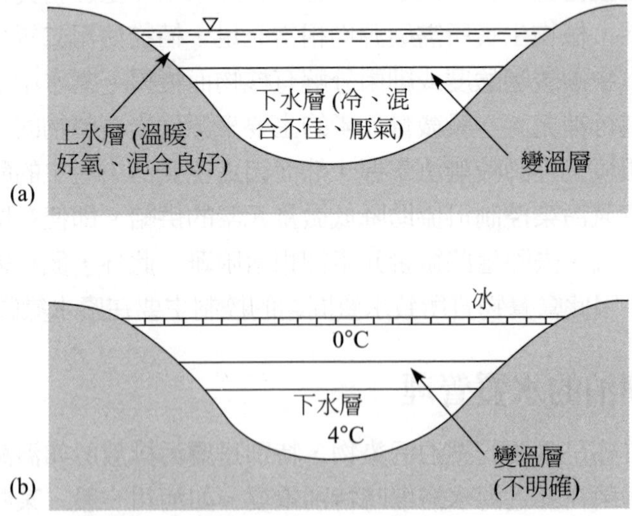


**圖 5-13** (a) 夏天與 (b) 冬天湖泊的分層現象。

小相關，在小湖可能僅 1 米而在大湖它卻可深至 20 米或更深。表水層深度也跟春天的暴雨活動相關，在春天表水層正在形成，暴雨時機正確將會使溫水混合至較平常為深之處。一旦分層形成，湖泊分層現象將相當穩定，它僅可能在絕對暴雨狀態方會被打破。事實上，當夏天接近時，表水層持續暖化因此穩定度會增加，此時下水層會維持一相當穩定的溫度。

秋天時溫度下降，表水層冷卻直到它的密度較下水層高時，表水開始下沉，於是發生翻騰現象，下水層的水因而昇至表面，在此又被冷卻而下沉，湖泊此時發生完全混合的現象。如果在寒冷氣候，當溫度達 4°C 時，翻騰現象即會停止，因為 4°C 是水密度最高的溫度。進一步表水的冷凍會導致如圖 5-13b 的冬天分層現象，當春天水開始暖化時，湖泊又開始翻騰而完全混合，因此在溫帶湖泊每年至少會有一次分層與翻騰現象。

## 生物層

由於陽光與氧的因素，湖泊具有幾個生物活性層。如圖 5-14 所示，最重要的生物層為：光照層、沿岸層與湖底層。

**光照層**　可以透光的上層區域稱為*光照層* (euphotic zone)，所有植物生長均發生於此層，較深處的最重要植物為藻類，而有根植物則生長在淺水靠岸處。光照層的深度依干擾透光的濁度而定，雖然在某些湖泊懸浮黏土亦會大

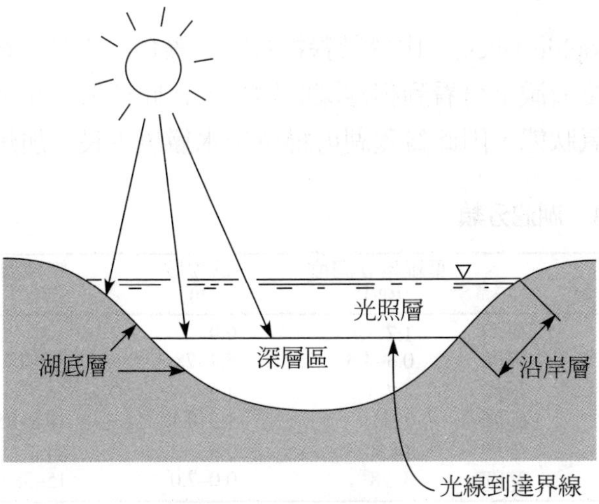


**圖 5-14**　湖泊的生物。

量降低透光，但在大部份湖泊，濁度主要來自於藻類生長。在光照層，植物靠光合作用產生的氧較其呼吸所用的還多。光照層下是*深湖層* (profundal zone)，此二層的中間區域稱爲*光補償面* (light compensation level)。光補償面位置約在光強度等於 1°C 未減弱光線處。值得注意的是光照層底僅在很少狀況下會是變溫層。

**沿岸層**　有根植物生長的淺水沿岸稱爲*沿岸層* (littoral zone)。沿岸層的範圍與湖底坡度與光照層深度有關。沿岸層不會較光照層爲深。

**湖底層**　湖底沉積物構成*湖底層* (benthic zone)。當湖泊生物死亡時，會沉積至此層並被分解。細菌可存在於此層，至於蠕蟲、昆蟲、甲殼類動物等較高等生物則視氧是否存在而定。

## 湖泊生產力

湖泊生產力 (lake productivity) 是一種維持食物網能力的度量。藻類是這個食物網的最基層，它作爲較高等生物的食物。湖泊的生產力可以經由度量藻類生長量而決定，雖然通常生產力較高的湖泊有較多的魚類，但期望生長的魚類數量可能會減少。事實上由於藻類增加所導致的非預期改變，增加生產力通常會導致水質變差。由於生產力在決定水質上扮演著重要角色，可用來分類湖泊，如表 5-3 所列。

**貧養湖** (oligotrophic lakes)　由於營養物質限制藻類的生長，貧養湖生產力甚低。因此，水質清澈至可看到相當深的地步。在此情形，光照層通常會達到下水層且爲好氧狀態，因此貧養湖可維持冷水獵魚生長。加州與內華達州邊

**表 5-3　湖泊分類**

| 湖泊分類 | | 葉綠素 *a* 濃度 μg/L | 透視度 m | 總磷濃度 μg/L |
|---|---|---|---|---|
| 貧養 | 平均 | 1.7 | 9.9 | 8 |
| | 範圍 | 0.3–4.5 | 5.4–28.3 | 3.0–17.7 |
| 中養 | 平均 | 4.7 | 4.2 | 26.7 |
| | 範圍 | 3–11 | 1.5–8.1 | 10.9–95.6 |
| 優養 | 平均 | 14.3 | 2.5 | 84.4 |
| | 範圍 | 3–78 | 0.0–7.0 | 15–386 |

(資料來源：Wetzel, 1983)

界的大荷湖 (Lake Tahoe) 是一個典型貧養湖的例子。

**優養湖** (eutropbic lakes)　由於具有充足的藻類營養物質，優養湖的生產力相當高。藻類導致高濁度湖水，因此光照層僅延伸至上水層的部份區域，當藻類死亡時會沉至湖底並為底棲生物所分解，在夏天分層時，這樣的分解會耗掉下水層的氧。因為下水層在夏天為厭氧安態，優養湖僅可維持溫水魚生長。事實上冷水魚一般需要至少 5 mg/L 的溶氧，因此在下水層變為厭氧前，冷水魚即已消失。高度優氧湖泊亦產生大量浮藻而有不悅的臭味出現。

**中養湖** (mesotropbic lakes)　介於貧養與優養之間的湖泊稱為中養湖。雖然中養湖下水層會大量耗氧，它仍是好氧湖泊。

**老化湖** (senescent lakes)　這種是比較老化且較淺的湖沼，此種湖泊具很厚的有機沉積物，並長滿有根植物，最終將變為沼澤。

## 優養化

優養化 (eutrophication) 是一個自然的程序，在此過程由於營養物質的引入與循環，湖泊漸淺且生產力提高。因此貧養湖漸漸地經過中養、優養、老化的階段而終將完全填平。這個過程所發生的時間與原始湖泊大小及沉積物、營養物質引入的速率有關，若某些湖泊優養化過程相當慢，在經過若干年後水質變化不大，若營養物質高，某些湖泊可能在形成之初即已優養化了。

當人類活動增加沉積物與營養物質流入湖泊的速率時，天然優養化過程會加速而形成*人文優養化* (cultural eutrophication)，因此湖泊污染可視為一種天然程序的加速作用，這並不意謂優養湖必然受污染，但污染卻促成優養化。湖泊水質管理主要在減緩優養過程至少到天然速率的地步，為了解優養化因子必須先了解影響藻類生長因素。

## 藻類生長需求

所有藻類均需要如碳、氮、磷的主要營養物質和微量元素。藻類要能生長所有營養物質均須存在，缺少任一種營養物質均會限制藻類生長，以下說明每種營養物質的來源與其循環。

**碳** 藻類從溶於水中的二氧化碳得到碳源。由於二氧化碳與碳酸鹽緩衝系統成平衡狀態 (參閱第 4 章)，可即時獲得的碳受水中鹼度決定，然而當二氧化碳於水中被消耗時，空氣中二氧化碳隨即補充，大氣終究是二氧化碳耗用不盡的來源。當藻類爲較高等生物所耗用或死亡分解時，有機碳氧化變回二氧化碳，重回水中或大氣而完成碳循環。

**氮** 湖泊中的氮通常以硝酸鹽形式 ($NO_3^-$) 存在，且多來自河川或地下水等外來來源，當藻類攝取時，氮還原爲氨基氮 (amino-nitrogen, $NH_2^-$) 並合成爲有機化合物。當藻類死亡分解時，有機氮於水中釋出氨氮 ($NH_3$)，然而氨再以如河川硝化程序般的過程氧化爲硝酸鹽。

只要水中維持好氧，氮會形成由硝酸鹽、有機氮、氨氮再回到硝酸鹽的循環過程。然而在厭氧沉積物及優養湖的下水層，當藻類的分解耗盡溶氧時，硝酸鹽則以*脫硝* (denitrification) 程序被厭氧菌還原爲氮氣並於此系統消失。脫硝降低了氮在湖泊系統的停留時間。脫硝反應如下：

$$2NO_3^- + \text{有機碳} \rightleftharpoons N_2 + CO_2 + H_2O \tag{5-48}$$

某些光合成微生物可將大氣中的氮轉換爲有機氮。湖泊中最重要的固氮菌稱爲 Cyanobacteria，由於它含色素，先前被稱爲藍綠藻 (blue-green algae)，因其具固氮能力，當硝酸鹽與氨濃度低而其他營養物質充足時，Cyanobacteria 較綠藻具競爭優勢。一般並不期望發生 Cyanobacteria，因其易漂浮、凝聚成團甚爲不雅，且產生不悅的臭味，Cyanobacteria 亦會產生毒素對魚有害。幸運地，除非溶解性氮已降至非常低的地步，此種生物不會過度繁殖。

**磷** 湖泊的磷源自外在，經藻類以無機型式 ($PO_4^{3-}$) 攝取轉換爲有機化合物。藻類分解時，磷又變爲無機型式。死亡藻類細胞釋磷甚爲快速，因此僅少部份隨死亡藻類細胞沉至下水層。但漸漸地，磷或以未分解有機物；或以與鐵、鋁、鈣形成沉澱物形式；或以與黏土顆粒結合形式而轉爲沉積物。磷由水中變爲沉積物的去除最終會與流入湖泊的鐵、鋁、鈣與黏土相關。

**微量元素** 藻類生長所需微量元素的量相當少，因此一般清水中即已具備藻類所需足量的微量元素。

## 限制營養物質

1840 年 Justin Liebig 提出一個觀念 "植物的生長依其存在量最少的營養物質而定"，此稱爲 *Liebig* **最小定律** (Liebig's law of the minimum)。亦即藻類的生長將受限於最不易獲得的營養物質。在所有營養物質中，僅磷無法從大氣或天然水中獲得，因此磷被視爲湖泊的**限制營養物質**。磷的量控制著藻類生長與湖泊生產力，由圖 5-15 **葉綠素** *a* 對磷濃度做圖即可了解上述關係。藻類含光合作用的葉綠素 *a*，因此葉綠素 *a* 被用來區別藻類數量與其他如細菌的有機固體。據估計磷的濃度須小於 0.010 至 0.015 mg/L 方足以限制藻華的發生 (Vollenweider, 1975)。

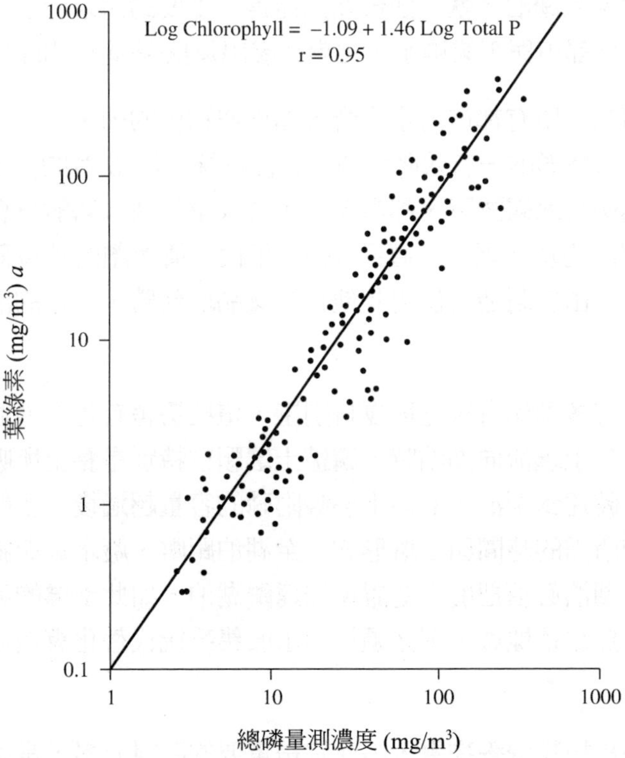


**圖 5-15**　143 個湖泊夏天葉綠 *a* 與總磷量測濃度關係
(資料來源：Jones and Bachmann, 1976)。

## 湖泊磷的控制

因爲磷通常爲限制營養物質，因此人文優氧化的控制需由降低排入湖泊磷量來完成。一旦排入量降低，因爲磷會沉於湖底或流出，所以磷濃度會漸漸降低。其他尙有加鋁使磷沉澱、疏浚高磷沉積物等控制策略被提出，然而，若排入的磷量不被縮減，優氧過程仍會持續，因此沉澱或疏浚僅爲暫時改善水質的方式，但若配合減少磷排入量，雙管齊下可有助於加速湖泊系統既存磷的移除。當然此種加速回復程序的需要仍需考量其潛在的破壞，包括污泥堆滿岸邊與將沉積湖底的有毒化合物攪起。

爲減少磷的排入，必須了解磷的來源與降低的方式。磷的天然來源是岩石的風化。岩石釋出的磷可直接進入水體，但一般會被植物所擷取再以死亡植物的方式進入水體。降低天然磷的排入非常地困難，如果排入量相當大，此湖泊是天然優氧湖泊。就大部份湖泊而言，主要的磷來源多來自人類的活動，最重要者爲都市與工業廢水、化糞池滲出及挾帶磷肥料的農業逕流。

**都市與工業廢水**　所有都市污水均含人類排洩物中的磷，許多工業廢水含量亦相當高，此種情形唯一有效降低磷的方法是採用第 6 章的高級廢水處理程序。由於清潔劑含聚磷酸鹽，都市廢水也含大量的磷，磷酸鹽會與水中硬度結合使得清潔劑的功能更佳，直到 1970 年代，清潔劑的磷負荷大約是人類排洩物的二倍，由於製造者使用其他化學藥品取代磷，現在的清潔劑已不含磷。

**化糞池滲出**　許多湖岸有家庭與夏日別墅，這些房舍有化糞池並就地處置廢水。當處理水經土壤流向湖泊時，磷被土壤顆粒特別是黏土所吸附。因此初期僅非常少的磷達到湖泊，然而土壤吸附磷的容量超過後，多餘的磷即流入湖泊。磷飽和所需的時間與土壤形式、至湖泊距離、廢水量與磷濃度相關。爲避免磷到達湖泊必須把廢水處置現場遠離湖泊，如此土壤的吸附容量則不會超過，如果無法這樣做，則必須以污水收集系統代替化糞池並將廢水送至處理場。

**農業逕流**　磷是植物營養物質，因此它是重要的肥料元素，當雨水流經施過肥的土地時，部份的磷被帶入河川而進入湖泊。大部份未被植物攝取的磷與土壤顆粒結合，由於土壤侵蝕，結合磷被帶入河川與湖泊。經由鼓勵農夫採用少量多次的施肥方式與採取阻止土壤侵蝕的有效措施，可控制排入湖泊的磷負荷。

## 湖泊酸化

純雨水呈微酸性。如第 4 章所述，$CO_2$ 溶於水中成爲碳酸 ($H_2CO_3$)。$H_2CO_3$ 的平衡濃度導致雨水 pH 值約爲 5.6，因此酸雨通常定義爲 pH 值小於 5.6 的雨水。美國東北部與加拿大的雨水，pH 值多位於 4 到 5 之間 (如圖 5-16)。此種低 pH 值多因燃燒石化燃料產生硫氧化物與氮氧化物所致 (參見第 7 章)。

魚類特別是鱒魚及亞特蘭大鮭魚對於低 pH 值相當敏感，大部份在 pH 值小於 5.5 即感受到極大壓力，假如 pH 值降到 5.0 以下能存活的便很少。如果 pH 值小於 4.0，青蛙死亡率超過 85%。

高鋁濃度通常是魚類死亡的導火線。鋁在土壤內相當豐富，但它通常結

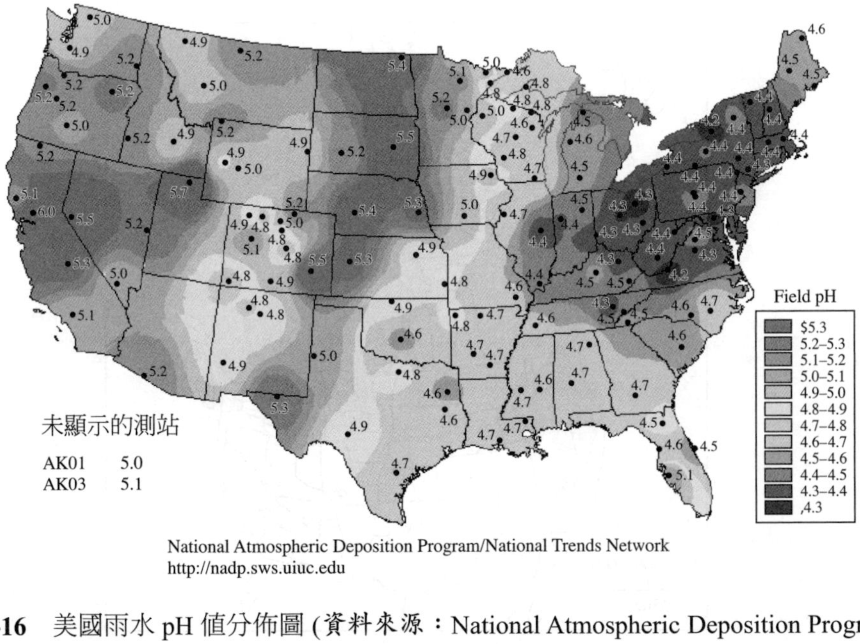


**圖 5-16**　美國雨水 pH 值分佈圖 (資料來源：National Atmospheric Deposition Program (NRSP-3)/National Trends Network (2003). NADP Program Office, Illinois State Water Survey, 2204 Griffith Dr. Champaign, IL 61820. Data for 2001 now available. http://nadp.sws.uiuc.edu/isopleths/maps1997/phfield. gif.)。

合於土壤礦物質內。在正常 pH 值範圍內，鋁在水溶液中很少發生，水的酸化促使高毒性的 $Al^{3+}$ 釋出。

大部份湖泊具備碳酸鹽緩衝系統 (參見第 4 章)，在湖泊緩衝能力未超過情形下，湖泊 pH 值不會因爲酸雨而有太大改變，假如擁有碳酸鹽來源可補充酸雨的消耗，緩衝能力便會相當大，石灰質土壤便含有大量的碳酸鈣 ($CaCO_3$)。如圖 4-14 所示碳酸釋出碳酸氫鹽至水溶液中，酸雨的 $H^+$ 也會導致釋出碳酸氫鹽，因此石灰質土壤所形成的湖泊有阻滯酸化的作用。

其他影響湖泊對酸雨感受度的因子爲土壤、岩床的深度與滲透性、流域大小與坡度、植物型態。薄而不透水的土壤提供給降雨與土壤的接觸時間較短，因此降低土壤對酸雨的緩衝能力。相同地，小而陡的流域減小了緩衝時間。落葉有增加酸度的傾向，針葉樹葉使得逕流較原降雨爲酸。花岡石岩床較不具緩衝酸雨的能力，Galloway and Cowling (1978) 使用岩床地形來預測哪些區域內的湖泊潛在地對酸雨較敏感 (圖 5-17)。你可注意到這些預測的敏感區域也是酸雨區域。

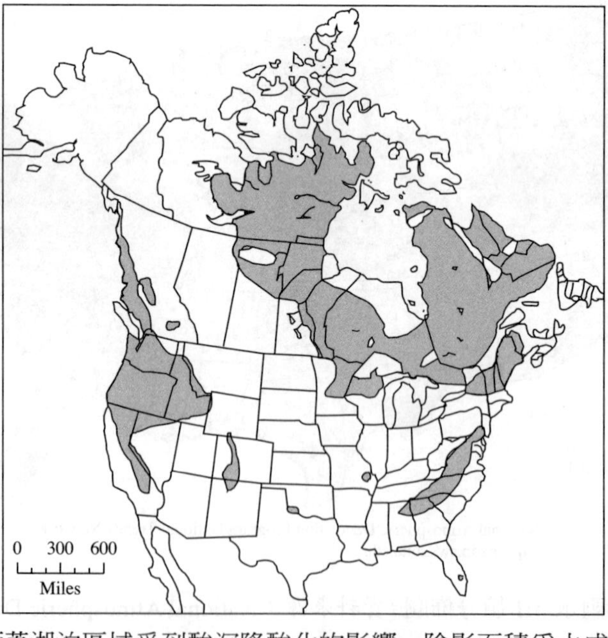


**圖 5-17** 北美涵蓋湖泊區域受到酸沉降酸化的影響。陰影面積爲水成岩或變質岩地質，無陰影面積表沉積岩或石灰岩地質。低鹼度的湖泊區域位於水成岩與變質岩地質的部份 (資料來源：Galloway and Cowling, 1978)。

湖泊酸化的控制與大氣中硫氧化物及氮氧化物的排放有關，空氣污染物在酸雨的角色將在第 7 章進一步討論

## ▲ 5-5　河口的水質管理

當淡水從河川及溪流進入海洋時，於海岸形成**河口** (estuary)，爲淡水混合海水之過渡區域，河口會受到潮汐影響。芬地灣、波士頓碼頭、契斯比科海灣、普斯克里斯海灣、佛羅里達灣、哈德遜河口、摩比爾灣、普捷灣以及舊金山灣，皆屬此類河口。

河口的鹽度會受到鹽水及淡水混合並伴隨潮汐漲退潮之雙循環影響，而使河口生態趨於複雜。許多不同的棲地，支撐著不同動物之廣大變化的豐富度，但水質的些微改變，對每一個物種具有敏感性。

如同其他的地表水，河口亦承受了過量的污染物，雖然用於管理湖泊及河川水質的技術與政策，也能夠應用於管理河口水質，但水質管理是複雜的，因政治管轄權的數目，其觸及河口和居住於此之生物體的競爭需求，而環境價值的競爭是基於河口商業化的經濟價值 (Costanza and Voinov, 2000)。

## ▲ 5-6　地下水的水質管理

地下水由於其所在位置，較地表水不易受到污染，然而一旦地下水遭受污染，由於其位置及天然水緩慢的置換率，導致其不易恢復至未受破壞的狀態。二種主要的污染源最受矚目，生物及化學污染物之非控制釋出，以及過度抽取地下水所導致的鹽水入侵。

### 非控制釋出

非控制釋出包括以下幾種來源：

- 化糞池系統不當的操作或位置所導致的排放
- 地下儲槽的滲漏
- 有害或其他化學廢棄物不適當的處置
- 管線或運輸意外造成的泄漏
- 受污染地表水注入地下水
- 掩埋場滲漏

• 滯留池與潟湖的滲漏

污染物的性質以及含水層的材質會影響污染物的移動。水溶性化學物質傾向垂直性經由土壤移動至含水層，並隨著地下水流移動，如圖 5-18 所示。硝酸鹽、三甲基四丁醚 (一種汽油添加物) 以及達馬松 (農藥) 皆屬此水溶性化學物質。

當化學物質微溶於水時，將會以分離非水相形式於地下水層中移動，稱為**非水相液體** (nonaqueous phase liquids, NAPLs)，依據其密度可分為兩類，密度低於水者，如圖 5-19 所示，將會浮在水面上，稱為輕 NAPLs 或 LNAPLs。部份會溶於水中，部份會在進入未飽和含水層時，揮發至孔隙中，常見的 LNAPLs 為汽油與航空燃油。密度高於水者，如圖 5-20 所示，將會下沉至不透水層，稱為重 NAPLs 或 DNAPLs，三氯乙烯、四氯乙烯以及含有 PCB 之油脂皆屬此類。

地下水污染控制的管理技術，將在第 10 章中討論。

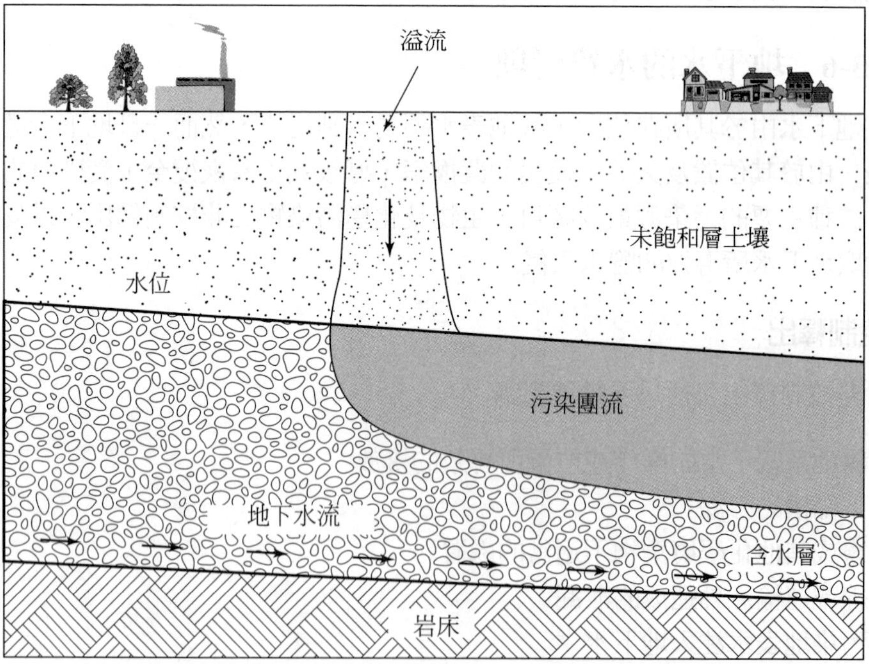


**圖 5-18** 溶解性污染團流。

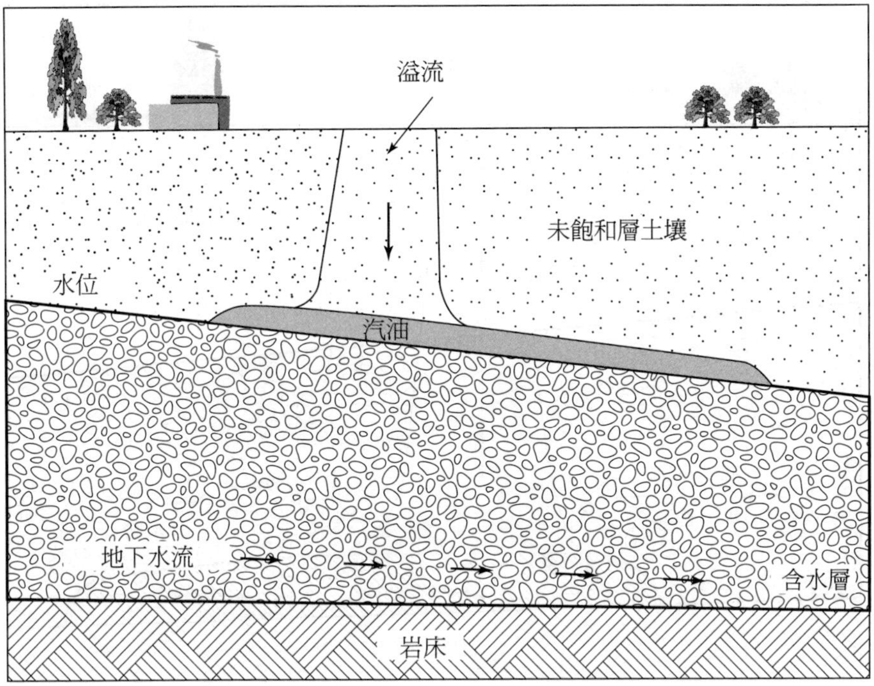


**圖 5-19**　密度低於水之不相溶污染團。

## 鹽水入侵

靠近海洋或在鹽的含水層上之淡水含水層，當其由水井中被抽取，使得水位接近淡水-鹽水交界處時，可能會受到鹽水污染。

由於海水密度較淡水重，因此在流向海水的含水層中，會形成一鹽水楔子 (圖 5-21)。使用圖 5-21 的標示，假設淡水水平移動至海洋，在海岸線處，淡水與海水存在一介面，則此介面上任一點的淡水壓力為：

$$P_f = (h + z)\rho_f \qquad \textbf{(5-49)}$$

其中，$P_f$ ＝淡水壓力，Pa

$h$ ＝海平面上的地下水位高度，m

$z$ ＝介面與海平面的距離，m

$\rho_f$ ＝淡水密度，kg/m$^3$

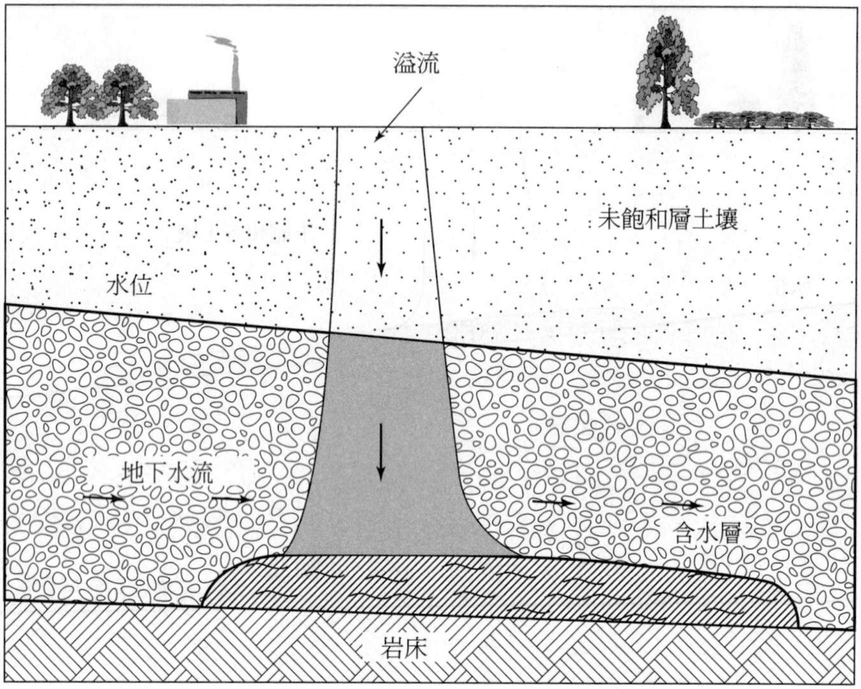


**圖 5-20** 密度高於水之非溶解性團。

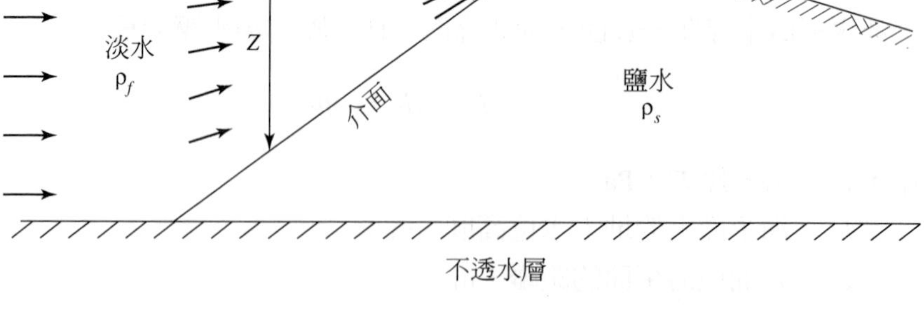


**圖 5-21** 在海岸含水層流入海洋之淡水-鹽水介面 (資料來源：Bouwer, 1978)。

在介面處，淡水壓力與鹽水壓力一致，因此 $P_f = z\rho_s$，解此二方程式可得 $z$ 爲：

$$z = \frac{\rho_f}{\rho_s - \rho_f} h \tag{5-50}$$

其中，$\rho_s$＝鹽水密度，g/mL

$\rho_f$＝淡水密度，g/mL

取淡水密度爲 1.000 g/mL 以及鹽水密度爲 1.025 g/mL 代入公式中，可估算 $z$ 約爲 $40h$，因此地下水位在海平面上，每高於一公尺，其下在遭遇到鹽水之前，將有 40 m 淡水。但實際的情形並不如圖 5-21 所假設的那樣簡單，必須使用更複雜的表達，以正確估算介面位置 (Bouwer, 1978)。

當鹽水是潛存於淡水地下水之下時，抽取一淡水水井將會造成在井下的介面上升，如圖 5-22 所示。此**尖錐上揚**是回應在介面的壓力減少，此結果乃是因水井附近的水位下。假如井篩接近鹽的含水層或抽水速率過高，鹽水可能被吸入水井中。

淡水水井在一無限的抽取時間之後，在水井中心之下的尖錐上揚高度可由 Bear and Dagan (1968) 所推導之公式獲得，此公式經 Schmorak and Mercado (1969) 修正如下：

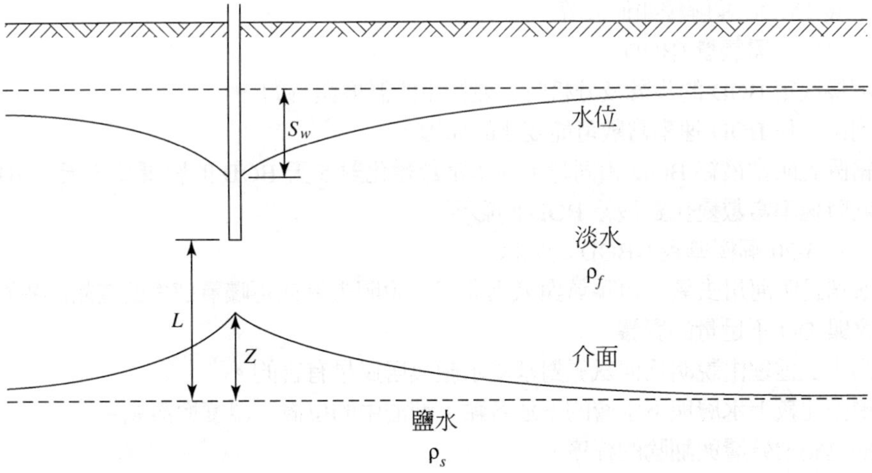


**圖 5-22**　抽水井下方鹽水之尖錐上揚的幾何形狀和符號 (資料來源：Bouwer, 1978)。

$$z_{\infty} = \frac{\rho f Q}{2\pi(\rho_s - \rho_f)KL} \tag{5-51}$$

其中，$z_{\infty}$ ＝在 $t$＝∞ 時，錐體中心上升高度，m

$Q$ ＝水井抽水量，$m^3/d$

$K$ ＝水力傳導係數，m/d

$L$ ＝抽水前，淡水-鹽水的介面，在井底之下的深度，m

當鹽水錐體高度達到約 0.4 $L$ 到 0.6 $L$ 時，尖錐上揚和水位洩降之間的關係達到一臨界點 (見圖 5-22)，當錐體高度超過此一臨界高度，錐體將會 “跳” 入水井底部 (Bouwer, 1978)，因此當淡水位於鹽水之下，預測尖錐上揚對於避免鹽水入侵是重要的。

## ▲ 5-7 本章重點

研讀完本章後，應該能夠不參照課本或筆記，而能夠回答下列問題。

1. 列出四種主要廢水來源的污染類別。
2. 解釋點源與非點源污染的差異。
3. 解釋 AFOs 與 CAFOs 的差異，並根據已知的資料，決定一動物飼養場是否屬於 CAFO。
4. 列出與承受水體相關的兩種主要營養物質。
5. 定義 TMDL 並解釋如何計算。
6. 定義生化需氧量 (BOD)。
7. 解釋決定 BOD 的步驟及分析時一般採用的溫度與時間。
8. 列出三種 BOD 速率常數可能變化的原因。
9. 繪圖說明當最終 BOD 相同時，速率常數變化對 5 天 BOD 的影響及 5 天 BOD 相同時速率常數變化對最終 BOD 的影響。
10. 以式 5-20 解釋導致 NBOD 的原因。
11. 繪圖說明河川去氧、再曝氣與氧垂曲線。說明去氧或再曝氣速率改變對臨界點位置與 DO 不足量的影響。
12. 列出三種理由說明爲何氨氮對承受水體與居民是有害的。
13. 繪圖比較上水層與下水層的下述各點：湖泊中的位置、溫度與溶氧。
14. 描述湖泊分層與翻騰的程序。
15. 試解釋影響湖泊光照層的因素。

**16.** 試以生產力、澄清度與溶氧描述一個湖泊，並將其歸類 (貧養、中養、優養與老化)。
**17.** 解釋優氧化的程序。
**18.** 說明 Liebig 最小定律。
**19.** 說明湖泊最一般性的 “限制營養物質” 爲何，並解釋其原因。
**20.** 列出三種必須加以控制以降低湖泊優氧化的磷來源。
**21.** 解釋爲何純雨水的 pH 値爲 5.6。
**22.** 定義酸雨。
**23.** 解釋酸雨的重要性。
**24.** 解釋石灰質土壤在保護湖泊避免酸化上的角色。
**25.** 除了酸雨的 pH 値外列出決定湖泊酸化程度的六個變數，並解釋該變數增加或降低時如何影響湖泊的酸化程度。
**26.** 指出兩個組成，其定義一河口。
**27.** 描述鹽水入侵淡水井的程序。

**在課本的輔助下，應該能夠可以回答下列問題：**

**1.** 計算已知氧化平衡方程式之化學物質的 ThOD。
**2.** 當水樣大小及耗氧量已知時，計算 $BOD_5$；或當可消耗氧量與估計的 $BOD_5$ 已知時，計算水樣大小。
**3.** 當 $BOD_t$ 及速率常數已知時，計算最終 BOD ($L_o$)；或當 $L_o$ 與 $BOD_t$ 已知時，計算速率常數 $k$。
**4.** 計算在非 20°C 溫度時 ($T$°C) 之 $k$ 值。
**5.** 從 BOD 對時間的實驗資料，計算 BOD 速率常數 $k$ 與最終 BOD ($L_o$)。
**6.** 當一河段所需之輸入資料爲已知時計算其氧不足量 $D$。
**7.** 計算氧垂曲線的臨界氧不足量 $D_c$。
**8.** 由計算一洩降 (第 3 章)，而推估尖錐上揚的高度。

## ▲ 5-8　習　題

**5-1.** $C_5H_9O_4N$ 被用來作爲檢核 BOD 試驗的標準試劑。試計算 63 mg/L 的理論需氧量。假設其反應爲：

$$C_5H_9O_4N + 4.5O_2 \rightleftharpoons 5CO_2 + 3H_2O + NH_3$$
$$NH_3 + 2O_2 \rightleftharpoons NO_3 + H^+ + H_2O$$

答案：ThOD＝89.14 或 89 mg/L。

**5-2.** 細菌細胞以化學式 $C_5H_7NO_2$ 表示，試計算 30 mg/L 細胞的理論需氧量。假設其反應如下：

$$C_5H_7NO_2 + 5O_2 \rightleftharpoons 5CO_2 + 2H_2O + NH_3$$
$$NH_3 + 2O_2 \rightleftharpoons NO_3 + H^+ + H_2O$$

**5-3.** 有機廢棄物在厭氧分解時，會產生醋酸 ($CH_3COOH$)，試計算 300 mg/L 醋酸的理論需氧量。假設其反應如下：

$$CH_3COOH + 2O_2 \rightleftharpoons 2CO_2 + H_2O$$

**5-4.** 設一廢水 $BOD_5$ 爲 220.0 mg/L 且其最終 BOD 爲 320.0 mg/L，求其速率常數 (以 10 爲基底)。假設溫度爲 20°C。

答案：$K = 0.101\ d^{-1}$

**5-5.** 假設都市污水 7 天 BOD 爲 60.0 mg/L，最終 BOD 爲 85.0 mg/L，求其速率常數 (以 10 爲基底)。假設溫度爲 20°C。

**5-6.** 若一都市污水的 $BOD_6$ 爲 213 mg/L，最終 BOD 爲 318.4 mg/L，求其速率常數 (以 $e$ 爲基底)。假設溫度爲 20°C。

**5-7.** 將習題 5-4 的速率常數轉換爲以 $e$ 爲基底。

答案：$k = 0.233\ d^{-1}$

**5-8.** 將習題 5-5 之速率常數轉換爲以 $e$ 爲基底。

**5-9.** 將習題 5-6 之速率常數轉換爲以 10 爲基底。

**5-10.** 假設習題 5-4 的溫度爲 20°C，試計算 15°C 時的速率常數。

答案：$K = 0.0536\ d^{-1}$

**5-11.** 假設習題 5-5 的溫度爲 25°C，試計算 16°C 時的速率常數。

**5-12.** 1.00% 水樣消耗氧量 2.00 mg/L 時，其 $BOD_5$ 爲何？

答案：$BOD_5 = 200$ mg/L

**5-13.** $BOD_5$ 爲 350.0 mg/L，耗氧量限制爲 4.00 mg/L，求其水樣大小 (%)。

**5-14.** 若一廢水的 $BOD_5$ 爲 327 mg/L，求其水樣大小 (%)，使氧消耗量達到 4.8 mg/L。

**5-15.** 兩廢水具不同 $K$ 值 (分別爲 0.0800 $d^{-1}$ 與 0.120 $d^{-1}$)，其最終 BOD 均爲 280.0 mg/L，此兩廢水的 $BOD_5$ 爲何。

答案：$K = 0.08\ d^{-1}$，$BOD_5 = 169$ mg/L，
$K = 0.12\ d^{-1}$，$BOD_5 = 210$ mg/L

**5-16.** 兩廢水具不同 $K$ 值 (分別爲 0.0800 $d^{-1}$ 與 0.120 $d^{-1}$)，其 $BOD_5$ 均爲 280.0 mg/L，此兩廢水的最終 BOD 爲何？

**5-17.** 以習題 5-15 的資料繪出 BOD 曲線並找出最終 BOD 的天數 ($\pm 5.0$ d)，以式 5-5 檢核答案。

**5-18.** 以習題 5-16 的資料繪出 BOD 曲線並找出最終 BOD 的天數 ($\pm 5.0$ d)，以式 5-5 檢核答案。

**5-19.** 試以湯姆士法由下述資料計算 BOD 速率常數 (以 $e$ 爲基底)，以及最終 BOD。

| 天 | BOD, mg/L |
|---|---|
| 2 | 70.0 |
| 5 | 102.4 |
| 7 | 111.00 |
| 8 | 114.0 |
| 10 | 118.8 |

答案：$K = 0.36\ d^{-1}$；$L_0 = 129.69$ 或 130 mg/L

**5-20.** 試以湯姆士法由下述資料計算 BOD 速率常數 (以 $e$ 爲基底)

| 天 | BOD, mg/L |
|---|---|
| 2 | 119 |
| 5 | 210 |
| 10 | 262 |
| 20 | 279 |
| 35 | 279.98 |

**5-21.** 試以湯姆士法由下述資料計算 BOD 速率常數 (以 $e$ 爲基底)

| 天 | BOD, mg/L |
|---|---|
| 2 | 86 |
| 5 | 169 |
| 10 | 236 |
| 20 | 273 |
| 35 | 279.55 |

**5-22.** 以習題 5-1 的資料計算 NBOD。

答案：理論 NBOD＝27.42 或 27 mg/L

**5-23.** 以習題 5-2 的資料計算細菌細胞的 NBOD。

**5-24.** 計算 200 mg/L 酪蛋白 ($C_8H_{12}O_3N_2$) 的 NBOD。假設其反應爲：

$$C_8H_{12}O_3N_2 + 8O_2 \rightleftharpoons 8CO_2 + 3H_2O + 2NH_3$$
$$NH_3 + 2O_2 \rightleftharpoons NO_3 + H^+ + H_20$$

**5-25.** 廢水流量 $Q_w$、溫度 $T_w$、河川流量 $Q_r$ 與溫度 $T_r$ 已知時，試推導混合後最終溫度 $T_s$ 的表示式。假設廢水與河水具有相同的比熱與密度。

**5-26.** 一製革廠廢水 (流量爲 0.011 $m^3/s$、$BOD_5$ 爲 590 mg/L) 排入河川中 (Nemerow, 1974)，河川 10 年 7 天低流量爲 1.7 $m^3/s$。製革廠河川上游 $BOD_5$ 爲 0.6 mg/L。製革廠廢水與河川 BOD 速率常數 $k$ 分別爲 0.115 $d^{-1}$ 與 3.7 $d^{-1}$，水溫皆爲 20°C。試計算混合後初始最終 BOD。

答案：製革廠廢水 $L_o=1{,}349.2$ mg/L，河川 $L_o=0.6$ mg/L，$L_a=9.27$ 或 9 mg/L

**5-27.** 匹茲堡市排放 0.126 $m^3/s$ 處理水進入 Cherry 河，廢水的 $BOD_5$ 爲 34 mg/L，河川 10 年 7 天低流量爲 0.126 $m^3/s$。廢水上游的 $BOD_5$ 爲 1.2 mg/L。廢水與河川 BOD 速率常數 $k$ 分別爲 0.222 $d^{-1}$ 與 0.090 $d^{-1}$，水溫皆爲 20°C。試計算混合後初始最終 BOD。

**5-28.** 緊鄰習題 5-26 製革廠下游爲製膠廠與都市污水處理廠，其廢水流量與最終 BOD 值如下表所列。試求此三廢水與河水混合後之初始最終 BOD。

| 來源 | 流量, $m^3/s$ | 最終 BOD, mg/L | 溫度, °C |
|---|---|---|---|
| 製膠廠 | 0.13 | 255 | 20 |
| 都市污水處理廠 | 0.02 | 75 | 20 |

**5-29.** Peach Tree 河與 Apple 河匯流入 Cherry 河，形成 Ambrosia 河，此三條河川資料如下，試計算混合後初始最終 BOD。

| 來源 | 流量, $m^3/s$ | 最終 BOD, mg/L | 溫度, °C |
|---|---|---|---|
| Cherry 河 | 0.252 | 27 | 20 |
| Peach Tree 河 | 0.13 | 8 | 20 |
| Apple 河 | 0.02 | 16 | 20 |

**5-30.** 計算下述廢水與河川情況之去氧與再曝氣速率常數 (以 $e$ 爲基底)。

| 來源 | k, $d^{-1}$ | 水溫, °C | $H$, m | $v$, m/s | $\eta$ |
|---|---|---|---|---|---|
| 廢水 | 0.20 | 20 | | | |
| 河川 | | 20 | 1.0 | 0.5 | 0.4 |

**5-31.** 在融雪及春季洪水時，習題 5-30 的河川狀況改變如下。決定此洪水狀況下的 $k_d$ 與 $k_r$。

| 來源 | Q, $m^3/s$ | k, $d^{-1}$ | 水溫, °C | *H*, m | *v*, m/s | $\eta$ |
|---|---|---|---|---|---|---|
| 廢水 | 0.126 | 0.20 | 20 | | | |
| 河川 | 0.252 | | 10 | 4.0 | 2.5 | 0.6 |

**5-32.** 混合後的河水初始最終 BOD 為 50 mg/L，DO 為飽和，河水溫度 10°C，此溫度的 $k_d$ 與 $k_r$ 為 0.30 $d^{-1}$ 與 0.30 $d^{-1}$，試決定臨界點 ($t_c$) 及臨界 DO。

**5-33.** 假使河水溫度升高至 15°C (因此 $k_d$ 與 $k_r$ 改變) 試重複習題 5-32 的計算。

**5-34.** Churchill, Elmore, and Buckingham (1962) 研究 Tennessee Valley 河，推導出再曝氣方程式：

$$k_r = \frac{5.23v}{H^{1.67}}$$

與 O'Connor and Dobbins 方程式進行比較，繪製 $k_r$ 與流速 (0.05, 0.10, 0.20 與 0.40 m/s) 之關係圖。水深為 1.0 m，假設水溫為 20°C，試根據觀察到的結果討論可能的原因。

**5-35.** 甜菜廠廢水導致河川臨界 DO 4.0 mg/L，河川 DO 忽略不計，廢水與河川混合後的氧不足量為零，若廢水濃度降低 50%，DO 會有何變化。假設流量保持不變，兩種情形 DO 飽和值均為 10.83 mg/L。

**5-36.** Big Bear 市議會要求你決定該市廢水排入 Salmon 河後，是否會使下游 5.79 km 的 Alittlebit 或其他地點降到 DO 5.00 mg/L 州標準之下。相關資料如下：

| 參數 | Big Bear 市廢水 | Salmon 河 |
|---|---|---|
| 流量, $m^3/s$ | 0.280 | 0.877 |
| 最終 BOD, mg/L (28°C) | 6.44 | 7.00 |
| DO, mg/L | 1.00 | 6.00 |
| $K_d$, $d^{-1}$ (28°C) | N/A | 0.199 |
| $K_r$, $d^{-1}$ (28°C) | N/A | 0.370 |
| 流速, m/s | N/A | 0.650 |
| 水溫, °C | 28°C | 28°C |

答案：Alittlebit DO＝4.75 mg/L；臨界 DO＝4.72 mg/L，$t_c$＝0.3149 d

**5-37.** 若習題 5-36 的 Salmon 河溫度降至 12°C，Big Bear 市廢水是否會在下游 5.79 km 處發生 DO 小於 5.00 mg/L 的情形。注意：你必須先計算廢水與河水混合後的新溫度然後修正河川的 $k_d$ 與 $k_r$。

**5-38.** 計算廢水排放下游 1.609 km 處 DO 值，使用小數點二位數，下表之速率常數已經溫度校正。

| 參數 | 河川 |
|---|---|
| $k_d$ | 1.911 $d^{-1}$ |
| $k_r$ | 4.49 $d^{-1}$ |
| 流量 | 2.4 $m^3/s$ |
| 流速 | 0.100 m/s |
| $D_a$ (混合後) | 0.00 |
| 水溫 | 17.0°C |
| $BOD_L$ (混合後) | 1,100.00 kg/d |

答案：DO＝8.69 或 8.7 mg/L

**5-39.** 計算廢水排放下游 2.880 km 處 DO 值，使用小數點二位數，下表之速率常數已經溫度校正。

| 參數 | 河川 |
|---|---|
| $k_d$ | 1.830 $d^{-1}$ |
| $k_r$ | 2.030 $d^{-1}$ |
| 流量 | 0.30 $m^3/s$ |
| 流速 | 0.100 m/s |
| $D_a$ (混合後) | 0.00 |
| 水溫 | 18.0°C |
| $BOD_L$ (混合後) | 1,125.00 kg/d |

提示：習題 5-40 至 5-50 需要一系列方程式的解答 (與例題 5-12 類似但不同) 部份習題需要反覆的解答，甚至當不需要反覆的解答時，建議可以以電腦圖表計算連續方程式之解答。此方式可使你修正之前計算的小錯誤，而不用費時的重覆計算。你的時間相當寶貴，有效的利用它！

**5-40.** Avepitaeonmi 鎮向州自然資源部門 (Department of Natural Resource, DNR) 控告 Watapitae 市將污水排入 Wash 河，影響了水體的用途。Wash 河的 DNR 水質標準為 DO 5.00 mg/L。Avepitaeonmi 鎮位於 Watapitae 市下游 15.55 km 處。求 Avepitaeonmi 鎮的 DO 濃度？求臨界濃度為多少？發生於何處？河川的涵容能力是否受限？Watapitae 7 年 10 天低流量相關資料如表 P-5-40：

**5-41.** 依據淨水法 (Clean Water Act) 的規定，美國環保署要求都市廢水必須進行二級處理，使放流水 $BOD_5$ 小於 30 mg/L。習題 5-40 Watapitae 市的排放水顯然不合規定。假設 Watapitae 市的廢水已處理至 30 mg/L 以下，試重新計算習題 5-40。

**5-42.** Blue Ox 製革廠要求你協助他們，準備向 NPDES 申請排放廢水至 Zmellsbad 河的資料，Zmellsbad 河水質規定 DO 為 5.0 mg/L，使用表 P-5-42 資料回答下列問題：臨界 DO 值以及發生處？製革廠 7 年 10 天低流量相關資料如下：

**表 P-5-40**

| **參數** | **Watapitae 廢水** | **Wash 河** |
|---|---|---|
| 流量, $m^3/s$ | 0.1507 | 1.08 |
| $BOD_5$, mg/L (16°C) | 128.00 | N/A |
| $BOD_u$, mg/L (16°C) | N/A | 11.40 |
| DO, mg/L | 1.00 | 7.95 |
| 水溫, °C | 16.0 | 16.0 |
| $k$, $d^{-1}$ (20°C) | 0.4375 | N/A |
| 流速, m/s | N/A | 0.390 |
| 水深, m | N/A | 2.80 |
| 河床活性係數 | N/A | 0.200 |

**表 P-5-42**

| **參數** | **Blue Ox 廢水** | **Zmellsbad 河** |
|---|---|---|
| 流量, $m^3/s$ | 1.148 | 7.222 |
| $BOD_5$, mg/L (15°C) | 90.00 | N/A |
| $BOD_u$, mg/L (15°C) | N/A | 7.66 |
| DO, mg/L | 1.00 | 6.00 |
| 水溫, °C | 15.0 | 15.0 |
| $k$, $d^{-1}$ (20°C) | 0.3685 | N/A |
| 流速, m/s | N/A | 0.300 |
| 水深, m | N/A | 2.92 |
| 河床活性係數 | N/A | 0.100 |

**5-43.** 依據淨水法 (Clean Water Act) 的規定，美國環保署要求都市廢水必須進行二級處理，使放流水 $BOD_5$ 小於 30 mg/L。習題 5-42 Blue Ox 製革廠廢水的排放水顯然不合規定。當 Blue Ox 製革廠保持廢水的臨界 DO 高於 DEQ 水質規定 5.00 mg/L，試重新計算最終 BOD (kg/d)。

提示：由於方程式中的 $L_a$ 與 $t$ 未知，無法利用 DO＝5.00 mg/L 進行計算，可使用 BOD 曲線，降低 $L_w$ 至 $DO_c$ 小於 5.00 mg/L，或是利用 "solver" 工具進行計算。

**5-44.** Watapitae 市 (習題 5-40、5-41) 人口與用水量逐年增加，廢水流量亦每年 5% 成長。試問幾年之後二級處理開始無法滿足需求？假設處理場能持續維持放流水 $BOD_5$ 30 mg/L。

**5-45.** 當冰覆蓋河川時會嚴重地限制再曝氣作用。由於溫度的降低會有一些補償作用，低溫降低生物活性，因此降低去氧速率，同時亦提高飽和 DO。假設一個冬天狀況，再曝氣降到 0，河水溫度 2°C，重新計算習題 5-40。

**5-46.** 試求降低 BOD 及/或增加 DO 多少方足以使習題 5-36 Big Bear 市廢水不會將 Salmon 河的 DO 降至 5.00 mg/L 以下。假設降低 BOD 的成本是增加 DO 的三到五倍。因爲增加額外的成本相當高，超過最低要求的量應予限制，因此臨界 DO 應在 5.00 mg/L 與 5.25 mg/L 之間。

答案：提高廢水 DO 至 2.7 mg/L 是最經濟有效的方案。

**5-47.** 試求 Watapitae (習題 5-40) 可排放最終 BOD 的量 (kg/d) 爲多少。若 Avepitaeonmi 鎮的 DO 需高出 DNR 水質標準 1.50 mg/L。

**5-48.** 假設混合後的氧不足量 ($D_a$) 是零，Looking Glass 河最終 BOD ($L_r$) 亦是零。試計算可排放的最終 BOD 量 (kg/d) 是多少？如果下游 8.05 km 處的 DO 需維持 4 mg/L。河川 12°C 去氧速率常數 ($K_d$) 爲 1.80 $d^{-1}$，河川 12°C 再曝氣速率常數 ($K_r$) 爲 2.20 $d^{-1}$。河川溫度爲 12°C。河水流量與流速分別爲 5.95 $m^3/s$ 與 0.300 m/s。Carrollville 廢水流量爲 0.0130 $m^3/s$。

答案：$Q_w L_w = 1.14 \times 10^4$ kg/d

**5-49.** 假設習題 5-48 的廢水亦含 3.0 mg/L 氨氮，且其 12°C 河川去氧速率爲 0.900 $d^{-1}$，欲維持下游 8.05 km 處 DO 4.00 mg/L。Carrollville 可排放最終的 CBOD 量爲何？假設理論需氧量於硝化程序中被消耗。

**5-50.** 你被要求評估，冬季及夏季時，μBrew Bottling 公司廢水排入 Big Head 河，對溶氧的影響。資料如下表所列，使用氧垂曲線計算臨界 DO 值。

| | | **Big Head 河** | |
|---|---|---|---|
| **參數** | **μBrew 廢水** | **冬季** | **夏季** |
| 流量, $m^3/s$ | 0.200 | 0.483 | 0.241 |
| $BOD_5$, mg/L | 100 | N/A | N/A |
| k, $d^{-1}$ (20°C) | 0.3685 | N/A | N/A |
| $BOD_U$, mg/L | N/A | 7.66 | 7.66 |
| 水溫 , °C | 28 | 4 | 28 |
| DO, mg/L | 0.0 | 8.0 | 8.0 |
| 流速 , m/s | N/A | 0.150 | 0.150 |
| 水深 , m | N/A | 2.0 | 1.0 |
| 河床活性係數 | N/A | 0.3 | 0.3 |

**5-51.** 關於鹽水入侵，我們已建立了 $z \approx 40h$ 關係式，其中 $z$ 爲海平面上的淡水水位，試驗證之。

**5-52.** 一旦水井位於海岸含水層中，水力傳導係數爲 $4.63 \times 10^{-5}$ m/s，井篩置於淡水-鹽水介面上 30 m 處，爲了避免鹽水入侵水井，尖錐上揚必須小於 10 m，則在一無限的抽水時間下，可允許之最大抽取量爲何？(After Bouwer, 1978)

## 5-9　問題研討

**5-1.** 環境工程實驗室學生至都市污水處理廠採進流污水與處理水水樣，並求其速率常數，你認為此兩者的速率常數會相同嗎？假如不同，哪一個較高，為什麼。

**5-2.** 假如你的工作是在設定水體標準，你有兩種選擇 $BOD_5$ 或最終 BOD，你會選擇哪一個，為什麼？

**5-3.** 某暑期見習生進行湖泊溫度調查，他被要求測量湖面上、湖面下與湖深處的水溫，溫度記錄值為 33°C、18°C 與 21°C，然而卻未標明個別溫度為何處之水溫。假設測量是在密蘇里七月的中午進行。請問個別深度的溫度為何。

**5-4.** 若未經處理廢水排放後下游 18 km 處為氧垂曲線臨界點，假設廢水經過處理則其臨界點會移往上游、移往下游或不變。

**5-5.** 你被指定進行一個加州湖泊的環境調查，空照與地面調查均顯示並無人類廢水來源排入此湖泊，但你發現有大量浮藻產生高濁度，且下水層 DO 為 1.0 mg/L，你認為此湖生產力是何等級，為什麼？

**5-6.** 伊立諾州、印第安那州、肯塔基西部、密西根州半島下方與俄亥俄州的湖泊並未因其 pH 4.4 的酸雨而產生湖泊酸化現象。依你對地形、植物與岩床的知識解釋為何此湖泊未酸化。

## 5-10　參考文獻

Ahmad, R. (2002) "Watershed Assessment Power for Your PC," *Water Environment & Technology,* April, pp. 25–29.

APHA (2004) "Part 5210B: 5-day Biochemical Oxygen Demand," *Standard Methods for the Examination of Water and Wastewater,* 21st ed., American Public Health Association, Washington, DC.

Ash, R. J., B. Mauck, M. Morgan, et al. (1999) "Antibiotic Resistant Bacteria in U.S. Rivers," (Abstract Q-383), in *Abstracts of the 99th General Meeting of the American Society for Microbiology,* Chicago, May 30–June 3, p. 607.

Bear, J., and G. Dagan (1968) "Solving the Problem of Local Interfaced Upconing in a Coastal Aquifer by the Method of Small Perturbations," *Journal of Hydraulic Research,* vol. 6, no. 1, pp. 16–44.

Bennett, J., and G. Kramer (1999) "Multidrug Resistant Strains of Bacteria in the Streams of Dubuque County, Iowa," (Abstract Q-86), in *Abstracts of the 99th General Meeting of the American Society for Microbiology,* Chicago, May 30–June 3, p. 464.

Bosko, K. (1966) "An Explanation of the Rate of BOD Progression Under Laboratory and Stream Conditions," *Advances in Water Pollution Research,* Proceedings of the Third International Conference, Munich, p. 43.

Bouwer, H. (1978) *Groundwater Hydrology,* McGraw-Hill, New York, pp. 402–406.
Churchill, M. A., H. L. Elmore, and R. A. Buckingham (1962) "Prediction of Stream Reaeration Rates," *Journal of the Sanitary Engineering Division,* American Society of Civil Engineers, vol. 88, SA4, p. 1.
Costanza, R., and A. Voinov (2000) "Integrated Ecological Economic Regional Modeling," in J. E. Hobbie (ed.), *Estuarine Science: A Synthetic Approach to Research and Practices,* Island Press, Washington, DC, pp. 461–506.
DiMura, J. (2003) "Permitting Agricultural Sources of Water Pollution," *Water Environment & Technology,* May, pp. 50–53.
FWPCA (1972) Federal Water Pollution Control Act Amendments, PL 92-500.
Galloway, J. N., and E. B. Cowling (1978) "The Effects of Precipitation on Aquatic and Terrestrial Ecosystems: A Proposed Precipitation Chemistry Network," *Journal of the Air Pollution Control Association,* vol. 28, pp. 229–235.
Gaudy, A. and E. Gaudy (1980) *Microbiology for Environmental Scientists and Engineers,* McGraw-Hill, New York, pp. 209–210, 485–492.
Harries, J. E., T. Ryunnalls, E. Hill, et al. (2000) "Development of a Reproductive Performance Test for Endocrine Disrupting Chemicals Using Pair-Breeding Fathead Minnows, *Environmental Science and Technology,* vol. 34, pp. 3003–3011.
Jones, J. R., and R. W. Bachmann (1976) "Prediction of Phosphorus and Chlorophyll Levels in Lakes," *Journal of the Water Pollution Control Federation,* vol. 48, p. 2176.
Nemerow, N. L. (1974) *Scientific Stream Pollution Analysis,* McGraw-Hill, New York, p. 272.
O'Connor, D. J., and W. E. Dobbins (1958) "Mechanisms of Reaeration in Natural Streams," *American Society of Civil Engineers Transactions,* vol. 153, p. 641.
*Population Reports* (1998) "Solutions for a Water-Short World," Population Information Program, Center for Communication Programs, The Johns Hopkins University School of Public Health, Baltimore, MD, vol. 26, no. 1, p. 14.
Sadik, O. A., and D. M. Witt (1999) "Monitoring Endocrine-Disrupting Chemicals," *Environmental Science and Technology,* vol. 33, pp. 368A–374A.
Schmorak, S., and A. Mercado (1969) "Upconing of Fresh Water–Sea Water Interface Below Pumping Wells, Field Study," *Water Resources Research,* vol. 5, pp. 1290–1311.
Schroepfer, G. J., M. L. Robins, and R. H. Susag (1964) "Research Program on the Mississippi River in the Vicinity of Minneapolis and St. Paul," *Advances in Water Pollution Research,* vol. 1, part 1, p. 145.
Sternes, K. L. (1999) "Presence of High-level Vancomycin Resistant Enterococci in the Upper Rio Grande," (Abstract Q-63) in *Abstracts of the 99th General Meeting of the American Society for Microbiology*, Chicago, May 30–June 3, p. 545.

Streeter, H. W., and E. B. Phelps (1925) *A Study of the Pollution and Natural Purification of the Ohio River,* U.S. Public Health Service Bulletin No. 146.

Thomas, H. A. (1950) "Graphical Determination of B.O.D. Curve Constants," *Water and Sewage Works,* pp. 123–124.

U.S. EPA (2005) http://www.epa.gov/owow/tmdl/intro.html and http://www.epa.gov/waterscience/models/allocation/def.html.

U.S.G.S. (2002) http://toxics.usgs.gov/pubs/OFR-02-94

Vollenweider, R. A. (1975) "Input-Output Models with Special Reference to the Phosphorus Loading Concept in Limnology," *Schweiz. Z. Hydro*, vol. 37, pp. 53–83.

Wetzel, R. G. (1983) *Limnology,* W. B. Saunders, Philadelphia, p. 767.

CHAPTER

# 6

# 廢水處理

## ▲ 6-1 簡 介

在過去歷史上，廢水被認爲是穢物，要盡可能以最便宜、最不令人反感的方式將其丟棄，此方式即指利用現地的處置系統加以處置，例如使用茅坑 (pit privy)，或直接排放至湖泊和河川。在上個世紀期間，人們已理解到這樣的處置方式，會對環境產生不利的衝擊。由此導引出各種處理技術，其描述今日的各種都市處理系統，即爲本章的焦點。當我們向前展望，永續發展和基本經濟效率，顯然是受到關注的議題，故必須視廢水爲原料而加以保育。乾淨的水是珍貴的商品，應該以保育及再利用的方式處理。廢水中的物質常被視爲污染物，不過在一些處理方案中 (在 6-11 節會討論)，廢水中高含量的營養鹽 (如氮、磷)，可被回收作爲農作物生長之用。類似這種的回收處理方式必須更爲普遍，才能邁向永續的未來。廢水中的有機物是一種能源，我們可使用 6-12 節所述的程序，回收一些能量。而改進廢水能量利用的效率，將是未來努力的焦點。

## ▲ 6-2 家庭污水的特性

### 家庭污水的物理特性

新鮮、好氧的家庭污水有煤油或新翻土壤的味道，經過一段時間腐敗的廢水則會令人不快，此時常有硫化氫或硫醇的腐敗蛋臭味。新鮮廢水的顏色爲灰色，而腐敗廢水則爲黑色。

廢水的正常溫度在 10 至 20°C 之間，一般略高於上水，這是因爲添加家庭排放的溫水或管線加熱所造成。

1 立方公尺的廢水大約重 1,000,000 克，它包含 500 克固體物，其中一半的固體物爲溶解性固體物，如鈣、鈉及溶解性有機物質，剩餘的 250 克爲非溶解性物質，這一部份包含可於靜置 30 分鐘後去除的 125 克物質，剩餘的 125 克將維持很長時間的懸浮狀態，結果導致廢水有很高的濁度。

### 家庭污水的化學特性

由於家庭污水中所含化學物質非常有限，一般僅有少許的化學物質，因此應當了解檢測水質的意義，而非在意其含有何種物質，在第 5 章所討論過的生化需氧量 ($BOD_5$) 檢測是相當重要的，另外相關的檢測有化學需氧量

(COD)。

COD 檢測是有機物質在酸性狀態下以強化學氧化劑 (重鉻酸鉀) 氧化所需的氧化劑量 (氧的當量)，一般廢水的 COD 均大於 $BOD_5$，這是因爲大多數的物質可被化學氧化且不易被生物氧化，此外，$BOD_5$ 並不代表最終 BOD。

量測 COD 約需 3 小時，若能夠修正其與 $BOD_5$ 的關係，則可用來幫助廢水處理廠 (WWTP) 的操作與控制。

**總凱氏氮** (total kjeldahl nitrogen, TKN) 是用來量測廢水中的總有機氮及氨氮*，TKN 量測值可讓我們了解有多少氮可供細胞生長，且需提供多少氧以滿足氮的需氧量。

廢水中存有不同型式的磷，包括正磷酸鹽、聚磷酸鹽及有機磷酸鹽，一般可將這幾種合在一起稱爲“總磷 (以 P 表示)”。

表 6-1 彙整三種典型未經處理家庭污水的組成，其 pH 值範圍約在 6.5 與 8.5 之間，一般具有少量的鹼度而使 pH 值傾向 7.0。

## 工業廢水特性

工業程序會產生相當多種類的污染物，隨著工業的不同，污染物的種類與濃度均有顯著的差異，美國環境保護署 (U.S. EPA) 將這些污染物彙整成三個範圍：傳統污染物、非傳統污染物及優先管制污染物。傳統與非傳統污染物列於表 6-2，優先管制污染物則列於表 1-6。

**表 6-1　典型未處理家庭污水組成**

| 組成份 | 低 | 中 | 高 |
|---|---|---|---|
| | (除可沉降固體物外，均以mg/L 表示) | | |
| 鹼度 (以 $CaCo_3$ 表示)[a] | 50 | 100 | 200 |
| $BOD_5$ (以 $O_2$ 表示) | 100 | 200 | 300 |
| 氯化物[a] | 30 | 50 | 100 |
| COD (以 $O_2$ 表示) | 250 | 500 | 1,000 |
| 懸浮固體物 (SS) | 100 | 200 | 350 |
| 可沉降固體物，mL/L | 5 | 10 | 20 |
| 總溶解固體物 (TDS) | 200 | 500 | 1,000 |
| 總凱氏氮 (TKN)(以 N 表示) | 20 | 40 | 80 |
| 總有機碳 (TOC)(以 C 表示) | 75 | 150 | 300 |
| 總磷 (以 P 表示) | 5 | 10 | 20 |

[a] 在家庭給水的添加量，氯化物是由水軟化的反沖洗所貢獻。

* J. Kjeldahl 在 1883 年建立此分析方法，Kjeldahl 的發音爲“kell dall”。

**表 6-2　美國環保署所訂定的傳統與非傳統污染物分類**

| 傳統 | 非傳統 |
| --- | --- |
| 生化需氧量 ($BOD_5$) | 氨 (以 N 表示) |
| 總懸浮固體物 (TSS) | 六價鉻 |
| 油脂 | 化學需氧量 (COD) |
| 油 (動物，蔬菜) | $COD/BOD_7$ |
| 油 (礦化) | 氟化物 |
| pH | 錳 |
| | 硝酸鹽 (以 N 表示) |
| | 有機氮 (以 N 表示) |
| | 農藥活性成份 (PAI) |
| | 酚類 |
| | 總磷 (以 P 表示) |
| | 總有機碳 (TOC) |

資料來源：CFR, 2005a.

**表 6-3　工業廢水的 $BOD_5$ 及懸浮固體物濃度**

| 工業種類 | $BOD_5$, mg/L | 懸浮固體物, mg/L |
| --- | --- | --- |
| 軍火 | 50–300 | 70–1,700 |
| 醱酵 | 4,500 | 10,000 |
| 屠宰場 (牛) | 400–2,500 | 400–1,000 |
| 紙漿廠 (牛皮紙) | 100–350 | 75–300 |
| 鞣革廠 | 700–7,000 | 4,000–20,000 |

**表 6-4　數種工業廢水的非傳統污染物濃度**

| 工業種類 | 污染物 | 濃度，mg/L |
| --- | --- | --- |
| 焦碳副產品 (鋼鐵廠) | 氨氮 (以氮表示) | 200 |
| | 有機氮 (以氮表示) | 100 |
| | 酚 | 2,000 |
| 金屬工廠 | 六價鉻 | 3–550 |
| 聚合尼龍 | COD | 23,000 |
| | TOC | 8,800 |
| 三夾板工廠含膠性廢水 | COD | 2,000 |
| | 酚 | 200–2,000 |
| | 磷 (以磷酸鹽表示) | 9–15 |

由於工業的種類與污染物的濃度相當廣泛，本書僅能對其特性做簡略的回顧，表 6-3 列出不同工業的兩種污染物。表 6-4 則列出非傳統污染物。

## 6-3　廢水處理標準

在美國公法 (Public Law) 的第 92-500 號中 (見第 1 章的 1-4 節)，美國國會對市政當局和工業界規定，廢水在排入自然水體之前，要達到**二級處理** (secondary treatment)。美國環境保護署 (U.S. EPA) 基於廢水的三項特性：$BOD_5$、懸浮固體物、氫離子濃度 (pH)，定義了二級處理，總結如表 6-5。

美國公法第 92-500 號亦要求，環保署 (U.S. EPA) 須建立一許可系統，稱為國家污染物排放削減系統 (National Pollutant Discharge Elimination System, NPDES)。在 NPDES 計畫下，將污染物從點源排放至美國境內所有水體，都需要獲得 NPDES 的排放許可。雖然有些州政府選擇讓 USEPA 管理他們的許可系統，但大部份的州政府仍管理自身的許可計畫。在授與許可之前，管理機構會對預定排放的廢水，模擬承受水體的反應，以決定承受水體是否受到不利影響 (見 5-3 節的模擬例題)。許可也可能會要求將廢水濃度降低至比表 6-5 所訂定的限值還小，以維持承受水體的水質。

此外，各州政府的 NPDES 許可，可能會考量更多的條件。例如，在密西根州，許可中包括磷的限值為 1 mg/L，使得排放至地面水體，不會有高程度營養鹽的實質問題。對於營養鹽敏感的地面水體，則要求更嚴格的排放限值。

對可能會排放大量耗氧物質的所有設施，NPDES 排放許可訂有 $CBOD_5$ 的限值。氨氮硝化之氮的需氧量 (nitrogenous oxygen demand)，是都市污水排

**表 6-5　美國環境保護署的二級處理定義 [a,b]**

| 廢水排放特性 | 單位 | 月平均濃度[c] | 週平均濃度[c] |
|---|---|---|---|
| $BOD_5$ | mg/L | 30[d] | 45 |
| 懸浮固體物 | mg/L | 30[d] | 45 |
| 氫離子濃度 | pH 單位 | 所有時間均在 6.0－9.0 範圍內[e] | |
| $CBOD_5^f$ | mg/L | 25 | 40 |

[a] *資料來源*：CFR, 2005b

[b] 只要承受水體的水質不會受到不利的影響，現有標準允許穩定塘和滴濾池排放廢水的 $BOD_5$ 和懸浮固體物，有較高的 30 天平均濃度 (45mg/L) 及 7 天平均濃度 (65 mg/L)。其他情況也允許例外。詳細的例外情況，應參照 CFR 與 NPDES的排放許可簽署者手冊 (Permit Writers' Manual) (U.S. EPA, 1996)。

[c] 禁止超過。

[d] 平均去除率不應低於 85%。

[e] 如果因工業廢水或因廠內無機藥劑添加造成，則強制要求。

[f] 在許可主管機關的權衡下，可用以替代 $BOD_5$。

放之典型所關切的需氧量 (見 5-3 節)，其與 $CBOD_5$ 分開計算，而後結合 $CBOD_5$，建立排放限值。另外，氨氮對河川動植物產生的潛在毒性也要進行評估。

NPDES 許可亦包括細菌的放流限值。例如，在密西根州的都市污水處理廠，放流水月平均值，必須符合每 100 mL 水中含 200 個糞便大腸菌 (fecal coliform bacteria, FC) 的限值；而 7 天的平均值，則需符合 400 FC/100 mL 的限值。爲保護作爲遊憩用途的水體，NPDES 許可訂有更嚴格的規定。會與全身接觸的遊憩水體，放流水 30 天的平均值，必須符合每 100 mL 水中含 130 個大腸桿菌 (*Escherichia coli*) 的限值；但在任何時間，限值爲每 100 mL 水中含 300 個 *E. coli*。至於僅與部份身體接觸的遊憩水體，則允許放流水每 100 mL 水中低於 1,000 個 *E. coli*。

對高溫的放流水而言，譬如冷卻水，溫度限值也可能包含在 NPDES 的許可中。密西根州的規定指出，大湖 (the Great Lake)、連結水體、內陸湖泊，不可承受在與放流水互相混合後，會使溫度增加超過現有自然水溫 1.7°C 以上的熱負荷。對河川、溪流及封閉水塘 (impoundment) 而言，冷水漁場的溫度限值爲 1°C，而溫水漁場爲 2.8°C (能量平衡的討論見 2-4 節；放流水熱能分析的典型題目見習題 2-36、2-37 和 2-40)。

表 6-6 所示爲 NPDES 限值的例子*。需注意的是，表中除了濃度限值之

**表 6-6 美國愛達荷州太陽谷市 (Hailey) 的 NPDES 許可限值** [a, b]

| 參數 | 月平均限值 | 週平均限值 | 瞬間最大限值 |
|---|---|---|---|
| $BOD_5$ | 30 mg/L | 45 mg/L | N/A |
| | 43 kg/d | 64 kg/d | |
| 懸浮固體物 | 30 mg/L | 45 mg/L | N/A |
| | 43 kg/d | 64 kg/d | |
| 大腸桿菌 | 126/100 mL | N/A | 406/100 mL |
| 糞便大腸菌 | N/A | 200 菌落數/100 mL | N/A |
| 總氨 (換算成氮表示) | 1.9 mg/L | 2.9 mg/L | 3.3 mg/L |
| | 4.1 kg/d | 6.4 kg/d | 7.1 kg/d |
| 總磷 | 6.8 kg/d | 10.4 kg/d | N/A |
| 總凱氏氮 | 25 kg/d | 35 kg/d | N/A |

[a] 資料來源：U.S. EPA, 2005
[b] 2001. 2. 7更新公告

*此表僅列出量化的限值，全部的許可內容共有 22 頁長。

外，亦建立質量排放限值。

## 工業廢水前處理

工業廢水可能對都市污水處理系統造成嚴重的危害，因為都市污水的收集與處理系統，並未設計用來承載或處理工業廢水。工業廢水會危害下水道並妨礙處理廠的操作，當廢水的有害物質通過污水處理廠 (Wastewater Treatment Plant, WWTP) 而未被去除，或濃縮於污泥中時，將使污泥成為有害廢棄物。

清淨水法案 (Clean Water Act) 賦與 USEPA 權力，建立並實施工業廢水排入都市污水處理系統的前處理放流標準，前處理的特殊目標有：

- 避免污染物進入 WWTPs 而妨礙 WWTP 的操作，包括妨礙都市污泥的使用與處置。
- 避免污染物進入 WWTPs 並通過處理設備，或讓這些設備無法運轉。
- 增加都市與工業廢水及污泥的再循環和再利用的機會。

USEPA已經建立“禁止排放標準”(40 CFR 403.5) 及“前處理標準範圍”(40 CFR 405-471)，分別應用到非家庭污水排入 WWTP 與特殊的工業，國會亦已簽署地方的 WWTPs 應優先實施這些標準。

在前處理法規通則 (the General Pretreatment Regulation) 中，禁止工業用戶 (Industrial Users, IUs) 將下列物質排入 WWTP：

1. 在都市 WWTP 中會引起燃燒或爆炸的有害污染物，包括但不受限於廢液中的密閉容器，以 40 CFR 261.21 測試方法測試閃火點小於或等於 60°C 者。
2. 會對都市 WWTP 的結構造成腐蝕損壞的污染物 (但絕不容許排入 pH 值小於 5.0 者)，除非 WWTP 是特別設計用來容納此類廢水。
3. 在數量上會引起水流阻塞而妨礙 WWTP 的固體或黏性污染物。
4. 所排入廢水的流量及/或濃度會影響 WWTP 的任何污染物，包括需氧量污染物 (如 BOD)。
5. 熱量會抑制 WWTP 的生物活性，以致妨礙設備操作，除非經過公共污水處理廠 (publicly owned treatment works, POTW) 同意更改溫度限值，否則排入 WWTP 廢水的溫度絕不可超過 40°C。

**6.** 在數量上會引起干擾或會貫穿的石油、生物不可分解的切削油，或礦物油加工的產物。

**7.** 污染物在 POTW 中會引發毒性氣體、蒸氣或燻煙，且數量上會立刻造成員工的健康及安全問題者。

**8.** 卡車或搬運車僅可在 POTW 設計的排放點上排入污染物。

## ▲ 6-4 現地處置系統

在停車場佔地寬廣、住屋位置分散的低人口密度地區，較爲經濟的方式是採現地處理廢污，而非利用下水道系統收集廢污，並在一集中地點將其處理。現地系統一般屬小規模，並且適用於個人家庭、小型住宅社區 (集村)，及獨立的商業設施 (如小旅館和餐廳)。在美國，約有 25% 的服務人口是使用現地廢水系統。在某些州，將近有 50% 在農村和郊外社區的人口，使用現地系統 (U.S. EPA, 1997)。當許多人選擇搬遷至農村和郊外地區時，分散式系統的數量就會增加。據估計，有多至 40% 的新住宅，正興建在沒有都市下水道接管的區域內。

### 水之現地處理及處置系統的各種方法

**化糞池與吸收場** (septic tanks and absorption fields)　大約有 85 至 95% 的現地污水處置系統爲傳統的化糞池系統。傳統化糞池系統由三個部份組成：**腐敗槽** (septic tank)、**分水箱** (distribution box)，與吸收場 [亦稱作入滲 (leach) 或排水 (drain) 或瓦管 (tile) 場] (見圖 6-1)。化糞池與排水瓦管場爲一組單元，兩者皆缺一不可，否則將無法達到功能。

腐敗槽 (圖 6-2) 的主要功能爲去除大顆粒物質及油脂，避免排水場被這些物質所阻塞。較重的固體物會沉到底部並進行生物分解，油脂則浮在水面上而被阻留，只有少量被分解。

腐敗槽的尺寸視預期污水量而定，體積應該要夠大，使槽內污水的滯留時間至少能有 24 小時。就個人家庭而論，可以使用下列準則：槽體積最小需要 3 $m^3$，三間臥室的房屋需要 4 $m^3$，四間臥室的房屋需要 5 $m^3$，而五間臥室的房屋需要 6 $m^3$。

腐敗槽內細菌的作用，有助於降解廢水中的有機物質，而廢水藉由固液分離，也能減少 $BOD_5$。對家庭污水系統而言，典型的進流水 $BOD_5$ 爲 210

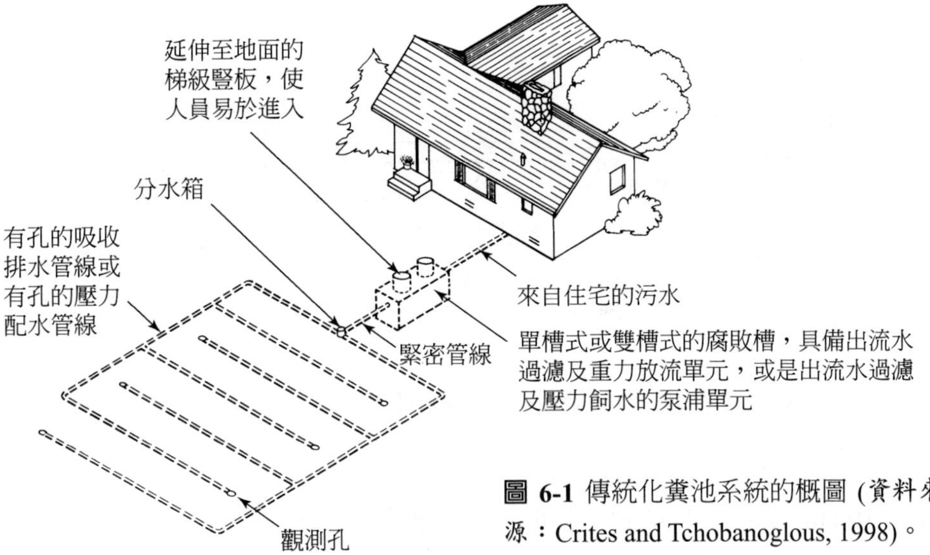


**圖 6-1** 傳統化糞池系統的概圖 (資料來源：Crites and Tchobanoglous, 1998)。

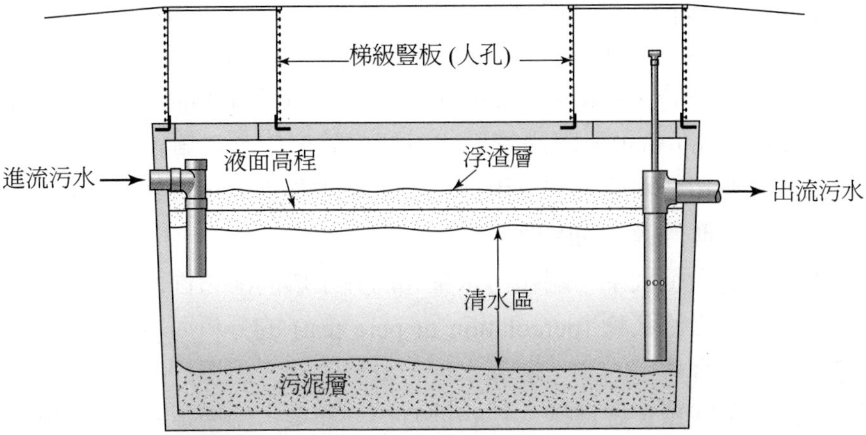


**圖 6-2** 腐敗槽內形成污泥層、清水區及浮渣層的圖示定義 (資料來源：Crites and Tchobanoglous, 1998)。

mg/L，化糞池如果沒有過濾單元，出流水的 $BOD_5$ 約爲 180 mg/L；若具備過濾單元，出流水的 $BOD_5$ 約爲 130 mg/L。一般允許污水排放至地面水體的 $BOD_5$ 限值是 20 mg/L 或更低，因此腐敗槽出流水的 $BOD_5$ 過高，不能排放至地面水體。然而，經過部份處理之後的腐敗槽出流水，若是進一步藉由土壤處理，則吸收場可作爲安全的處置方式。分水箱用於將腐敗槽出流水，分

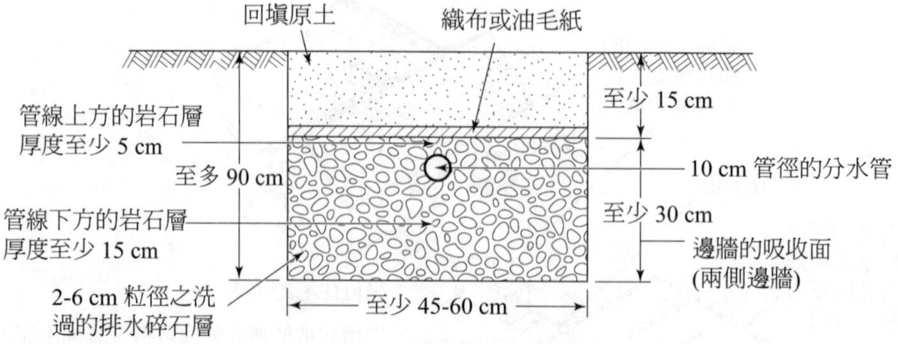


**圖 6-3** 傳統吸收溝渠的典型截面積 (資料來源：Crites and Tchobanoglous, 1998)。

配至整個吸收場。吸收場通常由一系列的**溝渠** (trench) 構成，溝渠內含有直徑約 10 cm 的穿孔 PVC 管。管線置於超過 15 cm 深的碎石層 (layer of drain-rock) 中，然後以額外的碎石層埋覆。碎石被**建築織布** (building fabric) 或**油毛紙** (building paper) (其有助於防止細土粒進入碎石裡) 所覆蓋，最後溝渠則用原土壤 (native soil) 填滿 (圖 6-3)。溝渠之間至少應以 2 公尺的距離隔開。

當系統運作時，細菌會在溝渠底部產生**黏膜層** (slime layer)，此層稱爲阻滯層 (clogging mat)。阻滯層形成一個屏障，使水在周界土壤中的移動減緩，形成非飽和含水層，空氣因而可在土壤中移動，維持好氧條件，使得腐敗槽出流水可獲得適當的處理。

吸收場的面積大小，端賴污水量和周界土壤的滲透性而定。土壤的滲透性可由滲漏或**過濾試驗** (percolation or perc test) 的分析而得。其簡易的測試爲挖一個尺寸合規定的洞，填滿水後，量測水滲入土壤的速率。另一種比較好的方法，是在預定做爲排水井的地方挖一溝渠，檢視這些土壤的外觀是否適合。檢視人員主要是查看不合適的土壤 (如黏土) 與含有雜色的 (變色的) 土壤，其中含有雜色的土壤代表某一段時間曾有地下水位達到此一高度，當水位上 升時，將影響排水場的功能，更有甚者，會直接將地下水帶入污水中，因此表 6-7 的資料可用於決定排水區的尺寸。

在採用化糞池排水田系統時，有以下四個限制：

**1.** 排水場需遠離任何水井、表面水、地基水管或雨水管線 30 m 以上。
**2.** 排水場需位於任何管線 3 m 以外。

**表 6-7　應用於排水場的最大可接受速率**

| 土壤組織與結構 | 滲透率 mm/h | 滲透率 min/mm | 最大可接受速率 (每平方公尺的體積，$m^3$) |
|---|---|---|---|
| 粗砂與中砂 | ≥150 | <0.40 | 0.04 |
| 細砂與含壤土的砂 | 75–150 | 0.40–0.80 | 0.03 |
| 含砂的壤土 | 50–75 | 0.80–1.20 | 0.02 |
| 壤土與含砂的黏土 | 35–50 | 1.20–1.71 | 0.01 |
| 壤土 | <35 | >1.71 | 不被同意 |
| 黏土、淤泥、堆肥、泥炭及石灰泥 | ≪35 | >>1.71 | 不被同意 |

**3.** 排水溝渠底部與地下水位或不滲透層間的最小距離需不能小於 1.25 m。

**4.** 排水管線上端所覆蓋的土壤深度需小於 0.6 m，大於 0.3 m。

**5.** 以 12 及 36 mm 的標準總坡度依次放入排水管線，管線前端最小厚度為 50 mm，且管線末端最小厚度為 150 mm，總深度不小於 300 mm。

大多數的州對於設有化糞池/排水場之設施，均限制所處理的廢水量應小於 40 $m^3/d$，主要用意是將化糞池與排水場，限制用於簡單的家庭住宅、小型公寓、公路休息站、公園及獨立的商業機構。

**例題 6-1**　彼得和潘派佩爾 (Peter and Pam Piper) 想買一塊地用來興建退休後的住宅，依據其過去五年的水費帳單，平均日用水量約為 0.4 $m^3$。假設該塊土地的滲漏速率為 1.00 min/mm，請問化糞池與排水場的尺寸應為多少？

**解**：假設化糞池必須維持 24 小時的停留時間，因此其體積為

$$V = 0.4\ \text{m}^3/\text{d} \times 1\ \text{d} = 0.4\ \text{m}^3$$

然而依據規定，最小的體積應為 4.0 $m^3$，好的化糞池設計，其長寬比 ($l/w$) 應大於 2 比 1，且最小的水位深度應有 1.2 m。用上述的準則與 4.0 $m^3$ 體積，設計的水體表面積為

$$A_s = \frac{4.0\ \text{m}^3}{1.2\ \text{m}} = 3.33\ \text{m}^2$$

假設選擇的寬為 1.15 m，長為 3 m，則化糞池的體積為 4.14 $m^3$，且 $l/w$ 比為 2.61 比 1。

表 6-7 中的土壤滲漏速率為 1.00 min/mm 時，允許的溝渠滲漏比率為 0.02

$m^3/m^2$。因此溝渠底部面積爲

$$A = \frac{0.4\ m^3}{0.02\ m^3/m^2} = 20.0\ m^2$$

當溝渠寬 1.0 m，長 20.0 m 時可符合要求，但是，較好的設計是構築 3 個溝渠，其寬 0.6 m，長 12 m。

---

大多數的化糞池系統最終會失效。吸收場的正常壽命爲 20 至 30年，在那之後，吸收場周圍的土壤都會被有機物質阻塞，而無法正常地運作。眾多因素會導致吸收場過早損毀，植物的根可能會堵住管線，或是車輛若在吸收場上駛過，管線可能會被壓碎。若吸收場的水力超負荷，或對土壤細菌會產生毒性的物質，如溶劑、塗料、農藥或水質軟化劑，流入排水場時，系統也可能失效。然而，造成吸收場提早失效的最常見原因，是不當的維護。由於腐敗槽的生物降解速率緩慢，所以沉澱在槽底的固體物會隨時間而逐漸累積，如果這些固體物沒有適時移除，在污泥層和浮渣層之間的清水區會變得過小，使得固體物溢流至吸收場的情形增加。若是有過多的固體物流至吸收場，那麼吸收場可能會被阻塞而導致提早失效。爲了防止腐敗槽累積太多的污泥和浮渣，應該將其定期抽除。污泥的累積速率視系統的使用狀況而定，儘管化糞池系統的污泥通常僅需每 2 或 3 年抽除一次，但建議每年仍需檢查槽內污泥的高度。

**化糞池與吸收場的修正方法**　如前所述，位於排水性差的土壤中，吸收場失效的常見原因是阻滯層過度生成。污水 $BOD_5$ 的減量可以降低阻滯層成長的速率。常見用於污水 $BOD_5$ 減量的兩種處理系統，是好氧處理系統與砂濾設施。

**好氧系統**　可供採用的好氧處理系統是非常廣泛的。好氧系統單元的共同特徵，是利用一些機械裝置，將空氣注入處理槽內，或使空氣於槽內循環流動。如果有充足的空氣注入，則污水可達到好氧狀態，當好氧降解速率變快時，$BOD_5$ 即可有良好的去除率。這種情況會降低阻滯層的成長速率，同時延長吸收場的壽命。

**砂濾系統**　砂濾池亦是一種好氧處理系統，典型砂濾池的構造如圖 6-4 所示。濾池包括由粒狀材料 (通常是砂，但其他材料如無煙煤亦可使用) 所組成的濾床。濾床表面是間歇地將廢水流入，然後經由砂床滲入濾池底部，砂床大約每天 12 至 72 次的入水，而入水的頻率大小，不會使得砂床飽和。此會使廢水在砂粒周圍以一薄層流動，達成廢水與空氣間有良好的接觸。砂濾池分為**單次通過** (single-pass) 或**多次通過** (multi-pass)。單次通過的砂濾池，通常稱為**間歇式砂濾池** (intermittent sand filters, ISFs)，廢水是收集在底部的排水管，然後流至吸收場或其他處置系統。在多次通過的系統，一部份過濾後

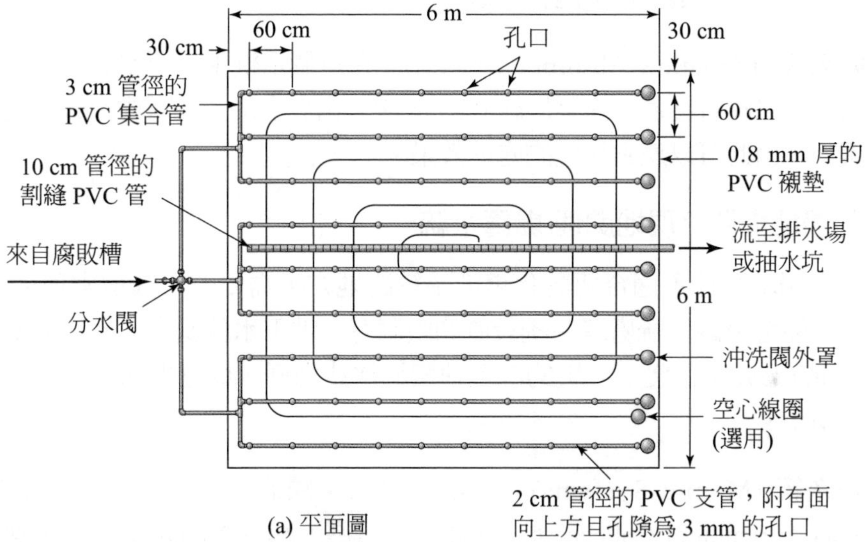


(a) 平面圖

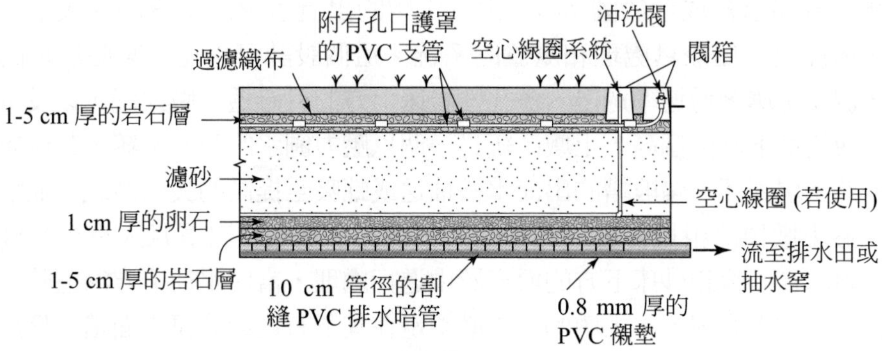


(b) 典型橫斷面圖

**圖 6-4**　現代化的間歇式砂濾設施：(a) 平面圖；(b) 典型的橫斷面圖 (Orenco Systems公司提供)。

的廢水，會再被迴流經由濾床，並循環稀釋來自腐敗槽的廢水，由於出流水的強度被稀釋，較高的濾率可被採用。循環砂床可較單次通過砂床小 3 至 5 倍的面積，且由於硝化/脫硝的作用 (見第 5 章)，循環砂床可達到較好的除氮效率。

**飼水系統** (Dosing Systems)　克服吸收場阻塞問題的另一個方式，是將傳統的吸收溝渠，更換成不易失效的處置系統。在傳統的吸收場中，污水是藉由重力進入溝渠。重力系統可用類似砂濾池所用的飼水系統予以替換，此有助於使溝渠周界土壤維持未飽和狀態。

**淺層吸收場** (Shallow Absorption Fields)　在這個系統中，分水管是以大的半管而不是以礫石覆蓋。溝渠僅約 0.25 m 深，由於上部土壤層中有較高的微生物濃度，因此可以達到較佳的處理效果。

## 不利場址條件之現地處理/處置系統

在場址條件不適合傳統化糞池系統的地方，需要改用其他處理/處置系統。可能會阻礙傳統處置系統設置的限制有：地下水位偏高、岩床的*限制層* (limiting layer) 太淺、土壤的滲透速率過快或過慢、鄰近地面水體，以及用地面積小。

**土墩系統** (Mound Systems)　土墩最早由美國北達科塔農業學院 (North Dakota Agricultural College) 於 1940 年代發展，稱爲 NODAK 系統。典型的土墩系統構造組成示於圖 6-5。由於土墩的出流水會直接滲漏進入至原土壤，因此是一個兼具處理和處置的系統。這個設計可以克服某些場址的限制，例如土壤滲透速率過慢、多孔性岩床上方的可滲透土層太淺，以及可滲透土層的地下水位偏高。土墩系統是一個以壓力飼水的吸收系統，其位置高於自然土壤表面。腐敗槽的出流水被抽送或虹吸至提高的吸收區域，並配送至位於土墩頂部粗粒料層中的管網，其後污水通過粒料層且入滲至填砂層內。廢水在砂層和砂床下方的填充層中進行處理，當廢水往下方滲漏時，會散佈在一個大面積上。土墩的大小必須是在其下有足夠的原土面積，稱爲*基礎面積* (basal area)，且要大至廢水不會從土墩基底或側邊滲出。在土墩系統的建造期間，應該要特別注意確保系統的基礎面積有經過適當的撥土，且推

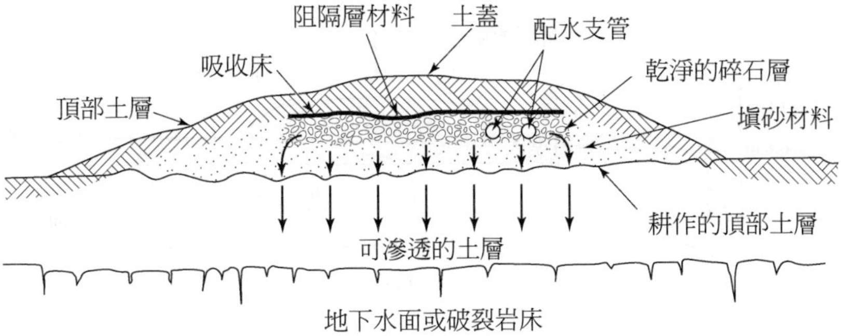


**圖 6-5**　土墩處置系統的典型橫斷面 (資料來源：Crites and Tchobanoglous, 1998)。

土機具對基礎面積的夯實 (compaction) 最輕微。土壤表層若經過夯實，會顯著降低進入土壤的入滲速率。

**碉堡綠化水再生系統** (Barriered-Landscape Water-Renovation System, BLWRS) 在 1969 年夏天，由厄爾艾力克森 (Earl Erickson) 博士證明 BLWRS (發音爲 “blowers”，類似 “flowers” ) 可將水中 100 mg/L 的硝酸鹽脫硝，隨後，他與助理亦發現 BLWRS 可處理養牛及養豬廢水 (表 6-8) (Erickson et al., 1974)，當然此系統亦可應用於處理家庭污水。

BLWRS 與 NODAK 土墩系統的差異，在於內襯不透水的障礙物置於土墩之下方，如圖 6-6a 及 6-6b 所示。當需再生的水通過障礙物邊緣時，它能

**表 6-8　BLWRS 的廢水再生效率**

| | 入流平均濃度 mg/L | 出流平均濃度 mg/L | 效率 % |
|---|---|---|---|
| 養豬廢水[a] | | | |
| $BOD_5$ | 1,131 | 8.9 | 98.3 |
| P | 18 | 0.02 | 99.9 |
| 懸浮固體物 | 3,000 | Nil | ~100.0 |
| TKN | 937 | 187.4 | 80.0 |
| 畜牛廢水[b] | | | |
| $BOD_5$ | 1,637.0 | 18.9 | 98.8 |
| P | 38.5 | 0.22 | 99.4 |
| 懸浮固體物 | 4,400.0 | Nil | ~100 |
| TKN | 917.0 | 27.5 | 97.0 |

[a] 在 503 天平均處理速率爲 15 mm/d
[b] 在 450 天平均處理速率爲 8.8 mm/d
資料來源：Erickson et al., 1974

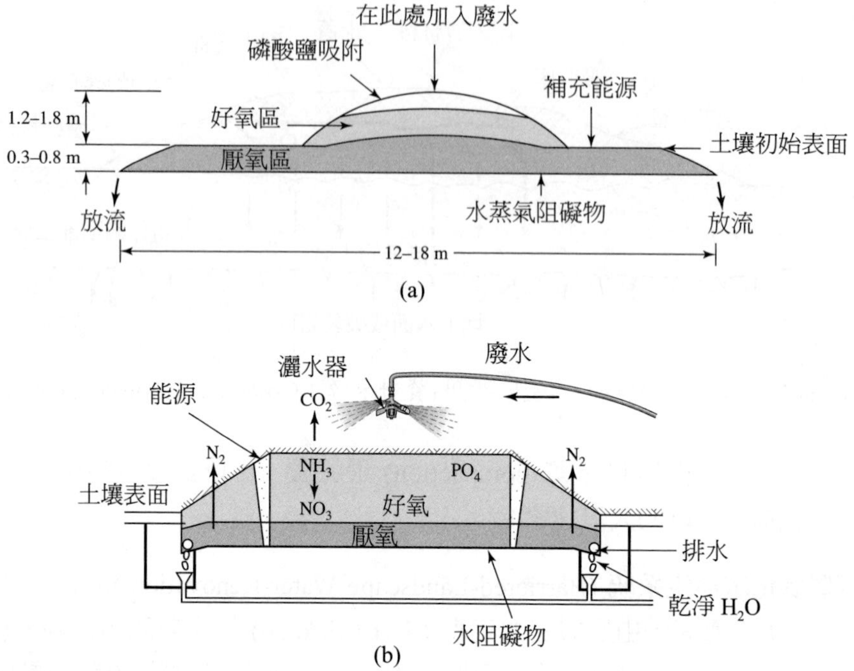


**圖 6-6** (a) 碉堡綠化水再生系統 (BLWRS) 的標準尺寸；(b) BLWRS 系統中污水的化學變化。

夠收集其所排出的水或允許其再注入含水層。土墩是由細砂所組成，BLWRS 的尺寸依土壤結構與所期望的廢水處理速率而定，土墩再由 0.15 m 的土壤覆蓋，表面種植耐旱且耐寒的雜草 (麥斛或自生植物的葉子覆蓋)，並保持斜坡上土壤的滲透率與穩定度。

廢水以灑水器灑在土墩的上面，當廢水滲入流下時，有機顆粒物質被濾出且保留在表面，顆粒被土壤中的微生物氧化，溶解性有機物與其他離子移入到好氧土層區，大部份的溶解性有機物質被具有高活性好氧區的細菌所氧化，磷酸鹽離子保留在部份土壤與部份砂床所組成的淤泥中，(鐵滓及/或石灰石可用來加強磷的吸附能力)，氨離子一直留在土壤中直到被硝化成硝酸鹽，已硝化的水向下移動而受阻於障礙物，隨後水被強制移至缺氧層，當廢水通過碳源時會發生脫硝作用。

BLWRS 必須以循環方式操作，使土壤中的微生物有足夠的時間分解廢水，並維持土壤的好氧條件，處理速率範圍在每天 9 至 18 mm 廢水量之間，提供 BLWRS 每日三分之一時間“靜置”之用。土壤的物理條件會控制處理速率的範圍，若在表面會堵水，顯示處理速率過快。

## 其他的現地處理/處置方法

人工濕地 (constructed wetland) 可用於廢水現地處理/處置。在溫帶氣候區，人工濕地的使用較為常見；在乾旱地區，蒸發散 (evapotranspiration, ET) 床是傳統吸收床的替代方案。在蒸發散系統中，耐水性植被種植在砂床的淺層內，植物的根從砂裡吸取水分，將其蒸發或蒸散至大氣中。

處理過的家庭污水可以再利用，但因為水中有存在致病菌的風險，現地系統的家庭污水再利用並不常見，一些替代的選擇是作為灌溉和馬桶沖洗之用。

## 非水之現地處理/處置系統的各種方法

在遠離人口集中處的區域，例如州立或國家公園、偏遠的路邊休息區或渡假區，可能沒有可靠的供水系統。供水的匱乏或缺水可能對沖水馬桶的使用造成阻礙，在這種條件下，需要考量使用其他系統以處置人的廢污。常用的系統有茅坑 (pit privy) 與窨式廁所 (vault)、化學劑馬桶 (chemical toilet) 與堆肥廁所 (composting toilet)。窨式廁所、化學劑馬桶與堆肥廁所屬封閉系統，因此其在現地為“零”排放。這些系統產生的廢棄物會被收集並在別處處置，由是之故，這些系統也能用於不可接受廢水排放的環境敏感地區。

**茅坑**　雖然現今大部份環境工程與科學的教科書均略過這個主題，但美國這些僅存的 10,000 個茅坑或其經現代化演進後的茅坑，數量仍然太多，以致讓我們無法忽略。但事實上，資淺的工程師及環境科學家卻最有可能設計、建造、運作、拆除及關閉牲畜用的茅坑。

大多數戶外廁所的構造如圖 6-7 所示，以標準尺寸為利用 12 號的馬口鐵做出孔口，提高安放在坑洞上，混凝土是以 1：2：3 比例混合，亦即一份波特蘭水泥、二份砂及三份粒徑小於 25 mm 的礫石。

茅坑的操作原理為將物質液化，並滲入支架內的土壤使固體物質乾燥，圖 6-7 所示的尺寸可維持一家四口使用十年，但應避免雨水進入，煤油需每週更換，以防止蚊蠅滋生，此外可用熟石灰來降低臭味。很不幸地，石灰會

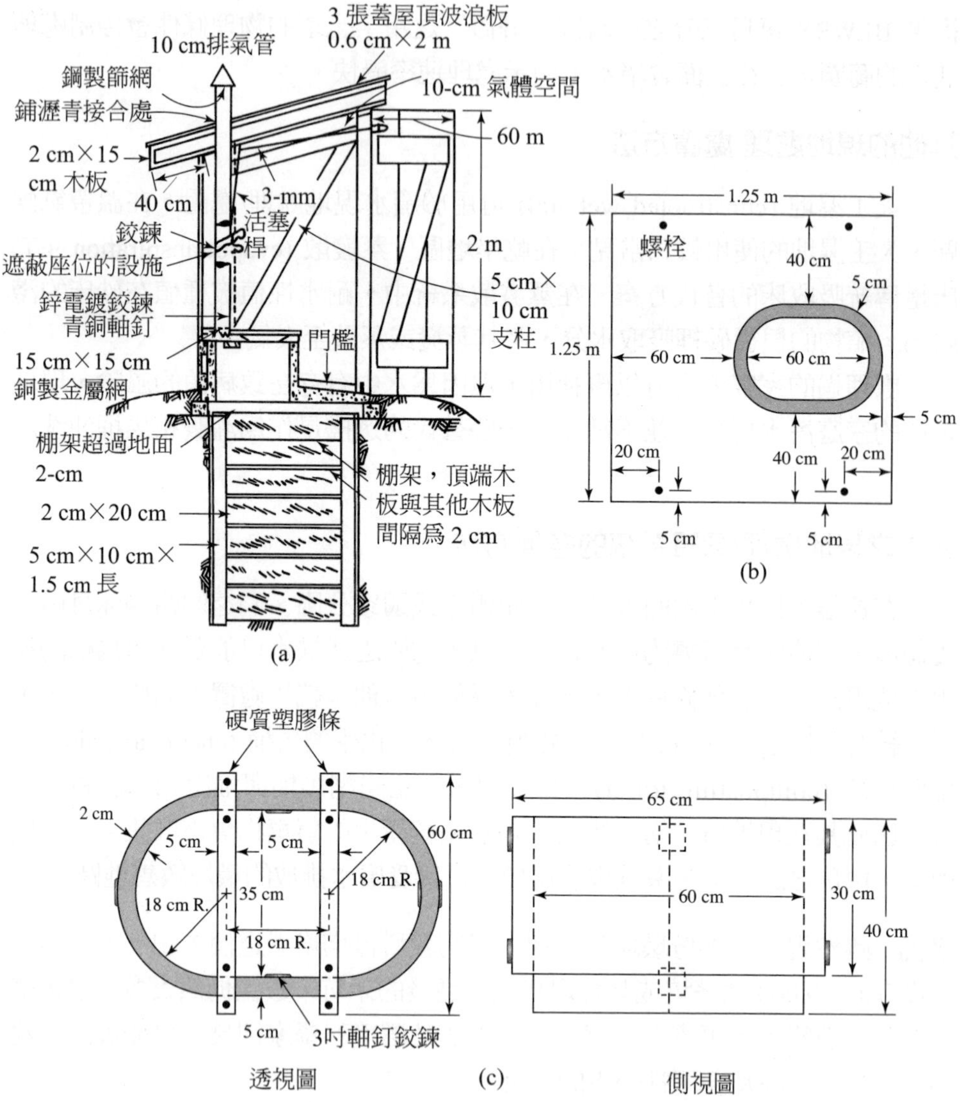


**圖 6-7** 茅坑的細部構造：(a) 橫斷面；(b) 混凝土板平面圖及 (c) 腳踏板的細部藍圖 (資料來源：Ehlers, V. M., and E. W. Steel, 1943)。

逐漸分解紙張，因此並不鼓勵使用，此外亦未使用消毒劑。

**窖式廁所** 這是現代化版的茅坑，其構造和茅坑相似，不同的地方是坑洞部位會形成水封窖式構造。在固定時間間隔，用特殊的搬運車 [常稱為“水肥車” (honey wagon)] 從窖式廁所泵送水肥。由於細菌的液化行爲及液體中的生物分解作用 (茅坑的分解作用發生在土壤中)，窖式廁所產生的臭味較舊式茅坑顯著，故常需使用芳香劑或消毒劑來緩衝臭味。但很不幸地，這些藥劑本身即有令人不悅的味道，若有電源可供使用，可將臭氧產生機所產生的臭氧注入廢水上端的空氣中，如此可有效的降低臭味。

**化學劑馬桶** 飛機、公共汽車及私人改造車輛的廁所全部都是使用化學劑馬桶。該系統係以強消毒劑攜帶廢棄物到貯留槽並保持其無害，一直到廢棄物由貯留槽中被抽走，雖然使用於車輛中的系統相當有效，但應該注意化學品對廢棄物最終處理的衝擊，此型式的廁所在永久設施中並不廣爲被接受，主要是受化學品成本較高且不易維護的影響。

**堆肥廁所** 堆肥廁所由一直接座落在廁所間底下的大型槽體組成。廢棄物通過與廁所相聯的大口徑瀉槽 (chute) 而進入槽體內。廁所不使用水沖洗，但是添加鬆散劑 (bulking agent) (例如木屑)，增進排水與曝氣。空氣會被小風扇抽入槽內，並向上抽至通風管，以確保能有充足氧氣可供生物分解，以及在臭味較少的環境下運作。廢棄物的液體蒸發後，殘餘物形成堆肥。大約每年一次從槽底部清除堆肥完畢的廢棄物，可作爲肥料使用。此系統的電力需求非常低，所以若是無法從電網系統供電，可從獨立的發電系統獲得所需電力 (如光電系統)。

## ▲ 6-5 都市污水處理系統

都市污水處理的方案可分爲三個主要類別 (圖 6-8 所示)：(1) 初級處理，(2) 二級處理，及 (3) 高級處理。上述步驟一般可假設如圖 6-8 顯示的各單元“處理程度”。例如初級處理應假設包含前處理程序，如攔污柵、沉砂池及調勻池；同樣地，二級處理應假設包含所有初級處理程序，如攔污柵、沉砂池、調勻池及初沉池。

前處理的目的是用於保護後續污水處理廠 (WWTP) 的單元設備，在一些舊都市污水處理廠中，可能不包括調勻池。

初級處理的主要目的是去除污水中沉降或浮除下來的污染物。典型的初級處理可去除原污水中約 60% 懸浮固體物及 35% $BOD_5$，但無法去除溶解性污染物。這是昔日用來處理都市污水的唯一方法。雖然僅設置單獨的初級處

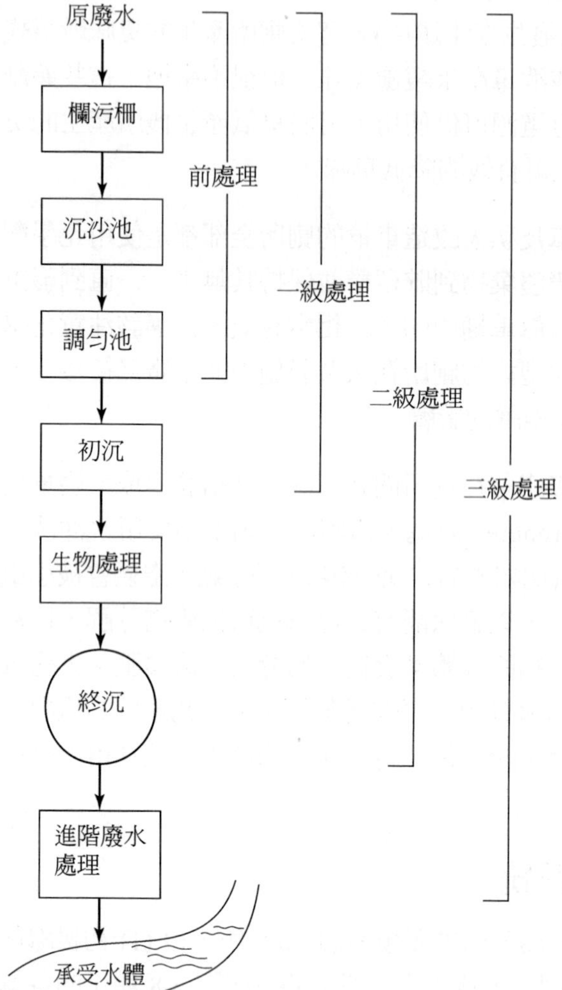


**圖 6-8** 處理程度。

理已不再被接受，但是在二級處理系統中，其仍常做爲首要的處理步驟。二級處理的主要目的，是去除由初級處理程序流出的溶解性 $BOD_5$，並進一步去除懸浮固體物。二級處理主要爲生物程序，其可提供發生於承受水體，在對廢水有足夠涵容能力時之相同的生物反應。二級處理程序是設計用來加速自然分解程序，可在相當短的時間內破壞分解有機污染物。雖然二級處理程序可以去除高於 85% 的 $BOD_5$ 及懸浮固體物，但是仍無法顯著的去除氮、磷或重金屬，亦難以完全去除病源細菌及病毒。

當二級處理無法滿足放流水質要求時，額外的處理程序需加在二級處理放流水後端，稱為**廢水高級處理** (advanced wastewater treatment, AWT)。這些程序可能使用化學處理及過濾 (有點像是在二級處理廠末端加入典型的淨水場)，或將二級處理放流水小心地灌注入土壤中，利用土壤去除污染物。這些程序能夠去除高達 99% 之 $BOD_5$、磷、懸浮固體物和細菌，及 95% 的含氮物質，產生的放流水相當乾淨、無色及無味，甚至可達到與高品質的飲用水相似。雖然這些程序與土壤處理系統時常用於進一步處理二級處理放流水，但其亦可被用於取代傳統二級處理程序。

廢水中大部份的不純物並不是簡單地加以去除而已，一些有機物被分解成無害的二氧化碳與水，大部份的不純物從廢水中去除後成為固體物，亦即污泥，由於大部份的不純物從廢水中去除後成為污泥，因此污泥必須慎重地處理與處置，才可達到控制污染物的目的。

## 6-6　前處理單元操作

前處理是指一些設施與構造物放在初級處理操作之前，以保護廢水處理廠 (WWTP) 的設備，由於這些設施與構造物在降低 $BOD_5$ 上效果有限，因此被歸類為前處理。在工業的 WWTP 中，僅存有溶解性物質，而未設置攔污柵及沉砂池，但常需要調勻池。

### 攔污柵

廢水進入處理廠所碰到的第一個設施，一般為攔污柵 (圖 6-9)。攔污柵的主要目的為去除會阻塞或卡住泵浦、閥及其他機械設備的大型物質，下水道廢水中的破布、木材及其他物質會在攔污柵被去除。在現代的 WWTP 中，攔污柵均以機械方式清除攔除物，並儲存在貯槽中，以便定期將其清除到衛生掩埋場。

攔污柵 (或攔污網) 的種類有粗柵、人工清除的攔污柵與機械清除的攔污柵，粗柵有較大的間隙，範圍為 40 到 150 mm，其設計主要是防止如木材等非常巨大的物質進入處理廠，在粗柵後面一般還會有較小間隙的攔污柵。人工清除式的攔污柵，間隙範圍在 25 到 50 mm，流過渠道的速度設計在 0.3 到 0.6 m/s 之間。如上所述，人工清除式的攔污柵並不常被使用。它們的應用性

**圖 6-9** 攔污柵 (西門子水科技公司提供)。

在於不常用的旁流渠道方面。機械清除式的攔污柵之間隙範圍在 15 到 75 mm，流過渠道的最大速度在 0.6 到 1.0 m/s 之間，最小速度需在 0.3 至 0.5 m/s，以避免砂礫累積。不管攔污柵的種類爲何，一般至少需有兩個渠道，以做爲將攔污柵取出時的清除與修復之用。

## 沉砂池

不具活性的較重物質稱爲*細砂礫*，如砂子、破碎玻璃、淤泥及卵石。若這些物質在廢水中未被去除，將會磨損泵浦及其他機械設施而引起過渡性的磨蝕。此外，這些物質會沉積在渠道或管線角落與轉彎處，將降低流量，最後並導致管線與渠道阻塞。

去除細砂礫的設施有三個基本類型：流速控制、曝氣與短時間定水位的沉澱槽，本節僅討論上述前二種較爲普遍的沉砂池。

**流速控制**　此類沉砂池一般稱爲*水平流沉砂池* (horizontal-flow grit chamber)，可藉由傳統沉澱理論分析其不連續與不可凝聚顆粒 (第一型沉澱)。

假設水平流速保持在約 0.3 m/s 時，可用史托克定律 (Stokes' law，參考 4-5 節) 分析並設計水平流沉砂池，液體流速可藉由渠道末端所設計的特殊堰加以控制。水平流沉砂池最少需設計兩個渠道，當一個在維護時不致讓處理廠停止運轉。沉砂可使用機械設施或人工清除，機械清除的方式適合於處理廠的平均流量大於 0.04 $m^3$/s，平均流量的理論停留時間設定爲 1 分鐘，通常會用水洗設備去除細砂礫上的有機物質。

---

**例題 6-2**　長 13.5 m 寬 0.56 m 的水平流沉砂池，當其平均流量爲 0.15 $m^3$/s，水平流速爲 0.25 m/s 時，是否可收集比重 2.65，半徑 0.10 mm 的砂礫？廢水溫度爲 22°C。

**解**：在計算顆粒最終沉澱速度之前，必須從附錄 A 的表 A-1 獲得一些資料。當廢水溫度爲 22°C 時，水的密度爲 997.774 kg/$m^3$，取大約值 1000 kg/$m^3$。從同一表格中得到黏滯度爲 0.995 mPa・s，如註解所述，需乘上 $10^{-3}$ 改變黏滯度單位爲 Pa・s。顆粒直徑爲 $0.20 \times 10^{-3}$ m，利用式 4-98 計算最終沉澱速度。

$$v_s = \frac{g(\rho_s - \rho)d^2}{18\mu}$$

$$v_s = \frac{9.80(2{,}650 - 1{,}000)(0.20 \times 10^{-3})^2\,(\mathrm{m/s^2})(\mathrm{kg/m^3})(\mathrm{m^2})}{18(0.000995)(\mathrm{kg \cdot m/m^2 \cdot s^2})(\mathrm{s})}$$

$$v_s = 3.61 \times 10^{-2}\ \mathrm{m/s}\ \text{或約}\ 36\ \mathrm{mm/s}$$

注意，顆粒的密度 ($\rho_s$) 爲顆粒比重 (2.65) 乘上水的密度，由於此砂礫的沉澱速度爲 $3.61 \times 10^{-2}$ m/s，其雷諾數爲 7.54，屬於過渡區 (transition region)，且不適用史托克理論。**R** 值 (7.54) 做爲第一個近似值，代入式 4-97 及式 4-94 以求取 $v_s$，再反覆計算得 $v_s$＝0.0028 m/s。

以流量 0.15 $m^3$/s 及水平速度 0.25 m/s 所計算出的截面積估計爲

$$A_c = \frac{0.15\ \mathrm{m^3/s}}{0.25\ \mathrm{m/s}} = 0.60\ \mathrm{m^2}$$

截面積除以渠道寬度所得的水流深度估計爲

$$h = \frac{0.60\ \mathrm{m^2}}{0.56\ \mathrm{m}} = 1.07\ \mathrm{m}$$

假設題目中的砂礫於沉砂池的液面流入時，到達底部所需時間爲 $h/v_s$

$$t = \frac{1.07 \text{ m}}{0.028 \text{ m/s}} = 38.2 \text{ s}$$

當池子長度 13.5 m 水平速度 0.25 m/s 時，液體在池中的停留時間爲

$$t = \frac{13.5 \text{ m}}{0.025 \text{ m/s}} = 54 \text{ s}$$

因此，上述的顆粒可在沉砂池中被去除。

---

**曝氣沉砂池**　曝氣沉砂池內液體以螺旋滾動方式驅動砂礫，流入置於空氣擴散器下端的砂礫斗 (圖 6-10)。此外，氣泡的剪力作用可剝除黏附於砂礫表面的有機物質。

曝氣沉砂池的操作受滾動速度與水力停留時間所影響。滾動速度可由調整注入空氣速率來控制，單位長度沉砂池空氣流率的範圍爲每分鐘空氣每公尺槽體長度 0.2 到 0.5 立方公尺 ($m^3$/min・m)。在最大流量時，水力停留時間經常設定爲約 3 分鐘。曝氣沉砂池長寬比介於 3：1 到 5：1 之間，深度則爲 2 到 5 m。

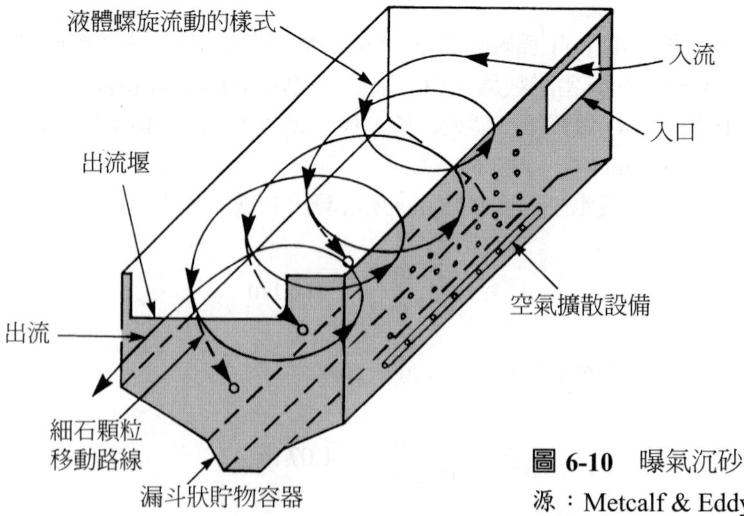


**圖 6-10**　曝氣沉砂池 (資料來源：Metcalf & Eddy, 1979)。

累積在槽體內的砂礫量，依下水道系統爲合流制或分流制，及沉砂池效率而有很大變化。在合流系統中每百萬立方米廢水時常含有 90 $m^3$ 砂礫 ($m^3/10^6$ $m^3$)，但在分流系統中可能小於 40 $m^3/10^6$ $m^3$。去除的砂礫一般送到衛生掩埋場掩埋。

## 磨碎機

該設施用旋轉切割棒破碎廢水中的固體物質 (破布、紙張、塑膠品與其他物質)，稱爲*磨碎機* (comminutors)。磨碎機在進流量低於 0.2 $m^3/s$ 的小型 WWTPs 中最常使用，這些設施設於沉砂池之後，以避免切割棒的磨損。此外，研磨機亦可用於取代攔污柵，但必須平行設置人工清潔式攔污柵，以便於上述設施損壞時可供使用。磨碎機下游端可能會產生一連串碎裂物質，例如破布料 (rag)。基於這個原因，再加上維修成本高，新設置的磨碎機會配置篩網 (screen) 及*碎渣機* (macerator) (見圖 6-11)。

碎渣機是低速的攪碎機，有一型是由互相反向旋轉的刀片所構成。當物質在刀片間通過時會被切碎，此切碎作用可減少破布料或塑料細線產生的潛勢。

## 調勻池

基本上，流量調勻池本身並不是一種處理程序，但在技術上卻可提高二級與高級廢水處理程序的效率 (U.S. EPA, 1979a)。由於廢水並不是以固定速率流入都市污水處理廠 (參考圖 1-4)，流率的變化每小時皆不相同，它反映出服務地區的生活習性。在大多數的城鎮中，日常活動的形態會影響到污水流量與污染強度，上述污水的平均流量與污染強度發生在上午 10 時左右。由於廢水流量與強度不斷地的改變，使得處理程序的操作很難維持效率，因此很多處理單元必須以最大流量進行設計，結果導致在平均流量下操作時，處理單元的尺寸過大。基於以上理由，流量調勻的目的即是減少這些水量變動，使廢水能以近乎固定的流量被處理。調勻池可顯著增進既存處理廠的操作，亦可提升池槽的有效容量，在新設計的處理廠中，調整流量可降低處理單元的尺寸大小與成本。

調勻池一般均建造成大槽體以收集並儲存廢水，然後以固定流率的泵浦抽到處理廠。這些槽體正常是位於處理廠的前端，最好是在前處理設備的末

圖 6-11 碎渣機的照片及等尺寸圖樣 (資料來源：Mackenzie L. Davis)。

端，如攔污柵、研磨機與沉砂池之後。槽中必須提供足夠的曝氣與混合，避免臭味與固體物質沉澱。調勻池所需要的體積，是由處理廠進流量，配合處理廠設計處理的平均流量，以質量平衡估計出來，其理論基礎與貯水槽相同 (參考 3-4 節)。

---

**例題 6-3** 下表爲週期性的流量設計調勻池，設備容量需超量 25%，以應付突發的流量變化與固體物累積，並評估調勻池在 $BOD_5$ 質量負荷的衝擊。

**解**：由於需要列表並重複計算，解決此問題的理想方法是利用電腦試算表軟體，假設計算時需要審慎選擇初始值，則試算表可很容易地查證，若做爲第一個流量的初始值大於包含夜晚低流量的平均值時，則最後一列計算出的儲存值爲 0。

因此第一步驟是計算平均值，本題爲 0.05657 $m^3/s$，隨後依時間順序重新安排流

| 時間, h | 流量, $m^3/s$ | $BOD_5$, mg/L | 時間, h | 流量, $m^3/s$ | $BOD_5$, mg/L |
|---|---|---|---|---|---|
| 0000 | 0.0481 | 110 | 1200 | 0.0718 | 160 |
| 0100 | 0.0359 | 81 | 1300 | 0.0744 | 150 |
| 0200 | 0.0226 | 53 | 1400 | 0.0750 | 140 |
| 0300 | 0.0187 | 35 | 1500 | 0.0781 | 135 |
| 0400 | 0.0187 | 32 | 1600 | 0.0806 | 130 |
| 0500 | 0.0198 | 40 | 1700 | 0.0843 | 120 |
| 0600 | 0.0226 | 66 | 1800 | 0.0854 | 125 |
| 0700 | 0.0359 | 92 | 1900 | 0.0806 | 150 |
| 0800 | 0.0509 | 125 | 2000 | 0.0781 | 200 |
| 0900 | 0.0631 | 140 | 2100 | 0.0670 | 215 |
| 1000 | 0.0670 | 150 | 2200 | 0.0583 | 170 |
| 1100 | 0.0682 | 155 | 2300 | 0.0526 | 130 |

量，使第一個流量超過平均值，在本例中 0900 h 的流量爲 0.0631 $m^3/s$。後表表列出安排的結果，以下則說明表中每行的意義。

第三行係以量測流量的時間間隔將流量轉爲體積：

$$\forall = (0.0631\ m^3/s)(1\ h)(3600\ s/h) = 227.16\ m^3$$

第四行爲離開調勻池的平均體積。

$$\forall = (0.05657\ m^3/s)(1\ h)(3600\ s/h) = 203.655\ m^3$$

入流與出流體積的差值表示於第五行。

$$dS = \forall_{in} - \forall_{out} = 227.16\ m^3 - 203.655\ m^3 = 23.505\ m^3$$

第六行爲入流與出流差值的累積和，第二個時間間隔的累積體積爲

$$\text{貯留體積} = \Sigma\, dS = 37.55\ m^3 + 23.51\ m^3 = 61.06\ m^3$$

注意，最後計算出的累積貯留體積爲 0.12 $m^3$，這是因爲電腦在計算時自動四捨五入造成其值非 0，調勻池在此點應是空的，開始準備第二天的循環。

調勻池所需體積爲計算的最大累積量，設計時應有 25% 的超量，因此體積爲貯留體積

$$\text{貯留體積} = (863.74\ m^3)(1.25) = 1{,}079.68 \text{ 或 } 1{,}080\ m^3$$

進入調勻池的 $BOD_5$ 量爲入流量 ($Q$)、$BOD_5$ 濃度 ($S_0$) 及積分時間 ($\Delta t$) 之積：

$$M_{\text{BOD-in}} = (Q)(S_o)(\Delta t)$$

流出調匀池的 $BOD_5$ 量爲平均出流量 ($Q_{avg}$)、槽中平均濃度 ($S_{avg}$) 及積分時間 ($\Delta t$) 之積：

$$M_{BOD\text{-}out} = (Q_{avg})(S_{avg})(\Delta t)$$

平均濃度表示如下

$$S_{avg} = \frac{(V_i)(S_o) + (V_s)(S_{prev})}{V_i + V_s}$$

符號 $V_i$ ＝在時間間隔 $\Delta t$ 的入流體積，$m^3$
$S_o$ ＝在時間間隔 $\Delta t$ 的平均 $BOD_5$ 濃度，$g/m^3$
$V_s$ ＝在最後的前一時間間隔槽中廢水體積，$m^3$
$S_{prev}$ ＝在最後的前一時間間隔槽中 $BOD_5$ 濃度，
＝(前一個 $S_{avg}$)，$g/m^3$

需注意 1 mg/L＝1 $g/m^3$，因此於時間 0900 h 的第一列計算爲

$$M_{BOD\text{-}in} = (0.0631\ m^3/s)(140\ g/m^3)(1\ h)(3{,}600\ s/h)(10^{-3} kg/g) = 31.8\ kg$$

$$S_{avg} = \frac{(227.16\ m^3)(140\ g/m^3) + 0}{227.16\ m^3 + 0} = 140\ mg/L$$

$$M_{BOD\text{-}out} = (0.05657\ m^3/s)(140\ g/m^3)(1\ h)(3{,}600\ s/h)(10^{-3}\ kg/g) = 28.5\ kg$$

需注意，$S_{avg}$ 僅在空槽體計算時 0 值才有效，且本例因入流的差異造成 $M_{BOD\text{-}in}$ 及 $M_{BOD\text{-}out}$ 不同，於第二列 (1000 h) 的計算爲

$$M_{BOD\text{-}in} = (0.0670\ m^3/s)(150\ g/m^3)(1\ h)(3{,}600\ s/h)(10^{-3}\ kg/g) = 36.2\ kg$$

$$S_{avg} = \frac{(241.20\ m^3)(150\ g/m^3) + (23.51\ m^3)(140\ g/m^3)}{241.20\ m^3 + 23.51\ m^3} = 149.11\ mg/L$$

$$M_{BOD\text{-}out} = (0.05657\ m^3/s)(149.11\ g/m^3)(1\ h)(3{,}600\ s/h)(10^{-3}\ kg/g) = 30.37\ kg$$

| Time | Flow, $m^3/s$ | $Vol_{in}$, $m^3$ | $Vol_{out}$, $m^3$ | $dS$, $m^3$ | $\sum dS$, $m^3$ | $BOD_5$, mg/L | $M_{BOD\text{-}in}$, kg | $S$, mg/L | $M_{BOD\text{-}out}$, kg |
|---|---|---|---|---|---|---|---|---|---|
| 0900 | 0.0631 | 227.16 | 203.65 | 23.51 | 23.51 | 140 | 31.80 | 140.00 | 28.51 |
| 1000 | 0.067 | 241.2 | 203.65 | 37.55 | 61.06 | 150 | 36.18 | 149.11 | 30.37 |
| 1100 | 0.0682 | 245.52 | 203.65 | 41.87 | 102.93 | 155 | 38.06 | 153.83 | 31.33 |
| 1200 | 0.0718 | 258.48 | 203.65 | 54.83 | 157.76 | 160 | 41.36 | 158.24 | 32.23 |
| 1300 | 0.0744 | 267.84 | 203.65 | 64.19 | 221.95 | 150 | 40.18 | 153.06 | 31.17 |
| 1400 | 0.075 | 270 | 203.65 | 66.35 | 288.3 | 140 | 37.80 | 145.89 | 29.71 |
| 1500 | 0.0781 | 281.16 | 203.65 | 77.51 | 365.81 | 135 | 37.96 | 140.51 | 28.62 |
| 1600 | 0.0806 | 290.16 | 203.65 | 86.51 | 452.32 | 130 | 37.72 | 135.86 | 27.67 |
| 1700 | 0.0843 | 303.48 | 203.65 | 99.83 | 552.15 | 120 | 36.42 | 129.49 | 26.37 |
| 1800 | 0.0854 | 307.44 | 203.65 | 103.79 | 655.94 | 125 | 38.43 | 127.89 | 26.04 |
| 1900 | 0.0806 | 290.16 | 203.65 | 86.51 | 742.45 | 150 | 43.52 | 134.67 | 27.43 |
| 2000 | 0.0781 | 281.16 | 203.65 | 77.51 | 819.96 | 200 | 56.23 | 152.61 | 31.08 |
| 2100 | 0.067 | 241.2 | 203.65 | 37.55 | 857.51 | 215 | 51.86 | 166.79 | 33.97 |
| 2200 | 0.0583 | 209.88 | 203.65 | 6.23 | 863.74 | 170 | 35.68 | 167.42 | 34.10 |
| 2300 | 0.0526 | 189.36 | 203.65 | −14.29 | 849.45 | 130 | 24.62 | 160.69 | 32.73 |
| 0000 | 0.0481 | 173.16 | 203.65 | −30.49 | 818.96 | 110 | 19.05 | 152.11 | 30.98 |
| 0100 | 0.0359 | 129.24 | 203.65 | −74.41 | 744.55 | 81 | 10.47 | 142.42 | 29.00 |
| 0200 | 0.0226 | 81.36 | 203.65 | −122.29 | 622.26 | 53 | 4.31 | 133.61 | 27.21 |
| 0300 | 0.0187 | 67.32 | 203.65 | −136.33 | 485.93 | 35 | 2.36 | 123.98 | 25.25 |
| 0400 | 0.0187 | 67.32 | 203.65 | −136.33 | 349.6 | 32 | 2.15 | 112.79 | 22.97 |
| 0500 | 0.0198 | 71.28 | 203.65 | −132.37 | 217.23 | 40 | 2.85 | 100.46 | 20.46 |
| 0600 | 0.0226 | 81.36 | 203.65 | −122.29 | 94.94 | 66 | 5.37 | 91.07 | 18.55 |
| 0700 | 0.0359 | 129.24 | 203.65 | −74.41 | 20.53 | 92 | 11.89 | 91.61 | 18.66 |
| 0800 | 0.0509 | 183.24 | 203.65 | −20.41 | 0.12 | 125 | 22.91 | 121.64 | 24.77 |

注意，由於 $V_s$ 爲最後的前一時間間隔槽中廢水體積，因此其等於累積量 $dS$，$BOD_5$ 濃度 ($S_{prev}$) 爲在最後前一時間間隔的平均濃度 ($S_{avg}$)，並不是前一個時間間隔入流濃度 ($S_o$)。

第三列的 $BOD_5$ 濃度爲

$$S_{avg} = \frac{(245.52\ m^3)(155\ g/m^3) + (61.06\ m^3)(149.11\ g/m^3)}{245.52\ m^3 + 61.06\ m^3}$$

$$= 153.83\ mg/L$$

---

## ▲ 6-7 初級處理

經由攔污柵與去除砂礫後，污水仍含有較輕的有機物質，可於沉澱池中以重力去除。沉澱池槽體可爲圓形或矩形，沉澱的固體量稱爲**生污泥** (raw sludge)，圖 6-12 顯示污泥從具有機械刮除器與利用泵浦的沉澱池去除，漂浮物質 (如油與脂) 會上升到沉澱池表面，可用表面撇除系統收集而從槽中去除，以利後續程序的處理。

初級沉澱槽 (**初沉池**，primary tanks) 屬於第二型的凝聚沉澱，由於凝聚顆粒在顆粒大小、形狀及比重 (膠羽和中的水份) 均會連續改變，因此無法利用史托克方程式，由於無法獲得足夠的數學關係式來描述第二型沉澱，必須

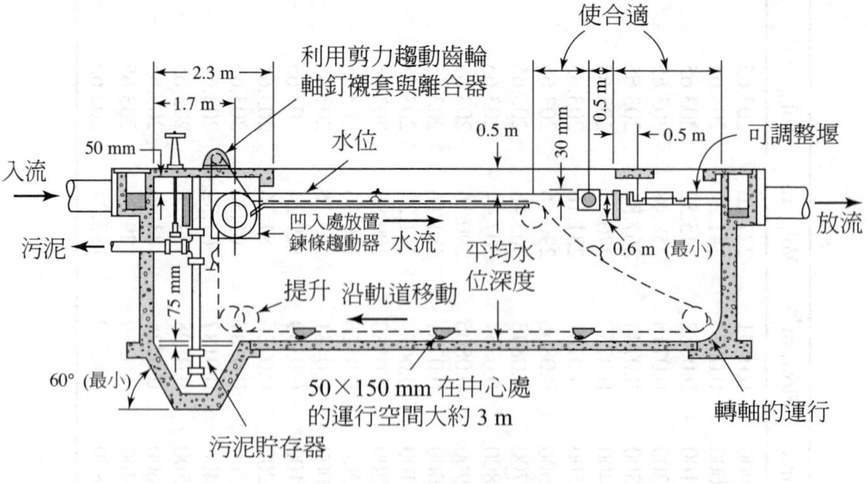


**圖 6-12** 初沉池。

藉由沉降筒實驗以求得設計資料 (參考第 4 章)。

由於空間限制上具有優勢，具共同壁的矩形槽常被選用。一般槽體長度爲 15 到 100 m，寬度由 3 至 24 m，新設施的設計長寬比值爲 3：1 到 5：1，既存廠的長寬比爲 1.5：1 至 15：1，槽寬度常依污泥收集設備而定，槽邊水深由 3 到 5 m，典型的深度約 4 m。

圓形槽的直徑爲 3 到 60 m，槽邊水深由 3 到 5 m。

如同淨水處理中沉澱池的設計，設計初沉池的控制參數爲溢流率。以平均流量設計時，典型的溢流率範圍在 25 到 60 $m^3/m^2 \cdot d$ (或 25 到 60 m/d)，若有廢棄活性污泥迴流到初沉池，則溢流率的範圍需較低 (25 到 35 m/d)。在尖峰流量時，溢流率的範圍則爲 80 到 120 m/d。

然而在平均流量時，沉澱池的水力停留時間由 1.5 到 2.5 小時，典型爲 2.0 小時的停留時間。

五大湖——密西西比河上游的州衛生工程師委員會 (Great Lakes-Upper Mississippi River Board of State Sanitary Engineers, GLUMRB) 建議處理廠的平均流量小於 0.04 $m^3/s$ 時，**堰負荷率** (weir loading，通過堰的水流) 爲每公尺堰長不可超過 120 $m^3/d$ ($m^3/d \cdot m$)，當流量較大時，其建議速率爲 190 $m^3/d \cdot m$ (GLUMRB, 1978)，若槽邊水深大於 3.5 m，操作時對堰負荷的影響較小。

堰的設計有兩種方法，一些設計者較喜歡 "長" 堰設計法，堰長約爲槽長度的 33 到 50%；那些喜歡 "設計短堰的學派 (short school)" (例子參見 Metcalf & Eddy, Inc., 2003)，認爲堰的長度較不重要，而將堰設置於槽末端的槽寬上 (如圖 6-12)，堰寬度範圍爲 2.5 到 6 m。

如前所述，初沉池可去除污水中 50 到 60% 懸浮固體物及至多 30 到 35% 的 $BOD_5$。

---

**例題 6-4**　以停留時間、溢流率及堰負荷設計並評估如下的初沉池。

**設計資料：**

流量＝0.150 $m^3/s$
入流 SS＝280 mg/L
污泥濃度＝6.0%
處理效率＝60 %
長度＝40.0 m (有效)

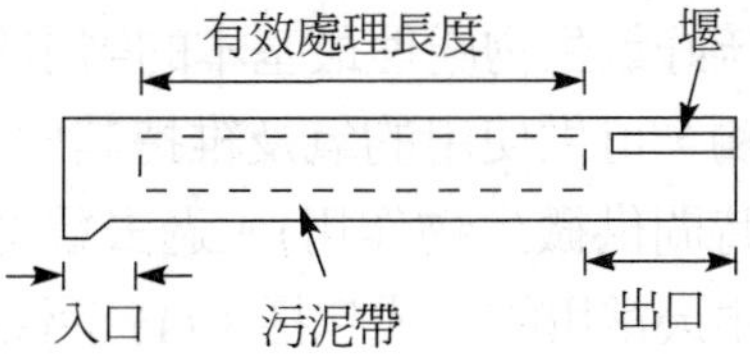

寬度＝10.0 m
水位深度＝2.0 m
堰長度＝75.0 m

**解**：停留時間為槽體積除以流量

$$\theta = \frac{V}{Q} = \frac{40.0\ \text{m} \times 10.0\ \text{m} \times 2.0\ \text{m}}{0.150\ \text{m}^3/\text{s}}$$
$$= 5333.33\ \text{s} \text{ 或 } 1.5\ \text{h}$$

該停留時間相當合理。

溢流率由流量除以表面積而得：

$$v_o = \frac{0.150\ \text{m}^3/\text{s}}{40.0\ \text{m} \times 10.0\ \text{m}}$$
$$= 3.75 \times 10^{-4}\ \text{m/s} \times 86{,}400\ \text{s/d} = 32\ \text{m/d}$$

這是可接受的溢流率。

用相同的方式計算堰負荷：

$$WL = \frac{0.150\ \text{m}^3/\text{s}}{75.0\ \text{m}}$$
$$= 0.0020\ \text{m}^3/\text{s}\cdot\text{m} \times 86{,}400\ \text{s/d} = 172.8 \text{ 或 } 173\ \text{m}^3/\text{d}\cdot\text{m}$$

以上是可接受的堰負荷。

## ▲ 6-8　二級處理單元程序

### 綜　論

二級處理主要目的是去除初級處理出流水的溶解 BOD 及懸浮固體物。傳統好氧生物處理最基本的需求包括大量微生物，微生物與有機物質的良好接觸，可供使用的氧及維持其他有利的環境狀況 (例如，有利的溫度和足夠的時間供微生物作用)。過去曾嘗試使用各種不同的方式以滿足這些需求。其中最常用的方式包括：(1) 活性污泥法，(2) 滴濾池法，(3)氧化塘 (渠) 法。

既不屬滴濾池法亦不屬活性污泥法，但應用相同原理的另一種方式是**旋轉生物圓盤法** (rotating biological contactor, RBC)。

由於二級處理程序是以微生物爲基礎，我們從廢水微生物學的簡介開始討論。

## 廢水微生物學

**微生物扮演的角色**　不同種類的微生物可穩定有機物質，微生物將其轉換爲膠狀或溶解性的含碳有機物質，進而分解爲氣體或原生質，由於原生質的比重稍大於水，因此可以重力沉降法將其自處理水中去除。

由於原生質本身即爲有機物，可以 BOD 型式存在於放流水中，因此上述的原生質若未從處理水中去除，顯然並未達到該處理程序應有的功能，解決方法即是將其部份有機物再轉化爲不同種類的氣態最終產物 (Metcalf & Eddy, Inc., 1979)。

**以界對微生物作區分**　微生物依據其結構與功能差異，可區分爲五大族群，這些族群稱爲界 (kingdoms)。五大族群分別爲**動物界**、**植物界**、**原生動物界**、**眞菌界**及**細菌界**。典型微生物例子，及其特性差異，示於圖 6-13。

**以能量及碳源作區分**　微生物與碳源及能源的關連性相當重要，碳源是細胞合成時所必須的物質；而能源則是由胞外所獲得，爲細胞進行合成作用所必須，由於廢水處理的目標是將廢水中的碳源及能源轉化爲微生物細胞，進而以沉澱方式將其自水中去除，故促進微生物的生長可獲致其所需的碳源及能源，進而去除水中有機物。

若微生物是利用有機物質做爲碳源，屬於**異營性** (heterotrophic)，若僅需要 $CO_2$ 爲碳源時，則爲**自營性** (autotrophs)。

微生物利用陽光做爲能量來源時，屬於**光合營養性微生物** (phototrophs)；**化學營養性微生物** (chemotrophs) 的能源，是由有機物或無機物的氧化/還原反應中獲得。**有機營養性微生物** (organotrophs) 利用有機物，而**無機營養性微生物** (lithotrophs) 則氧化無機物質 (Bailey and Ollis, 1977)。

**以與溶氧的關係作區分**　在微生物的氧化/還原反應中，亦可憑是否利用溶氧

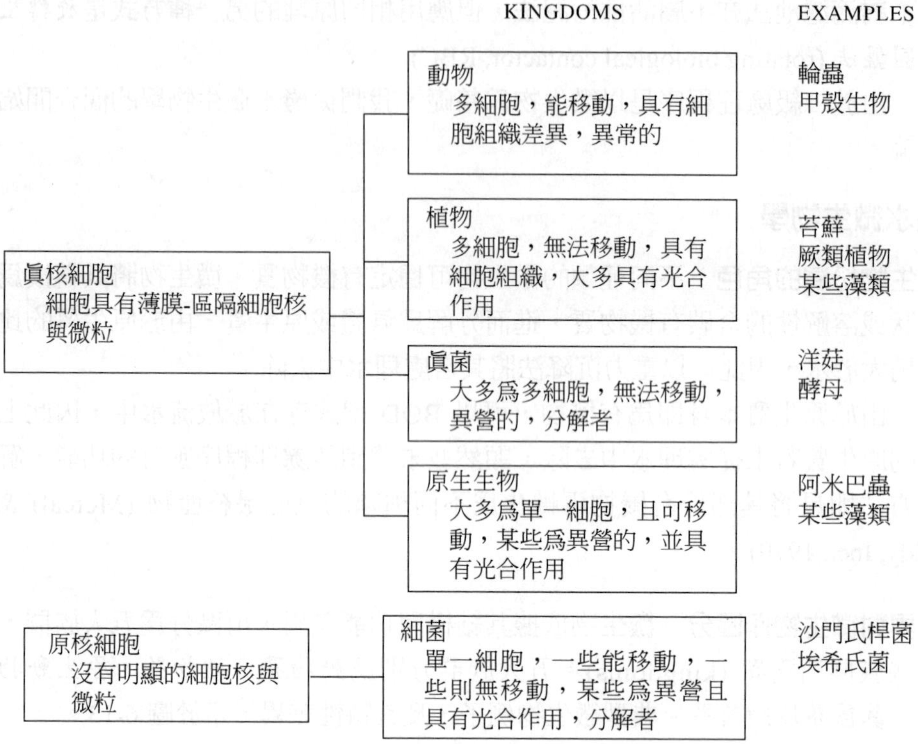


**圖 6-13** 以界為區分的微生物分類

作為最終電子接受者 (terminal electron acceptor)，而做為分類的依據*。當微生物以溶氧為最終電子接受者時，稱為**絕對好氧菌** (obligate aerobes)，若廢水含有溶氧而可使絕對好氧菌生存時，稱為**好氧狀態** (aerobic)。

**絕對厭氧菌** (obligate anaerobes) 則是無法利用水中溶氧的微生物，亦即無法以溶氧作為最終電子接受者；沒有溶氧的廢水被稱為**厭氧狀態** (anaero-

* 有機物質不是以一個步驟直接氧化成二氧化碳和水，這是因為可捕捉如此高能量的能量儲存機制並不存在。因此，生物氧化作用是藉由一連串小步驟而發生。氧化作用需要將電子從被氧化的基質，傳遞至某些接受者分子，而使接受者分子被還原。在大部份的生物系統中，氧化過程的每一個步驟，都牽涉兩個電子的移除和兩個質子 ($H^+$) 的同步損失。兩個電子與質子損失的總和，等於分子失去兩個氫原子，此種反應常稱為**脫氫作用** (dehydrogenation)。電子與質子被釋放後並沒有進入細胞中，而是傳遞至接受者分子。接受者分子在接受電子之後，才會接受質子，因此稱作電子接受者。由於接受一個電子與質子的淨反應，等同於接受一個氫原子，上述的接受者亦稱為氫接受者 (Grady and Lim, 1980)。

bic)。**兼性厭氧菌** (facultative anaerobes) 則能夠以溶氧為最終電子接受者，且在特定情況下，可以在缺乏溶氧的環境中生長。

在**缺氧** (anoxic) 的情況下，利用亞硝酸鹽 ($NO_2^-$) 及硝酸鹽 ($NO_3^-$) 為最終電子接受者的兼性厭氧菌族群稱為**脫硝菌** (denitrifers)，在缺乏溶氧下硝酸鹽-氮轉化為氮氣的程序稱為**缺氧脫硝** (anoxic denitrification)。

**以微生物生長溫度作區分**　每一種微生物均有最佳的生長溫度限制範圍，一般可分成四類。**嗜冷性細菌** (psychrophiles) 的最佳生長溫度需低於 20°C，**嗜溫性細菌** (mesophiles) 生長的溫度範圍為 25 到 40°C，45 到 60°C 的範圍則適合**嗜熱性細菌** (thermophiles) 生長，當溫度高於 60°C 時，則僅能生長**狹範圍嗜熱菌** (stenothermophiles)，兼性嗜熱菌的生長溫度範圍，從嗜熱菌到嗜溫菌的生長溫度均可適應。上述溫度範圍的界定較為主觀，且在 20 至 25°C 及 40 至 45°C 的溫度範圍內並不連續，因此不應斷定適合在 20.5°C 生長的微生物即為嗜溫性細菌。雖然上述規則有清楚的界定，但在超過這些溫度時，細菌仍可以生長並殘存，例如屬於嗜溫菌的 *E-coli* 菌 (*Escherichia coli*) 可以在 20 至 50°C 的範圍內生長並繁殖，即使溫度降至 0°C 時亦可緩慢生長，但若快速冷凍，這些細菌及其他微生物可以保存數年且無顯著的死亡率。

## 廢水處理的重要微生物

**細菌** (bacteria)　廢水處理廠中最多的微生物族群，屬於利用溶解性食物的單細胞微生物，處理中以化學異營性細菌佔優勢，但並無最佳的特殊菌種。

**真菌** (fungi)　眞菌是多細胞、非光學合成、異營性微生物，眞菌屬於絕對好氧性細菌，可以分裂、發芽及形成孢子等方式繁殖，這些細胞對氮的需求僅有細菌的一半，因此，在缺氮的廢水中，眞菌比細菌較佔優勢 (McKinney, 1962)。

**藻類** (algae)　此微生物族群屬光合自營性，具有單細胞或多細胞，由於大部份菌種均有葉綠素，可經由光合成產生氧氣。在陽光下，光合成所產生的氧氣大於呼吸所利用的氧氣量；晚上行呼吸作用消耗氧氣，若白晝的時數遠超過夜晚，則會有多餘的溶氧產生。

**原生動物** (protozoa)　原生動物為單細胞的有機體，以**二分裂法** (binary fission) 繁殖，大都爲好氧的化學異營性生物，並以細菌爲食物。由於原生動物可擔任掃除細菌的清道夫角色，因此希望其存在於放流廢水中。

**輪蟲與甲殼動物** (rotifers and crustaceans) 這兩種均爲好氧、多細胞的化學異營性動物。輪蟲正如其名，在頭部有二叢纖毛作旋轉似的運動，其纖毛可以運動並捕捉食物，輪蟲的食物爲細菌及細小的有機顆粒物。

甲殼動物指具有硬殼的小蝦及龍蝦，有硬殼爲其特性，爲魚類的食物來源。除了在未超過負荷的氧化塘外，一般的廢水處理系統均無法發現，當其存在時即顯示溶氧很高且有機物質濃度很低。

## 微生物生化學

**代謝** (metabolism) 一詞用於描述細胞的化學反應過程，分爲分解作用及合成作用兩部份。**分解作用** (catabolism) 爲基質分解成最終產物以獲取能量的所有生化程序*。在廢水處理廠中，基質被氧化，氧化程序所釋放的能量被傳遞並儲存在能量載體 (energy carrier) 中，供微生物進一步使用 (圖 6-14)。經由分解作用所釋放的化學物質，被用以維持微生物的生命機能。

**合成作用** (anabolism) 爲合成維持細胞生命與繁殖所需化學物質的所有生化程序，整個合成過程是透過儲存於能量載體內的能量所驅動。

**廢水的分解** 分解作用的電子接受者種類，可決定混合液微生物的分解型態 (有好氧、缺氧及厭氧三種)。每一種分解型態有其特性，會影響在廢水處理的利用。

**好氧分解** 在前述對微生物代謝的討論中，好氧氧化分解過程中，必須有分

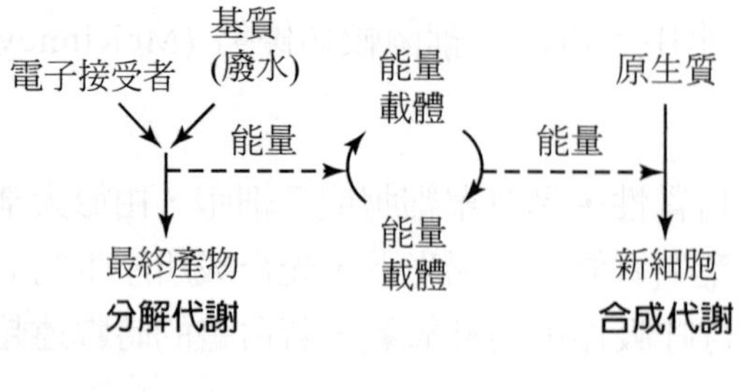


**圖 6-14** 微生物代謝的典型機制。

* 基質是指食物，在這裡使用時，“食物” 是指來自人類消化道和其他生物可分解廢污的有機物質。

**表 6-9　具代表性的最終產物**

| 基質 | 好氧及缺氧分解 | 厭氧分解 |
|---|---|---|
| 蛋白質與其他含氮有機物 | 胺基酸<br>氨→亞硝酸鹽→硝酸鹽*<br>酒精 → $CO_2+H_2O$<br><br><br>有機酸 | 胺基酸<br>氨<br>硫化氫<br>甲烷<br>二氧化碳<br>酒精<br>有機酸 |
| 碳水化合物 | 酒精 → $CO_2+H_2O$<br>脂肪酸 | 二氧化碳<br>脂肪酸<br>甲烷 |
| 脂肪及相關物質 | 脂肪酸＋甘油<br>酒精 → $CO_2+H_2O$<br>低脂肪酸 | 脂肪酸＋甘油<br>二氧化碳<br>酒精<br>低脂肪酸<br>甲烷 |

* 在缺氧狀態下，硝酸鹽會轉換成氮氣。
*資料來源*：After Pelczar, M. J., and R. D. Reid, 1958

子氧 ($O_2$) 做爲最終電子接受者。在自然水體中，氧是以溶氧 (DO) 表示，當氧存在時，其是唯一被利用的最終電子接受者，因此最終化學產物主要爲二氧化碳、水及新的細胞物質 (表 6-9)，會發出臭味的氣態最終產物則相當少。在正常的自然水體中，好氧分解是其自淨的主要機制。

相較於任何其他類型的分解，大多數的有機物質容易在好氧狀態下氧化分解。有機物的好氧分解，會使最終產物被氧化至低能量的位階，因而比起其他氧化系統，能產生更爲穩定的最終產物 (亦即這些最終產物不會危害到環境，且不會產生令人不悅的氣味)。

大部份好氧微生物在好氧氧化時可釋放大量的能量，而有很高的生長速率，因此與其他氧化系統相比，所產生新細胞之量較多，也就是說好氧氧化的生物污泥產量大於其他系統。

由於好氧氧化的分解快速、有效及產生較少的臭味，因此廢水濃度較低時 ($BOD_5$ 小於 500 mg/L) 可選用此系統；但是廢水的濃度過高 ($BOD_5$ 大於 1,000 mg/L) 時，由於好氧分解系統無法提供足夠的溶氧，且會產生大量的生物污泥，因此不適合處理此類廢水。在小社區或特殊工業所用的曝氣塘 (見以下的 “氧化塘”)，好氧分解可處理的廢水 $BOD_5$ 濃度最高爲 3,000 mg/L。

**缺氧分解**　在缺少分子氧時，一些微生物能夠利用硝酸鹽 ($NO_3^-$) 做爲最終電子接受者，此時的氧化程序稱爲脫硝。

脫硝的最終產物爲氮氣、二氧化碳、水及新細胞物質，脫硝所產生的能量約等於好氧分解，因此新細胞的產率雖然沒有和好氧分解一樣高，但相對下仍然會偏高。

爲了要去除氮以保護承受水體，脫硝反應在廢水處理中相當重要。在傳統去除含碳物質的程序中，需加入此種特別的處理步驟，後續章節將討論到脫硝。

脫硝作用另一個重要性是與處理後廢水的最終澄清作用有關。若最終沉澱池的環境爲缺氧時，所形成的氮氣會使大團的污泥上浮到水面，而從處理廠流到承受水體，所以必須確保最終沉澱池不會發生缺氧。

**厭氧分解**　爲了確保厭氧狀態，分子氧與硝酸鹽不可做爲最終電子接受者，硫酸鹽 ($SO_4^{2-}$)、二氧化碳及有機物可做爲最終電子接受者而被還原，硫酸鹽還原成硫化氫 ($H_2S$) 及一群具有臭味的含硫化合物，這些化合物稱爲**硫醇** (mercaptans)。

有機物質的厭氧分解 (或稱爲醱酵，fermentation) 可分爲三個步驟。首先，廢水中的成分發生水解。其次，複雜的有機物質醱酵形成低分子量脂肪酸 (揮發酸)。最後，這些有機酸轉化爲甲烷，二氧化碳做爲電子接受者。

厭氧分解產生二氧化碳、甲烷及水等主要的最終產物，此外，亦會產生包含氨、硫化氫及硫醇等額外的最終產物。厭氧分解產生的後面三種化合物，會發出令人難以忍受的臭味。

由於厭氧氧化時僅能釋出少量的能量，因此細胞的產生量，即污泥產量很低。利用此一特性，經由好氧和缺氧程序所產生的污泥可利用厭氧分解加以穩定。

廢水濃度較低時，不適合以厭氧分解直接處理*，厭氧細菌的最適生長溫度是在嗜溫菌生長溫度範圍的上緣。爲獲得合理的生物分解，必須提高培養溫度，不過此法並不適合處理低濃度廢水。然而對高濃度廢水 ($BOD_5$ 大於 1,000 mg/L) 而言，厭氧消化是一種不錯的處理方法。

---

* 一些研究人員正進行以厭氧系統處理低濃度廢水的研究，特別是針對由有害廢棄物所造成地下水污染的處理。

**族群動力學** (population dynamics)　在後面討論到微生物的生長行為時，有個不言而喻的假設，即是微生物生長所需的條件，在初始時就要存在。因為這些條件相當多且嚴格，因此值得花一些時間做扼要說明。必須要滿足的主要條件總結如下：

**1.** 最終電子接受者
**2.** 多量養分
  a. 細胞所需的碳源
  b. 細胞所需的氮源
  c. ATP (能量載體) 及 DNA 所需的磷
**3.** 微量養分
  a. 微量金屬
  b. 某些微生物所需的維生素
**4.** 適當的環境
  a. 濕度
  b. 溫度
  c. pH

為描述純菌的培養生長，我們假設 1,400 隻單一菌種的微生物被添加到合成的液態培養基中。最初並未發現變化，微生物必須自我調整以適應新環境，並且開始合成新的原生質。圖 6-15 顯示微生物隨著時間的生長曲線，此時的生長期稱為**遲滯期** (lag phase)。

在遲滯期的末期，微生物開始分裂 (但不會在同一時間分裂)，使族群逐漸增加，此一階段稱為**加速生長期** (accelerated phase)。

在加速生長期的末期，生物族群數量已經夠大，且世代時間的差異很小，細胞以固定的生長速率分裂，因複製是以二分裂法進行 (每一細胞分成兩個新細胞)，族群數目呈幾何數列增加：1→2→4→8→16→32，細菌的族群數目 ($P$) 經過 $n$ 個世代後以下式表示：

$$P = P_0(2)^n \tag{6-1}$$

$P_0$ 為加速生長期末期的初始族群，將式 6-1 兩邊取對數，則：

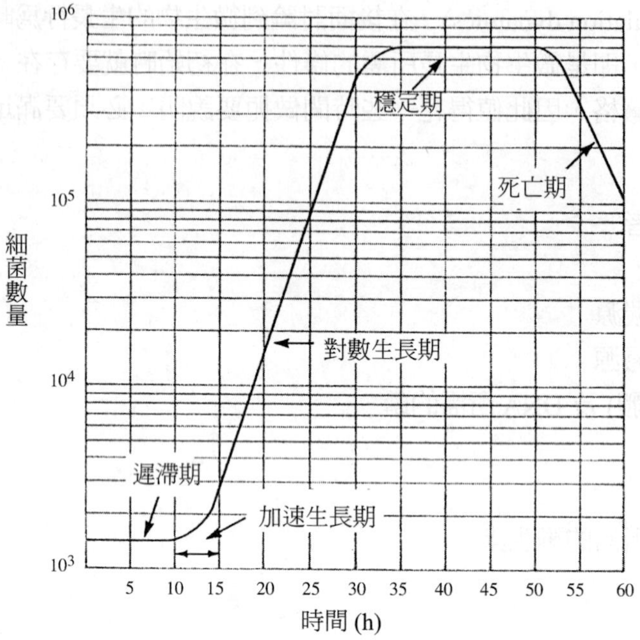


**圖 6-15** 純菌的培養生長："對數生長曲線"。

$$\log P = \log P_0 + n \log 2 \qquad \textbf{(6-2)}$$

上述式子的意義顯示，若以對數座標來表示微生物的族群，曲線可用斜率爲 $n$，以及加速生長期末期 $t_0$ 時間的截距 $P_0$，畫一直線，因此本生長期稱爲**對數生長期** (log growth phase) 或**指數生長期** (exponential growth phase)。

由於基質被消耗或產生毒性副產物，使對數生長逐漸變小，因此當停止分裂，或是死亡和生長速率達平衡時，生物族群會在某一點上成定值，在生長曲線上稱爲**穩定期** (stationary phase)。

在穩定期之後，細菌開始快速的死亡，**死亡期** (death phase) 是由不同的原因所引起，但基本上是延長了穩定期所造成。

純種的微生物並不會存在於廢水處理系統或自然水體中，較合理的情況是存在混合菌種，其受到環境的限制而彼此競爭與生存。族群動力學就是用來描述不同菌種相互競爭時，隨時間的變化，該模式是以微生物的相對質量來表示*。

控制不同微生物族群動力的主要因子是對食物的競爭，第二個重要因子則是掠食者-獵物 (predator-prey) 關係。

菌種對相同基質的競爭優勢，是由該菌種對此基質的代謝能力所決定，競爭較成功的菌種表示其對該基質的代謝較完全，因此可獲得較多的能量用於合成細胞而增加其數量。

由於微生物的體積相當小，所以每單位質量有很大的表面積，可迅速的將基質去除，因此比眞菌佔優勢。同樣的道理，眞菌又比原生動物佔優勢。

當所提供的溶解性有機物質缺乏時，微生物族群的繁殖將減少，而掠食者則增加。在密閉系統中，初期添加混合的微生物與基質後，細菌族群於達到最多量時因缺乏食物而死亡，隨後被其他種類細菌分解，如此循環不已 (圖 6-16)。在開放系統中，如污水處理廠或河流，由於基質連續進流，優勢族群則隨著處理廠槽體的長度而改變 (圖 6-17)，此情況即爲**動態平衡** (dynamic equilibrium)。由於不同族群對入流特性相當敏感，因此入流特性必須緊密地管控，以保持最佳的菌種平衡。

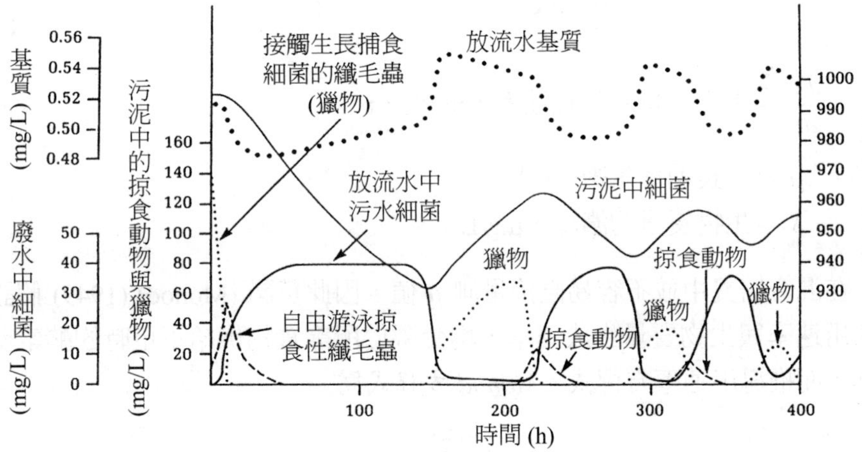


**圖 6-16**　封閉系統的族群變動 (資料來源：Curds, 1973)。

---

* 如果 A 菌種每個成熟細菌的平均質量是 B 菌種的兩倍，且兩菌種的競爭性相同，則我們可預期當兩菌種都有相同的總生物質量 (biomass) 時，B 菌種的數量是 A 菌種的兩倍。

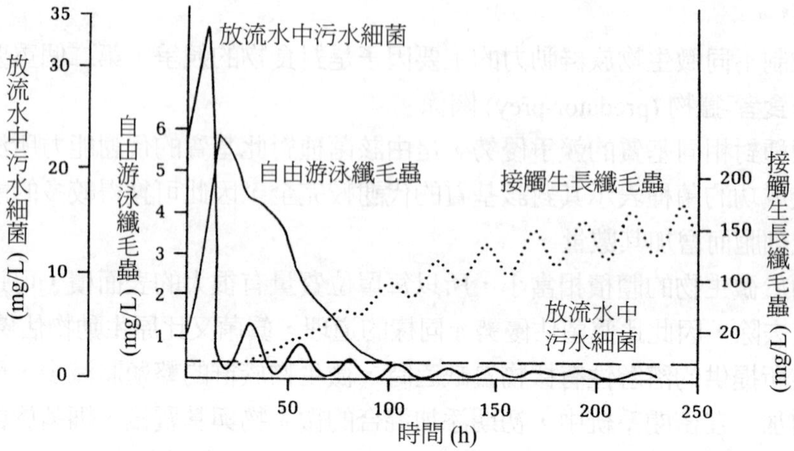


**圖 6-17** 開放系統的族群變動 (*資料來源*：Curds, 1973)。

對廢水處理系統中大多數且混合培養的微生物而言，量測生物質量 (biomass) 比量測微生物數量方便*。在對數生長期中，生物質量增加的速率可表示爲

$$\frac{dX}{dt} = \mu X \tag{6-3}$$

其中 $\frac{dX}{dt}$ ＝生物質量的生長速率，mg/L・t

$\mu$ ＝生長速率常數，$t^{-1}$

$X$ ＝生物質量的濃度，mg/L

在混合培養中並不容易直接量測 $\mu$ 值，因此莫諾 (Monod) (1949) 假設食物利用速率與生物質量生成速率，均受限於所需食物供給不足時的酵素反應速率，而推導出速率方程式。*Monod 方程式*爲

$$\mu = \frac{\mu_m S}{K_s + S} \tag{6-4}$$

* 通常來說，生物質量可藉量測懸浮固體物或揮發性懸浮固體物 (在 550±50°C 下焚燒) 而獲得。當廢水僅含溶解性的有機物質時，揮發性懸浮固體物的分析方式，具有合理的代表性。有機顆粒物質的存在 (常見於都市污水中) 會完全混淆生物質量的分析結果。

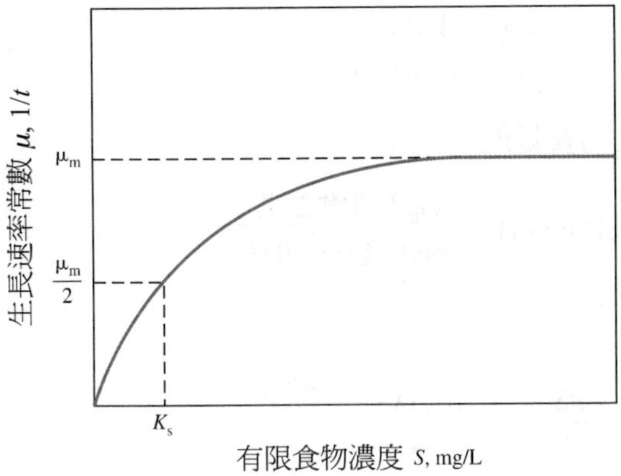


**圖 6-18**　Monod 生長速率常數為有限食物濃度的函數。

其中 $\mu_m$＝最大生長速率常數，$t^{-1}$

$S$＝溶液中有限的食物濃度，mg/L

$K_s$＝半飽和常數，mg/L

＝當 $\mu$＝$0.5\mu m$ 時的有限食物濃度

生物質量生長速率遵循圖 6-18 中的雙曲線函數。

式 6-4 有兩個在應用至廢水處理系統中時的重要極限。首先，當有限的食物過量時，$S >> K_s$，此時生長速率常數 $\mu$ 大致等於 $\mu_m$，因此式 6-3 變成基質的零階反應。在另一個極端，當 $S << K_s$ 時，由於食物的受限，生物質量的生長速率對於基質而言，變成一階反應。

式 6-4 僅假設微生物的生長，而並未考慮到微生物的自然死亡。若假設微生物質量的死亡或衰減，為生物質量的一階表示式，式 6-3 及 6-4 可擴展為

$$\frac{dX}{dt} = \frac{\mu_m SX}{K_s + S} - k_d X \quad \textbf{(6-5)}$$

其中 $k_d$＝內呼吸衰減速率常數，$t^{-1}$。

若系統中所有食物均可轉化為生物質量，則食物的利用速率 ($dS/dt$) 將等於生物質量生成速率，但是整個轉化過程的效率不足，因此食物的利用速率將大於生物質量生成速率，則

$$-\frac{dS}{dt} = \frac{1}{Y}\frac{dX}{dt} \tag{6-6}$$

其中 $Y$ ＝食物質量轉化爲生物質量的小數值

＝增殖係數 (yield coefficient)，$\frac{\text{mg/L 生物質量}}{\text{mg/L 食物利用量}}$

將式 6-3、6-4 及 6-6 整理，

$$-\frac{dS}{dt} = \frac{1}{Y}\frac{\mu_m SX}{K_s + S} \tag{6-7}$$

式 6-5 及 6-7 爲建立廢水處理程序之設計方程式的基礎。

## 活性污泥法

活性污泥法是一種生物廢水處理技術，它將廢水與生物污泥 (微生物) 混合攪拌並曝氣，因爲微生物是懸浮在液態廢水中，這個程序名爲**懸浮生長式程序** (suspended growth process)。生物固體隨後從處理過的廢水中分離，並視需要返送部份回到曝氣程序中。

活性污泥法其名得自將空氣連續注入廢水，並形成生物質量。在活性污泥程序中，微生物與有機物完全混合，藉利用有機物爲食物以刺激微生物生長。當微生物成長，且因空氣的攪拌而混合在一起時，個別生物體便會凝聚 (flocculate)，而形成一活性生物團塊 (生物膠羽)，稱爲**活性污泥** (activated sludge)。

在實務上廢水不斷流入曝氣槽 (圖 6-19)，空氣被打入槽中以使活性污泥和廢水混合，並提供氧氣給微生物以去除有機物。曝氣槽中活性污泥和廢水的混合物稱爲**混合液** (mixed liquor)。混合液從曝氣槽流到二級沉澱池，以便讓活性污泥沉降下來。二沉池中大部份的沉降污泥再回到曝氣槽 (因此稱爲**迴流污泥**，return sludge)，以維持高密度的微生物量，以便能快速地將有機物去除。程序中活性污泥產生量通常比需要量多，多餘的污泥便排到污泥處理系統做進一步的處理和處置。傳統活性污泥系統中，廢水通常是在矩形的曝氣槽中曝氣 6 至 8 小時。大約每處理 1 $m^3$ 廢水需要 8 $m^3$ 的空氣。充足的空氣使污泥呈懸浮狀態 (圖 6-20)。空氣是用曝氣管系統從曝氣槽底打入 (圖 6-21)。迴流到曝氣槽的污泥體積通常是廢水流量的 20 至 30%。

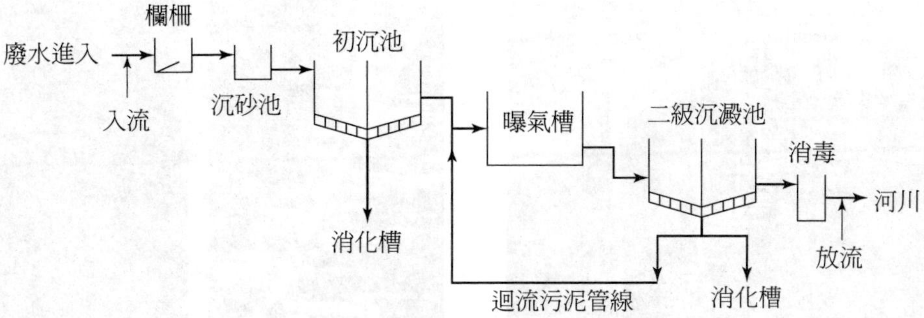


**圖 6-19**　傳統活性污泥廠。

**圖 6-20**　曝氣中的活性污泥曝氣槽 (*資料來源*：E. Lansing WWTP, 照片由密西根大學 Harley Seeley 教學媒體中心提供)。

活性污泥程序是由每天廢棄部份微生物量來控制，目的是維持適當的微生物量以有效分解 $BOD_5$。*廢棄*意指一部份的微生物從程序中排出丟棄。丟棄的微生物稱爲*廢棄活性污泥* (waste activated sludge, WAS)。微生物量的平衡，可藉由新生物體的產生與舊生物體的排棄而達成。如果排棄過多的污

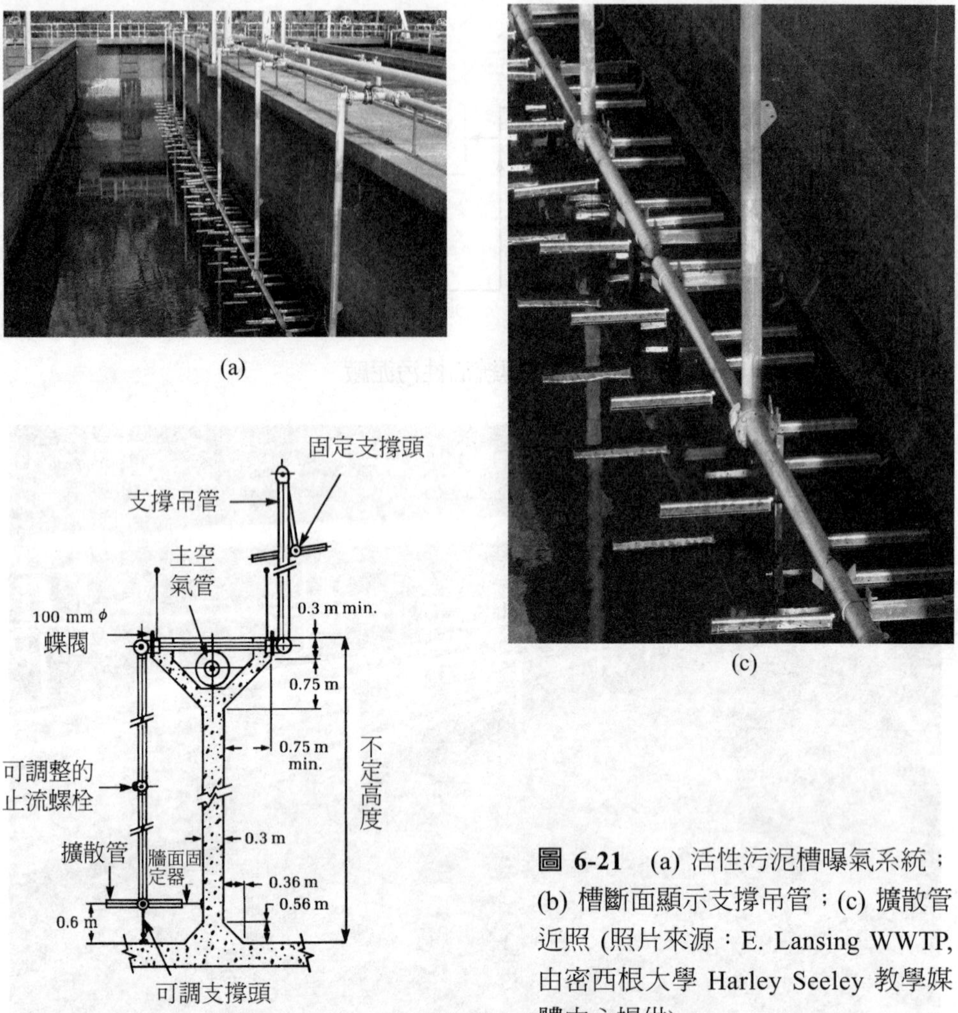


**圖 6-21** (a) 活性污泥槽曝氣系統；(b) 槽斷面顯示支撐吊管；(c) 擴散管近照 (照片來源：E. Lansing WWTP, 由密西根大學 Harley Seeley 教學媒體中心提供)。

泥，混合液中的微生物濃度便會太低，以致無法有效處理廢水。若排棄污泥量太少，微生物便會累積至很高濃度，以致自二級沉澱池溢流至最終承受水體中。

微生物停留在系統中的平均時間，稱爲**平均細胞停留時間** (mean cell resid-ence time, $\theta_c$)，或稱爲**固體停留時間** (SRT) 或**污泥齡** (sludge age)。

許多改良的活性污泥程序被發展出來，以因應特別的處理狀況。這些方法的簡要說明如表 6-10 所示。以下選擇完全混合 (completely mixed) 程序及

**表 6-10 活性污泥法及其改良法介紹方法[a]**

| 方法 | 介紹 |
|---|---|
| 傳統柱塞流式 | 沉降廢水和回流活性污泥進入曝氣槽頭端，藉散氣管或機械攪拌混合。空氣一般都很均勻地分佈整個槽。在曝氣階段發生有機物的吸附、膠凝及氧化作用。活性污泥固體物在二級沉澱池中被分離出來。 |
| 完全混合式 | 應用連續流式攪拌反應槽，沉降廢水與回流活性污泥由多點注入曝氣槽。槽中的有機負荷及需氧量呈均勻分佈。 |
| 漸減曝氣法 | 此法爲傳統柱塞法之改良方法。沿著槽的長度方向依照需氧程度施予不同的曝氣量，較多的空氣打入曝氣槽頭端，愈往後段供氧量愈少。此法通常是在槽中以不等間隔配置空氣散氣管而成。 |
| 階梯曝氣法 | 階梯曝氣是改良的柱塞流程序，廢水是從多點注入曝氣槽中平衡 F/M 比，且可降低尖峰需氧量。通常要使用 3 個以上的平行槽。此程序的優點是具操作彈性。 |
| 改良曝氣法 | 改良曝氣法類似傳統柱塞流，但曝氣時間較短，F/M 比較高，BOD 去除率比其他活性污泥法低。 |
| 接觸穩定法 | 接觸穩定法使用兩個槽來分別處理廢水及穩定性活性污泥。穩定化的污泥與流出水原 (廢水或沉降過的廢水) 在接觸槽中混合。混合液在二級沉澱池中沉降並迴流污泥到曝氣槽中，給予曝氣以穩定有機物質。曝氣池體積比傳統柱塞流者少 50%。 |
| 延長曝氣法 | 延長曝氣法與傳統柱塞流類似，只是它在微生物生長曲線的內呼吸階段操作，故需要較低的有機負荷和較長的曝氣時間。此法常使用在製造組合式住宅配件的工廠。 |
| 高率曝氣法 | 高率曝氣法具有高 MLSS 濃度與高容積負荷。因此允許在相當短的水力停留時間下有高 F/M 比和長的平均細胞停留時間。適當的混合在本法是很重要的。 |
| 克勞斯程序 | 克勞斯程序是漸減曝氣法的演變，用來處理含氮量低的廢水。消化槽上浮液被當做氮源加入一獨立的消化曝氣槽中，成爲回流污泥的一部份。此混合液再回到主柱塞流曝氣系統中。 |
| 超純氧曝氣法 | 純氧是用來取代活性污泥法所需要的空氣。氧被送入封閉的曝氣槽中並保持循環，一部份氣體被排出以減少槽中 $CO_2$ 濃度。PH 值也需隨時調整。氧加入量比傳統曝氣系統之加量大四倍以上。 |
| 氧化渠 | 氧化渠包含一環狀或卵形渠並配備機械曝氣裝置。過篩廢水進入渠中，加以曝氣並以 0.25 至 0.35 m/s 速率循環。氧化渠通常依延長曝氣模式，具有長的水力及固體物停留時間。此法常用到二級沉澱池。 |
| 連續批式處理 | 連續批式反應槽是一種即裝即倒式反應器系統，它是單一完全混合反應槽，所有活性污泥程序都在這同一個槽裡發生。在整個循環過程中，混合液一直留在槽中，因此不需要使用二級沉澱池。 |
| 超深層曝氣法 | 超深層反應槽是活性污泥法型式。該槽深 120 m 至 150 m，以代替初級沉澱池及曝氣槽。槽的結構包含由鋼製外殼及圓形內管組成的環狀管。混合液及空氣被加壓往下流經內管再從環狀管內的上端流出來。 |
| 單段硝化法 | 在單段硝化法中，BOD 及氨的去除反應都發生在同一個生物階段。反應槽裝置可以是一系列完全混合槽或柱塞流槽。 |
| 分段硝化法 | 在分段硝化法中，硝化是放在一個獨立的反應槽裡，輸入廢水是從前面生物處理單元而來。此系統的優點是操作方式可依硝化的需求而達到最佳化。 |

[a] 資料來源：Metcalf & Eddy, 1991

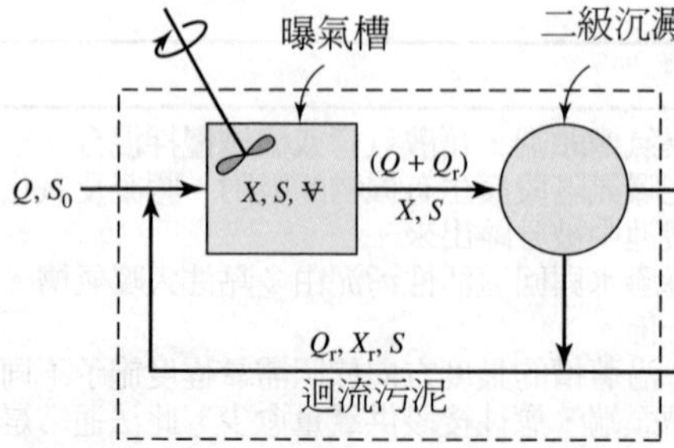


**圖 6-22** 含固體物迴流的完全混合生物反應槽。

傳統栓塞流 (plug-flow) 程序來做進一步討論。

**完全混合活性污泥程序** 完全混合活性污泥程序的設計公式，是應用質量平衡理論及描述微生物生長的方程式。完全混合系統 (CSTR) 的質量平衡流程圖見圖 6-22。系統邊界的質量平衡是以虛線代表。反應槽的設計需用到兩種質量平衡：一是生物量，一是食物量 (溶解性 $BOD_5$)。

在穩定狀態，生物量的質量平衡可寫成：

流入水生物量＋累積生物量＝流出水生物量＋廢棄生物量 **(6-8)**

流入水生物量，是流入水微生物濃度 ($X_o$) 及廢水流量 ($Q$) 的乘積。流入水生物濃度 ($X_o$)以懸浮固體 (mg/L) 測定。累積在曝氣槽中的生物量是槽體積 ($\forall$) 與微生物質量生長 Monod 表示式 (式 6-5) 的乘積：

$$(\forall)\left(\frac{\mu_m SX}{K_s + S} - k_d X\right) \qquad \textbf{(6-9)}$$

流出水的生物量，是離廠處理水流量 ($Q - Q_w$) 及二級沉澱池中未沉降微生物濃度 ($X_e$) 的乘積。離廠廢水流量並不等於進廠廢水流量，因為有部份微生物被廢棄掉。廢棄量 ($Q_w$) 必須從離廠流量中扣除。

廢棄生物量，是 WAS 的微生物濃度 ($X_r$) 及 WAS 流量 ($Q_r$) 的乘積。整個系統的質量平衡方程式可以寫成：

$$QX_o + (\forall)\left(\frac{\mu_m SX}{K_s + S} - k_d X\right) = (Q - Q_w)X_e + Q_w X_r \qquad \textbf{(6-10)}$$

各變數總結如下：

$Q$ ＝流入曝氣槽的廢水流量，$m^3/d$
$X_o$＝流入曝氣槽的微生物濃度 (揮發性懸浮固體或 VSS)*，mg/L
$\mathcal{V}$ ＝曝氣槽體積，$m^3$
$\mu_m$ ＝最大生長速率常數，$d^{-1}$
$S$ ＝曝氣槽急流出水中之溶解性 $BOD_5$，mg/L
$X$ ＝曝氣槽微生物濃度 (混合液體揮發性懸浮固體或 MLVSS)**，mg/L
$K_s$ ＝半速率常數
＝在 1/2 倍最大生長速率時的溶解性 $BOD_5$ 濃度，mg/L
$k_d$＝微生物衰減速率，$d^{-1}$
$Q_w$ ＝廢棄污泥量，$m^3/d$
$X_e$ ＝二級沉澱池流出水微生物濃度 (VSS)，mg/L
$X_r$ ＝廢棄污泥微生物濃度 (VSS)，mg/L

在穩定狀況，食物 (溶解性 $BOD_5$) 的質量平衡方程式可以寫成

流入水食物量－食物消耗量＝流出水食物量＋WAS 食物量　**(6-11)**

流入食物量，是流入水溶解性 $BOD_5$ 濃度 ($S_o$) 與廢水流量 ($Q$) 的乘積。曝氣槽食物消耗量是槽體積 ( $\mathcal{V}$ ) 與食物利用率表示式 (式 6-7) 的乘積。

$$(\mathcal{V})\left(\frac{\mu_m SX}{Y(K_s + S)}\right) \qquad \textbf{(6-12)}$$

流出食物量，是離廠處理水流量 ($Q-Q_W$) 和流出水溶解性 $BOD_5$ 濃度 ($S$) 的乘積。$S$ 與曝氣槽中的濃度相同，因爲我們假設曝氣槽爲完全混合型式。因 $BOD_5$ 是溶解性的，所以不會在二級沉澱池中沉降而減少。故流入沉澱池與流出沉澱池的水中 $BOD_5$ 濃度也是相同的。

廢棄污泥中的食物量，是流入水中溶解性 $BOD_5$ 濃度 ($S$) 與 WAS 流量 ($Q_r$) 的乘積。系統質量平衡方程式在穩定狀態下可寫成

* 懸浮固體是指留滯於濾紙上的物質，不是如 NaCl 之類的溶解性固體。在 500±50°C 揮發的懸浮固體量代表活性生物質量濃度。使用揮發性固體物作爲生物質量的量測方式時，進流廢水中的非生物性有機顆粒，會導致某些誤差 (通常很小)。

** 混合液體揮發性懸浮固體，代表曝氣槽的活性生物質量。“混合液體 (mixed-liquor)” 一詞隱含活性污泥與廢水的混合液之意。“揮發性懸浮固體”一詞與 $X_o$ 中的定義相同。

$$QS_o - (\text{\char"A5}\!\!\!\!V)\left(\frac{\mu_m SX}{Y(K_s + S)}\right) = (Q - Q_w)S + Q_w S \qquad \textbf{(6-13)}$$

式中 $Y$＝增殖係數 (見式 6-6)。

為推導可行的設計方程式，我們做了以下的假設：

**1.** 與反應槽的比較，流入水與流出水的生物濃度可以忽略。
**2.** 依據 CSTR 的定義，流入食物 ($S_o$) 立即稀釋為反應槽濃度 (見第 2 章)。
**3.** 所有反應均在 CSTR 內發生。

由第一個假設，我們可以刪除式 6-10 中的 $QX_o$ 項及 $(Q-Q_W)X_e$ 項，因為 $X_o$ 和 $X_e$ 都比 $X$ 小很多，式 6-10 可簡化為

$$(\forall)\left(\frac{\mu_m SX}{K_s + S} - k_d X\right) = +Q_w X_r \qquad \textbf{(6-14)}$$

為方便起見，我們調整式 6-14 成為 Monod 方程式的型式

$$\left(\frac{\mu_m S}{K_s + S}\right) = \frac{Q_w X_r}{\forall X} + k_d \qquad \textbf{(6-15)}$$

式 6-13 也可照 Monod 方程式來調整

$$\left(\frac{\mu_m S}{K_s + S}\right) = \frac{Q}{\forall}\frac{Y}{X}(S_o - S) \qquad \textbf{(6-16)}$$

注意式 6-15 及 6-16 的左邊項相同，將兩式右邊項重組

$$\frac{Q_w X_r}{\forall X} = \frac{Q}{\forall}\frac{Y}{X}(S_o - S) - k_d \qquad \textbf{(6-17)}$$

此方程式有兩個部份，在完全混合活性污泥系統設計中具有重要物理意義。$Q/\forall$ 的倒數叫做反應槽的**水力停留時間** (hydraulic detention time, $\theta$)：

$$\frac{\forall}{Q} = \theta \qquad \textbf{(6-18)}$$

式 6-17 左邊項的倒數，定義為平均細胞停留時間 (mean cell-residence time, $\theta_c$)：

$$\frac{\forall X}{Q_w X_r} = \theta_c \tag{6-19}$$

如果流出水生物濃度不能忽略，式 6-19 必須做修正。式 6-20 計算 $\theta_c$ 時，考慮生物量的流失

$$\theta_c = \frac{\forall X}{Q_w X_r + (Q - Q_w)(X_e)} \tag{6-20}$$

從式 6-15 可以看出，只要知道 $\theta_c$，就可以求得流出水的溶解性 $BOD_5$ 濃度 ($S$)：

$$S = \frac{K_s(1 + k_d\theta_c)}{\theta_c(\mu_m - k_d) - 1} \tag{6-21}$$

典型的微生物生長常數値示於表 6-11。値得注意的是，離開系統的溶解性 $BOD_5$ 濃度 ($S$)，只受平均細胞停留時間的影響，而不受進入曝氣槽的 $BOD_5$ 量或水力停留時間的影響。必須再一次強調的是，$S$ 爲溶解性 $BOD_5$ 而非總 $BOD_5$ 。部份在二級沉澱池未沉降的懸浮固體，也會增加承受水體的 $BOD_5$ 負荷。爲了達到期望的放流水質，我們必須同時考慮溶解性及非溶解性的 $BOD_5$。因此在藉求解 $\theta_c$，使用式 6-21 而達到期望的放流水水質 ($S$) 前，必須先估算懸浮固體中的 $BOD_5$，從放流水容許的總 $BOD_5$ 減去該 $BOD_5$，即爲容許的 $S$：

$$S = \text{容許總 } BOD_5 - \text{懸浮固體的 } BOD_5 \tag{6-22}$$

從式 6-17 明顯可知，曝氣槽中微生物濃度是平均細胞停留時間，水力

**表 6-11　家庭污水生長係數値** [a]

| 係數 | 單位 | 値 [b] 範圍 | 典型 |
|---|---|---|---|
| $K_s$ | mg/L $BOD_5$ | 25–100 | 60 |
| $k_d$ | $d^{-1}$ | 0–0.30 | 0.10 |
| $\mu_m$ | $d^{-1}$ | 1–8 | 3 |
| $Y$ | mg VSS/mg $BOD_5$ | 0.4–0.8 | 0.6 |

[a] 資料來源：Metcalf & Eddy, 2003 and Shahriari et al., 2006
[b] 20°C 下的値

停留時間及流入水與流出水濃度差的函數：

$$X = \frac{\theta_c(Y)(S_o - S)}{\theta(1 + k_d \theta_c)} \tag{6-23}$$

**有迴流的柱塞流反應槽**　柱塞流反應槽可視爲流體通過一系列串聯的槽體 (2-3 節有更深的討論)。雖然眞正的柱塞流很難達到，但許多長而窄的曝氣槽用柱塞流模式來分析，比用完全混合模式來得恰當。柱塞流系統的動力模式，很難從基本的質量平衡公式導出。利用兩項簡化的假設，Lawrence 和 McCarty (1970) 發展出一個有用的方程式。這兩項假設爲：

**1.** 流入曝氣槽與流出曝氣槽的水中微生物濃度大致相同。這個假設在 $\theta_c/\theta$ 大於 5 時都成立。

**2.** 當廢水經過曝氣槽時，溶解性 $BOD_5$ 的利用率爲

$$r_u = -\frac{\mu_m S X_{avg}}{K_s + S} \tag{6-24}$$

其中 $X_{avg}$ 是曝氣槽中的平均微生物濃度。設計方程式爲

$$\frac{1}{\theta_c} = \frac{Y\mu_m (S_o - S)}{(S_o - S) + (1 + \alpha)K_s \ln(S_i/S)} - k_d \tag{6-25}$$

式中　$\alpha$＝循環率，$Q_r/Q$

ln＝以 e 爲底的對數

$S_i$＝以迴流水稀釋後的曝氣槽進流水濃度，mg/L

$$= \frac{S_o + \alpha S}{1 + \alpha}$$

其他代號的定義與先前相同。

---

**例題 6-5**　馨湖鎮 (Gatesville) 打算將其初級 WWTP 升級爲二級處理廠，以滿足 30.0 mg/L $BOD_5$ 及 30.0 mg/L 懸浮固體物 (SS) 的放流水標準。他們選擇採用完全混合活性污泥系統。

假設 SS 中的 $BOD_5$ 等於 SS 濃渡的 63%，估算曝氣槽所需體積。從現有初級廠可得到以下的資料。

**既有廠的放流水特性：**

流量＝$0.150\ m^3/s$

$BOD_5$＝84.0 mg/L

假設生長係數值爲：$K_s = 100$ mg/L $BOD_5$；$\mu_m = 2.5\ d^{-1}$；$k_d = 0.050\ d^{-1}$；$Y = 0.50$ mg VSS/mg $BOD_5$ 去除

**解**：假設二級沉澱池的放流水僅含 30.0 mg/L SS，我們可以利用前面提到 $BOD_5$ 等於 63% SS 的假設及式 6-22，估算放流水容許的溶解性 $BOD_5$

$S$＝容許的 $BOD_5$ － 懸浮固體物中的 $BOD_5$

$S = 30.0 - (0.630)(30.0) = 11.1$ mg/L

從式 6-21 及假設的生長係數值，可以計算 $\theta_c$

$$11.1 = \frac{100.0(1 + (0.050)\theta_c)}{\theta_c(2.5 - 0.050) - 1}$$

解出 $\theta_c$

$$(11.1)(2.45\theta_c - 1) = 100.0 + 5.00\theta_c$$

$$27.20\theta_c - 11.1 = 100.0 + 5.00\theta_c$$

$$\theta_c = \frac{111.1}{22.2} = 5.00 \text{ 或 } 5.0\ d$$

假設 MLVSS 值爲 2000 mg/L，由式 6-23 可求得水力停留時間

$$2{,}000 = \frac{5.00(0.50)(84.0 - 11.1)}{\theta(1 + (0.050)(5.00))}$$

$$\theta = \frac{2.50(72.9)}{2{,}000(1.25)}$$

$$\theta = 0.073\ d \text{ 或 } 1.8\ h$$

曝氣槽體積可以用式 (6-18) 算出：

$$1.8 = \frac{\forall}{0.150 \times 3{,}600\ s/h}$$

$$\forall = 972\ m^3 \text{ 或 } 970\ m^3$$

**注意**：本題答案是將停留時間取概數而求得，若用精確的時間來計算，槽體積爲

945.63 $m^3$

---

另一個在活性污泥程序中常用的參數，是食物對微生物的比率，或稱食微比 (food to microorganism ratio, F/M)，其定義爲：

$$\frac{\text{F}}{\text{M}} = \frac{QS_o}{\forall X} \tag{6-26}$$

F/M 比的單位是

$$\frac{\text{mg BOD}_5/\text{d}}{\text{mg MLVSS}} = \frac{\text{mg}}{\text{mg} \cdot \text{d}}$$

F/M 比由廢棄微生物的量來決定，因其會減少 MLVSS。高廢棄量會有高的 F/M 比，在高 F/M 比時，會增殖出對食物飽和的微生物，結果使處理效率降低。低廢棄量會有低的 F/M 比，微生物呈飢餓狀態，結果使廢水中有機物更完全地被分解掉。

在考慮利弊得失下，長的 $\theta_c$ 值 (低 F/M 比) 不常被採用，係因長的 $\theta_c$ 代表更大更貴的曝氣槽，也代表需要更多的氧供應量，即消耗更多的能源。另外，當 $\theta_c$ 太長時，污泥在二級沉澱池的 "沉降性 (settleability)" 也會有問題。不過，當微生物處於飢餓狀態的低 F/M 比時，因爲有機物幾近完全分解成最終產物，且只有少量有機物轉變成微生物的細胞，所以產生的污泥量也會較少。

由於 F/M 比和 $\theta_c$ 兩者都受到廢棄污泥量的控制，因此兩者是相互關聯的。高 F/M比對應短的 $\theta_c$，低 F/M 比對應長的 $\theta_c$。各種活性污泥改良程序的典型 F/M 值的範圍在 0.1 到1.0 mg/mg · d 之間。

---

**例題 6-6**　兩座以批次式方法 "進水和排泥 (fill and draw)" 操作的污泥槽，其操作情形如下：

A 槽每天沉降一次，其中有一半污水在不擾動池底沉澱污泥的情況下，被小心地移除。之後再換上新鮮的污水，其 MLVSS 濃度變化與時間的關係繪於右圖中。

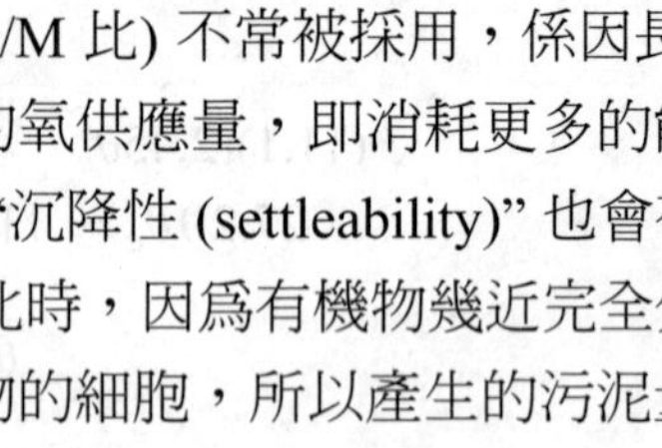

B 槽沒有沉降處理，而是每天一次將一半體積的混合液，從正在攪拌的槽中移出，然後換入新鮮的污水，其 MLVSS 濃度變化與時間關係繪如右圖。

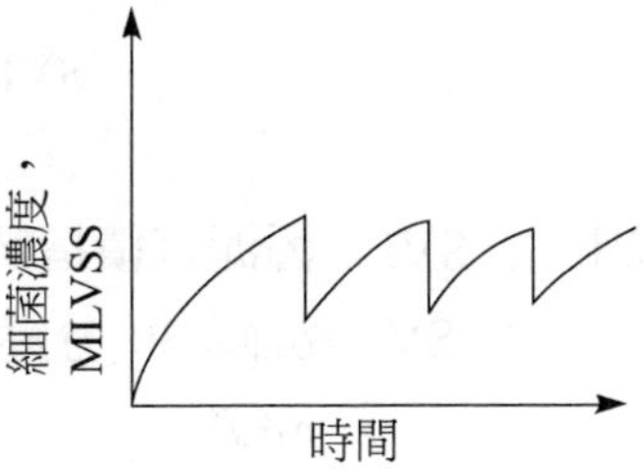


以上兩種系統的操作特性比較示於下表。

| 係數 | A 槽 | B 槽 |
|---|---|---|
| F/M | 低 | 高 |
| $\theta_c$ | 長 | 短 |
| 污泥 | 無 | 多 |
| 需氧量 | 高 | 低 |
| 能源需求 | 高 | 低 |

最佳的選擇是介於這兩種極端情形的某處。在污泥處理和供氧 (空氣) 動力這兩種成本之間，必須找到一個平衡點。

---

**例題 6-7**　計算在罄湖鎮新活性污泥廠 (見例題 6-5) 的 F/M 值。

**解**：使用例題 6-5 的資料及利用式 6-26：

$$\frac{F}{M} = \frac{(0.150\ m^3/s)(84.0\ mg/L)(86{,}400\ s/d)}{(970\ m^3)(2{,}000\ mg/L)}$$
$$= 0.56\ mg/mg \cdot d$$

此值是在 F/M 比的合理範圍內。

---

**污泥迴流**　污泥迴流的目的是使反應槽維持足夠的活性污泥濃度。控制反應槽污泥迴流率的方法之一，是根據經驗觀測值，稱為**污泥容積指數** (sludge volume index, SVI)。

SVI 是以標準實驗室測試求得 (APHA, 2005)。測試步驟包括 MLSS 及污泥沉降性量測。從曝氣槽末端取出一公升的混合液水樣，污泥沉降性的量測，是將該水樣往標準的一公升刻度圓柱量筒傾倒，注滿至 1.0 公升的刻度線，靜置 30 分鐘後，讀取沉降污泥所占的體積。MLSS 的分析方式，是將混合液過濾、乾燥後，秤取固體物質量。SVI 定義為混合液靜置沉降 30 分鐘後，每 1 g 污泥所占的毫升體積，計算方式如下：

$$SVI = \frac{SV}{MLSS} \times 1{,}000 \text{ mg/g} \qquad \textbf{(6-27)}$$

式中　SVI＝污泥容積指數，mL/g

SV＝沉降 30 分鐘後，沉降污泥在一公升刻度圓柱量筒中的體積，mL/L

MLSS＝混合液懸浮固體，mg/L

在觀念上，如圖 6-23 所示，SVI 與二級沉澱池的固體物量及濃度有關。接下來的討論和數學推導中，二級沉澱池假設與 SVI 試驗所用的刻度圓柱量筒相似，此為最簡單的假設。事實上，Vesilind (1968) 曾指出，在 MLSS 濃度小於 5,000 mg/L 時，終沉池的沉降去除率會比預期的高 10 至 20%。儘管如此，環境工程師已根據此假設，發展出許多經驗資料。

SVI 可以用作污泥沉降特性的指標，也因此影響到迴流率及 MLSS。活性污泥廠在 MLSS 濃度為 2,000 到 3,500 mg/L 範圍內操作時，典型的 SVI 值為 80 至 150 mL/g。當污泥濃度增加到 3,000 至 5,000 mg/L 時，沉澱池的固體負荷升高，因此需要較低的 SVI 或較大的沉 澱池，以避免固體物因被 “洗出 (washout)” 或受水力位移 (hydraulic displacement) 而損失。

SVI 是系統設計的主要因子，因其控制沉澱池的底流污泥濃度 (underflow concentration)，而間接地限制反應槽中 MLSS 濃度，因此也影響到 MLVSS。故在已知 SVI 及污泥迴流率的情形下，MLSS 及 MLVSS 的最大值會固定在窄小的範圍內。

大部份活性污泥廠的設計是容許 10 到 100% 的污泥迴流率，這樣大的範圍給予操作員相當的彈性來調整 MLSS 到期望的濃度。一般迴流污泥率是

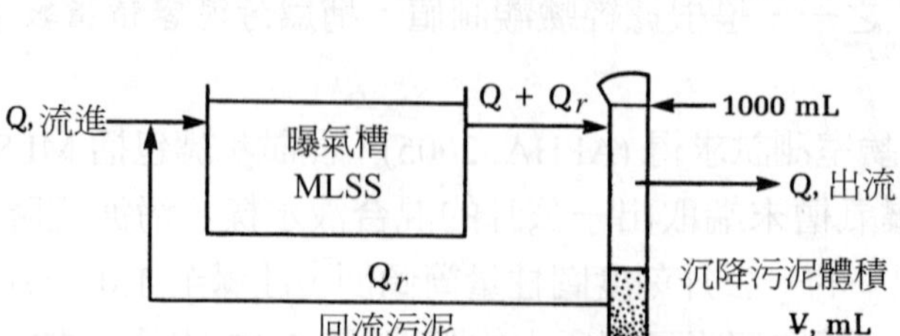


**圖 6-23**　SVI 試驗的沉降污泥體積與迴流污泥量間的關係假想圖 (資料來源：Hammer, 1977)。

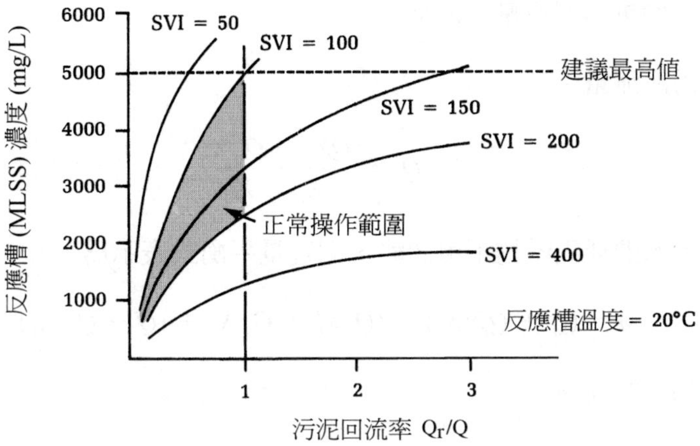


**圖 6-24** MLSS、SVI與污泥迴流率的關係圖 (資料來源：WEF, 1992)。

限制在 100% 以下，尤其在 SVI 高於 150 mL/g，且終沉池無法額外再增加面積時，此項限制更顯得正確。

在沒有操作資料下，聯合工作小組 (Joint Task Force) (WEF, 1992) 建議縱使 SVI 可能很低，MLSS 仍應限制在 5,000 mg/L 以下 (當溫度低於 20°C 時，此值應更小)。超過 5,000 mg/L 的設計值，會導致過短的停留時間，除非有緩衝控制，否則污泥將被洗出。MLSS 設計值不應高出所需者，因爲太高的 MLSS 會造成終沉池的操作處在臨界點上。

圖 6-24 顯示混合液濃度爲 SVI 及污泥迴流率 ($Q_r/Q$) 的函數。迴流污泥的泵送速率可以從圖 6-22 沉澱池邊界上的質量平衡來決定。假設二級沉澱池的污泥量保持不變 (穩定狀態)，且出流水懸浮固體物 ($X_e$) 可以忽略，則質量平衡式爲：

$$\text{累積量} = \text{流入量} - \text{流出量} \tag{6-28}$$

$$0 = (Q + Q_r)(X') - (Q_r X_r' + Q_w X_r') \tag{6-29}$$

式中 $Q$ ＝廢水流量，$m^3/d$

$Q_r$ ＝迴流污泥流量，$m^3/d$

$X'$ ＝混合液懸浮固體物 (MLSS)，$g/m^3$

$X_r'$ ＝最大迴流污泥濃度，$g/m^3$

$Q_w$ ＝廢棄污泥流量，$m^3/d$

解出迴流污泥流量：

$$Q_r = \frac{QX' - Q_w X_r'}{X_r' - X'} \tag{6-30}$$

通常，出流水懸浮固體物不可忽略，則質量平衡式表示為

$$0 = (Q + Q_r)(X') - (Q_r X_r' + Q_w X_r' + (Q - Q_w)X_e) \tag{6-31}$$

解出迴流污泥的流量

$$Q_r = \frac{QX' - Q_w X_r' - (Q - Q_w)X_e}{X_r' - X'} \tag{6-32}$$

注意 $X_r'$ 及 $X'$ 是包含揮發性固體物和惰性固體物兩部份。故其與 $X_r$ 及 $X$ 相差一個常數因子。如果最大迴流污泥濃度 ($X_r'$) 為已知，有了槽體積和平均細胞停留時間，污泥廢棄量可以由式 6-19 決定。最大迴流污泥濃度與 SVI 有關，其關係如下：

$$X_r' = \frac{1{,}000 \text{ mg/g}(1{,}000 \text{ mL/L})}{\text{SVI}} = \frac{10^6}{\text{SVI}} \text{ mg/L} \tag{6-33}$$

圖 6-24 是依據快速排泥，並以 30 分鐘沉降試驗達到的濃度作為沉澱池底流污泥濃度，所繪製的結果，實際情況與此圖頗相吻合。

最大可達到的底流濃度，也是溫度的函數。溫度會影響層沉降速率 (zone settling velocity) 及 SVI。冷天時，SVI 因污泥沉降性不佳而升高。在不同 SVI 值下，聯合工作小組所建議的混合液設計濃度，為反應槽最低設計溫度的函數，其結果示於圖 6-25 (SVI 是在反應槽內的溫度下測得)。

---

**例題 6-8**　在磐湖鎮擴廠事例中，我們考慮迴流污泥設計的問題。根據曝氣槽的設計 (例題 6-5) 及已知可靠的資料：

**設計數據：**
流量＝0.150 $m^3/s$
MLVSS ($X$)＝2,000 mg/L

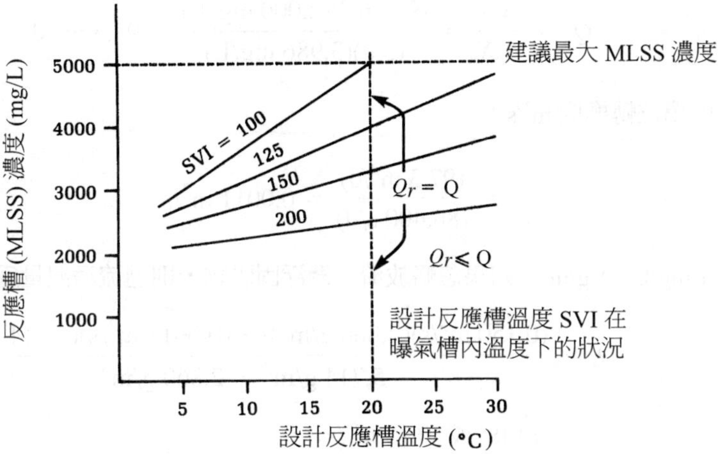


**圖 6-25**　建議的最大 MLSS 設計值與溫度及 SVI 的關係圖 (資料來源：WEF, 1992)。

MLSS ($X'$)＝1.43 (MLVSS)
放流水懸浮固體物＝30 mg/L
廢水溫度＝18.0°C

**解**：我們從 MLSS 開始計算。

MLSS＝1.43(2,000)
MLSS＝2,860 mg/L

雖然不能預知 SVI，但可以從圖 6-25 的合理範圍內假設一個 SVI 值，也可選擇假設迴流污泥濃度。利用圖 6-25，我們根據計算的 MLSS 及反應槽溫度，選定 SVI 為 175。

現在，使用式 6-33，可以決定迴流污泥的濃度

$$X_r' = \frac{10^6}{175}$$

$$X_r' = 5{,}714.29 \text{ or } 5{,}700 \text{ mg/L}$$

污泥迴流的流量可以利用式 6-19 與 6-30 計算求得。使用例題 6-5 的數據，以式 6-19 求解廢棄污泥的流量，注意 $X_r = X_r'/1.43 = 3{,}986$ mg/L：

$$Q_w = \frac{\forall X}{\theta_c X_r} = \frac{(970\ \text{m}^3)(2{,}000\ \text{mg/L})}{(5\ \text{d})(3{,}986\ \text{mg/L})} = 97.3\ \text{m}^3/\text{d}$$

將 $Q_w$ 的單位轉換成 m³/s：

$$\frac{(97.3\ \text{m}^3/\text{d})}{(86{,}400\ \text{s/d})} = 0.0011\ \text{m}^3/\text{s}$$

注意，1 mg/L＝1 g/m³，如果忽略放流水懸浮固體物，則迴流污泥量為

$$Q_r = \frac{(0.150\ \text{m}^3/\text{s})(2{,}860\ \text{g/m}^3) - (0.0011\ \text{m}^3/\text{s})(5{,}714\ \text{g/m}^3)}{5{,}714\ \text{g/m}^3 - 2{,}860\ \text{g/m}^3}$$

$$= 0.148\ \text{或}\ 0.15\ \text{m}^3/\text{s}$$

如果放流水懸浮固體物不能忽略，則污泥迴流量為

$$Q_r = \frac{(0.150\ \text{m}^3/\text{s})(2{,}860\ \text{g/m}^3) - (0.0011\ \text{m}^3/\text{s})(5{,}714\ \text{g/m}^3) - (0.150 - 0.0011)(30\ \text{g/m}^3)}{5{,}714\ \text{g/m}^3 - 2{,}860\ \text{g/m}^3}$$

$$= 0.146\ \text{或}\ 0.15\ \text{m}^3/\text{s}$$

可用圖 6-24 檢查計算結果。雖然第一個計算結果偏高，但仍在合理範圍內。

---

**污泥產生量**　活性污泥程序會去除基質，在這過程中，將食物轉化為新細胞，和將細胞分解以產生能量時，需要供應氧量。細胞最終成為待處置的污泥。雖然有困難，研究人員仍嘗試尋求足夠的污泥產生量基本資訊，以作為可靠的設計基礎。Heukelekian 及 Sawyer 都提出，完全可溶的有機物質作為基質時，淨增殖率 (net yield) 可以達到 0.5 kg MLVSS/kg $BOD_5$ 去除 (Heukelekian et al., 1951 及 Sawyer, 1956)。大部份研究者同意，依據惰性固體含量以及 SRT 而定，正常下可以觀察到的淨增殖率為 0.40 到 0.60 kg MLVSS/kg $BOD_5$ 去除。

每天必須廢棄的污泥量，是污泥增加量與放流水懸浮固體物 (SS) 量的差值：

待廢棄的污泥質量＝MLSS 增加量－ SS 流失至放流水的損失量　　**(6-34)**

活性污泥每天的淨生成量爲：

$$Y_{\text{obs}} = \frac{Y}{1 + k_d \theta_c} \tag{6-35}$$

及

$$P_x = Y_{\text{obs}} Q(S_o - S)(10^{-3} \text{ kg/g}) \tag{6-36}$$

式中　$P_x$ ＝每天的廢棄污泥淨產量，以 VSS 表示，kg/d

$Y_{\text{obs}}$ ＝觀測的增殖率，kg MLVSS/kg $BOD_5$ 去除

其他代號的定義同前。

MLSS 的增加量，可以藉由假設 VSS 屬 MLSS 的一部份來計算。一般假設 VSS 是 MLVSS 的 60 至 80%，因此在式 6-36 中，MLSS 的增加量可以用 $P_x$ 除以一個介於 0.6 至 0.8 之間的因子 (或乘以一個介於 1.25 到 1.667 之間的值) 而求得。懸浮固體物流失至放流水的質量，是流量 $(Q - Q_w)$ 和懸浮固體物濃度 $(X_e)$ 的乘積。

---

**例題 6-9**　估算每天從馨湖鎮新活性污泥廠 (例題 6-5 及 6-8) 廢棄的污泥量。

**解**：使用例題 6-5 的數據計算 $Y_{\text{obs}}$

$$Y_{\text{obs}} = \frac{0.50 \text{ kg VSS/kg BOD}_5 \text{ 去除}}{1 + [(0.050 \text{ d}^{-1})(5 \text{ d})]}$$
$$= 0.40 \text{ kg VSS/kg BOD}_5 \text{ 去除}$$

每天的廢棄污泥淨產量爲

$$P_x = (0.40)(0.150 \text{ m}^3\text{/s})(84.0 \text{ g/m}^3 - 11.1 \text{ g/m}^3)(86{,}400 \text{ s/d})(10^{-3} \text{ kg/g})$$
$$= 377.9 \text{ kg/d 的 VSS}$$

產生的總質量包括惰性物質。使用例題 6-8 中 MLSS 與 MLVSS 的關係

$$\text{MLSS 增加量} = (1.43)(377.9 \text{ kg/d}) = 540.4 \text{ kg/d}$$

流失至放流水的固體物 (含揮發性及惰性) 質量爲

$$(Q - Q_w)(X_e) = (0.150\ \text{m}^3/\text{s} - 0.001\ \text{m}^3/\text{s})(30\ \text{g/m}^3)(86{,}400\ \text{s/d})(10^{-3}\ \text{kg/g})$$
$$= 385.9\ \text{kg/d}$$

故待廢棄的污泥質量爲

$$\text{廢棄量} = 540.4 - 385.9 = 154.5\ \text{kg/d}$$

注意，這個質量是以乾固體物做計算。由於污泥通常含有水分，故其眞正質量會更大，在 6-12 節會有深入討論。

---

**需氧量** (oxygen demand)　氧氣被微生物利用於基質分解的反應中，以產生高能量化合物，供合成新細胞和進行呼吸作用。對 SRT 較長的系統而言，維持細胞所需的氧量，可能等同於基質代謝所需的氧量。反應槽中 DO 的最低殘餘量常維持在 0.5 至 2 mg/L 之間，以避免缺氧現象發生，導致限制基質的去除率。

需氧量可以從廢水 $BOD_5$ 及每天廢棄的活性污泥量估計出來。假設所有 $BOD_5$ 最後都轉換成最終產物，總需氧量便可藉 $BOD_5$ 轉換成 $BOD_L$ 算出。因部份有機物轉變爲廢棄污泥中的新細胞，廢棄污泥細胞中的 $BOD_L$ 必須從總需氧量中扣除。廢棄污泥細胞的需氧量近似值求取，是藉由假設細胞氧化以下列反應表示：

$$\underbrace{C_5H_7NO_2}_{\text{細菌}} + 5O_2 \rightleftharpoons 5CO_2 + 2H_2O + NH_3 + \text{能量} \tag{6-37}$$

克莫耳重量比率爲

$$\frac{5(32)}{113} = 1.42$$

因此，廢棄活性污泥的需氧量可估算爲 $1.42\ (P_x)$。

需氧質量可以下式計算：

$$M_{O_2} = \frac{Q(S_o - S)(10^{-3}\ \text{kg/g})}{f} - 1.42(P_x) \tag{6-38}$$

其中 $Q$ ＝流入曝氣槽的廢水流量，$\text{m}^3/\text{d}$

$S_o$＝進流水的溶解性 $BOD_5$，mg/L

$S$ ＝放流水的溶解性 $BOD_5$，mg/L

$f$＝$BOD_5$ 轉成 $BOD_L$ 的轉換因子

$P_x$ ＝產生的廢棄污泥量 (見式 6-36)

所供應的空氣量，必須考慮氧在空氣中的比例，及氧氣溶入廢水的傳輸效率。

---

**例題 6-10** 計算饕湖鎮的新活性污泥廠 (例題 6-5 及 6-9) 需供應的空氣體積 ($m^3$/d)。假設 $BOD_5$ 是最終 BOD 的 68%，且氧的傳輸效率爲 8%。

**解**：使用例題 6-5 及 6-9 的數據

$$M_{O_2} = \frac{(0.150\ m^3/s)(84.0\ g/m^3 - 11.1\ g/m^3)(86{,}400\ s/d)(10^{-3}\ kg/g)}{0.68}$$

$$- 1.42(377.9\ kg/d\ of\ VSS)$$

$$= 1{,}389.4 - 536.6 = 852.8\ kg/d\ \text{的氧}$$

從附錄 A 的表 A-5，空氣在標準狀況下密度爲 1.185 kg/$m^3$。空氣含有 23.2% 的氧。在 100% 傳輸效率下，需要的空氣量爲

$$\frac{852.8\ kg/d}{(1.185\ kg/m^3)(0.232)} = 3{,}101.99\ \text{或}\ 3{,}100\ m^3/d$$

在 8% 傳輸效率下，需要的空氣量爲

$$\frac{3{,}101.99\ m^3/d}{0.08} = 38{,}774.9\ \text{或}\ 38{,}000\ m^3/d$$

---

**程序設計的考量** 在設計上所選用的 SRT ($\theta_c$)，是所需處理程度的函數。高 SRT (或較老的污泥齡) 會造成系統承載高固體物量，及獲得較高的處理效果。長 SRT 也使污泥產生量減少。

去除含碳 $BOD_5$ 的 SRT 設計值，與反應槽最低操作溫度的函數關係，繪於圖 6-26。SRT 值是根據正常的家庭污水而得。曝氣系統出流水的溶解性 $BOD_5$ 是在 4 至 8 mg/L。

如果工業廢污排入都市污水系統，就必須做一些額外的考慮。都市污水通常含有足夠的氮及磷供微生物生長。大量的工業廢水若缺乏以上任一種營

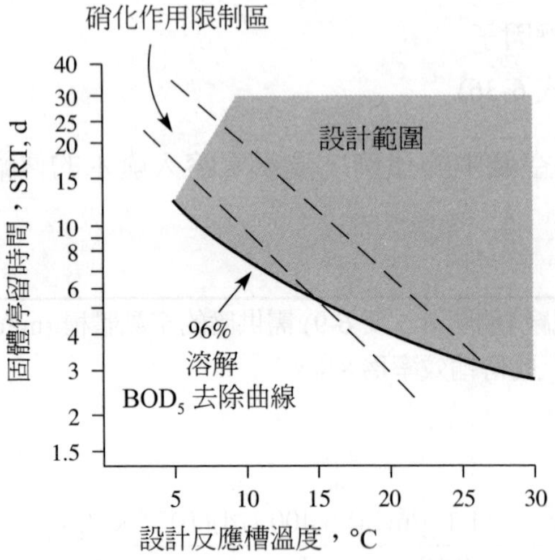


**圖 6-26** 去除含碳 $BOD_5$ 所需的 SRT 設計值 (資料來源：WEF, 1992)。

養素時，則會降低處理效率，因此需要加入額外的氮與磷，其中氮與 $BOD_5$ 的比例應爲 1：32；磷與 $BOD_5$ 的比例爲 1：150。

雖然毒性金屬及有機物濃度可能不高，不會影響處理廠的操作，但是若不在前處理中將其去除，仍有可能產生兩種不好的效果。揮發性有機物會從曝氣槽逸散而進入空氣中，因此 WWTP 可能成爲空氣污染的污染源。有毒金屬可能沉降至廢棄污泥中，使無害性的污泥變成有害性。

通過初級處理系統的油脂，會浮在曝氣槽表面形成脂球，水中微生物因爲不能與其接觸而無法分解這些脂球。因此，在二級沉澱池中應該特別考慮使用浮除設備以清除脂球。

**二級沉澱池的設計考量** 雖然二級沉澱池 (圖 6-27) 是滴濾池及活性污泥程序不可缺少的部份，環境工程師特別注意活性污泥程序的二級沉澱池。由於活性污泥生物膠羽的鬆軟性質及高固體負荷，二級沉澱池很重要，也高度期望使迴流的污泥能夠被良好地濃縮。

活性污泥的二級沉澱池通常被歸爲第三型的沉降。有些學者認爲第一及第二型的沉降也會發生。

下面的指引說明，是引述自水污染防治協會 (Water Pollution Control Federation) 與美國土木工程師學會的聯會工作小組 (WEF, 1992)。在這裡討論的設計參數，是從研究人員、駐廠負責人及儀器製造商的經驗所得結果。相

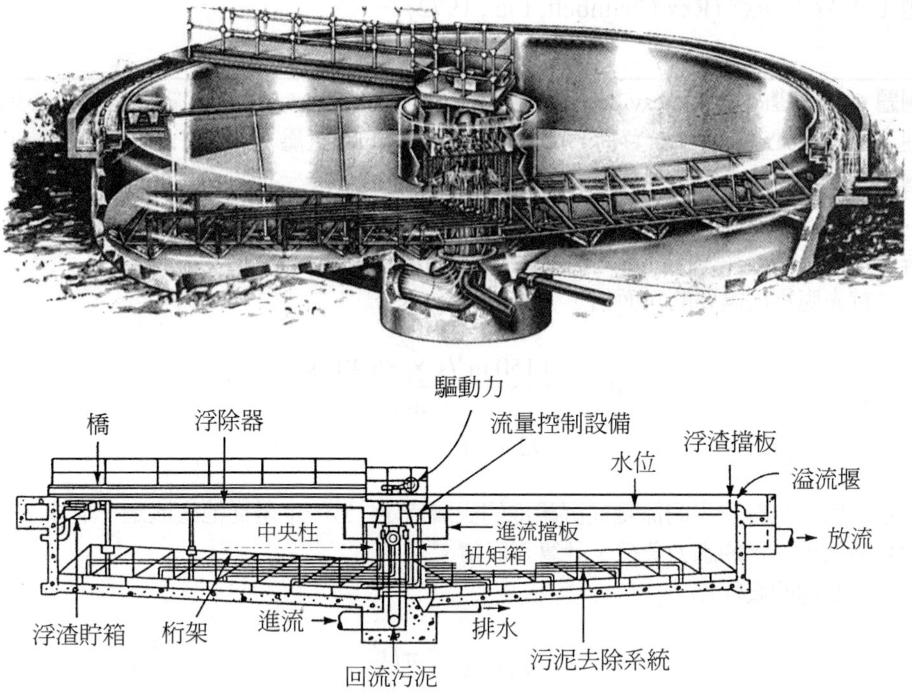


**圖 6-27**　二級沉澱池外形及斷面圖 (FMC 公司提供)。

關準則主要適用於圓 (或長) 型的中間進水式 (center-fed) 沉澱池，這包含過去 40 年設計的活性污泥二級沉澱單元。

在傳統程序的平均流量下，溢流率在 20 至 34 m/d 之間時，可以得到很好的液體和 SS 分離效果，設計工程師也必須檢查沉澱池所承載的尖峰水力負荷。

二級沉澱池的*邊水深度* (side water depth, SWD) 及固體負荷率建議值，分別顯示於表 6-12 及圖 6-28。

GLUMRB 建議二級沉澱池的最大堰負荷率 (weir loading)，為每 m 堰長 125 至 250 $m^3$/d ($m^3$/d · m)。此準則係基於操作單元的出流水質而設，其顯示沉澱池的設計與堰負荷限值有很大關係。同時，大部份觀察結果都發現矩形沉澱池較為適用。

設計二級沉澱池一直遇到的困難之一，是將放流水 SS 濃度作為一般設計和操作參數的函數，而進行預測。這方面的理論研究非常少，且經驗公式

也很不令人滿意 (Rex Chainbelt, Inc., 1972)。

---

**例題 6-11** 鑿湖鎮 (Gatesville) 處理廠 (例題 6-5、6-7至 6-10) 的二級沉澱池，必須處理 2,860 mg/L 的 MLSS 負荷，流入二級沉澱池的流量爲 0.300 $m^3/s$，其中有一半是迴流污水。請決定沉澱池的直徑、深度和堰長。

**解**：利用平均溢流率 33 m/d，我們可以算出沉澱池的直徑：

首先應算出需要的表面積：

$$A_s = \frac{0.150\ \text{m}^3/\text{s} \times 86{,}400\ \text{s/d}}{33\,\text{m/d}}$$
$$= 392.73\ \text{m}^2$$

注意，因爲只有一半的流量從沉澱池的表層流走 (另一半是從池底流走，形成 $Q_r$)，故只須使用一半的水力負荷，計算表面積。

沉澱池的直徑爲：

$$392.73 = \frac{\pi D^2}{4}$$

$$D = (500.04)^{1/2} = 22.36 \text{ 或 } 22\ \text{m}$$

我們從表 6-12 中選擇 SWD 爲 4.0 m。

現在我們應檢驗固體負荷，使用等式 1 mg/L＝1 $g/m^3$：

$$\text{SL} = \frac{2{,}860\ \text{g/m}^3 \times 0.300\ \text{m}^3/\text{s}}{\dfrac{\pi(22\ \text{m})^2}{4}}$$

$$= \frac{858.00\ \text{g/s}}{380.13\ \text{m}^2} \times 10^{-3}\ \text{kg/g} \times 86{,}400\ \text{s/d}$$

$$= 195\ \ \text{kg/d} \cdot \text{m}^2$$

使用圖 6-28 中的最大值檢驗上述結果，我們發現在 SVI 爲 175 時 (從例題 6-8 而來)，其最大容許負荷爲 200 kg/d · $m^2$。

位於外圍的單一堰，其堰負荷爲：

**表 6-12　最終沉澱池的邊水深度**

| | 邊水深度, m | |
|---|---|---|
| 槽直徑, m | 最小值 | 建議值 |
| <12 | 3.0 | 3.4 |
| 12 至 20 | 3.4 | 3.7 |
| 20 至 30 | 3.7 | 4.0 |
| 30 至 42 | 4.0 | 4.3 |
| >42 | 4.3 | 4.6 |

資料來源：WEF, 1992.

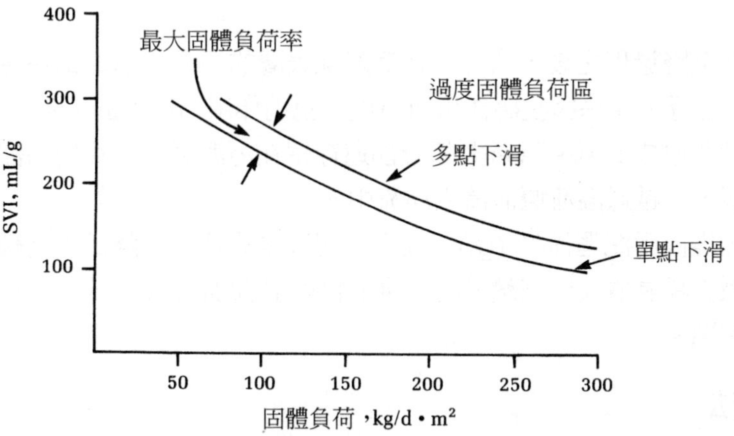


**圖 6-28**　固體負荷設計值與 SVI 關係圖 (註：快速排泥的設計是假設沉澱池沒有累積污泥，資料來源：WEF, 1992)。

$$\mathrm{WL} = \frac{0.150 \times 86{,}400 \text{ s/d}}{\pi(22)}$$

$$= 187.51 \text{ 或 } 190 \text{ m}^3/\text{d} \cdot \text{m}$$

此數值小於 GLUMRB 所設定的數值，故可接受。

---

**污泥問題**　鬆化污泥 (bulking sludge) 是造成沉降性和壓密性不佳的原因之一。污泥鬆化可分成兩類，第一類是由絲狀菌的生長所造成，第二類則由水分被捕捉至生物膠羽中所造成，因此降低膠羽團的密度，致使沉降性不佳。

絲狀菌是活性污泥鬆化問題的主因，雖然絲狀菌能有效去除有機物，但其凝聚和沉降特性不佳。其他因素也會造成污泥膨脹，如長且慢速的污泥刮除運送系統；高有機物質負荷且沒有足夠的氨氮；對嗜酸性眞菌有幫助的低 pH 值環境；缺乏營養物質，刺激絲狀放射菌 (filamentous actinomycete) 大量生長，而使數量超過一般的膠羽生成菌。氮鹽的缺乏，也適合會分泌黏稠物的低比重微生物生長，即使其不是絲狀菌。多細胞的眞菌都無法和一般的細菌競爭，但在特殊環境下 (如低 pH 值、低氮量、低氧量和高碳水化合物量)，可與細菌競爭。當 pH 值低於 6.0 時，眞菌所受到的影響沒有細菌來得大，而逐漸居於主宰地位。當氮濃度小於 $BOD_5$：N＝20：1 的比例時，蛋白質含量小於細菌的眞菌，可以生成正常的原生質，而細菌只能生成缺氮的原生質。

經過沉降過程之後，依然浮在沉澱池表層的污泥，稱爲**上浮污泥** (rising sludge)。上浮污泥係因脫硝作用所造成，脫硝作用指污泥氈 (層) 的硝酸鹽和亞硝酸鹽還原成氮氣。氮氣大部份都還存留在污泥層中，致使污泥上升至處理水表層，並越過溢流堰而流入溪流中。

藉由提高污泥迴流量 ($Q_r$)、提高污泥收集的速度、降低平均細胞停留時間，及減少曝氣槽流至沉澱槽的流量 (如果可能的話) 等方式，均可克服污泥上浮的問題。

## 滴濾池法

採用滴濾池的處理廠，其典型的程序如圖 6-29 所示。滴濾池本身是由石頭、金屬板或塑膠材料 (**介質**) 等粗糙物質所組成的濾床，廢水由上向下流經其間。因爲微生物在介質上分解廢水，形成一層生物薄膜，這種程序名爲**附著生長式程序** (attached growth process)。滴濾池曾經是流行的生物處理程序。多年來最常用的設計是使廢水通過 1 m 到 3 m 深的簡單礫石床。廢水利用旋轉臂 (圖 6-30) 分散到石頭表面。整個濾床的直徑可大到 60 m。

廢水滴入濾床時，微生物自行生長於石頭表面或累積成一層固定生物膜。廢水經過生物膜時，便提供有機物與微生物接觸的機會。

滴濾池並沒有眞正過濾的功能。濾池中的礫石直徑爲 25 至 100 mm，因此其間的孔隙過大，無法截留任何固體物。它們擁有巨大的表面積以供微生物附著其上，藉著吸收水中有機物質生長成石頭上的黏泥層。

生長過多的微生物會從石頭縫間洗出，若不加以移除，流出水便會含有高濃度的懸浮固體物。因此，從滴濾池流出的處理水需要經過沉澱池，以去

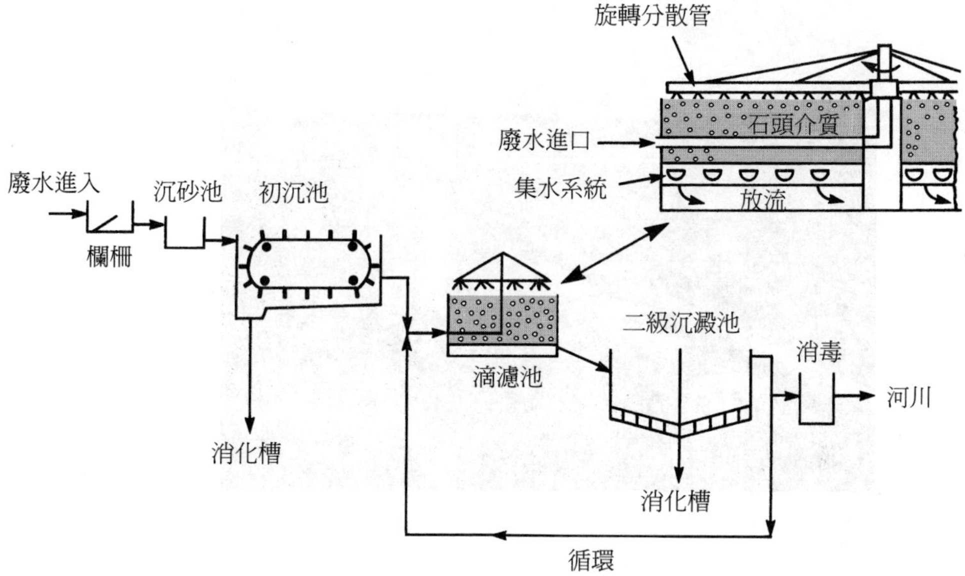


**圖 6-29**　污水處理廠滴濾池放大圖。

除這些固體物。與活性污泥程序所使用的一樣，此種沉澱池被稱爲***二級沉澱池或最終沉澱池*** (final clarifier)。

雖然石頭滴濾池處理效率很好，但它有一定的限制，在高有機負荷下，生物黏膜生長快速以致於堵塞了石頭間的縫隙，造成溢流或系統的失敗。且因濾床中的孔隙體積有限，限制了空氣的流通及微生物所需的氧氣量。此種限制造成滴濾池無法處理大量的廢水。

爲克服這些缺點，其他的材料已被普遍用來當作濾床的介質。這些物質包括塑膠浪板及塑膠環等。這些介質提供較大的表面積供生物膜生長 (典型爲每立方公尺介質體積含 90 平方公尺表面積。而 75 mm 直徑石頭，每立方公尺體積的表面積則只有 40 至 60 平方公尺)，及更大的孔隙率給空氣流動。該介質遠比石頭輕 (約 30 倍差距)，使得滴濾池可能更高聳，卻不會面臨結構問題。一般石頭濾池只有 3 m 深，合成介質濾池可達 12 m 深，如此可減少處理場中滴濾池所佔的面積。

滴濾池依照水力負荷及有機負荷來分類。水力負荷定義爲每天每平方公尺濾池表面積所承受的廢水體積 ($m^3/d \cdot m^3$)，或爲每單位時間承受廢水深度 (mm/s 或 m/d)。有機負荷定義爲每天每立方公尺濾池所承受的 $BOD_5$ 公斤量

(a)

(b)

**圖 6-30** 滴濾池的岩石材料介質 (a) 及合成材料介質 (b) [資料來源：(a) 密西根州威明市 (Wyoming) WWIP，M. L. Davis 攝，及 (b) Brentwood 工業]

**表 6-13　不同型式滴濾池的比較** [a]

| | 滴濾分類 | | | | |
|---|---|---|---|---|---|
| 設計特性 | 低或標準速率 | 中間速率 | 高速率 (石頭) | 超高速率 (塑膠) | 極高速率 |
| 水力負荷 | | | | | |
| m/d | 1 至 4 | 4 至 10 | 10 至 40 | 15 至 90[b] | 60 至180[b] |
| 有機負荷 | | | | | |
| kg $BOD_5$/d · $m^3$ | 0.08 至 0.32 | 0.24 至 0.48 | 0.32 至 1.0 | 0.32 至 1.0 | 小於 1.0 |
| 回流率 | 0 | 0 至 1 | 1 至 3 | 0 至 1 | 1 至 4 |
| 濾池飛蠅 | 很多 | 不定 | 少 | 少 | 少 |
| 濾膜脫落 | 間斷性 | 不定 | 連續性 | 連續性 | 連續性 |
| 深度, m | 1.5 至 3 | 1.5 至 2.5 | 1 至 2 | Up to 12 | 1 至 6 |
| $BOD_5$ 去除率, % | 80 至 85 | 50 至 70 | 40 至 80 | 65 至 85 | 40 至 85 |
| 出流水質 | 高硝化 | 部份硝化 | 硝化 | 有限硝化 | 沒有硝化 |

[a] *資料來源*：取自 WEF, 1992
[b] 不包含迴流

(kg/ d · $m^3$)。常見的不同種類滴濾池水力負荷及有機負荷綜合整理於表 6-13。

滴濾池設計最主要的一環，是將部份出流水循環回到濾池，稱為迴流 (recirculation)。迴流與進流的比率稱為*迴流率* (recirculation ratio, r)。滴濾池的迴流是為了：

**1.** 將廢水再次接觸活性生物物質以提高接觸效率。
**2.** 緩和 24 小時內的負荷變化。迴流水流的強度落在進流廢水之後。因此，迴流會稀釋高濃度的進流水，進而補充低濃度的進流水。
**3.** 提高進流水 DO。
**4.** 改善濾床表面分佈狀況，因而降低阻塞機會，也減少飛蠅產生。
**5.** 防止在午夜間流入量很低時，導致濾床上生物黏膜乾化或死亡。

迴流不一定能改善處理效率，進流水濃度愈低，迴流愈無法提高其效率。

迴流也應用在塑膠介質，以提供微生物生存所需的潤濕率 (wetting rate)。一般而言，使水力負荷高於最小的潤濕率時，並不會提高 $BOD_5$ 的去除率。最小的潤濕率範圍通常為 25至 60 m/d。

二階段式滴濾池 (圖 6-31) 可以提升滴濾池性能。第二階段的作用是處理第一階段的出流水，其提供廢污和微生物有更多的接觸時間，而使處理臻至

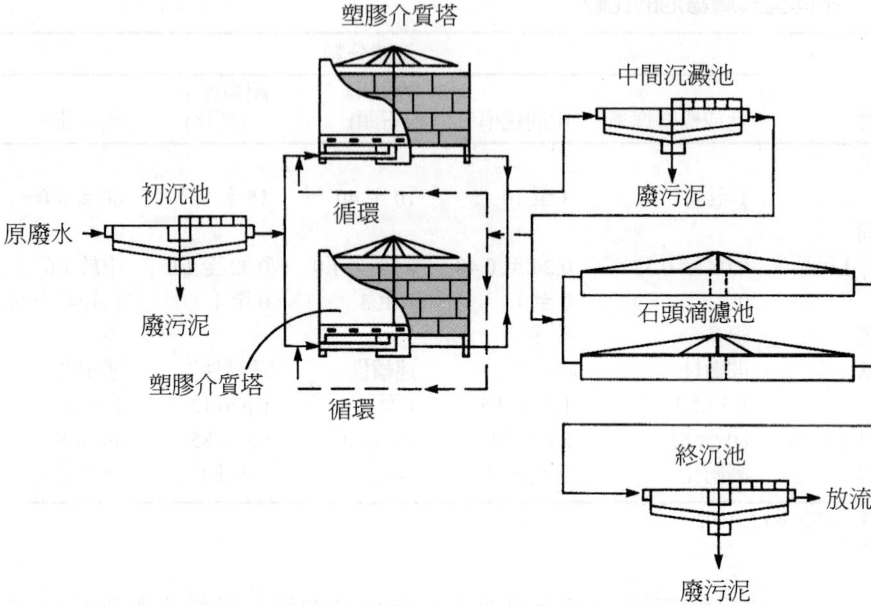


**圖 6-31** 二階段滴濾池的處理廠 (Dow 化學品公司提供)。

完全。兩階段式滴濾池可以使用相同或不同的介質，如圖 6-31 所示。設計者根據所希望的處理效率，以及替代方案的經濟分析，來選擇介質型式和配置。

**設計公式** 很多研究者嘗試利用操作資料，去求出滴濾池的容積設計參數。與其嘗試去了解那些公式，我們選定國家研究委員會 (National Research Council, NRC) 的公式 (NRC, 1946) 及 Schulze 公式 (Schulze, 1960)。一些較重要公式的完整介紹，請參考水環境協會 (Water Enviroment Federation) 所出版有關污水處理廠設計之書籍 (WEF, 1992)。

第二次大戰期間，NRC 對做為軍事設施的滴濾池，詳細研究操作方式。由這項研究中，發展出根據 BOD 負荷、濾料體積及迴流等參數，可預測處理效率的經驗公式。單階段式濾池或二階段式濾池的第一階段，其處理效率為：

$$E_1 = \frac{1}{1 + 4.12\left(\frac{QC_{\text{in}}}{\forall F}\right)^{0.5}} \tag{6-39}$$

式中　$E_1$＝包括迴流及沉澱，在 20°C 下第一階段的 $BOD_5$ 去除分量

$Q$＝廢水流量，$m^3/s$

$C_{in}$＝進流水 $BOD_5$，mg/L

$\mathcal{V}$＝濾池介質的體積，$m^3$

$F$＝迴流因子

迴流因子爲

$$F = \frac{1 + R}{(1 + 0.1\,R)^2} \qquad \textbf{(6-40)}$$

式中　$R$＝迴流率＝$Q_r/Q$

$Q_r$＝迴流量，$m^3/s$

$Q$＝廢水流量，$m^3/s$

迴流因子代表原廢水 BOD 通過濾池的平均通過數。而因子 0.1 $R$ 是從經驗的觀察，考慮當通過數增加時，可生物分解的有機物質會減少。第二階段濾池的處理效率爲

$$E_2 = \frac{1}{1 + \dfrac{4.12}{1 - E_1}\left(\dfrac{QC_e}{\mathcal{V}F}\right)^{0.5}} \qquad \textbf{(6-41)}$$

式中　$E_2$＝包括迴流及沉澱，在 20°C 下第二階段的 $BOD_5$ 去除分量

$E_1$＝第一階段的 $BOD_5$ 去除分量

$C_e$＝第一階段出流水 $BOD_5$，mg/L

溫度對處理效率的影響可以下式表示：

$$E_T = E_{20}\theta^{(T-20)} \qquad \textbf{(6-42)}$$

其中，$\theta$ 值爲 1.035。

應用 NRC 公式時要留意，那時期 (二次大戰) 軍中廢水的強度比今日的家庭污水強度高，使用的濾床介質是石頭。滴濾池後的沉澱池深度，較現今所用的沉澱池淺且具較高的水力負荷。第二階段滴濾池是假設接在中間沉澱

池 (intermediate settling tank) 之後 (圖 6-31)。

---

**例題 6-12** 使用 NRC 公式，決定單階段式、低流量滴濾池出流水的 $BOD_5$。濾池體積 1,443 $m^3$，水力負荷 1,900 $m^3/d$，迴流因子 2.78，進流水 $BOD_5$ 爲 150 mg/L。

**解**：在使用 NRC 公式前，水力負荷需先轉換成適當的單位。

$$Q = (1{,}900\ \text{m}^3/\text{d})\left(\frac{1}{86{,}400\ \text{s/d}}\right) = 0.022\ \text{m}^3/\text{s}$$

單階段式滴濾池的處理效率爲：

$$E_1 = \frac{1}{1 + 4.12\left(\frac{(0.022)(150)}{(1{,}443)(2.78)}\right)^{0.5}} = 0.8943$$

出流水 $BOD_5$ 濃度爲：

$$C_e = (1 - 0.8943)(150) = 15.8\ \text{mg/L}$$

---

Schulze (1960) 認爲濾池中廢水與微生物的接觸時間，會與濾池深度成正比，而與水力負荷率成反比：

$$t = \frac{CD}{(Q/A)^n} \tag{6-43}$$

式中 $t$ ＝接觸時間，d
$C$＝單位體積的平均活性生物膜量
$D$＝濾池深度，m
$Q$＝水力負荷，$m^3/d$
$A$ ＝廢水接觸的濾池面積，$m^2$
$n$ ＝濾池介質的經驗常數

單位體積的平均活性生物膜量可概算成

$$C \simeq \frac{1}{D^m} \tag{6-44}$$

其中 $m$ 是經驗常數，爲生物膜分佈指標。通常假設分佈很均勻，$m=0$，因此，$C=1.0$。

Schulze 將其關係式與 Velz (1948) 的一階反應公式結合，以求得 BOD 去除率。

$$\frac{S_t}{S_o} = \exp\left[-\frac{KD}{(Q/A)^n}\right] \qquad \textbf{(6-45)}$$

其中 $K$ 是速率常數的經驗值，單位爲：

$$\frac{(\text{m/d})^n}{\text{m}}$$

在 20°C 下，Shulze 求出的 $K$ 與 $n$ 值分別爲 0.69 $(\text{m/d})^n/\text{m}$ 和 0.67。$K$ 隨溫度的校正可由式 6-42 計算，式中 $E_T$ 改用 $K_T$，$E_{20}$ 改用 $K_{20}$。

---

**例題 6-13** 決定一直徑 35.0 m，深度 1.5 m 滴濾池的出流水 $BOD_5$。假設流量 1,900 $m^3/d$，進流水 $BOD_5$ 爲 150.0 mg/L，速率常數爲 2.3 $(\text{m/d})^n/\text{m}$，及 $n=0.67$。

**解**：首先計算濾池面積：

$$A = \frac{\pi(35.0)^2}{4} = 962.11\,\text{m}^2$$

此面積用來計算水力負荷：

$$\frac{Q}{A} = \frac{1{,}900\ \text{m}^3/\text{d}}{962.11\ \text{m}^2} = 1.97\ \text{m}^3/\text{d}\cdot\text{m}^2$$

現在利用式 6-45 來計算出流水 BOD

$$S_t = (150)\exp\left[\frac{-(2.3)(1.5)}{(1.97)^{0.67}}\right] = 16.8\,\text{mg/L}$$

---

## 氧化塘法

氧化塘用於廢水處理已經很多年，尤其是被當作小型社區的廢水處理系統 (Benefield and Randall, 1980)。有很多名稱被用來描述廢水處理所採用之不同型態的系統。例如，近年來，氧化塘一詞，被廣泛用作爲所有型式的水塘之集合名稱。氧化塘原先是指接受部份處理過的廢水之水塘，而接受原廢水者稱爲**污水塘** (sewage lagoon)。**廢水穩定塘** (waste stabilization pond) 曾被用來概括所有以生物和物理程序處理有機廢水的水塘。若這些處理過程是在溪流中進行時，我們稱爲自淨作用。爲避免混淆，本節所討論使用的水塘分類如下 (Caldwell et al., 1973)：

1. **好氧塘** (aerobic ponds)：深度 1 公尺以下的淺塘，因光合作用使整個塘充滿溶解氧。
2. **兼氧塘** (facultative ponds)：深度達 2.5 公尺的曝氣塘，其底部是厭氧區，中間是兼氧區，頂部受到光合作用和表層再曝氣作用的影響，而爲好氧區。
3. **厭氧塘** (anaerobic ponds)：承受高有機物負荷的深塘，整個塘都屬於厭氧環境。
4. **熟化塘或三級塘** (maturation or tertiary ponds)：用來處理來自其他生物處理程序放流水的水塘，因光合作用和表層再曝氣作用，致使整個塘充滿溶解氧。這種型式的水塘又稱爲**清淨塘** (polishing pond)。
5. **曝氣塘** (aerated lagoons)：利用表層曝氣作用或機械擴散曝氣的水塘。

**好氧塘**　好氧塘爲一淺塘，光線可照射到塘底，因此有助於藻類行光合作用。在白天日照時，大量氧氣就靠光合作用供應。夜晚時，風與淺層的水相混合，發生高度的表層再曝氣作用。經由好氧菌的作用，進入好氧塘的有機物質得以發生穩定化作用。

**厭氧塘**　有機物負荷和溶氧濃度，決定好氧或厭氧環境下，處理塘中的生物活性。若 $BOD_5$ 負荷超過光合作用的氧氣產生量時，便會產生厭氧環境。製造氧氣的光合作用可能因爲水塘表面積縮減，或深度加深而減弱。當還原的金屬硫化物存在時，厭氧塘會變得混濁，此會限制光線穿透，使藻類無法生長。複雜廢水的厭氧處理可分爲三個階段。在第一階段，有機物質被水解。

在第二階段 (稱爲酸醱酵)，複雜有機物質被降解成短鏈的有機酸和醇類。在第三階段 (稱爲甲烷醱酵)，這些物質會轉化成氣體，主要是甲烷和二氧化碳。合宜的厭氧塘設計是要使其環境狀況有助於甲烷醱酵的進行。

厭氧塘主要被當作前處理之用，特別適合處理高溫且高濃度的廢水，但用於都市污水的處理也相當成功。

**兼氣塘**　在上述五種常見型態的污水塘中，兼氣塘最適合作爲小社區的污水處理設備。美國有 25% 的都市污水經由兼氣塘處理，大約 90% 的塘座落在人口不足 5,000 人的區域。兼氣塘是爲這樣的處理情勢而普及的，因爲長滯留時間有助於處理流量和強度大幅度變動的廢水，而不會顯著影響放流水的水質。其資金、操作、維護成本，也比其他提供同等處理效果的生物系統低。

圖 6-32 顯示兼氣塘的作用過程。未經處理的廢水自塘中央進入，懸浮固體沉降至塘底的厭氧層。占據厭氧層的微生物，在能量代謝過程中，不以分子氧作爲電子接受者，而是利用其他的化學物。酸醱酵和甲烷醱酵兩者，都會在塘底的淤泥中發生。

厭氧層的上方爲兼氣層，此意味此層的分子氧並非持續存在。一般而

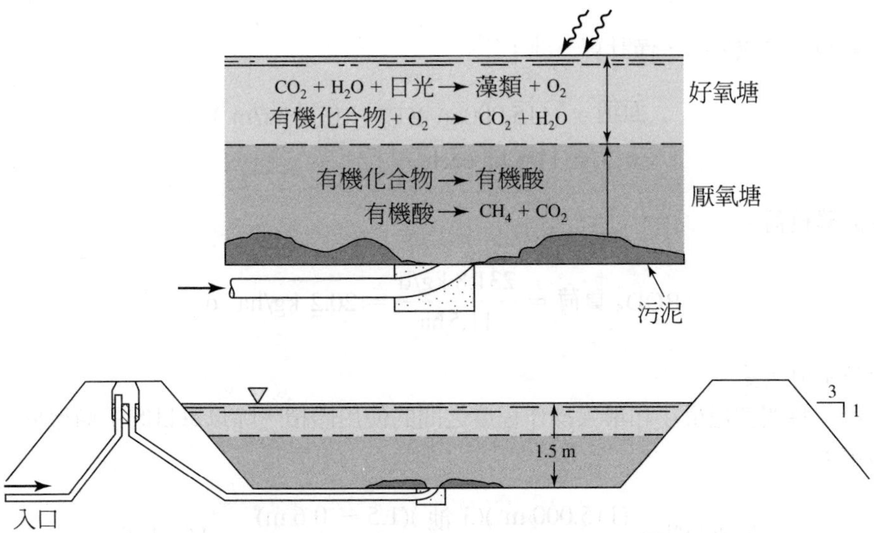


**圖 6-32**　兼氣塘的相關機制圖。

言，白天時該層爲好氧，到了夜晚時便成爲厭氧。

在兼氣層的上層，爲隨時都充滿分子氧的好氧層。氧的供應有兩個來源，少數來自表層的擴散作用，大部份是來自藻類的光合作用。

在密西根州，用於評估兼氣塘設計的二個常見經驗法則如下：

1. 在最小池處，$BOD_5$ 負荷不應超過 22 kg/ha · d。
2. 塘中的停留時間爲 6 個月 (考慮所有塘池容積，但在容積計算上，要不計底部 0.6 m 處的部份)。

第一項準則的目的，在於避免水塘變成厭氧。第二項準則的目的，在於提供足夠的儲存空間貯存廢水，以避免冬季河水可能結冰或夏季河水流量可能太小，河川甚至連少量 BOD 也無法吸收。

---

**例題 6-14** 一個污水塘有三個池，每個池面積爲 115,000 $m^2$，最小深度爲 0.6 m，最大的深度 1.5 m，接受平均 $BOD_5$ 爲 122 mg/L、流量爲 1,900 $m^3$/s 的廢水。求 $BOD_5$ 負荷是多少？停留時間是多少？

**解**：爲計算 BOD 負荷，首先應計算每天流入的 $BOD_5$ 量

$$BOD_5\ 量 = (122\ mg/L)(1{,}900\ m^3)(1{,}000\ L/m^3)(1 \times 10^{-6}\ kg/mg) = 231.8\ kg/d$$

再將面積換算成公頃，僅計算一池：

$$\begin{aligned} 面積 &= (115{,}000\ m^2)(1 \times 10^{-4}\ ha/m^2) \\ &= 11.5\ ha\ each \end{aligned}$$

現在計算負荷：

$$BOD_5\ 負荷 = \frac{231.8\ kg/d}{11.5\, ha} = 20.2\ kg/ha \cdot d$$

此負荷率可接受。

停留時間就是最小和最大操作程度之間的使用體積，除以每日的平均流量所得的數值：

$$停留時間 = \frac{(115{,}000\ m^2)(3\ 池\ )(1.5\ -\ 0.6\ m)}{1{,}900\ m^3/d} = 163.4\ 天$$

這比希望的 180 日要少。

在上述計算中，我們未考慮塘壁的斜率，這在大的水塘情況下，可能可接受。但若塘面積小時，應考慮其邊壁的斜率。

## 旋轉生物圓盤法 (RBC)

RBC (rotating biological contactor) 程序是由安裝在水平軸上旋轉，一系列間距相近的轉盤 (直徑 3 到 3.5 m) 所構成，其表面積有一半沒入水中 (圖 6-33)。轉盤材料一般為輕質的塑膠，且其轉速可以調整。

當程序在運轉時，廢水中的微生物會附著在轉盤上，並在該處生長，直至在整個圓盤表面積形成 1 到 3 mm 厚的生物黏泥層。當圓盤旋轉時，一薄

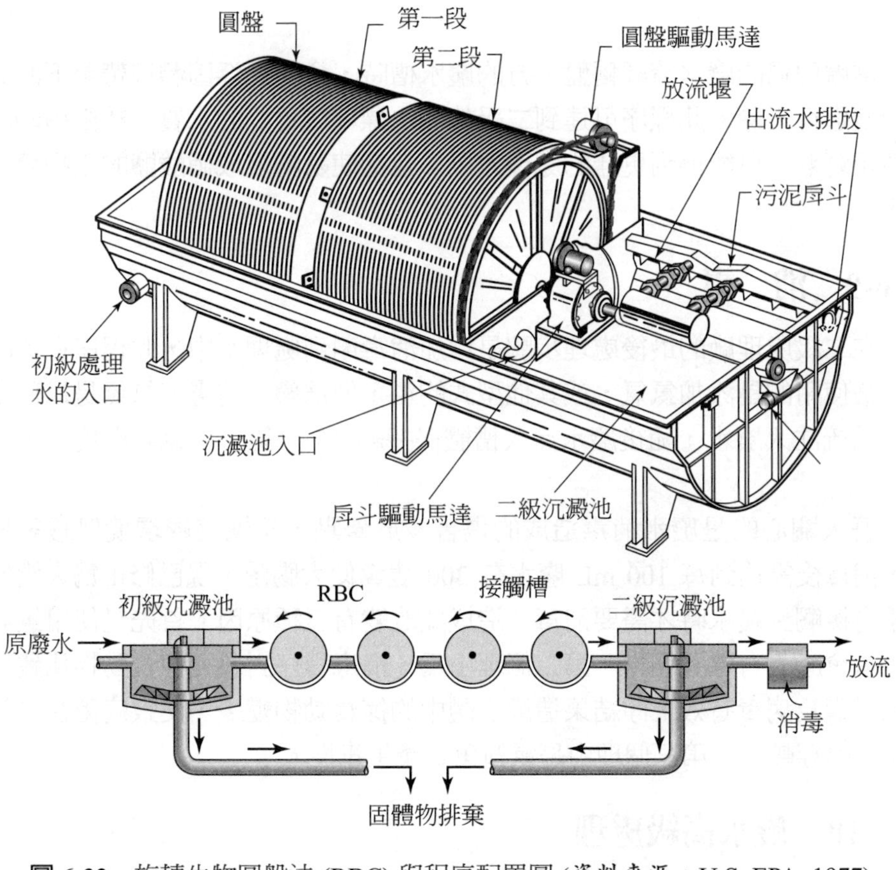


**圖 6-33**　旋轉生物圓盤法 (RBC) 與程序配置圖 (資料來源：U.S. EPA, 1977)。

層廢水被帶入空氣中，接著廢水會滴到轉盤表面上，並同時吸收氧氣。當圓盤完成它們的旋轉時，薄層狀廢水與池中的廢水混合，並增加池中的氧氣量。當圓盤上的微生物穿過水池時，會吸收水中有機物並進行降解；生長過多的微生物在穿過水池時，會因轉盤轉動的剪力而被移離圓盤表面。這些被移除的微生物遂成水池中的懸浮固體。轉盤的功能有：

**1.** 提供附著微生物生長所需的介質。
**2.** 使生長的微生物得以與廢水接觸。
**3.** 曝氣廢水和使得水池中的懸浮微生物生長。

微生物附著生長的情形類似滴濾池，只不過微生物是通過廢水而非廢水流過微生物上方。因此，滴濾池和活性污泥程序兩者的一些優點都得以實現。

當處理過的廢水流經轉盤下方的廢水槽時，會使懸浮固體被帶至下游的沉澱池進行去除。此程序可達到二級放流水標準或更好的水質。藉由串聯設置多組轉盤，可能得到更佳的處理效果，包括使氨轉變成硝酸鹽的生物轉換作用。

## ▲ 6-9 消　毒

在二級處理廠的最後處理步驟是添加消毒劑到處理水中，此程序在美國最常被使用的是添加氯氣，或其他型式的氯，做為廢水消毒。氯氣是以自動添加系統注入廢水，隨後廢水流入槽體保持約 15 分鐘，讓氯氣與病源菌反應。

吾人關心的是廢水消毒造成的傷害多於優點，早期美國環境保護署規定，消毒後需達到每 100 mL 廢水有 200 隻糞便大腸菌，現已修正為人們於夏季會接觸到廢水時才需要消毒。造成此改變有三種原因。首先是使用氯氣或臭氧會產生有機致癌物。第二個理由為，消毒程序對殺死掠食動物比致病性的胞囊及病毒有效，淨結果造成水體中的掠食動物變少，使致病菌在自然水體中殘存較久。第三個理由是氯對魚會產生毒性。

## ▲ 6-10 廢水高級處理

雖然併同消毒的二級處理程序，可去除超過 85% 的 BOD 與懸浮固體物，及近乎所有的致病菌，但對含氮、磷、溶解性 COD 及重金屬等污染物，僅能少量去除。在許多情況，這些污染物可能是最被關心的，此時，無法在二級處理被去除的污染物，可用**三級廢水處理** (tertiary wastewater treatment) 或**高級廢水處理程序** (advanced wastewater treatment, AWT) 加以去除。本節下面說明可做爲 AWT 的程序，這些程序除了可解決不易處理的污染物外，亦可增進處理水品質，以滿足許多處理水再利用的目的，將原本要丟棄的廢水，轉變爲有價値的永續資源。

## 過　濾

二級處理程序在去除生物可分解的膠狀與溶解性有機物上非常有效。但是處理過的典型放流水，含有高於理論計算値的 $BOD_5$，其値約爲 20 到 50 mg/L，這主要是終沉池無法有效地將生物處理程序所產生的微生物完全沉澱。這些微生物細胞會構成懸浮固體物與 $BOD_5$，因爲死亡細胞的生物退化過程，會消耗需氧量。

污泥排放

**砂濾**　利用與水處理廠相似的過濾程序，可以去除殘留的懸浮固體物，包括未被沉澱的微生物。微生物的去除亦可降低殘餘的 $BOD_5$。由於在水處理廠所使用的傳統砂濾，時常很快地被堵塞，因此需要常常反沖洗。爲了延長過濾的時程及減少反沖洗，在設計時，於濾池上端採用粒徑較大的砂礫，此順序可讓一些大顆粒生物膠羽不用滲入濾池，而在表面即被捕捉。多介質濾床以大顆粒低密度煤碳、中顆粒中密度砂及小顆粒濾石的高密度柘榴石所組合。因此，在反沖洗時，小顆粒濾石的密度最大，使煤碳仍舊在上面、砂維持在中間及柘榴石在底部。

典型的簡易過濾設備，能夠減少活性污泥程序放流水的懸浮固體物 25 到 10 mg/L，但簡易過濾對滴濾池放流水無效，這是因爲滴濾池放流水含有較分散物質。然而，可利用接於混凝與沉澱後的過濾單元，使懸浮固體物濃度趨近零。通常來說，過濾可使活性污泥程序放流水的懸浮固體物濃度，減少 80%；使滴濾池放流水懸浮固體物濃度減少 70%。

**薄膜過濾**　可供選擇的薄膜程序已在第 4 章討論。在 5 種程序裡面，AWT 最常使用的是微濾 (microfiltration, MF)，可用於替代砂濾。MF 程序的 $BOD_5$ 去除率達 75～90%，總懸浮固體物去除率達 95～98%，去除效率顯著地隨處理廠而異。薄膜積垢是受到特別的關注，而現場的模廠測試是高度被建議的 (Metcalf & Eddy, 2003)。

## 活性碳吸附

一些生物無法分解的溶解性有機物質，仍存在於二級處理、混凝、沉澱及過濾後的放流水中，這些物質稱爲**難分解有機物** (refractory organics)。放流水中的難分解有機物可表現於溶解性 COD，二級處理放流水的 COD 值經常在 30 到 60 mg/L 之間。

用於去除難分解有機物的實際可行方法，是以**活性碳** (activated carbon) 將其吸附 (U.S. EPA, 1979a)。**吸附** (adsorption) 係在其**界面** (interface) 累積物質。以廢水與活性碳爲例，該界面是液/固邊界層，有機物質受到其分子與固體表面的物理鍵結而累積在界面，所使用的碳是在缺氧下被活化，活化過程中使每一碳顆粒形成許多孔洞。因此吸附是一表面現象，當碳的表面積愈大，其對有機物質的吸附量就越多。在孔洞中區隔開的巨大表面積，可表示爲大多數碳的總表面積，此即爲何活性碳可有效去除有機物的原因。

當活性碳的吸附容量用盡時，其回復方式可以在相當高溫的火爐中，驅趕已吸附的有機物。此時爐內的氧氣量必須很低，避免碳被燃燒，驅趕出來的有機物需通過後燃室以避免空氣污染。小處理廠因成本的關係而無法設置現場再生火爐，使用過的活性碳被運送到再生中心處理。

## 磷的去除

所有的聚磷酸鹽 (去水分子磷酸鹽) 在水中逐漸水解，衍生出正磷酸鹽型式 ($PO_4^{3-}$)。磷在廢水中以含一個氫的磷酸鹽 ($HPO_4^{2-}$) 爲主。

利用三種化學品之一的化學沉降達到去除磷的目的，以防止或減少優養化。每一種的沉降反應表示如下。

利用氯化鐵：

$$FeCl_3 + HPO_4^{2-} \rightleftharpoons FePO_4\downarrow + H^+ + 3Cl^- \tag{6-46}$$

利用明礬：

$$Al_2(SO_4)_3 + 2HPO_4^{2-} \rightleftharpoons 2AlPO_4\downarrow + 2H^+ + 3SO_4^{2-} \tag{6-47}$$

利用石灰：

$$5Ca(OH)_2 + 3HPO_4^{2-} \rightleftharpoons Ca_5(PO_4)_3OH\downarrow + 3H_2O + 6OH^- \quad \textbf{(6-48)}$$

上述反應可知氯化鐵和明礬會降低 pH 值，石灰則會提高 pH 值。使用氯化鐵和明礬的有效 pH 值範圍是在 5.5 到 7 之間，若該系統無足夠的鹼度能緩衝 pH 值到上述範圍，則必須添加石灰以抵消產生的 $H^+$。

磷的沉降需要一反應槽與沉澱槽以去除沉降物。若使用氯化鐵和明礬時，形成的化學物質可直接添加到活性污泥系統的曝氣槽中，此時曝氣槽便可做為反應槽，而沉降物可在終沉池中被去除，但若使用石灰，因其形成沉降物所需 pH 值較高，對活性污泥微生物有害而不可行，在一些廢水處理廠中，廢水流入初沉池之前即添加氯化鐵 (或明礬)，此舉雖可增加初沉池的效率，但卻剝奪生物程序所需的營養鹽。

---

**例題 6-15**　若廢水含有 4.00 mg/L as P 的溶解性正磷酸鹽，欲將其完全去除，則所需的氯化鐵理論需求量是多少？

**解**：從式 6-46 可知，去除 1 莫耳的磷需 1 莫耳的氯化鐵，其克分子重的關係可表示為：

$$FeCl_3 = 162.2\,g$$
$$P = 30.97\,g$$

當 $PO_4-P$ 為 4.00 mg/L 時，氯化鐵的理論需求量為

$$4.00 \times \frac{162.2}{30.97} = 20.95 \text{ 或 } 21.0\ mg/L$$

由於旁反應、溶解度的限制及每日變化的影響，添加的化學藥劑實際量需以瓶杯試驗決定，一般要求氯化鐵的實際添加量為理論計算量的 1.5 到 3 倍，同樣地，明礬的實際添加量亦為理論量的 1.25 到 2.5 倍。

---

## 氮的控制

氮的任一型式 ($NH_3$、$NH_4^+$、$NO_2^-$ 及 $NO_3^-$，但不包括 $N_2$ 氣) 均可做為營養鹽，然而卻需從廢水中將其去除，以幫助承受水體對藻類生長的控制，除

此之外，氮在形成氨時會有溶氧的需求，且會對魚類造成毒性，因此將氮去除的方法有生物法及化學法，其中生物程序稱為**硝化/脫硝** (nitrification/denitrification)，而化學程序稱為**氨氣提法** (ammonia stripping)。

**硝化/脫硝**　自然的硝化程序可藉由活性污泥系統迫使其發生，此時需維持細胞停留時間 ($\theta_c$) 在溫和氣候下達 15 天，而在寒冷氣候時則需 20 天，硝化步驟的化學表示方式如下：

$$NH_4^+ + 2O_2 \rightleftharpoons NO_3^- + H_2O + 2H^+ \qquad \textbf{(6-49)}$$

理所當然，反應的發生必須有細菌存在，此步驟需滿足氨離子對溶氧的需求，若氮含量可被承受水體接受，廢水經由沉澱後即可放流，但若必須處理時，硝化步驟必須遵循下列細菌的缺氧脫硝反應：

$$2NO_3^- + \text{有機物質} \rightarrow N_2 + CO_2 + H_2O \qquad \textbf{(6-50)}$$

如化學反應所示，脫硝時需要有機物，此時有機物提供做為細菌的能量來源，細胞可由胞內或胞外獲取有機物，在多重步驟的氮去除系統中，由於脫硝程序中的廢水 $BOD_5$ 濃度相當低 (這是因為先前進行含碳 BOD 的去除及硝化程序)，為了加速脫硝作用，需添加有機碳源，有機物質可為原廢水、已沉澱的廢水或合成物質如甲醇 ($CH_3OH$)。若添加原廢水或已沉澱過的廢水，可能會增加放流水 $BOD_5$ 及氨含量，而對水質有不利的影響。

**氨氣提**　當氮主要以氨的型式存在時，可用化學方法提高水中 pH 值，使銨離子轉換成氨，如此便可在水中通入大量空氣，以氣提方式將氨自水中移除。此種方法對硝酸鹽類無去除效果，因此在活性污泥程序操作時應維持較短的細胞停留時間，以避免硝化作用發生，上述氨氣提的化學反應式如下：

$$NH_4^+ + OH^- \rightleftharpoons NH_3 + H_2O \qquad \textbf{(6-51)}$$

上述需經常添加石灰以增加氫氧離子，石灰也會和空氣中的 $CO_2$ 與水反應，形成碳酸鈣沉積物，因此必須定期加以清除。低溫會引起結霜和降低氣提能力，在較冷的水中，會增加氨的溶解度，因而減少氣提的去除能力。

## ▲ 6-11　土壤處理達永續性

本節土壤處理的討論，係依據兩份美國 USEPA 出版品：**環境控制選擇方案：都市污水** (Environmental Control Alternatives: Municipal Wastewater) 及**都市污水之放流水土壤處理：設計因子第一冊** (Land Treatment of Municipal Wastewater Effluents, Design Factors I) (Pound et al., 1976)。

如前所述，AWT 程序可獲致相當高品質的放流水，而可用來取代 AWT 程序者，稱爲**土壤處理** (land treatment)。土壤處理經常設置於二級處理之後，將放流水以一種傳統灌注方法加到土壤中，由於廢水常含有營養鹽可做爲資源，所以沒有處置上的問題。該處理是在自然程序中，讓廢水通過土壤及植物所提供的天然濾床，廢水會因蒸散量而有部份損失，剩餘部份可由地表水流或地下水系統回到水循環體系，大部份地下水最後會直接或間接回到地面水系統。

廢水土壤處理可提供農作物生長所需的水氣與營養鹽。在半乾燥地區，由於水氣不足使農作物枯萎，又因水源的限制而突顯出這些廢水特別有用。在傳統二級處理程序中，僅些微減少主要營養物質 (氮、磷及鉀)，因此這些元素大部份均會存在二級處理水中。土壤中的營養物質會因每年農作物生長及土壤侵蝕，而被消耗去除，這些損失可藉由提供廢水加以彌補。

利用土壤處理或處置廢水，是最古老的方法，城市使用該法已超過 400 年。一些主要城市以 “污水田 (sewage farms)” 做爲廢水的處理與處置者，至少有 60 年，如柏林、墨爾本及巴黎。在美國大約有 600 個區域，以都市污水處理廠放流水做爲地表灌溉。

土壤處理系統在三種基本操作模式中，使用任何一種：

**1.** 慢率法 (slow rate)
**2.** 漫地流法 (overland flow)
**3.** 快滲法 (rapid infiltration)

圖 6-34 用圖描述每一種方法，其能將水再生到不同程度，以適應不同的場址條件，並滿足不同的目的。

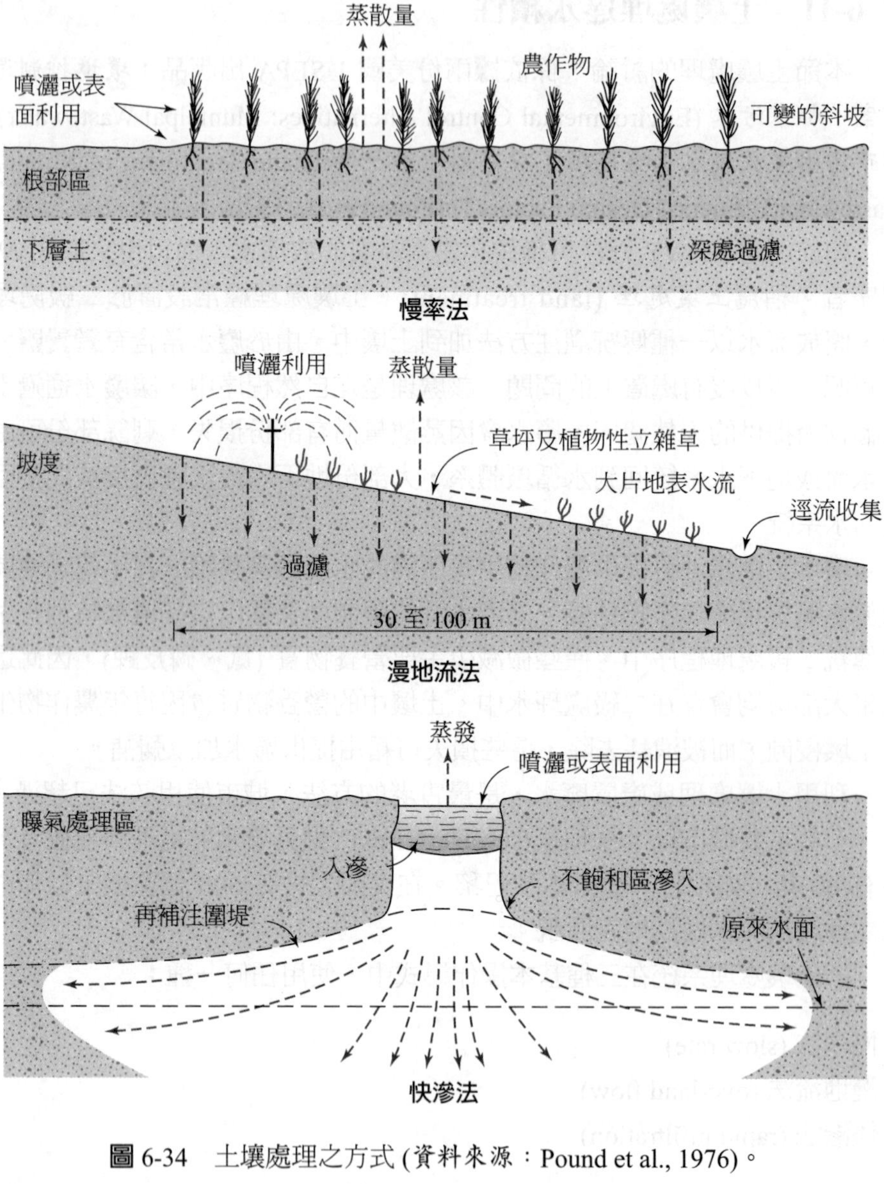


圖 6-34 土壤處理之方式 (資料來源：Pound et al., 1976)。

## 慢率法

現今主要的土壤處理方法爲灌溉法，它可利用放流水做爲土壤處理，且符合農作物生長所需，亦即將經由物理、化學及生物處理的放流水注入土壤中。以噴撒或表面技術提供放流水給農作物及植物 (包括森林土地) 的目的有：

**1.** 避免地表釋出營養鹽
**2.** 利用水及營養物質，生產具有市場經濟價值的農作物
**3.** 灌溉草坪、公園及高爾夫球場以保護水資源
**4.** 維護並擴大綠化地帶與開放空間

將水用於灌溉時，可以農作物的消耗利用速率 (3.5 到 10 mm/d，視農作物而定) 灌溉，且農作物販賣的回收成本，剛好可以彌補土地與分配系統所增加的成本。另一方面，用於灌溉的水價值不高，因此可用最高的水力負荷 (需符合再生水的水質標準)，使系統操作成本降至最低。在高率灌溉下 (10 至 15 mm/d)，農作物的選擇應以去除高含量營養鹽的耐水植物爲主。

## 漫地流法

本質上，漫地流是一種生物處理程序，廢水流過具有坡度的階梯上端，讓其通過植被表面，而流至收集逕流的溝渠。當薄層的水流，往下通過相對下較不透水的斜坡時，利用物理、化學與生物方式達到水質再生。

漫地流可做爲二級處理程序，使硝化後放流水的 BOD 低至可接受的程度，或做爲高級廢水處理程序。目的如果爲後者，將允許有較高的處理速率 (18 mm/d 或更高)，此需依高級廢水處理程度而定。在禁止地面放流的地區，逕流可再循環，或是用在土壤的灌溉或入滲-滲濾系統 (infiltration-percolation system)。

## 快滲法

在入滲-滲濾系統中，於處理區域以散佈或分灑方式，將放流水以較高速率加到土壤中，此時廢水通過土壤層而被處理。本系統的目標包括：

**1.** 地下水補注
**2.** 以泵浦抽取後採自然處理，或以底流排水方式達到回收
**3.** 自然處理係再生水以垂直與側向方式通過土壤，再補注至地面水體

當地下水因鹽份入侵使品質下降時，利用地下水補注，可逆轉水力梯度

並保護現有的地下水。在現有地下水水質與預期再生水質不相符的地區，或在現有的水權控制排放位置的地區，可利用泵浦抽取、底流排水、或自然排水系統，將處理水迴流到地表水中。例如在亞利桑那州的鳳凰城，其原有地下水水質很差，便將再生水以泵浦抽取，注入灌溉渠道。

## ▲ 6-12 污泥處理

污泥 (sludge) 是污水淨化過程中所產生的另一個問題，污水處理技術的層級愈高，就會產生愈多的污泥殘餘物需要加以處理。除非污水是利用土地處理或污水塘處理，否則一般的污水處理廠必須設有污泥處理設施。對現代化的污水處理廠而言，污泥的處理與處置已成為運轉中最複雜，且花費最高的一部份 (U.S. EPA, 1979b)。簡單來說，污泥是指原廢水中的固體物質，或在廢污水處理中所產生的固體物，經沉澱分離所得到的一種物質。

污泥的產生量，則是另一個值得注意的問題。初級處理所產生的污泥，其體積約為處理水量的 0.25 至 0.35%；當升級至活性污泥程序時，所產生的污泥量為處理水量的 1.5 至 2.0%。若採用化學沉降法去除水中的磷，則會額外增加體積為 1.0 % 處理水量的污泥體積。前述各污水處理單元中排出的污泥，仍含有高達 97% 的水分。因此，污泥處理程序，與將污泥的大量水份及殘餘固體物加以分離有關。分離後的水分迴流至污水處理程序中。

典型的污泥處理流程包括下列幾個單元：

1. **濃縮** (thickening)：利用重力沉降或除浮方式儘可能分離出污泥中的水分。
2. **穩定** (stabilization)：利用 “消化” (digestion)，即生物氧化方式將污泥的有機固體物轉化為其他惰性物質，以避免在作為土壤改良劑或其他用途時，產生臭味及衛生上的問題。
3. **調理** (conditioning)：以添加化學藥劑或以熱處理方式使污泥中的水分更容易分離。
4. **脫水** (dewatering)：以眞空、加壓或乾燥方式使污泥中的水分進一步分離。
5. **減量** (reduction)：利用濕式氧化或焚化等化學氧化方式使污泥固體物轉化為更穩定的物質，同時達到減量的效果。

雖然污泥處理有各種的流程組合及設備裝置，但其基本功能不外以上五

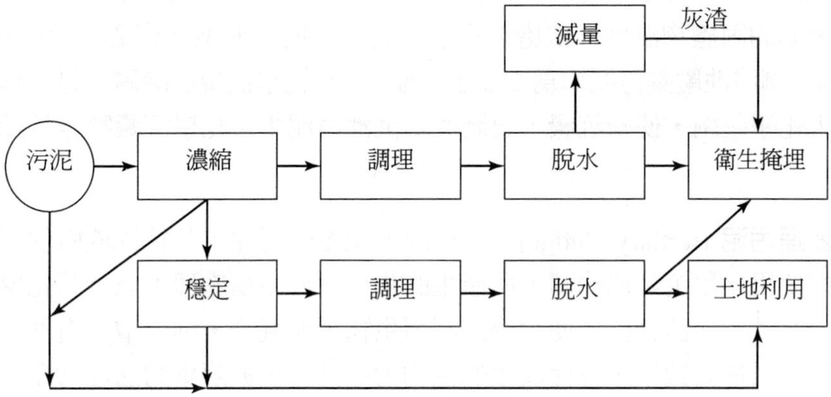


**圖 6-35**　污泥處理處置基本替代方案。

項。至於污泥的最終處置，大致是將污泥所含的各種物質，移轉至土壤、大氣或水體。目前的法規原則上禁止污泥海拋；且污泥焚化設施也必須設置空氣污染防制設備，以避免造成空氣污染問題。

以下各節將進一步探討各種常見的污泥處理程序，這些程序可能的流程組合則如圖 6-35 所示。

## 各種污泥來源與特性

爲便於掌握污泥特性與其處理方式，以下分別討論典型污水處理流程中，不同來源的污泥與其特性。

**砂礫** (grit)　在重力沉砂池中所收集的砂、碎玻璃渣等較重物質，統稱爲砂礫。砂礫並非眞正的污泥，但仍需加以棄置。由於砂礫易於脫水，且多爲無機性物質，一般不需進一步處理，可直接以卡車運至衛生掩埋場棄置。

**初沉池污泥** (primary or raw sludge)　自初沉池底部排出的初沉池污泥，一般固體物質濃度約爲 3 至 8% (1% 固體物濃度相當於 100 mL 體積的污泥中，含有 1 g 的固體物)，而初沉池污泥的固體物中，有機物約占 70%，因此初沉池污泥極易轉變爲厭氧狀態而腐敗發臭。

**二沉池污泥** (secondary sludge)　自二級生物處理系統中廢棄排出的二沉池污泥，含有大量微生物與其他惰性物質。一般二沉池污泥的固體物中，有機物約占 90%，若未經適當處理而直接棄置，則極易因溶氧耗盡而腐敗發臭。二沉池污泥的固體物濃度，依處理程序而有所不同，典型廢棄活性污泥為 0.5 至 2%；滴濾池廢棄污泥約為 2% 至 5%。某些化學沉降法除磷，是在曝氣池中加入化學藥劑，使磷沉澱，這將使二沉池污泥中，化學沉澱物含量顯著增加。

**三級處理污泥** (tertiary sludge)　三級處理產生的污泥，其特性依處理程序而定。如使用化學沉降法除磷，所產生的化學污泥不易處理；但若將化學沉降除磷與活性污泥法合併，使化學污泥與生物污泥混合，則更增加處理的困難度。脫硝的祛氮效果，會使產生的生物污泥性質，與廢棄的活性污泥十分接近。

## 固體物量計算

**體積-質量關係**　由於污水處理廠產生的污泥，主要成份為水，因此污泥體積可表示為含水率的函數。換言之，只要知道污泥固體物濃度與固體物比重，便可據以推算污泥體積。一般廢水污泥的固體物質，包括固定性 (礦物質) 固體物及揮發性 (有機物) 固體物兩部份。總固體物體積可表示如下：

$$\forall_{\text{solids}} = \frac{M_s}{S_s\rho} \tag{6-52}$$

其中 $M_s$＝固體物質量，kg

$S_s$＝固體物比重

$\rho$＝水的密度，1,000 kg/m$^3$

由於固體物又可分為固定性與揮發性兩部份，故式 6-52 可改寫如下：

$$\frac{M_s}{S_s\rho} = \frac{M_f}{S_f\rho} + \frac{M_v}{S_v\rho} \tag{6-53}$$

其中 $M_f$＝固定性固體物質量，kg

$M_v$＝揮發性固體物質量，kg

$S_f$＝固定性固體物比重

$S_v$＝揮發性固體物比重

污泥固體物的比重 ($S_s$) 計算，可由式 6-53 改寫爲：

$$S_s = M_s\left[\frac{S_f S_v}{M_f S_v + M_v S_f}\right] \tag{6-54}$$

由於污泥是由固體物與水組成，因此污泥比重 ($S_{sl}$) 可以下式計算：

$$\frac{M_{sl}}{S_{sl}\rho} = \frac{M_s}{S_s\rho} + \frac{M_w}{S_w\rho} \tag{6-55}$$

其中　$M_{sl}$ ＝污泥質量，kg
　　　$M_w$ ＝水分質量，kg
　　　$S_{sl}$ ＝污泥比重
　　　$S_w$ ＝水分比重

一般污泥固體物濃度的表示方式，習慣以固體物含量的百分比來表示，而固體物含量的分率 ($P_s$) 可計算如下：

$$P_s = \frac{M_s}{M_s + M_w} \tag{6-56}$$

污泥含水率的分率 ($P_w$) 則可計算如：

$$P_w = \frac{M_w}{M_s + M_w} \tag{6-57}$$

固體物濃度以百分比表示，對求解式 6-52 較爲方便。由於 $M_s + M_w = M_{sl}$，若將式 6-55 各項同除以 $(M_s + M_w)$，則可將式 6-55 改寫爲：

$$\frac{1}{S_{sl}\rho} = \frac{P_s}{S_s\rho} + \frac{P_w}{S_w\rho} \tag{6-58}$$

上式中，若水的比重取爲 1.0000，則可用下式計算 $S_{sl}$：

$$S_{sl} = \frac{S_s}{P_s + (S_s)(P_w)} \tag{6-59}$$

另一方面，污泥體積 ($V_{sl}$) 可以下式計算之：

$$V_{sl} = \frac{M_s}{(\rho)(S_{sl})(P_s)} \quad \textbf{(6-60)}$$

---

**例題 6-16** 利用下列初沉池資料，決定每日污泥產生量。

**初沉池操作資料：**

流量＝0.150 $m^3/s$
進流水 SS＝280.0 mg/L＝280.0 $g/m^3$
去除率＝59.0%
污泥固體物濃度＝5.00%
揮發性固體物含量＝60%
揮發性固體物比重＝0.990
固定性固體物含量＝40%
固定性固體物比重＝2.65

**解：**首先從計算 $S_s$ 開始。我們可以不用直接計算 $M_s$、$M_f$ 和 $M_v$，因爲它們與含量百分比成正比。

由於

$$M_s = M_f + M_v$$
$$= 0.400 + 0.600 = 1.00$$

由式 6-54：

$$S_s = \frac{(2.65)(0.990)}{[(0.400)(0.990)] + [(0.600)(2.65)]}$$

$$= 1.321 \text{ 或 } 1.32$$

將污泥固體物比重代入式 6-59

$$S_{sl} = \frac{1.321}{0.05 + (1.321 \times 0.950)}$$

$$= 1.012 \text{ 或 } 1.01$$

由初沉池進流水 SS 濃度及去除率，計算污泥固體物質量

$$M_s = 0.59 \times 280.0\ \text{g/m}^3 \times 0.15\ \text{m}^3/\text{s} \times 86{,}400\ \text{s/d} \times 10^{-3}\ \text{kg/g}$$
$$= 2.14 \times 10^3\ \text{kg/d}$$

由式 6-60 計算污泥體積：

$$V_{sl} = \frac{2.14 \times 10^3\ \text{kg/d}}{1{,}000\ \text{kg/m}^3 \times 1.012 \times 0.05}$$

$$= 42.29 \text{ 或 } 42.3\ \text{m}^3/\text{d}$$

---

**質量平衡**　除了黑洞*之外，物質不會因物理、化學或生物作用而產生或消滅，當然在污水處理廠中也不例外。基於此一質量不滅的事實，可將式 2-3 重新改寫爲以下的質量平衡式：

$$\frac{dS}{dt} = M_{\text{in}} - M_{\text{out}} \qquad \textbf{(6-61)}$$

其中 $M_{\text{in}}$ 及 $M_{\text{out}}$ 分別用來代表進入與離開處理程序的各種物質，包括溶解水中的化合物、固體物、氣體等。當在穩定狀態 (steady-state) 下，可假設 $dS/dt=0$，因此式 6-61 可改寫如下：

$$M_{\text{in}} = M_{\text{out}} \qquad \textbf{(6-62)}$$

對於一些相關聯的處理流程單元，可用如圖 6-36 的流程圖，來檢驗單元間的質量進出。當流程圖上標示所有進出物質的數量，此一流圖可被稱爲**定量流程圖** (quantitative flow diagram, QFD)。對污水處理廠設計者而言，流程圖中固體物的質量平衡十分重要，因其可用以估計污泥處理單元長時間下的平均固體物負荷，並據以估計處理成本及污泥最終處置量等重要操作參數。然而對污泥處理單元中的單一設備而言，質量平衡的固體物負荷並不適宜作爲設備容量設計或選擇的依據，而是應考慮污泥處理設備可能遭遇的最大負荷。此乃由於污水處理廠中污泥處理單元操作多排有固定時程，而污泥

---

* 當然，這裡所指的是愛因斯坦所稱的黑洞，不是加爾各答 (Calcutta) 的黑洞。

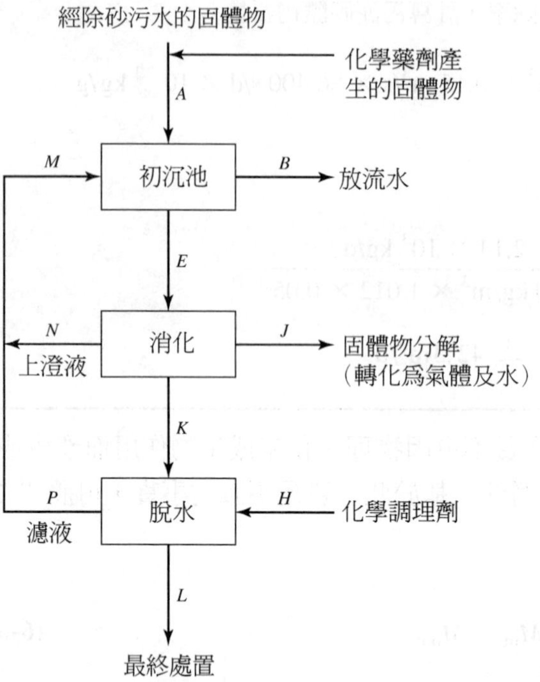


**圖 6-36** 初級污水處理廠流程圖 (資料來源：U.S. EPA, 1979b)。

自排出至開始處理期間也多先經儲存，因此污泥處理單元實際固體物負荷量變化，不僅與質量平衡結果相異，通常也不會與污水處理廠進流水量成等比例變化。

以下爲執行質量平衡計算的主要步驟：

1. 畫出處理流程圖 (參考圖 6-36)。
2. 鑑別所有的流線 (stream)。如流線 A 內的固體物，包含原污水固體物，再加上在污水中加藥所產生的化學固體物。而前述流線 A 中的固體質量流率 (mass flow rate)，可用每日 $A$ 公斤表示。
3. 對各處理單元的所有進出流線，鑑別其相互關係，並以方程式來加以表示。例如在初沉池中，令初沉池的底流固體物量 ($E$)，與進流總固體物量 ($A+M$) 的比值爲 $\eta_E$。$\eta_E$ 即爲沉澱池的固體物去除率。這種關係可用以下的一般式加以表示：

$$\eta_i = \frac{\text{流線 } i \text{ 的固體物質量}}{\text{進入單元的固體物質量}} \tag{6-63}$$

例如：

$$\eta_p = \frac{P}{K + H}; \eta_j = \frac{J}{E}$$

以上數值可用以表示該單元的處理效率。

**4.** 整合各質量平衡關係式，並利用已知數量，或利用處理單元特性所導出的關係式，簡化各關係式，並解出所有流線上未知固體物質流率。

---

**例題 6-17**　參考圖 6-36，假設 $A$、$\eta_E$、$\eta_j$、$\eta_N$、$\eta_P$ 及 $\eta_H$ 等數值爲已知，可依水化學原理，或一般單元去除率的經驗值假設，利用前述的已知參數，推導初沉池出流的固體物質量流率 ($E$) 的計算式。

**解**：依以下步驟進行推導。

**a.** 定義迴流至初沉池流線的固體物質量流率爲 $M$：

$$\eta_E = \frac{E}{A + M} \tag{i}$$

上式改寫爲：

$$M = \frac{E}{\eta_E} - A \tag{ii}$$

**b.** 依各單元迴流流線的平衡，定義 $M$：

$$M = N + P \tag{iii}$$

$$N = \eta_N E \tag{iv}$$

$$P = \eta_P (H + K) \tag{v}$$

$$H = \eta_H K \tag{vi}$$

而

$$P = \eta_P (1 + \eta_H) K \tag{vii}$$

$$K + J + N = E \tag{viii}$$

上式改寫如下：

$$K = E - J - N = E - \eta_j E - \eta_N E = E(1 - \eta_j - \eta_N) \tag{ix}$$

及

$$P = \eta_P E(1 - \eta_j - \eta_N)(1 + \eta_H) \tag{x}$$

因此，

$$M = E[\eta_N + \eta_P(1 - \eta_j - \eta_N)(1 + \eta_H)] \tag{xi}$$

**c.** 將式 (ii) 及 (xi) 中的 $M$ 消去：

$$\frac{E}{\eta_E} - A = E[\eta_N + \eta_P(1 - \eta_j - \eta_N)(1 + \eta_H)]$$

$$E = \frac{A}{\dfrac{1}{\eta_E} - \eta_N - \eta_P(1 - \eta_j - \eta_N)(1 + \eta_H)}$$

$E$ 值可利用已知的進流固體物量及單元去除率來推估，而各流線中其他的固體物流率，也可利用各已知條件及 $E$ 值來加以計算，而這些關係式整理如表 6-14 所示。

**表 6-14　圖 6-36 中的質量平衡關係式**

$$E = \frac{A}{\dfrac{1}{\eta_E} - \eta_N - \eta_P(1 - \eta_j - \eta_N)(1 + \eta_H)}$$

$$M = \frac{E}{\eta_E} - A$$

$$B = (1 - \eta_E)(A + M)$$

$$J = \eta_J E$$

$$N = \eta_N E$$

$$K = E(1 - \eta_J - \eta_N)$$

$$H = \eta_H K$$

$$P = \eta_P(1 + \eta_H)K$$

$$L = K(1 + \eta_H)(1 - \eta_P)$$

資料來源：U.S. EPA, 1979b

以上所介紹的例子爲一簡單的處理流程。圖 6-37 所示，則是一個較爲複雜的系統，其質量平衡關係式整理如表 6-15，而其中重要的參數定義如

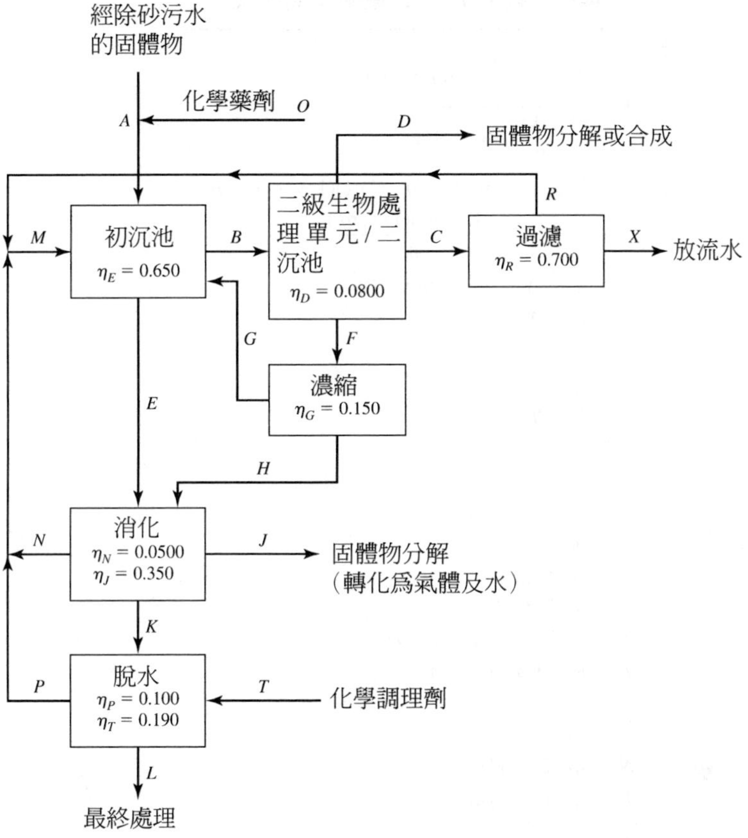


**圖 6-37**　複雜的污水處理廠流程圖 (資料來源：U.S. EPA, 1979b)。

下：

$A$＝進流污水固體物量

$X$＝放流水固體物量，而懸浮固體物已經過濾去除

$\eta_E$, $\eta_G$, $\eta_J$, $\eta_N$, $\eta_R$, 及 $\eta_T$＝假設的固體物去除或增加率

$\eta_D$＝生物處理單元中的固體物淨減少率，或淨增加率。$\eta_D$ 若爲正值表示固體物因分解作用而減少；若 $\eta_D$ 爲負值表示固體物因合成作用而增加。在本例中，進入生物處理單

**表 6-15 圖 6-37 的質量平衡關係式**

$$E = \frac{A - \left(\frac{X}{1-\eta_R}\right)(\gamma - \eta_R)}{\frac{1}{\eta_E}\alpha - \beta(\gamma)}$$

式中 $\alpha = \eta_P(1 - \eta_J - \eta_N)(1 + \eta_T) + \eta_N$

$$\beta = \frac{(1-\eta_E)(1-\eta_D)}{\eta_E}$$

$$\gamma = \eta_G + \alpha(1 - \eta_G)$$

$$B = \frac{(1-\eta_E)E}{\eta_E}$$

$$C = \frac{X}{1-\eta_R}$$

$$D = \eta_D B$$

$$F = \beta E - \frac{X}{1-\eta_R}$$

$$G = \eta_G F$$

$$H = (1-\eta_G)F$$

$$J = \eta_J(E + H)$$

$$K = (1 - \eta_J - \eta_N)(E + H)$$

$$L = K(1 + \eta_T)(1 - \eta_P)$$

$$M = \frac{E}{\eta_E} - G - A$$

$$N = \eta_N(E + H)$$

$$P = \eta_P(1 + \eta_T)K$$

$$R = \frac{\eta_R}{1-\eta_R}X$$

$$T = \eta_T K$$

資料來源：U.S. EPA, 1979b.

元的固體物量有 8% 因分解作用轉化爲氣體或液體。

利用上例質量平衡關係，可調整其中參數，以產生不同的處理流程組合方案，例如：

將 $\eta_R$ 設定爲零則可消去過濾單元。
將 $\eta_G$ 設定爲零則可消去濃縮單元。
將 $\eta_J$ 設定爲零則可消去消化單元。
將 $\eta_P$ 設定爲零則可消去脫水單元。

因 $\eta_E$ 位於關係式的分母，故欲消去初沉池單元時，不可直接設定 $\eta_E$ 為零，但可設定其為一接近於零的微小數值，例如 $1\times10^{-8}$。

當前述處理流程中流線改變時，表 6-15 中的質量平衡關係式，應重新加以推導。如濃縮單元迴流液 (流線 *G*)，由原先迴流至初沉池改為迴流至生物處理單元時，表中所有質量平衡係式即應重新推導。

## 濃　縮

污泥濃縮常用的固液分離方式，不外乎使其上浮至混合液頂端，或使其沉降至混合液底部。前者一般稱為**浮除濃縮** (flotation)，後者則稱為**重力濃縮** (gravity thickening)。

污泥濃縮的目的主要是在進行污泥消化或脫水之前，儘量將多餘的水分自污泥中分離。一般來說，污泥濃縮可有效減少污泥處理後續單元，如消化、脫水，所需處理容量，而後續單元因容量減少所節省的成本，則遠高於污泥濃縮單元的設置與操作費用，因此設置污泥濃縮單元有助於降低污泥處理程序的總成本。

**浮除濃縮**　典型的污泥浮除濃縮單元如圖 6-38 所示，進流污泥經加壓 (275 至 550 kPa) 後注入空氣，此時空氣因處在高於大氣壓力的環境，使大量空氣溶入污泥。當加壓的污泥流入一開放槽體時，由於其壓力降為與大氣壓力相同，原先溶解於污泥中的空氣因過飽和而形成大量微氣泡。當這些微小氣泡

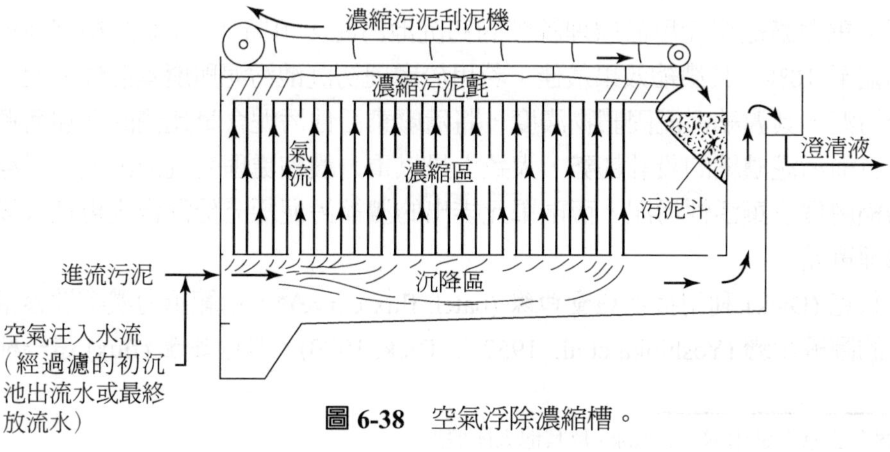


**圖 6-38**　空氣浮除濃縮槽。

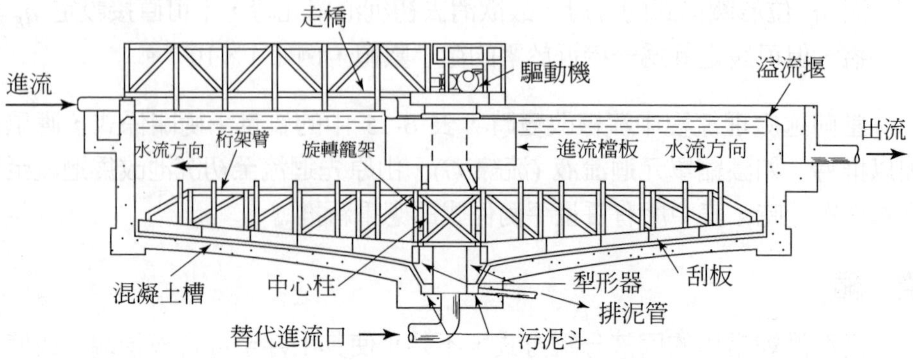


**圖 6-39** 重力濃縮池。

向液面浮升時，會與污泥中的固體物顆粒黏著，而將這些顆粒帶向液面。浮向液面的固體物顆粒因夾帶泡沫而在液面蓄積、漂浮，最後累積成一層上浮污泥，此時利用刮渣設備即可將該層上浮污泥自液面刮除。一般而言，浮除濃縮較適用於廢棄活性污泥，因其不易用重力方式濃縮。對廢棄活性污泥而言，浮除濃縮可快速地將其固體物濃度自 0.5－1% 提升至 3－6%。

**重力濃縮**　多年來，重力濃縮廣泛應用於初沉池污泥的濃縮，主要原因爲其單元設備構造簡單，且成本低廉。污泥重力濃縮原理與沉澱池的沉澱原理相同，而重力濃縮池的構造，也與圓形初沉池或二沉池相似 (如圖 6-39 所示)。在重力濃縮池中，污泥固體物顆粒沉降至槽底，再利用重負荷 (heavy-duty) 機械刮臂將污泥刮至污泥斗，最後自污泥斗中將濃縮污泥抽至後續單元進行處理。重力濃縮單元用於處理純粹的初沉池污泥，可將 1－3% 的初沉池污泥濃縮至 10%，其濃縮效果最佳；若用於處理初沉池污泥與廢棄活性污泥的混合污泥，其濃縮污泥固體物濃度，將隨廢棄活性污泥含量比例的增加而遞減。目前污泥濃縮的設計趨勢，大致上是以重力濃縮處理初沉池污泥，以浮除濃縮處理廢棄活性污泥，而兩單元排出的濃縮污泥經充份混合後再進入後續處理單元。

狄克 (Dick) 利用批次**通量曲線** (batch flux curve)*，示範重力濃縮池容量設計的圖解步驟 (Yoshioka et al., 1957 及 Dick, 1970)。其中**通量** (flux) 是一種

---

* 這個方法原先是由 N. Yoshioka 及其他人所發展。

描述沉降固體物流率的重要參數，其定義爲在單位時間內，通過一單位水平面積的固體物質量 (kg/d · m$^2$)，並以下式表示：

$$F_s = (C_u)(\upsilon) = (C_s)\ (\text{層沉降速度}) \qquad \textbf{(6-64)}$$

其中 $F_s$ ＝固體物通量，kg/d · m$^2$

$C_s$ ＝懸浮固體物濃度，kg/m$^3$

$C_u$ ＝底流固體物濃度，相當於排泥管線中的固體物濃度，kg/m$^3$

$\upsilon$ ＝底流速率，m/s

前述批次通量曲線的圖解法，須先繪製如圖 6-40 的批次沉降曲線，再依批次沉降曲線的資料，繪製如圖 6-41 的批次通量曲線。而在批次通量曲

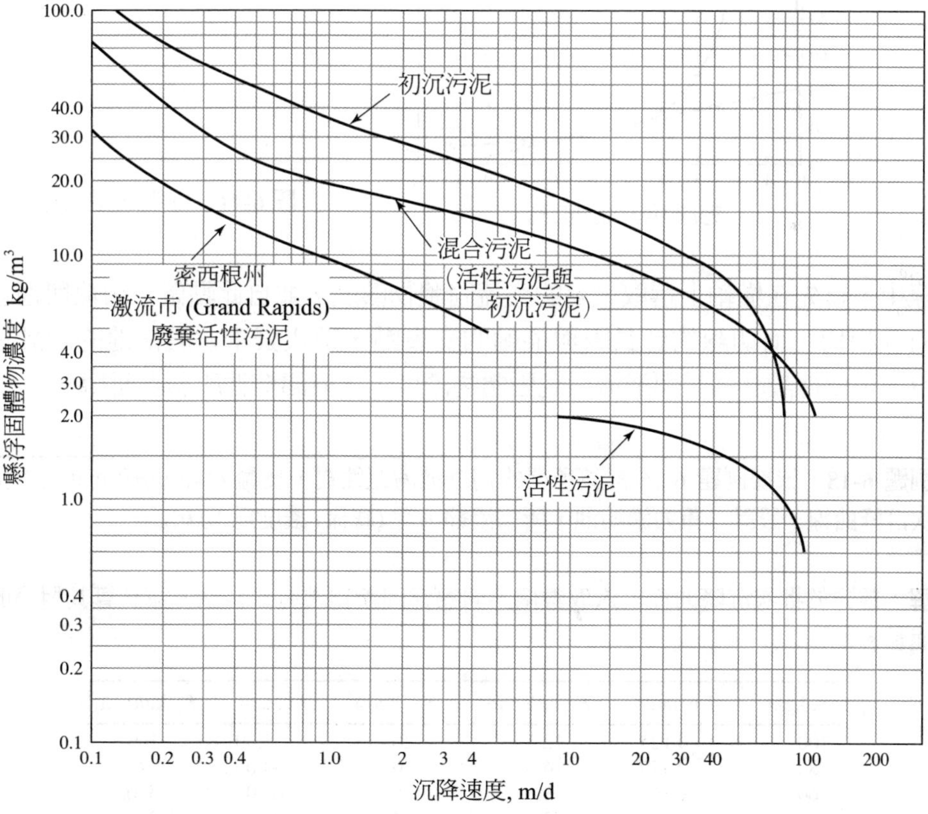


**圖 6-40**　批次沉降曲線。

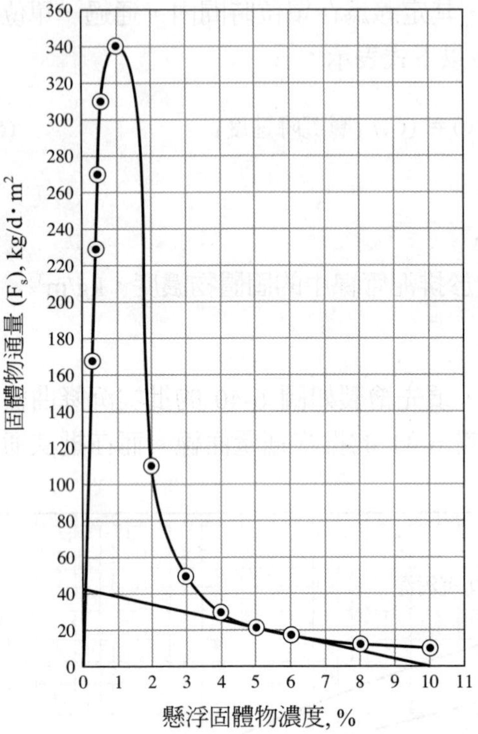


**圖 6-41** 批次通量曲線。

線中，首先在橫軸上選取設定的底流固體物濃度，並自此點做一切線與通量曲線相切，而切線的延長線與縱軸的交會點，即代表重力濃縮池的設計通量，再依據設計通量與進流污泥固體物濃度，求取濃縮池所需表面積。

**例題 6-18** 依據例題 6-16 計算所得的初沉池污泥性質，及圖 6-40 的初沉池污泥批次沉降曲線，設計一重力濃縮池，所需濃縮污泥 (底流) 濃度為 10.0%。

**解**：首先於批次沉降曲線上選取數個不同懸浮固體物濃度資料點，並計算其對應的通量。

| SS, kg/m$^3$ | $\upsilon$, m/d | $F_s$, kg/d · m$^2$ | SS, kg/m$^3$ | $\upsilon$, m/d | $F_s$, kg/d · m$^2$ |
|---|---|---|---|---|---|
| 100 | 0.125 | 12.5 | 20 | 5.30 | 106. |
| 80 | 0.175 | 14.0 | 10 | 34.0 | 340. |
| 60 | 0.30 | 18. | 5 | 62.0 | 310. |
| 50 | 0.44 | 22. | 4 | 68.0 | 272. |
| 40 | 0.78 | 31. | 3 | 76.0 | 228. |
| 30 | 1.70 | 51. | 2 | 83.0 | 166. |

上表第一欄爲任意選取的懸浮固體物濃度；第二欄爲利用圖 6-40 求出各懸浮固體物濃度，所對應的沉降速率；第三欄則是第一欄及第二欄資料的乘積，如 100×0.125＝12.5，80.0×0.175＝14.0，其餘依此類推。

將以上以 $kg/m^3$ 表示的懸浮固體物濃度，乘以 0.10 後，會大致等於以百分比表示的固體物濃度。將百分比表示的固體物濃度，與其對應的沉降通量繪圖，可繪製如圖 6-41 的批次通量曲線。

依題意，自圖中橫軸 10% 處做一切線，求得對應的設計通量爲 43 $kg/d \cdot m^2$。

又依據例題 6-16 計算結果，得知初沉池污泥固體物量爲 $2.14 \times 10^3$ kg/d，因此計算重力濃縮池所需表面積爲：

$$A_s = \frac{2.14 \times 10^3\ \text{kg/d}}{43\ \text{kg/d} \cdot \text{m}^2} = 49.77 \text{ 或 } 50\,\text{m}^2$$

---

表 6-16 所示爲典型重力濃縮池處理不同污泥時的設計準則。重力濃縮池進流污泥的控制，依污水處理廠的規模可爲連續進流或間歇進流。一般而言，小型污水處理廠因污泥量較少，其污泥處理操作時程每日僅安排數小時，故其污泥廢棄與進流控制方式亦多爲間歇操作。表 6-17 所示爲一些實廠重力濃縮池的操作資料，由於濃縮池上澄液一般迴流至污水處理廠前端，故應注意上澄液懸浮固體物濃度是否過高，以免增加污水處理單元的負荷。

---

**例題 6-19**　某一混合污泥，其流量爲 100.0 $m^3/d$，欲將此一污泥自固體物濃度 4.0% 濃縮至 8.0%，試求污泥濃縮後大約的體積。

**解**：假設污泥比重與水相當，則固體物濃度 4.0% 的污泥，可視爲含有 96.0% 的水，因此不同濃度的污泥，其體積關係如下：

$$\frac{\forall_1}{\forall_2} = \frac{P_2}{P_1}$$

而在本例中，污泥濃縮後的體積則是

$$\frac{100.0\ \text{m}^3/\text{d}}{\forall_2} = \frac{0.080}{0.040}$$

$$\forall_2 = 50.0\ \text{m}^3/\text{d}$$

## 表 6-16 典型重力濃縮池設計準則

| 污泥來源 | 進流濃度 SS, % | 預期底流濃度, % | 固體物負荷率 kg/h · m$^2$ |
|---|---|---|---|
| 單一污泥 | | | |
| PS | 2–7 | 5–10 | 4–6 |
| TF | 1–4 | 3–6 | 1.5–2.0 |
| RBC | 1–3.5 | 2–5 | 1.5–2.0 |
| WAS | 0.5–1.5 | 2–3 | 0.5–1.5 |
| 三級處理污泥 | | | |
| High CaO | 3–4.5 | 12–15 | 5–12 |
| Low CaO | 3–4.5 | 10–12 | 2–6 |
| Fe | 0.5–1.5 | 3–4 | 0.5–2.0 |
| 混合污泥 | | | |
| PS + WAS | 0.5–4 | 4–7 | 1–3.5 |
| PS + TF | 2–6 | 5–9 | 2–4 |
| PS + RBC | 2–6 | 5–8 | 2–3 |
| PS + Fe | 2 | 4 | 1 |
| PS + Low CaO | 5 | 7 | 4 |
| PS + High CaO | 7.5 | 12 | 5 |
| PS + (WAS + Fe) | 1.5 | 3 | 1 |
| PS + (WAS + Al) | 0.2–0.4 | 4.5–6.5 | 2–3.5 |
| (PS + Fe) + TF | 0.4–0.6 | 6.5–8.5 | 3–4 |
| (PS + Fe) + WAS | 1.8 | 3.6 | 1 |
| WAS + TF | .5–2.5 | 2–4 | 0.5–1.5 |

資料來源：U.S. EPA, 1979b

說明：PS＝初沉污泥；TF＝滴濾池污泥；RBC＝旋轉生物圓盤污泥；WAS＝廢棄活性污泥；High CaO＝高劑量石灰；Low CaO＝低劑量石灰；Fe＝鐵鹽；Al＝鋁鹽；＋＝混合污泥；( )＝直接在處理單元中添加化學藥劑。

## 表 6-17 實廠重力濃縮池的運轉結果

| 地點 | 污泥來源 | 進流濃度 SS, % | 固體物負荷率 kg/h · m$^2$ | 底流濃度 % | 上澄液 SS, mg/L |
|---|---|---|---|---|---|
| 休倫港市, 密西根州 | PS + WAS | 0.6 | 1.7 | 4.7 | 2,500 |
| 希波干市, 威斯康辛州 | PS + TF | 0.3 | 2.2 | 8.6 | 400 |
| | PS + (TF + Al) | 0.5 | 3.6 | 7.8 | 2,400 |
| 激流市, 密西根州 | WAS | 1.2 | 2.1 | 5.6 | 140 |
| 湖森市, 俄亥俄州 | PS + (WAS + Al) | 0.3 | 2.9 | 5.6 | 1,400 |

資料來源：U.S. EPA, 1979b

(註：以上各數值代表平均值)

由以上的例子可發現經過污泥濃縮單元後，污泥濃度由 4% 提高至 8%，而污泥體積則大幅度地減少。

---

## 穩　定

污泥穩定的主要目的，在利用生化方法降解有機固體物，使污泥更爲穩定 (減少臭味及腐敗)，且更容易脫水，同時也可減少污泥質量。污泥穩定有兩種基本方式，若在密閉的槽體中隔絕一切氧氣，稱爲**厭氧消化** (anaerobic digestion)；另一種則在污泥中注入空氣，稱爲**好氧消化** (aerobic digestion)。一般而言，如果污泥直接以脫水及焚化方式處理，則不需要先經過消化穩定程序。

**好氧消化**　生物污泥的好氧消化實爲活性污泥法的延伸。當好氧性異營微生物處於有機物基質來源充分的環境中，微生物將開始消耗這些有機物質；其中部份有機物質，被微生物用以合成新的細胞質，其餘的有機物質則進入微生物細胞中的代謝程序，最後被氧化成二氧化碳、水，及其他溶解的惰性物質；在代謝過程產生的能量，將被細胞用於合成新細胞質及維持生命現象等功能。一旦外來的有機物質消耗殆盡，微生物即進入所謂內呼吸期 (endogenous respiration)，此時微生物開始氧化其自身的細胞質，以產生足夠能量來維持生命現象。如果前述的內呼吸期持續一段時間，生物質量將顯著減少，相對來說，殘餘的生物質量也較爲穩定，如此將有利於生物污泥的最終處置，此即爲好氧消化的主要目的。

在好氧消化程序中，生物污泥在類似活性污泥曝氣槽的開放槽體中曝氣。除非是打算將液態污泥直接棄置於地面，否則一般好氧消化槽均會接續類似活性污泥系統中所使用的沉澱池。但與活性污泥法不同的是，沉澱池出流的上澄液，將迴流至污水處理廠前端，而非直接放流，此乃由於好氧消化的上澄液含有高濃度的懸浮固體物 (100 至 300 mgL)、$BOD_5$ (可至 500 mgL)、總凱氏氮 (TKN，可至 200 mgL) 及總磷 (P，可至 100 mgL)。

由於經好氧消化後，污泥中的揮發性有機物比例已經大幅降低，因此消化污泥固體物比重將較消化前提高。由於消化污泥較易沉澱分離，預期沉澱池底流濃度可達 3%，但其排出污泥的脫水性則會明顯變差。

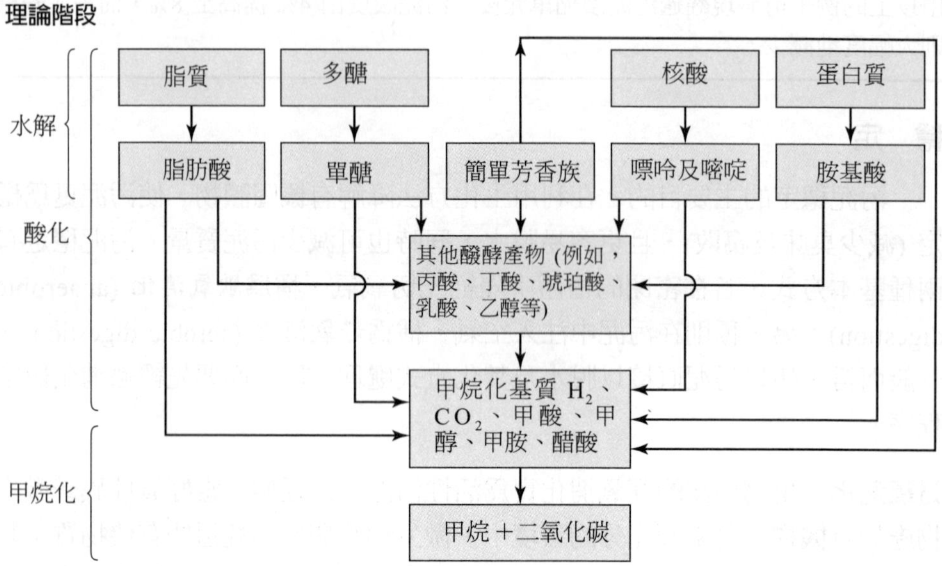


**圖 6-42** 厭氧消化的碳物質流型態示意圖。

**厭氧消化** 複雜有機物如污泥的厭氧分解可分為三個階段。首先，複雜有機物的各成份，如脂肪、蛋白質及多醣類等，透過異營性兼氣菌或厭氧菌的作用，水解為較小單位的有機物 (如三酸甘油酯、脂肪酸、胺基酸及醣類等)，並透過微生物的醱酵或其他代謝作用，將前述有機物分解為更簡單的有機物，並在稱作**酸化** (acidogenesis) 或**乙酸化** (acetogenesis) 的程序中產生氫氣。這些簡單有機物主要包括短鏈 (揮發) 酸及醇類。厭氧分解的第二階段，一般稱為**酸醱酵** (acid fermentation) 階段，此階段的主要作用是將複雜有機物轉化為有機酸、醇類及微生物細胞質，因此對 BOD 或 COD 的去除不具有明顯效果，而在厭氧分解的第三階段中，第一階段的產物，將進一步被數種絕對厭氧菌轉化為氣體 (主要為甲烷及二氧化碳)，而達到最終穩定。厭氧分解的第三階段，一般稱為**甲烷醱酵** (methane fermentation)。以上厭氧分解的作用如圖 6-42 和圖 6-43 所示。雖然厭氧消化的反應有一先後順序，但實際反應是同時且在相互協力的情形下發生。如圖 6-43 所示，酸醱酵階段的主要酸生成物為醋酸 (乙酸)，為甲烷生成的重要前驅物質。

在酸醱酵階段中作用的酸生成菌，相對於甲烷醱酵階段中作用的甲烷生成菌，更能容忍 pH 值與溫度的變化，且有較高的生長速率。因此，甲烷醱

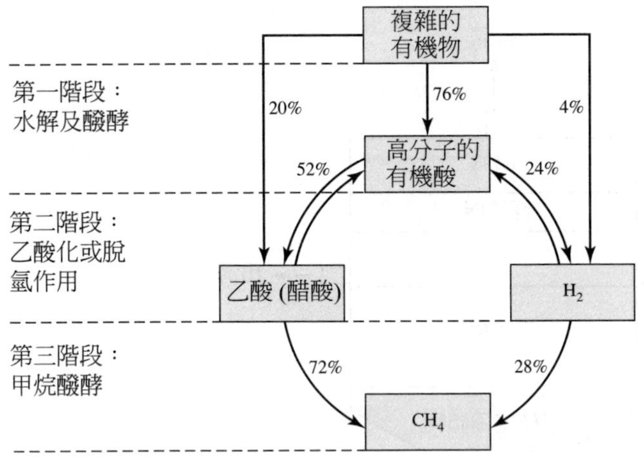


**圖 6-43**　厭氧消化程序的步驟與能量流。

酵通常可視爲厭氧分解的速率限制步驟。

厭氧分解的最佳溫度一般爲 35°C，勞倫斯 (Lawrence) 建議，溫度介於 20 至 35°C 之間時，長鏈及短鏈脂肪酸的甲烷醱酵動力特性，可代表整個厭氧處理的動力特性 (Lawrence and Milnes, 1971)。因此，描述完全混合活性污泥程序之動力方程式，同樣可適用在厭氧程序。

目前常見的厭氧消化程序包括二種：其一爲標準速率法，其二爲高率法。

如圖 6-44 所示，標準速率厭氧消化程序在消化槽中並不加以攪拌，使其在消化槽中自然分層。污泥的投入與排出方式，多採間歇方式，而非連續投入或排出。爲提高醱酵速率，縮短停留時間，消化槽一般需予加熱。對加熱的消化槽而言，停留時間的範圍介於 30 至 60 天之間。標準速率厭氧消化槽之容積負荷率，一般爲每天每 $m^3$ 消化體積，含有 0.48 至 1.6 kg 總揮發性固體物。

標準速率厭氧消化程序的主要缺點包括停留時間長、消化槽體積大、負荷率低及易形成濃厚的浮渣層。消化槽中進行醱酵作用的部份僅約占槽總容積的三分之一，其餘三分之二則爲浮渣層、穩定的固體物及上澄液。以上種種限制，一般僅有處理容量小於 0.04 $m^3/s$ 的污水處理廠，會採用標準厭氧消化槽。

高率厭氧消化系統，是基於改進標準速率厭氧消化單元，所發展出來的

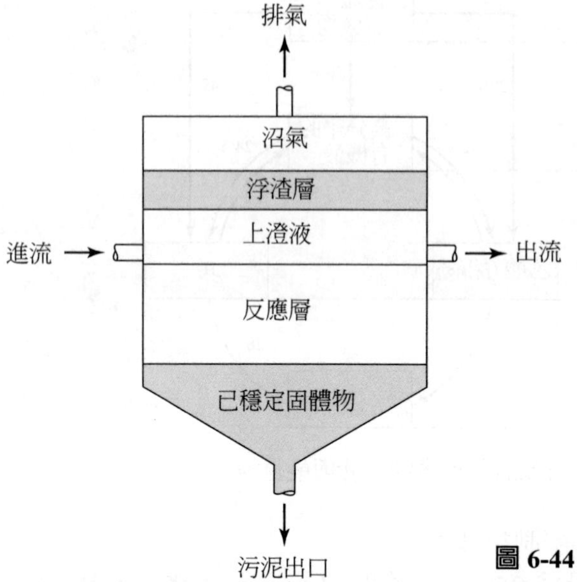


**圖 6-44** 標準速率厭氧消化槽示意圖。

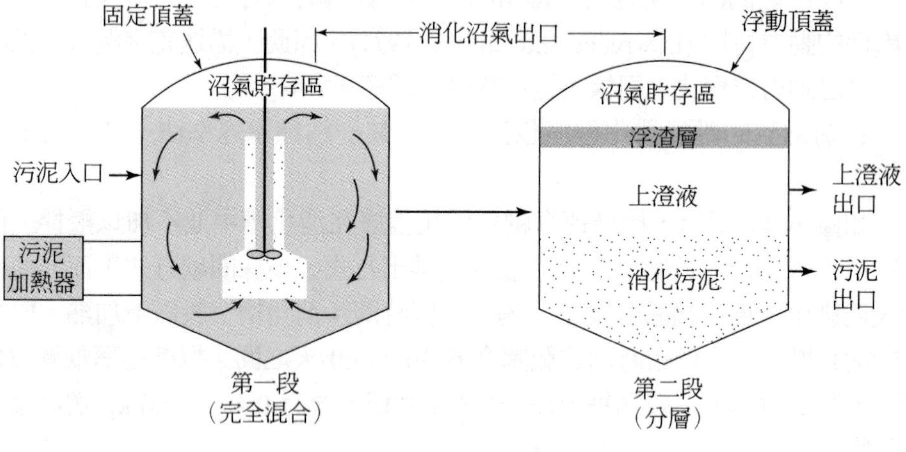


**圖 6-45** 高率厭氧消化槽示意圖。

厭氧消化程序，如圖 6-45 所示。此種厭氧消化程序包括二座串聯操作的消化槽，並分別負責醱酵與固液分離功能。在第一段消化槽中，污泥經由加熱與完全混合以提升醱酵速率。由於污泥以攪拌方式混合，因此消化槽內各處的溫度分佈較為平均。高率厭氧消化單元污泥投入與排出方式，一般為連續或近於連續方式。第一段消化槽污泥停留時間約為 10 至 15 天，容積負荷率

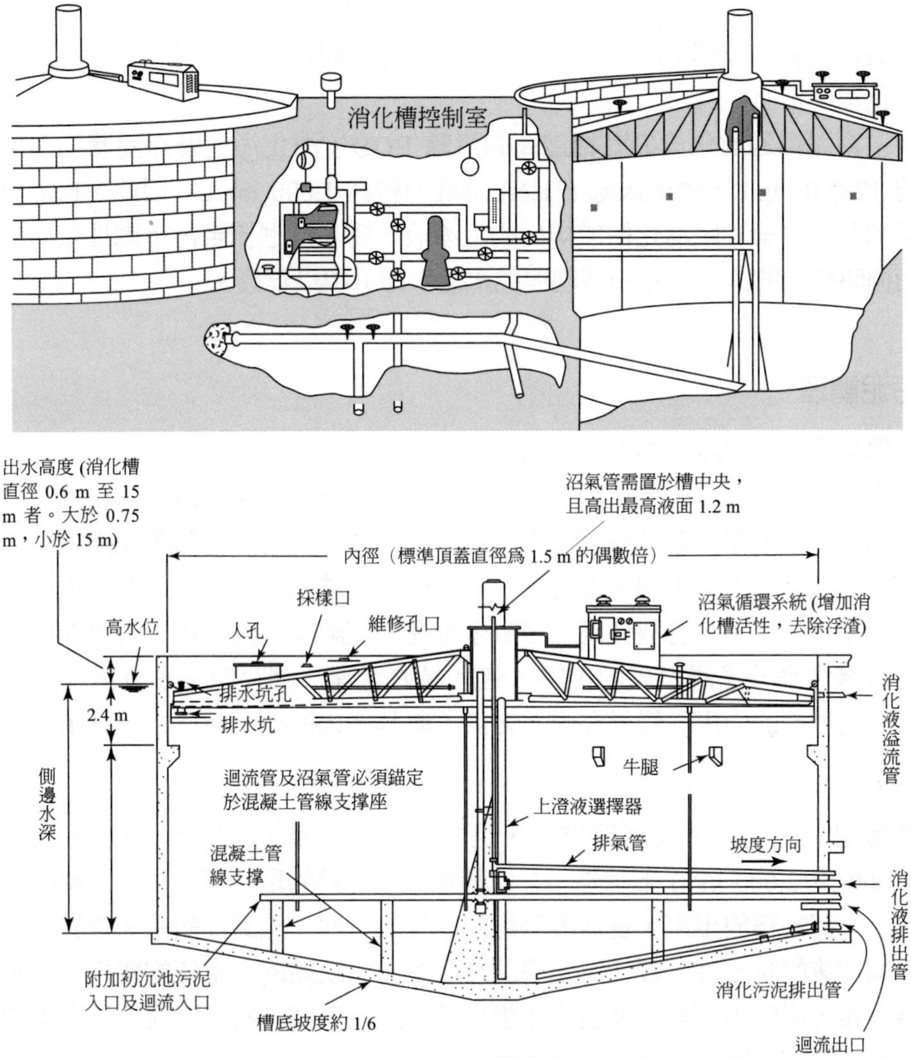


**圖 6-46**　高率厭氧消化的槽透視圖與剖面詳圖 ( Envirex 公司提供)。

約爲每天每 $m^3$ 消化體積，含有 1.6 至 8.0 kg 總揮發性固體物。

高率厭氧消化程序中，第二段消化槽的主要功能爲固液分離，及排除污泥中殘餘沼氣，消化槽或污泥通常不予加熱。如圖 6-46 所示，第一段消化槽的頂蓋可爲固定或浮動式，第二段消化槽的頂蓋一般則爲浮動式。

由於高率厭氧化程序中，第一段消化槽幾近完全混合，且沒有固體物迴流，因此其污泥停留時間 (SRT) 與水力停留時間可視爲相等。而影響消化槽揮發性固體物分解率的主要因素，爲污泥停留時間與操作溫度，此點與好氧消化程序相同。

污泥經過消化後仍有相當高的殘餘 BOD，消化污泥懸浮固體物濃度可達 12,000 mg/L，總凱氏氮 (TKN) 濃度則約爲 1,000 mg/L。因此，自高率厭氧消化程序第二段消化槽所排出的上澄液，需加以迴流至污水處理廠前端，而同時排出的沉澱污泥經調理與脫水後，即可加以棄置。

## 污泥調理

**化學調理**　污泥調理的主要目的，在促進污泥的固液分離。在目前可利用的技術中，最常採行的方式是在污泥中添加混凝劑，如氯化鐵、石灰或有機性的高分子凝聚劑，在某些實例中污泥焚化灰渣也被用來作爲污泥調理劑。在混濁的液體如污泥中加入混凝劑，將可促進固體物的凝聚，並使其更容易與水分離。近年來，有機性高分子凝聚劑在污泥調理上的應用，日漸廣泛，使用有機性高分子凝聚劑的優點，包括易於處理、儲存空間小及調理效能高等。調理劑的使用一般是在脫水之前，將其注入污泥，並使之與污水充分混合。

**熱處理**　另一種污泥調理方式，是將污泥在高溫 (175 至 230°C) 及高壓 (1,000 至 2,000 kPa) 下加熱。在此種類似壓力鍋的環境下，污泥固體物上的結合水將被釋放出來，進而改善污泥的脫水特性。熱處理的主要優點，在污泥調理後的脫水性，較使用化學調理劑更佳；缺點則是系統的操作與維護較爲複雜，同時污泥熱處理也會產生高濃度的蒸煮液，當其迴流至污水處理程序時，將明顯增加處理單元的負荷。

## 污泥脫水

**污泥乾燥床**　在過去污泥乾燥床是最常被採用的污泥脫水方式。由於污泥乾燥床的操作與維護均相當簡單，因此在一些小型污水處理廠中，特別被廣泛地加以應用。全美國有 77% 的污水處理廠，採用污泥乾燥床。全美國所產生的都市下水污泥，近半數利用污泥乾燥床脫水 (U.S. EPA, 1981)。這些處理廠大部份座落在小型和中型的社區中，平均流量小於 0.10 $m^3/s$。一些較大的城市，像亞柏克爾克市 (Albequerque)、福和市 (Fort Worth)、德克薩斯市 (Texas)、鳳凰城 (Phoenix) 與鹽湖城 (Salt Lake City)，使用砂乾燥床 (sand drying bed)。雖然污泥乾燥床一般認爲較適用於溫暖及日照充足的地區，但也有一些位於北部較寒冷地區的大型污水處理廠，採用污泥乾燥床。

雖然各種污泥乾燥床型式略有差異，但其共同的操作程序可歸納爲：

1. 泵送消化污泥至乾燥床表面，使深度達到 0.2 至 0.3 m。
2. 如果使用化學調理劑，則在污泥泵送時連續注入污泥中。
3. 當乾燥床上污泥塡至預定高度，則停止投入並使污泥乾燥，直到乾燥至所需的固體物濃度。(乾燥脫水後的污泥固體物濃度可達 18 至 60%，而污泥最終乾燥程度需由數個不同因素來決定，如污泥種類、污泥處理量及移除污泥所需的乾燥程度等。一般在氣候條件有利的情形下，污泥乾燥脫水所需時間約爲 10 至 15 天；如果氣候條件不佳，則污泥乾燥所需時間將延長爲 30 至 60 天。)
4. 以人工或機械方式移除乾燥床上的脫水污泥。
5. 重複以上步驟。

在各種型式的污泥乾燥床中，砂乾燥床是最古老也是最常見的一種。砂乾燥床在設計上有各種變化，包括排水管線配置、礫石層及砂層厚度，及砂床建材等。在自來水淨水場中使用的污泥乾燥床，其構造與污水處理廠所使用的污泥乾燥床類似，有關淨水場污泥乾燥床在美國的應用與經驗，請參閱 4-10 節的說明與討論。

在污泥乾燥砂床所使用的污泥移除機械及遮雨棚等，均是設計時的選擇項目，而非必要項目。但由於近年人力成本高漲，新建的污泥乾燥床多設有污泥移除機械，以節省所需人力。

**真空過濾**　眞空脫水機主要是由一具覆有過濾材料或濾布的圓柱型滾筒所構成，此滾筒旋轉時部份浸沒於污泥槽中，而槽中污泥均已先經調理。當滾筒內部施加一眞空壓力時，污泥中的水份便被吸入滾筒，並在濾布表面留下固體物而形成濾餅。當滾筒繼續旋轉，一具刮刀會將形成的濾餅刮除，而滾筒則進入下一個脫水的循環。在某些型式的眞空脫水機中並不使用刮刀，而是使用一組小型滾輪來移除滾筒表面的濾餅。眞空脫水機濾布的材質種類繁

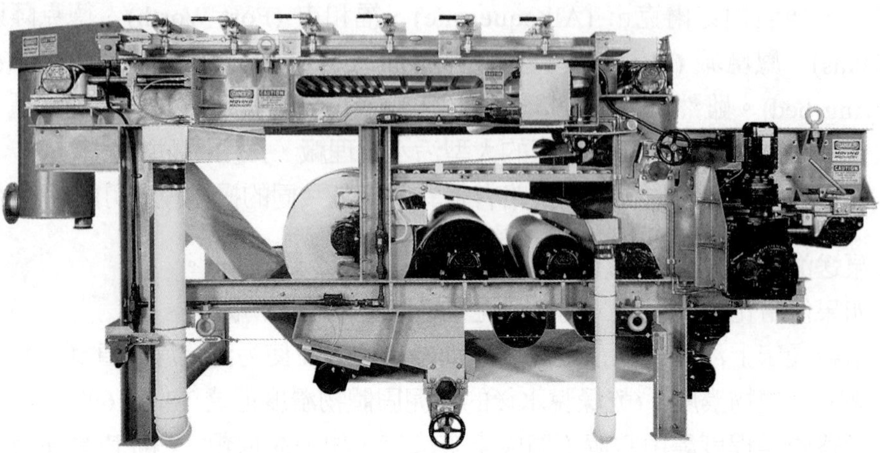

**圖 6-47** 連續式帶壓脫水機 (Komline-Sanderson 工程公司提供)。

多，從達克龍 (Dacron) 至不鏽鋼線圈，各有其優點。真空脫水機用以處理消化污泥，大致可得到足夠乾燥的污泥餅 (固體物濃度 15 至 30%)，此種乾燥程度的污泥餅適於直接衛生掩埋，或作爲肥料施用於土地。在污泥焚化的場合中，真空脫水機也可處理未經消化的生污泥，所得脫水污泥餅則送入污泥焚化爐燃燒。真空脫水機目前已被連續式帶壓脫水機所取代。

**連續式帶壓脫水機** (continuous belt filter presses, CBFP)　污水處理廠中所使用的連續式帶壓脫水機，與自來水淨水場所使用的大致相同 (圖 6-47)。

連續式帶壓脫水機適用於各種混合污泥的脫水，處理固體物濃度爲 5% 的典型消化混合污泥，而濾布固體物負荷爲 32.8 kg/h · $m^2$ 時，可得到固體物濃度爲 19% 的脫水污泥餅。一般來說，連續式帶壓脫水機對不同污泥的脫水效果，與使用真空脫水機相當。而與真空脫水機相比，帶壓式脫水機較不易發生污泥黏著濾布的問題，而使用帶壓式脫水機的另一個優點則是其動力消耗較低。

## 減　量

**焚化**　在污泥不適用於做土壤改良劑，同時衛生掩埋用地又不足的情形下，污泥焚化將是一個可達到污泥減量的替代方案。污泥焚化可完全蒸發污泥中的水分，燃燒所有的有機固體物，並只留下少許的灰渣。爲儘量節省污泥焚化所需的輔助燃料，污泥在焚化前應儘量予以脫水。此外污泥焚化爐排出的廢氣也應妥善加以處理，以避免造成空氣污染。

## 6-13 污泥處置

### 最終處置

不論對污水處理廠的設計或操作人員而言，污水處理**殘餘物質** (residual)(指所有經處理或未經處理的污泥) 是一個相當令人苦惱的問題。在五種污泥處置的方案中，只有二種可行，而其中又只有一種較符合實際。進一步說，理論上污水處理廠的污泥可棄置於下列五種場所：大氣、海洋、“外太空”、土地，或回收至市場中販售。將污泥焚化並使殘餘物散佈至大氣，實際上並不能達到最終處置的目的，因其終將落回地面；而空氣污染防制設備所截留的殘餘物質，也需要另行處置。利用平底船將污泥拋入海中，目前在美國是被禁止的行爲。將污泥棄置於外太空目前並不可行。因此，綜合以上所述，污泥處置的可行方案只剩棄置於土地，或回收再利用並製成可販售的產品。

經由以上的討論，污泥棄置於土地的方式又進一步分爲三種：土地噴撒、掩埋及專用土地棄置 (dedicated land disposal, DLD)，以下分別就上述三種土地棄置方式與回收再利用，進行說明與討論。

### 為永續性的土地噴撒

**土地噴撒** (land spreading) 是將污泥直接施用於地面，以便有效利用污泥中的營養物質及水份，土地噴撒也可用於受破壞土地的復育，如廢棄的地表採礦區等。與其他土地棄置技術相較，土地噴撒受土地利用特性的影響很大，土地噴撒的污泥施用率需配合土壤性質、種植穀物或森林特性及污泥種類等因素，做適當的調整。

### 掩 埋

污泥掩埋，係指將污水處理殘餘固體物，包括污泥、篩渣、砂礫及焚化灰渣等，在特定區域內進行有計畫地掩埋。以上各類固體物棄置於現存掩埋場或開挖的濠溝中，並加以覆土，覆土厚度需大於犁區深度 (約 0.20 至 0.25 m)。大部份篩渣、砂礫及灰渣的掩埋方式與污泥掩埋方式相同。

## 專用土地棄置

專用土地棄置，係指在一特定區域或場地投入污泥，此特定區域需加以封閉，除了持續地棄置污泥外，一般並不做其他用途。專用土地棄置並不是一種污泥再利用方式，此乃在棄置區域內並不刻意種植穀物。專用土地棄置一般投入液態污泥，理論上也可投入接近固態的脫水污泥，但實際上並不多見，此係因棄置脫水污泥仍以掩埋方式較爲經濟有效。

## 利　用

除了作爲肥料外，污泥的其他回收再利用方式也具有經濟價值。近年來在各種的回收再利用方式中，堆肥及將污泥與都市垃圾混燒，是兩項較引起關注的技術。而自污泥中回收石灰，及利用污泥製造活性碳等技術，目前也小有進展。

## 污泥處置法規

美國環保署於 1993 年 2 月 19 日，公佈數項以風險爲考量基準的規定，以管制下水污泥處理廠污泥的利用與棄置。這些規定被編定爲聯邦法規法典 40 CFR Part 503，或稱爲 "503 法規"。此項法規適用於作爲土地利用、棄置於掩埋場，或在專用的污泥焚化爐中焚化的都市污水廠下水污泥。此項法規並不適用於工廠或事業廢棄物處理所產生的污泥、有害性下水污泥，或多氯聯苯 (PCB) 含量超過 50 mg/L 的下水污泥，及自來水淨水場污泥。

圖 6-48 彙整有關污泥再利用或處置的相關性質規定，這些污泥性質的規定以重金屬濃度爲主，並分爲最大濃度限值 (ceiling concentration limits) 及污染濃度限值 (pollution concentration limits) 兩種標準。對施用於土地而言，槽裝下水污泥必須同時符合最大濃度限值與累積污染物負荷率 (cumulative pollutant loading rate, CPLR) 的規定，或符合如表 6-18 所示的污染濃度限值。槽裝下水污泥若施用於草坪或庭園，則必須符合污染濃度限值的規定。下水污泥如以袋裝方式販售或贈予，必須符合污泥濃度限值，或符合以年污染物負荷率爲計算基準的污泥施用率。

法規對污泥致病菌密度的規定，可分爲 A、B 兩級。符合 A 級的污泥，需使每 1 克污泥固體物所含糞便大腸桿菌，最大可能數 (most probable num-

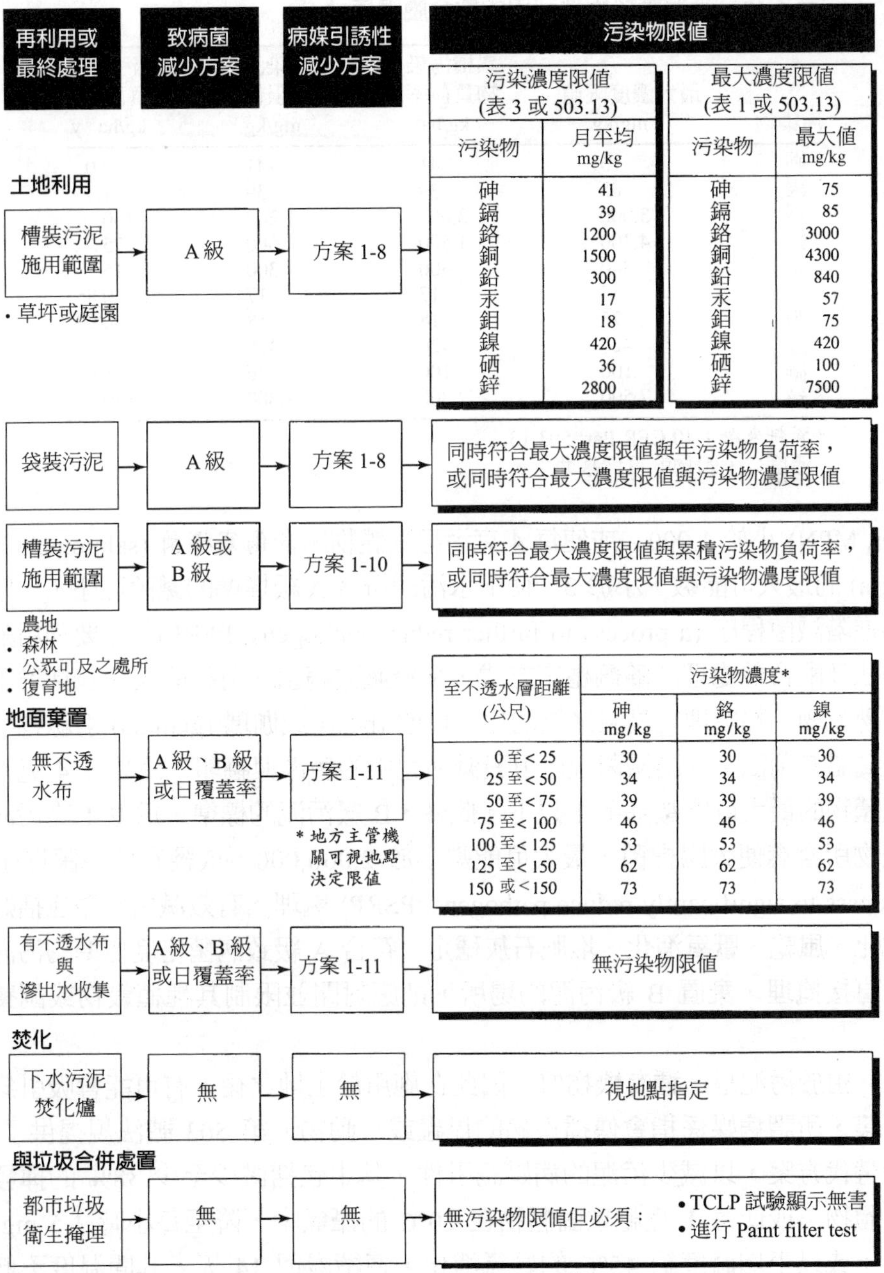
再利用或最終處理
致病菌減少方案
病媒引誘性減少方案
污染物限值
污染濃度限值 (表 3 或 503.13)
污染物
月平均 mg/kg
最大濃度限值 (表 1 或 503.13)
污染物
最大值 mg/kg
砷 41 砷 75
鎘 39 鎘 85
鉻 1200 鉻 3000
銅 1500 銅 4300
鉛 300 鉛 840
汞 17 汞 57
鉬 18 鉬 75
鎳 420 鎳 420
硒 36 硒 100
鋅 2800 鋅 7500
土地利用
槽裝污泥施用範圍
A 級
方案 1-8
．草坪或庭園
袋裝污泥
A 級
方案 1-8
同時符合最大濃度限值與年污染物負荷率，或同時符合最大濃度限值與污染物濃度限值
槽裝污泥施用範圍
A 級或 B 級
方案 1-10
同時符合最大濃度限值與累積污染物負荷率，或同時符合最大濃度限值與污染物濃度限值
．農地
．森林
．公眾可及之處所
．復育地
地面棄置
無不透水布
A 級、B 級或日覆蓋率
方案 1-11
＊地方主管機關可視地點決定限值
至不透水層距離 (公尺)
污染物濃度*
砷 mg/kg
鉻 mg/kg
鎳 mg/kg
0 至 < 25 30 30 30
25 至 < 50 34 34 34
50 至 < 75 39 39 39
75 至 < 100 46 46 46
100 至 < 125 53 53 53
125 至 < 150 62 62 62
150 或 < 150 73 73 73
有不透水布與滲出水收集
A 級、B 級或日覆蓋率
方案 1-11
無污染物限值
焚化
下水污泥焚化爐
無
無
視地點指定
與垃圾合併處置
都市垃圾衛生掩埋
無
無
無污染物限值但必須：
• TCLP 試驗顯示無害
• 進行 Paint filter test

**圖 6-48**　污泥再利用與處置的性質規定

**表 6-18 污泥應於土地利用的重金屬限值**[a,b]

| 污染物 | 最大濃度限值 mg/kg | 累積污染物負荷率 kg/ha | 污染濃度限值 mg/kg | 年污染物負荷率 kg/ha · y |
|---|---|---|---|---|
| 砷 | 75 | 41 | 41 | 2.0 |
| 鎘 | 85 | 39 | 39 | 1.9 |
| 鉻 | 3,000 | 3,000 | 1,200 | 150 |
| 銅 | 4,300 | 1,500 | 1,500 | 75 |
| 鉛 | 840 | 300 | 300 | 15 |
| 汞 | 57 | 17 | 17 | 0.85 |
| 鉬 | 75 | 18 | 18 | 0.90 |
| 鎳 | 420 | 420 | 420 | 21 |
| 硒 | 100 | 100 | 36 | 5.0 |
| 鋅 | 7,500 | 2,800 | 2,800 | 140 |

[a] 資料來源：40 CFR Part 503.13
[b] 濃度以固體物乾重爲基準

ber, MPN) 小於 1,000；或使每 4 克污泥固體物所含**傷寒桿菌** (salmonella bacteria) 的最大可能數，小於 3。使下水污泥符合 A 級標準的滅菌程序，一般稱爲進階滅菌程序 (a process to further reduce pathogens, PFRP)，主要利用熱處理法及配合熱處理的鹼劑穩定方式，來殺滅致病菌。可行的技術包括堆肥、加熱乾燥、熱處理、高溫好氧消化、貝他 (beta) 或伽瑪 (gamma) 射線輻射，及高溫滅菌法。進階滅菌程序可殺滅污泥中的病毒與蟲卵，使其每 4 克污泥固體物的最大可能數降至 1 以下。此外，B 級污泥的標準，爲每 1 克污泥固體物所含糞便大腸桿菌，最大可能數小於 2,000,000，或經有效滅菌程序 (a process to significantly reduce pathogens, PSRP) 處理。有效滅菌程序包括好氧消化、風乾、厭氧消化、堆肥石灰穩定。符合 A 級致病菌密度標準的污泥，可直接掩埋，棄置 B 級污泥的場所，則應封閉並限制其種植穀物或飼養動物。

由於污泥是一種有機物質，因此在施用於土地之後，有可能會吸引病媒聚集，所謂病媒係指會傳播疾病的昆蟲或小動物。第 503 號法規提供了 11 種替代方案，以減少污泥的病媒誘引性，其中包括減少至少 38% 的揮發性固體物；或使每 1 克乾重固體物在 20°C 的攝氧率，降至每小時 1.5 mg 以下；或以平均溫度約 45°C 的好氧消化，連續處理 14 天，其間溫度不低於 40°C；或是以鹼劑穩定、污泥乾燥或表面覆土等方式處理。

第 503 號法規基本上須由行爲人 “自動自發地遵守” (self-implementing)，

而不需要申請任何許可。

## 6-14　本章重點

**研讀完本章後，應該能夠不參照課本或筆記，而能夠回答下列問題。**

1. 列出強、中、弱三種不同濃度都市污水的 $BOD_5$ 值。
2. 列舉並描述五種不同的都市污水處理或處置方案。
3. 如何依據人口、土地利用及土壤特性等因素，正確選擇污水處理處置系統。
4. 解釋前處理、初級處理、二級處理及三級處理間之差異，並說明其間有何關聯。
5. 描繪都市污水處理廠每日進流水量典型的變化情形。
6. 定義並解釋調勻的目的。
7. 針對好氧、缺氧及厭氧等不同型態的分解反應，列出電子接受者與重要的最終產物，及在廢水處理程序上相對的優、缺點。
8. 列舉微生物生長的必要條件，並解釋其原因。
9. 描繪純種微生物的生長曲線，標示各生長階段並分別解釋其現象。
10. 定義何為 $\theta_c$、SRT 及污泥齡，並分別說明如何用其調整活性污泥程序。
11. 解釋何為食微比 (F/M ratio)，並以 $BOD_5$ 及混合液揮發性固體物，定義其中的 F 與 M。
12. 解釋 F/M 比與 $\theta_c$ 的關係。
13. 解釋 F/M 比與 $\theta_c$ 為何能調控細胞的生長。
14. 試比較在兩組不同 F/M 比的操作下，活性污泥系統的差異。
15. 定義 SVI，並解釋其如何用於活性污泥處理廠的設計與操作。
16. 解釋膨化污泥與上浮污泥間的差異，並分別解釋其發生的原因。
17. 描繪並標示典型的活性污泥污水處理廠及滴濾池污水處理廠，解釋各單元的功能。
18. 列舉五種氧化塘，並解釋其與氧氣之間的關係。
19. 解釋何為 RBC，並說明其如何運轉。
20. 比較污水廠放流水進行消毒的正面與負面效應。
21. 列舉四種常見的廢水高級處理程序 (AWT)，並分別說明其去除何種污染物質。
22. 解釋為何去除放流水中殘餘的懸浮固體物，可有效降低放流水殘餘的 $BOD_5$。
23. 描述何為難分解有機物，並說其去除方法。
24. 列舉三種可去除廢水中磷的化學藥劑。
25. 以文字或方程式解釋生物硝化與脫硝。
26. 以文字或方程式解釋氨的氣提現象。
27. 說明廢水土壤處理的三種基本處理方式。

**28.** 說明污泥穩定的二項主要目的。
**29.** 描述並解釋污泥處理各階段的目的，分別說明其主要的處理程序。
**30.** 說明污泥可能的最終處置場所，同時說明污泥在最終處理前，需先完成哪些處理步驟。

**在課本的輔助下，應該能夠可以回答下列問題：**

1. 給定適當條件，計算家庭或機關污水化糞池所需的容積與占地面積。
2. 假設已知一砂礫的粒徑與密度，決定該砂礫是否會被受流速控制的沉砂池所收集，並計算此沉砂池所能收集最小砂礫的粒徑。
3. 已知一週期性變化的流量，決定緩衝該流量所需調勻池的容積。
4. 試評估調勻池對污染物負荷率的影響。
5. 試利用水力停留時間、溢流率、固體物負荷及堰負荷決定初沉池與二沉池的大小。
6. 在已知初始細菌數與生長世代數的情形下，計算 $t$ 時間的細菌數量。
7. 估計一完全混合或栓塞流活性污泥系統出流水的溶解性 $BOD_5$，並依處理水質計算平均細胞停留時間 (MCRT) 或水力停留時間，同時決定達到預定平均細胞停留時間或 F/M 比時的污泥廢棄量。
8. 給定進流水量、$BOD_5$ 及曝氣槽停留時間，計算活性污泥系統 F/M比，或給定進流水量、$BOD_5$ 及 F/M 比，計算曝氣槽體積。
9. 計算 SVI，並用以決定迴流污泥濃度或迴流量。
10. 給定適當資料，決定活性污泥系統所需廢棄的污泥固體物量。
11. 給定適當資料，決定活性污泥系統所需的理論需氧量及空氣量。
12. 給定適當條件，試利用適當的方程式計算滴濾池的去除率、池體積、池深及水力負荷率。
13. 給定固液分離效率及所需的質量流率，進行一污泥質量平衡計算。

## ▲ 6-15 習　題

**6-1.** 試為一高速公路休息站設計化糞池及其排水系統，所需設計資料假設如下：

a. 平均日交通量＝6,000 車次/d
b. 駛入休息站百分率＝10%
c. 平均用水量＝20.0 公升/車次駛入
d. 最大用水量＝平均用水量的 2.5 倍
e. 休息區地形大致平坦
f. 地面高程 (GWT)＝平均海平面下 4.2 m
g. 土壤滲透速率＝5 min/cm

**6-2.** 金格．史奈小姐 (Ginger Snap) 打算將其小吃攤擴建成一座餐廳，現有的化糞池容積爲 4.0 $m^3$，瓦管場面積 100.0 $m^2$，屬砂質草地。假設餐廳擴建後污水量成爲 4,000 L/d，試問史奈小姐是否需要擴建化糞池或其瓦管場假設土壤是砂質壤土。

**6-3.** 假設一顆粒半徑爲 0.0170 cm，密度爲 1.95 g/$cm^3$，使其在 4°C 靜止的水中沉降，試求其終端沉降速度。假設水的密度爲 1,000 kg/$m^3$。假設適用 Stoke 定律。

答案：$3.82 \times 10^{-2}$ m/s

**6-4.** 在 15°C 靜止水中的顆粒，其終端沉降速度爲 0.0950 cm/s，試求顆粒的直徑。假設顆粒密度爲 2.05 g/$cm^3$，水密度爲 1,000 kg/$m^3$。假設適用 Stoke 定律。

**6-5.** 你被要求評估水平流式重力沉砂池，在冬季和夏季時節，去除直徑 0.020 cm 顆粒的能力。顆粒密度爲 1.83 g/$cm^3$，冬季的廢水溫度是 12°C，夏季則是 25°C。沉砂池的深度爲 1.0 m，廢水停留時間爲 60 s。假設廢水的密度是 1,000 kg/$m^3$。假設適用 Stoke 定律。

**6-6.** 一座爲塞諾索市 (Cynusoidal City) 設計的污水處理廠，設置調勻池以調勻進流污水量與 BOD 變化。設進流水平均日流量爲 0.400 $m^3$s，而進流水的時平均流量與 BOD 變化如下表所示。試求使出流水維持日平均流量所需的調勻池容積，以立方公尺表示。

| 時間 | 流量 $m^3$/s | $BOD_5$, mg/L | 時間 | 流量 $m^3$/s | $BOD_5$, mg/L |
|---|---|---|---|---|---|
| 0000 | 0.340 | 123 | 1200 | 0.508 | 268 |
| 0100 | 0.254 | 118 | 1300 | 0.526 | 282 |
| 0200 | 0.160 | 95 | 1400 | 0.530 | 280 |
| 0300 | 0.132 | 80 | 1500 | 0.552 | 268 |
| 0400 | 0.132 | 85 | 1600 | 0.570 | 250 |
| 0500 | 0.140 | 95 | 1700 | 0.596 | 205 |
| 0600 | 0.160 | 100 | 1800 | 0.604 | 168 |
| 0700 | 0.254 | 118 | 1900 | 0.570 | 140 |
| 0800 | 0.360 | 136 | 2000 | 0.552 | 130 |
| 0900 | 0.446 | 170 | 2100 | 0.474 | 146 |
| 1000 | 0.474 | 220 | 2200 | 0.412 | 158 |
| 1100 | 0.482 | 250 | 2300 | 0.372 | 154 |

答案：$\forall$ ＝6,105.6＋25% 的超額容積＝7,630 $m^3$

**6-7.** 一座爲梅圖城 (Metuchen) 設計的污水處理廠，設置調勻池以調勻進流污水量與 BOD 變化。進流水的時平均流量與 $BOD_5$ 變化如下表所示。試求使出流水維持日平均流量所需的調勻池容積，以立方公尺表示。

| 時間 | 流量 $m^3/s$ | $BOD_5$, mg/L | 時間 | 流量 $m^3/s$ | $BOD_5$, mg/L |
|---|---|---|---|---|---|
| 0000 | 0.0875 | 110 | 1200 | 0.135 | 160 |
| 0100 | 0.0700 | 81 | 1300 | 0.129 | 150 |
| 0200 | 0.0525 | 53 | 1400 | 0.123 | 140 |
| 0300 | 0.0414 | 35 | 1500 | 0.111 | 135 |
| 0400 | 0.0334 | 32 | 1600 | 0.103 | 130 |
| 0500 | 0.0318 | 42 | 1700 | 0.104 | 120 |
| 0600 | 0.0382 | 66 | 1800 | 0.105 | 125 |
| 0700 | 0.0653 | 92 | 1900 | 0.116 | 150 |
| 0800 | 0.113 | 125 | 2000 | 0.127 | 200 |
| 0900 | 0.131 | 140 | 2100 | 0.128 | 215 |
| 1000 | 0.135 | 150 | 2200 | 0.121 | 170 |
| 1100 | 0.137 | 155 | 2300 | 0.110 | 130 |

**6-8.** 一座爲伊瑟爾村 (village of Excel) 設計的污水處理廠，設置調勻池以調勻進流污水量與 BOD 變化。進流水的時平均流量與 $BOD_5$ 變化如下表所示。試求使出流水維持日平均流量所需的調勻池容積，以立方公尺表示。

| 時間 | 流量 $m^3/s$ | $BOD_5$, mg/L | 時間 | 流量 $m^3/s$ | $BOD_5$, mg/L |
|---|---|---|---|---|---|
| 0000 | 0.0012 | 50 | 1200 | 0.0041 | 290 |
| 0100 | 0.0011 | 34 | 1300 | 0.0041 | 290 |
| 0200 | 0.0009 | 30 | 1400 | 0.0042 | 275 |
| 0300 | 0.0009 | 30 | 1500 | 0.0038 | 225 |
| 0400 | 0.0009 | 33 | 1600 | 0.0033 | 170 |
| 0500 | 0.0013 | 55 | 1700 | 0.0039 | 180 |
| 0600 | 0.0018 | 73 | 1800 | 0.0046 | 190 |
| 0700 | 0.0026 | 110 | 1900 | 0.0046 | 190 |
| 0800 | 0.0033 | 150 | 2000 | 0.0044 | 190 |
| 0900 | 0.0039 | 195 | 2100 | 0.0034 | 160 |
| 1000 | 0.0047 | 235 | 2200 | 0.0031 | 125 |
| 1100 | 0.0044 | 265 | 2300 | 0.0020 | 80 |

**6-9.** 承習題 6-6，計算塞諾索市污水處理廠未經調勻及經調勻的小時 BOD 負荷變化，並繪製成變化圖，同時決定尖峰 BOD 負荷與平均 BOD 負荷比值，最小 BOD 負荷與平均 BOD 負荷比值，及尖峰 BOD 負荷與最小 BOD 負荷比值。

答案：

| | 未調勻 | 已調勻 |
|---|---|---|
| P/A | 1.97 | 1.47 |
| M/A | 0.14 | 0.63 |
| P/M | 14.05 | 2.34 |

**6-10.** 利用習題 6-7 的數據，重新計算習題 6-9。

**6-11.** 利用習題 6-8 的數據，重新計算習題 6-9。

**6-12.** 奧格利試驗公司 (Ogolly Testing Company) 傳過來一份批次沉降管柱試驗的結果 (圖 P-6-12)，供設計初沉池使用。試計算使進流水懸浮固體濃度，由 286 mg/L 減少至 85 mg/L，所需要的初沉池停留時間和溢流率。

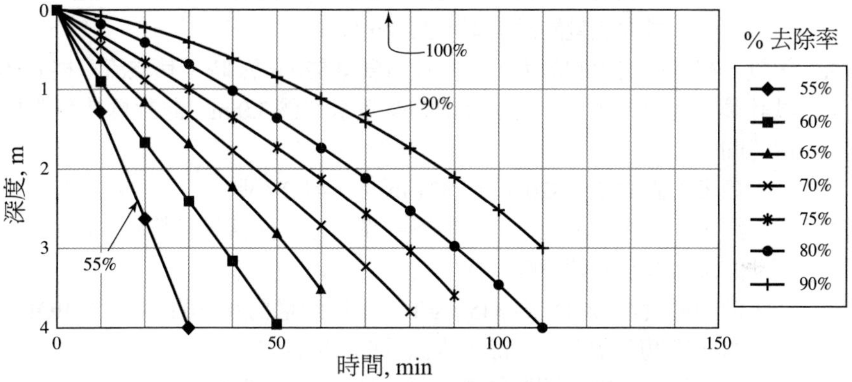


**圖 P-6-12**　批次沉降管柱試驗數據。

**6-13.** 依據下表的批次沉降試驗結果，設計一初沉池，使原污水 SS 濃度由 330 mg/L 降爲 150 mg/L，計算初沉池的停留時間與溢流率。下表所示的試驗結果爲 SS 去除百分率。

| | 深度, m | | | | |
|---|---|---|---|---|---|
| **時間 (mm)** | **0.5** | **1.5** | **2.5** | **3.5** | **4.5** |
| 10 | 50 | 32 | 20 | 18 | 15 |
| 20 | 75 | 45 | 35 | 30 | 25 |
| 40 | 85 | 65 | 48 | 43 | 40 |
| 55 | 90 | 75 | 60 | 50 | 46 |
| 85 | 95 | 87 | 75 | 65 | 60 |
| 95 | 95 | 88 | 80 | 70 | 63 |

**6-14.** 利用下表沉降試驗資料，設計一都市污水處理廠的初沉池。試驗中，污水初

| | 沉降時間, min | | | | | |
|---|---|---|---|---|---|---|
| **深度, m** | **10** | **20** | **35** | **50** | **70** | **85** |
| 0.5 | 140 | 100 | 70 | 62 | 50 | 40 |
| 1.0 | 150 | 130 | 106 | 82 | 70 | 60 |
| 1.5 | 154 | 142 | 120 | 100 | 78 | 70 |
| 2.0 | 160 | 146 | 126 | 110 | 90 | 80 |
| 2.5 | 170 | 150 | 130 | 114 | 100 | 88 |

始 SS 濃度爲 200 mg/L，表中所示的試驗結果爲 SS 濃度 (mg/L)。試決定達到 60% SS 去除率的初沉池所需停留時間與溢流率。

**6-15.** 承習題 6-6，塞諾索市污水處理廠在平均日流量下，初沉池的溢流率爲 26.0 m/d，停留時間爲 2 小時，試設計初沉池尺寸。假設初沉池共 15 池，長寬比爲 4.7。對於未經調勻的最大流量而言，初沉池的溢流率將變爲多少？

答案：初沉池數＝15池；池深＝2.17 m；池寬＝4.34 m；池長＝20.4 m。
最大流量的溢流率＝39.3 m/d

**6-16.** 假設一初沉池進流的最大每小時流量爲 0.570 $m^3/s$ 時，其溢流率爲 60.0 m/d。試計算初沉池表面積。又初沉池的有效水深爲 3.0 m，試計算其有效的理論停留時間。

答案：表面積＝820.80 或 821 $m^2$；$\theta$＝1.2 小時。

**6-17.** 承上題，假設在初沉池之前，設置一調勻池，使流量調整爲 0.400 $m^3/s$，則初沉池的溢流率及停留時間爲何？

**6-18.** 初沉池的進流水 $BOD_5$ 爲 345 mg/L，平均流量爲 0.050 $m^3/s$。若 $BOD_5$ 去除率達 30%，則初沉池每天去除多少公斤的 $BOD_5$？

**6-19.** 初沉池的進流水懸浮固體物濃度爲 435 mg/L，平均流量爲 0.050 $m^3/s$。若懸浮固體物去除率達 60%，初沉池每天去除多少公斤的懸浮固體物？

**6-20.** 假設一微生物族群在 $t_0$ 時，數量爲 $3.0\times10^5$，36 小時後增爲 $9.0\times10^8$。試問其間經過幾代的增殖。

答案：$n$＝11.55 或 12 代

**6-21.** 在一細菌生長的實驗中獲得下列資料。撰寫一個電腦試算表，將該資料繪成半對數座標圖。試問其對數生長期自何時開始，至何時結束？在對數生長期的期間，共經過幾代的增殖？

| 時間，小時 | 細菌數目 |
|---|---|
| 0 | $1\times10^3$ |
| 5 | $1\times10^3$ |
| 10 | $1.5\times10^3$ |
| 15 | $5.4\times10^3$ |
| 20 | $2.0\times10^4$ |
| 25 | $7.5\times10^4$ |
| 30 | $2.85\times10^5$ |
| 35 | $1.05\times10^5$ |
| 40 | $1.15\times10^5$ |
| 45 | $1.15\times10^5$ |

**6-22.** 下表資料是由 Kajima (1923) 在 *E. coli* 的生長實驗中所獲得。撰寫一個電腦試

| 時間，小時 | 細菌數目 | pH |
|---|---|---|
| 0 | $50 \times 10^3$ | 7.2 |
| 6 | $175 \times 10^6$ | 6.9 |
| 12 | $320 \times 10^6$ | 6.8 |
| 18 | $538 \times 10^6$ | 7.2 |
| 24 | $609 \times 10^6$ | 7.6 |
| 36 | $559 \times 10^6$ | 7.9 |
| 48 | $493 \times 10^6$ | 8.2 |
| 96 | $330 \times 10^6$ | 8.3 |
| 192 | $53 \times 10^6$ | 8.5 |
| 240 | $7.5 \times 10^6$ | 8.7 |

算表，將該資料繪成半對數座標圖，並在圖上標示以下各期：對數生長期、穩定期與死亡期。注意：沒有遲滯期或適應期，同時由於代謝副產物的累積，使 pH 值隨時間而改變。

**6-23.** 利用例題 6-5 的假設，及生長係數的經驗值，試計算處理習題 6-6 污水所需的完全混合活性污泥曝氣槽有效容積。假設初沉池的 $BOD_5$ 去除率為 32.0%，而曝氣槽 MLVSS 為 2,000 mgL。

　　**答案：**曝氣槽有效容積＝4,032 或 4,000 $m^3$

**6-24.** 以習題 6-7 所述的污水性質，重複習題 6-23 的計算。

**6-25.** 以習題 6-8 所述的污水性質，重複習題 6-23 的計算。

**6-26.** 維德營 (Camp Verde) 市鎮的初級污水處理廠要升級成二級處理廠，以符合 $BOD_5$ 為 25.0 mg/L 及懸浮固體物為 30 mg/L 的放流水標準。該廠選擇完全混合的活性污泥系統，進行升級。現有的初級處理廠流量為 0.029 $m^3$/s，初沉池的出流水 $BOD_5$ 為 240 mg/L。使用下列的假設值，計算需要的曝氣槽體積：

1. 放流水中懸浮固體物的 $BOD_5$ 值，等於容許的懸浮固體物濃度之 70%。
2. 生長常數值估計為：$K_s$＝100 mg/L $BOD_5$；$k_d$＝0.025 $d^{-1}$；$\mu_m$＝10 $d^{-1}$；$Y$＝0.8 mg VSS/mg $BOD_5$ 去除。
3. MLVSS 設計值為 3,000 mg/L。

**6-27.** 承例題 6-5，試將計算過程改寫成一試算表，將其中 MLVSS 濃度由 2,000 mg/L，分別取代為 1,000 mg/L；1,500 mg/L；2,500 mg/L ；以及 3,000 mg/L，並重新進行計算。

**6-28.** 利用習題 6-27 的試算表及假設的 MLVSS 值，並假設曝氣槽體積固定為 970 $m^3$。試決定 MLVSS 濃度對曝氣槽出流水溶解性 $BOD_5$ (S) 的影響。

**6-29.** 設一活性污泥處理廠流量為 0.4380 $m^3$/s，食微比 (F/M) 為 0.200 mg/mg．d。自初沉池出流而進入曝氣槽的 $BOD_5$ 為 150 mg/L，曝氣槽 MLVSS 為 2,200

mg/L，試計算曝氣槽體積。

答案：體積＝1.29×104 $m^3$

**6-30.** 將例題 6-8 中的活性污泥混合液，置入有刻度的 1 公升量筒 (最高等級) 中沉降 30 分鐘，試求沉降後的污泥體積。

答案：體積＝500 mL

**6-31.** 將例題 6-8 中的迴流污泥流量由 0.150 $m^3/s$ 降爲 0.0375 $m^3/s$，則活性污泥的 MLVSS 及 SVI 將變爲多少？ (注意，滿足題意之 MLVSS 及 SVI，可有不同的組合)

**6-32.** 印第安納州火雞牧場 (Turkey Run, Indiana) 污水處理廠，有兩座活性污泥曝氣槽，採串聯方式操作，各曝氣槽寬 7.0 m，長 30 m，有效水深 4.3 m。污水處理廠操作參數如下：

流量＝0.0796 $m^3/s$
初沉池出流水的溶解性 $BOD_5$＝130 mgL
MLVSS＝1,500 mgL
MLSS＝1.40 (MLVSS)
30 分鐘後的沉降污泥體積＝230.0 mL/L
曝氣槽廢水溫度＝15°C

試利用以上資料，決定下列參數：曝氣時間、F/M 比、SVI、迴流污泥固體物濃度。

答案：曝氣時間＝6.3 小時；F/M＝0.33；SVI＝110 mL/g；$X$＝9,130 mg/L

**6-33.** 具 500 病床的羅他漢 (Lotta Hart) 醫院，有一座小型活性污泥處理廠，以處理污水。醫院每一病床每天的日平均污水量爲 1,500 L，初沉池出流水的溶解性 $BOD_5$ 平均爲 500 mg/L。曝氣槽的長度爲 10.0 m，寬度爲 10.0 m，有效水深爲 4.5 m。污水處理廠的操作參數如下：

MLVSS＝2,500 mg/L
MLSS＝1.20 (MLVSS)
30 分鐘後的沉降污泥體積＝200 mL/L

試決定下列參數：曝氣時間、F/M 比、SVI、迴流污泥的固體物濃度。

**6-34.** 一個鮮蝦什錦飯 (Jambalaya shrimp) 便當廠每天產生 0.012 $m^3/s$ 的廢水。廢水以活性污泥處理廠進行處理。進入初沉池前的原廢水，平均 $BOD_5$ 爲 1,400 mg/L。曝氣槽的有效尺寸爲長 8.0 m、寬 8.0 m、深 5.0 m。以下是該廠的操作參數：

初沉池沉降後之溶解性 $BOD_5$＝966 mg/L
MLVSS＝2,000 mg/L
MLSS＝1.25 (MLVSS)
30 分鐘後的沉降污泥體積＝225.0 mL/L
曝氣槽廢水溫度＝15°C

試決定下列參數：曝氣時間、F/M 比、SVI、迴流污泥的固體物濃度。

**6-35.** 利用以下假設，計算習題 6-32 火雞牧場污水處理廠的污泥齡、廢棄污泥流量，及迴流污泥流量。假設條件：

出流水懸浮固體物可被忽略
自曝氣池中廢棄污泥
增殖係數＝0.40 mg VSS/mg $BOD_5$ 去除
微生物衰減速率＝0.040 $d^{-1}$
出流水 $BOD_5$＝5.0 mg/L (溶解性)

答案：$\theta_c$＝11.50 d；$Q_w$＝0.00182 $m^3/s$；$Q_r$＝0.0214 $m^3/s$

**6-36.** 利用以下假設，決定習題 6-33 羅他漢醫院污水處理廠的污泥固體物停留時間、廢棄污泥流量，及迴流污泥流量。假設條件：

出流水容許的 $BOD_5$＝25.0 mg/L
出流水容許的懸浮固體物＝25.0 mg/L
自迴流污泥管線中廢棄污泥
增殖係數＝0.60 mg VSS/mg $BOD_5$ 去除
微生物衰減速率＝0.060 $d^{-1}$
惰性懸浮固體物比例＝66.67%

**6-37.** 利用以下假設，決定習題 6-34 鮮蝦什錦飯便當廠之污水處理廠的污泥固體物停留時間、廢棄污泥流量，及迴流污泥流量。假設條件：

出流水容許的 $BOD_5$＝25.0 mg/L
出流水容許的懸浮固體物＝30.0 mg/L
自迴流污泥管線中廢棄污泥
增殖係數＝0.50 mg VSS/mg $BOD_5$ 去除
微生物衰減速率＝0.075 $d^{-1}$
惰性懸浮固體物比例＝30.0%

**6-38.** 習題 6-32 火雞牧場污水處理廠，有兩座二沉池直徑各為 16.0 m，側邊池深 4.0 m，溢流堰設於池牆邊出流渠的單側。試依一般設計準則，評估二沉池的溢流率、有效水深、固體物負荷及堰負荷。

答案：$v_0$＝17.1 m/d＜33 m/d；OK
SWD > 3.7 m 建議水深；OK
SL＝45.57 kg/m$^2$．d << 250 kg/ m$^2$．d；OK
WL＝68.4 m$^3$/d．m，可被接受

**6-39.** 習題 6-33 羅他漢醫院污水處理廠，有一座二沉池直徑為 10.0 m，側邊池深 3.4 m，溢流堰設於池牆邊出流渠的單側，試依一般設計準則評估二沉池的溢流率、有效水深、固體物負荷及堰負荷。

**6-40.** 習題 6-34 鮮蝦什錦飯便當廠之污水處理廠，有一座二沉池直徑為 5.0 m，側邊池深 2.5 m，溢流堰設於池牆邊出流渠的單側，試依一般設計準則評估二沉池的溢流率、有效水深、固體物負荷及堰負荷。

**6-41.** 環境技術公司 (Envirotech System)，開發出一種滴濾池用的合成濾材，而其 BOD 去除率計算式如下：

$$\frac{L_e}{L_i} = \exp\left[-\frac{k\theta D}{Q^n}\right]$$

其中 $L_e$＝出流水 $BOD_5$，mg/L
$L_i$＝進流水 $BOD_5$，mg/L
$k$ ＝可處理性因子，$(m/d)^{0.5}/m$
$\theta$ ＝溫度修正係數＝$(1.035)^{T-20}$
$T$ ＝污水溫度，°C
$D$＝濾材介質深度，m
$Q$＝水力負荷率，m/d
$n$ ＝0.5

利用以下的都市污水資料，決定上式中的可處理性因子 $k$。

| % BOD 殘餘 | 濾材介質深度, m |
|---|---|
| 100.0 | 0.00 |
| 80.3 | 1.00 |
| 64.5 | 2.00 |
| 41.6 | 4.00 |
| 17.3 | 8.00 |

污水溫度＝13°C

水力負荷率＝41.1 m/d

答案：$k$＝1.79(m/d)$^{0.5}$/m (於 20°C 下)

**6-42.** 利用習題 6-41 環境技術公司的方程式，和可處理性因子，在廢水溫度 20°C、水力負荷率爲 41.1 m/d 下，試估計當 $BOD_5$ 去除率達到 82.7% 時，所需要的濾池深度。

**6-43.** 柯恩 (Koon) 等人 (1976) 建議以下程式，決定使用合成濾材滴濾池的迴流率：

$$\frac{L_e}{L_i} = \frac{\exp\left[-\dfrac{k\theta D}{Q^n}\right]}{(1 + r) - r\exp\left[-\dfrac{k\theta D}{Q^n}\right]}$$

其中 $r$＝迴流率，其他參數同習題 6-41 的定義。

試利用此方程式，決定一合成濾材滴濾池的去除率。此一滴濾池濾床深度 1.8 m，水力負荷率爲 5.00 m/d，迴流率 2.00，污水溫度爲 16°C，可處理性因子則爲 1.79(m/d)$^{0.5}$/m (於 20°C 下)。

**6-44.** 試利用 NRC 方程式，決定一兩階段式滴濾池出流水的 $BOD_5$ 濃度。其中污水溫度爲 17°C，滴濾池設計資料爲：

設計流量＝ 0.0509 $m^3$/s

進流水 $BOD_5$ 濃度 (經初級處理)＝ 260 mg/L

各滴濾池直徑＝ 24.0 m

各滴濾池深＝ 1.83 m

各滴濾池的迴流量＝ 0.0594 $m^3$/s

**6-45.** 撰寫一個電腦試算表，將習題 6-44 中，兩階段式滴濾池的最終放流水 $BOD_5$ 與進流水流量的函數關係，繪圖表示。假設迴流水流量與進流水流量的比值不變，進流水流量使用 0.02、0.03、0.04、0.05、0.06、0.07、0.08、0.09，與 0.10 $m^3$/s。

**6-46.** 今欲利用一單階段式石材滴濾池，將污水 $BOD_5$ 濃度由 125 mg/L 降至 25 mg/L。試利用 NRC 方程式決定滴濾池直徑，其中滴濾池流量爲 0.14 $m^3$/s，迴流率爲 12.0，滴濾池深爲 1.83 m，污水溫度 20°C。

**6-47.** 撰寫一個電腦試算表，將習題 6-46 中，單階段式滴濾池的最終放流水 $BOD_5$ 與進流水流量的函數關係，繪圖表示。假設迴流水流量與進流水流量的比值不變，濾池直徑爲 35.0 m。水力負荷率使用 10、12、14、16、18，與 20 $m^3/m^2 \cdot d$。

**6-48.** 一氧化塘表面積爲 90,000 $m^2$，水深介於 0.8 m 至 1.6 m，排入污水流量爲 500 $m^3/d$，其中含有 180 kg 的 $BOD_5$。試依密西根經驗法則，評估上述氧化塘設計是否合理。

答案：負荷率＝20.0 kg/ha · D
停留時間＝180 d
設計值爲合理

**6-49.** 以一兼氣性氧化塘處理污水，污水流量爲 3,800 $m^3/d$，污水 $BOD_5$ 濃度爲 100.0 mg/L，試決定氧化塘所需表面積及負荷率。

**6-50.** 於例題 6-15 中，改以明礬 [$Al_2(SO_4)_3 \cdot 18H_2O$] 除磷，並重新進行加藥量計算。

答案：明礬加藥量爲 86.1 mg/L

**6-51.** 於例題 6-15 中，改以石灰 (CaO) 除磷，並重新進行加藥量計算。

**6-52.** 愛荷華州惠特維拉 (Wheatville, Iowa) 的市鎮污水，採噴灌系統處理，試進行每月用水平衡計算，並計算噴灌系統所需儲存槽容量 (以 $m^3$ 表示)。

設計人口爲 1,000 人，單位污水產生量爲 280.0 Lpcd。依據氮平衡計算，污水容許施用率爲 27.74 mm/mo。又，可供噴灌的區域面積爲 40 ha，噴灌季節的土壤滲透速率爲 150 mm/mo。假設地表逕流收集後，迴流至噴灌系統。前述 "噴灌季節" 係指氣溫高於 0°C。實際上噴灌系統可在 −4°C 下持續運轉，不過一旦停止後，必須等氣溫回升至 +4°C，方可重新開始運轉。以下氣候資料取自堪薩斯市 (Kansas City)，可用於本題。用水平衡的計算，可直接應用水文平衡方程式。質量平衡方程式可寫成：

$$\frac{dS}{dt} = P + \mathrm{WW} - \mathrm{ET} - G - R$$

其中 $dS/dt$＝儲水量變化，mm/mo
$P$＝降水量，mm/mo
WW＝污水施用率，mm/mo
ET＝蒸發散量，mm/mo
$G$＝地下水入滲，mm/mo
$R$＝逕流，mm/mo

需要的儲存槽容量，可從第 3 章計算水庫蓄水量所用的質量平衡型式，進行估計。

**密蘇里州堪薩斯市氣候資料**

| 月份 | 平均氣溫 °C | 蒸散量[a] mm | 降水量 mm |
|---|---|---|---|
| 1 月 | −0.2 | 23 | 36 |
| 2 月 | 2.1 | 28 | 32 |
| 3 月 | 6.3 | 43 | 63 |
| 4 月 | 13.2 | 79 | 90 |
| 5 月 | 18.7 | 112 | 112 |
| 6 月 | 24.4 | 155 | 116 |
| 7 月 | 27.5 | 203 | 81 |
| 8 月 | 26.6 | 198 | 96 |
| 9 月 | 21.8 | 152 | 83 |
| 10 月 | 15.7 | 114 | 73 |
| 11 月 | 7.0 | 64 | 46 |
| 12 月 | 2.1 | 25 | 39 |

[a] 估計值

**6-53.** 福興密道 (Flushing Meadow) 的市鎮污水，採噴灌方式處理，試進行每月用水平衡計算，並計算噴灌系統所需儲存槽容量。可供噴灌的區域面積爲 125 ha，福興密道的設計人口爲 8,880 人，平均的單位污水產生量爲 485.0 Lpcd。噴灌季節的土壤滲透率爲 200 mm/mo。假設地表逕流收集後，迴流至噴灌系統，同時假設以下的氣候資料可用於本題。前述 “噴灌季節” 係指氣溫高於 0°C，實際上噴灌系統可在 −4°C 下持續運轉，不過一旦停止後，必須等氣溫回升至 +4°C 方可重新開始運轉。相關提示參見習題 6-52。

**俄亥俄州哥倫布市氣候資料**

| 月份 | 平均氣溫 °C | 蒸散量[a] mm | 降水量 mm |
|---|---|---|---|
| 1 月 | −1.2 | 15 | 80 |
| 2 月 | −0.5 | 20 | 59 |
| 3 月 | 3.8 | 28 | 80 |
| 4 月 | 10.4 | 58 | 59 |
| 5 月 | 16.4 | 89 | 102 |
| 6 月 | 21.9 | 117 | 106 |
| 7 月 | 23.8 | 142 | 100 |
| 8 月 | 22.9 | 130 | 73 |
| 9 月 | 18.8 | 104 | 67 |
| 10 月 | 12.3 | 76 | 54 |
| 11 月 | 5.2 | 41 | 63 |
| 12 月 | −0.3 | 15 | 59 |

[a] 估計值

**6-54.** 試進行威平沃特市 (Weeping Water) 的每月用水平衡計算。威平沃特的設計人口爲 10,080 人，平均的單位污水產生量爲 385.0 Lpcd。可供處理的區域面積爲 200.0 ha，可利用的污水塘容量爲 300,000 $m^3$。噴灌季節的土壤滲透率爲 150 mm/mo。假設地表逕流收集後，迴流至噴灌系統，同時假設以下的氣候資料可用於本題。前述 "噴灌季節" 係指氣溫高於 4°C，實際上噴灌系統可在 −4°C 下持續運轉，不過一旦停止後，必須等氣溫回升至 +4°C 方可重新開始運轉。試問污水塘的體積是否足夠？若不足，需要增加多少的額外體積？相關提示參見習題 6-52。

**蒙大拿州海倫那市 (Helena) 的氣候資料** [a]

| 月份 | 平均溫度, °C | 蒸發散量 [b] mm | 降雨量 mm |
|---|---|---|---|
| 1 月 | −6.6 | 3 | 13 |
| 2 月 | −3.1 | 5 | 10 |
| 3 月 | 1.7 | 5 | 16 |
| 4 月 | 6.7 | 35 | 23 |
| 5 月 | 11.6 | 102 | 45 |
| 6 月 | 16.2 | 178 | 46 |
| 7 月 | 19.9 | 180 | 34 |
| 8 月 | 19.3 | 163 | 32 |
| 9 月 | 13.4 | 76 | 27 |
| 10 月 | 8.4 | 5 | 16 |
| 11 月 | 4.3 | 5 | 12 |
| 12 月 | 3.1 | 3 | 12 |

[a] http://cdo.ncdc.noaa.gov/ancsum/ACS
[b] 估計值

**6-55.** 依據下列污水處理廠操作資料，決定初沉池污泥的日產量及年產量：

流量＝0.0500 $m^3/s$
進流水懸浮固體物＝155.0 mg/L
去除率＝53.0%
揮發性固體物比例＝70%
揮發性固體物比重＝0.97
固定性固體物比例＝30%
固定性固體物比重＝2.50
污泥濃度＝4.50%
答案：$V_{sl}$＝7.83 $m^3/d$

**6-56.** 依據下列操作資料，重新進行習題 6-55 的計算：

流量＝ 2.00 $m^3/s$
進流水懸浮固體物＝ 179.0 mg/L
去除率＝ 47.0%
固定性固體物比重＝ 2.50
揮發性固體物比重＝ 0.999
固定性固體物比例＝ 32.0%
揮發性固體物比例＝ 68.0%
污泥濃度＝ 5.20%

**6-57.** 利用電腦試算表與習題 6-56 的資料，在去除率為 40、45、50、55、60，及 65% 的情況下，計算污泥的日產量和年產量。將污泥年產量與去除效率的函數關係，繪圖表示。

**6-58.** 利用圖 6-36、表 6-14 及下列資料，求取 $B$、$E$、$J$、$K$ 及 $L$，以每天百萬公克 (Mg/d) 表示之。

$A$ ＝185.686 Mg/d
$\eta_E$＝0.900；$\eta_j$＝0.250；$\eta_N$＝0.00；$\eta_P$＝0.150；$\eta_H$＝0.190
答案：$B$ ＝ 21.112 或 21.1 Mg/d
$E$ ＝ 190.011 或 190 Mg/L
$J$ ＝ 47.503 或 47.5 Mg/d
$K$ ＝ 142.509 或 143 Mg/d
$L$ ＝ 144.147 或 144 Mg/d

**6-59.** 假設消化污泥在最終處置前，不經脫水處理，即 $K$＝$L$，重新計算習題 6-58。

**6-60.** 習題 6-58 的 $\eta_E$ 值相當高。使用 $\eta_E$＝ 0.50 這個實際上較可能出現的數值，重新計算習題 6-58。

**6-61.** 道福 (Doubtful) 污水處理廠流程圖如圖 P-6-61 所示。假設 $A$＝ 7.250 Mg/d，$X$

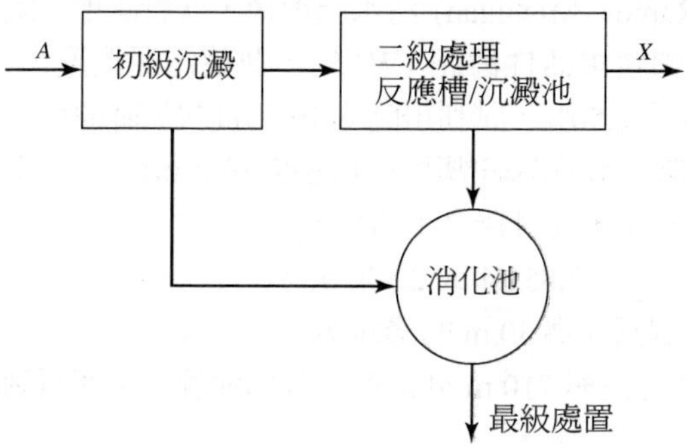


**圖 P-6-61**　道福污水處理廠流程圖。

＝1.288 Mg/d，$N$＝0.000 Mg/d，試依據圖 6-37 給定的 $\eta$ 值，計算需最終處置的污泥質量流率 (以 kg/d 表示)。

答案：$L$＝$K$＝3.743 Mg/d 或 3,743 kg/d

**6-62.** 試利用以下質量流率資料，決定習題 6-61 道福污水處理廠的 $\eta_E$、$\eta_D$、$\eta_N$、$\eta_J$ 及 $\eta_X$。道福污水處理廠質量流率資料 (以 Mg/d 表示)：

$A$＝7.280，$B$＝7.798，$D$＝0.390，$E$＝8.910，$F$＝6.940，
$J$＝4.755，$K$＝6.422，$N$＝9.428，$X$＝0.468

**6-63.** 道福市 (習題 6-61) 正考慮設置濃縮和脫水設施。包含濃縮、脫水及適當迴流管線的道福市污水廠流程修改圖，如圖 P-6-63 所示。假設 $A$＝7.250 Mg/d，$X$＝1.288 Mg/d，試依據圖 6-37 給定的 $\eta$ 值，計算 $L$ 值，以 Mg/d 表示。

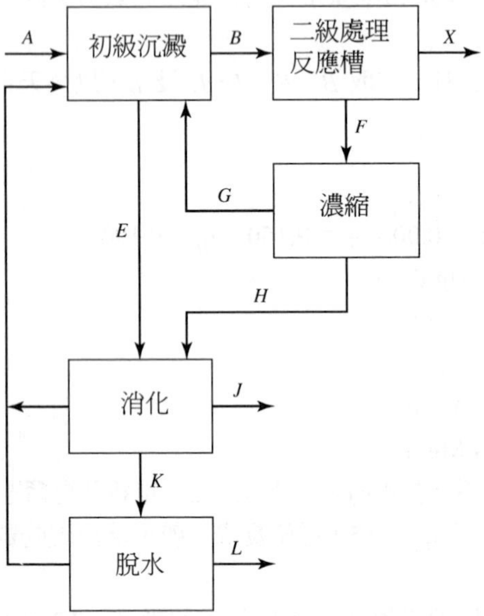


**圖 P-6-63** 道福污水處理廠流程修改圖。

**6-64.** 密西根州激流市 (Grand Rapids, Michigan) 污水處理廠，欲設置重力濃縮槽以處理流量爲 3,255 $m^3$/d 的廢棄活性污泥 (WAS)，並使污泥濃度由 10,600 mg/L，濃縮至固體物濃度爲 2.50%。試利用圖 6-40 的批次沉降曲線，決定濃縮槽所需的表面積 (假設單一重力濃縮槽直徑不超過 30.0 m)。使用電腦試算表程式，將數據資料繪圖表示，並且擬合出切線。

答案：根據判圖結果，$A_s$＝2,851.4 或 2,850 $m^2$。

因此，選用 4 個直徑爲 30 m 的濃縮槽。

**6-65.** 將習題 6-64 中的廢棄活性污泥與 710 $m^3$/d 的初沉池污泥混合，而得到固體物

濃度爲 2.00% 的混合污泥。今欲以重力濃縮槽，將混合污泥濃縮至 5.00% 的固體物濃度，試求濃縮槽所需表面積。假設圖 6-40 中，初沉池污泥與廢棄污泥的混合污泥批次沉降曲線，可適用於本題。由於有額外的污泥加入，故假設將使用 5 個濃縮槽。使用電腦試算表程式，將數據資料繪圖表示，並且擬合出切線。

**6-66.** 下表所示爲小瀑布 (Little Falls) 污水處理廠的污泥沉降試驗資料。廢棄污泥量爲 733 $m^3/d$，最終的污泥濃度設定爲 3.6%，試求重力濃縮槽的表面積。使用電腦試算表程式，將數據資料繪圖表示，並且擬合出切線。

| 懸浮固體物濃度，g/L | 初始沉降速度，m/d |
|---|---|
| 4.0 | 58.5 |
| 6.0 | 36.6 |
| 8.0 | 24.1 |
| 14.0 | 8.1 |
| 29.0 | 2.2 |
| 41.0 | 0.73 |

**6-67.** 龐德特拉 (Pomdeterra) 污水處理廠目前產生 33 $m^3/d$ 的濃縮污泥，其固體物濃度爲 3.8%。今廠方發現以帶濾式脫水機處理濃縮污泥，可得到固體物濃度爲 24% 的脫水污泥。試問如廠內設置此種污泥脫水機，每年可減少多少的污泥體積。

**6-68.** 渥太華 (Ottawa) 污水處理廠的厭氧消化槽，產生 13 $m^3/d$ 的消化污泥，其懸浮固體物濃度爲 7.8%。今以砂乾燥床，將消化污泥乾燥脫水至固體物濃度爲 35%，試求該廠每年必須處置的污泥體積。

**6-69.** 草斑 (Weed Patch) 污水處理廠消化槽，產生 30 $m^3/mo$ 的消化污泥，其懸浮固體物濃度爲 2.5%。若要使污泥體積減小至 3 $m^3/mo$，則該廠的污泥乾燥脫水設施，必須使污泥的固體物濃度達到多少？

## ▲ 6-16　問題研討

**6-1.** 假設你正參觀大學中的環境工程實驗室，發現 35°C 的恆溫室中有兩座生物反應槽，A 槽發出強烈臭味，而 B 槽則完全沒有臭味，試研判這兩座生物反應槽中的電子接受者各爲何。

**6-2.** 如果州政府主管單位要求都市污水需經過三級處理，請問你會用何種步驟去決定或選用適當的三級處理程序。

**6-3.** 試說明滴濾池迴流水的目的，其與活性污泥程序迴流污泥有何不同？

**6-4.** 試問在下列兩種情形中，污泥處理成本何者會比較高？

a. $\theta_c$＝3 天

b. $\theta_c$＝10 天

**6-5.** 一工業廢水僅含有氨 ($NH_4$) 且 pH 值為 7.00，試問此種廢水可否利用純氧曝氣方式，進行脫硝？請解釋你的理由。

## ▲ 6-17 參考文獻


APHA (2005) *Standard Methods for the Examination of Waste and Wastewater,* 21st ed., American Public Health Association, Washington, DC.

Bailey, J. E., and D. F. Ollis (1977) *Biochemical Engineering Fundamentals,* McGraw-Hill, New York, NY, p. 222.

Benefield, L. D., and C. W. Randall (1980) *Biological Process Design for Wastewater Treatment,* Prentice Hall, Upper Saddle river, NJ, pp. 322–324, 338–340, 353–354.

Caldwell, D. H., D. S. Parker, and W. R. Uhte (1973) *Upgrading Lagoons,* U.S. Environmental Protection Agency Technology Transfer Publication, Washington, DC.

CFR (2005a) *Code of Federal Regulations,* 40 CFR §413.02, 464.02, 467.02, and 469.12.

CFR (2005b) *Code of Federal Regulations*, 40 CFR §133.102.

Crites, R., and G. Tchobanoglous (1998) *Small Decentralized Wastewater Management Systems,* McGraw-Hill, New York.

Curds, C. R. (1973) "A Theoretical Study of Factors Influencing the Microbial Population Dynamics of the Activated Sludge Process—I," *Water Research,* vol. 7, pp. 1269–1284.

Dick, R. I. (1970) "Thickening," in E. F. Gloyna and W. W. Eckenfelder, (eds.), *Advances in Water Quality Improvement—Physical and Chemical Processes,* University of Texas Press, Austin, p. 380.

Ehlers, V. M., and E. W. Steel (1943) *Municipal and Rural Sanitation,* McGraw-Hill, New York.

Erickson, A. E., B. G. Ellis, J. M. Tiedje, et al. (1974) *Soil Modification for Denitrification and Phosphate Reduction of Feedlot Waste,* U.S. Environmental Protection Agency, EPA Pub. No. 660/2-74-057, Washington, DC.

GLUMRB (1978) *Recommended Standards for Sewage Works,* Great Lakes–Upper Mississippi River Board of State Sanitary Engineers, Health Education Service, Inc., Albany, NY, pp. 60–63.

Grady, C. P. L., and H. C. Lim (1980) *Biological Wastewater Treatment, Theory and Applications,* Marcel Dekker, New York.

Hammer, M. J. (1977) *Water and Waste-water Technology, SI Version,* John Wiley & Sons, New York, p. 387.

Heukeleian, H., H. Orford, and R. Maganelli (1951) "Factors Affecting the Quantity of Sludge Production in the Activated Sludge Process," *Sewage & Industrial Wastes,* vol. 23, p. 8.

Kajima (1923) *Scientific Reports, Government Institute of Infectious Diseases,* Tokyo, vol. 2, p. 305.

Koon, J. H., R. F. Curran, C. E. Adams, and W. W. Eckenfelder (1976) *Evaluation and Upgrading of a Multistage Trickling Filter Facility,* U.S. Environmental Protection Agency, Publication No. EPA 600/2-76-193), Washington, DC.

Lawrence, A. W. and T. R. Milnes (1971) "Discussion Paper," *Journal of the Sanitary Engineering Division,* American Society of Civil Engineers, vol. 97, p. 121.

Lawrence, A. W. and P. L. McCarty (1970) "A Unified Basis for Biological Treatment Design and Operation," *Journal of the Sanitary Engineering Division*, American Society of Civil Engineers, vol. 96, no. SA3.

McCarty, P. L. (1968) "Anaerobic Treatment of Soluble Wastes," in E. F. Gloyna and W. W. Eckenfelder (eds.), *Advances in Water Quality Improvement—Physical and Chemical Processes,* University of Texas Press, Austin, TX.

McKinney, R. E. (1962) *Microbiology for Sanitary Engineers*, McGraw-Hill, New York, p. 40.

Metcalf & Eddy, Inc. (1979) *Wastewater Engineering: Treatment, Disposal, Reuse,* revised by G. Tchobanoglous, McGraw-Hill, New York, pp. 328, 395.

Metcalf & Eddy, Inc. (1991) *Wastewater Engineering: Treatment, Disposal, Reuse,* revised by G. Tchobanoglous and F. L. Burton, McGraw-Hill, New York, pp. 394, 540–542.

Metcalf & Eddy, Inc. (2003) *Wastewater Engineering: Treatment and Reuse*, revised by G. Tchobanoglous, F. L. Burton, and H. D. Stensel, McGraw-Hill, New York, p. 408.

Monod, J. (1949) "The Growth of Bacterial Cultures," *Annual Review of Microbiology,* vol. 3, pp. 371–394.

NRC (1946) "Sewage Treatment at Military Installations," *Sewage Works Journal,* vol. 18, p. 787.

Pelczar, M. J., and R. D. Reid (1958) *Microbiology*, McGraw-Hill, New York, p. 424.

Pound, C. E., R. W. Crites, and D. A. Griffes (1976) *Land Treatment of Municipal Wastewater Effluents, Design Factors I,* U.S. Environmental Protection Agency Technology Transfer Seminar Publication, Washington, DC.

Rex Chainbelt, Inc. (1972) *A Mathematical Model of a Final Clarifier,* U.S. Environmental Protection Agency, Report No. 17090 FJW 02/72, Washington, DC.

Sawyer, C. N. (1956) "Bacterial Nutrition and Synthesis," *Biological Treatment of Sewage and Industrial Wastes,* vol. I, p. 3.

Schulze, K. L. (1960) "Load and Efficiency of Trickling Filters," *Journal of Water Pollution Control Federation,* vol. 32, p. 245.

Shahriar, H., C. Eskicioglu, and R. L. Droste (2006) "Simulating Activated Sludge System by Simple-to-Advanced Models," *Journal of Environmental Engineering,* American Society of Civil Engineers, vol. 132, pp. 42–50.

U.S. EPA (1977) *Process Design Manual: Wastewater Treatment Facilities for Sewered Small Communities,* U.S. Environmental Protection Agency, EPA Pub. No. 625/1-77-009, Washington. DC, p. 8–12.

U.S. EPA (1979a) *Environmental Pollution Control Alternatives: Municipal Wastewater,* U.S. Environmental Protection Agency, EPA Pub. No. 625/5-79-012, Washington, DC, pp. 33–35, 52–55.

U.S. EPA (1979b) *Process Design Manual, Sludge Treatment and Disposal,* U.S. Environmental Protection Agency, Publication No. 625/1-79-011, Washington DC, pp. 3–19, 3–21, 3–25, 3–26, 5–7, 5–8.

U.S. EPA (1981) *The 1980 Needs Survey. Conveyance, Treatment, and Control of Municipal Wastewater, Combined Sewer Outflows, and Stormwater Runoff, Summaries of Technical Data,* U.S. Environmental Protection Agency, EPA-430/9-81-008, Washington, DC.

U.S. EPA (1996) *NPDES Permit Writers' Manual,* U.S. Environmental Protection Agency, EPA Pub. No. 833-B-96-003, Washington, DC, pp. 77–78.

U.S. EPA (1997) *Response to Congress on the Use of Decentralized Wastewater Treatment Systems,* U.S. Environmental Protection Agency, EPA Report No. 832-R-001b, Washington, DC.

U.S. EPA (2005) http://www.epa.gov. Search: Region 10 ⇒ Homepage ⇒ NPDES Permits ⇒ Current NPDES Permits in Pacific Northwest and Alaska ⇒ Current Individual NPDES Permits in Idaho

Velz, C. J. (1948) "A Basic Law for the Performance of Biological Filters," *Sewage Works,* vol. 20, p. 607.

Vesilind, P. A. (1968) "Discussion of Evaluation of Sludge Thickening Theories," *Journal of the Sanitary Engineering Division,* American Society of Civil Engineers, vol. 94, p. 185.

WEF (1992) *Design of Municipal Wastewater Treatment Plants,* Vol. I, Manual of Practice No. 8, Joint Task Force of the Water Environment Federation and American Society of Civil Engineers, Alexandria, VA, pp. 528, 529, 530, 586, 595, 705–714.

Yoshioka, N., et al. (1957) "Continuous Thickening of Homogenous Flocculated Slurries," *Chemical Engineering,* Tokyo (in Japanese).

CHAPTER

# 7

# 空氣污染

## ▲ 7-1 空氣污染概述

小型 (micro)、中型 (meso) 及大型 (macro) 三種規模的空氣污染在環境衛生上備受關注。具輻射性建材的自然背景輻射與通風不完全所引起室內空氣污染爲小型的空氣污染。工業及汽車排放所引起室外周圍的空氣污染是中型的空氣污染。空氣污染物的遠距離傳遞及對地球的衝擊屬於大型空氣污染，如酸雨及臭氧污染即是。各種排放所引起的空氣污染對地球的衝擊爲可能使地球溫度上升，如臭氧層消耗及全球變暖現象。當小型及大型規模的空氣污染效應都已被關注後，我們將專注於中型的空氣污染問題。

## ▲ 7-2 物理及化學原理

### 理想氣體定律

雖然從生物觀點而言，受污染的空氣不盡“理想”，但在相當的溫度及壓力時，我們視其行爲爲理想的。因此，假設在相同的溫度及壓力下，不同種類的氣體，其密度與其分子量成正比。可寫成：

$$\rho = \frac{1}{R}\frac{PM}{T} \tag{7-1}$$

其中，$\rho$ ＝氣體密度，$kg/m^3$
$P$ ＝絕對壓力，kPa
$M$＝分子量，grams/mole
$T$ ＝絕對溫度，K
$R$ ＝氣體常數＝8.3143 J/K・mole＝8.3143 Pa・$m^3$/K・mole

因爲密度即單位體積內的質量或單位體積內的莫耳數，以 $n/\forall$ 表示，可將上式重寫爲一般形式如：

$$P\forall = nRT \tag{7-2}$$

其中 $\forall$ 是 $n$ 莫耳氣體所占的體積。在 273.15 K 及 101.325 kPa 的情況下，一莫耳的理想氣體占 22.414 升。

## 道耳頓分壓定律

因為燃燒生成物的組成與空氣截然不同，因此，藉由以空氣校正儀器測量煙道及排放源採樣時，其讀數須加以校正，以反應出此差異。此校正因子的計算即以道耳頓分壓定律為基礎。道耳頓發現混合氣體的總壓等於各別氣體成分分壓的總和。以數學式子表示為：

$$P_t = P_1 + P_2 + P_3 + \cdots \tag{7-3}$$

其中，$P_t$＝混合物的總壓力

$P_1, P_2, P_3$＝氣體成分的分壓

道耳頓分壓定律也可以用理想氣體定律的形式來表示：

$$P_t = n_1\frac{RT}{V} + n_2\frac{RT}{V} + n_3\frac{RT}{V} + \cdots$$

$$= (n_1 + n_2 + n_3 + \cdots)\frac{RT}{V}$$

## 絕熱膨脹及壓縮

空氣污染氣象學，可視為大氣中熱力學程序所產生的結果。絕熱膨脹及壓縮即為當中的一個程序。所謂**絕熱程序** (adiabatic process) 是在沒有熱的加入或移除的情況下，以極緩慢速率進行的一個程序。程序中的氣體在任何時間下皆可視為平衡的。

以圖 7-1 中活塞及圓筒的狀況為例來說明。假設活塞及圓筒的界面完全與外界隔離。氣體壓力為 $P$，作用於活塞使活塞保持平衡的力為 $F$ 等於 $PA$。若作用力增加使體積壓縮，則壓力增加，活塞將對氣體作功。因為無任何熱量進入或離開氣體，此功將依熱力學第一定律使氣體的熱能增加。即，

(加入氣體的熱)＝(增加的熱能)＋(作用在氣體的功或氣體所作的功)

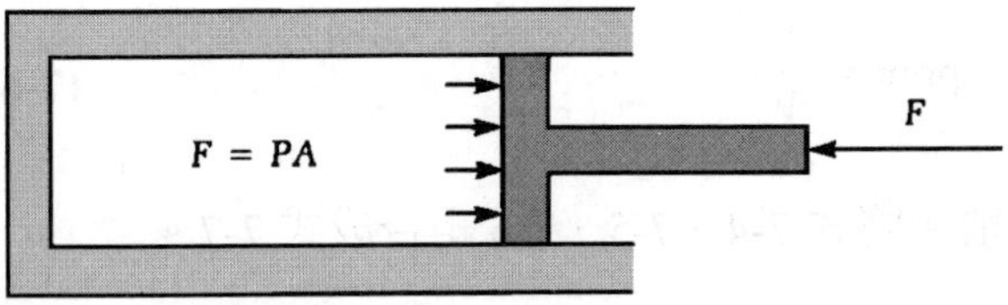


**圖 7-1** 作用在氣體的功。

因爲式子的左邊等於 0 (因爲此爲絕熱程序)，所以增加的熱能等於所作的功。此熱能的增加反應於氣體溫度的增加。反之，若氣體絕熱膨脹，則氣體溫度下降。

## 測量單位

描述空氣污染資料常用的三種基本測量單位爲：**每立方米中所含微克** ($\mu$g/m$^3$)，**百萬分之一** (ppm) 及**微** ($\mu$)，或是它的相對應量，**微米** ($\mu$m)。($\mu$g/m$^3$) 及 ppm 爲測量濃度單位，皆可用於表示氣狀污染物的濃度。對於微粒污染物的濃度僅以 ($\mu$g/m$^3$) 表示，而 $\mu$m 用以表示微粒的粒徑大小。

因爲使用 ppm 相當便利，所以其經常被選用作爲測量單位。其優點爲 ppm 是體積對體積的比例 (在水及廢水中，ppm 是質量對質量的比値)，改變溫度及壓力並不改變污染氣體的體積對含有污染氣體空氣體積的比例。所以你可以比較丹佛市及華盛頓 DC 的 ppm 讀數而不須進一步轉換。

**$\mu$g/m$^3$ 轉換成 ppm** $\mu$g/m$^3$ 及 ppm之間的轉換是基於標準狀況下 (0°C 及 101.325 kPa)，一莫耳理想氣體所占的體積是 22.414 升。因此，可以寫出一個方程式，將標準溫度及標準壓力 (STP) 下污染物以克表示的質量 $M_p$ 轉換爲以升表示的相對應體積。

$$\forall_p = \frac{M_p}{\text{GMW}} \times 22.414 \text{ L/GM} \tag{7-4}$$

其中 GMW 是污染物的克分子量。在非標準狀況的其他溫度及壓力下，標準體積 22.414 L/GM 必須以理想氣體定律來作體積的校正：

$$22.414 \text{ L/GM} \times \frac{T_2}{273 \text{ K}} \times \frac{101.325 \text{ kPa}}{P_2} \tag{7-5}$$

其中 $T_2$ 及 $P_2$ 是所欲得讀數當時的絕對溫度及壓力。因爲 ppm 是體積比，所以可寫成

$$\text{ppm} = \frac{\forall_p}{\forall_a} \tag{7-6}$$

其中 $\forall_a$ 是每立方米空氣的體積。將式 7-4、7-5、7-6 組合成式 7-7。

$$\text{ppm} = \frac{\frac{M_P}{\text{GMW}} \times 22.414 \times \frac{T_2}{273\text{ K}} \times \frac{101.325\text{ kPa}}{P_2}}{\maltese_a \times 1{,}000\text{ L/m}^3} \quad \textbf{(7-7)}$$

其中 $M_p$ 是 $\mu$g，將 $\mu$g 變成 g 及升變成百萬升的轉換因子在式中互相抵消。除非使用其他方式，否則一般假設 $\maltese_a = 1.00\text{ m}^3$。

---

**例題 7-1**　1 m$^3$ 空氣樣品中含 80 $\mu$g/m$^3$ 的 $SO_2$。當採樣時溫度及壓力為 25°C 及 103.193 kPa，若以 ppm 表示 $SO_2$ 之濃度其值為何？

**解**：首先，決定 $SO_2$ 的 GMW，

$$SO_2 \text{ 的 GMW} = 32.07 + 2(16.00) = 64.07$$

之後，將溫度轉換成絕對溫度，即

$$25°\text{C} + 273\text{ K} = 298\text{ K}$$

然後，使用式 7-7，可得

$$\text{ppm} = \frac{\frac{80\mu\text{g}}{64.07} \times 22.414 \times \frac{298}{273} \times \frac{101.325}{103.193}}{1.00\text{ m}^3 \times 1{,}000\text{ L/m}^3} = 0.0300\text{ ppm 的 } SO_2$$

---

**相對性**　在進行以下的空氣污染討論之前，先看看 ppm 及 $\mu$m 在日常生活中和一些物件的相關性，一杯粒狀糖中所含 4 顆鹽的結晶即相對為 1 ppm 體積對體積的比例。圖 7-2 將幫助你了解 $\mu$m 的大小，一根頭髮的平均直徑大約是 80 $\mu$m。

## ▲ 7-3　空氣污染標準

1970 年清淨空氣法案 (Clean Air Act，CAA) 要求美國環境保護署 (USEPA)，對所有固定或移動排放源所排放的任何一種污染物做調查研究，說明其對人類健康及環境可能造成的不良影響。USEPA 利用這些研究建立了國家環境空氣品質標準 (NAAQS)。表 7-1 所列為**規範污染物** (criteria pollutants)。藉由適當的安全界限制定**一級標準** (primary standard) 以保護公眾健康。**二級標準** (secondary standard ) 則希望保護環境及財物不受到傷害。USEPA 於

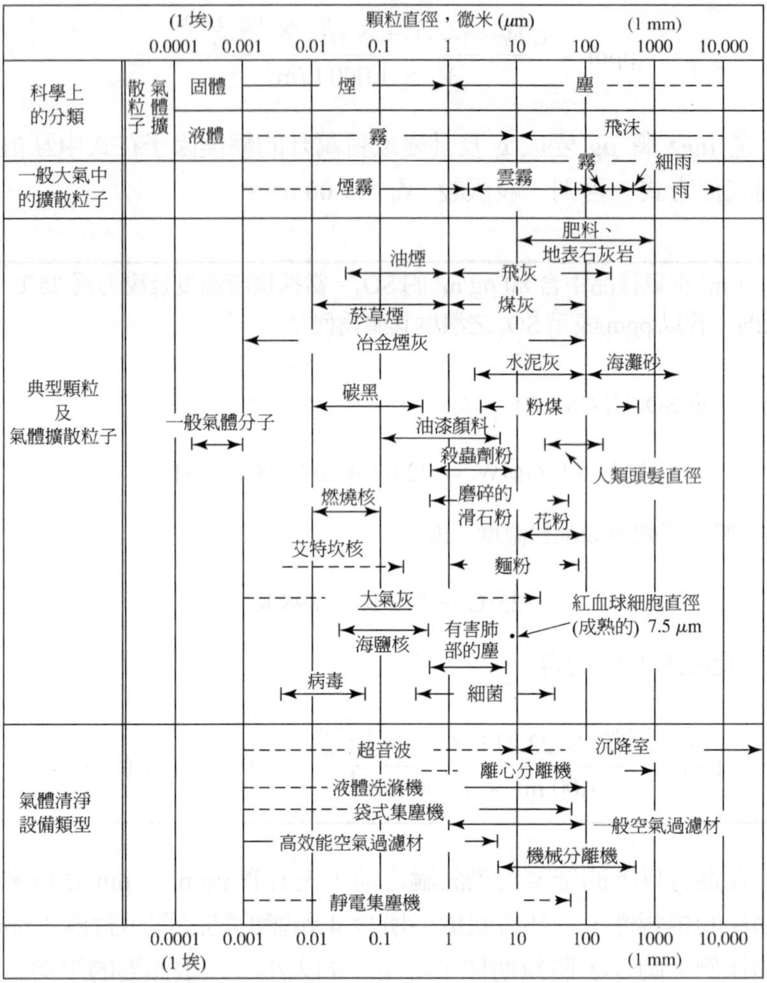


**圖 7-2**　小顆粒的相對大小。(*資料來源*：Lapple, 1951)。

1987 年重新修訂國家環境空氣品質標準，刪除原有之碳氫化合物標準以總懸浮微粒 (TSP，total suspended particulates)，改以氣體動力學直徑小於或等於 10 μm 的微粒物質質量取代。此項標準被標示為 $PM_{10}$，其後又改以空氣動力直徑小於或等於 2.5 μm 的物質顆粒取代。

**空氣品質控制區域** (Air Quality Control Regions，AQRs) 分為二種狀況。空氣品質達到或優於一級標準的區域稱為**達成區域** (attainment area)；未達到一級標準的區域稱為**未達成區域** (nonattainment area)。

**表 7-1　國家環境空氣品質標準 (NAAQS)**

| 規範污染物 | 標準形式 | 濃度 $\mu g/m^3$ | 濃度 ppm | 平均期或方法 | 容許限度[a] |
|---|---|---|---|---|---|
| 一氧化碳 | 一級 | 10,000 | 9 | 8 小時平均 | 一年一次 |
| | 一級 | 40,000 | 35 | 1 小時平均 | 一年一次 |
| 鉛 | 一級和二級 | 1.5 | N/A | 三個月測量的最大算術平均 | — |
| 二氧化氮 | 一級和二級 | 100 | 0.053 | 一年算術平均 | — |
| 臭氧 | 一級和二級 | 235 | 0.12 | 一小時平均的最大值[b] | 一年一次 |
| 臭氧 | 一級和二級 | 157 | 0.08 | 8 小時平均 | [c] |
| 微粒物質 | 一級和二級 | 150 | N/A | 24 小時平均 | 一年一天 |
| $(PM_{10})^d$ | 一級和二級 | 50 | N/A | 一年算術平均 | [e] |
| $(PM_{2.5})$ | 一級和二級 | 65 | N/A | 24 小時平均 | [e] |
| | | 15 | N/A | 一年算術平均 | [f,g] |
| 二氧化硫 | 一級 | 80 | 0.03 | 一年算術平均 | — |
| | 一級 | 365 | 0.14 | 24 小時濃度的最大值 | 一年一次 |
| 二氧化硫 | 二級 | 1,300 | 0.5 | 3 小時濃度的最大值 | 一年一次 |

[a] 容許限度實際上可能是一個多年期間的平均值。
[b] 在指定區域八小時臭氧 NAAQS 的有效日期之後，一小時的 NAAQS 將不再適用於一年一地區的情況。對於許多地區，指定的日期爲 2004 年 6 月15日。
[c] 三年內不得超過限度值三次以上。
[d] 微粒物質標準應用於氣動直徑小於或等於 10 $\mu$m 的粒狀物。
[e] 24小時濃度中第 98% 的平均三年濃度。
[f] 加權後的三年年平均值。
[g] 美國環保署預期在未改變年平均標準 15$\mu g/m^3$ 時，降低 $PM_{2.5}$ 的每日標準至 35 $\mu g/m^3$，清淨空氣科學顧問委員會 (CASAC) 推薦年平均標準設定在 13 到 14$\mu g/m^3$ 之間，且 24 小時標準設定在 30 到 35 $\mu g/m^3$ 之間，最終規則於 2006 年 9 月發佈。
(*資料來源*: 40 CFR 50.4-50.12 and 69 FR 23996)。

在 1970 年的清淨空氣法案內，USEPA 以危險評估方法明確建立**有害性空氣污染物** (HAPs) 的行政管制。這些條例稱爲有害性空氣污染物國家排放標準 (NESHAPs)。從 1970 到 1990 年有 7 種 HAPs 被管制，其分別爲：石棉、砷、苯、鈹、汞、乙烯氯化物、及放射性核種。1990 年清淨空氣法案的修正案，指示 USEPA 根據 189 種化學物質處理技術* (如表 1-8 所列)，建立有害空氣污染物(HAPs) 排放控制法案。USEPA 基於最佳可採行控制技術 (Maximum Achievable Control Technology，MACT)，建立了 174 種工業排放物的排放標準爲單一 HAP 每年排放 9.08 百萬克，或混合的 HAPs 每年排放

* 2005 年 7 月修正爲 188 種 HAPs。

22.7 百萬克。MACT 可能包括改變程序、物料取代，或空氣污染防制設備。

## ▲ 7-4 空氣污染物的影響

### 對物質的影響

**物質惡化的機制** 空氣污染造成物質惡化的五種機制爲：剝蝕、沉積和祛除、直接化學傷害、間接化學傷害和電化學腐蝕 (Yocom and McCaldin, 1968)。

大固體顆粒的高速流動會造成物質表面剝蝕。除了挾帶灰塵的暴風雨及從自動武器火藥中所排出的鉛粒外，大多數的空氣污染物不是顆粒太小就是運動速度不夠快，所以不易造成物質表面的剝蝕。

在曝露表面沉降的小型液體及固體顆粒不會導致外觀上的惡化，某些紀念碑與建築物，例如白宮，對於這種惡化則全然不能接受。對於大部份的表面而言，清潔程序都會導致損傷。建築物的噴沙清洗即爲一明顯的例子。衣物經常清洗會使纖維變弱，就像經常清洗油漆表面會造成表面不光亮一樣。

溶解化及氧化/還原反應爲典型的化學攻擊，通常水爲反應之媒介。二氧化硫及三氧化硫當水存在時和石灰反應生成石膏及硫酸鈣，而硫酸鈣與石膏比碳酸鈣易溶於水，二者皆易被雨水溶解。硫化氫使銀變黑即爲一典型的氧化/還原反應。

間接反應發生在污染物被吸附，形成破壞性化合物。而化合物可能因爲氧化物，還原物或溶劑的形式而被破壞，更進一步地說，化合物是因爲在晶格結構中的活化鍵被移除而被破壞。皮革在吸附二氧化硫之後變得易碎，因爲皮革中少量的鐵會催化二氧化硫形成硫酸。紙類也有類似的結果。

氧化/還原反應導致金屬表面局部的化學及物理變化，而這些變化造成微觀陽極及陰極的形成，在這些微觀電池的電位差下，造成電化學腐蝕。

**影響惡化作用的因子** 濕氣、溫度、日光及曝露狀態等，皆是影響惡化作用的重要因子，其會影響惡化作用的速率。

濕氣，以濕度形式表示，是惡化作用發生的重要機制。金屬的腐蝕作用，即使是在極高的二氧化硫污染情況下，除非相對濕度超過 60%，否則並不會發生腐蝕現象。此外，即使在沒有空氣污染的情況下，超過 70% 至

90% 以上的濕度仍將促成腐蝕效果。雨水藉由稀釋及洗除污染物而降低由污染物所引起的腐蝕作用。

較高的空氣溫度通常造成較高的反應速率。無論如何，當冷空氣伴隨表面冷卻而使濕氣凝結時，將加速腐蝕速率。

除了紫外線波長所造成的氧化作用外，日光也因爲提供污染物形成及循環再形成的能量而加強空氣污染造成的傷害。這些光化學反應所生成的臭氧，將導致橡膠龜裂及染料褪色。

曝露表面的位置對於影響惡化作用速率二方面。第一，無論表面是垂直、水平或以任何角度存在，均影響沉積及洗除的速率。第二，無論表面是上或下皆可能改變傷害的速率。當濕度夠高時，較低的一面，因爲雨水較不易洗去污染物，通常惡化速率較快。

## 對植物的影響

**細胞及葉片組織構造**　因爲葉片是空氣污染對植物影響的主要指標，所以我們須先定義一些專門術語及解釋葉片的功能。一個典型的植物細胞 (圖 7-3)

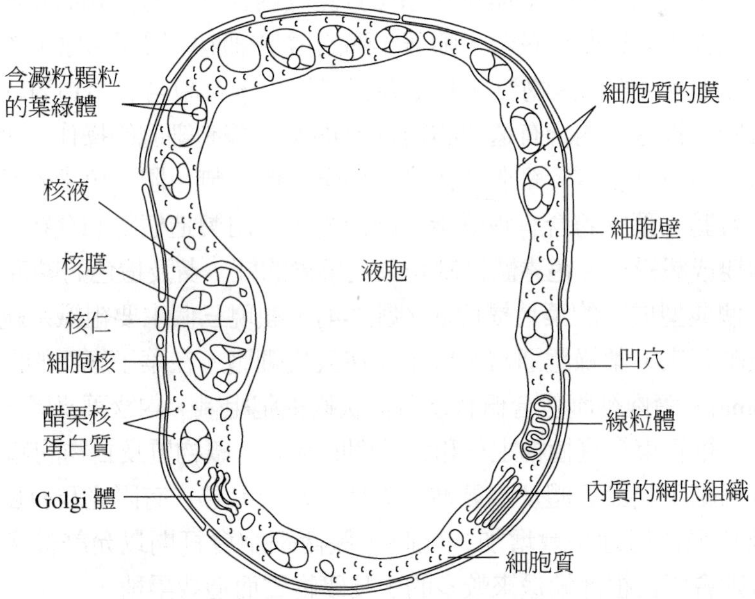


**圖 7-3**　典型植物細胞 (資料來源：Fuller, 1960.)。

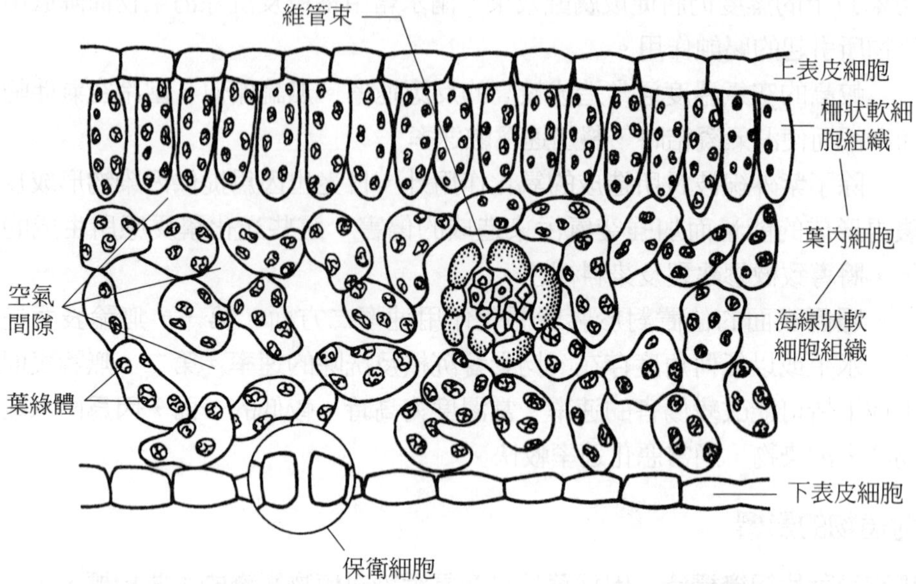


**圖 7-4** 完整葉片的橫切面 (資料來源：IHindawi,1970.)。

具有三個主要的組成：細胞壁、原生質體及內含物。像人類的皮膚一樣，在年輕的植物中其細胞壁較薄，隨著年齡的增加細胞壁增厚。原生質體 (protoplast) 爲細胞中的原生物質。其主要組成爲水，亦包含有蛋白質、脂肪及碳水化合物。細胞核內含有遺傳的物質 (DNA)，控制細胞的操作。細胞核外的原生質，稱爲細胞質。細胞質內含有如葉綠體、無色體、色素體及線粒體等線體或質體。葉綠體含有葉綠素，經由光合作用製造植物的食物。無色體將澱粉轉變成澱粉粒。色素體控制花朵及果實的紅、黃及橙色的顯現。

一個典型成熟的葉片橫切面 (圖 7-4)，顯現三個主要組織系統：表皮、葉肉及維管束。葉綠體通常不會出現在表皮細胞。在葉子底面的開口稱爲氣孔 (stoma)。葉肉細胞包含柵狀及海綿狀軟細胞組織，內含葉綠體，是食物製造中心。維管束負責植物主莖和葉片間的水分、礦物質及食物的輸送。

保衛細胞調節氣體及水氣進出葉片。當天氣熱、有陽光及有風時，光合作用及呼吸作用速率會增加。此時，保衛細胞會打開以允許較多的水氣移除，否則會因自根部輸送來較多的水及礦物質而造成累積。

**污染物傷害** 臭氧傷害柵狀細胞 (Hindawi, 1970)，葉綠體凝縮，最後細胞壁瓦解。此結果造成紅棕色斑點的形成，數天後變成白色，該白點稱爲**白斑點** (fleck)。臭氧在有陽光的正午傷害力最大。此時保衛細胞可能打開允許污染物進入葉片中。

植物連續曝露在 0.5 ppm 的 $NO_2$ 下，其生長會受到抑制。$NO_2$ 濃度超過 2.5 ppm 且曝露時間超過 4 小時，會使植物產生黑斑症 (necrosis，由於原生質分離或失去原生質而產生的表面斑點)。

二氧化硫也會造成植物黑斑症且所須濃度更低。只要濃度 0.3 ppm 曝露時間 8 小時就足以造成 (O'Gara, 1922)。若較低濃度但較長時間的曝露，將造成植物產生**變色病** (chlorosis)，又稱爲白化 (bleaching)。

空氣污染物所造成的傷害不僅是傷害葉表面；還有葉面的變形使生長遲緩，果實變小。對於經濟作物而言，此傷害造成減產使農夫的收入減少。對於其他植物則造成提早死亡。

植物表面氟的沉積，不僅造成植物直接的傷害且會引發二次傷害的效應。草食性動物可能因此累積過量的氟，而使牙齒斑駁，最後造成掉落。

**判別上的困擾**　乾旱、蟲害、疾病、過量使用除草劑及營養缺乏等，對植物均可造成類似污染物所造成的傷害。且有些單獨存在的污染物並不造成傷害，但將其混合卻可能因爲**增效作用** (synergism) 而造成傷害 (Hindawi, 1970)。這些因素往往造成判斷眞正空氣污染物傷害的困難。

### 對健康的影響

**敏感的族群**　抽煙使人們曝露於比鄰近空氣更高濃度的空氣污染狀況下。職業曝露亦造成較室外更高的污染劑量。以人類爲實驗體時通常受限於其必須存活，但利用其他哺乳動物作實驗，則難以應用於人類身上。此引導出環境道德的問題。若以齧齒類的動物作實驗往往得到較高的允許濃度標準。若允許濃度範圍必須保護現存具有心肺疾病者，則該濃度將會比在齧齒類動物觀察到的濃度低很多。因此，很難有較好的評估方式來評估空氣污染對人類健康的影響。

先前我們注意到空氣品質標準是建立在一“適當的安全範圍下”來保護公眾健康。美國環保署所持的觀點是這些標準必須保護大部份的敏感受體。即必須以所觀察到效應的最低程度來設定。此觀點曾被一些學者所攻擊。他

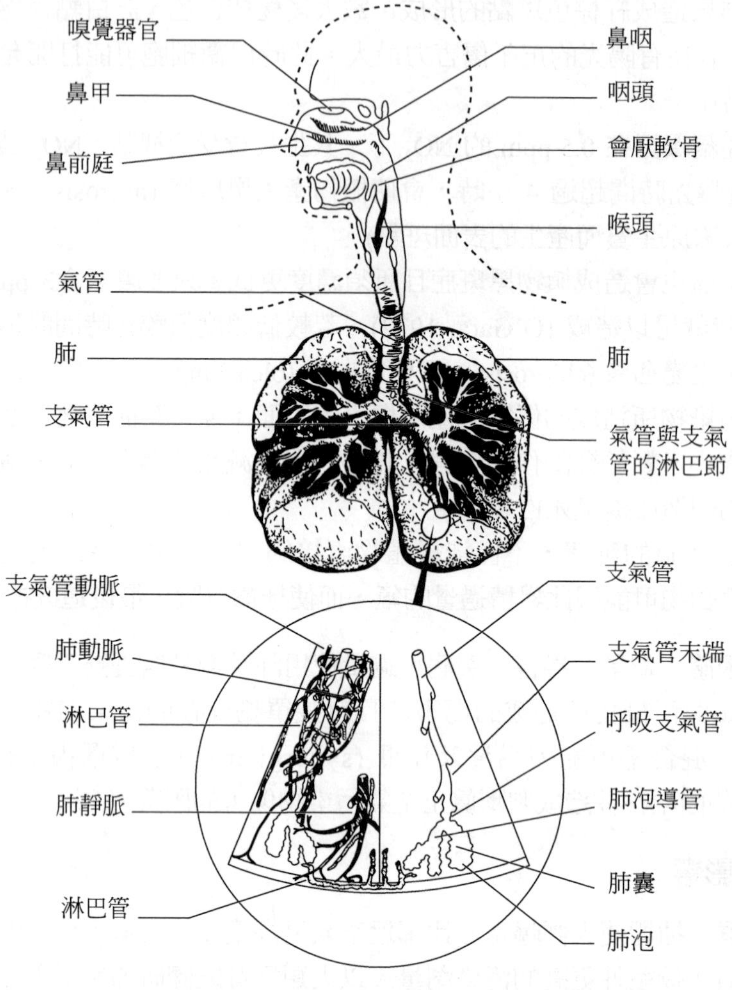


**圖 7-5** 呼吸系統 (資料來源：NAS, 1961)。

們認為，就經濟觀點而言，不如建造更多的醫院(Connolly, 1972)。無論如何，人們亦可能將此邏輯應用在對高速公路的速限上。亦即人們可以提高車速限制同時建造更多的醫院及墳地。

**呼吸系統的構造** 空氣污染對人類影響的首要指標為呼吸系統。呼吸系統的主要器官有鼻、咽頭、喉頭、氣管、支氣管及肺 (圖 7-5)。鼻、喉頭、咽頭及氣管合稱**上呼吸道** (URT)。空氣污染對上呼吸道的主要影響是使嗅覺惡化，且使原先可去痰及捕捉顆粒的纖毛掃除動作遲鈍化。**下呼吸道** (LRT) 由支氣管及肺組成。肺本身是由成串葡萄狀的囊 (稱爲肺泡) 所組成。肺泡直徑大約 300 $\mu$m，肺泡壁之間以毛細管連接。二氧化碳經由毛細管壁擴散至肺泡，而氧則自肺泡擴散出去至紅血球細胞。由於每種氣體的分壓不同，使其由較高壓處擴散至低壓處。

**微粒的吸入及滯留**　微粒侵透入下呼吸道程度的主要函數是微粒的大小及呼吸的速率。大於 5 至 10 $\mu$m 的微粒被鼻毛所遮濾。打噴嚏有助於此遮蔽程序。1 至 2 $\mu$m 範圍大小的微粒可侵透入肺泡，這些夠小的微粒可通過遮濾且沉積在上呼吸道。它們夠大，使得其終端速度讓它們沉積在能造成重大傷害的地方。直徑 0.5 $\mu$m 的微粒，沒有足夠的終端速度被有效去除。更小的微粒將擴散至肺泡壁。參考圖 7-2 注意那些 “對肺造成傷害的微粒” 顆粒大小範圍。

**慢性的呼吸疾病**　許多長期間的呼吸系統疾病可能會因空氣污染而加重。因爲刺激性物質的存在使空氣出口阻塞，結果造成呼吸困難。*支氣管氣喘*即由於過敏症造成的結果。氣喘導因於黏膜上的小突起或分泌物的增厚使支氣管口徑變窄。再刺激之後支氣管恢復正常。*慢性支氣管炎*，通常被定義爲一個人支氣管中有過多的痰，導致其連續二年中每年咳嗽三個月之久。雖不致於產生肺感染、腫瘤及心臟疾病，但可能因肺泡的受損而導致肺氣腫。這些成串葡萄狀的肺囊將變成一個像大且失去彈性的汽球構造，肺表面氣體的交換量劇減。*支氣管癌* (肺癌) 常是因爲支氣管黏膜上不正常的新細胞增生所致。此結果造成支氣管阻塞且足以致命。

**一氧化碳**　這種無色、無味的氣體在濃度超過 5,000 ppm 時，足以在數分鐘內讓人致命。一氧化碳可與血液中的血紅素反應形成羥酸血紅素 (COHb)。血紅素對 CO 的親和性較對 $O_2$ 來的高。因此，形成 COHb 會剝奪體內的氧。當 COHb 在 5 至 10% 的範圍時，知覺、動作及學習能力皆受損。當 CO 濃度達到 50 ppm 連續 8 小時，將導致 COHb 高達 7.5%。患有心臟疾病者在 COHb 達到 2.5 至 3% 的程度時，作特定運動便無法像無 COHb 時做的好。當 CO 濃度達到 20 ppm 連續 8 小時將導致 COHb 達 2.8% (Ferris, 1978)(我們必須提出警告：吸煙所造成吸入 CO 的平均濃度是 200 至 400 ppm！)。而那些患有心臟及循環系統疾病、肺病的人及發育中的胎兒，皆屬敏感的族群。

**有害空氣污染物**　有害空氣污染物 (毒性氣體) 直接對人類健康的影響之資訊，大部份來自對從事工業者的研究。在工作場所中曝露有毒氣體的劑量，往往高於室外空氣。通常在室外空氣中所發現的低濃度有毒空氣污染物，有關其特殊影響，我們知道的很少。

在 NESHAP 計畫規範下的有害空氣污染物被定義成各種不同疾病的致因物。舉例來說，如石綿、含砷的物質、苯、爐排放的焦炭及放射性核種等皆可能使人致癌。鈹主要導致肺臟疾病且影響肝臟、脾臟、腎臟、及淋巴腺等器官。

汞也是規範的污染物之一，經由燃煤釋放，它是幾個在環境中廣泛分佈的 HAPs 之一。在胎兒期孩童即曝露在有甲基汞的環境下將會有嚴重的影響，將會對神經系統如知覺、語言、行動力、視力等造成傷害 (U.S. EPA, 1997, and U.S. EPA, 2004)。

**鉛**　和其他主要的空氣污染物相反，鉛是一種累積性的毒。另一種差異是除了吸入外，它亦可經由攝取食物及水而消化吸收。經由消化的部份大約有 5 至 10% 被人體吸收。經由吸入的部份大約有 20 至 50% 被人體吸收。其餘未被吸收的部份，則經由尿液及糞便排泄。通常鉛中毒即經由檢測尿液及血液中的鉛含量得知。

早期得知急性的鉛中毒會造成輕度的貧血 (缺乏紅血球細胞)。當血液中鉛含量增加到 60 至 120 $\mu$g/100g 的血液時，會感覺到疲勞、易怒、輕微的頭痛、及與其他原因造成貧血般的臉色蒼白。血液中的鉛濃度超過 80 $\mu$g/100 g 時，會導致便祕及下腹部絞痛。當急性的曝露使血液中鉛濃度超過 120 $\mu$g/100 g 時，會導致急性的大腦傷害 (Coyer and Chilsolm, 1972)。如此急性的曝露會導致昏睡、心肺衰竭及死亡。所謂急性的曝露是指超過 1 至 3 週連續的曝露。

慢性的鉛曝露會導致發作大腦疾病、精神耗弱及產生高度侵略性的行為。同時亦可能造成手腳伸肌的衰弱或最終導致手腳癱瘓。Canfield 等學者在 2003 年發現，血液中每十分之一公升的含鉛濃度上升到 10 $\mu$g 時，智商會降低 7.4 左右。若血液中含鉛濃度由 10 $\mu$g 變化到 30 $\mu$g，則智商會再下降 2.5。

大氣中的鉛以顆粒狀形式存在。顆粒大小介於 0.16至 0.43 $\mu$m 之間。居住在費城周圍都市且不抽煙的居民，大約曝露在含鉛濃度 1 $\mu g/m^3$ 的空氣中，其血液中平均鉛含量大約爲 11 $\mu$g/100 g。而居住在費城商業區且不抽煙的居民，大約曝露在含鉛濃度 2.5 $\mu g/m^3$ 的空氣中，其血液中平均鉛含量大約爲 20 $\mu$g/100 g (U.S. PHS, 1965)。在 1990 初期，有 4.4% 的 1 到 5 歲孩童含鉛濃度到達此含量，到了 2002 年下降到剩 1.6% 的孩童含鉛濃度較高。美國疾病控制及預防中心把鉛濃度降低歸因於汽油的遮蔽效應及防止孩童曝露在有鉛危害的環境下 (U.S. CDC, 2005)。

**二氧化氮**　曝露在 $NO_2$ 濃度超過 5 ppm 的狀況下 15 分鐘，將導致咳嗽及呼吸道刺激，持續性曝露於此情況下將造成肺水腫。該氣體在濃縮情況下爲紅棕色，而在較低的濃度則呈黃棕色。濃度爲 5 ppm 時 $NO_2$ 氣體具刺激性甜味，在煙草燃煙中 $NO_2$ 的平均濃度即大約爲 5 ppm。大約 0.10 ppm 的 $NO_2$ 濃度，即可能造成呼吸道疾病的加重及肺功能的衰減 (Ferris, 1978)。應該可以注意到這些濃度在表 7-1 的 NAAQS 中是非常高的。

**光化學氧化物**　光化學氧化物包括過氧乙醯硝酸鹽 (PAN)、丙烯醛、過氧苯甲醯硝酸鹽 (PBzN)、醛、氮氧化物及臭氧 (最主要的氧化物)。臭氧常用以作爲氧化物總量的指標。當氧化物濃度超過 0.1 ppm 時，會對眼睛造成刺激。當濃度爲 0.3 ppm 時，會造成咳嗽及增加胸部的不適。患有慢性呼吸道疾病者更易感受到上述狀況。

**$PM_{10}$**　因爲較大的顆粒不可能被吸入深至肺部，因此 USEPA 將空氣品質標準中，總懸浮物質之項換成氣體動力直徑小於 10 $\mu$m 的 $PM_{10}$ 標準。美國、巴西、德國的研究調查發現，微粒對增加呼吸器官疾病、心臟血管毛病、相關癌症死亡、肺炎、肺功能衰減及氣喘等，皆具相當程度的影響 (Reichhardt, 1995)。

近期的研究，已經朝向粒徑小於 2.5 $\mu$m 的微粒，爲造成受污染城市死亡率上升的主要肇因 (Pope et al., 1995)。一項假設的生物機制顯示，污染所引發的肺部危害，會導致肺功能受損，呼吸系統病變，或因血氧過少造成心血管疾病等潛在問題。

**硫氧化物及總懸浮微粒**　硫氧化物包括二氧化硫 ($SO_2$)、三氧化硫 ($SO_3$) 及其酸和鹽類。$SO_2$ 及 $SO_3$ 所造成的影響經常被合併討論。值得注意的是當 $SO_2$ 被微粒所吸附時，對下呼吸系統的影響可造成增效作用。非附著於微粒上的

**表 7-2　三個主要空氣污染災害**

| | Meuse Valley, 1930 (Dec. 1) | Donora, 1948 (Oct. 26-31) | London, 1952 (Dec. 5-9) |
|---|---|---|---|
| 人口 | 無資料 | 12,300 | 8,000,000 |
| 氣候 | 反氣旋，逆溫及霧 | 反氣旋，逆溫及霧 | 反氣旋，逆溫及霧 |
| 地形 | 河谷 | 河谷 | 河平原 |
| 最可能污染源 | 工業 (包括鋼和鋅工廠) | 工業 (包括鋼和鋅工廠) | 家庭燒煤 |
| 天然病症 | 曝露皮膜的化學刺激 | 曝露皮膜的化學刺激 | 曝露皮膜的化學刺激 |
| 死亡數 | 63 | 17 | 4,000 |
| 死亡時間 | 曝露後第二天開始 | 曝露後第二天開始 | 曝露後第一天開始 |
| 可能造成刺激之物 | 附著硫氧化物的微粒 | 附著硫氧化物的微粒 | 附著硫氧化物的微粒 |

資料來源： WHO, 1961

$SO_2$ 會被上呼吸道的黏膜所吸收。

當 TSP 超過 350 $\mu g/m^3$ 及 $SO_2$ 濃度高於 0.095 ppm 時，患有慢性支氣管炎的病患會加重其呼吸疾病的症狀。在荷蘭歷經三年的研究發現，當 $SO_2$ 及 TSP 的濃度分別從原有的 0.10 ppm 及 230 $\mu g/m^3$ 降至 0.03 及 80 $\mu g/m^3$ 時，肺功能獲得改善。

**空氣污染災害**。“episode” (插曲式的意外)，這個字是用來作爲如同 “disaster” (災害) 這個字的狹義定義形式。*實際上，這些災害造成衝擊，且刺激立法行動，首次要求必須對空氣污染物作控制。這三次主要災害的特徵概述於表 7-2。仔細研究表中所列，發現所有災害都有一些共通性。將這些情況與未發生災害者比較，發現每次災害發生皆有 4 個主要因素。這些因素，若其中一個不存在，則預期祇有少數人患病及死亡。這些決定性的因素爲：(1) 大量的污染源，(2) 侷限的空氣體積，(3) 官員在判定 “某件事出錯” 時發生錯誤，(4) “適當大小水滴的存在” (Goldsmith, 1968)。

雖然任何一種污染物若量充足即可致命，但由這些災害可見，有些災害必須是幾種污染物的混合才會發生。空氣中的各別污染物，除非是發生爆炸或運送的意外，否則很少會達到致命的程度。然而，在相當低的濃度下，適當的將二種或更多種的污染物混合會導致嚴重的病兆。在三次災害中發現，硫氧化物及微粒的結合可能是最可能的原因。

* 在核能工業中，被稱爲 “事故” (incident)。

就氣象學的觀點而言，當空氣移動很慢時，污染物不能被稀釋。雖然山谷是最有助於留滯效應，但倫敦的災害事件證明該因素並非必然。這種留滯累積的狀況必須持續數天，最少需要三天。

很不幸地，每次這些有毒空氣污染狀況，皆因政府官員未能即時察覺異常，而終致致命的結果。若沒有來自醫院的報告或對污染程度的偵測結果，政府官員不會去警告民眾關閉工廠或管制交通。

最後可能也是最重要的因素是煙霧。*霧粒必須是 "最適當" 的大小，即直徑 1 至 2 $\mu$m 或小於 0.5 $\mu$m 的範圍。這些尺寸大小的微粒最易滲入下呼吸系統，溶解在霧粒中的污染物也因此被攜帶深入肺並淤積在肺中。

## ▲ 7-5　空氣污染物的來源及衍生物

### 一氧化碳

碳的不完全氧化導致生成一氧化碳 (CO)。每年因土壤微生物自然厭氧分解含碳物質而釋放的甲烷 ($CH_4$) 大約為 160 兆克 ($T_g$)[†] (IPCC, 1995)。甲烷氧化反應中間過程中將生成 CO。氫氧自由基 (OH· ) 作為起始氧化劑，其與 $CH_4$ 結合形成烷基自由基 (Wofsy, et al., 1972)：

$$CH_4 + OH\cdot \rightarrow CH_3\cdot + H_2O \tag{7-8}$$

此反應伴隨有 39 個連續複合反應，將此反應單純化之後，其反應式為：

$$CH_3\cdot + O_2 + 2(h\upsilon) \rightarrow CO + H_2 + OH\cdot \tag{7-9}$$

亦即 $CH_3$ 分別被光能 ($h\upsilon$) 中的一個光子迅速捕獲。$\upsilon$ 代表光的頻率。h 是蒲朗克常數$=6.626\times10^{-34}$ J/Hz。

人類活動所產生的污染來源，包括電動車輛、為產生電或熱的燃料燃燒、工業程序、固體廢棄物的廢置及如樹葉及柴木等種種的燃燒。這些污染

---

* 煙霧 (smog) 這個字是一位倫敦人在第一次世界大戰之前創造出來的，用以描述煙 (smoke) 和當地氣候的霧 (fog) 的綜合。洛杉磯煙霧是一個誤稱，因為只有小許煙，沒有霧存在。事實上，如同我們在後面會提到的，洛杉磯煙霧在沒有陽光的狀況下是不會發生的。洛杉磯的霾 (haze) 的正確名稱應該是 "光化學煙霧"。

† $1\ T_g = 1 \times 10^{12}$ grams。

源大約會釋放出 600-1250 Tg 的 CO (IPCC, 1995)。其中電動車輛占 60% 的釋出量。

過去 20 年間，大氣中 CO 的含量並未被察覺有顯著的改變。但目前因人類活動的燃燒污染源卻是同時期間的二倍。因爲大氣中濃度並無明顯的改變，所以可能有些機制被提出用來解釋 CO 消失的原因。其中二個最可能的原因是：

**1.** 與氫氧自由基 (OH・) 反應生成二氧化碳
**2.** 經由土壤微生物去除

根據估算的結果，因上述二種機制而消耗的 CO 量恰等於其產生量 (Seinfeld, 1975)。

## 有害性空氣污染物

USEPA 已經鑑定 166 種來自主要污染源及 8 種來自區域污染源的有害性空氣污染物，列於表 1-8 (57FR 31576)。存在各工業的污染源種類相當廣泛，包括燃料燃燒、金屬製造、石油及天然氣的製造提煉、表面塗料程序、廢棄物處理及廢置程序、農業化學品生產、聚合物及樹脂生產、乾洗、電鍍等種種污染源。

除了上述這些排放源外，有害性空氣污染物亦可能來自大氣中化學生成反應。這些反應包括那些不列入 HAPs 或本身沒有毒害的化學品，經大氣轉化生成 HAPs。以氣態存在的有機化合物所涉及最重要的轉化程序是光分解及和臭氧、氫氧自由基 (OH・)、硝酸鹽自由基的化學反應 (Kao, 1994)。**光分解** (photolysis) 是指化合物在吸收具恰當波長的輻射後發生化學斷鍵作用或化學重組。光分解作用祇有在白天時段，當化合物強烈吸收了太陽輻射時才顯重要。否則，和臭氧及氫氧自由基的反應較占優勢。最常形成的 HAPs 是甲醛和乙醛。

OH 的移除或加入是主要的去除機制，其反應產物爲 CO 及 $CO_2$。在 189 種的 HAPs 中有 89 個生命期皆小於一天。

## 鉛

大氣中鉛的天然污染源爲火山活動及氣媒微粒。精煉程序及含鉛廢棄物的焚化皆是鉛的主要污染源。加入汽油中使用的鉛大約有 70 至 80% 的量被釋放回大氣中。

鉛藉由揮發、併發冷凝、和較大粒子碰觸或成核作用，在大氣中會形成次微米大小的粒子。當其大小維持在數微米時，即可藉由沉降或雨洗而去除。

## 二氧化氮

土壤中細菌的作用將釋出氧化亞氮 ($N_2O$) 至大氣中。在較高的對流層及平流層 (恆溫層) 中，氧原子和氧化亞氮反應生成一氧化氮。

$$N_2O + O \rightarrow 2NO \tag{7-10}$$

氧原子是來自臭氧的分解。一氧化氮再進一步和臭氧反應生成二氧化氮 ($NO_2$)。

$$NO + O_3 \rightarrow NO_2 + O_2 \tag{7-11}$$

地球中，藉此反應所生成的 $NO_2$ ，每年大約有 0.45 Pg* (Seinfeld, 1975)。

氮氧化物的人爲污染源中，大約有 96% 是來自燃燒程序。雖然大氣中氧氣及氮氣共存且不發生反應，但在高溫及高壓時其關係卻有極大的不同。當溫度超過 1,600 K 時，其反應如下：

$$N_2 + O_2 \overset{\Delta}{\rightleftharpoons} 2NO \tag{7-12}$$

若此燃燒氣體在反應後快速冷卻且釋入大氣中，則此反應會中止，NO 爲其副產品。NO 會再與臭氧或氧形成 $NO_2$。1995 年 $NO_x$ 因人爲污染所釋出的量總計爲 32 Tg/年 (以 N 表示)(IPCC, 1995)。在美國人爲 $NO_x$ 排放來源中有 40-45% 來自交通運輸，35% 來自發電廠，20% 來自工業排放 (Seinfeld and Pandis, 1998)。

最終，$NO_2$ 將轉變成 $NO_2^-$ 或 $NO_3^-$ 的粒狀形式。然後這些粒子被雨水洗除而沉降。硝酸鹽溶解在水滴中形成硝酸，此即工業區“酸雨”的由來。

---

* 1 Pg＝1 × $10^{15}$ grams

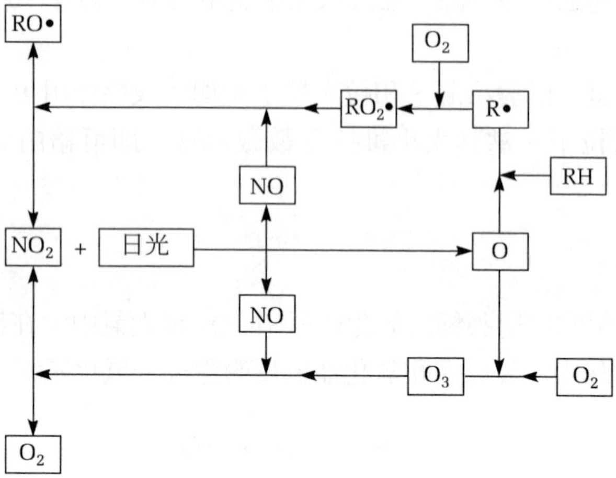


**圖 7-6** 碳氫化合物和大氣中氮氧化物光分解循環反應的相互作用 (資料來源: NAPCA, 1970)。

## 光化學氧化物

光化學氧化物和其他污染物不一樣，其完全是來自於大氣中的反應而非直接起因於人類或大自然。也就是說，它們是**二次污染物** (secondary pollutants)。其藉由原子、分子、自由基或離子吸收光子而起始的一連串反應而生成。臭氧是主要的光化學氧化物，其形成常來自二氧化氮的光分解循環反應。碳氫化合物和氧原子反應生成自由基 (具更高反應性的有機物種)，這些碳氫化合物、氮氧化物和臭氧反應生成更多的二氧化氮和臭氧。該循環過程如圖 7-6 所示。此反應必須要有充足的陽光才能發生，有名的洛杉磯光化學"煙霧"即爲這些化學反應產生的結果。

## 硫氧化物

硫氧化物可能是一次或二次污染物。動力工廠、工業、火山及海洋直接排放出的 $SO_2$、$SO_3$ 及 $SO_4^{2-}$ 爲一次污染物。此外，生物衰變程序及一些工廠排放出的 $H_2S$，經氧化形成 $SO_2$，此爲二次污染物。通常每年自然污染源大約產生 30 Tg 的硫，而來自人爲污染源的大約有 75 Tg (Seinfeld and Pandis, 1998)。

$H_2S$ 最重要的氧化反應是和臭氧反應：

$$H_2S + O_3 \rightarrow H_2O + SO_2 \qquad \textbf{(7-13)}$$

含硫的燃料燃燒後，所產生的二氧化硫量與燃料中的硫含量成正比：

$$S + O_2 \rightarrow SO_2 \qquad \textbf{(7-14)}$$

此反應顯示，燃料中每克硫的燃燒，會產生 2 克的 $SO_2$ 釋出至大氣中。因爲燃料中的硫並非 100% 燃燒，我們通常假設燃料中有 5% 的硫最終變成灰燼，即燃料中每克的硫釋放出 1.90 克的 $SO_2$。

---

**例題 7-2**　以每秒 1 公斤的速率燃燒伊利諾煤。分析煤中含硫量爲 3%，試問每年 $SO_2$ 的釋出速率？

**解**：利用質量平衡方式，可以畫出一個質量平衡圖：

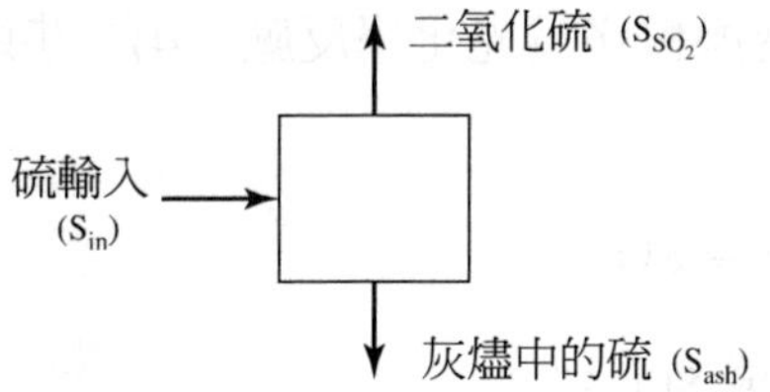


質量平衡方程式，可寫成

$$S_{輸入} = S_{灰燼} + S_{SO_2}$$

從問題的資料可知，“進入的硫”質量爲

$$S_{輸入} = 1.00 \text{ 公斤/秒} \times 0.030 = 0.030 \text{ 公斤/秒}$$

一年中

$$S_{輸入} = 0.030 \text{ 公斤/秒} \times 86{,}400 \text{ 秒/天} \times 365 \text{ 天/年} = 9.46 \times 10^5 \text{ 公斤/年}$$

灰燼中硫含量是輸入硫的 5%：

$$S_{灰燼} = (0.05)(9.46 \times 10^5 \text{ 公斤/年}) = 4.73 \times 10^4 \text{ 公斤/年}$$

能轉換成 $SO_2$ 的硫含量爲：

$$S_{SO_2} = S_{輸入} - S_{灰燼} = 9.46 \times 10^5 - 4.73 \times 10^4 = 8.99 \times 10^5 \text{ 公斤/年}$$

硫的生成量由氧化反應式 (式 7-14) 可得：

$$S + O_2 \rightarrow SO_2$$
$$分子量 = 32 + 32 = 64$$

二氧化硫的生成量爲可轉換硫量的 64/32：

$$S_{SO_2} = \frac{64}{32}(8.99 \times 10^5 \text{ 公斤/年}) = 1.80 \times 10^6 \text{ 公斤/年}$$

---

大氣中，大部份的 $SO_2$ 最終轉變成硫酸鹽，其將藉由重力沉積移除或藉降雨洗除。轉變成硫酸鹽的途徑有二：觸媒氧化反應或光化學氧化反應。若水滴中含有 $Fe^{3+}$、$Mn^{2+}$ 或 $NH_3$，則第一個反應最具效應：

$$2SO_2 + 2H_2O + O_2 \xrightarrow{\text{catalyst}} 2H_2SO_4 \quad \textbf{(7-15)}$$

在較低的相對濕度下，其主要的轉換程序爲光化學反應。第一步驟爲 $SO_2$ 的光激發反應*。

$$SO_2 + h\nu \rightarrow \overset{*}{S}O_2 \quad \textbf{(7-16)}$$

受激發的分子很快地與 $O_2$ 反應生成 $SO_3$：

$$\overset{*}{S}O_2 + O_2 \rightarrow SO_3 + O \quad \textbf{(7-17)}$$

此三氧化物吸濕性很強且快速轉變成硫酸：

$$SO_3 + H_2O \rightarrow H_2SO_4 \quad \textbf{(7-18)}$$

此反應說明工業區大部份酸雨 (pH 値小於 5.6 的降雨) 的形成原因。正常的降雨，因碳酸鹽緩衝系統所造成的 pH 値大約爲 5.6。

## 微粒物質

每年大約有 2.9 Pg 的微粒物質來自海鹽、土壤灰塵、火山粒子及森林火災產生的煙。由化石燃料燃燒及工業流程所造成的人爲排放大約每年有 110

---

* 光激發爲一電子從一低能階轉移至到另一高能階，因此可在分子內儲存能量。光激發反應在反應式以星號註記。

Tg。微粒的二次污染源包括 $H_2S$、$SO_2$、$NO_x$、$NH_3$ 及碳氫化合物的轉化。$H_2S$ 及 $SO_2$ 轉化成硫酸鹽，$NO_x$ 及 $NH_3$ 轉化成硝酸鹽，碳氫化合物則反應形成在大氣溫度下凝結成顆粒的物質。每年由自然污染源所產生的二次污染物量大約爲 240 Tg，而人爲污染源所產生的量大約爲 340 Tg。

直徑介於 0.5 至 50 $\mu$m 大小的塵粒，可被風完全揚起且吹越過長距離。海鹽微粒的大小介於 0.05 至 50 $\mu$m。因光化學反應而形成的粒子直徑相當小 ($< 0.4$ $\mu$m)。煙及飛灰粒子涵蓋了從 0.05 至 200 $\mu$m 或更大的寬廣範圍。都市大氣中的微粒質量分佈，一般顯示二個最大值，一個是直徑介於 0.1 至 1 $\mu$m，另一個則介於 1 至 30 $\mu$m 之間。粒徑較小的是因凝聚而形成，粒徑較大的則包含由化學擦撞產生的飛灰和塵粒。

大氣中小顆粒的移除是藉由附著在水滴上成長至足夠大而沉降，大顆粒則直接利用落下的雨滴沖洗而移除。

## ▲ 7-6　小型及大型空氣污染

空氣污染問題的發生有三種規模：小型、中型和大型。小型的空氣污染涵蓋從小於 1 公分到一間房屋或比一間房屋稍大的空間爲範圍；中型的空氣污染是指幾公頃到一個城市或縣市的範圍；大規模的空氣污染則由縣市延伸至州、國家及最廣的視界即地球。此後本章中所探討的內容著重於中型的空氣污染問題。在此節，將先說明一般的小型及大型空氣污染問題。

### 室內空氣污染

居住在都會、寒冷地區的人們在室內活動的時間可能占了 90% (Lewis, 2001)。最近 40 年來，研究人員對居家空氣污染物的來源、濃度的確認及導致的衝擊感到興趣。在某些情況下，驚人的結果顯示，室內空氣污染的程度可能更超於室外空氣污染。

因不當操作火爐而產生的一氧化碳問題，一直是我們所關注的。在許多意外，人們因爲火爐故障而死亡。最近，已察覺到如煤氣爐、烤箱、瓦斯爐、煤氣或煤油加熱器及香煙的煙霧等 (表 7-3) 慢性且濃度低的 CO 污染。

氮氧化物的來源亦列於表 7-3。$NO_2$ 的濃度範圍，從在有電子爐具空調房屋中的 70 $\mu g/m^3$，到有瓦斯爐不具空調房屋中的 182 $\mu g/m^3$，後者的測值和國家環境空氣品質標準的限值比起來相當的高 (Hosein et al., 1985)。$SO_2$ 的

**表 7-3 受試燃燒源及其排放速率測定**

| 來源 | 排放速率範圍,[a] mg/MJ | | | | |
|---|---|---|---|---|---|
| | NO | $NO_2$ | $NO_x$ (as $NO_2$) | CO | $SO_2$ |
| 燃燒爐頂[b] | 15–17 | 9–12 | 32–37 | 40–244 | —[c] |
| 烤爐[d] | 14–29 | 7–13 | 34–53 | 12–19 | — |
| 點火苗[e] | 4–17 | 8–12 | [f] | 40–67 | — |
| 煤氣加熱器[g] | 0–15 | 1–15 | 1–37 | 14–64 | — |
| 煤氣乾燥機[h] | 8 | 8 | 20 | 69 | — |
| 煤油加熱器[i] | 1–13 | 3–10 | 5–31 | 35–64 | 11–12 |
| 香煙[j] | 2.78 | 0.73 | [f] | 88.43 | — |

[a] 燃燒源排放速率的最低及最高平均值以 mg/MJ 表示。註：以 100% 效率計算時，將 1 g 水由 14.5°C 加熱至 15.5°C 需 4.186 Joules。
[b] 測試三個燃燒區間。列表的結果是在藍色火焰的狀態下所得。
[c] "—" 表示燃燒源未排放該污染物。
[d] 測試三個燃燒區間。烤爐操作在不同的設定狀態 (烘、烤、自淨週期等)。
[e] 三種點火苗皆測試同一燃燒區間，其中二種爲爐頂點火苗，一種爲爐底點火苗。
[f] 排放速率未列出。
[g] 測試三種空間加熱器，包括對流、輻射及觸媒加熱。
[h] 測試一種煤氣乾燥器。
[i] 測試二種煤油加熱器，包括對流及輻射加熱。
[j] 測試一種香煙。表列的排放速率係以每支香煙幾個 mg 表示 (每支香煙含有 800 mg 菸草)。
(資料來源：D. J. Moschandreas et al., 1985.)

濃度在所有研究調查中的房屋內都相當的低。

在室內空氣中已有超過 800 種如醛類、烷類、烯類、醚類、酮類及多核芳香族碳氫化合物 (PAHs) 等揮發性有機化合物 (VOCs) 被確認 (Hines et al., 1993)。雖然其並非所有時間全部都存在，但是它們卻經常同一時間存在好幾種。這些化合物的典型來源列於表 7-4。

在 1979 到 1987 年間，美國環保署調查公眾場合下 VOC 對個別的曝露量，這項研究名爲總曝露評估方法論 (Total Exposure and Assessment Methodology , TEAM)，顯示針對 19 種 VOCs，個人曝露量超過平均戶外空氣濃度的 2~5倍。傳統的污染來源 (汽車、工業、石化工廠)僅占了總曝露量的 20~25 % (Wallace, 2001)。

甲醛 ($CH_2O$) 被指出是最普及且毒性較強的化合物 (Hines et al., 1993)，甲醛並非由於屋內人爲活動所造成，而是由一些不同種類的消費產品及包括壓木製品的建築材料、絕緣材料 (尿素-甲醛發泡絕緣體 (UFFI) 是最主要肇因)、紡織品及燃燒源等所釋放出來的。在一項研究中，甲醛的濃度範圍是

**表 7-4　常見的揮發性有機化合物及其來源[a]**

| 揮發性有機物 | 主要室內污染曝露來源 |
|---|---|
| 乙醛 | 油漆 (水性)、側流燻煙 |
| 醇類 (乙醇、異丙醇) | 清潔劑 |
| 芳香族碳氫化合物(乙苯、二甲苯、三甲基苯) | 油漆、膠黏劑、汽油、燃燒來源 |
| 酯類碳氫化合物 (辛烷、癸烷、十一烷) | 油漆、膠黏劑、汽油、燃燒來源 |
| 苯 | 側流燻煙 |
| 2,6 一二叔丁基對甲酚 (BHT) | 以氨基鉀酸酯做成的地毯墊 |
| 三氯甲烷 | 洗澡、洗衣、洗碗盤 |
| 對-二氯苯 | 室內芳香劑、蟲餌 |
| 乙二醇單丁醚 | 油漆塗料 |
| 甲醛 | 側流燻煙、木製品、影印機 |
| 亞甲基氯 | 溶解用去光水 |
| 酚 | 乙烯基地板材料 |
| 苯乙烯 | 煙、影印機 |
| 烯 (檸檬油精、$\alpha$-蒎烯) | 芳香防臭劑、亮光劑、衣物柔軟精 |
| 四氯乙烯 | 穿/儲藏乾洗衣物 |
| 四氫呋喃 | 乙烯基地板塡縫的蓋印 |
| 甲苯 | 影印機、側流燻煙、合成纖維 |
| 1,1,1 三氯乙烷 | 氣膠噴沫、溶劑 |

[a] 資料來源：Tucker, 2001, and Wallace, 2001

介於 0.01 ppm 到 5.52 ppm 之間，而平均標準約爲 0.18 ppm (Godish, 1989)。被測到的最高甲醛濃度，是在寒冷氣候下 (明尼蘇達州與印地安納州) 的裝修中的住家與傳統房子中。美國加熱、冷凍機空調工程學會 (ASHRAE, 1981) 設定的指標性濃度爲 0.1 ppm。

甲醛不像其他的空氣污染源般祇要有人類活動就會連續地釋放，除非有新的材料被帶進住家，否則並不會產生 $CH_2O$。假設讓房子有足夠的通風一段時間，則甲醛的濃度便會降下來。

室內重金屬的主要來源是未經過濾的室外空氣、土壤及灰塵。砷、鎘、鉻、汞、鋁及鎳皆曾在室內空氣中被檢測出。鉛及汞可能來自如油漆的室內污染源。老舊的鉛漆在磨損或除去過程中，會造成鉛微粒的污染。汞蒸汽是由爲防止黴菌生長而使用含聯苯十二烯基琥珀酸汞的乳狀塗料所釋放的。

雖然，過去致力於減少或消除室內煤氣爐、烤箱等污染的效果不彰，但

**表 7-5 受試樓層測得之平均可吸入微粒 (RSP)、CO 及 $CO_2$ 濃度**

| | RSP ($\mu g/m^3$) | CO (ppm) | $CO_2$ (ppm) |
|---|---|---|---|
| 期間 1 | | | |
| 樓層區 | 26 | 1.67 | 624 |
| 休息區 | 51 | 1.98 | 642 |
| 期間 2 | | | |
| 樓層區 | 18 | 1.09 | 569 |
| 休息區 | 189 | 2.40 | 650 |

資料來源：Lee et al., Apirl 1985

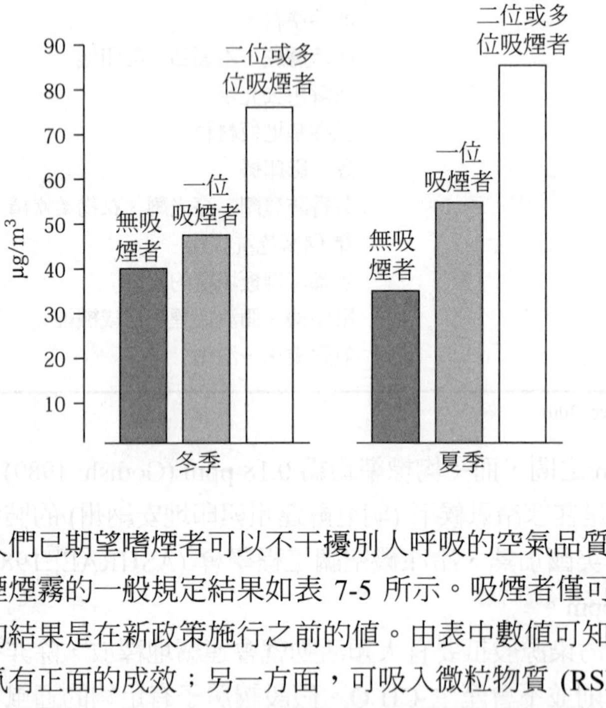


**圖 7-7** 可吸入懸浮微粒濃度與吸煙人數關係圖 (資料來源：Hosein et al., 1985)。

人們已期望嗜煙者可以不干擾別人呼吸的空氣品質。一項在辦公室內針對香煙煙霧的一般規定結果如表 7-5 所示。吸煙者僅可在休息區內抽煙。期間 1 的結果是在新政策施行之前的值。由表中數值可知，新政策對休息區外的空氣有正面的成效；另一方面，可吸入微粒物質 (RSP) 會在有一位吸煙者的情況下增加，且在有二位吸煙者的情況下急遽地增加 (圖 7-7)。

因為抽煙的煙霧中存在致癌物，因此室內抽煙的煙霧特別被關注。當吸煙者吸入**主流煙** (mainstream smoking，吸煙者自己吸入的抽菸煙霧) 時，其所造成的**側流燻煙** (sidestream smoke，**二手煙**) 亦增加了室內環境的污染負荷。表 7-6 所列為來自香煙的主流煙及側流燻煙的排放速率。

在 1990 初期與 2002 年時，美國疾病控制及預防中心 (CDC) 調查，非吸

**表 7-6 來自主流煙及側流燻煙排放的化學物質**

| 化學物質 | 主流煙 ($\mu$g/cigarette) | 側流燻煙 ($\mu$g/cigarette) |
|---|---|---|
| 氣體及蒸氣相 | | |
| 一氧化碳 | 1,000–20,000 | 25,000–50,000 |
| 二氧化碳 | 20,000–60,000 | 160,000–480,000 |
| 乙醛 | 18–1,400 | 40–3,100 |
| 氰化氫 | 430 | 110 |
| 氯化烷 | 650 | 1,300 |
| 丙酮 | 100–600 | 250–1,500 |
| 氨 | 10–150 | 980–150,000 |
| 吡啶 | 9–93 | 90–930 |
| 丙烯醛 | 25–140 | 55–130 |
| 一氧化氮 | 10–570 | 2,300 |
| 二氧化氮 | 0.5–30 | 625 |
| 甲醛 | 20–90 | 1,300 |
| 二甲基亞硝胺 | 10–65 | 520–3,300 |
| Nitrosopyrolidine | 10–35 | 270–945 |
| 微粒物質 | | |
| 總懸浮微粒 | 36,200 | 25,800 |
| 菸鹼 | 100–2,500 | 2,700–6,750 |
| 總酚 | 228 | 603 |
| 焦油腦 | 50–200 | 180–420 |
| 苯並焦油腦 | 20–40 | 68–136 |
| 駢苯 | 2.8 | 4.0 |
| 甲基駢苯 | 2.2 | 60 |
| 苯胺 | 0.36 | 16.8 |
| 亞硝基原菸鹼 | 0.1–0.55 | 0.5–2.5 |

資料來源：Hines et al.,1993

煙者對於可丁尼 (cotinine，一種尼古丁產物) 的反應發現，成人與兒童分別比十年前少了 75% 與 68%，CDC 指出這是由於嚴格禁止二手煙的緣故。然而，仍須努力的是，兒童體內的濃度值仍比非吸煙的成人體內多了兩倍以上 (U. S. CDC, 2005)。

細菌、病毒、黴菌、蝨子與花粉皆被視爲**生物性氣膠**，他們需要有貯存槽 (用來貯存)，需要放大器 (用來再生)，與傳播方法。室內空氣中的細菌與病毒來自於人體及寵物，其他的微生物及與花粉可能來自於周遭的自然環境或者建築物的通風系統、增濕器、空氣調節系統與其他水可以累積之處，皆爲生物氣膠潛在的貯存槽。

雖然氡氣不被視爲環境空氣污染物，但曾在住家中發現具警戒性的高濃度。我們將在第 11 章中深入探討氡氣的問題。在此節先說明一下即可，氡氣是一種從天然地質形成物或建築材料中所放射出的一種放射性氣體。它不像上述所討論的污染物一般是來自屋主的活動。

在未來幾年尚未有任何法規來降低這些室內空氣污染之前，房舍和公寓住所僅能以置換瓦斯爐設備、移除或覆蓋甲醛污染源，及設置非吸煙區隔離吸煙者等方法來降低室內空氣污染。

## 酸　雨

因為來自大氣中的 $CO_2$ 被雨水溶解至足夠形成碳酸，使未被污染的雨水本身具有酸性 (如 4-1 節所述)。一般純雨水的平衡 pH 值大約為 5.6，但在北美及歐洲等地所測的值顯示較低的 pH 值；在某些情況下，甚至有低至 3.0 的記錄。美國各地及加拿大南部在 1997 年所測單位降雨量的雨水平均 pH 值如圖 5-16 所示。

大氣中的化學反應將 $SO_2$，$NO_x$ 及揮發性有機化合物 (VOCs) 轉化成酸性化合物及相關連的氧化物 (圖 7-8)。在美國東部 $SO_2$ 的主要轉化是在雲中和過氧化氫 ($H_2O_2$) 的水相反應。$NO_2$ 和 OH 自由基藉由光化學反應形成硝酸，而臭氧則是經由 $NO_x$ 及 VOCs 一連串的反應生成。

如第 5 章所討論，酸雨所引起的關注，包括酸度對水域生態的潛在影響、對農作物、森林及建築材料的損害。較低的 pH 值會因干擾再生循環或釋出不溶解的有毒鋁而直接傷害到魚類。在歐洲中部，樹林急遽枯死的情況，同樣也可能發生在美國北部。假設酸雨會從土壤中滲洗出鈣和鎂 (參見

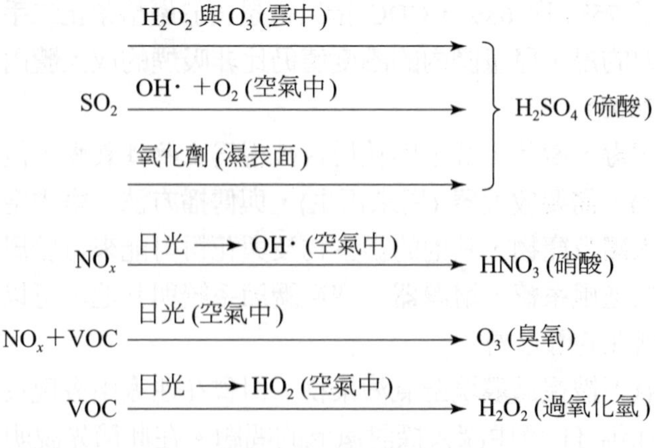


**圖 7-8**　酸雨的前驅物及產物。

圖 4-14)，則愈來愈少的鈣和鋁的莫耳比例，會使細根吸收超量的鋁最後導致樹林衰頹。

在 1980 年，美國國會通過一項評估酸性降水的肇因及影響的十年研究計畫。這項研究計畫定名爲國家酸性降水評估計畫 (NAPAP)。NAPAP 在 1987 年 9 月提出一項報告指出，酸性降水顯示對農作物、樹苗或人體健康不具可測量或一致的影響；同時美國各州祇有少部份的湖泊其 pH 值低於 5.0(Lefohn and Krupa, 1998)。但在另一方面，氧化物所造成的損害是可以測量的。

在美國，大約有 70% 的 $SO_2$ 排放歸因於電力設施。爲了減少 $SO_2$ 的排放量，美國國會在 1990 年清淨空氣法案修正案中提出二階段的控制方案。第一階段，針對美國東半部 110 個最大排放源設定排放許可量。第二階段，則針對較小的設施設定買賣的許可量。每一個許可大約等於 1 Mg 的 $SO_2$ 排放量。若一個公司未超過最大許可，可將其賣給另一個公司使用。這個方案被稱爲**市場-基礎系統** (market-based system)。由於該方案的推行，設施排放量減少了 9 Tg。

在 2003 年，USEPA 發表了對於清潔空氣法案及修正案的回應報告 (U.S. EPA, 2003a)：1980 年代初期，在美國東北部及西中北部的 81 個監測酸性沉積的據點，對於酸性表面水的數量比例變化估算列於表 7-7。新英格蘭區及藍山脈區不具有可測量的變化。當硝酸鹽無明顯變化時，硫酸鹽的濃度便減少。自 1980 年以來，因爲全面地減少二氧化硫的排放，相對地使硫酸鹽的濃度廣泛降低。因此，硫酸鹽沉澱會立即影響表面水的酸性，且沉澱量下降會導致硫酸鹽濃度降低。

USEPA 也於此報告中指出，在許多案例當中，非長期酸化的測點，在春

**表 7-7　東北部酸性沉積區域的酸性表面水的數量改變與比例估算表**[a]

| 區域 | 總體數量 | 過去調查中的酸性數量[b] | 目前的酸性數量 | 變化的比例 |
|---|---|---|---|---|
| 新英格蘭區 | 6,834 lakes | 386 | 374 | −3 |
| 阿第倫達克區 | 1,830 lakes | 238 | 149 | −38 |
| 北部阿帕拉契區 | 42,426 $km^2$ | 5,014 | 3,600 | −28 |
| 藍山脈區 | 32,687 $km^2$ | 1,634 | 1,634 | 0 |
| 西中北區 | 8,574 lakes | 251 | 800 | −68 |

[a] 取材自 U. S. EPA, 2003a.
[b] 調查資料的範圍從 1984 年的西中北區到 1993、1994 年的北部阿帕拉契區。

雪融化或驟雨期間會歷經短期的酸化。

## 臭氧消耗

若沒有臭氧層，地球表面上的任何生物都會被燒焦 (另一方面，如我們早已留意到的，臭氧也可能令人致命)。在上層大氣層 (20 至 40 公里以上) 中，臭氧的存在阻隔了紫外線 (UV) 輻射。在夏天，微量的紫外線可使你曬黑，但太多的紫外線會造成皮膚癌。雖然 $O_2$ 也可造成 UV 輻射的屏障，但其祇吸收集中在 0.2 $\mu$m 窄範圍波長的輻射。這些反應的光化學顯示於圖 7-9。其中 M 代表任何第三者物質 (通常是 $N_2$)。

1974 年，Molina 及 Rowland 提出造成臭氧層破壞的可能性空氣污染物，值得注意的，這也使他們與 Paul Crutzen 一起獲得了諾貝爾化學獎。他們假設，常用作噴霧器推進劑及冷媒的氟氯碳化合物 ($CF_2CL_2$ 及 $CFCl_3$ 一般縮寫成 CFC) 會與臭氧反應 (圖 7-10)。對臭氧層受威脅是這一連串反應中，氯原子會將臭氧自此系統中除去，且氯原子會持續在此系統中循環再生並將更多的臭氧轉化成氧。據估計，若減少 5% 的臭氧將導致增加約 10% 的皮膚癌 (ICAS, 1975)。因此，CFCs 這類在較低大氣層中是鈍性的化合物，在較高處可能變成嚴重的空氣污染問題。

到了 1987年，每年春天在南極大陸上空同溫層上，CFCs 破壞臭氧層的現象，變成不爭的事實。因爲這一年，臭氧層破洞比以往更大，整個臭氧層消失一半以上，更重要的是在同溫層某些區域中臭氧完全消失不見。

經研究確認，以全世界而言，近 10 年來臭氧層大約減小 2.5% (Zurer,

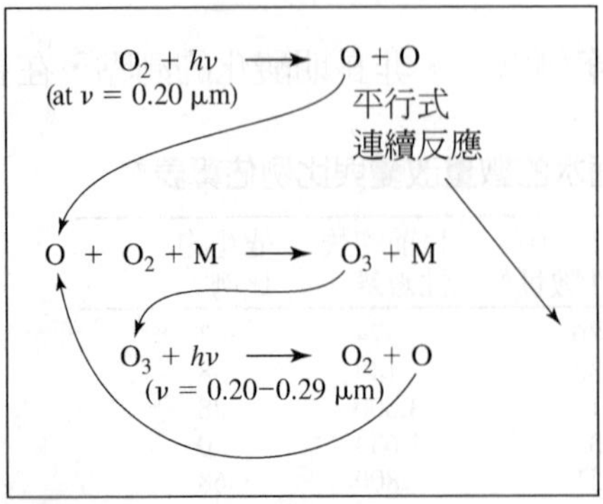


**圖 7-9** 臭氧之光反應。

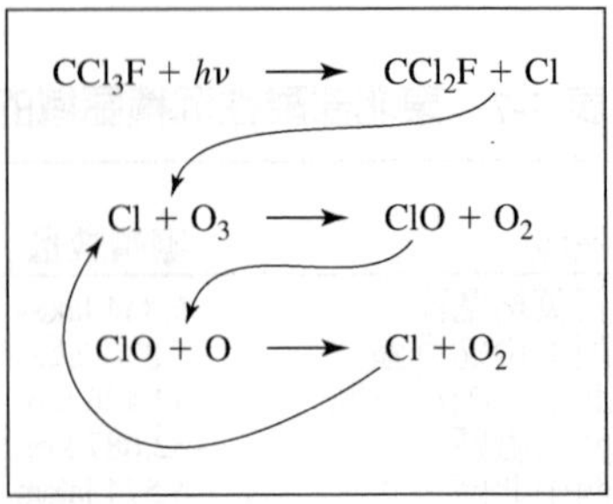


**圖 7-10** 氟氯甲烷對臭氧層的破壞作用。

1988)。起初人們認爲該現象祇會發生在具有特殊地理及氣候的南極大陸地區，而較溫暖的北半球則免於遭此程序流失大量的臭氧。但是，在 1989 年冬天於北極圈的研究顯示，情況並非如此 (Zurer, 1989)。

1987 年 9 月保護臭氧層的蒙特婁公約成立。此公約由 36 個國家所簽定並從 1989 年 1 月開始生效。雖然在該公約的規定下 CFC 的製造到 1998 年需減少 50%，但此期間大氣中的氯，仍會因 CFCs 中的氯生命週期相當長而持續增加。舉例來說，$CF_2CL_2$ 的生命期爲 110 年 (Reisch and Zurer, 1988)。1989 年春天，80 個國家聚集在荷蘭首都赫爾辛基以評估新資訊。這些代表完成無異議提案的 5 點 "赫爾辛基宣言"：

**1.** 參加 1985 年維也納保護臭氧層會議者亦需遵守蒙特婁公約。
**2.** 在 2000 年以前漸次禁止生產及使用會破壞臭氧層的 CFCs。
**3.** 漸次停止生產及使用如四氯化碳及甲基三氯甲烷等，相當容易鹵化且依然會破壞臭氧層的化學品。
**4.** 委任自我加速發展環保可接受的替代化學品及技術。
**5.** 將這些相關的科學資訊、研究結果及訓練應用到開發中國家 (Sullivan, 1989)。

在 1990 , 1992, 1997 及 1999 年的蒙特婁公約更形鞏固。1996 年 1 月成立禁止生產 CFCs、四氯化碳及甲基三氯甲烷的條約；禁止生產鹵化物的法規於 1995 年 1 月生效 (Zurer, 1994)。到了 2002 年 9 月，已有 183 個國家認可了此項草案 (UNDP, 2005)。

一些完全鹵化且比 CFCs 更易分解的替代品已被研發出來。目前急於取代 CFCs 的二類化合物爲氫氟碳化合物 (HFCs) 及氫氯氟碳化合物 (HCFCs)，和 CFCs 不同的是 HFCs 及 HCFCs 含有一個或多個 C-H 鍵，故使其更易在較低的大氣中和 OH 自由基反應。因爲 HFCs 並不含有氯，故其不具有如圖 7-10 中有氯循環破壞臭氧的能力。雖然 HCFCs 含有氯，但這些氯在對流層中即被 OH 有效的裂解，不會輸送至同溫層中破壞臭氧。

隨著蒙特婁公約漸漸地有效執行，CFCs 的使用量減低爲 1990 年的十分之一 (UN, 2005)，2000 年的對流層中，經由生命週期長期與短期的氟氯碳化合物而獲得的總氯量，比 1992-1994 年所觀察的尖峰量少了 5%，2000 年的改變速度約爲每年減少百萬分之 22。對照於 1998 年的些微增加，整體由

CFCs 產生的氯不再上升。對流層中海龍 (halons) 造成的總溴量每年持續產生 3%的量，約為 1996 年增加速度的三分之二 (UNEP/WHO, 2002)。

臭氧消耗及改變的議題息息相關，當大氣層中的 CFCs 衰減時，對全球暖化的影響也會降低。另一方面，以 HFCs 與 HCFCs 取代 CFCs 將會使溫室效應增加。因為臭氧消耗會使地球氣候系統冷卻，而臭氧層的修護將會使氣候環境變暖 (UNEP/WHO, 2002)。

## 溫室效應

**科學基礎** 在過去二十年來，溫室效應的議題逐漸受人重視。圖 7-11 顯示，2000 年的五年平均溫度比 1951-1980 年間上升了將近 0.6°C (Hansen and Sato, 2004)，Mann 和 Jones 在 2003 年，從沉積物、冰洞與樹木年輪及溫度資料，模擬並重建過去兩千年來的溫度變化。他們的研究可看出，過去一百年來的全球平均溫度逐漸上升中，且 2000 年的溫度比過去 2000 年中的任何時刻都還要高。

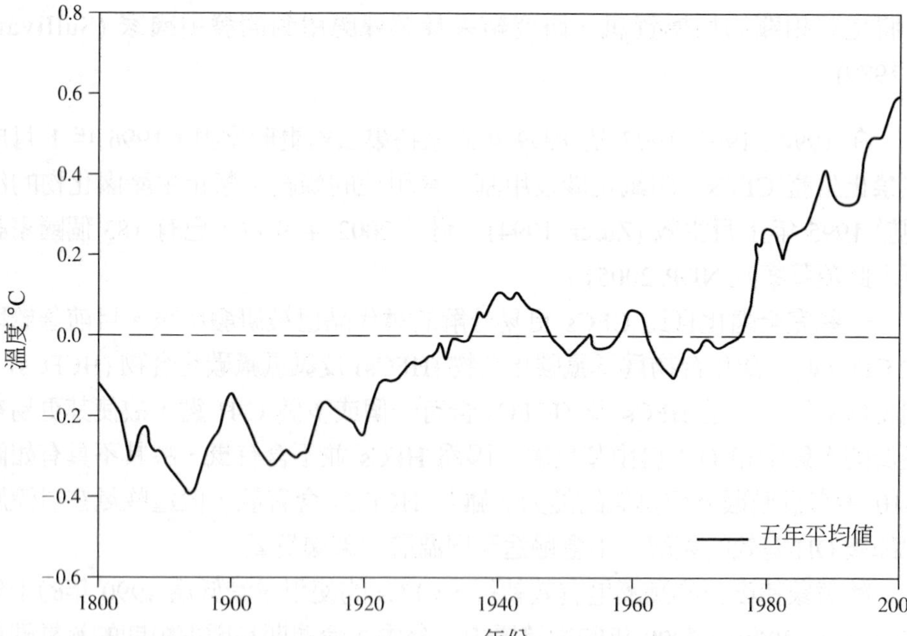


**圖 7-11** 全球地表平均溫度。溫度異常現象為偏離虛線之偏差所示 1951-1980 年的平均溫度 (資料來源：Hansen and Sato, 2004)。

理論假設指出某些氣體 (所謂的溫室氣體, GHGs) 導致了全球溫度暖化。不像臭氧，二氧化碳相當容易讓來自太陽的短波紫外線穿透，它吸收並放射出在地球及大氣中的長波輻射。亦即二氧化碳有如溫室中的玻璃 (因此，稱爲溫室氣體)：它讓來自太陽的短波輻射 (紫外光) 進入使地表增溫，卻制止了來自地表藉由輻射散熱的熱逸出。大氣中溫室氣體愈多，限制輻射熱逸出的效應則愈顯著。$CO_2$ 被視爲主要的溫室氣體之一，因爲 $CO_2$ 在大氣中大量存在，且在地球大部份的紅外線輻射中有很強的吸收光譜。

自從 1958 年首次在夏威夷 Mauna Loa 有系統的測量以來，$CO_2$ 濃度自 316 ppm 提高至 370 ppm (Keeling and Whorf, 2005)。分析來自南極及格陵蘭島上冰柱中所捕集的空氣顯示，工業化以前的 $CO_2$ 濃度是 280 ppm。冰洞測量結果顯示在過去 160,000 年，$CO_2$ 濃度的變動不超過 70 ppm (Hileman, 1989)，而目前的 $CO_2$ 濃度較過去 650,000 年來得高 (Hileman, 2005)。這是因爲自 1750 年後，大氣中的 $CO_2$ 的濃度增加了 30%，且目前的濃度在過去 420,000 年間皆未曾達到過，很有可能在過去 2 億年間也未出現過 (IPCC, 2001a)。目前，其他氣體如甲烷 ($CH_4$)、氮氧化物 ($N_2O$) 及 CFCs 也被認爲有類似 $CO_2$ 的輻射行爲，亦具溫室效應。雖然這些氣體的濃度低於 $CO_2$ 許多，但是目前推估這些氣體所捕捉的長波輻射量約爲 $CO_2$ 的 60%。

在 1995 年，政府間氣候變遷專家委員會 (IPCC) 宣稱*："各項證據顯示

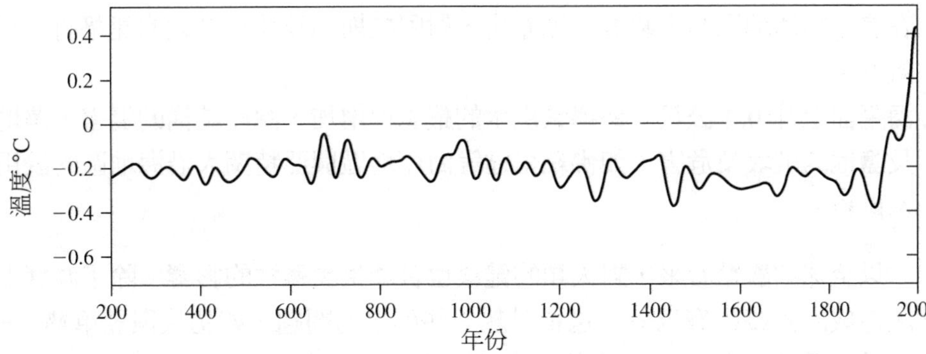


**圖 7-12**　全球地表平均溫度重建。溫度異常現象爲偏離虛線之偏差所示 1961-1990 年的平均溫度 (資料來源：Mann and Jones, 2003)。

* IPCC 由世界上 673 個科學家與 420 位專家學者所組成。

人類活動會明顯地影響全球氣候”。過去 20 年來，大氣中增加的 $CO_2$ 有四分之三是來自於人爲排放，尤其是化石燃料的燃燒所導致 (IPCC, 2001a)。在 1980 年代，大量砍伐森林也被認爲是 $CO_2$ 增加的原因，此外燃燒木材及細菌分解釋出碳亦是原因之一。其中更重要的是，砍伐森林使大氣中移除 $CO_2$ 的機制消失 (一般稱爲“匯”)。在正常呼吸作用下，綠色植物會如我們利用 $O_2$ 般地利用 $CO_2$，而 $CO_2$ 將固定於植物中進行光合作用。一個快速成長的雨林中，每年每平方公尺的地表面積可以固定 1 至 2 kg 的碳；耕作農田，只能固定大約 0.2 至 0.4 kg/m$^2$，且此量可藉由生物消耗及轉換再循環生成 $CO_2$。

**衝擊** 嘗試利用大氣及海洋的循環數學模式來了解全球升溫的結果。全球地表平均溫度在 1990 到 2100 年間，預計上升 1.4 至 5.8°C (IPCC, 2001b)。這些模式顯示好壞摻雜的結論。在地球溫度升高 1.4 至 5.8°C 的情況下，預測出對北美造成的影響爲 (IPCC, 2001b)：

1. 可減少加熱所需費用(部份會與增加的空調費用抵銷)。
2. 在加拿大的某些地區，作物會增加，混合林的作物也會隨著氣候變暖而增加。暖化嚴重時，莊稼生產量可能會減少。
3. 更易航行於北極海，降低北美五大湖與勞倫斯海域的航海限制。
4. 美國中西部及大平原較乾燥，因此作物將需要較多的灌溉。
5. 在長年結冰地區有大範圍的冰融化，對阿拉斯加及北加拿大的建築有不利效應。
6. 海平面上升 0.9 公尺，將導致洪水的嚴重性增加，海岸結構的傷害，濕地及鹽地的破壞及危害，如佛羅里達等海岸地區與亞特蘭大沿海地區的飲用水供給。

以全球的觀點看來，對人類的健康也會產生災難性的影響。除了溫度上升所造成的直接影響以外，還會引起一些嚴重的問題，如瘧疾與登革熱——經由蚊子傳染——將會因溫度上升而加速區域內的傳染 (Martens, 1999)。IPCC估計還會因爲溫度變化而增加 5 到 8 千萬個登革熱案例。

**京都議定書** 京都議定書的架構在 1992 年簽訂，1997 年針對工業化國家設定減少溫室氣體排放量的目標，認定達到下列兩種情況後，此具有法律效力的議定書開始生效：

- 當認可議定書國家達 55 國。
- 且認可國家之 $CO_2$ 排放量至少須占 38 個工業化國家加上白俄羅斯、土耳其與哈薩克當年排放總量之 55%。

第一條情況在 2002 年已達成，在美國與澳洲並未簽署議定書情況下，俄羅斯的簽署與否爲滿足第二條的關鍵。2004 年的 11 月 18 日，俄羅斯簽署了京都議定書，而議定書於簽署後的第 90 天，也就是 2005 年的 2 月 16 日開始生效，此時簽署議定書的國家必須遵守排放減量的規定：需削減 1990 年平均排放值的 5%。在 2005 年的 12 月，157 個國家認可此協議，而美國仍然不願意做出減少溫室氣體排放的承諾 (AP, 2005a)。

俄羅斯簽署協議之後，無疑爲新的國際溫室氣體排放交易金融市場打開了新的一頁。議定書只針對工業化國家採取排放減量措施，然而，也容許工業化國家在開發中國家，推動相關排放減量計畫，以協助開發中國家進行溫室氣體減量，而取得排放額度。溫室效應爲全球性的，大氣情況並不會因排放源或排放減緩之國家不同而有所不同。由於投資開發中國家減量計畫比在工業化國家便宜，因此，爲吸引減量投資基金的誘因。

包括世界銀行、日本電子製造廠、芝加哥排放交易市場 (CCX) 與法國等機構共同建立基金運作。在 2005 年 7 月有超過 7 億美金用來作爲溫室氣體排放交易。在此同時，根據京都議定書，2008 年將展開更積極的工作，會有 100 億美元的金額在交易市場中流動 (Noticias, 2004)。值得注意的是，京都議定書並未要求俄羅斯減低 1990 年設定標準的排放量，蘇聯在 1990 解體之後經濟衰退的情況非常嚴重，當然二氧化碳的排放量亦減少將近 40%，因此俄羅斯可在藉由排放交易開始後，從中買賣排放配額以獲取利益。

雖然美國未簽定協議書，但有代表超過 3000 萬人以上的 136 個美國市長已簽署達成減量目標的同意書 (AP, 2005b)，在 2005 年的 12 月 20 日，七個美東地區的州 (康乃狄克、達拉瓦、緬因、新罕布夏、紐澤西、紐約與佛蒙特)簽下同意書，訂定州內發電設施所產生之二氧化碳最高限度排放量 (C&EN, 2006)，除此之外，CCX 也有超過 50 個組織，包括美國電力公司 (位於美國俄亥俄州的哥倫布市) 及 TECO 能源 (位於美國佛羅里達州的坦帕市)等共同參與。一些州也指出他們將會努力實施排放額度管制方案。排放

額度的計算 (無論 CCX 或其他州) 仍未明定在哪一個政府組織下運作。

**合理的行動** 雖然對於溫室效應所制定的京都議定書仍有許多的爭議，然而忽略此趨勢的後果相當嚴重，因此有更多的研究須在未來十年持續進行。即使沒有氣候變遷的風險存在，提升能源效率以降低溫室氣體排放可清楚地從經濟性與永續性兩個觀點來觀察：高能源效率將因減少電力與運輸花費而產生經濟利益；提高能源使用效率將促進有限的能源資源使用，促進環境的永續發展。由於氣候變遷所預期的危害，提供更多的動力，使這些計畫得以積極的進行。

## ▲7-7 空氣污染氣象學

### 大氣引擎

大氣有幾分像是一部引擎，它持續的擴散及壓縮氣體、交換熱量且經常提升混亂。這部體積龐大機器的動力來自太陽。由於在南北極與赤道吸入熱量的差異，提供了地球大氣層的起始循環作用。地球的運轉合併海洋與陸地的熱傳導造就了氣候。

**高氣壓及低氣壓** 因爲空氣具有質量，所以對於在其下的物體產生壓力。如同水一般，我們直覺的知道較深的地方有較大的壓力，在地球表面空氣壓力較高空處爲大。此處 “高” 及 “低” 氣壓係指天氣圖中較高壓及較低壓的區域，在較詳細的天氣圖中橢圓形的線即指定壓或等壓 (isobars)。藉由高、低氣壓系統所畫的壓力與距離的二度空間圖如圖 7-13 所示。

風自高壓處流向低壓處。在一個不轉動的行星上，風向常與等壓線垂直 (圖 7-14a)。然而，因爲地球轉動使科氏效應加入此運動而產生角度偏向。此結果造成北半球的風向如圖 7-14b。這些系統的專業名稱爲高氣壓稱*反氣旋* (anticyclone)，低氣壓稱*氣旋* (cyclone)。高氣壓意謂好天氣，低氣壓意謂壞天氣。龍捲風及颶風則爲低氣壓中最壞的天氣。

風的速度是壓力表面的梯度所造成，當等壓線彼此靠近時，壓力梯度 (斜率) 較陡，風速較強；當等壓線分散時，風較小或甚至不存在。

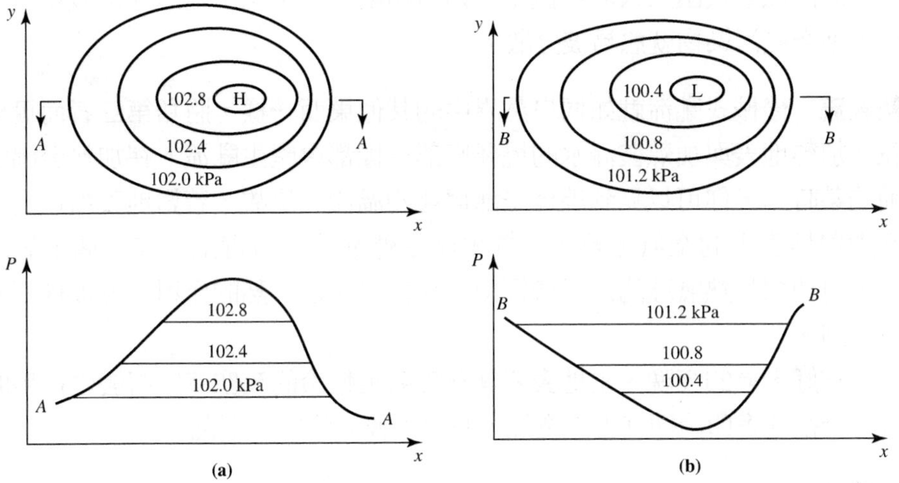


**圖 7-13**　(a) 高氣壓及 (b) 低氣壓系統。

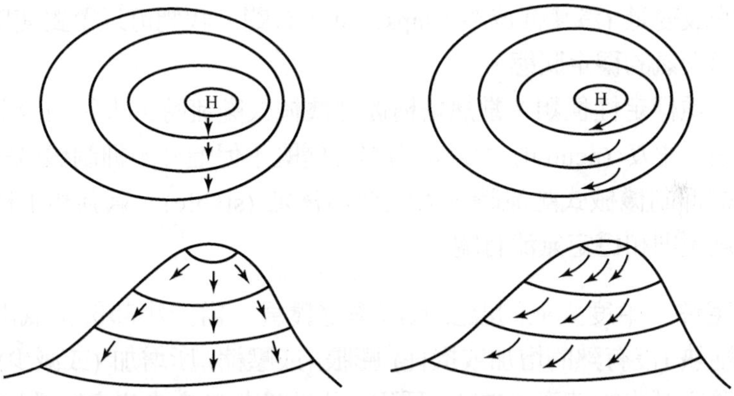


(a) 不具科氏效應的反氣旋　　(b) 具科氏效應的反氣旋

**圖 7-14**　因壓力梯度所導致的風流動。

## 亂　流

**機械亂流**　用簡單的方式來說，亂流即是在平均風速中加入隨機變動因子。這些變動是因為大氣具剪力。此剪力係因地表的風速為 0，隨高度而增加至近似由壓力梯度所造成的風速所致。當地表上方的空氣質量因翻滾撕裂的剪切流動的結果，由上方向下方流動，因此形成稱為**渦流** (eddies) 的漩渦。這些小的渦流會被饋入大的渦流中。如所預期的，平均風速愈大機械亂流就愈大，則空氣污染物就愈易被分散。

**熱亂流** 機械式亂流就如同自然界中的其他東西一樣，將藉第三者而更形複雜。加熱地表與加熱裝滿水的燒杯底部一樣都會產生亂流。在加熱至沸點之前的某時刻，你可以見到燒杯底部竄起的渦流。是故，若對地表加以高熱，亦即對地表上的空氣加熱，一樣會產生熱亂流。事實上，在一個平靜的天空，滑翔翼及熱氣球的運行皆經由熱流作用，這"熱的作用"可被飛行者所感受到。

在好天氣的夜晚，當地表將其熱輻射至較冷的夜空時，將發生逆轉的狀況。冷卻地表即冷卻其上方空氣，將導致較重的空氣下沉。

## 穩定性

大氣抵抗或增進垂直方向移動的趨勢稱爲*穩定性*。它與風速及空氣溫度隨高度的改變量 (*溫度直減率*，lapse rate) 有關。我們可以單獨使用溫度直減率來表示大氣的穩定狀態。

有三種穩定性種類，當熱結構促進機械式亂流時，大氣被分類爲*不穩定* (unstable)；*中度* (neutral) 大氣是指熱結構既不促進亦不抑制機械式亂流；而當熱結構抑制機械式亂流時，大氣稱爲*穩定* (stable)。氣旋和不穩定氣流有關，反氣流則和穩定氣流有關。

**中度穩定性** 中度大氣的溫度直減率定義爲，當一小部份空氣由大氣上升時，因絕熱 (沒有熱的增加或損耗) 膨脹 (或壓縮) 所增加 (或減少) 溫度的速率。此溫度減少的速率 ($dT/dz$) 稱爲"*乾燥絕熱溫度直減率*"，以希臘字母 $\Gamma$ 表示，其值大約爲 $-1.00°C/100$ m (注意，此非一般的斜率觀念，即不是 $dy/dx$)。於圖 7-15a，一小部份空氣的乾燥絕熱溫度直減率以虛線表示，而大氣的溫度 (環境溫度直減率)則以實線表示。當環境溫度直減率等於 $\Gamma$ 時，此時的大氣具*中度穩定性*。

**不穩定的大氣** 若大氣的溫度以大於 $\Gamma$ 的速率遞減，此時溫度直減率稱爲"*超絕熱*" (superadiabatic)，且大氣呈現不穩定。此情況見於圖 7-15b，以實線代表實際溫度直減率。假設我們將一充滿污染空氣的汽球置於高度 A，然後

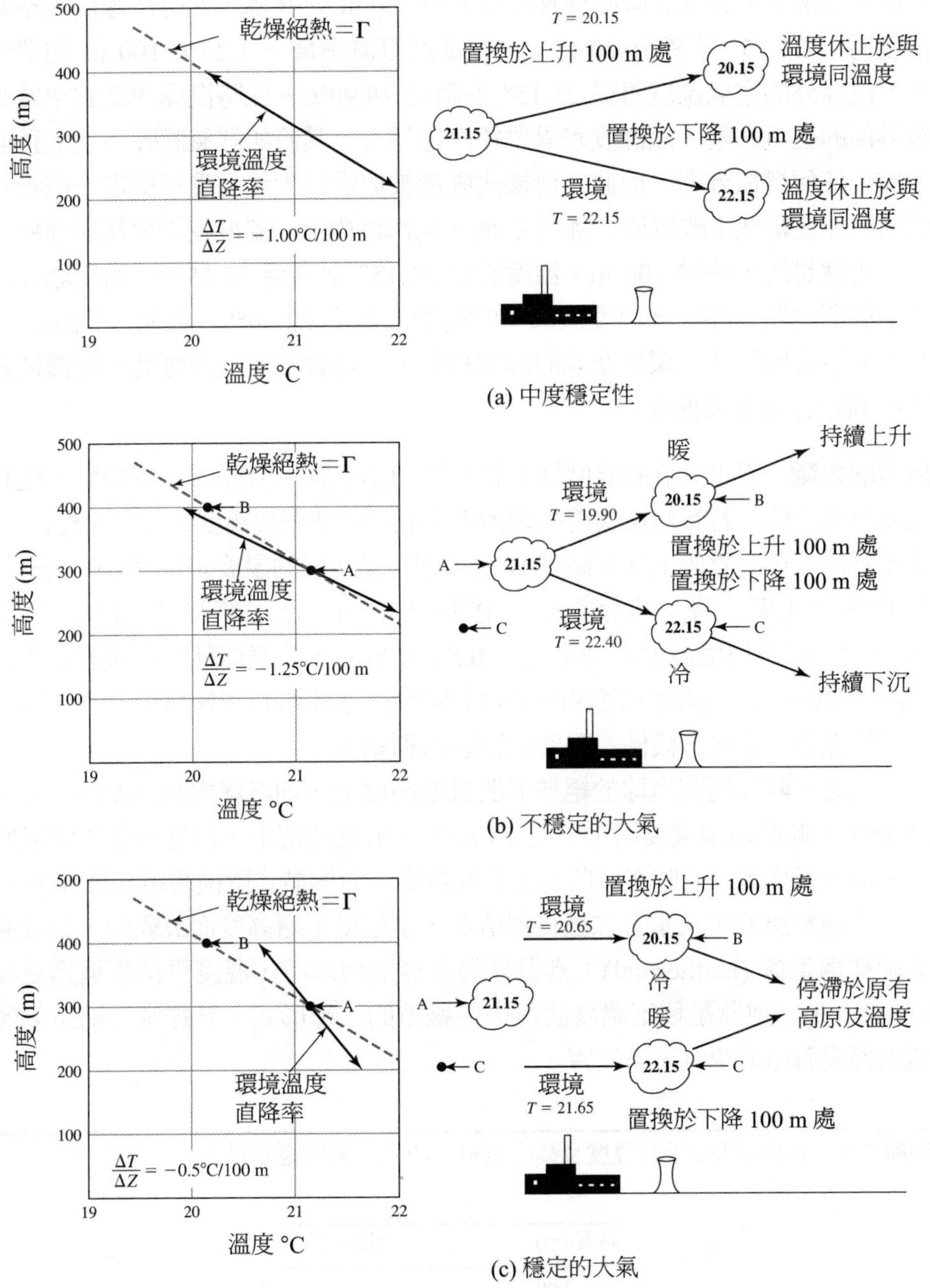


**圖 7-15**　溫度直降率及空氣體積置換 (資料來源：AEC, 1968)。

在絕熱狀況下，將其改置於垂直高度上升 100 m 的 B 處，此時汽球內的空氣溫度將由 21.15° 下降至 20.15°C。在溫度直減率爲 −1.25°C/100 m 的情況下，汽球外的空氣溫度將從 21.15° 下降至 19.90°C。此時汽球內部的空氣將較外部的空氣爲暖，該溫度差異帶給汽球浮力，其將如熱氣體般持續上升而不需要任何機械外力。因此，機械式亂流被促進且大氣呈現不穩定。假設我們將汽球在絕熱下改置於下降至 C 處，則汽球內部的溫度乾燥絕熱的速率上升。也就是說，移動 100 m，溫度將由 21.15° 上升至 22.15°C，而汽球外部空氣的溫度將以超絕熱溫度直減率的速率上升至 22.40°C。此時，汽球內部的空氣溫度將比外部環境空氣的溫度爲低，汽球會有下沉的趨勢，而機械式亂流 (置換) 再度被促進。

**穩定的大氣**　假設大氣的溫度以小於 Γ 的速率下降，則稱爲 "*次絕熱*"，此時大氣是穩定的。若我們再次將內裝污染空氣的汽球置於高度 A (圖 7-15c)，然後於絕熱下再改置於上升至高度 B 處，則污染空氣的溫度將以等於乾燥絕熱直減率的速率下降。也就是說，移動 100 m，溫度將從 21.15°C 降至 20.15°C。因爲環境溫度直減率是 −0.5°C/100 m，使汽球外的空氣溫度將祇會降至 20.65°C。因此，汽球內部的空氣較汽球外部的空氣爲冷，汽球將有下沉的趨勢。如此，機械式置換 (亂流) 被抑制。

反之，若我們將汽球於絕熱下改置於高度 C，則汽球內的溫度將上升至 22.15°C，此時環境溫度將上升至 21.65°C。於此情況下，汽球內部的空氣將較環境空氣爲暖，此時汽球將有上升的趨勢，而機械式置換將再次被抑制。

次絕熱溫度直減率有二種特別情況，當溫度不隨高度而改變時，溫度直減率稱爲*等溫* (isothermal)；當溫度隨高度而增加時，溫度直減率稱爲*逆溫* (inversion)。逆溫是穩定溫度狀況中最嚴重的一種形式，其經常伴隨空氣體積的侷限而造成空氣污染災害。

---

**例題 7-3**　由下列所給予的溫度及高度資料，決定大氣的穩定性。

| 高度 (m) | 溫度 (°C) |
|---|---|
| 2.00 | 14.35 |
| 324.00 | 11.13 |

**解**：先決定溫度直減率：

$$\frac{\Delta T}{\Delta Z} = \frac{T_2 - T_1}{Z_2 - Z_1}$$
$$= \frac{11.13 - 14.35}{324.00 - 2.00} = \frac{-3.22}{322.00}$$
$$= -0.0100°\text{C/m} = -1.00°\text{C}/100\text{ m}$$

再將其與 Γ 比較，可發現二者相等，故大氣的穩定性是中度。

---

**煙柱型態**　來自座落於平坦地勢上高煙囪的煙跡或煙柱，其被發現有特有的形狀，該形狀與大氣的穩定性有關。圖 7-16 所示爲六種典型的煙柱型態及其相關的溫度圖。在每一例中，以虛線代表 Γ 將其與以實線作代表的實際溫度直減率作比較。值得特別注意的是，在後三例中，轉折點相對於煙囪頂點的位置。

## 地形效應

**熱島**　當大量天然或人爲物質以大於環境地區的速率吸收或再輻射熱時形成熱島效應。此效應減弱了熱島上方空氣正常的垂直對流，存在強風時才能將該效應去除。大到混合型工業區小至大都市，皆有可能發生熱島效應。

由於熱島效應使城市中的大氣穩定性低於鄉村區域，基於污染物來源所在地的不同，其存在可能是好也可能是壞。首先，好的是：如汽車等地表污染源可藉由不穩定氣流吹散稀釋污染物。而壞的是：在穩定狀況下，來自高煙囪的煙柱在沒有增加地表污染濃度下，被攜出至鄉村地區。不幸地，由熱島效應所產生的不穩定性將使煙柱與地表氣體混合。

**陸/海風**　在停滯的反氣旋情況下，將發展出一強烈的局部循環橫越在大水域的海岸線上。在晚間，陸地冷得比水快，相對地較冷的空氣自陸地吹向海洋形成陸風 (圖 7-17)。在白天，陸地熱得比海洋快，在陸地上的空氣相對地比較熱且將上升，上升的空氣被來自水體上方的空氣所取代而形成海風或湖風 (圖 7-18)。

當空氣從水域移向較暖的陸地時，空氣從底部被加熱。因此，海風對穩

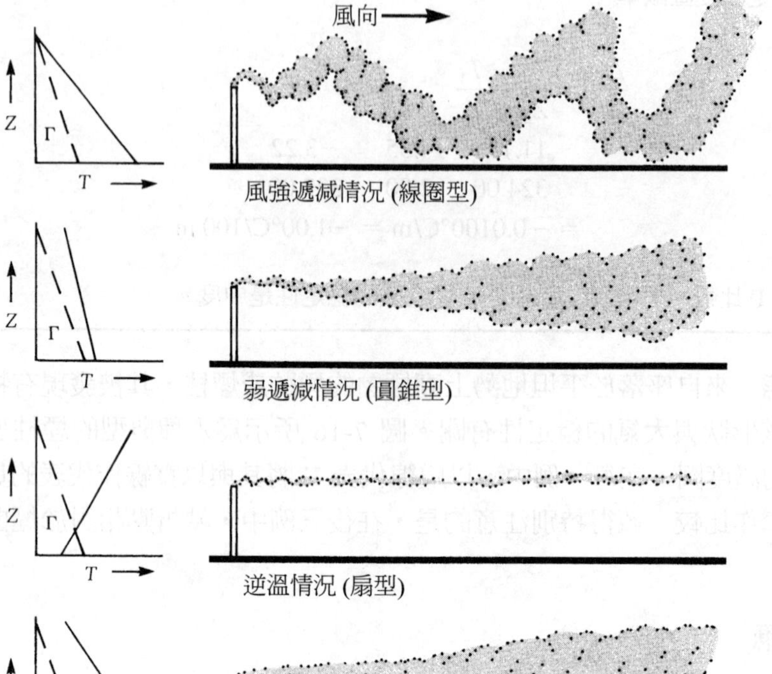


**圖 7-16** 六種煙柱行爲 (資料來源：Church, 1949)。

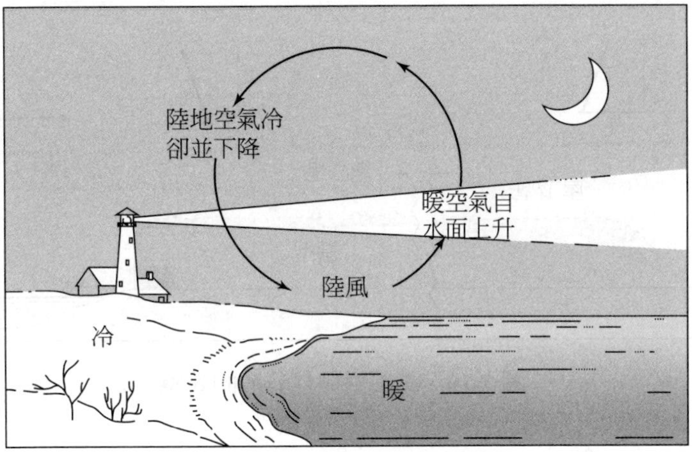


**圖 7-17**　夜晚的陸風。

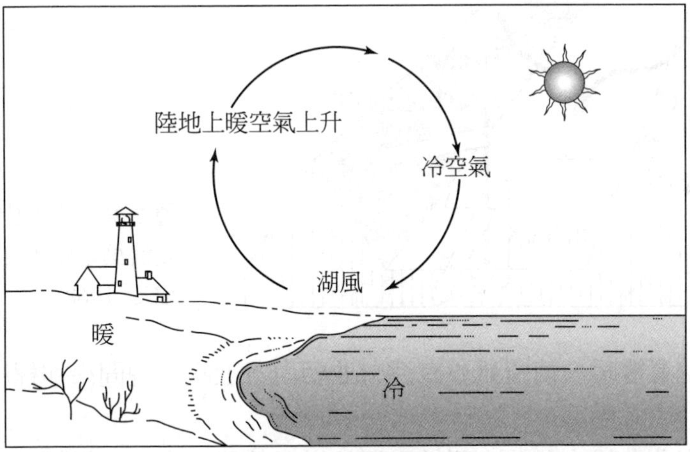


**圖 7-18**　白天的湖風。

定性的效應是迫使溫度成逆轉。如此，來自靠近海岸線的煙囪煙柱，因穩定的溫度直減率在緊臨煙囪處形成扇形煙柱 (圖 7-19)。當空氣移向內陸時，溫度直減狀況隨煙囪高度成長，並於內陸某處點形成房頂型煙柱。

**山谷**　當一般的氣流循環迫使強風減弱時，位於與風向成銳角的山谷將使風分道。山谷有效的剝減部份的風並強迫其遵循山谷方向 (圖 7-20)。

在停滯的反氣旋狀下，山谷會形成一內部循環狀態。當山谷壁變暖亦使

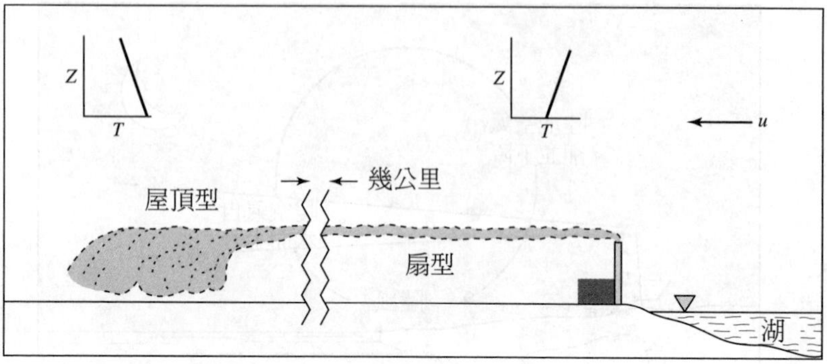


**圖 7-19**　湖風對煙柱分散的效應。

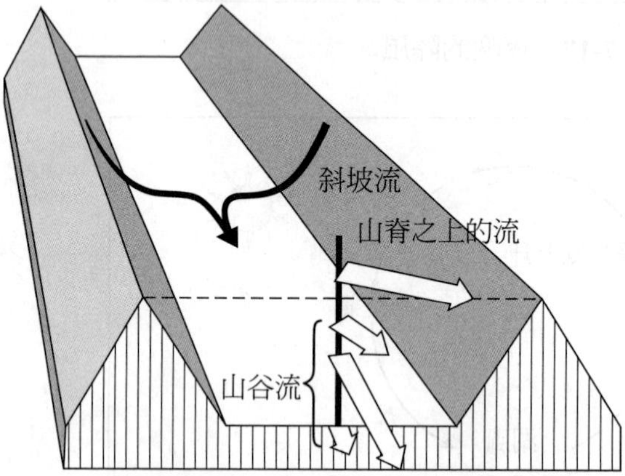


**圖 7-20**　夜晚山谷中的理想氣流循環情形 (資料來源：AEC, 1968)。

山谷中的空氣變暖，使空氣更有浮力並朝山谷上吹，晚間冷卻程序使風朝山谷下吹。

位於南北向的山谷比水平地形更具逆溫效果。山谷壁保護谷底免於受太陽輻射加熱，然而山谷壁及谷底皆能自由地將熱輻射至冷的夜空。因此，在弱風下，地面在白天不能足夠且快速地加熱空氣以消散夜間形成的逆溫。

## ▲ 7-8　大氣分散作用

### 影響空氣污染物分散的因素

影響空氣污染物輸送、稀釋及分散的因素，一般可依排放點的特性、空氣污染物的本質、氣象條件、地形效應及人爲建築物等加以分類。除了污染源狀況外，其餘因素我們皆已討論過。現在，我們將整合第一與第三項因素來描述計算污染物濃度的定性觀點。然後，再以簡單的定量模式說明點污染源。至於其他點污染源 (崎嶇不平地形、工業裝置、長時期排放)、區域污染源及移動污染源等較複雜的模式，則留待較深入的教材討論。

**污染源特性**　大部份的工業廢氣經由煙囪或輸送管垂直地排放至空中。當此污染氣流離開排放點時，煙柱將擴張並與周圍空氣混合。水平方向移動的空氣會使排放的煙柱朝順風方向彎曲。在順風 300 至 3000 公尺內某處，該流出煙柱將呈水平狀態。當流出煙柱上升、彎曲及開始以水平方向移動的同時，氣體流出物將被煙柱周圍的空氣稀釋。當受污染的氣體被大量的空氣所稀釋後，最終會朝向地面分散。

煙柱上升同時受到排放氣流向上的慣性及其浮力影響。此垂直慣性與排放氣流的速度及質量有關，而煙柱的浮力與排放氣與周圍空氣的相對質量有關。一般而言，增加排放速率或提高排放氣體的溫度可促進煙柱上升。煙柱上升高度與煙囪高度之和稱爲*煙囪有效高度* (effective stack height)。

當煙柱下彎及水平移動時，在排放點上方煙柱額外上升高度，爲影響順風地平面濃度的因素。當煙柱起使上升高度愈高，則其向下混合及擴散時，有更長的距離供其稀釋污染氣體。

在特定的排放高度及特定的煙柱稀釋條件下，於特定時間內，地平面濃度與煙囪口所排放污染物的量成正比。故當任何其他條件都保持不變時，增加污染物的排放速率，將會等比例地增加順風處的地平面濃度。

**順風距離**　當排放點至順風地平面接受處的距離愈遠時，即有更多的空氣體積，在其到達接受處之前稀釋污染氣體。

**風速及風向**　風向決定污染氣流通過區域地形的方向。風速則會影響污染氣流離開排放點後煙柱上升的高度及混合或稀釋的速率。增加風速會使煙柱加速下彎而降低上升高度，上升高度減少會導致污染物的地平面濃度增加。另一方面，增加風速會增加排放煙柱稀釋的速率，使順風處濃度降低。在不同條件下，此二種不同的風速效應當中，會有一個成爲主要效應。這些效應會影響污染源可能發生最大地平面濃度所在的距離。

**穩定性**　稀釋的動力依大氣的亂流而定。大氣愈不穩定，稀釋作用的動力愈大。逆溫並不限於地面，在煙囪排放口上方的某個高度處亦會發生，其作用如同一個蓋子，抑制了垂直稀釋作用。

## 分散模式

**模式的一般性考慮與應用**　分散模式係對氣象的輸送與分散過程，在特定時間內對污染物及氣象參數作定量的數學描述。用數字計算的結果產生對特定時間及地點特別污染物的濃度估算。

為證明該模式的數字計算結果，需要以特定大氣污染物實測的濃度值和利用統計方式計算所得之值作比較。此模式所需的氣象參數包括風速、風向及大氣穩定度。某些模式尚需溫度直減率及垂直混合高度等參數。大部份模式所需要的數據包括實體煙囪高度、排放點煙囪的直徑、排放氣體的溫度、速度及污染物的質量排放速率。

一般可將分散模式區分為短期的及氣候的模式。短期模式一般用於下列狀況：(1) 用來估計如河流或湖泊上方或距地表極遠的上空等樣本實用性不高處的周圍濃度，(2) 用來估算在空氣污染災害警報情況下，在空氣停滯期間，所應緊急減低的污染量；及 (3) 估計高、短期地平面濃度的最可能位置，以作為放置空氣監控設備評估選擇的位置。

氣候學的模式用以估計污染源長時期的平均濃度，或估計長時期中某季節某天某時刻的平均濃度。利用這種長期模式有助於建立排放標準。我們將把重點祇放在短期模式中最簡單的應用上。

**高斯分散模式的基本要點**　基本的高斯擴散方程式是假設污染氣流所排入的大氣層中，大氣穩定性為一致，亦假設亂流擴散為隨機運動，且污染氣流在水平及垂直方向的稀釋作用，可用高斯或一般方程式來描述。此模式更進一步假設，污染氣流在距地平面等於煙囪高度與煙柱上升高度之和 ($\Delta H$) 的距離處，被排入大氣中。該模式假設煙柱被稀釋的程度與風速 ($u$) 成反比，亦假設到達地平面的污染物會如同鏡子反射光線一般被反射回大氣。數字上計算地面反射是藉假設在相對於平面高度為 H 的地方有一眞實或假想污染源，其排放出與模仿眞實污染源一樣污染強度的假想煙柱。相同的概念亦可用在建立其他如限制水平或垂直混合的邊界層條件方程式上。

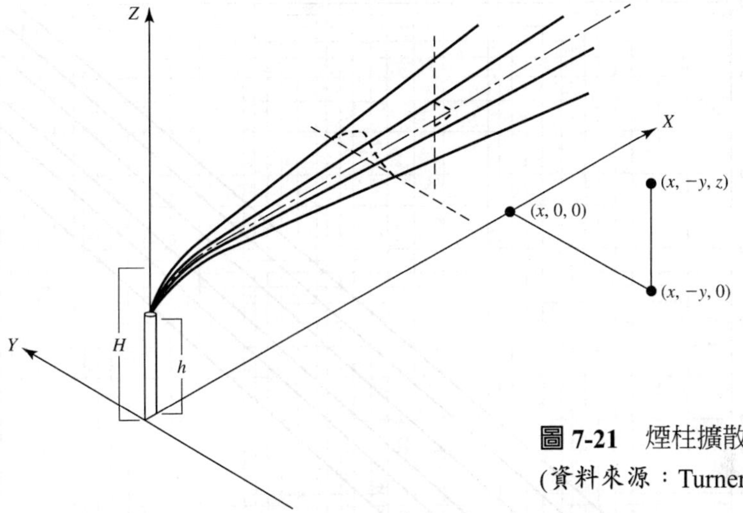


**圖 7-21**　煙柱擴散座標系統 (資料來源：Turner, 1967)。

**模式**　我們選擇由 D. B. Turner (1967) 所提出的模式方程式*，來決定在具有效高度(*H*) 煙囪順風處某點 (座標 *x* 及 *y*) 污染物的地平面濃度 ($\chi$，圖 7-21)。煙柱在水平及垂直方向的標準偏差分別以 $s_y$ 及 $s_z$ 表示。標準偏差爲距污染源的順風距離和大氣穩定性的函數。此方程式如下列所示：

$$\chi_{(x,y,0,H)} = \left[\frac{E}{\pi s_y s_z u}\right]\left[\exp\left[-\frac{1}{2}\left(\frac{y}{s_y}\right)^2\right]\right]\left[\exp\left[-\frac{1}{2}\left(\frac{H}{s_z}\right)^2\right]\right] \quad \textbf{(7-19)}$$

其中，　$\chi_{(x,y,0,H)}$ ＝在地平面的順風濃度，$g/m^3$

$E$ ＝污染物的排放速率，g/s

$s_y$，$s_z$ ＝煙柱標準偏差，m

$u$ ＝風速，m/s

$x, y, z$ 及 $H$ ＝距離，m

exp＝指數 e，括弧中的數字爲 e 的次方，及 $e^{[]}$，其中 e＝2.7182

煙囪有效高度爲煙囪高度 (*h*) 和煙柱上升高度 ($\Delta H$) 之和：

* Turner 提供準確的模型標準，此爲估算的工具而不是一個最終可隨意使用的模型。

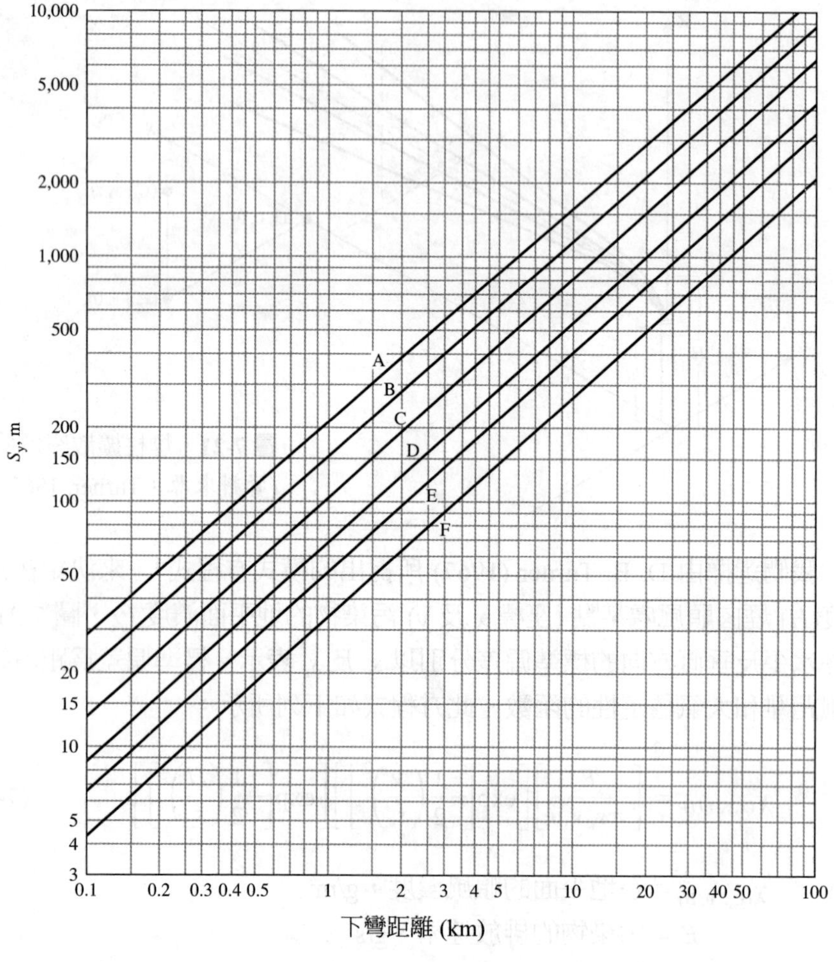


**圖 7-22**　水平分散係數 (資料來源：Turner, 1967)。

$$H = h + \Delta H \tag{7-20}$$

$\Delta H$ 可以利用 Holland's 公式計算如下 (Holland, 1953)：

$$\Delta H = \frac{v_s d}{u}\left[1.5 + \left(2.68 \times 10^{-2}(P)\left(\frac{T_s - T_a}{T_s}\right)d\right)\right] \tag{7-21}$$

其中，$v_s$ ＝煙柱速率，m/s

$d$＝煙囪直徑，m

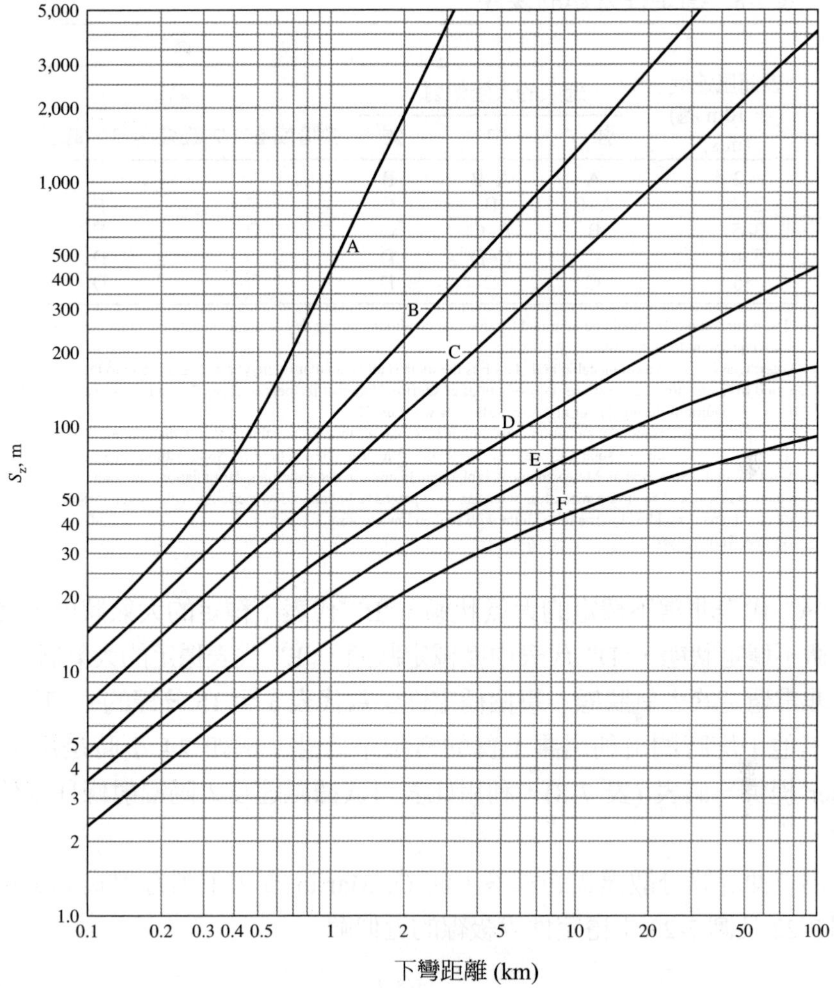


**圖 7-23**　垂直分散係數 (資料來源：Turner, 1967)。

$u$ ＝風速，m/s
$P$ ＝壓力，kPa
$T_s$ ＝煙囪溫度，K
$T_a$ ＝空氣溫度，K

$s_y$，$s_z$ 的值隨亂流結構或大氣穩定性而變動。圖 7-22 及圖 7-23 圖示單位爲公里的順風距離與單位爲公尺 $s_y$ 及 $s_z$ 的關係。二圖中的曲線以 “A” 至 “F” 標

**表 7-8 穩定性分類的條件**

| 表面風速度 (在 10m 處) (m/s) | 日[a] | | | 夜[a] | |
|---|---|---|---|---|---|
| | 進入的太陽輻射 | | | | |
| | 強 | 中 | 弱 | 微暗或 ≥ 1/2 低雲 | ≤ 3/8 低雲 |
| <2 | A | A–B | B | — | — |
| 2–3 | A–B | B | C | E | F |
| 3–5 | B | B–C | C | D | E |
| 5–6 | C | C–D | D | D | D |
| >6 | C | D | D | D | D |

[a]The neutral class, D, should be assumed for overcast conditions during day or night. Note that "thinly overcast" is not equivalent to "overcast."

*Notes:* Class A is the most unstable and class F is the most stable class considered here. Night refers to the period from one hour before sunset to one hour after sunrise. Note that the neutral class, D, can be assumed for overcast conditions during day or night, regardless of wind speed.

"Strong" incoming solar radiation corresponds to a solar altitude greater than 60° with clear skies; "slight" insolation corresponds to a solar altitude from 15° to 35° with clear skies. Table 170, Solar Altitude and Azimuth, in the Smithsonian Meteorological Tables, can be used in determining solar radiation. Incoming radiation that would be strong with clear skies can be expected to be reduced to moderate with broken (5/8 to 7/8 cloud cover) middle clouds and to slight with broken low clouds.

(*Source:* Turner, 1967.)

示。"A" 代表非常不穩定的大氣狀態，"B" 代表不穩定的大氣狀態，"C" 代表輕微不穩定狀態，"D" 代表中度穩定狀態，"E" 代表穩定的大氣狀態，"F" 代表非常穩定的大氣狀態。每個穩定性參數代表 3 至 15 分鐘的平均時間。

其他平均時間可利用乘上實驗常數來估計。例如 24 小時是用 0.36。Turner 提供一個表 (表 7-8)，利用此表可依據風速及太陽輻射條件來估計穩定性。

爲方便計算分散模式的解答，D. O. Martin 提出下列方程式 (1976)，提供圖 7-22 及圖 7-23 中穩定性等級線的近似解：

$$s_y = ax^{0.894} \quad \textbf{(7-22)}$$

$$s_z = cx^d + f \quad \textbf{(7-23)}$$

其中 $a$，$c$，$d$ 及 $f$ 等常數定義於表 7-9。用這些方程式可得在以公里爲單位順風距離 $x$ 處的 $s_y$ 及 $s_z$ 值 (以公尺爲單位)。

如上述所提，風速會與高度有關。除非在有效高煙柱高度下的風速已知，否則風速必須以不同高程下速度不同的算法去計算。若高度提高幾百公尺，則必須用次方展開來進行不同高度下的風速計算：

**表 7-9　計算 $s_y$, $s_z$ 所用的 *a*, *c*, *d*, *f* 各值**

| 穩定性種類 | *a* | $x \leq 1$ km *c* | *d* | *f* | $x > 1$ km *c* | *d* | *f* |
|---|---|---|---|---|---|---|---|
| A | 213 | 440.8 | 1.941 | 9.27 | 459.7 | 2.094 | −9.6 |
| B | 156 | 100.6 | 1.149 | 3.3 | 108.2 | 1.098 | 2 |
| C | 104 | 61 | 0.911 | 0 | 61 | 0.911 | 0 |
| D | 68 | 33.2 | 0.725 | −1.7 | 44.5 | 0.516 | −13.0 |
| E | 50.5 | 22.8 | 0.678 | −1.3 | 55.4 | 0.305 | −34.0 |
| F | 34 | 14.35 | 0.74.0 | −0.35 | 62.6 | 0.18 | −48.6 |

資料來源：Martin, 1976.

**表 7-10　鄉下與都市裡所建議的指數 *p* 值**

| 穩定性種類 | 鄉下 | 都市 |
|---|---|---|
| A | 0.07 | 0.15 |
| B | 0.07 | 0.15 |
| C | 0.10 | 0.20 |
| D | 0.15 | 0.25 |
| E | 0.35 | 0.30 |
| F | 0.55 | 0.30 |

資料來源：U.S. EPA, 1995

$$u_2 = u_1\left(\frac{z_2}{z_1}\right)^p \tag{7-24}$$

此時，$u_2$ 為 $z_2$ 高度下的風速，$u_1$ 為 $z_1$ 高度下的風速，指數 $p$ 與地形的平坦度及穩定度有關，USEPA 所建議的 $p$ 值如表 7-10 所示。

---

**例題 7-4**　估計從以煤為燃料的火力發電廠所排放出 $SO_2$ 量大約有 1,656.2 g/s。在有雲遮蔽的夏天午後，若風速為 4.5 m/s，於順風 3 公里處，$SO_2$ 的中心線濃度為何？(注意："中心線" 表示 $y=0$)。

**煙囪參數：**

高度＝120.0 m

直徑＝1.20 m

出口速度＝10.0 m/s

溫度＝315°C

**大氣條件：**

壓力＝95.0 kPa

溫度＝25.0°C

**解**：由計算煙囪有效高度 (*H*) 開始

$$\Delta H = \frac{(10.0)(1.20)}{4.50}\left[1.5 + \left(2.68 \times 10^{-2}(95.0)\frac{588 - 298}{588}1.20\right)\right]$$
$$\Delta H = 8.0 \text{ m}$$
$$H = 120.0 + 8.0 = 128.0 \text{ m}$$

其次，我們必須決定大氣穩定性的等級。表 7-8 中的註解顯示 "D" 等級適用於有雲遮蔽的情況。

由圖 7-22 及 7-23 可計算在 D 穩定性狀況下，順風 3 公里處的煙柱標準偏差爲：

$$s_y = 68(3)^{0.894} = 181.6 \text{ m}$$
$$s_z = 44.5(3)^{0.516} + (-13) = 65.4 \text{ m}$$

因此，

$$\chi = \left[\frac{1{,}656.2}{\pi(181.6)(65.4)(4.50)}\right]\left\{\exp\left[-\frac{1}{2}\left(\frac{0}{181.5}\right)^2\right]\right\}\left\{\exp\left[-\frac{1}{2}\left(\frac{128.0}{65.4}\right)^2\right]\right\}$$
$$= 1.45 \times 10^{-3} \text{ g/m}^3\text{, or } 1.5 \times 10^{-3} \text{ g/m}^3\text{, of } SO_2$$

---

**高處的逆溫**　當逆溫現象存在時，必須將煙柱到達逆溫層時無法作垂直分散的事實考慮進去，以修正基本的擴散方程式。當煙柱到達逆溫層基部時會開始向下混合 (圖 7-24)，此向下混合作用將在距煙囪順風 $x_L$ 處開始進行。此 $x_L$ 距離是逆溫層下穩定性的函數，可經由下列經驗方程式計算煙柱在距離 $x_L$

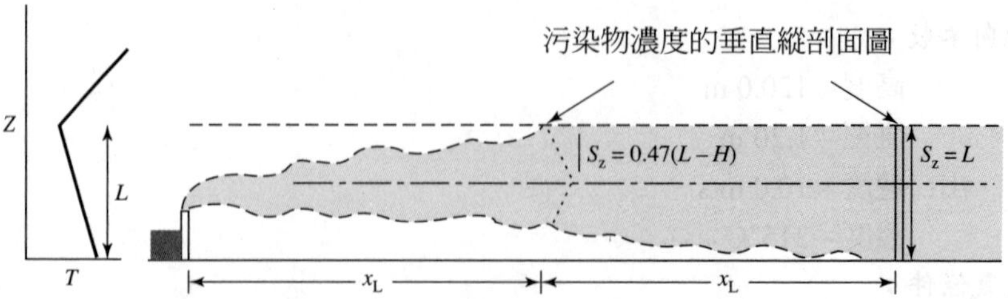


**圖 7-24**　高處逆溫對分散的影響。

處的垂直標準偏差：

$$s_z = 0.47(L - H) \tag{7-24}$$

其中，$L$ ＝至逆溫層底部的高度，m
$H$＝煙囪有效高度，m

當煙囪到達最初接觸到逆溫層基部的二倍距離時，則認爲逆溫層下的煙柱已完全混合。在超過等於 $2x_L$ 的距離時，污染物的中心線濃度可利用下列方程式估算：

$$\chi = \frac{E}{(2\pi)^{1/2} s_y (u)(L)} \tag{7-25}$$

注意 $s_y$ 由逆溫層下穩定性及距接受者的距離來決定，我們稱此爲 "逆溫" 或 "短期" 分散方程式。

---

**例題 7-5**　試計算下列所給予的氣象狀態下，在距離煙囪多少順風距離下，須將分散模式轉換爲 "逆溫模式"。

煙囪有效高度：50 m
逆溫基部高度：350 m
風速：7.3 m/s
雲層遮蓋量：無
時間：1130 小時
季節：夏季

**解**：利用表 7-8 決定穩定性等級。在強烈的太陽輻射及風速大於 6 m/s 的情況下，穩定性等級爲 C，計算 $s_z$ 之值：

$$s_z = 0.47(350 \text{ m} - 50 \text{ m}) = 141 \text{ m}$$

利用圖 7-23，尋求 $x_L$。以 $s_z$＝141，畫一水平線至穩定性等級 C，再畫一垂直線至 "順風距離"，可得 $x_L$＝2.5 km。

因此，在任何等於或大於 5 公里順風處 $(2x_L)$，可利用 "逆溫模式" 的方程式 (式 7-25)。

小於 5 公里的距離則利用該位置所求得的 $s_z$ 及穩定性代入式 7-19，不必使用式

7-24 所求的 $s_z$ 計算 $\chi$。

---

## ▲ 7-9　室內空氣品質模式

若我們將一個屋子或密閉空間內的一個房間想像成一個簡單的盒子 (圖 7-25)，然後我們可以建立一個簡單的質量平衡模式，以室外源、室內源空氣匯及室外空氣洩漏的滲透為函數，來探究室內空氣品質的行為。我們若假設在盒內的內充物是充分混合的，則：

盒內污染物增加的速率 = 污染物由室外進入盒內的速率 ＋ 污染物由室內排放進入盒內的速率 － 污染物因洩漏出室外而離開盒子的速率 － 污染物因衰退而離開盒子的速率　　**(7-26)**

或

$$\text{Ꝟ}\frac{dC}{dt} = QC_{\mathrm{a}} + E - QC - kC\,\text{Ꝟ} \qquad \textbf{(7-27)}$$

其中　Ꝟ ＝盒子體積，$m^3$

$C$ ＝污染物濃度，$g/m^3$

$Q$ ＝未過濾空氣進出盒子的速率，$m^3/s$

$C_a$ ＝戶外空氣中污染物濃度 $g/m^3$

$E$＝自空氣污染源進入盒內的污染物排放速率，g/s

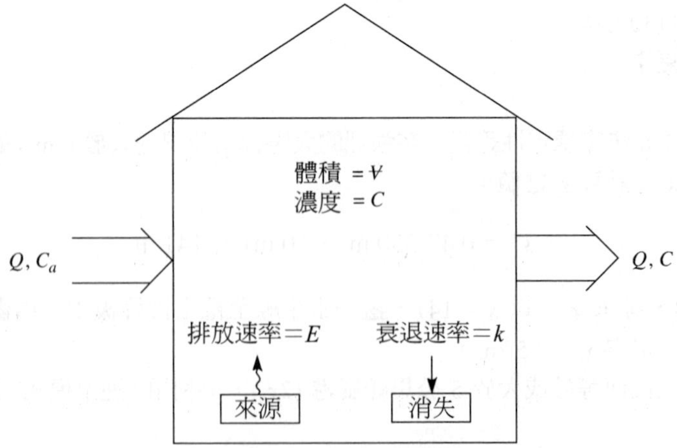


**圖 7-25**　室內空氣污染的質量平衡模式。

$k$ ＝污染物的反應速率，$s^{-1}$

在表 7-11 中所陳列污染物的反應速率常數。

**表 7-11　各種污染物的反應速率係數**

| 污染物 | $k$, $s^{-1}$ |
|---|---|
| CO | 0.0 |
| $CH_2O$ | $1.11 \times 10^{-4}$ |
| NO | 0.0 |
| $NO_x$ (視為 N) | $4.17 \times 10^{-5}$ |
| 微粒物質 (< 0.5 $\mu$m) | $1.33 \times 10^{-4}$ |
| 氡氣 | $2.11 \times 10^{-6}$ |
| $SO_2$ | $6.39 \times 10^{-5}$ |

資料來源：Traynor et al., 1982

各種室內空氣污染來源排放指數列於表 7-12。

式 7-27 中的一般解為：

$$C_t = \frac{\frac{E}{\forall} + C_a\frac{Q}{\forall}}{\frac{Q}{\forall} + k}\left[1 - \exp\left(-\left(\frac{Q}{\forall} + k\right)t\right)\right] + C_o \exp\left[-\left(\frac{Q}{\forall} + k\right)t\right] \tag{7-28}$$

令 $dC/dt = 0$，且解出 $C$ 可得式 7-27 的穩態解：

$$C = \frac{QC_a + E}{Q + k\forall} \tag{7-29}$$

當污染量維持不變且不隨時間衰退或不反應，$k = 0$。當污染物維持不變且忽略周圍濃度及起使室內濃度為零的特別情況下，式 7-27 可簡化成：

$$C_t = \frac{E}{Q}\left[1 - \exp\left(-\left(\frac{Q}{\forall}\right)t\right)\right] \tag{7-30}$$

---

**例題 7-6**　在 200 $m_3$ 空間的公寓中，使用一個沒有排氣孔的煤油加熱器 1 小時。此加熱器以 50 $\mu$g/s 的速率排出 $SO_2$。$SO_2$ 的周圍空氣濃度 ($C_a$) 及起使室內空氣濃度 ($C_0$) 皆為 100 $\mu g/m^3$。假設空氣的流通率為 50 L/s 且混合良好，試問 1 小時後最終 $SO_2$ 的室內空氣濃度為何？

**表 7-12　各種室內空氣污染來源排放指數** [a]

| 污染物 | 排放指數 $\mu$g/h · m$^2$ 在開始使用後的各個時間 一小時 | 一天 | 一星期 | 一個月 | 一年 |
|---|---|---|---|---|---|
| | 地板材料：地毯、人造纖維 | | | | |
| 甲醛 | 15 | 10 | 5 | 2 | 1 |
| 苯乙烯 | 50 | 20 | 6 | 3 | 2 |
| 甲苯 | 300 | 40 | 20 | 10 | 1 |
| TVOC [b] | 600 | 80 | 20 | 10 | 5 |
| | 塗料與外層：溶劑性塗料 | | | | |
| 癸烷 | 200,000 | 2,000 | 0 | 0 | 0 |
| 壬烷 | 100,000 | 100 | 0 | 0 | 0 |
| 戊基環己烷 | 10,000 | 3,000 | 0 | 0 | 0 |
| 十一烷 | 100,000 | 10,000 | 0 | 0 | 0 |
| 間、對二甲苯 | 50,000 | 5 | 0 | 0 | 0 |
| TVOC | $3 \times 10^6$ | 200,000 | 0 | 0 | 0 |
| | 塗料與外層：水性塗料 | | | | |
| 乙醛 | 100 | 10 | 2 | 1 | 0 |
| 乙二醇 | 20,000 | 20,000 | 15,000 | 4,000 | 0 |
| 甲醛 | 40 | 100 | 2 | 1 | 0 |
| TVOC | 50,000 | 40,000 | 20,000 | 200 | 20 |
| | 影印機：乾燥過程 $\mu$g/h 每台機器 | | | | |
| | 待機狀態下 | | 工作中 | | |
| 乙基苯 | 10 | | 30,000 | | |
| 苯乙烯 | 500 | | 7,000 | | |
| 間、對二甲苯 | 200 | | 20,000 | | |
| | 甲醛排放指數 $\mu$g/d · m$^2$ | | | | |
| 中密度纖維板 | | 17,600–55,000 | | | |
| 顆粒板 | | 2,000–25,000 | | | |
| 紙製品 | | 260–280 | | | |
| 玻璃纖維製品 | | 400–470 | | | |
| 衣服 | | 35–570 | | | |

[a] 資料取自 Godish, 2001, and Tucker, 2001.
[b] TVOC＝總揮發性有機物

**解**：利用室內空氣品質模式的一般解形式 (式 7-28) 可決定此濃度。$SO_2$ 的衰退速率從表 7-11 中可得 $6.39\times10^{-5}\ s^{-1}$ 且 50 L/s 等於 0.050 $m^3/s$

$$C_t = \frac{\dfrac{50\ \mu\text{g/s}}{(200\ \text{m}^3)} + 100\ \mu\text{g/m}^3\ \dfrac{0.050\ \text{m}^3/\text{s}}{200\ \text{m}^3}}{\dfrac{0.050\ \text{m}^3/\text{s}}{200\ \text{m}^3} + 6.39 \times 10^{-5}\ \text{s}^{-1}}$$

$$\times \left[1 - \exp\left(-\left(\frac{0.050\ \text{m}^3/\text{s}}{200\ \text{m}^3} + 6.39 \times 10^{-5}\ \text{s}^{-1}\right)(3600\ \text{s})\right)\right]$$

$$+(100\ \mu\text{g/m}^3)\exp\left[-\left(\frac{0.050\ \text{m}^3/\text{s}}{200\ \text{m}^3} + 6.39 \times 10^{-5}\ \text{s}^{-1}\right)(3600\ \text{s})\right]$$

$$= 876.08(1 - \exp(-1.13)) + 100\exp(-1.13) = 876.08(1 - 0.323) + 100(0.323)$$

$$= 593.09 + 32.3 = 625.39 \text{ or } 630\ \mu\text{g/m}^3$$

---

除了質量平衡模式之外，統計與**電腦流體動力** (CFD) 模式被發展出來。Sparks (2001) 提供了不同類型的優缺點概述，並且列出有效的複雜電腦模式。

## ▲ 7-10　固定污染源的空氣污染控制

### 氣態污染物

**吸收作用**。基於吸收作用原理的控制設備，試圖將污染物由氣相轉移至液相，此爲氣體溶於液體的**質傳程序** (參見 4-1 節)，此溶解程序可能會伴隨有和液體中的成份產生反應。質量傳送爲擴散程序，污染氣體從高濃度處移向低濃度處。污染氣體的去除由三步驟完成：

1. 污染氣體擴散至液體表面
2. 穿越過氣/液介面傳送 (溶解)
3. 溶解氣體離開介面擴散進入液體

**噴霧室** (圖 7-26) 和**噴霧塔** (或**噴霧柱**，圖 7-27) 係用來吸收污染氣體的二種裝置。滌塵器爲噴霧室的一種，利用液滴來吸收氣體，噴霧塔則利用液體薄膜做爲吸收介質。不論何種類型的裝置，污染物在液體中的溶解度必須相當高才有效。若以水作溶質，一些如 $NH_3$，$Cl_2$ 及 $SO_2$ 等少數無機氣體的

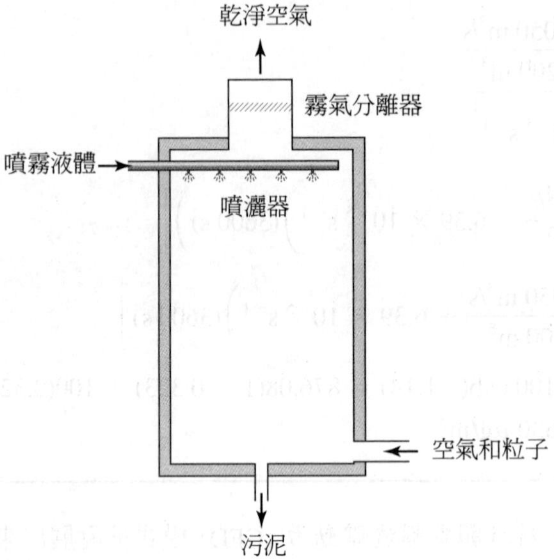


**圖 7-26** 噴霧器。

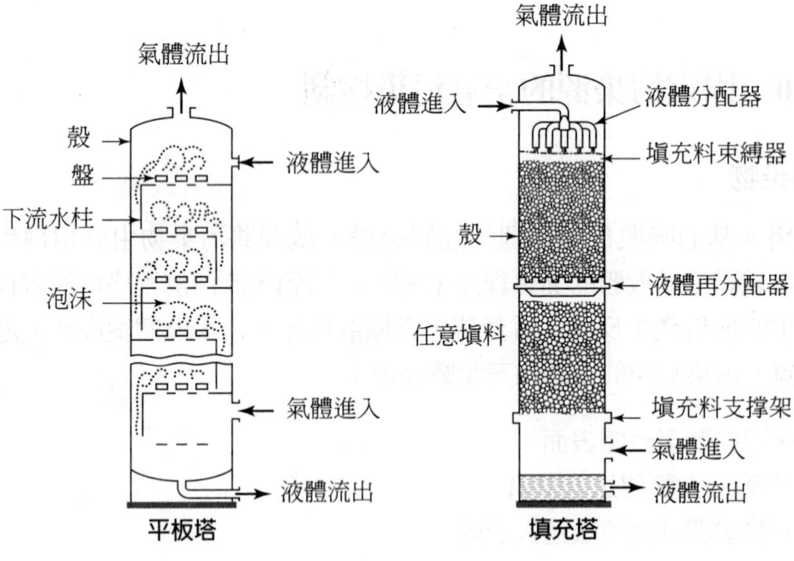


**圖 7-27** 吸收系統。

應用會受到限制。滌塵器為效率較低的吸收器，但具有能同時去除微粒的優點。噴霧塔較有效率但易被微粒物質阻塞。

不具反應性的溶液其吸收量受污染物分壓控制。控制污染系統中的稀薄溶液，其分壓與溶液中氣體濃度的關係，可由**亨利定律** (Henry's law) 表示：

$$P_g = K_H C_{equil} \tag{7-31}$$

其中　$P_g$ ＝與液體平衡的氣體分壓，kPa
$K_H$＝亨利定律常數，kPa・$m^3$/g
$C_{equil}$＝液相中污染氣體的濃度，g/$m^3$

式 7-31 顯示當液體累積更多污染物時，其氣體分壓必須增加，否則污染物會由液體釋出。當液體將污染物從氣相中除去時，即意謂當氣體淨化時，其分壓降低，此剛好和我們希望發生的相反。解決此問題最簡單的方式是使氣體和液體反向流動。此稱爲**逆向流動** (countercurrent flow)。如此操作則高濃度氣體被吸收入具高污染濃度的液體，低濃度氣體被吸收入沒有污染物的液體。

圖 7-28 爲逆向流動吸收管柱的質量平衡圖。其質量平衡方程式爲：

$$(G_{m1})(y_1) - (G_{m2})(y_2) = (L_{m1})(x_1) - (L_{m2})(x_2) \tag{7-32}$$

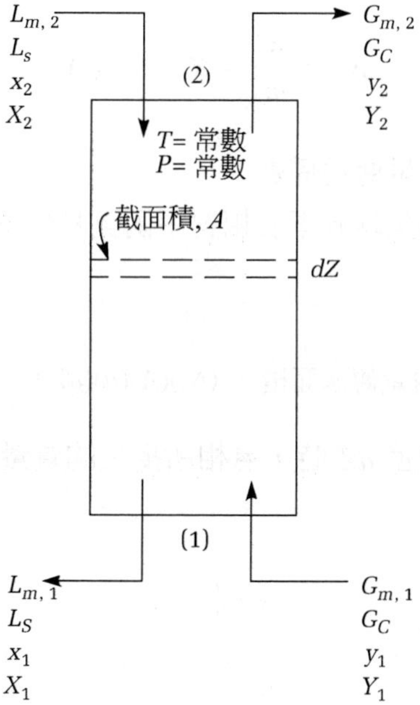


**圖 7-28**　逆流式填充吸收塔的符號表示。

其中 $G_{m1}, G_{m2}$ ＝分別表示進入及流出管柱的總氣體流 (空氣加上污染物)，kg・mole/h

$y_1, y_2$ ＝表示管柱入口及出口處，氣相中污染物的莫耳分率*

$L_{m1}, L_{m2}$ ＝分別表示進入及流出管柱的總液體流 (溶劑加上被吸收的污染物)，kg・mole/h

$x_1, x_2$ ＝表示進入及流出管柱液相中污染物的莫耳分率

氣體流率、液體流率和塔高爲設計塡充塔的三個重要參數。此三變數間互有關連，若考慮吸收器中一微量高度差，$dZ$，如圖 7-28 所示，則可定義一供質量傳送的界面面積爲：

$$\text{質量傳送面積} = (a)(A)(dZ) \tag{7-33}$$

其中，$a$＝單位塡充體積的面積

$A$＝管柱的截面積

如同在 4-1 節所討論的，我們可以下列微分方程式來描述氣體 $i$ 進入溶液的質量傳送速率 ($N_i$)：

$$N_i = \frac{dC}{dt} = K_y(y - y^*) \tag{7-34}$$

其中，$K_y$＝氣體的總質量傳送係數

$y, y^*$＝氣相污染物莫耳分率及相對平衡莫耳分率

物種的傳送速率是

$$\text{質量傳送面積} = (N_i)(A)(a)(dZ) \tag{7-35}$$

該質量等於通過微量高度差 $dZ$ 時，氣相所損失的質量：

---

*1 莫耳分率

$$y = \frac{P}{P_t}$$

$P$＝氣體分壓

$P_t$＝總氣體分壓

$y*$＝$(P*/P_t)$

$$損失的質量 = d(G_m y) \quad \textbf{(7-36)}$$

定義二新名詞，每單位面積的質量流率 $G_m'$，及莫耳比 $Y$：

$$Y = \frac{y}{1 - y} \quad \textbf{(7-37)}$$

且

$$G_c Y = G_m y \quad \textbf{(7-38)}$$

其中 $G_c$ 是不含污染物載氣的質量流。令傳送的質量 (式 7-34) 與損失的質量 (式 7-36) 二式相等，並代入式 7-35 及 7-37，則式 7-38 變成

$$K_y a(y - y^*)\, dZ = \frac{G_m' dy}{1 - y} \quad \textbf{(7-39)}$$

或

$$dZ = \frac{G_m' dy}{K_y a(y - y^*)(1 - y)} \quad \textbf{(7-40)}$$

塔中任何位置的總驅動力 $(y - y^*)$ 可寫成

$$y - y^* = (1 - y^*) - (1 - y) \quad \textbf{(7-41)}$$

定義 $(1 - y^*)$ 及 $(1 - y)$ 的對數平均值，以便於計算：

$$(1 - y)_{LM} = \frac{(1 - y^*) - (1 - y)}{\ln[(1 - y^*)/(1 - y)]} \quad \textbf{(7-42)}$$

將式 7-40 中的分子與分母分別乘上 $(1 - y)_{LM}$，可得：

$$dZ = \left(\frac{G_m'}{K_y a(1 - y)_{LM}}\right)\left(\frac{(1 - y)_{LM} dy}{(y - y^*)(1 - y)}\right) \quad \textbf{(7-43)}$$

雖然 $G_m'$，$K_y a$ 及 $(1 - y)_{LM}$ 會沿著吸收管柱變動，但上式中第一項卻爲常數，此值稱爲**傳遞單元的整體高度** (overall height of a transfer unit，$H_{og}$)。若重新整理式 7-43，管高度可表示爲：

$$Z = (H_{og}) \int_{y_2}^{y_1} \frac{(1 - y)_{LM} dy}{(y - y^*)(1 - y)} \quad \textbf{(7-44)}$$

上式中積分部份稱爲**傳遞單元數** (number of transfer units，$N_{og}$)，則可利用下式計算塔高：

$$Z_t = (H_{og})(N_{og}) \tag{7-45}$$

遵循亨利定律的稀薄溶液，其整體氣體傳遞單元數，可依下式求之 (Treybal, 1968)：

$$N_{og} = \frac{\ln\left[\left(\dfrac{y_1 - mx_2}{y_2 - mx_2}\right)(1 - A) + A\right]}{1 - A} \tag{7-46}$$

其中 $y_1, y_2$＝分別表示在塔入口及出口氣相中污染物的莫耳分率

$m$＝以亨利定律，$y^*/x^*$ (使用莫耳分率單位) 所定義平衡曲線的斜率

$x_2$＝進入塔內液相中污染物的莫耳分率

$A$＝$mQ_g/Q_l$

$Q_l$＝液體流率，kg・mole/h・m$^2$

$Q_g$＝氣體流率，kg・mole/h・m$^2$

單一整體質量傳遞單元的高度 (HTU)，亦可表示成氣體及液體的總合 HTUs

$$H_{og} = H_g + AH_l \tag{7-47}$$

其中 $H_g$ 及 $H_l$ 均爲包含流率、塡充表面積、液體及氣體黏度、及污染氣體擴散性的複合函數。

---

**例題 7-7**　由下列所給予的數據計算一可將空氣中 $NH_3$ 的濃度由 0.10 kg/m$^3$ 降至 0.0005 kg/m$^3$ 的塡充塔高度爲何？

管柱直徑＝3.00 m

操作溫度＝20.0°C

操作壓力＝101.325 kPa

$H_g$＝0.438 m

$H_l$＝0.250 m

$Q_g$＝$Q_l$＝10.0 kg/s

進料液體爲不含 $NH_3$ 的水

**解**：首先將單位換成莫耳分率。$NH_3$ 的分子量爲 17.03。假設空氣的分子量爲 28.970，且密度在 25°C 爲 1.185 kg/m$^3$。因爲操作溫度爲 20°C，故須校正空氣的密度：

$$1.185 \times \frac{298}{293} = 1.205 \text{ kg/m}^3$$

再計算在入口 ($y_1$) 及出口 ($y_2$) 的莫耳分率：

$$y_1 = \frac{\dfrac{0.10 \text{ kg/m}^3}{17.03 \text{ GMW NH}_3}}{\dfrac{1.205 \text{ kg/m}^3}{28.970 \text{ GMW air}}} = \frac{0.005872}{0.04159} = 0.14118$$

同樣的方法可求得 $y_2$＝0.000706。又因進料液體不含 $NH_3$，故莫耳分率爲 0，即 $x_2$＝0.0。

以莫耳分率爲單位的亨利常數需藉由實驗數據求得。從**化工手冊**中可得下列數據 (Perry and Chilton, 1973)：

| $P_{NH_3}$, kPa | kg $NH_3$ per 100 kg $H_2$ |
|---|---|
| 15.199 | 15 |
| 9.319 | 10 |
| 4.266 | 5 |
| 1.600 | 1 |

若將每一個數值轉換爲莫耳分率並以 $x^*$ 對 $y^*$ 作圖 (星號表示在穩定狀態下)，則直線的斜率爲 $m$。以下計算說明如何求得第一個 $x^*$ 及 $y^*$ 值。總壓爲 101.325 kPa，$H_2O$ 的分子量爲 18.015，而每 100 kg $H_2O$ 溶有 15 kg $NH_3$ 所以：

$$\chi^* = \frac{\dfrac{15 \text{ kg}}{17.030 \text{ GMW NH}_3}}{\dfrac{15 \text{ kg}}{17.03 \text{ GMW NH}_3} + \dfrac{100 \text{ kg}}{18.015 \text{ GMW H}_2\text{O}}}$$

$$x^* = 0.1369$$

$$y^* = \frac{15.199 \text{ kPa}}{101.325 \text{ kPa}}$$

$$y^* = 0.1500$$

以 4 對 $x^*$，$y^*$ 值，可利用最小平方線性迴歸方法求得直線的斜率，即 $m$ 值

$$m = 1.068$$

以莫耳為單位的 $A$ 值，可由下式求之：

$$A = \frac{1.068\left[\dfrac{10.0 \text{ kg/s of air}}{28.97 \text{ GMW of air}}\right]}{\dfrac{10.0 \text{ kg/s of } H_2O}{18.015 \text{ GMW of } H_2O}}$$
$$= 0.6641$$

氣體傳遞單元數為

$$N_{og} = \frac{\ln\left[\dfrac{0.14118 - 1.068(0)}{0.000706 - 1.068(0)}(1 - 0.6641) + 0.6641\right]}{1 - 0.6641}$$
$$= 12.5545$$

個別氣體傳遞單元的高度為

$$H_{og} = 0.438 + 0.6641(0.250) = 0.6040$$

塔的高度為

$$Z_t = (0.6040)(12.5545) = 7.5832$$

因為限制濃度數據只有一位有效數字，故答案應為

$$Z_t = 8 \text{ m}$$

在結束此例時，我們應該回過去檢查看看我們做了什麼。由於吸收塔既不會製造亦不會分解物質，所以進入及離開管柱的 $NH_3$ 質量必須相等。若此為等溫穩定狀態 (即氣態與液態進出的速率相等)，即可解質量平衡方程式 (式 7-32) 求 $x_1$。經過若干計算求得 $x_1 = 0.08734$，表示 $NH_3$ 為 90,300 mg/L。這結果顯示，在解決空氣污染問題的同時，卻製造了嚴重的水污染問題。

---

**吸附作用**　此為氣體與固體鍵結的質量傳遞程序，是種表面現象。氣體 (吸附質) 滲入固體 (吸附劑) 的孔徑中但未滲入其晶格內。此鍵結可能是物理性的或化學性的鍵結，物理鍵結是以靜電力捉住污染氣體，而化學鍵結是氣體

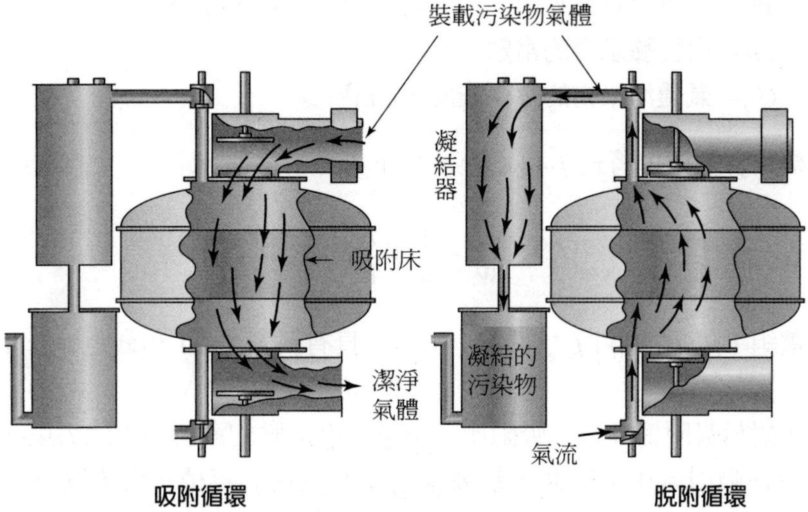


**圖 7-29**　吸附系統。

和固體表面反應。吸附劑經常被固定於壓力管中的固定床 (圖 7-29)。活性碳、分子篩、矽膠及活性氧化鋁是最普遍的吸附劑。活性碳是由椰子殼或煤炭在低壓下經熱處理所製成。分子篩則為無水沸石 (鹼性/金屬矽酸鹽)。鈉矽酸鹽可和硫酸反應成矽膠。活性氧化鋁為多孔性的水合氧化鋁。這些吸附劑的共同特性，是經過處理後每單位體積皆具有一極大的 "活性" 表面積，可有效地吸附碳氫化合物污染物。此外，尚可吸附 $H_2S$ 及 $SO_2$ 氣體。特殊形式的分子篩亦可吸附 $NO_2$。除了活性碳外，吸附劑的缺點是對水有優先於污染物的選擇性吸附。因此在處理氣體之前，需先去除水份。所有的吸附劑在一定的高溫下 (活性碳為 150°C，分子篩為 600°C，矽膠為 400°C 及活性氧化鋁為 500°C) 會被分解破壞，故在高溫下吸附劑即失效。事實上，其活性在這些溫度下會再生。

恆溫下，污染物被吸附的量與平衡壓力的關係，稱為**等溫吸附線** (adsorption isotherm)。由朗繆爾 (Langmuir) 所衍導出的公式，為描述此氣體關係最好的方程式 (Buonicore and Theodore, 1975)：

$$W = \frac{aC_R^*}{1 + bC_g^*} \tag{7-48}$$

其中 $W$ =每單位質量吸附劑所吸附氣體的質量，kg/kg
$a, b$ =由實驗求得的常數
$C^*_g$ =氣體污染物的平衡濃度，g/m$^3$

為分析實驗數據，將式 7-48 改寫成如下：

$$\frac{C^*_g}{W} = \frac{1}{a} + \frac{b}{a} C^*_g \tag{7-49}$$

如此重組，以 $(C^*_g/W)$ $C^*_g$ 作圖，可得一具有斜率 $(b/a)$ 和截距等於 $1/a$ 的直線。

相對於吸附塔而言，吸附床可連續地從流動的液體中去除污染物，將污染物留在吸附床中。因此，祇要吸附床有足夠的容積，污染物就不會被釋出。當吸附床的污染物達到飽和時，污染物便開始逸出，此現象稱為**貫穿** (breakthrough)。當吸附床的容積用盡時，污染物流進與流出的濃度會相等。圖 7-30 為典型的貫穿曲線。為了維持連續操作，必須使用二個吸附床 (圖 7-29)。當其中一個在收集污染物時另一個則再生。再生程序中，被濃縮釋放的氣體通常作為回收產品再回到製程中。在產生貫穿現象之前，能夠操作的時間長度為操作吸附床的關鍵因素。貫穿時間可依下列公式計算 (Crawford, 1976)：

$$t_B = \frac{Z_t - \delta}{v_f} \tag{7-50}$$

其中 $Z_t$ =床的高度，m
$\delta$ =吸附區域的寬，m
$v_f$ =以式 7-52 所定義的吸附區的速度，m/s

除了少數例外，吸附床的高度 $(Z_t)$ 可如求吸收塔高度般求得。下列積分式可求得 $N_{og}$ (Treybal, 1968)：

$$N_{og} = \int_{c_2}^{c} \frac{dC}{C - C^*_g} \tag{7-51}$$

其中，$C^*_g$ =方程式 7-48 中所描述的平衡分壓，$C$ 見圖 7-31 中的操作線。以

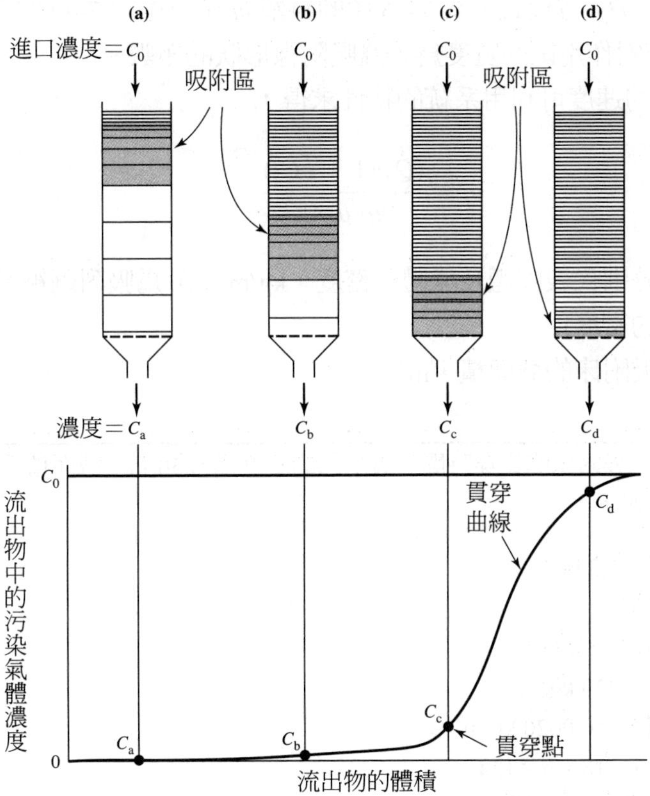


**圖 7-30**　吸附波動及貫穿曲線 (資料來源：Treybal, 1968)。

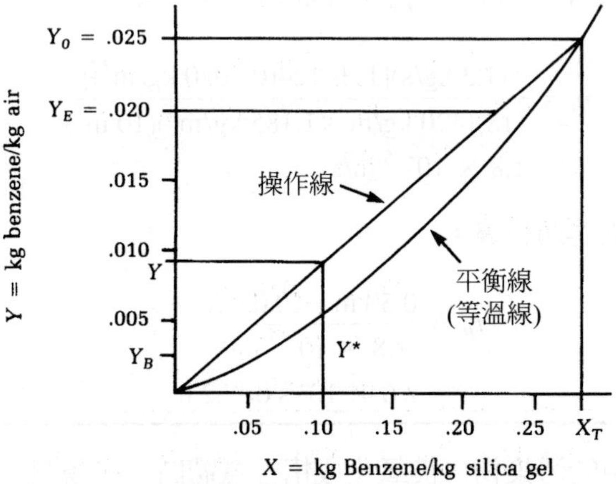


**圖 7-31**　矽膠吸附苯的平衡曲線或操作曲線 (資料來源：Seinfeld, 1975)。

$H_s$ 取代 $H_l$ 可修正 $H_{og}$ 方程式，式 7-46 中的斜率 $m$ 值可由式 7-49 決定。

圖 7-30 中吸附作用區的寬度爲等溫吸附線形狀的函數。

吸附作用區的速度可利用系統的特性求得：

$$v_f = \frac{(Q_g)(1 + bC_g^*)}{a\rho_s\rho_g A_c} \tag{7-52}$$

其中 $\rho_s$，$\rho_g$ ＝分別代表固體及氣體之密度，kg/m³（$\rho_s$ 爲吸附劑被 "塡塞" 時的密度）

$A_c$ ＝吸附床的截面積，m²

---

**例題 7-8** 試決定一吸附床的貫穿時間。吸附床的厚度爲 0.50 m，截面積爲 10 m²。吸附床的操作參數如下：

空氣氣體流率＝1.3 kg/s
氣體溫度＝25°C
氣體壓力＝101.325 kPa
塡充床的密度＝420 kg/m³
入口污染物濃度＝0.0020 kg/m³
朗繆爾常數：$a$＝18；$b$＝124
吸附作用區的寬度＝0.03 m

**解**：利用附錄 A 的表 A-5，可發現 $\rho_g$＝1.185 kg/m³，代入可得

$$v_f = \frac{(1.3\ \text{kg/s})[1 + 124(0.0020\ \text{kg/m}^3)]}{(18)(420\ \text{kg/m}^3)(1.185\ \text{kg/m}^3)(10\ \text{m}^2)}$$
$$= 1.8 \times 10^{-5}\ \text{m/s}$$

貫穿時間可直接以式 7-50 計算：

$$t_B = \frac{0.50\ \text{m} - 0.03\ \text{m}}{1.8 \times 10^{-5}\ \text{m/s}}$$
$$= 2.6 \times 10^4\ \text{s or 7.2 h}$$

---

**燃燒** 當氣體流中的污染物可被氧化成惰性氣體時，燃燒是一種污染控制上可行的替代方案。CO 及碳氫化合物即爲此類污染物。後燃器的直接火焰燃

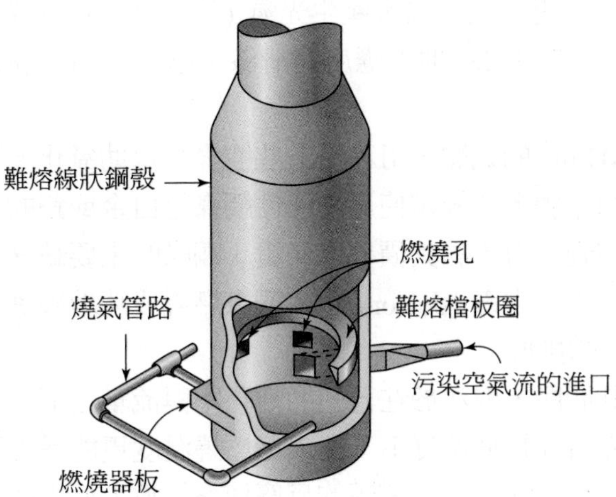


圖 7-32　直接火焰燃燒。

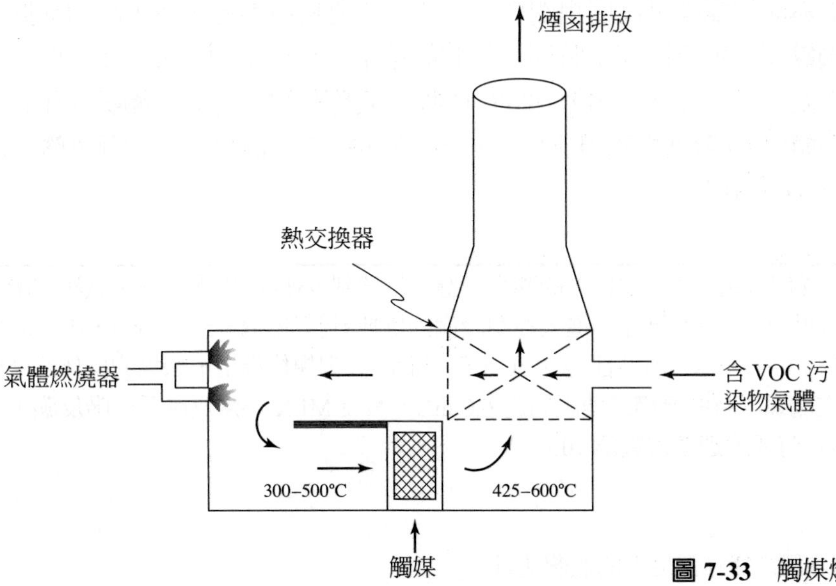


圖 7-33　觸媒燃燒爐。

燒 (圖 7-32) 及觸媒燃燒 (圖 7-33) 皆曾使用在商業應用上。

若能滿足下列二項準則，則選擇直接火焰燃燒法。第一，**氣體流的淨發熱量** (Net heating value, NHV) 必須大於 3.7 MJ/m$^3$。於此淨發熱量下，點火後氣體可自行維持火焰燃燒 (點火之後自給)，低於此濃度則需提供燃燒。第二要求為，燃料不產生有毒的副產物。在某些例子下，燃燒的副產物比原來的污染氣體更具毒性。例如，燃燒三氯乙烯會產生光氣 (其在第一次世界大戰被當作毒氣使用)。直接火焰燃燒成功地被應用在清漆烘焙、肉品煙燻及漆料烘焙燒爐的排放。

淨發熱量值低於 3.7 MJ/$m^3$ 的氣體，可利用一些觸媒來幫助氧化。傳統上，觸媒置於類似吸附床的床體上。經常使用的活性觸媒是白金或鈀的化合物，床體的支架通常使用陶瓷。暫不論其價格的昂貴，觸媒的主要缺點是非常容易被微量的硫及鉛化合物所中毒 (poisoning)。觸媒燃燒成功地被應用印刷業、清漆烘焙及瀝青氧化的排放。

觸媒反應器的基礎設計問題，取決於在已知的轉化率與流量之下，決定觸媒床的面積與尺寸。觸媒可在較低溫度下，比火焰燃燒溫度更能增加反應速率，反應視爲一階反應 (式 2-14)。火焰燃燒的反應速率常數 $k$ 值由阿瑞尼士方程式 (Arrhenius equation) 所決定 (Beard et al., 1980)；而觸媒燃燒的反應速率常數與添加觸媒呈高度相關性。因此，需要藉由製造商或工廠的數據，以估算觸媒床中所需的停留時間。氣體的速率常介於 6~12 m/s 間，典型的觸媒操作溫度介於 250~550°C (Noll, 1999)。實際的停留時間由觸媒操作溫度下的總氣體流量(污染物氣體流加上燃燒氣體)決定， 例題 7-9 爲計算觸媒床體積與尺寸的過程。

---

**例題 7-9** 對去除甲乙酮 (MEK) 的觸媒反應，爲達到 95% 的破壞效率，試決定所需的觸媒截面面積與高度尺寸。進入控制設備的排放氣體流量爲 5.66 $m^3$/s，供應的燃燒空氣量爲 0.60 $m^3$/s，溫度都是 20°C，製造商的詳細規格指出，觸媒的操作溫度爲 480°C，在觸媒床時的氣體流速限制爲 6.0 m/s，假設 MEK 燃燒反應爲一階反應，在溫度 480°C 時反應速率常數爲 100 $s^{-1}$。

**解：**

**1.** 計算出在觸媒操作溫度下的氣體流量。

$$(5.66\ \mathrm{m^3/s} + 0.60\ \mathrm{m^3/s})\left(\frac{480 + 273}{20 + 273}\right) = 16.09\ \mathrm{m^3/s}$$

**2.** 氣體流量除以氣體流速爲所需的截面面積。

$$\text{面積} = \frac{16.09\ \mathrm{m^3/s}}{6.0\ \mathrm{m/s}} = 2.68\ \mathrm{m^2}$$

**3.** 根據一階動力反應與 95% 的破壞效率，滯留在觸媒床的停留時間利用式 2-14 計算：

$$C_t = C_0 \exp(-kt)$$

$C_t/C_0=0.05$，因為破壞效率為 95%，

$$0.05 = \exp(-100t)$$

方程式兩邊同取自然對數解出 $t$，

$$-2.9957 = -100t$$

$$t = 0.030 \text{ s}$$

**4.** 觸媒高度為：

$$\text{高度} = (6.0 \text{ m/s})(0.030 \text{ s}) = 0.18 \text{ m}$$

---

## 煙道氣脫硫技術 (FGD)

煙道氣脫硫系統包括二種廣泛分類：非再生性的與再生性的。所謂非再生性，係指在氣流中脫硫的試劑用完即丟棄。再生性的則是試劑可再生利用。依據所建立的系統個數及大小而言，非再生性的系統占優勢。

**非再生性的系統**　目前已建立有 9 種商業性的非再生性系統 (Hance and Kelly, 1991)。這些系統皆是利用石灰 (CaO)、腐蝕性蘇打 (NaOH)、蘇打灰 ($Na_2CO_3$) 或氨 ($NH_3$) 產生化學反應以脫硫。

利用石灰/石灰石的 FGD 系統，將 $SO_2$ 轉化為亞硫酸鹽。總反應式如下 (Karlsson and Rosenberg, 1980)：

$$SO_2 + CaCO_3 \rightarrow CaSO_3 + CO_2 \quad \textbf{(7-53)}$$

$$SO_2 + Ca(OH)_2 \rightarrow CaSO_3 + H_2O \quad \textbf{(7-54)}$$

當分開個別使用石灰或石灰石時，部份的亞硫酸鹽會和煙道氣中的 O 氧化形成硫酸。

$$CaSO_3 + \frac{1}{2}O_2 \rightarrow CaSO_4 \quad \textbf{(7-55)}$$

雖然其總反應很簡單，但就化學性而言卻是相當複雜且難以界定。石灰與石

灰石間的選擇、石灰石的種類及石灰鍛燒和沸化的方法皆會影響吸收器中氣體-液體-固體的反應。

濕式滌塵系統中所使用的主要吸收器包含文氏滌塵器/吸收器、固定填充床滌塵器、移動床吸收器、盤塔及噴霧塔等 (Black & Veatch, 1983)。

乾式噴霧煙道氣脫硫系統，包括一個或更多個噴霧乾燥器及微粒收集器。*其所用的典型試劑材質是消石灰泥或石灰泥與再循環物質。雖然石灰是最常使用的試劑，另蘇打灰亦被使用。在噴霧乾燥器中試劑以滴狀噴入煙道器內，其最理想的狀況是在泥滴或液滴碰觸乾燥容器之前已被完全乾燥。在蒸發滴狀試劑的過程中，煙道氣流變得更潮濕，但未被水蒸汽所飽和。此爲乾燥式噴霧與濕式滌塵煙道氣脫硫技術間最大的不同點。潮濕的氣流與微粒物質 (飛灰、煙道氣脫硫反應物及未反應物的試劑) 被煙道氣帶至位於噴霧乾燥器下流管道的微粒收集器 (Cannel and Meadows, 1985)。一般來說，燃燒高硫媒的大型設備使用濕式煙道氣脫硫技術，小型設備則使用噴霧煙道氣脫硫技術。

## 氮氧化物的控制技術

空氣污染中大部份的氮氧化物 ($NO_x$) 來自燃燒程序。其藉由燃料中氮鍵的氧化、1,600 K 溫度以上的燃燒氣中氧分子和氮氣的反應 (見式 7-12)，及燃料空氣中氮氣和碳氫自由基的反應等方式而形成。$NO_x$ 的防治技術被區分成二類：即在燃料程序中防止 $NO_x$ 生成的技術及將燃燒過程中所產生的 $NO_x$ 轉化形成氮氣及氧氣的技術 (Prasad, 1995)。

**防止法**　此類的程序採用降低燃燒區域的火焰溫度以減少 $NO_x$ 的生成。有 9 種作法可降低火焰溫度：(1) 操作溫度減到最小、(2) 切斷燃料、(3) 降低過量空氣量、(4) 回流煙道氣、(5) 稀燃料燃燒、(6) 分段燃燒、(7) 低 $NO_x$ 燃燒器、(8) 二次燃燒、(9) 水/蒸汽注入。

調整燃燒器以最小的燃燒區溫度值操作可降低燃料消耗及 $NO_x$ 生成。將燃料換成含氮量較低或可在較低溫度下操作的燃料亦可降低 $NO_x$ 的生成。例

* 從質量傳送的歷史發展而言，噴霧乾燥係起源於將溶劑自霧化的噴霧中蒸發的操作，同時有氣體粒子擴散進入蒸發的液滴，並不是眞正的噴霧乾燥。但是，許多作者將噴霧乾燥當作乾式洗滌的同義詞。

如，石油焦炭的含氮量及火焰溫度皆比煤炭低。另一方面，天然氣雖不含氮但在相對較高的火焰溫度下燃燒，因此比煤產生更多的 $NO_x$。降低過量空氣量及回流煙道氣的作法，最主要是在減少氧濃度降低火焰溫度。反之，在稀燃料燃燒程序中，引入過量的空氣以冷卻火焰。

分段燃燒及低 $NO_x$ 燃燒機中，初始燃燒發生在富燃料區域，接著在主燃燒區後段注入空氣，後段燃燒則在貧燃料狀態下的低溫完成。

分段燃燒將部份燃料及所有的燃燒氣體注入第一次燃燒區。$NO_x$ 的熱生成物因過量空氣所造成的低火焰溫度而被限制生成。

水/蒸汽的注入因降低火焰溫度而減少 $NO_x$ 的排放。

**後-燃燒** 可使用三種程序將 $NO_x$ 轉換成氮氣：選擇性的觸媒還原反應 (SCR)、選擇性的非觸媒還原反應 (SNCR)、及非選擇性的觸媒還原反應 (NSCR)。

SCR 程序中使用觸媒床 (通常是釩-鈦或鉑為底，或使用沸石) 及無水氨 ($NH_3$)。在燃燒程序之後，將 $NH_3$ 由觸媒床之上流管道注入，$NO_x$ 和 $NH_3$ 在觸媒床上反應生成 $N_2$ 及水。

SNCR 程序中，在適當溫度下 (870 至 1,090°C) 將氨或尿素注入煙道氣中，尿素轉變成 $NH_3$ 再與 $NO_x$ 反應成 $N_2$ 及水。

NSCR 程序中，使用如應用在汽車的三效 (three-way) 觸媒，除了可以防治 $NO_x$ 之外，尚可將碳氫化合物及一氧化碳轉換成 $CO_2$ 及水。這些系統在觸媒的上游，需要類似 CO 或碳氫化合物的還原劑具備燃燒後 $NO_x$ 控制的大型燃燒爐通常都有 SCR 設備。

典型的 $NO_x$ 還原技術，還原能力一般在 30 到 60% 之間；SNCR 技術為 30 到 50% 之間；SCR 技術則為 70-90% (Srivastava et al., 2005)。

## 微粒污染物

**旋風集塵器** 對於粒徑大於 10 $\mu$m 的大粒子，選擇旋風集塵器作為收集器 (圖 7-34)。此為無移動零件的固定收集器。承載微粒的氣體經螺旋運動而被加速，其施予微粒離心力，使微粒從旋轉氣體中被擲出，撞擊到旋風集塵器的圓柱器壁而滑落至集塵器底部收集，其藉由一緊密的閥系統移去。圖 7-35 顯示一個標準簡單式旋風集塵器的比例圖。

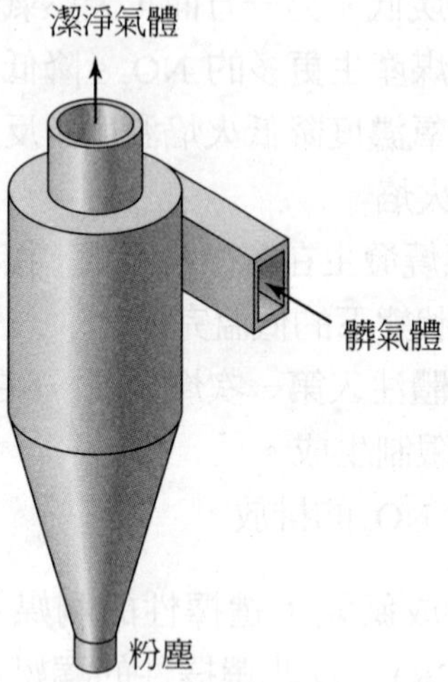


**圖 7-34** 逆流式旋風集塵器
(資料來源：Crawford, 1976)。

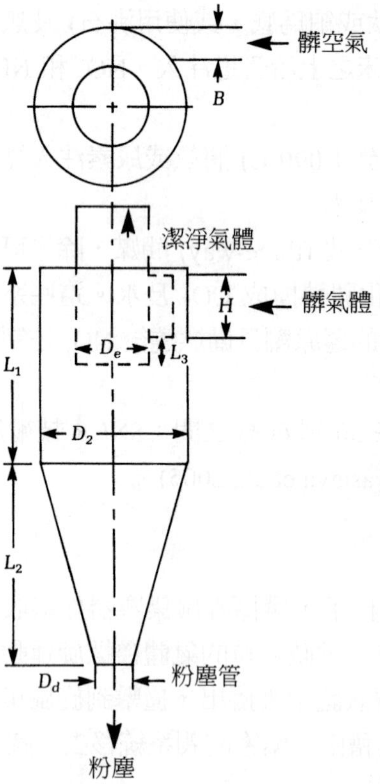


**圖 7-35** 標準逆流式旋風集塵器的比例圖
注意：標準旋風集塵器比例如下：

圓柱長度，$L_1=2D_2$
圓錐長度，$L_2=2D_2$
出口直徑，$D_e=0.5\ D_2$
進口高度，$H=0.5\ D_2$
進口寬度，$B=0.25\ D_2$
粉塵出口直徑，$D_d=0.25\ D_2$
輸送管出口長度，$L_3=0.125\ D_2$

(資料來源：Crawford, 1976)。

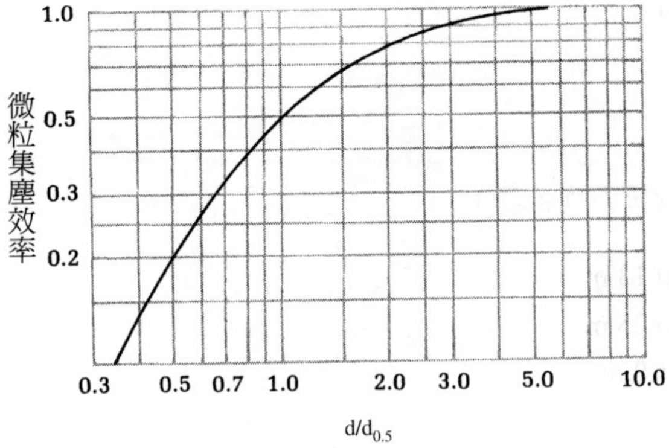


**圖 7-36**　旋風集塵器收集效率的經驗值 (資料來源：Lapple, 1951)。

不同微粒大小的收集效率 ($\eta$) 可由 Lapple 所發展出的實驗式及圖 (圖 7-36) 求得 (Lapple, 1951)：

$$d_{0.5} = \left[\frac{9\mu B^2}{\rho_p Q_g}\frac{H}{\theta}\right]^{1/2} \quad \textbf{(7-56)}$$

其中　$d_{0.5}$＝去除直徑 (cut diameter)，該粒徑的收集效率為 50%

$\mu$＝氣體的動黏度，Pa・s

$B$＝入口寬度，m

$H$＝入口高度，m

$\rho_p$＝微粒密度，kg/m$^3$s

$Q_g$＝氣體流率，m$^3$/s

$\theta$＝由式 7-57 所定義的有效旋轉圈數

$\theta$ 值可由下式求得近似值：

$$\theta = \frac{\pi}{H}(2L_1 + L_2) \quad \textbf{(7-57)}$$

其中 $L_1$ 及 $L_2$ 分別代表圓柱及圓錐的高度。

**例題 7-10**　決定具有下列特性的標準旋風集塵器，對具有 800 kg/m$^3$ 密度 10 $\mu$m 微粒的收集效率。

旋風集塵器圓筒直徑＝0.50 m
氣體流率＝4.0 $m^3/s$
氣體溫度＝25°C

**解**：由標準的旋風集塵器比例可計算下列各項：

$$B = (0.25)(0.50\text{ m}) = 0.13\text{ m}$$
$$H = (0.50)(0.50\text{ m}) = 0.25\text{ m}$$
$$L_1 = L_2 = (2.00)(0.50\text{ m}) = 1.0\text{ m}$$

旋轉圈數 $i$ 為：

$$\theta = \frac{\pi}{0.25}[2(1.0) + 1.0] = 37.7$$

由氣體溫度及附錄 A 的表 A-4 可查得動黏度為 18.5 $\mu$Pa・s。則去除直徑為

$$d_{0.5} = \left[\frac{9(18.5 \times 10^{-6}\text{ Pa}\cdot\text{s})(0.13\text{ m})^2(0.25\text{ m})}{(800\text{ kg/m}^3)(4.0\text{ m}^3/\text{s})(37.7)}\right]^{1/2} = 2.41 \times 10^{-6}\text{ m} = 2.41\ \mu\text{m}$$

粒徑比為

$$\frac{d}{d_{0.5}} = \frac{10\ \mu\text{m}}{2.41\ \mu\text{m}} = 4.15$$

由圖 7-36 可得收集效率約 95%。

---

當縮小旋風集塵器的直徑時，收集效率及壓力降增加，且使氣體通過旋風集塵器的動力需求增加。即使在切線速度保持不變，亦可採用多個並聯旋風集塵器 (multiclones) 在不需增加動力的情形下提高效率。

從例題可知旋風集塵器對收集大於 10 $\mu$m 的微粒非常有效。相對地，你必須注意到旋風集塵器對於粒徑為 1 $\mu$m 或更小微粒的收集並非有效。因此，其僅可應用於粗塵粒的收集，這些應用包括木屑、紙纖維及皮革纖維的排放控制。數個旋風集塵器的並聯使用，經常應用在發電廠中對飛灰控制的前處理。

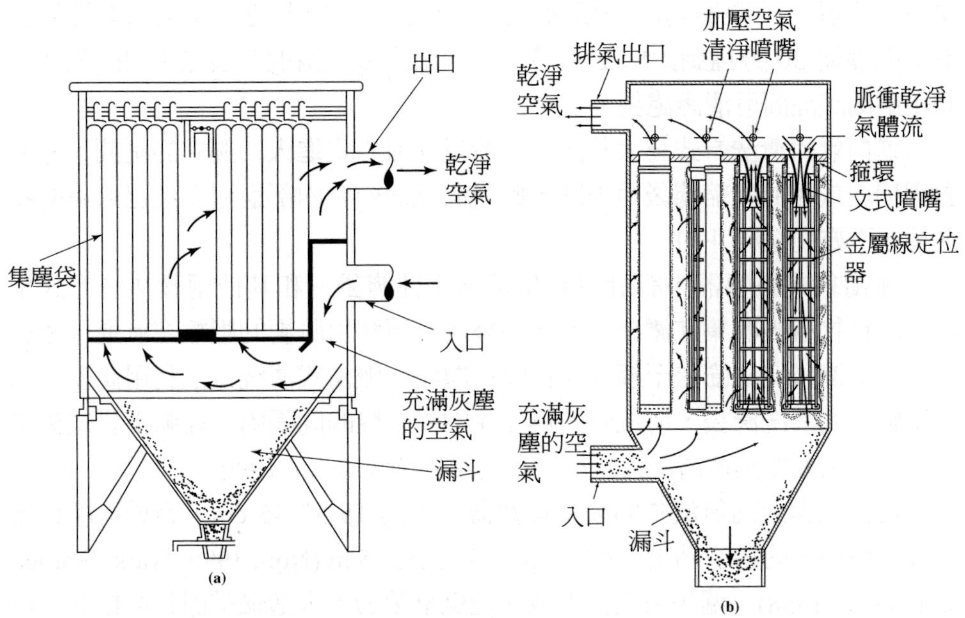


**圖 7-37**　機械清洗(震盪)袋式集塵器 (a) 與脈衝式清洗袋式集塵器 (b)。脈衝式袋式集塵器顯示，三個左邊的濾袋在正常操作下，右手邊的濾袋則在脈衝清洗。(資料來源：Walsh, 1967)。

**過濾器**　過濾器可有效控制粒徑小於 5 $\mu$m 微粒。一般使用二種方法：(1) 深床過濾器、(2) 袋式集塵器 (baghouse，圖 7-37)。深床過濾器類似熔礦爐過濾器，利用填充的纖維物攔截氣流中的微粒。即使如空調系統內相當乾淨及微量的氣體其淨化效果亦相當好。袋式集塵器則較適於過濾骯髒且大量的工業廢氣。

過濾器的收集機制包括因微粒大於纖維開口直徑而篩選或篩濾的作用(顆粒直徑大於纖維的孔洞)、纖維的直接攔截及微粒與纖維間靜電荷差的靜電吸引力。當纖維上已形成一塵餅時，此時篩濾爲最主要機制。當物質顆粒收集於袋上，收集效率便增加。塵餅的增加也會使氣流的阻抗增加。

當通過濾袋之壓降減低，氣流速度也減緩至不可接受的程度時，需要清洗過濾袋。清洗過濾袋有三種方法，分別是機械震盪、逆向空氣流與脈衝式清洗。

用機械方法清洗袋式集塵器爲直接使髒氣體進入濾袋內，微粒物質的收集方式與眞空吸塵器的濾袋相同，濾袋固定在框架上使之產生週期性的震盪，間隔從 30 分鐘到大於 2 小時不等。濾袋被成組地安裝在不同的隔間，藉由關閉該隔間可清潔濾袋。

逆向氣流清洗方式爲大量的空氣流以逆流方式進入一獨立的區間，塵餅會因崩塌或屈曲收縮濾袋而去除，此逆向氣流結合內部崩塌會使已收集的塵餅掉至下方的送料斗內。

脈衝袋式集塵器，設計以骨架結構支柱濾袋。和其他兩種清洗方式相比，微粒物質被收集在濾袋外而非濾袋內，再利用脈衝的壓縮空氣進入濾袋中，造成濾袋突然膨脹至極大而移除粉塵餅。脈衝式清洗方法利用高壓落差與短暫時間清洗濾袋，清洗時間爲 2 到 15 分鐘的間隔內。在脈衝袋式集塵器中，不需要如其他清洗方式提供所需額外濾袋 (Noll, 1999)。

震盪式與逆向氣流式的袋式集塵器大小爲 15 到 45 cm，濾袋可能長達 12 m。脈衝式的濾袋爲 10 到 15 cm，長度小於 5 m (Noll, 1999; Wark, Warner, and Davis, 1998)。濾袋可由天然或人造纖維製造。人造纖維因其價格低、較好的溫度及化學阻抗及纖維直徑小等特性，經常被廣泛當成濾袋織物使用。棉質濾袋在溫度 90°C 以上無法使用，而玻璃纖維濾袋可使用至 260°C 以上 (McKenna et al., 2000)。因爲清洗會產生壓力，因此用機械式或逆向氣流式清洗的集塵器只能使用編織纖維製成的濾袋，氈製纖維則爲脈衝清洗的袋式集塵式所使用 (Noll, 1999)。濾袋使用壽命介於 1 至 5 年，正常爲 2 年。

袋式集塵器的基礎設計參數爲氣體體積流量比上濾器的纖維面積，此項比例稱爲**氣流-濾布比** (air-to-cloth ratio)。*單位爲 $m^3/s \cdot m^2$ 或 m/s，典型的氣流-濾布比列於表 7-13。

**表 7-13　典型氣流-濾布比[a]**

| 袋式集塵器清潔方式 | 氣流-濾布比, m/s |
|---|---|
| 震盪式 | 0.010 to 0.017 |
| 逆向氣流式 | 0.010 to 0.020 |
| 脈衝式 | 0.033 to 0.083 |

[a] 取材自 Davis, 2000; Noll, 1999; Wark, Warner, and Davis, 1998.

* 也可稱爲氣體-濾布比，過濾速度，或面向速度。

**例題 7-11**　在 Lime Ridge 的一家混凝土工廠被發現違反微粒物質排放標準，因此，一機械震盪式袋式集塵器被使用於控制微粒物質。試估計當氣流流量爲 20 $m^3/s$ 時所需要的濾袋數目，假設每個濾袋直徑 15 cm，長度 12 cm。有 1/8 的濾袋爲清洗用，針對微粒物質所建議使用的氣流-濾布比爲 0.010 m/s。

**解：**

**1.** 氣流-濾布比的單位爲 m/s 或 $m^3/s \cdot m^2$，計算當一個隔間在清洗時，所需的總濾布面積：

$$A = \frac{Q}{\mathcal{V}} = \frac{20\ m^3/s}{0.010\ m^3/s \cdot m^2} = 2{,}0C$$

**2.** 總濾袋數量爲總面積除以一個濾袋面積：

$$\frac{2{,}000\ m^2}{(\pi)(0.15\ m)(12\ m)} = 353.67 \text{ or } 354$$

**3.** 當有 1/8 的濾袋不操作使用時，另外所需要的 1/5 的數量爲：

$$\frac{354 \text{ bags}}{8} = 44.25 \text{ or } 44 \text{ bags}$$

**4.**總濾袋數量 354＋44＝398。

爲了使每隔間內的濾袋數相同，總濾袋數將會稍微增加 (398 個濾袋/ 8 個隔間＝49.75 / 每區間)，若每隔間有 50 個濾袋，則共有 400 個濾袋。

袋式集塵式可應用於許多地方，範圍包括炭黑與石膏工業、水泥壓製、飼料與穀粒掌控、石灰壓製、砂光機與燃煤鍋爐。在所有顆粒物防制設備之中，過濾爲唯一可能包含添加吸收介質，同時促進氣相污染物去除的技術。

**液體滌塵或濕式集塵器**　當所欲收集的微粒爲潮濕、高溫或具腐蝕性時，濾布過濾器無法使用，此時可採用液體滌塵。典型滌塵器的應用包括滑石粉塵、磷酸霧、鑄造熔爐粉塵及鋼鐵鍊熔爐燻煙粉塵排放的防治。

濕式集塵器的種類變化相當複雜，最簡單的噴霧室用來去除較粗微粒。文氏洗塵器和旋風式洗塵器的結合使用，對較細微粒有很高的去除效率 (圖

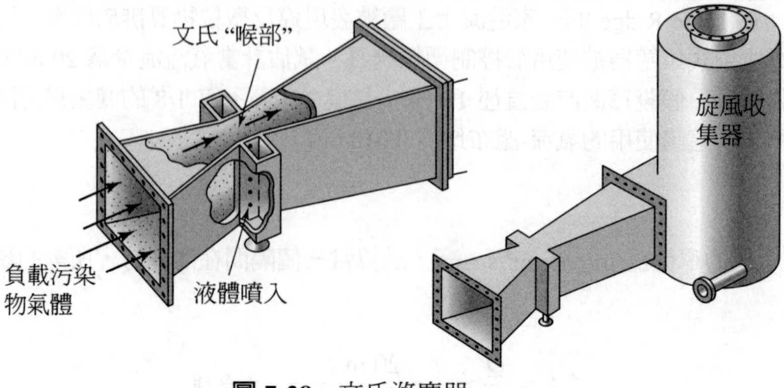


**圖 7-38** 文氏滌塵器。

7-38)。濕式洗塵器的主要操作原理在收集液液滴的速度與污染微粒速度的不同。當微粒撞擊進入液滴時，液滴-微粒複合體仍持續懸浮在氣流中，而被位於下流的收集器將其去除。由於液滴會使微粒加大，故收集器的效率較沒有液滴時高。

由 Johnstone，Field 及 Tassler 等人所共同提出的方程式是最普遍的收集效率方程式 (1954)：

$$\eta = 1 - \exp(-\kappa R\sqrt{\psi}) \tag{7-58}$$

其中 $\eta$＝效率

exp＝以 e 為底的指數

$\kappa$＝關係係數，$m^3$ 氣體/$m^3$ 液體

$R$＝液體流率，$m^3/m^3$ 氣體

$\psi$＝由式 7-59 所定義之惰性碰撞參數

惰性碰撞參數 ($\psi$) 與微粒及液滴的大小和相對速率有關：

$$\psi = \frac{C\rho_p v_g (d_p)^2}{18 d_d \mu} \tag{7-59}$$

其中 $C$＝由式 7-60 所定義的克寧漢校正因子，無單位

$\rho_p$＝微粒的密度，$kg/m^3$

$v_g$＝在喉部的氣體速度，m/s

$d_p$＝微粒的直徑，m
$d_d$＝液滴的直徑，m
$\mu$＝氣體的動黏度，Pa．s

克寧漢校正因子用在當細小的微粒不遵循司托克斯沉降方程式時，因其傾向於在氣體分子間 "滑溜"，故使曳引係數 (CD) 降低而使粒子沉降得較快速。當微粒的粒徑小於 1 $\mu$m 時，此現象更明顯。克寧漢校正因子可由下列方程式估計 (Hesketh, 1977)：

$$C = 1 + \frac{6.21 \times 10^{-4}(T)}{d_p} \qquad \textbf{(7-60)}$$

其中 $T$ ＝絕對溫度，K
$d_p$＝微粒之直徑，$\mu$m

---

**例題 7-12**　假設飛灰微粒的密度為 700 kg/m³ 且最小粒徑為 10 $\mu$m。試以粒徑的函數表示具有下列特性濕式洗塵器的效率。

**文氏洗塵器的效率：**
喉部面積＝1.00 m²
氣體流率＝94.40 m³/s
氣體溫度＝150°C
液體流率＝0.13 m³/s
係數 κ＝200
液滴直徑＝100 $\mu$m

**解**：由計算最小微粒的克寧漢校正因子開始，看看是否可保留分母中的 $d_p$ 項

$$C = 1 + \frac{6.21 \times 10^{-4}(423\text{ K})}{10\ \mu\text{m}}$$
$$= 1 + 0.0263$$

由此可知對所有大於 10 $\mu$m 的微粒而言其含 $d_p$ 的項值很小，故可使用近似值

$$C = 1$$

在進行計算 $\psi$ 之前，我們須先決定在喉部的氣體速度：

$$v_g = \frac{Q_g}{A_t}$$

其中 $A_t$＝喉部的截面積

$$v_g = \frac{94.40\ \text{m}^3/\text{s}}{1.00\ \text{m}^2} = 94.40\ \text{m/s}$$

從氣體溫度 (150°C) 查附錄 A 的表 A-4 可得氣體的動黏度爲 25.2 $\mu$Pa・s。

現在可利用 $d_p$ (單位用 $\mu$m) 項來計算收集效率。注意當 $C$＝1 時，常數爲 18

$$\psi = \frac{(1)(700\ \text{kg/m}^3)(94.40\ \text{m}^3/\text{s})(1 \times 10^{-12}\ \mu\text{m}^2/\text{m}^2)(d_p)^2}{(18)(100 \times 10^{-6}\ \text{m})(25.2 \times 10^{-6}\ \text{Pa} \cdot \text{s})} = (1.46)(d_p)^2$$

$\psi$ 的平方根及計算 $R$＝0.13/94.40，則可以粒徑的函數來表示收集效率，即

$$\eta = 1 - \exp[-(200)(1.38 \times 10^{-3})(1.21)d_p]$$
$$= 1 - \exp[-0.33(d_p)]$$

---

**靜電集塵器**　利用微粒的靜電沉降作用，可乾燥且高效率地從高溫氣流中收集微粒。ESP 是由金屬平板及電線交替排列組成 (圖 7-39) 在金屬板與電線間形成強大的直流電位 (30－75 kV)，此造成金屬板與電線間產生離子場 (圖 7-40a)。當負載微粒的氣流通過金屬板與電線之間時，離子碰觸到微粒並給予負電荷 (圖 7-40b)。因此微粒朝向具正電荷的金屬板遷移並黏著在板上 (圖 7-40c)。利用間歇敲擊收集板，則凝聚成片的微粒會落入漏斗狀的收集器中。

靜電集塵器與袋式集塵器不同的爲平板間的氣流在淨化過程中不受到阻礙。通過 ESP 的氣體速度保持低於 1.5 m/s 使微粒足以遷移，且粉塵有足夠的沉降速度在離開集塵器之前，落入漏斗型收集器內。

典型的 ESP 效率方程式，由 Deutsch 提出 (1922)：

$$\eta = 1 - \exp\left(-\frac{Aw}{Q_g}\right) \quad \textbf{(7-61)}$$

其中　$A$ ＝金屬板收集面積，$\text{m}^2$

$w$ ＝微粒的遷移速度，m/s

$Q_g$＝氣體流率，$\text{m}^3$/s

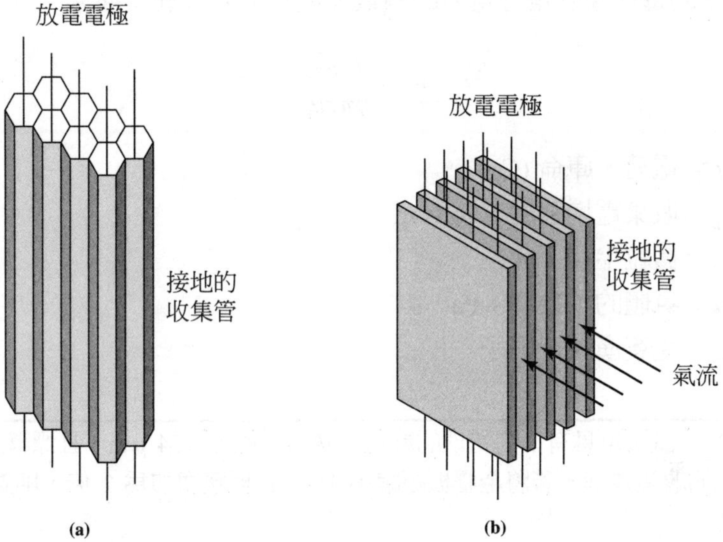


**圖 7-39**　靜電集塵器 (a) 電線在金屬管中，(b) 電線與金屬板交替排列 (資料來源：USEPA Training Manual)。

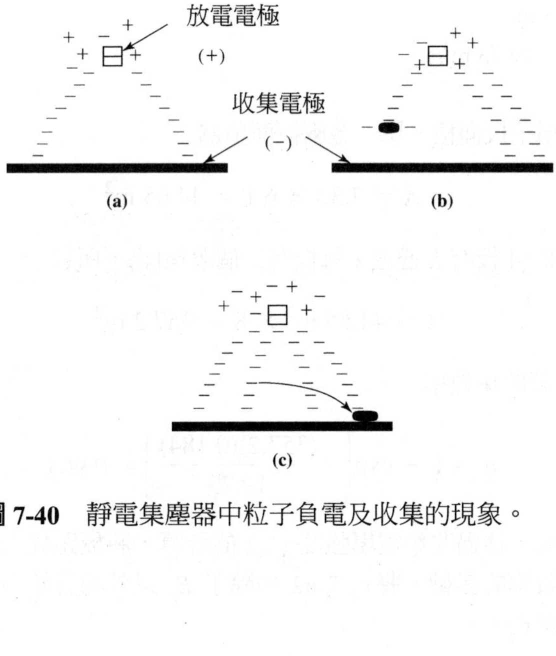


**圖 7-40**　靜電集塵器中粒子負電及收集的現象。

粒子的遷移速度是靜電力的函數，可以下列方程式描述：

$$w = \frac{qE_pC}{6\pi r\mu} \tag{7-62}$$

其中 $q$ ＝電荷，庫侖 (C)
$E_p$ ＝收集電場強度，volts/m
$r$ ＝微粒半徑，m
$\mu$ ＝氣體的動黏度，Pa・s
$C$ ＝克寧漢校正因子

---

**例題 7-13** 試決定具有下列特性的靜電集塵器對粒徑 154 $\mu$m，且漂移速度為 0.184 m/s 微粒的收集效率。若將金屬板距縮小 1/2，且板數增加為 2 倍，則對收集效率有何影響？

ESP **特性：**
高度＝7.32 m
長度＝6.10 m
通道數目＝5
板距＝0.28 m
氣體流率＝19.73 $m^3/s$

**解：**首先計算金屬平板面積。單一金屬板面積為：

$$A = 7.32 \times 6.1 = 44.65 \text{ m}^2$$

因為有 8 個收集面 (4 板有 5 通道，每板有二個收集面)，所以

$$A = 44.65 \text{ m}^2 \times 8 = 357.2 \text{ m}^2$$

再利用式 7-61 計算收集效率

$$\eta = 1 - \exp\left[-\frac{(357.2)(0.184)}{19.73}\right] = 0.964$$

因此效率為 96.4%，透過收集電場強度 ($E_p$) 的計算，將板距代入效率方程式中，可討論板距對收集效率的影響。將式 7-62 中除了 $E_p$ 以外的各值均視為常數，則其可寫成如下列的方程式：

$$w = KE_p$$

其中 $E_p$ 爲每公尺所量測的伏特值，若二板間的距離減小，收集電場強度亦依比例增加：

$$w = KE_p \frac{0.28}{0.14} = 2KE_p$$

因此 $w$ 會增加一倍。爲維持相同的氣體速度，則金屬板數 (即表面積) 須增加，新的收集效率爲：

$$\eta = 1 - \exp\left[-\frac{(714.4)(0.368)}{19.73}\right] = 1 - 0.0000016 = 0.999998 \text{ 或 } 1.00$$

如此，效率可增至 100%，但此板距因會爆出火花，所以實際上並不可行。

---

熔礦爐燃燒石化燃料所排放的氣體中，攜帶的微粒物質通稱爲**飛灰** (Fly ash)。使用靜電集塵器來收集飛灰時，在操作上須特別注意電阻係數。收集板藉由電流流經飛灰所產生的靜電捉住飛灰，黏在收集板上的飛灰像電阻般地阻礙電流通過，此阻礙性稱爲飛灰的電阻係數，測量單位爲 ohm · cm。若電阻係數太低 (小於 $10^4$ ohm·cm)，則沒有足夠的電荷以維持強靜電力，微粒無法 “黏住” 收集板。若電阻係數太高 (大於 $10^{10}$ ohm·cm)，則產生絕緣效應，飛灰凝聚的薄層會局部瓦解且正電極會局部放電 (稱**反電暈**，back corona)。此放電現象會使電壓下降產生正離子而使微粒負電量下降，進而降低收集效率。

氣流中若存在有 $SO_2$ 會降低飛灰的電阻係數，使得微粒相當容易收集。爲了使 $SO_2$ 排放量降低，經常使用低硫煤，結果造成微粒排放量增加。此問題可藉由加入如 $SO_3$ 或 $NH_3$ 之類的調理劑來降低飛灰的電阻係數或使用大型的收集器等方法來解決。

靜電集塵器可應用在發電場、水泥窯、鼓風爐氣體、冶金窯或爐及酸製造廠的霧氣等空氣污染控制。

## 汞的控制技術

在燃燒過程中，煤炭中的汞會揮發轉變爲元素汞蒸氣。當煙氣冷卻後，一連串的複雜反應使元素汞轉變爲二價汞及含汞微粒物質 ($Hg_p$)。若有氯的存在，則有助於氯化汞的生成。一般來說，煙煤鍋爐中的氣相汞多爲二價汞，而次煙媒及褐媒中的氣相汞多為元素汞。

現有的鍋爐防制設備可達到去除汞化合物的輔助效果。含汞微粒物質被收集在粒狀物防制設備中，溶解性的二價汞化合物被收集於 FGD 系統。粒狀物防制設備可達到 0 到 90% 的汞排放減量。在這些設備之中，袋式集塵器可獲得較高的去除效率。乾式洗滌器可達到平均總汞(微粒物質加上化合物) 去除範圍為 0 到 98%，濕式 FGD 洗滌器的去除效率也類似。使用煙媒之鍋爐汞去除效率會比使用次煙媒及褐媒之鍋爐高，美國環保署估計對美國現有的燃煤鍋爐的防治技術而言，可去除煤炭所含 75 Mg 汞的 36% (Srivastava et al., 2005)。

有兩種普遍的方式被發展來控制汞的排放：投入粉末狀活性碳 (PAC) 與現有防制設備的提升。高效率 (90%) 去除技術為 PAC 加上脈衝式袋式集塵器，以及 FGD (乾式或濕式皆可 )加上袋式集塵器 (U.S. EPA, 2003b)。

## ▲ 7-11 移動污染源的空氣污染控制

### 引擎原理

在探討一般汽油汽車引擎的污染控制前，首先比較三種類似的引擎：汽油引擎、柴油引擎及噴射引擎。

**汽油引擎** 四衝程引擎的每個衝程圖示於圖 7-41。在沒有空氣污染控制設備的典型汽車引擎中，空氣與汽油經化油器混合後進入汽缸內，經壓縮後被火星塞點火燃燒。燃燒後產生的爆炸能量推動活塞，活塞的運動轉送到曲軸而推動車子，燃燒後的混合物離開引擎從尾管排出。

1 kg 汽油大約和 15 kg 空氣混合可被完全燃燒，但為了產生最大動力，該比例必須降低。大部份的驅動皆在空氣-燃料比小於 15 比 1 的情況下發生，因此燃燒不完全。空氣提供不足的情況下 CO 會取代 $CO_2$ 成為主要產物，且有未燃燒的汽油及碳氫化合物等副產品隨 $CO_2$ 及水從尾管排出。

因為汽缸內為高溫、高壓狀態，故會形成大量的 $NO_x$ (參見式 7-12)。

**柴油引擎** 如圖 7-42 所示，柴油引擎和四衝程引擎有二點不同：

第一，柴油引擎中空氣的提供沒有節氣閥，即空氣進入引擎不受限制，故柴油引擎操作時一般具有較高的空氣-燃料比。

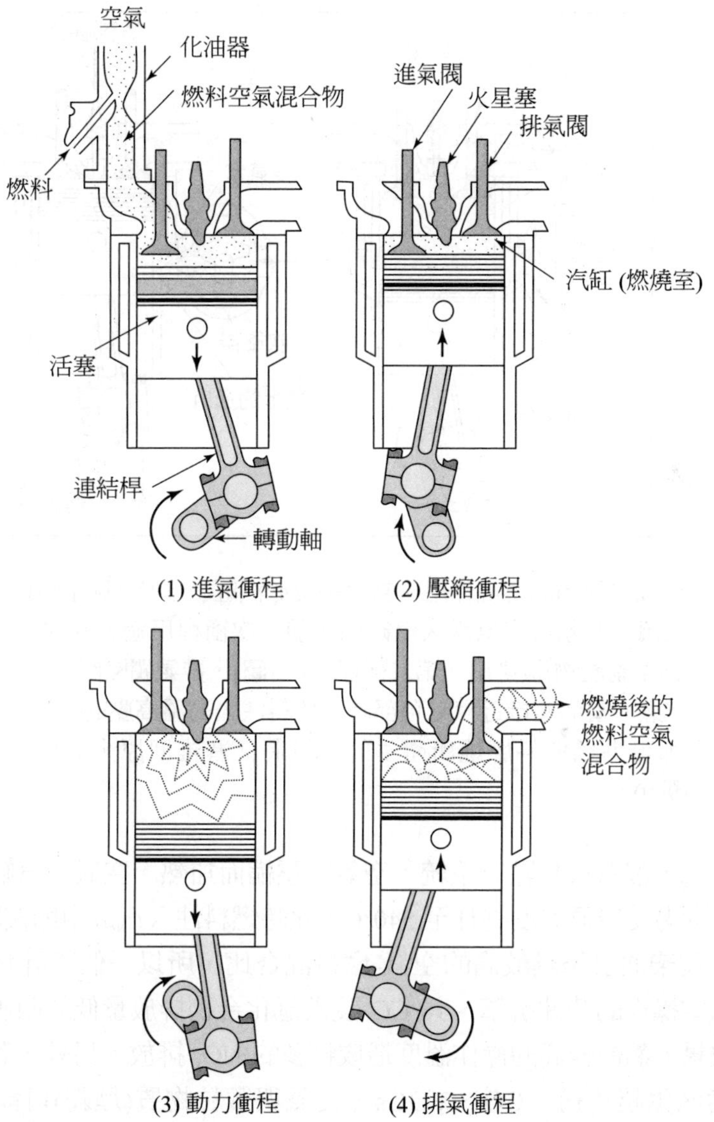


**圖 7-41**　汽車引擎內的燃燒作用。在進氣衝程 (1) 中，活塞下移，燃料-空氣混合物被下引通過打開的進氣閥進入汽缸內。在壓縮衝程 (2) 中，進氣閥關閉，活塞運動壓縮燃料-空氣混合物。在動力衝程 (3) 中，大量火星塞的火花點燃高溫壓縮的混合物。混合物燃燒、膨脹、推動活塞下壓。在排氣壓衝程 (4) 中，排氣閥打開，燃燒後的混合物帶著污染物排出，活塞回到汽缸頂端 (*資料來源*：NTRDA, 1969)。

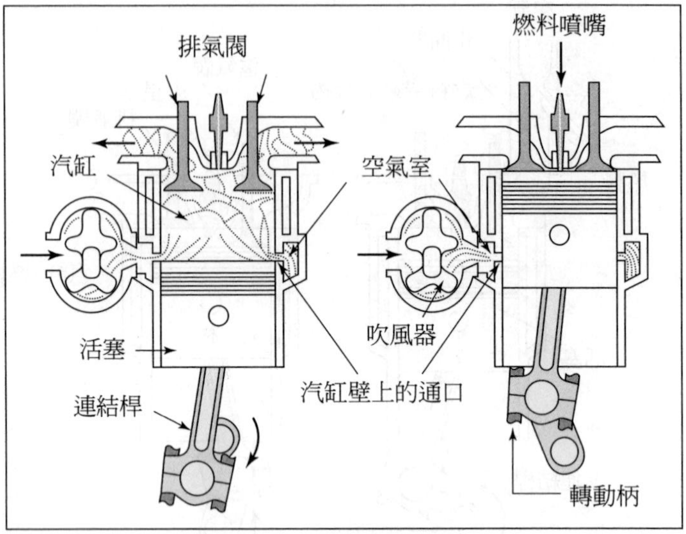


**圖 7-42** 柴油引擎內的燃燒作用。當活塞位於汽缸底部時 (見左圖)，排氣閥及汽缸門打開。吹風器將新鮮空氣送入汽缸內，前一次衝程用過剩餘的空氣-燃料混合物(伴隨任何污染副產物)被排出。第二衝程 (見右圖)，排氣閥關閉，活塞上升關閉汽缸門並壓縮空氣。當活塞接近汽缸頂部時，燃料注入高溫高壓的空氣中。此高溫空氣不需火星即可點燃燃料燃燒所產生的力量將活塞推回原來的位置 (資料來源：NTRDA, 1969)。

第二，沒有火星點火系統，空氣經壓縮而加熱。空氣在汽缸內被壓縮至夠高的壓力使空氣溫度提升至 540°C，此時燃料注入汽缸中即被點燃。

因爲柴油引擎具較高的空氣-燃料混合比，所以一個設計良好、維護良好及適當操作的柴油引擎，其 CO 及碳氫化合物排放量低於四衝程汽油引擎的排放量。然而較高的操作溫度造成較多的 $NO_x$ 排放。另外，若引擎從靜止到加速產生超負荷，CO、VOCs、臭氣與微粒物質(煙霧)可能會大量排出(Cooper and Alley, 2002)。

**噴射引擎** 利用壓縮空氣所產生的衝力來推動的大型商業航空器，在都市上空製造相當大量的微粒及 $NO_x$，在起飛與攀升時會產生最大的排放率。然而，以一整年而言，噴射引擎的排放量比行駛於高速公路上的車輛小。

如圖 7-43 所示，空氣被牽引進入引擎前方後被壓縮，且因燃料的燃燒

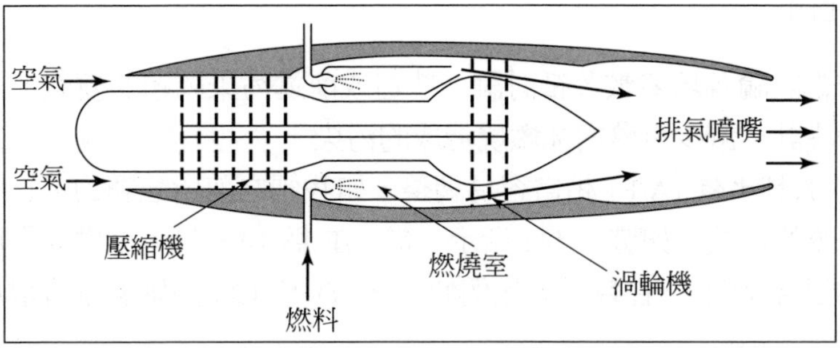


**圖 7-43**　噴射引擎內的燃燒作用。空氣進入引擎前端的壓縮器不斷地被壓縮且被推入環繞著引擎的燃燒室內。燃料以穩流的情況噴入燃燒室的前端以至於點火而持續燃燒。燃燒的空氣-燃料混合物膨脹且向後端推進。(如此會撞擊渦輪葉先使其轉動，而驅動壓縮機)。當膨脹的混合物移向尾管時，通道變窄，所以燃燒的空氣-燃料混合物被壓縮成為強勁的噴射氣流由飛機尾部射出 (資料來源：NTRDA, 1969)。

而加熱。因加熱膨脹的氣體通過渦輪葉片驅動壓縮機，然後從排氣噴嘴離開引擎。

**設計與操作變數對排放量的影響**　下列所列為影響內部燃燒 (機動車) 排放量的變數(Patterson and Henein, 1972)：

**1.** 空氣-燃料比
**2.** 負荷或動力程度
**3.** 速度
**4.** 點火時間
**5.** 向後排氣壓力
**6.** 活門重疊
**7.** 各種引入口 (空氣口) 的壓力
**8.** 燃燒室產生附著物
**9.** 表面溫度
**10.** 表面-體積比例
**11.** 燃燒室設計
**12.** 衝程-口徑比例
**13.** 各汽缸置換

**14.** 壓縮比例

在此不詳細討論各項變數，祇討論一些造成前述污染問題的變數，以便能提供較好的設計，減少引擎內部燃燒造成的污染。

**空氣-燃料比值** (A/F) 相當容易調整，如我們之前所強調的，它直接影響此三種引擎的排放。如圖 7-44a 所示，當 A/F 為 14.6 是完全燃燒作用所需化學計量的混合比例。*在較低的比例值時，CO 及 HC 的排放量皆增加，在較

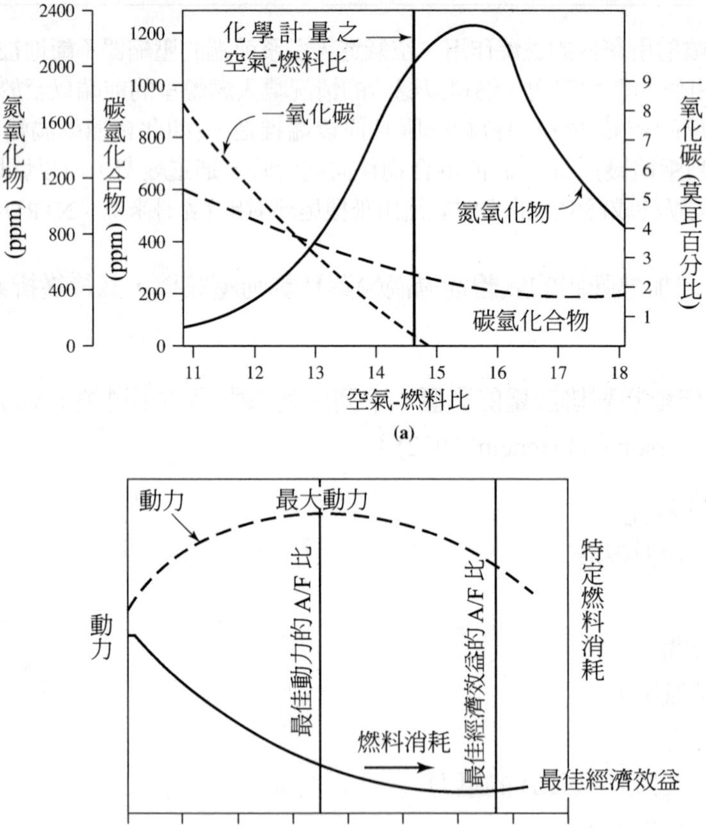


**圖 7-44** 空氣-燃料比例的效應 (a) 對排放量的影響，(b) 對動力及經濟效益的影響 (資料來源：Seinfeld, 1975)。

---

* 註：化學計量意指“與其分子量確切相關的特有性質”。

高比例值約爲 15.5 時，則 $NO_x$ 的排放增加。在極稀混合 (高 A/F 比例) 的情況下，$NO_x$ 的排放開始減少。

燃燒室的設計在最近三十年有了重大的改變。舉例來說，**極稀油燃燒引擎** (extra-lean-burn engine) 汽缸可使火星塞與其他稀油區的 A/F 比值提高。A/F 比值在此引擎內可高達 25，產生非常少量的 CO 與 VOCs。此引擎也會促進汽油效率，對所有改良的稀油引擎而言，若與高驅動比結合，會造成高 NO 形成的不利條件 (Cooper and Alley, 2002)。

延遲點火與活塞衝程的相對時間，可減少未燃燒的燃料量，並減少碳氫化合物的排放。增加延遲時間也會使 $NO_x$ 排放減少，CO 排放量則不變或僅有些微的變化。

## 機動車排放物的控制

**旁吹** 經過移動中汽機車的氣流，經常是直接通過曲軸箱以去除任何吹過活塞的氣體-空氣混合物、蒸發的潤滑油及任何排放的產物。空氣由排氣孔進入並由曲軸箱延伸的管子排出，排出的速率依車子的速度而定。車子所排出的碳氫化合物中有 20 至 40% 的量是由曲軸箱排至大氣中。此排放稱爲**曲軸箱旁吹**。自 1963 年以後出廠的汽車均需有完全的曲軸箱換氣 (PVC) 閥以去除旁吹的排放。

**燃料槽蒸發損失** 從燃料槽內蒸發的揮發性有機化合物，可由一個或二個系統控制。最簡單的系統是在槽的排放管線內放置活性碳吸附器。如此，當天氣熱而汽油膨脹使蒸氣往外推時，HC 可被活性碳所吸附。

另一系統是將燃料槽與曲軸箱相連，此法的防漏效果比活性碳吸附爲差。

**引擎排氣** 祇修改引擎無法符合嚴格的排放標準，因此，外加的觸媒反應器 (一般稱爲**觸媒轉化器**) 被應用在排氣系統。觸媒轉化器的功能在於促進轉換 $NO_x$ 爲 $N_2$、CO 爲 $CO_2$ 與轉換碳氫化合物爲 $CO_2$ 及 $H_2O$。三元觸媒轉化器 (three-way catalyst, TWC) 同時氧化碳氫化合物與 CO 並還原 $NO_x$，這種觸媒通常爲是以氧化鋁結構支持的貴重金屬 (如鉑/銠)。觸媒轉化器必須符合化學計量的 A/F 比值操作 (圖 7-44)。除此之外，進入觸媒床的氣體必須爲組成穩定，且觸媒溫度要小心控制。由精密電子控制設備維持正確的 A/F 比值與溫

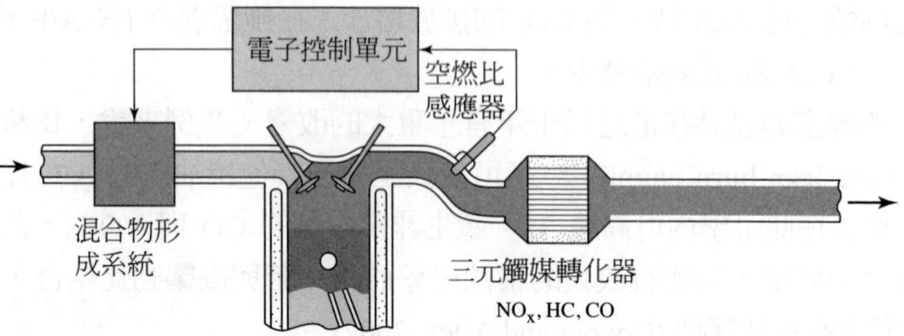


**圖 7-45** 單一觸媒床、三元觸媒轉化器與其電子控制系統 (資料來源：Bosch, 1988)。

度 (圖 7-45)。

使用觸媒的最大問題是它很容易被鉛、磷、硫等物質所 "中毒" (poisoning)。藉由將鉛、磷及硫從燃料中去除可解決此問題。

另一種已施行的方法是燃料改良。自 1996 年 1 月開始，燃料中鉛的使用已完全被漸次停止。此外，改變柴油提煉方法可使其硫含量降低且排放低於 20% 的 VOCs。降低汽油的蒸汽壓可減少碳氫化合物的排放。**氧燃料** (oxyfuel) 是另一種替代方法。氧燃料是一種具有更多氧的燃料，其可使燃燒更有效率。這些物質包括醇類、液化石油氣及天然氣。

**檢查/保養 (I/M) 方案** 汽車製造者在裝置這些設備時，皆盡可能使排氣及燃料蒸發的污染減到最小。但是，當汽車在預期情況外下操作時會發生耗損，若此耗損不維修，則空氣品質將超過國家環境空氣品質標準。檢查/保養方案的推行能確保控制設備的良好運作。這些作法包括定期檢查排氣狀況及蒸發控制設備。若汽車無法通過檢查，則所有者必須提供必要的保養及維護，然後再次接受檢查。若未通過檢查可能因此被取消牌照。

## ▲ 7-12 永續性廢棄物減量

空氣污染防治策略的首要工作是將污染物的生成在來源地即減至最低。由於大部份的空氣污染物來自化石燃料的燃燒，故節約能源是將廢棄物減量至最低極限的有效作法。雖然現代科技已發展出更有效使用燃料的鍋爐，但諸如隨手關燈、隨時注意節約能源等小動作，皆會有顯著的效果。由於能源消耗與水供給彼此相關，所以節約用水亦可減少空氣污染。同樣地，製造耗燃料少的、較小較輕的汽車及多搭乘大眾運輸工具、步行、騎自行車等皆可減少燃料消耗，進而減少空氣污染。另外，開發如太陽能、風力及核能等替代能源，亦可減少空氣污染物的排放。(當然核能尚存在其他的污染問題，此污染問題可能比降低空氣污染的益處還重要。)

禁止使用 CFCs 作冷媒，改用其他替代物作爲噴霧器的推進劑等作法，可因廢棄物減量而解決臭氧層被氟氯碳化合物破壞的問題。實際上，廢棄物減量的控制技術可根據蒙特婁公約 (見 7-6 節)。同樣地，如降低有機溶劑塗料的使用，改以水性塗料取代的作法，可減少碳氫化合物先驅物的排放及 $NO_x$ 的生成，進而降低大氣中 (非臭氧層) 臭氧的含量。

欲減低人爲活動造成溫室效應的基本方法爲減低人爲溫室氣體的排放，如前所述，有效使用能源可有效降低溫室氣體，有效使用能源也可產生經濟益處。當永續性觀念應用於污染減量時，有效使用能源可大大地降低了空氣污染與溫室氣體。

## ▲ 7-13　本章重點

研讀完本章後，應該能夠不參照課本或筆記，而能夠回答下列問題。

1. 列出美國環境保護局所制定國家空氣品質標準中的六個主要空氣污染物。
2. 列出及定義三種用在表示空氣污染數據的測量單位。(即，ppm，$\mu g/m^2$ 及 $\mu m$)。
3. 說明 ppm 用在空氣污染及水污染間的不同處。
4. 說明溫度及壓力對以 ppm 表示讀值時的影響。
5. 說明濕度、溫度及陽光在空氣污染對物質的影響。
6. 區別空氣污染所造成急性的及慢性的健康影響。
7. 試述相對於肺泡沉積作用較重要的微粒大小爲何？並說明之。
8. 說明爲何很難在空氣污染及其對健康影響間定義的因果關係。
9. 列出空氣污染三種對健康方面主要的慢性影響。
10. 列出空氣污染緊急事件中的四項特性，及確認出三種“致命”緊急事件中的位置所在。
11. 討論六種標準空氣污染物的天然及人爲來源，並確認其從大氣中移除的可能機制。
12. 確認下列各空氣污染物的室內空氣污染源：$CH_2O$，CO，$NO_x$，Rn，吸入性微粒及 $SO_x$。
13. 定義“酸雨”並說明其發生原因。

**14.** 利用適當的化學反應來討論在大氣層上方臭氧層的光化學，及氟氯碳化合物對這些反應的影響。
**15.** 說明“溫室效應”的可能成因及至今仍被爭議的正反雙方論點。
**16.** 決定大氣在不同垂直溫度下的穩定性 (驅散污染物的能力)。
**17.** 說明為何山谷地形較平坦地面更易產生逆溫現象。
**18.** 說明“湖風”及“陸風”的成因。
**19.** 說明湖風如何不利於污染物的分散。
**20.** 敘述下列各空氣污染控制設備操作上的理論原理：
(a) 吸收管柱 (填充式吸收塔或平板式吸收塔)，(b) 吸附管柱，(c) 後燃器或觸媒燃燒器，(d) 旋風集塵器，(e) 袋式集塵器，(f) 文氏滌塵器，及 (g) 靜電集塵器。
**21.** 對於特定的污染物及污染源，能選擇正確的空氣污染防治設備。
**22.** 討論 FGD 程序的正反觀點及飛灰的電阻性的問題。
**23.** 為了降低氮氧化物排放量所採用的防止法及後燃燒法之間的差異，各舉一例說明之。
**24.** 圖示空氣-燃料比例與汽車排放 CO、HC 及 $NO_x$ 間的關係。
**25.** 說明一般如何控制蒸發排放量。
**26.** 說明一般如何控制排氣排放量且電腦控制系統如何使之運作。

在課本的輔助下，應該能夠可以回答下列問題：

**1.** 解答有關氣體定律的問題。
**2.** 作 ppm 及 $\mu g/m^3$ 間的轉換。
**3.** 計算燃燒已知含硫量的煤或燃料油時，其所釋出的 $SO_2$ 量。
**4.** 計算出由高處固定污染源所釋出空氣污染物的地平面濃度，及利用已知地平面濃度計算排放速率 (*QE*)。
**5.** 利用空氣污染控制方程式分析吸收及吸附控制設備、旋風集塵器、滌塵器及靜電集塵器等設備的性能，並對各設計作修正。

## ▲ 7-14 習 題

**7-1.** 氧氣在溫度 273.0 K 及壓力 98.0 kPa 的狀況下其密度為何？
答案：1.382 kg/m³
**7-2.** 決定一氧化碳在壓力 102.0 kPa 及溫度 298.0 K 狀況下的密度。
**7-3.** 計算甲烷在溫度 273.0 K 及壓力 101.325 kPa 狀況下的密度。
**7-4.** 證明在標準溫度及壓力下 (STP)，一莫耳的任何理想氣體體積占 22.414 升。(STP 即 273.16 K 及 101.325 kPa)

**7-5.** 一莫耳的理想氣體在 20°C 及 101.325 kPa 的狀況下其體積爲何？

**7-6.** 一空氣樣本在 STP 下含氧 8.583 moles/$m^3$ 及氮 15.93 moles/$m^3$，試決定在 1.0 $m^3$ 的空氣中氧和氮的分壓。

答案：19.45 kPa；36.18 kPa

**7-7.** 一體積爲 1.0 $m^3$ 的容槽中，含有 8.32 莫耳的氧、16.40 莫耳的氮及 16.15 莫耳的二氧化碳混合氣體。當此混合氣體在 25.0°C 的狀況下，其各組成氣體的分壓爲何？

**7-8.** 1000 $m^3$ 的槽內充滿混合的氧氣、氮氣與一氧化碳的，試問每種組成各有多少莫耳？假設溫度在 25.0°C 下，每種氣體的分壓如下所示。

$P_{O_2}$＝45.39 kPa

$P_{N_2}$＝40.63 kPa

$P_{CO_2}$＝15.24 kPa

**7-9.** 計算 5.2 kg 的二氧化碳在 152.0 kPa 及 315.0 K 的狀況下，其所占的體積爲何？

答案：2,036 L

**7-10.** 計算體積 5.0 $m^3$ 的氧氣在壓力 568.0 kPa 及溫度 263.0 K 狀況下的重量。

**7-11.** 計算 STP 下 235$\mu$g 的臭氧所占的體積大小。若含有 1.00 $m^3$ 的空氣，體積比爲多少 (即臭氧的體積比上空氣的體積)？

**7-12.** 一混合氣體在 0°C 及 108.26 kPa 的狀況下，含有 250 mg/L 的 $H_2S$ 氣體。此 $H_2S$ 氣體的分壓爲何？

答案：16.7 kPa/L

**7-13.** 一體積 28 升的氣體在 300.0 K 下，含有 11 g 的甲烷、1.5 g 的氮氣及 16 g 的二氧化碳。試計算出其中各氣體的分壓爲何？

**7-14.** 承上題，各氣體的莫耳數爲何？

答案：0.688 moles of $CH_4$: 0.054 moles of $N_2$: 0.364 moles of $CO_2$

**7-15.** 一體積 22.414 升的空氣在 STP 下，其各氣體的分壓爲：氧氣 21.224 kPa；氮氣 79.119 kPa；氬氣 0.946 kPa；二氧化碳 0.036 kPa。試計算此空氣的克分子量。

**7-16.** 利用習題 7-15 的數據，算出 500 °C 及壓力 101.325 kPa 下，空氣的分子量。

**7-17.** 將在溫度 25°C 及壓力 101.325 kPa 下 80 $\mu$g/$m^3$ 的 $SO_2$ 轉換成 ppm 值。

答案：0.031 ppm

**7-18.** 將在溫度 −17.7°C 及壓力 100.0 kPa 下 0.55 ppm 的 $NO_2$ 轉換成 $\mu$g/$m^3$。

**7-19.** 將在溫度 20°C 及壓力 101.325 kPa 下 370 ppm 的 $CO_2$ 轉換成 $\mu$g/$m^3$ 值。

**7-20.** 根據下列所給予的溫度狀況，決定大氣層是不穩定、中性或穩定，並說明判定的理由。

a. $Z$，m　　$T$, °C

2　　−3.05

318　　−6.21

b. $Z$，m　　$T$, °C

10　　6.00

202　　3.09

c. $Z$，m　　$T$, °C

18　　14.03

286　　16.71

答案：(a) 中性；(b) 不穩定；(c) 穩定 (反轉)

**7-21.** 根據下列所給予的溫度狀況，決定大氣層的穩定性，並說明判定的理由。

a. $Z$，m　　$T$, °C

1.5　　−4.49

339　　0.10

b. $Z$，m　　$T$, °C

12　　28.05

279　　19.67

c. $Z$，m　　$T$, °C

8　　19.55

339　　18.93

**7-22.** 根據下列所給予的溫度狀況，決定大氣層的穩定性，並說明判定的理由。

a. $Z$, m　　$T$, °C

2.00　　5.00

50.00　　4.52

b. $Z$, m　　$T$, °C

2.00　　5.00

50.00　　5.00

c. $Z$, m　　$T$, °C

2.00　　−21.01

50.00　　−25.17

**7-23.** 依據下列各觀察的內容，以“穩定性分類要點” (表 7-8) 來決定其穩定性。

a. 晴朗的冬天早晨九點鐘；風速爲 5.5 m/s

b. 多雲的夏天午後一點三十分；風速爲 2.8 m/s

c. 無雲的冬天夜晚兩點鐘；風速 2.8 m/s

d. 夏天早晨十一點三十分；風速爲 4.1 m/s

答案：(a) D；(b) D；(c) F；(d) B

**7-24.** 依據下列各觀察的內容，決定大氣的穩定性分類。
a. 晴朗的夏天午後一點鐘；風速為 1.6 m/s
b. 多雲的夏天夜晚一點三十分；風速為 2.1 m/s
c. 晴朗的冬天早晨九點三十分；風速為 6.6 m/s
d. 薄雲覆蓋的冬天夜晚八點鐘；風速為 2.4 m/s

**7-25.** 依據下列各觀察的內容，決定大氣的穩定性分類。
a. 晴朗的夏天午後一點鐘；風速為 5.6 m/s
b. 晴朗的夏天夜晚一點三十分；風速為 2.1 m/ s
c. 多雲的冬天午後兩點三十分；風速為 6.6 m/ s
d. 夏天午後一點鐘；破碎低雲；風速為 5.2 m/ s

**7-26.** 一座在大學城內的發電廠於寒冷晴朗的冬天早晨八點鐘燃煤運作，此時風速為 2.6 m/s，逆溫層基部高度 697 m，煙囪有效高度 30 m。試計算當煙柱釋出後碰到逆溫層且開始向下混合時之下彎距離 $x_L$。

答案：5.8 km

**7-27.** 某工廠在多雲的夏天午後排放煙柱於大氣中，此時風速為 1.8 m/s，逆溫層基部高度為 414 m，煙囪有效高度為 45 m，試計算當煙柱向下混合時，下彎距離為何？

**7-28.** 從煙囪排出的煙柱會開始向下混合，若逆溫層基部高度為 265 m，且在風速為 4.0 m/s 的夏季陰天午後，煙囪有效高度為 85 m。試計算當煙柱向下混合時，順風距離為何？

**7-29.** 如習題 7-4 中相同的電廠及條件，假設逆溫層基部高度為 328 m，試計算在下彎距離 4 km 及距垂直煙柱中心線 0.2 km ($y$＝0.2 km) 處 $SO_2$ 的濃度為何？

答案：$1.16 \times 10^{-3}$ g/m$^3$

**7-30.** 一晴朗的夏天午後，風速為 3.20 m/s。一燃煤發電廠所排放的煙柱，在下彎距離 2 km 及距垂直煙柱中心線 0.5 km 處微粒物質的濃度為 1,520 $\mu$g/m$^3$。試計算在下列所給予的參數及條件下，此電廠微粒物質的排放速率為何？

煙囪的參數：
高度＝75.0 m
直徑＝1.50 m
出口速度＝12.0 m/s
溫度＝322°C

大氣條件：
壓力＝100.0 kPa

溫度＝28.0°C

**7-31.** 夜晚一點鐘時的風速爲 2.5 m/s，在排放 1,976 g/s 的 $SO_2$ 煙柱下彎距離 30 km 處的濃度 (ppm) 爲何? 假設煙囪有效高度爲 85 m，逆溫層高度爲 185 m，並決定大氣層的穩定性，說明判定的理由。

**7-32.** 根據下列情況，利用電腦試算表程式計算 $SO_2$ 的最大濃度與發電廠煙囪所排放的順風距離。

發電廠數據：

**媒特性**

煙媒 (Saginaw No. 1, Belmont, OH)

硫含量：2.80%

灰：9.8%

**燃燒速率**：28.82 mg /hour

**煙囪情況：**

高度：40.0 m

內部直徑：1.8 m

出口速度：10.5 m/s

出口溫度：297 °C

偵測到的大氣條件：

a. 風速：3.8 m/s

b. 逆溫層基底高度：離地面 170.0 m

c. 周遭溫度：－11°C

d. 周遭壓力：103.285 kPa

e. 薄雲覆蓋的冬夜陰天 (半夜 4 點)

解答必須包括 $SO_2$ 濃度 (g/m$^3$) 相對於離煙囪距離的圖表，根據下表所提供的 0.1 km 到 100 km 的取點方式：

由 0.1 km 到 1.0 km，以 0.1 km 取間隔

由 1.0 km 到 10.0 km，以 1.0 km 取間隔

由 10.0 km 到 100.0 km，以 10.0 km 取間隔

**提示**：有些初始與最後的點可能非常小，因此在圖中可能會被忽略。必須繪出足夠的值以驗證最大點並指出逆溫層高度的影響。使用對數作圖可在合理的刻度下涵蓋足夠的數值點。你必須用簡短的擴散方程式將煙柱順風距離算出。

**7-33.** Anna Lytical 去年買了一台住房拖車，她發現自己產生過敏症狀，並且偵測到有強烈的甲醛異味。一項分析顯示拖車住家內的甲醛濃度含量達 0.28 ppm，她的朋友，Sybil Injuneer 測量到室內的通風率為每小時改變 0.56 的空氣量 (air changes per hour, ach)，她建議增加通風率以減低甲醛濃度至異味門檻值 0.05 ppm (Lee et al., 2001)。假設拖車住家的體積爲 148 $m^3$，室外空氣的甲醛濃度爲 0.0 ppm，試估計需要多少的 ach 才能達到門檻值。

**7-34.** 一製造 CO 偵測警報器的工廠要求你確認在標準房子內，達到不同 CO 濃度所需的時間，這樣他們才可設定偵測器的偵測標準。所謂的標準房子體積爲 540 $m^3$，通風率爲 100 $m^3$/h，工廠假設暖氣爐發生故障導致有 3.0 mg/s 的 CO 排入室內，他們使用世界衛生組織的標準來預防 COHb 的超過值 (WHO, 1987)：8 小時 10 mg/$m^3$，1 小時 30 mg/$m^3$，30 分鐘 60 mg/$m^3$，15 分鐘 100 mg/$m^3$。利用電腦試算表程式，估計達到各濃度所需的時間。若偵測設定在這些標準下，安全係數爲何 (達到給定值所需的時間除以允許的時間)？假設室外及室內空氣濃度等於 8 小時下 CO 的 NAAQS 值，且初始濃度爲 1.0 mg/$m^3$。

**7-35.** 依下列數據決定 HCl 氣體在 20°C 下，由亨利定律所定義平衡曲線的斜率。

| $P_{HCl}$, kPa | kg HCl 每 100 kg $H_2O$ |
|---|---|
| 0.6533 | 38.9 |
| 0.0871 | 31.6 |
| 0.02733 | 25.0 |

答案：$m = 0.120$

**7-36.** 依下列數據決定 $SO_2$ 氣體在 30°C 下，由亨利定律所定義的平衡曲線的斜率。

| $P_{SO_2}$, kPa | Kg $SO_2$ 每 100 kg $H_2O$ |
|---|---|
| 10.532 | 1.0 |
| 6.933 | 0.7 |
| 4.800 | 0.5 |
| 2.626 | 0.3 |

**7-37.** 由下列數據決定一可將空氣中 $H_2S$ 濃度由 0.100 kg/$m^3$ 降至 0.005 kg/$m^3$ 的塡充吸收塔高度。

進流液體是不含 $H_2S$ 的水
操作溫度＝25.0°C
操作壓力＝101.325 kPa

亨利定律常數，$m$＝5.522 莫耳

$H_g$＝0.444 m

$H_l$＝0.325 m

液體流率＝20.0 kg/s

氣體流率＝5.0 kg/s

答案：7 m

**7-38.** 習題 7-37 所提到的製造 $H_2S$ 的工廠，因臭味被附近鄰居抱怨。因此利用習題 7-37 的資料，計算若 $H_2S$ 的濃度由 0.100 kg/m$^3$，降低至門檻值濃度為 0.0002 mg/L 時，此時的填充吸收塔高度為何。此高度可行嗎？

**7-39.** 由下列數據決定一可將空氣中 $Cl_2$ 氣體濃度由 10.0 mg/m$^3$ 降至 2.95 mg/m$^3$ 的填充吸收塔高度。

進流液體是不含 $Cl_2$ 的水

操作溫度＝20.0°C

操作壓力＝101.325 kPa

亨利定律常數，$m$＝6.820 莫耳分率單位

$H_g$＝0.662 m

$H_l$＝0.285 m

液體流率＝15.0 kg/s

氣體流率＝3.00 kg/s

**7-40.** 試利用下列分子篩吸附 $H_2S$ 的吸附等溫線數據，決定朗繆爾常數 $a$ 與 $b$。利用電腦試算表程式繪出圖表。

| $P_{H_2S}$, kPa | $W$, g $H_2S$/g 分子篩 |
|---|---|
| 0.840 | 0.082 |
| 1.667 | 0.1065 |
| 2.666 | 0.118 |
| 3.333 | 0.122 |

答案：$a$＝20；$b$＝135

**7-41.** 試利用下列活性碳吸附苯的吸附等溫線數據，決定朗繆爾常數 $a$ 與 $b$。

| $P_{C_6H_6}$ kPa | $W$, kg $C_6H_6$/kg 活性碳 |
|---|---|
| 0.027 | 0.129 |
| 0.067 | 0.170 |
| 0.133 | 0.204 |
| 0.266 | 0.240 |

**7-42.** 若等溫吸附曲線為非線性，則可用 Freundlich等 溫吸附模式模擬數據：

$$q_e = KP^n$$

式中　$q_e$＝mg 污染物/g 吸附劑
$K$、$n$＝模擬曲線常數
$P$＝污染物的分壓

用粒狀活性碳吸附以去除四氯乙烯得到下列資料 (Noll et al., 1992)。

| $q_e$, mg/g 活性碳 | $C_e$, ppm |
|---|---|
| 520 | 70 |
| 550 | 170 |
| 640 | 700 |
| 690 | 1,750 |
| 740 | 4,000 |
| 780 | 7,000 |

使用電腦試算表程式繪出資料圖並使曲線吻合，用電腦試算表程式的 "趨勢線"功能找出曲線模擬常數。

**7-43.** 試依下列各操作參數，計算甲苯在一活性碳吸附床上作用時的貫穿時間，此吸附床厚 0.75 m，截面積 5.0 $m^2$。

氣體流率＝1.185 kg/s
氣體溫度＝25°C
吸附床密度＝450 kg/$m^3$
入口污染物濃度＝0.00350 kg/$m^3$
朗繆爾參數：$a$＝465；$b$＝3,000
吸附層寬度＝0.045 m
**答案：**17.8 h

**7-44.** 若要保證在下列系統中，$SO_2$ 的貫穿時間不超過 8 小時，則此一分子篩吸附床的厚度應為何？

氣體流率＝2.36 $m^3$/s 於空氣中
氣體溫度＝25.0°C
氣體壓力＝105.0 kPa
吸附床於填充時的密度＝390 kg/$m^3$
入口污染物濃度＝3,000 ppm
朗繆爾參數：$a$＝400；$b$＝900

吸附層寬度＝0.028 m

吸附床直徑＝3.00 m

**7-45.** 若進入一觸媒轉化器防制設備的氣流量爲 16.33 $m^3/s$，燃燒氣流以 1.80 $m^3/s$的速率供應。進入的排氣與燃燒氣流溫度皆爲 20°C，製造商特別要求觸媒轉化器的操作條件爲 510°C 及觸媒床流速限制在 7.5 m/s 以下。假設甲苯的燃燒反應爲一階動力，在 510°C 下的反應速率常數爲 120 $s^{-1}$，欲使入口的甲苯濃度，從 1.87 $g/m^3$ 減低爲 0.00187 $g/m^3$，試計算出觸媒轉化器的截面積與深度。

答案：面積＝6.5 $m^2$，深度＝0.43 m

**7-46.** 己烷 ($C_6H_{14}$) 以 454 g/min 的速率從烘爐中流出，溫度 315°C 下的排氣氣流量爲 7.1 $m^3/s$，20°C 下燃燒氣流以 0.70 $m^3/s$ 的速率供應。製造商特別要求觸媒轉化器要在 550°C 下操作，且觸媒床流速限制在 9.5 m/s 以下。假設已烷的燃燒速率爲一階反應，550°C 時的反應速率常數爲 55 $s^{-1}$，試決定觸媒轉化器的截面積與深度。

**7-47.** 試計算以圓筒直徑爲 1.0 m 的旋風集塵器，來去除密度爲 1,250 $kg/m^3$，直徑 2.50 $\mu$m 微粒時的效率爲何？此時氣體流率爲 2.80 $m^3/s$，氣體溫度爲 25°C。

答案：$\eta \approx 14\%$

**7-48.** 習題 7-47 所算出的大圓筒直徑的旋風集塵器，對於小顆粒的去除效率很低，因此，以一含有 10 個筒的多效旋風集塵器取代，每一筒的直徑爲 0.10 m。利用習題 7-47 給的微粒及氣體的條件，計算出新的多效旋風集塵器的去除效率。

**7-49.** 習題 7-10 的顆粒密度爲 1,000 $kg/m^3$，半徑分別爲 1.00、5.00、10.00 與 25.00 $\mu$m，試計算出旋風集塵器的去除效率，並以去除效率相對於顆粒直徑大小作圖，了解旋風集塵器與氣體情況。

**7-50.** 將一直徑 15 cm、長度 5 m 的脈衝噴射袋式集塵器取代習題 7-11 的機械震盪集塵器系統，試估算在製造商建議的氣流-濾布比爲 0.050 m/s 情況下，所需的淨濾袋數量。

**7-51.** 一種生咖啡豆進行濾篩過程以留下小的顆粒物質，控制在 0.75 $g/m^3$ 的濾篩量，欲使一台逆向氣流袋式集塵器控制此排放操作，氣體控制系統的排放流率爲 3.3 $m^3/s$，製造商所提供的資料如下：

濾袋直徑＝ 20 cm

濾袋長度＝ 12 m

氣流-濾布比＝ 0.010

濾袋清洗＝ 0.5

若已知去除效率為 99%，試估計所需的濾袋數量及每天所收集的物質顆粒質量。假設集塵器為 24 小時操作。

**7-52.** 試計算以例題 7-12 中的文氏滌塵器，以去除下列粒徑分佈微粒時的總質量收集效率。

| 平均直徑 ($\mu$m) | 總質量 % |
|---|---|
| 2.5 | 25 |
| 7.5 | 20 |
| 15.0 | 15 |
| 25.0 | 15 |
| 35.0 | 10 |
| 50.0 | 15 |

答案：全部的 $\eta$＝87.73 或 88 %

**7-53.** 試計算欲將半徑 1.25 $\mu$m，密度 1,400 kg/m$^3$ 的微粒去除達 99.0% 的效率時，文氏滌塵器的喉部面積須為多少？氣體及文氏滌塵器的特性如下：

氣體流率＝10.0 m$^3$/s
氣體溫度＝180°C
液體流率＝0.100 m$^3$/s
係數 $\kappa$＝200
液滴直徑＝100 $\mu$m

**7-54.** 利用電腦試算表程式計算習題 7-53 所給的文式滌塵器之總質量效率 ($\eta$)，當喉部速率為 26.3 m/s，飛灰的粒徑分佈如下所示 (after Noll, 1999)。

| 平均直徑 | 在總質量中所占的比例 |
|---|---|
| 0.05 | 0.01 |
| 0.3 | 0.21 |
| 0.8 | 0.78 |
| 3.0 | 13.0 |
| 8.0 | 16.0 |
| 13.0 | 12.0 |
| 18.0 | 8.0 |
| 80.0 | 50.0 |

**7-55.** 試計算以直徑 0.300 m，長度 2.00 m 的管狀靜電集塵器，對直徑 1.00 $\mu$m 的微粒收集效率為何？此時流率為 0.150 m$^3$/s，收集場強度為 100,000 V/m，微粒電荷為 0.300 (fC)，氣體溫度為 25.0°C。

答案：＝92.4%

**7-56.** 重做習題 7-55，當氣體流率降爲 0.075 $m^3/s$ 時，其收集效率爲何？

## ▲ 7-15 問題研討

**7-1.** 以一特殊氣體取樣袋收集一氣體樣品，該取樣袋不與被收集的污染物反應，但可自由膨脹及收縮。當樣品被收集時大氣壓力爲 103.0 kPa。此時於大氣壓力爲 100.0 kPa 的情況下分析樣品，得知袋中含 0.020 ppm 的 $SO_2$。試問 $SO_2$ 原始的濃度爲較高、較低、或一樣？並解釋之。

**7-2.** 下列各狀況，你預期那一個會造成最強烈的逆溫現象 (最大正遞減率)？

a. 在樹葉掉落後的秋天中，一籠罩著霧的氣候天

b. 地面有著初雪的晴朗冬夜

c. 在太陽即將升起前的晴朗夏天早晨解釋爲什麼。

**7-3.** 水泥粉塵具有非常細小的微粒特徵，且從水泥窯所排放出的氣體溫度相當高。下列那一種空氣污染防治設備較適合使用？說明你的選擇理由。

a. 文氏滌塵器

b. 袋式集塵器

c. 靜電集塵器

**7-4.** 人爲或自然污染源並不會直接產生光化學氧化物，但爲什麼唯有汽車排放是形成臭氧的最主要來源？

**7-5.** 解釋爲什麼在保護人類的健康上，$Pm_{2.5}$ 標準會比 “總懸浮微粒” 較適合？

## ▲ 7-16 參考文獻


AEC (1968) *Meteorology and Atomic Energy,* 1968, U.S. Atomic Energy Commission, USAEC Division of Technical Information Extension, Oak Ridge, TN.

AP (2005a) Associated Press, *Lansing State Journal,* December 18, p. 14A.

AP (2005b) Associated Press, www.myrtlebeachonline.com.

ASHRAE (1981) *Ventilation for Acceptable Air Quality,* American Society of Heating, Refrigerating, and Air Conditioning Engineers, Standard 62-1981, Atlanta.

Beard, J., F. Lachetta, and L. Lilleleht (1980) *Combustion Evaluation,* U.S. Environmental Protection Agency Report No. 4500/2-80-063.

Betts, K. S. (2005) “The Changing Chemistry of Office Cubicles,” *Environmental Science and Technology,* vol. 39, pp. 319A–320A.

Black & Veatch Consulting Engineers (1983) *Lime FGD Systems Data Book,* 2nd ed., EPRI Publication No. CS-2781.

Bosch, R. (1988) *Automotive Electric/Electronic Systems,* Society of Automotive Engineers, Warrendale, PA.

Buonicore, A. J., and L. Theodore (1975) *Industrial Control Equipment for Gaseous Pollutants,* Vol. I, CRC Press, Cleveland, pp. 149–1500.

Canfield, R. L., C. R. Henderson, D. A. Cory-Slechta, et al. (2003) "Intellectual Impairment in Children with Blood Lead Concentrations Below 10 $\mu$g per Deciliter," *The New England Journal of Medicine,* vol. 348, pp. 1517–1526.

Cannell, A. L., and M. L. Meadows (1985) "Effects of Recent Operating Experience on the Design of Spray Dryer FGD Systems," *Journal of the Air Pollution Control Association*, vol. 35 (7), pp. 782–789.

C&EN (2006) "Government Concentrates: Seven States Agree to Cut $CO_2$ Emissions," January 2, p. 16.

CDC (2005) *Third National Report on Human Exposure to Environmental Chemicals,* National Center for Environmental Health Publication No. 05-0570, Centers for Disease Control and Prevention, Atlanta, pp. 41, 74–75.

Church, P. E. (1949) "Dilution of Waste Stack Gases in the Atmosphere," *Industrial Engineering Chemistry,* vol. 41, pp. 3753–3756.

Connolly, C. H. (1972) *Air Pollution and Public Health,* Holt, Rinehart & Winston, New York, p. 7.

Cooper, C. D., and F. C. Alley (2002) *Air Pollution Control: A Design Approach,* Waveland Press, Long Grove, IL, p. 547.

Crawford, M. (1976) *Air Pollution Control Theory,* McGraw-Hill, New York, p. 516.

Deutsch, W. (1922) "Motion and Charge of a Charged particle in the Cylindrical Condenser," *Annals of Physics,* vol. 68, pp. 335–344s.

Ferris, B. G. (1978) "Health Effects of Exposure to Low Levels of Regulated Air Pollutants," *Journal of the Air Pollution Control Association,* vol. 28, pp. 482–497.

Fuller, H. J. (1960) *The Plant World,* Henry Holt, New York.

Godish, T. (1989) *Indoor Air Pollution Control,* Lewis Publishers, Chelsea, MI.

Godish, T. (2001) "Aldehydes," in J. D. Spengler, J. M. Samet, and J. F. McCarthy (eds.), *Indoor Air Quality Handbook,* McGraw-Hill, New York, pp. 32.1–32.22.

Goldsmith, J. R. (1968) "Effects of Air Pollution on Human Health," in A. C. Stern (ed.), *Air Pollution,* Academic Press, New York, pp. 554–557.

Goyer, R. A., and J. J. Chilsolm (1972) "Lead," in D. K. K. Lee (ed.), *Metallic Contaminants and Human Health,* Academic Press, New York, pp. 57–95.

Hance, S. B., and J. L. Kelly (1991) "Status of Flue Gas Desulfurization Systems," Paper No. 91-157.3, 84th Annual Meeting of the Air and Waste Management Association.

Hansen, J., and M. Sato (2004) "Temperature Trends: 2004 Summation," http://www.giss.nasa.gov/data/update/gistemp/2004/.

Hesketh, H. E. (1977) *Fine Particles in Gaseous Media,* Ann Arbor Science, Ann Arbor, MI, p. 19.

Hileman, B. (1989) "Global Warming," *C&E News,* March 13, pp. 25–44.

Hileman, B. (2005) "Ice Core Record Extended," *C&E News,* November 28, p. 7.

Hindawi, I. (1970) *Air Pollution Injury to Plants,* U.S. Department of Health, Education, and Welfare, National Air Pollution Control Administration Publication No. AP-71, Washington, DC, p. 13.

Hines, A. L., T. K. Ghosh, S. K. Loyalka, and R. C. Warder (1993) *Indoor Air Quality & Control,* PTR Prentice Hall, Englewood Cliffs, NJ, pp. 21, 22 , 34.

Holland, J. Z. (1953) *A Meteorological Survey of the Oak Ridge Area,* U.S Atomic Energy Commission Report No. ORO-99, Washington, DC, p. 540.

Hosein, R., F. Silverman, P. Coreg, et al. (1985) "The Relationship Between Pollutant Levels in Homes and Potential Sources," *Transactions, Indoor Air Quality in Cold Climates, Hazards and Abatement Measures,* Air Pollution Control Association, Pittsburgh, pp. 250–260.

ICAS (1975) *The Possible Impact of Fluorocarbons and Hydrocarbons on Ozone,* Interdepartmental Committee for Atmospheric Sciences, Federal Council for Science and Technology, National Science Foundation Publication No. ICAS 18a-FY 75, Washington, DC, p. 3.

IPCC (1995) *Climate Change1994: Radiative Forcing of Climate Change and an Evaluation of the IPCC 1992 Emission Scenarios,* Intergovernmental Panel on Climate Change, Cambridge University Press, Cambridge, U.K.

IPCC (2000) Intergovernmental Panel on Climate Change, http://www.gcrio.org/edu.html, April 2000.

IPCC (2001a) *Climate Change 2001: The Scientific Basis, Summary for Policymakers,* Intergovernmental Panel on Climate Change, Cambridge University Press, Cambridge, U.K., pp. 1–18.

IPCC (2001b) *Climate Change 2001: Impacts, Adaptation and Vulnerability, Summary for Policymakers,* Intergovernmental Panel on Climate Change, Cambridge University Press, Cambridge, U.K., pp. 1–17.

Johnstone, H. F., R. B. Field, and M. C. Tassler (1954) "Gas Absorption and Aerosol Collection in a Venturi Atomizer," *Industrial Engineering Chemistry,* vol. 46, pp. 1601–1608.

Karlsson, H. T., and H. S. Rosenberg, (1980) "Technical Aspects of Lime/Limestone Scrubbers for Coal fired Power Plants, Part I, Process Chemistry and Scrubber Systems," *Journal of the Air Pollution Control Association,* vol. 30(6), pp. 7l0–7l4.

Kao, A.S. (1994) "Formation and Removal Reactions of Hazardous Air Pollutants," *Journal of the Air Pollution Control Association,* vol. 44, pp. 683–696.

Keeling, C. M., and T. P. Whorf (2005) "Atmospheric Carbon Dioxide Record From Mauna Loa," http://www.mlo.noaa.gov.

Kiehl, J. T., and H. Rodhe (1995) "Modeling Geographic and Seasonal Forcing Due to Aerosols," in R. J. Charlson and J. Heintzenberg (eds.), *Aerosol Forcing of Climate,* John Wiley & Sons, New York, pp. 281–296.

Lapple, C. E. (1951) "Processes Use Many Collection Types," *Chemical Engineer,* vol. 58, pp. 144–151.

Lee, H. K., T. K. McKenna, L. N. Renton, et al. (1985) "Impact of a New smoking Policy on Office Air Quality," *Indoor Air Quality in Cold Climates, Transactions of the Air Pollution Control Association,* Pittsburgh, pp. 307–322.

Lee, W. G., H. Chen, and C. Wu (2001) "Emission of VOCs from Wooden Building

Materials in Indoor Environment," *Proceedings of the Air & Waste Management Association 94th Annual Conference & Exhibition,* Orlando, June 24–28, 2001.

Lefohn, A. S., and S. V. Krupa (1988) "Acidic Precipitation, A Technical Amplification of NAPAP's Findings," *Proceedings of APCA International Conference,* Pittsburgh, p. 1.

Lewis, R. G. (2001) "Pesticides," in J. D. Spengler, J. M. Samet, and J. F. McCarthy (eds.) *Indoor Air Quality Handbook,* McGraw-Hill, New York, p. 35.14.

Mann, M. E., and P. D. Jones (2003) "Global Surface Temperatures Over the Past Two Millennia," *Geophysical Research Letters,* vol. 30, no. 15, pp. CLM 5-1–CLM 5-4.

Martin, D. O. (1976) "Comment on the Change of Concentration Standard Deviations with Distance," *Journal of the Air Pollution Control Association,* vol. 26, pp. 145–146.

Martens, P. (1999) "How Will Climate Change Affect Human Health," *American Scientist,* vol. 87, pp. 534–541.

McKenna, J. D., A. B. Nunn, and D. A. Furlong (2000) "Fabric Filters," in W. T. Davis (ed.), *Air Pollution Engineering Manual,* 2nd ed., Air Pollution Control Association and John Wiley & Sons, New York, p. 104.

Molina, M. J., and F. S. Rowland (1974) "Stratospheric Sink for Chlorofloromethanes; Chlorine Atom Catalysed Destruction of Ozone," *Nature,* vol. 248, pp. 810–812.

Moschandreas, D. J., J. D. Zabpansky and S. D. Pelta, (1985) *Characteristics of Emissions from Indoor Combustion Sources,* Gas Research Institute Report No. 85/0075, Chicago, IL.

NAPCA (1970) *Air Quality Criteria for Photochemical Oxidants,* U.S. Department of Health, Education and Welfare, National Air Pollution Control Administration Publication No. AP-63, Washington, DC.

NAS (1961) *Effects of Inhaled Radioactive Particles,* National Academy of Sciences Publication 848, Washington, DC.

Noll, K. E., V. Gounaris, and Wain-Sun Hou (1992) Adsorption for *Air and Water Pollution Control,* Lewis Publishers, Chelsea, MI, pp. 74–79.

Noll, K. (1999) *Fundamentals of Air Quality Systems: Design of Air Pollution Control Devices,* American Academy of Environmental Engineers, Annapolis, MD, pp. 228, 402–403.

Noticias (2004) Noticias.info, Agencia International de Noticias, http://www.noticias.info/Archivo 08/11/2004 notas_de_prensa_archivo.

NTRDA (1969) *Air Pollution Primer,* National Tuberculosis and Respiratory disease Association,

O'Gara, P. J. (1922) "Sulfur Dioxide and Fume Problems and Their Solutions," *Industrial Engineering Chemistry,* vol. 14, p. 744.

Patterson, D. J., and N. A. Henein (1972) *Emissions from Combustion Engines and Their Control,* Ann Arbor Science, Ann Arbor, MI, p. 143.

Pope, C. A., M. J. Thun, M. M. Namboodri, et al. (1995) "Particulate Air Pollution as a Predictor of Mortality in a Prospective Study of U.S. Adults," *American Journal of Respiratory and Critical Care Medicine,* vol. 151, pp. 669–674.

Pope, C. A., D. W. Dockery, R. E. Kanner, G. M. Villegas and J. Schwartz (1999) "Oxygen Saturation, Pulse Rate, and Particulate Air Pollution: A Daily Time-series Panel Study," *American Journal of Respiratory and Critical Care Medicine,* vol. 159, pp. 365–372.

Perry, R. H., and C. H. Chilton (eds.) (1973) *Chemical Engineers Handbook,* 5th ed., McGraw-Hill, New York, pp. 3–96.

Prasad, A. (1995) "Air Pollution Control Technologies for Nitrogen Oxides," *The National Environmental Journal,* May/June, pp. 46–50.

Reichhardt, T. (1995) "Weighing the Health Risks of Airborne Particulates," *Environmental Science and Technology,* vol. 29, pp. 360A–364A.

Reisch, M., and P. S. Zurer (1988) "CFC production: DuPont Seeks Total Phaseout," *C&E News,* April 4, p. 4.

Seinfeld, J. H. (1975) *Air Pollution, Physical and Chemical Fundamentals,* McGraw-Hill, New York, p. 71.

Seinfeld, J. H., and S. N. Pandis (1998) *Atmospheric Chemistry and Physics,* John Wiley & Sons, New York, pp. 59, 71.

Sparks, L. E. (2001) "Indoor Air Quality Modeling," in J. D. Spengler, J. M. Samet, and J. F. McCarthy (eds.), *Indoor Air Quality Handbook,* McGraw-Hill, New York, pp. 58.1–58.28.

Srivastava, R. K., J. E. Staudt, and W. Josewicz (2005) "Preliminary Estimates of Performance and Cost of Mercury Emission Control Technology Applications on electric Utility Boilers: An Update," *Environmental Progress,* vol. 24, no. 2, pp. 198–213.

Sullivan, D. A. (1989) "International Gathering Plans Ways to Safeguard Atmospheric Ozone," *C&E News,* June 26, pp. 33–36.

Traynor, G. W., J. R. Allen, and M. G. Apte (1982) *Indoor Air Pollution from Portable Kerosene-fired Space Heaters, Woodburning Stoves and Woodburning Furnaces,* Lawrence Berkeley Laboratory Report No. LBL-14027.

Treybal, R. E. (1968) *Mass Transfer Operations,* McGraw-Hill, New York, pp. 253, 535.

Tucker, W. G. (2001) "Volatile Organic Compounds," in J. D. Spengler, J. M. Samet, and J. F. McCarthy (eds.), *Indoor Air Quality Handbook,* McGraw-Hill, New York, pp. 31.1–31.20.

Turner, D. B. (1967) *Workbook of Atmospheric Dispersion Estimates,* U.S. Department of Health, Education, and Welfare, U.S. Public Health Service Publication No. 999-AP-28, Washington, DC.

UN (2005) *The Millennium Development Goals Report:* 2005, United Nations, New York, p. 32.

UNDP (2005) *The Montreal Protocol,* http://www.undp.org/seed/eap/montreal/montreal.htm.

UNEP/WHO (2002) "Executive Summary," *Scientific Assessment of Ozone Depletion:*

*2002,* United Nations Environmental Programme/World Health Organization, New York.

U.S. CDC (2005) *Third National Report on Human Exposure to Environmental Chemicals,* U.S. Centers for Disease Control and Prevention, National Center for Environmental Health, NCEH Pub. No. 05-0570, pp. 41, 74–75.

U.S. EPA (1995) *User's Guide for ISC3 Dispersion Models,* Vol. II, EPA-454/B-95-003b, U.S. Environmental Protection Agency, Research Triangle Park, NC.

U.S. EPA (1997) *1997 Mercury Study Report To Congress,* U.S. Environmental Protection Agency, http://www.epa.gov.

U.S. EPA (2003a) *Response of Surface Water Chemistry to the Clean Air Act Amendments of 1990,* U.S. Environmental Protection Agency, Report No. 620/R-03/001, Research Triangle Park, NC, pp. 59–62.

U.S. EPA (2003b) *Performance and Cost of Mercury Emission Control Technology Applications on Electric Utility Boilers,* Report No. 600/R-03/1100, Research Triangle Park, NC.

U.S. EPA (2004) *EPA Fact Sheet,* U.S. Environmental Protection Agency, http://www.epa.gov.

U.S. PHS (1965) *Survey of Lead in the Atmosphere of Three Urban Communities,* U.S. Department of Health, Education, and Welfare, U.S. Public Health Service Publication No. 999-AP-12, Washington, DC.

Wallace, L. A. (2001) "Assessing Human Exposure to Volatile Organic Compounds," in J. D. Spengler, J. M. Samet, and J. F. McCarthy (eds.), *Indoor Air Quality Handbook,* McGraw-Hill, New York, p. 33.1–33.35.

Walsh, G.W. (1967) "Fabric Filtration," in *Control of Particulate Emissions Training Course Manual in Air Pollution,* National Center for Air Pollution Control, U.S. Public Health Service, Cincinnati, p. 9.

Wark, K., C. F. Warner, and W. T. Davis (1998) *Air Pollution. Its Origin and Control,* 3rd ed., Addison-Wesley, Menlo Park, CA, pp. 250–251.

Wofsy, S. C., J. C. McConnell, and M. B. McElroy (1972) "Atmospheric $CH_4$, CO, and $CO_2$," *Journal of Geophysical Research,* vol. 67, pp. 4477–4493.

WHO (1961) *Air Pollution,* World Health Organization, Geneva, Switzerland, p. 180.

WHO (1987) "Carbon Monoxide," in *Air Quality Guidelines for Europe,* World Health Organization Regional Office for Europe, European Series 23, Copenhagen, pp. 210–220.

Yocom, J. E. and R. O. McCaldin (1968) "Effects on Materials and the Economy," in A. C. Stern (ed.), *Air **Pollution,*** vol. I, 2nd ed., Academic Press, New York, pp. 617–654.

Zurer, P. S. (1988) "Studies on Ozone Destruction Expand Beyond Antarctic," *C&E News,* May 30, pp. 18–25.

Zurer, P. S. (1989) "Scientists Find Arctic May Face Ozone Hole," *C&E News,* February 27, p. 5.

Zurer, P. S. (1994) "Scientists Expect Ozone Loss to Peak About 1998," *C&E, News,* September 12, p. 5.

CHAPTER

# 8

# 噪音污染

## ▲8-1 導 言

噪音一般係指不必要的聲音，人類自出生前並終其一生均曝露在此一環境生態中；噪音亦爲一種環境污染、一種由各種人類群體活動產生的廢棄品。在後者定義下——噪音是任何不屬響度 (loudness) 的聲音——對個人會造成生理或心理上不良的影響，也可能會干擾個人或團體的社交目的——包含聯絡、休息、娛樂、與睡眠等所有的活動。

我們生活方式中的廢棄生成物，一般可區分爲兩種型態，第一種最爲一般大眾熟知——即空氣與水污染所造成的大量殘留物——其長期滯留於環境中；而第二種型態的污染能量殘留物，最近才爲人們所注意，如來自製造程序中的廢熱將造成河流的熱污染，而以聲波形式存在的能量亦構成另一種能量殘留物，但幸運地其存在於環境中的時間並不長，這些被當做聲音浪費的能量與其他型式的能量比較起來並不大，允許如此些微的能量不利地影響到人們與其他生物方面，只是對耳朵異常的敏感性。

足夠強度與持久性的噪音能導致暫時或永久性的失聰，範圍由輕微的聽覺減弱到近乎完全耳聾；一般而言，當曝露於任何足夠高強度的音源時會造成暫時性的失聰，若此種曝露持續一段時間，則會導致永久性的聽覺減弱。在美國 50 至 59 歲之間的勞工，約有 170 萬人遭受到聽力受損領取補償金，美國工業在這方面的可能支出超過十億* (Olishifshi and Harford, 1975)。這些短暫但於常性嚴重的影響包含言語溝通與其他聽覺信號認知上的干擾，睡眠、休閒與煩惱的妨害，個人執行複雜工作能力的干擾，及生活品質的降低。

由工業革命造成科技擴張開始，經歷過去二次世界大戰的加速，在美國與其他工業國家環境噪音已經逐漸穩定地增加，有愈來愈多的地區均曝露在明顯噪音下，一旦噪音足以導致某些程度的失聰時，即需被限制於公共場所，但至今在某些情況，接近如此強度與持久程度的噪音在都市街道、住家內與周圍都被紀錄過。

爲何噪音直到近年才被視爲一種顯著的環境污染與潛在危險，有以下幾點原因：首先將噪音定義爲“不希望的聲音”，本身即是一種主觀的經驗，因

---

* In 2005 dollars.

爲被某人認爲是噪音的卻可能被另一人所喜。

第二點是噪音衰退的時間短，無法如空氣或水污染一樣長期存在於環境中，因此當個人被刺激去設法降低，控制或抱怨零星的環境噪音時，此一噪音可能不再存在。

第三點原因係噪音對人們生理和心理的影響經常是敏感和隱伏的，其出現是漸進的以致很難將起因與結果聯在一起，實際上對那些可能已經遭噪音影響聽覺者，可能不認爲是問題。

更甚者，典型的公民均以國家科技的進步爲榮，一般均樂見快速運輸工具、節省人工設施和新的娛樂設施，但不幸伴隨科技進步的往往是環境噪音增加，同時大部份的人亦傾向於接受額外的噪音並視爲進步的代價。

過去三十年來，社會大眾開始要求進步的代價不要加諸於人民，要求減輕噪音所帶來的環境衝擊。減輕噪音的成本並不便宜，1997 年芝加哥 O'Hare 機場周圍的 600 戶近郊房屋，平均每一戶花在減輕噪音的成本約爲 $27,500 (Sylvan, 2000)。2001 年，波士頓 Logan 機場花了 $990 萬及洛杉磯國際機場花了 $1.19 億在減輕噪音與取得土地。截至 2001 年年底，美國境內針對減低噪音污染的花費已超過了 $52 億 (Neufville and Odoni, 2003)。用於更新與取代飛機的成本幾乎超過了 $36 億* (Achitoff, 1973)。自從 1963 年設立了第一座隔聲屏障，已實施多項交通運輸噪音減輕方案。2001 年，有 44 州的交通運輸部及波多黎建造了 2,900 直線公里數的隔聲屏障，花了 $28 億以上* (FHWA, 2005)。

工程與科學界已經累積相當多有關噪音及其影響、和降低與控制噪音的知識。在這方面噪音又不同於其他環境污染，一般而言這方面存在控制絕大多數室內與室外噪音的技術，因此這是一個良機，即控制技術超越污染在生物與物理影響方面的知識。

## 音波的性質

音波來自固體物的振動或當流體越過、環繞、穿過固體孔洞時流體的分離，這些振動與分離造成周遭的空氣產生交替的壓縮與膨脹，此與圖 8-1活塞在管子中的振動非常相似。空氣分子的壓縮造成空氣強度與壓力的增加；

* In 2005 dollars.

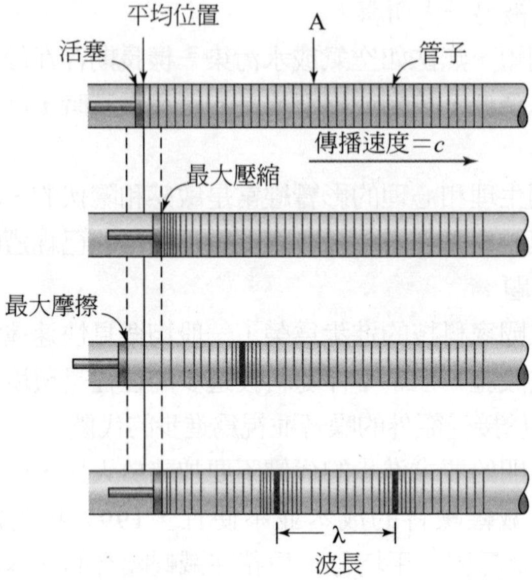


**圖 8-1** 往復運動的活塞造成氣分子交替壓縮與稀薄。

反之，膨脹則造成強度與壓力的減少，這些交替的壓力變化係為人耳所測到的聲音。

首先假設你站在圖 8-1 的 A 點，再假設你備有儀器可每 0.00001 秒測量空氣壓力並畫在圖上。假如活塞以常速振動，此時空氣的凝聚與稀薄將以常速沿管子傳下去，這就是**聲音的速度** ($c$)，而在 A 點壓力的升與降將形成一個循環，如圖 8-2 所示，此一波浪型態稱為 *sinusoidal*，連續兩個峰頂或谷底間振動的時間則稱為**週期** (period, $P$)，而週期的倒數，則為峰頂在一秒內到達的次數，稱為**頻率** (frequency, $f$)，週期與頻率間關係如下：

$$P = \frac{1}{f} \tag{8-1}$$

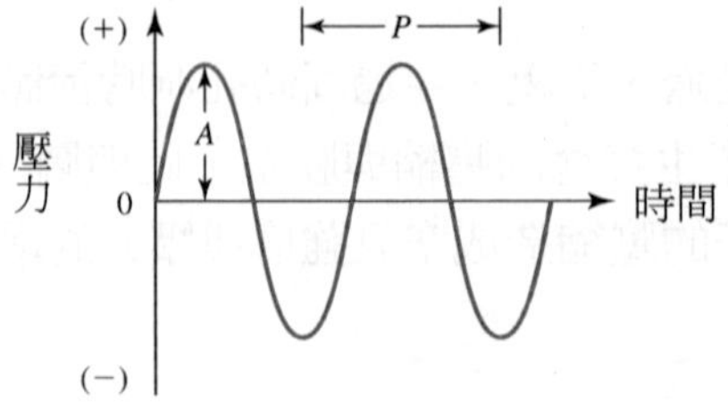


**圖 8-2** 來自於空氣分子交互壓縮與稀薄的 sinusoidal 波振幅為 $A$，週期為 $P$。

既然壓力波係以常速沿管子向下移動，那麼在同樣壓力讀數間的距離也將維持常數，在相鄰的兩個波峰或波谷間的距離就稱爲**波長** (wavelength, $\lambda$)，波長與頻率間關係如下：

$$\lambda = \frac{c}{f} \tag{8-2}$$

波浪的**振幅** (amplitude, $A$) 係指由零壓力線波峰或波谷的高度 (如圖 8-2)，圖 8-2 也顯示出選擇波浪的週期作爲平均時間，則平均壓力將可能爲零，此與振幅無關，當然這是不可接受的事情，因此聲音壓力平方平均值的根 (root mean square sound pressure, $p_{\text{rms}}$) 被用來克服這個困難。*此 $p_{\text{rms}}$ 聲音壓力係藉先平方平均時間區段內每瞬間的振幅值；然後合計此平方值；再除以平均時間；然後加以開平方根而求得，$p_{\text{rms}}$ 的公式如下：

$$p_{\text{rms}} = \left(\overline{p^2}\right)^{1/2} = \left[\frac{1}{T}\int_0^T P^2(t)dt\right]^{1/2} \tag{8-3}$$

公式中符號上部橫槓對應時間加權平均，而 $T$ 則是測量的期間。

## 聲音的功率和強度

功係定義爲物體位移 (displacement) 的距離與作用在位移方向之力二者的乘積，因此聲音壓力的移動波是順著音波傳播的方向傳送，而作功的速率則定義爲**聲音功率** ($W$)。

**聲音強度** ($I$) 定義爲垂直於音波傳播方向單位面積上的平均聲音功率，而 $I$ 與 $W$ 的關係爲：

$$I = \frac{W}{A} \tag{8-4}$$

$A$ 係指垂直於聲波運動方向的單位面積，聲音強度與壓力間關係如下：

$$I = \frac{(p_{\text{rms}})^2}{\rho c} \tag{8-5}$$

其中　$I$ ＝強度，$W/m^2$

---

* Sound pressure＝(total atmospheric pressure)－(barometric pressure).

$p_{rms}$＝平均聲音壓力平方根，Pa
$\rho$＝物體密度，kg/m$^3$
$c$＝聲音在物體中之速度，m/s

空氣密度與聲音速度二者均屬溫度的函數，當溫度與壓力確定後，空氣密度則可由氣體定律決定 (壓力 101.325 kPa，溫度 298 K 下，密度爲 1.185 kg/m$^3$)。在 101.325 kPa 空氣中的聲音速度可由下列公式決定：

$$c = 20.05\sqrt{T} \tag{8-6}$$

其中 $T$＝絕對壓力 (degrees Kelvin)，K，$c$ 以 m/s 表示。

## 位準和分貝

一個正常健康的人所能聽到最弱聲音音壓約爲 0.00002 pascal，Saturn 火箭離地升空時產生的音壓大於 200 pascal，縱使在科學記錄上這也是一個天文學範圍的數字。

爲克服這個問題，便使用一種基於量測數字間比例的自然對數量度，並將在此量度下所測量的數字稱爲**位準** (levels)，其單位則由 Alexander Graham Bell 命名稱爲**貝爾** (bel)，公式如下：

$$L' = \log \frac{Q}{Q_o} \tag{8-7}$$

其中　$L'$＝位準，貝爾
$Q$＝測量數字
$Q_o$＝參考數字
log＝以 10 爲基礎的對數

由於貝爾屬於相當大的單位，所以爲了方便又將其分成 10 個小單位，稱此小單位爲**分貝** (decibel, dB)，位準以分貝計算爲：

$$L = 10 \log \frac{Q}{Q_o} \tag{8-8}$$

dB 不代表任何物理單位，僅表示完成對數的轉換。

**聲音功率位準**　若參考數量 $Q_o$ 被指定，則 dB 具有物理意義，爲了噪音測

量，參考功率位準已經確立爲 $10^{-12}$ watt。因此聲音功率位準可以表示爲

$$L_w = 10 \log \frac{W}{10^{-12}} \tag{8-9}$$

由式 8-9 計算得到的聲音功率位準寫成 dB re：$10^{-12}$ W。

**聲音強度位準**　爲了噪音測量，式 8-4 中的參考聲音強度爲 $10^{-12}$ W/m$^2$。因此聲音強度位準被指定如下：

$$L_I = 10 \log \frac{I}{10^{-12}} \tag{8-10}$$

**聲音壓力位準**　因爲聲音測量儀器測得 $p_{\text{rms}}$，聲音壓力位準係以下式計算：

$$L_P = 10 \log \frac{(p_{\text{rms}})^2}{(p_{\text{rms}})_o^2} \tag{8-11}$$

上式可進一步推導成：

$$L_P = 20 \log \frac{p_{\text{rms}}}{(p_{\text{rms}})_o} \tag{8-12}$$

參考壓力已經被建立爲 20 毫巴 ($\mu$Pa)，一個顯示平常的聲音壓力位準尺度如圖 8-3 所示。

**結合各聲音壓力位準**　因爲各聲音壓力位準的對數特性，分貝無法做一般的加減，因爲對數數值的相加等於將其相乘積，若將一個 60 分貝 (re：20 $\mu$Pa) 的噪音加到另一個 60 分貝 (re：20 $\mu$Pa) 的噪音上，可以得到一個 63 分貝 (re：20 $\mu$Pa) 的噪音，此一數字可以藉由將 dB 先轉化成聲音功率位準，然後相加，再將其轉回 dB 單位即可得到。圖 8-4 對此問題提供了一個圖解的方法，爲了噪音污染的工作，結果應該被報導至最接近的整位數，當有數個位準被結合在一起時，應該每次均僅結合兩個，且由低數值的位準開始，持續依次結合連續的兩個數字，直到最後僅有一個數值留下來，在本章除非特別述及，將假設各位準均爲 re：20 $\mu$Pa。

---

**例題 8-1**　結合以下三個位準：68 dB、79 dB 和 75 dB，其聲音功率位準若干？

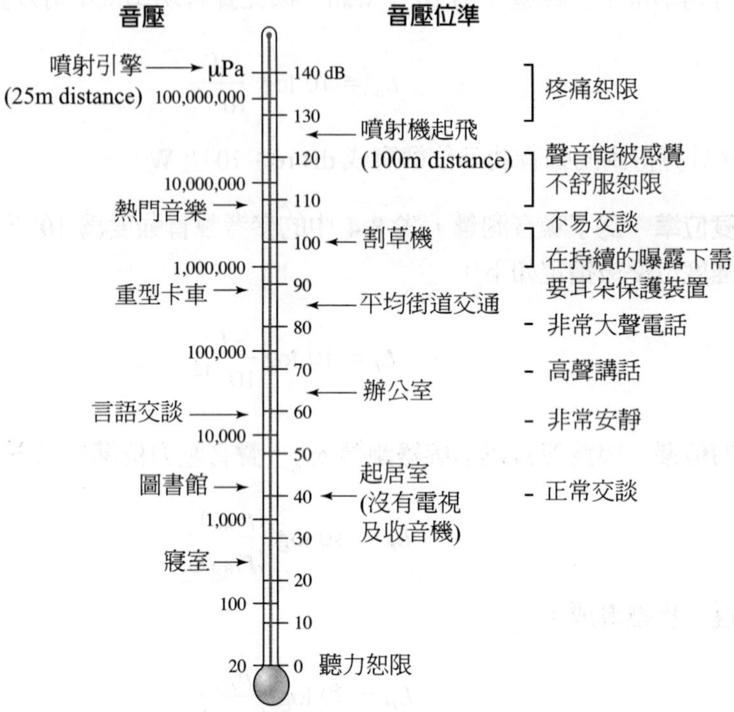


**圖 8-3** 聲音壓力位準相對的尺度。

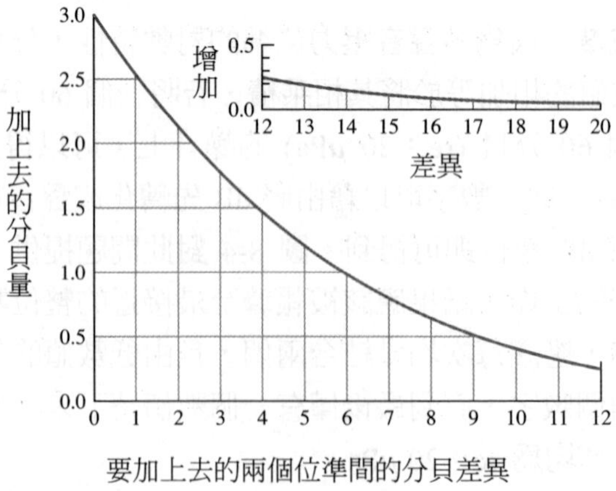


**圖 8-4** 以圖解法解決分貝加成的問題。

**解**：此問題可先轉換讀數至聲音功率位準，並將其相加後，再轉換回 dB 得出解答：

$$L_P = 10\ \log \Sigma 10^{(68/10)} + 10^{(75/10)} + 10^{(79/10)}$$
$$= 10\ \log(117{,}365{,}173)$$
$$= 80.7\ \text{dB}$$

取最接近的整數值得到答案為 81 dB re：20 $\mu$Pa。

另一種解法可使用圖 8-4，首先選擇 68 dB與 75 dB 兩個最低的位準。二者相差為 75－68＝7.00，由圖 8-4，由橫座標 7.0 處畫一條垂直線與曲線相交。由交點畫一平行線至縱座標上，其值為 0.8，加上此數值到最高的那個位準，則 68 dB 與 75 dB 二者結合產生一個 75.8 dB 的位準，以上的計算方式與隨後的計算可以圖示如下：

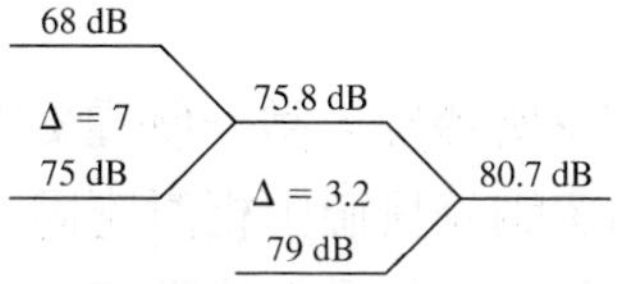


## 噪音的特性

**權衡網路**　由於我們測量噪音的原因經常是為了人類，所以較之將聲音視為物理現象，我們將更感興趣於人類對聲音的反應，例如聲音壓力位準如祇看字面意義，並無法將其視為喧噪的指標，因為聲音的頻率 (或音調) 僅有相當少一部份聽起來喧噪。為了種種的理由，知道一些關於所測量噪音的頻率將是有幫助的。權衡網路可用來考量聲音的頻率，它們是被建入偵測計中以使某些特定頻率減弱的電子過濾電路，它們允許聲音位準計較一般有成見的東西，如人耳等，反應出更多頻率，音響標準的作者已建立三個加權特性：A、B、C，其間主要的不同就是非常低的頻率可被 A 網路濾去相當多，僅可被 B 網路濾去中等程度，而難於被 C 網路濾去，所以假如噪音被測量的聲音位準於 C 權衡網路較 A 權衡網路高很多時，可能就表示有許多低頻率的噪音存在，假如想要知道噪音頻率的分佈，使用**聲音分析儀**將是必須的，但是假如無法支付分析儀的費用，仍能藉著使用噪音計中的權衡網路，而發現一些關於噪音頻率的訊息。

圖 8-5 顯示三種 ANSI (American National Standards Institute) 規格號碼

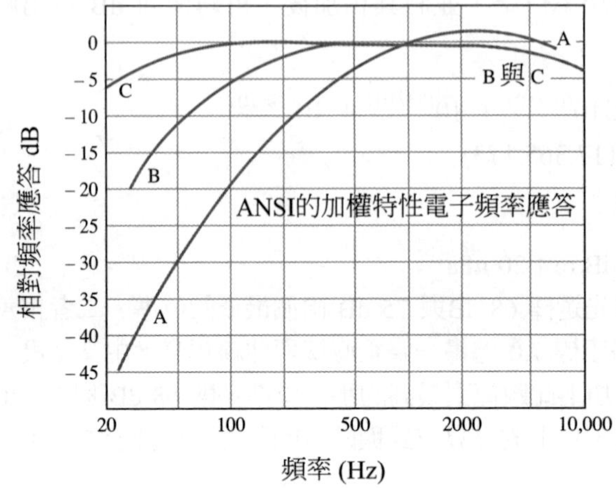


**圖 8-5** 三種基本權衡網路的反應特性。

S1.4－1971 指定的基本網路的反應特性，當一個權衡網路被使用時，噪音計會將顯示於表 8-1 上每一個頻率的分貝值由相對應同一頻率的實際聲音壓力位準上減去或加上，然後以對數加法將最後的數字加總起來而得到一個單一讀數，當使用網路時，其讀數被稱爲“噪音”而不是聲音壓力位準 (sound pressure level)，此一讀數並以下列分貝的形式被指定：dB(A)；dBa；dBA；dB(B)；dBb；dBB 等，表記法 (tabular notation) 可以對應於 $L_A$，$L_B$，$L_C$。

---

**例題 8-2** 一個新型式 2 噪音計被兩個釋放 90 dB 的純淨音源加以測試，這二個純淨音調分別處於 1,000 Hz 與 100 Hz，請估計在 A、B、C 三個權衡網路的讀數。

**解**：表 8-1 頻率爲 1,000 Hz 時，對各個權衡網路而言其相對值 (校正係數) 爲 0，因此對於 1,000 Hz 的純淨音調而言，在 A，B，C 網路上的讀數預期均應爲 90 dB。

表 8-1 頻率爲 100 Hz 時，各個權衡網路的對應值均不同，對 A 網路，噪音計將從實際讀數中減去 19.1 dB，對 B 網路，則需減 5.6 dB，而對 C 網路則需減 0.3 dB，因此各網路的預期讀數將爲：

A 網：90－19.1＝70.9 或 71 dB(A)

B 網：90－ 5.6＝84.4 或 84 dB(B)

C 網：90－ 0.3＝89.7 或 90 dB(C)

---

**表 8-1　權衡網路的校正係數**

| Frequency (Hz) | Curve A (dB) | Curve B (dB) | Curve C (dB) |
|---|---|---|---|
| 10 | −70.4 | −38.2 | −14.3 |
| 12.5 | −63.4 | −33.2 | −11.2 |
| 16 | −56.7 | −28.5 | −8.5 |
| 20 | −50.5 | −24.2 | −6.2 |
| 25 | −44.7 | −20.4 | −4.4 |
| 31.5 | −39.4 | −17.1 | −3.0 |
| 40 | −34.6 | −14.2 | −2.0 |
| 50 | −30.2 | −11.6 | −1.3 |
| 63 | −26.2 | −9.3 | −0.8 |
| 80 | −22.5 | −7.4 | −0.5 |
| 100 | −19.1 | −5.6 | −0.3 |
| 125 | −16.1 | −4.2 | −0.2 |
| 160 | −13.4 | −3.0 | −0.1 |
| 200 | −10.9 | −2.0 | 0 |
| 250 | −8.6 | −1.3 | 0 |
| 315 | −6.6 | −0.8 | 0 |
| 400 | −4.8 | −0.5 | 0 |
| 500 | −3.2 | −0.3 | 0 |
| 630 | −1.9 | −0.1 | 0 |
| 800 | −0.8 | 0 | 0 |
| 1,000 | 0 | 0 | 0 |
| 1,250 | 0.6 | 0 | 0 |
| 1,600 | 1.0 | 0 | −0.1 |
| 2,000 | 1.2 | −0.1 | −0.2 |
| 2,500 | 1.3 | −0.2 | −0.3 |
| 3,150 | 1.2 | −0.4 | −0.5 |
| 4,000 | 1.0 | −0.7 | −0.8 |
| 5,000 | 0.5 | −1.2 | −1.3 |
| 6,300 | −0.1 | −1.9 | −2.0 |
| 8,000 | −1.1 | −2.9 | −3.0 |
| 10,000 | −2.5 | −4.3 | −4.4 |
| 12,500 | −4.3 | −6.1 | −6.2 |
| 16,000 | −6.6 | −8.4 | −8.5 |
| 20,000 | −9.3 | −11.1 | −11.2 |

**例題 8-3**　下列噪音係分別在 A、B、C 權衡網路上的測量值：

音源 1：94 dB(A)，95 dB(B)，和 96 dB(C)

音源 2：74 dB(A)，83 dB(B)，和 90 dB(C)

請描述這些音源爲“低頻”或“中/高頻”。

**解**：由圖 8-5 可發現，若音源發出噪音的頻率約爲 500 Hz 以上時，在 A、B、C 網路上的三個讀數彼此接近，該範圍可以被區分爲中/高頻率，此乃因我們無法使用型式 2 噪音計分別中與高頻率，同樣我們可發現於 200 Hz (低頻率)，A、B、C 網路上

表 8-2　八音階頻帶

| 八音階頻率範圍 (Hz) | 等比中項頻率 (Hz) |
|---|---|
| 22–44 | 31.5 |
| 44–88 | 63 |
| 88–175 | 125 |
| 175–350 | 250 |
| 350–700 | 500 |
| 700–1,400 | 1,000 |
| 1,400–2,800 | 2,000 |
| 2,800–5,600 | 4,000 |
| 5,600–11,200 | 8,000 |
| 11,200–22,400 | 16,000 |
| 22,400–44,800 | 31,500 |

的讀數將明顯不同，A 網路上的讀數將低於 B 網路上的讀數，而 A、B 二網路上的讀數均低於 C 網路上的讀數。

音源 1：對此一音源，在每個權衡網路上的噪音讀數彼此僅差 1 dB，如圖 8-5，該噪音將是在中/高頻率範圍。

音源 2：對此一音源，在每一權衡網路上的噪音讀數彼此相差達數個 dB，A 網路的讀數低於 B 網路的讀數，又二者均小於 C 網路讀數，如圖 8-5，此一噪音屬於低頻率範圍。

---

**八度音階波段**　若要完全地描述一個噪音的特徵，就必須將其分析為頻譜，正常的練習係考慮 8 至 11 之八度音階波段。* 標準的八音階頻率和其等比中項頻率(中央波段頻率) 顯示在表 8-2，八音階分析係使用一個組合精準的噪音計與一個八音階分析器 (octave filter set)。

當八度音階波段分析適用於群聚噪音控制 (community noise control) (即確認違反者) 即時為了矯正行動與設計，較精密的分析將是必須的，三分之一八度音階波段分析提供一個比全八度音階波段分析噪音源少許更精密的描述 (圖 8-6a)。這個改進的解析方法經常足以決定對群聚噪音問題的校正行動，窄頻帶分析高度地改善，此意謂頻帶寬度降至 2 Hz (圖 8-6b)，這種精密度只有在產品設計與測試、或排除工業機械噪音與振動問題時方得以證實。

**平均聲音壓力位準**　因為 dB 對數的特性，一個聲音壓力位準測量集合的平

---

* 八度音階波段是介於特定頻率與其兩倍頻率間的音階波段。對 22 Hz 的頻率，其八度音階波段是前 22 到 44 Hz，第二個八度音階波段是從 44 到 88 Hz。

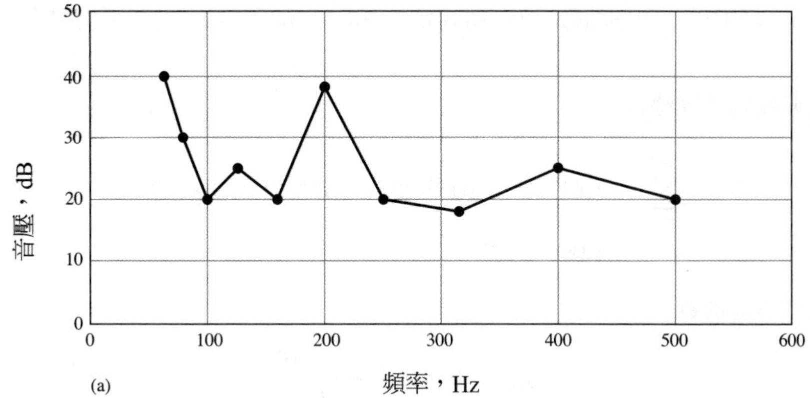


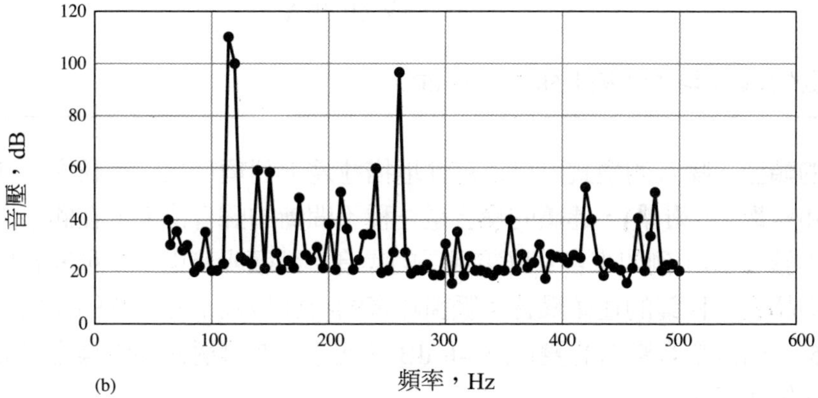


**圖 8-6**　(a) 小電動機的三分之一八度音階波段分析。(b) 小電動機的窄頻帶分析。

均值不能用正常的方式計算。反之，下列的公式必須被使用：

$$\overline{L}_p = 20 \log \frac{1}{N} \sum_{j=1}^{N} 10^{(L_j/20)} \tag{8-13}$$

式中，$L_P$ ＝為平均聲音壓力位準，dB re：20 $\mu$Pa

$N$ ＝為量測的次數

$L_j$ ＝為第 $j$ 次聲音壓力位準，dB re：20 $\mu$Pa

$j$ ＝為 1, 2, 3, ... $N$

此公式同樣適合以 dBA 表示的聲音位準，如係數 20 以 10 代替，它也可以被用來估算平均聲音功率位準。

**例題 8-4** 請由以下四個讀數 (單位為 dBA)：38, 51, 68 和 78，計算平均聲音位準。

**解**：首先我們計算總和，

$$\sum_{j=1}^{4} = 10^{(38/20)} + 10^{(51/20)} + 10^{(68/20)} + 10^{(78/20)}$$
$$= 1.09 \times 10^4$$

現在我們完成估算，

$$\overline{L}_p = 20 \log \frac{1.09 \times 10^4}{4}$$
$$= 68.7 \text{ 或 } 69 \text{ dBA}$$

用直接的算術平均法可求得 58.7 或 59 dB。

**聲音的類型** 噪音的型式可以被定性地描述為下列項目之一：**穩定**、**連續**、**斷續**和**脈衝** (或**衝擊**)，連續的噪音是一種不間斷的聲音位準，在觀察期間的變化小於 5 dB，例如來自家庭電風扇的噪音；斷續噪音則是一種噪音出現與間斷均超過一秒鐘的連續噪音；脈衝噪音的特性是在小於一秒的期間中，如在 0.5 秒內其聲音壓力的變化為 40 dB 或更多。* 發射武器的噪音係脈衝噪音的一個例子。

一般可分成兩種脈衝噪音，型式 A 的脈衝是藉由一個快速升高成一個尖峰的聲音壓力位準，其後並伴隨一個細小的負壓力波或其衰退背景位準之下的特性來辨識它，如圖 8-7 所示；型式 B 的脈衝是藉由一個振動的衰退來分

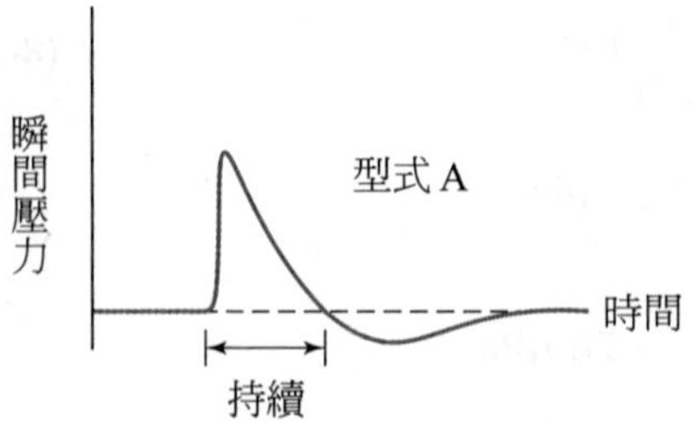


**圖 8-7** 型式 A 的脈衝噪音。

* 美國職業安全與健康署將噪音脈衝及噪音間隔小於 0.5 秒的穩定噪音歸類為反覆性噪音。

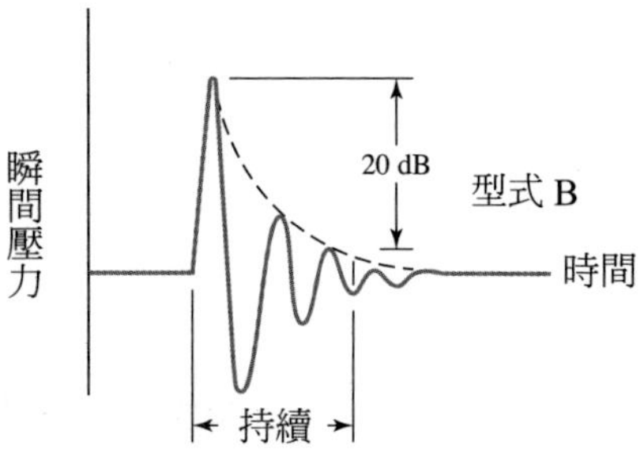


**圖 8-8** 型式 B 的脈衝噪音。

辨，如圖 8-8 所示。簡言之，型式 A 脈衝的期間就是起始尖峰的期間，而 B 脈衝的期間則指振動尖峰衰退 20 dB 所需的時間，因爲脈衝短暫的期間，必須使用一種特別噪音計來測量脈衝噪音，要注意尖峰聲音壓力位準不同於脈衝壓力位準，因爲平均時間値用於後者。

## ▲ 8-2 噪音對於人類的影響

爲了方便討論，我們必須將噪音對人類的影響區分爲下列兩個種類：聽覺上的影響及心理學與社會學上的影響。聽覺上的影響包含聽覺喪失和言語干擾，心理學與社會學上的影響則包含煩惱、睡眠干擾、行爲影響和聽覺的躲避。

### 聽力機制

在討論聽力損失之前，描述耳朵一般的構造與作用是重要的：構造上耳朵可區分爲三部份：外耳、中耳和內耳，如圖 8-9 所示。外耳和中耳係用來將聲音壓力轉換成振動，此外並執行防止物體進入內耳的保護角色。歐氏管 (Eustachian tube) 由中耳空間導至咽喉的上部，至軟顎後。此管平常是封閉的，當打呵欠、咀嚼或吞嚥時，上顎肌肉的收縮會打開此管，這將使中耳與大氣面相通並平衡壓力，若外在空氣壓力變化的很快，如高度上一個突然的變化，該管會不自覺地以吞嚥或打呵欠等動作而打開以平衡壓力。

聲音傳遞 (sound transducer) 機制包容在中耳內，* 它由鼓膜與三個小骨

* 轉換器是將能量從一個系統轉移到另一個系統的裝置。在本例中，聲能被轉換成機械位移，稍後被大腦測得並解釋。

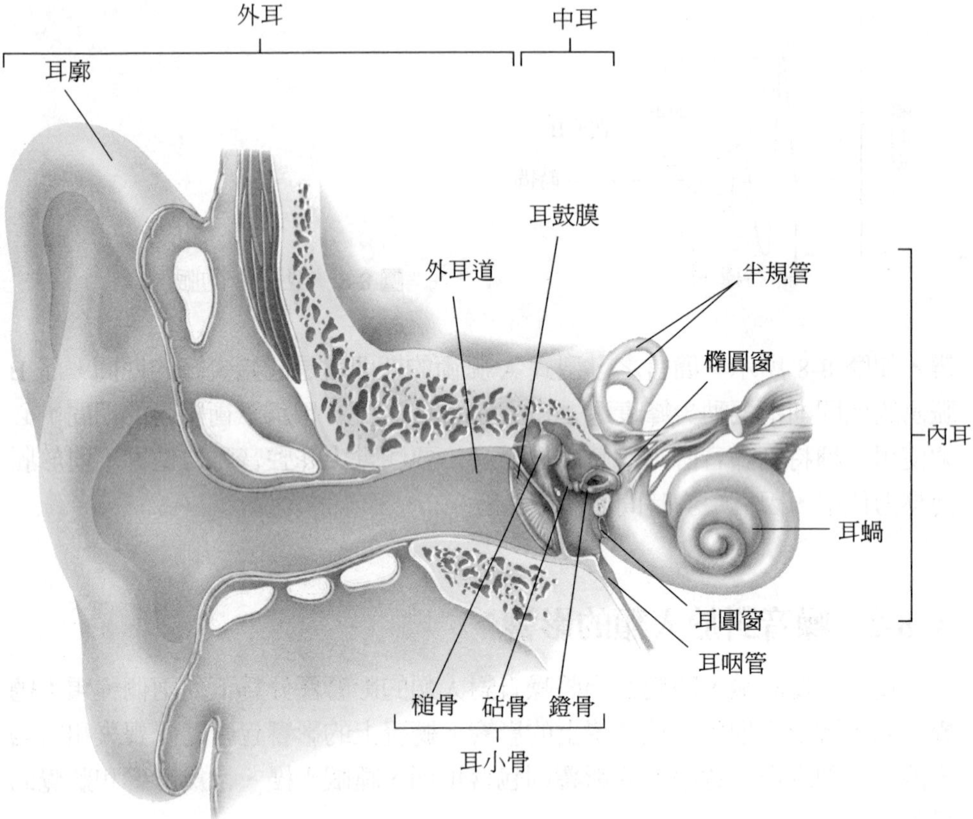


**圖 8-9** 耳朵的剖析圖 (資料來源：Seeley et al., 2003)。

組成，如圖 8-10 所示，小骨由韌帶支持，可以藉由兩個肌肉或鼓膜偏斜而移動，肌肉會不自覺的移動，高聲引起這些肌肉收縮，這使 ossicular 鏈變硬與縮小，可能爲精巧的內耳構造提供一些保護不致遭受物理性傷害 (Borg and Counter, 1989)，以下中耳的討論係引用 Clemis 的論述 (1975)：

在聽力過程中，中耳的主要功能只將聲音能量由外耳傳至內耳，當鼓膜振動時，它傳遞其動作至中耳的槌骨，既然 ossiculor chain 的骨頭互相連接，中耳槌骨的移動被傳遞至砧骨，最後再至鐙骨，此鐙骨係深埋在橢圓窗中。

當鐙骨以搖擺動作前後移動時，它傳送振動穿過橢圓窗進入內耳，因此鼓膜的機械運動有效地被傳導穿過中耳進入內耳。

傳導聲音的傳送器藉由兩種主要機制放大聲音，首先相較於鐙骨基礎小的

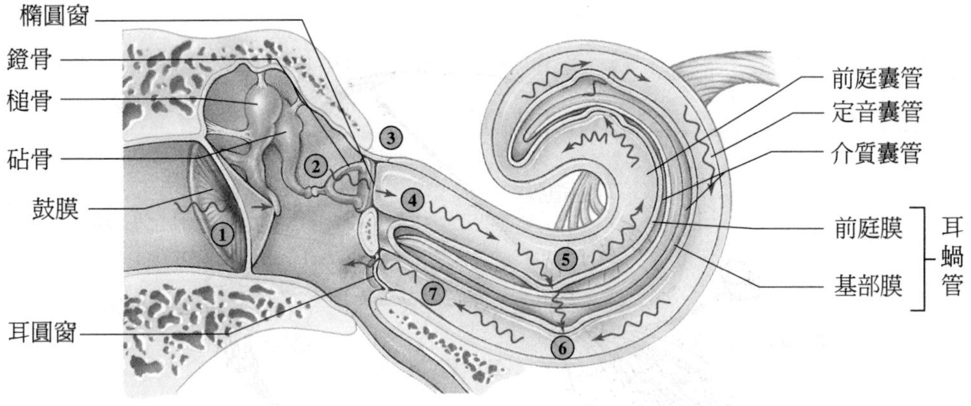


**1.** 聲波敲動鼓膜使之振動。
**2.** 鼓膜振動時，傳遞動作至中耳的三小骨使之振動。
**3.** 鐙骨以搖擺動作前後移動，傳送振動穿過橢圓窗。
**4.** 鐙骨的振動可使前庭囊管內的外淋巴振動。
**5.** 外淋巴的振動使基部膜移位，短波(高強度)會使基部膜位移靠進橢圓窗，長波(低強度)使基部膜位移離橢圓窗有些距離。基底膜的位移是利用螺旋組織內的髮細胞偵測，螺旋組織也屬於基部膜的一部份。
**6.** 前庭囊管內的外淋巴振動與耳蝸管內的內淋巴被傳輸至定音囊管內的外淋巴。
**7.** 定音囊管中的外淋巴被傳輸至浸濕的耳圓窗。

**圖 8-10**　中耳的聲音傳送機制 (資料來源：Seeley et al., 2003)。

是面積，鼓膜大的表面積造成小壓的影響，鼓膜的表面積大約是橢圓窗的 25 倍，所有收集在鼓膜上的聲音壓力給由 ossicular chain 傳導，然後集中在較遠鼓膜面積小的橢圓窗的表面，這將造成壓力的明顯增加。

Ossicular chain 的骨頭的排列，使其動作起來如同一系列的槓桿，長臂最接近鼓膜，較短的臂則向著橢圓窗，槓桿支點位於各個骨頭的適合點，在槓桿長臂上的小壓力會在較短的臂上產生一較強的壓力，既然較長的臂係接到耳膜，較短的臂向著橢圓窗，ossicular chain 動作起來就如聲音壓力的放大器，全部聲音傳導機制的明顯效應約爲 22 比 1。

內耳含括平衡和聽覺的感覺器官，聽覺的感覺器官是位於**耳蝸**內，它是一塊盤繞形成像蝸牛狀骨頭，如圖 8-9 所示，耳蝸的橫切面如圖 8-11 所顯示幾個部份：***scala* 連廊**、***scala* 媒質**和 ***scala* 定音鼓**，scala 連廊 (vestibuli) 和定音鼓(tympani) 在耳蝸的頂端相聯，其充滿稱爲 *perilymph* 的流體，而 scala media 即浮於其內，聽力器官──*Corti* **器官**則被 scala media 包圍，scala

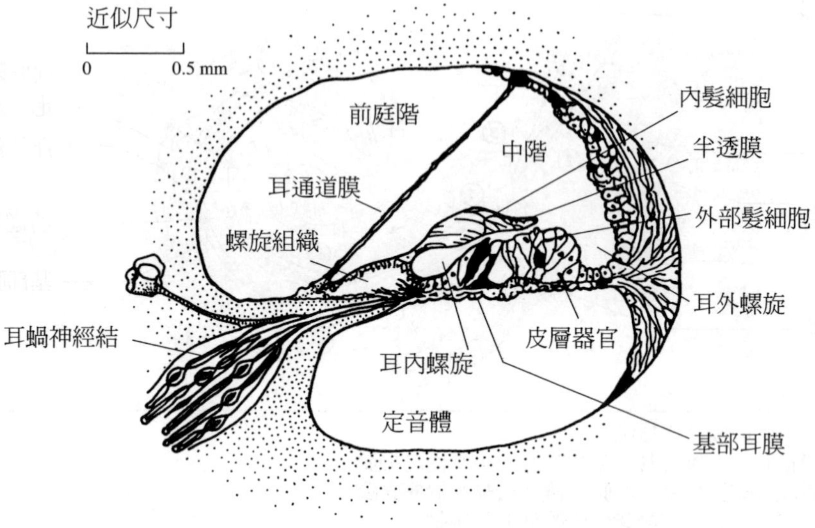


**圖 8-11** 耳蝸剖面圖。

media 則包含另一不同的流體——**內淋巴液**，它含浸 Corti 器官。

如圖 8-11 所示，scala media 是三角形狀，大約有 34 mm 長的細胞，其從頭蓋骨底部 (basilar) 膜長出，在末端有一頭髮狀物，而另一端則接觸聽力的神經 (nerve)，凝膠狀膜 (tectorial 膜) 擴展在髮細胞上並連於螺旋組織，髮細胞被埋入凝膠狀膜中。

藉由鐙骨引起的橢圓窗振動引起三個 scala 流體產生如波浪的運動，頭蓋骨基部膜和 tectorial 膜二者以相反方向移動，因此在髮細胞上產生剪力運動，髮細胞的拖曳在聽覺神經上建立電的脈衝，並被傳送至腦部。

接近於橢圓與圓形窗的神經末端對於高頻率是敏感的，而接近於耳蝸頂端的神經則對低頻率敏感。

## 正常聽力

**頻率範圍與敏感性**　年輕且聽力健康的成年人耳朵可感應頻率 20 到 16,000 Hz 的聲音波，幼童與女人則經常具有感應到達 20,000 Hz 頻率的能力，講話的範圍則位於 500 至 2,000 Hz，耳朵對頻率 2,000 至 5,000 Hz 最敏感，在此頻率範圍最小可感覺到的聲音壓力為 20 $\mu$Pa。

空氣中 1000 Hz 時 20 $\mu$Pa 的聲音壓力對應於 1.0 nm 空氣分子位移，空氣分子的熱運動對應於約 1 $\mu$Pa 的聲音壓力，若你的耳朵非常敏感，則將可聽到空氣分子衝撞你的耳朵，有如海邊的波浪。

**響度**　一般而言，有不同頻率但相同音壓位準的純音聽起來會有不同的響度位準，響度位準是一種心理上聲音的量度。

1935 年，Fletcher 和 Munson 進行一系列的實驗以決定頻率與響度間的關係，參考音與測試音針對測試的目標而呈現出來，調整測試者的聲音位準直到聽起來與參考音的響度相似，其結果係把以分貝表示的音壓位準對測試音頻率作圖 (如圖 8-12)，圖上的曲線稱爲 Fletcher-Munson 或**等響度曲線**，參考頻率爲 1,000 Hz，曲線用“風”(phons) 標示，它就是頻率爲 1,000 Hz 的純音的聲音壓力位準的分貝數，最低的等高線 (虛線) 表示聽力的恕限度 (threshold)，每個具正常聽力的個人，彼此間實際的恕限度約在 ±10 dB 間變化。

**聽力測量**　聽力測試由一個稱爲**聽力計**的儀器處理，基本上它是由具不同音壓位準的各種純音源組成，並輸出至一對耳機，假如儀器也自動準備一個測試結果的圖 (**聽力圖**)，它將包含一個稱爲**聽力恕限度** (HTL) 標尺的權衡網路。

HTL 是一種尺度，使每一純音響度藉由頻率的調整使“0” dB 成爲一般

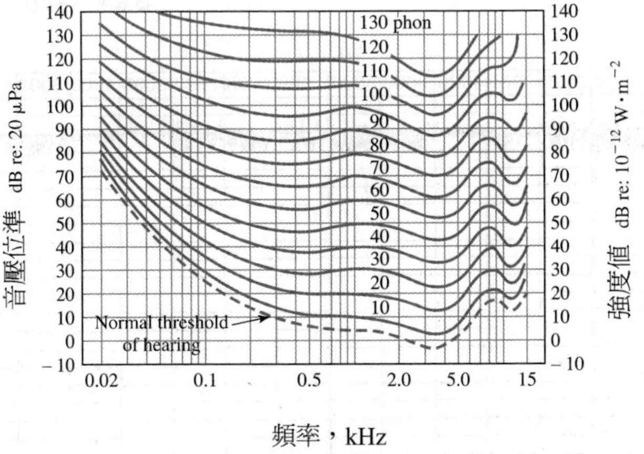


**圖 8-12**　Fletcher-Munson 等響度輪廓 (資料來源：Magrab, 1975)。

正常年齡耳朵剛聽得到的位準可以 ASA-1951 及 ANSI-1969 參考標準，如圖 8-13 所示和 Fletcher-Munson 的輪廓相似。為個別聽力所進行的初始音譜圖可稱作基線 HTL 或 HTL。圖 8-14 音譜圖顯示出絕佳的聽力響應，平均響應在 "0" dB 的 ±10 dB 間變化。

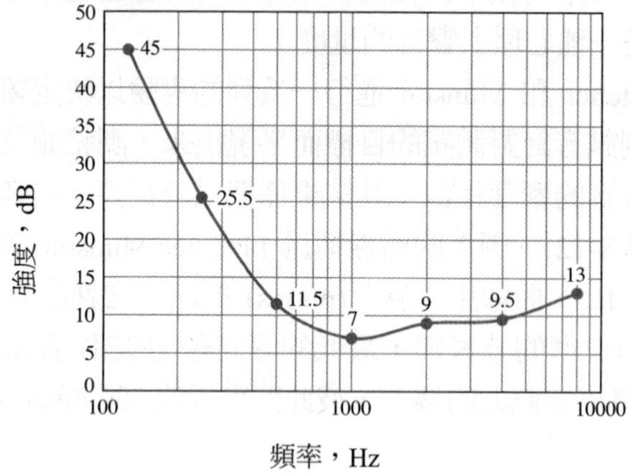


**圖 8-13** 聽力恕限的 ANSI 參考值。

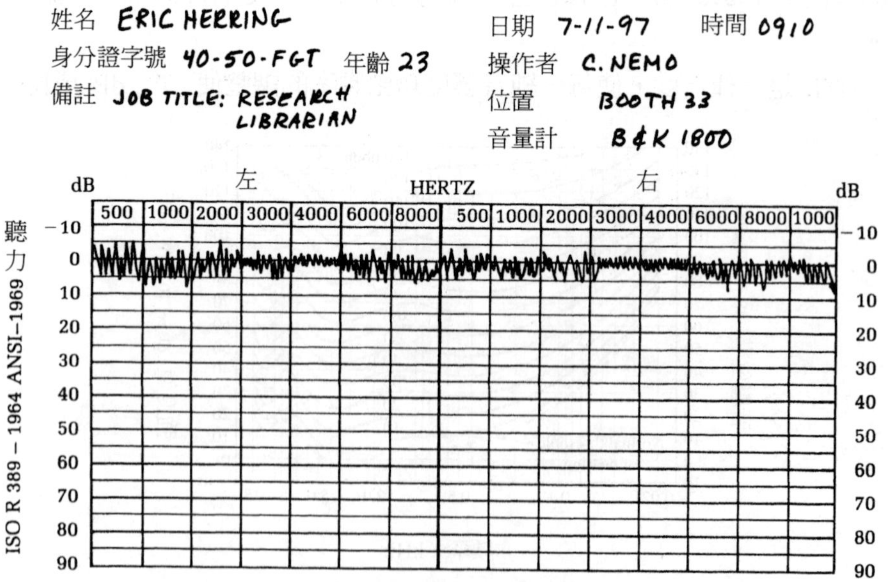


**圖 8-14** 絕佳聽力響應的音譜圖的 ANSI 參考值。

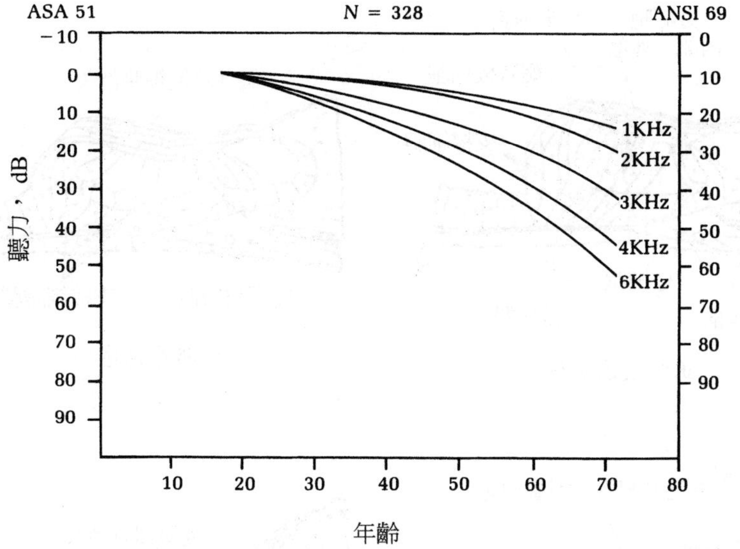


**圖 8-15**　presbycusis 造成聽力的損失 (*資料來源*：Olishifski and Harford, 1975)。

同時必須注意的是我們強調在年輕時就要保持正常聽力，因爲聽力喪失會隨年齡而增加，這種聽力上的喪失稱作"presbycusis"，圖 8-15 爲年齡和聽力喪失平均值的函數關係。

## 聽力損害

**機制**　除了來自激烈的操作噪音造成耳膜的破裂外，外耳與中耳罕有被噪音傷害，比較平常的聽力喪失包含對髮細胞傷害在內的中性傷害結果如圖 8-16 所示。兩種理論被提出來解釋噪音導致的傷害，第一個理論是指過大的剪力會無意間傷害髮細胞；第二個理論則是指強烈的噪音刺激強迫髮細胞產生高新陳代謝的活動，此將驅使這些髮細胞因過度負荷而導致新陳代謝失敗而使細胞死亡，一旦髮細胞被破壞便不能再生。

**測量**　既然無法直接觀察那些具有潛在聽力喪失者的 Corti 器官，損傷的推論來自其 HTL 的喪失，而需要達到一個新 HTL 所增加的音壓位準被稱爲*聽覺恕限值偏移* (threshold shift)，明顯地任何聽覺恕限值偏移的測量在曝露於噪音之前係遵行有一個基準線的聽力圖。

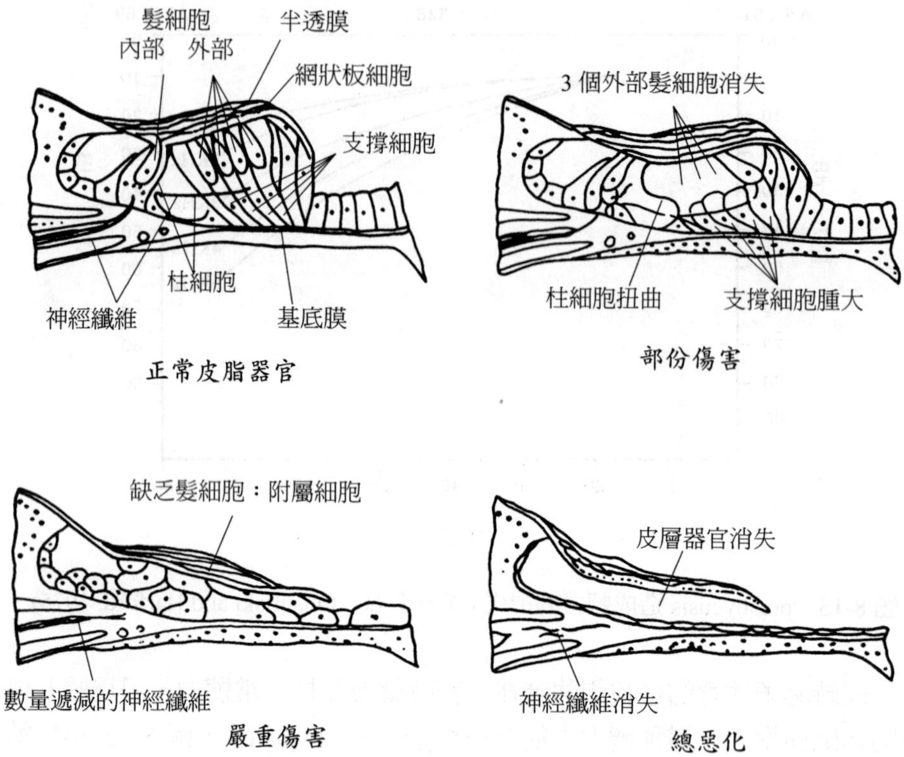


**圖 8-16** 髮細胞不同程度的損傷。

聽力損失可能是暫時或永久性，因噪音導致的聽力損失必須與諸如年齡、藥物或生病等其他因素造成的聽力損失加以區分。辨別**暫時性聽覺恕限值偏移** (TTS) 與**永久性聽覺恕限值偏移** (PTS) 係依據下列事實：對於 TTS 而言，移除過度噪音刺激可以逐漸回復基準聽力恕限值。

**影響聽覺恕限值的因素** 在形成暫時性和永久性聽力恕限變化時，重要的變數包含以下數項 (NIOSH, 1972)：

**1.** 聲音位準：當正常人將經歷 TTS 之前，聲音位準必須超過 60 到 80 dBA。
**2.** 聲音頻率分佈：大多數能量均在說話頻率的聲音較其他說話頻率之下的聲音更有能力造成聽覺恕限值偏移。
**3.** 聲音的持續性：聲音持續愈長聽覺恕限值偏移的量愈大。
**4.** 聲音曝露的暫時分佈：在聲音週期之間安靜週期的數量與長度影響聽覺恕

限值偏移的可能性。

5. 每一個人對聲音容忍程度有很大的變化。

6. 聲音型式——穩定狀況、間歇的、脈衝或衝擊：對於尖峰聲音壓力的寬限會藉由聲音持續性增加而大大的減少。

**暫時性的聽覺恕限值偏移 (TTS)**　TTS 經常伴隨耳鳴、不清晰的聲音和耳朵不舒服的現象，大多數 TTS 產生於曝露在噪音的前兩小時，在 TTS 以後基準 HTL 的回復開始於曝露在噪音後的第 1、2 個小時，並在曝露後的 16 到 24 小時內將會達到大多數的回復。

**永久性的聽覺恕限值偏移 (PTS)**　在 TTS 與 PTS 間似乎有一個直接關係，當曝露於噪音下 2 到 8 小時後不會產生 TTS，則當持續下去此一噪音位準將不產生 PTS。TTS 聽力圖的型狀將類似於 PTS 聽力圖的形狀。

導致聽力損失的噪音一般在 3,000 與 6,000 Hz 頻率間，首先在 HTL 曲線上具有一個陡峭集中急降後又上升的特徵，這個現象通常發生於 4,000 Hz，如圖 8-17 所示。這是*高頻率刻痕* (high frequency notch)，當連續曝露在噪音下時，從 TTS 到 PTS 遵循一個相當規律的模式，首先高頻率的刻痕向

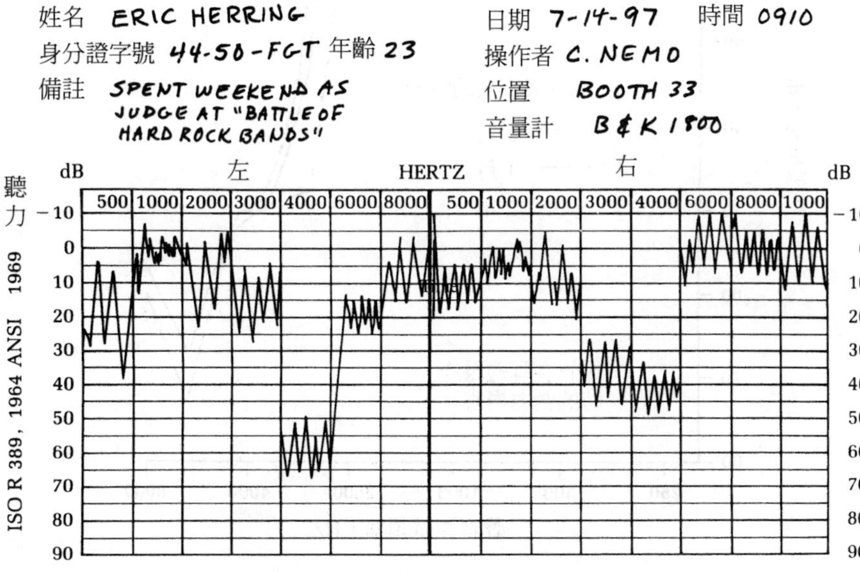


**圖 8-17**　在高頻刻痕時的聽力損失音譜。

兩個方向擴展，實質上的損失可能發生在 3000 Hz 以上，但不會注意在聽力上的任何變化，實際上也不會注意任何聽力損失，直到介於 500 到 2000 Hz 之間的講話頻率，其在 ANSI-1969 尺規上 HTL 平均超過 25 dB 的增加，因噪音導致的永久性聽力喪失，其開始與延續是緩慢與不知不覺的，來自於曝露噪音的全聽力喪失尚未被發覺。

**聽覺的創傷** 外耳和中耳罕有被強烈的噪音所傷害，但爆炸的聲音會裂開鼓膜或使 ossicular 鏈錯亂，永久性的聽力損失若來自於短暫地曝露於一個非常強烈地噪音則稱爲“acoustic trauma”(Davis, 1958)，圖 8-18 是說明 acoustic trauma 現象的聽力圖例子。

**保護機制** 雖然程度和機制並不清楚，明顯地中耳構造對於敏感的內耳知覺器官提供了一些保護 (Borg and Counter, 1989)，其中的一種保護機制是鐙骨

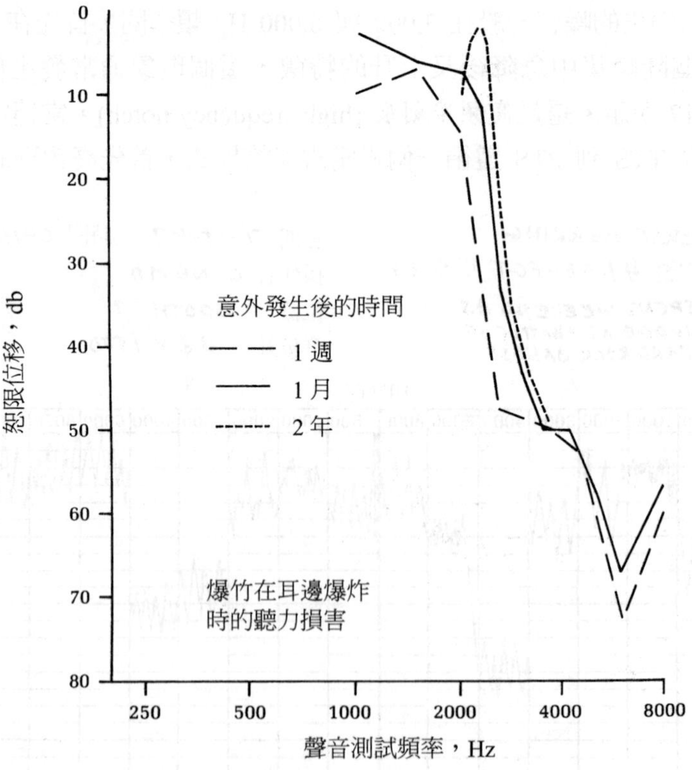


**圖 8-18** 聽覺創傷時的音譜圖 (資料來源：Ward and Glorig, 1961)。

振動形式的改變，如較早注意到的，一些證據顯示中耳肌肉對應於強烈的噪音會反射地收縮，這個收縮會造成一系列槓桿正常產生放大效應的減少，這種在傳送上的變化可能是在 20 dB 大小範圍，可是肌肉/骨頭構造的反應時間則爲 100 到 200 毫秒大小範圍，因此這個保護對於尖銳的音響波前並無效用，但這些波前卻是衝擊或脈衝噪音的特性。

## 傷害-危險標準

一個傷害-危險的標準需指明在聽力傷害的危險可避免下，一個人在噪音下的最大允許曝露。美國 The American Academy of Ophthalmology and Otolaryngology 定義在 500，1,000 和 2,000 Hz下，聽力傷害是過量 25 dB 下的平均 HTL (ANSI-1969，此標示爲低限 (low fence)，新的傷害會發生於當平均 HTL 超過 92 dB，Presbycusis 包含在設定 25 dB ANSI 低限下，所有的工作人員幾乎都可以重複地曝露而不致對其聽力與了解正常講話的能力造成不

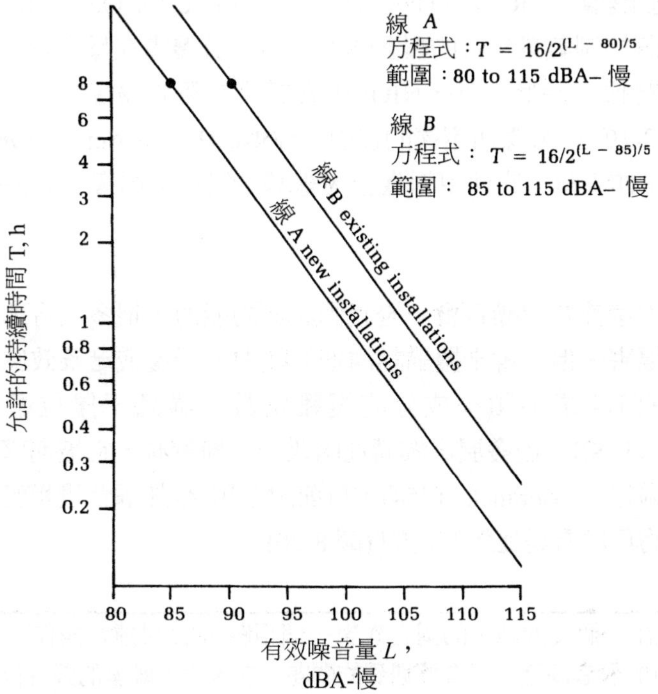


**圖 8-19**　連續或間歇噪音曝露 NIOSH 職業噪音曝露限制。

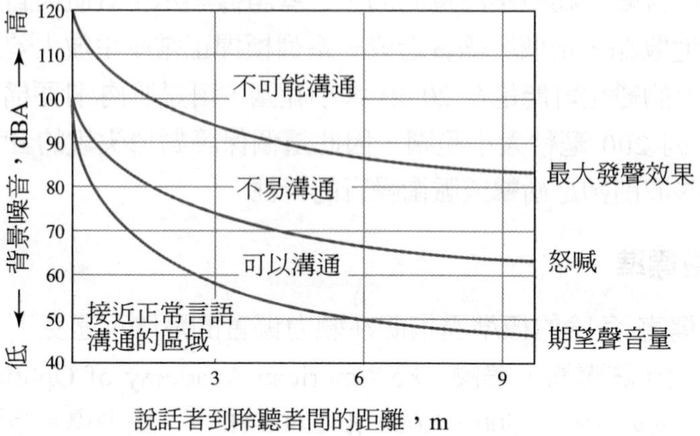


**圖 8-20** 講話音質和音量及距離的函數關係。

利的影響。

**連續或間歇性的曝露** NIOSH (The National Institute for Occupational Safety and Health) 建議控制職業噪音的曝露值使工作人員曝露在噪音時不會超過圖 8-19 所定義的極限，除此之外，NIOSH 建議設計新的隔音裝置以保持噪音的曝露低於圖 8-19 上 A 線所定義的極限，Walsh Healey Act 在 1969 年由國會制定以保護工作人員，它使用相當於 A 線基準的一種傷害-危險標準。

## 講話干擾

正如我們大家都知道噪音會干擾我們溝通的能力，很多噪音即使沒有強烈到引起聽力傷害，但仍會干擾講話溝通的能力，干擾或遮蔽效應是說者與聽者間距離與口語單字頻率成分的複雜函數，講話干擾位準 (Speech Interference Level, SIL) 被發展當做溝通困難的一種量測，它被期望與不同背景噪音位準相聯起來 (Beranek, 1954)，目前說話用 A-加權背景噪音位準與講話溝通的品質的角度看是比較方便的 (圖 8-20)。

---

**例題 8-5** 考慮在一個安靜區中的講者想對一個相距 6 公尺遠在操作一台 4.5 Mg (megagram) 卡車的聽者講話，所會遭遇到的問題，在卡車駕駛室的聲音位準約為 73 dBA。

**解**：使用圖 8-20 我們能預見他將必須喊得非常大聲，但若移動到 1 公尺內，其能使用希望的聲音位準，即在噪音場所使用的聲音位準將不知不覺地輕微增加。

因此可以了解當距離與在起居室或教室不同時 (4.5 到 6 公尺)，爲了正常交談 A-加權背景位準必須低於 50 dB。

---

## 煩　惱

來自噪音的煩惱是一種對於聽覺經驗的反應，在被噪音擾亂或打斷的活動上、在對噪音的生理上反應及在對由噪音所帶來訊息的含義上反應等均有其基準 (Miller, 1971)，例如同樣的聲音，晚上聽起來可能就比白天聽來更令人煩惱，當一個聲音相似於另一個已經令人不喜歡或對我們有威嚇之虞的聲音時，可能更是令人煩惱，無意識且不會很快移除的聲音可能較暫時覺得抱歉而施加的聲音更令人煩惱，來自於可見來源的聲音則較不可察覺來源的聲音更令人感到煩惱，新的聲音可能較不令人煩惱，造成當地政治問題的聲音可能特別高或低的煩惱 (May, 1978)。

煩惱的程度或煩惱是否導致抱怨、退貨或抗議一個既存或預期會產生噪音的行動，依靠很多因素決定，某些因素已被界定，其相對的重要性也已經被評估，例如飛機噪音的反應即受到最大的注意，至於考量對於其他噪音，如地表運輸與工業與來自於娛樂活動等反應可用的資訊就較少 (Miller, 1971)，很多現存的噪音評估或預測系統被發展以預測煩惱反應。

**音爆**　相對於煩惱的一個令人特別感興趣的噪音爲*音爆*：

> 圍繞著超過音速 (超音速) 的飛機或飛行器的空氣流具有空氣不連續，即*衝擊波*的特徵，這些不連續性來自於空氣突然遭遇一個不能貫穿的物體，在次音速時空氣似預先注意到，因此在物體前緣到達前，空氣開始向外側流；可是在超音速時，在飛機前端的空氣未被干擾，然後在飛機前導邊緣突然的脈衝產生一個超壓範圍 (如圖 8-21 所示)，此範圍內的壓力高於大氣壓力，這個超壓範圍以音速向外移動產生一個圓錐形狀的衝擊波稱爲*弓形波*，它改變空氣流的方向；第二個衝擊波稱爲*尾波*，它是由飛機尾產生伴隨一個較平常壓力低的壓力區域，這個低壓不連續造成在飛機後面的空氣向兩旁移動。
>
> 當弓形和尾形衝擊波與觀察者接觸時，他的耳朵將經歷主要壓力的變化，每一次這些壓力的偏移都會產生爆炸聲音的感覺 (Minnix, 1978)。

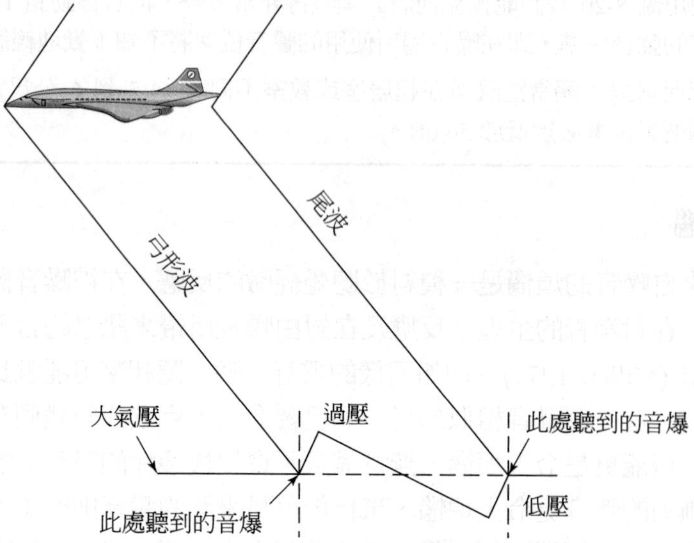


**圖 8-21** 超音速飛行時，弓型波和尾波導致音爆。

意即當任何時候飛機在超音速時，均有壓力波和音爆的存在，而不僅在其突破音障時發生。

噪音的響度與脈衝的驚嚇效應二者均非常令人煩惱，明顯地我們永遠無法習慣這種音，商業飛機超音速飛行在美國上空是被禁止的，而軍事飛機超音速飛行則被限制在人口稀少的區域。

## 睡眠干擾

睡眠干擾是一種特別的煩惱，因此值得特別注意與研究，幾乎所有人都曾被吵鬧、奇怪、令人驚嚇或煩惱的聲音由深沉的睡眠中吵醒，人們經常由鬧鐘或收音機鬧鈴喚醒，但是也可以習慣這些聲音而繼續睡下去，陌生的環境聲音可能僅干擾睡眠，假使如此，睡眠干擾將只因不平常、新奇聲音的頻率而來，由經驗也建議聲音能導致無法維持睡眠，穩定的風扇嗡嗡聲或海浪有節奏的聲音均能使人放鬆，穩定的聲音能當做音罩並遮蔽短暫干擾的聲音。

關於睡眠干擾的軼事令人了解睡眠的複雜性，一個鄉下人可能難於在喧鬧的市區入睡，而一個都市人睡在鄉村地區則可能被安靜所打擾，但是為什

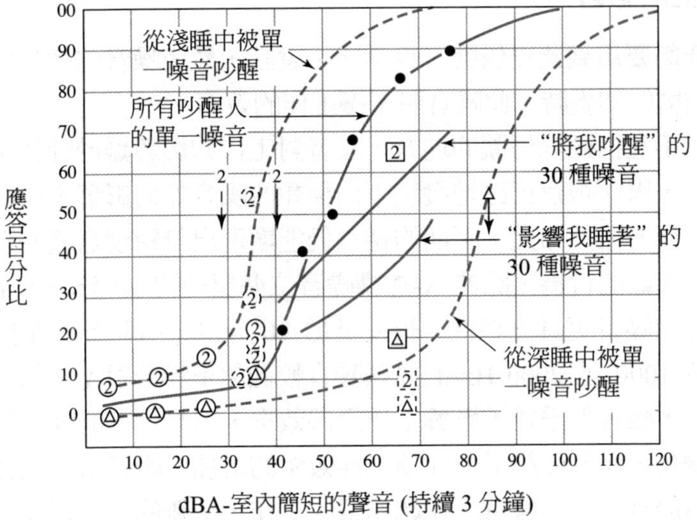


**圖 8-22**　睡覺時明顯噪音的影響 (資料來源：Miller, 1971)。

麼父母親會因自己小孩身體的輕微轉動而驚醒，卻不會因雷雨而驚醒，由這些觀察可發現在曝露於聲音與睡眠品質二者間的關係是複雜的。

相當簡短的噪音 (約三分鐘或更少) 對在安靜環境中人類睡眠的影響曾被研究過，而這些聲音的呈現廣佈於整個 5 至 7 小時的睡眠期間，這些觀察的綜合結果顯示在圖 8-22，虛線是假設的曲線，表示一個已適應安靜睡眠實驗程序數個夜晚成年男子被喚醒的比率，他已經被教導當被喚醒時去壓一個容易觸及的按鈕，並曾被適度地被激勵去覺醒不反應噪音。

對於輕度睡眠時，當聲音高於人們注意傾聽時能查知程度的 30 至 40 分貝時，人會被喚醒，但於深度睡眠時則需提高為 50 至 80 分貝方可喚醒沉睡中的人。

在圖 8-22 上的實線數據係對機場附近居民調查表的研究，將這些人表示低空飛行將其從深度睡眠中吵醒的百分比對一個單純低空飛行的 A-加權音量作圖而得到這些實線，這些曲線是針對經歷 6 至 8 小時睡眠期間接近 30 個低空飛行的例子，曲線上的實心圓圈表示被低於或等於在每一A-加權音量 (dBA) 三分鐘聲音喚醒的睡眠者的百分比，這一曲線基礎於來自 350 位在其各人臥室測試得的數據，這些測量是在上午 2:00 到 7:00 期間做的，因此這是合理地假設大多數的對象均是從輕度睡眠中吵醒。

### 對於效率上的影響

當工作需要用到聽覺信號、說話或不說話，然後噪音強度是以妨礙或干擾對這些信號的知覺時，此噪音將干擾工作的效率。

在工作不包括聽覺信號的地方，噪音對工作的影響難於評估，人類的行爲是複雜的，因此很難正確地發現不同種類的噪音如何影響不同的人去做不同種類的工作。雖然如此，下面的結論仍能顯現出無特別意義的穩定噪音似乎並不干擾人類的行爲，除非 A-加權噪音位準超過約 90 分貝，不規律的噪音爆發較穩定噪音更具分裂性，縱使低於 90 分貝，有時仍將干擾工作的績效。約高於 1000 至 2000 Hz 的高頻噪音較低頻率噪音對工作的績效會產生更多的干擾，噪音似乎並不影響工作全部效率，但高位準的噪音可能增加工作效率的變化，噪音停頓可能伴隨工作效率的增加，噪音減少工作正確性的可能性更甚於減少工作數量，比起簡單的工作，複雜的工作可能受到噪音的不良影響。

### 音響的隱私性

如沒有隱密的機會，每一個人將必須嚴格地順應一種精巧的社會規範或每一個人必須採取高度隨意的態度。隱私的機會避免了上述任一種極端的必須性，特別是當沒有音響隱私機會時，個人可能經歷所有前述噪音的影響。此外，個人會因自己的行動可能干擾別人而被限制。沒有了音響的隱私，聲音就像一個錯誤電信局會導致錯誤的數字，結果將干擾放送與接收雙方。

## ▲ 8-3 等級評估系統

### 噪音評價系統的目標

一個理想的噪音評估系統可以由噪音計測量的結果並可用一種有意義的方式將噪音曝露表示出來。在前面對響度與煩惱的討論中，可注意到我們對噪音的反應強烈地依噪音的頻率而定，更進一步我們注意到噪音的形式 (連續、間歇或脈衝) 和每天發生的時間對煩惱的產生是重要因素。

因此理想的系統必須將頻率列入考慮，並區分白天與夜晚的噪音，最後必須能描述累積的噪音曝露，一個統計的系統將能滿足這些需要。

一個統計評估系統實際的困難在於對每個待測量位置都將有一組龐大的

變數，需要一組相當大的數列去描述周遭環境的特徵。但在實際上如此一組數列要有效是不可能的，因此必須去定義一個噪音曝露單獨的數量測值，以下的段落描述目前使用中的一個系統。

## $L_N$ 概念

係數 $L_N$ 是一種統計上的量測數字，表示一個特別的聲音位準被超越的頻率，例如我們寫 $L_{30} = 67$ dBA，即可認知在測量時間中，67 dB(A) 被超越的頻率有 30%，$L_N$ 對 $N$ (1%，2%，3% 等以此類推) 作圖有如累積的分佈曲線，詳如圖 8-23。

關聯於累積分佈圖的是或然率分佈曲線，在圖 8-24 可看到有 35% 時

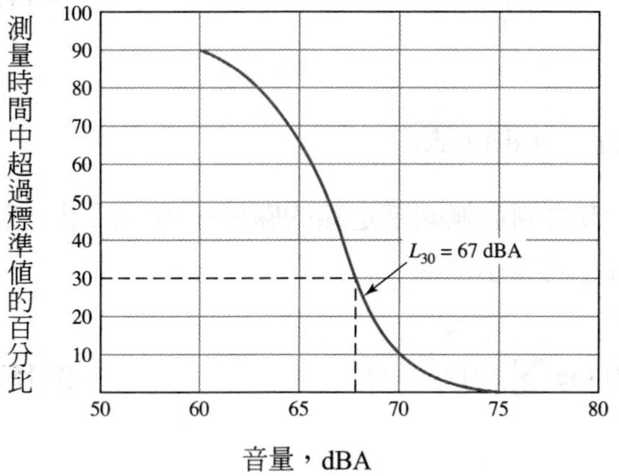


**圖 8-23**　漸增分佈曲線。

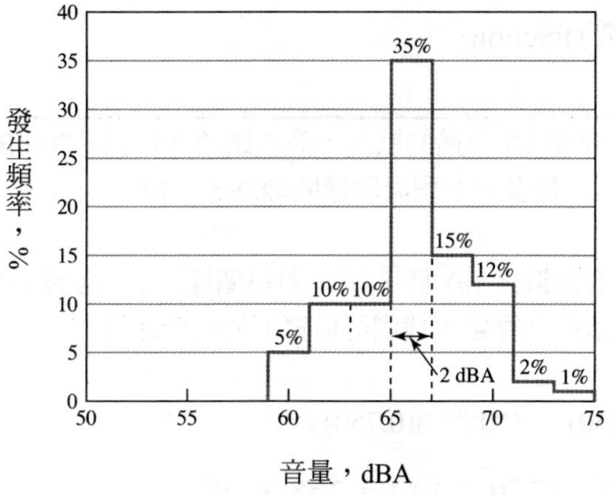


**圖 8-24**　機率分佈圖。

間，測量的噪音位準範圍在 65 到 67 dBA，有 15% 的時間，其範圍在 67 到 69 dBA 等，這個圖和 $L_N$ 之間的關係非常簡單，藉著將由右至左連續間隔上的百分比加起來，我們即可得到一個相對的 $L_N$ 值，其中 $N$ 為百分比的合計，$L$ 則是各相加間隔最左邊間隔的較低限制值，因此 $L_{30}$：

$$L\,(1 + 2 + 12 + 15) = 67\text{ dBA}$$

## $L_{eq}$ 概念

平均連續等功率位準 ($L_{eq}$) 可被應用至任何振動的噪音上，它是一常數音量，在某一時段內耗用同時段內振動音量一樣的能量，可表示為：

$$L_{eq} = 10\log\frac{1}{t}\int_0^t 10^{L(t)/10}\,dt \qquad \textbf{(8-14)}$$

式中　$t$ ＝為決定 $L_{eq}$ 的時段

$L(t)$ ＝為隨時間變化的噪音，以 dBA 表示

一般而言，在 $L(t)$ 和時間二者之間並無明確定義的關係，所以採用一系列不連續的樣品的 $L(t)$，並修正 $L_{eq}$ 的表示法為：

$$L_{eq} = 10\log\sum_{i=t}^{i=n}(10^{L_i/10})(t_i) \qquad \textbf{(8-15)}$$

式中　$n$＝為採取的樣品數

$L_i$＝為第 $i$ 個樣品的音量 (dBA)

$t_i$ ＝為全部取樣時間的分數 (fraction)

---

**例題 8-6**　考慮一個 90 dBA 的噪音存在 10 分鐘的狀況，然後跟隨 30 分鐘 70 dBA 的噪音，請問對於該 40 分鐘時段，$L_{eq}$ 是多少？假設取樣間隔為 5 分鐘。

**解**：若取樣間隔是 5 分鐘，全部的取樣數目 ($n$) 為 8 次，對每個樣品其占全部取樣時間的比例 ($t_i$) 為 1/8＝0.125，利用這些計算值，我們可估算下列的合計數：

$$\sum_{t=1}^{2} = (10^{90/10})(0.250) + (10^{70/10})(0.750)$$

$$= (2.50 \times 10^8) + (7.50 \times 10^6) = 2.58 \times 10^8$$

最後，我們取對數求得下列結果，

$$L_{eq} = 10\log(2.58 \times 10^8) = 84.11, \text{ or } 84, \text{ dBA}$$

---

由上述計算的例子以圖形描繪如圖 8-25，由此我們可注意到主要重點在突然發生的高噪音。

當量音量係於 1965 年先在德國當做一個特別的評量，以評估飛行器的噪音對機場周圍的衝擊 (Burck et al., 1965)，爾後它幾乎立即被奧地利承認為一適宜評估街道交通噪音對住宅與教室衝擊的方法，其以評量所有種類噪音主觀上的影響已經被具體化表現於德國國家測試標準中，例如來自街道和馬路交通、鐵路交通、運河、河流船舶交通、飛機、工業操作 (包含單獨的機器)、運動場、遊樂場及所有類似的噪音。

## $L_{dn}$ 概念

$L_{dn}$ 為 24 小時內所計算出的 $L_{eq}$ 值，在特定的夜間時段，有 10 dBA 的噪音 "處罰"，。因此，此為日夜的平均，取其下標 "dn" 以替代 "eq"。在飛機噪音污染的應用上，$L_{dn}$ 可視為 DNL，夜間時段為晚上十點到早上七點，$L_{dn}$ 方程式可以時間增量一秒用 $L_{eq}$ 方程式來推導。因 $L_{dn}$ 以天來計算，所以總共有 86,400 秒，式 8-15 可寫成：

$$L_{dn} = 10\log\left[\frac{1}{86{,}400}\sum 10^{Li/10}\,t_i + \sum 10^{(L_J+10)/10}\,t_i\right] \tag{8-16}$$

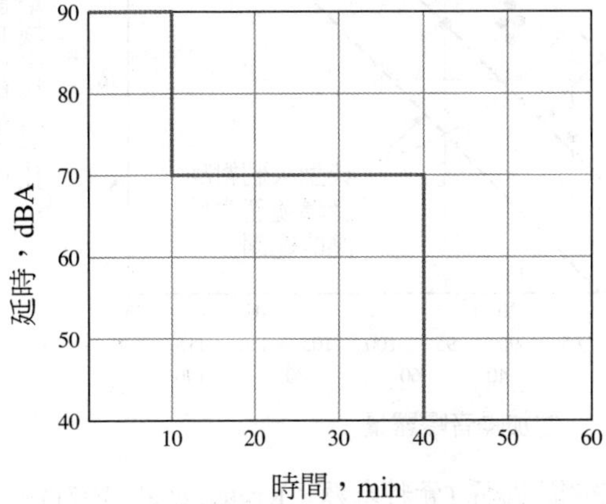


**圖 8-25**　例題 8-6 的 $L_{eq}$ 計算圖示。

因為 10(log 86,400)≈ 49.4，所以日夜平均位準可寫為：

$$L_{dn} = 10\log\left[\sum 10^{Li/10}t_i + \sum 10^{(L_j+10)/10}t_i\right] - 49.4 \qquad \textbf{(8-17)}$$

## ▲8-4 社區噪音源及規範

本章並不意圖對所有社區噪音源的特性進行詳盡的討論。同樣地，也不打算提供完整的噪音規範。相對地，只挑選一些實例讓大家對噪音源的大小及範圍有些許的概念。

### 運輸性噪音

**航空器噪音** 一架大型的噴射機 (如波音 747) 的噪音頻譜顯示出起飛時的聲*音壓力位準* (sound pressure level) 較降落時高，除了渦輪噴射機及小型飛行器有較低的聲音壓力位準外，其他的航空器都是如此。

航空器操作時種種令人困擾的規範是基於延伸區域測量及輿論調查上的考量，關於在美國及英國九座飛機場的噪音調查結果列於圖 8-26。

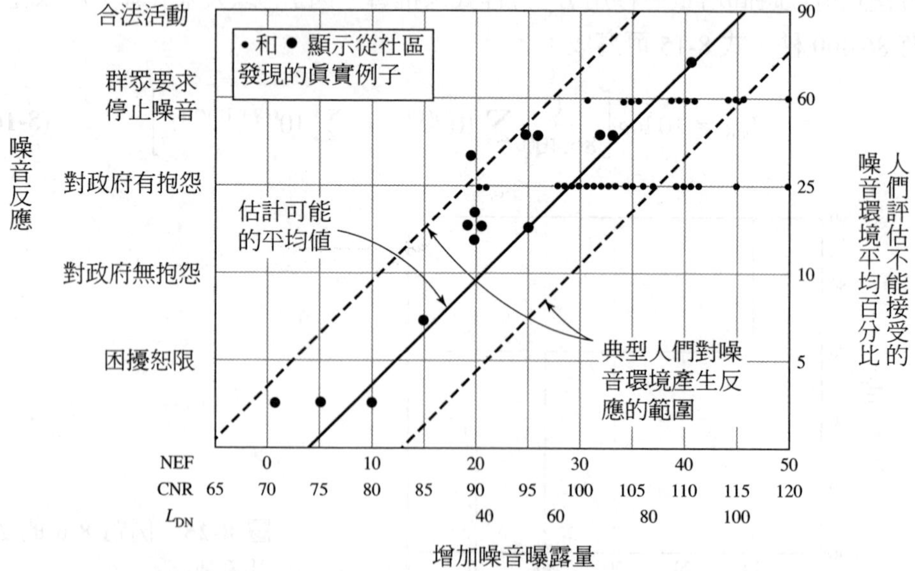


**圖 8-26** 曝露在飛行器噪音及困擾間的關係 (*資料來源*：Kryter, et al., 1971)。

**高速公路汽車噪音**　對大多數汽車而言，排放噪音的主要來源是在時速 55 km/h 以下正常操作時所產生的，如圖 8-27 所示。雖然汽車輪胎的噪音相對於卡車來說小很多，但在時速 80 km/h 以上時卻是主要的噪音來源，因爲汽車的數量遠大於卡車，所以汽車對噪音環境的影響也較大。

柴油卡車比以汽油爲動力的車子噪音大了約 8 至 10 分貝，而在時速超過 80 km/h 時，輪胎所造成的噪音是卡車主要噪音來源，尤其是通過減速橫木時所產生的噪音最大。

機車噪音和其行車速度更是息息相關，它主要的噪音來自於排氣，而二行程及四行程引擎在噪音頻譜上所表現的特性並不同，二行程引擎會發出較高頻率的噪音。

1968 年，Griffiths 和 Langdon 進行一份針對交通噪音多方面廣泛的調查報告，將調查結果與交通噪音指數評估系統的關連性列於圖 8-28。美國聯邦高速公路管理局發展出一套標準，如表 8-3 所示。在標準之上不會有任何問題，但很多高速公路都在標準以下。

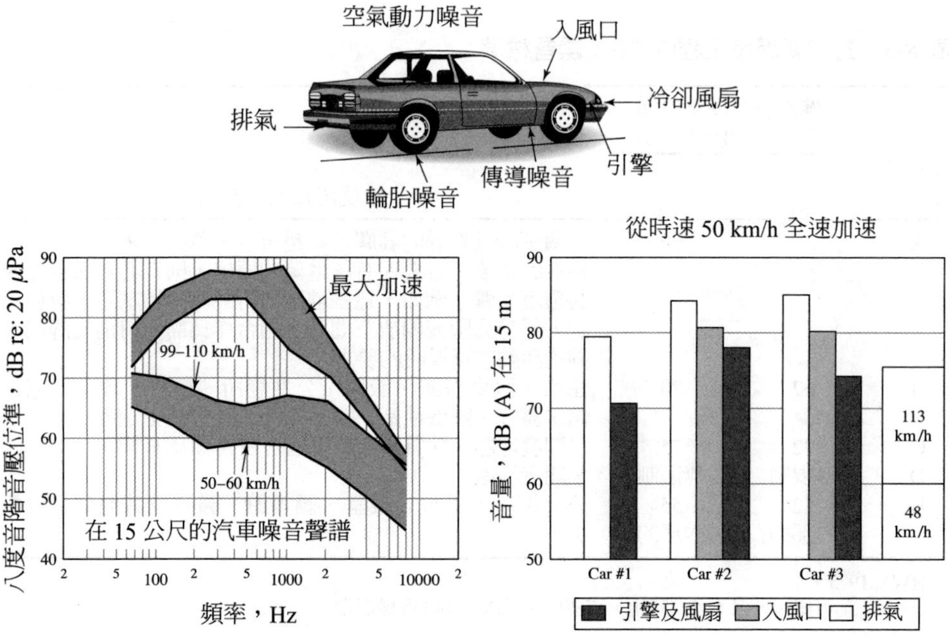


**圖 8-27**　典型的汽車噪音頻譜 (資料來源：U.S.EPA, 1971)。

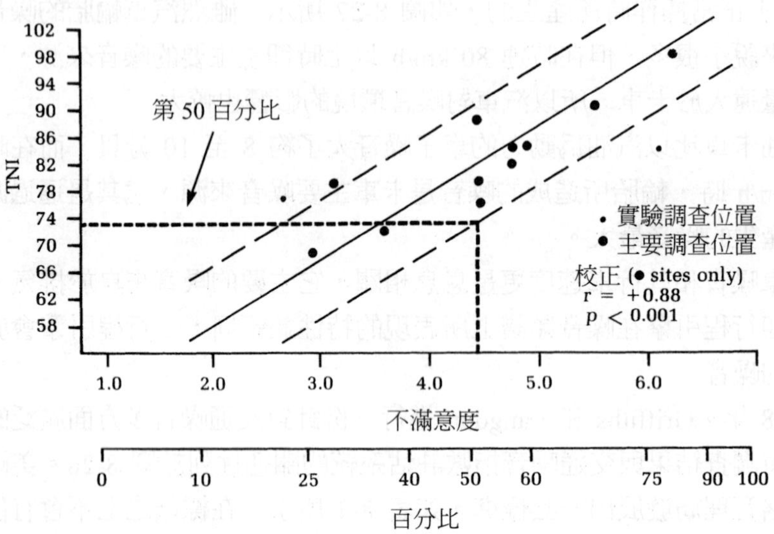


**圖 8-28** 以困擾度作爲交通噪音指數 (資料來源：Alexandre et al., 1975)。

**表 8-3 對於新開發工程的 FHA 噪音標準**[a]

| 土地使用類別 | 外部設計噪音位準 dBA[b] $L_{eq}$ | $L_{10}$ | 土地使用類別的敘述 |
|---|---|---|---|
| A | 57 | 60 | 一個平靜且安靜的廣闊地區是符合公眾的需求且其存在是格外的重要，若要保有該地區的原樣，則有必要保存原來的環境品質，例如，這些地區內可能有階梯劇場，特色公園，部份公園或開放空間等，適合作爲需要特別安靜或平靜的活動在舉辦時的要求。 |
| B | 67 | 70 | 住家、汽車旅館、飯店、公共場所、學校、教堂、圖書館、醫院、野餐地區、娛樂場所、運動場及公園。 |
| C | 72 | 75 | 已開發地區，性質及活動不包含在 A 類及 B 類。 |
| D | 無限制 | 無限制 | 未開發地區。 |
| E | 52 (內部的) | 55 (內部的) | 公共場所、學校、教堂、圖書館、醫院及其他公共建築中。 |

[a] FHWA, 1973。

[b] $L_{eq}$ 和 $L_{10}$ 都可使用，但不可同時用，這些值都是以一小時取樣而定。

**表 8-4　內燃機噪音特性摘要**

| 來源 | 加權噪音能量 (kw · h/d)[a] | 距離 15.2 m 時的加權噪音量 [dB(A)] | 八小時的曝露量 [db(A)][b] | | 正常的曝露時間 (h) |
|---|---|---|---|---|---|
| | | | 平均量 | 最大量 | |
| 割草機 | 63 | 74 | 74 | 82 | 1.5 |
| 牽引機 | 63 | 78 | N/A | N/A | N/A |
| 鏈鋸 | 40 | 82 | 85 | 95 | 1 |
| 除雪機 | 40 | 84 | 61 | 75 | 1 |
| 割草刀 | 16 | 78 | 67 | 75 | 0.5 |
| 模型飛機 | 12 | 78 | 70[c] | 79[c] | 0.25 |
| 吹葉機 | 3.2 | 76 | 67 | 75 | 0.25 |
| 發電機 | 0.8 | 71 | — | — | — |
| 耕耘機 | 0.4 | 70 | 72 | 80 | 1 |

[a] 根據每日操作的總量來估計
[b] 相對聽力損害風險評估當量
[c] 引擎修理操作期間
(資料來源：U.S. EPA, 1971)

## 其他內燃機

因為內燃機無所不在的特性及其引起大家的關注，列於表 8-4 的燃燒式引擎都有此種特點。一般而言，這些裝置對於都市地區平均住宅噪音位準的影響並不明顯，然而，在其他環境時內燃機所造成的噪音困擾仍是非常的大(U.S. EPA, 1971)。八小時的曝露位準列於表中，提供給設備人員參考。

## 建造工程噪音

十九類工程設備的聲音位準範圍列於圖 8-29，雖然被實例所限，資料卻還是有相當的精確程度。因機器與材料交互作用產生的噪音，通常貢獻了很大的聲音位準。

要將工程噪音所造成的困擾量化是很困難的事，以下歸納出兩點：

1. 在郊區建造一幢房子時，若在邊界線八小時的 $L_{eq}$ 值超過 70 dBA 則會有些許的抱怨產生。
2. 在平常郊區進行主要的挖掘及建造工程時，若邊界線八小時的 $L_{eq}$ 值超過 85 dBA 將會有合法的抗議活動發生。

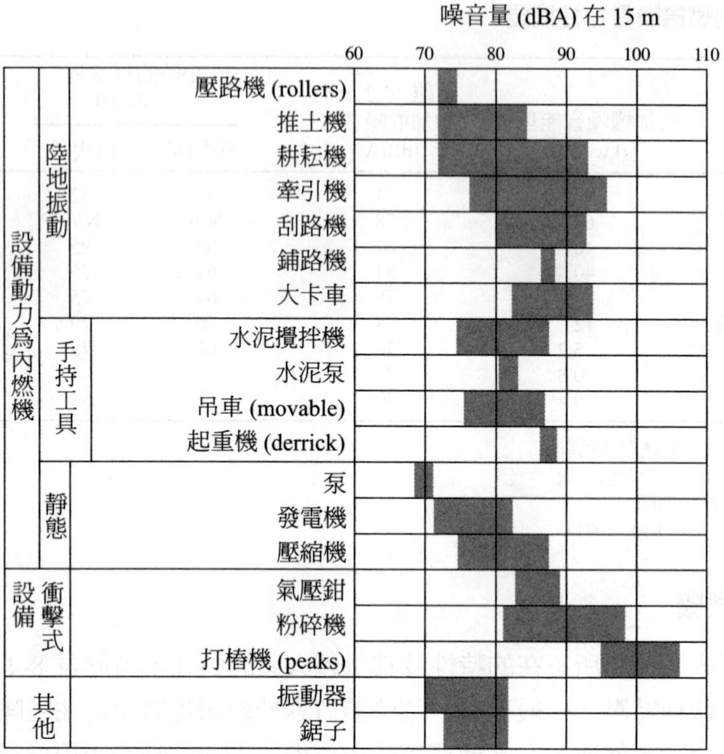


**圖 8-29** 不同工程設備的音量範圍 (*資料來源*：U.S. EPA, 1972)。

## 分區及位置的考量

美國住宅及都市發展局 (HUD) 訂立住宅區在建築新的工程時噪音曝露方面的指導規範，如表 8-5 所示。美國聯邦飛航管理局針對不同土地使用相容性的 $L_{dn}$，如表 8-6 所示。這些指導方針，表 8-3 針對交通噪音所制定的標準，若能在分區及位置上遵守則可以減少民眾的困擾及抱怨。

## 對於保護健康及財產的層面

根據美國國會的指示，美國環保署出版被視爲保護美國公民健康及財產所必須的噪音標準 (如表 8-7 所示)(U.S. EPA, 1974)。環保署主張不論在城市或鄉鎮都應有安靜的居家環境並避免活動干擾及噪音產生的困擾，且使整天曝露在高音量的聽力系統也有機會休息，而 $L_{dn}$ 值爲 45 時正是安全值的邊

**表 8-5　美國住宅及都市發展局 (HUD) 關於住宅建築工程的噪音評估基準**

| 一般外界曝露量 | 評　　估 |
|---|---|
| 每 24 小時內音量大於 89 dBA 的時間超過 60 分鐘 | 不能接受 |
| 每 24 小時內音量大於 75 dBA 的時間超過 8 小時 | |
| 每 24 小時內音量大於 65 dBA 的時間超過 8 小時 | 裁量自由：通常不被接受 |
| 定點重複著強烈的聲響 CNR | |
| 每 24 小時內音量小於 65 dBA 的時間超過 8 小時 | 裁量自由：通常會被接受 |
| 每 24 小時內音量小於 45 dBA 的時間超過 30 分鐘 | 可被接受 |

**表 8-6　美國聯邦飛航管理局土地使用相容性**[a]

| 土地使用類型 | 每年平均的外部 $L_{dn}$，dBA | 土地使用類型的描述 |
|---|---|---|
| 住宅 | < 65 | 住所學校 |
| 公共建築物 | < 65 | 醫院、療養院、教堂與禮堂[b] |
| 公共建築物 | 65 – 70 | 政府機關 |
| 商業區 | 65 – 70 | 辦公室、貿易、通訊設施[c] |
| 商業區 | 80 – 85 | 批發與零售設備、公用事業 |
| 生產製造區 | 60 – 75 | 攝影與光學 |
| 生產製造區 | 70 – 75 | 家畜養殖飼養 |
| 生產製造區 | 80 – 85 | 一般製造業 |
| 生產製造區 | > 85 | 農業、森林、礦業與漁業 |
| 娛樂場所 | < 65 | 戶外競技場 |
| 娛樂場所 | 65 – 70 | 自然生態與動物園 |
| 娛樂場所 | 65 – 70 | 高爾夫球場、騎馬場 |
| 娛樂場所 | 70 – 75 | 戶外運動廣場 |
| 娛樂場所 | > 85 | 休閒公園 |

[a] 取材自 FAA Advisory Circular AC150/5020-1.
[b] 若在室內減少 25 dB，$L_{dn}$ 爲 65 到 70 之間；若減少 30dB，$L_{dn}$ 爲 70 到 75 之間
[c] 若在室內減少 25 dB，$L_{dn}$ 爲 70 到 75 之間；若減少 30dB，$L_{dn}$ 爲 75 到 80 之間

緣。

# ▲ 8-5　戶外聲音的傳導

## 逆平方定律

一個直徑爲 $\delta$ 的圓球以均勻的徑向膨脹及收縮方式震動，則球的表面會發散出聲波，若將球放在一個不會將聲波反射回聲源的地方，且 $\kappa\delta$ 遠小於 1

表 8-7　年度能量平均 $L_{eq}$ 值 (以適當的安全邊際保護公衆健康及幸福)

| | 測量 | 室內 | | 保護並避免此兩種效應 (*b*) | 室外 | | 保護並避免此兩種效應 (*b*) |
|---|---|---|---|---|---|---|---|
| | | 干擾活動 | 考量聽力喪失 | | 干擾活動 | 考量聽力喪失 | |
| 居住在農地附近或有戶外的空間 | $L_{dn}$<br>$L_{eq(24)}$ | 45 | <br>70 | 45 | 55 | <br>70 | 55 |
| 居住在沒有戶外的空間 | $L_{dn}$<br>$L_{eq(24)}$ | 45 | <br>70 | 45 | | | |
| 商業區 | $L_{eq(24)}$ | (*a*) | 70 | 70(*c*) | (*a*) | 70 | 70(*c*) |
| 交通工具內部 | $L_{eq(24)}$ | (*a*) | 70 | (*a*) | | | |
| 工業區 | $L_{eq(24)(d)}$ | (*a*) | 70 | 70(*c*) | (*a*) | 70 | 70(*c*) |
| 醫院 | $L_{dn}$<br>$L_{eq(24)}$ | 45 | <br>70 | 45 | 55 | <br>70 | 55 |
| 教學場所 | $L_{eq(24)}$<br>$L_{eq(24)(d)}$ | 45 | <br>70 | 45 | 55 | <br>70 | 55 |
| 娛樂場所 | $L_{eq(24)}$ | (*a*) | 70 | 70(*c*) | (*a*) | 70 | 70(*c*) |
| 田地及一般不受歡迎的地區 | $L_{eq(24)}$ | | | | (*a*) | 70 | 70(*c*) |

*Code:*
(*a*) 因爲不同的活動會牽涉到不同的標準，因此鑑定最大的活動干擾可能很困難，但除了吹毛求疵以外
(*b*) 根據最低的標準
(*c*) 只依據聽力的損失
(*d*) 一個 75 dB 的 $L_{eq(8)}$ 被鑑定或當每日持續曝露 16 小時以上且相對於 24 小時平均值低到可忽略時就不會比 60 dB 的 $L_{eq}$ 值大

*Note:* Explanation of identified level for hearing loss: The exposure period that results in hearing loss at the identified level is a period of 40 years.
資料來源：U.S.EPA, 1974.

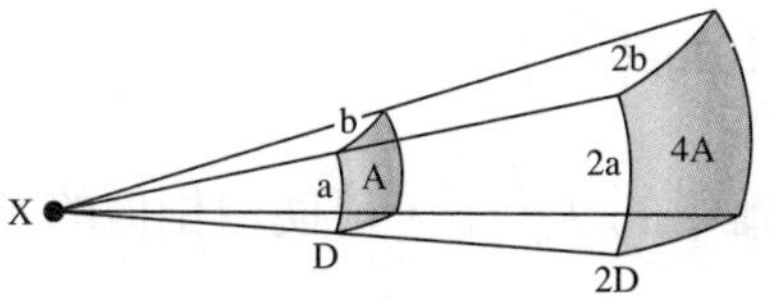


**圖 8-30**　逆平方定律的說明。

($\kappa$ 是波數)，則聲音強度在徑向的強度與球距離的平方成反比*:

$$I = \frac{W}{4\pi r^2} \tag{8-18}$$

式中　$I$ ＝聲音強度，watts/m$^2$
　　$W$ ＝音源的聲音功率，watts

以上就是**逆平方定律**，此定律解釋了部份的聲強度隨距離衰減是因爲波發散(如圖 8-30 所示)。若是線性音源，如公路或鐵路，則聲音強度會與距離 $r$ 成反比而非 $r^2$。若我們測量聲音功率位準 ($L_w$，re：$10^{-12}$ W)而不是聲音功率($W$)時，可把式 8-18 改寫成聲音壓力位準†：

$$L_P \cong L_w - 20 \log r - 11 \tag{8-19}$$

式中　$L_p$ ＝聲音壓力位準，dB re：20 $\mu$Pa
　　$L_w$ ＝聲音功率位準，dB re：$10^{-12}$ W
　　$r$ ＝音源和接受體間的距離，m
　　$20 \log r$ ＝分貝轉換等於 $10 \log r^2$
　　11 ＝分貝轉換近似於 $[10 \log (4\pi) = 10.99]$

符號 (~) 意指"接近"，由以上的假設得來。$L_w$ 應在所有我們想得到的頻率範圍內都被計算出來。

若實際上無法測量其聲源的強度，在這些狀況下，則可測量特定距離下的聲音壓力位準，用逆平方定律或輻射依賴關係去計算聲音壓力位準。舉例來說，使用逆平方定律公式，若在已知距離 $r_1$ 的聲音壓力音準爲 $L_{p1}$，則距音源 $r_2$ 的聲音壓力位準 $L_{p2}$ 可得：

* $\kappa = 2\pi/\lambda$，其中 $\lambda$ ＝波長，$\kappa$ ＝單位爲長度的倒數，m$^{-1}$。
† 由式 8-4，8-5，8-9，8-10，及 8-11，以及假設 $\rho c = 400$ kg/m$^2 \cdot$ s 可以證明得到。

$$L_{p2} = L_{p1} - 10\log\left(\frac{r_2}{r_1}\right)^2 \tag{8-20}$$

若音源為線性來源，在已知 $r_1$ 距離下的 $L_{p1}$ 下，可使用相似的方程式來求得 $r_2$ 距離時的 $L_{p2}$：

$$L_{p2} = L_{p1} - 10\log\left(\frac{r_2}{r_1}\right) \tag{8-21}$$

## 音源的輻射場

音波由噪音源發散出去的特性會隨和音源距離的不同而改變 (如圖 8-31 所示)，在靠近音源的位置，也就是**近場** (near field)，微粒速度和聲音壓力並不同相，在這區域內 $L_p$ 隨距離變動且不遵守逆平方定律，當微粒速度和聲音壓力同相時，測量聲音的位置稱做**遠場** (far field)。若音源處在自由空間 (free space)，沒有任何反射面則在遠場中的測量也叫**自由場測量** (free field measurements)。若聲源處在較高的反射面時，例如：一間牆壁、天花板和地板都是鐵板的房間，則在遠場中測量也叫作**回聲場測量** (reverberant field measurement)。在圖 8-31 中遠場的陰影部份顯示 $L_p$ 並不遵守回聲場中的逆平方定律。

## 方向性

大部份真實的音源並非均勻地向所有方向發散聲音。若要從固定距離測量一真實音源在某頻率波段下的聲音壓力位準會發現在不同的方向有不同的

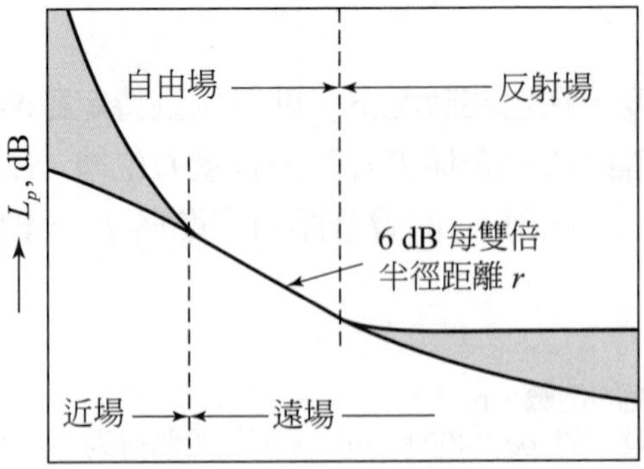


**圖 8-31** 圍繞在一噪音源不同半徑 $r$ 範圍內的音壓位準變化 (資料來源：Beranek, 1971)。

位準，若用極座標將聲音壓力位準資料繪圖可得到一音源的方向性模型。

**方向性因子** (directivity factor) 爲音源的方向性數值測量，對數型式的方向性因子稱作**方向性指數** (directivity index)。以一個圓球形音源而言，定義爲：

$$DI_{\theta} = L_{p\theta} - L_{ps} \tag{8-22}$$

式中 $L_{p\theta}$ ＝一定向音源以角度爲零度及距離爲 $r'$ 時發散功率爲 $W$ 並進入一無回音 (anechoic) 空間所測得的聲音壓力位準，dB

$L_{ps}$ ＝一非定向音源在距離爲 $r'$ 時發散功率爲 $W$ 並進入一無回音空間所測得的聲音壓力位準，*dB

對於一個位於或接近堅硬平坦的表面，方向性指數以下列方式表示：

$$DI_{\theta} = L_{p\theta} - L_{ps} + 3 \tag{8-23}$$

式中加上 3 dB 是因爲以半球取代圓球進行測量。若在半徑爲 $r$ 時的音源發散到半圓球而非理想圓球時，則同一點的強度將爲 2 倍。每一個方向性指數只適合用在 $L_{p\theta}$ 所測量時的角度及測量時的頻率。

當假設方向性模型並未改變其形狀，也忽略和音源間的距離，如此可將逆平方定律應用到方向性音源，並藉由加入方向性指數間簡化成：

$$L_{p\theta} \cong L_w + DI_{\theta} - 20 \log r - 11 \tag{8-24}$$

值得注意的是不可能藉由在式 8-22 的相似性來縮減上式，上式中在距離爲 $r$ 時的 $L_{p\theta}$ 值和式 8-22 中的 $r'$ 不同。

與環境相關常被衍生的情況如圖 8-32a，這些情況下通常爲穩定的，因此適合一些其他的測量。可成爲限制預測噪音的空氣傳播標準慣例，特定條件有 (ISO, 1989, 1990)：

**1.** 風向與聲音來源中心及特定區域中心的夾角在 45 度以內，風從音源吹向接收者。

**2.** 風速約在 1 到 5 m/s 之間且量測高度在 3-11 m 之間。

**3.** 任何鄰近水平距離的類似情況可衍生在高度發展的逆向地面情況。

---

* This is the same source as the directive source, but acting in the ideal fashion that we assumed in developing the inverse square law.

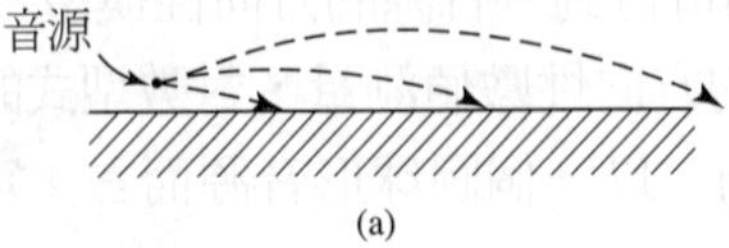


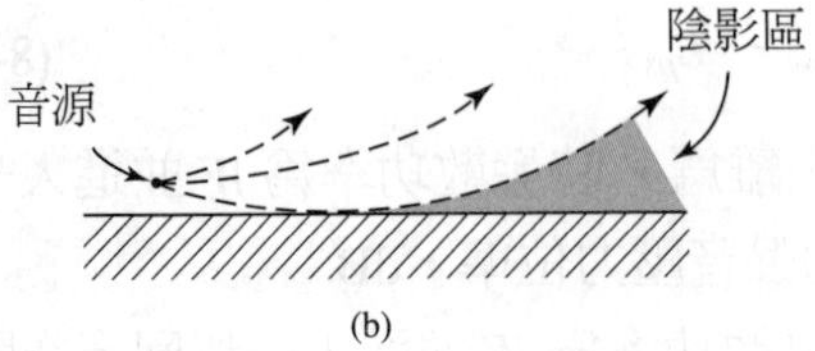


**圖 8-32** 聲音的折射 (a) 當衍生的情況為順風的或在溫度逆升的情況下 (b) 當情況為逆風或溫度下降情況。(資料來源：Piercy and Daigle, 1991)。

## 空氣的傳播

**大氣條件的效應** 聲音能量的吸收是在安靜且等方性的空氣中藉由分子激發、氧分子的鬆弛及在很低的溫度下空氣的熱傳導及黏性所造成的。分子激發是噪音頻率、濕度及溫度的複雜函數，一般而言，濕度下降則聲音的吸收增加，當溫度上升約 10 至 20℃，依據不同的噪音頻率，聲音的吸收會增加，超過 25℃ 則下降，而較高的頻率則聲音的吸收會較高。

垂直的溫度分佈對聲音傳播路徑的改變有很大的影響，若有超絕熱減率存在時則聲音的線波段會上移並形成聲音陰影區 (圖 8-32b)，如果有逆轉則聲音線將折回地面 (圖 8-32a)，如此會導致音量上升，此一效應在短距離內可忽略，但在距離超過 800 公尺時則音量會超過 20 dB。

在一相似的形式中，風速梯度改變噪音傳播的方式。聲音隨風會彎曲向下行進，當聲音逆著風向則會向上行進，當音波向下彎曲行進時音量增加不大，但音波向上彎曲行進時音量會顯著地降低。

**基本點音源模式** 點音源的 $\kappa\delta$ 遠小於 1 (式 8-18)，且根據 Magrab 所述 (1975)：

> 實際上大多數的噪音音源不能視為簡單的點音源，然而在以下兩種情形時，複雜的音源聲場將被視為點音源，(1) $r/\delta >>1$，即到音源的距離相對於本身特性體積而言非常的大。或 (2) $\delta/\lambda << r/\delta$，即音源尺寸相對於在媒介中聲波波長的比率小於從音源到本身特性體積的比率。回想第一個條件 $r/\delta >>1$，當 $r/\delta > 3$ 時的值相當接近，因此 $\delta\lambda << 3$。

基本點音源方程式為：

$$L_p \cong L_w - 20\log r - 11 - A_e \qquad \textbf{(8-25)}$$

此時，$L_p$ ＝距離音源 $r$ 及角度為 $\theta$ 所需的 SPL，dB

$L_w$ ＝角度 $\theta$ 時測量到的 SPL，dB

$A_e$ ＝距離 $r$ 的衰減，dB

除去最後一項 ($A_e$) 後則是修正後的逆平方定律 (式 8-18 及 8-19)，$A_e$ 項是音波發散時的過剩稀釋因子，其肇因於環境條件且單位為 dB。

而 $A_e$ 又可細分為五項：

$A_{e1}$＝藉由空氣吸收而造成的衰減，dB

$A_{e2}$＝藉由地表而造成的衰減，dB

$A_{e3}$＝藉由障礙物而造成的衰減，dB

$A_{e4}$＝藉由草皮、灌木及樹木而造成的衰減，dB

$A_{e5}$＝藉由房屋而造成的衰減，dB

由於本書為初步介紹，在之後的討論裡將限制 $A_e$ 發生在前兩項。另外，在距離大於 100 m 的例子，才考慮藉由地表而造成的衰減。若想更清楚了解其他案例細部的調查可參考 Piercy and Daigle (1991)。

因空氣吸收而造成的衰減為 (Piercy and Daigle, 1991)：

$$A_{e1} = \frac{\alpha d}{1000\ \text{m/km}} \qquad \textbf{(8-26)}$$

式中　$\alpha$＝空氣衰減係數，dB/km，

$d$＝距離，m

空氣衰減係數 $\alpha$ 為溫度與濕度的函數，列於表 8-8。

由音源發生的聲音在一可反射的地表面上有兩種路徑抵達接收者 R (圖 8-33)，路徑 $r_d$ 為直接的射線，路徑 $r_r$ 為聲音從表面的反射。$A_{e2}$ 衰減為直接路徑與反射路徑的干涉，依照不同的地表類型、不同的進入角、路徑長度的差異 ($r_r-r_d$) 與聲音的頻率有關。地表面可分類如下：

• 硬：柏油或混凝土鋪面、水面、與所有低孔隙率的表面。

**表 8-8 開放氣流中的空氣衰減係數, dB/km, 在周遭氣壓為 101.3 kPa (海平面標準一大氣壓下) 的衍生情況**

| | | 頻率,Hz | | | | | |
|---|---|---|---|---|---|---|---|
| 溫度 | 相對濕度, % | 125 | 250 | 500 | 1,000 | 2,000 | 4,000 |
| 30°C | 10 | 0.96 | 1.8 | 3.4 | 8.7 | 29 | 96 |
| | 20 | 0.73 | 1.9 | 3.4 | 6.0 | 15 | 47 |
| | 30 | 0.54 | 1.7 | 3.7 | 6.2 | 12 | 33 |
| | 50 | 0.35 | 1.3 | 3.6 | 7.0 | 12 | 25 |
| | 70 | 0.26 | 0.96 | 3.1 | 7.4 | 13 | 23 |
| | 90 | 0.20 | 0.78 | 2.7 | 7.3 | 14 | 24 |
| 20°C | 10 | 0.78 | 1.6 | 4.3 | 14 | 45 | 109 |
| | 20 | 0.71 | 1.4 | 2.6 | 6.5 | 22 | 74 |
| | 30 | 0.62 | 1.4 | 2.5 | 5.0 | 14 | 49 |
| | 50 | 0.45 | 1.3 | 2.7 | 4.7 | 9.9 | 29 |
| | 70 | 0.34 | 1.1 | 2.8 | 5.0 | 9.0 | 23 |
| | 90 | 0.27 | 0.97 | 2.7 | 5.3 | 9.1 | 20 |
| 10°C | 10 | 0.79 | 2.3 | 7.5 | 22 | 42 | 57 |
| | 20 | 0.58 | 1.2 | 3.3 | 11 | 36 | 92 |
| | 30 | 0.55 | 1.1 | 2.3 | 6.8 | 24 | 77 |
| | 50 | 0.49 | 1.1 | 1.9 | 4.3 | 13 | 47 |
| | 70 | 0.41 | 1.0 | 1.9 | 3.7 | 9.7 | 33 |
| | 90 | 0.35 | 1.0 | 2.0 | 3.5 | 8.1 | 26 |
| 0°C | 10 | 1.3 | 4.0 | 9.3 | 14 | 17 | 19 |
| | 20 | 0.61 | 1.9 | 6.2 | 18 | 35 | 47 |
| | 30 | 0.47 | 1.2 | 3.7 | 13 | 36 | 69 |
| | 50 | 0.41 | 0.82 | 2.1 | 6.8 | 24 | 71 |
| | 70 | 0.39 | 0.76 | 1.6 | 4.6 | 16 | 56 |
| | 90 | 0.38 | 0.76 | 1.5 | 3.7 | 12 | 43 |

資料來源：ISO, 1990.

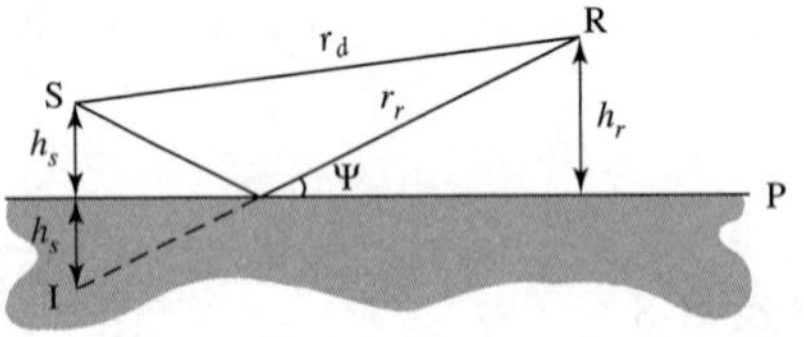


**圖 8-33** 從音源 S 到接受者 R 的路徑。直接射線爲 $r_d$，且射線經由 P 平面反射 (由想像的音源 I 得來)爲 $r_r$。(資料來源：Piercy and Daigle, 1991)。

- 軟：有綠色植物覆蓋的地表與所有適合植物生長的地表。
- 混合：同時兼具以上兩種情況者。

非常軟的地面如雪地的情況並不在考慮之中。

如上所述，在長程距離下( > 100 m)，地表造成的衰減 ($A_{e2}$) 會根據大氣情況來計算；距離小於 100 m 的情況下，利用下列方法得到的結果會與短距離技術有些微的差異 (Piercy and Daigle, 1991)。

圖 8-34 用來定義計算 $A_{e2}$ 中的區域與式項，每一區域為根據下列條件判斷出的**地表係數**：

1. **音源區** ($A_s$) 為從來源 S 朝向接收者 R $30h_s$ 的距離，其最大距離為 $r$。
2. **接收區** ($A_r$) 為從接收者 R 朝向音源 S $30h_r$ 的距離，其最大值為 $r$。
3. **中間區** ($A_m$) 為介於音源與接收者之間，若 $r < 30(h_s+h_r)$，則音源與接收區將會重疊，沒有中間區域。

每一區的地表係數 $G$ 依其地表特性判斷：

- 硬地：$G=0$
- 軟地：$G=1$
- 混合地：$G$ 等於軟地占全部的比例 [舉例來說，若軟地有 25%，則 $G=(0.25)(1)=0.25$]

各區域之八音階頻帶的地表衰減由表 8-9 來計算，在表中，中間區的 $e$ 值可用下列方程式計算：

$$e = 1 - \left[\frac{30(h_s + h_r)}{r}\right] \quad \textbf{(8-27)}$$

總地表衰減則為

$$A_{e2} = A_s + A_r + A_m \quad \textbf{(8-28)}$$

完整的分析需考慮到各相關的八音階頻帶。

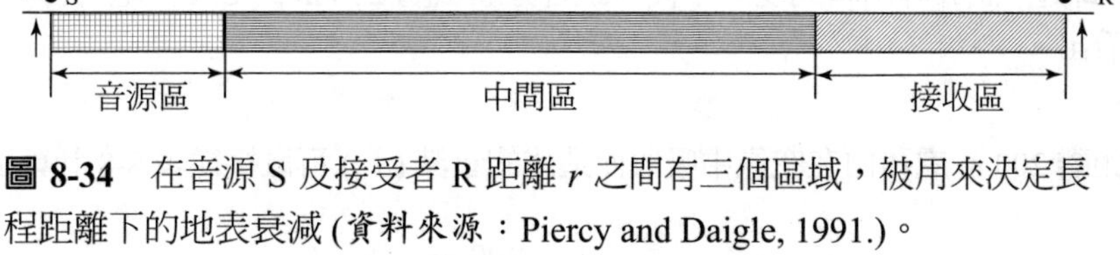


**圖 8-34**　在音源 S 及接受者 R 距離 $r$ 之間有三個區域，被用來決定長程距離下的地表衰減 (資料來源：Piercy and Daigle, 1991.)。

**表 8-9　長距離下計算八音階頻帶地表衰減 ($A_{ground}$) 的表示，dB**

| 八音階頻率, Hz | $A_s$ 或 $A_r$, dB | $A_m$, dB |
|---|---|---|
| 63 | −1.5 | $-3e$ |
| 125 | (a · G) − 1.5 | $-3e(1-G)$ |
| 250 | (b · G) − 1.5 | $-3e(1-G)$ |
| 500 | (c · G) − 1.5 | $-3e(1-G)$ |
| 1,000 | (d · G) − 1.5 | $-3e(1-G)$ |
| 2,000 | (1 − G) − 1.5 | $-3e(1-G)$ |
| 4,000 | (1 − G) − 1.5 | $-3e(1-G)$ |
| 8,000 | (1 − G) − 1.5 | $-3e(1-G)$ |

| | 音源或接受者高度, m | | | | |
|---|---|---|---|---|---|
| 距離, m | 0.5 | 1.5 | 3.0 | 6.0 | >10.0 |
| | 因素 a | | | | |
| 50 | 1.7 | 2.0 | 2.7 | 3.2 | 1.6 |
| 100 | 1.9 | 2.2 | 3.2 | 3.8 | 1.6 |
| 200 | 2.3 | 2.7 | 3.6 | 4.1 | 1.6 |
| 500 | 4.6 | 4.5 | 4.6 | 4.3 | 1.6 |
| >1,000 | 7.0 | 6.6 | 5.7 | 4.4 | 1.7 |
| | 因素 b | | | | |
| 50 | 6.8 | 5.9 | 3.9 | 1.7 | 1.5 |
| 100 | 8.8 | 7.6 | 4.8 | 1.8 | 1.5 |
| >200 | 9.8 | 8.4 | 5.3 | 1.8 | 1.5 |
| | 因素 c | | | | |
| 50 | 9.4 | 4.6 | 1.6 | 1.5 | 1.5 |
| 100 | 12.3 | 5.8 | 1.7 | 1.5 | 1.5 |
| >200 | 13.8 | 6.5 | 1.7 | 1.5 | 1.5 |
| | 因素 d | | | | |
| 50 | 4.0 | 1.9 | 1.5 | 1.5 | 1.5 |
| >100 | 5.0 | 2.1 | 1.5 | 1.5 | 1.5 |

(資料來源：ISO, 1989.)

**例題 8-7**　壓縮機在 1,000 Hz 下的聲音強度位準 ($10^{-12}$W) 為 124.5 dB，若風速 5 m/s，溫度 20°C，相對濕度 50%，氣壓在 101.325 kPa 條件下，壓縮機與接受器皆在 1.2 m 高處，試計算出晴朗夏天午後，距音源順風處 200 m 的 SPL。地表特性可從示意圖看出。

**解**：距離 200 m 處藉由在空氣中吸收而造成的衰減 ($A_{e1}$) 可直接從表 8-8 計算出：

$$A_{e1} = (4.7\ \text{dB/km})\left(\frac{200\ \text{m}}{1{,}000\ \text{m/km}}\right) = 0.94\ \text{dB}$$

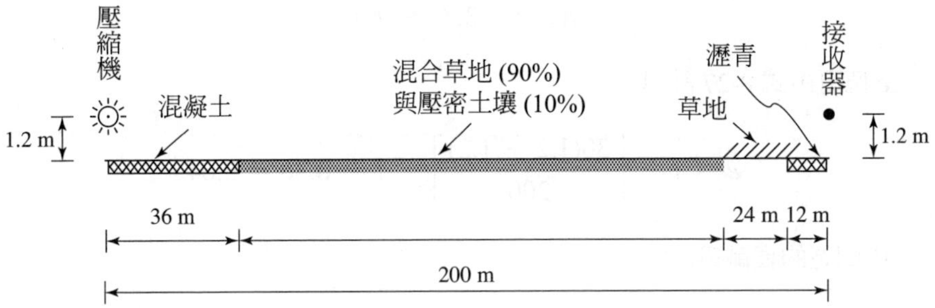


從下列三步驟計算地表衰減。

**1.** 音源衰減區的距離

$$30h_s = (30)(1.2 \text{ m}) = 36 \text{ m}$$

從示意圖可看出音源區爲 100% 硬地所以 $G=0$。根據表 8-9，1,000 Hz 下音源區的方程式爲

$$A_s = [(d)(\text{G})] - 1.5$$

表 8-9 中，距離 > 100 m且音源高度 1.5 m，選擇 $d=2.1$，則地表衰減爲：

$$A_s = [(2.1)(0)] - 1.5 = -1.5 \text{ dB}$$

(注意到我們沒有更改高度值因其乘積明顯會等於零。)

**2.** 接收區的距離有

$$30h_r = (30)(1.2 \text{ m}) = 36 \text{ m}$$

從示意圖可看出接收區有 12 m 長的硬地，24 m 的軟地，軟地的比例爲 12/36 ＝0.33，"軟地" 的 $G$ 值爲 1，根據表 8-9，1,000 Hz 接收區的方程式爲

$$A_r = [(d)(G)] - 1.5$$

$d$ 值與音源區的 $d$ 值相同，$G$ 值必須乘以軟地所占的比例，則接收區的衰減爲

$$A_r = [(2.97)(0.33)(1.0)] - 1.5 = 0.98 - 1.5 = -0.52 \text{ dB}$$

(注意到在此例中，我們確實更改接收器的高度值，而得到因素 $d$ 值 2.97。)

**3.** 中間區域有 90% 爲草地覆蓋，所以 $G=(0.90)(1.0)=0.90$，由表 8-9，中間區地表衰減爲

$$A_m = -3e(1 - G)$$

$e$ 值可由式 8-27 計算：

$$e = 1 - \left[\frac{30(1.2 + 1.2)}{200}\right] = 1 - 0.36 = 0.64$$

中間區的衰減為

$$A_m = -3(0.64)(1 - 0.90) = -0.19 \text{ dB}$$

**4.** 總地表衰減為

$$A_{e2} = -1.5 - 0.52 - 0.19 = -2.21 \text{ dB}$$

注意到此地表衰減為負的，所以，地表反射實際上會增加 SPL。

用基本點音源模式 (式 8-25) 可算出接收器的 SPL：

$$L_p = 124.5 - 20 \log (200) - 11 - 0.94 - (-2.21)$$
$$= 124.5 - 46 - 11 - 0.94 + 2.21 = 68.77$$ 或 69 dB 在 1,000 Hz 時。

## 8-6 交通噪音預測

### 國家協力公路研究計畫 174

國家協力公路研究計畫已發展一系列文件 (NCHRP 117，NCHRP 114 及 NCHRP 174)，可提供在高速公路上對噪音的預測及控制在設計上的指導 (Kugler et al., 1976)。這些文件因為簡單且在預測噪音的精確度相當高，所以被廣泛的使用。NCHRP 174 程序是這一系列的最後版本。它包含一個四階段的高速公路噪音預測及控制程序。在此以較簡短的方法，就是只侷限在第一步的預測。聯邦高速公路管理局 (FHWA) 也發展出一套取代 NCHRP 174 人工技術的電腦模型。在 2004 年時 FHWA 出了版本 2.5 之交通噪音模式——TNM，版本。*

*TNM 2.5.

這個“簡短的方法”目的是爲了獲得快速且顯著的音量預測 (但通常會過量預測)，因爲預測高速公路的眞實噪音相當複雜，在很多例子中要獲得高速公路在垂直及水平的全部噪音訊息前，會先取得一理想狀況下較粗略的數據。通常第一步就是先將對噪音音量不構成影響的部份先除去。如此便可簡化下一步的估算。

此一“簡短的方法”可透過使用**圖解**及一些交通或公路的相關參數加以迅速地實成預測。*根據該項設計，需要非常多假設，所以並不適合作爲最終工具。

第二個步驟 (完整的方法) 利用電腦程式將第一步驟的預測結果加以修正。第三步驟則是在噪音控制設計上的選擇。第四步驟是重複進行第二步驟並確認其設計上的解答。在接下來的段落將再使用 NCHRP 174 中的“簡短方法”並將其修正爲 SI 制。

**方法論** 圖 8-35 爲“簡短方法”在使用方法上的流程圖。這個方法是假設公路能被一個含有固定交通參數及道路特性的無限元素所近似。

最初的步驟是將眞實公路的結構定義成近似一條無限長的直線。而上坡、下坡路段及十字路口在本分析方法中略去。

在選擇近似公路時下列的參數必須先加以計算或估計：(a) 包含車速，車輛體積等交通參數。(b) 相對於在公路受體位置上的音聲傳播特性。(c) 任何在公路上的遮蔽參數 (只考慮馬路右邊的障礙物)。

這些參數使用在二個作用上。第一個是在各種高音源下由 $L_{10}$ 圖解中結合交通及傳播參數在觀察者位置決定未遮蔽 $L_{10}$ 的量。

最後結果和規範量 $L_c$ 比較，由觀察者如表 8-3 定義出“沒問題”或“有潛在問題”的情形，若確定有潛在問題，所質疑的觀察位置應使用“完全方法”再評估一次。

**程序** 以簡短方法計算而得的噪音量須按步進行計算。除了圖解，使用噪音預測工作表在最終步驟輔助使用也是另一種方法。在附錄 B 有空白的工作表及放大尺寸的圖解。

*A nomograph is a graph that provides the solution to an equation or series of equations containing three or more variables (see Figure 8-39).

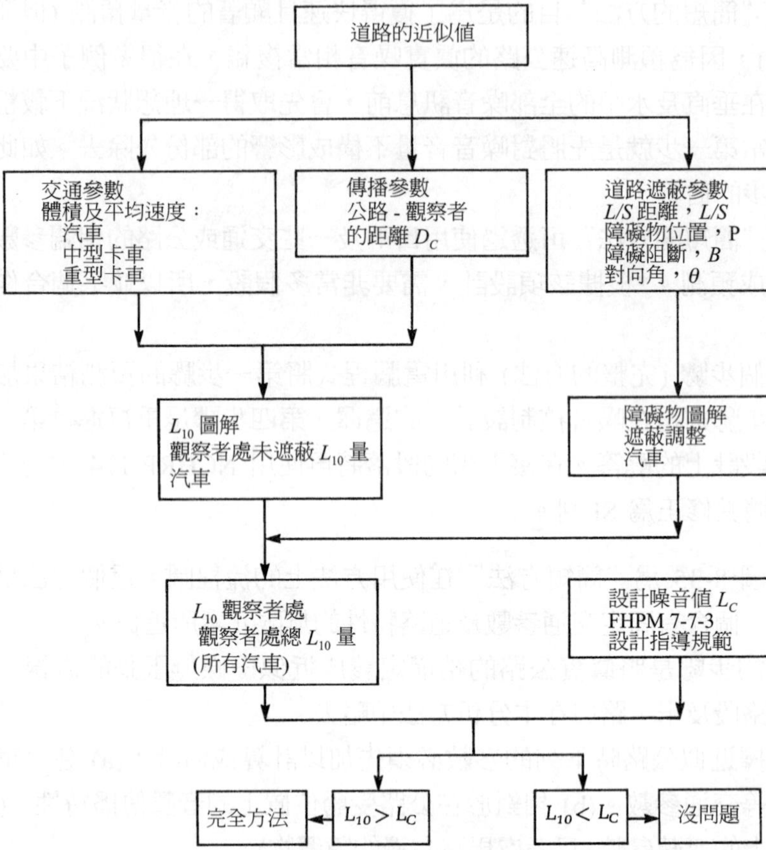


**圖 8-35** 利用 NCHRP 174 方法由交通估計 $L_{10}$ 的方法流程圖 (資料來源：Kugler et al., 1976)。

**1.** 觀察者確認：在一個適合尺寸的路線圖上確認所有需要進行分析的觀察者位置。

**2.** 道路近似：利用無限長的直線來近似公路。程序如下：決定並測量公路中線到觀察者間的直線距離 $D_c$，如圖 8-36a。填入圖 8-37，噪音預測工作表的第 4 行，要注意無限公路近似法將自動假設一條線到中線的距離爲 $D_C$，故不需因計算的理由而在路線圖上畫出此一條線。在圖 8-36b 爲此一假設的舉例說明。須注意每一個不同的觀察者位置會有不同的公路近似結果，而噪音預測表 (NPWS) 也允許在每列開頭輸入不同觀察者位置時，計

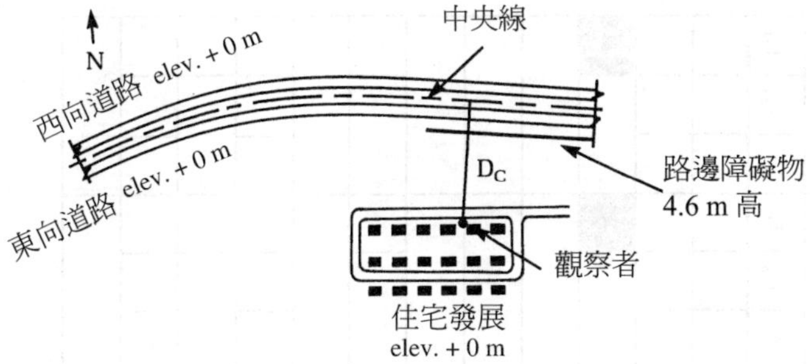


(a) 路線圖顯示出觀察者到公路中央線的距離，$D_c$

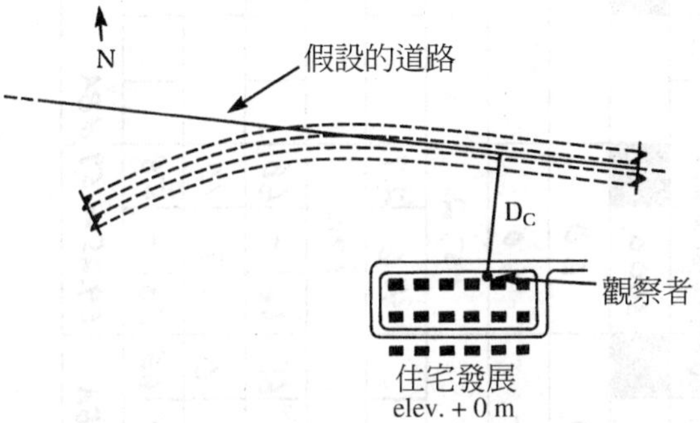


(b) 假設的公路排列模型

**圖 8-36**　(a) 公路及 (b) 公路近似 (資料來源：Kugler et al., 1976)。

算六個不同的觀察者位置。同樣地 NPWS 也可計算同一個觀察者位置下，六種不同的交通狀況。

**3.** 交通參數：利用在最靠近觀察者公路點的交通參數來決定交通工具的操作條件(若這些參數隨公路而變化)。程序如下：

**a.** 決定汽車體積 (vph) 及平均速度 (km/h)，填入汽車 (A) 的第 1、2 行。

**b.** 決定中型卡車體積 (vph) 及平均速度 (km/h)，再填入中型卡車 ($T_M$) 的第 1、2 行。

**c.** 決定重型卡車體積 (vph) 及平均速度 (km/h)，再填入重型卡車 ($T_H$) 的第 1、2 行。

**d.** 若汽車和中型卡車的速度一樣，將中型卡車的體積乘上 10，並加到汽車

計畫 BRISTOL HWY.　　日期 13 AUG. 1980　　工程師 I. THOMPSON

| 步驟 | | | Ex. 9-10a | | | Ex. 9-10b | | | | | | | | | | | | | | |
|---|---|---|---|---|---|---|---|---|---|---|---|---|---|---|---|---|---|---|---|---|
| | | | A | $T_M$ | $T_H$ | A | $T_M$ | $T_H$ | A | $T_M$ | $T_H$ | A | $T_M$ | $T_H$ | A | $T_M$ | $T_H$ | A | $T_M$ | $T_H$ |
| 1 | 交通 | 汽車體積，V(Vph) | 2000 | 100 | 100 | 2000 | 100 | 100 | | | | | | | | | | | | |
| 2 | | 汽車平均速度，S(km/h) | 80.5 | 80.5 | 80.5 | 80.5 | 80.5 | 80.5 | | | | | | | | | | | | |
| 3 | | 結合汽車體積*，$V_C$(Vph) | 3000 | | | 3000 | | | | | | | | | | | | | | |
| 4 | 傳播 | 觀察者與公路距離，$D_C$(m) | 60 | | | 60 | | | | | | | | | | | | | | |
| 5 | 遮蔽 | 視線距離，L/S(m) | — | | | 60 | | | | | | | | | | | | | | |
| 6 | | 障礙物位置距離，P(m) | — | | | 15.2 | | | | | | | | | | | | | | |
| 7 | | 障礙物阻斷，B(m) | — | | | 4.6 | | 2.7 | | | | | | | | | | | | |
| 8 | | 對向角，θ(deg) | | | | 170 | | | | | | | | | | | | | | |
| 9 | 預測 | 未遮蔽 $L_{10}$ 值，(dBA) | 66 | - | 68 | 66 | - | 68 | | | | | | | | | | | | |
| 10 | | 遮蔽調整，(dBA) | 0 | | 0 | 13 | | 10 | | | | | | | | | | | | |
| 11 | | 觀察者的 $L_{10}$ 值 (汽車) | 66 | - | 68 | 53 | - | 58 | | | | | | | | | | | | |
| 12 | | 觀察者的 $L_{10}$ 值 (全部) | 70 dBA | | | 59.25 or 59 dBA | | | | | | | | | | | | | | |

編號：

A＝汽車，$T_M$＝中型卡車，$T_H$＝重型卡車

* 應用在汽車和中型卡車的平均速度相等時，$V_C = V_A + (10)V_{T_M}$

** 若結合汽車和中型卡車的體積 $V_C$，只能使用 $L_{10}$ 圖解預測

(資料來源：Kugler et al., 1976)

圖 8-37　噪音預測工作表。

的體積上。把合在一起的體積 $V_c$ 填到 NPWS 的第 3 行。若將汽車及中型卡車的體積加在一起，在後來的操作上將二輛車考慮為同一個音源。若中型卡車的速度和汽車不一樣，則體積上就不能合併，但體積仍可乘上 10 倍來決定 $L_{10}$，理由列於頁末註腳。*

**4.** 公路遮蔽參數：若最靠近公路交叉段的觀察點不是處在斜坡或路邊出現障礙物，就必須決定公路遮蔽參數；若地處斜坡或路邊障礙小於高度 1.5 公尺，則可忽略。程序如下所示：決定障礙參數，並將其填入 NPWS 的第 5 到 8 行，且利用圖 8-38 來定義這些參數。必須被測出的參數有 (a) 視線距

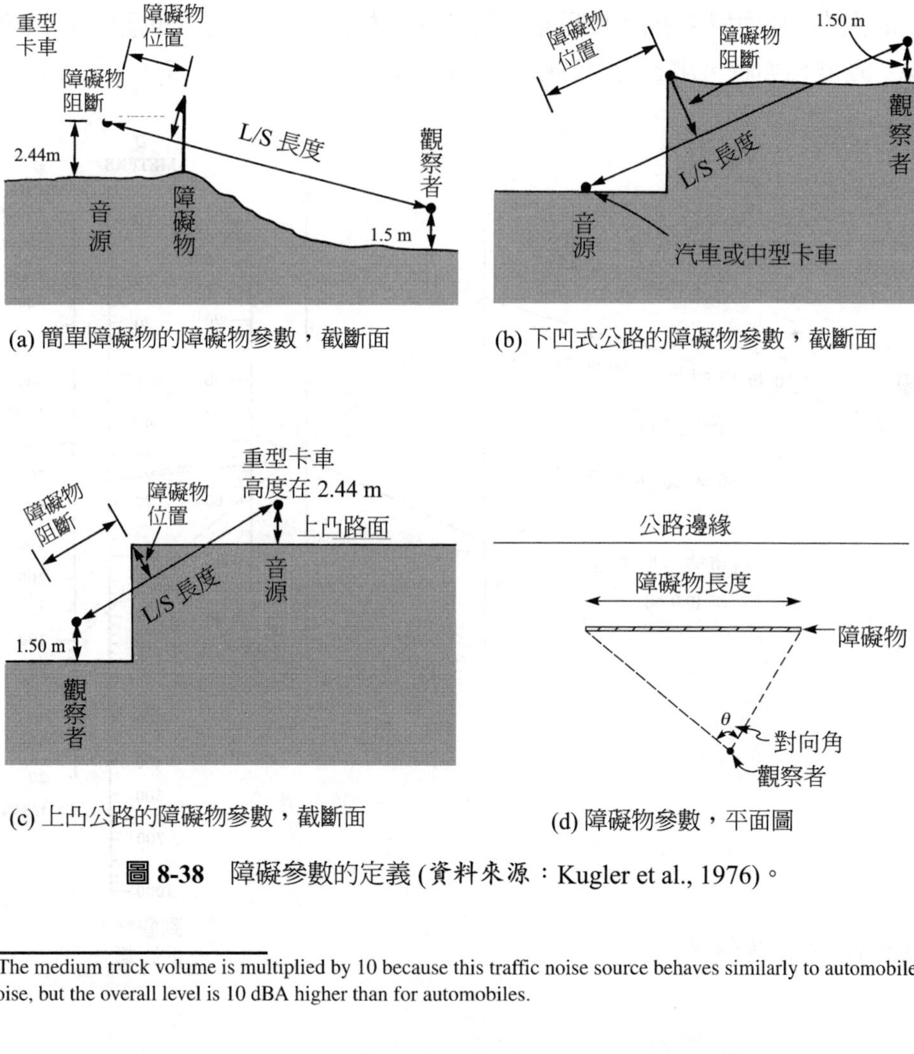


**圖 8-38** 障礙參數的定義 (資料來源：Kugler et al., 1976)。

*The medium truck volume is multiplied by 10 because this traffic noise source behaves similarly to automobile noise, but the overall level is 10 dBA higher than for automobiles.

離 $L/S$，(b) 視線阻斷值，(c) 障礙物位置距離及 (d) 對向角 $\theta$。對向角 $\theta$ 是經由相對於觀察者位置的障礙物末端來測量的。將觀察者置在另一相對於障礙物末端等距離的位置，可利用等三角定理來決定角度。圖形法則較適合用在其他的結構上。值得注意的是，當障礙物長度增加，角度會接近 180℃。

**5.** 觀察者位置的未遮蔽 $L_{10}$ 量：決定汽車、中型卡車及重型卡車的未遮蔽 $L_{10}$ 量可利用 $L_{10}$ 圖解如圖 8-39 所示，若汽車和中型卡車的速度一樣，則此二個音源將利用結合體積 $V_c$ 及 NPWS 上第 3 行及第 2 行的平均速率 $S_A$ 或 $S_M$ 一起計算，程序如下：

**a.** 汽車 (及中型卡車)：使用車輛體積 $V_A$ (相當於 $V_c$，當汽車及中型卡車的速度相等時，兩者的總體積即為 $V_c$) 及平均速率 $S_A$ (或 $S_M$)，填入 $L_{10}$ 圖

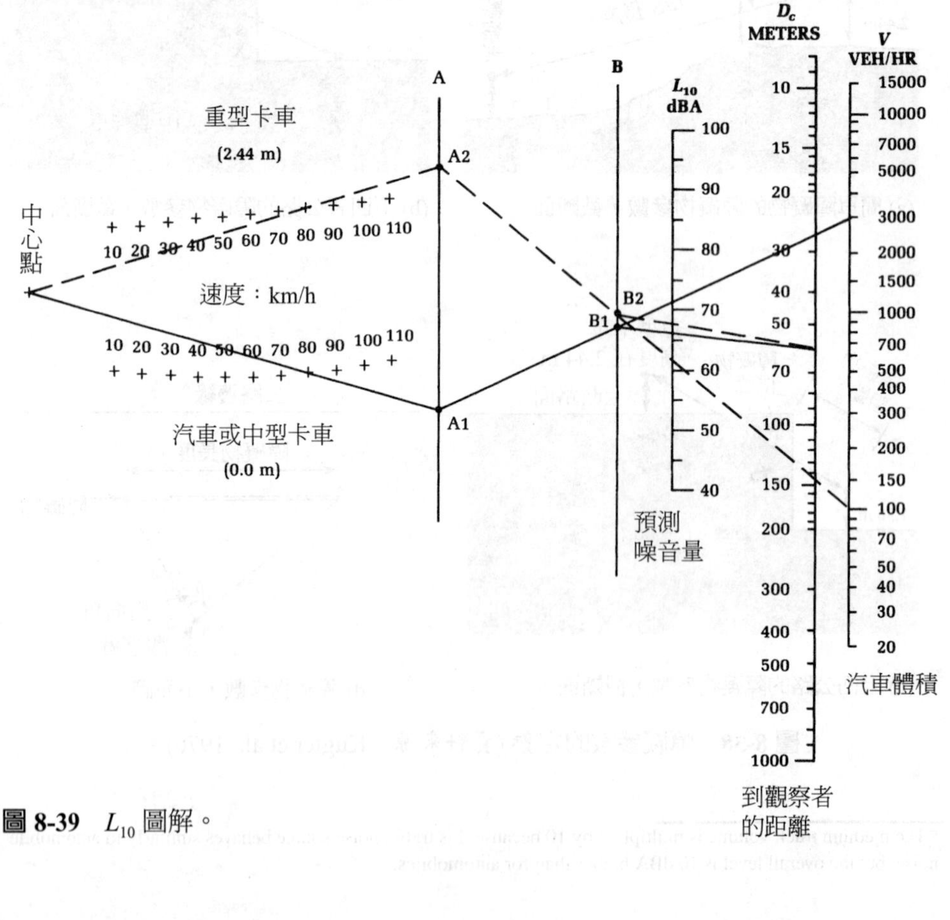


**圖 8-39** $L_{10}$ 圖解。

解並決定觀察者的未遮蔽 $L_{10}$ 噪音量，填入 NPWS 的第 9 行。

**b.** 中型卡車：使用車輛體積 $V_M$ 乘上 10 倍，平均速率 $S_M$ 填入 $L_{10}$ 圖解中，並決定觀察者位置的未遮蔽 $L_{10}$ 噪音量。再將其填入 NPWS 的第 9 行。若汽車及中型卡車將步驟 a 合併，則這一步驟可忽略。

**c.** 重型卡車：使用車輛體積 $V_T$ 及平均速率 $S_T$，將其填入 $L_{10}$ 圖解中，並決定觀察者位置的未遮蔽 $L_{10}$ 噪音量。再將其填入 NPWS 的第 9 行。

**6.** 遮蔽調整：經由公路幾何形狀以障礙物圖解，如圖 8-40 所示，列在 NPWS 上的公路參數來決定噪音的降低程度。此一程序必須完成 2 次；第一次在高度爲 0 公尺 (汽車及中型卡車)，另一次是在高度爲 2.44 公尺 (重型卡車)。

**a.** 低音源 (0 公尺)：使用視線距離 *L/S*，障礙位置距離 *P*，*L/S* 距離的阻斷 *B* (地面上的音源) 及對向角 $\theta$。填入障礙圖解並計算遮蔽調整值。將其填入 NPWS 汽車及中型卡車的第 10 行。

**b.** 高音源 (2.44 公尺)：使用視線距離 *L/S*，障礙位置距離 *P*，*L/S* 距離的阻斷 *B* (2.44 公尺高的音源) 及對向角 $\theta$。填入障礙圖解並算遮蔽調整。再將其填進重型卡車的 NPWS 第 10 行。

**7.** 車輛型式觀察者的 $L_{10}$：在每一個各別音源的觀察者位置上的 $L_{10}$ 噪音是由觀察者的未遮蔽 $L_{10}$ 量 (第 9 行) 除上遮蔽調整 (第 10 行) 計算求得，再將結果填入第 11 行；要注意遮蔽調整值通常是負值，且可在代數上除以第 9 行。

**8.** 觀察者的總 $L_{10}$ 量：決定觀察者的總 $L_{10}$ 噪音並將其填入第 12 行。以上的量可用對數形式將第 11 行中汽車、中型卡車及重型卡車的貢獻添加上去。取二個同一時間下的 $L_{10}$ 量，並找出其差異再加進圖 8-4 求出“調整值”。而調整值應加到兩個 $L_{10}$ 量中較高的一個上面。然後再重複，直到其中只有一個值留下因爲考慮到最大精確度，所以最低的量應先被加入。

---

**例題 8-8**　某郡的公路局長要求靠近 Bristol 的高速公路進行噪音評估。其路線中心線離學校 60 公尺，使用以下資料決定是否符合 FHA 的規範。

平均車速＝80.5 km/h (所有車輛)
汽車數＝2,000 輛/小時
中型卡車數＝100 輛/小時

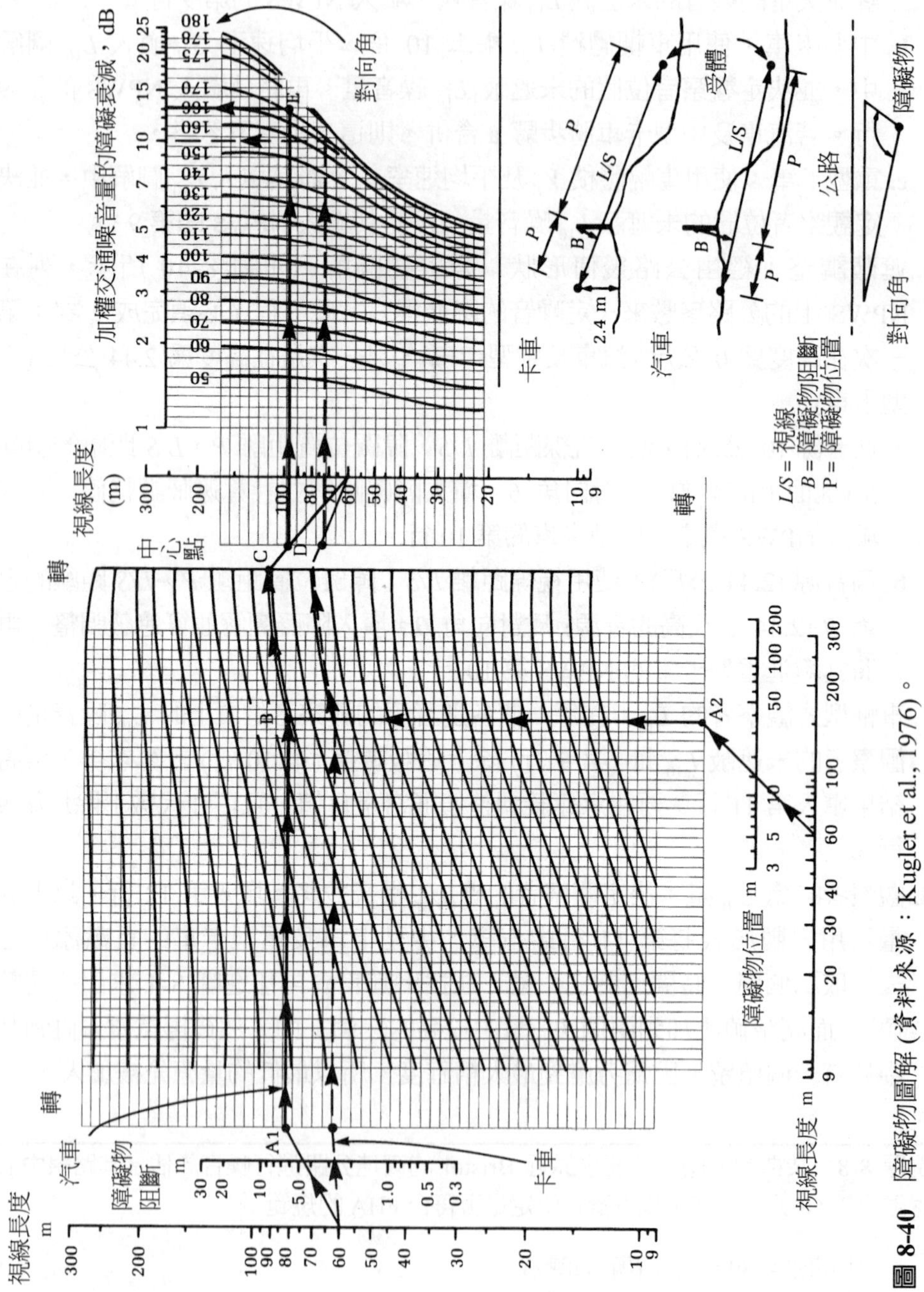


**圖 8-40** 障礙物圖解（資料來源：Kugler et al., 1976）。

重型卡車＝100 輛/小時

地形平坦且沒有遮蔽出現。

**解**：根據步驟 3d，當中型卡車與汽車車速相同時，可藉由將中型卡車的體積乘上 10 再和汽車合併體積來運算，合併體積 $V_c$＝2,000＋10(100)＝3,000 vph，使用圖 8-39 的 $L_{10}$ 圖解，以下列方式進行。

1. 由左進的中心點畫一條直線經過汽車速度刻度為 80.5 km/h 處，再把直線延伸到 A 線上，在交叉點上作上記號 A1。
2. 從 A1 畫第二條直線到最遠的圖上體積刻度為 3,000 vph 的一點，和 B 線交叉的點作上記號 B1。
3. 從 B1 畫第三條直線通過 $D_c$ 刻度上 60 公尺的地方。而第三條直線和 $L_{10}$ 刻度的交叉點即為觀察者位置所預測的 A-加權 $L_{10}$ 量，從這個例子得知預測到的 $L_{10}$ 量為 66 dBA，將這個值填入圖 8-37 (NPWS) 的第 9 行。

重複進行針對重型卡車的程序，由圖 8-39 的虛線看出重型卡車的預測 $L_{10}$ 為 68 dBA。

汽車和卡車的合併量可藉由“分貝加成”而得到 70 dBA (例題 8-1)，剛好符合 FHA 土地使用種類 B 的設計量 (表 8-3)。接下來則探討障礙物的影響，在任意選擇一些障礙物的特性如下所示：

高度＝5 公尺，對汽車產生 4.6 公尺及重型卡車產生 2.6 公尺的“障礙物阻斷”
位置＝15.2 公尺，從公路中心線起計算
對向角＝170°

使用圖 8-40 的障礙物圖解，如以下的方式進行：

1. 從左邊的垂直 *L/S* 刻度開始：從 *L/S* 的 60 公尺刻度畫一通過障礙物阻斷的 4.6 公尺處刻度並延伸到屈折線，而刻度為對數形式，從交叉點 $A_1$ 畫一水平線。
2. 從底部的水平 *L/S* 刻度開始：畫一條通過 L/S 刻度在 60 公尺的點及“障礙物位置”在15.2 公尺的點並延伸到屈折線交叉點稱作 $A_2$，畫一條垂直線到由 $A_1$ 開始的水平線。
3. 從 B 移動到最靠近屈折線 C 的曲線 (若 B 是其中一條曲線，就直接用；若 B 在曲線間，就和其他曲線以平行的方式行進，直到和曲折線交叉為止)。
4. 從 C 線畫一條距視線距離 60 公尺的直線到垂直 *L/S* 刻度上，它將和中心線在 D 點交叉。
5. 從 D 點畫一條水平線交叉到對向角為 170 度相關曲線上的 E 點。

**6.** 最後畫一條從 E 點向上的直線到障礙衰減的刻度，由刻度上讀出的汽車及中型卡車衰減值爲 13 dBA。

以 2.6 公尺的“障礙阻斷”來進行重型卡車的噪音計算，因爲卡車由較高處發出噪音，從圖 8-38 可知在垂直 *L/S* 但不垂直水平的距離有 10 dBA 的衰減。

相同的程序校正過後的合併 $L_{10}$ 值爲 60 dBA，非常符合 B 級土地使用種類，而所有的計算都列在圖 8-37。

---

## $L_{eq}$ 預測

在 NCHRP 174 報告完成的同時，安大略省的運輸通訊部也完成以 $L_{eq}$ 概念發展出的預測方程式 (Hajek, 1977)，這個半經驗式如下所示：

$$L_{eq} = 42.3 + 10.2\log(V_c + 6V_t) - 13.9\log D + 0.13S \qquad \textbf{(8-29)}$$

式中 $L_{eq}$ ＝在一小時內的聲音位準當量能量，dBA
$V_c$ ＝四輪汽車的體積，veh/h
$V_t$ ＝六輪以上卡車的體積，veh/h
$D$ ＝由道路邊緣到受體間的距離，公尺
$S$ ＝在一小時內交通流量的平均速度，km/h

這個方程式的好處就是比 NCHRP 法單純，但其限制爲不能用在計算障礙物，但可利用類似 NCHRP 法的圖解技巧將障礙物計算在內。

## $L_{dn}$ 預測

當 $L_{eq}$ 法進行直接延伸運用時，安大略法也能延伸使用在計算 $L_{dn}$，而修正過模式如下所示：

$$L_{dn} = 31.0 + 10.2\log[\text{AADT} + (\text{T\% AADT}/20)] - 13.9\log D + 0.13\,S \qquad \textbf{(8-30)}$$

式中 $L_{dn}$ ＝在以夜間 10 點到早上 7 點間進行 10 dBA 加權的 24 小時週期下的 A 加權音量當量，dBA
AADT ＝年度平均每日交通量，veh/d
$\%T$ ＝一日內卡車的平均占有的百分比，%

而式 8-30 和式 8-29 有相同的優點及缺點。

# ▲ 8-7　噪音控制

## 音源-路徑-受體的概念

欲解決噪音問題需先找出噪音源、傳遞方式和因應對策，並可直接由噪音源、傳遞路徑及對受體的影響來著手調查噪音的問題。*

噪音或振動能的來源可能是一台或很多台的機械裝置，當家庭或公司在一定時間內有幾台裝置或機器操作時就可能有噪音或振動能的產生。

最明顯的傳遞路徑是音源以一直線連續藉由空氣傳送至受體，例如，飛機航行時所產生的噪音即是如此傳送至地面上的受體。噪音也會藉由結構體傳送，其可經由任一傳送路徑或結合數個傳送路徑來傳遞。例如在公寓內有洗衣機在運轉時所產生的噪音，可能會經由空氣的通道傳送至另一棟公寓，如：敞開的門窗、走廊或管路，且洗衣機運轉時和地板或牆壁直接物理性的接觸會造成振動，並藉由結構上的振動傳遞至整個建築物，因爲牆壁的振動和噪音的輻射，使受體可能是一個人、一個班級或整個社區。

需要改變或改善的噪音問題可採用以下的方法加以解決：

1. 改善噪音源以減少噪音的產生。
2. 改變或控制傳遞的路徑和環境以減少噪音傳送至受體的程度。
3. 給予受體個人的防護用具。

## 噪音源的防制

**減少衝擊力**　設備零件間會因強力的相互碰撞而產生噪音，通常這些碰撞或撞擊是機器必須具備的功能，一個典型的例子是打字機，打字鍵必須撞擊色帶才能使紙張移動並使墨水印在紙上，但是當打字鍵撞擊色帶、紙張和滾筒時的作用也會製造噪音。

有幾種方式可減少因衝擊力而產生的噪音，針對機器不同的特性而有特殊的補救方法，以下的方法並不適用於每一種機器與任何因衝擊所造成的噪音，但每個建議通常都可稍微減少噪音。

*這些討論大部份取材自 Berendt, Corliss and Ojalvo, 1976.

針對設計之初的預防對策如下所示：

1. 減少重量、大小或高度以降低衝擊質量。
2. 在衝擊面間插入可吸收震動的材料，如：使用打字機時，在首張紙下面多墊幾張紙以減少因打字鍵衝擊所製造的噪音。某些情況下，可在每個衝擊目標物後加入可吸收震動的材料以減少衝擊能量傳遞至機器其他的部位。
3. 在符合實際的考量下，衝擊表面盡量使用非金屬的材料，以減少衝擊面的共鳴。
4. 可得到相同的結果時，以較小的衝擊力、較長的作用時間代替作用時間短、衝擊較大的作用方式。
5. 機器需移動的部位在加速時應以速率梯度的方式加速才會平穩，應避免劇烈的加速或抽搐式的移動。
6. 機器的凸輪、從動部、傳動裝置、連結裝置及其他部位的超載、後座力與鬆動的作用應最小化，這可由降低機器的操作速度、較佳的調整或使用彈簧式的束縛或導桿。良好的機器其部份的裝置會用機械組裝以減少公差，如此通常可使衝擊性噪音減至最低。

**減少速度和壓力**　機器系統的運轉和移動速率降低會使操作更平順、噪音較小，同樣地，降低循環系統中空氣、氣體和液體的流動速率和壓力可減少亂流，使噪音輻射減少。以下有幾點關於設計上的建議：

1. 符合操作許可下，將風扇、推動輪、迴轉軸、渦輪機和壓縮器等輪葉的速率降至最小。使用較大型、慢速的風扇比小直徑、高轉速的風扇較能達到安靜操作的目標，總而言之，較佳的設計是採用最大的直徑和最小的風扇速率。
2. 所有其他因素都相同的情況下，離心型的風扇所造成的噪音會小於軸流式渦輪或螺旋槳型的風扇。
3. 空氣通風系統若降低 50% 的空氣流速可能會使噪音減少 10 至 20 分貝，或約為原來 1/4 至 1/2 的音量。住宅和辨公區域通風系統的風速小於 3 m/s 流經出風口時所造成的噪音音量通常會被忽略。通風系統若降低空氣流通的速率可使馬達或壓縮器的運轉速率減小，且要增加擋風板的數目或擋風板的截面積增加以達到相同的通風效果。

**降低摩擦阻力**　降低機械系統的轉動、滑動及移動磨擦通常可使運轉更順暢並降低噪音輸出。同樣地，降低流體分散系統流動阻力也能減少噪音發散。當可移動部份磨擦阻力減少時，必須確認以下四個更重要的因子：

1. 排列：將所有的轉動、移動及接觸部份適當的排列可以減少噪音產生，在滑輪系統、輪列、軸承結合動力輸送系統及承載軸上有良好軸向及方向性排列是降低噪音輸出的基本需求。
2. 拋光：在滑動、齧合或接觸元件間有高度拋光及平滑的表面可使運動安靜，特別是在承載軸、齒輪、凸輪及軌道等方面。
3. 平衡：轉動元件的靜態及動態平衡可降低磨擦阻力及振動並減少噪音輸出。
4. 偏心率 (偏離圓的程度)：滑輪、齒輪、轉子及軸承的轉動部份若偏離圓心會造成磨擦及噪音。如輪子、滾筒或齒輪的偏離圓會造成不平坦的包覆，導致產生噪音及振動的平坦點 (flat spot)。

在流體系統中要有效控制噪音的關鍵就是**線型流** (streamline flow)，不像在導管中或眞空清洗器中的氣流或泵浦系統中的水流一般複雜，線型流是很平滑，無擾動且沒有磨擦的流體。

決定流體是線型流或亂流的兩個最重要因素是流體速度及流體路徑的截面積，如管徑。安靜運轉的最重要法則就是使用低速，大直徑的系統來配合指定流量需求，然而這樣的一個系統也會因爲某些空氣動力學設計功能上的忽略或省略而產生噪音。要設計一個運轉安靜的系統要利用下列的特性：

1. 低流體速度：流速降低可以避免亂流，而亂流也就是產生噪音的主要原因。
2. 平滑的邊界表面：導管或管件系統會因爲平滑的內壁、邊緣及連接件而減少亂流及噪音。
3. 簡單的配置：有最少分支、轉彎、配件及連接件的導管或管件系統有較少的噪音。
4. 長轉角半徑：改變流體的方向應是逐漸地、平順的改變，而轉彎的轉角半徑建議值最好是管徑的五倍或導管主要面積的尺寸。
5. 開口部份：入口及出口的開口方式，特別是在導管系統，傾向減低這些位置的流速來降低噪音輸出。

6. 線型流在流動路徑上的轉變：以逐漸且平滑的方式將轉變部份逐漸縮小或開闊，對於流動路徑尺寸或截面積的改變都可避免亂流，最好的法則就保持流動路徑上管件截面積不變，且整個系統都一樣。
7. 移去不必要的障礙：在流動路徑上障礙愈多則亂流愈嚴重，噪音也就愈大。所有其他有用的裝置如結構支撐，變流裝置及控制調節器都儘可能縮小到不影響線型流的流動。

**減少散發面積**　一般而言，較大的振動部份有較大的噪音輸出。設計機械器時安靜的首要法則就是在不損及運轉或結構強度的情況下減少有效發散表面積。以上要求可藉由製造較小的元件、移去過剩的材料或切去元件中的開口、溝槽或穿孔部份來達成。例如將機器上較大且易振動的金屬薄板安全裝置改成以線網或金屬織品來代替，可因為大量減少表面積而大大地降低噪音。

**減少噪音洩漏**　在很多例子中，藉由簡單的設計將機器以外殼包覆進行隔音或聲音吸收的處理。以下將推薦一些持續減少噪音輸出的方法：

1. 所有不必要的孔洞、裂縫，尤其是接縫都應被填塞起來。
2. 所有貫穿房屋或機器外殼的水電配管都應該用橡皮墊圈或適合非配性的封填物加以封固。
3. 實際上所有會發散噪音的開口都要在其蓋子上或外殼邊緣加上軟橡皮墊圈，使其成為不透氣封固。
4. 其他如排氣、冷卻或通風用途的開口須準備消音器或聲響導管。
5. 開口方向要遠離操作者及其他人。

**隔絕及減弱振動元件**　在簡單的機器中，從某個移動部份產生的振動能透過機械結構傳遞並作用在其他部份物件及其表面，使振動產生並發出聲響。且通常產生出來的強度比原來音源本身還大。

一般而言，振動問題可分成兩個部份來探討，首先必須防止發散能量的振源及表面間的能量傳遞，再來則要驅散或減弱在結構中某處的能量。問題的第一部份稱作**隔絕**，第二部份稱作**制振**。

隔絕振動最有效的方法包括機器中多數巨大且是結構剛性部份振動元件

的復原性架設。所有和振動部份附著及連接的物件如管件、導管及連結桿都須做成彈性或復原性的連結，例如一個和泵浦連接的水管，在機器的結構骨架上進行復原性架設，也應在配管上進行復原性架設，且愈靠近泵浦愈好，爲避免忽略隔絕系統，復原性管件支撐或懸掛是必須的 (圖 8-41)。

制振材料或結構具有黏性特質，可以輕微彎曲或變形，因此在分子運動中減低部份的噪音能量。馬達承載在彈簧上面，空調風管採用積層的鍍鋅鋼板及塑膠是兩個簡例。

當振動噪音源無法順利地阻隔，如在通風導管、配盤外殼等，此時可用

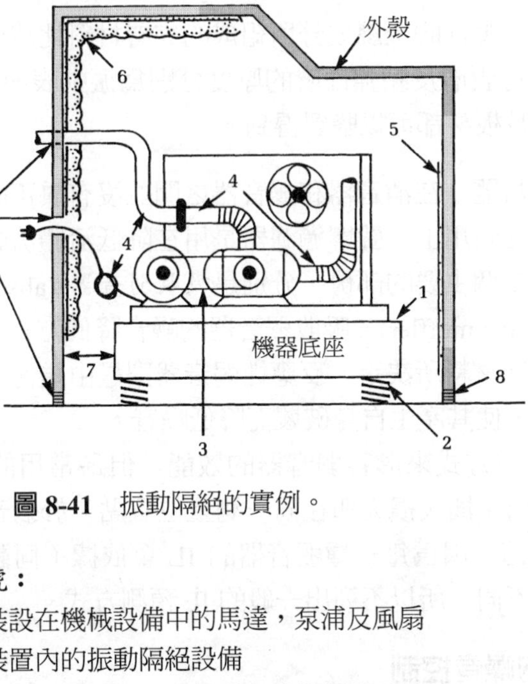


**圖 8-41**　振動隔絕的實例。

編號：

**1.** 裝設在機械設備中的馬達，泵浦及風扇
**2.** 裝置內的振動隔絕設備
**3.** 齒鏈設備內的皮帶驅動，滾輪驅動系統
**4.** 用以代替剛性管件及硬式線路的撓性蛇管及線路
**5.** 用在阻隔表面振動的制振材料
**6.** 降低機器內噪音的吸音內襯材料
**7.** 減少機器底盤和外殼間的機械接觸
**8.** 在外殼的底部及其他部位會影響噪音洩漏的開口

(資料來源：Berendt et al., 1976.)

制振材料來降低噪音。

制振材料根據不同的質量、尺寸、振動頻率及振動結構的操作目的來選擇。大致上，下列的指導方針可作爲選擇及使用制振材料的參考，以發揮最大的制振效果。

1. 制振材料應用在最易發生伸縮、彎曲及移動的振動表面區段，通常是在最薄的區段。
2. 對一個單層的制振材料而言，材料的凝固性和質量應該要能和用在振動表面上的材料相互比較。這表示單層材料應具備比振動表面上用的材料多二或三倍的厚度。
3. 以金屬板結合黏彈性的金屬成分所組成的夾層材料比單層材料更能有效抑制震動。金屬薄版層及黏彈性層的厚度分別爲振動表面的 1/3。預先以積層製造的風管及板材都可以購買得到。

**預備消音器及弱音器** 在消音器和弱音器之間並沒有眞正的分別，通常它們是可以互通的。在效用上，聲響過濾器是用在降低流體流動時產生的噪音。這個裝置可分爲二個主要的部份，分別是***吸收弱音器*** (absorptive muffler) 及***反應弱音器*** (reactive muffler)。吸收弱音器的噪音降低方式主要是由可吸收聲音的纖維或多孔性材料所決定。反應性弱音器則是由幾何形狀決定，即利用反射或擴散聲波，使其產生自身破壞而降低噪音。

雖然有好幾種方式來形容弱音器的效能，但最常用的方式是***插入損失*** (insertion loss, IL)。插入損失即在同一測量位置點，於弱音器置入前後的聲音壓力位準差異值，因爲每一種弱音器的 IL 會依據不同製造商所選擇的材料及構造而有所不同，所以不列出一般的 IL 預測方式。

## 在傳導路徑上的噪音控制

在試過所有控制噪音音源的方法後，下一項措施則是建立一個能在噪音傳導路徑上阻斷或降低聲能進入耳朵的裝置，以上所述可透過幾種方式達成 (a) 循聲音傳導路徑吸收聲音 (b) 在傳導路徑上放置反射障礙物，將聲音打偏到其他地方 (c) 將聲音容納在聲音隔絕系統內。

根據不同的因子選擇最有效的技術，如音源的大小及形式，噪音的強度及頻率範圍及環境的類型及特性。

**分離**　我們可以藉由大氣吸收能力的使用，如溢散，即是一種簡單且有效降低噪音的方法。空氣吸收高頻聲音的效果比吸收低頻聲音好，然而若有足夠的距離，低頻聲音也會適時地被吸收。

若將和音源的距離放大成二倍，將可降低 6 dB 的聲音壓力位準。並減少 10 dB 的響度。若針對像火車一樣的線音源，則隨距離音源距離的倍增，音量會降低 3 dB。如此低的聲音衰減頻率是因爲線型音源以圓柱狀的方式散發聲波。聲波的表面積在距離音源加倍時只需增加兩倍，當離火車的距離達到火車長度時，隨著距離的倍增，音量則以 6 dB 的速率降低。

在室內，會隨和音源距離的倍增，音量下降 3 到 5 dB。但若在密室或有堅硬牆壁的室內，則因反射聲音的緣故，只能降低 1 或 2 dB。

**吸音材料**　噪音和光一樣會從一堅硬的表面彈射到其他位置。在噪音控制上稱作**回響** (reverberation)。若將柔軟、海綿狀的材料放置在牆壁，地板及天花板上，則反射的聲音會被擴散及吸收。吸音材質可以在 125, 500, 1000, 2000 及 4000 Hz 時的**沙賓吸收係數** (Sabin absorption coefficient, $\alpha_{SAB}$) 來分級或以**噪音降低係數** (noise reduction coefficient，NRC) 來分級。若以一單位面積開口，假設所有的聲能都透過此一開口傳送且沒有任何反射，則稱作 100% 吸收。此單位面積的總吸收表面稱作一個 “沙賓” (Sabin, 1942)。吸音材料的吸音性質以此爲標準，而效能上則以沙賓 ($\alpha_{SAB}$) 的分率或百分比表示。NRC 是 $\alpha_{SAB}$ 在 250, 500, 1000 及 2000 Hz 時乘上 0.05 的平均值。而 NRC 沒有物理意義，但它是在比較相似材料時的一項有用的工具。

如將吸音瓦，毛氈及窗帘等放在天花板，地板及牆壁表面的吸音材料，對於室內的高頻噪音可降低 5 到 10 dB，但對於低頻聲音只能降低 2 或 3 dB。可是以上的處理方式無法對正處在吵雜機器運轉中的操作人員提供保護。最有效的方法是將吸音材料放得離音源愈遠愈好。

若你擁有一個小型或有限度吸音的吸音材料，且希望在吵雜的房間內有效地充分利用它，最好的放置地方是房間的上方角落，即由天花板和牆壁構成之處。因爲在反射的程序上，一個房間內，聲音濃度最大的地方就在房間的上方角落。此外，也可防止易碎的輕質材料受破壞。

因爲吸音材料質輕且多孔的特性，能有效地防止房間內的聲音經由空氣或建築結構而傳到其他地方。換言之，若你能聽到房間內人們走路或談話的聲音，表示安裝的吸音瓦無法降低噪音的傳遞。

**吸音內襯**　透過導管，管線及電力管線傳遞的噪音可利用吸音材料做為管線內表面的襯裡，可有效地降低噪音。在典型的導管安裝上，對於高頻噪音通常以 2.5 公分厚的吸音內襯來降低相當於 10 dB/m 的噪音。相對於低頻噪音而言，要降低噪音是相當困難的，因為最少需要二倍厚度的吸音內襯才能具有相同的效果。

**障礙物及鑲版**　放置障礙物，屏風或變流裝置於噪音行進的路線上可有效地降低噪音的傳導，而降低的程度也取決於障礙物在尺寸上的大小及噪音頻率的高低。通常高頻噪音比低頻噪音容易被降低。

障礙物的效率取決於其所在的位置，高度及長度。參考圖 8-42 可知噪音遵行五個不同的路徑。

第一，噪音遵行一個從障礙物上方由受體可清楚看見音源的直接路徑。障礙物並不阻斷視線 (*L/S*)，所以也不會有衰減發生。因此，不論障礙物的吸音能力有多好都不會有影響。

第二，噪音在障礙物的陰影區遵行繞射的路徑。通過障礙物頂端的噪音會繞射 (彎曲) 進圖中的陰影區。繞射角愈大，陰影區內噪音因障礙物造成的衰減愈大。換言之，繞射經過大繞射角度的能量少於經過小繞射角者。

第三，在某些例子中，陰影區內噪音直接通過障礙物是相當重要的。例如在極大的繞射角時，繞射噪音比傳導噪音小，在此例中，被傳遞的噪音折衷了障礙物的效能，但可藉由更大的障礙物來降低其影響。而傳遞噪音的允

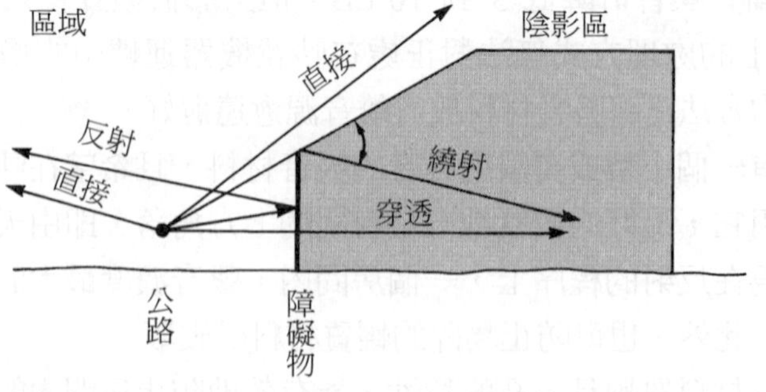


**圖 8-42**　由音源到受體間的噪音路徑 (資料來源：Kugler et al., 1976)。

**表 8-10 線性音源在音量降低，能量及響度間的關係**

| 降低音量 dB | 移去部份能量 (%) | 將響度分離 |
|---|---|---|
| 3 | 50 | 1.2 |
| 6 | 75 | 1.5 |
| 10 | 90 | 2 |
| 20 | 90 | 4 |
| 30 | 99.9 | 8 |
| 40 | 99.99 | 16 |

(資料來源：Kugler et al., 1976)

許值由總障礙物衰減需求決定。

第四，如圖 8-42 所示的反射路徑，在反射後所在意的噪音只有在音源對面的受體。根據這個理由，障礙物面上的聲響吸收有時會降低反射噪音。但這樣的處理會對陰影區中的任何受體都沒有好處。值得注意的是在大多障礙物設計實例中，反射噪音並不扮演重要的角色。若音源以線型方式呈現，其他短路方式的路徑有可能發生。部份的音源可能不被障礙物所遮蔽，如障礙物長度不夠時，受體可由障礙物的末端看到音源。在障礙物邊緣的噪音會危害障礙物衰減，而所需足夠的障礙物長度由淨衰減來決定，當需要 10 到 15 dB 的衰減時，障礙物要非常長。因此，爲了有效阻隔噪音，障礙物必須由近到遠都能涵蓋。

在以上四個路徑中，由障礙物設計的觀點來說，繞射過障礙物而進入陰影區是最重要參數。一般而言，決定障礙物衰減只包括計算繞射進入陰影區的能量。以障礙物圖解預測高速公路噪音的程序即依據這個概念。

其他值得回顧的障礙物噪音降低基本原理是把衰減表示成 (1) 分貝，(2) 能量式，(3) 主動響度間的關係。表 8-10 提供線音源的上述關係。在響度這一欄，3 dB 的障礙物衰減僅勉強地被受體分辨出來，然而，爲獲得這樣的降低值，要把 50% 的能量移除。爲了把音源響度減半，必須降低 10 dB，相當於消除 90% 最初直接朝向受體的能量。如先前所言，這麼大的能量衰減必須很長很高的障礙物。總而言之，當設計障礙物時，要能如下表一般預測設

| 衰減 (dB) | 複雜性 |
|---|---|
| 5 | 簡單 |
| 10 | 可達成 |
| 15 | 非常難 |
| 20 | 幾近不可能 |

**表 8-11 不同結構高速公路的噪音降低值**

| 高速公路結構[a] | | 高度或深度 | 卡車混入 | 距離 ROW 的噪音降低值 (dBA) | |
|---|---|---|---|---|---|
| 草圖 | 敘述 | (m) | (%) | 30 m | 152 m |
| 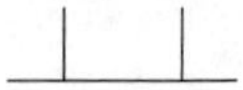 | 路邊障礙物距離路肩邊緣 7.6 m ROW＝78 m 寬 | 6.1 | 0 | 13.9 | 13.3 |
| | | | 5 | 13.0 | 12.1 |
| | | | 10 | 12.6 | 11.7 |
| | | | 20 | 12.3 | 11.3 |
|  | 下凹式公路 w/2;1 斜率；ROW＝102 m | 6.1 | 0 | 9.9 | 11.4 |
| | | | 5 | 8.8 | 10.3 |
| | | | 10 | 8.4 | 9.8 |
| | | | 20 | 8.1 | 9.4 |
| 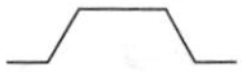 | 填高式公路 w/2:1 斜率；ROW＝102 m | 6.1 | 0 | 9.0 | 6.3 |
| | | | 5 | 7.6 | 2.7 |
| | | | 10 | 7.1 | 1.8 |
| | | | 20 | 6.7 | 1.1 |
| 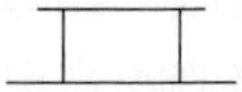 | 升高式結構 ROW＝78 m | 7.3 | 0 | 9.8 | 6.0 |
| | | | 5 | 9.6 | 2.4 |
| | | | 10 | 9.3 | 1.5 |
| | | | 20 | 8.8 | 0.8 |

[a] 假設八線道中央分隔島爲 9.1 m
[b] 根據在斜坡上 1.5 m 的觀察
(資料來源：Kugler et al., 1976.)

計的複雜性。

路邊的障礙物可利用障礙物圖解方式加以設計。表 8-11 爲一組典型的解，在 152 公尺距離的噪音降低量比 30 公尺時低，那是因爲障礙物投射的陰影不夠。而卡車的障礙物效果也因爲音源的高度上升而降低。

**傳送損失** 當噪音音源的位置相當靠近障礙物時，繞射噪音顯得比傳導噪音來得不重要。若障礙物實際上是固定在邊緣的一面牆板，傳送噪音是唯一必須注意的。

附隨在板上的表面聲能和從相對表面發散聲能的比率稱作**聲音傳送損失** (sound transmission loss , TL)，實際能量的損失爲部份是反射，部份是吸收。因爲 TL 是和頻率相關的，只有完整的八度音階或 1/3 八度音階波段線可提供對障礙物效能作完整的描述。

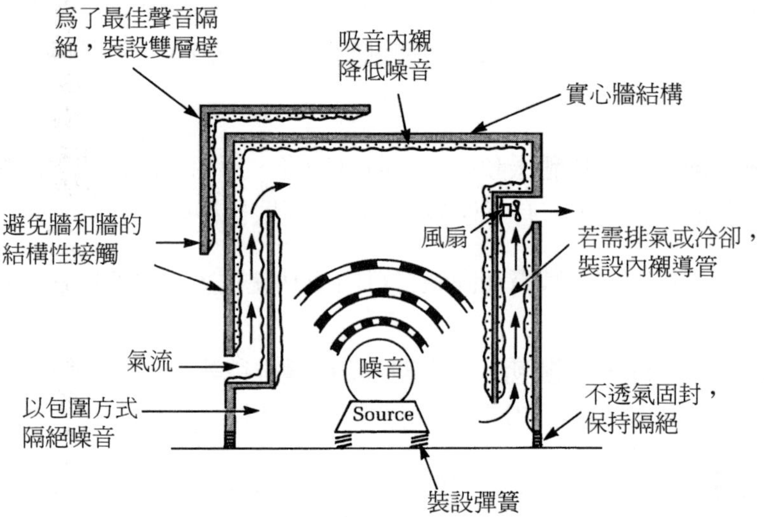


**圖 8-43**　控制噪音的包圍 (*資料來源*：Berendt et al., 1976)。

**包圍**　有時候把一個吵雜的機器放到一隔離室內或箱子中，比改變機器的設計、操作或零件來得實際且經濟，包圍的牆壁必須重且不透氣以阻擋聲音。在內壁上加上吸音內襯可降低噪音反響。而噪音音源和包圍的結構接觸必須避免，音源震動才不會傳送到包圍壁上，造成隔絕上失效。至於追求最有效的噪音控制，所有可利用的技術都列在圖 8-43。

## 利用調整進行噪音控制

解決噪音最好的方法就是遠離噪音源，但我們經常遇到一些必然存在的音源，如老化，濫用或設計不良等所造成的噪音。這使我們必須調整或驗正這些存在的問題，以下的段落將說明一些應用在音源控制上的措施。

**轉動部位的平衡**　機器噪音中主要的音源是來自於非平衡部位的轉動，導致結構振動，如風扇、飛輪、滑輪、凸輪、軸承等。改正這些情形的措施，包括加平衡物到轉動單元上，或從單元上移除一些重量。可能大家對於洗衣機在高速旋轉時因不平衡而產生的噪音相當熟悉，這是因爲在洗衣槽內衣服沒有平均放置所造成的，若將衣服重新放好，達成平衡後，噪音自然就減少了。同樣的原理也可用在鍋爐風扇及其他一般的噪音音源。

**降低摩擦阻力** 一個設計良好的機器若維護不周也會變成一個嚴重的噪音源。對於轉動，滑動或咬合部份接觸點的清潔及潤滑，可減少噪音發生的問題。

**應用制振材料** 對於物體振動或表面散發噪音，應用可降低或限制物體振動的材料來降低噪音輸出。有三種調整振動的制振材料可運用：

1. 液體乳膠，以噴槍將其噴在固體材料內使其硬化，一般使用在汽車的防鏽上。
2. 橡膠襯墊，毛氈，塑膠泡沫，黏著膠帶或纖維毯等，可將振動表面固定。
3. 黏彈性金屬薄版或複合材料等，可與振動表面結合的材料。

**將洩漏噪音封固** 在噪音密封的結構中，若存在小孔洞會降低噪音控制措施的效果。由圖 8-44 可知，一個聲響包圍的設計傳送損失為 40 dB，則一個是表面積 0.1% 的開口，將造成隔音效果上 10 dB 的損失。

**完成日常的維護** 我們都了解一個舊消音器的噪音有多大，關於柏油路面上汽車輪胎噪音的研究顯示，對於噪音的減少，加強柏油路面的維護是有必要的。一般的路面在車輛經過時，經由輪胎可產生 6 dBA 的噪音。

## 保護受體

**當所有的其他措施都失敗時** 當需要曝露在強烈的噪音場所，且沒有任何實用的抗噪音措施，例如操作鏈鋸或柏油破碎機時，必須保護這些操作者，一般都以下列二種措施來進行。

**改變工作表** 限制連續曝露在高噪音量環境的時間。在聽力保護方面，最好是每天短時間間隔下在強烈噪音環境中工作，而不是連續一、二天，每天八小時的工作。

在工業或營建工程的操作上，間歇性的工作排程不但對吵雜設備的操作有益處外，也對其他鄰近的工作人員有幫助。若無法執行間歇性的工作表，也應給予輪班休息的時間，而在輪班休息時也應讓工作人員處在低噪音量的地方，不應鼓勵員工將輪班休息的時間折算成薪資，假期或給予提早下班等條件。

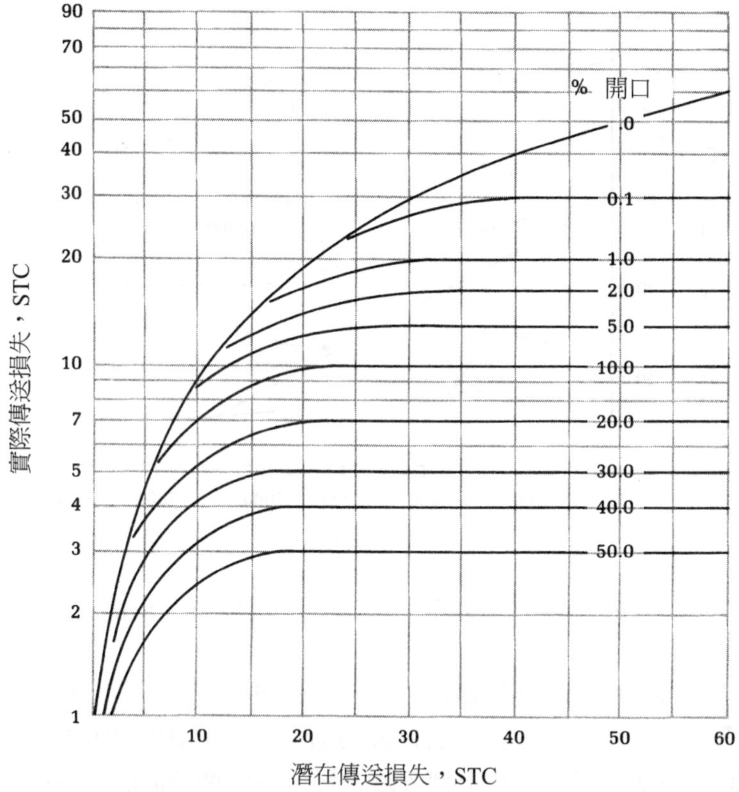


**圖 8-44**　相對於總牆壁面積的不同開口尺寸百分比下，潛在傳送損失對於實際傳送損失關係圖。STC＝聲音傳送係數 (資料來源：Warnock and Quirt, 1991)。

一如街道維修，垃圾清潔，工廠內操作及航空交通，這些在本質上就是處在很吵雜的工作環境中，應縮短在夜間及清晨的工作時間，避免干擾社區大眾的睡眠。記住，在晚上 10 點到清晨 7 點之間的工作，感覺上 10 dBA 的噪音會比實際測量值還吵。

**耳朵保護**　在市場上看得到的聽力保護裝置包括耳塞，耳罩及頭盔。這些裝置可將噪音降低 15 到 35 dB (如圖 8-45)。耳塞只有在醫療人員的協助配戴下才會有效，如圖 8-45 所示，當耳塞和耳罩一併使用時，才能獲得最大的效果。

這些裝置只是在所有其他方法都無法將噪音降到允許值限制內時的最後手段。在操作割草機或切割鋼板及在靶場區發射武器時都應使用耳朵保護裝

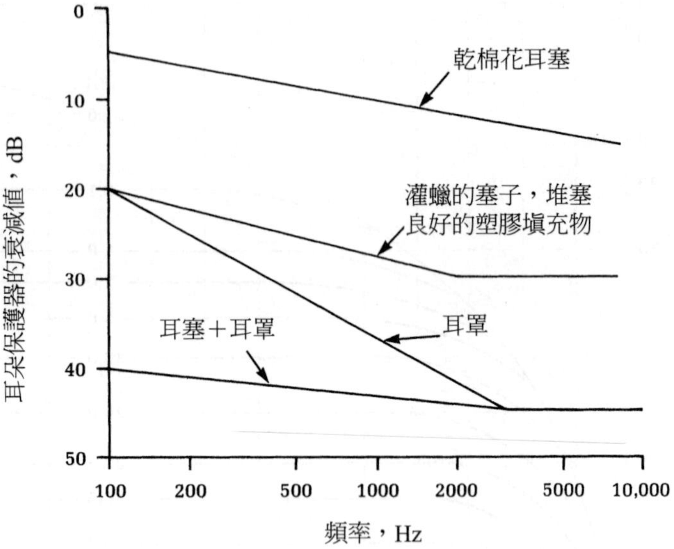


**圖 8-45** 在不同頻率下，耳朵保護器的衰減值 (資料來源：Berendt et al., 1976)。

置，但要注意的是耳朵保護裝置會干擾言語溝通，且在機器運轉會一直有警告訊號的情況下，耳朵保護裝置是有害的 (例如：TIMBERRRR！)。現代的耳朵破壞裝置是使用耳機的桌上型收錄音機，在這個反向的裝置中，未經衰減的高音量的噪音，直接朝向耳朵發送，若能聽到收錄音機以外的聲音，這個人即能蒙受超過 90 到 95 dBA 的噪音。

## ▲ 8-8 本章重點

研讀完本章後，應該能夠不參照課本或筆記，而能夠回答下列問題。

1. 定義頻率，根據你所繪製的諧和波草圖，並陳述其測量單位 (即，hertz, Hz)。
2. 陳述在測量聲能的基本測量單位 (即分貝)，並解釋爲何使用它。
3. 以對數式定義聲音壓力位準，即

$$\text{SPL} = 20 \log \frac{P_{\text{rms}}}{(P_{\text{rms}})_0}$$

4. 解釋爲何在音量計上使用權衡網路。
5. 列出三項一般的權衡網路，並畫出其相對頻率應答曲線 (標示 20, 1,000 及 10,000

的頻率；及相對應達在 0, －5, －20 及 －45 dB 處，如圖 8-5)。

**6.** 在 A, B, C 尺寸讀數基準上，中/高頻噪音源和低頻音源的差別。

**7.** 解釋八度音階波段分析的目的。

**8.** 連續，間歇及脈衝噪音的差別。

**9.** 畫出二個典型脈衝噪音的曲線並標出座標來。

**10.** 畫出 Fletcher-Manson 曲線，標出座標來，並解釋曲線的描述。

**11.** 定義“phon”。

**12.** 解釋發生聽力損害的機制。

**13.** 解釋聽力開始位準。

**14.** 定義“presbycusis”，並解釋爲何會發生。

**15.** 區分暫時恕限位移 (TTS)，及永久恕限位移 (PTS)，及相對於聽力損失原因的聲響外傷，曝露的耐久度及復原的可能性。

**16.** 解釋爲何脈衝噪音比穩態噪音的危害大。

**17.** 解釋噪音曝露的允許耐久度及聽力保護的允許量，即傷害-危險標準。

**18.** 列出除了聽力損傷以外的五種噪音的影響。

**19.** 列出三項在解決噪音問題時須變更或修正的要素。

**20.** 敘述二種在設計及調整都不能實際解決噪音問題時，保護受體的技術。

**在課本的輔助下，應該能夠可以回答下列問題：**

**1.** 從二個或多個聲音壓力位準的結合，計算最終聲音壓力位準。

**2.** 由八度音階波段讀數決定 A, B 及 C 加權音量。

**3.** 從一系列的音量讀數計算平均音量。

**4.** 若你提供適合的數據：$L_N$ 及/或 $L_{eq}$；$L_{dn}$ 計算其噪音統計數值。

**5.** 由表 8-3, 8-5, 8-6, 8-7 及圖 8-26 及 8-28 所列的措施及規範，決定一個噪音量是否可以被接受。

**6.** 計算透過大氣傳導後，在受體位置的音量。

**7.** 估算某公路構造及交通模型的期望噪音值 $L_{10}$。

## ▲8-9　習　題

**8-1.**　一棟 6.92 公尺高的建築在馬路旁邊，以 50 Hz 的聲波波長表示，建築物的高度爲多少？假設聲速爲 346.12 m/s。

答案：一個波長

**8-2.**　重複習題 8-1，若聲音頻率爲 500 Hz，溫度爲 25.0°C。

**8-3.**　決定下列音量的總和 (都以 dB 表示)：68, 82, 76, 68, 74 及 81。

答案：85.5 或 86 dB

**8-4.** 一個機車騎士在距離音量計 200 公尺的賽車道上暖車。音量計讀出 56 dBA，若有 15 個機車騎士的朋友一起加入暖車，則在同樣的音源發散特性下，測量讀數爲何？可假設成在同一位置上的理想點音源。

**8-5.** 在一工地附近測出聲音強度位準爲 127 dB，工地內有使用破碎機，假設其中有一台破碎機停止運轉時測到的 SPL 爲 120 dB，試問當 SPL 爲 127 dB 時有幾台破碎機在運轉。你可以假設音源在同一點且爲理想的點音源。

**8-6.** 一位執法官員以下列讀數作爲其音量計，噪音源是低頻或是中頻發散體？讀數爲 80 dBA, 84 dBB 及 90 dBC。

答案：明顯的低頻

**8-7.** 下列讀數爲歌劇院外的音量讀數：109 dBA, 110 dBB 及 111 dBC。請問歌者是低音或是女高音？請解釋如何得到這個答案。

**8-8.** 將下列八度音階波段測量值轉換成 A-加權音量當量。

| 波段中心頻率 (Hz) | 波段音量 (dB) |
|---|---|
| 31.5 | 78 |
| 63 | 76 |
| 125 | 78 |
| 250 | 82 |
| 500 | 81 |
| 1,000 | 80 |
| 2,000 | 80 |
| 4,000 | 73 |
| 8,000 | 65 |

答案：85.5 或 86 dBA

**8-9.** 下列的噪音示意範圍由頭頂上方 250 m 處一架噴射機得來，試利用電腦試算表程式計算出 A-加權音量當量。

| 波段中心頻率 (Hz) | 波段音量 (dB) |
|---|---|
| 125 | 85 |
| 250 | 88 |
| 500 | 96 |
| 1,000 | 100 |
| 2,000 | 104 |
| 4,000 | 101 |

**8-10.** 試用汽車在速度爲 50 到 60 km/h的典型噪音光譜，用 EXCEL 決定下列八度音階波段幾何平均中心頻率 (都以 Hz 爲單位) 的 A-加權音量當量，波段量如圖 8-27。

| 波段中心頻率 (Hz) | 波段音量 (dB) |
|---|---|
| 63 | 67 |
| 125 | 64 |
| 250 | 58 |
| 500 | 59 |
| 1,000 | 59 |
| 2,000 | 55 |
| 4,000 | 51 |
| 8,000 | 45 |

**8-11.** 評估一台新式割草機的 A-加權音量當量，其可接受的噪音光譜爲 74 dBA。製造商想出了三個方法：(1)使用消音器可在每一個頻率波段減低 3dB，(2)降低割草機的速度可在每一頻率波段減低聲音位準 5dB，(3)重新設計引擎可在最高的五個頻率波段內降低 15 dB。利用電腦計算出下頁所示的聲音光譜的A-加權音量當量，並依製造商所建議的三個方案，發展出建議的噪音光譜，使聲音位準小於 74 dBA。假設每一種降低的方案在每種頻率波段可合在一起 (用 dB 相加)。

| 波段中心頻率 (Hz) | 波段音量 (dB) |
|---|---|
| 63 | 78 |
| 125 | 76 |
| 250 | 76 |
| 500 | 77 |
| 1,000 | 79 |
| 2,000 | 80 |
| 4,000 | 78 |
| 8,000 | 70 |

**8-12.** 以簡單的代數平均及幾何平均計算下列讀數的平均聲音壓力位準 (式 8-13) (皆以 dB 爲單位)：42, 50, 65, 74 及 47。以幾何平均是否會高估或低估聲音壓力位準？

答案：$\bar{x}=55.00$ 或 55 dB

$L_p=61.57$ 或 62 dB

**8-13.** 以下列數據重複習題 8-12 的計算 (所有單位都是 dB)：76, 59, 35, 69 及 72。

**8-14.** 以下的噪音數據是由屋前的庭院測得，這樣的音量是否會吵到鄰居？決定連續等能階當量。

| 時間 (h) | 波段量 (dBA) |
|---|---|
| 0000–0600 | 42 |
| 0600–0800 | 45 |
| 0800–0900 | 50 |
| 0900–1500 | 47 |
| 1500–1700 | 50 |
| 1700–1800 | 47 |
| 1800–0000 | 45 |

答案：這樣的音量會吵到鄰居，$L_{eq}=46.2$ 或 46 dBA

**8-15.** 一家開發公司打算在密西根州 Nontroppo 一處相當安靜的住宅區附近蓋小型購物中心。根據表為類似大小及規模的測量數據，開發者實行這個計畫是否合法，是否會遭受抱怨？計算 $L_{eq}$。

| 時間 (h) | 波段量 (dBA) |
|---|---|
| 0000–0600 | 42 |
| 0600–0800 | 55 |
| 0800–1000 | 65 |
| 1000–2000 | 70 |
| 2000–2200 | 68 |
| 2200–0000 | 57 |
| 1800–0000 | 45 |

**8-16.** 美國環保署在 1974 年估算出住在城市裡的工廠工人的典型噪音曝露模式，如下所示，試計算 $L_{dn}$。

| 時間 (h) | 波段量 (dBA) |
|---|---|
| 0000–0500 | 52 |
| 0500–0700 | 78 |
| 0700–1130 | 90 |
| 1130–1200 | 70 |
| 1200–1530 | 90 |
| 1530–1800 | 52 |
| 1800–2200 | 60 |
| 2200–0000 | 52 |

**8-17.** 美國環保署在 1974 年估算出住在城市裡的中學生的典型噪音曝露模式，如下所示，試計算 $L_{dn}$。

| **時間 (h)** | **波段量 (dBA)** |
|---|---|
| 0000–0700 | 52 |
| 0700–0900 | 82 |
| 0900–1200 | 60 |
| 1200–1300 | 65 |
| 1300–1500 | 60 |
| 1500–1700 | 75 |
| 1700–1800 | 90 |
| 1800–2100 | 60 |
| 2100–0000 | 52 |

**8-18.** 擁有可發電 600 百萬瓦的燃油蒸氣爐發電廠有兩座鍋爐，抽風扇產生頻率 4,000 Hz 時的聲音強度位準為 139 dB (re：$10^{-12}$ W)，試決定當風速為 4.50 m/s，溫度為 0.0°C，相對濕度為 30%，及氣壓為 101.3 kPa 時，在晴朗冬夜時順風 408.0 m 處的聲音壓力位準。鍋爐的高度為 12 m，接收器的高度為 1.5 m，地表特性如圖 P-8-18 所示。

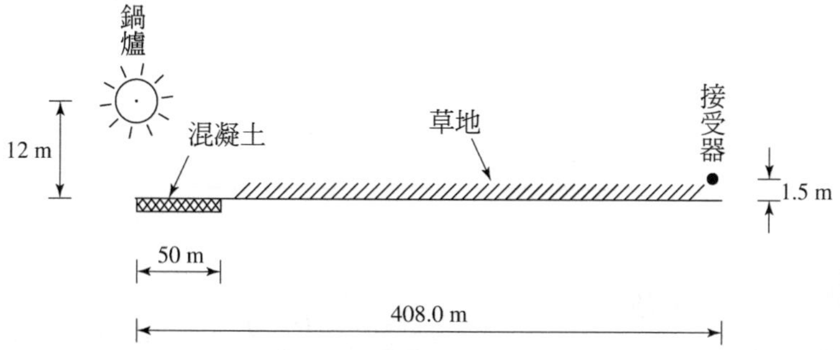


**圖 P-8-18**　習題 8-18 的地表特性。

答案：408.0 m 處 4,000 Hz 的 SPL＝50.50 或 50 dB

**8-19.** 一個噴射機試驗在 125 Hz 的聲音強度位準為 149 dB (re：$10^{-12}$ W)，而在一個風速為 1.5 m/s，溫度為 25.0°C，相對濕度為 70.0% 及氣壓為 101.3 kPa 下的晴朗夏季早晨時，在頻率為 125 Hz 下且順風 1200 公尺處的聲音壓力位準是多少？引擎及接受器的高度為 1.5 m，地表特性如圖 P-8-19。

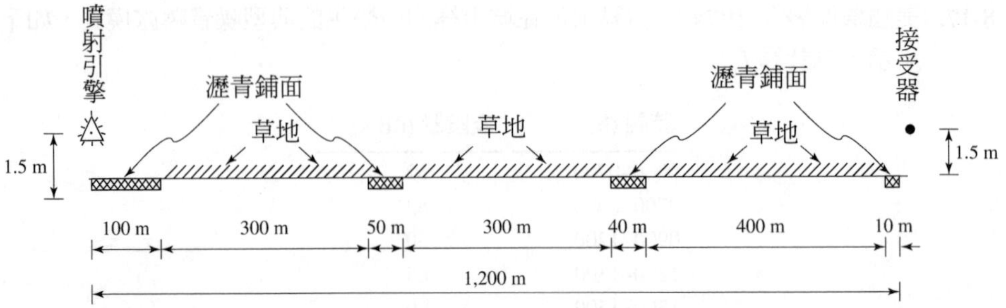


**圖 P-8-19** 習題 8-19 的地表特性。

**8-20.** 試利用電腦計算，離接收器 2,000 m 遠的噴射機的 A-加權音量當量。噴射機 (音源) 在八度音階波段的聲音強度位準如下表，氣象資料如下：晴朗夏季早晨，逆風，風速為 2.50 m/s，溫度為 20.0°C，相對濕度為 70.0 %，大氣壓力為 101.3 kPa，音源與接受器的高度為 1.5 m，地表特性如圖 P-8-20。

| 波段中心頻率 (Hz) | 波段能量位準強度 re: $10^{-12}$ W |
|---|---|
| 125 | 144 |
| 250 | 148 |
| 500 | 155 |
| 1,000 | 160 |
| 2,000 | 165 |
| 4,000 | 168 |

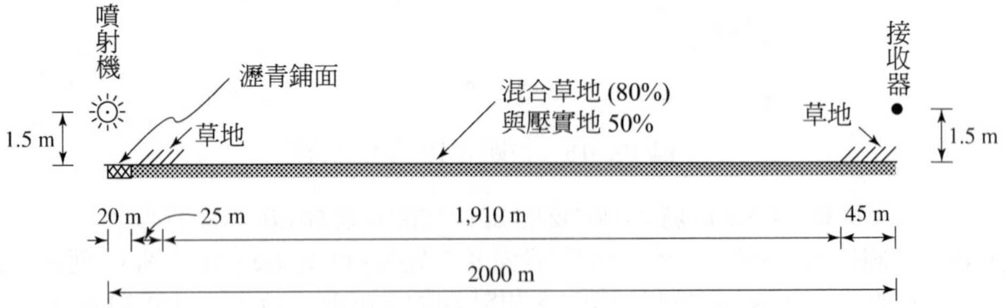


**圖 P-8-20** 習題 8-20 的地表特性。

**8-21.** 考慮在一條單行道上，平均每小時有 1200 輛汽車通過，決定以下的情形：

**a.** 在平均交通速度為 40.0 km/h 時，車和車之間的平均空隙。

**b.** 在平均速度為 40.0 km/h 時，一公里長的公路上有幾輛車？

**c.** 在 8.0 公尺寬的公路旁；一公里車陣的汽車發出 71 dBA 的噪音，則在 60 公尺外的音量是多少？

答案：

**a.** 平均空隙＝33.3 m

**b.** 一公里長的公路上車數目＝30 輛/km

**c.** $L_p$＝47.47 或 48 dBA

**8-22.** 重複習題 8-21，車速增加到 80 km/h，但每小時仍通過 1,200 輛車。

**8-23.** 試決定下列高速公路交通情況的 $L_{10}$：

| | |
|---|---|
| 機車數＝每小時 1,500 輛 | 車速＝60 km/h |
| 中型卡車數＝每小時 150 輛 | 車速＝60 km/h |

重型卡車數＝0

觀察者離公路距離＝40.0 m

可見視線距離＝40.0 m

障礙物位置＝3.0 m

中斷可見視線距離＝6.0 m

弧角＝170°

答案：$L_{10}$＝51 dBA

**8-24.** 試決定下列高速公路交通情況的 $L_{10}$：

| | |
|---|---|
| 機車數＝每小時 2,000 輛 | 車速＝70 km/h |
| 中型卡車數＝每小時 200 輛 | 車速＝70 km/h |

重型卡車數＝0

觀察者離公路距離＝60.0 m

可見視線距離＝60.0 m

障礙物位置＝5.0 m

中斷可見視線距離＝1.0 m

弧角＝160°

**8-25.** 在密西根州的 Nontroppo，正在準備州際公路申請公聽會 (圖 P-8-25a)。郡公路局要求你估計違反距州際 75 公尺，FHA 噪音標準的可能性。都市工程師提供草圖 (見圖 P-8-25b) 即可使用的數據摘要。

Pianissimo 大道 I-481 中心線處的數據

預估交通：

汽車：在時速 88.5 km/h 時，每小時 7,800 輛

中型卡車：在時速 80.5 km/h 時，每小時 520 輛

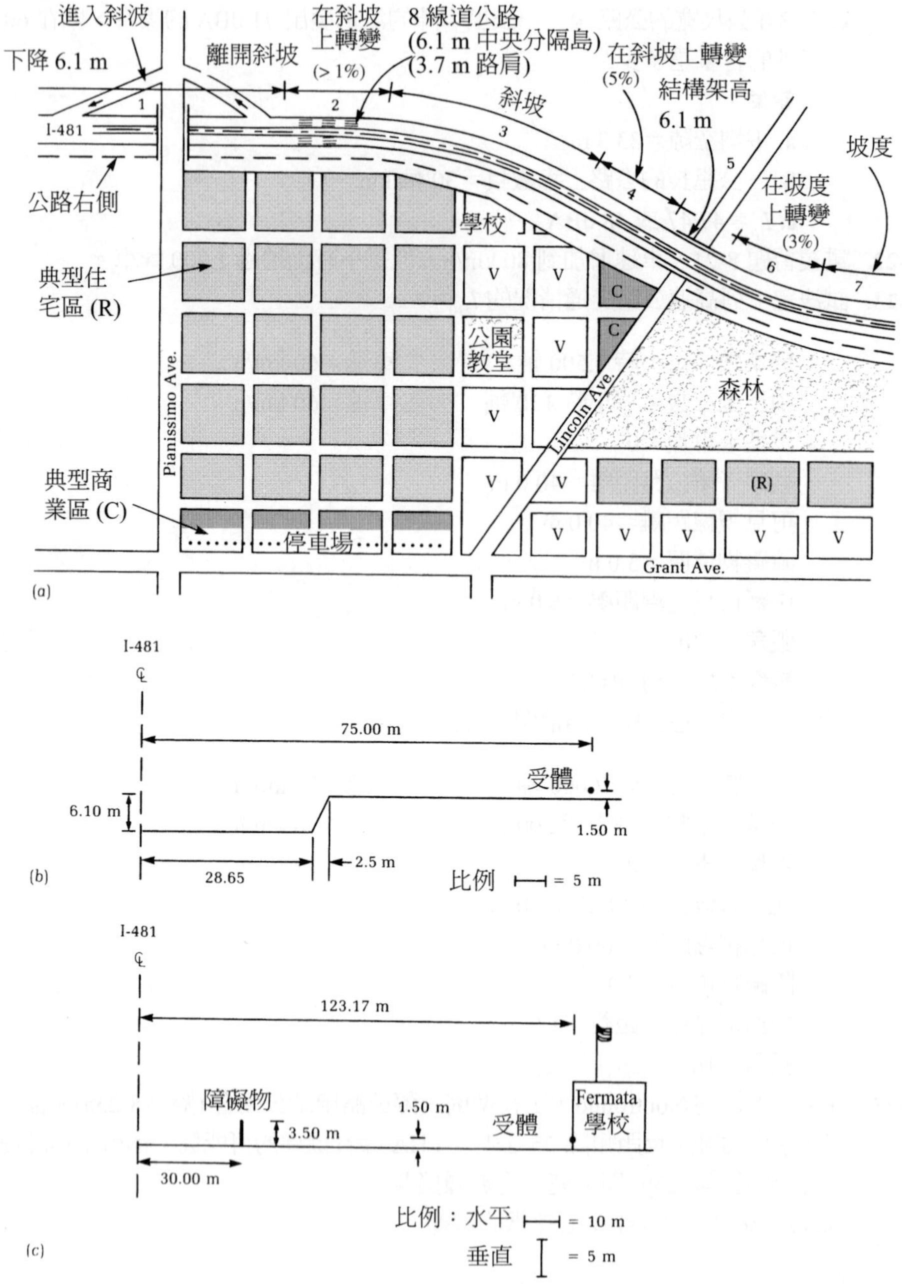


**圖 P-8-25** 申請旁道的草圖：(a) 平面圖，(b) 沿 Pianissimo 大道的交叉段，(c) 沿著 Fermata 學校的交叉區段 (見習題 8-25 及 8-26)。

重型卡車：在時速 80.5 km/h 時，每小時 650 輛

公路構造：下降式

區段長度：Pianissimo 大道中心線以東及以西各 857.25 公尺

假設受體位於 Pianissimo 大道的中心線，且距離 I-481 中心線 75.00 公尺，計算觀察者的 $L_{10}$。

答案：觀察者的 $L_{10}=68.6$ 或 69 dBA

**8-26.** 決定在Fermata學校附近，違反FHA噪音標準的可能性。都市工程師提供草圖 (見圖 P-8-25c) 及可使用的數據。

在 Fermata 學校的 I-481 資料

預估交通：和 Pianissimo 大道一樣

公路構造：斜坡

障礙物長度：Fermata 學校以東及以西各 199.80 公尺

假設受體在學校北面外圍 123.17 公尺處的 I-481 中心線上，並在地面上 1.5 公尺，計算其 $L_{10}$。

**8-27.** 利用習題 8-25 的數據，計算只有汽車時，受體的*未衰減* $L_{eq}$。假設公路的邊緣是障礙物。

答案：$L_{eq}=70$ dBA

**8-28.** 重複習題 8-27，但利用習題 8-26 的數據，假設公路的邊緣是障礙物。

## ▲ 8-10　問題研討

**8-1.** 以“種類”的形式來區分下列的噪音音源，例如，連續，間歇或脈衝 (並非所有的音源都符合以上三種區分)。

(a) 電鋸

(b) 空氣清淨機

(c) 鬧鐘 (鈴聲型)

(d) 鑽孔機

**8-2.** 下列的陳述對或錯？若否，以淺顯的方法加以糾正“當分機突破音障時會發生音爆”。

**8-3.** 下列的陳述對或錯？若否，以淺顯的方法加以糾正“過量的連續噪音會導致鐙股破裂而損傷聽力”。

**8-4.** 身為公司的安全人員，你被要求去決定在下列情形以降低曝露時間作為降低聽力傷害的可行性：

工人為高層建築進行鋼鐵高速研磨的操作。操作者的耳朵有效噪音為 100

dBA，他因為要和其他人聯絡，所以不能帶耳朵保護裝置。

曝露時間的限值應設為多少？

**8-5.** 由圖 8-43，確認下列的噪音控制技術在哪裡可以用得到：隔絕，制振，降低噪音洩漏，使用吸音材料，使用聲音內襯及包圍。

## ▲ 8-11 參考文獻


Achitoff, L. (1973) "Aircraft Noise—A Threat to Aviation," *Journal of Water, Air and Soil Pollution*, vol. 2, no. 3, pp. 357–363.

Alexandre, Barde, Lamure and Langdon (1975) *Road Traffic Noise*, Applied Science Publishers.

Berendt, R. D., E. L. R. Corliss, and M. S. Ojalro, (1976) A Practical Guide to Noise Control, *National Bureau of Standards Handbook* 119, U.S. Department of Commerce, pp. 16-41.

Beranek, L. L. (1954) *Acoustics,* McGraw-Hill, New York.

Borg, E., and S. A. Counter (1989) "The Middle-Ear Muscles," *Scientific American,* August, pp. 74–79.

Burck, W., et al. (1965.) "Gutachten erstatet im Auftrag des Bundesministers für Gesundheits wesen," *Flugärm.*

Clemis, J. D. (1975) "Anatomy, Physiology, and Pathology of the Ear," in J. B Olishifski and E. R. Harford (eds.), *Industrial Noise and Hearing Conservation*, National Safety Council, Chicago, p. 213.

Davis, H. (1957) "The Hearing Mechanism," in C. M. Harris (ed.), *Handbook of Noise Control,* McGraw–Hill, New York, pp. 4– 6.

Davis, H. (1958) "Effects of High Intensity Noise on Navy Personnel," *U.S. Armed Forces Medical Journal*, vol. 9, pp. 1027–1047.

De Neufville, R., and A. R. Odoni (2003) *Airport Systems: Planning, Design, and Management*, McGraw-Hill, New York, p. 198.

FHWA (1973) *Policy and Procedure Memorandum 90-2, Noise Standards and Procedures,* U.S. Department of Transportation, Washington, DC, http://www.fhwa.dot.gove/environment.

FHWA (2005) "Priority, Market-Ready Technologies and Innovations, FHWA Traffic Noise Model®, Version 2.1," Federal Highway Administration, U.S. Department of Transportation.

Fletcher, H., and W. A. Munson (1935) "Loudness, Its Definition, Measurement and Calculation," *Journal of Acoustic Society of America,* vol. 5, October, pp. 82–105.

Griffiths, I. D., and F. J. Langdon (1968) "Subjective Response to Road Noise," *Journal of Sound & Vibration,* vol. 8, pp. 16–32.

Hajek, J. (1977) "$L_{eq}$ Traffic Noise Prediction Method," *Environmental and Conservation Concerns in Transportation: Energy, Noise and Air Quality,* (Transportation Research Record No. 648), Transportation Research Board, National Academy of Sciences, pp. 48–53.

ISO (1989) *Acoustics—Attenuation of Sound During Propagation Outdoors, Part 2, A General Calculation*, International Organization for Standardization, ISO/DIS 9613-2, Geneva.

ISO (1990) *Acoustics—Attenuation of Sound During Propagation Outdoors, Part 1, Calculation of Absorption of Sound by the Atmosphere*, International Organization for Standardization, ISO/DIS 9613-1, Geneva.

Kryter, K. D. et al. (1971) *Non-auditory Effects of Noise,* Report WG-63, National Academy of Science, Washington, DC.

Kugler, B. A., D. E. Commins, and W. J. Galloway (1976) *Highway Noise: A Design Guide for Prediction and Control,* National Cooperative Highway Research Program Report.

Magrab, E. B. (1975) *Environmental Noise Control,* John Wiley & Sons, New York.

May, D. (1978) *Handbook of Noise Assessment,* Van Nostrand Reinhold, New York, p. 5.

Miller, J. D. (1971) *Effects of Noise on People*, U.S. Environmental Protection Agency Publication No. NTID 300.7, Washington, DC, p. 93.

Minnix, R. B. (1978) "The Nature of Sound," D. M. Lipscomb and A. C. Taylor (eds.), *Noise Control Handbook of Principles and Practices*, pp. 29–30.

NIOSH (1972) *Criteria for a Recommended Standard: Occupational Exposure to Noise,* National Institute for Occupational Safety and Health, U.S. Department of Health Education and Welfare, Washington, DC.

Olishifski, J. B., and E. R. Harford (eds.), (1975) *Industrial Noise and Hearing Conservation,* National Safety Council, Chicago, pp. 7, 340.

Piercy, J. E., and G. A. Daigle (1991) "Sound Propagation in the Open Air," in C. M. Harris (ed.), *Handbook of Acoustical Measurements and Noise Control,* McGraw-Hill, New York, pp. 3.1–3.26.

Sabin, H. J. (1942) "Notes on Acoustic Impedance Measurement," *Journal of the Acoustical Society of America,* vol. 14, p. 143.

Seeley, R., T. Stephens, and P. Tate (2003) *Anatomy and Physiology,* 6th ed., McGraw-Hill, New York.

Sylvan, S. (2000) *Best Environmental Practices in Europe and North America,* County Administration of Vastra Gotaland, Sweden.

U.S. EPA (1971) *Transportation Noise and Noise from Equipment Powered by Internal Combustion Engines,* U.S. Environmental Protection Agency Publication No. NTID 300.13, Washington, DC, p. 230.

U.S. EPA (1972) Report to the President and Congress on Noise, U.S. Environmental Protection Agency, Washington, DC.

U.S. EPA (1974) *Information on Levels of Environmental Noise Requisite to Protect Public Health and Welfare With an Adequate Margin of Safety,* U.S. Environmental Protection Agency, Publication No. 550/9-74-004, Washington, DC, pp. 29, B9, B10.

Ward, W. D., and A. Glorig (1961) "A Case of Firecracker-induced Hearing Loss," *Laryngoscope*, vol. 71, pp. 1590–1596.

Warnock, A. C. C. and J. D. Quirt (1991) "Noise Control in Buildings," in C. M. Harris, (ed.), *Handbook of Acoustical Measurements and Noise Control,* McGraw-Hill, New York, p. 33.13.

CHAPTER

# 9

# 固體廢棄物管理

# ▲9-1 展　望

固體廢棄物 (solid waste) 一詞係用以描述人類所丟棄的東西，包括一般所描述的廚餘、廢棄物及碎屑物等。美國環境保護署法令定義係採用廣義的解釋，即泛指任何被丟棄的物質皆包含於此，諸如再使用物、回流物或再生物、污泥和有害廢棄物等。法令定義特別將放射性廢棄物及有害廢棄物排除在外。

本章所討論的內容將以來自住宅和商業活動所產生固體廢棄物的探討爲主。至於污泥問題已於第 4 章及第 6 章提及。有害廢棄物將於第 10 章討論，放射性廢棄物則於第 11 章討論之。

## 廢棄物產生量

任意棄置固體廢棄物而未加以處理時，會產生大區域的污染問題。人口愈集中地區，此項污染問題將愈嚴重。表示每人每天所產生的固體廢棄物量有不同的估算方式。在 2003 年，美國環境保護署估算出國家固體廢棄物產生的平均速率爲 2.04 kg/人．天 (U.S. EPA, 2003)。依此推算，2003 年時美國全國固體廢棄物產量爲 214 Tg。*此數量分別較 1980 及 1960 年所產生的 137.8 Tg 和 80.1 Tg 高出 56% 和 170% 之多。而美國環境保護署估算將有 60% 固體廢棄物量來自於住宅區活動的結果，其他 40% 固體廢棄物量則來自於商業活動的結果。個別不同的城市估算固體廢棄物產生量會有所差異。例如，洛杉磯加州地區產生量約爲 3.18 kg/人．天，在威斯康辛州威爾遜鄉村社區產生量約爲 1.0 kg/人．天。

圖 9-1 顯示各種不同固體廢棄物產生速率的關係圖，其平均值與許多局部因素有關，且研究顯示因城市地區的不同氣候、生活水準、年代、教育程度、地區位置、收集方式和棄置習慣等因素，皆會在估算固體廢棄物產生量時造成很大的差異性。

---

* In keeping with correct SI notation, we use teragrams ($1\times10^{12}$ grams). One Tg is equivalent to $1\times10^{9}$ kilograms (kg) or $1\times10^{6}$ megagrams (Mg). The megagram is often referred to as the "metric ton."

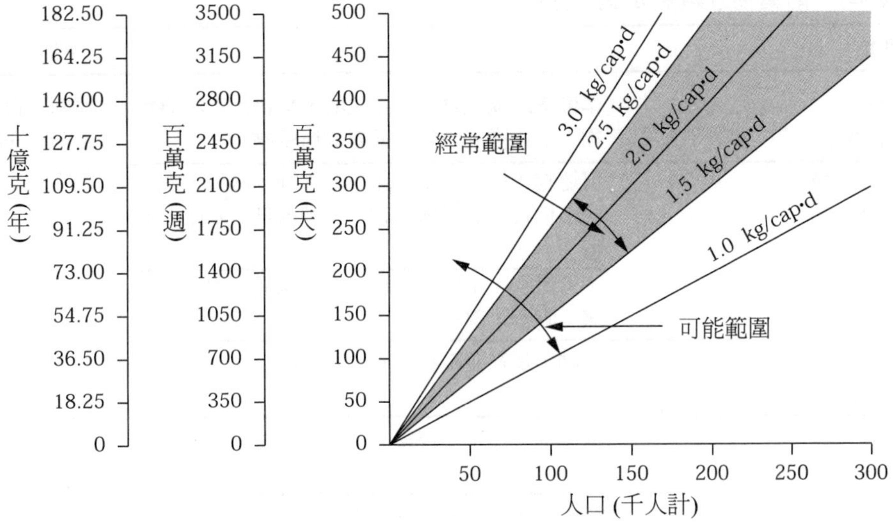


**圖 9-1**　固體廢棄物產生量變化關係圖。

## 固體廢棄物特性

**廢棄物** (refuse) 和**固體廢棄物** (solid waste) 二詞在使用上或多或少有相似之處，但吾人仍選擇以固體廢棄物一詞來描述所丟棄的物體。一般固體廢棄物質可依幾種不同的方式加以分類。在某種情況下，分類是以其產生源作爲依據，例如：家庭、學術機構、商業、工業、街道、工程拆除或營造等業者的廢棄物加以分類。依物質性質加以分類時，可分成有機性、無機性、可燃性、不可燃性、易腐敗性及不易腐敗性的廢棄物。表 9-1 爲最常用的分類方式之一，其分類係以廢棄物種類作爲依據。其他分類系統與美國焚化爐協會所使用的分類系統相似 (如表 9-2 所示)，是以其廢棄物熱值含量作爲分類依據。

**廚餘** (garbage)：爲吾人將動物和植物經烹調處理食用後所產生的廢棄物。其主要含有易腐敗的有機物及水份。廚餘並不包括食品罐頭加工業、皮革製造業、包裝業、及類似行業或大量食物不良製品等產生的廢棄物。廚餘主要源自家庭廚房、商店、市場、餐廳和其他食品製造貯存供應場所等所產生的廢棄物。在炎熱天氣下，廚餘容易快速分解產生惡臭。廚餘具有商業性價值，可以作爲動物飼料及一些商業供料用途。然而，基於健康因素的考量，通常將此項用途加以排除。

**表 9-1 廢棄物分類組成及產生源**

| 種類 | 組成物 | 產生源 |
|---|---|---|
| 廚餘 (Garbage) | 準備烹調處理食用後產生的廢棄物，市場廢棄物，食物處理貯存和販售的廢棄物 | 家庭，餐廳，市場，機關，商店 |
| 一般垃圾 (Rubbish) | 可燃物：紙，紙板，箱子，木桶，木材，木屑，樹枝，庭院剪除物，木製家具，木床，襯板 | |
| | 不可燃物：金屬，空罐，金屬家具，泥土，玻璃，陶器，礦物質 | |
| 灰燼 (Ashes) | 烹調，加熱及焚化爐的殘餘灰燼 | |
| 街道垃圾 (Street Refuse) | 掃集物，泥土，枝葉，沉沙，池泥土 | 街道，人行道，巷弄，空地 |
| 動物屍體 (Dead Animals) | 貓，狗，松鼠，鹿等屍體 | |
| 廢棄車輛 (Abandoned Vehiches) | 棄置街道的車輛 | |
| 工業廢棄物 (Industrial Wastes) | 食品加工廢棄物，鍋爐餘燼，煤渣，金屬屑刨片 | 工廠，發電廠 |
| 工程拆除物 (Demolition Wastes) | 拆除建築或工程的木材，水管，磚，石塊及其他 | 拆建場地 |
| 建造廢料 (Construction Wastes) | 木材，水管及其他建料的廢料 | 新建工程，整修 |
| 特殊廢棄 (Special Wastes) | 有害廢棄物，爆炸物，致病性廢物，放射性廢物 | 家庭，工廠，旅館，醫院，機關，商店 |
| 污水處理殘餘物 (Sewage TreatmeatResidue) | 攔篩物，沉沙池，污泥 | 污水處理廠 |

(資料來源：ISW, 1970.)

**一般垃圾** (rubbish) 包括各種可燃和不可燃的固體廢棄物，來自於家庭、商店與機關建築。此類不包含廚餘。碎屑物 (trash) 爲一般垃圾的一種，係經處理後所產生的廢棄物。可燃性廢棄物包括紙、破布、紙盒、木材、家具、樹枝、庭院修剪物……等。有些城市將庭院廢棄物分爲另一種類的廢棄物。可燃性廢棄物是不腐敗且可以貯存一段長時間。不可燃性廢棄物包括金屬空

**表 9-2 美國焚化爐協會廢棄物分類表**

| 廢棄物焚化分類 | | | | | | | | |
|---|---|---|---|---|---|---|---|---|
| 廢棄物分類<br>型態 | 描述 | 主要成份 | 近似重量組成，% | 含水量，% | 不可燃固體，% | 每公斤廢棄物燃燒產生焦耳熱值 | 每公斤廢棄物含燃燒計算輔助燃燒的焦耳 | 建議時固分，每公斤廢棄物進料燃燒產生百萬焦耳 |
| [a]0 | 碎屑物 | 易燃廢棄物，紙，木材，紙板，包含高於10% 處理紙，塑膠或橡膠碎片；商業和工業來源 | 碎屑物 100% | 10% | 5% | 19.8 | 0 | 0 |
| [a]1 | 一般垃圾 | 可燃物，紙，破木材碎片，可燃掃集物；家庭，商業和工業來源 | 一般垃圾 80%<br>廚餘 20% | 25% | 10% | 15.1 | 0 | 0 |
| [a]2 | 廢棄物 | 一般垃圾和廚餘；住宅來源 | 一般垃圾 50%<br>廚餘 50% | 50% | 7% | 10.0 | 0 | 3.5 |
| [a]3 | 廚餘 | 動物和蔬菜廢棄物，餐廳，旅館，市場，機關學校，商業和俱樂部來源 | 廚餘 65%<br>一般垃圾 35% | 70% | 5% | 5.8 | 3.5 | 7.0 |
| 4 | 動物固體和有機廢棄物 | 屍體，器官，固體有機廢棄物；醫院實驗室，公共屠宰場，動物檻和類似來源 | 100%<br>動物和人體 | 85% | 5% | 2.3 | 7.0 | 18.6%<br>(11.6 初級)<br>(7.0 次級) |
| 5 | 氣體，液體或半液體廢棄物 | 工業程序廢棄物 | 可變動 | 與主要成份有關 | 可變動的依據廢棄物測量 | 可變動，依據廢棄物測量 | 可變動，依據廢棄物測量 | 可變動，依據廢棄物測量 |
| 6 | 半固體和固體廢棄物 | 可燃物需要爐床，蒸餾器，或爐燃燒設備 | 可變動 | 與主要成份有關 | 可變動的依據廢棄物測量 | 可變動，依據廢棄物測量 | 可變動，依據廢棄物測量 | 可變動，依據廢棄物測量 |

[a]The above figures on moisture content, ash, and MJ as fired have been determined by analysis of many samples. They are recommended for use in computing heat release, burning rate, velocity, and other details of incinerator designs. Any design based on these calculations can accomodate minor variations.

(資料來源：iia, 1968.)

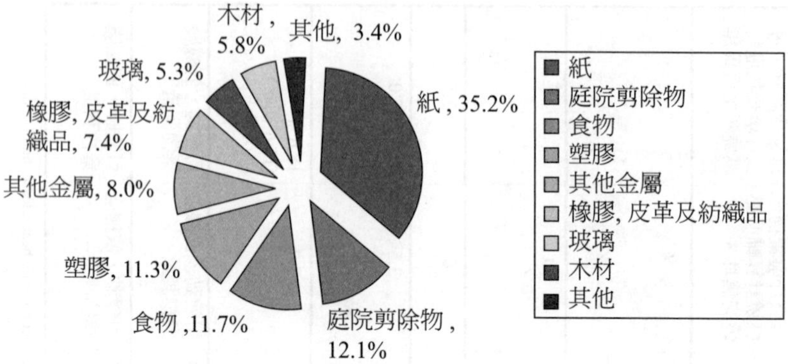


**圖 9-2** 2003年城市固體廢棄物產生量分佈圖 (質量百分比)
(資料來源：U.S.EPA, 2003)。

罐、重金屬、玻璃、灰燼……等物質，此類廢棄物在普通的焚化爐操作溫度 (700°C 至 1100°C) 下，不能氧化燃燒。

在 2003 年時，美國城市固體廢棄物平均組成的關係列於圖 9-2 中。

鬆散可燃廢棄物密度約爲 115 kg/m$^3$，收集後固體廢棄物密度分佈在 235 至 300 kg/m$^3$ 的範圍內。

## 固體廢棄物管理概述

固體廢棄物管理的目的，首重於能以及時的方式將住家、地方所產生的棄置物去除，以防止疾病的擴散漫延，且能降低火災產生機率，及一些有機質腐敗產生惡臭，而降低生活住家環境的品質。其次，在確保處理固體廢棄物時，能以符合環境保護規範的方式進行。

**政策訂定**　固體廢棄物管理政策訂定決定於民眾部門，私人公司營運管理的目標在降低成本或取得最大利潤。管理政策的訂定並非是由政府單一主導，亦會受社會大眾意見取向的影響。以民眾目的爲導向的管理工作功能，是極爲含糊不清且不易正式表達清楚的。

社會大眾的強制參與性，特別是政治或社會性質的強制參與性是難以衡量的，且其管理效果的標準難以用數量去衡量。而各種管理工作效果的標準在面對民眾效率要求時，或許可以加以衡量如收集頻率、收集廢棄物型式、廢棄物位置、處理方法、處置場所決定、處置系統環境的接受度，及顧客的滿意度等。固體廢棄物管理系統對於民眾接納能力甚少與量化的參數影響有關。吾人可將此非量化的參數歸類成**制度因素**，該制度因素包括如系統政治可行性、立法強制性和行政簡化等。

社會大眾在作政策決定時，其額外的強制性爲環境因素和資源保護。在廢棄物儲存和處置區域作環境因素的考量是重要項目，此係因廢棄物長時間曝露於居住生活的環境之故。另外，一般民眾會體會天然資源的有限，因此資源保護工作會逐漸受地方政府的日益關切。

固體廢棄物管理政策可由以下四個基本要項所組成：收集、運輸、處理和棄置等部份。由圖 9-3 說明廢棄物從產生至最終處置的處理流程圖。

設計固體廢棄物收集系統時，首先須決定要在何地拾起廢棄物：街道或後庭院。此爲一項重要的決定，因其會影響許多其他的收集變數，如貯存容器選擇、清潔人力規模、收集卡車選擇等。庭院收集系統曾經是收集廢棄物的主要方法，目前在一些社區仍被使用，雖然成本較高，但可免除定時收集的需要。

重要的因素爲收集的頻率，有關收集點和收集頻率二者對於收集成本的影響衝擊應加以評估。因收集成本費用一般會占總固體廢棄物管理成本的 70 至 85% 之多。而勞工成本費用占收集成本約 60 至 75%，收集人員勞動生產力的增加會明顯地減少總費用的支出。目前大部份社區提供每週一到兩次的垃圾收集，取代以往最常用的每週一次收集行程 (U.S. EPA, 1995)。

採用每週收集一次的路邊收集系統具有最大勞動生產力，故此系統的操作成本費用較採用高頻率收集系統和後庭院收集系統所需的費用爲低。許多社區維持一週二次後庭院服務方式，主要原因在許多市民爲其方便性寧願多付出一些的費用。在溫暖地區，每週收集二次認爲是必要的且能防止惡臭的產生和中止蚊蠅繁殖循環，因爲幼蟲成熟循環約爲 4~5 天。

決定製作固體廢棄物貯存容器的形式時，應評估環境效應及成本二項之影響。從環境觀點看，有些貯存容器大小對於收集人員作業時的健康和安全問題會產生影響，對於一般民眾亦會產生同樣的影響。因此，對某個收集系統而言，社區須決定採用何種型式儲存系統，方能符合環境安全性及最具經濟性的要求。例如，從健康和審美觀點，紙袋和塑膠袋爲最優先的選擇，同時結合使用路邊收集系統會增加勞動生產力。然而，對於結合使用後庭院收集系統而言，使用垃圾袋對增加勞動生產力的影響效率較小。

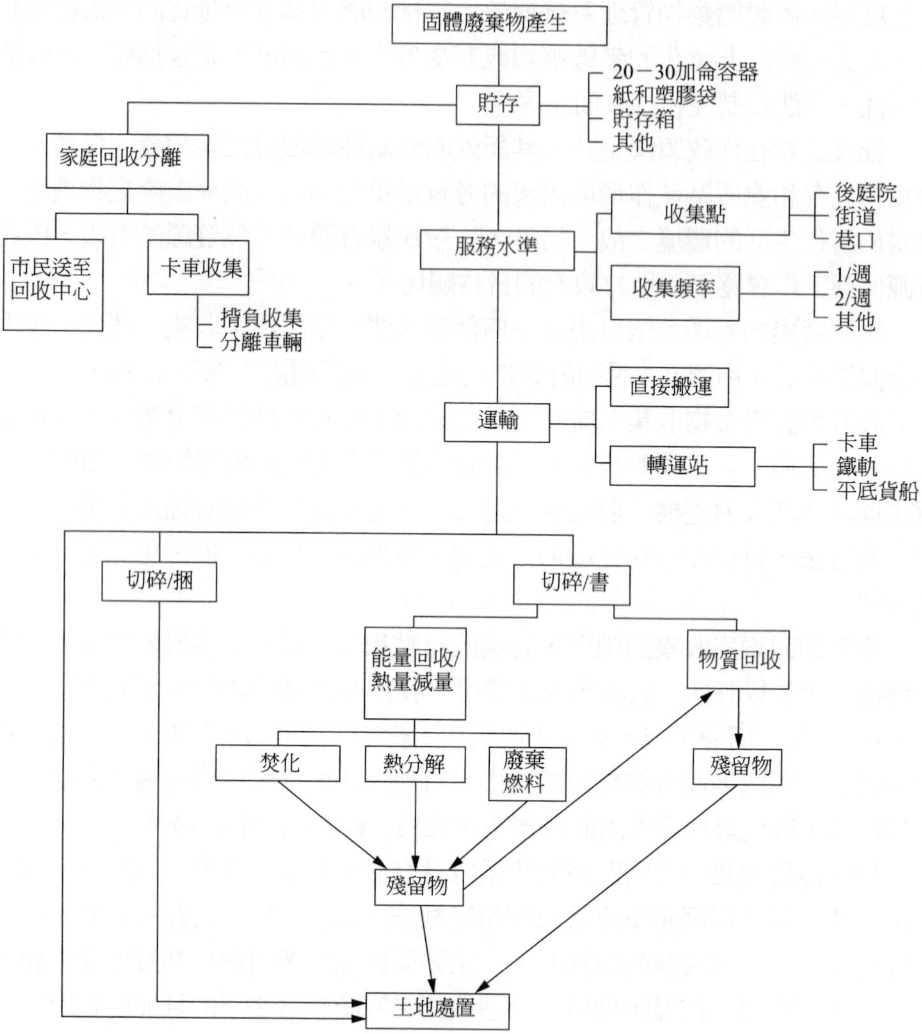


**圖 9-3** 固體廢棄物處理流程圖 (資料來源： U.S. EPA, 1974)。

貯存容器的形式通常依收集的形式而定。如果固體廢棄物為人工收集，則會使用到塑膠袋或桶子，最近也有些社區開始賣特定塑膠袋或標籤貼在塑膠袋上，如此可將處理的費用包含在購買塑膠袋的費用內。若收集系統為自動或半自動的，則容器必須經由特殊設計以符合垃圾車裝載系統，此類容器通常可裝入 1 到 20 立方公尺的廢棄物。

選用貯存容器其他的考量因素為家庭各種物質的分離和進行物質的回收

工作。在許多城市實行回收再利用物質的收集工作，正持續推動中。使政府決策官員產生極高興趣者，爲採用家庭分離技術和利用正規的收集卡車加裝儲藏廂，隨車收集回收物質或利用分離式卡車回收物質。

考慮採用實行分離收集系統的主要因素之一，爲回收所得的利潤是否比分離操作收集成本有價值。而分離收集的經濟生存力，主要與地方市場價格的高低與市民參與程度有關。若這些因素是正面的，則採用實行分離回收系統並不會因此增加操作成本，且不須額外投資經費。另一個考慮的因素爲社區對地方當局積極實行回收制度的期待，多數人意識到回收制度是對環境友善的措施，且非常期待地方當局可提供回收機會。

市中心與處置場二地距離的遠近，將決定在運輸系統中是否設置**轉運站** (transfer station)。* 除了至處置場運送距離須考慮外，運輸時間亦爲一重要的關鍵因素，特別是在交通擁塞的大城市，此項因素愈顯重要。

轉運站操作所涉及投資購置與操作營運的成本，與其利用收集車輛收集廢棄物進行長途運送至處置場處理所涉及的成本 (以勞工成本爲主)，二者相互比較。進行計算比較彼此耗費成本多寡，可選擇適當的地點設置轉運站進行操作，使其更具經濟利用的優點。

如何處理收集後的固體廢棄物，已成爲社區官員所面臨最困難的問題之一。收集處理會造成危機情勢的發生情形，例如某焚化爐廠或棄置場因其操作未通過新環境管理法規而強迫封閉使用等。新式設施若未妥善規劃管理和運作，則操作一段時間後，其他的危機會逐漸形成而衍生其他的問題。

主要的廢棄物處置處理方式包括：(1) 以衛生掩埋直接處置未處理之廢棄物於都市衛生掩埋場，(2) 以土地掩埋接續處置已處理的廢棄物，(3) 廢棄物資源回收及殘留物掩埋處理。大多數城市固體廢棄物係採用掩埋處理，但採用此種掩埋的比例逐漸從 1988 年的 73% 降至 2003 年的 56%，2003年時美國有 14 % 的廢棄物採用焚化處理，30% 回收或供堆肥用，美國環保署預計廢棄物焚化與回收會持續進行下去。

直接搬運至衛生掩埋場是一種最便宜的處理方式。在 1988 年，美國大約有 8000 個掩埋場運作，但到了 2002 年，由於法規的限制，約只剩下 1800

---

* A transfer station is a place where trucks dump their loads into a larger vehicle where it is compacted. By combining loads, the cost per Mg · km for transport to the landfill is reduced.

個掩埋場。75% 的都市廢棄物是利用掩埋處理的 (Wolpin, 1994)。隨處理費用的增加且掩埋場土地取得不易之故，在 1980 年末已漸被其他處理方式所取代。

第二處置方式是先將廢棄物加以處理後再進行掩埋。此項替代方案主要目的在減少廢棄物的體積，因體積的減少可降低搬運及最終處置的費用。然而，此體積減量的方式須對投資和操作的成本確有節省方有意義。

額外考慮因素爲從體積減量程序得到環境利潤。某些例子，切碎和打包會降低滲出水污染的機會，此項替代方案比直接棄置掩埋更具土地保護作用。此項處置方式並無機會進行物質或能量回收。

第三處置方式是包括從廢棄物回收能量或物質的程序，並以最終土地掩埋方式處理殘留物。此處理方式具有投資和操作成本節省的效益。但若有市場存在利用的價值時，則能量及物質可販售給廠商以降低回收成本費用。

然而，資源回收技術比其他處理替代方案昂貴，此項處理方式確可達到提升永續資源保育的目標，且其殘渣需要極少空間處置。

固體廢棄物系統的管理與操作的效能主要與下列四個因素有關：管理系統資金的供給、政府管理階層的層級、制度因素 (如政治可行性和立法強制性等)、民眾機構或私人公司是否參與收集、運輸、處理及棄置等項工作。

**整合式固體廢棄物管理 (ISWM)**　以結合處理技巧、科學技術和管理方案的方式，達到固體廢棄物管理目的者爲**整合式固體廢棄物管理** (integrated solid waste management, ISWM)。在過去十年，此項管理系統已成爲廢棄物管理研究的主流。美國環保署提出實行 ISWM 具體的行動方式包括來源減量 (包括重複使用與廢棄物減量)、資源回收、堆肥，及燃燒與掩埋處理等四方面 (U.S. EPA, 1995)。最明顯的效益是在降低焚化設備的大小，進而降低設施投資購置成本。廢棄物會保留較高的能量，使輸出量的減少較因處理廠規模減小而減少的量爲少，而資源回收亦能減輕廢棄物處理的負擔 (Shortsleeve and Roche, 1990)。

## ▲9-2 收　集

固體廢棄物收集系統可分爲三種方式：(1) 市政府直接雇用人員收集 (市立收集)，(2) 市政府委託私人公司處理 (委託收集)，(3) 私人住宅委託私人公

司處理 (私人收集)。許多社區的收集趨勢已從政府集中收集方式轉換成複合式收集。愈來愈多的社區委託代收業者處理資源回收如紙張、塑膠、玻璃等。在這些情況下，廢棄物的分離爲必須的。

政府官員須決定收集固體廢棄物的型態，而非所有的固體廢棄物皆加以收集，某些特定的物質 (如輪胎、草地剪除物、家具、或動物屍體) 可被排除在外。因有害廢棄物在處置和收集時具有危險性，必須將此類廢棄物排除在一般性收集系統之外。收集的服務性質與其處置設施規模大小或立法官員的意見有關。一個城市或許僅收集廚餘或可能除廚餘廢物之外的所有廢棄物皆加以收集。幾乎所有的市立收集系統會收集住宅廢棄物，但只有三分之一的城市會收集工業廢棄物。

關於收集問題，政府官員最後的工作是決定收集的頻率。而最滿意且經濟的收集頻率與固體廢棄物數量、氣候、成本和民眾需求等因素有關。在收集含廚餘固體廢棄物時的最大週期不應大於：

**1.** 在一合理大小貯存容器中存放廢棄物的正常累積時間。
**2.** 在平均貯存狀況下，新鮮廚餘置入容器腐敗產生惡臭的時間。
**3.** 在炎熱夏天月份期間蚊蠅繁殖循環的時間 (少於七天)。

在過去三十年來，所採用的收集頻率從每週二次變成每週一次。而增加採用每週一次收集服務的原因有二，一爲收集頻率從二次減至一次服務時，可以降低單位成本費用。其次，因在固體廢棄物中紙張含量增加和廚餘含量減少，允許有較長的貯放週期。

收集政策經確定後，由工程師或管理人員決定實際的收集方法。其主要的考量因素著眼於固體廢棄物的收集、工作人員的管理、卡車行車路線的安排與所需使用的設備。

## 收集方法

首先要決定的是如何將固體廢棄物容器從住家取得至收集車輛。有三種基本收集方法：(1) *街道或巷口收集*，(2) *往返收集* (set-out, set-back collection)，(3) *庭院收集或攜帶桶法* (backyard or tote barrel)。許多都市及近郊區域採用街道收集法，但仍有一些社區採用後庭院收集。在一些較不熱鬧的區域，有時會要求居民在特定收集點等待搬運垃圾，此特定點可能是轉運站或處置場。這種方法對於人工處理垃圾是最便宜的，但也是對家庭住戶最不方便的方法。

使用標準貯存容器進行收集工作最快速和經濟的收集點爲街道或巷口，此爲最普遍的收集型式。街道收集花費成本僅約爲採用後庭院收集成本的二分之一。市政府官員經常指定採用貯存容器的型式進行垃圾收集，清潔人員簡單地將裝有垃圾的貯存容器傾倒至收集車輛。在允許的時間內，清潔人員可以同時將街頭兩旁的垃圾收集至收集車輛。市政府可公佈並規定住戶何時可以將貯存容器放置於街道或巷口等候收集和何時需取回貯存容器。普通規定在早上七點取出至適當地點和在晚上七點取回容器。放置在街道的固體廢棄物需在極短時間內處理收集完畢。典型清潔工作小組係由一位駕駛和二位收集人員所組成。有些工作小組編制有三位或甚至四位的收集人員，但清潔工作小組人力編制趨勢係採用較少的收集人員編制爲主。最近研究顯示爲小規模清潔人力編組更具工作效率，因其勞工成本費用係占總成本的主要部份。此種收集方法除成本節省外，收集人員不必要進入私人住戶作私人服務。因此，該項收集方法對每個住戶提供服務相對地均一化。然而，許多市民不喜歡在某個特定時間將其固體廢棄物取出至街道上，且會妨礙市區街道的景觀。經調查發現有許多住戶喜歡付較多的費用採用後庭院收集服務方式。

使用街道收集法時，可利用自動或半自動收集的垃圾車。在一個自動系統中，會提供居民特定可移動至街道的大垃圾桶 (將近 90 加侖)，這種容器會用液壓式手臂將之抬起，然後再將其內的廢棄物到垃圾車上的集料斗，以清空容器。操作人員通常就是垃圾車司機，從駕駛室裡完成操作收集程序，典型的側邊裝載垃圾收集如圖 9-4。一個完整的自動收集系統對於社區來說會是最經濟的方法，尤其是使用此一車輛同時收集可回收利用物質的社區。洛杉磯已轉換此種垃圾收集系統，在 2000 年利用自動側邊裝載垃圾車收集到了 712 Gg 的垃圾、回收再利用物質、及庭院廢棄物，而這些廢棄物再運送至廢棄物處理設施進行物質分離。

然而，許多地區無法容納這些大車輛進入現有居住區域中，因此他們使用自動與半自動的結合系統。在半自動的系統當中，操作人員滾動推車至收集車輛，將推車排列再驅動抬升設備，此種機械設備會將推車抬起並傾倒之，使廢棄物收集至集料斗內。

**圖 9-4**　有機械手臂的側邊裝載垃圾收集車輛。在此模式內，牽引拖車的結構裝置提供附加的機動性 (資料來源：Heil Environmental, 2006)。

一些封閉巷道、狹窄街道和有懸吊低矮公用線路的地方可能會限制收集車輛的類型。舉例來說，休士頓市在兩百多輛車當中就有三種不同的車輛類型，都市裡使用自動的側邊裝載收集街道垃圾與回收物品，半自動後側裝載系統則收集庭院廢棄物，結合後側裝載同時附有可負荷重型垃圾的抓鉤車輛與操作員則負責處理大型垃圾 (Bader, 2001, and Luken and Bush, 2002)。

往返收集法可消除多數街道收集的缺點，但採用此法需要收集人員進入住家收集垃圾。包括有以下操作：(1) 清潔人員從住戶垃圾貯存位置將裝滿的垃圾容器，在收集車輛到達之前攜帶至街道或巷口上等候收集，(2) 收集人員將廢棄物傾倒至收集車輛，(3) 攜回人員將空容器攜帶返回至住戶放置。此項收集方法的清潔人員必須從事一個階段以上的工作項目。而採用此項方法主要的缺點即是成本較高，且比街道收集更耗費時間與金錢。

後院收集通常伴隨著攜帶桶法的使用。在此方法中，收集者會進入居民的住宅，傾倒垃圾到所攜帶桶中，再帶到垃圾車傾倒。收集者可能收集不只一家的垃圾之後才會返回垃圾車傾倒，而此方法的主要優點爲讓居民感到方便，主要缺點則爲成本高，且許多住戶不喜歡讓收集人員進入住家。此種方

**圖 9-5** 典型後側裝載垃圾收集車 (資料來源：Heil Environmental, 2006)。

法使用如圖 9-5 的後側裝載垃圾車。

成本分析顯示固體廢棄物收集和處置成本的 70% 至 85% 與採用收集型態有關。基於此理由，市政府致力於研究最具效率收集系統的替代方案。然而，許多分析係假設在廢棄物完成承載，等候棄置下進行研究工作。然而，收集系統未能經常加以研究分析的原因有二，首先在於收集系統分析時有較複雜且耗費昂貴的特性。因分析時涉及人員、設備、服務水準加上諸如收集方法、收集廢棄物數量、廢棄物貯存法、拾起點位置、設備型式和操作特性、道路因素、服務密度、路線地勢、氣候因素，和人員因素等多種變異因素有關。人員因素包括道德、動機誘因、疲勞和其他完成工作所需時間的影響變數。第二個原因是多數城市以某種方式收集廢棄物，且認爲此種收集方式很適當而未加改善，使民眾對改善處置系統所施加的壓力大於收集系統所面臨的壓力。因此，對於收集系統的分析研究較爲不普遍。

多數收集系統的改變需作很多的研究和試驗。甚至若此項改變是明顯的，亦須加以證實以說服政府官員接受採用。對固體廢棄物收集系統所應了解最重要者，爲該系統太大且複雜，故常以小規模收集系統來進行實驗，並將小規模系統的研究結果，運用於分析研究大規模系統所有的其他問題，但大規模系統相關數據可能不存在。在系統控制的政治因素和成本分佈的影響下，可能會推翻實用的結果。當一項重大投資決定採用現存的收集系統，設計人員必須在不過度浪費成本下進行工作規劃。

美國環保署建議一種可以估算垃圾收集系統所需時間的方法，以評估進系統最佳化 (U.S. EPA, 1995)，其時間研究涵蓋的步驟程序列於表 9-3。

## 廢棄物收集系統設計計算

吾人對收集系統經常藉由計算方法估算，如清潔人力編組規模、卡車承載容量大小及勞工和購置成本多寡等項的了解，作爲決定採用何種收集系統時的參考。使用簡易的公式可對上述各項加以計算。該公式係基於粗略平均收集時間的假設下進行計算，計算的假設是以一位收集人員可在一分鐘完成一戶人家垃圾的收集，而利用二位收集人員可以在半分鐘完成一戶人家垃圾的收集。以下幾種方式可資利用進行各項估算工作。

**卡車容量估算**　式 9-1 用以估算一輛卡車所能承載固體廢棄物體積量，式中各相關參數大小可利用其他方式估計出。

$$\forall_T = \frac{\forall_p}{rt_p}\left[\frac{H}{N_d} - \frac{2x}{s} - 2t_d - t_u - \frac{B}{N_d}\right] \qquad \textbf{(9-1)}$$

式中 $\forall_T$ ＝固體廢棄物密度 $D_T$ 時，每趟卡車所承載固體廢棄物的體積量，$m^3$

$\forall_p$ ＝每一拾起位置 (或站) 固體廢棄物的體積量，$m^3$/stop

$r$ ＝壓縮比

$t_p$＝每一收集站之平均時間加上到達下一站的平均時間，h

$H$＝工作日之時數，*h

$N_d$＝每天卡車至處置場的趟數

$x$ ＝至處置場的單程距離，km

$s$ ＝往返處置場的平均搬運速率，km/h

*We should note that it is standard practice to allow two fifteen-minute breaks during the day. Since the crew is paid for this, the number of hours in the workday ($H$) are unchanged. However, some allowance must be made for it. Hence the off route time ($B$) is included in the equation.

**表 9-3 執行時間的步驟表**

1. 選擇代表平均技術程度的工作人員。
2. 決定最佳執行工作的方法(一系列的動作)。
3. 設定可記錄下列資訊的數據表單: 日期、工作人員姓名與時間記錄器、典型收集方法與設備(包含裝載方式)、市區特定地區與收集點之間的距離。
4. 依符合收集服務類型的因素，劃分裝載能力。舉例來說，下列因素可能適合於決定住家收集裝載次數的探討:
   - 前一個裝載點到下一個裝載點的時間
   - 工作人員下車及攜帶容器至裝載地點的時間
   - 垃圾裝載上車的時間
   - 將容器放回收集點及返回車輛的時間
5. 使用碼表，重複記錄完成這些因素所需的時間。可用下列兩種方法進行測量:
   - *跳動測量法*：碼表記錄每個因素的時間後就將重新設定為 0，以測量下個因素的時間。
   - *連續測量法*：記錄完每個因素的時間後碼表不重新設定，因此碼表會持續直到最後一個因素完成測量才按停。

   因連續測量法所需記錄器的動作較少，且也不會在重新設定時漏計時間，因此通常建議使用連續測量法。

   重複記錄的次數與完成所有依循環活動所需的時間有關，建議採取的重複記錄次數如下：

| 重複的次數 | 每循環所需的時間 | 重複的次數 | 每循環所需的時間 |
|---|---|---|---|
| 60 | 0.50 | 20 | 2.0 |
| 40 | 0.75 | 15 | 5.0 |
| 30 | 1.00 | 10 | 10.5 |

6. 決定平均記錄時間 ($T_o$) 並校正為 “正常” 情況下的時間。

   對於收集垃圾的案例，會對於延誤及工作人員疲累狀況而做校正。

   這些校正一般是以占一工作天的時間百分比來表示，延誤容許值 ($D$) 應該包含交通狀況、設備損壞與其他無法控制的延誤；工作人員的疲累容許值 ($F$) 應包括了提重物後適當的休息時間、特別炎熱或酷寒的天氣與其他垃圾收集時遇到的情況。這些容許值因素 ($D$ 和 $F$) 與平均記錄時間 ($T_o$) 可用來估算 “正常” 時間 ($T_n$)：

$$T_n = (T_o) \times [1 + (F + D)/100]$$

   “正常” 時間為特定地區與收集系統所需要的裝載時間。對於其他活動，個人時間 (如上洗手間時間) 也需校正，在這些狀況，計算每天內每位工作人員的裝載次數/時，就要進行個人時間的校正。

(*資料來源*：U.S. EPA, 1995.)

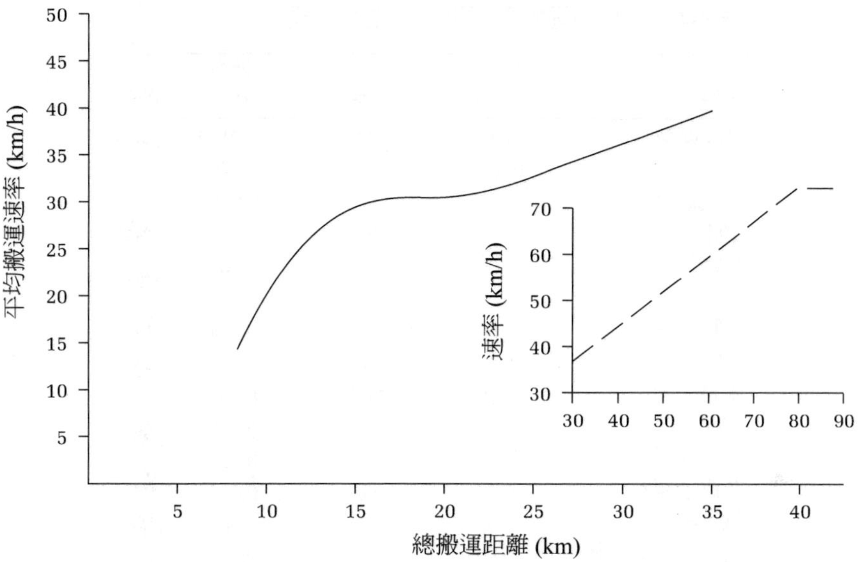


**圖 9-6**　搬運距離與平均搬運速率的關係圖 (資料來源：U. Calif., 1952)。

$t_d$ ＝單程的延遲時間，h/趟
$t_u$ ＝在處置場卸下時間，h/趟
$B$ ＝每天非工作時間，h

式 9-1 的係數 2 是指來及回處置場的運送次數。平均搬運速率大小與卡車繞一趟至處置場所行走的總距離有關 (如圖 9-6 所示)。$D_T$ 值爲卡車壓縮後廢棄物的平均密度，其大小爲假定值，可作爲估算卡車容量大小的依據。至於壓縮比 ($r$) 爲已壓縮的固體廢棄物密度值與未壓縮的固體廢棄物密度值之比。典型棄置廢棄物密度值列於表 9-4。例如，紙廢棄物壓縮密度爲 163.4 $kg/m^3$，則其壓縮比爲 2。壓縮式卡車的壓縮廢棄物密度值在 300 至 600 $kg/m^3$ 範圍。

$t_p$ 值的估算係由實驗數據資料決定之 (U. Calif., 1952； Stone, 1969)。而此實驗數據可利用下面的直線方程式關係估計其近似值。

$$t_p' = t_{b_p} + a(C_n) + b(PRH) \qquad \textbf{(9-2)}$$

式中，　$t_p'$ ＝每個收集站的平均時間加上到達下一站的平均時間，min/stop

**表 9-4　未壓縮固體廢棄物的典型性質表**

| 成份 | 質量 (kg) | 密度 ($kg/m^3$) | 體積 ($m^3$) |
|---|---|---|---|
| 食物廢棄物 | 4.3 | 288 | 0.0149 |
| 紙 | 19.6 | 81.7 | 0.240 |
| 卡紙板[a] | 2.95 | 99.3 | 0.0297 |
| 塑膠 | 0.82 | 64 | 0.013 |
| 紡織品 | 0.091 | 64 | 0.0014 |
| 皮革 | — | 128 | — |
| 橡膠 | 0.68 | 160 | 0.0043 |
| 庭院剪除物 | 6.5 | 104 | 0.063 |
| 木材 | 1.59 | 240 | 0.00663 |
| 玻璃 | 3.4 | 194 | 0.018 |
| 馬口鐵罐 | 2.36 | 88.1 | 0.0268 |
| 非鐵金屬 | 0.68 | 160 | 0.0043 |
| 鐵金屬 | 1.95 | 320 | 0.00609 |
| 泥土，灰燼，磚 | 0.50 | 480 | 0.0010 |
| 總數 | 45.4 | | 0.429 |

[a] 卡紙板在放入容器之前先用手部份壓縮
(資料來源：Tchobanoglous et al., 1977)

$t_{b_p}$＝二收集站的平均時間，min/stop
$a, b$＝回歸係數
$C_n$＝每一個拾起位置含有容器平均數目
$PRH$＝屋後拾起位置的百分比，%

將 $t_p'$ 值除以 60 min/h 轉換成 $t_p$ 值。決定拾起位置數目可以利用下式：

$$N_p = \frac{\frac{H}{N_d} - \frac{2x}{s} - 2t_d - t_u - \frac{B}{N_d}}{t_p} \tag{9-3}$$

式中，$N_p$＝每次承載拾起位置的數目

**例題 9-1**　一壓縮卡車內的廢棄物密度 ($D_T$) 值為 400 kg/m$^3$，其傾倒時間為 6 min。收集垃圾採用每週收集一次，卡車每天服務收集 250 個位置。處置場距離收集路線有 6.4 km。依過去工作經驗會有 13 min 的延遲。表 9-4 所列的數據通用於所有典型城市收集性質。現每站含容量 4 kg 的容器有 3 個，其中約有 10% 位置採用後庭院收集。若卡車每天跑兩趟到處置場。卡車的清潔工作人員有二位，試利用 Tchobanoglous,

Theisen 和 Eliassen 等人提供的實驗公式估計 $t_p$ 值(1977)：

$$t'_p = 0.72 + 0.18(C_n) + 0.014(PRH)$$
$$t'_p = 0.72 + 0.54 + 0.14 = 1.40 \text{ min/stop}$$
$$t_p = \frac{1.40 \text{ min}}{60 \text{ min/h}} = 0.0233 \text{ h}$$

**解**：利用表 9-4，吾人可以決定未壓縮固體廢棄物的平均密度爲：

$$D_u = \frac{\text{總質量}}{\text{總體積}} = \frac{45.4 \text{ kg}}{0.429 \text{ m}^3} = 105.83 \text{ 或 } 106 \text{ kg/m}^3$$

每次拾起的體積爲：

$$V_p = \frac{(3 \text{ 個容器})(4 \text{ kg/容器})}{106 \text{ kg/m}^3} = 0.11 \text{ m}^3$$

而壓縮比 ($r$) 爲：

$$r = \frac{D_T}{D_u} = \frac{400 \text{ kg/m}^3}{106 \text{ kg/m}^3} = 3.77$$

利用圖 9-6 決定平均搬運速率 ($s$)，因爲圖中係指總搬運距離 (2)(6.4)＝12.8 km，得到 $s$＝27 km/h。其他的數據皆已知，因此式 9-1 可以應用。係數 60 是將分鐘轉換爲小時。。對二個 15 分鐘中斷，$B$＝0.5，則 $V_t$ 值爲

$$V_t = \frac{0.11}{(3.77)(0.0233)}\left[\frac{8}{2} - \frac{(2)(6.4)}{27} - 2\frac{13 \text{ min}}{60 \text{ min/h}} - \frac{6 \text{ min}}{60 \text{ min/h}} - \frac{0.50}{2}\right]$$
$$= (1.25)(2.74) = 3.43 \text{ m}^3$$

收集站數目 ($N_p$) 的決定可採用式 9-3。

$$N_p = \frac{2.74}{0.0233} = 117.60 \text{ 或 } 118 \text{ 拾起點/承載}$$

廠商所供應最小容量的壓縮式卡車爲 4.0 m³，由以上計算結果可知，可採用此種型式卡車收集垃圾。因此，可以搭配其他替代方式的工作法，例如每天延長 30 分鐘的工作時間。

---

**成本估算**　多數在選擇固體廢棄物收集系統時，常以經濟因素作爲決定的依

據。在比較各種固體廢棄物處理系統的各種設施諸如收集車輛、清潔人力編組，和其他類似的操作費用時，係以處理每單位質量固體廢棄物所耗費的成本作比較基準。在更進一步比較時，則將卡車成本費用作一個別比較分析。

卡車成本費用包括最初購置投資成本的**折舊**及**操作維護**成本費用。*

在估算處理每百萬克廢棄物所需的年度成本費用時，可使用下列方程式決定之(U. Calif., 1952)：

$$A_T = \frac{1{,}000(F)}{\mathit{V}_T D_T N_T Y}\left[1 + \frac{i(Y+1)}{2}\right] + \frac{1{,}000(X_t)(OM)}{\mathit{V}_T D_T} \tag{9-4}$$

式中， $A_T$＝每年卡車費用，\$/Mg

$F$＝最初卡車購置費用，\$

$D_T$＝卡車的固體廢棄物密度，kg/m$^3$

$N_T$＝每年趟數

$Y$＝卡車使用壽命，y

$i$＝購置利率

$X_t$＝每年卡車所走的距離包括拾起和搬運，km

$OM$＝操作維護費用，\$/km

式 9-4 中的 1,000 係為轉換因子將 kg 轉換成 Mg。

勞工費用包括正常工資加上一些諸如管理、秘書生活費、電話、公用設施、保險和福利待遇等經常支出成本。每百萬克年度勞工費用可利用式 9-5 加以估算：

$$A_L = \frac{1{,}000(CS)(W)(H)}{\mathit{V}_T D_T N_d}[1 + (OH)] \tag{9-5}$$

式中， $A_L$＝年度勞工費用，\$/Mg

$CS$＝平均清潔人力大小

---

* 政府營運的收集系統，由於其營運的特性，不可能眞正在物品的生命週期內攤提其購置成本。首先，政府這麼作無法獲得稅金抵減；其次，政府不可能將錢存入或放在銀行，當然也拿不到利息。儘管如此，爲了能夠有效地比較不同方案，良好的工程經濟需要將資金成本加以攤提。

$W$＝平均小時工資，$/h

$OH$＝超時工資費率

上式中 1,000 爲轉換因子將 kg 轉換成 Mg。

---

**例題 9-2**　試在例題 9-1 狀況下，估算顧客服務的費用。最初購買容量爲 4.0 $m^3$ 卡車的費用爲 $104,000。卡車五年中平均操作維護費用爲 $5.50/km，利率是 8.25%，平均路線長度爲 6.3 km，平均小時工資爲 $13.5/h，超時工資爲平均小時工資的二分之一。超時工資費率爲小時工資的 125%。

**解**：一星期工作五天，每年卡車所走的趟數爲，

$$N_t = N_d(5)(52) = 2(5)(52) = 520$$

因平均收集路線爲 6.3 km，且平均搬運距離爲 2(6.4)＝12.8 km，則

$$X_t = 6.3 + 12.8 = 19.1 \text{ km}$$

由例題 9-1 結果可知，卡車每趟承載固體廢棄物的體積爲

$$V_T = (1.25)(2.74 + 1/2(0.5)) = 3.74 \text{ m}^3$$

假設每趟二個行程時間是相等的，因此採用額外半個小時的二分之一爲係數。請注意並未採用卡車的眞實體積，其數值比 $V_T$ 稍大。(卡車的大小近乎標準體積)。如此可以計算每年的卡車成本。

$$A_T = \frac{1{,}000(104{,}000)}{(3.74)(400)(520)(5)}\left[1 + \frac{0.0825(5 + 1)}{2}\right] + \frac{1{,}000(19.1)(5.50)}{(3.74)(400)}$$
$$= (26.74)(1.25) + 70.22 = \$103.65/\text{Mg}$$

因吾人計畫每天工作增加半小時，所以在應用式 9-5 前，此項調整可以簡化爲加權平均工資的決算。小時工資需加以調整。

$$W = \frac{(\text{正常工時})(\text{工資}) + (\text{趟時數})(\text{超時率})(\text{工資})}{\text{總工作小時}}$$
$$= \frac{8(13.50) + 0.5(1.5)(13.50)}{8.5} = \$13.90/\text{h}$$

其次使用式 9-5，決定 $A_L$ 值為：

$$A_L = \frac{(1{,}000)(2)(13.90)(8.5)}{(3.74)(400)(2)}[1 + 1.25] = \$177.70/\text{Mg}$$

總年度費用為：

$$A_{\text{tot}} = \$103.65 + \$177.70 = \$281.35/\text{Mg}$$

由例題 9-1 平均每週有三個容器，每個容器 4 kg，結果可知，每個服務站每年接受 3(4)(52)＝624 kg 或 0.624 Mg 固體廢棄物。每個服務站年度費用為 (\$281.35/Mg)(0.624 Mg)＝\$175.56，以每年 52 次收集次數而言，其平均費用每週約 \$3.38 (即 \$175.56/52)。

---

## 卡車行車路線

卡車的行車路線可依四種方法選擇決定之。首先，採用每天固定路線的方法。於此法中清潔人員完成工作回家之前，必須依其固定路線進行收集工作。當清潔人員完成路線收集工作時，若有必要，其必須以加班方式完成路線工作。此種路線規劃法為最簡易普遍的方法。採用此路線規劃法有以下的優點：

1. 住戶了解廢棄物何時會被拾起。
2. 此種路線規劃具有彈性，足以應付額外增加的工作量，將人力和卡車作充分利用。
3. 清潔人員喜歡此種路線規劃法，因其具有能早點完成工作的誘因。

至於其缺點有以下各項：

1. 若路線未完成收集時，則清潔人員必須加班完成工作，增加費用支出。
2. 清潔人員為提早完成收集工作，會有粗心大意之傾向，不能把工作做好。
3. 經常因對清潔人員的誘因增加，對人力和設備造成低利用率的結果。
4. 清潔人力和車輛運作中斷停止時會影響路線的收集工作。
5. 卡車承載廢棄物種類有變動時，因為此種路線無彈性且較難規劃收集路線；而其變成和庭院廢棄物類似。

第二種方法為大路線收集規劃，於該體系上，清潔人員有足夠的工作量能在一週內完成收集工作。清潔人員可以自己決定何時進行路線的收集工作。而清潔人員共同的目標即能在每週結束前完成路線收集工作。此種路線收集規劃的優缺點與採用固定路線方法相同。

第三種方法爲單一承載路線收集規劃，係採用卡車滿承載的路線規劃。每位清潔人員每天收集卡車最大承載的垃圾工作量。此項方法最大的優點在可以減少運送時間。但此路線規劃法必須考慮人力編組規模、卡車承載容量、運送距離長度、廢棄物產生量及類似變數等。其他優點包括有：

**1.** 能充分利用人力及設備進行一整天的工作。
**2.** 適用於任何拾起型式。

此路線規劃主要的缺點在於難以預測卡車滿承載時能有多少住戶可以被服務收集。

最後一種爲卡車路線規劃法，此爲固定工作天的方法。即清潔人員每天固定工作時間和停止工作。採用此項路線規劃必須使用聯絡性很強的區域，如此可使人力和設備作最大充分利用，因其無規律性，故居民幾乎不知何時會來收垃圾。

在決定卡車路線規劃後，卡車行車路線管理在於如何找出實際的卡車行車路線。行車路線畫分係將社區妥善分成若干單元，能使清潔人員發揮有效率的工作。不論社區大小，可將社區畫分成幾個小區域，每個小區域爲一位清潔人員一天的工作量。卡車行車路線爲一詳細的行程路線，每一條行車路線的大小與上述因素有關。美國環境保護署固體廢棄物管理部門提出路線規劃研究報告，此規劃目標應避免卡車在死巷的回轉、延遲，和左轉等。而行車路線規劃技巧在於運用法則與發展經驗，以快速有效的進行收集工作。以下法則摘錄自美國環境保護署出版刊物 (Shuster and Schur, 1974)。

**1.** 行車路線應避免切割或重疊。每條路線應簡單扼要，同一地理區域的收集路線應包含社區幾條街道結合而成。
**2.** 收集和搬運全部時間應合理地固定下來 (均等化工作承載)。
**3.** 收集路線起始點應儘可能接近車庫或收集場。
**4.** 擁擠交通街道的尖峰時段應避免收集垃圾。
**5.** 單行道收集時，起始路線應靠近街道尾端處沿迴路方式逐下收集。

**6.** 死巷收集服務在街道交叉口處進行垃圾收集，而後卡車可以往下繼續收集工作。儘可能減少左轉的次數，於卡車右轉時收集死巷垃圾。收集路線依循向下、向上、或作 U 型迴轉。

**7.** 垃圾車沿陡坡向下收集街道兩旁的垃圾時，垃圾車速度應放慢，如此方式比較安全且能節省油料。

**8.** 地勢較高的區域應先安排收集。

**9.** 沿街道一側收集時，一般最好以順時針方式，沿規劃區域依序收集。

**10.** 收集路線較長又直的路線，同時可以進行街道兩側的收集垃圾。

**11.** 在收集路線內配置的某個固定方式時，可應用指定路線方式規則。

參照圖 9-7 爲例，作爲啓發式 (heuristic) 行車路線步驟規劃的說明。

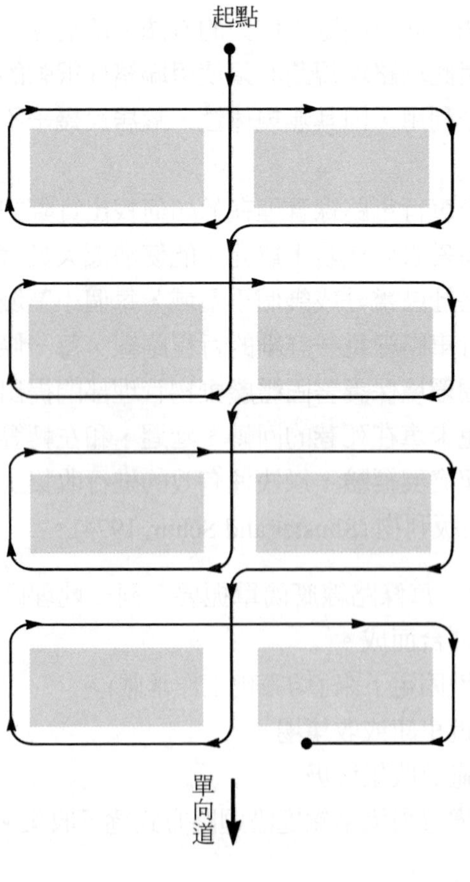


**圖 9-7** 箭號顯示對北-南向單向街道和東-西向雙向街道結合形成的收集路線圖。單向街道在經過一次時，僅在一邊收集垃圾。以順時針方式沿方基依序收集。(資料來源：Shuster and Schur, 1974)。

### 人力整合編組

在決定選擇收集系統所應考慮的因素除前面各節中提及外，尙需考慮幾種人力整合編組。現有四種清潔工作人員的管理方式。

有些城市採用組合式的人力編組。第一種人力管理方式爲任意人力法，此管理方式係當工作量大、設備故障或人員生病時，利用多一個清潔人員，加入收集工作的方法。在大部份時間，此位清潔人員不需要報到參加收集工作，直至中午以後才開始當天的工作。

清潔人力大小會受到繁重的工作量、天雨，不同大小收集路線和其他因素的影響。此種人力管理是一種可變動人力法。

內部路線代理法是一種清潔人員完成自己的工作時，可以到另一條路線額外幫忙其他人員的工作。此種管理方式需要更多行政管理工作以充分利用人力，且能相互支援完成每天所有路線的收集工作，此方式已獲廣泛接受並得到良好效果。該管理模式在工作量分配須力求平均，且工作動作快的清潔人員不必分擔別人工作。

最後一種人力管理法爲貯備路線法。此種方法中，清潔人員繞著中心區域周圍工作。當完成工作時，清潔人員移至中心區域工作，該區域經常採用每天收集方式進行，諸如公園或市中心地區。

## ▲ 9-3　內部路線轉運

固體廢棄物經由收集車輛收集後，直接搬運至處置處理場的方式是極不經濟的作法。採用變通的方式即設置轉運站，將車輛收集的固體廢棄物利用諸如拖車、運貨車等大型車輛或平底貨船轉運至處置場處理是較爲快速且衛生的處理方式。

在設計規劃設置轉運時，應考慮的重要因素有：位置選擇、轉運站型態、衛生設備條件、出入口，和其他附屬設備如地磅和圍籬等。轉運站的用途可提供作爲目前或未來的資源回收的設施。

### 最大搬運時間

如同估算收集時間方式，利用平均搬運時間可評估轉運站操作效率的大小。利用此種方法可計算清潔人員依指定路線收集及將該廢棄物轉運至處置場所需的時間。利用將式 9-3 重新整理成下列方程式決定之。

$$T_H = \frac{H}{N_d} - t_p N_p - 2t_d - t_u - \frac{B}{N_d} \tag{9-6}$$

式中，$T_H$＝最大搬運時間，h。

若最大搬運時間小於繞一趟距離除以平均路線速率 $(2x/s)$ 之時間，則會有問題的產生。因此式中 $t_d$、$t_u$、$B$ 和/或 $H$ 大小改變可以減緩此狀況的發生。

## 經濟搬運時間

在評估收集系統各種因素對系統的影響時，行車時間經常不是一個主要的因素，而是成本。在收集系統中設置轉運站可節省操作成本費用，其原因有：

1. 收集人員的非勞動生產力時間降低，因其不需往返處置場所而浪費時間及成本。故可以減少清潔收集人數並增加可資利用的收集時間。
2. 可縮減收集卡車運送的距離以減少收集卡車的操作成本費用。
3. 可將收集卡車維護費用降低，因其不必進入處置場所，可以減少對車輛的損壞耗損。
4. 卡車僅行駛於一般改良的道路上，可以選用較便宜的式樣，以減少收集設備的購置成本 (U.S. EPA, 1995)。

在比較 "直接搬運式" 與 "轉運式" 的成本時，是以 \$/Mg · km 或 \$/Mg · min 爲單位來計算成本費用。因爲一般收集車輛的平均搬運速率比轉運車輛的速率快，故以時間爲基準的計算是較好的方式，且以時間計算成本費用較公平。另外，轉運式的成本包括運送成本與轉運站的操作成本。利用圖 9-8 估算轉運站的操作成本。

---

**例題 9-3** Watapitae 廢棄物處置場因容量不足將於兩年後關閉，必須另找一個替代的場所。在收集路線 32.5 km 的區域範圍內。依據例題 9-1 和 9-2 的數據資料決定收集車輛的最大搬運時間和搬運費。而轉運車輛搬運條件：$N_d$＝1 和 $B$＝0.5 h，及轉運站的營運操作費用約爲 \$37/Mg。

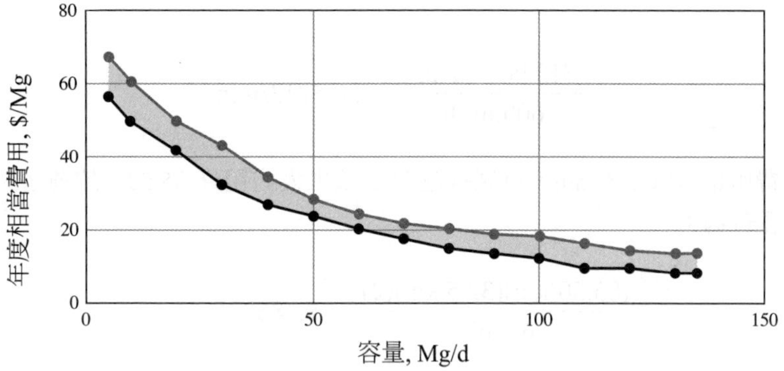


**圖 9-8**　轉運站年度相當費用與容量關係圖，費用以 2006 年爲準 (資料來源：Zuena, 1987)。

**解**：首先我們必須決定收集車輛拾起所有廢棄物至處置場的時間。

$$T_H = \frac{8.5}{1} - (0.0233)(250) - 2\frac{13}{60} - \frac{6}{60} - \frac{0.5}{1}$$

$$= 1.64\ \text{h} \text{ 或 } 98.5\ \text{min}$$

現以來回兩趟運送路程計算，平均搬運速率由圖 9-6 得知，一般平均搬運速率爲 64 km/h。因此，來回路程所需的時間爲：

$$\frac{2(32.5\ \text{km})}{64\ \text{km/h}} = 1.02\ \text{h} \text{ 或 } 61\ \text{min}$$

收集車輛可將其運送至處置場。然而，至處置場趟數減少後，必須額外的相同體積的車輛或將其更換爲兩倍容量。因爲既有的人力可以處理每天 250 次的收集次數，使用兩倍容量的收集車輛似乎爲良好選擇 (當既有的車輛將用罄時，此爲更貼切的選擇)。此時，假設新的收集車輛有 10.0 $m^3$ 的容量。

現在我們來比較搬運的費用。首先我們從車輛著手，每年以 \$29,851 的費用向 O & M 租用新型的收集車輛。以一年 52 個星期，一星期 5 天，一天 8 小時，每小時 60 分鐘來計算。

$$\frac{\$29{,}851}{(8\ \text{h/d})(60\ \text{min/h})(5\ \text{d/w})(52\ \text{wk/y})} = \$0.2392/\text{min}$$

依據例題 9-2，每小時實際費用是 \$13.90，從實際費用和 125 個百分比的經費開支計算：

$$\frac{(\$13.90 \times 2.25)}{60\ \text{min/h}} = \$0.5213/\text{min}$$

每個工人費用是 \$1.0425/min，車輛每運送 1 公里大約花費 \$5.50。故運送至處置場所每分鐘花費爲：

$$\frac{(\$5.50/\text{km})(32.5\ \text{km})(2)}{61\ \text{min}} = \$5.8607/\text{min}$$

每一趟來回花費爲：

$$61[(\$0.2392) + (\$1.0425) + (\$5.8607)] = \$435.69$$

每一趟運載固體廢棄物的質量爲，

$$(\forall_T)(D_T) = \text{質量}$$

$$(7.48\ \text{m}^3)(400\ \text{kg/m}^3) = 2{,}992\ \text{kg or } 3.0\ \text{Mg}$$

注意新的收集車輛每趟運送容量爲原來的兩倍 (例題 9-2)，搬運每單位質量固體廢棄物要花費爲：

$$\frac{\$435.69}{3.0\ \text{Mg}} = 145.23\ \text{或}\ \$145/\text{Mg}$$

現在來看轉運式的轉運-車輛，假設向 O & M 租用容量 46 $m^3$ 的拖車一年租金是 \$37,601。所以每分鐘費用是

$$\frac{\$37{,}601}{(8\ \text{h/d})(60\ \text{min/h})(5\ \text{d/wk})(52\ \text{wk/y})} = \$0.3013/\text{min}$$

由於拖車設備需技巧高的操作員，故其薪水較高。每小時工資 \$19.85 及 125 個百分比的經常性開支，每分鐘的花費是：

$$\frac{(\$19.85 \times 2.25)}{60\ \text{min/h}} = \$0.7444/\text{min}$$

相對於收集車輛，人力僅計入操作員，因此，人力成本爲 \$0.7444/min。

車輛運送每一公里大約需要 \$6.50，每趟來回運送所需的時間大約比收集式車輛

多出 25 個百分比。來回一趟每分鐘所需的費用是

$$\frac{(\$6.50)(32.5)(2)}{61 \times 1.25} = \$5.541/\text{min}$$

來回一趟總搬運費用是

$$(1.25)(61)[(\$0.3013) + (\$0.7444) + (\$5.541)] = \$502.23$$

由於裝置容量是收集式車輛的四倍，所以運送一趟的廢棄物質量是：

$$4(3.0) = 12 \text{ Mg}$$

搬運每單位質量費用，包括轉運站建物和操作轉運的費用 (大約 \$37/Mg)。

$$\frac{\$502.23}{12} + \$37 = 78.83 \text{ or } \$79/\text{Mg}$$

故由以上計算結果顯示設立轉運站爲較好的清運方法。

---

## 9-4　都市固體廢棄物掩埋處置

都市固體廢棄物(都市固體廢棄物)掩埋係在適當的場所內應用工程技術，使固體廢棄物達到減容積化，降低其對環境危害，且於每天掩埋作業結束時，使用覆蓋材料覆蓋並壓實表面達到衛生掩埋的目的。

### 場所選擇

掩埋場所的選定，最大的困難障礙在如何克服衛生掩埋所衍生的問題。當地居民的反對使許多適當的場所被排除，所以決定選擇掩埋場所時，尙需考慮以下各項變數：

1. 民眾反對。
2. 鄰近主要道路。
3. 速率限制。
4. 道路運輸限制。
5. 橋樑承載容量。
6. 地下道限制。

7. 交通型態及擁塞。
8. 搬運距離。
9. 繞道問題。
10. 水文問題。
11. 表面覆蓋材料取得性。
12. 氣候 (如洪水、土石流、雪)。
13. 都市計畫區需求。
14. 環境場所周圍的緩衝區間 (如周遭的高大樹木等)。
15. 歷史建物、瀕臨滅絕物種、濕地和類似的環境因素。

美國環境保護署於 1991 年 10 月公佈新聯邦衛生掩埋法規，列於資源保護回收副題 D，此項法規增加掩埋場所設置限制標準，這類法規稱為都市廢棄物掩埋準則 (都市固體廢棄物 MSWLF Criteria)，美國環保署也制定了附件來協助使用者與地方政府遵循準則 (U.S. EPA, 1998)。包括距離機場、洪水氾濫區、斷層區域距離限制、建築物應避免在濕地、地震帶，和其他諸如山崩區、地層下陷區等地質不穩定的區域設立。其他應用限制方面，例如衛生掩埋場宜遠離：

溪流 30 公尺以上。
飲水取用區 160 公尺以上。
房子、學校、和公園 65 公尺以上。
機場跑道 3,000 公尺以上。

## 場所預置

衛生掩埋場所在運作之前，必須要求完成可靠的規劃和規格設計說明書，內容須包括整地、建造聯外道路、及柵欄，並設置標示、公用設施、及操作設備等項目。

聯外道路必須有良好的排水系統建設，且路寬可允許二線道卡車行駛 (7.3 m)，地基平準度必須不超過設備的極限，為了承載車輛，上升坡度必須小於 7%，下降坡度須小於 10%。

所有的都市固體廢棄物掩埋場都需要電力、水及公共衛生設施。而偏遠的場所可能需要一些可接受的設施，如流動廁所、飲水車及發電機。水是必須供給的，用於飲用、消防、灰塵控制及公共衛生等方面。電話或無線電通訊的設立也是必要的聯絡工具。

對於小型都市固體廢棄物掩埋場操作，經常需要一個小的建築物，作為儲存手工具及設備所需的零件和衛生設施的遮蔽。建築物可以是臨時性及可移動性的用途。

## 設　備

都市固體廢棄物掩埋所需設備的大小、型式、數量與其運作方式及規模、固體廢棄物運送的時間及數量，及設計者與設備操作者的經驗與喜好度等因素有關。另一考量因素在能否提供有效且可靠的設備維修服務。

在都市固體廢棄物掩埋最普通的設備是履帶式推土機和輪式推土機 (如圖 9-9)。推土機可配置鏟平型、夾具型、或堆高型等不同的裝置。推土機具

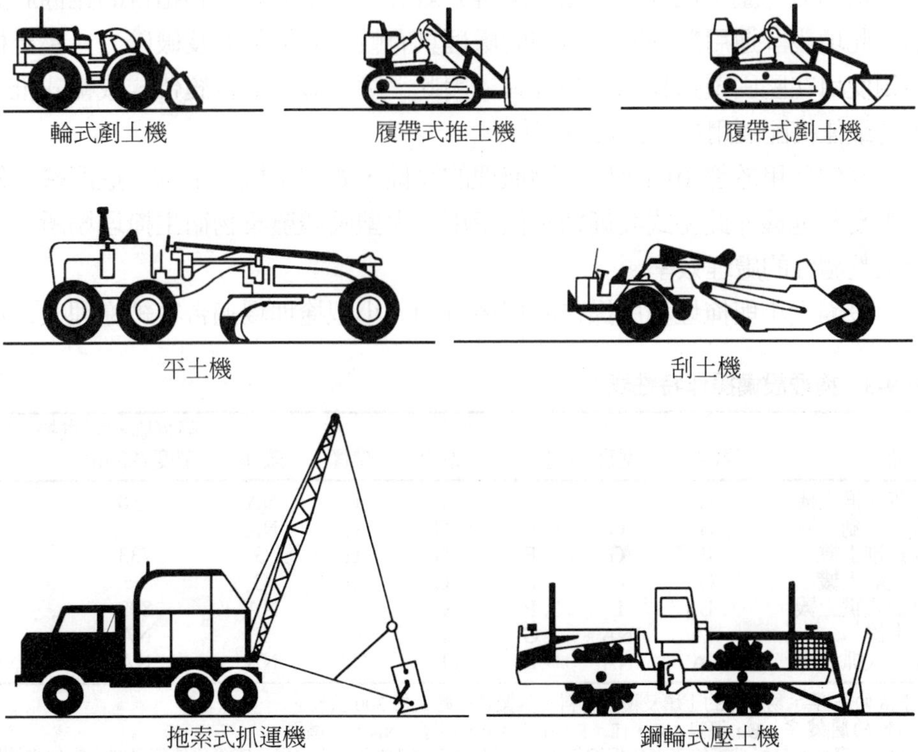


**圖 9-9**　都市固體廢棄物掩埋場設備。

多功能且可執行多種不同的操作，如整平、壓實、掩蓋、挖掘和甚至能搬運覆蓋材料。如何決定使用輪式或履帶式推土機配置鏟平型、夾具型、堆高型的機具，必須視個別場所不同的狀況作選擇 (如表 9-5)。

履帶式鏟平葉片推土機具有極佳鏟平地面的能力，且可以很經濟的運用於鏟平固體廢棄物或泥土超過 100 m 以上的距離。在一個平直連續散落的場所，使用較大的鏟平葉片或掩埋刀剪是非常有用的，因其可大大增加處理固體廢棄物的容量。履帶式推土機具有搬運覆蓋材料及挖掘之能力，是適合的挖掘溝渠的工具。

輪式機械一般較履帶式機械移動快速，因負載更集中，但其舉重力及牽引力較履帶式機械小。其較經濟的用法是使用於距離超過 200 m 以上的場所。

鋼輪式壓土機已增加運用於衛生掩埋處理。在基本設計上，壓土機和推土機相類似。壓土機唯一特點在鋼輪的設計具有不同型式和組合的鋸齒狀鋼輪。此項設計運用對固體廢棄物的處理具有較大分解能力及破碎力。壓土機必須使用在堅固覆蓋物的平整地區。因此，壓土機可結合履帶式或輪式推土機的最佳搭配運用於表面覆蓋工作。

其他使用於都市固體廢棄物掩埋的設備，如挖土機、水車、挖泥機、傾卸車及整地機。此型式設備通常僅使用在大型固體廢棄物衛生掩埋場所，以增加整體性的處理效率。

設備大小與掩埋場所操作的規模有關。小型掩埋場適合容納處理人口規

**表 9-5　掩埋設備操作特性表**[a]

| 設備 | 整平 | 壓實 | 挖掘 | 整平 | 壓實 | 搬運 | 壓實固體廢棄物密度 (kg/m$^3$) |
|---|---|---|---|---|---|---|---|
| 履帶式推土機 | E | G | E | E | G | NA | 750 |
| 履帶式剷土機 | G | G | E | G | G | NA | — |
| 輪式推土機 | E | G | F | G | G | G | 733 |
| 輪式剷土機 | G | G | F | G | G | G | — |
| 鋼輪式壓土機 | E | E | P | G | E | NA | 809 |
| 刮土機 | NA | NA | G | E | NA | E | NA |
| 拖索式抓土機 | NA | NA | E | F | NA | NA | NA |

[a] **評估的基準**：易施作的土壤及覆土材料，其搬運距離大於 300 公尺。

**比較的關鍵字**：E，優良；G，佳；F，平平；P，不好；NA，不適用。

**附註**：廢棄物良好壓實的密度係根據每平方公尺面積上四次施作的結果，密度係依每日覆土安放後的結果，而不是依據覆土土壤的體積及重量的量測結果。

(**資料來源**：Data from Stone and Conrad, 1969, and O'Leary and Walsh, 2002.)

模小於 15,000 人的社區或每天固體廢棄物產生量小於 50 Mg 的規模。採用容量爲 20 到 30 Mg 的推土機設備能順利進行掩埋操作。至於重型設備適合處理容量介於 30 到 45 Mg 的規模範圍。採用重型設備能更順利確實做好掩埋及完成更多的工作量。重型設備的採用適合人口規模大於 15,000 人的社區或固體廢棄物每天產生量大於 50 Mg 的容量規模者。都市固體廢棄物掩埋場所提供人口規模小於 50,000 人或固體廢棄物產生量未超過 150 Mg 的容量規模時，宜採用重型設備進行掩埋的操作。

## 操　作

一般都市固體廢棄物掩埋操作方法可分爲**區域法** (area method，如圖 9-10 所示) 和**壕溝法** (trench method，如圖 9-11 所示) 二種。而在許多掩埋場所同時或先後採用兩種方法進行掩埋的工作。

以區域掩埋操作法係將固體廢棄物儲存在地表上，經由推土機具壓實整理後，最後再以覆土材料覆蓋壓實整平完成每天掩埋的工作。採用區域掩埋操作法受到地形的不同限制性較少。其覆蓋操作所需的材料可就地或自場外地區取得。

壕溝掩埋法使用於坡度較平緩低水位的地帶區。在此掩埋操作係利用機具在地表挖掘出一條壕溝後，將固體廢棄物傾倒其中將其壓實整平，並以土壤加以覆蓋壓實完成一個單體。採用壕溝法的優點在覆蓋材料能迅速就地取得進行覆蓋工作。而壕溝的挖掘深度與地下水位置和/或土壤特性有關。壕溝

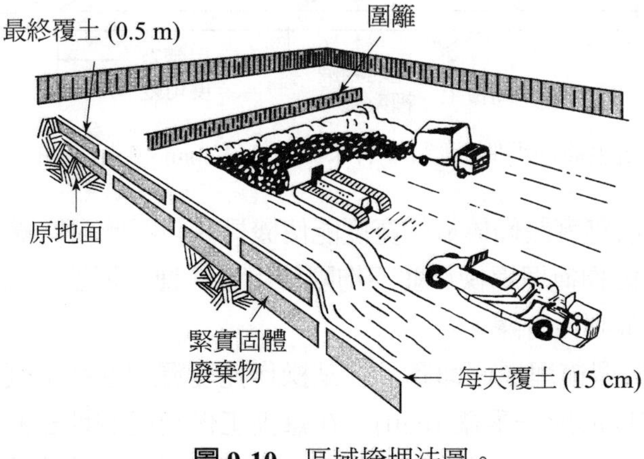


**圖 9-10**　區域掩埋法圖。

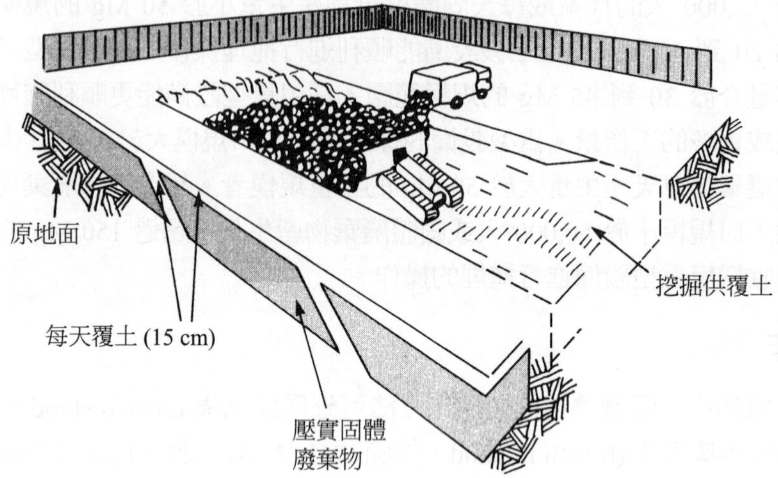


**圖 9-11** 壕溝掩埋法圖。

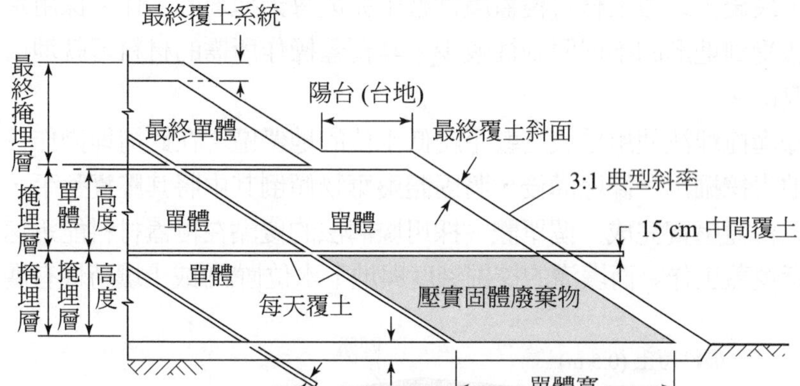


**圖 9-12** 衛生掩埋場側面圖 (資料來源：Techobanoglous et al., 1993)。

的寬度至少有二倍壓實設備機械的寬度能使機具在該區域內能靈活的操作。

都市固體廢棄物掩埋場操作並不拘限使用某一種掩埋法，而採用方法的改變與特殊場所限制性有關。

圖 9-12 為典型掩埋場側面圖，在某操作掩埋週期進行廢棄物的處置和覆土壓實的工作以形成一**單體** (cell)。在每天工作週期的地表面上進行掩埋處理廢棄物的工作。且延伸成一層厚度為 0.4 到 0.6 m 的廢棄物層，然後使

**表 9-6　覆土厚度建議值表**

| 覆土型式 | 最小深度 (m) | 曝露時間 (d) |
| --- | --- | --- |
| 每天 | 0.15 | ＜7 |
| 中間 | 0.30 | 7 to 365 |
| 最終 | 0.60 | ＞365 |

用履帶式推土機或其他具將其壓實。在每天工作結束時，以覆土材料覆蓋形成一單體。目的是爲了防火、臭味、吹起的紙屑與垃圾。美國聯邦政府規定，假如掩埋場可證明替代性材料的功能與原來覆土材料相同且不會造成環境或人體危害，允許州管理當局用於每天覆蓋 (ADC)。一些掩埋廠成功地證明了某些廢棄物如廢輪胎碎屑、庭院廢棄物、碎木屑及被石油污染的土壤可有效被當作 ADCs，使用這些廢棄物當作 ADCs 可節省掩埋場成本，並增加掩埋場可利用的空間。有些特別製造的 ADCs，如彩色防水布也在某些地區使用。對於各種不同曝露週期的覆土厚度列於表 9-6。單體的大小與其固體廢棄物數量視週期大小而定。

掩埋層是一層廢棄物或掩埋場水平完成作業區的配置。由圖 9-12 所示的**上升** (lift) 構造側面圖。若廢棄物完成作業區長時間曝露時，額外的中間覆土操作則有其必要性。作業區域長寬達 300 m，側面斜率介於 1.5：1 至 2：1 的範圍。壕溝挖掘長度介於 30 到 300 m，寬度介於 5 到 15 m 的範圍，而其深度介於 3 到 9 m 的範圍 (Techobanoglous et al., 1993)。

場高度超過 15 到 20 m 時必須使用**陽台** (benches)，掩埋場使用陽台的目的在維護覆土斜面的穩定性。同時陽台可以作爲地表水排水渠道的配置及掩埋場氣體收集管線安排的位置。

**最終覆土** (final cover) 係在完成所有掩埋操作之後，利用覆蓋壓實完成某一週期的工作。現代最終覆土含有數種具不同功能的覆蓋物質層，其詳細將於掩埋場設計小節中，再作更充分的討論。

掩埋操作時尚需額外的考慮因素列於 1991 年美國環境保護署公佈新聯邦衛生掩埋法規。其考慮項目包括：有害廢棄物需排除在外、覆蓋材料的使用、病媒控制、爆炸氣體控制、空氣品質測量、通路入口控制、逕流控制、表面水和液體限制 、地下水監測，和記錄的保存 (40 CFR 257 and 258； FR9 OCT 1991)。

**表 9-7　都市固體廢棄物掩埋場氣體典型成份表**

| 成份 | 百分比 (乾體積基準) |
|---|---|
| 甲烷 | 45–60 |
| 二氧化碳 | 40–60 |
| 氮 | 2–5 |
| 氧 | 0.1–1.0 |
| 硫化物、二硫化物、硫醇，等 | 0–1.0 |
| 氨 | 0.1–1.0 |
| 氫 | 0–0.2 |
| 一氧化碳 | 0–0.2 |
| 微量成份 | 0.01–0.06 |
| **特性** | **數值** |
| 溫度，℃ | 35–50 |
| 比重 | 1.02–1.05 |
| 濕氣含量 | 飽和 |
| 高熱值，$kJ/m^3$ | 16,000–20,000 |

資料來源：G. Tchobanoglous et al., 1993

## 環境考量

掩埋場在正常的操作維護下，並不會產生病媒、水和空氣污染的問題。每天做好廢棄物的壓實及覆土的工作，及做好妥善管理以控制蚊蠅、老鼠和火災的問題。

任意焚燒會造成空氣污染的問題。因此衛生掩埋場的禁止廢棄物的焚燒。若意外產生火災時，應及早利用水源、土壤或化學物質迅速加以撲滅。掩埋場利用覆土可將惡臭加以隔絕。

**掩埋場氣體**　掩埋場壓實層的廢棄物因微生物分解作用，會產生含甲烷及二氧化碳的氣體釋放至大氣中。典型掩埋場氣體濃度和特性值列於表 9-7。對於整個掩埋場操作初期，所產生的氣體以二氧化碳爲主，至後段成熟期，會產生等量的甲烷和二氧化碳氣體。因甲烷具有爆炸性，所以收集處理須加以控制。此混合氣體燃燒所產生的熱值介於 (16000 至 20000 $kJ/m^3$)，該熱值具有經濟的利用價值必須加以收集利用。2004 年底，美國有 378 個掩埋場氣體 (LFG) 計畫在執行中，比 1990 年的 86 個 LFG 計畫多了四倍多。

至於從掩埋場產生逸出有毒氣體超過 150 種化合物之多，將此歸類成揮發性有機化合物。早期老舊掩埋場接受處理工商業廢棄物因含這些揮發性有毒化合物而產生高濃度有毒氣體的釋出。表 9-8 列出幾個佛州掩埋場釋出氣

表 9-8　掩理場氣體指定空氣污染物濃度 (ppb)

| 化合物 | 掩理場位置 | | | | | | |
|---|---|---|---|---|---|---|---|
| | Yolo Co. | City of Sacramento | Yuba Co. | El Dorado Co. | L.A.-Pacific (Ukiah) | City of Clovis | City of Willits |
| 氯乙烯 | 6,900 | 1,850 | 4,690 | 2,200 | <2 | 66,000 | 7.5 |
| 苯 | 1,860 | 289 | 963 | 328 | <2 | 895 | <18 |
| 二溴化乙烯 | 1,270 | <10 | <50 | <1 | <1 | <1 | <0.5 |
| 二氯化乙烯 | nr | nr | nr | <20 | 0.2 | <20 | 4 |
| 二氯甲烷 | 1,400 | 54 | 4,500 | 12,900 | <1 | 41,000 | <1 |
| 全氯乙烯 | 5,150 | 92 | 140 | 233 | <0.2 | 2,850 | 8.1 |
| 四氯化碳 | 13 | <5 | <7 | <5 | <0.2 | <5 | <0.2 |
| 1, 1, 1-TCA[1] | 1,180 | 6.8 | <60 | 3,270 | 0.52 | 113 | 0.8 |
| TCE[2] | 1,200 | 470 | 65 | 900 | <0.6 | 895 | 8 |
| 氯仿 | 350 | <10 | <5 | 120 | <0.8 | 1,200 | <0.8 |
| 甲烷 | nr | nr | nr | nr | 0.11% | 17% | 0.14% |
| 二氧化碳 | nr | nr | nr | nr | 0.12% | 24% | <0.1% |
| 氧 | nr | nr | nr | nr | nr | 10% | 21% |

nr: 無記錄

[1] 1, 1, 1-TCA: 1, 1, 1-三氯乙烷

[2] TCE: 三氯乙烯

(資料來源：CARB, 1988.)

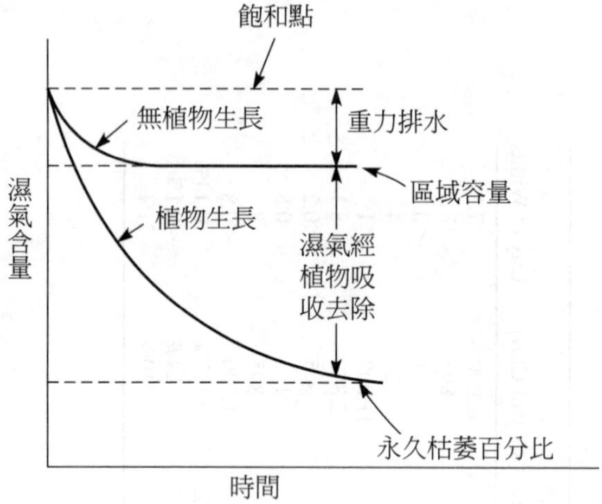


**圖 9-13** 土壤濕氣關係圖 (資料來源：Pfeffer, 1992)。

體中偵測到 10 種化合物。

## 滲出水

液體流經掩埋場萃取溶解懸浮物質而流出，會形成**滲出水** (leachate)。此液體來自雨水、地表污水、地下水和內部廢棄物分解產生液體進行溶解程序形成的滲出水。

**滲出水量** 掩埋場產生的滲出水量可藉由水文質量均衡分析估算其大小。整體水文循環 (參見第 3 章內容) 可應用於掩埋場者，包括沉澱、表面逕流、蒸發、逸散、滲透和儲存等項目的分析。沉澱從氣候學記錄分析估算。表面逕流使用理論公式 (式 3-15) 加以估算。蒸發可藉美國地質單位部門所提供的地區性資料加以估算。至於滲透可以使用 Darcy's 定律 (式 3-22) 來估算。直到掩埋場達到成熟時間，某些滲透水貯存在覆土和廢棄物層，該區域所貯存支撐的滲透水量稱爲區域容量 (如圖 9-13 所示)，在理論上，掩埋場含水量達到區域容量時，滲透水會開始產生。滲出水量濕氣含量值即區域容量的超出量。實際上，由於在廢棄物中有渠流現象，會造成滲出水的快速產生。在估算廢棄物的區域容量可利用以下方程式 (Tchobanoglous et al., 1993)：

$$\mathrm{FC} = 0.6 - 0.55\left(\frac{2.205W}{10{,}000 + 2.205W}\right) \tag{9-7}$$

**表 9-9　掩埋場所滲出水典型組成數據表**

| 成份 | 濃度, mg/L | | |
|---|---|---|---|
| | 新掩埋場 (小於 2 年) | | 成熟掩埋場 (大於 10 年) |
| | 範圍 | 典型值 | |
| $BOD_5$ (5-day 生化需氧量) | 2,000–30,000 | 10,000 | 100–200 |
| TOC (總有機碳) | 1,500–20,000 | 6,000 | 80–160 |
| COD (化學需氧量) | 3,000–60,000 | 18,000 | 100–500 |
| 總懸浮固體物 | 200–2,000 | 500 | 100–400 |
| 有機氮 | 10–800 | 200 | 80–120 |
| 氨氮 | 10–800 | 200 | 20–40 |
| 硝酸鹽 | 5–40 | 25 | 5–10 |
| 總磷 | 5–100 | 30 | 5–10 |
| 正磷 | 4–80 | 20 | 4–8 |
| 鹼度 | 1,000–10,000 | 3,000 | 200–1,000 |
| pH 值 | 4.5–7.5 | 6 | 6.6–7.5 |
| 總硬度 | 300–10,000 | 3,500 | 200–500 |
| 鈣 | 200–3,000 | 1,000 | 100–400 |
| 鎂 | 50–1,500 | 250 | 50–200 |
| 鉀 | 200–1,000 | 300 | 50–400 |
| 鈉 | 200–2,500 | 500 | 100–200 |
| 氯鹽 | 200–3,000 | 500 | 100–400 |
| 碳酸鹽 | 50–1,000 | 300 | 20–50 |
| 總鐵 | 50–1,200 | 60 | 20–200 |

資料來源：Tchobanoglous el al., 1993.

式中 FC＝區域容量 (乾基廢棄物含水的分率)

$W$＝在問題 lift 中間高度時，所計算的廢棄物的超負荷質量，kg

美國環境保護署和美國陸軍水力實驗站工程師發展一套水文均衡微電腦模式稱為 HELP (Schroeder et al., 1984)。此程式包含廣泛的相關資料如各種型式土壤特性、沉澱方式和蒸散-溫度關係式和濕氣流經掩埋路線等。

**滲出水組成**　掩埋場的壓實固體廢物會進行生物、物理及化學性變化。其中有機物質經厭氧性及好氧性微生物分解反應生成氣體及液體產物，有些產物會進行化學性氧化反應。另外有些固體物質會溶解於水中經過掩埋場滲出造成污染，滲出水組成列於表 9-9。掩埋場揮發有機化合物氣體會溶解於水中，經過掩埋場污染地下水。亨利定律 (參見於第 4 章) 用於估算滲出水中含揮發性有機化合物的濃度。地下水總污染程度係以滲出水含揮發性有機化合物濃度大小作為指標。

## 生物反應器掩埋場

由於美國資源保護回收法案 (RCRA) 副標題 D 條文的實施，使環境保護的要求更爲嚴格，尤其是針對地下水資源方面。掩埋場設計的未來趨勢，是應用工程系統的發展，使廢棄物降解達到最佳化及減少廢棄物處置所需土地，其中深具潛力的技術之一爲生物反應器掩埋場。美國環保署也已開始這部份的研究，並與廢棄物管理公司合作，完整評估其發展潛力。

在傳統都市固體廢棄物掩埋場中，有機廢棄物最終會被分解並達到穩定，整個過程由微生物所控制。在生物反應器掩埋場中，藉改善微生物繁殖的必要條件，以加速生物分解，配合控制補充空氣與水的加入，加速有機廢棄物的分解與穩定。

美國環保署定義生物反應器掩埋場爲 “任何被認可的副標題 D 掩埋場 (在 RCRA 下)，或於廢棄物中控制液體或空氣的投入，以加速或加強廢棄物的生物穩定化” (40 CFR 257 and 258, FR, 9 OCT 1991)。這些掩埋場額外水分的提供通常是藉滲出水循環，或添加雨水、廢水與廢水污泥。其目的爲提供足夠水分維持微生物分解時的適當含水量，通常含水量爲 35% ~ 65% 的。

此種系統所的好處之一爲生物分解速率增加，因此幾年即可完成生物分解，而非以往所需的幾十年時間。同時廢棄物密度也會增加，因此在掩埋場使用期間，可以多出 15% 到 30% 的使用空間的壽命。此外，因爲其重複使用滲出水提供水份，掩埋場滲出水處理費用亦降低。且由於掩埋場氣體產生會顯著增加，若在場址內將氣體收集，可產出能量提供使用。

由於這種系統需要水循環與監測，初期需要花費較高建設與操作成本，生物反應器掩埋場可以設計爲運用好氧、厭氧或兼氧微生物。

**生物反應階段** 在掩埋場內的生物反應大約會發生五個左右連續階段。在初期步調節期，由於廢棄物在掩埋場會包含一些空氣，因此都市固體廢棄物內的微生物可降解有機成份會進行好氧生物降解。在傳統場址中，微生物主要來源是每日與最終覆蓋的土壤物質，廢水處理廠的消化污泥與循環滲出水也是微生物的來源。在生物反應器掩埋場中，後者來源可提供加速分解。

第二階段爲**過渡期**，此時溶氧已不足，因此缺氧、厭氧狀況開始發生。當掩埋場轉爲厭氧狀況時，硝酸鹽與硫酸鹽成爲電子接收者，分解過程的產物爲氮氣、氫氣與硫化氫。轉化過程繼續進行時，將有機物轉化爲甲烷與二氧化碳的微生物群落開始如第 6 章所述的三步驟過程 (圖 6-43)。

在**酸性期**，第二期開始的厭氧微生物活性持續加強，，有機酸產量會顯著增加而氫氣產量卻減少。此階段內主要產氣爲二氧化碳，滲出水的 pH 值常會降至 5 或更低 (Tchobanoglous., 1993)。

第四階段稱爲**甲烷發酵期**。甲烷菌會將酸化菌產生的醋酸與氫氣轉化爲甲烷 ($CH_4$) 與 $CO_2$，滲出水的 pH 值會升至範圍 6 到 8 之間的中性區。

當生物易降解之有機物質已轉化成 $CH_4$ 與 $CO_2$ 之後開始達到**成熟期**，掩埋場的氣體產生速率會大幅度下降。

**產生的氣體體積量**　Cossu 等人在 1996 年發表下列方程式，表示甲烷發酵的完整過程：

$$C_aH_bO_cN_d + nH_2O \rightarrow x\,CH_4 + y\,CO_2 + w\,NH_3 = z\,C_sH_7O_2N + \text{energy} \qquad \textbf{(9-8)}$$

式中 $C_aH_bO_cN_d$ 爲微生物可分解有機質的經驗分子式，而 $C_5H_7O_2N$ 爲細菌的化學經驗分子式。

理論最大掩埋氣體量 (忽略細菌細胞轉化) 可估計爲 (Tchobanoglous., 1993)：

$$C_aH_bO_cN_d + \left(\frac{4a - b - 2c + 3d}{4}\right)H_2O \rightarrow \left(\frac{4a + b - 2c - 3d}{8}\right)CH_4 + \left(\frac{4a - b + 2c + 3d}{8}\right)CO_2 + dNH_3 \qquad \textbf{(9-9)}$$

爲分析之便，都市固體廢棄物可分成兩種類別：生物易分解性與生物緩分解性。廚餘、報紙、辦公室用紙、硬紙板、樹葉與庭院葉屑爲第一類，紡織品、橡膠、皮革、樹枝與木材爲第二類。

在1993年，Tchobanoglous 等人發展出了一套針對美國在1990年代收集之此兩類都市固體廢棄物的化學經驗式：

- 生物易分解性＝$C_{68}H_{111}O_{50}N$
- 生物緩分解性＝$C_{20}H_{29}O_9N$

這些公式可用來估計理論最大產氣量，但實際產氣量可能會較低，因爲 (1) 並非所有生物可降解有機質都會被分解。(2) 含多量木質素時，有機廢棄物

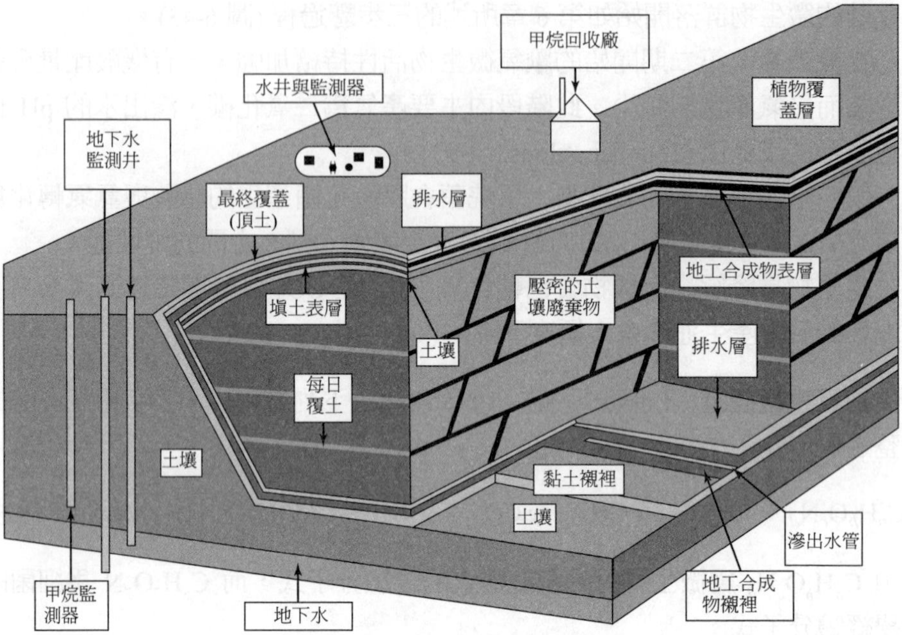


**圖 9-14** 典型都市固體廢棄物掩埋場的示意圖 (資料來源：U.S. EPA, 1995)。

的生物可降解性會較低。(3)水份可能有所限制。生物反應器掩埋場的建設與操作被設計以減低這些限制。實際上，典型都市固體廢棄物掩埋場的實際產氣速率約為 40 到 400 $m^3$/Mg MSW 的範圍。

以都市固體廢棄物之產氣量反映微生物分解速率變化很大，通常使用兩階段的一階方程式來描述當產氣上升至尖峰值然後降低的過程 (Cossu et al., 1996)。

## 掩埋場設計

掩埋場的設計包含諸如場所預置、建築物、監測水井、場所規模大小、掩埋襯裡、滲出水收集系統、最終覆土和氣體收集系統等許多部份。圖 9-14 說明了典型都市固體廢棄物掩埋場的所有組成。在本章節，將針對於掩埋場規模大小設計、掩埋襯裡系統選擇、滲出水收集系統設計及最終覆土系統討論作介紹。

**體積需求** 在估算掩埋場掩埋容量大小有兩項必要的條件：廢棄物產生量和

其處理後廢棄物壓實密度值。廢棄物的體積隨地區城市條件不同會有所差異。

Salvato 建議以下公式估算年度體積需求量 (Salvato, 1972)。

$$\not{V}_{LF} = \frac{PEC}{D_c} \tag{9-10}$$

式中， $\not{V}_{LF}$ ＝掩埋場體積，$m^3$

$P$＝人口數

$E$＝覆土與壓實完全比值

$$= \frac{\not{V}_{sw} + \not{V}_c}{\not{V}_{sw}}$$

$\not{V}_{sw}$ ＝固體廢棄物體積，$m^3$

$\not{V}_c$ ＝覆土體積，$m^3$

$C$＝每年每人收集固體廢棄物平均質量，kg/人

$D_c$＝壓實完全的密度，$kg/m^3$

壓實完全密度與使用機具設備操作和廢棄物濕氣有關。壓實固體廢棄物密度從 300 變化到 700 $kg/m^3$。一般密度值在 475 到 600 $kg/m^3$ 範圍。壓縮比的資料列於表 9-10，用以估算壓實完成的密度值 ($D_c$)。

**表 9-10 典型壓縮比值表**

| 成份 | 不良壓縮 | 正常壓縮 | 良好壓縮 |
|---|---|---|---|
| 食品廢棄物 | 2.0 | 2.8 | 3.0 |
| 紙 | 2.5 | 5.0 | 6.7 |
| 卡紙板 | 2.5 | 4.0 | 5.8 |
| 塑膠 | 5.0 | 6.7 | 10.0 |
| 紡織品 | 2.5 | 5.8 | 6.7 |
| 橡膠，皮革，木材 | 2.5 | 3.3 | 3.3 |
| 庭園剪除物 | 2.0 | 4.0 | 5.0 |
| 玻璃 | 1.1 | 1.7 | 2.5 |
| 非鐵金屬 | 3.3 | 5.6 | 6.7 |
| 鐵金屬 | 1.7 | 2.9 | 3.3 |
| 灰燼、泥水物 | 1.0 | 1.2 | 1.3 |

廢棄物在壓實後的密度與在收集車輛收集前的密度比值可以忽略。

資料來源：Tchobanoglous et al., 1977

**例題 9-4** 在 Watapitae 需要一處能操作 20 年的掩埋場，需要多少空間方能滿足它的需求？假設操作採用 2.4 m 高的單體，依正常操作方式掩埋，並每天覆土 15 cm 厚，0.3 m 厚的完成單體，且三個單體最終覆土為 0.6 m 厚。假設掩埋時採用正常壓實。

**解**：雖然人口數目或每人固體廢棄物產生量速率未知，但仍可從其他資料估算每年產生的質量。從例題 9-1 的結果，我們知道每週收集服務站有 1,250 個。又從例題 9-2 的結果可知每一個服務站每年收集質量為 0.624 Mg。則每年質量產生速率為：

$$質量 = (1{,}250 \text{ stops}) \times (0.624 \text{ Mg/y stop}) = 780 \text{ Mg/y}$$

此項質量相當於式 9-10 的 $(P)(C)$ 相乘積。

在例題 9-1，可決定未壓實固體廢棄物的平均密度值為 106 kg/m$^3$。使用表 9-4 所列的廢棄物組成和在表 9-10 所列正常壓縮比的資料，可以決定重量加權壓縮比係由質量分率與壓縮比二者相乘積表示 (表 9-11)。

壓縮比為 4.18，而壓實完全的密度 ($D_c$) 為：

$$D_c = (106 \text{ kg/m}^3) \times (4.18) = 443 \text{ kg/m}^3 \text{ 或 } 0.443 \text{ Mg/m}^3$$

傾倒廢棄物至掩埋場地表的厚度 1.25 m 壓縮至 0.3 m 厚度的壓實體積為：

$$\left(\frac{1}{4.18}\right)(1.25 \text{ m})$$

**表 9-11 重量加權壓縮比值表 (例題 9-4)**

| 成份 | 質量分率 | 重量加權壓縮比 |
|---|---|---|
| 食品廢棄物 | 0.0947 | 0.27 |
| 紙 | 0.4317 | 2.16 |
| 卡紙板 | 0.0650 | 0.26 |
| 塑膠 | 0.0181 | 0.12 |
| 紡織品 | 0.0020 | 0.01 |
| 橡膠 | — | — |
| 皮革 | 0.0150 | 0.05 |
| 庭園剪除物 | 0.1432 | 0.57 |
| 木材 | 0.0350 | 0.12 |
| 玻璃 | 0.0749 | 0.12 |
| 金屬罐子 | 0.0520 | 0.29 |
| 非鐵金屬 | 0.0150 | 0.08 |
| 鐵金屬 | 0.0430 | 0.12 |
| 泥土，灰燼，磚 | 0.0110 | 0.01 |
| 總計 | 1.0006 | 4.18 |

在估算 $E$ 值之前，必須先決定每天處理固體廢棄物的體積及散佈區域面積。以一週工作五天而言，每天處理固體廢棄物的體積為：

$$\not{V} = \frac{780\ \text{Mg/y}}{0.443\ \text{Mg/m}^3} \times \frac{1}{52\ \text{wk/y}} \times \frac{1}{5\ \text{d/wk}} = 6.77\ \text{m}^3\text{/d}$$

若固體廢棄物散佈厚度為 0.3 m 時，則其散佈的面積為：

$$\frac{6.77\ \text{m}^3}{0.3\ \text{m}} = 22.57\ \text{m}^2\text{/d}$$

此區域為每邊 4.75 m 的正方形作業區域。適合於小規模社區掩埋操作。

若每天覆土厚度為 0.15 m，則覆土厚度為 0.45 m 需工作的天數為：

$$\frac{2.4\ \text{m} - 0.15\ \text{m}}{0.45\ \text{m/day}} = 5.00\ \text{days}$$

以完成一個單體。(每天覆土厚度為 0.15 m，再加上單體的 0.3 m 覆蓋厚度) 以如此作業速率進行掩埋，完成 3 個單體掩埋作業需要 15 個工作天。

分離 3 個單體所需的土壤體積為：

0.3 m 厚×2.4 m 高×4.75 m 長×3 單體＝10.26 $\text{m}^3$

單體的兩側土壤體積需乘以 2，

$$10.26\ \text{m}^3 \times 2 = 20.52\ \text{m}^3$$

若忽略單體分離土壤體積，則估算 $E$ 值為：

$$E = \frac{0.3 + [0.15 + 0.03 + 0.02]}{0.3} = 1.67$$

上式括號裡各項的意義：0.15 m 為每天覆土，每五天須額外的覆土 0.15 m 或每天 0.03 m。和最後一堆疊每 15 天額外的覆土 0.3 m 或每天額外的覆土 0.02 m。

若不忽略分離單體土壤，則每 3 個單體所需的土壤體積 (如圖 9-15 所示) 為：

(3 單體/疊)(5 掩埋層/單體)(22.57 $\text{m}^2$)(0.15 m)＝50.78 $\text{m}^3$

加上 0.15 m 額外的土壤作每週單體覆土厚度至 0.3 m，體積為：

(3 單體/疊)(22.57 $\text{m}^2$)(0.15 m)＝10.16 $\text{m}^3$

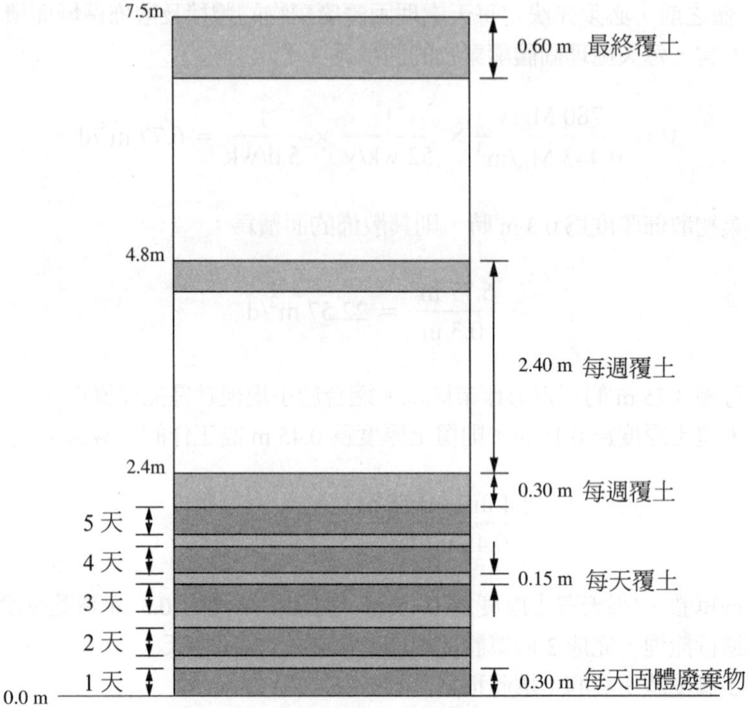


**圖 9-15** 三單體衛生掩埋示意圖 (例題 9-4)。

加上額外的 0.3 m 作最後覆土至 0.6 m，所需的土壤體積爲：

$$(22.57\ \text{m}^2)(0.3\ \text{m}) = 6.77\ \text{m}^3$$

總土壤體積爲：

$$50.78 + 10.16 + 6.77 + 20.52 = 88.23\ \text{m}^3$$

$V_{sw}$ 值爲：

$$V_{sw} = (6.77\ \text{m}^3/\text{d})(15\ \text{d/stack}) = 101.55\ \text{m}^3/\text{stack}$$

$E$ 值爲：

$$E = \frac{101.55 + 88.23}{101.55} = 1.87$$

因此，對此掩埋場而言，分隔牆會增加約 12% 體積，但這並不顯著。

估算 20 年掩埋操作所需的體積空間為：

$$V_{LF} = \frac{(780\ \text{Mg/y})(1.87)}{0.443\ \text{Mg/m}^3} \times 20\ \text{y} = 6.59 \times 10^4\ \text{m}^3$$

因平均掩埋深為 3 個 2.4 m 單體加上額外的 0.3 m 的最終覆土，則掩埋場的面積為

$$A_{LF} = \frac{6.59 \times 10^4}{(3)(2.4) + 0.3} = 8.78 \times 10^3\ \text{m}^2$$

由此可知，大約邊長 100 m 的方形區域能滿足上述需求。

---

**襯裡選擇**　掩埋場進行操作時，為防止掩埋場產生的滲出水污染地下水，必須嚴格作好滲出水的控制測量工作。在 1991 年美國環境保護署公佈新聯邦衛生掩埋法規，規定新掩埋場必須採用特定的襯裡方式，以阻絕滲出水進入地下水，或在掩埋場邊界附近必須作好符合最高規範標準措施規定。規格化襯裡系統包括利用合成膜厚約 0.76 mm 鋪設在壓實土壤襯裡層 (厚度為 0.6 m) 上。此土壤襯裡層的透水係數必須小於 $1\times10^{-7}$ cm/s。柔性襯裡膜係由高密度聚乙烯材質製成至少要厚 1.52 mm (40 CFR 257 and 258, and FR 9 OCT 1991)。美國環境保護署的規格化襯裡系統構造圖如圖 9-16 所示。

諸如聚氯乙烯、高密度聚乙烯、氯化聚乙烯和乙烯丙烯二烯單體等多種合成膜物質可作為襯裡用途。設計者喜好採用聚氯乙烯膜，尤其特別偏愛採用高密度聚乙烯膜。雖然合成膜具有極低透水係數 (小於 $1\times10^{-12}$ cm/s) 的優點，但其在施工鋪襯時有容易破損和安置不便的缺點。合成膜的破損原因源

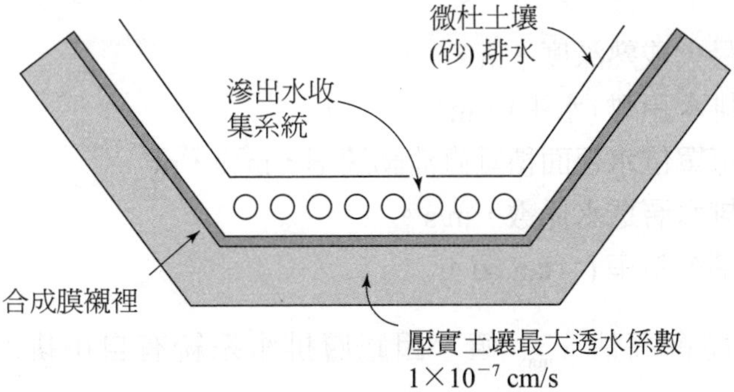


**圖 9-16**　襯裡和滲出組合系統構造圖。

自使用建造設備建造施工時，負荷過大造成拉力不平均、受到土壤襯裡層尖銳及粗糙石子，及掩埋操作設備等所造成。而鋪設誤差的產生主要是在接縫二塊合成膜時或埋設管線必須通過合成膜襯裡時所產生的。在鋪襯施工品質必須嚴格控制使每一萬平方公尺所產生的缺陷少於 3 至 5 個，以確保阻絕滲出水流出量。

合成膜下面的土壤層具有支持膜布及積留滲出水的功能，以控制滲出水流入地下水造成污染。壓實黏土能符合低透水係數 (小於 $1\times10^{-7}$ cm/s) 的條件。黏土除了低透水係數外，並不含直徑 1 公分以上尖銳物品。土壤層應加以整平減少其坡度，並作好確實壓實動作避免裂縫產生。

**滲出水收集** 美國環境保護署新衛生掩埋法規，在掩埋場規定要有滲出水收集系統的設計。襯裡上面的滲出水深度不超過 0.3 m。滲出水收集系統將掩埋場底部作成斜面安排鋪設排水管線於合成膜上*。將高透水係數物質如砂子鋪放其上約有 0.3 m 厚，用以傳導滲出水至排水管線收集。此層物質除具上述用途外，亦有保護合成膜免於受到設備及固體廢棄物的損壞。在一些例子當中，地工排水網 (一種由微小的交聯網組成的合成網狀材料) 及地工模袋 (一種粗孔編織的布料) 保護層置放於砂層之下與地工薄膜層之上，防止砂土滲入，並增加滲出水流入管路系統的速率。

多種不同的方法用於估算穩態時的滲出水最大深度。USEPA 提議以下公式估算滲出水的最大深度 (參考圖 9-17 作爲說明)(U.S. EPA, 1989)：

$$y_{\max} = L\left(\frac{r}{2K}\right)^{0.5}\left[\frac{KS^2}{r} + 1 - \frac{KS}{r}\left(S^2 + \frac{r}{K}\right)^{0.5}\right] \tag{9-11}$$

式中 $y_{\max}$ ＝最大成熟深度，m。

$L$ ＝排水距離 (水平)，m。

$r$ ＝每單位水平面積垂直流動速率，$m^3/s\cdot m^2$

$K$ ＝排水層透水係數，m/s。

$S$ ＝襯裡斜率 (＝$\tan\alpha$)。

這個公式可能會高估 $y_{\max}$ 值，因底層排水系統有自由排水現象之故，

* 陰溝管路是穿孔管，被設計來收集滲出水。

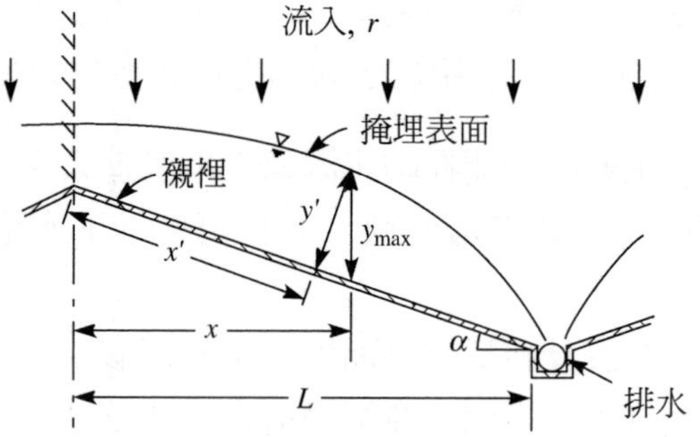


**圖 9-17**　計算 $Y_{max}$ 值的幾何符號示意圖 (資料來源：McEnroe, 1993)。

McEnroe 提議使用下面近似公式 (McEnroe, 1993)

$$Y_{\max} = (R - RS + R^2S^2)^{0.5}\left[\frac{(1 - A - 2R)(1 + A - 2RS)}{(1 + A - 2R)(1 - A - 2RS)}\right]^{0.5A} \qquad \textbf{(9-12)}$$

對 $R < 1/4$：

$$Y_{\max} = \frac{R(1 - 2RS)}{1 - 2R}\exp\left[\frac{2R(S - 1)}{(1 - 2RS)(1 - 2R)}\right] \qquad \textbf{(9-13)}$$

對 $R = 1/4$：

$$Y_{\max} = (R - RS + R^2S^2)^{0.5}\exp\left[\frac{1}{B}\tan^{-1}\left(\frac{2RS - 1}{B}\right) - \frac{1}{B}\tan^{-1}\left(\frac{2R - 1}{B}\right)\right] \qquad \textbf{(9-14)}$$

且對 $R > 1/4$：

式中，$Y_{\max} = y_{\max}/(L\tan\alpha)$

$R = r/(K\sin^2\alpha)$

$S$ ＝襯裡斜率 (＝$\tan\alpha$)

$A = (1 - 4R)^{0.5}$

$B = (4R - 1)^{0.5}$

收集滲出水中含高濃度污染物應加以處理。其處理方式可利用生物處理系統就地處理。另外，亦可將滲出水泵至市區處理廠處理。在先進的設計系統中，滲出水以再循環方式經過掩埋廢棄物以增加提供微生物分解成長的增濕和加速其穩定程序，同時可促進甲烷生成和提供微生物分解滲出水。

**最終覆土** 最終覆土主要的功能在防止濕氣從地表進入完成掩埋層。若無濕氣進入則滲出水產生量會達於最低值，並且可使地下水遭受污染的機會減少。

現代化最終覆土的設計包括有表面層、生物柵欄、排水層、水力柵欄、基礎層和氣體控制設施等。表面層會提供適合土壤讓植物生長防止表面遭受侵蝕。適合植物的土壤深度約為 0.3 m。生物柵欄為防止植物的根部滲入水力柵欄。此時，似乎沒有一種材料適合作為柵欄。排水層具有與滲出水收集系統的相同功能提高流動性進入收集管線中，此收集系統會常因地表下沉作用失去功能，因此許多設計者不建議此管線安置，而是以較厚的水力柵欄阻絕通過掩埋層。水力柵欄的功能與襯裡相同，皆在於防止水流入掩埋層。美國環保署推薦一種組合式襯裡，其包含合成膜和低透水係數土壤作為提供支持合成膜的基礎支撐。此土壤亦具有保護合成膜免遭受在氣體控制層中粗混凝小石子的損壞。氣體控制層係由粗碎石子構成作為排氣口將氣體排放至表面的作用。若收集氣體作為能量用途，一系列氣體回收裝置須加以安裝收集可利用負壓方式收集氣體。

## 完全都市固體廢棄物掩埋場

完全掩埋場因有地層下沉現象會造成地勢不平坦，而需要加以維護整理。維護工作包括表面整平以利排水，和填補小窪地防止成小水池而可能造成地下水污染。最終覆土必須約 0.6 m 深。

完全的掩埋場可作為諸如公園、運動場或高爾夫球場練習場地等娛樂用途，亦可作為停車場和貯存區或植物園等其他用途，因掩埋場會有下沉和氣體釋出現象，故不適宜建造建築物。

作為緊急用途時，可以建造單一建築物和作為輕航機起降的跑道，但必須注意會有下沉問題，不宜作太密集的起降而造成裂縫。在建造建築物時，必須要有氣體消散裝置避免作室內排放。

## ▲ 9-5　廢棄物轉換成能量

固體廢棄物中所含的有機質部份可作爲燃料之用。廢棄物焚燒產生能量的同時會使廢棄物的體積減量。廢棄物作燃料焚燒利用，在整合性固體廢棄物管理規劃中占有重要的部份。特別設計的電廠可利用燃燒都市固體廢棄物產生能量，這些處理設備可將垃圾體積降低 90% 且重量降低 75%，剩下的殘渣則在都市固體廢棄物掩埋場掩埋。根據 2004 年整合廢棄物服務協會 (Integrated Waste Service Association) 的報導，美國已有 89 座可將廢棄物轉化能量的設備營運中，每天處理高達 86 Gg 廢棄物 (IWSA, 2004)，轉化成將近 2,500 百萬瓦電力。

### 廢棄物熱值

廢棄物焚燒熱值的測量係以每公斤廢棄物燃燒能產生多少仟焦耳 (kJ/kg) 的能量表示，利用熱卡計進行實驗決定熱值的大小。將乾燥試樣放置在熱卡計的燃燒室進行燃燒。利用熱量均衡方式分析計算在攝氏 25 度時，燃燒所釋放出的熱值。因燃燒室保持在 25 度，燃燒產生的水爲液態，此狀況所產生釋放出的熱值爲最大量，此熱值謂之**高位熱值** (HHV)。

在實際燃燒程序裡，燃燒氣體未排放至大氣之前，其溫度一直保持高於攝氏 100 度。水是以水蒸汽形態存在，燃燒所產生的熱值稱爲**低位熱值** (LHV)。高位熱值與低位熱值的關係式，可利用下列方程式表示：

$$\text{LHV} = \text{HHV} - [(\Delta H_v)(9\ \text{H})] \qquad \textbf{(9-15)}$$

式中，$\Delta H_v$ ＝水的汽化熱

＝2,420 kJ/kg

H ＝燃料的氫含量

上式乘以 9 是因爲一克莫耳氫產生 9 克莫耳的水。式中的水是燃燒所產生的。潮濕的廢棄物必須加以乾燥去除水份。對於含濕氣廢棄物須供給能量使其乾燥。因此，從能量回收觀點，此類廢棄物燃燒爲低效率程序且不具利用的價值。廢棄物中含有灰分成份降低能量產率，因每一公斤固體廢棄物有機值成份含量減少，相對地燃燒產生的熱值因而減少，且灰分能保持一些熱值移至焚化爐而損失熱值。

## 基本燃燒

燃燒爲一種化學反應，係指燃燒中元素進行氧化反應的過程。在廢棄物能量工廠，燃料是固體廢棄物，燃料能氧化的元素主要爲碳和氫兩種。燃料中多少含有硫及氮元素成份。所謂的完全氧化反應，係燃料中碳元素與氧反應生成二氧化碳，及一些少量氮氧化物。

燃燒反應是否完全與氧供應量、時間、溫度和渦流度等有關。充分地氧氣供應促使燃燒能在極短的時間內反應完全，通常以強制空氣供應方式進入燃燒室提供燃料反應所需的氧氣。以過量 100% 空氣供應促使反應能充分地進行。燃燒反應要完全除充足供應氧氣外，尙需有足夠的時間，反應時間與燃燒溫度和燃燒室渦流度有關。要引發燃燒反應進行時，燃燒溫度要超過最低溫度值。較高的溫度會產生大量的氮氧化物，並會造成破壞固體廢棄物和形成空氣污染物等問題產生。將燃燒空氣和燃燒氣體相混合會使燃燒反應更完全。

固體廢棄物進入燃燒室後，其溫度會上升，揮發性物質形成氣體形態，由於溫度上升造成有機成份進行熱裂解反應形成氣體。揮發有機化合物逸出而保留固定式碳，當溫度達到碳的點火溫度 (700°C) 時，燃燒開始進行。而爲達到破壞所有可燃物質，有必要將廢棄物和灰燼在爐床內溫度要達到 700°C (Preffer, 1992)。

在火焰區高熱揮發氣體與空氣混合以極快速的反應進行。若供應足夠的過量空氣和渦流度，則反應會在 1 或 2 秒內反應完全。燃燒固體廢棄物所造成的高溫，能破壞毒性化合物和增加利用廢棄物以產生水蒸汽作爲能量來源的機會。

## 傳統焚化

傳統式焚化爐的基本排列如圖 9-18 所示。雖然固體廢棄物具有熱值的特性，但正常情形下，由於其相當潮濕且不易燃燒而必須加以乾燥。在傳統操作上，補助燃料供應燃燒作爲最初乾燥階段的用途。在焚燒過程中會產生大量多種特定物質，需要裝置空氣污染控制設備加以處理。例如靜電集塵器，可將廢棄物整體容積減量約 90%，燃燒剩餘物約 10% 物質仍須使用掩埋方法加以處理。

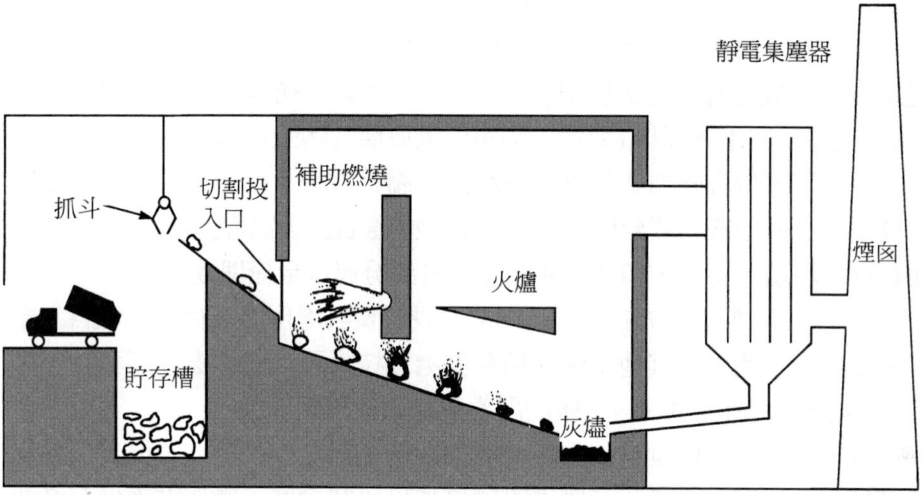


**圖 9-18**　傳統連續式焚化爐廢棄物回收能量。

## 廢棄物回收能量

為有效利用固體廢棄物所含的熱值，大多數現代化燃燒裝置均加裝能量回收單元。此能量回收概念早在 100 年前就已存在。1896 年德國在漢堡設立首座廢棄物產生電力系統，1903 年美國首先在紐約市裝置幾座固體廢棄物火力發電廠。

現在美國有許多座廢棄物轉化能量 (Waste to Energy) 設備正在運作。利用焚燒固體廢棄物方式產生能量，並經由特殊焚化爐設計形成高溫水蒸汽以回收熱量，此高溫的水蒸汽可作為加熱或產生電力的用途。

許多州的公用設施用電是向這些工廠購買電力供應使用。使用高效率熱回收和發電機系統，廢棄物能量工廠每焚燒一公噸廢棄物可產生約 600 kWh 的電力需求。

**廢棄物衍生燃料**。廢棄物衍生燃料為固體廢棄物的可燃部份物質，經由分離程序如切碎、篩選及空氣分類等步驟將固體廢棄物的可燃部份與不可燃部份分離 (Vence and Powers, 1980) 處理，都市固體廢棄物所得可燃部份占有 55 至 85% 之多，經由燃燒產生的熱值介於 12 至 16 MJ/kg 的範圍。此種系統亦可視為補充燃料系統，因其對使用煤或其他固體燃料產生能量的業者而言，此種系統僅是一種作為補充燃料的系統。

在典型分離處理系統中，都市固體廢棄物饋入旋轉式篩選機中進行去除玻璃和泥土，而後將剩餘部份輸送至切碎機進行大小減量，切碎的廢棄物經過空氣分類機器將輕質部份 (塑膠、紙張、木材、紡織品、食品廢棄物和少量輕質金屬) 與重質部份 (金屬、鋁和少量玻璃及陶瓷) 分離。

而輕質部份經磁力式分離系統將鐵金屬分離後，作爲燃料之用。重質部份則輸送至其他磁力式分離系統回收鐵金屬製品。鋁亦能回收，重質部份分離剩餘的玻璃、陶瓷，和其他非磁性物質部份運送至掩埋場處理。

自 1975 年來，首先在 Ames，Iowa 設置整套處理廢棄物衍生燃料工廠進行分離運作。此後，其他工廠採用類似處理技術設計建造處理廢棄物工廠。圖 9-19 爲廢棄物衍生燃料工廠處理廢棄物的流程圖。

雖然有許多的廢棄物衍生燃料產生系統正在操作或建造，但其仍針對包括諸如處理程序、設備和其應用等項目加以研究發展。操作維護仍有必要不斷的收集資料作爲程序改善分析的依據。

**模具式化焚化爐**　這些單元有許多不同的大小可採用，模組化使得它們可以將類似的單元組合成能夠處理適當的噸數。多數模具式化焚化爐產生的能量係配合控制空氣原理，使用未處理的都市固體廢棄物進行操作，和必須要少量補助燃料供應引發焚燒進行。廢棄物進行主燃燒室因缺少足夠的氧氣進行燃燒反應，其所產生的燃燒氣體進行第二燃燒室中，供應充足的空氣進行完全燃燒。程序進行時，須供應少量的補助燃料以維持適當的燃燒溫度。燃燒後產生的熱流經廢熱鍋爐產生高溫的水蒸汽。灰燼則以水冷卻方式冷卻後加以棄置掩埋場。產生的水蒸汽可以直接利用或使用渦輪機發電廠轉換成電力之用。

新式廢棄物能量工廠所面臨嚴重的問題在燃燒程序會產生戴奥辛的問題。因戴奥辛爲氯化塑膠燃料所產生的副產物，故可藉由減少塑膠供應進料，使其產生量降至最低。其次，可使用適當的空氣污染控制設備加以處理，以防止排放至大氣中。

燃燒廢棄物所面臨的第二問題爲燃燒程序產生灰燼的處理問題，所產生的灰燼歸成兩類：首先是從空氣污染控制設備產生的飛灰和從火爐底排出的底部灰燼。飛灰所含的金屬成份可以很容易使用水溶方式提出；飛灰與底部灰燼混合時，會使水溶效果降低。在 1994 年，Supreme 法院將都市焚化爐的

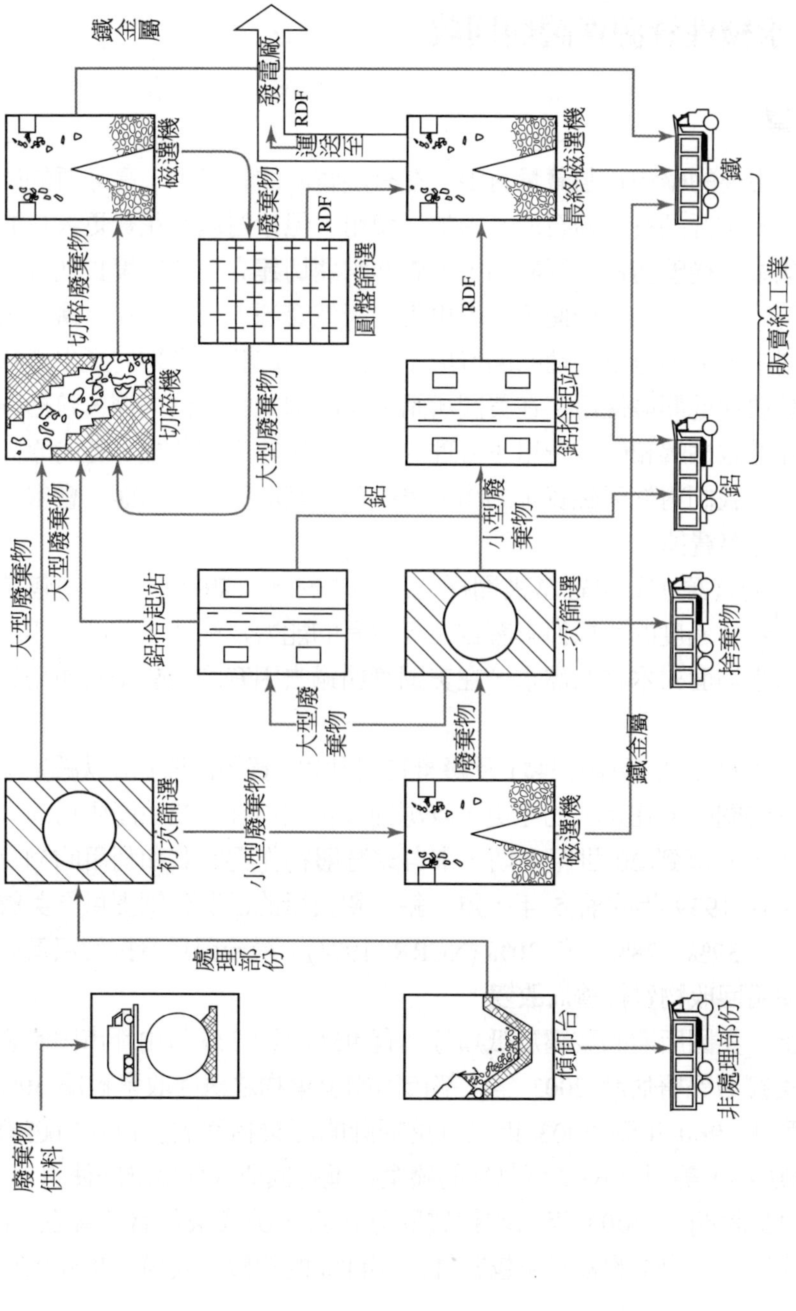


**圖 9-19**　廢棄物衍生燃料工廠處理廢棄物的流程圖。

灰燼視爲有害廢棄物 (Chicago vs. EDF, 1994)。在作掩埋前，必須作是否含有害物質的測試，若發現含有害物質時，則必須加以處理後再掩埋。

## ▲ 9-6 永續性資源保護與回收

### 背景與展望

地球上主要的礦物質蘊藏量有限，在有限資源的環境中，高品質的礦石被消耗殆盡後，低品質的礦石即必須加以使用，但相對地要花費更大量的能量和投資成本。從整體經濟學觀點，人們非常關切建立一個市場長期且合理的經濟系統，應用該系統於使用不可再生的天然資源，如鋁、銅、鐵及石油等的開發利用，可供考量合理的開發成本。高速率固體廢棄物的產生意味原始物料正被快速地開發使用。在美國所謂喧嚷吹噓式的價格失控，包括礦物質過度開採導致枯竭和礦石費用不合理的下跌，決非形成此種形勢的原因。更進一步說，我們對於天然資源的高廢棄物和低回收的生活形態，會很大量地將自然資源浪費掉。

可再生的資源主要是經常被開採使用的木材。人類社會崇尚的包裝文化，會造成森林過度的開採而影響自然界生長的能力及補注。歐洲、印度和日本長期以來均面對木材的需求，在美國應由過去困窘的經驗學到如何保護自然資源。

減少廢棄物生成 (資源保護) 及廢棄物再利用 (資源回收) 可以減少固體廢棄物管理的問題。在過去的歷史，資源回收再利用在工業生產中扮演非常重要的角色，一直到 20 世紀中期，來自家庭廢物作爲回收和利用的物質愈來愈重要。在 1939 年的前 5 年，銅、鉛、鋁及紙的回收分別提供全美國總原料的 44%、39%、28%，和 30% (NCRR, 1974)。最後因爲直接使用新原料的製程較使用回收物質經濟而改變。

理論上，美國所需的玻璃及紙類分別有 95% 及 73% 可由都市固體廢棄物回收。美國環保署估計 2003 年，都市固體廢棄物之總回收率約爲 30%。表 9-12 爲自 1960 年到 2003 年以百萬噸計的廢棄物回收及再利用趨勢變化。在 2003 年，美國有 65.7 百萬噸的廢棄物進行回收或作爲堆肥使用。

表 9-13 說明了 2003 年回收物質的分析表，美國環保署估算在 2003 年，回收了將近 39 % 的容器與包裝材料、44% 的鋁製垃圾桶、48% 的紙張

**表 9-12　1960-2003 年間垃圾產生、資源回收、堆肥與都市廢棄物丟棄量關係表[a, b]**

| | 1960 | 1970 | 1980 | 1990 | 2000 | 2003 |
|---|---|---|---|---|---|---|
| 垃圾產生量 | 80.1 | 110.1 | 137.8 | 186.6 | 212.8 | 214.8 |
| 回收利用量 | 5.1 | 7.3 | 13.2 | 26.4 | 47.6 | 50.4 |
| 堆肥回收量 | | | | 3.8 | 15.0 | 15.4 |
| 總資源回收量 | **5.1** | **7.3** | **13.2** | **30.2** | **62.6** | **65.7** |
| 回收之後的丟棄量 | 75.0 | 102.7 | 124.7 | 156.4 | 150.1 | 149.0 |

[a] 資料來源：U. S. EPA, 2005
[b] 單位：Tg
[c] 庭院剪屑、食物殘渣及其他都市固體廢棄物有機質的堆肥。不包括後院堆肥。且因簡化而未列出詳細細目。

與硬紙板、22% 的玻璃容器與 8% 的塑膠包裝材料與容器。報紙為最大宗的可回收產品，回收率為 82%，而使用過的電話簿回收率僅為 16%。

經由回收都市固體廢棄物而產生的利益或能量很少符合成本效益，然而許多社區開始進行回收計畫作為保護環境的一種方式。民眾覺醒自身在自然環境保護所扮演的角色，因此要求社區提供資源回收的服務。美國環保署已設定國家預期目標，以鼓勵資源保育與回收活動。

美國許多州和哥倫比亞特區制定了各種資源回收相關法規，其範圍包括選擇性消費及綜合性回收目標。美國有超過 8000 個路邊回收計畫、3000 個堆肥計畫，及 200 個都市回收設施正在運作 (Wolpin, 1994, and U.S. EPA, 2003)。回收物質的市場價格變動極大，例如舊報紙價格由 1988 年的 $50/Mg 下降到 1993 年的不到 $10/Mg (Rogoff and Williams)，在 1995 年則上升到 $100/Mg 以上 (Paul, 1995)

接下來將要討論幾個可行的資源保護與回收 (RC & R) 技術，依據工作完成的困難度，設備及投資成本等將其分為初級資源保護回收技術、中級資源保護回收技術及高級保護資源回收技術三大類。一般政府機構並不會以計畫案作為補助對象，最有可能獲得補助的是用於支付掩埋場所增加的成本，或因增加掩埋使用年限而增加的費用。

## 初級資源保護與回收技術

**可回收飲料容器**。為了自然資源的保存，以再利用物質取代用一次即丟棄的產品是可行的。法律規定係對於可回收或不可回收的飲料罐必須退還或以抵

**表 9-13 2003 年都市固體廢棄物中的垃圾產生與回收產品** [a, b]

| | 產生的質量 | 回收的質量 | 回收佔產生量的比例 |
|---|---|---|---|
| **耐久性物品** | | | |
| 鋼 | 10.16 | 3.06 | 30.2 |
| 鋁 | 0.96 | Neg.[f] | Neg. |
| 其他非鐵金屬 | 1.44 | 0.96 | 66.7 |
| 所有的金屬 | 12.52 | 4.02 | 32.1 |
| 玻璃 | 1.61 | Neg. | Neg. |
| 塑膠 | 7.61 | 0.30 | 3.9 |
| 橡膠與皮革 | 5.36 | 1.00 | 18.6 |
| 木材 | 4.78 | Neg. | Neg. |
| 紡織材料 | 2.75 | 0.29 | 10.6 |
| 其他材料 | 1.18 | 0.89 | 75.4 |
| 所有耐久性物品 | 35.83 | 6.50 | 18.1 |
| **非耐久性物品** | | | |
| 紙張與硬紙板 | 40.19 | 16.42 | 40.8 |
| 塑膠 | 5.76 | Neg. | Neg. |
| 橡膠與皮革 | 0.80 | Neg. | Neg. |
| 紡織品 | 6.69 | 1.09 | 16.3 |
| 其他材料 | 2.96 | Neg. | Neg. |
| 所有非耐久性物品 | 56.34 | 17.51 | 31.0 |
| **容器與包裝材料** | | | |
| 鋼 | 2.58 | 1.56 | 60.6 |
| 鋁 | 1.76 | 0.63 | 35.6 |
| 所有金屬 | 4.34 | 2.19 | 50.4 |
| 玻璃 | 9.71 | 2.13 | 22.0 |
| 紙張與硬紙板 | 35.20 | 19.87 | 56.4 |
| 塑膠 | 10.80 | 0.96 | 8.9 |
| 木材 | 7.58 | 1.16 | 15.3 |
| 其他材料 | 0.20 | Neg. | Neg. |
| 所有容器與包裝材料 | 67.86 | 26.31 | 38.8 |
| **其他廢棄物** | | | |
| 食物及其他 | 25.04 | 0.68 | 2.7 |
| 庭院的修剪屑 | 25.95 | 14.61 | 56.3 |
| 混雜的無機廢棄物 | 3.28 | Neg. | Neg. |
| 所有其他廢棄物 | 54.25 | 15.33 | 28.2 |
| **所有的都市固體廢棄物** | 214.28 | 65.59 | 30.6 |

[a] 資料來源：U.S. EPA, 2003.
[b] 包含殘餘廢棄物、商業與公共團體的來源。
[c] 單位:Tg.
[d] 包含鉛蓄電池中的鉛
[e] 包含回收堆肥使用其他都市固體廢棄物的有機質。
[f] Neg＝可被忽略的。

押方式來施行；飲料及飲料罐業者，將會持續地參與此項行為。在 2002 年，美國各州政府包括加州、康乃狄克州、德拉瓦州、夏威夷州、緬因州、麻州、密西根州、紐約州、奧勒岡州與佛蒙特州已頒布法律規定容器必須以退還或以抵押方式施行。有 90 至 95% 的瓶子和 80 至 85% 的罐子被回收。在奧勒岡，在法規執行後第二年，路邊垃圾種類減少 39%，體積減少 47%。更進一步，對於玻璃容器可達到明顯的節約效果，而玻璃瓶使用 10 次將比只用一次就丟棄容器減少 1/3 的能量消耗，平均每個容器再使用次數為 10 至 20 次。

**回收**　由廢棄物再加工生成原料的過程以前稱為**回用** (salvage)，現在稱為**回收** (recycling)。最簡單和最常用的技術水準層面，是消費者在廢棄物產生的源頭將其分類。因為此種方式最節省能量消耗，對於更嚴格的回收目標而言，有利於全體市民尋找更詳細的回收選擇。

一般而言，居民可選擇的回收方式包括：

路邊收集
棄置中心
物質處理設施
物資轉運站
堆肥
大型廢棄物收集和處理
輪胎回收

在美國主要的回收方法是路邊回收。此法對於居民而言非常方便，他們不需開車將廢棄物載到回收中心。對於資源回收有二種基本路邊方式，第一種方式為住戶自備儲藏箱或袋子，住戶在使用後將廢棄物自行分類並放入適宜的儲藏箱，在收集當天，將儲存容器放置在路邊。採用此法主要的缺點在購置儲存容器的成本較高。第二種方法是路邊回收，此法提供住戶一個儲藏箱作為可回收物質收集之用。再由路邊收集人員將這些物質分類放入回收車輛。

回收的第二種替代選擇為棄置中心。因回收是社區特定的操作，棄置中心設置必須環繞社區且考慮實際社區的大小範圍。為評估和選擇最適宜的棄

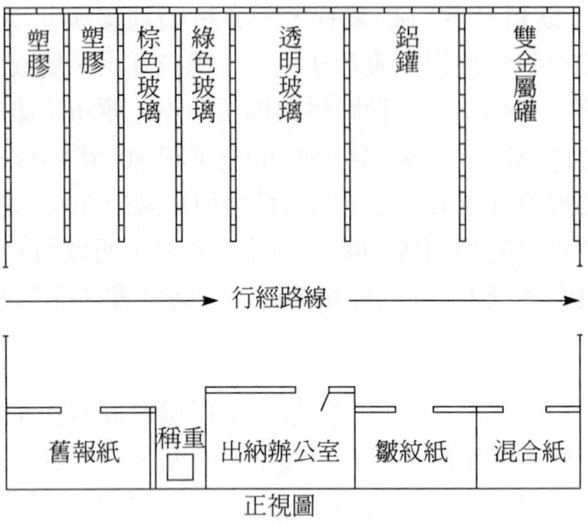


**圖 9-20** 開車經過棄置中心配置圖。

置系統，必須考慮諸如位置、物質處理、人口、棄置中心數目、操作和民眾資訊等因素。當棄置中心作爲協助路邊收集計畫時，小規模的棄置中心是需要的。若棄置中心是社區中唯一或主要的回收系統，爲增加其處理能力，則必須提升處理中心的功能，須小心仔細規劃以調節廢棄物流量，並考量物料的儲存和收集。

棄置中心的方便性將直接影響市民的參與度。基本上，棄置中心必須設置在高交通流量處且明顯的區域，會有較高程度的參與。在鄉村地方其人口分佈較分散可提供良好的棄置場所，居民攜帶其可回收的物品到雜貨店、教堂或郵局等處，可順便將欲回收物品丟棄到適宜地方。圖 9-20 提供一個例子說明開車經過物料回收中心。

第三種主要資源回收的型態是物料處理回收設施。此方法可回收的物質是由市政府當局送至處理中心，利用機械和人工分離物質。圖 9-21 爲分離設施配置圖及圖 9-22 爲各處理設施的質量均衡圖。

## 中級資源保護與回收技術

**產品設計**。產品構造或包裝的簡單改變會有助於資源保護。以下二個成功的例子說明此項概念。在 1970 年中期，許多新聞報業 (如洛杉磯時報、華盛頓

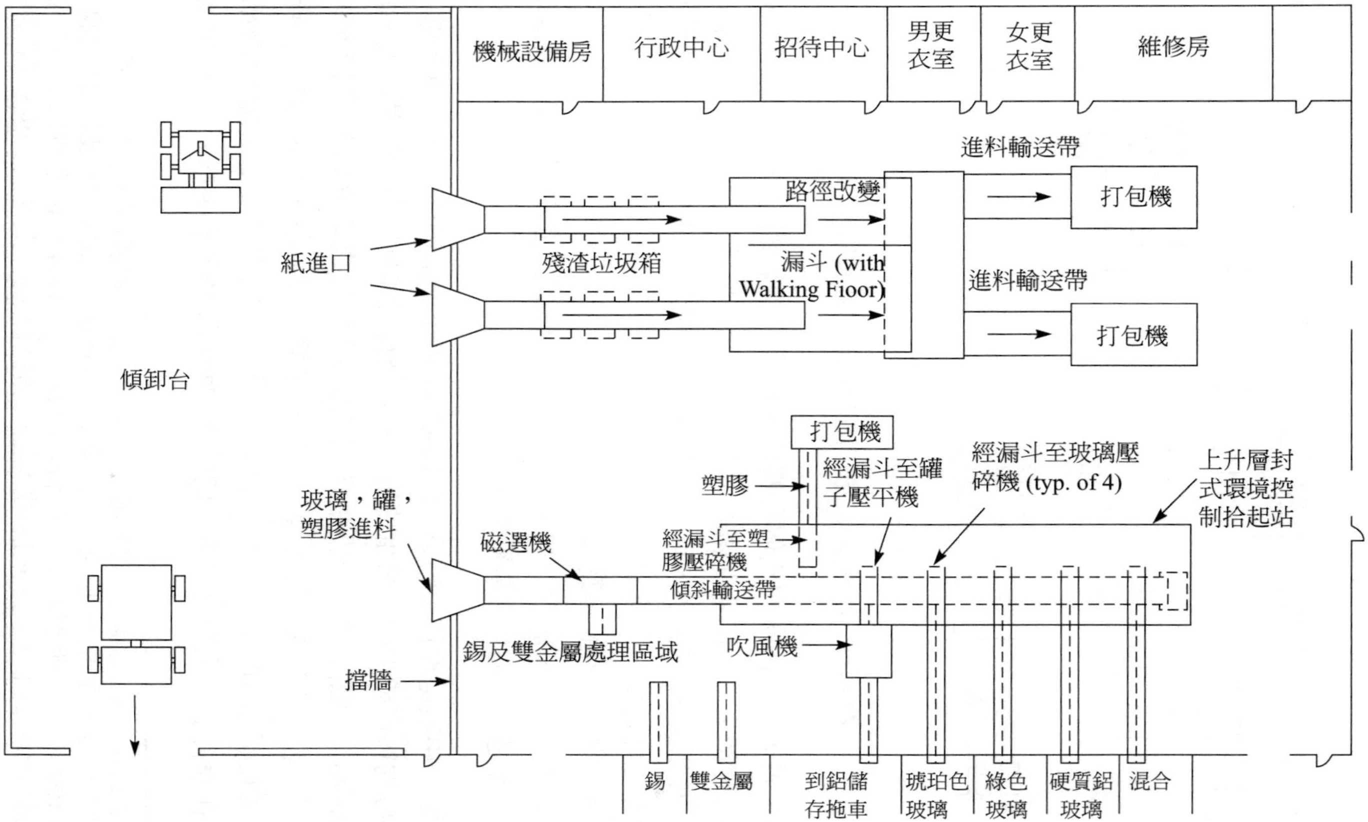


**圖 9-21**　物質處理分離設施配置圖。

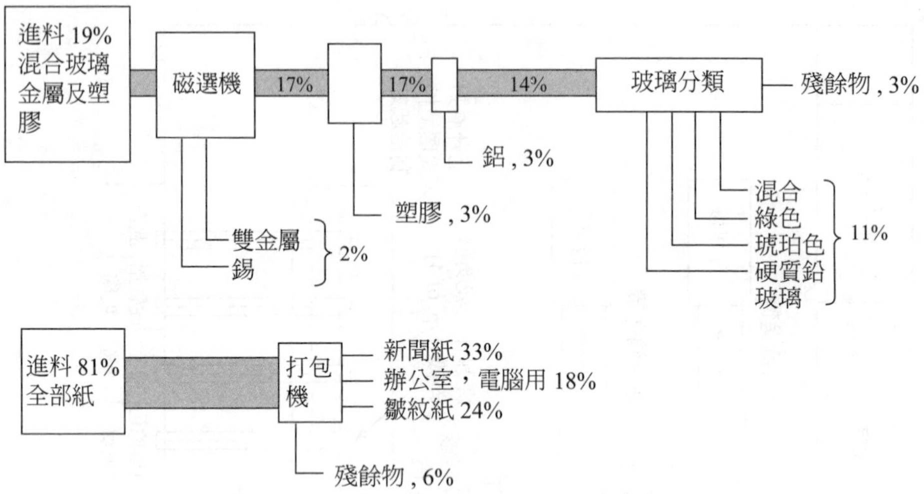


**圖 9-22** 物質回收設施與程序的質量流程圖。

郵報和紐約時報) 由傳統的八個專欄格式變成六個新聞專欄及九個廣告專欄，這項改變減少 5% 的新聞報紙印刷的消耗量。另外，在大型零售店發現使用輕質加強底部的厚袋子，可以減少顧客同時使用二個雜貨袋，如此可減少 30% 纖維消耗量。許多速食店已不再用聚苯乙烯製容器裝三明治等產品，而改用生物可分解的紙製包裝材料。

雖然這些改變，一般而言並不在環境工程的領域，但使用環境包裝或環保的產品，都是受歡迎且被鼓勵的。

**破碎和分離**　中級處理技術的第一階段或增加掩埋場體積的計畫，可在處理中心將某些物料可能被回收再生使用。其中最有可能被回收的物質是紙，非鐵金屬 (如鋁)，和鐵金屬。一般在都市固體廢棄物通過輸送帶時可用手將紙去除，*接著進入破碎機，鐵金屬可以用磁選機加以分離。在大的社區固體廢棄物收集量超過 1000 Mg/wk，在處理時會考慮將汽車及卡車輪胎作分離和切割。在瀝青混凝土場可以使用破碎後的輪胎作為原料進料。在掩埋場輪

* 因經濟條件而異，人工分類可能是賠錢的生意，一個工人平均每天 8 小時可以撿出 2.0 Mg 的新聞紙。薪資是 $5.50/h，則一天的薪資是 $44.00，扣除管理費及附加的利潤。管理費以 100% 計算，則分類的成本為 $44.00/Mg。假使 1994 年 6 號新聞紙 (紙的一種等級) 的價格是 $22/Mg，在扣除運輸成本前即虧損 $22/Mg。當然，在 1995 年新聞紙價格 $116/Mg 時，這是一個賺錢的生意。

胎是個困擾的問題 (因爲不知應將其掩埋要有多深，輪胎常會在掩埋場表面突出來)，能將其回收再生使用無疑的是有助益的。

**堆肥**　堆肥是將固體廢棄物中的有機物質利用腐植質的物質將其進行好氧生物安定化的程序。最具效率的堆肥係以不含無機物的廢棄物流進行。基於此概念，常於廢棄物分離時將庭院廢棄物分離進行堆肥程序。若要使生物處理系統有效率，以下條件是必須考慮的 (Tchobanoglous et al., 1993)：

**1.** 粒徑大小必須小於 5 公分。
**2.** 必須保持在好氧條件下，翻動堆積的堆肥或強迫空氣經過保持好氧。
**3.** 保持適當的濕度大約在 50 至 60%，不可過量。
**4.** 適應此環境的微生物量。
**5.** 碳和氮比值必須保持在 20 至 25 比 1 的比例。

生物分解程序爲放熱程序，良好的操作下，在高效率的分解期間，堆肥的溫度保持在 55 至 60°C，溫度可有效率殺死病菌。堆肥程序的一個循環約 20 至 25 天，高效率分解發生在 10 至 15 天的週期。堆肥的最大缺點是有臭味，保持好氧條件及適當的消化時間可以減少臭味問題。

堆肥是良好的土壤改良劑，堆肥可以扮演以下的角色：(1) 改進土壤結構，(2) 增加保持濕氣的能力，(3) 減少溶解性氮的滲出，(4) 增加土壤緩衝能力。於此要強調的是堆肥並非有價值的肥料，因爲它只含有 1% 或更少的主要營養源如氮、磷及鉀等。

堆肥是固體廢棄物管理中最快速成長的方向之一。其主要的驅動力是法律規定，掩埋場爲延長其使用年限，必須先將庭院廢棄物從廢棄物的物流中予以去除。依據美國環保署的調查在 1988 年並未有經由堆肥化的回收物質。在 1990 年，美國環保署估算約有 2% 的國家固體廢棄物作爲堆肥；在 2000 年估計有 7% 作爲堆肥。在 1994 年時，美國有超過 3000 個堆肥處理設備在使用。有超過 180 個污泥堆肥化處理設備，都市固體廢棄物堆肥化處理設施已被 21 個城市所採用 (Monk, 1994)。

**甲烷回收**　在衛生掩埋場中甲烷爲有機物厭氧分解的產物。在此生成氣體必須經過進一步的收集及純化，故某些氣體程序設備必須加以利用。基本上，處理設備包括脫氫、氣體冷卻、及可能需要等設備用以去除高級烴類。經過以上程序可得到低含熱含量氣體，其熱值爲 18.6 MJ/m$^3$。若進一步將二氧化碳和某些烴類去除則可得到高熱含量氣體，此種氣體可以經管線直接供氣使用，其產生熱值約 37.3 MJ/m$^3$。掩埋場所產生的掩埋氣體數量每年每公斤固體廢棄物產生 0.6 至 8.7 公升的氣體，其平均氣體產生量爲 5 L/kg・y。

回收處理甲烷氣體的回收技術適合應用在小規模掩埋場，而處理技術應用於大規模掩埋場甲烷氣體回收時，基於處理技術及投資成本限制造成產生的甲烷收集處理問題，除非有其他的技術提供，否則大規模掩埋場所產生的氣體會直接排放至大氣中。根據美國環保署的資料，在 1999 年，有 360 個全國性的甲烷氣體回收計畫產生了相等於 1,200 MW 的電力。

## 高級資源保護與回收技術

在 1970 年代中期，由美國環境保護署和聯邦政府財政局共同對多種資源回收科技進行審核。到 70 年代末期，將少數可行回收系統及多數不可行回收系統作明確的判定。

因成功的高級科技系統取決於其對能量的回收，應考慮固體廢棄物的價值如同燃料一般。如表 9-14 所示，固體廢棄物並不是好的燃料，但從另一

**表 9-14　各種物質淨熱值表**

| 物質 | 淨熱值 (MJ/kg) |
|---|---|
| 木炭 | 26.3 |
| 煤，無煙煤 | 25.8 |
| 煤，煙煤 (高揮發 B) | 28.5 |
| 燃料油，編號 2 (家庭加熱用) | 45.5 |
| 燃料油，編號 6 (bunker C) | 42.5 |
| 廚餘 | 4.2 |
| 汽油 (正常，84 辛烷值) | 48.1 |
| 甲烷[a] | 55.5 |
| 都市固體廢棄物 (MSW) | 10.5 |
| 天然氣[a] | 53.0 |
| 新聞報紙 | 18.6 |
| 廢棄物衍生燃料 (RDF) | 18.3 |
| 橡膠 | 25.6 |
| 污水氣體[a] | 21.3 to 26.6 |
| 污水污泥 (乾固體) | 23.3 |
| 碎屑物 | 19.8 |
| 木材，橡樹 | 13.3 to 19.3 |
| 木材，松樹 | 14.9 to 22.3 |

[a] 以下密度採用單位 (全爲 kg/m$^3$)：$CH_4$＝0.680，天然氣＝0.756；污水氣＝1.05

個角度看，由於其成本爲 0.00/Mg 看起來很吸引人，尤其是無煙煤成本爲 \$50/Mg，燃油成本爲 \$250/Mg。不幸的是固體廢棄物要作爲燃料時，會有看不到的成本，除非先將其金屬和玻璃去除並加以減積改善其物理特性，否則固體廢棄物不能直接作爲燃煤電廠燃燒使用。或能以替代方式使用特殊建造方式的電廠，才能以固體廢棄物作爲原料，以上的方式其實已經包括某些成本在內。

從 1970 年代的經驗發現，若要高級技術的資源回收公用設施能成功，則必須有以下的準則 (Serper, 1980)

1. 高級資源回收技術在大都會將比較經濟，若在該區域無法使用掩埋場方式處理或掩埋方式非常昂貴超過 \$25/Mg；地理上環境因素無法使掩埋達到安全掩埋的目的，如紐奧良及其附近區域即是如此。
2. 必須有足夠的再利用物質來供給處理設備，所需的最少量是 1.8 Gg/d。一般其人口數必須達到 250,000 人或以上才可能。
3. 買主從鄰近區域發電廠購置水蒸汽或電力，以合約方式簽定契約供應其所需。
4. 若買主完全仰賴廢棄物焚化系統所供應的能源，則燃燒設備必須設計成可使用燃油系統，當廢棄物不適用或燃燒廢棄物設備故障時，才能繼續提供能量。
5. 在邏輯上，運送廢棄物到資源回收設備，必須在先前作規劃，它可能需要建立轉運站及儲存站，共同與資源回收廠配合運作。
6. 如果處理系統可同時處理都市廢棄物和污泥，則較只處理廢棄物的系統經濟可行。隨海洋棄置的限制，區域性污泥開始面對要花費大量經費進行焚化。共同棄置工廠將同時減少廢棄物和污泥處理成本。爲達經濟上的競爭性，處理污泥須先將其脫水完全以節省成本。目前在歐洲已有許多共同棄置工廠正在運作。除了大型設備外，他們並沒有過量足以輸出。

許多高級處理技術需要使用中級物質回收系統作爲其第一個程序，有關中級處理系統已經在前面章節介紹。

## ▲ 9-7　本章重點

研讀完本章後，應該能夠不參照課本或筆記，而能夠回答下列問題。

1. 試述 2003 年美國每人每天平均產生固體廢棄物的數量。
2. 依固體廢棄物的組成和來源，區別以下各項固體廢棄物如廚餘、一般垃圾、廢物及碎屑物。
3. 試比較公立和私人固體廢棄物收集的優缺點。
4. 試列舉出三種拾起的方法 (後院、返回式和路邊) 和說明每種收集方法的優缺點。
5. 試列出廢棄物收集系統中關於時間的組成。
6. 試比較四種卡車收集路線方法的優缺點。
7. 試說明四種人力編組的方法。
8. 試說明何謂轉運站及其運作的目的。
9. 試列舉和討論掩埋場選擇的因素。
10. 試述兩種建造都市固體廢棄物掩埋場的方法。
11. 試說明都市固體廢棄物掩埋場每天覆土的目的和每天最小覆土厚度。
12. 試定義滲出水及其產生原因。
13. 概略繪出都市固體廢棄物掩埋場基本構造圖。
14. 試定義及說明以下各項名詞：WTE，HHV，LHV，RDF，產源分離。
15. 試說明氧氣、時間、溫度、及渦流度對建立高效率燃燒反應的關係。
16. 說明產源分離對於固體廢棄物熱值和對有害空氣污染放射物潛在性的影響。
17. 試分別對初級技術及中級技術 RC & R 資源保護與/或回收再利用列出兩種高度可行的方法。
18. 試以基本方法描述和說明習題第17點所列兩種方法的每種方法，能爲一般市民所了解接受。

**在課本的輔助下，應該能夠可以回答下列問題：**

1. 試由不同估算方法決定固體廢棄物的產生量及體積。
2. 試決定一固體廢棄物收集卡車所需的體積容量，或相反地，決定在已知容量之卡車可服務多少的收集站，或每次收集所允許的平均時間。
3. 試估算固體廢棄物收集卡車年度和勞工的費用及每個服務站的費用。
4. 試使用啓發式路線技巧畫出卡車行車路線圖。
5. 試述決定建造轉運站的必要性和適當性。
6. 試述估算掩埋場體積和面積的必要條件。
7. 已知某化合物的高位熱值及其燃燒化學反應式，計算此化合物的低位熱值。

## ▲ 9-8　習　題

**9-1.** Metuchen高中的學生人數為 881 人，且擁有 30 間的標準教室。假設學校每週上課 5 天，分別在週三及週五早上上課前進行廢棄物的拾起工作，試決定其所需的貯存容器 (裝大型垃圾)大小。假設廢棄物產生速率分別為 0.11 kg/cap・d，和 3.6 kg/室，且未壓實固體廢棄物的密度為 120.0 kg/$m^3$。標準容器大小分別如下所示：1.5，2.3，3.0 和 4.6 ($m^3$)。

答案：選用一個 1.5 $m^3$ 和一個 4.6 $m^3$ 的容器。

**9-2.** 貝利寶石工廠雇用 6 位員工。假設未壓實廢棄物之密度為 480 kg/$m^3$，及其廢棄物產生速率 1 kg/cap・d，試決定該寶石工廠年度固體廢棄物體積產生量。

**9-3.** 當高等級礦砂使用完後，我們決定用較低等級的礦砂來製造礦物，假設現在要製造 100 kg 的金屬，試使用質量平衡法來計算產生每 kg 金屬所用用掉的廢棄岩石量，當礦砂分別含有 50、25、10、5 與 2.5% 的金屬。

**9-4.** Green 教授針對她的家庭所產生的固體廢棄物量作量測，其結果列於下表中。若貯存容器體積為 0.0757 $m^3$，試問其所產生的固體廢棄物平均密度值為若干？假設每一空容器的質量為 3.63 kg。

| 日期 | 容器編號 | 整體質量[a] (kg) |
|---|---|---|
| 3 月 18 | 1 | 7.26 |
| | 2 | 7.72 |
| 3 月 25 | 1 | 10.89 |
| | 2 | 7.26 |
| | 3 | 8.17 |
| 4 月 8 | 1 | 6.35 |
| | 2 | 8.17 |
| | 3 | 8.62 |

[a] 容器加固體廢棄物

答案：平均密度值＝58.4 kg/$m^3$

**9-5.** 收集廢棄物的車輛壓密習題 9-4 中的家庭垃圾到原有體積的 37%，試估計壓實後的廢棄物體積為多少 kg/$m^3$。

**9-6.** 加州 Davis 地區的典型廢棄物組成成分如表 9-4 所示，試計算若不計紙張、硬紙板、塑膠、玻璃與罐頭時廢棄物密度為多少 kg/$m^3$。

**9-7.** Midden 市 (人口 44,000) 早期廢棄物收集系統為簽約管理固體廢棄物的收集，固體廢棄物產生的平均速率為 1.17 kg/cap・d 和其平均密度值為 144.7 kg/$m^3$，規定每個住戶每週最少拾起二次 (最多每四天收拾起一次)，且不採用住宅後方拾起方式。利用以下假設，試決定此收集系統所需的卡車數量與大小。假設：

住宅平均占有時間＝4/住戶
每一收集站垃圾貯存容量的平均數目＝3/wk (每容器有 0.0757 $m^3$/can)
側裝式壓縮卡車跟隨一位清潔人員
卡車壓實密度等級＝475 kg/$m^3$
卡車傾倒時間＝7.50 min
延遲時間＝20.0 min
至處置場的距離＝24.0 km
每天至處置場的趟數＝2/d
在拾起站間的時間＝18.00 s
傾倒每個容器的時間 (回歸係數 $a$)＝12.60 s/can
標準側裝壓縮卡車容量 (立方公尺) 有：9.0，12.0，15.0，18.0，19.0，21 與 27

**答案：**應選用容量爲 9.0 $m^3$ 的卡車 12 輛。

**9-8.** 在 Forty Two 市 (人口爲 361,564) 在評估城市固體廢棄物收集系統方面需要您的幫助，試分別決定每站收集所需的平均時間加上到達下一站所需的平均時間，每車次收集拾起位置的數目，和此城市最少必須擁有的卡車數量。收集數據：

卡車平均容量＝18.0 $m^3$
平均壓縮比＝3.97
清潔人員＝2
拾起次數＝1/wk (無住宅後方收集服務)
每站容器拾起次數＝2.53/wk (每容器有 0.1136 $m^3$/can)
平均每站的居民＝4 人
未壓實平均密度＝100.76 kg/$m^3$
至處置場包括延遲和傾倒的平均運送時間＝1.0 h/trip
每天至處置場之平均趟數＝2/d
休息次數＝2 (每次 15 分)
每次卡車維護時間＝24.0 min/d
平均工作時間＝8.00 h
卡車故障維護的平均百分比＝15.0%

**9-9.** Bon Chance 市 (人口爲 161,565) 需要您的幫助評估城市固體廢棄物收集系統方面。試分別決定每站收集所需的平均時間加上到達下一站所需的平均時間，每車次收集拾起位置的數目，和此城市最少必須擁有的卡車數量。收集數據：

卡車平均容量＝18.0 $m^3$

平均壓縮比＝3.28

清潔人員＝2

拾起次數＝1/wk (無住宅後方收集服務)

每站容器拾起次數＝2.95/wk (每容器有 0.0911 $m^3$/can)

平均每站的居民＝2.5 人

未壓實平均密度＝122.0 kg/$m^3$

至處置場包括延遲和傾倒的平均運送時間＝1.50 h/trip

每天至處置場之平均趟數＝2/d

休息次數＝2 (每次 15 分)

每次卡車維護時間＝36.0 min/d

平均工作時間＝8.00 h

卡車故障維護的平均百分比＝15.0 %

**9-10.** 重做例題 9-3，假設其不採用庭院後方拾起且每天至處置場僅有一趟。

**9-11.** 重做習題 9-8，並採用同一型式卡車和清潔人員減爲一位，而其拾起站間的時間爲 28.20 s 和傾倒時間 (回歸係數 $a$) 爲 12.80 s/can。並假設採用相同容量大小的卡車，但其每天至處置場減爲一趟。

**9-12.** Midas 先生係爲 Early Collection 系統公司的老闆兼經理，他有意想從 Midden 收集系統工作案 (習題 9-7 所提及) 賺取 20% 的稅前盈餘。使用 Mida 先生所提供的數據列於下表，決定每處理百萬克廢棄物所需的年度費用及對每個住戶每週收集的平均經費。

**勞工費用**

| **職務名稱** | **名額** | **薪水, $/h** |
|---|---|---|
| 路線管理員[a] | 1 | 29.60 |
| 秘書/會計[a] | 1 | 16.20 |
| 機械員[b] | 1 | 20.61 |
| 駕駛/收集 | 12 | 17.74 |
| 一般勞工[a] | 2 | 7.40 |

[a] 由經常性經費支出

[b] 機械員費用包含在 O&M 公司費用中

每週平均工作＝40.0 h/wk，5 d/wk

經常費用比率＝101.38% (全部駕駛/收集人員薪水)

卡車數據：

容量大小＝9.0 $m^3$

購置成本費用＝\$117,000

O & M 租用費用＝\$6.46/km

卡車使用壽命＝5 y

利率＝8.75%

每年平均運送距離＝16,412 km

**9-13.** 假設 Nosleep 市分別只聘雇一個或兩個清潔人員，試分別計算 Nosleep 市 (人口 361,564) 處理百萬克廢棄物所需的年度費用及對每個住戶每週收集的平均經費。Nosleep 市的收集數據為：

拾起次數＝1/wk (無住宅後方收集服務)

每站容器拾起次數＝2.53/wk (每容器有 0.1136 $m^3$/can)

平均每站的居民＝4 人

每站收集所需的平均時間加上到達下一站所需的平均時間：

只有一清潔人員的時間＝0.01180 h

有兩個清潔人員的時間＝0.00883 h

未壓實平均密度＝100.76 kg/$m^3$

平均壓密度比例＝3.97

至處置場包括延遲和傾倒的平均運送時間＝1.00 h/trip

每天至處置場之平均趟數＝1/d

**勞工費用**

| **職務名稱** | **名額** | **薪水, \$/h** |
|---|---|---|
| 主管[a] | 1 | 48.95 |
| 秘書[a] | 1 | 13.44 |
| 會計[a] | 1 | 23.02 |
| 路線管理員 | 4 | 33.50 |
| 資深工程師[b] | 1 | 37.68 |
| 機械員[b] | 3 | 25.11 |
| 兩位清潔人員小組 | | |
| 駕駛(1/卡車) | *c* | 15.25 |
| 收集人員(1/卡車) | *c* | 14.70 |
| 一位清潔人員小組 | | |
| 駕駛/收集人員 | *c* | 16.00 |
| 一般勞工[a] | 4 | 7.40 |

[a] 由經常性費用支出

[b] 包含在操作管理費中

[c] 依據卡車型號和數量決定

休息次數＝2 (每次 15 分)
每次卡車維護時間＝24.0 min/d
平均工作時間＝8.00 h
卡車故障維護的平均百分比＝15.0 %
每週平均工作＝40 h/wk，5 d/wk
經常費用比率＝75.04% (所有工作人員薪水)
卡車數據：
　容量 15.0 $m^3$ 卡車的購置費用＝$122,000
　向 O & M 租用 15.0 $m^3$ 卡車費用＝$5.75/ km
　容量 21.0 $m^3$ 卡車的購置費用＝$141,000
　向 O & M 租用 21.0 $m^3$ 卡車費用＝$ 6.55/ km
　卡車壓縮密度等級＝400 $kg/m^3$
　使用年限＝5 y
　利率＝6.75%
　每年平均運送距離＝11,797 km

**9-14.** Bon Chance 市長 (人口爲 161,565) 需要您的幫助評估三種城市固體廢棄物收集系統方面。此三種架構爲：(1)配有一位清潔人員的卡車。(2) 配有兩位清潔人員的卡車。(3) 配有三位清潔人員的卡車。利用電腦試算表程式幫市長估算各種方案，處理百萬克廢棄物所需的年度費用。Bon Chance市的收集資料：

平均壓密度比例＝3.28
拾起次數＝1/wk (無住宅後方收集服務)
每站容器拾起次數＝2.95/wk (每容器有 0.0911 $m^3$/can)
平均每站的居民＝2.5人
未壓實平均密度＝122.0 $kg/m^3$
每站收集所需的平均時間加上到達下一站所需的平均時間：
　只有一清潔人員的時間＝0.88 min
　有兩個清潔人員的時間＝0.57 min
　有三個清潔人員的時間＝0.37 min
至處置場包括延遲和傾倒的平均運送時間＝1.50 h/trip
每天至處置場之平均趟數＝1/d
休息次數＝2 (每次 15 分)
每次卡車維護時間＝36.0 min/d
平均工作時間＝8.00 h
卡車故障維護的平均百分比＝15.0 %

**勞工費用**

| 職務名稱 | 名額 | 薪水, $/h |
|---|---|---|
| 主管 [a] | 1 | 48.95 |
| 秘書 [a] | 1 | 13.44 |
| 會計 [a] | 1 | 23.02 |
| 路線管理員 | 4 | 33.50 |
| 資深工程師 [b] | 1 | 37.68 |
| 機械員 [b] | 3 | 25.11 |
| 一位清潔人員小組： | | |
| 駕駛/收集人員 | *c* | 16.00 |
| 兩位清潔人員小組： | | |
| 駕駛 (1/卡車) | *c* | 15.25 |
| 收集人員 (1/卡車) | *c* | 14.70 |
| 三位清潔人員小組： | | |
| 駕駛 (1/卡車) | *c* | 15.25 |
| 收集人員 (2/卡車) | *c* | 14.70 |
| 一般勞工 [a] | 4 | 7.40 |

[a] 由經常性費用支出
[b] 包含在操作管理費用中
[c] 依據卡車型號和數量決定

每週平均工作＝40 h/wk，5 d/wk

經常費用比率＝75.04% (一位清潔人員全部薪水)

卡車數據：

容量 15.0 $m^3$ 卡車的購置費用＝$122,000

15.0 $m^3$ 卡車的操作管理費用＝$5.75/ km

容量 18.0 $m^3$ 卡車的購置費用＝$131,500

租用 18.0 $m^3$ 卡車的操作管理費用＝$6.55/ km

容量 21.0 $m^3$ 卡車的購置費用＝$141,000

租用 21.0 $m^3$ 卡車的操作管理費用＝$ 7.60/ km

卡車壓縮密度等級＝400 $kg/m^3$

使用年限＝5 y

利率＝6.75%

每年平均運送距離＝15,260 km

**9-15.** 使用啓發式路線規則，對 Redbud 的街道區域圖如圖 P-9-15 所示規劃收集路線。假設所有的街道皆為雙向道，此區域的方基四邊皆以雙向街道連接形成。又假設同一時間在街道一邊收集。

答案：沒有無效的距離，共需要兩個左轉發生在 Simons 及 Garson 街道的十字路口。

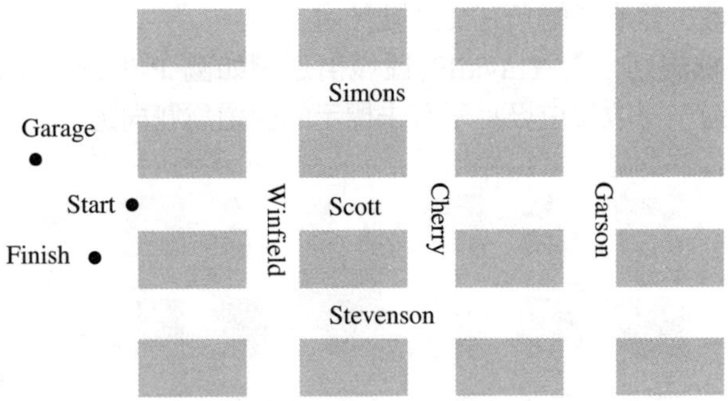


**圖 P-9-15**　Redbud 街道區域圖。

**9-16.** 重做習題 9-15 改成對 Mundy 的街道區域圖如圖 P-9-16 所示。所有的街道皆爲雙向道和方基四週皆以雙向街道連接形成。且於同一時間在街道一邊收集。

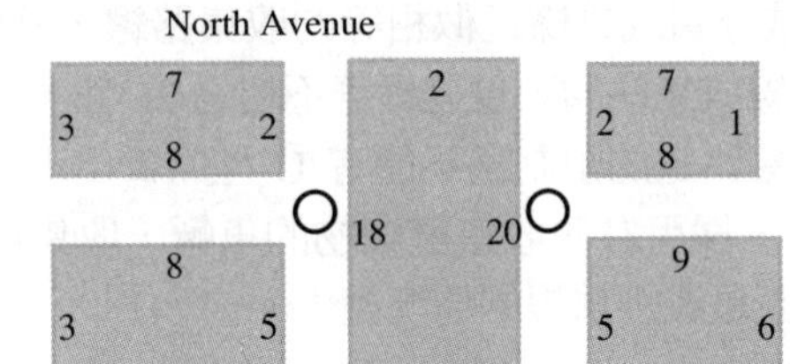


**圖 P-9-16**　Mundy 城市街道區域圖。街道方塊中數字代表拾起點的數目，圓圈代表交通號誌。

**9-17.** 重做習題 9-16，假設 West Zacks 爲北向單行道和 East Zacks 爲南向單行道。

答案：解答中有 3 個無效距離及 14 個剩餘轉角。無效距離在北街及南街的中段區域，而剩餘轉角在交通號誌處。

**9-18.** 使用啓發式路線規則，對 Travail的區域街道圖如圖 P-9-18 所示規劃收集路線，假設在街道一邊收集垃圾且所有未標示的街道爲雙向道。

**圖 P-9-18** Travail 街道區域圖。

**9-19.** 將如圖 P-9-19 的收集區域分割成二條近似相等的收集路線，分別以 A(1) 和 A(2) 作爲出發點，每條路線收集站的數目差異應不超過 25 個。試安排以 A(1) 爲出發點的收集路線。收集路線的限制爲不能有 U 型轉彎出現，在只有一位清潔人員兼駕駛的情況下，採用右側收集廢棄物的車輛，收集街道兩側的廢棄物，比較好的安排方式應是減少重複的情況發生。

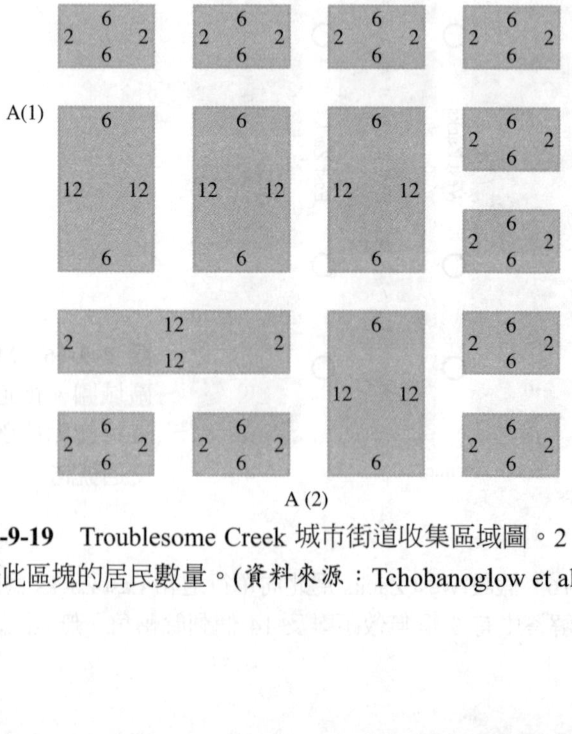


**圖 P-9-19** Troublesome Creek 城市街道收集區域圖。2、6、12爲延著此區塊的居民數量。(資料來源：Tchobanoglow et al., 1993)。

**9-20.** Olson 街道圖如圖 P-9-20 所示，將收集區域分割成二條近似相等的收集路線，分別以 A(1) 和 A(2) 作爲出發點，每條路線收集站的數目差異應不超過 25 個。假設街道兩邊可以同時被收集。試畫出以 A(2) 爲出發點的收集路線。提示：$N_p \approx 500$，以 Huntington 路爲界分割成兩條路線。

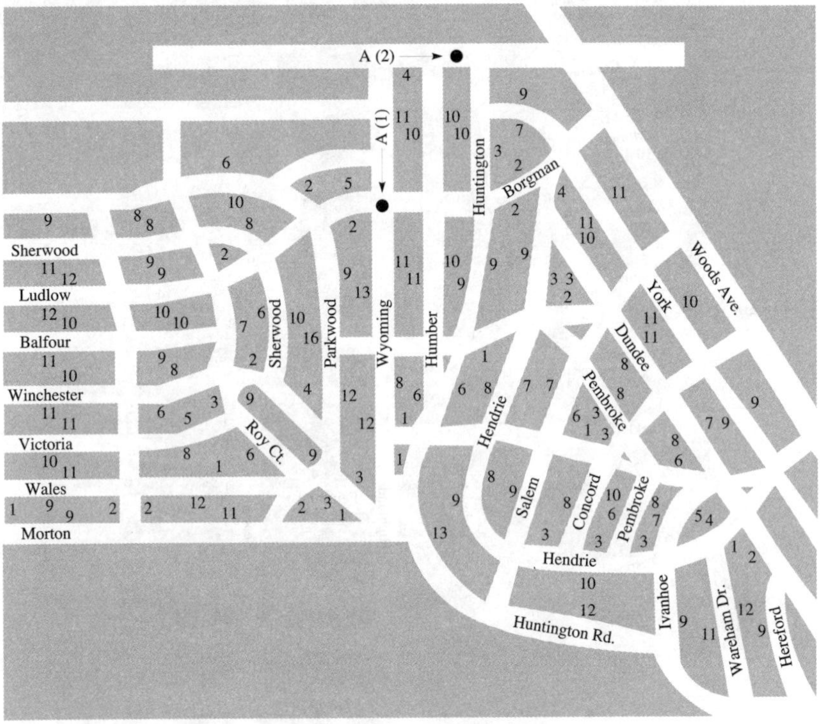


**圖 P-9-20**　Olson 城市街道區域圖，方基中各數字代表拾起站的數目。

**9-21.** 重複習題 9-20 所述，對 Masters街道圖而言，如圖 P-9-21 所示，試畫出以 A(1) 爲出發點的收集路線。提示：$N_p = 488$，路線可大致以 Highland Ave. 及 Concord Ave. 爲界。

**下列方程式為距離 $x$ 下的搬運速度，可用於習題 9-22、9-23 與 9-24。**

**距離從範圍 7.5 到 22 km 以內：$s = -17.76 + \ln 2x$**

**距離從範圍 22 到 40 km 以內：$s = 10.36 + 0.86(2x)$**

**範圍從 40 到 80 km：$s = 4.75 + 0.925(2x)$**

**超過 80 km：$s = 80$**

**9-22.** 以一輛容量爲 9 $m^3$ 的壓縮卡車和一位清潔人員而言，試寫出在距離 $x$ 下，搬運每百萬克固體廢棄物至處置場所需的費用，與每趟運送廢棄物至處置場時

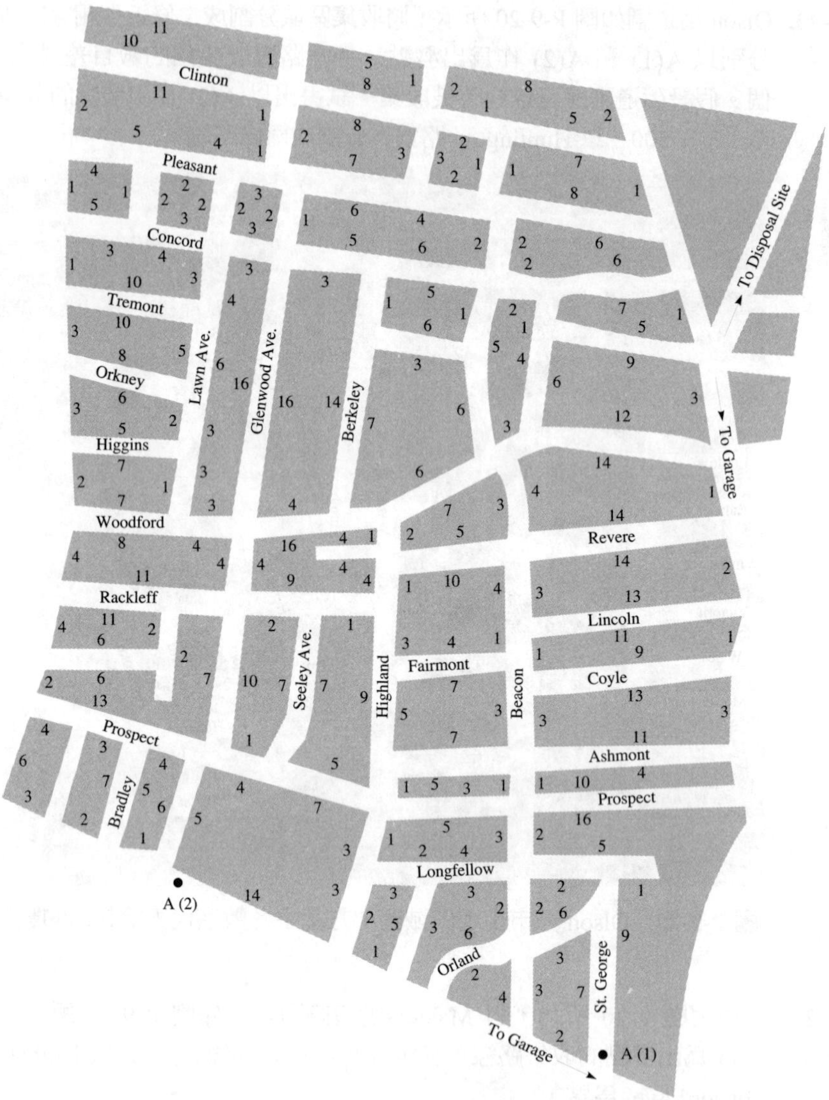


**圖 P-9-21** Masters 城市街道區域圖，方基中各數字代表拾起站的數目。

間 ($H_t$) 二者的關係方程式 (參考習題 9-7 和 9-12 的數據)。搬運速度如上所提及的方程式爲準。

答案：TC＝13.29＋1.51 $x$＋4.18 $H_t$

**9-23.** 重複習題 9-22 但使用容量爲 18 $m^3$ 的壓縮卡車 (參考習題 9-14 的數據)。

**9-24.** 重複習題 9-22 但使用容量爲 18 $m^3$ 的壓縮卡車且有兩位清潔人員 (參考習題 9-

9 及 9-14 的數據)。

**9-25.** 有一 Trooper 城鎮 (人口爲 8,500) 將關閉其露天傾倒場和將其廢棄物 (9.53 Mg/wk) 運送至 Tuppance Junction 地區掩埋場處理。若至處置場的單程距離爲 64 km 和一位清潔人員。試問是否有必要設立轉運站？假設轉運站投資購置費用爲 $25,000。以 5 年 6.0 % 攤銷，且轉運站年度操作維護費用爲 $20,000。提示：$A/P$ (6.0%, 5y)＝0.2374 且

$$V_T = 11.321 - 3.827\left(\frac{2x}{s}\right)$$

$$H_t = \frac{2x}{s}$$

**答案：**沒必要設立轉運站

**9-26.** Calamity 城市 (人口數 35,000) 每年產生密度爲 425 kg/m$^3$ 的固體廢棄物體積量爲 48,800 m$^3$。現在有四個工作小組每組含三位清潔人員每天搬運至處置場的平均時間爲 1.08 h/d。使用以下數據和三位清潔人員成本費用曲線的關係，決定至轉運站運作是否建立在經濟分析上作考量。

轉運站數據：

投資購置費用＝$1,200,000 (八年，6.00% 攤銷)
轉運車輛攤銷費用＝$55,000/y
操作人員費用 (包括經常性)＝$64,960/y
O & M＝$6.55/km
來回運送和傾倒時間＝1.35 h
趟數＝5/d
至處置場的距離＝46.7 km
$T_C$＝13.22＋0.6319($x$)＋3.869(Hz)

轉運站節省部份：

收集人員減少爲兩位
平均每天每輛車輛來回轉運站之搬運時間＝20 分

**9-27.** 試估算使用 20 年的掩埋場處理 Midden 市 (習題 9-7) 的固體廢棄物所需的面積和其體積容量。Midden 某高中科學研究社附上以下資料數據經過 12 個月的調查結果，(資料取自現有掩埋場每個月一天正常卸貨的廢棄物作分析基礎，以 1.0 Mg 爲單位)。假設單體高度爲 2.4 m 且覆土深度依指定值進行覆土和以正常方式進行壓縮。

**Midden 固體廢棄物特性**

| 成份 | 質量分率 |
|---|---|
| 食品廢棄物 | 0.0926 |
| 紙 | 0.4954 |
| 塑膠，橡膠，皮革 | 0.0438 |
| 紡織品 | 0.0379 |
| 金屬 | 0.0741 |
| 玻璃 | 0.1668 |
| 其他 | 0.0894 |
| 總計 | 1.0000 |

**9-28.** 重複習題 9-27 但假設有 50% 的紙張可被回收。

**9-29.** 設計一都市固體廢棄物掩埋場處理 Binford 市的固體廢棄物，其產生速率為 50 Mg/d。利用壓縮卡車進行 5 d/wk 的收集廢棄物工作。已知散佈廢棄物的密度為 122 kg/m$^3$，其散佈層厚度為 0.5 m 並將其壓至 0.25 m 厚度。假設每天完成三個作業區且加以 0.15 m 厚的每天覆土。試決定以下各項：(a) 年度掩埋體積量 (m$^3$)。和 (b) 每天水平覆蓋面積。忽略堆和堆之間的土壤體積。

**9-30.** 在一可迅速分解含有 20.3 kg 廢棄物的都市固體廢棄物掩埋場，試估計理論的掩埋場產氣量 (只考慮 $CH_4$) 為多少。假設甲烷的密度為 0.7177 kg/m$^3$。

**9-31.** 在一緩慢分解含有 3.3 kg 廢棄物的都市固體廢棄物掩埋場，試估計理論的掩埋場產氣量 (考慮 $CH_4$ 與 $CO_2$) 為多少。假設 STP 下甲烷的密度為 0.7167 kg/m$^3$，$CO_2$ 的密度為 1.9768 kg/m$^3$。

**9-32.** Nosleep 市 (習題 9-13 提及) 正考慮推動一回收資源計畫，而居民將固體廢棄物先分類成四個成份：(1) 混合廢棄物，(2) 紙，(3) 玻璃，和 (4) 金屬。從研究報告可知，每個收集站收集平均時間加上至下一站的平均時間 ($t_p$)，能以下列方程式估算之 (Tichenor, 1980)：

$$t_p = 22.6 + 3.80R + 5.50S$$

式中，$t_p$ ＝平均收集時間，秒。

$R$ ＝每一站混合廢棄物單位數。

$S$ ＝每一站分離的紙、玻璃和金屬單位數總和。

假設 $S=3.0$ 和 $R=1.53$，重做習題 9-13，決定以三位清潔人員小組在處置費用上的節省部份用以抵銷收集額外費用的支出成本。

**9-33.** 重做例題 9-4，並假設在資源回收程序中有 50% 的紙和 80% 的玻璃及金屬被分離。

**9-34.** 使用 USEPA 方法，估算固體廢棄物掩埋場在降雨量 4.0 cm/mo 下的最大排水距離 $L$。假設排水層的水力傳導係數爲 $2\times10^{-2}$ cm/s，襯裡的斜率爲 1.0%。

**9-35.** 利用電腦試算表程序重新計算習題 9-34，當斜率分別爲 0.5、1.0、2.0 及 3.0 時的最大排水距離。在襯裡斜率爲 1.0 時，雨季的降雨量等於 40.0 cm /mo。

**9-36.** 有一醋酸纖維素 ($C_6H_{10}O_5$) 的高位熱值爲 32,600 kJ/kg。試計算低位熱值。

**9-37.** 有一甲烷 ($CH_4$) 的高位熱值爲 888,500 kJ/kg。試計算其低位熱值。

**9-38.** 典型的住家廚餘有一較高位熱值爲 4,500 kJ/kg，試計算若廢棄物中有 6% 的質量爲氫氣，其低位熱值爲何。

## ▲ 9-9　問題研討

**9-1.** 試述清潔工作小組大小對每個收集站收集平均時間 ($t_p'$) 的影響爲何？並說明貯存容器位置如何影響每個收集站的收集平均時間？

**9-2.** 試述考慮設置轉運站時，應具備何種條件？

**9-3.** 試述下列的土壤形態，哪些是適合 (a)組合式襯裡，(b) 排水層，(c) 排氣孔等的選擇：

1. 碎石 (直徑大於 2.5 公分)
2. 漂石黏土
3. 黏土 ($K=1\times10^{-9}$ cm/s)
4. 黏土 ($K=1\times10^{6}$ cm/s)
5. 沙子 ($K=0.1$ cm/s)
6. 沙子 ( $I=0.001$ cm/s)

**9-4.** WTE 工廠提議作爲 ISWM 計畫的一部份，WTE 的提議人認爲再回收利用是不需要的，且對工廠運作是沒有影響的。你同意或不同意。請解釋之。

**9-5.** 雖堆肥不具有市場價值，許多社區已採用堆肥系統處理庭院廢棄物。請解釋其原因。

## ▲ 9-10 參考文獻


Bader, C. (2001) "Where are Collection Trucks Going?", *MSW Management: The Journal for Municipal Solid Waste Professionals,* vol. 12, no. 6, September/October.

CARB (1988) *The Landfill Gas Testing Program: A Report to the Legislature*, State of California Air Resources Board.

Chicago vs. EDF (1994) *City of Chicago, et al. Vs. Environmental Defense Fund, et al.*, No. 92-1639, May.

Cossu, R., G. Andreottola, and A. Muntoni (1996) "Modeling Landfill Gas Production," in T. H. Christensen, R. Cossu, and R. Stegmann (eds.), E&FN Spon, Landfilling of Waste: Biogas London, pp. 237–250.

Heil (2006) at http://www.heil.com/products/starr.asp. and http://www.heil.com/products/pt1000.asp.

IIA (1968) *I.I.A. Standards*, Incinerator Institute of America, New York.

ISW (1970) *Municipal Refuse Disposal*, Institute for Solid Waste, American Public Works Association, Chicago.

IWSA (2004) *Waste-to-Energy, Clean, Reliable, Renewable Power,* Integrated Waste Serrvices Association, Washington, DC.

Luken, K., and S. Bush (2002) "Automated Collection: Getting the Biggest Bang for Your Buck," *MSW Management: The Journal for Municipal Solid Waste Professionals*, vol. 12, no. 6 September/October.

McEnroe, B. M. (1993) "Maximum Saturated Depth Over Landfill Liner," *Journal of Environmental Engineering Division*, American Society of Civil Engineers, vol. 119, pp. 262–270.

Monk, R. B. (1994) "Digging in the Dirt, Unearthing Potential," *World Wastes*, vol. 37, no. 4 (April), cs1-cs-14.

NCRR (1974) *Resource Recovery from Municipal Solid Waste,* National Center for Resurce Recovery, Lexington Books, Lexington, MA.

O'Leary, P., and P. Walsh (2002) "Landfill Equipment and Operating Procedures," *Waste Age,* September, pp. 53–59.

Paul, S. (1995) "Reaching equilibrium in Recycling Marketables," *World Wastes,* vol. 38, no. 8 (August), p. 52.

Pfeffer, J. T. (1992) *Solid Waste Management Engineering,* Prentice Hall, Upper Saddle River, NJ, p. 172.

Rogoff, M. J. and J. F. Williams (1995) "Marketing Efforts to Close Loop," *World Wastes,* vol. 38, no. 5 (May), p. 28.

Salvato, J. A. (1972) *Environmental Engineering and Sanitation,* Wiley-Interscience, New York, p. 427.

Schroeder, P. R., et al. (1984) *The Hydrologic Evaluation of Landfill Performance (HELP) Model Documentation, User's Guide*, U.S. Environmental Protection Agency Publication No. EPA 530 SW-84-009, Washington, DC.

Serper, A. (1980) "Resource Recovery Field Stands Poised Between Problems, Solutions," *Solid Waste Management/Resource Recovery Journal,* May, p. 86.

Shortsleeve, J., and R. Roche (1990) "Analyzing the Integrated Approach," *Waste Age*, March 1990, pp. 92–94.

Shuster, K. A., and D. A. Schur (1974) *Heuristic Routing for Solid Waste Collection Vehicles,* U.S. Environmental Protection Agency Publication No. SW–113.

Skinner, J. M. (1999) "Advancements in Reduction and Recovery," *MSW Management.*

Stone, R. (1969) *A Study of Solid Waste Collection systems: Comparing One Man with Multi-man Crews,* U.S. Department of Health, Education and Welfare, Report No. SW-9C, Washington, DC, pp. 96–98.

Stone, R., and E. T. Conrad (1969) "Landfill Compaction Equipment Efficency," *Public Works,* May, pp. 111–113 and 160.

Tchobanoglous, G., H. Theisen, and R. Eliassen (1977) *Solid Wastes: Engineering Principles and Management Issues,* McGraw-Hill, New York, p. 95.

Tchobanoglous, G., H. Theisen, and S. Vigil (1993) *Integrated Solid Waste Management: Engineering Principles and Management Issues,* McGraw-Hill, New York, pp. 49, 214, 374, 388–391, 424, 686–695, 932–935.

Tichenor, Richard (1980) "Designing a Vehicle to Collect Source-Separated Recyclables," *Compost Science/Land Utilization,* vol. 21(l), pp. 36–4l, January/February.

U. Calif. (1952) *An Analysis of Refuse Collection and Sanitary Landfill Disposal,* University of California Technical Bulletin 8, Series 73, University of California Press, Berkeley, CA, p. 22.

U.S. EPA (1974) *Decision Makers Guide to Solid Waste Management,* U.S. Environmental Protection Agency, Washington, D.C.

U.S. EPA (1989) *Requirements for Hazardous Waste Landfill Design, Construction and Closure*, U.S. Environmental Protection Agency Publication No. EPA 625/4-89/022, Washington, DC, p. 89.

U.S. EPA (1995) *Decision Makers Guide to Solid Waste Management, Vol. II,* U.S. Environmental Protection Agency Publication No. EPA 530-R-95-023, Washington, DC.

U.S. EPA (1998) *Solid Waste Disposal Facility Criteria: Technical Manual,* U.S. Environmental Protection Agency Publication No. EPA 530-R-93-017, Washington, DC.

U.S. EPA (2003) *Municipal Solid Waste in the United States: Facts and Figures*, U.S. Environmental Protection Agency, Washington, DC, found at http://www.epa.gov/msw/facts.htm and http://www.epa.gov/msw/msw99.htm.

Vence, T. D., and D. L. Powers (1980) "Resource Recovery systems, Part 1, Technological Comparison," *Solid Waste Management/Resource Recovery Journal,* May, pp. 26–28, 32, 34, 72, 92, 93.

Wolpin, B. (1994) "Go Figure," *World Wastes*, vol. 37, no. 10, October 1994, p. 4.

Zuena, A. J. (1987) "Snapshot of Small Transfer Station Costs," *Waste Age.*

CHAPTER

# 10

# 危害性廢棄物管理

## ⚠ 10-1 危害性物質

何謂危害性廢棄物？簡言之，就是會造成人類、動物、植物受到實質傷害未經處理或處置的廢棄物。以下幾個例子說明未經處理危害性廢棄物可能造成的問題。

1. 茱弟比雅特 (Judy Piatt) 雇用羅素布利斯 (Russell Bliss) 在密蘇里州的莫斯科工廠周圍噴灑廢油，以控制灰塵。幾天後，大量的鳥陳屍在地面，其中有 20 隻貓在往後三年半內，陸續全身脫毛死去，62 匹馬也相繼死亡。布利斯噴灑的油來自一家倒閉工廠委託代爲處置的六氯酚。同樣的廢油也被用來噴灑在密蘇里州的時代海灘，避免街道的揚塵。廢油除了含有六氯酚外，還有戴奧辛等毒性物質。在 1971 年前，尚無人知道這些廢油是危害性廢棄物。
2. 污水塘 (lagoon) 曾被許可用來作爲毒性廢棄物處置場地。在 Berlin & Farro Liquid Incineration 公司的污水塘裡，被倒入一桶一桶藍色神秘液體，那些藍色液體是氰化物，這個污水塘準備用來處置含有氫氯酸的廢棄物。這兩種化合物混合後，會產生致命氰化物氣體。在密西根州的史瓦滋溪附近居民被迫撤出，並由該州自然資源部負責監督整個清理工作。

以上是眞實發生的案例，今日若無正確地處置危害性廢棄物，明日有可能成爲災難的原因。工廠在生產盈利之餘，亦當考慮什麼是危害性廢棄物最好的處置方式，否則可怕夢魘將隨之到來。

### 戴奧辛和多氯聯苯

以下將說明戴奧辛 (dioxins) 和多氯聯苯 (PCBs) 這兩種危害性廢棄物來源及其對環境的影響。

戴奧辛是以氯二氧爲基本結構，同時發現有 20 種以上不同的異構物 (圖 10-1)。最常見的型式有 2,3,7,8-四氯二苯-對-戴奧辛 (TCDD)，是公認毒性最強的合成化學物質。戴奧辛是氯酚、農藥、落葉劑 (2,4-二氯苯氧基乙酸和 2,4,5-三氯酚以 50/50 比例混合)、除草劑、殺蟲劑、防腐劑等在製造過程中因熱生成，或燃燒時所產生的副產物。它並非因商業價值被製造出來，純粹是上述污染物的副產物；已有報告指出 TCDD 的污染是來自大量特殊商業物

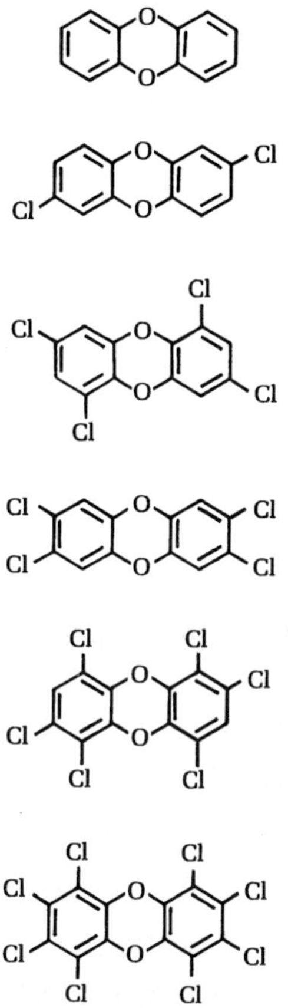

未取代的戴奧辛

2, 7-DCDD

1, 3, 6, 8-TCDD

2, 3, 7, 8-TCDD

1, 2, 4, 6, 7, 9-HEXA-CDD

OCDD

**圖 10-1**　戴奧辛的結構式。

質和都市垃圾焚化程序，迄今尚未在自然環境發現過。除草使用除草劑除了增加戴奧辛背景 (0.1 至 10 ppm) 污染外，還有持久性和生物累積的可能。

TCDD 在室溫下是結晶固體，少許的溶於水 (0.2 至 0.6 ppb)，熱降解溫度約 700°C，被視為相當安定化合物。在能夠提供氫的情況下，經由紫外光的照射，會產生光化學降解作用，狀似橄欖油溶於環己酮溶液中。

在越戰使用的 2,4,5-T 及 2,4-D 落葉劑；在美國愛河 (廢棄物的處置場所)、密蘇里州史塔郡 (Sturgeon，曾經有火車出軌，致載運的氯酚外洩)、義大利瑟維索 (Seveso，氯酚工廠發生爆炸) 都曾發現有 ppm 等級的 TCDD 污染物。這些位置已成為工程師和科學家發展環境安全控制策略最大挑戰。

戴奧辛在環境中對人們造成的影響，尚未有正式的報告。在南越，新生兒先天缺陷，被疑似和該污染物有關，使研究者開始調查它對動物造成的毒

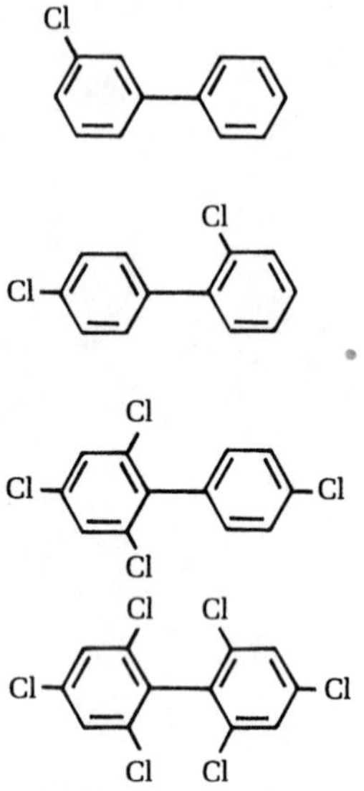

3- 單氯聯苯

2,4′- 二氯聯苯

2,4,4′,6- 四氯聯苯

2,2′,4,4′,6,6′- 六氯聯苯

**圖 10-2** 多氯聯苯的分子結構。

性。TCDD 已知會造成皮膚病變，如氯瘡。在動物試驗方面，它會致癌、畸型、突變和胎毒等，及影響哺乳動物的免疫性，被視爲具有持久性，且會對水生動物與人造成生物累積 (U.S. EPA, 2005a)。在 2005 年以前，尚無直接關係指出曝露在低劑量的 TCDD 會造成死亡；流行病學家亦尚未證明 TCDD 對人們致癌、畸型、突變、新生兒缺陷、流產，及種種對健康負面影響有關。1994 年，美國環保署發表一篇超過 100 位以上的科學家，包括許多不屬於環保署人員所編纂報告，指出微量的戴奧辛可能會對人類健康造成負面影響 (Hileman, 1994)。美國環保署認爲戴奧辛可能會致癌或造成其他負面影響，包括擾亂荷爾蒙的規則、再生能力、免疫系統病變、胎兒不正常發展等 (U.S. EPA, 2001 and 2005a)。戴奧辛在 1930 年後才受到重視，1970 年是探討工作巔峰。人體脂質組織中的戴奧辛濃度則自 1980 年開始下降。

多氯聯苯是聯苯經氯化生成的。理論上有 200 種以上異構物，其中 10 個是較常出現的型式，其命名規則視聯苯上有多少個氯取代基，如單氯聯苯、二氯聯苯、三氯聯苯等，每個多氯聯苯分子可能有多個同分異構物，其數目取決於每一個聯苯 (2-6, 2′-6′) 可能有的取代位置。但並非所有異構物都有可能被製造出來。一般而言，較常見爲兩個環上有等數的氯原子或其中一個環只有一個氯原子，另一個環上有數個氯原子，如圖 10-2。

商品化多氯聯苯有不同名稱，含氯量從 18 到 79%，與製造時氯化程序或各種異構物混合比例有關。每家公司皆有其獨自標示系統，如 Aroclor 1248、1254、1260 為含氯量 48%、54%、60%；Clophen A60、Phenochlor DP6 和 Kaneclor600 是含有六氯聯苯的混合物。

美國生產多氯聯苯的 Monsanto Industrial Chemicals Co.，其阿拉巴馬州的 Anniston 廠直到 1970 年仍生產多氯聯苯，伊利諾州的 Sauget 廠則於 1977 年才停止生產、販售有 Monsanto 註冊商標的 Aroclors。多氯聯苯因具低燃性，常用來做為變壓器或電容器的冷卻劑或介電材料、熱煤油，或木頭防腐塗料。生產多氯聯苯廠家和使用者並不知道其潛在危害，且當時毒性測試並未顯示有任何影響 (Penning, 1930)。在 1930 年至 1960 年間多氯聯苯毫無限制使用在如油漆、油墨、除塵劑、農藥等日常生活用品中，導致廣泛的散佈。

在 1970 年代早期，多氯聯苯流佈到環境的一般型態顯著地改變；在此之前，基本上在使用或棄置多氯聯苯並沒有強制性的限制。在 1969 年和 1970 年間，經證實長期曝露在含多氯聯苯環境　會危害人體健康。Monsanto 下令停止銷售多氯聯苯，至此，工業使用後的排放量才受到嚴格控制。但重要水庫迄今仍有大量移動性多氯聯苯 (被環境中介質或生物體利用傳送)。含有多氯聯苯物質會因土地掩埋或棄置而沉積。未來針對這些有多氯聯苯可能的排放者，亟需由政府制定法令來規範與管制。

## ▲ 10-2　風　險

風險概念和危害是密不可分的。**危害性** (hazard) 是指特殊情形下負面效應的機率，**風險** (risk) 是用來評量此危害性機率，有時評量標準是主觀的。近二十年來，科學家和工程師發展出許多推估風險的模式和數據，並達相當的準確性，這個程序稱為**量化風險評估** (quantitative risk assessment)，或簡稱**風險評估** (risk assessment)；依風險評估結果做為政策研擬的過程，稱為**風險管理** (risk management)。

### 風險認知

政治界古有云："認知是眞實"，對環境而言，這比政治還受用。人們對危害的反應是出於他們的認知，如果這些認知有錯，則致力於環境保護的風

**表 10-1 不同族群對 30 種活動與技術的風險認知**[a]

| | 族群 1：LOWV | 族群 2：專業人士 | 族群 3：俱樂部會員 | 族群 4：大學生 |
|---|---|---|---|---|
| 核能 | 1 | 1 | 8 | 20 |
| 汽車 | 2 | 5 | 3 | 1 |
| 手槍 | 3 | 2 | 1 | 4 |
| 抽菸 | 4 | 3 | 4 | 2 |
| 機車 | 5 | 6 | 2 | 6 |
| 酒精飲料 | 6 | 7 | 5 | 3 |
| 一般 (私人) 飛行 | 7 | 15 | 11 | 12 |
| 警察工作 | 8 | 8 | 7 | 17 |
| 殺蟲劑 | 9 | 4 | 15 | 8 |
| 外科手術 | 10 | 11 | 9 | 5 |
| 消防員 | 11 | 10 | 6 | 18 |
| 大型建築物 | 12 | 14 | 13 | 13 |
| 狩獵 | 13 | 18 | 10 | 23 |
| 爬山 | 14 | 13 | 23 | 26 |
| 噴霧罐 | 15 | 22 | 12 | 29 |
| 腳踏車 | 16 | 24 | 14 | 15 |
| 商業飛行 | 17 | 16 | 18 | 16 |
| 電能 | 18 | 19 | 19 | 9 |
| 游泳 | 19 | 30 | 17 | 10 |
| 避孕用品 | 20 | 9 | 22 | 11 |
| 滑雪 | 21 | 25 | 16 | 30 |
| X-光 | 22 | 17 | 24 | 7 |
| 高中與大學足球隊 | 23 | 26 | 21 | 27 |
| 鐵路運輸 | 24 | 23 | 20 | 19 |
| 食品防腐劑 | 25 | 12 | 28 | 14 |
| 食用色素 | 26 | 20 | 30 | 21 |
| 動力割草機 | 27 | 28 | 25 | 28 |
| 抗生素處方 | 28 | 21 | 26 | 24 |
| 家用器具 | 29 | 27 | 27 | 22 |
| 疫苗接種 | 30 | 29 | 29 | 25 |

[a] 順序係每個族群對風險認定的幾何平均，排序 1 表風險最高的活動或技術

資料來源：Slovic et al., 1979.

險管理也會弄錯目標。

有些風險是很容易量化，如汽車意外事件，已有正式報告；相反地，酗酒和抽菸，這些評估還需包括複雜的流行病學等研究 (Slovic et al., 1979)。

一般人被問及風險評估，他們很難體會這些統計數字所代表的意義，但其相信有些風險評估是從工作經驗推得的。如果有個案例是很容易想像或回想，人們通常用頻率來判斷一個意外發生的可能性。它證實了可接受的風險和參與活動的人數是成反比；此外，與事件發生前後的幾件重大天災，可能會扭曲風險判斷的結論。

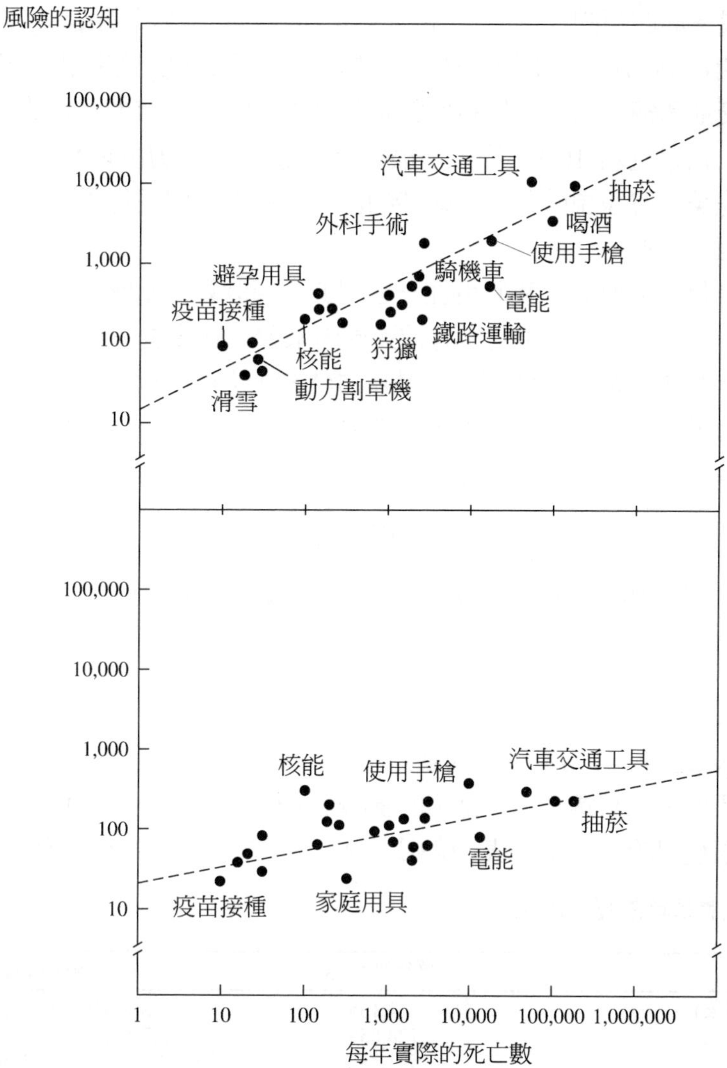


**圖 10-3**　專業人員 (上) 與一般民眾認知的風險對 25 個技術與活動每年不幸死亡人數做圖。每一點代表參與者的反應。虛線是最適化得來的，專業人員對風險判斷與每年不幸死亡人數較接近 (*資料來源*：Slovic ert al., 1979)。

表 10-1 和圖 10-3 說明了不同的風險認知。在此分爲四組來評估在 30 個活動和工作技術死亡的風險。其中三組來自俄勒岡州尤金市 (Eugene, Oregon)，參加者包括 30 位大學生、40 位婦女聯盟會員、25 個商業活動俱

樂部和會員。第四組的成員是 15 位來自美國各地的專業人員 (其工作均與風險評估有關)。表 10-1 說明不同組的成員在各種活動或工作技術的風險。美國每年因交通運輸車輛所引起的死傷人數約 50,000 人，其他活動或工作技術造成的死亡結果見圖 10-3。虛線是最適化結果；若虛線是在 45°，則評估結果是相當完美。專家風險判斷有較陡的斜率，顯示第四組每年不幸事件的推估較其他組更接近。

通盤考量風險概念，我們可從一些相似死因計算出風險。不可否認的，人都會面臨死亡，一生當中對所有致死原因來說，風險是 100%。在 2001 年以後，每年的死亡率約 390 萬人，其中 541,532 人的死因與癌症有關。若不考慮年齡因子，一生中因癌症致死的風險約，

$$\frac{541{,}532}{3.9 \times 10^6} = 0.14$$

每年風險 (假設平均壽命約 70 歲，且不考慮年齡因子) 約，

$$\frac{0.14}{70} = 0.002$$

表 10-2 總結比較一些常見死因的風險。

美國環保署通常選擇一生當中的風險 (lifetime risk) 介於 $10^{-7}$ 到 $10^{-4}$ 之間，作爲環境保護的標準。表 10-3 以 $10^{-6}$ 的風險，經統計計算推估其他活

**表 10-2 人們每年的死亡風險**

| 死因 | 每年死亡數 | 每年個別風險 |
|---|---|---|
| 黑肺病 (煤礦業) | 1,135 | $8 \times 10^{-3}$ 或 1/125 |
| 心臟病 | 724,859 | $2.7 \times 10^{-3}$ 或 1/370 |
| 癌症 | 541,532 | $2.0 \times 10^{-3}$ 或 1/500 |
| 煤礦意外 | 180 | $1.3 \times 10^{-3}$ 或 1/770 |
| 消防員 | | $3 \times 10^{-4}$ 或 1/1,250 |
| 機車駕駛 | 3,714 | $6.9 \times 10^{-4}$ 或 1/1,450 |
| 汽車駕駛 | 42,884 | $1.8 \times 10^{-4}$ 或 1/5,500 |
| 卡車駕駛 | 761 | $10^{-4}$ 或 1/10,000 |
| 墜落 | 16,257 | $5.6 \times 10^{-5}$ 或 1/18,000 |
| 足球 (參與者的平均值) | | $4 \times 10^{-5}$ 或 1/25,000 |
| 家庭意外 | 25,000 | $1.2 \times 10^{-5}$ 或 1/83,000 |
| 腳踏車 (假設一人騎一台車) | 500 | $2 \times 10^{-6}$ 或 1/500,000 |
| 海外旅遊 :每年一次跨洲旅遊 | | $2 \times 10^{-6}$ 或 1/500,000 |

資料來源：CDC, 2004; NHTSA, 2005; Hutt, 1978, and Rodricks and Taylor, 1983

**表 10-3　增加 0.000001 的死亡風險機率[a]**

| | |
|---|---|
| 抽 1.4 根的菸 | 致癌、心臟疾病 |
| 飲用 0.5 公升的酒 | 肝硬化 |
| 在煤礦坑待 1 小時 | 肺疾病 |
| 在煤礦坑待 3 小時 | 意外事故 |
| 在紐約或波士頓住 2 天 | 空氣汙染 |
| 使用獨木舟 6 分鐘 | 意外事故 |
| 騎 10 哩的腳踏車 | 意外事故 |
| 開 300 哩的汽車 | 意外事故 |
| 駕駛噴射機 1000 哩 | 意外事故 |
| 駕駛噴射機 6000 哩 | 宇宙輻射致癌 |
| 從紐約至丹佛度假 2 個月 | 宇宙輻射致癌 |
| 在石頭或磚塊的建築物住 2 個月 | 自然輻射致癌 |
| 胸腔照 X 光 | 輻射致癌 |
| 與吸菸者住 2 個月 | 致癌、心臟疾病 |
| 吃 40 大湯匙的花生奶油 | 黃麴毒素致癌 |
| 飲用 1 年的邁阿密飲用水 | 氯仿致癌 |
| 在核能電廠住 5 年 | 輻射致癌 |
| 飲用 1000 瓶 24 oz, 用包裝瓶的軟性飲料 | 丙烯青單體致癌 |
| 在 PVC 廠附近住 20 年 | 氯乙烯致癌 |
| 距核電廠 20 哩路內住 150 年 | 輻射致癌 |
| 吃 100 客的碳烤牛排 | 苯芘 (benzopyrene) 致癌 |
| 距核電廠 5 哩路內住 50 年 | 輻射致癌 |

[a] (1 part in 1 million)
資料來源：Wilson, 1979.

動風險的情形。

理所當然，若死亡風險有提高者 (就單一原因而言)，則另外一種死亡風險勢必會降低。意外通常發生在生命的早期，一個典型意外可能縮短 30 年壽命；相對於疾病，如癌症致死所減少的生命約 15 年。因此，意外風險爲 $10^{-6}$ 所減少平均壽命爲 $30 \times 10^{-6}$ 年，或 15 分鐘。相同的風險對於疾病所減少的生命約 8 分鐘，已有報導指出，花 10 分鐘抽一根菸，可以減少 5 分鐘的生命 (Wilson, 1979)。

## 風險評估

美國環保署在 1989 年採用一個正式程序做爲風險評估的基準 (U.S. EPA, 1989a)。這個程序包括資料蒐集和估算、毒性評估、曝露評估和風險特性，風險評估被視爲有特定性，每個步驟如下：

**資料蒐集與評估** 包括對人體健康主要影響物質的其累積與分析。經由背景累積和人體處在該狀況下可能引起病變潛能基本鑑定結果等資訊的蒐集，進而研擬樣本蒐集策略。欲蒐集背景資訊時，須注意以下要項。

**1.** 可能污染物。
**2.** 污染物濃度、污染源特性及化學物質排放可能資訊。
**3.** 環境特性對污染物命運、流動、持久性的影響。

這些資訊決定於場址特性，如地下水移動或土壤特性。從這些資料，可初步評估並確認曝露路徑或曝露點的潛在可能。一個曝露路徑或曝露點的概念模式，可從背景或場址資料來形成。

**毒性評估** 是用來決定污染物質對增加人體健康有負面效應的可能性，包括危害鑑定和劑量-反應 (dose-response) 評估。**危害鑑定**目的在確定污染物對人體健康負面效應的嚴重程度，**劑量反應**評估是用來決定污染物質劑量的定量和曝露群體健康負面影響間的關係。毒性程度可以從定量關係和風險特性對不同曝露等級造成的影響來決定。

劑量是決定化合物有害程度因子之一 (Loomis, 1978)。**劑量**可定義爲動物或個別的曝露個體所接受到的化學物質的質量。通常用每公斤體重含有多少毫克 (mg/kg) 來表示，也有些作者直接用 ppm 表示。劑量本身並無時間觀念，也許以每天每公斤有多少毫克 (mg/kg・d) 表示會比較周嚴。就劑量而言，化合物在介質 (空氣、水或土壤) 的濃度和動物個別曝露量是不一樣。

建立化合物毒性“危害程度”，可推測出其相對的劑量效應。最明顯的效應是生物的死亡，其他效應如對體重、血液化學、或酵素抑制的效應。死亡率和腫瘤生成是**量化效應** (全部或全無)。如果劑量足以改變生化機制，將造成一連串的危害，故劑量範圍改變生化機制的實驗是劑量反應關係的基礎。

生物體對劑量反應的統計變異性，通常被表示爲累積頻率 (cumulative-frequency) 分佈，就是我們熟知的劑量反應曲線。圖 10-4 顯示毒性測量常用的方法，稱爲 $LD_{50}$，或動物半致死劑量。劑量反應曲線假設是基於族群變異遵守高斯分佈 (Gaussian distribution)，因此劑量反應曲線有高斯累積頻率統計性質。

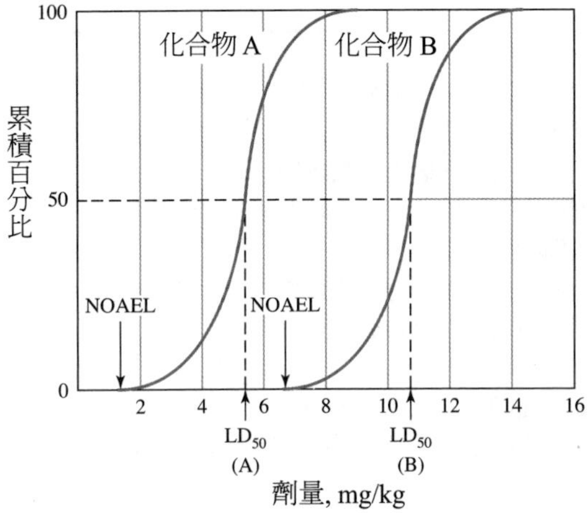


**圖 10-4**　假設兩種化學藥劑 (A 和 B) 在相同樣本下，其劑量反應曲線圖。NOAEL＝無法觀察到的負面效應 (資料來源：Davis and Masten)。

毒性是相對值，無法建立一個毒性絕對值，亦即只能比較毒性強弱而已。除非生物體或生物機制相同，或量化效應一樣，否則不能比較化合物毒性。圖 10-4 顯示一套毒性系統，圖中兩條線，化合物 B 半致死劑量大於化合物 A。因此，對動物測試致死結果，化合物 A 的毒性比化合物 B 強。建立毒性相關性有許多困難，毒物對老鼠和對人類的半致死劑量可能有相當程度的不同。劑量反應曲線的圖形 (斜率) 對不同化合物會有所不同，高的半致死劑量可能伴隨 "無法觀察的負面效應" (no observed adverse effect level，NOAEL)。

另外，由統計得到的半致死劑量可能造成對毒性基本觀念混淆：沒有一個固定劑量可以明確預知族群可能產生何種生物效應。圖 10-4 繪出每一組試驗族群的平均值。此外，會有一些極端數據，如圖 10-5 所示。同一族群裡個別成員對藥物反應有很大範圍的偏離平均值，若僅以單一點比較，如半致死劑量，可能會誤導，甚至知道劑量反應曲線斜率，亦不足以保護那些過於敏感的個體。

器官毒性通常分爲急性和次急性效應，致癌、畸型、生殖毒性、基因突變等，則歸類爲慢性效應。*一個器官以急性、次急性、慢性來分類，顯然不足。實際上，所有用在危害辨識的數據，都是來自動物實驗的研究結果。此外，欲由一個物種應用到另一個物種時，使用動物試驗的結果去估算低劑

* 這些毒性的專有名詞列於表 10-4 中。

**表 10-4　毒性專有名詞**

| | |
|---|---|
| 急性毒 (acute toxicity) | 馬上有明顯的徵狀 |
| 癌 (cancer) | 細胞不正常的成長與擴散 |
| 致癌物質 (carcinogen) | 可導致癌症的物質 |
| 上皮組織癌 (carcinomas) | 肺癌與皮膚癌即屬上皮組織癌 |
| 慢性毒 (chronic toxicity) | 一開始沒有明顯症狀，長時間才會出現徵狀 |
| 基因毒 (genotoxic) | 對基因物質產生毒害 |
| 致癌起始物 (initiator) | 促進細胞變成癌細胞的化合物 |
| 血癌 (leukemias) | 會導致白血球細胞致癌 |
| 淋巴瘤 (lymphomas) | 淋巴腺系統的癌症 |
| 轉移 (metastasis) | 癌細胞在體內的延伸或遷移 |
| 突變 (mutagenesis) | 造成細胞的基因突變，可能是體內或再生細胞 |
| 新生物 (neoplasm) | 不正常快速成長的組織 |
| 致癌基因 (oncogenic) | 導致癌症的形成 |
| 促進劑 (promoter) | 增加致癌的發生率 |
| 生殖毒性 (reproductive toxicity) | 增加流產機率或減輕胎身的體重或大小 |
| 腫瘤 (sarcoma) | 中層組織癌，如脂肪與肌肉 |
| 亞急性毒 (subacute toxicity) | 亞急性毒是量測 10% 的生物體每天服用對正常生活的效應 |
| 畸形 (teratogenesis) | 由於父親或母親曝露在有毒性的環境，造成新生兒的缺陷 |

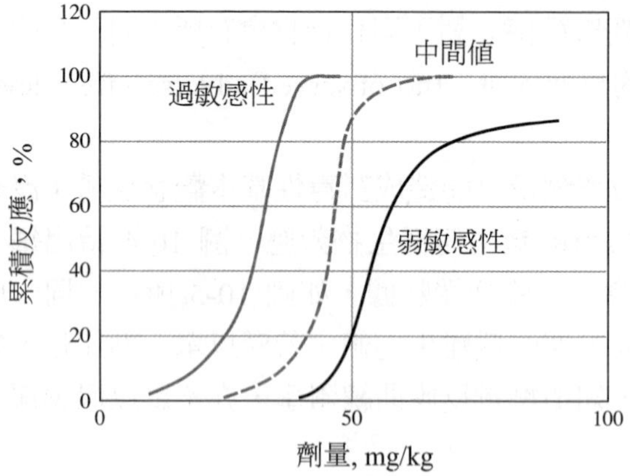


**圖 10-5**　對相同數量的動物，提供藥物的劑量反應關係 (資料來源：Davis and Masten, 2004)。

量反應並不容易。例題 10-1 說明了這個現象。

**例題 10-1**　設計一個實驗來確定化合物造成 5% 腫瘤機率的劑量。相同劑量在 10 個族群，100 隻動物上執行，控制此 100 隻動物使用相同化合物，在相同時間及環境條件下，結果爲：

| **族群** | **腫瘤數** |
|---|---|
| A | 6 |
| B | 4 |
| C | 10 |
| D | 1 |
| E | 2 |
| F | 9 |
| G | 5 |
| H | 1 |
| I | 4 |
| J | 7 |

在控制組中沒有腫瘤發現 (與眞實情況有出入)。

**解：**平均腫瘤率是 4.9%，這結果證實導致腫瘤的機率是 5%。

如果用 100 隻動物取代 1000 隻 (10 個族群×100 隻動物) 來做實驗，統計上將明確的告知這些數據中有不規則變動。即我們可以找出 1% 到 10% 的風險。

5% 的風險 (5% 的機率)，和美國環保署對環境污染風險要求 ($10^{-7}$ 到 $10^{-4}$) 相較，是相當高的。

---

動物研究只能偵測到 1% 大小的風險，毒理學家應用數學模式，將曝露於高劑量動物所得的數據，外推到曝露於低於幾個數量級劑量的人類身上。

毒理學在毒性評估最易引起爭議的觀點是外插方法的選擇，將眞正施予試驗動物高劑量的致癌劑量反應曲線，外插到在環境中眞正接觸低劑量的人類。保守式最壞狀況的評估是，只要能造成 DNA 的改變，就會導致腫瘤生成。這個假設稱作**單擊** (one-hit)。在這個假設前題下，沒有風險爲零的劑量閥值。對致癌物質而言，並沒有無明顯有害效應劑量，且劑量反應曲線會通過原點。

許多模式曾被提出推測低劑量的關係，選擇適當模式比沒有數據來證明或反駁任何模式要來得明智。**單擊模式**通常使用下式表示：

$$P(d) = 1 - \exp(-q_0 - q_1 d) \quad \textbf{(10-1)}$$

其中　$P(d)$ = 生命時間致癌風險 (機率)

$d$ = 劑量

$q_0$ 和 $q_1$＝適化參數

這個模式符合致癌簡單的機械模式，稱爲單一化合物腫瘤誘導。

背景致癌率，$P(0)$，可以用指數來表示，

$$\exp(x) = 1 + x + \frac{x^2}{2!} + \cdots + \frac{x^n}{n!} \tag{10-2}$$

當 $x$ 値很小，

$$\exp(x) \simeq 1 + x \tag{10-3}$$

假設背景致癌率很小，

$$P(0) = 1 - \exp(-q_0) \simeq 1 - [1 + (-q_0)] = q_0 \tag{10-4}$$

這說明了 $q_0$ 符合背景致癌描述。對小劑量率，單擊模式可表示爲，

$$P(d) \simeq 1 - [1 - (q_0 + q_1 d)] = q_0 + q_1 d = P(0) + q_1 d \tag{10-5}$$

對低劑量而言，超過背景劑量的致癌風險爲，

$$A(d) = P(d) - P(0) = (P(0) + q_1 d) - P(0) \tag{10-6}$$

或

$$A(d) = q_1 d \tag{10-7}$$

這個模式是假設致癌機率與劑量是呈線性關係。

有些作者喜歡以一連串生物體造成的腫瘤做爲模式，稱爲多重模式：

$$P(d) = 1 - \exp[-(q_0 + q_1 d + q_2 d^2 + \cdots + q_n d^n)] \tag{10-8}$$

其中 $q_i$ 值是數據最適化後所得。單擊模式是多重模式的一個特例。

美國環保署選擇修正後的多重模式作爲毒性評估，稱爲**線性化多重模式** (linearized multistage model)。這個模式假設外推到高、低劑量時的關係都是一直線的。在低劑量時，劑量反應曲線以**斜率因子** (slope factor，SF) 表示，其單位爲每單位劑量有多少風險，或風險 (kg · d/mg) 。

美國環保署針對毒化物的數據建置了整合式**風險資訊系統** (Integrated

**表 10-5　致癌物質的斜率因子**

| 化合物 | $CPS_0$, kg · d/mg | RfC per $\mu g/m^3$ | $CPS_i$, kg · d/mg |
|---|---|---|---|
| 砷 | 1.5 | $4.3 \times 10^{-3}$ | 15.1 |
| 苯 | 0.015 | $2.2 \times 10^{-6}$ | 0.029 |
| 苯芘 | 7.3 | Not available | |
| 鎘 | N/A | $1.8 \times 10^{-3}$ | 6.3 |
| 四氯化碳 | 0.13 | $1.5 \times 10^{-5}$ | 0.0525 |
| 氯仿 | 0.0061 | $2.3 \times 10^{-5}$ | 0.08 |
| 六價鉻 | N/A | $1.2 \times 10^{-2}$ | 42.0 |
| DDT | 0.34 | $9.7 \times 10^{-5}$ | 0.34 |
| 1, 1-二氯乙烯 | 0.6 | $2 \times 10^{-1}$ | 0.175 |
| 狄氏劑 | 16.0 | $4.6 \times 10^{-3}$ | 16.1 |
| 七氯 | 4.5 | $1.3 \times 10^{-3}$ | 4.55 |
| 六氯乙烷 | 0.014 | $4.0 \times 10^{-6}$ | 0.014 |
| 二氯甲烷 | 0.0075 | $4.7 \times 10^{-7}$ | 0.00164 |
| 五氯酚 | 0.02 | Not available | |
| 多氯聯苯 | 0.04 | $1 \times 10^{-4}$ | |
| 2,3,7,8-TCDD[b] | $1.5 \times 10^5$ | | $1.16 \times 10^5$ |
| 四氯乙烯[b] | 0.052 | | 0.002 |
| 二氯乙烯[b] | | | 0.006 |
| 氯乙烯[b] | 0.072 | $4.4 \times 10^{-6}$ | |

$CPS_0$＝cancer potency slope, oral; RFC＝參考空氣濃度單位風險；$CPS_i$＝cancer potency slope, inhalation，從 RfC 推導出。

[a] 其值經常更新，本處係參考 IRIS 與 HEAST 數據

[b] From Health Effects Assessment Summary Tables (HEAST), 1994.

[c] From U. S. EPA-NCEA Regional Support-provisional value, http://www.epa.gov/ncea.

*資料來源*：with exceptions noted above: U. S. Environmental Protection Agency, IRIS database, September 2005.

Risk In-formation System，IRIS)，藉此可以提供背景致癌潛能資訊。IRIS 包括斜率因子建議值，許多化合物斜率因子列在表 10-5。

相對於癌症，假設生物體在劑量下不會致癌，即沒有觀察到負面作用。美國環保署嘗試估算每天攝食可接受或*參考劑量* (reference dose，RfD)，可以免於風險。參考劑量是以沒有觀察到負面作用的劑量 (NOAEL)，除以將動物轉換成人類的安全係數、敏感性，及實驗中不定因子的方式求得，表 10-6 列示許多化合物的參考劑量。

**動物研究的限制**　任何物種皆無法提供與人類完全相同的反應。某些發生於一般實驗室動物的反應也會發生於人類；相對的，許多在人類發生的反應，也會在某些物種發生。但與免疫機制有關的毒性反應則為顯著的例外，大部份過敏性反應在動物實驗是很難進行的。將動物實驗的數據轉移到人類的過

表 10-6　慢性非致癌效應的化合物參考劑量[a]

| 化合物 | Oral RfD, mg/kg・d |
|---|---|
| 丙酮 | 0.9 |
| 鋇 | 0.2 |
| 鎘 | 0.0005 |
| 氯仿 | 0.01 |
| 氰化銅 | 0.02 |
| 1,1-二氯乙烯 | 0.05 |
| 氰化氫 | 0.02 |
| 氯甲烷 | 0.06 |
| 五氯酚 | 0.03 |
| 酚 | 0.3 |
| PCB | |
| 多氯聯苯 (Aroclor 1016) | $7.0 \times 10^{-5}$ |
| 多氯聯苯 (Aroclor 1254) | $2.0 \times 10^{-5}$ |
| 銀 | 0.005 |
| 四氯乙烯 | 0.01 |
| 甲苯 | 0.2 |
| 1,2,4-三氯苯 | 0.01 |
| 二甲苯 | 0.2 |

[a] Values are frequently updated. Refer to IRIS for current data.
資料來源：U. S. Environmental Protection Agency IRIS database, 2005.

程，需要找尋到"適合"的物種並了解其內涵，而觀察的差異通常爲定量而非定性差異。

對實驗動物進行致癌性實驗的結果，通常被認爲可適用於人類，因爲忽略這些證據將導致嚴重後果。然而，緩慢的、細微的毒性，及其他有關因素造成的效應 (如環境、年齡等)，會使實驗證據難以被轉移。當毒性的影響範圍被限制在一些高敏感性的小族群人口時，議題研究的難度會變得更高。

**流行病學研究的限制**　以流行病學研究毒性對於人類的影響會遭遇四點困難。第一點爲很難在大量人口中偵測低發生率的毒性反應。第二點困難是，從曝露毒物到發生可偵測反應間，可能有長時間或高度變動的潛伏期。第三點困難是，觀察所得的毒物反應可能有其他原因，很難直接歸於單一因果關係。舉例來說，抽菸、喝酒或藥物使用，及個人特性如性別、種族、年齡及以前發生過的病症，會模糊了環境曝露的效應。第四點困難爲，流行病學研究的數據資料，常常是根據特定行政區域所收集到的，無法與如水體或盛行風型態之類的環境區域相吻合。

**曝露評估**　目的是預估生物體在化學物質中可能發生病變時曝露量的大小。

**表 10-7　受汙染的介質與可能曝露的路徑**

| 介質 | 可能曝露的路徑 |
|---|---|
| 地下水 | 攝入、皮膚接觸、吸入、淋浴 |
| 表面水 | 攝入、由皮膚接觸、吸入、淋浴 |
| 沉澱物 | 攝入、皮膚接觸 |
| 空氣 | 空氣中化合物的吸入、微粒的吸入 |
| 土壤/粉塵 | 偶發的吸入、皮膚接觸 |
| 食物 | 攝入 |

曝露量的大小是取決於化學物質攝食和曝露途徑，但最重要的曝露途徑通常不易明確掌握，任意消去一個或多個曝露途徑會影響評估值的精確性。更合理的方法是考慮所有接觸污染介質和進入路徑潛能，表 10-7 爲其總結。

總曝露量評估是熟知用來評估所有主要曝露來源的方式 (Butler et al., 1993)，審查任何可能的數據，可有助於評估污染物進入人體途徑的考量。若有下列情況，可以該忽略進入途徑所造成的影響。

**1.** 相同介質及曝露點下，該途徑遠比其他途徑少。
**2.** 該途徑曝露量相當少。
**3.** 曝露機率小，且其風險不高。

有兩個方法可量化曝露：點估計 (point estimate) 和拋物線法 (probability)。美國環保署用點估計法估算**合理最大曝露** (reasonable maximum exposure，RME)，但該法相當保守，有些科學家認爲拋物線法較爲眞實 (Finley and Paustenbach, 1994)。

RME 定義爲合理地預期發生和保守估計所有可能曝露範圍的最大曝露量，包括兩個步驟：第一是用輸送模式預測曝露濃度，如高斯柱流模式 (Gaussian plume model)(7-8 節)，然後用曝露濃度估算特定途徑攝入量。一般攝入量方程式爲，*

* 方程式 10-9 及之後方程式的標記符號係依據美國環保署指引文件所使用者，簡寫 CDI 不是指 C，D 及 I 的乘積。CDI，CR，EFD，BW 以及其他符號是變數符號，而不是其乘積。

$$\text{CDI} = C\left[\frac{(\text{CR})(\text{EDF})}{\text{BW}}\right]\left(\frac{1}{\text{AT}}\right) \tag{10-9}$$

其中 CDI ＝每天長期攝入 (mg/kg body weight・day)

$C$ ＝接觸期間化學物質濃度 (mg/L water)

CR ＝接觸速率，單位時間接觸污染介質的總量 (L/day)

EFD ＝曝露頻率和時間，通常計算曝露頻率 (EF) 與曝露時間 (ED)：

EF ＝曝露頻率 (day/year)

ED ＝曝露時間 (years)

BW ＝曝露期間的平均體重 (kg)

AT ＝平均時間 (days)

對不同介質與途徑，需要額外變數來預估攝入量。如欲計算自空氣中吸入化學物質需要吸入速率和時間數據，估算不同介質和路徑公式列在表 10-8，其中標準列於表 10-9。

---

**例題 10-2** 都市供水中，苯濃度符合飲用水標準，估算一生中平均攝入的苯量。若一個成年男性使用水的時間長達 63 年之久；三十歲以後每週有三天到游泳池 (由都市供水系統供水) 游泳 30 分鐘；每天淋浴，假設淋浴時空氣中苯的濃度是 5 $\mu g/m^3$。從文獻得知水在皮膚的穿透係數爲 0.002 $m^3/m^2 \cdot h$ (此爲表 10-8 中的特定化合物對皮膚的滲透係數 (PC)，單位爲 m/h 或 cm/h)。淋浴時，水在皮膚停留的時間不會太久，皮膚吸收苯不會超過 1% (Byard, 1989)。

**解**：從表 10-8 找出五種可能途徑：(1) 直接攝入，(2) 淋浴時皮膚接觸，(3) 游泳，(4) 淋浴時吸入的水蒸，(5) 游泳時吸入。從第 4 章的表 4-7 知道飲用水標準是 0.005 mg/L。

每天長期攝入 (式 10-10)

$$\text{CDI} = \frac{(0.005 \text{ mg/L})(2.3 \text{ L/d})(365 \text{ d/y})(63 \text{ y})}{(78 \text{ kg})(75 \text{ y})(365 \text{ d/y})}$$
$$= 1.24 \times 10^{-4} \text{ mg/kg} \cdot \text{d}$$

攝入速率 (IR) 和體重 (BW) 可從表 10-9 得到。雖然實際攝入時間爲 63 年，但平均壽命爲 75 年 (表 10-9)。

**表 10-8　不同路徑的曝露公式[a]**

飲用水的攝入

$$CDI = \frac{(CW)(IR)(EF)(ED)}{(BW)(AT)} \tag{10-10}$$

游泳時的攝入

$$CDI = \frac{(CW)(CR)(ET)(EF)(ED)}{(BW)(AT)} \tag{10-11}$$

皮膚接觸水

$$AD = \frac{(CW)(SA)(PC)(ET)(EF)(ED)(CF)}{(BW)(AT)} \tag{10-12}$$

土壤中化合物的攝入

$$CDI = \frac{(CS)(IR)(CF)(FI)(EF)(ED)}{(BW)(AT)} \tag{10-13}$$

皮膚接觸土壤

$$AD = \frac{(CS)(CF)(SA)(AF)(ABS)(EF)(ED)}{(BW)(AT)} \tag{10-14}$$

吸入空氣中的化合物

$$CDI = \frac{(CA)(IR)(ET)(EF)(ED)}{(BW)(AT)} \tag{10-15}$$

受污染蔬果、海鮮的攝入

$$CDI = \frac{(CF)(IR)(FI)(EF)(ED)}{(BW)(AT)} \tag{10-16}$$

其中　ABS = 受污染土壤吸入因子，無因次
AD = 吸收劑量，mg/mk・d
AF = 土壤對皮膚的黏著因子，mg/mk・d
AT = 平均時間，d
BW = 體重，kg
CA = 空氣中污染物濃度，$mg/kg^3$
CDI = 每天長期的攝入，mg/mk・d
CF = 水體積的轉換因子＝1 L/1,000 $cm^3$
= 土壤的轉換因子＝$10^{-6}$ kg/mg
CR = 接觸速率，L/h
CS = 土壤中化合物濃度，mg/kg
CW = 水中化合物濃度，mg/L
ED = 曝露期間，y
EF = 曝露頻率，d/y 或 events/y
ET = 曝露時間，h/d 或 h/events
FI = 攝入分率，無因次
IR = 攝入或吸入速率，L/d 或 mg 或 soil/d 或 kg/meal
= 攝入或吸入速率，$m^3/h$
PC = 特定化合物對皮膚的滲透常數，cm/h
SA = 有效的皮膚接觸表面積，$cm^2$

[a] 資料來源：U. S. EPA, 1989a.

表 10-9 環保署建議的估計值[a, b]

| 參數 | 標準值 |
| --- | --- |
| 成人女性平均體重 | 65.4 kg |
| 成人男性平均體重 | 78 kg |
| 兒童平均體重 | |
| 6-11 月 | 9 kg |
| 1-5 歲 | 16 kg |
| 6-12 歲 | 33 kg |
| 成人每天攝入的總水量[c] | 2.3 L |
| 兒童每天攝入的總水量[c] | 1.5 L |
| 成人女性每天呼吸的空氣量 | 11.3 $m^3$ |
| 成人男性每天呼吸的空氣量 | 15.2 $m^3$ |
| 兒童每天呼吸的空氣量 (3-5 歲) | 8.3 $m^3$ |
| 成人每天食用的魚 | 6 g/d |
| 游泳接觸速率 | 50 mL/h |
| 成人男性有效皮膚表面積 | 1.69 $m^2$ |
| 成人女性有效皮膚表面積 | 1.94 $m^2$ |
| 兒童有效皮膚表面積 | |
| 3-6 歲 (男性與女性平均) | 0.720 $m^2$ |
| 6-9 歲 (男性與女性平均) | 0.925 $m^2$ |
| 9-12 歲 (男性與女性平均) | 1.16 $m^2$ |
| 12-15 歲 (男性與女性平均) | 1.49 $m^2$ |
| 15-18 歲 (女性) | 1.60 $m^2$ |
| 15-18 歲 (男性) | 1.75 $m^2$ |
| 土壤攝入速率，1 至 6 歲 | 100 mg/d |
| 土壤攝入速率，> 6 歲 | 50 mg/d |
| 皮膚對盆栽土壤的黏著因子 | 0.07 $mg/cm^2$ |
| 皮膚對黏土的黏著因子 | 0.2 $mg/cm^2$ |
| 曝露期間 | |
| 終生 | 75 y |
| 住所，九成 | 30 y |
| 全國平均 | 5 y |
| 平均時間 | (ED)(365 d/y) |
| 曝露頻率 (EF) | |
| 游泳 | 7 d/y |
| 吃海鮮 | 48 d/y |
| 曝露時間 (ET) | |
| 淋浴，九成 | 30 min |
| 淋浴，五成 | 15 min |

[a] 資料來源：U. S. EPA, 1989a; U. S. EPA, 1997; U. S. EPA, 2004b.

[b] Average value unless otherwise noted.

[c] 90th percentile.

式 10-1 可以用來推估淋浴時吸收的劑量

$$
\begin{aligned}
AD &= \frac{(0.005\ \text{mg/L})(1.94\ \text{m}^2)(0.0020\ \text{m/h})(0.5\ \text{h/event})}{(78\ \text{kg})(75\ \text{y})} \\
&\quad \times \frac{(1\ \text{event/d})(365\ \text{d/y})(63\ \text{y})(10^3\ \text{L/m}^3)}{(365\ \text{d/y})} \\
&= 1.04 \times 10^{-4}\ \text{mg/kg} \cdot \text{d}
\end{aligned}
$$

因淋浴接觸時間短，只有 1% 會被吸收，故實際經由皮膚接觸吸收的劑量爲，

$$
AD = (0.01)(1.04 \times 10^{-4}\ \text{mg/kg} \cdot \text{d}) = 1.04 \times 10^{-6}\ \text{mg/kg} \cdot \text{d}
$$

表面積 (SA) 和曝露時間可從表 10-9 得知，穿透常數在題目中已知長時間淋浴約 30 分鐘 (0.5 小時)。

游泳時吸收劑量爲，

$$
\begin{aligned}
AD &= \frac{(0.005\ \text{mg/L})(1.94\ \text{m}^2)(0.0020\ \text{m/h})(0.5\ \text{h/event})}{(78\ \text{kg})(75\ \text{y})} \\
&\quad \times \frac{(3\ \text{events/w})(52\ \text{w/y})(45\ \text{y})(10^3\ \text{L/m}^3)}{(365\ \text{d/y})} \\
&= 3.19 \times 10^{-5}\ \text{mg/kg} \cdot \text{d}
\end{aligned}
$$

在這個例子中，接觸時身體完全浸在水中，ET 值可從游泳時間計算出來 (30 分鐘＝0.5 小時/事件)，曝露頻率可以從每週多少次換算出每年有多少次。曝露時間從生命時間和開始游泳時算出＝75 y－30 y＝45 y。

從式 10-15 估算出淋浴時的吸入率，

$$
\begin{aligned}
CDI &= \frac{(5\ \mu\text{g/m}^3)(10^{-3}\ \text{mg}/\mu\text{g})(0.833\ \text{m}^3/\text{h})(0.5\ \text{h/event})(1\ \text{event/d})(365\ \text{d/y})(63\ \text{y})}{(78\ \text{kg})(75\ \text{y})(365\ \text{d/y})} \\
&= 2.24 \times 10^{-5}\ \text{mg/kg} \cdot \text{d}
\end{aligned}
$$

吸入率 (IR) 可以從表 10-9 得到。其他值亦可由游泳皮膚接觸算出。

對游泳時攝入量可以式 10-11 算出

$$
\begin{aligned}
CDI &= \frac{(0.005\ \text{mg/L})(50\,\text{mL/h})(10^{-3}\ \text{L/mL})(0.5\ \text{h/event})(3\ \text{events/w})(52\ \text{w/y})(45\ \text{y})}{(78\ \text{kg})(75\ \text{y})(365\ \text{d/y})} \\
&= 4.11 \times 10^{-7}\ \text{mg/kg} \cdot \text{d}
\end{aligned}
$$

接觸率 (CR) 可從表 10-9 定出來，其他值也可由游泳皮膚接觸推算出來。

總曝露量可以預估為

$$CDI_T = 1.04 \times 10^{-4} + 1.04 \times 10^{-6} + 3.19 \times 10^{-5} + 2.24 \times 10^{-5} + 4.11 \times 10^{-7}$$
$$= 1.60 \times 10^{-4}\ \text{mg/kg} \cdot \text{d}$$

從這些計算得知來自飲用水是攝入苯量的最主要原因。

---

**風險特性**　在風險特性評估步驟中，所有數據係得自於有關風險曝露與毒性評估定性與定量分析的結果。介質來源或進入途徑的風險都有列入計算，包括化學污染與所有途徑的化合物效應。

對於低劑量癌症風險 (風險小於 0.01)，單一化合物在單一途徑量化風險評估，可用下式計算：

$$風險＝(攝入量)\ (斜率因子) \tag{10-17}$$

其中攝入量可從表 10-8 公式算得，斜率因子可從 IRIS (見表 10-5)，對高程度致癌風險 (風險在 0.01 以上)，用單擊方程式，

$$風險＝1－\exp\,[－(攝入量)(斜率因子)] \tag{10-18}$$

測量是用來描述個別發生非致癌毒性的潛能，不表示為機率。美國環保署使用非癌症危害商數，或危害指數 (HI) 代替，

$$HI = \frac{攝入量}{參考劑量} \tag{10-19}$$

這些比值不必以統計機率解釋，一個比值 0.001 並不是指一個效應發生千分之一的變化。若 HI 超過 1，表示可能產生非致癌健康效應。一般而言，數字愈大於 1，可能性愈高。

會計算多重物質在單一曝露途徑上的情形，美國環保署是假設每個風險皆具加成性。

$$Risk_T = \sum Risk_i \tag{10-20}$$

對多重途徑

$$總曝露風險 = \sum Risk_{ij} \tag{10-21}$$

其中 i＝化合物，j＝途徑。

危害指數對多重物質和途徑同樣可估算爲：

$$HI_T = \sum HI_{ij} \quad \textbf{(10-22)}$$

在環保署輔導文件中，建議將毒害指標分爲慢性的、次慢性的，及短期曝露。

---

**例題 10-3**　應用例題 10-2 的結果，預估飲用水中，苯的最大污染值 (MCL) 風險。

**解**：使用式 10-21 估算風險

$$總曝露風險 = \sum Risk_i$$

只考慮苯化合物，i＝1，考慮所有途徑同例題 10-2，斜率因子由表 10-5 得到，風險爲

$$\begin{aligned} Risk &= (1.60 \times 10^{-4}\ mg/kg \cdot d)(1.5 \times 10^{-2}\ (mg/kg \cdot d)^{-1}) \\ &= 2.40 \times 10^{-6} \end{aligned}$$

這是苯在飲用水最大污染值的總生命時間風險 (70 年)，從其他觀點來預估可能得到癌症人數，例如有 200 萬人口族群，

$$(2 \times 10^6)(2.40 \times 10^{-6}) = 5 \text{ 人有可能得到癌症}$$

該風險在美國環保署的規定中 ($10^{-4}$ 至 $10^{-7}$)。當然是沒有計算所有途徑來源的苯，但相較於其他日常風險，顯然是相當小。

---

## 風險管理

想要建立零風險是不可能的。從開車到飲用水，及所有社會決策都有風險，即使完全禁止生產的化學物質，如多氯聯苯，也沒有辦法將其自環境中完全移除。風險管理可決定對特定情況風險大小的容忍度及其風險評估結果，是一個對大眾可接受成本與效益的決策 (NRC, 1983)。風險管理者須明瞭避免高風險以達到低污染，需要相當高的成本，但很少有足夠的方針可供風險管理者參考。

此外，有些人對某些事情願接受高風險，而那些堅持低風險者，往往會忽略成本，若是爲了疾病，也有人願意接受風險 (Starr, 1969)。

## ▲10-3 危害性廢棄物的定義與分類

判斷廢棄物是否具有危害性有兩個方法 (40 CFR 260)：(1) 在美國環保署所列出的名單內，(2) 經辨識具易燃、腐蝕、反應或毒性等特質。

### 環保署危害性廢棄物指標系統

危害性廢棄物名單包括鹵化和非鹵化溶劑、電鍍槽廢液、各種廢水處理程序產生的污泥、重餾份 (heavy ends)、輕餾份 (light ends)、焦油、餾出物等。

有些商業用化學品丟棄時，亦屬危害性廢棄物，包括 "急危害性" 廢棄物，如砷酸、氰化物、農藥、苯、甲苯、酚等。

美國環保署建立五種危害性廢棄物目錄，每一種廢棄物賦予一個環保署危害性廢棄物序號 (Hazardous Waste Code)，作爲*危害性廢棄物編碼*參考。每一種目錄的字首由環保署指定，作爲辨識之用。五種目錄分別敘述如下：

1. 非特定來源的特定廢棄物；如鹵化溶劑、非鹵化溶劑、電鍍污泥、電鍍槽的氰化液 (有 28 項，見 40 CFR 261.31)，這些廢棄物字首碼爲 F。
2. 特定來源的特定廢棄物；包括殘留在烘箱的氧化鉻綠塗料、製氯工業泥漿等 (有 111 項，見 40 CFR 261.32)，這些廢棄物字首碼爲 K。
3. 商業化產品或中間產物、半成品、殘留物等，經辨識爲急危害性廢棄物，包括氰化鉀銀、毒殺酚 (toxaphene)、氧化砷 (有 203 項，見 40 CFR 261.33)，這些廢棄物字首碼爲 P。
4. 商業化產品或中間產物，半成品、殘留物等，經辨識爲危害性廢棄物，包括二甲苯、DDT、四氯化碳 (有 450 項，見 40 CFR 261.33)，這些廢棄物字首碼爲 U。
5. 非特定性廢棄物 (見 40 CFR 261.21～40 CFR 261.27)，包括易燃、腐蝕、反應、毒性等性質，這些廢棄物字首碼爲 D。

1 至 4 項廢棄物稱爲*名單廢棄物* (listed waste)，可在 www.gpoaccess.gov/cfs 查詢得到。*係公告危害性廢棄物。具易燃、腐蝕和反應性，簡寫爲 *ICR*；具毒性者簡寫爲 *TC*。

---

* 在 2005 年，**gpoaccess** 搜尋引擎上只放了 40 CFR 261，要搜尋 40 CFR 261.31，可先搜尋到 40 CFR 261，然後再往下找你想要搜尋的細項條文。

## 易燃性

廢棄物有以下特性者，稱爲易燃性固體廢棄物：

1. 含酒精量低於 24% (體積百分比)，或閃點低於 60°C。*
2. 非液體，在標準溫度和壓力下，因摩擦、吸收水份或自發性化學變化引起的著火；其著火時會劇烈且長時間燃燒，造成危害。
3. 易燃性壓縮氣體。
4. 氧化劑。

固體廢棄物具易燃特性，其環保署危害性廢棄物碼爲 D001。

## 腐蝕性

固體廢棄物有以下特性者稱爲具腐蝕性：

1. 水溶液 pH 低於 2 或高於 12.5。
2. 在 55°C 下，每年腐蝕鋼速率高於 6.35 mm 的液體。

固體廢棄物具有腐蝕特性，其環保署危害性廢棄物碼爲 D002。

## 反應性

固體廢棄物有以下特性者稱爲具反應性：

1. 隨時可能有激烈變化。
2. 與水有激烈反應。
3. 與水混合有爆炸可能。
4. 與水混合生成大量危害人體健康或對環境有危害性的有毒氣體、蒸氣或燻煙。
5. 氰化物或硫化軸承，其 pH 介於 2 到 12.5 間，會產生危害人體健康或對環境有危害性的毒性氣體、蒸氣或燻煙。

---

* 儘管名詞看起來自相矛盾，也就是將液體稱爲固體廢棄物。國會自己作了定義，在 1976 年的資源保育暨回收法中的 1004 (27) 節中，將違反的物理狀態加以調適，將所有的物理狀態 (液相，氣相及固相) 統一爲一樣，也就是固體廢棄物，就其定義而言，所有被丟棄的物質都是固體廢棄物。

**6.** 可能引發爆炸或爆炸反應的主要來源。
**7.** 標準溫度壓力下，可能引發爆炸、發生爆炸，或反應。
**8.** 運輸部法規中禁止的爆炸物 (49 CFR 173.51，173.53 和 173.88)。

固體廢棄物具反應特性，其環保署危害性廢棄物碼為 D003。

## 毒 性

使用萃取方式來判定固體廢棄物毒性，見**聯邦登錄** (Federal Register) 法規附錄 II (55 FR 11863 和 55 FR 26986)，萃取出來的污染物濃度標準，如表 10-10。

圖 10-6 是美國環保署規定危害性廢棄物認定流程，不包括 RCRA 規範，如都市污泥、特定核廢料、家庭廢棄物；包括毒性物質及有害物質，且小量 (小於 100 kg/mo) 排除在 RCRA 之外。並非上述廢棄物沒有規範，而是規範在其他法規之下，因此不必在 RCRA 中規範。

危害性廢棄物的定義有四個值得爭議的地方，混合物法規、"包含" 政策、"起源" 法規、廢棄物碼完成原則。

**混合物法規**是避免將廢棄物稀釋，而逃避 RCRA 法規。在 40 CFR 261.3(a)(2) 列出危害性廢棄物與其他固體廢棄物混合，會生成危害性廢棄物者，不能使用土地掩埋處置，而可以許可稀釋。**稀釋法**條列於 1991 年 1 月 31 日的 56 FR 3875。混合物法規中，危害性廢棄物與稀釋廢棄物混合，不能使稀釋物成為有害，並能夠使有害物無害化。

混合法規的推論是 "**包含**" 政策。在此政策下，土壤和水二個介質用來處理危害性廢棄物。

任何來自處理、貯藏或處置危害性廢棄物衍生的土壤廢棄物，包括污泥、餘燼、飛灰、放射性控制塵或危害性廢棄物的瀝出物 (非表面靜流沉積者)，就是 "**起源**" 法規。

起源和混合物法規是 "**廢棄物碼完成**" 原則的推論。陳述起源或混合危害性固體廢棄物、非危害性廢棄物、原始廢棄物有相同廢棄物碼 (53 FR 31138, 31148)。

因法律訴求與法院重視混合物法規，包含政策、起源法規，與廢棄物碼完成理論，美國環保署研擬出**危害性廢棄物辨識標準** (HWIR)。HWIR 的假

**表 10-10　毒性成份控制標準**

| EPA HW No. [a] | 成份 | 控制標準 (mg/L) |
| --- | --- | --- |
| D004 | 砷 | 5.0 |
| D005 | 鋇 | 100.0 |
| D018 | 苯 | 0.5 |
| D006 | 鎘 | 1.0 |
| D019 | 四氯化碳 | 0.5 |
| D020 | 氯丹 | 0.03 |
| D021 | 氯化苯 | 100.0 |
| D022 | 氯仿 | 6.0 |
| D007 | 鉻 | 5.0 |
| D023 | o-Cresol (鄰-甲酚) | 200.0[b] |
| D024 | m-Cresol (間-甲酚) | 200.0[b] |
| D025 | p-Cresol (對-甲酚) | 200.0[b] |
| D026 | 甲酚 | 200.0[b] |
| D016 | 2,4-D | 10.0 |
| D027 | 1,4-二氯苯 | 7.5 |
| D028 | 1,2-二氯甲烷 | 0.5 |
| D029 | 1,1-二氯乙烯 | 0.7 |
| D030 | 2,4-二硝基甲苯 | 0.13[c] |
| D012 | 氯甲橋奈 | 0.02 |
| D031 | 七氯 | 0.008 |
| D032 | 六氯苯 | 0.13[c] |
| D033 | 六氯-1,3-丁二烯 | 0.5 |
| D034 | 六氯乙烷 | 3.0 |
| D008 | 鉛 | 5.0 |
| D013 | 靈丹 | 0.4 |
| D009 | 汞 | 0.2 |
| D014 | 甲氧基 DDT | 10.0 |
| D035 | 甲基乙基酮 | 200.0 |
| D036 | 硝基苯 | 2.0 |
| D037 | 五氯酚 | 100.0 |
| D038 | 比啶 | 5.0[c] |
| D010 | 硒 | 1.0 |
| D011 | 銀 | 5.0 |
| D039 | 四氯乙烯 | 0.7 |
| D015 | 毒殺芬 | 0.5 |
| D040 | 二氯乙烯 | 0.5 |
| D041 | 2,4,5-三氯酚 | 400.0 |
| D042 | 2,4,6-三氯酚 | 2.0 |
| D017 | 2,4,5-TP (Silvex) | 1.0 |
| D043 | 氯乙烯 | 0.2 |

[a] Hazardous waste njmber.
[b] 鄰-，間-，對-甲酚不易區分，故使用總濃度 (D026) 不得超過 200 mg/L
[c] 定量極限高過法規標準，因此定量極限做爲法規標準。

工業除產品外都是廢棄物

**何謂廢棄物？**

廢水處理廠：來自該廠的所有物質都是廢棄物

**何謂“RCRA”固體廢棄物？**

→ 下列廢棄物不屬於“RCRA”固體廢棄物：

- 都市下水道
- 淨化法案、點源放流水
- 灌溉回流 AEC 來源，核子
- 礦場廢棄物
- 回收爐的液態紙漿
- 將使用過的硫酸再製成新的硫酸
- 回收二級材料
- 從廢水程序回收木材防腐劑
- 環保署廢棄物序號爲 K060、K087、K141、K143、K144、K145、K147、K148 及焦煤程序的附產品等，雖然具有毒性，再生後可再利用
- 高溫金屬回收設備處理K061 剩餘的浮渣，用桶子裝運，在回收前不可以土地處置

其他都是“RCRA” 固體廢棄物 (固體、液體、氣體)

**何謂危害性廢棄物？**

→ 下列廢棄物不是“RCRA”危害性固體廢棄物：

- 家用廢棄物
- 當作土壤肥料的農業廢棄物
- 採礦過量，送回礦場
- 飛灰，洗滌器污泥
- 含有原油、煤氣、地熱等廢棄物
- 測試用（含 $Cr^{3+}$ ，廢棄物，或列在 Subpart D 中的廢棄物）
- 水泥爐粉塵廢棄物
- 以砷處理過的木頭
- 受石油污染介質或碎屑
- 注入具毒害性物質到地下水
- 使用過的氟氯碳冷媒
- 油濾用，非鍍鉛鐵板
- 再精餾底部產物（用來製造瀝青產品）

→ 下列廢棄物是“RCRA”危害性固體廢棄物

- 列在 Part 261、Snbpart D 的“RCRA”
- 混合物中含有上述物質
- 有四種危害性廢棄物特性者

→ 廢棄物不屬於危害性固體廢棄物，如果：

- 曾經被包括在 Subpart D 下，但已除名者

**圖 10-6** 危害性廢棄物的判定流程。

其他都是 “RCRA”危害性固體廢棄物

→ **什麼是廢棄物隸屬的法規？**

→ 下列 “RCRA— 危害性固體廢棄物目前不隸屬於 Snbtitle C 法規？
　場址所“RCRA”危害性廢棄物低於 100kg/mo.
　正常的回收或再利用。如果是污泥，或含有 Part 261 列管物質，隸屬於 RCRA 要求必須注意貯存與運送
　下列廢棄物可暫時免除於 “RCRA” 危害性固體廢棄物法規
　產品或原始物料在貯槽、交通運輸工具、容器、管線、製造程序設備、或沒有廢棄物處理設備的製造廠中，生成的危害性廢棄物

其他 “RCRA” 危害性固體廢棄物隸屬於 RCRA 法規的 Subtitle C，特別是處置、運送與貯存

**可循環使用物料的條件**

危害性廢棄物不隸屬於製造者、運送者或貯存設施的條件：
規範在 Subpart C 到 H(261.6)
　指定處置場回收可再利用物料
　用鍋爐或工業熔爐回收危害性廢棄物能量
　從回收貴金屬中回收可再利用物料
　回收鉛酸電池以下不隸屬於 RCRA 法規或通告條件
　回收工業用乙醇
　製造廠對回收電池再生
　金屬屑
從含油的危害性廢棄物精煉，製造燃料
　從一般石油精煉、製造、運輸後產生的危害性廢棄物中回收石油
　從含油的危害性廢棄物製造危害性廢棄物燃料
　石油精煉後的焦碳
　回收使用過的油
也是危害性廢棄物，但不隸屬於 Part 260 至 268 這個章節，是規範在 Part 279 的章節裡

**圖 10-6**　(續)

設是建立在危害性廢棄物標示 (低風險程度的固體廢棄物除外)，列管混合物、起源，包含列管危害性廢棄物，若廢棄物低於上述危害程度，可用次標題 D 的處置方式。

**通用廢棄物法規** (40 CFR 273) 係美國環保署所發展，用以簡化廣泛產生的聯邦通用廢棄物 (電池、農藥、恆溫器及燈泡) 的有害廢棄物管理標準。鎳鎘電池及小型密封鉛酸電池，未使用的或禁用的農藥，含汞的恆溫器、含汞或鉛的日光燈、霓虹燈、汞蒸氣燈稱爲**通用廢棄物**。此簡化包括，例如延長企業可累積暫存廢棄物的時間及數量的條款，以及減少表單需求的條款。

RCRA 提供對非固定污染源與特殊生成廢棄物的申請機制。那些通過申請程序而取消列管廢棄物，列在附錄 IX 40 CFR 261。

有些廢棄物流向不在 RCRA 範圍內，但屬危害性廢棄物，如多氯聯苯、石棉等，是在毒性物質控制法規範下。

## ▲ 10-4 RCRA 和 HSWA

### 美國國會危害性廢棄物法案

美國國會在 1976 年通過資源回收暨資源保護法 (RCRA)，要求美國環保署制定危害性廢棄物法規。RCRA 與 1986 年通過的危害性固體廢棄物修正法 (HSWA) 爲制定危害性廢棄物生成和處置的規範。上述法案並未指出廢棄、封閉處置場或溢漏等問題。但 1980 年的全面性環境反應，補償及責任歸屬法定 (CERCLA)，也就是一般所稱“超級基金”，有指出這些問題。1986 年延伸 CERCLA條款爲超級基金修正及再撥款法案 (SARA)。以下將介紹 RCRA、HSWA、CERCLA 及 SARA 內容。

### 從搖籃到墳墓的概念

環保署所提出的從搖籃到墳墓的廢棄物管理系統，是企圖追蹤危害性廢棄物從其生成 (搖籃) 到最終處理 (墳墓) 的污染情形。該系統要求製造者在運送廢棄物時，需附上聯單 (manifest)，確保該廢棄物直接或實際到達許可的處置場。

### 生產者必要條件

在 RCRA 的規範下，危害性廢棄物製造者是第一個與從搖籃到墳墓有關者。生產超過 100 kg 以上危害性廢棄物，或每月 1 kg 的劇毒性危害廢棄物，除必須符合生產法規。

危害性廢棄物管理的必要條件包括 (U.S. EPA, 1986)：

**1.** 取得環保署認證 (ID) 序號。
**2.** 危害性廢棄物運送前，必須先經過處理。
**3.** 危害性廢棄物標示聯單。
**4.** 持續記錄與報告。

環保署給予每位製造者一個認證序號，沒有認證序號的製造者，不得處理、貯存、處置、運送，或提供運送任何危害性廢棄物；生產者嚴禁將廢棄物交給運送公司、待處理業、貯存業、處置業者等。

運送前法規是爲了確保危害性廢棄物從起始到最終處置運送過程的安全。環保署採納運輸部 (DOT) 所研擬的危害性廢棄物運送法規 (49 CFR Parts 172，173，178 和 179)：

**1.** 需有適當包裝，防止危害性廢棄物在一般情況下溢漏，或從卡車掉落的危險。
**2.** 運送時，必須在廢棄物外裝貼上廢棄物特性及危險性。這些規定適用於廢棄物在運送前運送。

除了運輸部的規定外，環保署運送前法規，尚涵蓋運送前廢棄物累積量，製造者可以在現場累積廢棄物達 90 天，但須遵守以下要求：

**1.** ***適當貯存***：廢棄物儘可能貯藏在容器或貯槽，外面註明“危害性廢棄物”及日期。
**2.** ***緊急應變計畫***：偶發計畫與緊急步驟。
**3.** ***人員訓練***：危害性廢棄物處理人員訓練。

最大貯存時間 90 天是爲了讓業者能夠將危害性廢棄物累積到較大的量，便於一次運送，以增加效益。

如果業者在現場累積危害性廢棄物超過 90 天，須考量貯存設施是否符合需求，在無法預期或不可控制的情況下，地方環保機關得以特例延長 30 天。

90 天的累積時間是用在每月有 100 至 1,000 kg/mo 危害性廢棄物的運送情形，在這個範圍的業者稱爲***小量製造者*** (SQG)；如果業者有貯存設備，法規允許廢棄物的累積時間達 180 天 (如需運送到 320 km 外，可達 270 天)。

一致性有害廢棄物聯單 (***聯單***) 是廢棄物從搖籃到墳墓管理 (見圖 10-7) 的關鍵點。經由清單的使用，廢棄物產生者可以追蹤有害廢棄物從產生點到最終處理、貯存或處置點的移動。

HSWA 要求廢棄物產生者建立聯單制度，以證明在經濟許可的範圍內降低廢棄物體積與毒性的計畫，且其選用處理、貯存或處置方法對人體健康和

Please print or type. *(Form designed for use on elite (12-pitch) typewriter.)* *Form Approved. OMB No. 2000-0404. Expires 7-31-86*

| UNIFORM HAZARDOUS WASTE MANIFEST | 1. Generator's US EPA ID No. | Manifest Document No. | 2. Page 1 of | Information in the shaded areas is not required by Federal law. |
|---|---|---|---|---|

GENERATOR

| | |
|---|---|
| 3. Generator's Name and Mailing Address | A. State Manifest Document Number |
| | B. State Generator's ID |
| 4. Generator's Phone ( ) | |
| 5. Transporter 1 Company Name — 6. US EPA ID Number | C. State Transporter's ID |
| | D. Transporter's Phone |
| 7. Transporter 2 Company Name — 8. US EPA ID Number | E. State Transporter's ID |
| | F. Transporter's Phone |
| 9. Designated Facility Name and Site Address — 10. US EPA ID Number | G. State Facility's ID |
| | H. Facility's Phone |

| 11. US DOT Description *(Including Proper Shipping Name, Hazard Class, and ID Number)* | 12. Containers No. | 12. Containers Type | 13. Total Quantity | 14. Unit Wt/Vol | I. Waste No. |
|---|---|---|---|---|---|
| a. | | | | | |
| b. | | | | | |
| c. | | | | | |
| d. | | | | | |

| | |
|---|---|
| J. Additional Descriptions for Materials Listed Above | K. Handling Codes for Wastes Listed Above |

15. Special Handling Instructions and Additional Information

16. GENERATOR'S CERTIFICATION: I hereby declare that the contents of this consignment are fully and accurately described above by proper shipping name and are classed, packed, marked, and labeled, and are in all respects in proper condition for transport by highway according to applicable international and national government regulations.

Unless I am a small quantity generator who has been exempted by statute or regulation from the duty to make a waste minimization certification under Section 3002(b) of RCRA, I also certify that I have a program in place to reduce the volume and toxicity of waste generated to the degree I have determined to be economically practicable and I have selected the method of treatment, storage, or disposal currently available to me which minimizes the present and future threat to human health and the environment.

| Printed/Typed Name | Signature | Month Day Year |
|---|---|---|

TRANSPORTER

17. Transporter 1 Acknowledgement of Receipt of Materials

| Printed/Typed Name | Signature | Month Day Year |
|---|---|---|

18. Transporter 2 Acknowledgement of Receipt of Materials

| Printed/Typed Name | Signature | Month Day Year |
|---|---|---|

FACILITY

19. Discrepancy Indication Space

20. Facility Owner or Operator: Certification of receipt of hazardous materials covered by this manifest except as noted in Item 19.

| Printed/Typed Name | Signature | Month Day Year |
|---|---|---|

EPA Form 8700-22 (Rev. 4-85) Previous edition is obsolete.

**圖 10-7** 制式危害性廢棄物聯單。

環境風險應盡量達到最小的最佳可行方法。

廢棄物產生者正確地運作廢棄物聯單是很重要的，因爲他們必須對他們產生的有害廢棄物及其最終處置負責。

聯單是控制追蹤系統的一部份，廢棄物從該地運送到另一地，都需在聯單上簽收；聯單備份由每一家運送公司留存。廢棄物運送到指定的設施，其所有人或操作人員再將聯單備份送還製造業者。這個系統是爲確保業者製造的危害性廢棄物已送抵最終目的地。

如果委託運送 35 天後，危害性廢棄物製造業者尙未收到聯單備份，應該與運送者或處置場聯繫有關廢棄物下落。若 45 天仍未收到，則業者必須提出報告。

業者的長期記錄和報告，可提供環保署與州政府追蹤危害性廢棄物去向的參考。

## 運送業者法規

危害性廢棄物運送業者是介於危害性廢棄物製造者與廠外廢棄物處理、貯存、處置業者之間。其法規由環保署與運輸部共同制定，避免兩機構間的相互衝突 (U.S. EPA, 1986)。雖然這些法規相互整合，但並不屬於相同母法。運送業者須遵從 49 CFR 171-179下的規定 (危害性廢棄物運送法案) 與 40 CFR Part 263 (RCRA 中的副標題 C)。

危害性廢棄物製造和運送業者應遵守所有相關法規。運送危害性廢棄物相當危險，可能會發生意外，法規要求運送者應立即應變，保護其自身及環境不受傷害，且需在外洩處設置屏障。

法規也規定需請專家處理運送時發生的意外。聯邦、州或地方官員有專長者可決定立即移除廢棄物，保護人體健康，或減少環境損害；如有必要，官員可以授權給沒有環保署認證運送業者，代爲清除廢棄物。

## 處理、貯存，及處置設施的必要條件

處理、貯存、處置設施，是危害性廢棄物從搖籃到墳墓管理系統的最末端。所有處置場處理廢棄物，必須得到操作許可，並遵守處理、貯存、處置法規。處置場法規執行標準，係所有人與操作人員需使危害性廢棄物外洩到環境的量減到最小。

處置場設施有以下功能 (U.S. EPA, 1986)：

1. **處理**：任何方法、技術或程序，包括中和法，或改變物理、化學或生物特性，使成爲無害性或低危害性，減少運送、貯存或處置體積。
2. **貯存**：暫時存放一段時間。最後還是要處理、處置、或運送到其他地方貯放。
3. **處置**：棄置、土地放置，或任何可能進入環境者皆爲處置。

此法案建立了包括行政管理上的非技術性與技術性的要求標準。

過渡時期與許可標準，在非技術性要求部份幾乎是獨立的，技術性要求就有相當不同。非技術性要求目的是確保處置場所有人與操作人員建立設備操作緊急應變或意外處理的必要程度與計畫。涵蓋面包括以下各項。

| 次要部份 | 主題 |
|---|---|
| A | 規範對象 |
| B | 一般設施標準<br>廢棄物分析、安全性、檢測、訓練、易燃性、反應性、或不相容廢棄物區域性標準 (許可設施) |
| C | 準備與預防 |
| D | 偶發計畫與緊急步驟 |
| E | 聯單系統、記錄管理、報告 |

過渡時期技術性要求的目的，是使危害性廢棄物處理、貯存、處置設施在收到操作許可前，其危害性降至最小。要求可分爲兩部份：不同設施一般標準與廢棄物管理方法特定標準。

一般標準涵蓋有三個層面：

1. 地下水監測要求
2. 封閉、封閉後的要求
3. 財務要求

地下水監測是要求表面貯留、掩埋、土地處理設施或廢棄物堆的所有人或操作者管理有害廢棄物。這些要求的目的在評估這些設施對所在的地下水的衝擊，監測需在設施的生命期內全程實施，且土地處置設施在封場後仍需持續監測 30 年。

對地下水監測，法規規定要建立四個監測井：一個在廢棄物處理單元上游，三個在其下游；下游的監測井要設在可攔截到廢棄物處，上游監測井要設在不受處理單元影響的地方，以作爲背景資料。若監測井位置正確，比較上、下游資料，即可顯示污染情形。

監測井至少須監測一年以上，建立背景資料，包括飲用水參數，地下水質參數、與地下水污染參數。

封閉是指不再接受廢棄物期間，所有人或操作人員需完成處理、貯存，或處置的操作，最後再以建築結構或土壤進行覆蓋或埋。封閉後，只適用於處置設施在封閉後三十年間，對處置設施直接監測與保護處置系統完整性。

財務需求是爲確保封閉設施後，能支付設施後續維護費用，補償第三者因設施損害造成的意外傷害。亦即保證封閉　封閉後造成受傷、損害的補償義務。必須要有兩種財力要求：封閉/封閉後的財力保證與損害賠償責任的保險。

**土地禁令**　1984 年危害性固體廢棄物修正法案 (HSWA) 目的在延伸資源保育和資源回收法案 (RCRA) 的觀念。HSWA 包括市民關心的危害性廢棄物處置，特別是土地處置是被認爲不安全的土地處置方式。法案第 3004(m) 節，限制特定廢棄物土地處置方式，通常稱爲 “土地禁令” (land ban) 或**土地處置限制** (land disposal restrictions，LDR)，包括降低來自危害性廢棄物危害物遷移可能性、短期或長期對人體健康和環境威脅的最小化。國會因此訂定一個時間表，來研擬處理標準。標準公佈後，規定業者必須列出廢棄物特性，廢棄物到達處置設施前，必須處理至該設定標準。這麼多努力的目的即爲土地處置場不會有危害性成份遷移出來。國會所制定標準的最後一項條款在 1990 年 5 月 8 日公佈，環保署隨後公佈修正後標準。

在 1994 年前，危害性廢棄物處理設施管理，常會遭遇 LDR 處理標準所列出不同廢棄物特性的限制。在某些情況下，不同標準對廢棄物濃度可能有所差異。故在 1994年 9 月 18日，遂建立通用處理標準 (Universal Treatment，UTS)，以避免這些差異 (59 FR 47980, 18 SEP 1994, and 60 FR 242, 3 JAN 1995)。

### 地下貯槽

“地下貯槽系統” (Underground Storage Tanks，UST)*包括地下貯槽、連接管線、地下輔助設備、與污染系統。環保署於 1988 年 9 月 23 日公佈地下貯槽法規，內容包括：

危害性廢棄物的 UST 系統
規定的廢水處理設施
與操作目的相關物質的任何設備或機械裝置，如水力起重槽與電力設備槽
小於 415 公升的 UST 系統
包含濃度可忽略規定物質的 UST 系統
緊急排放或容器溢流系統

所有 UST 系統必須有防蝕保護，用來做為貯槽防蝕保護的方法有三，(1) 玻璃纖維補強，(2) 鋼與 FRP 複合材料，或 (3) 陰極保護鋼槽，其中陰極保護系統必須經常測試和檢測。所有人或操作人員必須提供外洩或過量裝填的保護設備，並提供證明，確保這些方法符合法規。

所有的 UST 系統必須定期做洩漏檢測。在石油 UST 系統，有些特殊要求，如壓力傳送系統必須使用線上自動偵測與管線緊密度測試設備，所有新的或升級的 UST 系統，貯存危害性物質時，必須有第二套內部監測系統。

當確定有外洩時，需立刻善後，包括降低火災及其他危險；移除污染飽和土壤及漫流物質、評估下一步善後需要、對受污染土壤與地下水可能需做長期復育工作。

## ▲ 10-5 CERCLA 和 SARA

### 超級基金

1980 年 CERCLA 暨超級基金法案明訂危害性物質排放到環境的責任、補償、清理、緊急應變及停止使用危害性廢棄物處置場的法律。CERCLA 會

* 可以想像當 Leaking Underground Storage Tanks 的縮略字字母出現在會議議程的技術研討會議題時，立法者及其他人會有多苦惱。

授權並提供基金給環保署做爲清理被廢棄的廢棄場與應付緊急相關危害性廢棄物之用。此法案包括四個主要條款：

**1.** 超級基金支付無法確定負責人或無人支付調查與復育費用；
**2.** 優先列出待清理與復育的場址；
**3.** 確定棄置或停止使用場址的制定機制；
**4.** 負責人的清理責任；

剛開始的基金是由製造商、石油進口商與 42 種基本化學物賦稅所提供。在前五年，超級基金約有 $16 億，其中 86% 來自工業，剩餘由聯邦政府編列預算支應。1986 年 SARA 延伸超級基金的應用範圍，且基金在 5 年內上升至 $86 億，其中石油稅約 $27.5 億、商業收入有 $25 億、化工原料有 $14 億，剩餘者來自其他稅收。

## 國家優先名單

國家優先名單 (National Priority List，NPL) 是環保署運用超級基金，做爲辨識影響大眾健康或具有環境風險場址的工具。NPL 制度建於 1982 年，迄至 2005 年已包含 1,239 處場址 (U.S. EPA, 2005b)。一開始 NPL 是由已知或現有場址的資訊，隨後發展出*危害等級系統* (Hazaxd Ranking System，HRS)。經 HRS 評定積分高的場址將列入名單內，可以申請使用超級基金的經費；積分低者則不適用。

## 危害等級系統

危害等級系統 (Harzard Ranking System, HRS) 是對非控制危害性廢棄物場危害性物質的威脅、外洩途徑、特質特性等，做等級分類的步驟 (40 CFR 300, Appendix A)。HRS 提供一個評估危害性物質處置場址對人體健康或環境曝露危害性程度的定量方法。HRS 是基於地下水、表面水、土壤與空氣等四種途徑，來評定其受污染的機率。地下水與空氣途徑是用個別攝入與吸入來推估；表面水遷移與土壤曝露包括多種污染途徑。表面水的推估包括 (1) 飲用水、(2) 人類食物鏈、(3) 環境接觸；曝露推估包括洪水的遷移與地下水移動至表面水的遷移；土壤曝露推估包括 (1) 剩餘族群，(2) 附近族群。

使用 HRS 需考量場址與外界、危害性物質、水文、地質等關係。影響

HRS 主要因子是當地人口密集度、飲用水源、危害性物質的數量或毒性等。HRS 推行後的批評爲：

1. 對人體健康影響的權重較高，即使對環境造成威脅或危害，也不容易有較的高積分。
2. 因爲對人體健康有較高的權重，故人口較多的地區容易有較高的積分。
3. 相對於空氣污染的污染事件易有媒體報導，地下水和表面水污染途徑則較無相關報導。
4. 化合物毒性與持久性積分只和場址污染有關，與其外洩可能無關。
5. 高積分遷移途徑可能被其他低積分者抵銷。
6. 平均途徑積分可能造成場址只有一種危害性物質的偏差；即使該危害性物質可能嚴重威脅環境或人體健康。

環保署提供 HRS 積分作爲環境品質保護和控制的依據，並確保這些場址進行評估所具有的一致性。HRS 積分從 0 至 100；積分 100 者，爲最嚴重的場址。HRS 的優先順序要符合 CERCLA 的要求，州立場址優先列入 NPL 中。

## 國家偶發性計畫

**國家偶發性計畫** (National Contingency Plan，NCP) 提供上述法案中危害性廢棄物場址詳細的指導原則，包括初評，內容爲決定緊急或迫切的危害，及其緊急應變動作和場址危害等級的方法，及建立未來優先法案的方式。若有充分資料顯示場址對環境具有潛在的風險，則需要進行詳細的研究。

NCP 描繪場址風險評估步驟，這些評估稱爲**復育調查** (remedial investigation，RI)。選擇適合的復育程序稱爲**可行性研究** (feasibility study，FS)，復育調查和可行性研究通常結合爲單一測量，就是熟知的復育調查/可行研究 (RI/FS)。RI/FS 通常是工作計畫大綱，其執行前必須經由聯邦或州相關機構同意。

復育調查的計畫研擬須包括以下幾項 (40 CFR 300.400)：

1. **場址特性**：水地質學、地球物理學和解析步驟說明、天然和廢棄物材料的範圍、場址物理特性、和受廢棄物場址影響的任何受體。
2. **數據品質控制**：確保所有資料是正確且精確的。
3. **健康與安全**：保護在場址工作或執行場址工作者的安全。

RI 和隨後資料推估過程合稱爲**風險評估**或危險評估，復育調查報告記載風險評估內容。

復育調查報告是可行性研究的基礎，審查的標準包括所有人體健康和環境保護，遵從適當法規、長期效應、減少毒性、移動性或體積、短期效應、技術與行政措施、成本、州和社區接受度。所有復育選擇必須能減少危害性廢棄物場址的風險到可接受程度；一般而言，低成本是被選擇的原因。可行性研究結果刊在書面報告，稱爲**決策記錄** (record of decision，ROD)。這些文件可作爲選擇設計時的首要根據。

NCP 主要是定出危害的清理程度，這些標準包括 "大眾健康、社會福利與環境危害" 程度。因此，沒有任何場址可以預先被決定其復育的程度。一般而言，要視場址的類別而定，很可能該場址可接受的標準，在另一場址卻無法接受。

通過 RI/FS 後的下一步就是準備計畫和**復育工程設計**，規畫程序、安裝硬體設備及其他要工作的完成，才算是符合計畫。

## 責　任

CERCLA 的最後條款規定法院得要求業者建立場址**清理全面、參與、和相關的責任**。環保署認爲**潛在責任者** (potentially responsible parties，PRPs)，包括製造者、現有者、設備所有人，貯藏、處理、處置過危害性廢棄物，或運送過危害廢棄物者。潛在責任者有嚴格的責任，疏忽、不誠實、無知都不能成爲藉口，國會認爲潛在責任者會以其對問題影響的多寡，來分擔成本或責任。完全責任條款要求潛在責任者的處理方法要符合標準、法律、經驗，換言之，CERCLA 的原則是 "先執行、再抗辯" (O'Brien & Gere, 1988)。

如果潛在責任者對場址會製造廢棄物，就要分擔成本。SARA 強烈地肯定這個觀念。如果潛在責任者拒絕支付，聯邦政府可以對潛在責任者提出控訴。

## 超級基金和重新授權法案

重新授權法案 (Superfund Amendments and Reauthorization Act，SARA) 肯定和加強 CERCLA 中許多條款與概念。國會明白表示，如藉由焚化、化學處理，使成爲無害性廢棄物等優先選擇方式，總比運送到另一處置場或輕微污染場址來的好。

SARA 另一項規定是清理程度要到達**適用、相關、適當需求** (Applicable or Relevant and Appropriate Requirements，ARARs)。ARARs 是有別於 CERCLA 及 SARA 的環境標準，例如，州的法規重視焚化爐廢氣排放，但 SARA 對用焚化做為清理必須符合**適用標準**；如果出現**相關與適當標準**，環保署可能會選定該程序做為運用。例如，若在非管制的有害廢棄物場址上的廢棄物桶內含有與 F001-F005 廢溶劑相同的成份，此時 RCRA 的 UTS 標準可以被適當地認為是有相關的，儘管沒有任何證據可顯示廢棄物的來源。

SARA 加強重視對場址外 (off site) 的自然資源損失的要求。

**第三條款** SARA 在 CERCLA 主要的附加條款稱為第三條款——緊急計畫和社區獲知權。在緊急計畫條款中，若業者的廢棄物排放量有超過環保署規定時，設施所有人必須通知州緊急應變小組。此外，社區必須建立地方緊急計畫委員會來研擬化學緊急應變計畫，計畫包括設施管理、辨識、緊急應變、通知程序、訓練大綱、化學物質外洩疏散計畫等。

若設施意外洩露的化學物質是美國環保署 Extremely Hazardous Substance 列表或 RCRA 103(a) 節列表的化學物質之一，在控制數量且其釋放有非現址曝露潛勢之時，需立刻通知 LEPC。法規並要求報告所採取的應變行動，包括健康風險及對曝露的個人在醫療上的建議。

也許第三條款最大改革是建立社區有知的權利，對**化學物質**的量與設施在社區的相關位置。因此，潛在的化學品有害性資訊可為公眾所取得，每個設施每年所排放超過閥值的化學物質數量，必須公佈於環保署的**毒性物質排放目錄**。目錄包括意外與經常性的排放，以及廢棄物非現址的運輸。這些公佈的數據會迫使工業界去努力控制之前不合規定的排放，以及未管制的排放所造成公眾對大量廢棄物排放至環境的抗議。

## ▲ 10-6 危害性廢棄物管理

管理危害性廢棄物的邏輯順序應為：

1. 減少危害性廢棄物的產生。
2. 廢棄物交換 (一家工廠的危害性廢棄物可能成為另一家工廠的原料；如廢酸或廢溶劑等可供其他工廠直接使用)。
3. 危害性廢棄物中的金屬、能源及其他有用資源的回收。

**4.** 藉化學或生物處理，將液態危害性廢物去毒化或中和。
**5.** 藉脫水減少第 4 項廢棄污泥生成的體積。
**6.** 可燃性危害性廢棄物可藉由焚化爐高溫焚化，焚化設備具有適當污染控制和監測系統。
**7.** 第 5、6 項得到污泥或飛灰要做安定化和固定化處理，減少金屬物的瀝出。
**8.** 處理後的剩餘物可置於特別設計的掩埋場掩埋。

## 廢棄物減量化

廢棄物減量計畫包括 (Fromm et al., 1986)：

最高階層的組織委員會
財務資源
技術資源
適當的組織、目標和策略

資深管理者是委員會良好運作的主要基礎。組織須促進相關人員參與溝通與回應，通常最好的意見是來自現場操作員。

有些公司會設定廢棄物減量的目標，有些公司則會要求目標設定在廢棄物性質方面的改變。

**廢棄物稽查**　廢棄物減量的第一步驟是建立廢棄物稽查策略，審查步驟如下：

**1.** 辨識廢棄物來源
**2.** 辨識資源的所在
**3.** 建立廢棄物處理的優先順序，做爲廢棄物減量的依據
**4.** 篩選處理方案
**5.** 實行
**6.** 追蹤
**7.** 進步評估

著手廢棄物稽查時，主要遭遇的問題是“爲何會生成這些廢棄物？”在解決這些問題之前，必須先找出廢棄物生成的原因，廢棄物來源稽查是爲了作爲一特定廢棄物減量處理方式選擇或執行目錄的依據。原因了解後，解決方式

的選擇即可做參數化的評估。一個物料和廢棄物的追蹤系統可由質量平衡來建立，以了解有進入多少物料，會生成多少廢棄物。

**例題 10-4** 一個製造公司的污染稽查數據如下，估算每年排放揮發性有機化合物(VOCs)有多少公斤。

採購部門記錄

| 物料 | 採購量 (桶) |
|---|---|
| $CH_2Cl_2$ | 228 |
| $C_2HCL_3$ | 505 |

廢水處理廠進流

| 物料 | 平均濃度 (mg/L) |
|---|---|
| CH2Cl2 | 4.04 |
| C2HCl3 | 3.25 |

(進入廢水處理廠的平均流量為 0.076 $m^3/s$)

危害性廢棄物聯單

| 物料 | 桶 | 濃度 (%) |
|---|---|---|
| CH2Cl2 | 228 | 25 |
| C2HCl3 | 505 | 80 |

歲末未用桶數

| | |
|---|---|
| CH2Cl2 | 8 |
| C2HCl3 | 13 |

**解**：對每個廢棄物其質量平衡圖都相同。

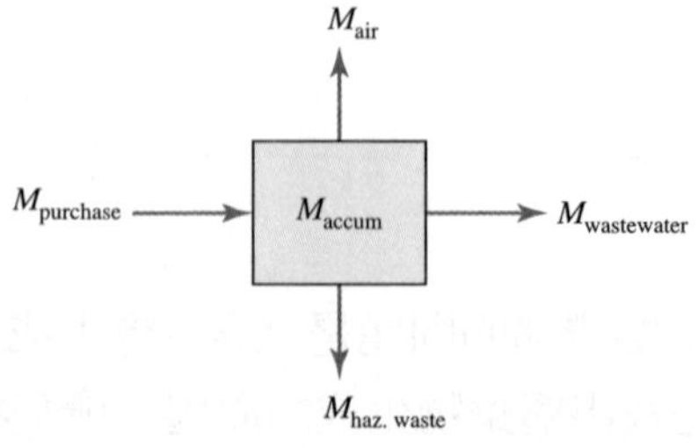

質量平衡式

$$M_{\text{purchase}} = M_{\text{air}} + M_{\text{ww}} + M_{\text{hw}} + M_{\text{accum}}$$

解出 $M_{\text{air}}$ 即可估算 VOC 排放量。

　　首先計算採購量，化合物密度可從附錄 A 查得。

採購量

$$\begin{aligned} M(CH_2Cl_2) &= (228\ \text{桶}/y)(0.12\ m^3/\ \text{桶}\ )(1{,}326\ kg/m^3) \\ &= 36{,}279.36\ kg/y \\ M(C_2HCl_3) &= (505\ \text{桶}\ /y)(0.12\ m^3/\ \text{桶}\ )(1{,}476\ kg/m^3) \\ &= 89{,}445.60\ kg/y \end{aligned}$$

現在計算廢棄水處理廠收到的質量，

$$\begin{aligned} M(CH_2Cl_2) &= (4.04\ g/m^3)(0.076\ m^3/s)(86{,}400)(365)(10^{-3}) \\ &= 9{,}682.81\ kg/y \\ M(C_2HCl_3) &= (3.25)(0.076)(86{,}400)(365)(10^{-3}) \\ &= 7{,}789.39\ kg/y \end{aligned}$$

運送到廢棄物處置場計算如下：

$$\begin{aligned} M(CH_2Cl_2) &= (228)(0.12)(1{,}326)(0.25) = 9{,}069.84\ kg/y \\ M(C_2HCl_3) &= (505)(0.12)(1{,}476)(0.80) = 71{,}556.48\ kg/y \end{aligned}$$

累積量

$$\begin{aligned} M(CH_2Cl_2) &= (8)(0.12)(1{,}326) = 1{,}272.96\ kg/y \\ M(C_2HCL_3) &= (13)(0.12)(1{,}476) = 2{,}302.56\ kg/y \end{aligned}$$

估算每種化合物空氣逸散

$$\begin{aligned} M(CH_2Cl_2) &= 36{,}279.36 - 9{,}682.81 - 9{,}069.84 - 1{,}272.96 \\ &= 16{,}253.75\ \text{or}\ 16{,}000\ kg/y \\ M(C_2HCL_3) &= 89{,}445.60 - 7{,}789.39 - 71{,}556.48 - 2{,}302.56 \\ &= 7{,}797.17\ \text{or}\ 7{,}800\ kg/y \end{aligned}$$

從以上分析，減少空氣污染排放量，該公司應從二氯甲烷著手。我們簡單從採購記錄對算進料有多少桶，從危害性廢棄物聯單計算出料有多少桶，會造成錯誤印象，認爲該公司排放量對環境造成衝擊。從廢棄物減量觀點來看，將送出去處置的危害性廢棄物中，$C_2HCl_3$ 其濃度高達 80%，可視為回收再利用。

---

廢棄物管理前四個稽查步驟依序是減少來源、廢棄物交換、回收利用、處理。

處理方式的選擇是從來源控制開始，來源控制調查需著眼於 (1) 改變進料，(2) 改變製程技術，(3) 改變人們對產品觀點。進料改變可分為三類，純化、取代和稀釋。

進料純化是為了避免惰性物質或不純物進入產品的製程中，以減少廢棄物。例如，電鍍時用去離子水沖洗或以空氣來取代氯氧化反應器生成的二氯乙烯等。

取代就是用低毒性或環境相容的物質來代毒性物質。例如，在冷卻水的抑制劑中，用磷酸鹽來取代重鉻酸鹽，或去油脂清潔劑中，以鹼取代氯化物溶劑。

稀釋是改變進料物質成分濃度的簡單作法，例如稀釋電鍍溶液可以降低物質從一個槽傳至另一個槽。

技術改變是針對物理性機械設備，例如改變製程、設備、管線或改變佈置、改變操作設定、自動化、能源管理、用水管理等。

人們的習慣也會影響產物的製程，此可歸因於 “好的操作經驗” 與 “好的管理”，包括操作程序，預防排放、廢棄物分離和物料處理方式的改進等。

## 廢棄物交換

將多餘或不用的物料轉賣給第三者，可以減少廢棄物產生和成本支出。因為 “某人的垃圾可能成為他人的寶藏”，廢棄物與副產物的差異在於是否需要額外支出的處理或處置成本；有用的副產物，可供銷售。廢棄物交換中心可有效建立不同型式的物料。

## 循環再利用

在 RCRA 和 HSWA 的規範下，環保署已小心地定義回收再利用，避免處理、貯存或處置業者藉回收之名不當的獲利。該定義指出，如果物質是可用、可再利用或再製者即屬可回收**再利用** (recycled)。一個物質是屬於 “可用或可再利用的”，則符合 (1) 其成份可製成產品，(2) 具有特殊功能，可有效取代商業產品。一個物質若屬可**再製的** (reclaimed)，則其為可再製成有用產品或再製產品，例如廢電池鉛和廢溶劑的再製 [40 CFR 261.1(c)(4)](U.S. EPA, 1988a)。

蒸餾程序可以用來再製廢溶劑，其回收率的高低與成份的理論特性如組成沸點和水含量有關，愈稀的廢溶劑其回收經濟價值愈低，回收的溶劑可以再利用或銷售，其利益通常高過回收成本。

有許多技巧可以用來回收金屬電鍍沖洗液。最常用在單一金屬組成廢棄物來源的方式，例如離子交換、電透析、蒸發和逆滲透。

在 1988 年 10 月，聯邦呼籲法院反制環保署未將回收油列爲危害性廢棄物的政策。先前法規所認定的對象包括受 PCB 污染的油、石油工業污泥、鉛質貯槽底部的油類等。在環保署的法規下，主要的油和含油廢棄物不被分類爲危害性廢棄物。這些廢棄物可回收作爲燃料或精煉爲潤滑油。雖然所有廢棄油現在被視爲危害性物質，但仍可回收再利用，只是需要嚴格追蹤。

## ▲ 10-7　處理技術

減量後的廢棄物必須去毒化和中和化，目前已有很多技術可供應用，這些技術部份可應用在製程上，我們在先前的章節已介紹過，包括生物氧化 (第 6 章)、化學沉澱、離子交換和氧化還原法 (第 4 章)、活性碳吸附 (第 7 章)。在此將討論其在廢棄物處理方面的應用，另外也將介紹一些新的技術。

### 生物處理

相對於天然化合物，人造化合物對生物降解有相當的抵抗性。其原因是天然的有機體無法製造必要的酵素來代謝或使其完全礦化。

鹵化物是環境中重要的人造化合物，通常此亦爲其抵抗性較高的原因。有機鹵化物包括農藥、可塑劑、溶劑和三鹵甲烷等。因 DDT、農藥和大量工業用溶劑已造成嚴重的環境問題，氯化物已成爲大家最熟知且研究最多的污染物；因此，氯化物被當作大多數鹵化物的訊息基礎。

鹵化物的抵抗性和鹵原子的位置，鹵化程度有關 (Kobayashi and Rittman, 1982)。生物降解的第一步是脫鹵化，脫鹵化包括許多生物機制。無法簡單歸納其一致性。例如，氧化法最近被認爲是鹵化物脫鹵化的典型方法；厭氧、還原去鹵化、或生物、非生物法，也被認爲是對這類化合物的置換或生物降解的方法之一。需要還原脫鹵化的化合物，通常是含一個碳或兩個碳的脂肪族鹵化物農藥。

還原脫鹵化，包含氧化還原法移去鹵原子。在本質上，這個機制包含有機物質經由微生物或無生命的介質 (如 $Fe^{3+}$ ) 和生物產物 [如 NAD(P)、黃素 (flavin)、黃素朊 (flavoproteins)、血蛋白、樸林 (porphyrin)、葉綠素、谷光甘太 (glutathione)、細胞色素] 的電子轉移。介質是負責從還原的有機物質接受電子，並轉換成鹵化物。程序的主要需求爲有效自由電子和電子提供者、介質及接受者直接接觸。重要的脫氯化還原反應通常發生在環境的氧化還原電位小於 0.35 V 以下，確切值和化合物有關 (Kobayashi and Rittman, 1982)。

雖然簡單的研究可用培養純微生物和單一物質來做評估，但若其不能產生必要的生化反應，就不足以用來預測自然界的生物降解或置換。與環境的作用因子如溶氧、氧化還原電位、溫度、pH，其他化合物、鹽度、特殊物質、生物體競爭、化合物濃度、生物體等，處理程序通常必須控制在有利於生物降解的條件。化合物的物理或化學特性，如溶解度、揮發度、疏水性、辛醇-水分配係數等，亦會對反應的效率有所影響，通常不易溶於水的化合物較不易被生物體有效的分解。但也有例外，如 DDT 只微溶於水，卻可被腐敗樹上的白色桿狀眞菌分解，因其細胞可分泌出神秘的酵素 (Kobayashi and Rittman, 1982)。

如果菌種和不同的生物體會產生許多作用，簡單培養研究同樣不適於用來預測物質在環境中的宿命。首先，在純化培養研究中，物質通常沒有重大的改變，但在多種培養條件下，可被分解成轉換。最好的例子是**共代謝** (cometabolism) 一個化合物。非成長物質，不當作碳源或能量來代謝，但可伴隨其他成長物質化合物一起被轉換成生物體，成長物質提供共代謝的需求。第二，經由生物體置換得到的產物，隨後會被其他不同的生物體破壞，直到化合物可被一般型式的代謝。例如 DDT 只能被一種眞菌降解，其他生物體對 DDT 只能扮演共代謝的角色，大量被置換後的產物，隨後可被其他生物體利用；**氫單胞菌**至多只能分解 DDT 到氯苯氧基醋酸 (PCPA)，但**關節菌**可移除 PCPA (Kobayashi and Rittman, 1982)。

表 10-11 列出可被微生物降解的人造化合物分類。表中指出有相當多的微生物會參與環境中的生物降解作用。使用新奇的微生物來處理人造化合物是一個新觀念。必須先知道其大體的進展，尤其是不同的生物體對特定化合

**表 10-11　可被微生物分解的人造化合物**

| 化合物 | 生物體 |
|---|---|
| 脂肪族 (非鹵化) | |
| 丙烯腈 | 混合培養黴菌、酵母菌、原生菌 |
| 脂肪族 (鹵化) | |
| 三氯乙烷、三氯乙烯、氯甲烷、二氯甲烷 | 海洋菌、土壤菌、下水道污泥 |
| 芳香族化合物 (非鹵化) | |
| 苯，2,6-二硝基苯、甲酚、酚 | 假單胞菌、下水道污泥 |
| 芳香族化合物 (鹵化) | |
| 1,2-；2,3；1,4-二氯苯、六氯苯、三氯苯、五氯酚 | 下水道污泥、土壤微生物 |
| 多環芳香族 (非鹵化) | |
| 苯、苾、萘 | *Cunninghamella elegans* |
| 苯蒽 | 假單胞菌 |
| 多環芳香族 (鹵化) | |
| 多氯聯苯 | 假單胞菌、黃質菌 |
| 四氯聯苯 | 眞菌 |
| 農藥 | |
| 毒殺芬 | 白喉熱原菌 |
| 狄氏劑 | Anacystic nidulans |
| DDT | 土壤菌、下水道污泥 |
| 開噴 | 水塘污泥 |
| 亞硝胺 | |
| 二甲基亞酸胺 | 紅假單胞菌 |
| 酞酸酯 | 球狀菌 |

資料來源：Extracted from Table 1 of Kobayashi and Rittman, 1982.

物促進生物降解的代謝路徑等資訊，才能大規模應用。多種微生物有代謝的可能性，特別是藻類和寡營菌，但目前對其特性的瞭解相當少。反應的限制和對特定應用生物體的選擇相當重要，在眞實的處理系統中，需要有更多的資訊來選擇適當的微生物，特別是新奇微生物體的培養工作。藉由基因操作可發展出不同用途的生物體，但前提必須是瞭解自然界中不同生物體其需要的基因結構。

傳統生物處理程序，如活性污泥和滴濾塔已被用來處理危害性廢棄物。傳統的活性污泥程序，細胞平均滯留時間約爲 4 至 15 天，修正的活性污泥程序，是延長細胞平均滯留時間 (約 3 至 6 個月)。同樣的，滴濾塔的負載也較傳統的操作處理系統低。連續批次反應器 (SBR) 是一個創新且可被業者接受的。連續批次反應器是填滿-汲取的階段性操作，每個反應器中，每個循環有 5 個分離的段落：填滿、反應、沉降、汲取、閒置 (Herzbron et al., 1985)。生物反應器和廢水一樣，開始先填滿水槽，在填滿和反應期間，就像活性污泥一般，需要曝氣。反應後，混合溶液的懸浮固體 (MLSS) 會開始降，在汲取過程中，上層液直接放流。閒置階段是指汲取和填滿時間，可能是零或好幾天的時間，視進流廢水的需求而定，連續批次反應器最大的好處是在放流前可測試廢棄物處理是否完全。

## 化學處理

化學去毒化是可用在處理程序或降低廢棄物運送、焚化和掩埋前危害性的一個處理技術。

值得一提的是化學程序無法讓廢水或污泥中的毒性化學物質消失，只能將其轉換成另一個形式。因此，我們必須確保在化學去毒化後產物，必須比起始物質毒性來得低才行；此外，所使用的反應試劑通常也具有危害性。

化學法包括錯合法、中和法、氧化法、沉澱法和還原法。最佳的方法是快速、處理量大、便宜，且不殘留反應試劑。以下將說明這些技術。

**中和法** 溶液中和是在可接受的 pH 值下，簡單應用質量均衡定理，移除污染物。在鹼性溶液中添加硫酸或鹽酸，苛性鹼 (NaOH) 和消石灰 [$Ca(OH)_2$] 則加在酸性溶液中。雖然危害性廢棄物的 pH 值可能低於 2 或高於 12.5，吾人可以輕易的將 pH 值調至 2 至 12.5 之間，最終的 pH 值通常介於 6 至 8 間。

**氧化法** 氰化物分子可用氧化法來破壞，氯是最常用的氧化劑。氧化法必須在鹼性下直接使用，避免產生氰化氫氣體；因此，這個程序通常稱爲鹼氯化法 (alkaline chlorinating)。在氯氣氧化反應中有兩個步驟：

$$NaCN + 2NaOH + Cl_2 \rightleftharpoons NaCNO + 2NaCl + H_2O \quad \textbf{(10-23)}$$

$$2NaCNO + 5NaOH + 3Cl_2 \rightleftharpoons 6NaCl + CO_2 + N_2 + NaHCO_3 + 2H_2O \quad \textbf{(10-24)}$$

在第一步驟，pH 值必須保持在 10 以上，整個反應進行約數分鐘；反應在較高的 pH 值完成，因爲在低 pH 值下，有可能產生高毒性氰化氫氣體。第二個反應步驟在 pH 值爲 8 時，進行的相當快速 (但沒有第一步來得快)，選擇高一點的 pH 值來處理，反應可以減少後面沉澱步驟所消耗的化學物質。這會增加反應時間，通常第二步不需要完成，因爲 CNO 在目前的法規中視爲無毒性的。

臭氧是常用的氧化劑，臭氧比氯氣有更高的氧化還原電位，故有更大的驅動力來進行氧化作用。使用臭氧時，pH 值考量和使用氯氣時相似，但臭氧無法貯存，必須現場製造。

這些技術可以廣泛用在含有氰化物的廢棄物：銅、鋅和黃銅的電鍍液、氰化鹽類熱浴、鈍態溶液等。這些程序早在 1940 年代時的工業使用已相當熟練。若氰化物濃度過高 (> 1%)，氧化法並不適合。氰化錯合物的金屬，特別是鐵和鎳，不易由氧化法來分解。

**氰化物電解氧化法**可用陰極電解在高溫下進行，其理論基礎是氰化物在適當電位下會和氧氣反應生成二氧化碳和氮氣，反應是在電池附近完成。兩個電極插入溶液中，通入直流電來進行反應，溫度必須保持在 50 至 95°C 的範圍。

這種技術多用在高濃度氰化物溶液、銅、鋅和黃銅的電鍍液、鈍態溶液等，對於高濃度氰化物廢液 (50,000 至 100,000 mg/L) 或低濃度 (低於 500 mg/L) 亦相當有效。

化學氧化法應用在水中有機化合物的處理已有廣泛研究。一般只用在稀溶液，且其成本較生物法高。如濕式氧化、過氧化氫、過錳酸鹽、氯氧化物、氯氣氧化、臭氧氧化。其中濕式氧化和臭氧氧化也可作爲生物程序的前處理。

濕式氧化就是熟知的 Zimmerman 程序，其原理即大多數的有機化合物在充分溫度與壓力下，可被氧氣氧化。濕式氧化法就是在 175 至 325°C 及高壓下 (避免溶液蒸發)，對含有溶解或懸浮有機顆粒的水溶液進行氧化。空氣是以氣泡穿過液體，當氧化反應開始，它通常會有足夠破壞污染物的能量，這種程序的燃料效率相當高。不過限於試劑成本，其操作方式不能廣泛應用於所有化學氧化法。其應用對象主要爲有機化合物，包括一些農藥。雖然濕式氧化法對某些危害性化合物提供可接受程度的破壞，但無法像焚化那麼完全。曾有研究指出，添加金屬鹽類觸媒可以提高破壞效率或使程序在更低溫或低壓的操作條件下進行。

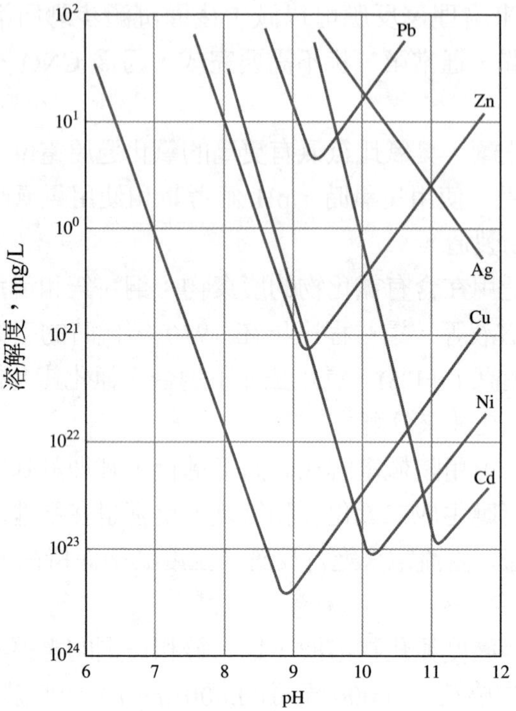


**圖 10-8**　金屬氫氧化物的溶解度對 pH 的關係 (資料來源：U.S. EPA, 1981b)。

**沉澱法**　電鍍沖洗液中重金屬通常用沉澱法加以去除，其原理是利用溶解度積性質 (見 4-1 節)。用生石灰或苛性鈉提高水溶液的 pH 值，重金屬離子的溶解度會降低 (圖 10-8)，且形成金屬氫氧化物沉澱。選擇最適的 pH 值可得到最佳的去除效果，如圖 10-8。雖然每一個重金屬離子有其最適的條件，但在通常的情況下，重金屬是以離子混合物形式存在，故無法讓每一個重金屬溶解量達到最低值。

---

**例題 10-5**　某金屬電鍍工廠設置一套沉澱系統來除去鋅離子。計畫用 pH 值來控制進入貯槽的氫氧化物溶液，試問 pH 值應控制在多少，其放流的鋅離子濃度可低於 0.80 mg/L？$Zn(OH)_2$ 的 $K_{sp}$ 為 $7.68\times10^{-17}$。

**解**：從附錄表 A-9 得知氫氧化鋅的反應是

$$Zn^{2+} + 2OH^- \rightleftharpoons Zn(OH)_2$$

如 4-1 節所示，溶解度積可表爲

$$K_{sp} = [Zn^{2+}][OH^-]^2$$

當鋅離子濃度低於 0.80 mg/L，可以計算出相對於每公升多少莫耳，

$$[Zn^{2+}] = \frac{0.80\ mg/L}{(65.41\ g/mol)(1{,}000\ mg/g)} = 1.223 \times 10^{-5}\ moles/L$$

現在可以解出氫氧根濃度，

$$[OH^-]^2 = \frac{7.68 \times 10^{-17}}{1.223 \times 10^{-5}} = 6.28 \times 10^{-12}$$
$$= (6.28 \times 10^{-12})^{\frac{1}{2}} = 2.51 \times 10^{-6}$$

pOH 是

$$pOH = -\log(2.505 \times 10^{-6}) = 5.60$$

pH 值的設定在

$$pH = 14 - pOH$$
$$= 14 - 5.60 = 8.4$$

---

**還原法**　雖然大多數重金屬可藉氫氧化物快速沉澱，電鍍使用六價鉻必須還原成三價鉻才能沉澱。還原法通常用二氧化硫 ($SO_2$) 或亞硫酸氫鈉 ($NaHSO_3$)。使用 $SO_2$ 的反應是

$$3SO_2 + 2H_2CrO_4 + 3H_2O \rightleftharpoons Cr_2(SO_4)_3 + 5H_2O \qquad \textbf{(10-25)}$$

因反應在低 pH 值下進行較快速，故添加酸控制 pH 值在 2 至 3 之間。

## 物理/化學處理

許多處理程序是用來將危害性廢棄物從水溶液中分離，這些廢棄物並未去毒化，且濃度較高，待做進一步的處理或回收。

**活性碳吸附**　吸附是氣體或化合物在溶液中，藉內分子力 (氫鍵凡得瓦爾作

用) 固定在固體的表面現象質傳程序。活性碳、分子篩、矽膠和活性氧化鋁是最常見的吸附劑，用固定深度的壓力容器固定吸附劑 (見 7-10 節)。若有機物質有商業價值，當吸附位置飽和，通過水蒸汽再生，再將水蒸汽冷凝分離出水中有機部份。若有機化合物無商業價值，活性碳可以直接焚化，或裝載至製造廠再生。活性碳系統用來回收油脂和作爲廢水放流前改善，已商業化超過二十年歷史。

**蒸餾法**　以氣化和冷凝程序，從低揮發性物質中分離出高揮發性物質稱爲蒸餾。當兩種或多種成份的液態混合物到達沸點時，會多出一個氣相。若蒸氣壓和純成份不同時，高蒸氣壓要比低的蒸氣壓在氣相有較高濃度，蒸氣冷凝後，可以得到部份分離結果。分離程度和相對蒸氣壓有關，差異愈大，分離效果愈好。如果差異夠大，單一循環的氣化和冷凝就可將該成份分離；差異不夠大，需要多次循環 (板數)。常用的蒸餾有四種型式：批式蒸餾、分餾 (fractionation)、水蒸汽氣提 (steam stripping) 和薄膜蒸發 (thin film evaporation)。*

批式蒸餾和分餾很早就被用來回收溶劑技術，批式蒸餾是特別用在含有高固體濃度廢棄物。分餾是用在含有多成份需要分離和廢棄物中含有少量懸浮固體。

當有機化合物的揮發性相當高，濃度相當低時，氣提型式可能比較適當。**氣提法**曾經用來除去大量受污染地下水中的低濃度揮發性有機物質。程序的行爲在 7-10 節中討論的逆吸附，空氣和受污染液體通過逆流填充塔揮發物蒸發至空氣，留下淨化後液體。髒空氣必須經過處理，避免空氣污染問題，通常會伴隨進入活性碳管柱，活性碳則直接焚化。氣提法曾被用來去除水中的四氯乙烯、三氯乙烯和甲苯(Gross and TerMaath 1985; U.S. EPA, 1987)。

氣提設備的設計方程式和第 7 章的吸收方程式相同，故不再推導，

---

* 因爲凝結的步驟被省略，嚴格地講，氣提不算是蒸餾程序。氣提應用揮發的一般原理，因此也被包含於此加以討論。

$$Z_T = \frac{L}{A} \frac{\ln\left[\frac{C_1}{C_2} - \frac{\mathrm{LRT}_g}{\mathrm{GH}_c}\left(\frac{C_1}{C_2} - 1\right)\right]}{K_L a\left(1 - \frac{\mathrm{LRT}_g}{\mathrm{GH}_c}\right)} \tag{10-26}$$

其中　$Z_T$ ＝填充塔深度，m

$L$ ＝水流量，$m^3$/min

$A$ ＝塔的橫切面積，$m^2$

$G$ ＝空氣流量，$m^3$/min

$H_c$＝亨利常數，atm・$m^3$/mol

$R$ ＝理想氣體常數＝$8.206\times10^{-5}$ atm・$m^3$/mole・K

$T_g$ ＝空氣溫度，K

$C_1,C_2$＝水中有機物的進流和出流濃度，mol/$m^3$

$K_L$＝所有的質傳係數，mol/min・$m^2$・mol/$m^3$

$a$ ＝每單位質傳體積的有效界面面積，$m^2/m^3$

實際情況下，空氣對水的比例範圍從 5 到數百。因此在實際設計中，$Z_t$ 的安全係數會增加 20%，填充塔中的管柱會稍微大些以足以支持管子的結構 (LaGrega et. al., 2001)。

---

**例題 10-6**　德柯碼 (Tacoma) 市編號 12A 地下井受 1,1,2,2-四氯乙烷污染，其濃度爲 350 $\mu$g/L，如果該水質必須處理至 1.0 $\mu$g/L 以下，請設計一個填充塔氣提管柱，其所需的設計參數如下：

亨利常數＝$5.0\times10^{-4}$ atm・$m^3$/mol

$K_La$＝$10\times10^{-3}$ $s^{-1}$

空氣流率＝13.7 $m^3$/s

液體流率＝0.044 $m^3$/s

溫度＝25°C

管徑不超過 4 m

管柱高度不超過 6 m

**解**：附錄 A 的亨利常數單位爲 kPa・$m^3$/moles，要轉換成 atm・$m^3$/mole，除以標準

條件的大氣壓力，亦即 101.325 kPa/atm。

設計方程式可以解出管柱體積，$Z_T A$

$$Z_T A = (0.044)\frac{\ln\left[\frac{350}{1} - \frac{(0.044)(8.206 \times 10^{-5})(298)}{(13.7)(5.0 \times 10^{-4})}\left(\frac{350}{1} - 1\right)\right]}{10 \times 10^{-3}\left[1 - \frac{(0.044)(8.206 \times 10^{-5})(298)}{(13.7)(5.0 \times 10^{-4})}\right]}$$

$$= (0.044)(6.75 \times 10^2)$$

$$= 29.7\ \text{m}^3$$

只要小於邊界條件直徑 4 m，高度 6 m 的值都是解，即便增加 20% 的安全係數。

| 直徑 (m) | $Z_T$ | 塔高 (m) |
|---|---|---|
| 4.00 | 2.36 | 3 |
| 3.34 | 3.39 | 5 |

對低揮發性或高濃度 (> 100 ppm) 可使用**蒸汽氣提**。其程序安排和氣提相似，除了以蒸汽取代空氣，使用蒸汽可以減少有機物在水相的溶解度和增加蒸氣壓，以加強氣提程序。蒸汽氣提系統已被用來處理含氯烴、二甲苯、丙酮、甲基乙基酮、甲醇和五氯酚等的水性廢棄物，處理濃度範圍從 100 ppm 到 10% (U.S. EPA, 1987)。

蒸發法回收金屬是移除部份電鍍沖洗液的水份，使得到濃度較高溶液，再回流至電鍍槽，冷凝的水蒸汽循環使用，沸騰的速率或蒸發器的工作是設定在能夠平衡電鍍槽內的水量。通常在眞空下進行蒸發，避免添加劑熱裂解及能量需求。

蒸發器有四種型式：漂洗膜蒸發器、使用廢熱的沖洗式蒸發器、潛管式蒸發器和常壓蒸發器。漂洗膜蒸發器是在蒸發器加熱表面覆蓋一層廢水，沖洗式蒸發器也有相同構造，但廢水是在蒸發器連續循環，可在電鍍槽使用廢熱，增加蒸發效率。在潛管式的設計，加熱線圈是浸在廢水中，常壓蒸發器不回收蒸餾物利用，也不在眞空下操作。

**離子交換**　金屬和離子有機化合物可由離子交換回收，離子交換化學在 4-3 節已討論過。在離子交換，含離子的廢水通過樹脂床以去除離子，樹脂可選擇移去陽離子或陰離子。在交換程序中，離子像電荷一樣從樹脂的表面交換

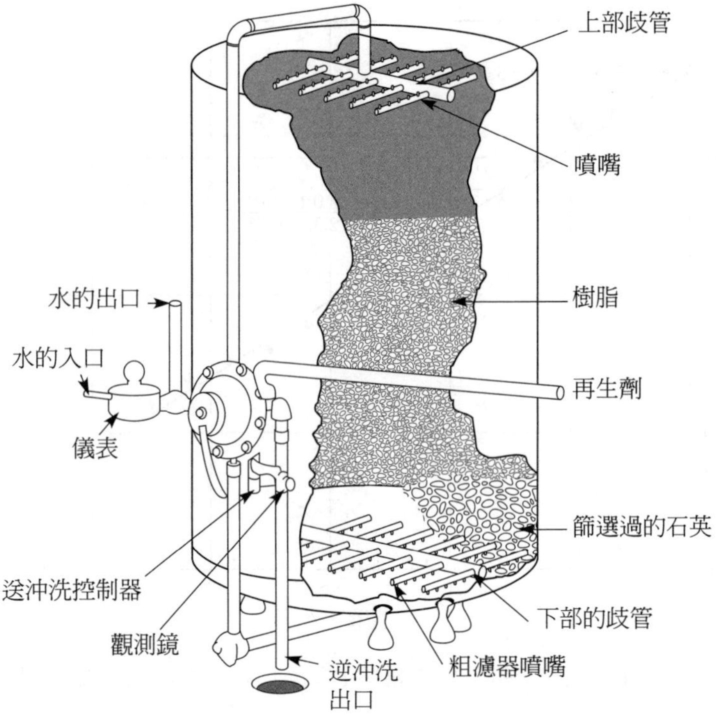


**圖 10-9**　典型的離子交換樹脂管柱 (資料來源：U.S. EPA, 1981a)。

離子後，從溶液中被移除。典型的氫或鈉是用來交換溶液中的陽離子 (金屬)，當交換離子飽和，就必須以含有原來離子氫或鈉的濃溶液逆沖進行再生。將污染物強制從樹脂上移出，其得到高濃度污染物也許可以再利用，典型的離子交換管柱如圖 10-9，需要一個預濾裝置來移除可能惡化管柱水頭的懸浮物質，同時也除去有機物和油。

離子交換適合用低濃度 (< 1000 mg/L) 沖洗液的回收，離子交換已商業化，回收電鍍槽化學物質，銅、鋅、鎳、錫、鈷和鉻等金屬。

離子交換管柱的穿透曲線和吸附管柱 (7-10 節) 相似。湯姆斯 (Thomas) (1948) 提出動力方程式來描述管柱中污染物移除的情形，

$$\ln\left(\frac{C_o}{C} - 1\right) = \frac{(k)(q_o)(M)}{Q} - \frac{(k)(C_o)(\forall)}{Q} \qquad \textbf{(10-27)}$$

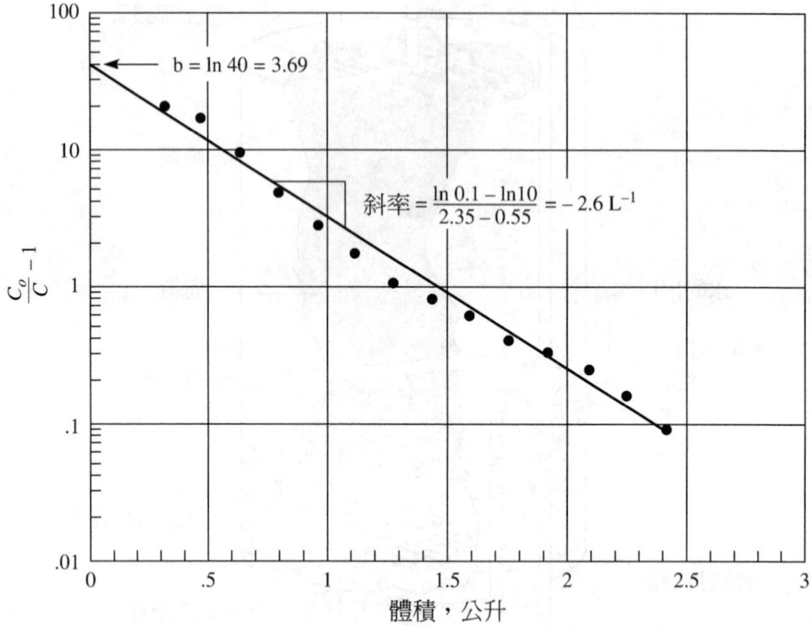


**圖 10-10** 用穿透數據來推估動力常數 (注意：座標為以 $e$ 為底的對數座標)。

其中 $C_o$＝進流溶質濃度，mg/L 或 meq/L

$C$＝出流溶質濃度，mg/L 或 meq/L

$k$＝速率常數，L/d・eq

$q_o$＝固相可交換的最大濃度，eq/kg of resin.

$M$＝樹脂的質量，kg

$\forall$＝溶液流過管柱的體積，L

$Q$＝流率，L/d

這方程式可寫成 $y=mx+b$ 的形式，

其中 $y = \ln\left(\dfrac{C_o}{C} - 1\right)$

$x = \forall$

速率常數和固相可交換的最大濃度可由 $\ln(C_o/C-1)$ 對 $\forall$ 作圖得到，如圖 10-10 所示。

斜率相當於

$$\frac{kC_o}{Q}$$

截距相當於

$$\frac{(k)(q_o)(M)}{Q}$$

數據可從實驗室或試驗工廠的穿透曲線得到，相同的流率可寫成每單位時間有多少床體積，可同時用在試驗研究和實廠大小的管柱。

---

**例題 10-7**　某電鍍沖洗液含鋅 49 mg/L，擬以離子交換管柱處理至放流濃度 2.6 mg/L，實驗室管柱提供穿透數據如 912 頁的表，管柱資料如下：

內徑＝1.0 cm
長度＝10.0 cm
樹脂重 (濕基)＝5.2 g
含水率＝17%
乾樹脂密度＝0.65 g/cm$^3$
液體流率＝7.87 L/d
鋅的起始濃度＝49 mg/L

實場設計要求，

流率＝36,000 L/d
操作時間＝8 h/d
樹脂 5 天再生一次

決定需要多少樹脂？

**解**：實驗室的穿透數據轉換成式 10-27 的型式，如下表。鋅的起始濃度為 49 mg/L，其當量重 (見第 4 章)，

$$\frac{\text{GMW}}{\text{n}} = \frac{65.41 \text{ g/mole}}{2 \text{ eq/mole}} = 32.71 \text{ g/eq 或 mg/meq}$$

將濃度除以當量重，得起始當量濃度，

**穿透數據**

| $\forall$, L | C, mg/L | C, meq/L | $\frac{C_0}{C} - 1$ |
|---|---|---|---|
| 0.32 | 2.25 | 0.06826 | 20.973 |
| 0.48 | 2.74 | 0.08313 | 17.044 |
| 0.64 | 4.56 | 0.13835 | 9.8421 |
| 0.80 | 8.32 | 0.25243 | 4.9423 |
| 0.96 | 12.74 | 0.38653 | 2.8807 |
| 1.12 | 17.70 | 0.53701 | 1.7932 |
| 1.28 | 23.54 | 0.71420 | 1.1003 |
| 1.44 | 27.48 | 0.83374 | 0.7991 |
| 1.60 | 30.58 | 0.92779 | 0.6167 |
| 1.76 | 35.34 | 1.07221 | 0.3990 |
| 1.92 | 37.02 | 1.12317 | 0.3355 |
| 2.08 | 39.38 | 1.19478 | 0.2555 |
| 2.24 | 42.50 | 1.28944 | 0.1632 |
| 2.40 | 45.10 | 1.36833 | 0.0962 |
| 2.56 | 44.10 | 1.33799 | 0.1211 |

$$\frac{49 \text{ mg/L}}{32.71 \text{ mg/meq}} = 1.50 \text{ meq/L}$$

畫成圖 10-10，從圖中得知，

$$k = (\text{slope})\left(\frac{Q}{C_o}\right) = (2.6 \text{ L}^{-1})\left(\frac{7.87 \text{ L/d}}{1.50 \text{ meq/L}}\right)$$
$$= 13.64 \text{ L/d} \cdot \text{meq}$$

和

$$q_o = \frac{(b)(Q)}{(k)(M)} = \frac{(3.69)(7.87 \text{ L/d})}{(13.64 \text{ L/d} \cdot \text{meq})(4.316 \text{ g})}$$
$$= 0.4933 \text{ meq/g}$$

管柱中樹脂的濕基質量爲 $M$，乾基質量爲

$$(5.2 \text{ g})(1 - 0.17) = 4.316 \text{ g}$$

將 $k$、$q_o$ 代入式 (10-27) 可以求出實廠管柱所需樹脂，放流濃度不超過 2.6 mg/L，我們可解出方程式左邊爲：

$$\ln\left(\frac{49}{2.6} - 1\right) = 2.882$$

右邊第一項包含未知數 $M$，可簡化爲：

$$\frac{(13.64\ \text{L/d}\cdot\text{meq})(0.4933\ \text{meq/g})(M)}{36{,}000\ \text{L/d}} = 1.87\times10^{-4}\,(M)$$

若流量爲 36,000 L/d，且 5 天爲一次操作循環，處理體積 ( $\forall$ ) 爲：

$$(36{,}000\ \text{L/d})(5\ \text{d}) = 180{,}000\ \text{L}$$

方程式右邊第二項爲：

$$\frac{(13.64\ \text{L/d}\cdot\text{meq})(1.50\ \text{meq/L})(180{,}000\ \text{L})}{36{,}000\ \text{L/d}} = 102.30$$

左、右兩邊相等，可解出 $M$

$$2.882 = 1.87\times10^{-4}(M) - 102.30$$
$$M = 5.6\times10^{5}\ \text{g or 560 kg}$$

---

在實廠操作，樹脂床不能使用到飽和，否則其溶質濃度會超過放流標準。一般操作，樹脂經過一段時間就必須停止工作，進行再生；若屬複式樹脂床，可採離線再生。

離子交換管柱的直徑從數公分到 6 m，樹脂床深度範圍從 1 至 3 m，床高和直徑比從 1.5：1 至 1：3。管殼的設計要能允許逆沖洗 (再生) 時樹脂的百分百膨脹。管柱通常事先製作完成，再以卡車裝載，管柱高一般不超過 4 m。串聯的管柱最高有可能超過 4 m，最大的管徑通常控制在可通過公路的路橋爲限。

離子交換水流通常是由上往下流，水力負載範圍從 25 至 600 $m^3/d\cdot m^2$，低的水力負載會有較長的接觸時間，亦會有好的交換效率。樹脂床表面就像個過濾器，故採逆流式再生，再生溶液由泵從底部打入管柱內。如同快濾池逆沖洗一樣，再生的水力負載範圍從 60 至 120 $m^3/d\cdot m^2$。

**電透析**　電透析是利用薄膜的選擇性，對等定分子的保留或令其穿透，薄膜上有離子交換樹脂，且背後有合成纖維補強，整個單元的結構是陰離子膜和陽離子膜交互半串連槽內，如圖 10-11 所示。施以電壓使離子可穿透薄膜，陽離子薄膜允許陽離子通過，陰離子薄膜允許陰離子通過。離子通過薄膜會形成兩個水路，一個是沒有離子，另一個是有較高離子濃度。通過電荷正比

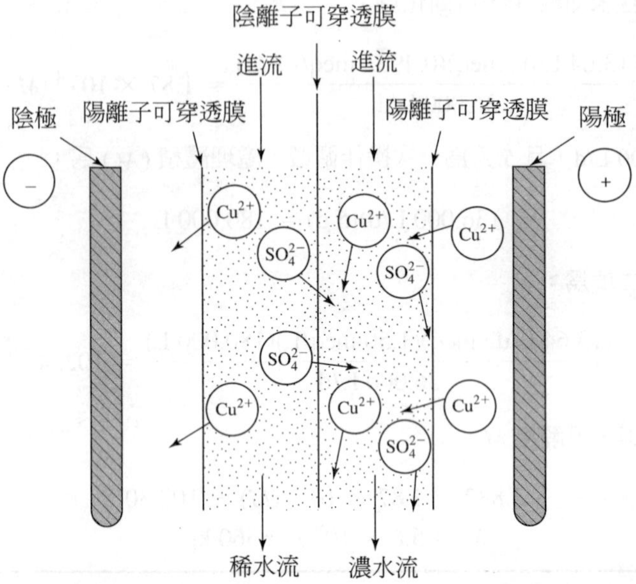


**圖 10-11** 電透析 (進流水的陽離子行為與銅 ($Cu^{2+}$) 相同；陰離子行為與硫酸根 ($SO_4^{2-}$) 相同。在電場的作用下，陽離子交換膜允許陽離子通過；陰離子交換膜允許陰離子通過。)(資料來源：Davis and Masten, 2004)。

於離子物種濃度，因離子遷移正比於電壓，最佳的系統是提供適當能量恰可移去污染物 (圖 10-12)。

電透析使用在飲用製造的商業化已有四十多年，也使用在蔗糖去灰 (de-ashing)、食品去鹽 (desalting)、相片加工廢棄物回收、金屬電鍍沖洗液鎳回收。典型的電透析可將濃度約為 1,000 至 5,000 mg/L 的無機鹽類處理到 100 至 500 mg/L，且其濃縮液鹽類濃度可達 10,000 mg/L。

**逆滲透** 逆滲透定義為低濃度溶劑穿過半透膜。一般而言，溶劑可穿過半透膜，溶質無法穿過半透膜；也可運用加壓，使溶劑穿透膜而減少，如圖 10-13。若壓力超過滲透壓，會產生逆流；運用在金屬廢水中，金屬是溶質，純水是溶劑，純溶劑會於溶液中穿過半透膜至另一邊。

薄膜有多種不同的構造可以使用，使用壓力大小通常介於 1,000 至 5,500 kpa 之間，有些未商業化的高分子膜對 pH、強氧化劑和芳香族碳氫化合物的抗性較佳。

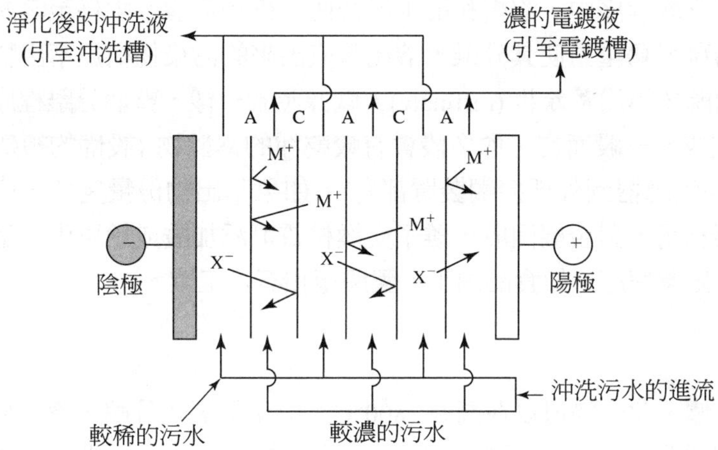


圖例
C ＝陽離子選擇膜
A ＝陰離子選擇膜
$M^+$ ＝陽離子
$X^-$ ＝陰離子

**圖 10-12**　電透析裝置的流動圖。

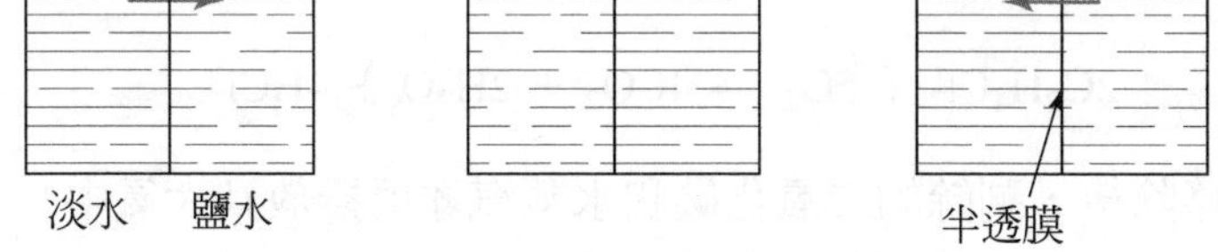


**圖 10-13**　滲透與逆滲透作用。

**溶劑萃取**　溶劑萃取法又稱爲**液體萃取法** (liquid extraction) 或**液-液萃取法** (liquid-liquid extraction)，若污染物對溶劑的溶解度較佳，可用溶劑萃取法將污染物從廢水中萃取出來，污染物將從廢水移到溶劑中。雖然對有機物分離效果相當好，也可用在金屬物的去除，**液體離子交換**即其方法之一。

在溶劑萃取程序中，溶劑和廢水混合使污染物從廢水中移至溶劑，和水不相容的溶劑可藉重力使其分離，溶劑萃取出來的污染物稱爲萃出物，溶劑萃取後的剩餘物稱爲**萃餘物** (raffinate)。就像蒸餾一樣，整個分離程序需要很多段才能完成。一般而言，愈多段會有較乾淨的萃餘物 (設備的複雜度從簡單的混合器/沉降器到外部接觸裝置都有)。如果萃出物份量夠多，可以回收有用物質再利用，對金屬回收，離子交換材質可添加酸或鹼再生。這些程序廣泛應用在工業程序，如食品加工、製藥廠和石化工業。

## 焚化處理

在焚化爐，化合物可以在高溫 (800°C 以上) 下氧化分解，廢棄物或危害性成份可燃燒破壞，有機廢棄物燃燒主要的產物是二氧化碳、水蒸汽和飛灰，也會形成其他產物。

**燃燒的產物**　必須先了解碳、氫、氧、氮、硫、鹵素、磷和水分在廢棄物中的百分比，才能決定燃燒時所需的空氣計量，推估燃燒氣體流量和組成。實際的焚化條件需要過剩的氧氣，生成最大的**完全燃燒產物** (products of complete combustion，POCs) 和最小化的**不完全燃燒產物** (products of incomplete combustion，PICs)。

有機鹵化物的燃燒會導致鹵酸的生成，鹵酸必須進一步的處理才能確保環境對焚化程序空氣排放的接受。有機氯化物是危害廢棄物中最常見是碳氫鹵化物，碳氫鹵化物和過量的空氣一起焚化會生成二氧化碳、水和氯化氫。如二氯乙烷的焚化反應如下 (Wentz, 1989)：

$$2C_2H_4Cl_2 + 5O_2 \rightarrow 4CO_2 + 2H_2O + 4HCl \qquad \textbf{(10-28)}$$

氯化氫要先移除後，剩餘的二氧化碳和水蒸汽才可排放到大氣中。

危害性廢棄物可能含有機或無機硫化物，當這些廢棄物焚化時會產生二氧化硫，如乙硫醇的分解 (破壞) 反應如下：

$$2C_2H_5SH + 9O_2 \rightarrow 4CO_2 + 6H_2O + 2SO_2 \qquad \textbf{(10-29)}$$

含硫化合物焚化生成的二氧化硫必須符合空氣品質標準。

提供過剩空氣以確保燃燒完全，過剩空氣可由經驗來決定。例如，高揮發性未受污染的碳氫廢棄物較高固體含量 (受污染) 碳氫污泥需要更少的過量空氣。污泥和固體燃燒需要 2 至 3 倍計量的過量空氣。亦需避免太多的過量空氣，因其會導致燃燒溫度下降，增加燃料的需要。降低危害性廢棄物的滯留時間，增加空氣排放體積和空氣污染設備操作。

焚化副產物可能來自於不完全燃燒或完全燃燒，不完全燃燒產物包括一氧化碳、碳氧化合物、醛、酮、胺、有機酸、多環芳香烴 (PAHs)。好的焚化爐設計，不會有這些產物。因此，設計不良或負載過重的焚化爐，PICs 就是環境所關心的。例如多氯聯苯在此分解條件下會生成高毒性的氯二聯苯呋喃 (CDBF)；六氯環戊二烯 (HCCPD) 可能分解成更具毒性的六氯苯 (HCB) (Oppelt, 1981)。

焚化時也可能排放出懸浮固體顆粒，包括含礦物組成的廢棄物在燃燒不完全時得到氧化礦物和鹽類等。

燃燒最後得到的是飛灰。飛灰含有金屬和未燃燒的有機物，被視爲危害性廢棄物；若只剩有機物，飛灰可以再燃燒；含金屬的的飛灰必須處理後才能掩埋。

**設計考量**　焚化爐設計和操作最重要因子是燃燒溫度，燃燒氣體滯留時間，廢棄物、空氣與輔助燃料混合效率。

廢棄物 (基本組成) 化學和熱力學性質、淨熱值和其他特殊性質，決定燃燒時間和溫度的需求。淨熱值和其他特殊性質 (如爆炸性) 可能會干擾焚化或需要特別的設計考量。

一般而言，固體比液體或氣體需要高熱值、操作溫度、和高過剩空氣，若沒有輔助燃料助燃，燃燒熱值低於 9.3 MJ/kg，在危害性廢棄物的焚化，通常會摻合其他廢棄物或燃料，使其熱值超過 18.6 MJ/kg (Davis et al., 2000)。

廢棄物摻合焚化，限制氯化物廢棄物含量不超過 30% 重量，以減少燃燒氣體中的氯氣濃度。氯氣和氯化氫具有腐蝕性，特別是氯化氫、易腐蝕 (氧化) 焚化爐內的耐火磚。

焚化爐設計要能對廢棄物的*破壞和去除率* (DRE) 達到 99.99% 以上，通常稱爲 “四個 9 的 DRE”；DRE 有時可能要求到五個 9 或六個 9，即 99.999 和 99.9999。複雜廢棄物的燃燒，只要燃燒時間和溫度控制好，就可達到 99.99% 的 DRE。燃燒條件可由經驗或試誤法求得，經驗上得知含有較高量的鹵化物，其較不易被破壞。

**焚化爐型式**　焚化場的兩個主要技術，液體注入和旋轉式焚化爐，超過 90% 以上的焚化爐使用這兩種技術。其中九成以上是液體進料單元，較少用在焚化爐的流體化床和空氣不足的熱分解系統。

液體注入單元有直式、水平和斜式三種，大多數液體注入焚化爐是將危害性廢棄物以 350 至 700 kPa 的壓力經由霧化噴嘴進入燃燒室。液體焚化爐放出的熱量視焚化爐大小而定，每秒約 300,000 到 9,000 萬焦耳。若廢棄物本身無法提供足夠的熱量自燃，必須添加天然氣或燃料油等輔助燃料。霧化後的液體相當小，其液滴大小約 40 至 100 $\mu$m，在熱空氣中氧化；減少未氧化的液滴和未反應的蒸氣可以提高破壞效率。

滯留時間 (residence time)，溫度和擾流度 (turbulence，通常稱爲 3T) 的最佳化可以提高破壞效率。典型的滯留時間約爲 0.5 至 2 秒。焚化爐溫度範圍通常介於 800 至 1,600°C，高擾流度對有機化合廢棄物可以有好的破壞效率。液體焚化爐的進料方向 (軸向、徑向、斜向)、添加燃料、廢棄物注入噴嘴等的控制，可得到適當操作溫度、擾流度和滯留時間。直立式單元較少有飛灰阻塞，斜式單元會釋出較高的熱量且有較好的混合度。

旋轉爐用在廢棄物處理系統，是因其可適用於固體、液體，以及整櫃的廢棄物。廢棄物在旋轉爐的耐火磚上焚化，如圖 10-14。其外殼有點傾斜於水平面，用循環空氣來混合廢棄物。固體廢棄物和筒狀廢棄物通常以輸送帶系統或抽送機進料，液體或可用泵抽送的污泥由噴嘴注入，不可燃的金屬和其他飛灰在爐底部。

典型旋轉窯直徑約 1.5 至 4 m，長度範圍從 3 至 10 m。旋轉爐長度和直徑比 ($L/D$) 在 2 至 8 之間，旋轉速率從 0.5 至 2.5 cm/s，視爐的周圍而定。高的 $L/D$ 比值，會有較低的轉速，通常用在需要較長的滯留時間，爐進料末端是密閉的，以控制起始焚化反應。

固體廢棄物滯留時間和爐轉速、傾斜角有關。揮發性廢棄物滯留時間是由空氣流速來控制，固體滯留時間可由下式估算出來，其中 0.19 是經驗值。

$$\theta = \frac{0.19\,L}{NDS} \qquad \textbf{(10-30)}$$

其中 $\theta$ ＝滯留時間，min

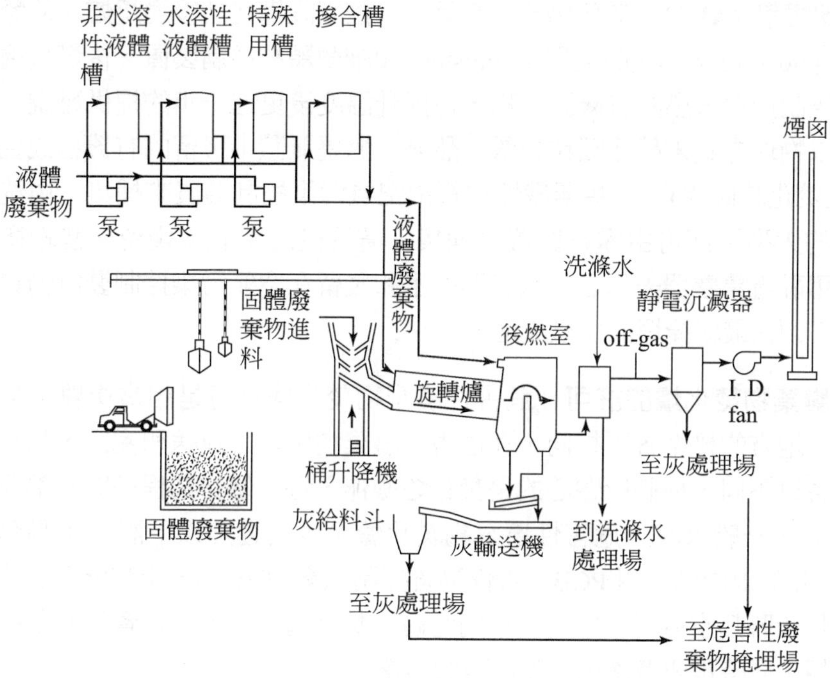


**圖 10-14**　旋轉式焚化爐。

$L$ ＝爐長，m

$N$＝轉速，rev/min

$D$＝爐的直徑，m

$S$ ＝爐的斜度，m/m

典型旋轉爐系統包括二級燃燒室或後燃燒爐 (afterburner)，確保危害性廢棄物完全破壞，窯操作溫度約 800 至 1,600°C，後燃燒爐溫度約 1,000 至 1,600°C。液體廢棄物通常直接注入二級燃燒室，揮發性和可燃性廢棄物離開窯後再進入二級燃燒室，其中必須添加氧氣供利用，和引入高熱值液體廢棄物或燃料。二級燃燒室和窯在開始操作時，需要輔助燃料點火系統。

水泥窯對危害性廢棄物破壞相當有效。長滯留時間和高操作溫度，超過大多數廢棄物的破壞條件。碳氫氯化物生成的氯化氫可以在窯中以生石灰中和之。雖然液體廢棄物使用水泥窯焚化可以節省能源，但民眾的阻力和操作許可取得不易，妨礙該程序的使用。

**空氣污染控制 (APC)** 焚化爐典型空氣污染控制設備包括後燃燒爐、液體洗滌器 (liquid scrubber)、除霧器 (demister) 和細微顆粒控制裝置。後燃燒爐通常用來控制排放未燃的有機副產物，在提升溫度後更進一步的提供燃燒。洗滌器是以物理方式來移除顆粒物質、酸氣、燃燒氣體中殘留的有機物或金屬(無法在焚化時破壞)。一些揮發性物質由空氣污染控制裝置來捕集。由洗滌器運送的大型液滴可由霧氣裝置來捕集。清洗後的空氣會殘留一些細微顆粒，使用靜電集塵器去除之。洗滌器的水和殘留在空氣污染控制裝置仍具危害性，必須在最終掩埋前加以處理。

**危害性廢棄物焚化爐的許可** 危害性廢棄物焚化爐許可是相當複雜，且聯邦、州、地方的標準各不相同，在危害性廢棄物處理、運送和處置，州和地方法規各自不同，他們所關心的是焚化爐操作，每一個作業程序開始都要有操作許可。一般來說，危害性廢棄物焚化爐至少要遵照以下許可：聯邦的 RCRA、州的 RCRA，對 PCB、毒性物質控制法案 (TSCA)，州和聯邦放流水標準、州和聯邦空氣污染控制。不同地區的焚化爐操作或執行資料必須符合環保法規，同時也要考慮民眾和環境的衝擊。

危害性廢棄物焚化爐必須符合三項執行標準 (Theodore and Reynolds, 1987)：

1. **有機危害性成份** (POHC)：任何一個包含在 POHC 的破壞和去除率 (DRE) 定義爲從廢棄物中移除的重量百分率。POHC 執行標準是要求對每個 POHC 的 DRE 在設計上許可要求是 99.99% 以上。DRE 執行標準是要求採樣，並對廢棄物和燃燒試驗後煙囪排放氣體所有 POHC 的檢測 (POHC 稍後有更詳細的描述)。對每一個 POHC 的 DRE 可由進入焚化爐的廢棄物和煙囪氣體做質量平衡*：

$$\text{DRE} = \frac{(W_{\text{in}} - W_{\text{out}})}{W_{\text{in}}} \times 100\% \qquad \textbf{(10-31)}$$

其中 $W_{\text{in}}$＝廢棄物中 POHC 的進料率

*Note that this is not a mass balance around the incinerator. Hazardous waste that ends up in the scrubber water, APC residue, and ash are not counted. Hence, the oxidation can be very poor and the incinerator can still meet the 99.99 percent rule if the scrubber is efficient and/or the waste ends up in the ash. This is one reason that residues are considered hazardous and must be treated before land disposal.

$W_{out}$ ＝POHC 排放到大氣前的排放率

2. **氫氯酸**：焚化爐燃燒危害性廢棄物且煙囪排放氯化氫超過 1.8 kg/h 者，必須對 HCl 作控制使其不高於 1.8 kg/h 或進入污染控制設備前，在煙囪的濃度低於1%。
3. **固體顆粒** (particulate)：煙囪排放的固體顆粒在 7% 的氧含量下，每乾標準立方米 (dscm) 須低於 180 mg 可用修正計算出正確的濃度：

$$P_c = P_m \frac{14}{21 - Y} \tag{10-32}$$

其中　$P_c$ ＝正確固體顆粒的濃度，mg/dscm

$P_m$ ＝測量的固體顆粒濃度，mg/dscm

$Y$ ＝乾煙道氣中氧的百分比

減少固體顆粒濃度，會慢慢地增加煙囪的空氣流量；增加固體顆粒濃度，會慢慢減少煙囪的空氣流量。在這個方法中，並沒有對此做修正，故正在發展出富氧的燃燒系統用來計算固體顆粒濃度，其中氧氣超過大氣 21% 的含氧量。

任意一個廢棄物燃燒設施必須遵守這些標準，在 RCRA 部份的許可應用包括：任意燃燒計畫廢棄物分析、焚化爐工程描述、採樣和監測步驟，測試計畫，控制訊息。若如果環保署決定設計得當，可核發臨時許可，這將使所有人或操作人員對焚化爐做一些燃燒試驗步驟。

臨時許可包括四個操作部份，在第一部份是可以馬上建造的，這個設備是用作辨別機械的可行和做好試燃程序的準備，這部份的許可限制使用 720 個小時。試燃是在第二部份，這是許可程序最關鍵的部份，它證明焚化爐是否符合上述三個執行標準。除此之外，蒐集執行試燃的數據，做為日後許可設施操作條件依據。這些條件包括：(1) 可容許的廢棄物分析步驟，(2) 可容許的廢棄物進料成份，(3) 可接受煙囪一氧化碳的操作限制，(4) 廢棄物進料率，(5) 燃燒溫度，(6) 燃燒氣體流率，(7) 焚化爐設計和操作步驟可容許的誤差 (包括當操作條件被破壞時，開車或停車或任何時間的停止進料)。

在試燃時，確實遵守 POHC 標準；廢棄物的推測，不需要辨識每個 POHC 的 DRE。廢棄物中難以熱分解的 POHC 可以預期其 DRE 會相當低，成爲燃燒時指定的 POHC，環保署允許焚化爐所有人或操作人員在試燃時，對指定的 POHC 採樣分析。

若要處理多種廢棄物，對於不易焚化高濃度的 POHC 要提出試燃。取代的 POHC 被視爲代用品 (surrogate) *POHC*。代用品 POHC 不見得存在一般的廢棄物中，因此將它視爲比 POHC 更難焚化的廢棄物。

第三部份包括試燃和接受結果。在焚化爐特定操作條件下，這部份至少要數週到數個月，燃燒數據需撰寫成報告交管理機構有 (1) 進料廢棄物中 POHC 的定量分析，(2) 排氣中固體顆粒、POHC、氧氣、HCl 等濃度的測定，(3) 洗滌水、殘餘飛灰和其他有關 POHC 的定量分析，(4) POHC 的 DRE 計算，(5) 若 HCl 超過 1.8 kg h，HCl 去除率的計算，(6) 排放固體顆粒計算，(7) 排放源辨識及其控制，(8) 量測溫度和氣體流速的平均、最大、最小值，(9) 排放氣體對 CO 的連續監測，(10) 其他環保署要求的資料。

第四部份在試燃中提供設施標準，亦即持續到許可期間。試燃的結果無法證明是否符合標準，臨時許可必須被修正爲允許第二次試燃。

---

**例題 10-8** 設計用來焚化含有三種 POHC (氯化苯、甲苯和二甲苯) 廢棄物的裝置，在 1000°C 下試燃，廢棄物進料速率和煙囪排放資料如下所示，煙囪的氣體流速是 375.24 cm/min，試問這個設備是否符合標準？

| 化合物 | 入口 (kg/h) | 出口 (kg/h) |
|---|---|---|
| 氯化苯 ($C_6H_5Cl$) | 153 | 0.010 |
| 甲苯 ($C_7H_8$) | 432 | 0.037 |
| 二甲苯 ($C_8H_{10}$) | 435 | 0.070 |
| HCl | — | 1.2 |
| 在 7% 氧氣下的固體顆粒 | — | 3.615 |

出口濃度是在後燃室之後的煙囪測得。

**解**：我們開始計算出每個 POHC 的 DRE。

$$\text{DRE} = \frac{(W_{\text{in}}) - (W_{\text{out}})}{(W_{\text{in}})} \times 100$$

$$\text{DRE}_{\text{氯化苯}} = \frac{153 - 0.010}{153} \times 100 = 99.993\%$$

$$\text{DRE}_{\text{甲苯}} = \frac{432 - 0.037}{432} \times 100 = 99.991\%$$

$$\text{DRE}_{\text{二甲苯}} = \frac{435 - 0.070}{435} \times 100 = 99.984\%$$

對 POHC 設計的 DRE 至少要達到 99.99%，在此，二甲苯無法達到標準，其他都可超過 99.99% 以上。

現在我們來檢視 HCl 排放是否符合標準。HCl 的排放不得超過 1.8 kg/h 或進入污染控制裝置前要低於 1%。明顯的，1.2 kg/h 符合標準，但我們仍將計算進入污染控制設備前排放的質量流率做爲比較，在此我們假設進料氯完全轉化成 HCl，氯化苯的進料速率 $M_{CB}$ 爲

$$M_{CB} = \frac{W_{CB}}{(MW)_{CB}} = \frac{(153\ \text{kg/h})(1{,}000\ \text{g/kg})}{112.5\ \text{g/mole}}$$
$$= 1{,}360\ \text{mole/h}$$

其中　$M_{CB}$ = 氯化苯的莫耳進料速率

$(MW)_{CB}$ = 氯化苯的分子量

每分子的氯化苯有一個氯原子，因此

$$M_{HCl} = M_{CB}$$
$$= 1{,}360\ \text{mole/h}$$
$$W_{HCl} = (\text{GMW of HCl})(\text{mole/h})$$
$$= (36.5\ \text{g/mole})(1{,}360\ \text{mole/h})$$
$$= 49{,}640\ \text{g/h or } 49.64\ \text{kg/h}$$

這是污染控制前 HCl 的排放，1.2 kg/h 大於未經污染控制的排放量，

$$1\%\ \text{的未經污染控制量} = (0.01)(49.64)$$
$$= 0.4964\ \text{kg/h}$$

無論如何，HCl 的排放低於 1.8 kg/h，故焚化爐通過 HCl 限制。在 7% 氧氣下，量測固體顆粒濃度，出口固體顆粒爲：

$$W_{out} = \frac{(3.615 \text{ kg/h})(10^6 \text{ mg/kg})}{(375.24 \text{ dscm/min})(60 \text{ min/h})}$$
$$= 160 \text{ mg/dscm}$$

低於 180 mg/dscm，符合固體顆粒標準，由於二甲苯的 DRE 不符合標準，故這個裝置不合標準。

---

**多氯聯苯法規** PCB 的焚化被列在較 RCRA 更嚴苛的 TSCA，因此有些 PCB 焚化的許可條件和 RCRA 不同。

對液態 PCB 的焚化條件說法如下 (Wentz, 1989)：

1. **時間和溫度** (Time and temperature)：這兩個條件都要符合。PCB 在 1200°C ±100°C，煙囪氣體含有 3% 過剩的氧氣下，其滯留時間為 2 秒；或 1600 ±100°C，煙囪氣體含有 2% 的過剩氧氣下，其滯留時間為 1.5 秒。

   環保署認為在此條件下，PCB 的 DRE 會大於 99.9999%。
2. **燃燒效率** (combustion efficiency)：燃燒效率至少要 99.99% 以上，可由下式計算求得

$$\text{燃燒效率} = \frac{C_{co_2}}{C_{co_2} + C_{co}} \times 100\% \qquad \textbf{(10-33)}$$

   其中 $C_{co_2}$ ＝二氧化碳在煙囪氣體的濃度

   $C_{co}$ ＝一氧化碳在煙囪氣體的濃度

3. **監視和控制** (monitoring and control)：除許可限制外，焚化爐所有人和操作人員需監控影響執行變數，進入燃燒系統的 PCB，其速率和量都必須在規定不超過十五分鐘內記錄一次。在焚化過程，溫度必須連續監測和記錄，洗滌器必須使用可除去 HCl。如果溫度低於 1200 或 1600°C、監視系統不正常、測量和記錄 PCB、速率或總量的設備不正常、過剩氧氣低於特定濃度，PCB 必須自動停止進料。

   除此之外，試燃時排放必須監視：

   氧氣 ($O_2$)

一氧化碳 (CO)
氮氧化物 ($NO_x$)
氯化氫 (HCl)
總有機氯
PCB
總固體顆粒

使用在焚化非液態的 PCB、PCB 物品、PCB 設備、或 PCB 容器等的焚化爐，在每公斤的 PCB進料中，其空氣排放出的 PCB 不得高於 0.001 g，即 DRE 高於 99.9999%。

## 安定化/固化

有些廢棄物因其基本組成含有無法被破壞或以物理化學方法等去毒化，如鎳。因此，當它們從溶液中被分離出來，並濃縮在飛灰或污泥中，這種危害性成份必須被黏著在穩定的化合物中，才能符合 LDR 的瀝取限制。

這種處理技術的術語在近十幾年才被發展出來，早在 1980 年代中，“化學固化” (chemical fixation)、“封裝” (encapsulation) 和 “黏著” (binding) 較常被用作替代固化和安定化。公佈 LDR 限制後，環保署對固化/安定化建立更多明確的定義並阻止 (禁止) 使用其他名稱來描述這項技術 (U.S. EPA, 1988b)。環保署連結固化和安定化是因為其處理的結果必須是安定和固體的，安定化是指廢棄物可以通過**毒性溶出試驗** (Toxicity Characterictic Leaching Procedure，TCLP)，在環保署的定義，固化/安定化是以化學程序處理降低危害性成份的移動性 (55 FR 26986, JUN 29, 1990)。

TCLP 是以水或弱酸對廢棄物做瀝出試驗，降低危害性廢棄物的瀝出性，是使其生成晶格結構或化學鍵，將危害性成份黏合在一起，固化/安定化程度有兩個方法：以水泥或生石灰為基材。以石灰或水泥混合飛灰、污泥或水，生成固體。其混合比例要以試誤法求得。上述兩種方法也可用安定劑來改善，如二氧化矽。一般而言，這些技術是用在含有重金屬污染的廢棄物或沒有有機物油脂污染的廢棄物。

## ▲10-8　土地處置

### 深井注入

深井注入是將廢棄物泵入無安全顧慮的地層，在路易斯安那州和德州已施行多年。在 LDR 限制的最後三項 (55 FR 22530, 1 JUN 1990)，環保署允許第一類 (Class I) 廢棄物以深井做處置。

### 土地處理

土地處理有時也稱作“土地農場” (land farming)，實際上，廢棄物與土壤混合後，可當作土壤的肥料或施肥。土壤中微生物也可分解廢棄物中有機物。若在 LDR 限制下，則是禁止使用的。

### 安全掩埋

雖然與理想有些差距，用土地來做危害性廢棄物處置，在未來是可預知的。且焚化爐飛灰、洗滌器底部、生物、物理和化學處理，都是會殘留約 20% 的原始質量，在這情況下，安全掩埋就是唯一的方法。

危害性廢棄物掩埋問題是水的移動，可能將原來的　積帶離處置場。溶解性污染物會流動至其他土壤層，尤其是含水土層，地下水污染問題通常會導致井水和表面靜流水體污染。在一些例子，井水受危害性廢棄物掩埋污染，通常要數年後才會知道。主要是地下水流動較慢所致。對某些化學物種，土壤吸附會使污染物柱流 (plume) 的移動減緩下來 (Wood et al., 1984)。

危害性廢棄物設施會以不同的方法導致水體污染。從掩埋場瀝取出來的水，可能會從掩埋場旁流到表面的水體，也可能慢慢的滲漏到非飽和區，進入土層中。收集塘 (holding pond) 或貯槽底部破裂也會導致污染物往下遷移而污染水體。有時這些污染物會受到地質影響而妨礙其遷移，如黏土層。

若無法改善制度，這些廢棄物將持續扮演污染源角色。這些廢棄物會持續以滲透沉澱方式在表面下流動。因此，一般會建議危害性廢棄物場設在有天然屏障或在底部鋪一層襯裡。此外，掩埋場的土層必須做連續監測。如果可以預期瀝出物的產生，就必須有個收集系統來處理瀝出物。

安全土地掩埋的技術可分為兩部份：場址 (siting) 和結構 (construction)。

以下的討論是取自 E. F. Wood et al. (1984)。

**土地掩埋場址**　危害性廢棄物掩埋場址考慮四個因素，空氣品質、地下水質、表面水質、地面空氣和瀝取物的遷移。從社會觀點來看，至少有三項是掩埋場必須考量的因子。

在空氣品質方面，必須考慮危害性廢棄物產生的揮發性氣體、氣移的移動性和風向所產生的負面效應。在地質水文方面可分為三個主要部份：地質學、水文學和氣候。地質的床岩決定表面地形架構和掩埋場原來構造。

土壤定義是指風化岩石，覆蓋在未風化的岩塊上。地下水和表面水供應可能被污染，靠近掩埋場的供水和天然物質會影響污染物移動性，地層形成的地形和水力直接影響表面和地下水流。天候也是污染物移動驅動力之一，如果是同一地區的掩埋場，其天候相近，則可排除天候差異。

岩石結構對地震風險區，滲漏破和裂相當重要。地震風險區顯示地質斷層和破裂的存在。斷層和破裂提供污染物天然的流動途徑，即使是對低滲透性和低孔性岩石。

**輸送能力** (transport capacity) 是指土壤允許污染物移動的能力。低滲透性和低孔性土壤可以延緩污染物的移動，對污染物形成天然屏障。冰河沖積平原和三角洲是砂石地，滲透性相當高。因此滲透污染物移動快速；黏土 (clay) 和淤泥 (silt) 的滲透性低，可阻礙污染物的移動。

大部份污染物的移動速率與水相同甚至比水更慢些，水與污染物的相對移動速度與其特性有關。舉例來說，不易溶解於水的有機污染物相對於可溶解於水的有機污染物，其移動能力較易被土壤**延緩**。水的酸鹼值 (pH) 也會影響移動。如在低 pH 下 (且缺乏氧氣)，鐵主要將以易溶性的亞鐵離子 ($Fe^{2+}$) 存在；若 pH 值高時 (> 6) 且有氧氣存在的情況下，將會以難溶解的鐵離子 ($Fe^{3+}$) 形式存在，鐵離子會沉澱，且不隨地下水移動。化合物被延遲的程度可以**延遲係數**來定義：

$$R = \frac{v'_{\text{water}}}{v'_{\text{contaminant}}} \tag{10-34}$$

其中　$v'_{\text{water}}$ ＝水的線性速度

$v'_{\text{contaminant}}$ ＝污染物的線性速度

**表 10-12　典型地下水污染物的延遲係數** [a]

| 化合物 | 土壤 A[b] | 土壤 B[b] | 土壤 C[b] |
|---|---|---|---|
| 苯 | 1.2 | 1.7 | 5.3 |
| 甲苯 | 1.7 | 3.6 | 17.0 |
| 苯胺 | 1.1 | 1.2 | 2.2 |
| 鄰苯二甲酸二辛酯 | 5.6 | 19.0 | 110.0 |
| 氟 | 23.0 | 86.0 | 500.0 |
| 戊烷 | 7.0 | 24.0 | 140.0 |

[a] $K_{oc}$ 計算的資料與公式取材自 Schwarzenback et al., 1993。
[b] 土壤 A: $\rho_b = 1.4 g/cm^3$; $\eta = 0.40$；$f_{oc} = 0.002$；土壤 B: $\rho_b = 1.6 g/cm^3$；$\eta = 0.30$；$f_{oc} = 0.005$；土壤 C: $\rho_b = 1.75 g/cm^3$；$\eta = 0.55$；$f_{oc} = 0.05$.

延遲係數與特定土壤中的污染物之疏水性有關。對於中性有機污染物來說，$R$ 被定義為：

$$R = 1 + \left(\frac{\rho_b}{\eta}\right) K_{oc} f_{oc} \tag{10-35}$$

其中　$\rho_b$ ＝固體容積密度

$\eta$ ＝多孔性粒子分率

$K_{oc}$ ＝進入土壤中有機碳部份的分配係數

$f_{oc}$ ＝土壤中有機碳的分率

一些典型地下水污染物的延遲係數如表 10-12 所示。

---

**例題 10-9**　違法燃燒一內含甲苯的桶子，滲漏到非受壓的飲用水層，住家則在離滲漏處 60 公尺遠的下坡度處設了一水井。若此地為 C 型土壤且含水層內的線性速度為 $4.7 \times 10^{-6}$ m/s，要經過幾天之後甲苯才會到達水井處？

**解**：利用表 10-12 的 $R$ 值，計算污染物的線性速度為：

$$v'_{\text{contaminant}} = \frac{v'_{\text{water}}}{R}$$

$$= \frac{4.7 \times 10^{-6} \text{ m/s}}{17.0} = 2.76 \times 10^{-7} \text{ m/s}$$

漫遊時間則為

$$\frac{\text{Distance}}{v'_{\text{contaminant}}} = \left(\frac{60\text{ m}}{2.76 \times 10^{-7}\text{ m/s}}\right)\left(\frac{1}{86{,}400\text{ s/d}}\right)\left(\frac{1}{365\text{ d/y}}\right) = 6.88$$

我們可以指出兩個重點: (1) 此題將非常複雜的問題過份簡化後得到答案；但實際上，可能會得到非常不同的答案。(2) 在本題中並未提到甲苯的濃度，實際的傳遞時間可能會隨著水井抽取速度的大小、沉澱物質、及其他未確定的水力地質參數而變化。濃度也與釋放出的甲苯量、稀釋的水量、甲苯在水中的溶解度與土壤中其他未知的反應有關。

---

**吸著能力** (sorption capacity) 和有機成份、礦物質、pH、土壤有關，吸著包括污染物吸附 (adsorption) 和吸收 (absorption)，吸著對重金屬、磷和有機化合物的移動相當重要。**陽離子交換能力** (cation exchange capacity，CEC) 是指廢棄物和土壤陽離子的交換能力，較高的 CRC 土壤，可以保留住更多的金屬。土壤延緩污染物移動能力也和大多數氫氧化物，特別是鐵氧化物，或磷酸鹽、碳酸鹽有關。重金屬在溶液沉澱的化合物，會使其無法再移動。

土壤氫離子濃度 (pH) 會影響重金屬去除機制。在去除的機制中，pH < 5 時，金屬陽離子是可交換或吸附的；pH > 6 時，它會沉澱下來。

掩埋場水力考量包括地下水的距離、水力梯度、井水和表面水附近。

當表面水到地下水的距離很短時，污染物漫遊時間也減短。我們期望到地下水的平均距離大到足以使污染物在進入地下水之前就已衰減。設施也要監測，如有必要，也要負起復育的工作。

水力梯度是地下水離開的坡度，水力梯度愈大，水的移動愈快，適度水力梯度較能被接受。

掩埋場到水井和表面水距離要夠長，以免供水受掩埋場滲漏污染。表面水必須考慮洪水時可能破壞地面設施結構，設備在設計上必須要有防洪計畫，保證 100 年內不受洪水破壞。

氣候也是污染物移動所考慮的因素之一，但在同區域內的氣候並不會有明顯的變化，因此我們在考慮可能的場址時，幾乎都排除此條件。

**掩埋場結構**　一個安全掩埋場是指沒有瀝取物或污染物從掩埋場漏出或造成負面效應。操作期間或操作後不允許掩埋場滲漏，或內、外部積水，或可能在洪水期間被沖走。

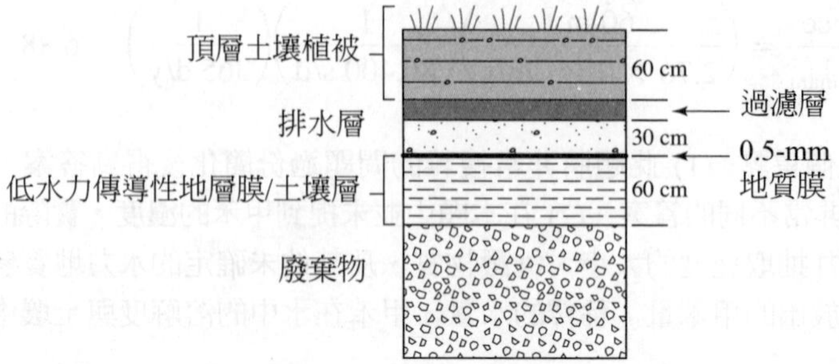


(a) 覆蓋

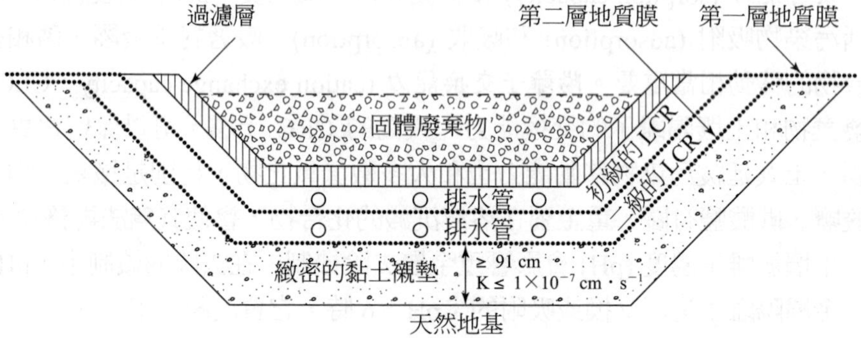


(b) 襯墊
(not to scale)

**圖 10-15**　掩理襯底，設計與覆蓋技術的介紹 (資料來源：U.S. EPA, 1989b and 1991)。

對危害性廢棄物而言，幾乎不可能有一種完全不滲透的掩埋場，掩埋場設計和操作是使廢棄物從掩埋場移出的量達到最小化。環保署法規 (40 CFR 264.300) 對危害性廢棄掩埋要求最小化有 (1) 二層或更多層襯裡，(2) 在襯裡上的瀝出物要有收集系統，(3) 對收集 25 年內暴風雨 24 小時的 surface run on 和表面逕流，(4) 監測與 (5) 加 “蓋” (cap)，如圖 10-15。

襯裡系統包括 (57 FR 3462, 29 JAN 1992)：

**1.** 頂層襯裡設計和材質結構，預防在使用時或封閉後移動性危害性成份進入襯裡之中。

**2.** 底部襯裡至少要有兩層以上，上層是預防移動性危害成份在使用時或封閉後，進入襯裡；下層是避免上層破裂後，將移動性的危害物降至最小。下

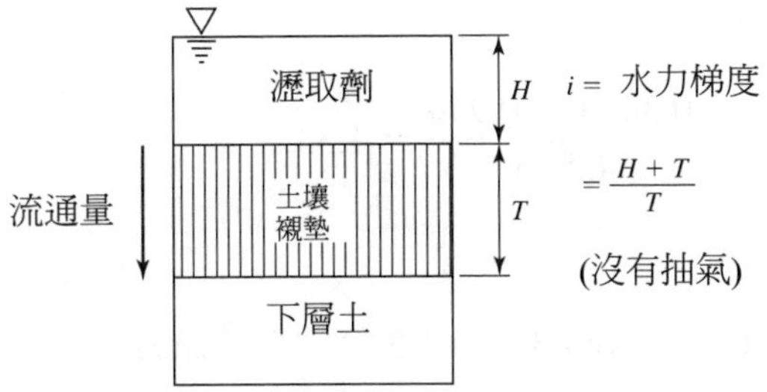


**圖 10-16**　掩埋場襯墊水力梯度的定義。

層是由 91 cm 以上的緻密土壤建構而成的，水力穿透度底於 $1\times10^{-7}$ cm/s。

在襯裡的上方必須設計瀝出物收集和去除系統，故在襯裡上的瀝取深度不超過 30 cm。在頂層和底層襯裡中也要有滲漏的偵測系統，其瀝出物收集系統必須最小化：

**1.** 建構成 1% 的坡度或更多；
**2.** 用顆粒材質建構成的排水系統，其水力傳導超過 $1\times10^{-2}$ cm/s 或厚度超過 30 cm；或排水材質的穿透度大於 $3\times10^{-5}$ m²/s；
**3.** 強度要夠，避免發生崩塌或阻塞。

瀝出物收集系統設計方程式和都市掩埋場相同 (9-4 節)。瀝出物收集系統包括泵要夠大，才能移除液體，避免瀝出物逆流到排水層，瀝出物必須處理到放流水標準，方可排放至都市廢水系統。

瀝出量可用達西定律 (式 3-22) 來估算。襯裡水力梯度定義如圖 10-16。污染物在土層漫遊時間可以流經 (T) 的線性長度除以滲出速度做估算 (式 3-26)。

---

**例題 10-10**　瀝出物在黏土層 30 cm 處，黏土的孔隙度是 55%，試問瀝出物穿透 0.9 cm 所需的時間。

**解**：達西速度可用式 3-22 求得

$$v = K\left(\frac{dh}{dr}\right)$$

水力梯度 $(dh/dr)$ 定義如圖 10-16：

$$\frac{dh}{dr}=\frac{0.30\ \text{m}+0.9\ \text{m}}{0.9\ \text{m}}=1.33$$

達西速度是

$$v=(1\times10^{-7}\ \text{cm/s})(1.33)=1.33\times10^{-7}\ \text{cm/s}$$

從式 3-27，滲出速度是

$$v'=\frac{K(dh/dr)}{\eta}=\frac{1.33\times10^{-7}\ \text{cm/s}}{0.55}=2.42\times10^{-7}\ \text{cm/s}$$

漫遊時間是

$$t=\frac{T}{v'}=\frac{(0.9\ \text{m})(100\ \text{cm/m})}{2.42\times10^{-7}\ \text{cm/s}}=3.71\times10^{8}\ \text{s}\ \text{或約 12 年}$$

---

掩埋場操作人員必須詳細記錄位置和大小，記錄必須包含每一個掩埋場附近危害性廢棄物的種類。

地下水監測是爲了確保地下水不受污染，如果發生污染，可以及早發出警訊與對策。另外要有足夠的監測井才能描述背景 (上游) 和下游的水質。一般地下水質，特別是用作飲用水源，必須符合環保署初級飲用水標準。使用時或關閉期間，每週必須計算掩埋坑的流量，封閉後則每月計算一次，如果滲漏到地下水，掩埋場操作人員必須提出評估計畫，並提出如何復育。

## ▲10-9 地下水污染和復育

### 污染過程

危害性廢棄物掩埋後，理所當然會成爲地下水污染源，其他污染源包括市鎮掩埋場、腐爛貯槽、農礦活動、惡意棄置和貯槽滲漏等。據估計，已有超過 35,000 個地下貯槽滲漏 (U.S. EPA, 2004a)。

在所有例子中，造成地下水污染和地質及水力條件有關，以下將對一般考量做描述。但所有條件不見得在每個地方遇得到。

化學物質滲漏穿過不同水力層和土層到達地下水系統，在土層不飽和區空洞，同時有水和空氣。在該區的流體層因重力之故往下流，在不飽和區上層是污染物衰退的重要地方，有些化合物會被吸附在土壤的活性位置，有些則在被其空洞所捕捉，這些被吸附或捕捉的化合可能經由氧化、還原、水合或微生物分解；或沒有被分解的會形成土壤顆粒的一部份。經過長時間吸著和捕捉，污染物就可被移除 (Wentz, 1989)。

在飽和層上方是毛細層，土壤可進行毛細作用，使土壤飽和。在該區，比水輕的化合物會 "浮" 在水面上方，且朝不同方向移動。水面下所有土壤顆粒間孔洞都會飽和，即飽和區是缺氧的，導致化合氧化作用的限制。

地下水流是屬於層流，對地下水的混合影響不大。溶解性化合物會隨地下水流動形成柱流 (plume)，柱流的形狀、大小和地質水文、地下水流、污染物特性、地球化學有關。溶解度、吸附特性和降解性會影響柱流移動性。微溶或不溶的化合物，如汽油等，會在地下水流上方，如圖 5-19。溶解性污染物會溶在地下水流中，如圖 5-18。密度比水大且不溶於水的污染物會淤積在地下水層底部，如圖 5-20。**揮發性有機化合物** (VOC) 在地下水移動性相當好，多價金屬污染物會吸附在黏土上，移動性差。

## 美國環保署地下水復育程序

美國聯邦對受污染位置的清理計畫步驟順序，如圖 10-17，隨後將討論

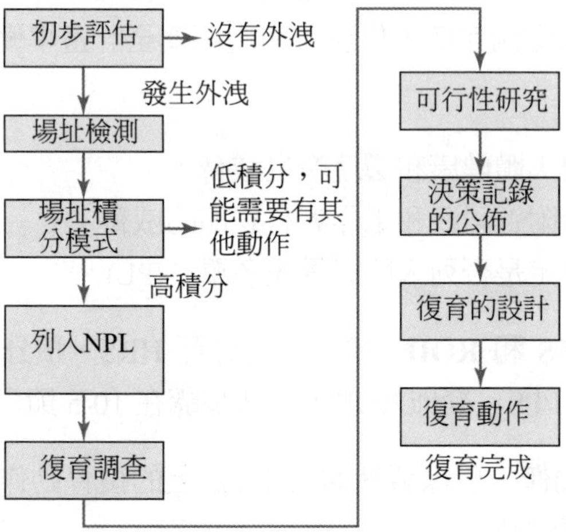


**圖 10-17**　超級基金清理程序。

每個步驟的細節。

**初步評估**　美國環保署在執行上比較困難的是如何辨識危害性廢棄位置。一開始可從不同的來源獲知訊息，包括當地市民、警察、州環境機構、處置場所有者，或一些相關特殊工業。

美國環保署發展出一種清單系統，稱爲環境損害貼償責任資訊系統 (CERCLIS)，對美國各地受污染場址可能成爲復育對象。辨識場址的資訊成爲持續性計畫。在未來是可預見 CERCLIS 場址的成長率，會急遽增加，截至 2005 年 9 月，就有 12,031 個場址，這份名單還不包括估計有 130,000 個滲漏的地下儲槽 (U.S. EPA, 2004a and 2005b)。

*初步評估* (preliminary assessment，PA) 是對一個場址受污染辨識的第一步，在 PA 初步觀察判斷是否有污染物外漏到環境中，可能對附近的居民、工作者產生立即的危險，和是否有檢測必要。採樣作爲環境分析通常不在 PA 這道程序，在初步評估後，環保署或指定的州政府機構決定是否需要即刻執行清除的動作。在初步評估後，環保署將場址分爲三類：

**1.** 對人們沒有健康威脅的場址，毋須更進一步動作。
**2.** 需要更多訊息來完成初步評估。
**3.** 場址需要檢測。

**場址檢測**　場址檢測需要採樣來決定危害性物質是否存在且辨識污染和移動範圍。確實的場址檢測包括工作計畫和現場安全計畫準備。場址評估有二個目標：

**1.** 判斷外洩是否對人體健康和環境產生威脅；
**2.** 判斷外洩是否對附近居民和工作者有立即的威脅；
**3.** 收集數據用來決定是否列入國家優先名單 (NPL)。

**HRS、NPL、RI/FS 和 ROD**　接下來是計算 HRS，積分夠高會包括在 NPL 內；conduct of a RI/FS；發佈 ROD，這些步驟在 10-5 節已詳盡的討論。

**復育設計和復育動作**　環保署補助在 NPL 上的復育動作，這個排序讓超級基金使用本益最高的地方。

在復育 (動作) 之前，有一堆的問題等待回答，分類爲問題的定義、替代設計和政策。

1. 問題定義：何種污染物和有多少污染物存在？污染問題有多大？受污染地下水柱流的大小？柱流正確位置和移動方向？
2. 設計：在有替代設計可用，何者是場址清理的最佳方法？替代設計補充？處理時會有哪些產物？完全復育需要多少的時間和花費？
3. 政策：清理標準？即清理到何種程度才算乾淨？

前兩個答案需要科學和工程背景，即對污染場址要廣泛採樣來支持，最後一個問題無法客觀的回答，相當主觀，且往往是政治問題。

NCP 定出牽涉到危害性物質的三種應答。**移除**和**復育**是不同的，移除是指用物理方式改變廢棄物的位置，通常是用掩埋法；復育是指廢棄物要被處理成低毒性、低移動性或減少場址污染物更進一步的排放。三種應答形式如下：

1. **立即移除** (immediate removal)，是避免對人體健康或環境立刻產生傷害的立即反應。立即移除要在六個月內完成。
2. **計畫性移除** (planned removal)，是加快移除，毋須緊急應答，但同樣是在六個月內完成。
3. **復育應答** (remedial response)，是針對特別的問題做永久性的補救。

立即移除是避免因危害性物質而發生的緊急事故，包括火災、爆炸而導致人體接觸到危害性物質；危害性物質曝露在人體、動物、食物鏈，或污染食用水源。立即移除包括危害性場址清理、保護人們生命和健康、控制危害性物質外洩，或降低對環境損害可能性。例如，卡車、火車或船運的溢漏，由環保署要求溢漏者負責清理工作。

立即移除應答，包括採樣和分析、外洩控制、從場址移除危害性物質、預備供水、設置安全柵欄、撤出居民、制止危害性污染物延伸。

計畫性移除包括危害性場址不再發生一些緊急事故。在超級基金下，如果可以減少損失、降低風險，或就長期來看，能夠有效解決問題，則環保署開始計畫性移除；如果負責單位不了解或無法適時做出應答，計畫性移除就由環保署來完成，各州也樂意負擔 10% 以上的移除成本來清理受污染場址。

## 減緩及處理

因爲污染物的漫延通常限於柱塞流，地下水層只有局部地區需要被復原。因此地下水層污染物的清理往往很麻煩、耗時，且高成本。可以去除原始污染源，但地下水完全復原會衍生出其他的問題，包括如何定出場址下土壤與地理組成條件、污染源位置、污染途徑、污染物延伸和濃度、有效復育和程序的選擇與實行 (Griffin, 1988)。

清理受污染地下水層的方法範圍包括從阻絕到破壞污染物，因爲長期下來，阻絕無法徹底解決問題，破壞污染物結構才是清理計畫所希望達成的目標。改善的方法案例包含 (LaGrega et al., 2001)：

- 設置泵井移除受到污染的水，並利用 10-7 節提到的任一項技術處理 (稱爲**抽取與處理**)
- 將空氣引入
- 抽出土壤蒸氣
- 反應性處理牆 (稱爲**可滲透性反應屏障**)，允許受污染柱流通過反應性的化合物或已與水土相服的生物質。

在接下來的段落，我們將討論這些系統的第一項，其他的系統細節在 LaGrega et al. (2001)中已有詳細討論。

當然，屏障與處理合併的方法應列入考量。污染源控制 (移除或改善污染源)、物理控制及處理方法，都是減少地下水污染問題的方法，而法規蘊涵可能也指出可適用的之策略 (Griffin, 1988)。

**抽取與處理**　抽取與處理系統的目標包括了污染柱塞流的水力封鎖與去除地下水中的污染物質。抽取與處理復育的水井系統設計，爲第 3 章所述的水井水力學的應用。

抽取井的**截留區**是指會流動至抽取井的地下水部份，由於地下水流線會被抽取井所影響 (圖 10-18)，截留區不一定是圓錐凹型 (3-5 節)。在穩定狀態下，圓錐凹型的程度主要受到傳遞與抽取速度的影響，截留區的範圍與區域的水力梯度、傳輸及抽取速度有關。

可以用三個參數來描述截留區：(1) 距抽取井上游坡度遠距離處的截留區寬度，(2) 抽取井位置處的截留區寬度，(3) 抽取井與截留區下游坡度距離

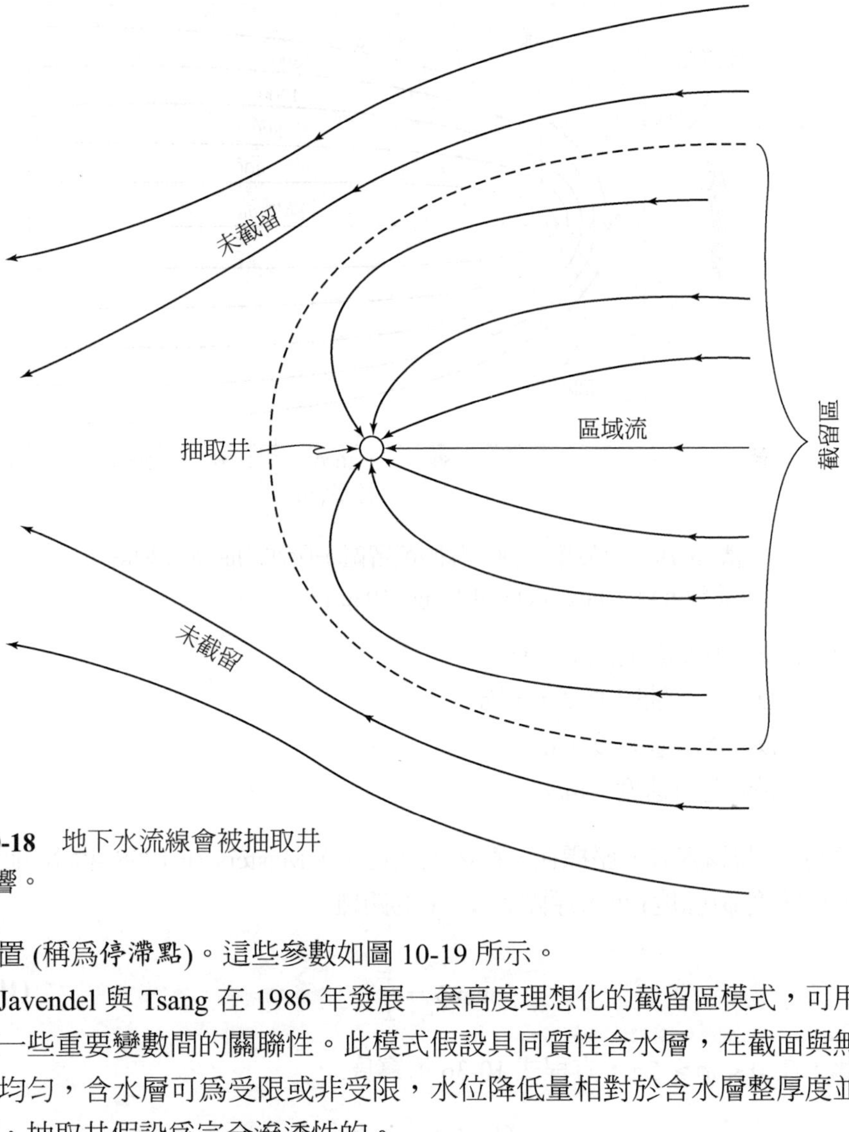


**圖 10-18**　地下水流線會被抽取井所影響。

的位置 (稱爲**停滯點**)。這些參數如圖 10-19 所示。

Javendel 與 Tsang 在 1986 年發展一套高度理想化的截留區模式，可用於檢查一些重要變數間的關聯性。此模式假設具同質性含水層，在截面與無窮寬度均勻，含水層可爲受限或非受限，水位降低量相對於含水層整厚度並不明顯，抽取井假設爲完全滲透性的。

圖 10-19 所示，位於座標系統原點上的單一水井，Javendel 與 Tsang 在 1986 年發展出下列方程式來描述截留區周界的 $y$ 座標爲：

$$y = \pm\frac{Q}{2Dv} - \frac{Q}{2\pi Dv}\tan^{-1}\frac{y}{x} \qquad \textbf{(10-36)}$$

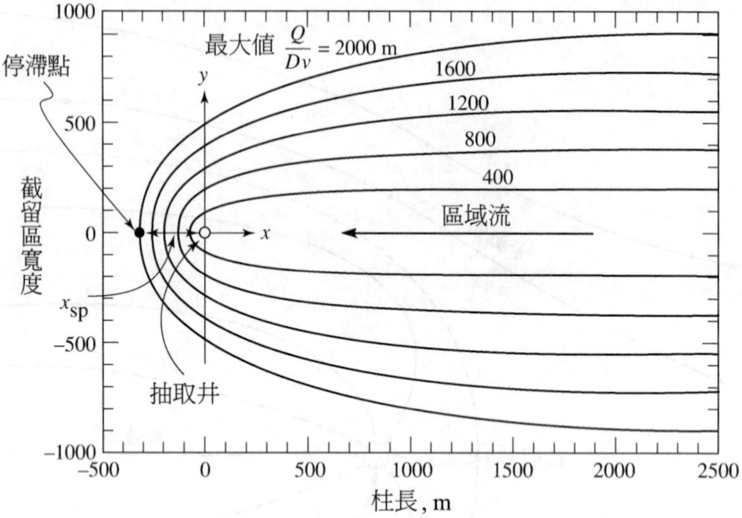


**圖 10-19** 對於單一抽取井的截留區，所作的曲線類型解析 (資料來源：Javandel and Tsang, 1986.)。

式中，$x, y$＝離原點的距離，m

$Q$＝水井抽取速度，$m^3/s$

$D$＝含水層厚度，m

$v$＝達西速度，m/s

注意到 ± 號爲容許 $y$ 座標在 $x$ 軸之上或之下。Masters 在 1998 年證明此方程式可用角度 $\phi$ (弧度) 重寫原點到 $x$、$y$ 的距離

$$\tan\phi = \frac{y}{x} \tag{10-37}$$

因此，在 $0 \leq \phi \geq 2\pi$，方程式 10-36 可寫爲:

$$y = \pm\frac{Q}{2Dv} - \left(1 - \frac{\phi}{\pi}\right) \tag{10-38}$$

此方程式可檢查一些重要的基本關係：

- 截留區寬度直接與抽取速度成比例。
- 截留區寬度與達西速度呈反比。

- 當 $x$ 接近無窮大時，$\phi=0$ 且 $y=Q/(2Dv)$，如圖 10-19 所示，此時截留區總寬度的最大值在 $2[Q/(2Dv)]=Q/(Dv)$。
- $\phi=\pi/2$ 且 $x=0$ 時，$y$ 等於 $Q/(4Dv)$，故 $x=0$ 時截留區的寬度爲 $2[Q/(4Dv)]=Q/(2Dv)$。

抽取井到下游坡度的停滯點距離 ($x_{sp}$) 可用下列方程式估算 (Legrega et al., 2001)：

$$x_{sp} = \frac{Q}{2\pi Dv} \tag{10-39}$$

Javendel 與 Tsang1 編寫一連串不同類型水井配置 (一到四個水井) 與 $x=\infty$ 時截留區不同寬度的代表曲線，使用截留區技術方法的建議步驟整理如下：

**1.** 準備一份與典型曲線尺寸相同且註明柱塞流型式的場址地圖。
**2.** 將場址地圖疊在一個水井的典型曲線圖，區域流的方向與 $x$ 軸平行，將柱塞流的前沿在抽取井位置之外，選擇完全截留柱流的截留區曲線，以定義出在 $x=\infty$ 時 $Q/Dv$ 值。
**3.** 將 $Q/Dv$ 乘以 $Dv$，求出所需的抽取速度，若使用一個井便可達到所要求的抽取速度，則問題就可解決。反之，若使用一井仍無法達成要求，則繼續步驟四。
**4.** 重複步驟 2 將第二、三、四口井，使其達到可接受的抽取速度，在多口井的情況下，假設每一井皆爲相同的抽取速度。

多口抽取井必須重疊截留區，以預防地下水流從之間流過，若抽取井之間的距離小於或等於 $Q/\pi Dv$，截留區就會互相重疊，最佳的區間可如下計算出：

- 兩井間的距離爲 $Q/\pi Dv$
- 三井間的距離爲 $1.26Q/\pi Dv$
- 四井間的距離爲 $1.2Q/\pi Dv$

對受限含水層的抽取速度是否足夠的問題，由不降低含水層自由壓力水位時的可抽取量決定，可利用 3-5 節的方法加以計算。對於非受限含水層，如上述所限制，水位降低量相對於整體含水層的厚度必須不明顯，以再做判斷決定之。

**例題 10-11** Oh Six 村莊內的飲用水井遭含水層中污染柱塞流的威脅，受壓水層厚度為 28.7 m，水力傳導係數為 $1.5\times10^{-4}$ m/s，貯存係數 $3.7\times10^{-5}$，區域水力梯度為 0.003。污染柱流最大寬度為 300 m，在可允許的水位降低下最大可允許的抽取速度為 0.006 $m^3/s$，試設置一抽取井可使停滯點離飲用水井 100 m，且截留區可涵蓋柱塞流。飲用水井與柱流關係的示意圖如下所示。

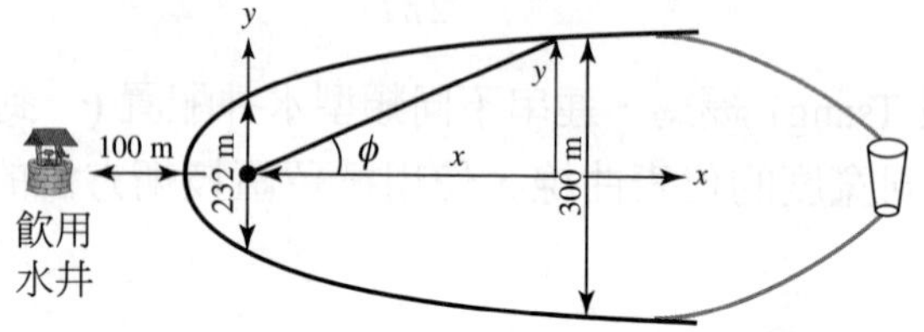


**解**：利用式 3-22 算出達西速度：

$$v = K\frac{dh}{dr} = (1.5 \times 10^{-4}\ \text{m/s})(0.003) = 4.5 \times 10^{-7}\ \text{m/s}$$

在上游坡度無窮遠距離處截留區的寬度為

$$\frac{Q}{Dv} = \frac{0.006\ \text{m}^3/\text{s}}{(28.7\ \text{m})(4.5 \times 10^{-7}\ \text{m/s})} = 464.58 \text{ 或 } 465\ \text{m}$$

抽取井處的截留區寬度為

$$\frac{Q}{2Dv} = \frac{0.006\ \text{m}^3/\text{s}}{2(28.7\ \text{m})(4.5 \times 10^{-7}\ \text{m/s})} = 232.29 \text{ 或 } 232\ \text{m}$$

停滯點位置在

$$x_{\text{sp}} = \frac{0.006\ \text{m}^3/\text{s}}{2\pi(28.7\ \text{m})(4.5 \times 10^{-7}\ \text{m/s})} = 73.94 \text{ 或 } 74\ \text{m}$$

離抽取井下游坡度的距離。

柱流邊緣離下坡度的距離所配置的抽取井的位置可用式 10-3 來決定，當 $y=$ 150 m 時，

$$150 \text{ m} = (232.29 \text{ m})\left(1 - \frac{\phi}{\pi}\right)$$

解出從抽取井到柱流剛好在截留區邊緣外的角度 (弧度)

$$\phi = 0.35\,\pi \text{ rad}$$

利用示意圖中的三角函數解出距離爲:

$$x = \frac{y}{\tan\phi} = \frac{150 \text{ m}}{\tan(0.35\,\pi)} = \frac{150 \text{ m}}{1.96} = 76.4 \text{ 或 } 76 \text{ m}$$

解出的數字當然爲理想化的結果，將柱流邊緣視爲三角函數，使我們可以方便的利用式 10-38 解出。其他的型態，還有橢球面柱流的邊緣投射在正切點之前，所以此項技術可能會導致得到的抽取井位置不完全正確。

---

使用 Javendel 與 Tseng 高度理想的模擬，可有效了解水井系統，以控制污染柱流的移動，但在實際場址中很難符合其邊界情況。校正過後始符合當地情況的電腦模式雖然不能完美，但可得到較可靠的結果，使我們了解所使用的抽取與處理系統之行爲。

因污染物去除速率會隨著時間呈現指數遞減，也因爲水中產生的擴散與脫附作用，污染濃度會隨著時間改變，抽取與處理系統在物質去除技術中的應用將有所限制。

**非水相液體** (NAPL)，如汽油，被視爲產物，因其具有商業回收價值，當 NAPL 浮在地下水檯時，可用特殊回收技巧來回收。產物回收系統，用水井來終止柱流回收 NAPL。因爲所有碳氫化合物都微溶於水，故產物回收系統通常伴隨地下水抽送系統來移除受污染的地下水。典型的抽取與處理系統如圖 10-20 所示。

## ▲ 10-10 本章重點

研讀完本章後，應該能夠不參照課本或筆記，而能夠回答下列問題。

1. 繪出 2,3,7,8-TCDD 的化學結構。
2. 請解釋在自然界，2,3,7,8-TCDD 如何發生。
3. 繪出 PCB 2,4′-dichlorbiphenyl 的化學結構。

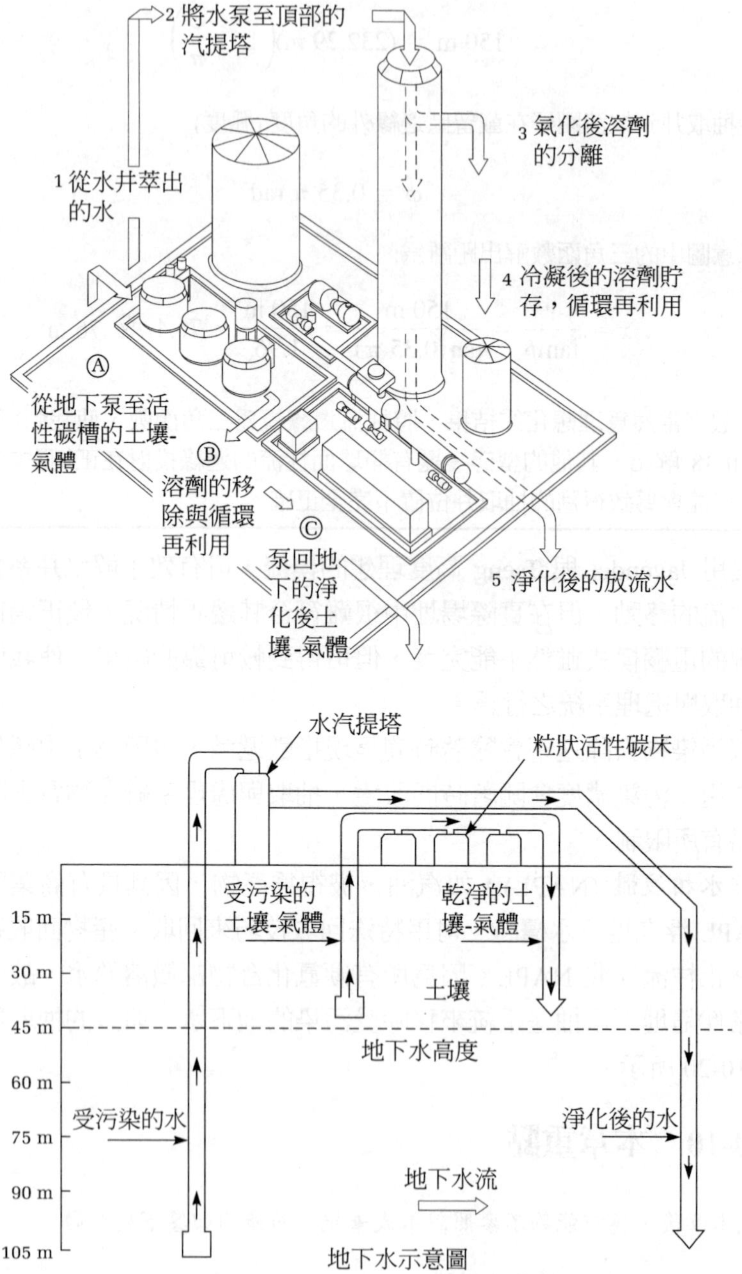


**圖 10-20** Lockheed Aeronautical Systems Company 的 Aqua-Detox 地下水處理系統 (資料來源：Hazmat World, November 1989)。

4. 解釋 PCB 的由來。
5. 定義風險和危害的差異。
6. 列出風險評估的四個步驟，並解釋之。
7. 定義 $LD_{50}$、NOAEL、斜率因子，RfD、CDI、IRIS。
8. 解釋爲何無法建立絕對毒性質。
9. 解釋爲何平均劑量-反量曲線不適合用來作爲環境保護標準的模式。
10. 辨識外洩污染物在多重介質可能曝露的途徑。
11. 解釋風險管理與風險評估間的差異，及風險認知在風險管理扮演的角色。
12. 定義危害性廢棄物。
13. 列出 5 個可將廢棄物視作危害性物質的方法，並簡述之。
14. 解釋多氯聯苯與戴奥辛爲何是屬於危害性廢棄物。
15. 敘述廢棄物製造者可貯存其廢棄物時間。
16. 解釋何謂小量製造者。
17. 定義 CFR、FR、RCRA、HSWA、CERCLA 及 SARA。
18. 解釋 RCRA/HSWA 及 CERCLA/SARA 主要差異 (目的)。
19. 定義/解釋 “從搖籃到墳墓” 與聯單系統。
20. 解釋何謂土地禁令或 LDR。
21. 定義 TSD 與 UST。
22. 敘述地下貯槽防蝕的三種方法。
23. 列出 CERCLA 四個主要條款。
24. 定義/解釋： NCP、NPL、HRS、RI、FS、ROD 與 PRP。
25. 解釋 NPL 的重要性。
26. 解釋 “參加和責任” 與被放棄危害性廢棄物場址的關聯。
27. 列出四種危害性廢棄物管理技術，並解釋之。
28. 列出廢棄物稽查的目的。
29. 指出廢棄物減量、交換與再循環利用的差異。
30. 列出 6 種危害性廢棄物處置技巧。
31. 爲何地震風險在土壤掩埋場相當重要。
32. 土壤滲透度、孔隙度與吸著能力如何限制危害性廢棄物的遷移。
33. 那種水文特徵對掩埋場址很重要。
34. 列出環保署對危害性廢棄物掩埋的基本要求，並繪出符合基本要求的掩埋場。
35. 比較深井注入與土地處理間差異。
36. 定義 PIC、POC、POHC、DRE (應用在焚化方面)。
37. 列出焚化爐設計與操作重要因子。
38. 列出兩種常用來銷毀危害性廢棄物的焚化爐。

**39.** 解釋"指定的 POHC"與"代用品"(應用在試燃時)。
**40.** 環保署復育程序綱要。
**41.** 關於 CERCLA /SARA 清理，比較"復育"與"移除"間差異。
**42.** 解釋抽取與處理復育系統為何可能需要長期時間來清理地下水污染。

**在課本的輔助下，應該能夠可以回答下列問題：**

**1.** 利用單擊或多階模式，計算一生的風險。
**2.** 從已知物質或變數值，計算長期每天攝入量。
**3.** 利用數種污染物與多重途徑，計算致癌物與非致癌物風險。
**4.** 從廢棄物組成、來源或特性，判斷是否屬於危害性廢棄物。
**5.** 用質量平衡判別廢棄物來源或減量化。
**6.** 寫出化學污染物質氧化或還原到礦化的形成。
**7.** 利用溶解度積估算沉澱處理所需劑量，或殘留在溶液的污染物濃度。
**8.** 從已知變數值判定汽提管柱、空氣或液體流量大小。
**9.** 從實驗或試驗數據，判斷離子交換管柱大小與樹脂用量。
**10.** 估算焚化爐進料中，氯成份是否可為接受，並設計混合進料，以達適當的氯進料速率。
**11.** 評估焚化爐操作變數，以遵守 DRE、氯化氫與微粒排放。
**12.** 從實驗室量測中，估算襯墊材質的水力傳導度。
**13.** 從已知沉澱速率、面積、水力梯度、水力傳導度，估算瀝取量。
**14.** 從已知水力梯度、水力穿透度、孔隙度、流徑長度估算污染物在土壤的滲出速度與漫遊時間。
**15.** 標出在特定抽取速度下、含水層厚度、水力傳導係數與水力梯度含有污染柱流下，一或多個抽取井的位置。
**16.** 估算在特定含水層厚度、水力傳導係數、水力梯度與留存區寬度下，單一抽取井所需的抽取速度。

## ▲10-11 習 題

**10-1.** 建議可溶於水的六價鉻的平均曝露量為 0.05 $mg/m^3$，此濃度是假設於工作年齡(18 到 65 歲)期間，每天曝露 8 小時的健康個體情況。若假設體重為 70 kg，且吸入速率為 20 $m^3/h$，估算終身 (70 歲) 的 CDI？

答案：$2.2 \times 10^{-3}$ mg/kg · d

**10-2.** $SO_2$ 的國家環境空氣品質標準為 80 $\mu g/m^3$，假設為平均體重的成年女性的終身曝露量 (24 小時/天，365 天/年)，試估計此濃度下的 CDI？

**10-3.** 孩童爲環境曝露所考量的一主要因素，若以一年的平均時間來計算，試比較一歲幼童與成年女性喝入含有 10 mg/L 的硝酸鹽飲用水時的 CDI 值。

**10-4.** 農業用化學物質如 2,4-D (2,4-二氯苯氧乙酸) 除了攝食以外，可能會經由其他的途徑被人體攝入，假設以一年的平均時間來計算。試比較一個三歲孩童與一位大人攝入含有10 mg/kg 的 2,4-D 的土壤的 CDI 值。

**10-5.** 都市供水系統中，其甲苯濃度符合飲用水標準 1 mg/L，估算長期每天攝入量。假設一個女性在 70 年成人期中，厭惡游泳，每天淋浴 20 分鐘，假設沐浴期間，甲苯的氣體濃度是 1 $\mu$g/m$^3$。皮膚吸收力 (PC) 爲 $9.0 \times 10^{-6}$ m/h；沐浴時，身體並未完全浸泡，故皮膚直接吸收不超過 80% 有效甲苯。

答案：$3.5 \times 10^{-2}$ mg/kg · d

**10-6.** 都市供水系統中，其 1,1,1-三氯乙烷濃度恰爲飲用水標準 0.2 mg/L，估算長期每天攝入量。假設在兒童期的 1 到 5 歲之間，每週游泳 30 分鐘；每天淋浴 10 分鐘，其平均曝露年齡是 8 歲；淋浴時，空氣中濃度爲 1 $\mu$g/m$^3$。皮膚吸收力 (PC) 爲 0.006 m/h；淋浴時，身體並未完全浸泡，故皮膚直接吸收不超過 50% 有效 1,1,1-三氯乙烷。

**10-7.** 估計對於六價鉻的職業攝入曝露風險 (見例題 10-1 的假設條件)。

答案：風險＝$8.83 \times 10^{-2}$ 或 0.09

**10-8.** 在燃燒有害廢棄物的鍋爐與工廠設備內有一定的規範在運作，美國環保署計算不同污染物的劑量會導致產生 $10^{-5}$ 的風險 (56 FR 7233, 21 FEB 1991)。使用表 10-9 中對於成年男性的標準假設，估計出會導致產生 $10^{-5}$ 風險的六價鉻劑量。

**10-9.** 由口服途徑，對甲苯 (0.03 mg/kg · d)，鋇 (0.06 mg/kg · d)、二甲苯 (0.3 mg /kg · d) 等，長期每天曝露特性描述。

答案：HI＝1.5

**10-10.** 由口服途徑，對四氯乙烯 ($1.34 \times 10^{-4}$ mg/kg · d)、砷 ($1.43 \times 10^{-3}$ mg/kg · d)、二氯甲烷 ($2.34 \times 10^{-4}$ mg/kg · d) 等，長期每天曝露特性描述。

**10-11.** 判斷下列是否屬於 RCRA 危害性廢棄物：含硒 2.0 mg/L濃度的市鎮污水。

**10-12.** 判斷下列是否屬於 RCRA 危害性廢棄物：家庭住戶欲丟棄的空殺蟲劑罐。

**10-13.** What Cheer 鎮設立了一回收中心收集老舊日光燈炮，他們預計收集約 250 kg/mo的電燈泡。預估在燈泡被處理之前，最多需要多少時間來貯存這些燈泡？(提示：利用網路得到適當的 CFR)

**10-14.** 一蒸氣去污器使用 590 kg/week 的三氯乙烯 (TCE)，從未被傾倒掉。新進來的零件沒有 TCE 且既有的零件會帶出 3.8 L/h 的 TCE，每星期從去污器的底部去除的污泥含有 1.0 % 的新進的 TCE，工廠一週工作五天，每天工作八小時。試繪出去污器的質量平衡圖，並估計蒸發的散失量 (kg/week)，TCE 的密度爲 1.460 kg/L。

答案：$M_{evap}$＝362.18 或 360 kg/week

**10-15.** 由下列數據與圖 P-10-15，利用質量平衡計算冷凝收集槽的有機物質量流率 (在圖 P-10-15 位置 4)。

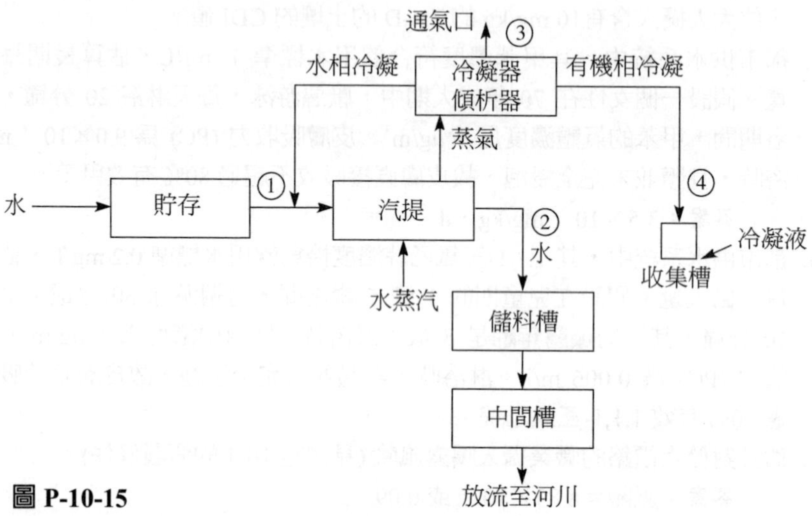


**圖 P-10-15**

| 樣品位置 | 流率，L/min | 總揮發性有機物 | 溫度，°C |
|---|---|---|---|
| 1 | 40.5 | 5,858. mg/L | 25 |
| 2 | 44.8 | 0.037 mg/L | 80 |
| 3 | 57.0 (蒸氣) | 44.13% | 20 |

註：% 爲體積百分比。

蒸氣流率在 1 atm，20°C 下收集。

液體有機物密度可假設爲 0.95 kg/L。

有機物蒸氣分子量可假設相當於二氯乙烯。

在 106°C 的蒸氣流率爲 252 kg/h。

**10-16.** 在習題 10-15，冷凝器-傾析器的效率爲多少。

**10-17.** 廢棄物成份與濃度如下，需要多少 $Ca(OH)_2$(kg/d) 才能中和廢棄物，並計算中和後有多少溶解性固體 (TDS)，用 mg/L 表示。

| 成份 | 濃度，mg/L | 流率，L/min |
|---|---|---|
| HCl | 100 | 5 |

答案：石灰＝0.730 kg/d，總溶解固體 (TDS)＝152 mg/L

**10-18.** 已知成份與濃度如下，需要多少硫酸 (kg/d) 才能中和廢棄物，並計算中和後有多少溶解性固體 (TDS)，用 mg/L 表示。

| **成份** | **濃度，mg/L** | **流率，L/min** |
|---|---|---|
| NaOH | 15 | 200 |

**10-19.** 欲混合 1500 L 含有 5.00 % 體積百分比 $H_2SO_4$ 的溶液與 1500 L 含有 5.00% 重量百分比 NaOH 的溶液，酸性添加物的比重爲 1.841 且純度爲 96%，鹼性添加物的純度 100%。試估計混合兩缸溶液之後的最終 pH 值 (取至兩位小數) 與最終 TDS (mg/L)。(*注意*：pH 值非常低)

**10-20.** 寫出用次氯酸鈉 (NaOCl) 氧化氰化鈉的反應式。

**10-21.** 寫出用臭氧 ($O_3$) 氧化氰化鈉的反應式。

**10-22.** 寫出用 $NaHSO_3$ 還原鉻酸中的六價鉻爲三價鉻的反應式。

**10-23.** 含銅 50.0 mg/L的金屬電鍍溶液，用生石灰沉澱，使銅濃度爲 1.3 mg/L，計算最後 pH 值。氫氧化銅 $K_{sp}$ 爲 $2.00\times10^{-19}$ (記錄到小數點後兩位)。

**10-24.** 一電鍍沖洗水流動速率爲 100 L/min，含有 50.0 mg/L 的 Zn，若欲達到環保署對於現存放流者的前處理標準 2.6 mg/L，試估計所需的理想 pH 值。並估計去除 Zn 以達到標準 (即 50 mg/L 減去該標準) 所需的理想添加劑量 (g/min)。假設石灰爲 100% 純度。

**10-25.** 從澄清池移除的金屬電鍍污染物，固體濃度爲 4%，污泥體積爲 1.0 m³/d，若經壓濾程序後，固體濃度爲 30%，則其體積爲多少？若固體濃度爲 80%，則其體積爲多少？

答案：$\forall_1 = 0.133\ m^3/d$，$\forall_2 = 0.05\ m^3/d$

**10-26.** 在習題 10-25，澄清池污泥有亞鐵氰化物濃度 400 mg/kg (4%)。若亞鐵氰化物也是沉澱物之一，且不計壓濾損失，則在濾餅濃度有多少？(*提示*：視此題爲質量平衡問題來解)

**10-27.** 在密西根 (Michigan) 奧斯科達 (Oscoda) 市飲用水中，有三氯乙烯污染物，平均濃度爲 6000 $\mu$g/L。從以下參數，設計一座塡充塔汽提管柱，將水中濃度減至 1.5 $\mu$g/L。可能要將管柱串聯起來，但需符合合理塔高。

亨利常數 $= 6.74\times10^{-3}\ m^3\cdot atm/mole$

$K_La = 0.720\ min^{-1}$

空氣流率 $= 60\ m^3/min$

G/L $= 18$

溫度 $= 25°C$

管徑不超過 4.0 m

管高不超過 6.0 m

答案：當高度為 6 m 時，管徑為 3.15 m

**10-28.** 瓦特比得 (Watapitae) 13 號井受四氯乙烯污染，其濃度為 340 $\mu$g/L，該水井須復育至 0.2 $\mu$g/L (偵測極限)。設計一座塡充塔汽提管柱，以符合需求。設計參數如下。(注意：可能要將管柱串聯起來，但需符合合理塔高。)

亨利常數＝$100\times10^{-4}$ $m^3$・atm/mole
$K_La$＝$14.5\times10^{-3}$ $s^{-1}$
空氣流率＝15 $m^3$/s
液體流率＝0.22 $m^3$/s
溫度＝20°C
管徑不超過 4.0 m
管高不超過 6.0 m

**10-29.** 式 10-26 的另一表示方式可用 7-10 節討論的質傳單元觀念來解釋，相關的式子為 (LaGrega, 2001)：

**1.** 無因次的亨利定律常數

$$H' = \frac{H_c}{RT_g}$$

**2.** 氣提係數

$$R_{sf} = \frac{(H')(G)}{L}$$

**3.** 質傳單元高度

$$\text{HTU} = \frac{L}{(A)(M_W)(K_La)}$$

**4.** 質傳單元數

$$\text{NTU} = \left(\frac{R_{sf}}{R_{sf} - 1}\right)\ln\left[\frac{(C_1/C_2)(R_{sf} - 1) + 1}{R_{sf}}\right]$$

**5.** 塡充塔氣提管柱高度

$$Z = (\text{NTU})(\text{HTU})$$

式中，　$G$＝空氣的莫耳流速，moles/s
　　　　$L$＝水的莫耳流速，moles/s

$A$＝管柱的橫斷面面積，$m^2$

$M_W$＝水的莫耳密度＝55,600 moles/$m^3$

其他項的定義與式 10-26 相同。

利用氣提係數方程式，計算出需要多少塡充塔氣提管柱的高度，才可使乙基苯的濃度自 1.0 mg/L 降低至 35 $\mu$g/L，所需的設計參數如下：

亨利常數＝$6.44\times10^{-3}$ $m^3$・atm/mole

$K_La$＝$1.6\times10^{-2}$ $s^{-1}$

液體流率＝7.14 L/s

溫度＝20°C

管徑不超過 4.0 m

管柱高度不高過 6.0 m

因爲不知道空氣流率與尺寸，因此需要用試誤法 (trial and error)來解。用計算表程式來計算，並使用 20% 的安全係數來估計塡充塔高度。

**10-30.** 含鎳濃度 55 mg/L 電鍍沖洗液，以離子交換法處理至符合放流標準，2.6 mg/L。實驗室管柱與穿透數據如下：

內徑＝1.0 cm

長度＝7.0 cm

樹脂質量 (溼基) ＝5.2 g

含水率＝17%

樹脂密度＝0.65 g/$cm^3$

液體流率＝7.68 L/d

起始濃度＝55 mg/L

**穿透數據**

| **V, L** | **C, mg/L** | **V, L** | **C, mg/L** |
|---|---|---|---|
| 0.160 | 4.23 | 1.280 | 39.04 |
| 0.320 | 5.14 | 1.440 | 44.04 |
| 0.480 | 10.03 | 1.600 | 49.54 |
| 0.640 | 16.65 | 1.760 | 53.32 |
| 0.800 | 23.62 | 1.920 | 54.14 |
| 0.960 | 29.54 | 2.080 | 53.22 |
| 1.120 | 35.46 | | |

實際規格設計必須符合下列要求：

流率＝36,000 L/d

操作時間＝8 h/d

每 5 天再生一次

使用計算表程式繪出穿透數據並估算需要多少樹脂？（**提示**：一些初始與最終點可能難以繪出，可能需要忽略這些點才能在半對數圖中繪出直線。）

答案：樹脂質量＝$8.38\times10^5$ g 或 840 kg

**10-31.** 含銀濃度 10 mg/L 電鍍廢水，以離子交換法處理至符合放流水濃度，0.24 mg/L。實驗室管柱與穿透數據如下：

內徑＝1.0 cm

長度＝14.85 cm

樹脂質量 (濕基)＝7.58 g

含水率＝34%

樹脂密度＝0.65 g/cm$^3$

液體流率＝4.523 L/d

起始濃度＝10 mg/L

**穿透數據**

| **$\mathcal{V}$, L** | ***C*, mg/L** | **$\mathcal{V}$, L** | ***C*, mg/L** |
|---|---|---|---|
| 0.1 | 0.00 | 1.1 | 2.00 |
| 0.2 | 0.00 | 1.2 | 3.33 |
| 0.3 | 0.01 | 1.3 | 5.00 |
| 0.4 | 0.02 | 1.4 | 6.67 |
| 0.5 | 0.04 | 1.5 | 8.00 |
| 0.6 | 0.08 | 1.6 | 8.89 |
| 0.7 | 0.16 | 1.7 | 9.41 |
| 0.8 | 0.31 | 1.8 | 9.69 |
| 0.9 | 0.61 | 1.9 | 9.84 |
| 1.0 | 1.15 | 2.0 | 9.92 |

實際規格設計必須符合下列需求：

流率＝3,600 L/d

操作時間＝8 h/d

每 5 天再生一次

使用計算表程式繪出穿透數據並估算需要多少樹脂？(**提示**：一些初始與最終點可能難以繪出，可能需要忽略這些點才能在半對數圖中繪出直線。)

**10-32.** 一硬水軟化後用作電鍍沖洗水，成份分析顯示硬水中含有 107 mg/L 的鈣離子濃度與 18 mg/L 的鎂離子，希望最後達到的硬度爲 10 mg/L 的 $CaCO_3$。選擇使用一離子交換管柱來去除硬度，實驗室管柱的數據如下 (Reynolds and Richards, 1996)：

內徑＝10.0 cm
長度＝91.5 cm
樹脂質量 (濕基)＝5.0 kg
含水率＝34%
樹脂密度＝0.7 g/cm$^3$
液體流率＝2.25 L/h
起始濃度:
　Ca＝107 mg/L 的離子狀態
　Mg＝18 mg/L 的離子狀態

**穿透數據**

| ***V*, m$^3$** | ***C*, meq/L** |
|---|---|
| 2.35 | 0.21 |
| 2.9 | 0.48 |
| 3.1 | 1.10 |
| 3.26 | 1.64 |
| 3.39 | 2.47 |
| 3.49 | 3.22 |
| 3.56 | 3.56 |
| 3.71 | 4.52 |
| 3.81 | 5.07 |
| 4.03 | 5.96 |
| 4.62 | 6.78 |

實際規格設計必須符合下列需求：

流率＝570 m$^3$/d
每 60 天再生一次

試估算需要多少樹脂。(提示：見 4-1 與 4-3 節的硬度當量及以 mg/L as $CaCO_3$ 的計算與轉換)，使用試算表程式繪出穿透數據並決定所需的樹脂量。(提示：有些初始與最終點可能難以繪出，可能需要忽略這些點才能在半對數圖中繪出直線。)

**10-33.** 有下列物質將送入焚化爐焚化，能否將這些廢棄物混合，使其進料中氯含量達 30% (重量百分比)？

三氯乙烯＝18.9 $m^3$

1,1,1-三氯甲烷＝5.3 $m^3$

甲苯＝213 $m^3$

二甲苯＝4.8 $m^3$

**10-34.** 有下列物質將送入焚化爐焚化，必須加入多少體積甲醇，才能使進料氯含量達 30% (重量百分比) ？甲醇密度為 0.7913 g/mL。

四氯化碳＝12.2 $m^3$

六氯苯＝153 $m^3$

五氯酚＝2.5 $m^3$

**10-35.** 危害性廢棄物焚化爐中，進料溶液含二氯甲烷，濃度為 5,858 mg/L，溶液流率為 40.5 L/min，計算進料流率，單位以 g/min 表示。

**10-36.** 焚化爐煙道氣中有二氯甲烷濃度 211.86 $\mu g/m^3$。若焚化爐出來的煙道氣流率為 597.55 $m^3$/min，試求二氯甲烷質量流率，以 g/min 表示。

**10-37.** 在習題 10-35 與 10-36 中，試計算焚化爐的 DRE。

**10-38.** 二甲苯進入焚化爐速率為 481 kg/h，若煙囪二甲苯流率為 72.2 g/h，試問該設備符合環保署法規？

**10-39.** 1,2-二氯苯在焚化爐內燃燒條件如下：

操作溫度＝1,150°C

進料流率＝173.0 L/min

進料濃度＝13.0 g/L

滯留時間＝2.4 s

煙囪氣體含氧＝7.0%

煙囪氣體流率＝6.70 $m^3$/s (標準條件下)

在 APC設備後，煙囪氣體濃度

二氯苯＝338.8 $\mu$g/dscm

HCl＝77.2 mg/dscm

微粒＝181.6 mg/dscm

假設進料中，所有氯都轉化為 HCl，焚化爐劑量是否符合環保法規？

**10-40.** 試燒階段的 POHCs 成分如下表，焚化爐的操作溫度為 1,100°C，煙囪氣體流率為 5.90 dscm/s 挾著 10.0 % 的氧氣。假設進料中，氯完全轉化為 HCl，試問在空氣污染防制設備的順風處測得的排放量是否符合排放？

| 物質名稱 | 進流 kg/h | 放流 kg/h |
|---|---|---|
| 苯 | 913.98 | 0.2436 |
| 氯苯 | 521.63 | 0.0494 |
| 二甲苯 | 1,378.91 | 0.5670 |
| 氯化氫 | n/a | 4.85 |
| 微粒物質 | n/a | 10.61 |

n/a＝not applicable.

**10-41.** 焚化爐試燃階段，混合進料溶液含有三氯乙烯，1,1,1-三氯乙烷、甲烷等。每成份爲進料體積 5%，進料率爲 40 L/min，焚化爐在 1200°C 下操作，在 7% 含氧下，煙囪氣體流率爲 9.0 dscm/s，假設進料中，氯完全轉化成 HCl，試問該設備符合排放？

三氯乙烯＝170 μg/dscm
1,1,1-三氯乙烷＝353 μg/dscm
甲苯＝28 μg/dscm
氯化氫＝83.2 mg/dscm
微粒＝123.4 mg/dscm

**10-42.** 焚化爐在試燃階段，混合進料溶液含有六氯苯 (HCB)、五氯酚 (PCP) 及丙酮 (ACET)。每成份占進料體積 9.3%，即 HCB＝9.3%、PCP＝9.3%、ACET＝9.3%。進料率爲 140 L/min，焚化爐操作溫度 1200°C，在 14% 含氧下，煙囪氣體流率爲 28.32 dscm/s，假設進料中，氯完全轉化成 HCl，試問該設備符合排放？

六氯苯＝170 μg/dscm
五氯酚＝353 μg/dscm
丙酮＝28 μg/dscm
氯化氫＝83.2 μg/dscm
微粒＝123.4 mg/dscm

**10-43.** 一用來焚化有害廢棄物的旋轉窯明確指出允許固體的滯留時間爲 1 小時，針對此焚化窯建議的尺寸與操作條件如下：

直徑＝3.00 m
長度＝6.00 m
坡度＝2.00 %
圓周速度＝1.5 m/min

計算是否符合要求。

**10-44.** 滲透計是用做危害性廢棄物掩埋場黏土測試，若黏土透度爲 $10^{-7}$ cm/s，滲透計大小如下，100 ml 液體測試，需花費多少時間 (液體收集必須準確量測)？見圖 P-10-44，尺寸如下所示。

$L=10$ cm
$h=1$ m
樣品內徑＝5.0 cm

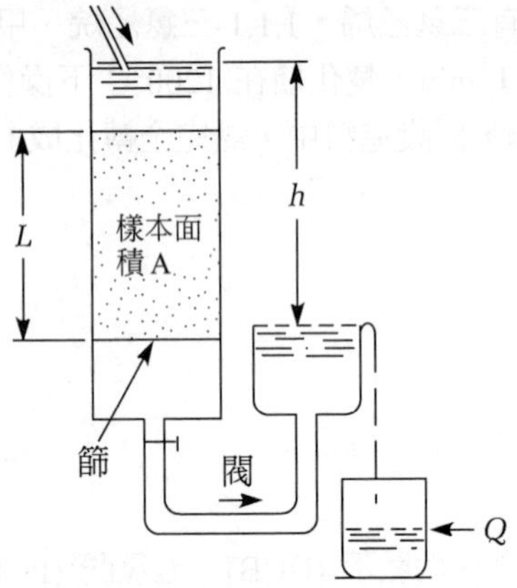


標準固定水頭滲透方程式

$$K=\frac{QL}{hAt}$$

其中 $K$＝水力傳導度
$Q$＝放流量
$L$＝樣本長度
$h$＝水頭
$A$＝樣本的橫切面積
$t$＝時間

**圖 P-10-44**

答案：$t=58.95$ 或 60天

**10-45.** 滲透計是用來做有害廢棄物掩埋場的黏土測試，若黏土的水力傳導係數透度爲 $10^{-7}$ cm/s，滲透計大小 如圖 P-10-44。對一個準確的量測而言，若最少需收集到100 mL 的液體，則此測試需花 60 天的時間？若現在欲使時間縮短到30天的話，需要改變滲透計的何種設計參數，以計算證明你重新設計的滲透計可以用來工作。

**10-46.** 土壤樣品使用水頭落差滲透計 (falling-head permeameter) 測試其滲透度 (見圖 P-10-46)，數據記錄如下：

內徑 $a=1$ mm
內徑 $A=10$ cm
長度 $L=25$ cm
起始水頭＝1.0 cm
最終水頭＝25 cm
測試時間＝14 days

由這些數據，計算樣品的水力傳導係數，假設樣品爲掩埋場土樣，對危害性廢棄物掩埋場來說，它是一個好的土壤？

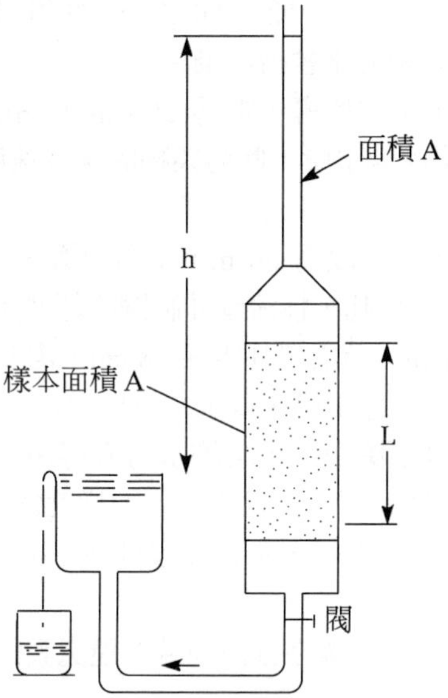


壓頭高度滲透方程式

$$K = 2.3\frac{a\,L}{A\,t}\,\log\left(\frac{h_0}{h_1}\right)$$

其中　$K$＝水力傳導度
$a$＝豎管截面積
$A$＝樣本截面積
$L$＝樣本高度
$t$＝時間
$h_0, h_1$＝起漿水頭與時間爲 $t$ 的水頭

**圖 P-10-46**

**10-47.** 一個老舊的危害性廢棄物掩埋場，建在 10 m 深有黏土當作襯墊處，黏土層下方有含水土層，黏土層水力傳導度爲 $1\times10^{-7}$ cm/s，若液面高 (瀝出液) 在黏土層上方 1 m 處，當黏土層飽和後有多少瀝出液會到達含水土層？假設遵守達西定律。

**10-48.** 有三種土層，敘述如下，依序位於危害性廢棄物掩埋場底部與含水土層間，瀝出液在土層 30 cm 處，當瀝出物遷移至土壤 $C$ 底部時 (含水土層)，需花費多少時間？

土壤 A
　深度＝3.0 m
　水力傳導度＝$1.8\times10^{-7}$ cm/s
　孔隙度＝55%

土壤 B
　深度＝10 m
　水力傳導度＝$2.2\times10^{-5}$ m/s
　孔隙度＝25%

土壤 C
　深度＝12 m
　水力傳導度＝$5.3\times10^{-5}$ mm/s
　孔隙度＝35%

**10-49.** 三氯乙烯實際定量極限 (PQL) 爲 5 $\mu$g/L，若有一桶 (約 0.12 $m^3$) 使用過溶劑滲透至地下水層，在 PQL 下，有多少立方米的水會被污染。

**10-50.** 一含水土層的水力梯度爲 $8.6 \times 10^{-4}$，水力傳導係數爲 200 m/d，孔隙率爲 0.23，一延遲因子 2.3 的化學物質污染此含水層，此污染物的線性速度爲何? 在含水層內移動 100 m 需要花多久時間？

**10-51.** 抽取井設在汽油貯槽滲漏場址，自由水層深度爲 60 m，水力傳導係數爲 $6.4 \times 10^{-3}$ m/s。測量結果顯示，從滲漏中心算起，柱流延伸範圍不超過 150 m；離滲漏中心 130 m 處，柱流深度爲 0.1 m。若清洗井內徑 28 cm，需要多大的泵 ($m^3$/s) 才能使柱流不再往前移動？(**註**：應用第 3 章水井方程式)

**10-52.** 槽中的四氯化碳 (0.12 $m^3$) 滲漏到沙質土壤中，土壤的水力傳導係數爲 $7 \times 10^{-4}$ m/s，孔隙率爲 0.38，地下水面在地表下 3 公尺處且水力梯度爲 0.002，含水土層厚度爲 28 m，使用單一水井截入系統，水井抽取量爲 0.014 $m^3$/s，試估計水井截留區的寬度。

**10-53.** 若習題 10-52 的柱流前沿擴散到 200 m 寬， 需在柱流前端多遠處設置水井截取污染物？

## ▲10-12 問題研討

**10-1.** 在 Times Beach 的有害廢棄物事件處理結果爲何？(**提示**：你需要用網路搜尋相關新聞。)

**10-2.** 從 $LD_{50}$ 來看，2,3,7,8-TCDD 爲已知最毒的化學物質，是否可能容易產生誤導？你如何重新表述此敘述，使其在科學上更加準確？

**10-3.** 下列何種個體所攝得空氣污染物的風險最大：一歲幼童、成年女性、成年男性。試解釋原因。

**10-4.** 下列何種個體所攝得土壤污染物的風險最大：一歲幼童、成年女性、成年男性。試解釋原因。

**10-5.** 有害毒性指數 0.001 意指：

a. 風險＝$10^{-3}$

b. 有害的可能性爲 0.001

c. 與 CDI 相比的 RfD 較小

d. 對潛在健康影響不高

**10-6.** 一乾性清潔器每月累積 10 kg的四氯乙烯 (一有害廢溶劑)，爲節省運輸費用，累積到六個月才將之送到廢棄物儲存、清除、處理工廠處理，可以這樣做嗎？請解釋原因。(**提示**：搜尋 CFR 中的相關規範。)

**10-7.** "土地禁令" 實際上是禁止以土地用做危害性廢棄物處置嗎？解釋之。

**10-8.** 一家擁有數百萬資本公司已經承認，在一處廢棄的廢棄物處置場外找到上百個鼓，並可確認係屬其所丟棄者。該公司的律師解釋，如果無法證明這些鼓是其他公司的，他們將負起責任，將這些所有在廢棄物處置場的鼓處理乾淨。試問這種做法對嗎？爲什麼？

**10-9.** 老闆提出公司制定回收計畫，以減少廢棄物產生；回收是否爲調查減廢最佳的第一步？若否，則你建議順序爲何？

**10-10.** 金屬鍍板被用來回收廢棄污泥的鎳，這是屬於

a. 再循環

b. 再利用

c. 再生

寫出正確答案，並解釋之。

**10-11.** 焚化爐試燃時，不需量測每一種 POHC，對或錯？解釋之。

## ▲ 10-13 參考文獻


Butler, J. P., A. Greenberg, P. J. Lioy, G. B. Post, and J. M. Waldman (1993) "Assessment of Carcinogenic Risk from Personal Exposure to Benzo(a)pyrene in the Total Human Environmental Exposure Study (THEES)," *Journal of the Air & Waste Management Association,* vol. 43, pp. 970–977.

Byard, J. L. (1989) "Hazard Assessment of 1,1,1-Trichloroethane in Groundwater," in D. J. Paustenbach (ed.), *The Risk Assessment of Environmental Hazards,* John Wiley & Sons, New York, pp. 331–344.

CDC (2004) "Deaths: Final Data for 2002," *National Vital Statistics Reports,* vol. 53, no. 5, pp. 5–10, 77.

Copeland, R., et al. (1994) "Use of Probabilistic Methods to Understand the Conservativism in California's Approach to Assessing Health Risks Posed by Air Contaminants," *Journal of Air & Waste Management Association,* vol. 44, pp. 1399–1413.

Davis, M. L., C. R. Dempsey and E. T. Oppelt (2000) "Waste Incineration Sources: Hazardous Waste," in W. T. Davis, *Air Pollution Engineering Manual*, Air Pollution Control Association, Pittsburgh, and John Wiley & Sons, New York, pp. 268–274.

Davis, M. L. and S. J. Masten (2004) *Principles of Environmental Engineering and Science,* McGraw-Hill, Boston, MA, p. 175.

Finley, B., and D. Paustenbach (1994) "The Benefits of Probabilistic Exposure Assessment; Three Case Studies Involving Contaminated Air, Water, and Soil." *Risk Analysis,* vol. 14, no. 1, pp. 53–73.

Fromm, C. H., A. Bachrach, and M. S. Callahan (1986) "Overview of Waste Minimization Issues, Approaches and Techniques," in E. T. Oppelt, B. L. Blaney, and W. F. Kemner, (eds.), *Transactions of an APCA International Specialty Conference on Peformance and Costs of Alternatives to Land Disposal of Hazardous Waste*, Air Pollution Control Association, Pittsburgh, pp. 6–20.

Griffin R. D. (1988) Principles of Hazardous Materials Management, Lewis Publishers; Ann Arbor, MI.

Gross, R. L., and S. G. TerMaath, (1985) "Packed Tower Aeration Strips Trichloroethylene from Groundwater," *Environmental Progress,* vol. 4, pp. 119–124.

Herzbron, P. A., R. L. Irvine, and K. C. Malinowski, (1985) "Biological Treatment of Hazardous Waste in Sequencing Batch Reactors," *Journal of the Water Pollution Control Federation*, vol. 57, pp. 1163–1167.

Hileman, B. (1994) "EPA Reassesses Dioxins," *C&E News*, September 19, p. 6.

Hutt, P. B. (1978) "Legal Considerrtions in Risk Assessment," *Food, Drugs, Cosmetic Law Journal,* vol. 33, pp. 558–559.

Javandel, I., and C. Tsang (1986) "Capture Zone Type Curves: A Tool for Cleanup," *Ground Water,* vol. 24, no. 5, pp. 616–625.

Kobayashi, H. and B. P. Rittman (1982) "Microbial Removal of Hazardous Organic Compounds," *Environmental Science and Technology,* vol. 16. pp. 170A–172A.

LaGrega, M. D., P. L. Buckingham, and J. C. Evans (2001) *Hazardous Waste Management,* McGraw–Hill, Boston, pp. 471–473, 899–903, 1014–1016.

Loomis, T. A. (1978) *Essentials of Toxicology,* Lea & Febiger, Philadelphia, p. 2.

Masters, G. M. (1998) *Introduction to Environmental Engineering and Science,* Prentice Hall, Upper Saddle River, NJ, p. 240.

McKone, T. E. (1987) "Human Exposure to Volatile Organic Compounds in Household Tap Water: The Indoor Inhalation Pathway," *Environmental Science & Technology,* vol. 21, no. 12, pp. 1194–1201.

NHTSA (2005) "2004 Annual Assessment," National Highway Traffic Safety Administration, Washington, DC.

NRC (1983) *Risk Assessment in the Federal Government: Managing the Process,* National Research Council, National Academy Press, Washington, DC, pp. 18–19.

O'Brien & Gere Engineers Inc. (1988) *Hazardous Waste Site Remediation*, Van Nostrand Reinhold, New York, pp. 11–13.

Oppelt, E. T. (1981) "Thermal Destruction Options for Controlling Hazardous Wastes," *Civil Engineering ASCE,* pp. 72–75, September.

Penning, C. H. (1930) "Physical Characteristics and Commercial Possibility of Chlorinated Diphenyl," *Industrial & Engineering Chemistry,* vol. 22, pp. 1180–1183.

Reynolds, T. D. and P. A. Richards (1996) *Unit Operations and Processes in Environmental Engineering,* PWS Publishing, Boston, pp. 392–393.

Rodricks, I., and M. R. Taylor (1983) "Application of Risk Assessment to Good Safety Decision Making," *Regulatory Toxicology and Pharmacology*, vol. 3, pp. 275–284.

Schwarzebach, R. P., P. M. Gschwend, and D. M. Imboden (1993) *Environmental Organic Chemistry,* John wiley and sons, New York, p. 274.

Slovic, P., B. Fischoff, and S. Lichenstein (1979) "Rating the Risks," *Environment*, vol. 21, no. 3, pp. 14–20.

Starr, C. (1969) "Social Benefit Versus Technological Risk," *Science,* vol. 165, pp. 1232–1238.

Theodore, L., and J. Reynolds (1987) *Introduction to Hazardous Waste Incineration,* John Wiley & Sons, New York, pp. 76–85.

Thomas, H. C. (1948) "Chromatography: A Problem of Kinetics," *Annals of the New York Academy of Science,* vol. 49, p. 161.

U.S. EPA (1981a) *Summary Report: Control and Treatment Technology for the Metal Finishing Industry—Ion Exchange*, U.S. Environmental Protection Agency Publication No. EPA 625/8-81-007.

U.S. EPA (1981b) *Development Document for Effluent Limitations: Guideline and Standards for the Metal Finishing Point Source Category,* U.S. Environmental Protection Agency Publication No. EPA/440/1-83-091, Washington, DC.

U.S. EPA (1986) *RCRA Orientation Manual,* U.S. Environmental Protection Agency, Publication No. EPA/530-SW-86-001, Washington, DC.

U.S. EPA (1987) *A Compendium of Technologies Used in the Treatment of Hazardous Waste*, U.S. Environmental Protection Agency Publication No. EPA/625/8-87/014), Cincinnati.

U.S. EPA (1988a) *Waste Minimization Opportunity Assessment Manual,* U.S. Environmental Protection Agency Publication No. EPA/625/7-88/003), Cincinnati, p. 2.

U.S. EPA (1988b) *Best Demonstrated Available Technology (BDAT) Background Document for FOO6*, U.S. Environmental Protection Agency Publication No. EPA/530-SW-88-009-I, Washington, DC.

U.S. EPA (1989a) *Risk Assessment Guidance for Superfund, Volume 1, Human Health Evaluation Manual (Part A)*, U.S. Environmental Protection Agency, EPA/540/1-89/002.

U.S. EPA (1989b) *U.S. EPA Seminar Publication: Requirements for Hazardous Waste Landfill Design, Construction and Closure,* U.S. Environmental Protection Agency Publication No. EPA 625/4-89/022.

U.S. EPA (1991) *Design and Construction of RCRA/CERCLA Final Covers,* U.S. Environmental Protection Agency Publication No. EPA 625/4-89/022, Washington, DC.

U.S. EPA (1997) *Exposure Factor Handbook,* U.S. Environmental Protection Agency National Center for Environmental Assessment, Washington, DC.

U.S. EPA (2001) *Ninth Report on Carcinogens,* U.S. Environmental Protection Agency Report to Congress, Washington, DC.

U.S. EPA (2004a) *Underground Storage Tanks: Building on the Past to Protect the Future,* U.S. Environmental Protection Agency Publication No. EPA 510-R-04-001, Washington, DC.

U.S. EPA (2004b) *Risk Assessment Guidance Manual for Superfund, Volume I: Human Health Evaluation Manual,* U.S. Environmental Protection Agency Publication No. EPA/540/R/99/005, Washington, DC.

U.S. EPA (2005a) *Eleventh Report on Carcinogens,* U.S. Environmental Protection Agency Report to Congress, Washington, DC.

U.S EPA (2005b) CERCLIS Database, at http://cfpub.epa.gov/superrcpad/cursites.

Wentz, C. A. (1989) *Hazardous Waste Management,* McGraw-Hill, New York, pp. 206–207.

Wilson, R. (1979) "Annalyzing the Daily Risks of Life," *Technology Review,* vol. 81, pp. 41–46.

Wood, E. F., R. A. Ferrara, W. G. Gray, and G. F. Pinder (1984) *Groundwater Contamination from Hazardous Waste,* Prentice Hall, Englewood Cliffs, NJ, pp. 2–4, 145–158.

CHAPTER

# 11

# 游離輻射*




* 本章作者：Ms. Kristin Erickson, Radiation Safety Officer, Office of Radiation. Chemical, and Biological Safety, Michigan State University.

# ▲ 11-1 基本觀念*

## 原子結構

在為人所熟知的波耳原子結構模型中，原子核係居於原子的中心，周圍被位處於不同鄰近軌域的電子所包圍。

原子核本身主要是由帶正電的質子 (電量為 $e^+$ ) 及不帶電性的中子等二種不同的粒子所組成。對一個具有 $Z$ 個電子 (每一個電子電量為 $e^-$)，$N$ 個中子，及 $P$ 個質子的中性原子而言，其原子核中的質子數會等於核外軌域中的電子數，使原子的總電性呈顯現中性，即 $Pe-Ze=0$。

$Z$ 為一個原子的原子電荷或原子數，$Z+N$ 為原子質量數，一般是以 $A$ 表之。$A$ 與 $Z$ 這二個參數可完全定義出一個特定原子物種，此即所謂的**核種** (nuclide)。

核種質量的大小是以原子質量單位 (符號為 u) 來表示，其定義為碳原子 (原子質量數為 12) 質量的 1/12，即 1 u 為 $1.6606\times10^{-27}$ kg。據此推算，中子的質量為 1.0088665 u，質子的質量為 1.0088925 u，電子的質量為 0.0005486 u。

由粒子質量的定義可知，一個**原子的質量數**約可以其原子核中的粒子 (即質子與中子) 質量總合表之。例如，一個鎂的核種包括 12 個質子與 12 個中子，其原子質量數 $A=24$，原子核質量為 23.985045 u。原子核質量與原子質量數之差稱為**質量過剩** (mass excess)。

一個原子的化學性質與其核外軌域中的電子數或原子數 $Z$ 息息相關，且 $Z$ 的數目對每一種原子而言，是特定的。例如，某一個原子具有 2 個核外電子，則此粒子必為氦原子 (假設此原子未被離子化或在相似的未平衡狀態下)。相同的，一個具有 8 個電子的原子必為氧原子。

對一個核種 ${}^{A}_{Z}X$ 而言，其中 X 代表元素種類，而 $Z$ 與 $X$ 一樣，均可代表某種特定的元素，因此可簡寫為 ${}^{A}X$。例如，碳有 6 個中子及 6 個質子，故其核種可以 ${}^{12}C$ 或碳-12 表之。

每一種元素 (原子數為 $Z$) 有幾個種類的核種，係以 $Z$ 與 $A$ 的數目來確定，$Z$ 的值是固定的，$A$ 的值則互異。這些具有相同元素不同核種的粒子稱

---

* 本節討論取材自 R. A. Coombe, 1968.

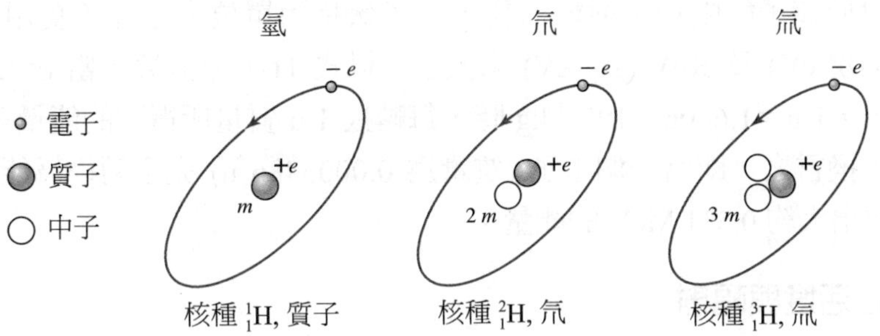


**圖 11-1** 氫的三種同位素 (資料來源：R. A. Coombe, 1968)

爲**同位素** (isotopes)。氫的原子數爲 1，有 3 個質量數分別爲 1、2、3 的三個同位素，即其中子數分別爲 0、1、2，如圖 11-1 所示。這些同位素的化學行爲均與氫相同，但其核種質量卻不相同。$^1$H 的核種質量爲 1.007825 u，$^2$H (氘) 爲 2.014102u，而 $^3$H (氚) 爲 3.016049 u。

元素的原子量 (atomic weight) 定義爲元素各同位素在自然界中相對含量種核種質量總合，其符號以 A 表之，以氫爲例，其原子量的計算如下：

$$1.007825(0.9844)+2.014102(0.0156)+3.016049(0)=1.00797$$

氫同位素的質量並非可由中子質量的簡單相加求得。例如，$^1$H 核種加上一個中子的質量爲 2.016490 u，而氘的質量卻爲 2.014102 u，其差值 0.002388，稱爲**質量缺陷** (mass defect)。質量缺陷發生的主要原因當質子與中子結合成爲氘原子核時，會有能量釋出之故。反之，必須提供能量，才能將其分裂開，此能量稱爲**束縛能** (binding energy)，可由愛因斯坦方程式之質能轉換公式求得：

$$E=\Delta mc^2 \tag{11-1}$$

其中 $\Delta m$ 爲質量缺陷，$c$ 爲光速。

各種不同粒子的輻射能量與核子能階大小，是以**電子伏特** (eV) 爲單位，其定義爲將 1 個電子的電位提升 1 伏特 (V) 所需要的能量，由此定義，可計算出以下的能量關係等式：

$$1\ \text{eV} = 1.602 \times 10^{-12}\ \text{erg} = 1.602 \times 10^{-19}\ \text{J}$$

對於核子能階與輻射能而言，電子伏特因單位太小並不實用，故常以 MeV ($10^6$ eV) 及 KeV ($10^3$ eV) 來表示。以式 11-1 來計算，當 $c=2.99793\times 10^8$ m/s，1 u $=1.6606\times 10^{-27}$ kg 時，每轉換 1 u 質量所得到的能量爲 931.634 MeV。換言之，即當一個電子 (質量爲 0.0005486 u) 完全轉換爲能量時，將會釋放出大約 0.511 MeV 的能量。

## 放射性活度與輻射

根據同位素的定義，其核種內有不同的中子與質子比率，有些比率會上升至不穩定的狀況，此通常係因中子/質子數目的比率太高之故。由於不穩定性，核種會以放射出粒子或電磁輻射的方式釋放出過剩的能量，進而改變其能量狀態而達到平衡。此種核子衰變的現象稱爲**放射性活度** (radioactivity)，具有此活性的同位素稱爲**放射性同位素** (radioisotope)。

同位素有三種類型。第一類是穩定但不具放射活性的，第二類則具有天然的放射活性，第三類是由人工製造且具有放射活性。這些人工製造的放射性同位素是工業上最常應用的同位素。

放射性同位素衰變而釋放出過剩能量的同時，會產生的產物主要有三：阿爾法粒子 ($\alpha$)、貝他粒子 ($\beta$)，以及珈瑪 ($\gamma$) 輻射。

**阿爾法粒子放射**　一般而言，較重元素的不穩定因素主要是因爲原子核太大，其可藉放出質子或中子的方式使本身的粒子變小。質子或中子並不是以個別獨立的方式被釋出來，而是以包含二個質子與二個中子的“包裹”方式脫離原來的核種。這個“包裹”稱爲**阿爾法粒子** (alpha particle) $\alpha$。一個阿爾法粒子相當於氦原子的核種，其係由二個質子與二個中子所組成。因此，當一個核種放射出阿爾法粒子時，電荷將減少 2e，質量會減少 4 u。其一般性表示式爲：

$$ {}^{A}_{Z}X \rightleftharpoons {}^{A-4}_{Z-2}X + {}^{4}_{2}He \qquad \textbf{(11-2)} $$

當原子放出此氦“包裹”時，稱爲進行阿爾法輻射放射過程。阿爾法粒子放射主要是發生在原子數大於 82 的放射性同位素中，且隨原子數的增加，阿爾法粒子衰變的情形會更明顯，此亦爲重型元素的特徵之一。

此特徵是證明天然放射性同位素主要衰變鏈 (decay chains) 的證據。當一個原子放射出阿爾法粒子後，會衰變成另一個新的元素一般稱爲**生成粒子**

(daughter)，且此新元素的核種中會較原元素的核種少二個質子，例如鈾放出阿爾法粒子後變成釷，鐳則變成氡。

**貝他粒子放射** 貝他粒子放射的成因主要是，核種中的中子/質子數目的比率太高 (即中子數太多) 形成的不穩定性所致。爲達到穩定，中子會衰變成爲一個質子與一個電子。質子仍存留在核種中，使中子/質子數目比率下降，電子則被放射而出。其放射出的粒子即**貝他粒子** (beta particle) $\beta$。此類衰變反應的一般表示式如下：

$$ {}^{A}_{Z}X \rightleftharpoons {}^{A}_{Z+1}X + \beta^- \quad \textbf{(11-3)}$$

注意到 $\beta^-$ 粒子即爲原子核中的電子，有別於其他來源所提供的電子。$\beta$ 粒子的負號係與另一類似，帶正電且名爲正帶子 (positron) 的粒子區別。

同樣的如同阿爾法粒子放射，當發生貝他粒子放射時，原本的原子也會變成另一個新的元素，且其核種中的質子數會增加 1。如生成粒子同樣具有放射活性，則其亦會以相同的方式放射出貝他粒子，變成其他新的元素等，一直到中子/質子數目比率達到最終穩態時爲止。經由這一連串的改變，氪會裂解爲銣，銣又變成錮，最後變成穩定的釔。

---

**例題 11-1** 試以下列衰變鏈的放射步驟來說明各放射出何種粒子。

$$ {}^{86}_{36}Kr \rightarrow {}^{89}_{37}Rb \rightarrow {}^{89}_{38}Sr \rightarrow {}^{89}_{39}Y $$

**解**：因爲 $z$ 在每步驟皆增加 1，因此每一步驟的放射粒子皆爲貝他粒子。

---

**珈瑪射線放射** 阿爾法或貝他粒子的放射會伴隨珈瑪輻射的發生。阿爾法或貝他粒子的放射均會導致核種大小或特殊型態粒子數目的改變，而珈瑪輻射只有能量的釋放。此能量係阿爾法或貝他粒子放射後，保存在新形成核種中的能量。當一個處於激發態的核種轉移到一個較穩定狀態時，電磁輻射會以珈瑪射線的型式放射出來。此核種將保有其原來的組成，過剩的能量則會放射出來。若輻射的頻率爲 $v$，核種自能量狀態 $E_1$ 改變成至 $E_2$，則二個能量狀態間的差距可以下式表示：

$$ E_1 - E_2 = hv \quad \textbf{(11-4)}$$

其中 $h$ 為蒲朗克常數，值為 $6.624\times10^{-27}$ ergs，珈瑪射線的能量即為 $h\nu$。在後續的方程式中，珈瑪射線將以希臘字母 $\gamma$ 表示。

**X 射線** x 射線與珈瑪射線十分相似，差別只在其來源的不同。珈瑪射線源自核種由一核子激發態轉移至另一狀態，x 射線則源自電子由一較高的原子能量狀態轉移至另一較低的能量狀態。由於一般的原子能階間距較核子能階間隔為接近，故根據式 11-4，x 射線的頻率遠比 $\gamma$ 射線為小，但就工業應用而言，二者的差別僅在穿透力不同。由於輻射線的穿透力會隨頻率的增加而增加，因此 $\gamma$ 射線具有較 x 射線更強的穿透力。

**多重放射** 以上的討論僅介紹單一輻射的情形，但在實際的情形中，二種或多種種類的放射是可能發生的，且在許多情形下，會有相同種類但具不同能量的許多粒子被放射出。此種多重放射的現象係因原先同位素核種及生成粒子的核子能階十分複雜所致。

## 放射性衰變

每一個不穩定 (具放射活性) 的原子均會放射出阿爾法或貝他粒子而達到最終穩定狀態。此種粒子轉變到較穩態的情形稱為*衰變*。每一種放射性粒子在衰變的過程中，不穩定的核種會在固定的時間內衰變固定的比例。在某元素樣品中，一個特定核種在某時間間距 $dt$ 內衰變的機率為 $\lambda dt$，其中 $\lambda$ 為放射性衰變常數，其定義為在單位時間內任何特定核種衰變的機率。

對於為數眾多的核種而言，吾人係假設 $\lambda$ 與個別核種存在時間的長短無關，且對所有的核種均是相同的，即 1 為一常數。若在 $t$ 時間下，核種的數目為 $N$，則在 $dt$ 時間內衰變的核種數目為 $\lambda Ndt$，由於核種的數目 $dN$ 會隨時間而減少，因此

$$dN = -\lambda Ndt \qquad \textbf{(11-5)}$$

式 11-5 表示衰變速率是與核種的數目成正比，亦即其為一階反應。式 11-5 可將其移項並積分：

$$\int_{N_0}^{N} \frac{dN}{N} = \int_0^1 \lambda\, dt$$

$$\ln \frac{N}{N_0} = -\lambda t$$

或

$$N = N_0 \exp(-\lambda t) \qquad \textbf{(11-6)}$$

其中 $N_0$ 爲時間 $t=0$ 時的放射性核種數目。式 11-6 表示放射性衰變的速率是以指數型式的方式進行。當核種數目衰退到一半時的時間稱爲半衰期 ($T_{1/2}$)，可由式 11-6 求得：

$$\ln \frac{N/2}{N_0} = -\lambda T_{1/2}$$

解得 $T_{1/2}$

$$T_{1/2} = \frac{\ln 2}{\lambda} = \frac{0.693}{\lambda} \qquad \textbf{(11-7)}$$

此式中有二個放射性物種的重要參數，即 $\lambda$ 與 $T_{1/2}$。此二者爲特定放射性物種的特徵性質。放射性同位素的半衰期範圍十分寬廣，可由數微秒到幾百萬年之久。表 11-1 爲一些放射性同位素半衰期的例子。

---

**例題 11-2**　Kal Karbonate 有一小玻璃瓶含有 2.0 $\mu$Ci/L 的 $^{45}$Ca 必須丟棄。請問此放射性同位素需要多久才會達到允許排放標準 $2.0\times10^{-4}$ $\mu$Ci / mL？

**解**：從表 11-1 可發現 $^{45}$Ca 的半衰期爲 165 天，用式 11-7 計算 $\lambda$ 值：

$$\lambda = \frac{0.693}{165\ \text{d}} = 4.20 \times 10^{-3}\ \text{d}^{-1}$$

**表 11-1　一些放射性同位素的半衰期**

| 放射性核種 | 半衰期 | 放射性核種 | 半衰期 |
|---|---|---|---|
| 釙 -212 | $3.04 \times 10^{-7}$ s | 鈣-45 | 165 天 |
| 碳 -10 | 19.3 s | 鈷-60 | 5.27 年 |
| 氧 -15 | 2.05 min | 氚 | 12.5 年 |
| 碳 -11 | 20.4 min | 鍶-90 | 28 年 |
| 氡 -222 | 3.825 天 | 銫-137 | 30 年 |
| 碘 -131 | 8.06 天 | 鐳-226 | 1622 年 |
| 磷 -32 | 14.3 天 | 碳-14 | 5570 年 |
| 釙 -210 | 138.4 天 | 鉀-40 | $1.4 \times 10^9$ 年 |

用式 11-6 計算停留時間:

$$2.0 \times 10^{-4}\ \mu\text{Ci/mL} = (2.0\ \mu\text{Ci/L})(10^{-3}\ \text{L/mL})\ \exp[(-4.20 \times 10^{-3})(t)]$$
$$0.10 = \exp[(-4.20 \times 10^{-3})(t)]$$

方程式兩邊同取對數:

$$\ln(0.10) = \ln\{\exp[(-4.20 \times 10^{-3})(t)]\}$$
$$-2.30 = (-4.20 \times 10^{-3})(t)$$
$$t = 548.23\ \text{或}\ 550\ \text{天}$$

---

**特定活性與貝克** 數量 $N$ 稱爲一樣品的*活性* (activity)，在 SI 單位制度內貝克 (Becquerel, Bq) 爲活性單位。1 *貝克*的放射性物質相當於衰變頻率爲 1 個/秒的不穩定原子之數量。此定義適用於單一成份的同位素與混合物存在的衰變情形。

多年來一般使用*居里* (curie) 爲活性單位，縮寫成 Ci，1 居里的放射性物質相當於衰變頻率爲 $3.700 \times 10^{10}$ 個/秒的不穩定原子之數量。一貝克等於 $2.7 \times 10^{-11}$ Ci，對實際運用而言，居里的單位太大，一般均以*毫居里* (1 mCi $= 10^{-3}$ Ci) 或*微居里* (1 $\mu$Ci $= 10^{-6}$ Ci)，甚至*釐居里* (1 pCi $= 10^{-12}$ Ci) 等單位使用。此定義適用於單一成份的同位素與混合物存在的衰變情形。

一個放射性同位素的特定活性是指每克純放射性同位素所具有的活性。每克純放射性同位素所有的原子數可由下式計算：

$$N = \frac{N_A}{A} \tag{11-8}$$

其中 $N_A$ 爲亞佛加厥數 ($6.0248 \times 10^{23}$)，$A$ 爲核種的質量。特定活性 $S$ 爲一放射性同位素特有的性質。

$$S = \frac{\lambda N_A}{A}\ \text{衰變數/秒} \tag{11-9}$$

**從屬產品的成長** 在衰變的過程中，一個新的生成粒子會逐漸形成，若此生成粒子是穩定的，則其濃度將會逐漸增加至與原母核種的濃度相同。但若生成粒子並非穩定時，則原母核種、生成粒子，及再生成粒子三者間的濃度變化，將視其相對的衰變速率而定。

在許多實際的情形中，放射性同位素衰變後所生成的新核種同樣會具放射性；經由此類似的衰變鏈現象會衍生出大量的核種。這些特殊衰變鏈反應的特徵，主要視其不同衰變粒子的相對衰變大小而定。

最簡單的例子是一個生成粒子自母原子衰變而成的成長情形。假設有 $N_1$ 個衰變常數爲 $\lambda_1$ 的母原子，及 $N_2$ 個衰變常數爲 $\lambda_2$ 的生成粒子。生成粒子的成長速率會隨母原子衰變與其自身衰變速率的差值增加而增加，即：

$$\frac{dN_2}{dt} = \lambda_1 N_1 - \lambda_2 N_2 \tag{11-10}$$

生成粒子的產生速率基本上是母原子的衰變速率。

以 $N_1$ 代入式 11-6，以 $N_{10}$ 表示初始的粒子數，則可得到：

$$N_1 = N_{10}\exp(-\lambda_1 t)$$

代入式 11-10 得

$$\frac{dN_2}{dt} = \lambda_1 N_{10}\exp(-\lambda_1 t) - \lambda_2 N_2 \tag{11-11}$$

移項

$$\frac{dN_2}{dt} + \lambda_2 N_2 = \lambda_1 N_{10}\exp(-\lambda_1 t) \tag{11-12}$$

此方程式可乘上積分因子 $e^{\lambda_2 t}$ 求解：

$$\exp(\lambda_2 t)\frac{dN_2}{dt} + \exp(\lambda_2 t)\lambda_2(N_2) = \lambda_1 N_{10}\exp(-\lambda_1 t)\exp(\lambda_2 t) \tag{11-13}$$

$$\frac{dN_2 e^{\lambda_2 t}}{dt} = \lambda_1 N_{10}\exp[(\lambda_2 - \lambda_{10})t] \tag{11-14}$$

積分可得

$$N_2 e^{\lambda_2 t} = \frac{\lambda_1 N_{10}}{\lambda_2 - \lambda_1}\exp[(\lambda_2 - \lambda_1)t] + C \tag{11-15}$$

積分常數 $C$ 可由邊界條件求得。當 $t=0$ 時，無生成粒子爲 $N_2=0$，使用此邊界條件式 11-15 可化簡爲：

$$N_2 = \frac{\lambda_1 N_{10}}{\lambda_2 - \lambda_1}(e^{-\lambda_1 t} - e^{-\lambda_2 t}) \quad \textbf{(11-16)}$$

**生成產物的特徵**　在式 11-16 中係假設 $N_2$ 之值在初始時爲 0，實際上由於生成粒子本身的衰變效應，在時間無限長時，其值將恢復爲 0，在這二個 $N_2=0$ 的時間端點間，$N_2$ 之值會在某個時間 $t'$ 時達到最大值。此時，增加的速率會經過一個轉折點即 $dN_2/dt=0$，由此定義及式 11-16，可得：

$$t' = \frac{\ln\lambda_2 - \ln\lambda_1}{\lambda_2 - \lambda_1} \quad \textbf{(11-17)}$$

**長期平衡**　放射性的平衡限制爲當 $\lambda_1 << \lambda_2$，且在許多生成半衰期爲已知的狀態下，母粒子的活性沒有明顯的下降，則此時稱爲**長期平衡**。$^{238}U$ 衰變爲 $^{234}Th$ 即爲一例，在此例子中，在許多半衰期後可計算出 $N_2$ 的趨近值爲：

$$N_2 = N_{10}\frac{\lambda_1}{\lambda_2} \quad \textbf{(11-18)}$$

**母粒子的連續產生**　在以上的計算係假設在初始時間時，母原子的量是固定的，而後衰變。在許多實際的情形下，母原子是會連續補充的。例如在核子反應器中，母原子的核種都會因被中子的攻擊而不斷地生成。另一個例子是在大氣層上空的核種被宇宙線照射後連續生成碳-14 粒子的現象。

**終端產物**　任何的放射性衰變鏈反應會終結於一個最終穩定核種的生成。對於一個穩定的核種 ($\lambda=0$)，其相關的計算方程式可令 $\lambda_2=0$ 並代入式 11-16 求得：

$$N_2 = N_{10}(1 - e^{-\lambda_1 t}) \quad \textbf{(11-19)}$$

其有更長衰變鏈反應的情形，亦可用類似的方式求解。

## 放射性同位素

**自然存在的放射性同位素**　在自然界大多數既有存在的 50 種放射性同位素中，可分爲三個系列：即釷系、鈾系及錒系。這三個系列的同位數均起始於具高原子量的元素 (分別爲鈾-238、釷-232，及鈾-235)，之後再分別進行一長串的阿爾法及貝他粒子放射，直到產生一個穩定同核種 (分別爲鉛-206、鉛-208 及鉛-207)。這三類衰變鏈反應均發生在具高原子量的元素中。原子量低於 82 的原子，很少有天然放射性衰變的情形發生。

這些自然存在的放射性物質的半衰期均十分長久，即使在地球生成時便已存在，其放射性迄今仍然存在。

氫-3 (氚) 及碳-14 是二個在自然界存在，但嚴格而言並非自然發生的同位素。這些放射性同位素是在地球大氣層上空經宇宙射線的照射所生成的，目前這些同位素因生成與衰變的速率相當，數量仍維持平衡。此類同位素存在的現象在考古學的探討上特別具有實用性。

**人工製造的放射性同位素**　人工放射性同位素主要是藉核子反應器或粒子加速器所製造。回旋加速器由於攻擊粒子的能量取得容易，且輸出功率較高，故最常使用爲粒子加速器。一個穩定的同位素可經由一個適當轟擊粒子 (電磁波或粒子) 對某個目標核種的攻擊而生成所要的核子反應粒子。

在加速器中，質子、氘原子或阿爾法粒子是最常使用的轟擊粒子。如鋅-64 被來自回旋加速器所生成的氘轟擊時，氘與鋅-64 核種會結合成一個新的元素。此新的元素具有 $30e+e$ 的電荷及 $64+2$ 的原子量，即鎵-66 ($^{66}Ga$)。這短暫的中間衰變產物會經許多不同的方式進一步的裂解。如當其放射出質子時，最後核種的電荷爲 $32e$，而原子量爲 65，即 $^{65}Zn$。此同位素並不發生在自然界。

對於工業應用的放射性同位素生產技術而言，最常運用的是與熱中子 (thermal neutrons)有關的核子反應。其方式是將一個以適當容器盛裝的目標樣品，插入反應器的核心停留不同的時間。在此反應器核心處有數量眾多的熱中子，這些熱中子會與目標核種反應生成所欲的放射性同位素，此即所謂**中子活化** (neutron activation)。

## 核分裂

**核子反應器** (nuclear reactor) 是由可進行核分裂的物質 (如鈾-235、鈽-239 或鈾-233) 所裝配而成，其可維持自身持續的**鏈鎖反應** (chain reaction)。當這些核種被具有適當能量的中子所轟擊中，則將會**分裂** (fission) 成碎片及中子。當核子反應繼續進行時，至少有一個生成的中子會再轟擊並引發另一次的核分裂或其他的核子反應。因此，其將存在一個無法維持自身持續反應

的最小 (臨界) 質量。在眞實的反應器中會裝置過量的核分裂物質，以確保可取得足量的中子。這些過量中子的製造是由調節器 (moderator) 所控制。此調節器是由具有中子捕捉性質的物質如硼、鎘，或鉿製成的控制棒 (control rod) 所構成，適當地在反應器中進出，以調整過剩的中子量。

在核分裂反應發生時有劇烈放熱的現象，這熱量必須以冷卻系統加以有效移除，以避免反應器組件內熔化毀損。當無法有效控制時，便會發生原子爆炸。

核分裂後所生成的碎片通常爲質量較小的元素。一般而言，當一顆核種分裂爲二個碎片時，會有約 200 MeV 的能量釋放出來。鈾核種每次分裂時，所生成的裂解碎片會不同。核分裂的形式並非以對稱的方式進行，且方式超過 30 多種。最常生成同位素的質量數範圍是在 95 至 139 之間。

核分裂所生成的碎片粒子具有非常大的中子/質子比率，極爲不穩定；在穩定核種生成之前，會在衰變鏈反應中經過許多的過渡狀態。

核分裂碎片粒子因具有高的質量及極高的初始電荷，故存在的時間極爲短暫。因此，當鈾核種進行核分裂時，其便被保存在燃料元素 (fuel element) 中。在廢棄的核子反應器使用的燃料元素中，會保有極大的放射性能量，因此造成後續處置及處理的困難。核分裂碎片粒子本身有時會被工業應用做爲放射性能量的來源。

## X 射線的製造*

x 射線是在 1895 年由 Wilhelm Conrad Roentgen 所發現。在其研究過程中，他用一個黑盒子蓋住陰極射線管並觀察一個以氰化鉑鋇披覆螢幕上的螢光。經進一步的觀察，他確定系統中會存在一種可以穿透不透明物質，且會在某些化學物質上產生螢光新的不可見光射線，他便將此不可見光射線稱爲 *x* 射線。由於這些研究者的發現；故有時 x 射線亦被爲倫琴 (Roentgen) 射線。

如前所述，x 射線與 $\gamma$ 射線一樣均爲電磁波且屬相同的光譜範圍。如同 $\gamma$ 射線一樣，x 射線可以穿透固體物質，且與物質的交互作用、生物效應，及光照效應也都相同。

* 本節討論取材自 U.S. PHS, 1968.

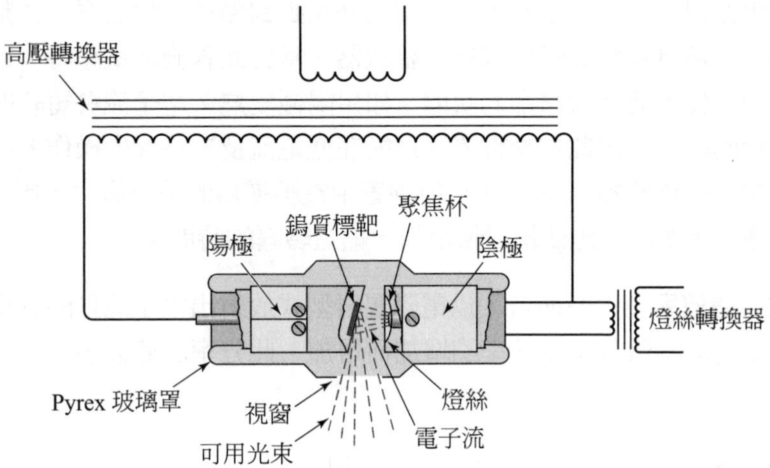


**圖 11-2**　自行調整電路中典型的 x 射線管。

然而 $\gamma$ 射線是源自原子的核種之中，x 射線則源自原子核種外高速電子交互作用的生成。因此，x 射線與 $\gamma$ 射線二者間會有能量分佈的差異。自單一放射性核種放出的 $\gamma$ 射線會具有一個或許多個不同的射線能量。x 射線則具有較寬且連續的光譜，此特性將在後續的章節加以說明。

**X 射線管**　當物質被一串高速的電子擊打時，將會產生 x 射線。此係由於電子在目標物質中突然的停止或原子偏轉所致。圖 11-2 為 x 射線管的圖示，其可產生高速的電子並與物質產生反應。x 射線管基本組成的元件包括 (1) 由高度真空玻璃封住的陰極與陽極，(2) 自陰極產生電子的來源物質，(3) 置於電子束運動路徑上的標的物 (或陽極)。

William D. Coolidge 在 1913 年發展了一種熱燈燈管，使此類技術有了長足的進步。目前大多數的 x 射線管均屬此種類型。在此型 x 射線管中，自由電子會在一個真空管中被白熱燈絲加溫高熱的過程中產生，再藉電場的提供，將電子加速。在該熱燈絲管中，輻射光的種類與強度可個別地以簡單的電力調節方式控制。輻射光強度會直接與所提供的電流成正比，並與電壓的平方成正比。在全部的使用壽命中，若系統可維持合理的操作時，此種方式可得到範圍更大的波長與強度。

x 射線管操作時所需用的高電壓可用逐步上升的變壓器 ，通常以交流電方式輸出獲得。由於電子必須只能由陰極流動到陽極，故需要一些整流作用的調整。一個自身整流管可成爲其整流器。當對此管施加電壓時，電子會自陰極流到陽極，而保持冷卻的狀態。如果陽極變熱，電子流會短時間內逆轉造成陰極的損壞。因此自身整流管只能在低電流及短時間內操作。在電源供應系統中使用整流器，可避免 x 射線管中電壓逆轉的情形發生。因此，x 射線管可運用更多的電源使輻射量增加，縮短曝露的時間。

**X 射線製造效率**　一般而言，以電磁輻射型式放射出電子能量的分率，會隨目標原子的原子數及電子速率的增加而增加。此分率之值甚小且可以下列經驗式表之：

$$F = 1.1 \times 10^{-9} ZV \qquad \textbf{(11-20)}$$

其中 $F$＝電子能量轉變爲 x 射線的分率
$Z$＝目標原子的原子數
$V$＝電子的能量 (volts)*

一般而言，所供應的電源轉變爲 x 射線的分率會小於 1%，其餘超過 99% 的能量則在目標原子上，以游離及激發後的熱量型式釋放出來。因此目標物的電子轟擊會導致高溫，若這些熱量無法迅速地移除，則該目標物將會融化。此熱量產生的現象是限制 x 射線管容量的主要因子。

一個適當的目標物必須具有以下的特徵：

**1.** 高的原子數，因爲效率會與 $Z$ 成正比
**2.** 高融點 (因爲系統會產生高溫)
**3.** 高熱傳導性以消散熱量
**4.** 在高溫時有低蒸汽壓以防止目標蒸發

**連續光譜**　當高速電子被目標物阻擋而停止時，所輻射出的能量中會具有連續分佈的頻譜 (波長)。當快速運動的電子進入目標物的表層時，會與目標物核種的庫侖場 (coulomb field) 碰撞而突然地減慢，並與原來運動的方向相反。每當電子生速度或方向 (或二者同時) 突然改變時，能量便以 x 射線的型

* 電子能量通常以施加在燈管的電壓表示。

式放射出來，放出的能量大小則視電子減速的情形而定。若電子在單一的碰撞後靜止，所生成的質子能量將相當於電子的最大動能，若電子受到較緩和的碰撞，則會產生能量較低的質子。因爲各種不同的碰撞形式皆可能發生，故所有不同能量的質子均會生成，此即 x 射線具有連續分佈光譜出現的原因。在光譜中最大的光強度 (曲線的波峰) 約爲最小光強度的 1.5 倍。由 x 射線所放射出的總輻射能量可以光譜曲線下方的面積來表示。光強度經發現係與電子電流 (攻擊目標物的電子數) 成正比。

## 輻射劑量*

基本上，游離輻射對一個生物體所造成的傷害，係因生物體的細胞及組織吸收到輻射能量所致。這些被吸收到的能量 (或稱劑量) 使生物細胞分子產生化學分解，而分解的機制會與輻射及組織與原子間游離和激發反應的交互作用有關。細胞或組織游離輻射所產生的離子對數量，相對於生理上傷害的程度，可以用一定劑量的輻射配合實驗來加以量測。理想的輻射劑量測量基準，可以用在所欲介質中產生的離子對 (游離) 數目中來作依據，在實際的應用上，曝露劑量中所定義的介質爲空氣。

**曝露劑量——倫琴**　x 射線或 $\gamma$ 射線在一特定空間的曝露劑量，主要係視其在空間中產生游離的情形而定。用來表示 x 射線或 $\gamma$ 射線曝露劑量的單位爲倫琴 (roentgen, R)。使用倫琴來表示曝露劑大小的好處，是其與吸收劑量有關，而吸收劑量在預測因輻射引起的生物效應 (傷害) 時十分重要。

倫琴的定義爲：在 0°C，1 大氣壓及 1 esu (靜電單位) 下，1 $cm^3$ (或 0.001293 g) 乾燥空氣†所產生的 x 或 $\gamma$ 射線量。偵測劑量的工具與方法須與輻射的游離性質相互配合。必須注意的是，此曝露劑量單位是以空氣游離量爲基礎，而不是游離量或在空氣中吸收劑量的單位。

**吸收劑量——格雷**　吸收劑量是指每單位受照物質接收游離輻射的量，單位以格雷 (gray, Gy) 表示。一格雷相當於每公斤受照體吸收 1 焦耳的能量。以前所使用的吸收計量單位爲雷得 (rad)，一雷得相當於吸收量爲 100 ergs/g，

---

* 本節討論取材自 U.S. PHS, 1968.

† STP 下 1 $m^3$ 的空氣質量爲 0.001293 g。

1 Gy＝100 rads。在此必須特別強調的是倫琴的單位僅可使用在 x 或 $\gamma$ 輻射，格雷單位的使用則不受游離輻射或吸收介質的種類所限制。

倫琴與雷得二單位可相互轉換，但必須先知道二項資料：入射輻射的能量及受照物質的質量吸收係數。

---

**例題 11-3** 在空氣中測得 $\gamma$ 輻射量為 1.0 倫琴，根據經驗觀察得知，在空氣中每形成 1 個離子對會有 34 eV 的能量轉移 (或吸收)，則在空氣中相對的吸收劑量應為多少？

**解**：為形成每 0.001293 克有 1 esu 的空氣 (STP 下 1 $cm^3$ 的質量)，則每克受照空氣必須產生 $1.61\times10^{12}$ 個離子對，因此，使用經驗來估計，我們可發現總吸收能量為:

$$(34\ \text{eV/離子對})(1.61\times10^{12}\ \text{離子對/克})=5.48\times10^{13}\ \text{eV/g}$$

化成爾格單位，

$$(5.48\times10^{13}\ \text{eV/g})(1.602\times10^{-12}\ \text{erg/eV}) = 87\ \text{ergs/g}$$

因為 1 erg＝$1\times10^{-7}$ J，在標準狀況一特定體積的空氣下，每曝露在一倫琴的輻射下，會吸收的劑量為:

$$(87\ \text{erg/g})(10^{-7}\ \text{J/erg})(10^{3}\ \text{g/kg}) = 8.7\times10^{-3}\ \text{J/kg} = 8.7\times10^{-3}\ \text{Gy}$$

---

**相對生物有效性 (質量因子)** 雖然所有的游離輻射均能產生類似的生物效應，但由於吸收劑量的不同，不同種類的輻射所產生的特定效應會有相當大的差異。這現象的差異可以用**相對生物有效性** (relative biological effectiveness, RBE) 的量來加以描述。對一種特定輻射的 RBE，其定義為 $\gamma$ 輻射 (針對某特定能量) 的吸收量 (grays) 相對於產生相同生物效應輻射吸收劑的比率。因此，如果一個緩慢而吸收劑量為 0.2 Gy 的中子輻射，會產生與 1 Gy $\gamma$ 射線所能到的相同生物效應，則此緩慢中子的 RBE 為：

$$\text{RBE} = \frac{1\ \text{Gy}}{0.2\ \text{Gy}} = 5$$

各種核子輻射 RBE 值的大小與許多不同的因素有關，如輻射能量、生物損害的種類與程度，及受照生物組織的性質等。

**組織權重因子 ($W_T$)**　組織權重因子 (tissue weighting factor, $W_T$) 為計算輻射劑量時所用的調整因子，藉以修正不同的生物組織與器官對於放射性同位素的放射敏感性 (radiosensitivity)，因為有些組織與器官對放射性非常敏感，有些則否。例如，碘很容易進入甲狀腺的組織中，故甲狀腺對碘的放射線十分敏感，因此碘放射線的組織權重因子 ($W_T$) 就很高。組織或器官對放射線不敏感時，則其 $W_T$ 值很小或為零。

**希沃特**　建立 RBE 的觀念後，有利於認識在此將介紹的另一個單位──希沃特 (Sv)，1 **希沃特**相當於 1Gy 的 $\gamma$ 輻射散發出的相同生物反應的輻射劑量，其係為"倫琴人受等值" (roentgent equivalent man) 的縮寫 (1 Sv＝100 rem)。格雷是用來表示吸收能量的方便單位，但其並不說明特殊核子輻射所引致的生物效應。希沃特的定義如下：

$$\text{劑量 (Sv)} = \text{RBE} \times \text{劑量 (Gy)} \times W_T$$

其係提供生物體吸收核子輻射後，所遭到特定生物損害的一項指標。因此希沃特為生物劑量的單位。

## ⚠ 11-2　游離輻射的生物效應*

由游離輻射所導致的生物傷害，多年來已廣為人知。在文獻上第一件人體受輻射傷害的案例，是在 1895 年倫琴 (Roentgen) 首度發表論文公開 x 射線發現後的幾個月。但早在 1902 年，第一件 x 射線導致癌症的案件，就已在文獻中出現。

到了 1920 及 1930 年代，由於早期的輻射專家、鐳工業的從業人員，及其他職業族群的經驗與發現，人體曝露於輻射線下會導致傷害現象的證據大量地出現。但對於因長期、低劑量的輻射曝露所造成生物傷害，則直到 1950 年代才開始受到重視，目前大部份人類對輻射造成生物傷害的知識，大都是在第二次世界大戰以後才逐漸累積的。

### 生物效應的接續型態

由輻射線所造成的生物損害，依順序可分為以下三類：潛伏期、證實期

---

* 本節討論取材自 U.S. PHS, 1968.

及回復期。

**潛伏期** 在生物體受到輻射後，至首次檢測出傷害之前，通常會有一段時間落差，稱**潛伏期**。潛伏期的時間間距可能會很久。事實上，因輻射所引發的生物效應可分爲短期 (急性) 及長期 (或延遲性) 二類，其中在數分鐘、數日或數週出現效應者屬於**急性效應**，而在數年、數十年或數代出現者則屬**延遲性效應**。

**證實期** 一個成長中的組織受到輻射光照，在潛伏期中或之後，會有某些個別的效應逐漸出現，其中最常見的是細胞有絲分裂的停止，此現象可能是短暫的或永久的，視輻射劑量的多寡而定。其他的生物效應包括染色體破壞、染色分體異常、巨大細胞的生成或不正常的有絲分裂、細胞質的顆粒化、斑點特徵的改變、原生質黏度的改變，及細胞壁滲透性的乾燥變化等；這些效應會個別地在其他不同的刺激中重複出現，但任何單一的化學藥劑並不能使全部效應重新再現。

**回復期** 在經過曝露一段時間的輻射後，生物效應會回復到某些程度，特別是對急性的傷害尤爲明顯，意即會在受照後的數日或數週後會回復；但殘餘的傷害並不能回復，此亦爲延遲傷害發生的原因。

## 生物效應的決定要素

**劑量-反應曲線** 對於任何造成生物性傷害的試劑而言，將使用的劑量與其相對產生反應或傷害間的關係加以描述是十分有用的。所謂輻射“傷害量”，可以用受光照動物體上異常細胞出現的頻率，或受輻射人群中，慢性病出現的案例來表示。使用劑量-反應曲線可描述以上二個變數的關係。有關輻射所產生的效應可由該曲線的性質與形狀上觀察得到。圖 11-3 與圖 11-4 爲二種可能的曲線圖。

圖 11-3 爲典型的“門檻”曲線。與橫軸相交的點爲門檻劑量。劑量在該點以下時，不會有反應。若有立即且可察覺的輻射效應發生，如皮膚發紅的現象，則可應用此種反應曲線。輻射的反應必須要輻射高於某最小劑量時，才會出現。

圖 11-4 爲線性、非門檻性、相關且與橫軸相交於原點的反應曲線；即在

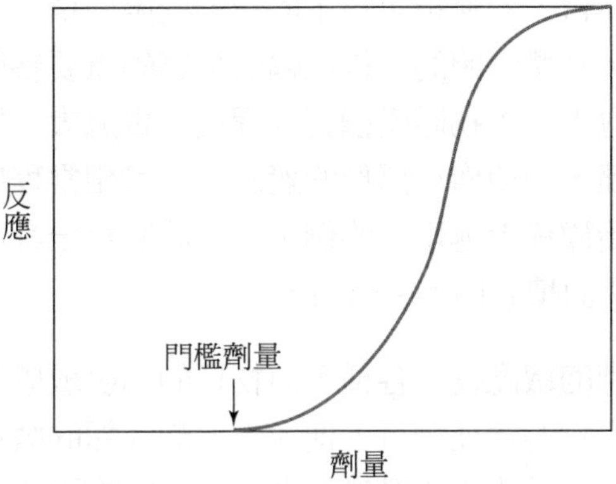


**圖 11-3**　描述門檻劑量的劑量-反應曲線。

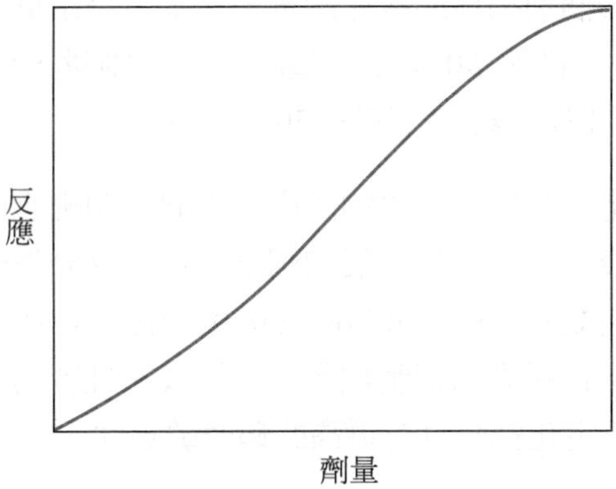


**圖 11-4**　無門檻劑量之劑量-反應曲線反應劑量。

該曲線中，無論輻射劑量多小，均會導致某種程度的反應。據實驗顯示，輻射所引起的基因效應爲非門檻性的現象，有關預防人體遭受輻射傷害的保護規範亦基於非門檻性效應的假設而制定。因此，有許多人即使只曝露於非常小的輻射劑量時，亦可能存在某種程度的風險。此種假設導致在制定可接受輻射曝露規範的工作時會相當複雜，因爲在“可接受風險”(acceptable risk)的觀念中，受輻射照射所產生的益處，必須與危害一併納入考慮。

**吸收速率**　輻射的吸收速率是影響生物效應發生情形的重要因素。當輻射損害發生後，且可有相當的回復的程度時，特定劑量輻射所造成的生物效應會較單一曝露下的情形減低，且在劑量強度增加前有足夠回復的時間。

**曝露面積**　一般而言，若無指定特定的身體受照面積，則外部輻射曝露是假設對全身的輻射。身體受照的部位是輻射曝露的重要參數，因爲其他因子固定時，受照面積愈大，生物體受損害的程度也會愈大。對具高輻射敏感性的組織如脾臟及骨髓，即使僅作部份的遮蔽，亦可相當程度地緩和可能發生的生物效應，輻射治療係上述現象的例子，若將照至全身可能致死的劑量，只照射在局部有限的面積 (如腫瘤部位)。

**物種的變化及個別的敏應性**　各種不同物種的輻射敏感性的差異性甚大，例如對於植物及微生物的致死劑量，便遠大於哺乳類的數百倍，即使是用屬齧齒類的不同物類，輻射敏感性相差 3 或 4 倍，亦是尋常之事。

即使在相同的物種中，因生物變化特性的差異，會使個體的敏感性有所不同。因此，對於個別物種的致死劑量，基本上是由實驗統計而得。物種的 $LD_{50}$ 值，係表示可殺死 50% 物種量時所須的劑量，此爲一標準的統計方式。對人類而言，$LD_{50}$ 據估計約在 450 雷得左右。

**細胞敏感性的變化**　在同一個生物體中，不同種類細胞及組織的敏感性亦有很大的差別。一般而言，容易分裂的細胞會較不易分裂的細胞具有更高的輻射敏感性。且未特定化 (non-differentiated) 的細胞會比特定化的細胞具有更高的輻射敏感性。在相同的細胞類形中，不成熟且容易分裂者會比較老、成熟、停止分裂的特定化細胞具有更高的輻射敏感性。

## 急性效應

急性劑量輻射是指在非常短的時間內，大部份身體受到輻射光照的情形。如果所受到的輻射量夠大，急性劑量所導致的效應會在數小時或幾天內出現。此時的潛伏期會相對地較短，且當劑量提高時，反應進展的速度也較緩慢。這些因短期輻射效應所引起的現象與徵候，通稱爲**急性輻射症候群** (acute radiation syndrome)。

這些急性輻射症候群依發生的順序可分爲以下幾個階段：

1. **初始階段** (prodrome)：這些症候群的初始階段通常會有噁心、嘔吐及不適的現象，與急性病毒感染初期常見的反應現象頗爲類似。
2. **潛伏期** (latent stage)：此階段與病毒感染時的病毒潛伏期相似，主觀的病徵候可能會消失，人體會感覺舒適，但經過一段時間後，造血組織可能會發生病變，而導致下一個症候群階段發生。

**3.** 明顯發病期 (manifest illness stage)：此時在臨床上會有輻射傷害相關的現象出現，包括發燒、感染、出血、嚴重腹瀉、精神疲勞、神智混亂、心血管衰弱等，這些症狀發生的嚴重程度主要視人體所接受到的輻射劑量而定。

**4.** 回復或死亡 (recovery or death)。

## 劑量與急性輻射症候群的關係

如前文所述，不同種類的細胞有其不同的輻射敏感性。例如在相對較低的劑量下，未成熟的淋巴結節白血球與骨髓細胞會有極高的輻射敏感性，且在明顯發病期中，會有顯著的生物效應，如發燒、感染及出血等。此即所謂急性輻射症候群中的紅血球生成型式 (hematopoietic form)。

在較高劑量 (通常超過 6 Gy) 時，敏感性較低的細胞會被損傷，如胃腸道細胞的重要生物屏障被破壞的現象即為一例，其結果會導致水分流失、嚴重的感染等，此等現象即為急性輻射症候群的胃腸型式 (gastrointestinal form)。

在大腦型的症候群中，當劑量超過 100 Gy 時，對輻射抵抗力相對較高的中樞神經系統會受到損害，並很快地引起神智混亂與休克。

由於輻射損害所造成的傷害差異程度極大，故欲決定導致上述各症候群的準確劑量有其困難，但以下的概述，可做粗估的參考。若劑量小於 0.5 Gy，在一般實驗室或臨床測試中並未發現有損害的發生。在 1 Gy 時，大多數人類個體並沒有特殊的徵候，雖然已有少部份輕度的血液病變。在 2 Gy 時，大多數人體上都會有損害的現象，此劑量水準對於輻射非常敏感的個體而言，可能致命。當劑量為 4.5 Gy 時，已達到平均致死劑量，會有 50% 的個體死亡。6 Gy 約為胃腸型急性輻射症候群的門檻劑量，8 至 10 Gy 則已達確定致死的劑量。

## 延遲效應

輻射的長期效應是指在受曝露後數年之久才會顯現傷害的現象，其潛伏期遠較急性輻射症候群為久。延遲輻射效應通常導因於人體在數年中，時常接受急性、高劑量或慢性、低劑量的輻射所致。

輻射的長期效應並不引發特別的疾病，據統計，這些效應的確會隨人體長期的輻射曝露而增加。但足以致病的環境條件並不常見，故須觀察大量受輻射的人口樣品數，才能確定這些長期的效應。因此，生物統計學與流行病學上的方法亦被使用來探討劑量與效應間的關係。在延遲效應的研究中，除了需要大量的人體樣品數外，各潛伏期的差異性亦會造成研究的複雜性。在一些案例中，許多輻射引發的疾病，必須要數年之久才能觀察記錄求得。

值得注意的是，雖然許多輻射效應可以藉由動物實驗加以間接證實，但由於輻射生物作用的不同，這些實驗數據仍難以有效地應用在人體上。尤其當有些受輻射傷害的人體在先前已患有既存的疾病時，會增加與未受輻射傷害者比較生物效應時的困難，以致無法獲得有意義的結論。

雖然有上述的困難存在，惟經由臨床實驗的發現，均已證實人體經過長期的輻射曝露，的確會使致病的風險升高，這些資料已補充並證實了由動物實驗所發現的相同效應。

延遲效應所產生的體質損害包括癌症、畸形胚胎、白內障、壽命減短及基因突變等。選用適當的動物物數、劑量來進行輻射，是一般常用的致癌動作，這會在許多不同的生物組織上造成腫瘤。而在人體輻射曝露的現象中，亦已發現許多引起不同腫瘤的證據。

**人體證據**　在輻射對人體實驗觀察與流行病學的研究中，或多或少已顯示輻射致癌的性質，以下是上述發現的摘述。

在 1900 年代早期，延遲輻射效應尚罕為人所知，人們以黑貂細毛刷子在手錶與時鐘中的數字上，塗上含有鐳成分的發光漆時，常用唇或舌頭輕觸這些含發光漆的刷子，年輕婦女們經常受雇在此類工廠工作；數年之後，經過調查結果顯示，這些長期攝食含鐳油漆的工人發生許多骨癌及惡性腫瘤的情形，此係鐳一直累積在骨骼中所致。

有些早期的醫藥與牙醫的 x 射線使用者，對於輻射累積的劑量的危害亦普遍缺乏警覺。早在 1910 年便有醫師因癌症死亡的報告，其成因即疑為 x 射線的照射。早期的開業醫師亦有許多皮膚癌的發病案例。例如，許多牙醫的手指頭因必須重複地接觸病人口中的牙模而受到損害。

在 1900 年代早期，在歐洲有一些大的瀝青鈾礦場，礦工們由於吸入空氣中大量的放射性物質，因此普遍罹患肺癌。據估計，在瀝青鈾礦場工作的工人罹患肺癌的風險，較一般人高出 50%。

在對於日本廣島原子彈爆炸後生還者所作的流行病學的調查研究證明，輻射的確會導致人們引發白血病。這些生還者據估計係約曝露在 1 Sv 的劑量，使白血病的案例顯著增加。此外，白血病發生的情形與所估計的劑量 (或與爆炸點的距離來表示)，有一致的相關性，更加強化輻射曝露致病的假設。在那些受大量輻射的生還者身上亦發現有明顯的甲狀腺癌的現象。

在一項針對孕婦與胎兒輻射的先驅性研究中發現，若母親接受骨盤的 x 射線檢查，則在子宮中產生白血病胎兒的風險便會增大。這些白血病胎兒的母親被詢問及懷孕期間接受輻射的情形，所得的結果再和對照組 (未發生白血病胎兒) 母親的回答加以比對。由於此項研究部份是以孕婦受輻射情形的問卷結果取得資料，故在開始時受到很多的批評，因此二組孕婦回憶的不確定性，可能導致結果的偏差。後來經由許多研究的修正與實驗，已能面對過往的質疑，並確實證明產前 x 射線的照射與胎兒罹患白血病的確有關。

如前所述，不成熟、未分裂及與快速分裂的細胞具有高的輻射敏感性，故胚胎及胎兒的組織受到相對較低劑量照射時，會很快地受到傷害的情形便不足爲奇。在動物實驗中已證實，將胚胎曝露於 0.1 Gy 的輻射劑量下即會產生傷害，而人類胚胎是如此敏感的，應無庸置疑。

雖然胎兒所受到特定傷害的種類會與劑量、遭受輻射時的懷孕階段有關，但大部份產前輻射所造成的損害是以中樞神經系統爲主。在懷孕的最初幾週，胎兒對輻射最爲敏感，如不愼受到輻射傷害，甚至有致死的可能。因此，在胚胎早期成長階段的輻射防護十分重要，避免孕婦在毫無知覺下，使胎兒受傷。基於此因，國際輻射防護協會 (International Committee on Radiological Protection) 建議，在婦女懷孕停經後 10 天以內，骨盤部位應避免例行性診療性的輻射，以降低受精卵傷亡的可能性。

在婦女懷孕大約二到六週時，此時孕婦可能尙未察覺自己已懷孕，胎兒最容易因輻射產生先天性的異常現象。在此階段，胎兒的致死率雖較剛受孕的胚胎爲低，卻容易產生形體上的缺陷。

在懷孕的末期，胎兒的組織對輻射已較具有抵抗能力，但受到輻射後，亦會有功能性的傷害，特別是中樞神經的損害。這些胎兒在生產期間所受的傷害，並不容易量測與評估，因爲這些症狀會有相當的潛伏期，且型態會隨時間而改變。已有相當的證據證明，當孕婦在產前避免使用導致白血病效應的輻射曝露時，其胎兒對輻射傷害的敏感性也會降低。在懷孕末期，另一個必須注意的輻射危害為胎兒不成熟細胞的基因突變，該相對的門檻劑量則尚未建立。

**壽命縮短**　在許多的動物實驗中，已證實輻射確實會有使動物壽命減少的效應。此老化的過程十分複雜且不易探究，目前對此眞正的機制所知甚微。在這些實驗中，受輻射照射的動物雖會與未受輻射照射的動物死於相同的疾病，但會提早致病死亡。有關輻射所引發老化及其致病的程度，目前則尚未有定論。

## 基因效應

**背景**　受精卵為精子與卵子結合形成的單一細胞，之後再經過數百萬次的細胞分裂發展成新的完整組織。一個新生物體的生命特徵主要與受精卵細胞核中的 23 對染色體有關。在每一對染色體中，其中一個是來自母體，另一個是來自父體。胚胎的組織在經由一次次重要的細胞分裂後逐漸形成，在每一個新細胞的細胞核中會包含這些所有的分裂現象。當然，此亦包括在新組織中可能變為精子或卵子的精子細胞，這些分裂特性將會遺傳至下一代。上述的遺傳資訊通常就像代碼一樣，可以重複數百萬次而不會產生錯誤，但是細胞核中的遺傳物質可能會因為外部的影響而受到破壞，此時細胞分裂過程中的基因資訊便會產生扭曲。當睪丸或卵巢中即將成熟的精子或卵子細胞發生此種改變時，稱為**基因突變** (genetic mutation)。如果受損害的精子或卵子細胞在懷孕的過程中結合，則該缺陷將在受孕體的新組織的所有細胞中複製，包括成形新的精子或卵子在內，這種源起的突變現象將會遺傳至後代子孫。

許多基因學者均認為，大多數的基因突變都是有害的。由於傷害的效應，這些生物體無法正常地繁殖，因此會自然地在族群中逐漸消失。且因突變產生的缺陷愈嚴重，生物體消失的速度也會愈快。對於較輕微的突變傷害而言，在物種逐漸消失之前，可能會延續好幾代的時間。

為平衡因突變傷害所淘汰的物種數目，新生的物種會持續地產生。許多化學藥劑均有致突變性，且以目前人類現有的知識對其所知仍然有限。此外，組織中的精子細胞在無外部影響下，亦可能會產生突變。導致突變的外部因素包括化學藥品、某些毒品，及如溫度上升與游離輻射等物理因子。自然界中的背景輻射亦可能會導致某些小部份的自然突變。對人類而言，背景輻射所引發的突變約爲總數的 10% 以下。當性腺被人爲的輻射照射時，所造成的突變情形將會比自然輻射時更爲明顯。值得注意的是，輻射只是造成突變速率增加外部影響的其中一種因素而已。

**動物證據**　游離輻射導致突變的性質，最早是在 1927 年以果蠅爲對象的實驗中發現的。之後，類似的實驗亦延伸到其他的動物，且有很多的實驗是在老鼠身上進行的。藉由動物實驗可以得到有關輻射基因效應的主要資訊，並可自許多嚴謹的實驗中得到對健康的一般性推論，包括 (1) 對輻射的基因效應而言，不存在所謂的門檻劑量，即傷害發生的下限值；(2) 因輻射曝露所導致的突變傷害程度，似乎與劑量速率 (dose-rate) 有關，故若曝露時間較短時，突變傷害的程度也會較小。

**人體證據**　對於人類基因效應的主要研究，係以 1945 年日本原子彈爆炸後的倖存者爲對象的調查。那些受輻射傷害的某些對象群，例如母親已受輻射傷害而父親則無的家族，其子孫中男女性別的比率，被作爲突變速率可能增加的指標。假設某些母親的突變傷害是劣性的、致死的，且與性別有關的，則發現這些家族中男孩出生的比率會較正常未受輻射傷害的家族少。這項發現是在早期的報告中報導的。但在經過分析更多複雜的數據後，並未能證實先行所述的性別比率效應。

另一項研究是在調查與比較患白血病幼兒的父母親與正常幼兒的父母親在懷孕前接受輻射的情形。此項研究結果顯示，接受過 x 射線診療母親所生出的孩子，患有白血病的機率確實較高。該結果證實輻射所導致者係屬基因效應，而非胚胎效應，因爲此時輻射的曝露是在母體受孕之前。

另一個證明嬰兒父母親受輻射情形的類似研究爲唐氏症 (Down Syndrome) 的探討。研究中的輻射曝露均發生在受孕之前。研究顯示，在受孕前接受過螢光與 x 射線治療過的母親所生出嬰孩，會比對照組中的正常嬰孩出現更多的唐氏症。

以上二個研究發現似乎已初步提供了游離輻射對人類致突變性的證據。然而，這些發現所得到的結論仍有所保留，因爲所研究的人群對象對於 x 射線的需求性可能是很大的差異。這些差異可能導致出生兒白血病或唐氏症發生機率的偏高，與原接受的輻射曝露無關。直至今日，尚未有輻射曝露造成人類基因效應的有力證據。

## ▲ 11-3 輻射標準

有關輻射的標準係以在游離輻射職場工作的從業人員與一般大眾二類來區分，從而建立其曝露 劑量的指導綱要與準則。雖然現在已有許多不同負責輻射標準設定的團體，但一般而言，這些團體間的設定限制是一致的。美國核子法規委員會 (Nuclear Regulatory Commission, NRC) 已公告**聯邦法規規範** (Code of Federal Regulations, 10 CFR 20)，該輻射劑量的指導綱要已將自然背景劑量的效應納入。

職業性曝露容許劑量的設定是基於以下的假設：此曝露群是受監督與控制的、被稽核的、對其工作與相關的風險是有認知的、只有在工作時受到輻射，且每週工作時數爲 40 小時、健康情形良好。如符合上述條件，則規定每人每年所接受的輻射劑量不宜超過 0.05 Sv。

對於一般大眾而言，建議每年每人全身可容許的輻射劑量爲 0.001 Sv。該劑量並未包括藥物與治療牙齒時所接受的劑量，因爲診療與治療所用的劑量可能遠遠超過此數量。

除了上述的劑量規定外，NRC 還制定放射性核種排放環境中的標準。表 11-2 爲其中一例。表中的各濃度已納入其背景濃度，並取年平均值。各放射性核種排放入空氣或自然水體中的濃度，不得超過表中所列之值。當同位素爲混合物且其輻射排放至未受限制的區域時，則相對的容許濃度可以下式說明之：

$$\frac{C_A}{MPC_A}+\frac{C_B}{MPC_B}+\frac{C_C}{MPC_C}\leq 1 \tag{11-21}$$

其中 $C_A$、$C_B$、$C_C$＝放射性核種 A、B 及 C 的濃度，$\mu$Ci/mL

$MPC_A$、$MPC_B$、$MPC_C$＝10 *CFR* 20 附錄 B 表 II 中各放射性核種 A、B、C 的最大允許濃度

**氡** 不同於環境中輻射曝露與釋放的標準，美國環保署將氡視爲室內空氣品質的重要放射性元素並制定標準。此係因氡並非是人類活動所形成，而是自然發生的。美國環保署所制定的指導綱要中建議氡的年平均曝露極限爲空氣的 4 pCi/L。

表 11-2　各放射性核種在空氣或自然水體背景濃度以上的最大容許濃度

| | | 職業性數值 | | | 排出濃度 | | 排入下水道 |
|---|---|---|---|---|---|---|---|
| 放射性核種 | 類別 | 口服<br>ALI ($\mu$Ci)[b] | 吸入<br>ALI ($\mu$Ci) | 吸入<br>DAC ($\mu$Ci)[c] | 空氣<br>($\mu$Ci/mL) | 水體<br>($\mu$Ci/mL) | 平均濃度值<br>($\mu$Ci/mL) |
| 銀 -131 | D[a], 所有化合物 | $3 \times 10^{3}$ | $8 \times 10^{3}$ | $3 \times 10^{-6}$ | $1 \times 10^{-8}$ | $4 \times 10^{-5}$ | $4 \times 10^{-4}$ |
| 鈹 -7 | W, 除 Y 以外的所有化合物 | $4 \times 10^{4}$ | $2 \times 10^{4}$ | $9 \times 10^{-6}$ | $3 \times 10^{-8}$ | $6 \times 10^{-4}$ | $6 \times 10^{-3}$ |
| | Y, 氧化物、鹵化物及硝酸鹽 | — | $2 \times 10^{4}$ | $8 \times 10^{-6}$ | $3 \times 10^{-8}$ | — | — |
| 鈣 -45 | W, 所有化合物 | $2 \times 10^{3}$ | $8 \times 10^{2}$ | $4 \times 10^{-7}$ | $1 \times 10^{-9}$ | $2 \times 10^{-5}$ | $2 \times 10^{-4}$ |
| 碳 -14 | 單氧化物 | — | $2 \times 10^{6}$ | $7 \times 10^{-4}$ | $2 \times 10^{-6}$ | — | — |
| | 二氧化物 | — | $2 \times 10^{5}$ | $9 \times 10^{-5}$ | $3 \times 10^{-7}$ | — | — |
| | 化合物 | $2 \times 10^{3}$ | $2 \times 10^{3}$ | $1 \times 10^{-6}$ | $3 \times 10^{-9}$ | $3 \times 10^{-5}$ | $3 \times 10^{-4}$ |
| 銫 -137 | D, 所有化合物 | $1 \times 10^{2}$ | $2 \times 10^{2}$ | $6 \times 10^{-8}$ | $2 \times 10^{-10}$ | $1 \times 10^{-6}$ | $1 \times 10^{-5}$ |
| 碘 -131 | D 所有化合物 | $3 \times 10^{1}$<br>甲狀腺 | $5 \times 10^{1}$<br>甲狀腺 | $2 \times 10^{-8}$ | — | — | — |
| | | $(9 \times 10^{1})$ | $(2 \times 10^{3})$ | | $2 \times 10^{-10}$ | $1 \times 10^{-6}$ | $1 \times 10^{-5}$ |
| 鐵 -55 | D, 除 W 以外的所有化合物 | $9 \times 10^{3}$ | $2 \times 10^{3}$ | $8 \times 10^{-7}$ | $3 \times 10^{-9}$ | $1 \times 10^{-4}$ | $1 \times 10^{-3}$ |
| | W, 氧化物、氫氧化物及鹵化物 | — | $4 \times 10^{3}$ | $2 \times 10^{-6}$ | $6 \times 10^{-9}$ | — | — |
| 磷 -32 | D, 除 W 以外的所有化合物 | $6 \times 10^{2}$ | $9 \times 10^{2}$ | $4 \times 10^{-7}$ | $1 \times 10^{-9}$ | $9 \times 10^{-6}$ | $9 \times 10^{-5}$ |
| | W, $Zn^{2+}$, $S^{3+}$, $Mg^{2+}$, $Fe^{3+}$, $Bi^{3+}$ 及鑭系的磷酸鹽化合物 | — | $4 \times 10^{2}$ | $2 \times 10^{-7}$ | $5 \times 10^{-10}$ | — | — |
| 氡 -222 | 與被去除的衰變產物 | — | $1 \times 10^{4}$ | $4 \times 10^{-6}$ | $1 \times 10^{-8}$ | — | — |
| | 與衰變產出現 | — | $1 \times 10^{2}$<br>(或 4<br>工作水準) | $3 \times 10^{-8}$<br>(或 0.33<br>工作水準) | $1 \times 10^{-10}$ | — | — |
| 鍶 -90 | D, 除 $SrTiO_3$ 外的所有可溶性化合物 | $3 \times 10^{1}$<br>骨頭表面<br>$4 \times 10^{1}$ | $2 \times 10^{1}$<br>骨頭表面<br>$2 \times 10^{1}$ | $8 \times 10^{-9}$ | $3 \times 10^{-11}$ | $5 \times 10^{-7}$ | $5 \times 10^{-6}$ |
| | Y, 所有不可溶性化合物及 $SrTiO_3$ | — | 4 | $2 \times 10^{-9}$ | $6 \times 10^{-12}$ | — | — |
| 鋅 -65 | Y, 所有化合物 | $4 \times 10^{2}$ | $3 \times 10^{2}$ | $1 \times 10^{-7}$ | $4 \times 10^{-10}$ | $5 \times 10^{-6}$ | $5 \times 10^{-5}$ |

[a] D、W 與 Y 是體內滯留時間的標記，分別代表天、週與年。
[b] ALI 爲年吸收限制。
[c] DAC 爲衍生的空氣濃度。
(資料來源：Excerptod from title 10, *CFR*, part 20, Appendix B.)

# ⚠ 11-4 輻射曝露

## 外部與內部輻射危害

外部輻射危害是因曝露在足夠能量的游離輻射下並進入人體所導致的。一般而言，一個具有 7.5 MeV 能量的 $\alpha$ 粒子可以射入 0.07 mm 的皮膚表層中，一個具有 70 KeV 能量的 $\beta$ 粒子亦可射入相同厚度的皮層 (U.S. PHS, 1970)。除非 $\alpha$ 或 $\beta$ 粒子的輻射源十分接近皮膚，否則所造成的外部輻射傷害是很小的。x 射線及 $\gamma$ 射線所導致的外部輻射危害爲最常見者。當能源足夠時，二者均能深入人體，故幾乎所有的輻射敏感性組織都有可能會受到傷害。

人體可經由攝取或吸入含放射性物質的空氣、皮膚自含放射性物的溶液吸收、或因皮膚破損將放射性物質吸收進入組織等方式，與放射性物質接觸。攝取式的輻射傷害不一定需要在同一個時間吞食大的放射性物質才會產生，經由手、香菸、食物及其他物體將含放射性物質進入口中的小量累積亦會導致傷害。

放射性物質進入人體後所產生的傷害稱爲內部危害。內部危害的程度主要視輻射的種類、能量、物理及生物的半生期，及同位素所在組織的輻射敏感度而定。$\alpha$ 及 $\beta$ 粒子的穿透會產生最嚴重的內部危害，因爲其特定的游離作用效應較高。具有不同半生期的放射性核種及其中間產物所造成的危害亦十分嚴重，因其半生期所結成的放射活性很高且持久，而導致相當可觀的傷害。例如釙即爲一個可導致非常嚴重內部危害的放射性元素，因其會放射出能量爲 5.3 MeV 且半生期爲 138 天的 $\alpha$ 粒子。

## 自然背景

人類會曝露於來自太空、土地及身體內部的輻射。來自自然界的典型人體曝露量如圖 11-5 所示。太空輻射來自於大氣層之外，其主要是由波峰能量在 1 至 2 GeV 範圍的質子所組成，其他較重的核種也會出現。在經過初步的高能撞擊後，會經由劇烈的核子反應產生中子、質子、$\alpha$ 粒及其他碎片等二級粒子。大部份由太空輻射所產生的中子，會經由 $^{14}N$ 的中子/質子反應而減緩，形成 $^{14}C$ 並放出熱能。$^{14}C$ 的壽命很長，可與地表上可相互交換的碳 (如

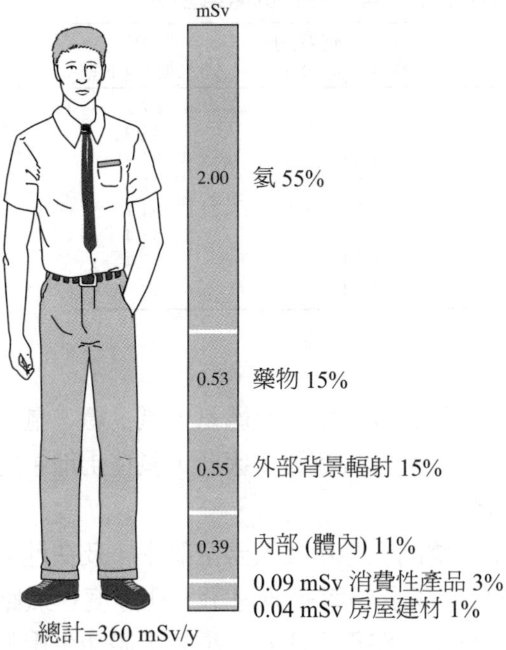


**圖 11-5**　美國居民每年所接受的平均劑量 (資料來源：*U.S. Department of Energy*)。

二氧化碳、溶於海洋中的碳酸鹽，及生物體等) 完全混合。有些太空輻射會穿透至地球表面，形成人體主要的輻射劑量來源。土地輻射曝露主要來自 50 個現存於地殼中的放射性核種放射；在這些一般存在於環境的核種中，尤以氡對人體所造成的危害最大。

氡是其母放射物——鐳放射衰變後的產物，鐳又來自於 $^{235}U$、$^{238}U$ 及 $^{232}U$ 三個主要衰變系列。所形成的氡同位素爲 $^{222}Rn$、$^{220}Rn$ 及 $^{219}Rn$，其半生期分別爲 3.8 天、55.6 秒及 3.92 秒。由於 $^{222}Rn$ 的母體放射物——鈾在地殼中含量較豐富且半生期較長，故含量較多，因此相對的環境危害亦較大。因爲鐳與其母體放射物的半生期相當長，故其放射源在人類壽命的時間長度內可視爲不會減少的。

由氡所造成的輻射危害並非來自氡本身，而是來自其放射性衰變產物 ($^{218}Po$、$^{214}Pb$、$^{214}Bi$)。這些衰變產物會結合重金屬原子並立即攻擊本身而形成空氣中的微粒。其形成主要的健康問題爲吸入未被攻擊的衰變產物及這些微粒，且將存留在肺部。當這些衰變產物及微粒在肺部繼續衰變時，會以 $\alpha$、$\beta$ 及 $\gamma$ 輻射的形式放出能量而損害肺部組織，最後可能會導致肺癌的生

表 11-3 在七間房屋地板排水渠及地下室所測得的氡氣濃度

| 房屋編號 | 在地板排水渠所測得的氡氣濃度 (pCi/L) | 在地下室所測得的氡氣濃度 (pCi/L) | 比例 排水渠/地下室 |
|---|---|---|---|
| 1 | 169.3 | 2.51 | 67.5 |
| 2 | 98.4 | 2.24 | 43.9 |
| 3 | 91.4 | 1.43 | 63.9 |
| 4 | 413.3 | 1.87 | 221 |
| 5 | 255.4 | 3.95 | 64.7 |
| 6 | 173.4 | 3.02 | 57.4 |
| 7 | 52.1 | 9.63 | 5.4 |
| | 平均 179.0 | 3.52 | |

成 (Kuennen and Roth, 1989)。

氡是無色、無臭的氣體，一般而言與其他惰性氣體氦、氖、氪、氬一樣都具有化學鈍性。它不會吸附、水解、氧化或沉澱。因此，氡在土地中的運動並不受其與土壤間的化學作用影響。

氡主要經由二種機制移動：由土壤的孔隙中擴散至空氣中，及在地下水中的溶解與傳輸。其擴散或傳輸的速率主要與發散速率、孔隙度、氣路結構、水含量及水文條件有關。這些移動的路徑會導致二種對人體產生衝擊的機制。位處於高氡氣發散區的建築物，氡氣會經由地板排水渠或接縫處等開口或因地基下陷產生的缺口進入建築物中 (如表 11-3)。使用在有氡存在的蓄水層區域所建立大眾水源供應系統的用水，可能會氡輻射的現象。作爲判斷輻射程度的一個通則爲：當加熱並攪拌一個具有 10,000 pCi/L 氡濃度的水體，會產生 1 pCi 的空氣 (Murane and Spears, 1987)。

## X 射線

x 射線儀廣泛地應用於工業、醫療及學術研究等領域，在這些使用的過程中都可能有潛在的輻射威脅。

**藥物與牙齒治療的使用** 在美國除了約有 30 至 40 萬醫技人員在職場因需操作 x 射線儀，有可能受到不利的輻射外，也有相當多的一般大眾會受到輻射曝露。在每天到醫院看病約 250 萬名的病人中，會有部份求診者接受 x 射線的診療。

**工業上的使用** 工業上常用的 x 射線裝置包括射線照像、螢光屏等單元，用以測定鑄造物、組合結構及焊接處的缺陷。螢光屏單元可用來檢查出入境的航空行李。在操作這些檢測單元時，如有不慎，會使附近的人體全身受到輻射曝露。

**研究上的使用**　高壓式的 x 射線儀常使用於各大學及研究機構的實驗，其他常用的 x 射線設備尚有作爲晶體分析的 x 射線繞射儀，及電子顯微鏡與粒子加速器等。

## 放射性核種

**自然發生**　在藥物領域中已有數千貝克的鐳被使用，在使用的過程中，對病人附近的人員會有潛在的輻射威脅。這些人員包括病人、護士、技術員、放射師及醫師等。

使用釙或鐳做爲放射活性來源的靜態消除器 (static eliminator)已廣泛應用於工業中，這些典型的工業包括紡織、造紙、印刷、照相加工、電話公司等。

**人工製造**　在美國大約有 6,000 所大學、醫院，及研究機構使用放射性核種來進行藥物、生物、工業、農業、基礎科學等研究，及做爲診斷與治療之用。每年在美國有超過一百萬人接受過放射線治療。在這些放射性核種的準備、處理、應用，及運輸過程中，都有可能造成輻射的外洩。此外，若不適當地處置這些使用後的廢棄物，亦會對環境造成污染。

## 核子反應器操作

與核子反應器操作有關的輻射曝露來源包括反應器本身、排氣及冷卻廢棄物、核廢料的去除及再處理程序，及新核燃料的開採、粉碎及組裝程序等。

## 放射性廢料

放射性廢料有三個主要的來源：反應器與化學處理工廠、研究設備，及醫療設備。目前法規對於如何處置放射性廢料，以避免危害人體的規定，已多有管制，但對於處理廢棄物人員的保護條款則著墨不多。

# ▲ 11-5 輻射防護*

以下將介紹的防護原則，一般而言可適用於所有種類或能量大小的輻射，應用方式變化極大，但應用方式則視輻射種類、強度及能量的來源而定。例如，出自放射性物質 $\beta$ 粒子所需的遮蔽便與出自加速器的高速電子不同。在理想的情形下，輻射曝露可藉由適當防護設備而完全避免；但實際上，基於技術與經濟上的限制，必須在風險與利益二者間加以權衡取捨。輻射標準的設定在限制值以上，風險會相對增高。

## 降低外部輻射危害

欲降低外部輻射危害，有三種基本的方法：拉長距離、遮蔽及減少曝露時間。

**拉長距離**　拉長與輻射源的距離不僅非常有效，且在很多情況下是最容易應用的方式。單一能量的 $\beta$ 粒子在空氣中只能行進一段有限的距離。有時可使用遙控式的儀器，來達到更完全的防護。

輻射強度與輻射源距離平方成反比的定律，均可適用於 x、$\gamma$ 及中子的點源輻射，其公式如下：

$$\frac{I_1}{I_2} = \frac{(R_2)^2}{(R_1)^2} \qquad \textbf{(11-22)}$$

其中 $I_1$、$I_2$ 分別爲距離輻射源 $R_1$、$R_2$ 時的輻射強度。由此公式可推知，如將距離增加至 3 倍，則輻射強度將會變成原來的 1/9。上述定律並不適用於有多種輻射源存在的系統。

以類似點源放射的 x 射線管所做的驗證，可證明上述的定律是正確的。相較於放射距離 $\gamma$ 射線的尺寸較小，可視爲中子放射的點射源。

**遮蔽**　遮蔽是輻射防護最重要的方式，主要是在人與放射源之間放置可吸收輻射的物質來完成防護動作。輻射會在吸收物質中衰減。在此所稱的“吸收”並非如海綿浸入水中濕透一般，而是指在放射的過程中將輻射的能量傳遞至吸收物質的原子。x 及 $\gamma$ 射線能量的散失主要是經由以下三種方式：光電效

---

* 本節討論取材自 U.S. PHS, 1968.

應、康普頓效應及成對效應。

**光電效應** (photoelectric effect) 是一種能量完全或全無消失的方式。x 射線或光子將其能量傳遞給原子中的軌域電子。由於光子基本上由能量所組成，故很容易消失。這傳遞給軌域電子的能量是以動能的形式進行，這些外加的能量會幫助電子克服原子核的吸引力，且以相當快的速度飛出原來所在的軌域，因此會產生一個離子對。此高速的電子 (稱爲**光電子**) 具有足夠的能量，會撞擊其他原子中的軌域電子，繼續產生二次離子對，直至能量消耗殆盡爲止。

**康普頓效應** (compton effect) 是入射的 x 或 $\gamma$ 射線能量部份散失的方式。如前所述，當射線與原子中的軌域電子發生作用時，射線會依康普頓交互作用的方式，只將部份的能量傳遞給電子，且產生較低能量的 x 或 $\gamma$ 射線。該高速電子 (在此稱爲康普頓電子)會如光電子一樣產生二級離子化作用，而具有較低能量的 x 射線會持續反應，直到能量因康普頓交互作用影響而全部消失爲止。在康普頓交互作用中，所產生較低能量的 x 或 $\gamma$ 射線的行進方向會與原來射線的方向不同。事實上，這些能減弱後的 x 或 $\gamma$ 射線經常被稱爲“康普頓散射”。因爲此種交互作用的機制，在光束中的光子方向是混亂的，即使其能量較低，但經過散射後的輻射可能出現在角落和遮蔽之後。

**成對效應** (pair production) 爲第三種交互作用較光電效應及康普頓效應更爲少見。事實上，除非 x 或 $\gamma$ 射線具有最少 1 MeV 的能量，否則並不可能發生，且實際上能量要超過 2 MeV 後，該效應才會有意義。成對效應可將其想像成將一個帶負電的電子，提升至帶正電的狀態。這個由正電子與負電子所形成的電子對，係成因於光子放射出一個電子且留下一個“洞”——正電子。若光子中具有足以生成 2 個電子質量以上的能量 (即 1 MeV 以上) 時，該能量會以動態的形式分配在這二個生成的電子上，而使電子以極高的速度飛出原子。負電子會依照一般的情形生成二級離子對，直到能量耗盡。正電子也會在運動的過程造成二級離子化作用，但在其能量減低及減慢的過程中，會在物質中與自由負電子相遇；二者會因電荷相反的原因而相互吸引接觸，使質量轉化爲能量而雙雙消失。因此，在該消失處會有二個 0.51 MeV 的 $\gamma$ 射線產生。所產生的 $\gamma$ 射線最後在光電吸收後，以光電吸收或康普頓散射的方式消失。

由於光子的能量必須大於 1 MeV，才會有成對效應發生，因此這種程序並不會出現在牙醫及一般醫療輻射照相的場合中。一般輻射照相所使用的 x 射線能量很少會高於 0.1 MeV。

遮蔽物質中交互作用的主導機制，主要與輻射能量與吸收物質有關。在低能量時，光電效應最爲重要；在中等能量時，康普頓效應較重要；在高能量時，成對效應最重要。當 x 或 $\gamma$ 射線的光子在通過吸收物時，其數目會因上述的吸收作用而減少，其減少的程度會與輻射能量、特定的吸收介質，及橫越吸收物的厚度有關。一般衰減的情形可以下式表示：

$$\frac{dI}{dx} = -uI_0 \tag{11-23}$$

其中 $dI$ ＝降低的輻射量

$I_0$ ＝入射輻射量

$u$ ＝比例常數

$dx$ ＝橫越吸收物的厚度

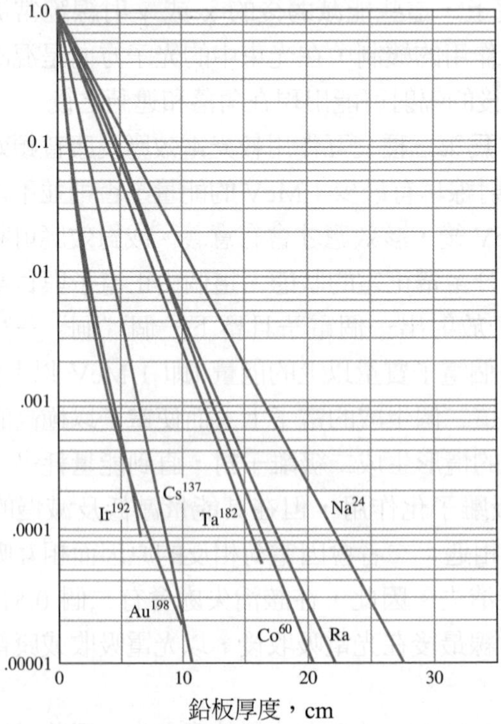


**圖 11-6** 由鐳、鈷 60、銫 137、金 198、銥 192、鉭 182、鈉 24 放射 $\gamma$ 射線進入鉛板的穿透度。

積分可得

$$I = I_0 \exp(-ux) \qquad \textbf{(11-24)}$$

當 $u$ 值爲已知時，利用此公式便可計算在遮蔽物厚度 $x$ 處的輻射強度，或欲降低輻射量至一定強度時，所需加裝的吸收物厚度。當 $x$ 爲一次維度時，$u$ 稱爲**線性吸收係數**。$u$ 值視輻射能量與吸收介質的種類而定；$I/I_0$ 稱爲穿透度。有許多的圖表可利用來查詢在不同厚度或不同遮蔽物質時的 $u$ 值或穿透度值 (如圖 11-6 至圖 11-9)。

若輻射的衰減不符合窄束條件，或所使用的吸收物很厚時，則吸收方式會變爲：

$$I = BI_0 \exp(-ux) \qquad \textbf{(11-25)}$$

其中 $B$ 爲堆積因子，用來修正固吸收物中散射效應所多增加的輻射強度。

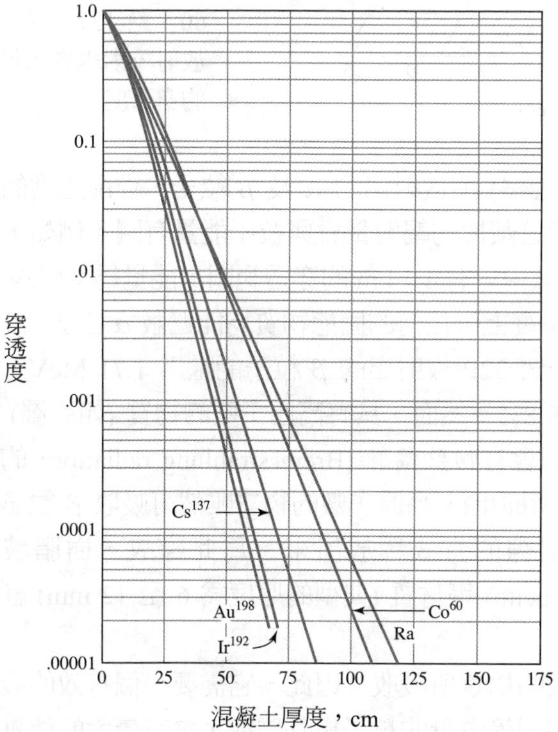


**圖 11-7**　由鐳、鈷 60、銫 137、金 198、銥 192 放射 $\gamma$ 射線進入混凝土 (密度 2.35 Mg/m3)的穿透度。

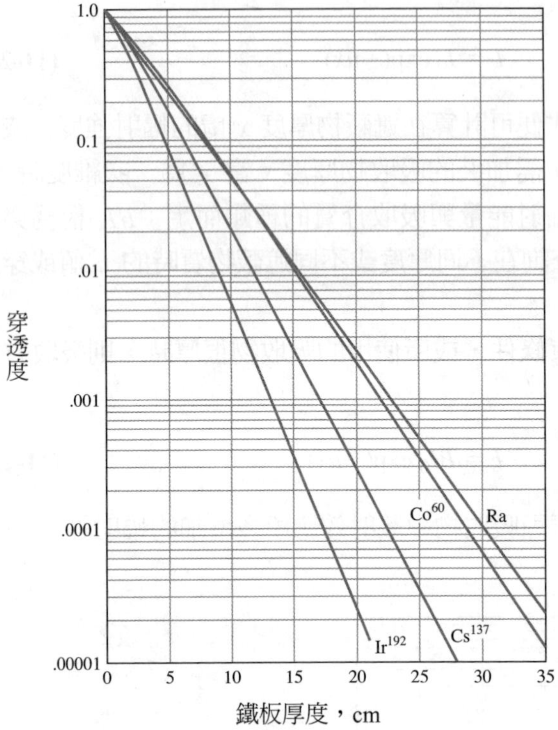


**圖 11-8** 由鐳、鈷 60、銫 137、銥 192 放射 $\gamma$ 射線進入鐵板的穿透度。

對於由放射性核種 (非加速器) 所放射出的 $\alpha$ 及 $\beta$ 粒子，經由適當的遮蔽，均能有效將其衰減。而所遮蔽掉的輻射量會與粒子能量有關。例如，一個具有 10 MeV的 $\alpha$ 粒子在空氣中會有 1.14 m 的穿透範圍，能量爲 1 MeV 的 $\alpha$ 粒子則只能行進 2.28 cm。事實上，任何的固態物質均能遮蔽 $\alpha$ 粒子。$\beta$ 粒子亦相對容易遮蔽。例如，一個 32P 放射出的 $\beta$ 粒子能量爲 1.71 MeV，在 0.25 cm 的鋁片中會被衰減 99.8%。然而，具有高原子數的物質 (如金屬) 不可做高能 $\beta$ 粒子的遮蔽物，因會有**韌致輻射** (Bremsstrahlung radiation) 的發生 (即原輻射會被另一種輻射所抑止)。高原子數的物質雖然可吸收 $\beta$ 粒子，但被捕留的能量會再以 x 射線的方式釋放出來。爲此緣故，樹脂玻璃 (Plexiglas) 或透明合成樹脂 (Lucite) 等材質 (典型的厚度爲 6 至 12 mm) 經常被使用。

快速的中子很難被大多數的物質所吸收。因此，它需要一個有效的吸收物使速度緩慢下來。由於二個相等質量的粒子相互碰撞，會有最大的能量轉

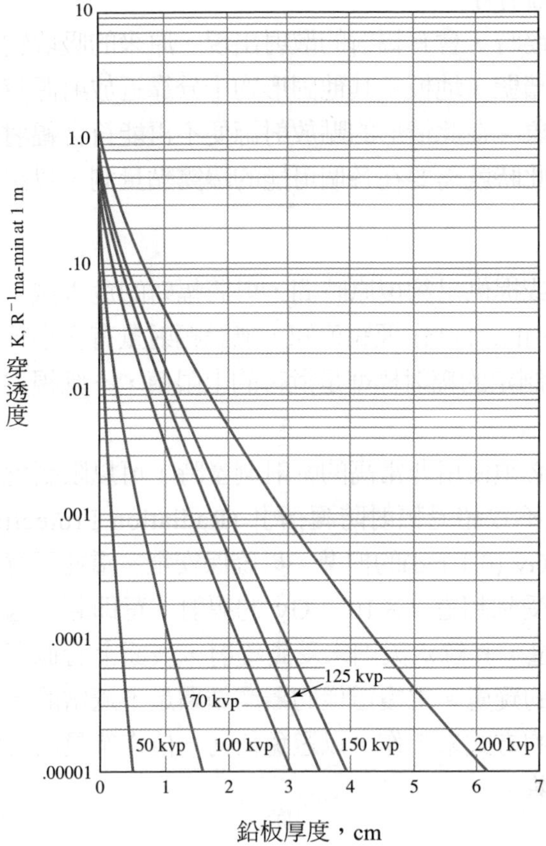


**圖 11-9**　x 射線進入鉛板的穿透度。

移；因此水成 (hydrogeneous) 物質對於緩和快速的中子最爲有效。水、石蠟，及混凝土都含有大量的氫，因此常用來做爲中子的遮蔽物。中子能量降低後，即可被硼或鎘吸收。當硼原子捕捉一個中子後，會放出一個 $\alpha$ 粒子，由於 $\alpha$ 粒子的穿透距離很短，故較無危害。中子被鎘捕捉後，會產生 $\gamma$ 輻射，鉛或其他適用的吸收物可用來遮蔽這些 $\gamma$ 輻射。對於一個膠囊式 (capsule-type) 中子放射源的完整遮蔽物而言，首先可用一層厚的石蠟來減緩中子的速度，再在次外層包覆一層鎘以吸收速度已緩的中子，最後在最外層包一層鉛，來吸收鎘所收出的 $\gamma$ 射線及其他來自內部的輻射線。

在輻射防護中必須留意一些注意事項。在遮蔽物投影之外的人體無需防護。在一個安全遮蔽物另一側的人體，不需要再加裝牆壁或分隔板來防護。其所允許的劑量會比該障礙物設計時的劑量低。由於輻射會有散射作用，故在物體角落及邊界處也可能有輻射存在。

當有吸收物出現在輻射路徑時，會有輻射的散射出現。原來的吸收物之後會變成一個新的輻射源。當牆壁、地板及其他固形物十分靠近放射源時，經常都會造成很明顯的散射現象。在此情形的點放射源便不再能符合輻射強度與距離平方成反比的關係，此時就需要在各個可能的曝露點量測，以決定眞實的輻射量。

**減少曝露時間**　限制曝露時間或提供足夠復原時間，可將輻射的危害減至最低。由輻射傷害的零門檻 (zero threshold) 理論可知，無論輻射量有多小，仍須儘量避免輻射曝露。NRC 所制定的輻射標準是危害的上限值，不應視爲達成防護的設計目標。

在某些緊急情形下，偶爾必須使用非常高的輻射劑量時，可以限制總曝露時間，使平均允許的曝露量不致超過輻射防護指引 (Radiation Protection Guide) 所規定每星期 $1 \times 10^{-3}$ Gy (0.1 rad)的標準，以確保安全。這並不意謂一位作業員可以在短時間內接受到超過 $1 \times 10^{-3}$ Gy 的輻射，意即若一週內有一天接受 $1 \times 10^{-3}$ Gy 的劑量，其餘六天則未受到輻射，表面上看似符合以上的曝露標準，但亦有過量的疑慮。重複這樣的曝露循環是不適當的。在緊急的情形下，可用多人輪替的方式來工作，以避免任何一位作業員所受的輻射劑量超過輻射防護指引標準。

## 降低內部輻射危害

**職業**　污染物的預防與控制是降低職場中內部輻射危害最有效的方法，使用防護設備與良好的處理技術亦能提供相當的保護作用。灰塵需以乾式吸掃器將其減至最少。實驗室的操作必須使用集氣罩。自集氣罩排出的廢氣必須使用高效率的過濾器加以處理，並需按期維護過濾器。另須穿上防護衣，以免一般外出的衣物受到污染。在緊急狀況或塵粒產生時，必須戴上防毒面具。在放射性物質運作的區域不得進食。適當的輻射物質處理與管理訓練，是工作場所中減少內部輻射曝露威脅最重要的方法。

**氡**　除了吸菸之外，在私人寓所最可能產生非職業性內部輻射危害者爲氡。氡開始係源自房屋附近的泥土，因此對於地下或其他地下空間的防護措施會有所幫助。

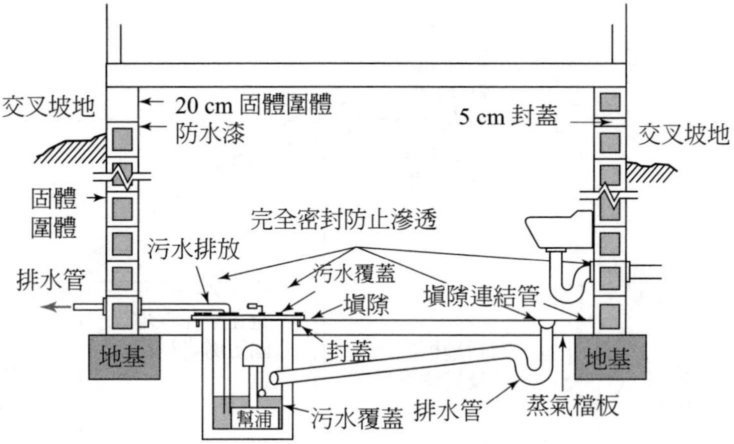


**圖 11-10**　減少氡氣進入管道的方法。

美國環保署建議新建築物需進行二個主要的防護工作：減少氡氣進入的通道，及減少房屋鄰近及在土地上方的細縫。減少氡氣進入通道的方法，整理如圖 11-10 所示。須特別考量的是經由地板排水渠 (如表 11-3) 與地皮的裂痕處進入地基的滲透方式。以聚乙烯布披覆在地板之下，對於防止經由房屋因下陷產生的地板裂痕所發生滲透的情形特別有效。由於在地板上層的溫度較高，會產生像煙囪作用般的細縫，在房子地下室中會傾向產生負壓，因此在土壤孔隙中的氡便會吸入室內。圖 11-11 爲一些減少細縫效應的技術 (Ibach and Gallagher, 1987)。

對於既存的建築物，輻射污染的復育工作將更難進行，其代價不僅昂貴且效果也不甚理想。如果排水管安置設在房屋外圍或屋內四週，則可達成眞空狀態，自許多氣體通路 (如地板與地板的接縫外、地板的空隙等) 中引出氡氣。另一種方式是在地板上鑽孔，並在整塊地板下形成眞空系統。此項技術所需鑽孔的洞數大約 3 到 7 個(Henschel and Scott, 1987)。在一個實驗性計畫結果顯示，以起重機將房屋與地基分離，並在地板下的阻擋牆上密封，是一個有效的作法。此外，也有人以環氧樹脂來披覆在地板與牆壁上 (如圖 11-12)(Ibach and Gallagher)。

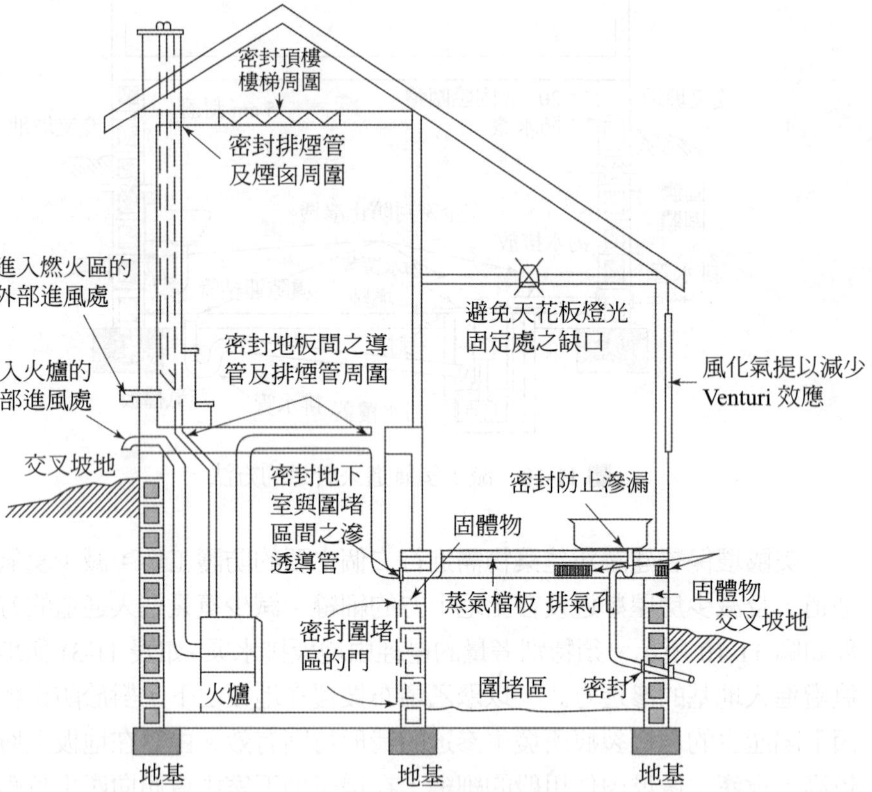


**圖 11-11** 降低眞空效應的方法。

## ▲ 11-6 放射性廢料

### 廢料的種類

目前還沒有一套完整的定量方式，可將放射性廢料分類。一般常用的方式是以“程度” (level) 來描述。**高劑量廢料** (high-level waste) 的活性係以居里/升爲單位；**中等劑量廢料** (intermediate-level waste) 活性爲毫居里/升；**低劑量廢料** (low-level waste) 爲微居里/升。另一種分類方式則未敘及中等劑量廢料，而是分爲高劑量、**超鈾** (transuranic)，及低劑量三種廢料。高劑量廢料 (HLW) 來自再處理後的廢料或自核子反應器用過的廢料。超鈾廢料包含在週期表中高於鈾的同位素，其爲燃料組裝、武器製造及再處理後的副產

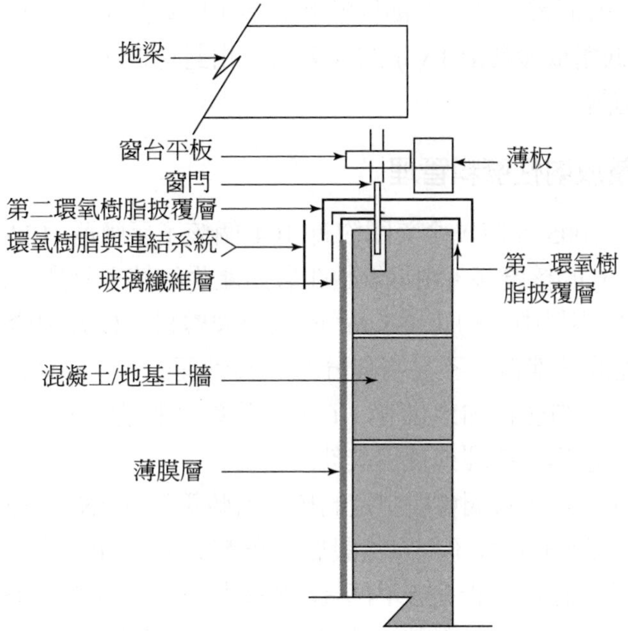


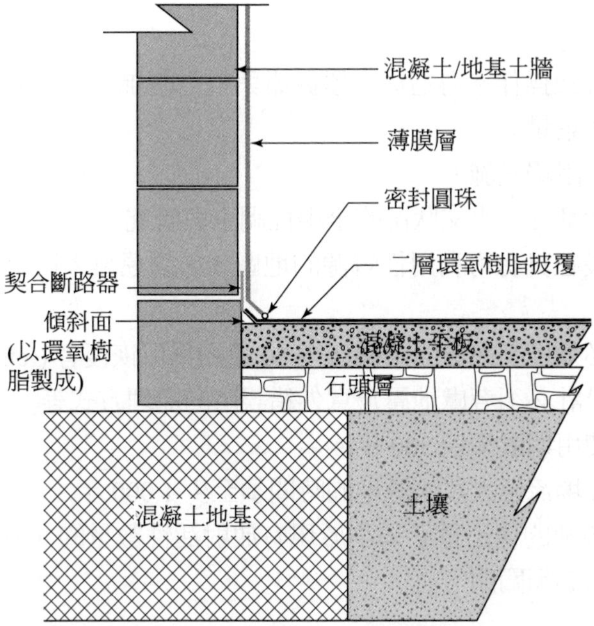


**圖 11-12**　預防氡氣滲入的內部薄膜襯裡及密封物質 (資料來源：Ibach and Gallagher, 1987)。

物。一般而言，其放射活性較低但半生期較長 (有些同位素的半生期超過 20 年)。低劑量廢料 (LLW) 的放射活性相對更低，直接接觸時只須很少或不須遮蔽防護。

## 高劑量放射性廢料管理

在 2005 年時，全美國約有 104 個核子反應器 (EIA, 2005)，每年共約產生 10 $m^3$ 的核廢料。由於燃料組裝所產生的核子分裂廢料數量相當少。在 10 $m^3$ 的核廢料中大約有 0.1 $m^3$ 的核分裂廢料。核分裂廢料最後會分佈在整個反應器的各部份，不易將其分離。其管理的方式為：(1) 無限期地將甫自反應器移出的廢料加以儲存；(2) 將分裂產物處理提煉出來，並回收其他物質；(3) 將廢料掩埋或使用其他阻絕方式。

1987 年美國國會所制定的核廢料政策法案 (Nuclear Waste Policy Act) 規定，核廢料貯存場不得永久設置，布希總統於 2002 年 7 月 23 日將受監測且可復原的貯存場指定於內華達州優卡山區。在**聯邦法規規範**中 (10 CFR 60.113)，NRC 已針對該場址列許多規定，部份重要的條款摘要如下 (Murray, 1989)：

1. 貯存場的設計與操作不得造成大眾健康與安全的風險。輻射劑量的限制係只能有自然背景量。
2. 必須使用多重阻絕設施。
3. 必須進行包括地理、水文狀況的全場性調查與研究。
4. 貯存場不得設在具有可利用性資源的地區，必須遠離人口中心，且接受聯邦的管制。
5. 高劑量廢料必須控制在自開始操作後 50 年內為可恢復者 (retrievable)。
6. 廢料的封裝設計必須考慮地震及意外錯誤時的處理方式等。
7. 廢料的封裝使用期限須達 300 年。
8. 地下水自貯存場流至大眾水源地的時間須至少 1,000 年。
9. 每年放射性核種的釋出量必須小於現有放射活性數量的 1/100,000，1,000 年後該貯存場必須關閉。

## 廢料隔離實驗工廠 (WIPP)

廢料隔離實驗工廠的計畫是在 1979 年由國會授權推動的。經過多次的政治協商，WIPP 獲得授權作爲陸軍超鈾廢料處理廠，且免 NRC 的證照限制。自 1983 年動工後，該位於新墨西哥東南方的廢料場共有 16 km 長的豎坑及 650 m 長的地下隧道，當地的地質結構爲二疊紀 (Permian) 的鹽盆地。該廠從 1999 年三月起開始接受核廢料處理的申請。

## 低劑量放射性廢料管理

**歷史回顧**　在 1962 年至 1971 年間，有六個商業化的廢料處置場註冊運作，其中三個不久之後即因操作失敗而關閉。這三個場址 (肯塔基州的 Maxey Flats；伊利諾州的 Sheffield；紐約州的 West Valley) 都遭遇到類似的問題。他們使用淺薄的土壤來掩埋廢料。作法是挖掘一條深度爲 3 到 6 公尺的壕溝，並將裝盛放射性核種的圓桶和其他容器 (經常是紙板盒子) 放入壕溝中，再以挖掘出的廢土掩埋。掩埋後的壕溝上再覆以土墩並植草。

這些覆蓋物會被水流滲透、沖失，也會被動物挖掘鬆開。這些具有重黏土層的場址雖可有效阻止地下水的流過，但卻會蓄積雨水，最後導致廢料桶的加速腐蝕。在 West Valley 場的經驗顯示上述現象亟須正視，其壕溝已完全曝露，且水已溢流至附近的河流中，同時發現有 30 至 50% 的廢料桶已是空的。這種現象顯示雖然使用重黏土爲覆土，但卻不能完全將廢料桶間的空隙填實，使披覆物質有沉降的情形，進而使雨水蓄積，使廢料桶腐蝕失效。

上述這些失敗的經驗，促使人們對於放射性廢料管理的再思，並使得美國國會於 1980 年制定低劑量核廢料政策法案 (Low-Level Waste Policy Act)。該法案規定各州必須提供足夠的容量，來處置其境內或外部生產的低劑量放射性廢料。此法提供各州間進行區域性核廢料管理的方式，並完成各樣的**協定** (compact)。在 1955 年 12 月時，這些參與協定的組織如圖 11-13 所示。該協定規定場址的設置要求，及決定負責處置廢料的州別。雖然這些協定已獲准自 1986 年起開始處置廢料，但協調的時程遠超過預期，預計要在 2010 年後才能完成最後的協調工作。有許多協定中計畫成立的處置場至今仍未尋妥場址位置，有些則才開始要動工興建。最近已有三個合格處置場的處置容量將近飽和，故相關的問題亟待解決。

**廢料減量**　面對既有各樣的核廢料置問題，欲有效管理低劑量放射性廢料的首要方法爲減少廢料的生成。自 1980 年以來，許多致力於減少低劑量核廢

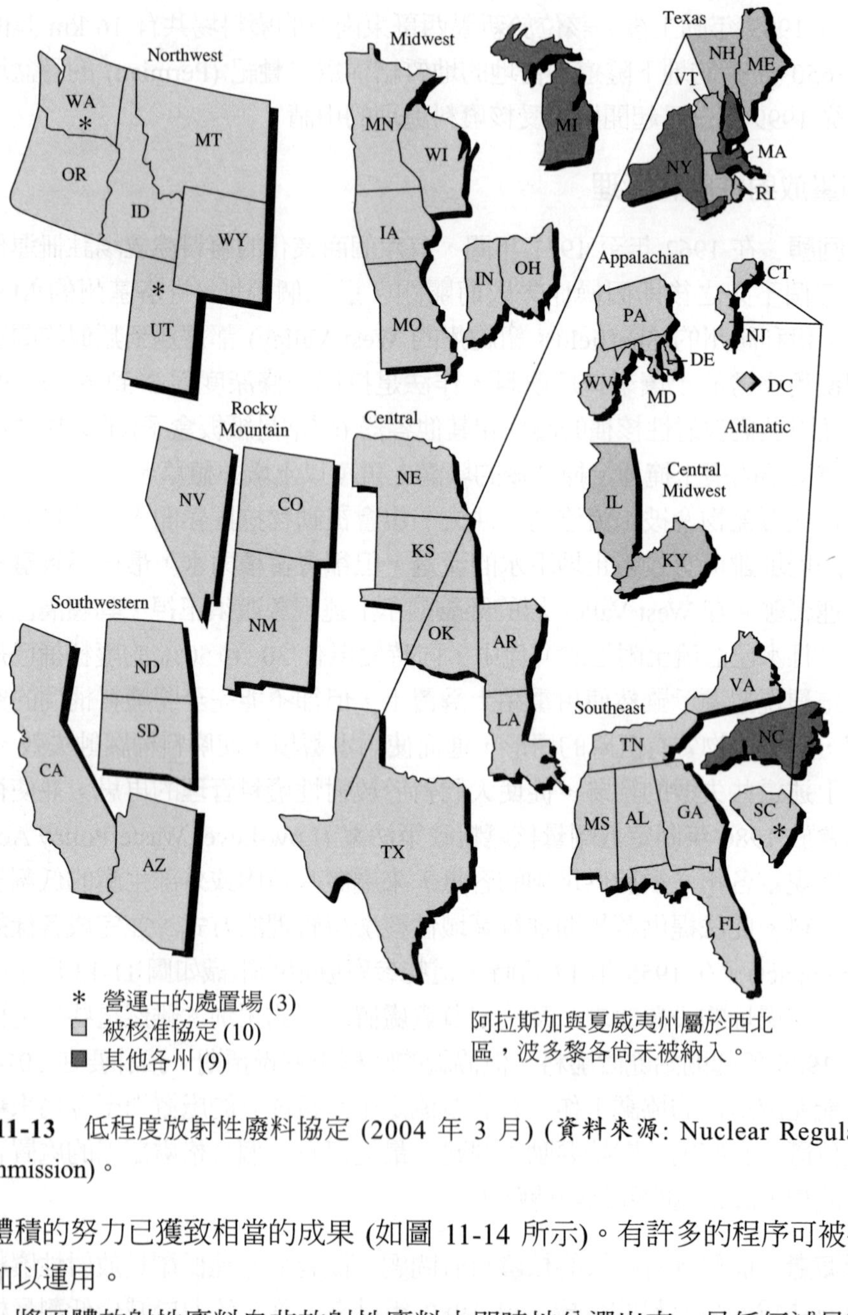


**圖 11-13** 低程度放射性廢料協定 (2004 年 3 月) (*資料來源*: Nuclear Regulatory Commission)。

料體積的努力已獲致相當的成果 (如圖 11-14 所示)。有許多的程序可被有效地加以運用。

將固體放射性廢料自非放射性廢料中即時地分選出來，是任何減量程序

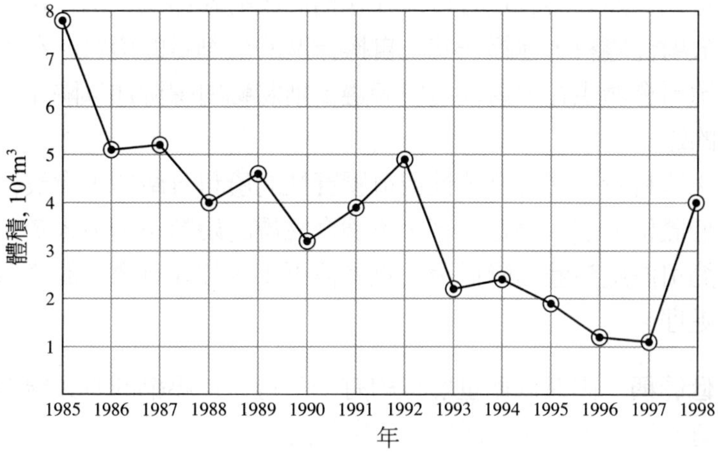


**圖 11-14**　低劑量放射性廢料處置 (資料來源：www.nrc.gov/waste/llw_disposal)。

(對象包括鈾及超鈾廢料等) 的基本步驟。若在處置程序開始時即能落實此分選的工作，則可大幅降低放射性廢料的體積。訓練員工有效地進行這項工作，會使效果更加成功。要求處理放射性廢料的員工按既定時間與地點來分選未知的混合廢料，會增加人員經由吸入、外部輻射而導致放射性危害的機會。

有些疑似受放射線污染的物質，在經過標示及處置後，基本上可視爲非放射性物質。大多數此類物質被宣稱“具有放射性”，只因其所處的地方有放射源出現。欲分析該疑似低劑量固體廢料的眞實放射性程度時，結合疑似廢料與已知放射性廢料來進行分析的成本，會比個別分析時更爲便宜。這些疑似但並非眞正具有放射性的廢料，會增加掩埋場容量不必要的負擔，並浪費不必要的時間、精力與金錢。

將產生自使用放射性物質實驗室或從事其他輻射化學活動場所的廢料，視爲具有放射性的物質已成爲一個通則，此即稱爲“輻射區”或“污染區”廢料。因此，丟至都市垃圾處理場的廢棄物中，可能會混合有放射性廢料。欲證明廢料是否具有放射性，會增加人工檢測及廢料處理作業的負擔。廢料的測試通常很花時間，且常被省略。

仔細地描述及降低輻射區或污染區的範圍，或許是最有效降低非放射性廢料量的方法。將上述範圍定義得太廣，而涵蓋廢料很明顯未受污染地域的情形十分普遍。如將辦公及管理區亦包括於輻射區即為一例。這些區域會產生很多非放射性廢料，包括一些來自操作區的低劑量的廢料。在實驗室中若非放射性廢料會產生在放射性廢料旁邊，則將輻射線源加以隔離，可減少放射性廢料的數量。

在產生廢料時，將可燃燒性或可壓實性的廢料分離開，會改善廢料處理方式且降低體積。經由分選程序，不適合燃燒的廢料不須進入焚化爐處理。由於焚化爐可將廢料體積降低至比壓實機更小，故能夠燃燒的廢料應盡量以焚化爐來處理。

**以壓縮降低體積**　固態低劑量廢料約有一半適合以壓縮的方式處理。壓縮的設置主要有三種：壓實機、捆包機、袋裝機。

**壓實機**可將廢料壓入可以最終儲存、運輸，或處置的容器中。常用的容器為 0.21 $m^3$ 的圓桶，且預留一些空間。另一型的壓實機稱為**裝填機**。該機器可將廢料裝入一個可再利用的容器中；在掩埋區，被壓縮的物質可直接丟棄至掩埋機中，無須容器盛裝。使用裝填機時，桶中預留的空間會最小。

**捆包機**可將廢料壓縮、捲包並以帶繫縛，之後貯存、運送至掩埋場掩埋。使用捆包機可節省相當多的空間。

**袋裝機**可將廢料壓縮成預期的形狀，再放入圓形或長方形的袋子、箱子或圓桶中，之後再貯存、運送或處置。用這種壓縮方式可節省部份的空間。

上述三種技術可適用於一般或較特殊的情形。不幸的是，這些技術並不能避免廢料貯存時燃燒的可能性，只有某些物質適合以壓縮方式來處理，包括紙類、布、橡膠、塑膠、木材、玻璃，及小而輕型的金屬物體等。大型、剛硬的金屬物質因為可壓縮性相對較低，且會使容器及壓縮機器受損，故並不適用此法。水分 (包括自由水分或被吸收在紙及破布內的水分) 應該儘量避免，因其有可能在高壓情況下釋放出來，對操作者造成危害。很明顯的，具有腐蝕性、致火花性及爆炸性的廢料並不適合壓縮程序，不論有機或無機物皆然。

壓縮用的機器必須是合乎經濟、可靠且易於操作的。市面上已有許多設備可供運用，但在空氣污染物、逸氣排出、過濾及必要時的遮蔽單元均需再加以修正。

**以焚化降低體積**　以焚化的方式來降低固態低劑量核廢料的體積，已吸引許多管理者的興趣，特別是在土地價格昂貴且不易取得的地區尤然。在此情形下，若這些不利的條件能順利克服，則可有效降低廢料的體積。在歐洲，土地資源極少且珍貴，固態核廢料的焚化處理是在最終處理前常見且最有效的前處理方式。

過去曾有報導，經過焚化處理後，核廢料的體積可以減少 80 至 90%。若考慮廢氣處理單元的殘餘量及耐火材料的改變，則此值可能有所高估。但由此效果顯示，焚化的結果可在土地掩埋、運輸，及長期偵測工作上節省甚多資源。此外，亦可使人們免於恐懼這些埋在地下核廢料所可能衍生的問題。在焚化有機物質 (如溶劑、離子交換樹脂等) 及腐敗的生物物質 (如動物屍體、排泄物等)，必須特別小心。放射性廢料的焚化必須在一定的控制條件下進行，以避免產生放射性的氣溶膠，則須同時符合 RCRA 及 NRC 二項法案的要求 (如該廢料同時爲具放射性的 RCRA 廢料時)。

## 長期管理與污染

**場地選擇**　放射性廢料的掩埋必須考慮的問題之一，爲地下水或滲入的地表水會淋溶廢料，使廢料產生移動。這些含有放射性核種的水會循環到自然的水體或水井中。基於這種考量，對於場址所在地水文與水化學特性的瞭解便十分重要。

用來決定一個場址是否適當的水文與水化學參數種類包括 (Papadopulos and Winograd, 1974)：

1. 包括滯水位 (若存在時) 的水位深度
2. 與地下水、泉水、地表水使用處的最近距離 (包括井、水池，特別是大眾使用的井)
3. 水份蒸發與沉降比例減去逕流量 (至少二年內，以每個月爲一週期)
4. 要有標註水位等高的地圖
5. 每年水位變動的大小
6. 最淺蓄水層的地層資料與結構
7. 流過或鄰近貯存場址的水流流動資料
8. 蓄水層與弱含水層中的水與廢料壕溝瀝濾液的化學性質與現象

9. 需以實驗量測每一個不飽和區及飽和區 (最淺受壓含水層之底層) 中的水力傳導係數、有效孔隙度、壕溝中岩石的礦物性質──水力傳導性需在不同的水含量與張力下量測
10. 以中子濕度計量測不飽和區的水份。此量測是以挖孔的方式進行 (至少須有二年的記錄)
11. 現場量測不飽和層上方 4.5 至 9 m 中的土壤水份張力
12. 由所有飽和靜水層到最淺受壓含水層的水頭的三度空間分佈
13. 以唧筒抽取、汲水或擊打的試驗來決定導水係數及貯存係數
14. 定義未受壓及最淺受壓含水層的補注區及排放區
15. 場址延散係數的量測
16. 在所有靜水層中以實驗及現場方式量測放射性核種運動的分配係數
17. 覆土裸露或斜坡傾覆的速率

這些資料對測定在不飽和層及飽和層中水流及核種傳輸的情形是必要的。

掩埋於地底下的放射性污染物欲使其長久地 (即數百萬年) 完全固定是不可能的。但藉水文地質環境的屏障，可使放射性污染物與人類隔絕至其放射線量降至可接受的程度。

故問題不僅在能確保有最佳化的廢料封閉方式，且要使封閉作用的有效時間足以配合放射性廢料在土層中衰變的速率。基於這個原因，對於水文地質複雜的掩埋場就很難或不可能加以預測，故不適合作爲廢料掩埋的場所。

由地質學上的觀點而言，欲長期控制掩埋的放射性廢料有二個基本方式。最簡單的方式是預防水流進廢料，以避免廢料移動。在乾燥的氣候時，水滲透的情形甚少，這種方式是可行的。

在潮濕的氣候時，用來貯存放射性廢料的容器或其他設備，耐水性必須要能持續數百年。不論是否能夠設計這樣的設備，在建構及運作上仍需要儘量達成這個要求。

這二種長期控制核廢料在水力地質環境中的方式雖然安全，但污染物仍可能會移動，需要對影響污染物運動的各樣因子作定量的評估，才可證實該場址是安全的。這種評估雖然十分困難，但卻是唯一的選擇，當我們想要將放射性廢料掩埋在潮濕且水流會淋洗廢核料的環境時，這是不得不面對的。

在掩埋場可能的生物及微生物環境效應也要十分注意。土壤中的微生

物、蚯蚓、較大型會挖洞的動物、會尋找水與養分的深直根類的植物 (特別是在沙漠地區) 等，都會將核廢料自掩埋處移出至生物圈中。某些微生排放至土壤中的有機化合物，會變成錯合劑而使其他不溶性的污染物移動。有些微生物會以驚人的速度將放射性核種濃縮，進而改變生化的有效性及放射性核種的分佈。

**選擇場址的準則**　密西根場址選擇準則說明了選擇處置場所的幾個重要考慮因素。

首先必須注意到的是，場址要遠離人口集中與人群活動的地區。該準則規定需要有 1 km 的隔絕距離，並要求可能受到影響城鎮的人口成長，不能干擾該場址所訂定健康與安全績效的目標或環境監測。

與場址距離 1.6 km 的區域，在過去 10,000 年若有大地構造型海平面運動 (tectonic movement) 發生，則不適合作為核廢料的場址。位於強震區及洪水區的地點亦不適合。大量的廢棄物、土地浸蝕及類似的地質程序，都會對掩埋設備造成傷害。

地下水會在 100 年內流經場址 30 m 或 500 年內地下水會到達蓄水層的場址亦不適用。該準則亦排除只有單一蓄水層來源的地區及在 1 km 範圍內有地下水排放至地表的地區。掩埋設備也不能建築在距離大湖 16 km 以內的範圍內。

該準則亦提供最安全的運輸網路指引。遠離人口區且意外事故發生率較低的高速公路會是最佳的選擇。

場址所在地不能有複雜的氣象特徵，並需避免與資源開發相衝突。同樣地，如濕地與海岸地等具環境敏感性的地點均不適宜作為場址。但在 1988 年 1 月 11 日前提出或獲得核准的工廠並不在此限。

上述這些準則是相當嚴格的，由於這些限制及人們愈來愈多的反對意見，在美國已沒有新的場址可供利用。許多前述的協定因此遭遇嚴重的問題，使一些州被迫退出這些協定。例如：密西根州在被選為負責廢料處理州後，便因無法確認並提供合格的掩埋場而被迫退出中西部協定 (Midwest Compact)。

少部份協定進行的情形相當良好。參與這些協定的人士來自社會大眾、政府單位、環保單位及廢料生產者，一同致力於場址鑑定、執照申請、安全合約，及場址建造等工作。其中最成功的方式爲由自願者申請提供場址作爲鑑定與實際運作之用的情形。

美國新近二個開始操作的場址爲華盛頓州的 Hanford，及南卡羅萊那州的 Barnwell。這二個場址正受理來自全美各地所產生的低劑量放射性廢料，從中其得到相當可觀的利潤。在 1995 年 11 月，每處置一個 0.21 $m^3$ 儲桶廢料的費用爲 $3,000。有很多廢料的生產者已儲藏廢料多年 (如在密西根州有 55 個生產者已儲藏廢料 5 年)，而其因缺乏可利用的儲藏空間，現已願意付費請人處置。

**污染物結構的工程考量**　如上所述，掩埋場並不適合建在潮濕氣候的地區。例如，密西根州已通過此項禁令。建築設備的工程設計可成爲另一種選擇。污染性廢料掩埋場址的工程設計，必須確保足以使污染物移動的水流完全阻隔在設施之外。密西根州的法令規定任何一個欲適用的技術，必須符合以下三個要求：

**1.** 在廢料衰變至無害程度之前，須提供最大的圍堵；
**2.** 鑑定與取回 (retrieve) 廢料的能力；
**3.** 全面監測設施及環境。

在 Midwest Compact 協定中所提出的四個理念上的設計方式，可做爲其他不同設計方式的代表：(1) 地上庫房，(2) 地下庫房，(3) 地上混凝土容器，(4) 地下混凝土容器。

地上庫房是一個大且強力的混凝土結構，在上方或側壁位置可存放廢料 (如圖 11-15)。當其中一室已填滿時，庫房會被一個以混凝土或其他適當材質製成的房頂密封。這個房頂必須要能抵抗地震、颶風、洪水及大火。

地下庫房與地上庫房的設計方式類似，只是建造在地面之下 (如圖 11-16)，並以壓實的黏土做爲覆蓋。

地上混凝土容器的建築方式是先使用大型的鑄造容器來塡裝廢料，再將容器堆塡在一建築空間中 (如圖 11-17)。

地下混凝土容器方式的設計原理與地上系統相同，只這些容器是放置於地面下的庫房中 (如圖 11-18)。

**監測系統**　在永久廢料掩埋場及貯存場中必須設置監測系統，以便能即時地

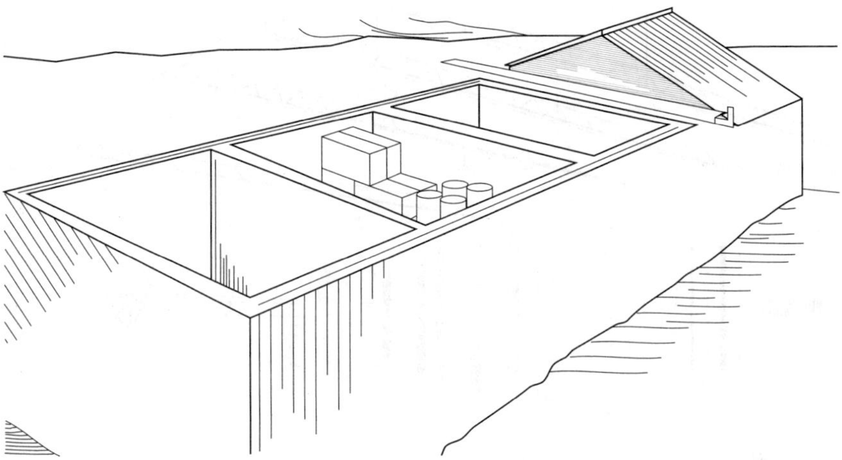

**圖 11-15**　處置與儲存低劑量放射廢料的地上庫房 (資料來源：Midwest Compact)。

**圖 11-16**　處置與儲存低劑量放射廢料的地下庫房 (資料來源：Midwest Compact)。

偵測地面上或空氣中可能的輻射污染。在掩埋場鄰近或附近的地下水及地表水必須充分地加以監測，提供必要的預警，避免設施失效。“失效” 的定義爲地下水或地表水中的輻射量超過當初處置場的設定標準。

及早測得輻射污染是非常重要的。不像地表水和地下水時常流動得很緩

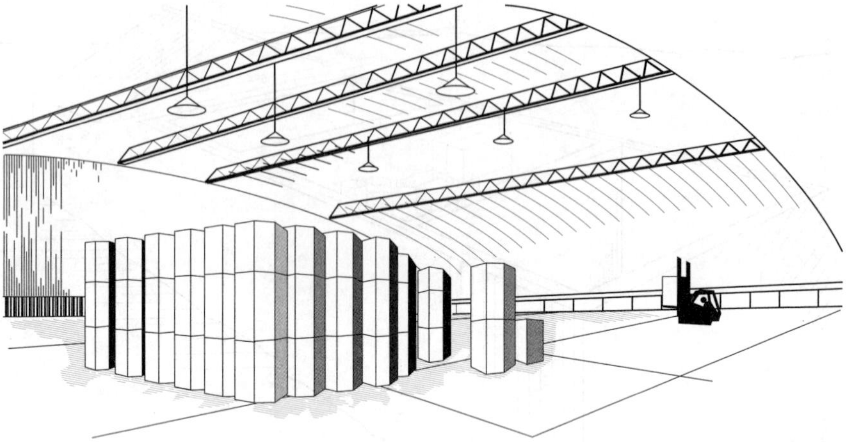

圖 11-17 儲存低劑量放射廢料的地上混凝土容器 (資料來源：Midwest Compact)。

圖 11-18 儲存低劑量放射廢料的地下混凝土容器 (資料來源：Midwest Compact)。

慢，可較易控制。我們必須在污染物已大量離開處置場之前，得知污染物的移動情形。若不在開始選擇場址及設定設備時就考慮這個問題，污染物的攔截與阻隔並非易事。

當有意外的排放時，必須要進行復育的工作。排放的廢料愈少，復育的進行就愈容易。將監測點儘量靠近廢料，才能及早測得污染的發生。

在場址的四週必須安裝空氣監測器，且須適當地做生物與生態環境的採樣分析，以偵測放射性核種釋入生物圈的實際情形。

**緊急應變計畫**　對於未來有可能發生的意外事件及失效情形，必須在事前擬定緊急應變計畫，計畫內容必須包括危害性污染物散佈範圍的調查及矯正方式，及天然災害發生時與設備老化失效時的預防措施。

**記錄管理**　有關運送到掩埋場的核種種類、數量及濃度，和意外事件 (如廢料的傾洩或意外洩漏等) 發生情形等資料，必須留有備份，並保管於一個以上的資料區。這些污染物在環境 (包括土地) 中流佈的記錄必須是眞實的 (爲直接觀察所得，而非由計算求得)。這些記錄必須保管相當的時間，具實用性且可有效取得。

**放射性廢料的挖掘**　在沒有特定的回收目的下，自行挖掘放射性廢料會有潛在的危害。美國國家科學會 (National Academy of Science) 建議，除非有充足的理由可供確信將廢料留在當地會使輻射危害上升，才可以安全的方式將放射性廢料挖掘出來 (National Research Council, 1976)。根據此項建議的推論可知，不應挖出放射性廢料並放置在臨時的廠房中，等待被送到最終的處置場。由過去的經驗顯示，臨時的儲存廠房通常最後會因爲政治因素而變成最終儲存場。

## ▲ 11-7　本章重點

研讀完本章後，應該能夠不參照課本或筆記，而能夠回答下列問題。

**1.** 解釋何謂同位素。
**2.** 解釋爲何有些同位素具有放射性，有些則無。
**3.** 定義何謂 $\alpha$、$\beta$、$\gamma$ 及 x 射線，並解釋其彼此間產生的差異。
**4.** 定義“居禮”單位。
**5.** 解釋核子反應器的分裂程序。
**6.** 解釋如何以 x 射線機製造 x 射線。
**7.** 定義輻射劑量的觀念，及倫琴、雷得、Gy、Sv 與 red 等單位。
**8.** 解釋 RBE 及 WT 的觀念。
**9.** 列舉輻射生物效應的種類。
**10.** 說明生物效應的測定方式。

11. 說明急性與延遲性輻射生物效應的差異。
12. 列舉三種可能的延遲性輻射生物效應。
13. 說明 NRC 所制定職業性與非職業性可接受劑量的標準。
14. 解釋內部輻射危害與外部輻射危害的差異。
15. 試舉出一種防護 $\alpha$ 與 $\beta$ 射線的材質與其厚度。
16. 描述自然背景輻射的來源。
17. 解釋爲何氡是一種危害物質，及其危害產生的機制。
18. 列舉三種降低外部輻射危害的基本方法。
19. 說明如何降低工作場所中所可能造成的內部輻射危害。
20. 說明氡如何進入房屋之內，並舉例說明防止氡氣入侵的技術。
21. 列舉並描述 HLW、超鈾、LLW 三種放射性廢料。
22. 說明各種不同放射性廢料的處置方式。
23. 說明降低 LLW 放射性廢料體積的廢棄物減量作法。

**在課本的輔助下，應該能夠可以回答下列問題：**

1. 決定衰變鏈反應過程中所放射出的粒子種類。
2. 決定一已知活性的放射性同位素，在一段衰變時間後的殘餘活性。
3. 決定由一母體放射性核種產生衰變產物的活性。
4. 決定放射性衰變產物最大活性出現的時間。
5. 應用輻射強度與距離平方成反比的公式計算輻射強度。
6. 決定放射性核種混合時，是否超過允許濃度。
7. 計算遮蔽物質後輻射強度，或欲減低至某特定輻射強度時，所需使用的遮蔽物厚度。

## 11-8 習　題

**11-1.** $^{40}_{18}X$ 與 $^{14}_{7}X$ 各爲何種元素？

答案：氬跟氮

**11-2.** $^{8}_{4}X$ 與 $^{238}_{92}X$ 各爲何種元素？

**11-3.** 在以下衰變鏈反應過程的步驟中，各放射出何種粒子？

$$^{14}_{6}C \rightarrow ^{14}_{7}N$$

答案：$\beta$ 粒子

**11-4.** 在以下衰變鏈反應過程的步驟中，各放射出何種粒子？

$$^{32}_{15}P \rightarrow ^{32}_{16}S$$

**11-5.** 在以下衰變鏈反應過程的步驟中，各放射出何種粒子？

$$^{226}_{88}Ra \rightarrow ^{222}_{86}Rn \rightarrow ^{218}_{84}Po \rightarrow ^{214}_{82}Pb$$

答案：皆爲 $\alpha$ 粒子

**11-6.** 在以下衰變鏈反應過程的步驟中，各放射出何種粒子？

$$^{214}_{82}Pb \rightarrow ^{214}_{83}Bi \rightarrow ^{214}_{84}Po \rightarrow ^{210}_{82}Pb \rightarrow ^{210}_{83}Bi \rightarrow ^{210}_{84}Po \rightarrow ^{206}_{82}Pb$$

**11-7.** 在以下衰變鏈反應過程的步驟中，各放射出何種粒子？

$$^{238}_{92}U \rightarrow ^{234}_{90}Th \rightarrow ^{234}_{91}Pa \rightarrow ^{234}_{92}U$$

**11-8.** 試計算表示一個正電子及一個負電子消失時，會釋出 1.02 MeV 的能量。

**11-9.** 有一個濃度爲 0.5 $\mu$Ci/L $^{32}$P 的實驗室溶液，請問此放射性同位素需多久才會達到允許排放的標準？

**11-10.** 有一個遭 $^{45}$Ca 意外污染的實驗室，其輻射程度爲容忍值的 10 倍。此實驗室需隔絕多久才會降低至容忍值。

**11-11.** 醫院需處置含有 100 $\mu$Ci/L 的 $^{131}$I，需要花多久的時間才可使輻射量降到可允許排放的標準？

**11-12.** 若 Mme. Curie 在 1911 年 8 月以 20.00 mg 的 $RaCl_2$ 作爲國際標準，請問此標準物在 2010 年 8 月時的鐳含量還剩多少？

**11-13.** 一個濃度爲 50 $\mu$Ci 的 $^{131}$I 質量爲何？

答案：$4.04 \times 10^{-10}$ g

**11-14.** $^{210}$Po 衰變成 $^{206}$pb 時會放出一個阿爾法粒子。如果 $^{210}$Po 的半衰期爲 138.4 天。請問濃度爲 50 Ci 的 $^{210}$Po，每年可放出多少體積 $^{4}$He？假設條件爲標準溫度與壓力。

**11-15.** 計算並畫出由一個純 $^{226}$Ra 衰變至 $^{222}$Rn 的成長曲線。假設開始時沒有 $^{222}$Rn 存在。

**11-16.** 當一個 x 射線產生機在 70 kV 及 5 mA 下操作時，在距離輻射源 1 m 時所測到的強度爲 $D$ R/min。請問在距離輻射源 2 m 時所測到的強度爲多少？

**11-17.** 在習題11-16 中，該 x 射線產生機若改在 15 mA 下操作，則在距離輻射源 2 m 時 所測到的強度爲多少？

答案：0.75 D

**11-18.** 欲將 $^{60}$Co 輻射源的穿透度降低至 99.6%，用多厚 (cm) 的鉛板來遮蔽？

**11-19.** 欲達到與習題 11-18 中鉛板相同的遮蔽效用，需用多少厚度的混凝土？

答案：~55 cm

**11-20**. 以一厚度 25 cm 的混凝土壁遮蔽 $^{60}Co$ 的輻射源，可降低 99.6% 的穿透度。需要多少厚度 (cm) 的鉛板才能達到相同的遮蔽效應。

**11-21**. 計算以鉛來遮蔽 $^{137}Cs$ 時的比例常數 ($u$)。

**11-22.** 計算以鐵來遮蔽 $^{137}Cs$ 時的比例常數 ($u$)。

答案：$u = 0.391$

## 11-9　問題研討

**11-1.** 試解釋為何可以用碳-14 的方法，來測定如木材或骨頭等古代物質的年代。

**11-2.** 你會預期大拇指的 x 射線組織權重因子 ($W_T$) 是否會比甲狀腺高、低或相等。試解釋之。

**11-3.** 以內部危害的觀點而言，何種放射粒子 ($\alpha$、$\beta$、$\gamma$ 或 x 射線) 最為危險？試解釋之。

**11-4.** 當有一位實驗室人員前來請教你有關高能 $\beta$ 粒子的防護須知時，你會如何建議？

**11-5.** 若你有一個機會購買到一幢有地下室的老房子，且地下室附有一條地板排水渠。你會以何種方式來防止氡氣進入地下室？

**11-6.** 優卡平原貯存場目前的狀態如何？需要花費多少的錢決定此場址是否為可接受的。

## 11-10　參考文獻


Coombe, R. A. (1968) *An Introduction to Radioactivity for Engineers,* Macmillan/St. Martin's Press, New York, pp. 1–37.

EIA (2005) Energy Information Administration web site http://www.eia.doe.gov/cneaf/nuclear/page/nuc_reactors/reactsum.html.

Henschel, D. B. and A. G. Scott (1987) "Testing of Indoor Radon Reduction Techniques in Eastern Pennsylvania: An Update, "*Indoor Radon II, Proceedings of the Second APCA International Specialty Conference,* Cherry Hill, NJ, Air Pollution Control Association, Pittsburgh, pp. 146–159.

Ibach, M. T. and J. H. Gallagher (1987) "Retrofit and Preoccupancy Radon Mitigation Program for Homes," *Indoor Radon IL Proceedings of the Second APCA International Specialty Conference,* Cherry Hill, NJ, Air Pollution Control Association, Pittsburgh, pp. 172–182.

Kuennen, W., and R. C. Roth (1989) "Reduction of Radon Working Level by a Room Air Cleaner," presented at the 82nd Annual Meeting of the Air & Waste Management Association, Anaheim, CA, June 1989.

Murane, D. M., and J. Spears (1987) "Radon Reduction in New Construction," *Indoor Radon II Proceedings of the Second APCA International Specialty Conference*, Cherry Hill, NJ, Air Pollution Control Association, Pittsburgh, pp. 183–194.

Murray, R. L. (1989) Understanding Radioactive Waste, Battelle Press, Richland, WA, pp. 137–138.

National Research Council (1976) *The Shallow Land Burial of Low-Level Radioactively Contaminated Solid Waste,* National Academy of Science, Washington, DC.

Papadopulos, S. S., and I. J. Winograd (1974) *Storage of Low-Level Radioactive Wastes in the Ground: Hydrogeological and Hydrochemical Factors,* U.S. Environmental Protection Agency Report No. 520/3-74-009, Washington, DC.

U.S. PHS (1968) *Introduction to Medical X-Ray Protection, Training and Manpower Development Program,* U.S. Public Health Service, Rockville, MD.

U.S. PHS (1970) *Radiological Health Handbook,* PHS Publication No. 2016, U.S. Public Health Service, Rockville, MD, p. 204.

# APPENDIX A

# 空氣、水及其他化學物質的性質

**表 A-1　1 大氣壓下水的性質**

| 溫度 (°C) | 密度, $\rho$ (kg/m$^3$) | 比重, $\gamma$ (kN/m$^3$) | 動黏度, $\mu$ (m(Pa · s))* | 運動黏度, $\nu$ ($\mu$(m$^2$/s))* |
|---|---|---|---|---|
| 0 | 999.842 | 9.805 | 1.787 | 1.787 |
| 3.98 | 1,000.000 | 9.807 | 1.567 | 1.567 |
| 5 | 999.967 | 9.807 | 1.519 | 1.519 |
| 10 | 999.703 | 9.804 | 1.307 | 1.307 |
| 12 | 999.500 | 9.802 | 1.235 | 1.236 |
| 15 | 999.103 | 9.798 | 1.139 | 1.140 |
| 17 | 998.778 | 9.795 | 1.081 | 1.082 |
| 18 | 998.599 | 9.793 | 1.053 | 1.054 |
| 19 | 998.408 | 9.791 | 1.027 | 1.029 |
| 20 | 998.207 | 9.789 | 1.002 | 1.004 |
| 21 | 997.996 | 9.787 | 0.998 | 1.000 |
| 22 | 997.774 | 9.785 | 0.955 | 0.957 |
| 23 | 997.542 | 9.783 | 0.932 | 0.934 |
| 24 | 997.300 | 9.781 | 0.911 | 0.913 |
| 25 | 997.048 | 9.778 | 0.890 | 0.893 |
| 26 | 996.787 | 9.775 | 0.870 | 0.873 |
| 27 | 996.516 | 9.773 | 0.851 | 0.854 |
| 28 | 996.236 | 9.770 | 0.833 | 0.836 |
| 29 | 995.948 | 9.767 | 0.815 | 0.818 |
| 30 | 995.650 | 9.764 | 0.798 | 0.801 |
| 35 | 994.035 | 9.749 | 0.719 | 0.723 |
| 40 | 992.219 | 9.731 | 0.653 | 0.658 |
| 45 | 990.216 | 9.711 | 0.596 | 0.602 |
| 50 | 988.039 | 9.690 | 0.547 | 0.554 |
| 60 | 983.202 | 9.642 | 0.466 | 0.474 |
| 70 | 977.773 | 9.589 | 0.404 | 0.413 |
| 80 | 971.801 | 9.530 | 0.355 | 0.365 |
| 90 | 965.323 | 9.467 | 0.315 | 0.326 |
| 100 | 958.366 | 9.399 | 0.282 | 0.294 |

*Pa · s = (mPa · s) × $10^{-3}$
*m$^2$/s = ($\mu$m$^2$/s) × $10^{-6}$

**表 A-2　20°C 下的亨利定律常數**

| | $H^*$ (atm) | $H_u$† (dimensionless) | $H_D$† (atm · L/mg) | $H_m$† (atm · m$^3$/mol) |
|---|---|---|---|---|
| Oxygen | $4.3 \times 10^4$ | $3.21 \times 10$ | $2.42 \times 10^{-2}$ | $7.73 \times 10^{-1}$ |
| Methane | $3.8 \times 10^4$ | $2.84 \times 10$ | $9.71 \times 10^{-2}$ | $6.38 \times 10^{-1}$ |
| Carbon dioxide | $1.51 \times 10^2$ | $1.13 \times 10^{-1}$ | $6.17 \times 10^{-5}$ | $2.72 \times 10^{-3}$ |
| Hydrogen sulfide | $5.15 \times 10^2$ | $3.84 \times 10^{-1}$ | $2.72 \times 10^{-4}$ | $9.26 \times 10^{-3}$ |
| Vinyl chloride | $3.55 \times 10^5$ | $2.65 \times 10^2$ | $1.02 \times 10^{-1}$ | 6.38 |
| Carbon tetrachloride | $1.29 \times 10^3$ | $9.63 \times 10^{-1}$ | $1.51 \times 10^{-4}$ | $2.32 \times 10^{-2}$ |
| Trichloroethylene | $5.5 \times 10^2$ | $4.1 \times 10^{-1}$ | $7.46 \times 10^{-5}$ | $9.89 \times 10^{-3}$ |
| Benzene | $2.4 \times 10^2$ | $1.8 \times 10^{-1}$ | $5.52 \times 10^{-5}$ | $4.31 \times 10^{-3}$ |
| Chloroform | $1.7 \times 10^2$ | $1.27 \times 10^{-1}$ | $2.55 \times 10^{-5}$ | $3.06 \times 10^{-3}$ |
| Bromoform | $3.5 \times 10$ | $2.61 \times 10^{-2}$ | $2.40 \times 10^{-6}$ | $6.29 \times 10^{-4}$ |
| Ozone | $5.0 \times 10^3$ | 3.71 | $1.87 \times 10^{-3}$ | $8.99 \times 10^{-2}$ |

*$H$ values from Montgomery, 1985.
†$H_u$, $H_D$, and $H_m$ calculated via Eqs. 4-50 to 4-52.

**表 A-3　在 101.325 kPa 壓力及含 20.9% 氧的大氣下，氧在水中的飽和溶解度值**[a]

| 溫度 (°C) | 溶氧 (mg/L) | 飽和蒸汽壓 (kPa) | 溫度 (°C) | 溶氧 (mg/L) | 飽和蒸汽壓 (kPa) |
|---|---|---|---|---|---|
| 0 | 14.62 | 0.6108 | 20 | 9.17 | 2.3373 |
| 1 | 14.23 | 0.6566 | 21 | 8.99 | 2.4861 |
| 2 | 13.84 | 0.7055 | 22 | 8.83 | 2.6430 |
| 3 | 13.48 | 0.7575 | 23 | 8.68 | 2.8086 |
| 4 | 13.13 | 0.8129 | 24 | 8.53 | 2.9831 |
| 5 | 12.80 | 0.8719 | 25 | 8.38 | 3.1671 |
| 6 | 12.48 | 0.9347 | 26 | 8.22 | 3.3608 |
| 7 | 12.17 | 1.0013 | 27 | 8.07 | 3.5649 |
| 8 | 11.87 | 1.0722 | 28 | 7.92 | 3.7796 |
| 9 | 11.59 | 1.1474 | 29 | 7.77 | 4.0055 |
| 10 | 11.33 | 1.2272 | 30 | 7.63 | 4.2430 |
| 11 | 11.08 | 1.3119 | 31 | 7.51 | 4.4927 |
| 12 | 10.83 | 1.4017 | 32 | 7.42 | 4.7551 |
| 13 | 10.60 | 1.4969 | 33 | 7.28 | 5.0307 |
| 14 | 10.37 | 1.5977 | 34 | 7.17 | 5.3200 |
| 15 | 10.15 | 1.7044 | 35 | 7.07 | 5.6236 |
| 16 | 9.95 | 1.8173 | 36 | 6.96 | 5.9422 |
| 17 | 9.74 | 1.9367 | 37 | 6.86 | 6.2762 |
| 18 | 9.54 | 2.0630 | 38 | 6.75 | 6.6264 |
| 19 | 9.35 | 2.1964 | | | |

[a] 溶解度幾秋隨著空氣中的水氣分壓成正比

(資料來源：Calculated by G. C. Whipple and M. C. Whipple from measurements of C. J. J. Fox, *Journal of the American Chemical Society,* vol. 33, p. 362, 1911.)

### 表 A-4　在約 100 kPa 壓力下乾空氣的黏度[a]

| 溫度 (°C) | 動黏度 (μPa·s) | 溫度 (°C) | 動黏度 (μPa·s) |
|---|---|---|---|
| 0 | 17.1 | 55 | 20.1 |
| 5 | 17.4 | 60 | 20.3 |
| 10 | 17.7 | 65 | 20.6 |
| 15 | 17.9 | 70 | 20.9 |
| 20 | 18.2 | 75 | 21.1 |
| 25 | 18.5 | 80 | 21.4 |
| 30 | 18.7 | 85 | 21.7 |
| 35 | 19.0 | 90 | 21.9 |
| 40 | 19.3 | 95 | 22.2 |
| 45 | 19.5 | 100 | 22.5 |
| 50 | 19.8 | 150 | 25.2 |

$\mu = 17.11 + 0.0536\,T + (P/8280)$ where T is in °C and P is in kPa.

### 表 A-5　標準狀況下之空氣性質[a]

| | | |
|---|---|---|
| 分子量 | $M$ | 28.97 |
| 氣體常數 | $R$ | 287 J/kg · K |
| 常壓下之比較 | $c_p$ | 1,005 J/kg · K |
| 常容下之比較 | $c_v$ | 718 J/kg · K |
| 密度 | $\rho$ | 1.185 kg/m$^3$ |
| 動黏度 | $\mu$ | $1.8515 \times 10^{-5}$ Pa · s |
| 運動黏度 | $\nu$ | $1.5624 \times 10^{-5}$ m$^2$/s |
| 熱傳導係數 | $k$ | 0.0257 W/m · K |
| 比熱之比值, $c_p/c_v$ | $k$ | 1.3997 |
| 布蘭德數 | $Pr$ | 0.720 |

[a] 在 101.325 kPa 及 298K 下量測

### 表 A-6　水在 298K 下的性質

| | | |
|---|---|---|
| 分子量 | $M$ | 18.02 |
| 氣體常數 | $R$ | 461.4 J/kg · K |
| 比熱 | $c$ | 4,181 J/kg · K |
| 布蘭德數 | $Pr$ | 6.395 |
| 熱傳導係數 | $k$ | 0.604 W/m · K |

### 表 A-7　常用的常數

| | | |
|---|---|---|
| 標準大氣壓 | $P_{atm}$ | 101.325 kPa |
| 標準重力常數 | $g$ | 9.8067 m/s$^2$ |
| 萬用氣體常數 | $R_u$ | 8,314.3 J/kg · mol · K |
| 電力穿透常數 | $\epsilon_0$ | $8.85 \times 10^{-12}$ C/V · m |
| 電子電荷 | $q_e$ | $1.60 \times 10^{-19}$ C |
| 波茲曼常數 | $k$ | $1.38 \times 10^{-23}$ J/K |

## 表 A-8 常見有機物質的性質

| 名稱 | 分子式 | 分子量 | 密度, g/mL | 蒸汽壓, mm Hg | 亨利常數 kPa · $m^3$/mol |
|---|---|---|---|---|---|
| Acetone | $CH_3COCH_3$ | 58.08 | 0.79 | 184 | 0.01 |
| Benzene | $C_6H_6$ | 78.11 | 0.879 | 95 | 0.6 |
| Bromodichloromethane | $CHBrCl_2$ | 163.8 | 1.971 | | 0.2 |
| Bromoform | $CHBr_3$ | 252.75 | 2.8899 | 5 | 0.06 |
| Bromomethane | $CH_3Br$ | 94.94 | 1.6755 | 1,300 | 0.5 |
| Carbon tetrachloride | $CCl_4$ | 153.82 | 1.594 | 90 | 3 |
| Chlorobenzene | $C_6H_5Cl$ | 112.56 | 1.107 | 12 | 0.4 |
| Chlorodibromomethane | $CHBr_2Cl$ | 208.29 | 2.451 | 50 | 0.09 |
| Chloroethane | $C_2H_5Cl$ | 64.52 | 0.8978 | 700 | 0.2 |
| Chloroethylene | $C_2H_3Cl$ | 62.5 | 0.912 | 2,550 | 4 |
| Chloroform | $CHCl_3$ | 119.39 | 1.4892 | 190 | 0.4 |
| Chloromethane | $CH_3Cl$ | 50.49 | 0.9159 | 3,750 | 1.0 |
| 1,2-Dibromoethane | $C_2H_2Br_2$ | 187.87 | 2.18 | 10 | 0.06 |
| 1,2-Dichlorobenzene | 1,2-$Cl_2$-$C_6H_4$ | 147.01 | 1.3048 | 1.5 | 0.2 |
| 1,3-Dichlorobenzene | 1,3-$Cl_2$-$C_6H_4$ | 147.01 | 1.2884 | 2 | 0.4 |
| 1,4-Dichlorobenzene | 1,4-$Cl_2$-$C_6H_4$ | 147.01 | 1.2475 | 0.7 | 0.2 |
| 1,1-Dichloroethylene | $CH_2{=}CCl_2$ | 96.94 | 1.218 | 500 | 15 |
| 1,2-Dichloroethane | $ClCH_2CH_2Cl$ | 98.96 | 1.2351 | 60 | 0.1 |
| 1,1-Dichloroethane | $CH_3CHCl_2$ | 98.96 | 1.1757 | 180 | 0.6 |
| Trans-1,2-Dichloroethylene | $CHCl{=}CHCl$ | 96.94 | 1.2565 | 300 | 0.6 |
| Dichloromethane | $CH_2Cl_2$ | 84.93 | 1.327 | 350 | 0.3 |
| 1,2-Dichloropropane | $CH_3CHClCH_2Cl$ | 112.99 | 1.1560 | 50 | 0.4 |
| Cis-1,3-Dichloropropylene | $ClCH_2CH{=}CHCl$ | 110.97 | 1.217 | 40 | 0.2 |
| Ethyl benzene | $C_6H_5CH_2CH_3$ | 106.17 | 0.8670 | 9 | 0.8 |
| Formaldehyde | HCHO | 30.05 | 0.815 | | |
| Hexachlorobenzene | $C_6Cl_6$ | 284.79 | 1.5691 | | |
| Pentachlorophenol | $Cl_5C_6OH$ | 266.34 | 1.978 | | |
| Phenol | $C_6H_5OH$ | 94.11 | 1.0576 | | |
| 1,1,2,2-Tetrachloroethane | $CHCl_2CHCl_2$ | 167.85 | 1.5953 | 5 | 0.05 |
| Tetrachloroethylene | $Cl_2C{=}CCl_2$ | 165.83 | 1.6227 | 15 | 3 |
| Toluene | $C_6H_5CH_3$ | 92.14 | 0.8669 | 28 | 0.7 |
| 1,1,1-Trichloroethane | $CH_3CCl_3$ | 133.41 | 1.3390 | 100 | 3.0 |
| 1,1,2-Trichloroethane | $CH_2ClCHCl_2$ | 133.41 | 1.4397 | 25 | 0.1 |
| Trichloroethylene | $ClHC{=}CCl_2$ | 131.29 | 1.476 | 50 | 0.9 |
| Vinyl chloride | $H_2C{=}CHCl$ | 62.50 | 0.9106 | 2,200 | 50 |
| *o*-Xylene | 1,2-$(CH_3)_2C_6H_4$ | 106.17 | 0.8802 | 6 | 0.5 |
| *m*-Xylene | 1,3-$(CH_3)_2C_6H_4$ | 106.17 | 0.8642 | 8 | 0.7 |
| *p*-Xylene | 1,4-$(CH_3)_2C_6H_4$ | 106.17 | 0.8611 | 8 | 0.7 |

註：Ethene = ethylene; ethyl chloride = chloroethane; ethylene chloride = 1,2-dichloroethane; ethylidene chloride = 1,1-dichloroethane; methyl benzene = toluene; methyl chloride = chloromethane; methyl chloroform = 1,1,1-trichloroethane; methylene chloride = dichloromethane; tetrachloromethane = carbon tetrachloride; tribromomethane = bromoform.

**表 A-9　常見的化合物溶解度積**

| 平衡式 | $K_{sp}$ at 25°C |
|---|---|
| $AgCl \rightleftharpoons Ag^+ + Cl^-$ | $1.76 \times 10^{-10}$ |
| $Al(OH)_3 \rightleftharpoons Al^{3+} + 3OH^-$ | $1.26 \times 10^{-33}$ |
| $AlPO_4 \rightleftharpoons Al^{3+} + PO_4^{3-}$ | $9.84 \times 10^{-21}$ |
| $BaSO_4 \rightleftharpoons Ba^{2+} + SO_4^{2-}$ | $1.05 \times 10^{-10}$ |
| $Cd(OH)_2 \rightleftharpoons Cd^{2+} + 2OH^-$ | $5.33 \times 10^{-15}$ |
| $CdS \rightleftharpoons Cd^{2+} + S^{2-}$ | $1.40 \times 10^{-29}$ |
| $CdCO_3 \rightleftharpoons Ca^{2+} + CO_3^{2-}$ | $6.20 \times 10^{-12}$ |
| $CaCO_3 \rightleftharpoons Ca^{2+} + CO_3^{2-}$ | $4.95 \times 10^{-9}$ |
| $CaF_2 \rightleftharpoons Ca^{2+} + 2F^-$ | $3.45 \times 10^{-11}$ |
| $Ca(OH)_2 \rightleftharpoons Ca^{2+} + 2OH^-$ | $7.88 \times 10^{-6}$ |
| $Ca_3(PO_4)_2 \rightleftharpoons 3Ca^{2+} + 2PO_4^{3-}$ | $2.02 \times 10^{-33}$ |
| $CaSO_4 \rightleftharpoons Ca^{2+} + SO_4^{2-}$ | $4.93 \times 10^{-5}$ |
| $Cr(OH)_3 \rightleftharpoons Cr^{3+} + 3OH^-$ | $6.0 \times 10^{-31}$ |
| $Cu(OH)_2 \rightleftharpoons Cu^{2+} + 2OH^-$ | $2.0 \times 10^{-19}$ |
| $CuS \rightleftharpoons Cu^{2+} + S^{2-}$ | $1.0 \times 10^{-36}$ |
| $Fe(OH)_3 \rightleftharpoons Fe^{3+} + 3OH^-$ | $2.67 \times 10^{-39}$ |
| $FePO_4 \rightleftharpoons Fe^{3+} + PO_4^{3-}$ | $1.3 \times 10^{-22}$ |
| $FeCO_3 \rightleftharpoons Fe^{2+} + CO_3^{2-}$ | $3.13 \times 10^{-11}$ |
| $Fe(OH) \rightleftharpoons Fe^{2+} + 2OH^-$ | $4.79 \times 10^{-17}$ |
| $FeS \rightleftharpoons Fe^{2+} + S^{2-}$ | $1.57 \times 10^{-19}$ |
| $PbCO_3 \rightleftharpoons Pb^{2+} + CO_3^{2-}$ | $1.48 \times 10^{-13}$ |
| $Pb(OH)_2 \rightleftharpoons Pb^{2+} + 2OH^-$ | $1.40 \times 10^{-20}$ |
| $PbS \rightleftharpoons Pb^{2+} + S^{2-}$ | $8.81 \times 10^{-29}$ |
| $Mg(OH)_2 \rightleftharpoons Mg^{2+} + 2OH^-$ | $5.66 \times 10^{-12}$ |
| $MgCO_3 \rightleftharpoons Mg^{2+} + CO_3^{2-}$ | $1.15 \times 10^{-5}$ |
| $MnCO_3 \rightleftharpoons Mn^{2+} + CO_3^{2-}$ | $2.23 \times 10^{-11}$ |
| $Mn(OH)_2 \rightleftharpoons Mn^{2+} + 2OH^-$ | $2.04 \times 10^{-13}$ |
| $NiCO_3 \rightleftharpoons Ni^{2+} + CO_3^{2-}$ | $1.45 \times 10^{-7}$ |
| $Ni(OH)_2 \rightleftharpoons Ni^{2+} + 2OH^-$ | $5.54 \times 10^{-16}$ |
| $NiS \rightleftharpoons Ni^{2+} + S^{2-}$ | $1.08 \times 10^{-21}$ |
| $SrCO_3 \rightleftharpoons Sr^{2+} + CO_3^{2-}$ | $5.60 \times 10^{-10}$ |
| $Zn(OH)_2 \rightleftharpoons Zn^{2+} + 2OH^-$ | $7.68 \times 10^{-17}$ |
| $ZnS \rightleftharpoons Zn^{2+} + S^{2-}$ | $2.91 \times 10^{-25}$ |

(資料來源：Linde, 2000; Sawyer, McCarty, and Parkin, 2003; Weast, 1983.)

**表 A-10 元素與化合物的價數**

| 元素或化合物 | 價數 |
|---|---|
| 鋁 | $3^+$ |
| 氨 ($NH_4^+$) | $1^+$ |
| 鋇 | $2^+$ |
| 硼 | $3^+$ |
| 鎘 | $2^+$ |
| 鈣 | $2^+$ |
| 碳酸鹽 ($CO_3$) | $2^-$ |
| 二氧化碳 ($CO_2$) | *a* |
| 氯離子 | $1^-$ |
| 鉻 (Cr) | $3^+,6^+$ |
| 銅 | $2^+$ |
| 氘離子 | $1^-$ |
| 氫 | $1^+$ |
| 氫氧根 (OH) | $1^-$ |
| 鐵 | $2^+,3^+$ |
| 鉛 | $2^+$ |
| 鎂 | $2^+$ |
| 錳 | $2^+$ |
| 鎳 | $2^+$ |
| 氧 | $2^-$ |
| 氮 | $3^+,5^+,3^-$ |
| 硝酸鹽 ($NO_3$) | $1^-$ |
| 亞硝酸鹽 ($NO_2$) | $1^-$ |
| 磷 | $5^+,3^-$ |
| 磷酸鹽 ($PO_4$) | $3^-$ |
| 鉀 | $1^+$ |
| 銀 | $1^+$ |
| 矽 | *b* |
| 矽酸 ($SiO_4$) | $4^+$ |
| 鈉 | $1^+$ |
| 硫酸鹽 ($SO_4$) | $2^-$ |
| 硫 | $2^-$ |
| 鋅 | $2^+$ |

[a] 二氧化碳在水中基本上是以碳酸形式存在

$$CO_2 + H_2O \rightleftharpoons H_2CO_3$$

因此當量重＝GMW/2.

[b] 矽在水中以 SiO2 存在，其當量重爲克分子量重。

## 資料來源

Linde, D. R. (2000) *CRC Handbook of Chemistry and Physics,* 81st ed., CRC Press, Boca Raton, FL, pp. 8-111–8-112.

Montgomery, J. M. (1985) *Water Treatment Principles and Design,* John Wiley & Sons, New York, p. 236.

Sawyer, C. N., P. L. McCarty, and G. F. Parkin (2003) *Chemistry for Environmental Engineering and Science,* 5th ed., McGraw-Hill, Boston, pp. 39–40

Weast, R. C. (1983) *CRC Handbook of Chemistry and Physics,* 64th ed., CRC Press, Boca Raton, FL, pp. B-219–B-220.

APPENDIX

# B

# 噪音計算表及圖解

計畫＿＿＿＿＿＿＿＿＿＿ 日期＿＿＿＿＿＿ 工程師＿＿＿＿＿＿

| 步驟 | | | A | $T_M$ | $T_H$ | A | $T_M$ | $T_H$ | A | $T_M$ | $T_H$ | A | $T_M$ | $T_H$ | A | $T_M$ | $T_H$ | A | $T_M$ | $T_H$ |
|---|---|---|---|---|---|---|---|---|---|---|---|---|---|---|---|---|---|---|---|---|
| 1 | 交通 | 汽車體積，$V$(Vph) | | | | | | | | | | | | | | | | | | |
| 2 | | 汽車平均速度，$S$(km/h) | | | | | | | | | | | | | | | | | | |
| 3 | | 結合汽車體積，* $V_C$(Vph) | | | | | | | | | | | | | | | | | | |
| 4 | 傳播 | 觀察者與公路距離，$D_C$ (m) | | | | | | | | | | | | | | | | | | |
| 5 | 遮蔽 | 視線距離公尺，$L/S$ (m) | | | | | | | | | | | | | | | | | | |
| 6 | | 障礙物位置距離，$P$ (m) | | | | | | | | | | | | | | | | | | |
| 7 | | 障礙物阻斷，$B$ (m) | | | | | | | | | | | | | | | | | | |
| 8 | | 對向角 $\theta$ (deg) | | | | | | | | | | | | | | | | | | |
| 9 | 預測 | 未遮蔽 $L_{10}$ 值 (dBA) | | | | | | | | | | | | | | | | | | |
| 10 | | 遮蔽調整 (dBA) | | | | | | | | | | | | | | | | | | |
| 11 | | 觀察者的 $L_{10}$ 值 (汽車) | | | | | | | | | | | | | | | | | | |
| 12 | | 觀察者的 $L_{10}$ 值 (全部) | | | | | | | | | | | | | | | | | | |

編號：

A＝汽車，$T_M$＝中型卡車，$T_H$＝重型卡車

*應用在汽車和中型卡車的平均速度相等時，$V_C = V_A + (10)V_{T_M}$

**若結合汽車和中型卡車的體積 $V_C$，只能使用 $L_{10}$ 圖解預測

**圖 B-1** 空白噪音預測工作表 (資料來源：*NCHRP* 174, 1976)。

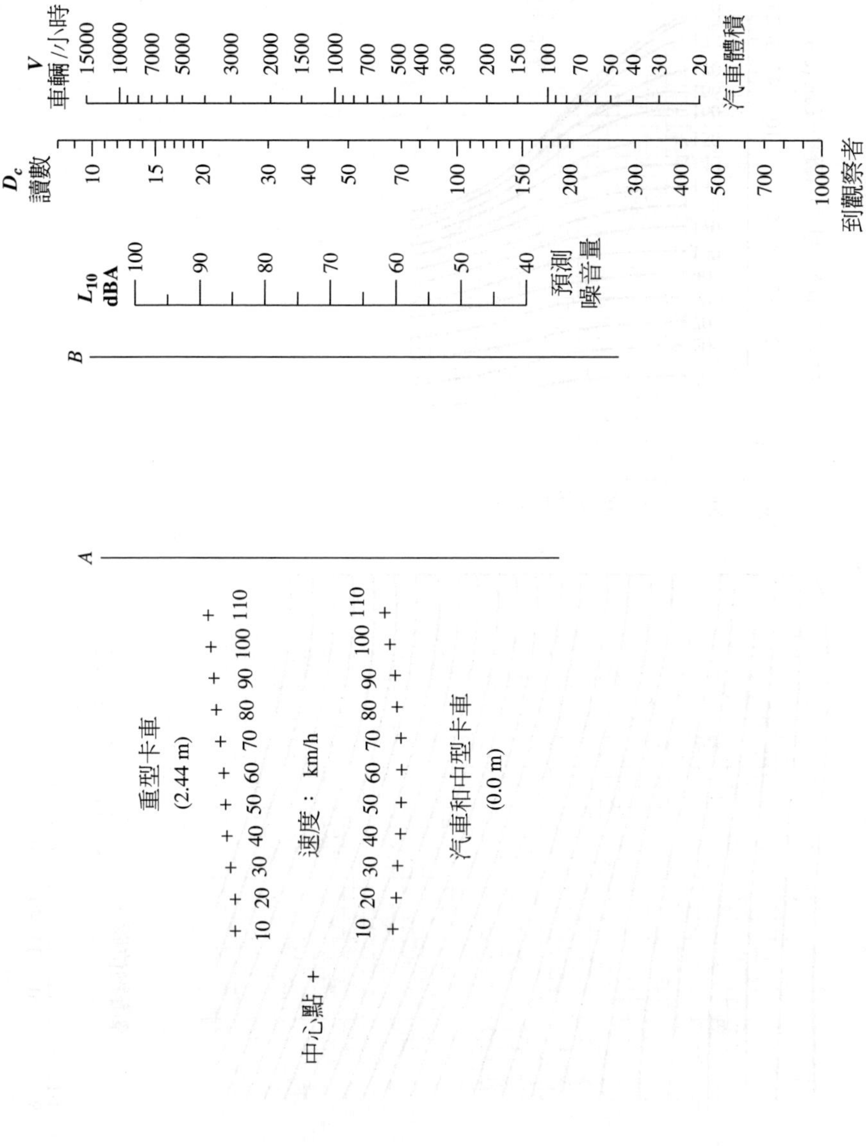


**圖 B-2**　空白 $L_{10}$ 圖解（資料來源：*NCHRP* 174，1976）。

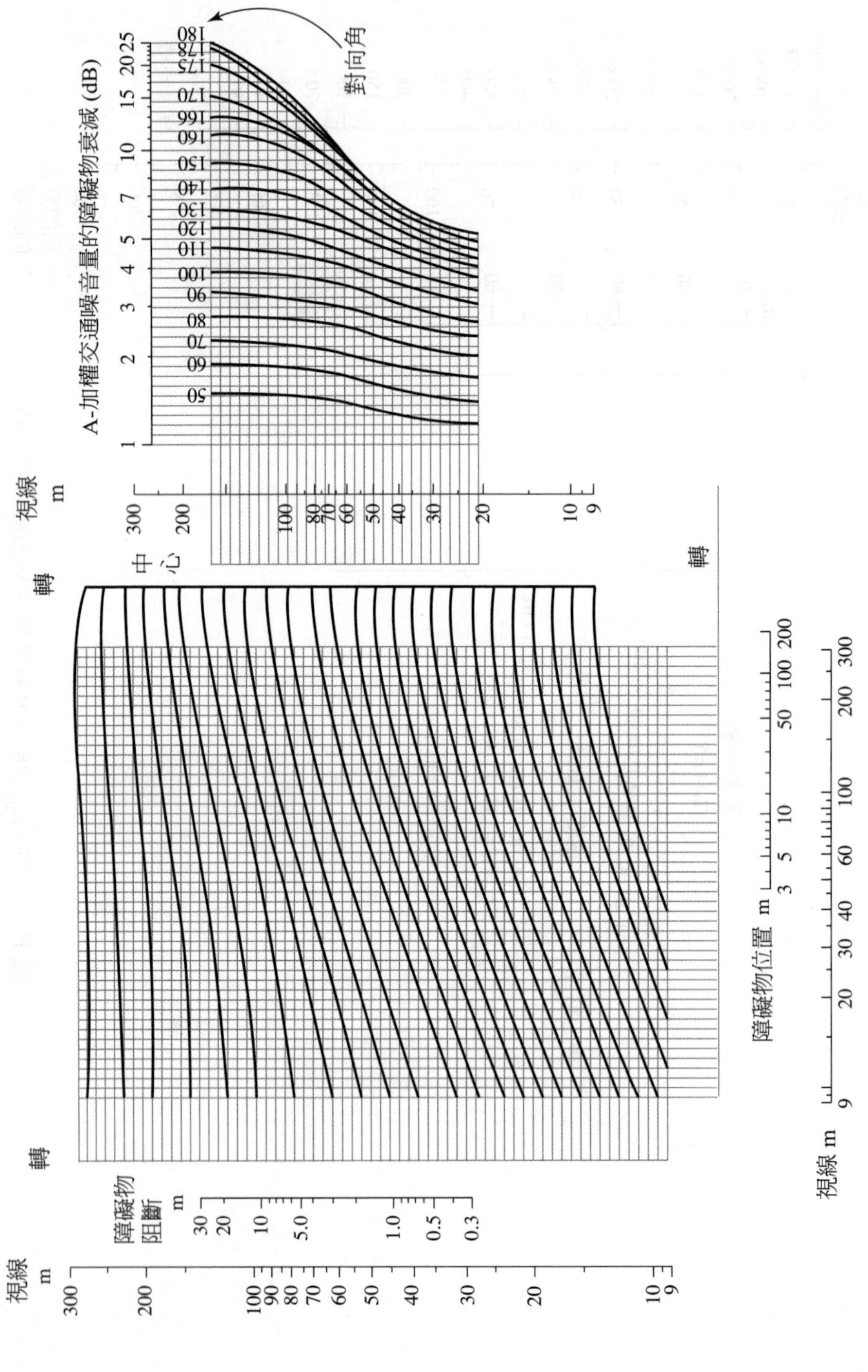


**圖 B-3** 空白障礙物圖解 (資料來源：*NCHRP* 174，1976)。